✳ 회로이론

Fawwaz T. Ulaby, Michel M. Maharbiz 지음
박병국, 조성재, 강인만, 김중빈 옮김

nts
NATIONAL TECHNOLOGY & SCIENCE PRESS

HB 한빛아카데미
Hanbit Academy, Inc.

회로이론

초판발행 2014년 7월 28일
7쇄발행 2022년 1월 16일

지은이 Fawwaz T. Ulaby, Michel M. Maharbiz / **옮긴이** 박병국, 조성재, 강인만, 김중빈 / **펴낸이** 전태호
펴낸곳 한빛아카데미(주) / **주소** 서울시 서대문구 연희로2길 62 한빛아카데미(주) 2층
전화 02-336-7112 / **팩스** 02-336-7199
등록 2013년 1월 14일 제2017-000063호 / **ISBN** 979-11-5664-119-3 93560

책임편집 박현진 / **기획** 이원휘 / **편집** 이원휘, 김지선 / **진행** 박현진
디자인 여동일 / **전산편집** 임희남 / **제작** 박성우, 김정우
영업 김태진, 김성삼, 이정훈, 임현기, 이성훈, 김주성 / **마케팅** 길진철, 김호철, 주희

이 책에 대한 의견이나 오탈자 및 잘못된 내용에 대한 수정 정보는 아래 이메일로 알려주십시오.
잘못된 책은 구입하신 서점에서 교환해 드립니다. 책값은 뒤표지에 표시되어 있습니다.
홈페이지 www.hanbit.co.kr / **이메일** question@hanbit.co.kr

지금 하지 않으면 할 수 없는 일이 있습니다.
책으로 펴내고 싶은 아이디어나 원고를 메일(writer@hanbit.co.kr)로 보내주세요.
한빛아카데미(주)는 여러분의 소중한 경험과 지식을 기다리고 있습니다.

1시간 강의를 위해
3시간을 준비하는 마음!

:: 군더더기 없는 핵심 원리 + 말랑말랑 쉬운 컨텐츠

핵심 원리 하나만 제대로 알면 열 가지 상황도 해결할 수 있습니다.
친절한 설명과 명확한 기승전결식 내용 전개로 학습 의욕을 배가시켜줍니다.

:: 핵심 원리 → 풍부한 예제와 연습문제 → 프로젝트로 이어지는 계단 학습법

기본 원리를 다져주는 예제, 본문에서 배운 내용을 촘촘하게 점검해볼 수 있는 연습문제,
현장에서 바로 응용할 수 있는 프로젝트를 단계별로 구성해 학습의 완성도를 높였습니다.

:: 학습욕구를 높여주는 현장 이야기가 담긴 IT 교과서

필드 어드바이저의 인터뷰와 주옥 같은 현업 이야기를 담았습니다.
강의실 밖 현장의 요구를 접하는 기회를 제공하고,
학생들 스스로 필요한 공부를 할 수 있도록 방향을 제시합니다.

>>

지은이 및 옮긴이 소개
About the Authors

지은이

Fawwaz T. Ulaby

미시간대학교 전기·컴퓨터공학과 교수로 재직 중이다.
미국전기전자공학회(IEEE) 펠로우 및 미국국립공학원 회원이며 토마스 에디슨 메달을 수상한 바 있다.

Michel M. Maharbiz

캘리포니아 버클리대학교 조교수로 재직 중이다.
생체 조직과 회로 간 마이크로/나노 인터페이스를 연구하고 있다.

옮긴이

박병국 bgpark@snu.ac.kr

1982년과 1984년에 서울대학교 전자공학과에서 학사와 석사학위를 취득하고, 1990년 미국 Stanford 대학교에서 박사학위를 취득하였다. AT&T Bell 연구소와 Texas Instruments에서 연구원으로 일하였고, 1994년 서울대학교 전자공학과에 부임하여 현재 전기·정보공학부 교수로 재직 중이다. 주요 연구 분야는 나노 CMOS, 차세대 메모리, 신경모방소자, 양자소자 및 광소자 등으로, 국내외 학술지와 학술대회에 930여 편의 논문을 발표하였고, 100건 이상의 특허를 보유하고 있으며, 『Nanoelectronic Devices』 등 3권의 저서를 출간하였다. 대한전자공학회, 미국전기전자공학회(IEEE) 회원이며, 『Journal of Semiconductor Technology and Science』의 편집장을 맡고 있다.

조성재 felixcho@gachon.ac.kr

2004년 서울대학교 전기공학부에서 학사학위를, 2010년 전기·컴퓨터공학부에서 박사학위를 취득하였다. 2009년 일본 산업기술총합연구소(AIST)의 실리콘 나노 소자 그룹에서 교환연구원으로 일하였으며, 2010년 서울대학교, 2010년~2013년 미국 Stanford 대학교에서 박사 후 연구원으로 일하였다. 2013년부터 가천대학교 전자공학과 교수로 재직 중이다. 관심 연구 분야는 나노 스케일 반도체 소자, 차세대 메모리소자, 광학 소자 및 광전자 집적회로, 바이오센서 등이다. 현재 대한전자공학회(IEIE), 미국전기전자공학회(IEEE), 일본전기전자공학회(IEICE), 한국물리학회(KPS), 한국(OSK) 및 미국광학회(OSA) 등의 회원으로 활동 중이다.

강인만 imkang@ee.knu.ac.kr

2007년에 서울대학교 전기·컴퓨터공학부에서 박사학위를 취득하였다. 2010년 1월까지 삼성전자 시스템 LSI 사업부에서 반도체소자 모델링 및 PDK 관련 부서의 책임연구원으로 일하였고, 현재 경북대학교 IT대학 전자공학부에서 조교수로 재직 중이다. 주요 연구 분야는 반도체소자 모델링, 3차원 소자 시뮬레이션, 화합물 고전력 반도체소자 개발, 터널링 소자 모델링 및 회로 해석이며, 물리전자, 반도체소자, 회로이론 등 반도체소자 및 회로와 관련된 과목을 주로 강의한다. 현재 대한전자공학회, 미국전기전자공학회(IEEE), 한국광학회, 한국센서학회의 회원으로 활동 중이다.

김중빈 jbkim@wnl.hanyang.ac.kr

2004년에 한양대학교 전자컴퓨터공학부에서 학사를, 2010년에 전기전자제어계측공학과에서 박사학위를 취득하였다. 2011년 3월까지 아주대학교 장위국방연구소에서 연구교수로 일하며 국방전술네트워크 연구를 수행하였고, 현재 미국 Stanford 대학교 전기공학부에서 연구원으로 일하고 있다. 관심 연구 분야는 차세대 통신기술, 무선 인지, 통신 IT 융합, 물리계층 보안, 압축 센싱, 메디컬 통신 등이다. 대한전자공학회, 미국전기전자공학회(IEEE), 일본전기전자공학회(IEICE)의 회원으로 활동 중이다.

번역 담당 부분

전체 : 박병국   1장~5장 : 강인만   6장~9장 : 조성재   10장~11장 : 김중빈

스스로 생각하고, 손으로 직접 문제를 풀어보라!

이 책은 회로이론의 기본 원리와 응용 방법을 배울 수 있도록 구성되어 있다. 반도체소자와 회로 설계, 신호처리, 제어이론, 통신 시스템 등 전기전자공학의 여러 분야들은 목적에 따라 다양한 기능의 회로를 기반으로 구현되는 전기전자 시스템과 긴밀히 연관되어 있다. 따라서 여러 가지 전기회로를 정확히 설계하기 위해서는 전기전자공학에서 다루는 물리량에 익숙해지고 기본적인 소자들의 기능을 이해하는 한편, 해석 기법들을 습득하여 상황에 맞게 활용할 수 있어야 한다. 전기전자공학의 필수적인 지식을 제공하는 회로이론의 최신 서적을 번역하여 한국어판을 출간할 수 있게 되어 큰 기쁨으로 생각한다.

이 책은 모두 11장으로 구성되어 있으며, 가능한 한 원저자가 의도한 내용을 정확하게 전달하면서도 학생들이 이해하기 쉽게 번역하고자 노력하였다. 더 정확한 이해를 요하는 부분이나 배경지식이 필요한 부분에는 역자 주를 통해 설명을 덧붙였다.

각 장은 해당 단원의 목표와 학습의 필요성을 제시한 **개요**와 기초 원리 및 법칙으로 시작하며, 개념을 확실히 이해했는지 확인할 수 있는 **예제, 질문, 연습, 연습문제** 등 다양한 문제를 포함하고 있다. 직접 계산하여 도출한 회로 해석 결과를 회로 해석 소프트웨어 Multisim과 PSPICE를 활용하여 다시 한 번 검증할 수 있도록 사용 방법을 알려준다. 마지막으로 **핵심 요약, 관계식, 주요 용어**를 통해 핵심 내용을 쉽게 머릿속에 정리할 수 있도록 꾸며져 있다.

각 장별 주제에 따라 이 책의 구성을 간략히 살펴보자.

❶ **1장**
회로이론의 중요성과 전기전자공학 분야에서 다루게 되는 기초 물리량 및 단위를 소개한다. 전기회로의 가장 기본이 되는 소자인 저항, 커패시터, 인덕터, 전원 등을 설명한다.

❷ **2장~4장**
대부분의 선형 전기회로를 해석할 때 기본적으로 사용하는 해석 원리, 즉 옴의 법칙, 키르히호프의 법칙과 이들을 근간으로 하는 다양한 해석 기법(마디 전압법, 망로 전류법, 중첩의 원리 등)을 공부한다.

❸ **5장~6장**
저항과 더불어 가장 기본적인 수동소자인 커패시터와 인덕터가 저항과 함께 사용된 회로를 해석한다. 1차 및 2차 미분 방정식의 풀이를 통해 과도 응답 및 정상 상태 응답을 구하는 방법을 공부한다.

❹ **7장~8장**
정현파 전원이 있는 교류 회로를 해석하는 방법을 알아본다. 교류 신호를 더 간편하게 나타내는 기법인 페이저 영역 표현을 학습한다.

❺ 9장

7~8장에서 배운 개념과 기법을 확장, 적용하여 교류 전력을 공부한다.

❻ 10장~11장

시간 영역에서만 다루었던 신호를 라플라스 변환을 통해 주파수 영역으로 옮겨 다루고, 복소 주파수 개념을 도입하여 회로를 해석한다. 시간 영역의 함수를 주파수 영역에서 처리할 수 있는 또 다른 기법인 푸리에 변환도 공부한다.

이 책에서는 다양한 이론과 법칙, 해석 기법을 소개하고 있는데, 회로이론을 공부하는 학생이라면 손으로 직접 문제를 풀어 보며 스스로 생각할 수 있는 기회를 많이 갖기를 바란다. 회로이론의 기본적인 원리들은 대부분 수학 및 물리학에 기원한 것으로, 계산을 통해 기본 원리를 습득하는 과정이 반드시 필요하다. 훗날 실제 연구나 제품 설계 및 제작 등의 과정에서는 회로 설계 소프트웨어를 주로 활용하겠지만, 직접 답을 구하는 경험을 통해 컴퓨터를 활용해 구한 값이 타당한지 판단하거나 좀 더 효율적인 접근 방법을 생각해낼 수 있을 것이다.

회로이론을 공부하는 모든 이들이 전자회로, 반도체소자, 아날로그 및 디지털 회로, 통신 시스템, 제어이론 등 다양한 전기전자 분야로 진출하는 데 이 책이 도움이 되길 바라며, 나아가 한국의 전기전자공학 분야의 미래를 이끌어가는 일원이 되기를 바란다. 성공적인 출판을 위해 고생해주신 한빛아카데미에 깊은 감사의 뜻을 전한다.

옮긴이 박병국, 조성재, 강인만, 김중빈

이 책에서 다루는 주제들이 장별로, 그리고 전체적으로 어떻게 연결되어 있는지를 보여준다. 전체적인 내용은 순차적으로 진행되지만 주기와 비주기, 직류와 교류, 시간과 주파수 등 서로 대응 혹은 상반되는 개념들을 제시하며 전개되므로 이러한 대응 관계를 파악하며 공부한다면 재미를 더할 수 있을 것이다.

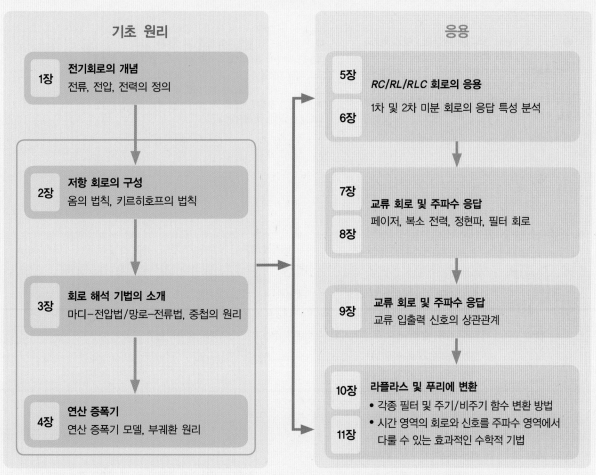

기초 원리

1장 전기회로의 개념
전류, 전압, 전력의 정의

2장 저항 회로의 구성
옴의 법칙, 키르히호프의 법칙

3장 회로 해석 기법의 소개
마디-전압법/망로-전류법, 중첩의 원리

4장 연산 증폭기
연산 증폭기 모델, 부궤환 원리

응용

5장
6장 *RC/RL/RLC* 회로의 응용
1차 및 2차 미분 회로의 응답 특성 분석

7장
8장 교류 회로 및 주파수 응답
페이저, 복소 전력, 정현파, 필터 회로

9장 교류 회로 및 주파수 응답
교류 입출력 신호의 상관관계

10장
11장 라플라스 및 푸리에 변환
• 각종 필터 및 주기/비주기 함수 변환 방법
• 시간 영역의 회로와 신호를 주파수 영역에서 다룰 수 있는 효과적인 수학적 기법

✓ 선형 회로를 해석하는 기본적인 기법에 대한 원리와 사용법을 학습한다.

✓ 2장~4장은 회로 해석의 기본 원리와 기법을 다루는 매우 중요한 단원이다.

✓ 1장~4장을 통해 선행 학습된 해석법을 다양한 회로에 응용하는 방법을 학습한다.

무엇을 배우나?

❶ 1장 ~ 3장 _ 전기회로의 기본 개념과 저항으로 구성된 선형 회로의 해석법

전기회로의 구조와 회로 내부에 사용되는 각종 회로 성분을 학습한다. 회로 해석에 가장 기본적으로 사용되는 옴의 법칙, 키르히호프의 법칙, 회로 변환 방법 등을 학습하여 본격적인 회로 해석의 기초를 다진다. 저항 회로를 기반으로 마디 전압법, 망로 전류법, 중첩의 원리, 테브난 및 노턴 등가회로 등 기본 해석 기법을 습득한다.

❸ 7장 ~ 9장 _ 정현파와 페이저 개념 및 교류 회로의 해석과 주파수 응답

시간 영역에서 정현파로 표현되는 신호가 인가되는 회로를 페이저 영역에서 해석하는 방법과 교류 회로의 전력, 부하 등을 산출해내는 방법을 배운다. 교류 신호에 대한 주파수 응답 특성을 분석하는 방법과 신호처리에 활용되는 다양한 종류의 수동 및 능동 필터에 대해 공부한다.

❷ 4장 ~ 6장 _ 연산 증폭기와 $RC/RL/RLC$ 회로의 응답 분석

연산 증폭기를 이용한 다양한 증폭기 구조와 부궤환의 원리를 알아보고, 미분 방정식을 통해 저항 이외에 커패시터, 인덕터 등의 수동소자가 사용된 일차 및 이차 전기회로의 시간에 따른 응답 특성을 분석해본다.

❹ 10장 ~ 11장 _ 라플라스 변환 및 푸리에 변환

라플라스 변환의 정의를 알고 이를 바탕으로 한 주파수 영역의 회로 해석 방법을 익힌다. 주기함수로 표현되는 신호를 푸리에 급수로 나타내는 방법을 배우고, 이를 비주기함수로 확장 적용하는 기법인 푸리에 변환을 학습하여 다양한 신호가 인가되는 회로를 해석하는 데 활용한다.

표준 스케줄 표 (두 학기 기준)

1학기

주	해당 장	주제
1	1장	전기전자공학 교과목 안에서의 회로이론 과목의 이해와 회로 해석 툴 소개
2	1장	회로 해석과 설계의 개념, 소자에서 시스템에 이르는 회로 구성 요소
3	1장	전하, 전류, 전압, 전력 등 회로이론에서 접하게 되는 기본 물리량의 정의와 단위
4	2장	저항 회로의 개념, 옴의 법칙
5	2장	키르히호프의 전압 및 전류법칙, 등가회로 변환
6	3장	마디 전압법, 망로 전류법, 점검 기법
7	3장	중첩의 원리, 테브난/노턴 정리
8		**중간고사**
9	4장	연산 증폭기의 구조, 부궤환의 원리
10	4장	이상적인 모델을 적용한 다양한 연산 증폭기 회로(반전/비반전/가산/차동 증폭기 등)의 역할과 해석 방법
11	4장	연산 증폭기를 이용한 신호처리 회로, 계측 증폭기, DAC 회로의 구조, MOSFET
12	5장	저항, 커패시터, 인덕터를 활용한 일차 RC/RL 회로의 구성
13	5장	RC/RL 회로에서 시간의 변화에 따른 과도 응답 및 정상 상태 응답 도출
14	5장	RC 회로에 연산 증폭기를 적용한 회로에서 입출력 간의 응답 관계 유도
15	5장	특정 요건을 충족하는 미분 및 적분 연산 증폭기 회로 설계
16		**기말고사**

강의 보조 자료

PPT 자료와 연습문제 해답

- 한빛아카데미에서는 교수/강사님들의 효율적인 강의 준비를 위해 온라인과 오프라인으로 강의 보조 자료를 제공합니다.
- 다음 사이트에서 회원으로 가입하신 교수/강사님께는 교수용 PPT 자료와 연습문제 해답 및 풀이를 제공합니다.

  http://www.hanbit.co.kr

- 온라인에서 자료를 다운받으시려면 교수/강사 회원으로 가입한 후 인증을 거쳐야 합니다.

2학기

주	해당 장	주제
1	6장	이차 회로의 개념, 이차 회로에서 미분 방정식을 세우는 방법
2	6장	이차 회로의 미분 방정식 해가 갖는 성분과 유형
3	6장	연산 증폭기를 포함하는 이차 회로
4	7장	정현파 함수와 복소수 복습, 페이저
5	7장	페이저 영역에서 회로를 해석하는 기법
6	8장	복소 부하, 복소 전력
7	8장	3상 회로를 해석, 설계하는 기법
8		**중간고사**
9	9장	전달함수와 주파수 응답
10	9장	수동 소자를 기반으로 저역통과, 대역통과 및 대역차단 필터 설계
11	9장	연산 증폭기를 활용한 능동 필터 설계
12	10장	라플라스 변환의 정의, 주파수 영역에서의 회로 해석
13	10장	시간 영역에서의 컨벌루션 적분 기법
14	11장	주기함수의 푸리에 급수 표현
15	11장	비주기함수의 푸리에 변환
16		**기말고사**

목차 Contents

Chapter **03** | 해석 기법

Chapter **04** | 연산 증폭기

Chapter 05 | *RC*와 *RL* 회로

Chapter
10 | 라플라스 변환 분석 기법

회로 용어
Circuit Terminology

학습목표

• 회로 해석과 설계, 각종 소자와 회로 및 시스템, 직류와 교류, 능동소자와 수동소자의 차이점을 이해할 수 있다.

• 전기공학과 컴퓨터공학의 역사에서 중요한 사건과 획기적인 기술을 인식할 수 있다.

• 회로를 해석하는 수식에서 물리량의 자릿수를 표현하는 접두사를 이해할 수 있다.

• 전하량과 전류의 관계, 전압과 에너지의 관계, 전력과 전류 및 전압의 관계, 물리량에 따른 음의 부호(−) 사용법을 이해할 수 있다.

• 종속 전원과 독립 전원의 특성을 비교할 수 있다.

• 전압원, 전류원, 저항, 커패시터, 인덕터에 대한 개념과 관계식을 정의할 수 있다.

• SPST 스위치와 SPDT 스위치의 동작 원리를 이해할 수 있다.

개요

일상생활에서 사용하는 전자제품 대부분에는 전자회로가 포함되어 있다. 그리고 전자회로로 구성된 각종 전자 센서나 컴퓨터, 디스플레이 장치는 식품 생산 및 수송, 사람의 건강과 오락 활동 등 주요 산업에서 핵심적인 역할을 한다. [그림 1-1]의 유비쿼터스 휴대전화는 증폭기 회로, 발진기, 주파수 변조 장치와 그 이외의 다양한 기능을 가진 회로([그림 1-2])로 구성된다. 즉 휴대전화는 다수 회로가 서로 연결되어 구성된 집적 전자 시스템의 단적인 예라고 할 수 있다. 이때 다양한 회로가 얼마나 잘 호환되는지, 전기적으로 얼마나 정확하게 연결되는지에 따라 휴대전화의 시스템 성능이 결정된다.

보통 회로를 해석하거나 설계할 때는 전자제품의 전체 시스템(system), 회로(circuits) 관점의 **하위 시스템**, 개

[그림 1-1] **휴대전화(출처 : http://www.howtolivesmart.com)**

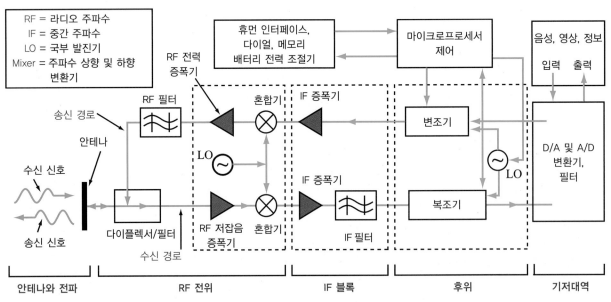

[그림 1-2] **휴대전화 블록 다이어그램**

별적인 회로 요소인 **소자**(devices)나 부품들을 순차적이고 계층적으로 배열하면서 진행한다. 따라서 휴대전화를 거대한 통신 시스템을 구성하는 일부분으로 생각하여 분석하고 설계해야 한다. 예를 들어 휴대전화를 구성하는 오디오-주파수 증폭기의 기능과 특성을 분석한 뒤, 소자 관점에서 주파수 증폭기를 구성하는 저항, 집적회로(IC) 및 다른 구성 소자를 순차적이고 단계별로 분석해야 한다. 집적회로(IC)는 그 자체로 구성과 기능이 복잡하지만, 입력과 출력이 간단한 등가회로로 표현될 수 있으므로 단일 소자의 범주에서 다룰 수 있다.

일반적으로 외부 전원이 없어도 구동할 수 있는 소자를 **수동소자**(passive device), 트랜지스터나 집적회로처럼 외부 전원이 없으면 구동할 수 없는 소자를 **능동소자**(active device)라고 한다.

이 책에서는 주로 **전기회로**를 다루는데, 다음과 같은 질문을 생각해볼 수 있다. "**전기**회로(electrical circuit)와 **전자**회로(electronic circuit)의 차이점은 무엇인가? 두 회로는 같은가, 아니면 다른가?" 엄밀히 말하면, 전기회로와 전자회로는 모두 전자(electron)에 의한 전하의 흐름과 관련이 있다. 역사적으로는 '전기(electrical)'라는 용어가 '전자(electronic)'라는 용어보다 먼저 사용되었으며, 현재는 서로 다른 의미로 사용된다. 다음 설명을 통해 차이점을 살펴보자.

> 전기회로는 전압 및 전류 전원, 수동소자와 특정 스위치로 구성된다. 반면에 '전자'라는 용어는 트랜지스터를 포함한 능동소자의 의미로 주로 사용된다.

보통 전자회로를 배우기에 앞서 전기회로를 배운다. 전기회로를 배울 때 트랜지스터와 같은 능동소자의 내부 동작을 직접 다루지는 않지만, 능동소자가 사용된 회로의 경우 능동소자를 등가회로로 표현하여 해석할 수 있으므로 전기회로에서도 능동소자의 기능을 다룬다.

웹스터 영어 사전(*Webster's English Dictionary*)에서는 **전기회로**를 '전류가 흐를 수 있는 완전한 또는 부분적인 경로(path)'라고 정의한다. 여기에서 경로란 두 회로 부품을 연결하는 금속 전선과 같이 물리적으로 명확한 경로와 전자가 이동하는 시작과 끝 지점을 명확히 구분할 수 없는 채널을 모두 포함한다. 예를 들어 번개가 땅을 내리칠 때 전기적으로 강하게 충전된 대기 구름과 지구 표면 사이에 생성되는 전기적 흐름은 전자의 이동을 명확히 알 수 없는 채널로 이해할 수 있다.

전기회로에 관한 연구는 크게 **회로 해석**(analysis)과 **회로 합성**(synthesis), 두 부분으로 나눌 수 있다([그림 1-3]). 먼저 회로 해석은 특정 회로가 '어떻게' 동작하는지에 대한 개념을 정립하는 과정이다. 입력 하나(전기적 자극 및 신호)와 출력 하나(전기적 자극의 응답 결과)로 구성된 회로를 가정해보자. 회로 해석에 사용되는 각종 도구로 입력 신호와 출력 응답 사이의 관계를 수학적으로 표현할 수 있다. 이를 통해 입력 관련 파라미터의 변화에 따른 출력의 동작 특성을 분석적이고 시각적으로 '관찰'할 수 있다.

예를 들면 증폭기 회로를 해석하는 궁극적인 목적은 출력 전압이 입력 전압에 따라 어떻게 변하는지 알아내고, 증폭기의 특성을 나타내는 전체 파라미터 특성의 변화를 살펴보는 것이다. 즉 회로를 해석한다는 것은 여러 회로로 구성된 한 시스템 내에서 각각의 회로가 어떻게 동작하는지 분석하여 전체 시스템이 동작하

회로 해석 vs. 회로 합성

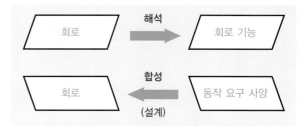

[그림 1-3] 회로의 기능은 회로 해석 도구를 사용하여 식별할 수 있다. 이와 반대 과정으로 특정 조건을 만족하는 회로를 실제로 구현하는 것을 회로 합성 또는 설계라고 한다.

는 특성을 규정하는 것이다.

전기회로를 연구하는 또 다른 과정인 회로 합성은 회로 해석과 반대되는 개념으로, 공학 분야에서 주로 **설계(design)**라는 용어로 표현한다. 설계 과정은 회로나 시스템에 요구되는 동작 요구 사양을 정의하는 것에서 시작하며, 주로 해석의 반대 과정으로 진행된다.

일반적으로 회로를 해석할 때는 정해진 특성으로 동작하는 단일 회로를 다룬다. 특정 회로를 해석하기 위해 사용되는 해석 도구와 기술은 다양하지만, 해석에 사용되는 회로 자체와 그 회로의 특성은 항상 특정한 구조와 값으로 정해진다. 그러나 회로를 합성할 때는 특정 요구 사양을 만족할 수 있는 회로 구조가 다양하므로, 다양한 방법의 설계 과정으로 같은 특정 성능을 나타내는 회로를 다수 개발할 수 있다.

회로 해석과 회로 합성 과정은 순서는 반대지만 상호 보완적이다. 그리고 회로를 해석하는 다양한 해석 기법과 도구를 쉽게 다룰 수 있는 능력은 설계 엔지니어의 필수 요건이다. 따라서 이 책에서는 **직류 전류(DC)**와 **교류 전류(AC)**의 해석뿐만 아니라, 펄스 및 다양한 형태의 신호 파형으로 구동하는 회로를 다룰 수 있는 해석 기법과 수학적 해석 기법도 설명할 것이다.

- DC 회로 : 시간에 따라 전압 또는 전류 전원이 변하지 않는 회로
- AC 회로 : 신호가 시간에 따라 사인파 형태로 변하는 전원으로 구동하는 회로

또한 회로 해석과 회로 합성 과정이 서로 어떻게 보완하는지를 설명하기 위해 회로 설계에 대한 내용도 일부 다룰 것이다.

[질문 1-1] 소자와 회로 및 시스템의 차이점은 무엇인가?

[질문 1-2] 회로 해석과 회로 합성의 차이점은 무엇인가?

1.1 전기전자공학의 역사

오늘날 우리는 전자공학의 시대에 살고 있다. 현대사회의 운영 체계를 형성하는 데 전자공학만큼 큰 영향을 미친 과학이나 기술은 없다. 컴퓨터와 통신 시스템은 식품 생산 및 수송, 사람의 건강과 오락 활동 등 대부분 주요 산업에 사용된다. 전자공학이 어느 특정 사건부터 시작되었다고는 할 수 없지만, 1800년대 후반부터는 전문 직종 분야로 인정받았다(연혁 참조).

알렉산더 그레이엄 벨(Alexander Graham Bell)은 전화를 발명했다(1876년). **토머스 에디슨**(Thomas Edison)은 백열전구를 완성하고(1880년), 뉴욕 시의 일부 지역에 전기 공급 시스템을 구축했다. **하인리히 헤르츠**(Heinrich Hertz)는 전파를 만들었고(1887년), **굴리엘모 마르코니**(Guglielmo Marconi)는 라디오 무선통신을 시현하여 무선 전신의 가능성을 입증했다(1901년). 그 후로 약 50년 동안 진공관으로 구현한 전자회로가 발전하면서 무선통신, **TV** 방송을 포함한 민간 또는 군사용 레이더 분야도 급격하게 발전했다. 그리고 **트랜지스터**

가 발명되고(1947년), **집적회로(IC)**가 개발(1958년)되면서 '더 작고, 더 빠르고, 더 저렴한' 방향으로 전자공학과 산업이 발전할 수 있었다.

컴퓨터공학은 전자공학보다 상대적으로 역사가 짧은 학문이다. 1945년 최초의 **전자컴퓨터**인 에니악(ENIAC)이 개발되었지만, 컴퓨터는 1960년대 후반까지도 상업적인 용도로 사용되지 못했고, 1976년 Apple I이 상용화되어 보급되면서부터 개인적인 용도로 사용되었다. 그러나 최근 20년 동안 컴퓨터와 통신 기술은 놀라운 속도로 발전하여 응용 영역을 확대했고, 두 기술이 완벽하게 조합되면서 이전까지 불가능했던 상업적/개인적 용도로 사용할 수 있었다.

이 책의 범위에서는 다소 벗어나지만, 오늘날 눈부신 기술 발전의 바탕이 되는 역사적 사건을 살펴보는 것은 전기회로의 중요한 주제들을 파악하는 데 좋은 지침이 될 것이다. 다음 간략한 연혁을 통해 전자와 컴퓨터 분야의 주요 사건들에 대해 알아보자.

연혁 : 전기 및 컴퓨터 분야의 주요 발견, 발명, 발전 내용

기원전 1100년경   최초의 계산기인 주판(abacus)이 사용되었다.

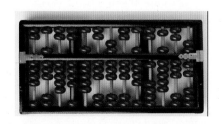

기원전 900년경   북부 그리스 양치기였던 매그너스(Magnus)가 신고 있던 샌들의 쇠못이 검은 바위로 끌려가는 것을 보고, 자철광(영구 자성을 지닌 철의 형태)을 발견했다는 전설이 있다.

기원전 600년경   그리스 철학자 탈레스(Thales)가 호박을 고양이 모피에 문지른 뒤, 새의 깃털을 들어 올려 정전기를 설명했다.

1600 윌리엄 길버트(William Gilbert)가 호박(amber)을 의미하는 그리스어 'elektron'으로 '전기(electric)'라는 용어를 만들었다. 그리고 지구가 막대자석처럼 동작하기 때문에 나침반 바늘의 양 끝이 북쪽과 남쪽을 가리키는 것을 알아냈다.

1614 존 네이피어(John Napier)가 로그(logarithm) 수 체계를 개발했다.

1642 블레즈 파스칼(Blaise Pascal)이 여러 개의 눈금판을 이용하여 최초의 기계식 수동 계산기를 만들었다.

1733 찰스 프랑스와 뒤페(Charles François du Fay)는 전하가 두 가지 형태이며, 같은 전하끼리는 밀어내고 다른 전하끼리는 끌어당기는 것을 발견했다.

1745 피터르 판 뮈스헨브루크(Pieter van Musschenbroek)가 최초의 전기 커패시터인 라이덴병(Leyden jar)을 발명했다.

1800 알레산드로 볼타(Alessandro Volta)가 최초의 전기 배터리를 개발했다.

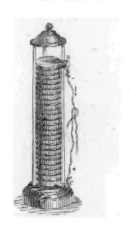

1827 게오르크 시몬 옴(Georg Simon Ohm)이 전위와 전류 및 저항에 관한 옴의 법칙을 정립했다.

1827 조지프 헨리(Joseph Henry)가 인덕턴스 개념을 도입하고, 최초의 전기 모터를 만들었다. 또한 새뮤얼 모스(Samuel Morse)의 전신 기술 개발을 지원했다.

1837 새뮤얼 모스가 문자와 숫자를 표현하기 위해서 단음과 장음의 신호 코드를 사용하는 전자기 전신과 관련된 특허를 받았다.

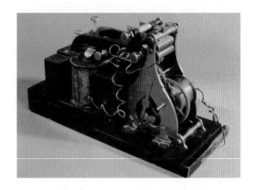

1876 알렉산더 그레이엄 벨이 전화기를 발명했다. 1890년에는 회전식 다이얼을 사용할 수 있었고, 1900년까지 많은 지역에 전화 시스템이 설치되었다.

1879 토머스 에디슨은 백열전구를 개발하고, 1880년 전력 분배 시스템으로 뉴욕 시민 59명에게 직류 전원을 제공했다.

1887 하인리히 헤르츠(Heinrich Hertz)는 라디오 주파수에서 전자기파를 생성하고 감지할 수 있는 시스템을 구축했다.

(출처 : John Jenkins(sparkmuseum.com))

1888 니콜라 테슬라(Nikola Tesla)가 AC 모터를 발명했다.

1893 발데마르 포울센(Valdemar Poulsen)은 강철선을 이용하여 기록 장치의 일종인 자기 음향 녹음기를 발명했다.

1895 빌헬름 뢴트겐(Wilhelm Rontgen)이 X선을 발견했다. 첫 번째 영상은 아내의 손뼈를 찍은 것이었다(1901년 노벨 물리학상 수상).

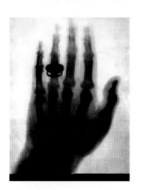

1896 굴리엘모 마르코니(Guglielmo Marconi)가 라디오를 이용한 무선통신 특허를 최초로 출원했다. 1901년에는 대서양을 가로지르는 라디오 무선통신을 시현했다(1909년 칼 브라운과 함께 노벨 물리학상 수상).

1897 칼 브라운(Karl Braun)이 음극선관(CRT)을 발명했다(1909년 마르코니와 함께 노벨상 수상).

1897 조셉 존 톰슨(Joseph John Thomson)이 전자를 발견하고, 전자의 전하량 대 질량의 비율을 측정했다(1906년 노벨 물리학상 수상).

1902 레지널드 페센던(Reginald Fessenden)이 전화통신을 위한 진폭 변조 기술을 개발했고, 1906년 크리스마스이브에 육성과 음악을 전달할 수 있는 AM 라디오 방송을 시작했다.

1904 존 플레밍(John Fleming)이 다이오드 진공관에 대한 특허를 취득했다.

1907 리 디포리스트(Lee De Forest)가 무선 전신을 위한 3극 진공관 증폭기를 개발했다. 또한 장거리 전화 서비스, 라디오와 텔레비전 송수신을 위한 기술적 토대를 정립했다.

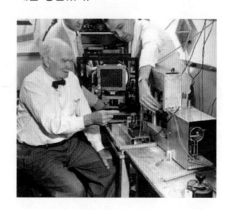

1917 에드윈 암스트롱(Edwin Howard Armstrong)이 신호 수신 성능을 개선할 수 있는 초 헤테로다인 라디오 수신기를 발명했다. 1933년 AM 라디오 주파수보다 뛰어난 음질의 무선 전송이 가능한 주파수 변조(FM) 기술을 개발했다.

1920 상업 라디오 방송이 탄생했다. 웨스팅하우스(Westing-house Corporation) 사가 펜실베이니아 주의 피츠 버그에 라디오 방송국 KDKA을 설립했다.

1923 블라디미르 즈보리킨(Vladimir Zworykin)이 텔레비전을 발명했다. 1926년 존 베어드(John Baird)는 런던에서 글래스고까지 TV 영상을 전화선으로 전송했다. 일반 TV 방송이 독일(1935년), 영국(1936년), 미국(1939년)에서 시작되었다.

1926 런던과 뉴욕 사이에 대서양 횡단 전화 서비스가 시작되었다.

1930 배너바 부시(Vannevar Bush)가 아날로그 컴퓨터인 미분 분석기를 개발하여, 미분 방정식을 풀었다.

1935 로버트 왓슨와트(Robert Watson-Watt)가 레이더를 발명했다.

1945 존 머클리(John Mauchly)와 프레스퍼 에커트(J. Presper Eckert)가 최초의 전자컴퓨터인 에니악을 개발했다.

1947 윌리엄 쇼클리(William Shockley), 월터 브래튼(Walter Brattain), 존 바딘(John Bardeen)이 벨 연구소에서 접합 트랜지스터(BJT)를 발명했다(1956년 노벨 물리학상 수상).

1948 클로드 섀넌(Claude Shannon)이 정보 이론의 기초, 부호, 암호화 및 기타 관련 분야를 다룬 책 '통신의 수학적 이론(Mathematical Theory of Communication)' 을 발행했다.

1950 요시로 나카마(Yoshiro Nakama)가 데이터를 저장하기 위한 자성 매체 응용 방식의 플로피 디스크로 특허를 취득했다.

1954 텍사스 인스트루먼트(Texas Instruments) 사가 최초의 AM 트랜지스터 라디오를 개발했다.

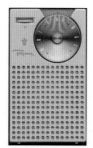

(출처 : Dr. Steve Reyer)

1955 호출기가 병원과 공장의 무선통신용 제품으로 등장했다.

1955 나벤더 카파니(Navender Kapany)가 낮은 손실의 광전송 매체로 광섬유를 구현했다.

1956 존 배커스(John Backus)가 최초의 프로그래밍 언어인 포트란(FORTRAN)을 개발했다.

```
C     FORTRAN PROGRAM FOR
PRINTING A TABLE OF CUBES
      DO 5 I = 1, 64
      ICUBE = I * I * I
      PRINT 2, I, ICUBE
    2 FORMAT (1H , I3, I7)
    5 CONTINUE
      STOP
```

1958 찰스 타운스(Charles Townes)와 아서 숄로(Arthur Schawlow)는 레이저에 대한 개념적인 구조 체계를 개발했다(1964년 찰스 타운스는 알렉산드르 프로호로프(Aleksandr Prokhorov), 니콜라이 바조브(Nicolay Bazov)와 함께 노벨 물리학상 수상). 1960년 시어도어 메이먼(Theodore Maiman)이 첫 번째 레이저 모델을 만들었다.

1958 벨 연구소(Bell Labs)가 모뎀을 개발했다.

1958 잭 킬비(Jack Kilby)가 게르마늄에 최초의 집적회로(IC)를 구축했고, 로버트 노이스(Robert Noyce)는 최초의 실리콘 기반 IC를 만들었다.

1959 아이언 도날드(Ian Donald)가 초음파 진단 시스템을 개발했다.

1960 최초의 수동형 통신 위성인 에코(Echo)가 발사되고, 무선 신호를 지구로 보내는 데 성공했다. 1962년 최초의 통신 위성인 텔스타(Telstar)가 정지 궤도에 진입했다.

1960 디지털 이퀴프먼트(Digital Equipment Corporation)사는 최초의 미니컴퓨터인 PDP-1을 구현했고, 이 모델은 1965년 PDP-8로 이어졌다.

1962 스티븐 호프스타인(Steven Hofstein)과 프레데릭 헤이먼(Frederic Heiman)은 컴퓨터 마이크로프로세서의 기초 부품인 MOSFET을 발명했다.

1964 IBM의 360 메인 프레임이 대기업용 표준 컴퓨터가
되었다.

1965 존 케메니(John Kemeny)와 토머스 커츠(Thomas
Kurtz)가 컴퓨터 언어인 베이직(BASIC)을 개발했다.

```
PRINT
FOR Counter = 1 TO Items
  PRINT USING "##."; Counter;
  LOCATE , ItemColumn
  PRINT Item$(Counter);
  LOCATE , PriceColumn
  PRINT Price$(Counter);
NEXT Counter
```

1965 콘라드 추제(Konrad Zuse)가 이진 산술 및 전기 계
전기(electric relays)를 사용하여 프로그램이 가능한
최초의 디지털컴퓨터를 개발했다.

1968 더글러스 엘겔바트(Douglas Engelbart)가 워드 프로
세서 시스템, 마우스 포인팅 장치 및 윈도우와 유사
한 운영체제를 소개했다.

1969 아르파넷(ARPANET)이 미국 국방부에 의해 개설되
었다. 이후에 인터넷으로 발전한다.

1970 제임스 러셀(James Russell)이 디지털광신호를 이용
하여 기록 및 재생이 가능한 최초의 시스템 CD-
ROM의 특허를 취득했다.

1971 텍사스 인스트루먼트 사가 휴대용 계산기를 개발했다.

(출처 : 텍사스 인스트루먼트 사)

1971 인텔(Intel)은 초당 60,000번의 연산 동작이 가능한
4004 4비트 마이크로프로세서를 개발했다.

1972 고드프리 하운스필드(Godfrey Hounsfield)와 앨런 코
맥(Alan Cormack)이 인체 진단 시스템으로 전산화
된 축성 단층 촬영 스캐너(CAT 스캔)를 개발했다
(1979년 노벨 생리의학상 수상).

1976 IBM이 레이저 프린터를 개발했다.

1976 애플 컴퓨터는 1976년 키트 형태의 Apple Ⅰ을 출시
했고, 이 모델은 1977년 완전 조립 형태의 Apple Ⅱ
와 1984년 매킨토시 출시로 이어졌다.

1979 일본이 휴대전화 네트워크를 최초로 구축했다.
• 1983년 미국이 휴대전화 네트워크를 시작했다.
• 1990년 전자 호출기가 상용화되었다.
• 1995년 휴대전화가 널리 보급되었다.

1980 마이크로소프트가 컴퓨터 디스크 운영 시스템인
MS-DOS를 출시했다. 마이크로소프트 윈도우는
1985년부터 판매되었다.

1981 IBM이 개인용 컴퓨터(PC)를 출시했다.

1984 전 세계적인 인터넷(worldwide internet) 시스템이 가
동되었다.

1988 미국과 유럽 사이에 최초의 대서양을 횡단하는 광섬
유 케이블이 설치 및 구동되었다.

1989 팀 버너스리(Tim Berners-Lee)는 네트워킹 하이퍼
텍스트 시스템(networking hypertext system)을 도입
하여 월드 와이드 웹(World Wide Web)을 개발했다.

1996 사비어 바티아(Sabeer Bhatia)와 잭 스미스(Jack
Smith)가 최초의 웹 메일 서비스인 핫메일(Hotmail)
을 시행했다.

1997 팜 파일럿(포켓용 컴퓨터)이 널리 사용되었다.

1997 영국에서 일본까지 17,500마일(약 28,163km)의 광섬유 케이블이 연결되었다.

2002 휴대전화에서 비디오와 인터넷 서비스를 지원하게 되었다.

2007 슈지 나카무라(Shuji Nakamura)가 고효율 전력의 백색 LED를 발명했다. 이는 에디슨의 전구를 대체할 것으로 기대된다.

1.2 단위, 양, 표기법

오늘날 각종 과학 문헌에서 물리적 수량의 단위를 표현할 때 사용되는 표준 시스템은 **국제단위계**(SI : International System of Units)다. SI라는 약자는 프랑스어 명칭인 Système Internationale에서 유래했다. 시간 (time)은 기본적인 양 중 하나로, 시간의 크기를 표현하는 단위는 초(second)다. 이때 시간의 크기를 구하기 위한 표준 기준 시간은 1초이며, 특정 시간의 크기는 이 표준 기준 시간에 비례하는 값으로 나타낸다. [표 1-1]은 여섯 가지 **기본적인 양**(fundamental dimensions)에 대한 **기본적인 SI 단위**(fundamental SI units)를 나타낸

것이다. 속도, 힘, 에너지는 2차적인 양으로, 여섯 가지 기본 단위의 조합으로 표현할 수 있다. 이 책에서 사용하는 양과 각각의 기호, 단위에 대한 목록은 부록 A를 참조한다.

과학과 공학 분야에서 물리량의 자릿수를 표현할 때는 주로 **접두사**를 사용한다. $10^{-18} \sim 10^{18}$ 범위값에 해당하는 접두사는 [표 1-2]와 같다. 예를 들어 3×10^{-6}A의 전류는 $3\,\mu$A로 표기한다.

이 책에서 다루는 전압 및 전류와 같은 물리량은 시간에 따라 일정할 수도, 변할 수도 있다.

[표 1-1] 기본적인 SI 단위

양	단위	기호
길이	미터	m
질량	킬로미터	kg
시간	초	s
전류	암페어	A
온도	켈빈	K
물질량	몰	mol

[표 1-2] 물리량의 자릿수를 표현하는 접두사

접두사	기호	크기
엑사	E	10^{18}
페타	P	10^{15}
테라	T	10^{12}
기가	G	10^{9}
메가	M	10^{6}
킬로	k	10^{3}
밀리	m	10^{-3}
마이크로	μ	10^{-6}
나노	n	10^{-9}
피코	p	10^{-12}
펨토	f	10^{-15}
아토	a	10^{-18}

일반적으로 사용하는 규칙은 다음과 같다.

- 전류를 표현하는 i와 같은 소문자는 일반적인 물리량을 의미한다.

  i : **시간에 따라 변하거나 변하지 않을 수 있다.**

- 독립 변수인 시간을 표현하기 위한 (t)는 소문자로 표현된 물리량 뒤에 바로 붙여서 사용한다.

  $i(t)$: **시간에 따라 변하는 양이다.**

- 시간에 따라 변하지 않는 물리량은 대문자로 표시한다.

  I : **상수값이다**(DC 값).

- 굵은 글씨로 표현하는 문자는 다음과 같다.

  I : **벡터, 행렬, 위상 대응, $i(t)$의 라플라스 또는 푸리에 변환과 같은 특정한 의미를 나타낸다.**

[**연습 1-1**] 다음 양을 과학적 표기법(지수 표기법)으로 변환하라.

(a) 52 mV   (b) 0.3 MV   (c) 136 nA   (d) 0.05 Gbits/s

[**연습 1-2**] 다음 양을 접두사 앞의 유효숫자가 1과 **999** 사이에 있도록 접두사 표기법으로 변환하라.

(a) 8.32×10^7 Hz   (b) 1.67×10^{-8} m   (c) 9.79×10^{-16} g   (d) 4.48×10^{13} V   (e) 762 bits/s

[**연습 1-3**] 다음 양을 접두사 표기법으로 표현된 단일 숫자로 기술하라.

(a) $A = 10\ \mu V + 2.3$ mV   (b) $B = 4$ THz $- 230$ GHz   (c) $C = 3$ mm / $60\ \mu$m

1.3 전하와 전류

1.3.1 전하

모든 물질의 원자는 중성자와 양전하를 지닌 양성자, 음전하를 띠는 전자로 구성된다. 18세기 후반 프랑스 과학자 찰스 오거스틴 쿨롱(Charles Augustin de Coulomb, 1736 ~ 1806)이 전하에 의해 유도되는 힘의 근원과 개념을 정립하였다. 이후 1897년 J. J. 톰슨(J. J. Thompson)이 전자를 발견할 때까지, 약 100년간 전기와 자기에 대한 실험이 계속 이어졌다. 이런 과정과 최근 연구를 통해 다음과 같이 전하의 기본 특성을 알게 되었다.

- 전하는 양의 극성 또는 음의 극성이 있다.
- 최소 전하량은 하나의 전자 또는 양성자가 지니는 전하량을 의미하며, 일반적으로 e로 표기한다.
- 전하량 보존의 법칙에 따르면, 폐쇄 공간에서 전하량은 늘어나거나 줄어들 수 없다.
- 같은 극성의 두 전하는 서로 밀어내고, 다른 극성의 두 전하는 서로 끌어당긴다.

전하의 단위는 쿨롱(C)으로, e의 크기는 다음과 같다.

$$e = 1.6 \times 10^{-19} \text{ C} \tag{1.1}$$

일반적으로 전하를 표현하는 기호는 q이다. 단일 양성자의 전하량은 $q_p = e$, 전자는 크기가 같지만 극성은 반대이므로 $q_e = -e$로 표현한다. 일정 구간의 전하는 '순전하'라고 하며, 이는 주어진 공간에서 존재하는 모든 양성자와 전자의 전하량 차이와 같다. 따라서 **전하량은 항상 e의 정수배로 표현된다**.

앞서 언급된 기본 특성으로 특정 위치에서 다른 위치로 이동하는 전하의 움직임, 즉 **전류**의 형성을 설명할 수 있다. [그림 1-4]는 저항 R에 전원 V가 금속 전선으로 연결된 간단한 회로로, 식 (1.2)의 **옴의 법칙**(Ohm's law)에 의한 전류가 생성된다(옴의 법칙은 2장에서 더 상세히 살펴볼 것이다.).

$$I = \frac{V}{R} \tag{1.2}$$

[그림 1-4]에 나타낸 것처럼

전류는 배터리의 외부 경로를 통해 배터리의 양극(+) 단자에서 음극(-) 단자 방향으로 흐른다.

배터리는 화학적 혹은 다른 방법으로 음극에서 전자를 공급한다. 전자는 배터리 구성 물질의 분자가 이온화

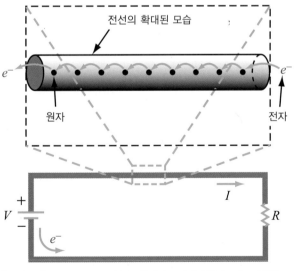

[그림 1-4] 전선에 흐르는 전류는 확대된 그림에서 볼 수 있는 것처럼, 전자가 표동(drift)을 통해 이동하면서 발생한다.

되면서 생성되는데, 일반적으로 배터리의 특성을 정의하는 모델은 내부 단자에서의 전하의 움직임을 고려하지 않는다. 전하의 이동은 전자의 움직임이 음극에서 시작하여 외부 전선을 통해 양극으로 향한다는 것을 의미하고, 이를 통해 중성 상태를 이룬다. 이때 다음 내용에 주목하자.

> 전류의 흐름은 양전하의 움직임과 같은 방향, 전자의 움직임과 반대 방향으로 정의한다.

전류를 전선과 저항을 통한 전자의 흐름(flowing)으로 설명했지만, 실제 전류 흐름은 전자의 자유 이동(free-flow)이 아니라 표동(drift) 과정에 의해 일어난다. 실제로 전선에 사용되는 금속은 전자가 느슨하게 구속된 원자로 구성된다. 그리고 (+) 단자의 양극성은 (+) 단자와 인접한 원자 내에 구속된 전자에 인력을 가하게 되어, 전자를 원자로부터 분리시킨다. 이렇게 분리된 전자가 (+) 단자로 이동한다.

원자로부터 분리된 전도 전자는 열에 의한 이온들의 진동과 불규칙한 배열에 의해 산란되면서 산란과 산란 사이에 전기장의 방향으로 기속되는 효과에 의해 각 전자의 평균 위치가 조금씩 이동하는데, 이러한 현상을 전자 표동(electron drift)이라고 한다. 전자 표동 과정은 회로를 통해 흐르는 전도 전류(conduction current)의 흐름을 발생시킨다. 이 과정이 전자 정보를 전송하는 데 얼마나 중요한지 이해하기 위해, [그림 1-5]의 기초적인 전송 회로를 살펴보자. 이 회로는 8 V 배터리와 스위치, 저항과 이를 연결하는 60 m의 두 전선으로 구성된다. 전선은 구리로 만들어져 있고, 단면은 지름 2

mm의 원형이다. 스위치가 닫히면 회로를 통해 전류가 흐르는데, 이때 구리선 내부의 전자 표동 속도, 배터리와 저항 사이의 전송 속도(스위치가 닫혔을 때 정보를 알려주는)를 비교해보자. [그림 1-5] 회로에 나타난 구체적인 파라미터값을 통해, 전자의 표동 속도(전자가 전선을 따라 움직이는 실제 물리적인 속도)를 쉽게 계산할 수 있다. 표동 속도는 불과 10^{-4} m/s 수준의 작은 값이므로, 전자가 120 m를 물리적으로 이동하기 위한 시간은 약 1백만 초(=10일)가 소요된다. 하지만 이와는 대조적으로 송신 측의 스위치를 닫고, 이후 수신 측에서의 응답을 관찰할 때까지의(저항을 통해 흐르는 전류의 형태에 대해) 지연 시간(delay time)은 약 0.2 μs로 매우 짧다. 이는 전선에서의 신호 전송 속도가 빛의 이동 속도 $c = 3 \times 10^8$ m/s에 이를 정도로 빠르기 때문이다. 따라서

> 전도성을 갖는 전선을 이용하여 전자적으로 전달할 수 있는 정보의 속도는, 실제 전선 내부에서 움직이는 전자의 이동 속도보다 12승 정도 더 빠르다.

이러한 핵심 개념을 기반으로 전자 통신 시스템을 구현할 수 있다.

1.3.2 전류

전하의 움직임은 전류를 발생시킨다.

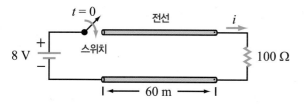

[그림 1-5] 스위치가 닫힌 이후, 전류가 저항까지 흐르는 데 겨우 0.2 μs 가 소요된다.

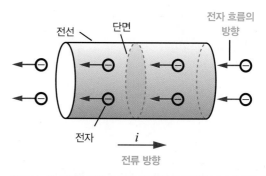

[그림 1-6] 도체를 통해 흐르는 전류(양)의 방향은 전자의 흐름과 반대 방향이다.

전류는 특정 구간의 영역을 가로질러 이동하는 전하량의 시간에 대한 변화율로 정의한다.

[그림 1-6]에서 전선을 흐르는 전류 i는 전선의 단면을 통해 미소시간 dt 동안 흘러간 전하량 dq와 같다. 즉 다음 식과 같다.

$$i = \frac{dq}{dt} \; \text{A} \qquad (1.3)$$

전류의 단위는 암페어(A)다. 일반적으로 양과 음의 전하 모두 가상적인 계면(hypothetical interface)을 통해 흐르고, 이 흐름은 양방향으로 발생할 수 있다. 관례적으로 전류 i의 방향은 전하(양전하와 음전하의 차)의 순흐름(net flow) 방향으로 정의한다. [그림 1-7(a)]의 회로는 5 A의 전류가 전선을 통해 화살표 방향으로 흐르는 것을 보여준다. [그림 1-7(b)]는 [그림 1-7(a)]의 전류와 크기, 방향이 같은 전류가 반대 방향으로 흐르는 회로로서, 전류를 −5 A로 표시하였다.

회로가 배터리에 연결되어 있을 때, 배터리를 통해 흐르는 전류는 대부분 시간과 관계없이 일정하게 흐른다([그림 1-8(a)]). 이런 경우를 직류 전류(direct current) 또는 줄여서 DC라고 한다. 이와 반대로, 가정용 및 많은 전기적 시스템에서 쓰이는 전류는 교류 전류(alternating currents) 또는 줄여서 AC라고 하는데, 이는 시간에 대해 사인파 곡선의 형태로 전류가 변화하기 때문이다([그림 1-8(b)]). 이 외에 시간에 따라 전류가 다른 형태로 변화할 수도 있다. 예를 들어 [그림 1-8(c)]나 [그림 1-8(d)]와 같이 전류가 지수적으로 감

소 및 증가하거나, [그림 1-8(e)]와 같이 감쇠 진동(damped oscillation)을 하는 등 여러 가지 시변적인 파형의 전류가 나타날 수 있다.

하지만 물질을 통해 흐르는 전류 대부분이 전자의 움직임(양이온과 반대 방향)으로 결정되더라도, 전류는 양전하의 관점에서 생각하는 것이 좋다. 왜냐하면 전류 방향(음전하가 흐르는 방향과 반대)과 혼동할 수 있기 때문이다.

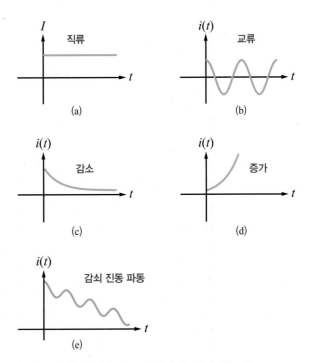

[그림 1-8] 시간에 따른 다양한 종류의 전류를 나타낸 그래프

[그림 1-7] 전선을 통해 아래쪽 방향으로 흐르는 5 A 전류와 위쪽 방향으로 흐르는 −5 A 전류는 같은 의미를 지닌다.

전선의 기준 단면을 따라 흐르는 전류 $i(t)$를 살펴보자.

(a) 전선의 단면을 따라 전달되어 t초 동안 **축적된 전하량**의 수식 $q(t)$를 표현하라. 또한 표현된 전하량 수식 결과를 [그림 1-9(a)]의 지수적으로 나타낸 전류 그래프에 적용하라. 그래프로 표현된 전류를 식으로 표현하면 다음과 같다.

$$i(t) = \begin{cases} 0 & (t < 0) \\ 6e^{-0.2t} \text{ A} & (t \geq 0) \end{cases} \qquad (1.4)$$

(b) t_1과 t_2라는 두 시간 사이에서 전선을 통해 흘러간 **순전하** $\Delta Q(t_1, t_2)$를 표현하고, $t_1 = 1$ s, $t_2 = 2$ s일 때의 ΔQ를 각각 구하라.

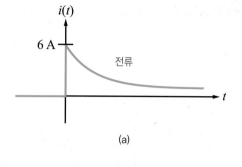

(a)

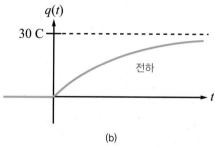

(b)

[그림 1-9] **전류 $i(t)$는 축적 전하를 발생시킨다.**
(a) $i(t)$
(b) **축적 전하**

풀이

(a) 우선 식 (1.3)을 다음과 같이 표현하자.

$$dq = i \, dt$$

위 식의 양변을 $-\infty \sim t$까지 적분하면

$$\int_{-\infty}^{t} dq = \int_{-\infty}^{t} i \, dt$$

와 같은 식을 얻을 수 있다. 양변을 정리하면 식 (1.5)와 같이 정리할 수 있다.

$$q(t) - q(-\infty) = \int_{-\infty}^{t} i \, dt \qquad (1.5)$$

이때 $q(-\infty)$는 시간이 흐르기 시작할 때 전선을 통해 전달된 전하량을 의미한다. $-\infty$를 적분 구간의 하한으로 선택한 이유는 $q(-\infty) = 0$에 의해 $-\infty$의 시간에서 이미 전달되어 있는 전하량이 없다는 가정을 세울 수 있기 때문이다. 따라서 식 (1.5)는 다음과 같이 표현된다.

$$q(t) = \int_{-\infty}^{t} i \, dt \text{ C} \qquad (1.6)$$

식 (1.4)에서 주어진 전류 $i(t)$에 대해 $t < 0$ 동안 $i(t) = 0$이다. 따라서 전하량 $q(t)$는

$$q(t) = \int_{0}^{t} 6e^{-0.2t} \, dt = \frac{-6}{0.2} e^{-0.2t} \Big|_{0}^{t}$$
$$= 30[1 - e^{-0.2t}] \text{ C}$$

로 주어진다. 시간 t에 대한 $q(t)$의 그래프는 [그림 1-9(b)]와 같다. 긴 시간이 흐른 뒤에 축적된 전하량은 $t = +\infty$으로 설정하면 구할 수 있고, $q(+\infty) = 30$ C이다.

(b) 시간 t_1까지 단면을 통해 흘러가 축적된 전하량은 $q(t_1)$으로 표현한다. 마찬가지로 시간 t_2까지 축적된 전하량은 $q(t_2)$로 정의한다. 따라서 t_1과 t_2 사이의 간격 동안 단면을 통해 흐른 순전하는 다음과 같이 표현할 수 있다.

$$\Delta Q(t_1, t_2) = q(t_2) - q(t_1)$$

$$= \int_{-\infty}^{t_2} i \, dt - \int_{-\infty}^{t_1} i \, dt = \int_{t_1}^{t_2} i \, dt$$

따라서 $t_1 = 1 \text{ s}$, $t_2 = 2 \text{ s}$일 때, 식 (1.4)에 제시된 전류 $i(t)$는 다음과 같이 계산한다.

$$\Delta Q(1, 2) = \int_1^2 6e^{-0.2t} \, dt = \frac{6e^{-0.2t}}{-0.2}\bigg|_1^2$$

$$= -30(e^{-0.4} - e^{-0.2}) = 4.45 \text{ C}$$

예제 1-2 전류

전선 내 특정 위치에서 흐르는 전하량이 다음과 같다.

(a) $t = 0$일 때 전류값을 구하라.

(b) $q(t)$의 최댓값과 그때의 해당 전류값을 구하라.

$$q(t) = \begin{cases} 0 & (t < 0) \\ 5te^{-0.1t} \text{ C} & (t \geq 0) \end{cases}$$

풀이

(a) 식 (1.3)을 사용하면 다음 식을 구할 수 있다.

$$i = \frac{dq}{dt}$$

$$= \frac{d}{dt}(5te^{-0.1t})$$

$$= 5e^{-0.1t} - 0.5te^{-0.1t}$$

$$= (5 - 0.5t)e^{-0.1t} \text{ A}$$

위 식에서 $t = 0$을 대입하면 전류 $i(0) = 5 \text{ A}$를 구할 수 있다. 하지만 $t = 0$에서 $q(t) = 0$일지라도 전류 i는 0이 아닐 수 있다.

(b) $q(t)$가 최대일 때의 t를 구하기 위해, $\dfrac{dq}{dt}$를 0으로 놓는다.

$$\frac{dq}{dt} = (5 - 0.5t)e^{-0.1t}$$

$$= 0$$

위 식을 만족하는 t는 다음과 같다.

$$5 - 0.5t = 0 \text{일 때,} \quad t = 10 \text{ s}$$

$$e^{-0.1t} = 0 \text{일 때,} \quad t = \infty$$

첫 번째 결과인 $t = 10\,\text{s}$일 때는 최댓값을, 두 번째 결과인 $t = \infty$일 때는 최솟값을 구할 수 있다($q(t)$에 관해 그래프를 그리거나 $q(t)$의 이계도함수를 유도하여 $t = 10\,\text{s}$와 $t = \infty$일 때를 풀면 구할 수 있다.). 따라서 $t = 10\,\text{s}$일 때, 전류 값은 다음과 같다.

$$q(10) = 5 \times 10e^{-0.1 \times 10} = 50e^{-1} = 18.4\,\text{C}$$

[질문 1-3] 전하의 기본 특성 네 가지는 무엇인가?

[질문 1-4] 전선에서의 전류 방향은 전자가 흐르는 방향과 비교하여 같은 방향인가? 반대 방향인가?

[질문 1-5] 전자 표동 현상은 어떻게 전도 전류를 유도하는가?

[연습 1-4] $t \geq 0$일 때, 한 회로 내에 존재하는 특정 저항을 통해 흐르는 전류가 $i(t) = 5[1 - e^{-2t}]$로 주어질 경우, 시간 $t = 0$과 $t = 0.2\,\text{s}$ 사이에 저항을 통해 지나는 총 전하량을 구하라.

[연습 1-5] $q(t)$가 다음과 같을 때, 해당하는 전류의 파형을 그려라.

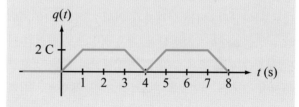

1.4 전압과 전력

1.4.1 전압

회로를 해석할 때 사용하는 두 가지 기본적인 물리량으로 전류와 전압이 있다. 전류는 전하의 움직임, 전압은 전하의 극성과 관련이 있다. 전압을 정의하기에 앞서 지금까지 중성 물질을 분극화하는 데 사용된 에너지를 살펴보자. 물질의 양쪽 끝에서 전기적 극성이 반대로 나타난다. 이를 살펴보기 위해 [그림 1-10]처럼 양 끝점을 a와 b로 지정한 두 짧은 전선으로 연결된 어떤 물질(저항과 같은 물질)을 가정해보자. 전기적으로 중성인 구조를 살펴보려면 a지점의 한 원자에서 전자를 분리하여 b지점으로 이동시킬 수 있다고 가정해야 한다. 그리고 양으로 대전된 원자에서 음전하가 움직이려면, 원자와 음전하 사이의 인력에 의한 힘의 방향과 반대로 움직여야 한다. 따라서 특정한 양의 에너지가 소모된다.

전압은 총 전하와 관련한 에너지 소모량을 의미하고 항상 두 공간의 위치를 포함한다.

> 전압이 a지점과 b지점 사이의 전압 차이라는 사실을 나타내기 위해 v_{ab}로 표시한다.

두 지점은 회로 안에서의 두 위치 또는 공간 안에서의 두 지점이 될 수 있다. 이러한 배경을 바탕으로 전압을 정의하면 다음과 같다.

> 위치 a와 b 사이의 전압은 dq에 대한 dw의 비율이다. 이때 dw는 양전하 dq가 b에서 a로(또는 음전하가 a에서 b로) 이동하기 위해 필요한 에너지(J)다.

즉 다음과 같은 수식으로 표현할 수 있다.

$$v_{ab} = \frac{dw}{dq} \tag{1.7}$$

전압의 단위는 볼트(V)로, 최초의 배터리를 발명한 볼타(Alessandro Volta, 1745 ~ 1827)의 이름을 따서 붙여졌다. 전압은 **전위차**(potential difference)라고도 하는데, v_{ab}가 양의 값이면 a지점의 전위가 b지점의 전위보다 높다는 것을 의미한다. 따라서 [그림 1-11(a)]의 a지점을 (+)로, b지점을 (−)로 표시한다. 만약 v_{ab} = 5 V라면 "b지점에서 a지점까지의 **전압 상승**(voltage rise)은 5 V다." 또는 "a지점에서 b지점까지의 **전압 강하**(voltage drop)는 5 V다."라고 설명할 수 있다.

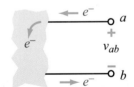

어떤 특정 물질

[그림 1-10] 전압 v_{ab}는 음전하 하나가 a지점에서 b지점으로 이동하는 데 필요한 에너지의 양과 같다.

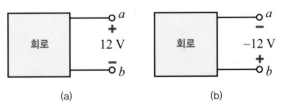

(a)   (b)

[그림 1-11] (a) a지점을 (+)라고 둔 것으로, V_{ab} = 12 V로 나타낸다.
(b) b지점을 (+)라고 둔 것으로, V_{ab} = −12 V로 나타낸다.
즉 V_{ab} = 12 V는 동등하다(V_{ab} = −V_{ba}).

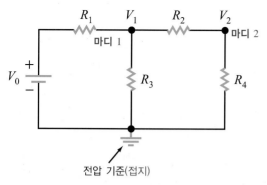

[그림 1-12] 접지는 회로의 모든 지점에 대한 기준으로 선택된 지점이다.

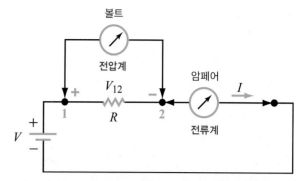

[그림 1-13] 이상적인 전압계는 회로의 동작을 방해하지 않고 두 지점 (마디 1과 마디 2 등) 사이의 전압 차이를 측정한다. 마찬가 지로 이상적인 전류계는 전압 강하 없이 전류의 양과 방향 을 측정한다.

회로 a지점에서 b지점으로 흐르는 전류 5 A는 반대 방향으로 흐르는 전류 −5 A와 같은 의미다. 이는 전압에서도 마찬가지다. 따라서 [그림 1-11]의 두 그림은 a지점과 b지점 사이의 전압에 대해 같은 정보를 나타낸다.

또한 전류를 정의할 때 언급한 DC와 AC도 전압에서 똑같이 적용된다. 전압이 일정하면 DC 전압, 전압이 사인곡선 형태로 시간에 따라 변하면 AC 전압이라고 한다.

접지

앞에서 언급한 바와 같이 전압이란 절대적인 값이 아니라 두 지점 사이의 전위차를 의미한다. 따라서 특정 회로 내에서 전위에 대한 기준점인 접지(ground)를 설정하는 것이 편리하다. 접지를 설정하면 회로 내 지점의 전압은 접지와의 전위차로 정의할 수 있다. [그림 1-12]에서 마디 1의 전압인 V_1이 6 V이면 마디 1과 접지 사이의 전위차가 6 V이고, 접지 지점에서의 전압이 0이라는 것을 의미한다.

연구실에서 회로를 구성할 때, 섀시가 공통 접지로 사용되는 경우를 섀시 접지(chassis ground)라고 한다. 8.6절에서 설명하겠지만, 가정용 전기 회로망의 콘센트는 세 개의 전선에 연결되어 접지로 집 주변에 있는 지면을 사용하므로, 대지 접지(Earth ground)라고 한다.

전압계 및 전류계

전압계는 회로에서 두 지점 사이의 전압 차이를 측정

하는 일반적인 기구다. [그림 1-13]의 회로에서 전압 V_{12}를 측정하려면 전압계의 (+) 단자를 마디 1에, (−) 단자를 마디 2에 연결한다. 전압계를 연결해도 회로에는 변화가 없다. 즉 **이상적이라면 전압계는 회로에 연결된 전압과 전류에 아무런 영향을 미치지 않는다.** 물론 실제 전압계는 전압을 측정할 때 회로에 일부 전류가 흐르지만, 그 양은 무시할 수 있을 정도로 작다.

전선에 흐르는 전류를 측정하려면 [그림 1-13]과 같이 전류가 흐르는 경로에 전류계를 연결한다. **이상적인 전류계에서 발생하는 전압 강하는 0이다.**

개방 회로와 단락 회로

개방 회로(open circuit)는 두 지점 사이의 경로가 단절된(무한대 저항) 상태를 말한다. 이때 두 지점 사이의 전압과 관계없이 개방 회로에서는 전류가 흐를 수 없다. 즉 [그림 1-14]의 1지점과 2지점 사이의 경로가 개방 회로다. 반면에 [그림 1-14]의 3지점과 4지점 사이와 같은 **단락 회로(short circuit)**는 두 지점이 완벽한 선(저항은 0)으로 연결되어 있다. 그 사이에 흐르는 전류 크기와 상관없이 단락 회로에서는 전압 강하가 발생하지 않는다.

스위치는 기능에 따라 여러 종류가 있다. [그림 1-15(a)] 처럼 기본 ON/OFF 스위치를 단극 단접점(SPST :

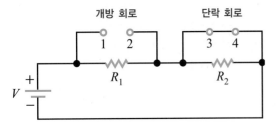

[그림 1-14] 지점 1과 지점 2는 개방 회로, 지점 3과 지점 4는 단락 회로

Single-Pole Single-Throw) 스위치라고 한다. ON(닫힌) 상태는 단락 회로처럼 전압 강하 없이 스위치를 지나 전류가 흐르고, OFF(열린) 상태는 개방 회로처럼 동작한다. [그림 1-15(a)]에서 특정 시간 $t = t_0$는 스위치가 아래로 닫히거나 위로 열리는 순간의 시간을 말한다.

스위치의 목적이 두 지점에 공통된 단자를 연결하는 것이라면 [그림 1-15(b)]와 같이 **단극 쌍접점**(SPDT : Single-Pole Dougle-Throw) 스위치를 사용한다. $t = t_0$ 전에 공통 단자는 1지점에 연결되어 있고, $t = t_0$일 때 그 연결을 끊고 공통 단자를 2지점에 연결한다.

1.4.2 전력

[그림 1-16(a)]의 회로는 개방 상태의 SPST로 연결된 배터리와 전구로 구성되어 있다. 전류는 개방 회로를 통해 흐르지 않지만, 배터리는 두 단자에 각각 양전하

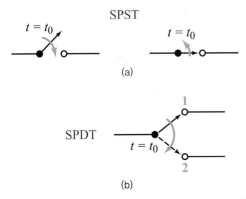

[그림 1-15] (a) 단극 단접점(SPST)으로 스위치가 열린 상태에서, $t = t_0$일 때 닫힌다. 스위치가 닫힌 상태에서, $t = t_0$일 때 열린다.
(b) 단극 쌍접점(SPDT)으로 스위치가 지점 1에 연결된 상태에서, $t = t_0$일 때 지점 2에 연결된다.

와 음전하가 인가되어 있기 때문에 전압 V_{bat}를 가진다. [그림 1-16(b)]와 같이 $t = 5$ s일 때 스위치가 닫히면 전류 I가 그림에 표시된 방향으로 흐른다. 배터리의 양전하는 (+) 단자로부터 전구를 통해 아래로 흘러가서 배터리의 (−) 단자까지 흐르고(전류의 방향은 양전하가 흐르는 방향에 맞춰 정의하기 때문이다.), 전류의 방향은 그림에서 표시된 것과 같다.

회로를 통해 전류가 흐르면

• 배터리는 전력을 공급한다.

• 전구는 전력 변환의 결과로 필라멘트에서 열과 빛을 발생하며, 전력을 수신한다. 즉 전류가 (−) 단자로 들어가서 (+) 단자로 나올 때까지 전력 공급기(배터리)는 **전압을 증가**시킨다. 반면에 전력 수신기(전구)는 전류가 (−) 단자로 들어가서 (+) 단자로 나올 때까지 **전압을 감소**시킨다. 이런 전력 소비에 대해 전력을 발생시키는 소자에 전류가 흐르는 방향과 전압 극성의 특성은 **수동부호 규약**(passive sign convention)으로 규정되어 있으며([그림 1-17]), 이 책에서는 이를 준수한다.

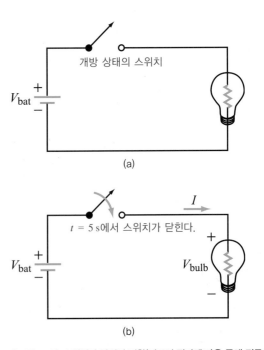

[그림 1-16] 스위치가 닫히면 저항(전구의 필라멘트)을 통해 전류가 흐른다.

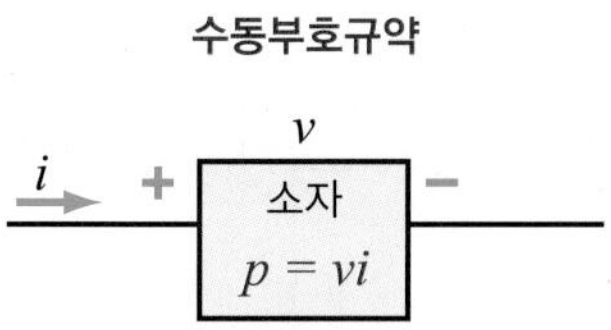

수동부호규약

$p > 0$ 소자에 전달된 전력
$p < 0$ 소자를 통해 공급된 전력

[그림 1-17] **수동부호규약** : 전류 방향은 전압 v의 (+)쪽으로 들어간다.

다음으로 전기소자에 전달되거나 흡수되는 전력 p의 수식 표현을 알아보자. 지금까지 논의된 내용을 바탕으로 전력은 에너지의 시간에 따른 변화율로 정의한다.

$$p = \frac{dw}{dt} \ \text{W} \tag{1.8}$$

전력의 단위는 와트(W)로, 스코틀랜드 기술자 겸 발명가였던 제임스 와트(James Wart, 1736 ~ 1819)의 이름을 따서 붙여졌다. 그는 증기기관의 초기 단계부터 실용적인 핵심 단계에 이르기까지 증기기관의 발달에 기여했다.

식 (1.3)과 식 (1.7)을 사용하여 전력에 관한 식 (1.8)을 다음과 같이 재정의할 수 있다.

$$p = \frac{dw}{dt} = \frac{dw}{dq} \cdot \frac{dq}{dt}$$

혹은 간단히 다음 식으로 정의한다.

$$p = vi \ \text{W} \tag{1.9}$$

수동부호규약에 맞게 나타내면 다음과 같다.

소자에 전달되는 전력은 인가되는 전압과 (+) 전압 단자로 들어오는 전류의 곱과 같다.

p의 대수값이 음수이면 그 소자는 에너지 공급원을 의미한다. 여러 소자로 구성된 독립된 전자회로에서는 **전력 보존의 법칙**(law of conservation of power)으로 인해 전체 회로의 전력의 합은 항상 0이다. 즉 n개의 소자가 있는 회로의 전력은 다음과 같다.

$$\sum_{k=1}^{n} p_k = 0 \tag{1.10}$$

식 (1.10)은 회로에 공급되는 전체 전력과 소모되는 전체 전력이 항상 같다는 의미다.

전력 공급 장치는 에너지를 전달하기 위한 용량을 비율로 설명한다. 어떤 배터리가 9 V에서 200 Ah(ampere-hours)의 출력 용량을 가진다면, $i \, \Delta t = 200$ Ah이므로 Δt에 해당하는 한 주기 동안(시간으로 측정된) 전류 i를 지속적으로 전달할 수 있음을 의미한다. 이러한 출력 용량은 9 V의 전압이 유지되면 계속 유지될 수 있다. 다른 방법으로, 출력 용량은 1.8 kWh(kilowatt-hours)로 표현한다. 이 방법으로 공급되는 에너지의 총량을 다음과 같이 나타낼 수 있다.

$$W = vi \ \Delta t \quad (\Delta t\text{는 시간})$$

예제 1-3 전력 보존

[그림 1-18]의 두 회로에 대해, 각 소자에 얼마나 많은 전력이 전달되는지 구하고, 그 소자가 전력을 공급하는지 소모하는지 결정하라.

(a) [그림 1-18(a)] 회로를 보고 물음에 답하라.
(b) [그림 1-18(b)] 회로를 보고 물음에 답하라.

풀이

(a) [그림 1-18(a)]에서 소자의 양 단자로 들어가는 전류는 0.2 A다. 따라서 전력 P(전류와 전압이 모두 직류이므로 대

문자를 사용한다.)는

$$P = VI = 12 \times 0.2 = 2.4\,\text{W}$$

이고, $P > 0$이므로 소자는 전력을 소모한다. 전력 보존의 법칙으로 소자가 2.4 W의 전력을 소모하면, 배터리는 정확하게 같은 양의 전력을 공급해야 한다. 배터리의 (+) 단자로 들어가는 전류는 −0.2 A다(0.2 A의 전류가 단자로부터 나오기 때문이다.). 수동부호 규약에 따르면 수동소자로 가정된 배터리에 흡수된 전력은

$$P_{\text{bat}} = 12(-0.2) = -2.4\,\text{W}$$

이다. P_{bat}이 음수이므로, 배터리는 실제로 전력을 공급한다는 것을 알 수 있다.

(b) [그림 1-18(b)]에서 소자 1의 (+) 단자로 들어가는 전류는 3 A다. 따라서

$$P_1 = V_1 I_1 = 18 \times 3 = 54\,\text{W}$$

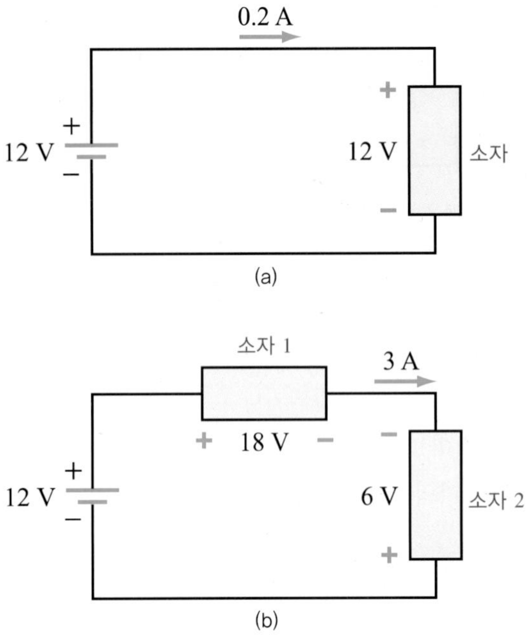

이므로, 소자 1은 전력을 소모한다. 소자 2는

$$P_2 = V_2 I_2 = (-6) \times 3 = -18\,\text{W}$$

이므로, 소자 2는 전력을 공급한다(P_2 값이 음수). 배터리의 전력은

$$P_{\text{bat}} = 12(-3) = -36\,\text{W}$$

이다. 즉 전체 회로의 전력의 합이 정확히 0이므로, 전력 보존의 법칙을 만족한다.

[그림 1-18] [예제 1-3]의 회로

예제 1-4 에너지 소모

100 V의 DC 전원에 연결된 어느 저항이 스위치가 off 상태가 될 때까지 전력 20 W를 소모하고, 전압은 0까지 지수함수적으로 감소한다고 한다. $t = 0$은 스위치가 off 상태가 될 때의 시간이다. 이후의 전압 변화가 다음과 같이 주어질 경우, 스위치가 off 된 뒤 저항에 의해 소모되는 전체 에너지의 양을 결정하라.

$$v(t) = 100e^{-2t}\ \text{V} \quad (t \geq 0,\ t\text{는 초 단위})$$

풀이

$t = 0$이 되기 전, 저항에 흐르는 전류는 $I = \dfrac{P}{V} = \dfrac{20}{100} = 0.2$ A다. 이 값을 $t = 0$에서 전류의 초깃값으로 사용하고, 전류가 전압에 따라 일정하게 변할 것이라고 가정하면 $i(t)$는 다음과 같이 표현된다.

$$i(t) = 0.2e^{-2t}\ \text{A} \quad (t \geq 0)$$

따라서 시간 t에서의 전력은

$$p(t) = v(t) \cdot i(t) = (100e^{-2t})(0.2e^{-2t})$$
$$= 20e^{-4t} \ \text{W}$$

이다. 전력은 (e^{-4t})의 비율로 감소하므로 전류와 전압에 대한 (e^{-2t})의 비율보다 훨씬 더 빠르게 감소하는 것을 알 수 있다. 스위치를 작동한 뒤 저항에서 소모되는 전체 에너지는 $p(t)$를 $t = 0$에서 무한대까지 적분하여 다음과 같이 구한다.

$$W = \int_0^\infty p(t) \, dt = \int_0^\infty 20e^{-4t} \, dt = -\frac{20}{4} \, e^{-4t} \Big|_0^\infty = 5 \ \text{J}$$

[연습 1-6] 저항을 통해 양의 전류가 a지점에서 b지점으로 흐를 경우 v_{ab}가 양수인지 음수인지 구하라.

[연습 1-7] 전압차가 5 V인 특정 소자가 있다. 이 소자에 2 A의 전류가 소자의 (−) 단자에서 (+) 단자로 흐를 때, 이 소자가 전력 공급기인지 전력 수신기인지 구하라. 또한 1시간에 공급 또는 수신하는 에너지의 양을 구하라.

[연습 1-8] 12 V의 배터리가 연결된 자동차 라디오에 0.5 A의 직류 전류가 흐른다. 이때 라디오가 1.44 kJ의 에너지를 소비하는 데 소요되는 시간을 구하라.

1.5 회로소자

기능 시스템(functional systems)에서 사용하는 전자회로는 트랜지스터와 집적회로를 포함한 다양한 회로소자를 사용한다. 대부분 전자회로와 소자는 동작이 아무리 복잡하더라도, 이상적인 특성을 가지는 **기본 소자**(basic elements)로 구성된 **등가회로**(equivalent circuit)로 나타낼 수 있다. 등가회로는 정확한 범위(입력 신호의 레벨 또는 출력단의 부하 저항의 범위와 같은)에서 지정된 조건으로 실제 전자회로 또는 소자의 동작과 유사한 회로 동작을 제공한다. 일반적으로 회로 해석에 사용하는 기본 소자는 전압/전류원과 같은 전원들과 저항, 커패시터, 인덕터와 같은 수동소자 및 다양한 형태의 스위치로 구분할 수 있다. 스위치의 기본 속성은 1.4.1절에서 학습하였다. 이 절에서는 전원과 수동소자의 서로 다른 두 기본 소자 그룹과 관련된 용어와 전류–전압 관계식에 대해 알아보자.

1.5.1 전류–전압 관계식

소자에 흐르는 전류와 소자에 인가되는 전압 사이의 관계는 해당 소자의 기본 동작을 정의하는 데 사용된다. 앞에서 언급한 바와 같이, **옴의 법칙**(Ohm's law)에서 저항에 인가되는 전압 v의 (+) 단자로 들어가는 전류 i는 다음과 같다.

$$i = \frac{v}{R}$$

이 식을 저항에 대한 **전류–전압 관계식**(i-v relationship)이라고 한다. [그림 1-19(a)]는 선형 전류–전압 관계식(linear i-v relationship)을 나타내는 것으로, 저항(R)이 일정하게 유지될 때 전류(i)와 전압(v)이 항상 비례

함을 의미한다. 이렇게 선형 전류–전압 응답을 나타내는 소자만으로 구성된 회로를 **선형 회로**(linear circuit)라고 한다. 회로의 선형 특성은 1장과 2장에서 제시되는 다양한 회로 해석 기법에 대한 기본 조건이다. 반면에 다이오드와 트랜지스터는 비선형 전류–전압 관계식으로 나타낸다. 하지만 소자를 종속 전원을 포함하는 선형 회로로 나타내면, 비선형 소자를 포함하는 회로에도 선형 회로의 해석 기법을 적용할 수 있다. 종속

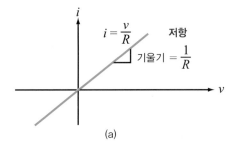

(a)

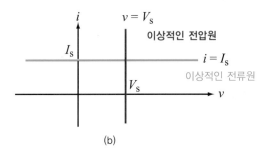

(b)

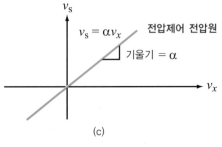

(c)

[그림 1-19] (a) 이상적인 저항에서의 전류–전압 관계식
(b) 이상적이고 독립적인 전압원과 전류원의 전류–전압 관계식
(c) 종속적인 전압제어 전압원(VCVS)의 전류–전압 관계식

전원의 개념과 어떻게 사용하는지에 대해서는 1.5.3절에서 알아보자.

1.5.2 독립 전원

이상적이고 독립적인 전압원은 부하 또는 연결된 회로의 종류에 상관없이 단자에 특정한 전압을 인가한다.

따라서 단락 회로에 연결되지 않는 동안, 특정한 전압 V_s와 함께 전압원에 대한 전류-전압 관계식을 나타내면 다음과 같다.

$$v = V_s$$

마찬가지로 이상적이고 독립적인 전류원은 인가되는 전압에 상관없이 특정한 값의 전류를 흐르게 만든다 (하지만 개방 회로에 연결되면 동작하지 않는다). 이때

[표 1-3] 전압원과 전류원

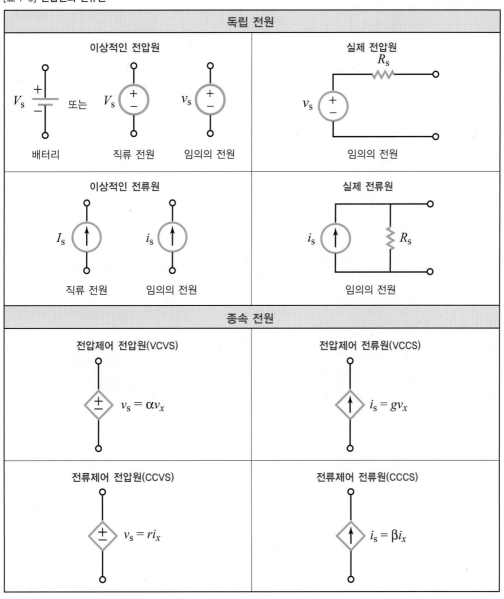

참고 : α, g, r, β는 상수, v_x와 i_x는 회로의 다른 지점에서의 특정 전압 및 전류다. 소문자 v와 i는 시간에 따라 변하거나 변하지 않는 전압원과 전류원을 나타내고, 대문자 V와 I는 직류 전원을 나타낸다.

전류-전압 관계식은 다음과 같다.

$$i = I_s$$

[그림 1-19(b)]처럼 이상적인 전압원의 전류-전압 특성은 수직선으로 나타내고, 이상적인 전류원은 평행선으로 나타낸다. [표 1-3]을 살펴보면, 독립 전원인 경우의 회로 기호는 원형이고, 직류 전압원인 경우에는 전통적인 배터리 부호로 쓰인다. 수력 또는 원자력 발전소에 연결된 가정용 콘센트는 전력 분배 네트워크를 통해 일정한 전압값에서 연속 출력을 제공한다. 따라서 독립 전압원으로 분류된다. 손전등을 예로 들어보자. 손전등의 9 V 배터리는 전압원으로 볼 수 있다. 이때 배터리에 저장된 전하는 전구를 밝히기 위해 사용된다. 따라서 엄격히 말하면 배터리는 발전기가 아니라 저장 장치다. 하지만 배터리가 일정한 전압원처럼 동작하는 동안에는 발전기로 생각해도 무방하다.

실질적으로 어떤 전원도 이상적인 전원의 성능 사양을 제공할 수 없다. 예를 들어 5 V 전압원이 단락 회로를 따라 연결되었을 때 심각한 문제가 발생한다. 전원의 관점에서 전압은 5 V이지만, 앞에서 정의한 바로는 단락 회로에 인가된 전압은 0이다. 전압이 동시에 0과 5 V일 수는 없다. 즉 지금까지 논의한 이상적인 전압원에 대한 설명에 오류가 있음을 알 수 있다. [표 1-3]에서 실제 전압원과 전류원 모델의 경우 전압원은 직렬 저항을, 전류원은 병렬 저항을 포함한다. 따라서 정교한 회로 배열을 가지는 실제 전압원은 **등가 저항 R_s**와 직렬로 연결된 **등가의 이상적인 전압원**(equivalent, ideal voltage source) v_s의 결합처럼 동작한다. 대개 R_s는 전압원에 대해 매우 작은 값을, 전류원에 대해서는 매우 큰 값을 가진다.

1.5.3 종속 전원

1.5절의 도입 부분에서 언급했듯이, 때때로 트랜지스터와 다른 전자소자의 동작을 모델링하기 위해 등가회로를 사용한다. 기본 소자로 구성된 등가회로를 이용하여 복잡한 소자를 표현하면, 회로 해석뿐만 아니라 설계 과정도 매우 쉬워진다. 이런 회로 모델은 **종속 전원**(dependent source)인 인위적인 전원을 사용한 다양한 소자 사이의 관계식을 포함한다. **종속 전압원**(dependent voltage source)의 전압 레벨은 회로의 어느 특정 부분에서의 특정한 전압 또는 전류로 정의할 수 있다.

[그림 1-20]은 등가회로의 한 예다. [그림 1-20(a)]는 간단한 증폭기 회로로 삼각 회로 기호로 표시한다. 이때 출력 전압은 $v_0 = -2v_s$로 −2의 전압 증폭도를 가지는 741 연산 증폭기(OP-AMP) 모델을 나타내고, v_s는 입력 신호 전압을 나타낸다. 4장에서 설명하게 될 연산 증폭기는 트랜지스터, 저항, 커패시터, 다이오드로 구성된 복잡한 구조의 전자소자지만, [그림 1-20(b)]에서 볼 수 있듯이 입력 저항 R_i와 출력 저항 R_0의 두 저항과 하나의 종속 전압원으로 구성된 간단한 회로로 표현할 수 있다.

[그림 1-20(b)]에서 회로의 우측면에 있는 전압 v_2는 $v_2 = Av_1$이다. 이때 A는 상수, v_1은 등가회로의 왼쪽면에 있는 저항 R_i 양단에 인가되는 전압이다. 이 경우에 v_2의 크기는 항상 입력 신호 전압 v_s와 선택된 회로 저항값에 따라 변화하는 v_1의 크기에 의해서 결정된다. 제어되는 값 v_1이 전압이기 때문에 v_2는 **전압제어 전압원**(VCVS : Voltage-Controlled Voltage Source)이라고 한다. 반면에 제어되는 양이 전류원이면 종속 전원은 **전류제어 전압원**(CCVS : Current-Controlled Voltage Source)이다. 다른 형태로 **전압제어 전류원**(VCCS : Voltage-Controlled Current Source)과 **전류제어 전류원**(CCCS : Current-Controlled Current Source)이 있다. [표 1-3]에서 보면 종속 전원의 특성 부호는 마름모 모양이다. 비례 상수 α는 전압 대 전압과 관련된 값이고, β는 전류 대 전류와 관련된 값이므로 단위가 없는 무차

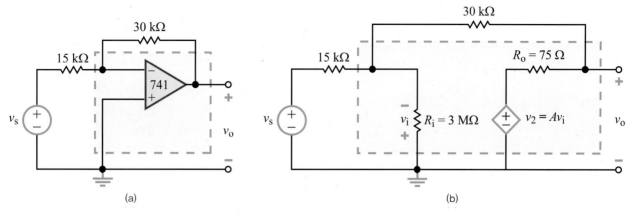

[그림 1-20] 연산 증폭기는 복잡한 소자지만, 회로 동작은 종속 전압원을 포함한 간단한 등가회로로 표현할 수 있다.
    (a) 연산 증폭기 회로
    (b) 종속 전압원과 함께 표현된 등가회로

원의 양이다. 반면에 상수 g와 r의 단위는 각각 A/V와 V/A이다. 종속 전원이 선형 관계식의 특성을 가지므 로 전류-전압 관계식도 선형 관계를 가진다. VCVS에 대한 예는 [그림 1-19(c)]에서 볼 수 있다.

예제 1-5 종속 전원

[그림 1-21]에서 종속 전원의 전압 V_1의 크기를 구하라. 또한 전원이 어떤 종류인지 판별하라.

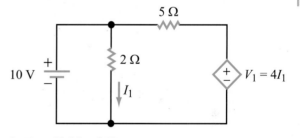

[그림 1-21] [예제 1-5] 회로

풀이

V_1이 전류 I_1에 의해 결정되므로 이 회로는 4 V/A의 계수를 갖는 전류제어 전압원이다. 10 V의 직류 전압이 2 Ω의 저항 양단에 인가되어 있으므로, 화살표로 나타낸 방향으로 흐르는 전류 I는 다음과 같다.

$$I_1 = \frac{10}{2} = 5 \text{ A}$$

결과적으로 V_1은 다음과 같다.

$$V_1 = 4I_1 = 4 \times 5 = 20 \text{ V}$$

1.5.4 수동소자

[표 1-4]에는 세 가지 수동소자가 열거되어 있다. 열거된 저항, 커패시터, 인덕터의 **전류-전압 관계식**은 다음과 같다.

$$v_R = Ri_R \tag{1.11a}$$

$$i_C = C\frac{dv_C}{dt} \tag{1.11b}$$

$$v_L = L\frac{di_L}{dt} \tag{1.11c}$$

[표 1-4] 수동소자 및 기호

소자	기호	전류-전압 관계식
저항	$\begin{array}{c} \downarrow i_R \\ + \\ v_R \quad R \\ - \end{array}$	$v_R = Ri_R$
커패시터	$\begin{array}{c} \downarrow i_C \\ + \\ v_C \quad C \\ - \end{array}$	$i_C = C \dfrac{dv_C}{dt}$
인덕터	$\begin{array}{c} \downarrow i_L \\ + \\ v_L \quad L \\ - \end{array}$	$v_L = L \dfrac{di_L}{dt}$

여기서 R, C, L은 각각 옴(Ω) 단위의 저항, 패럿(F) 단위의 커패시턴스, 헨리(H) 단위의 인덕턴스를 의미한다. 따라서 v_R, v_C, v_L은 저항, 커패시터, 인덕터에 인가되는 각각의 전압을 나타내고, i_R, i_C, i_L은 소자를 따라 흐르는 각각의 전류를 나타낸다. 주의해야 할 사항을 살펴보자.

> 전류-전압 관계식은 세 수동소자의 전류-전압 관계식 중 하나로 정의되며, 이때 전류는 전압의 양극으로 들어가서 음극으로 나오는 방향이다.

앞서 저항이 전류와 전압이 항상 비례하여 변하는 **선형 전류-전압 관계식**을 나타낸다는 것을 학습했다. 커패시터와 인덕터도 시간의 도함수 $\dfrac{d}{dt}$를 포함하는 전류-전압 관계식으로 나타낸다. 커패시터에 인가되는 전압(v_C)이 시간 변화에 일정하면 $\dfrac{dv_C}{dt}=0$ 이다. 따라서 커패시터에 흐르는 전류(i_C)는 전압의 크기에 상관없이 0이다. 마찬가지로 인덕터에 흐르는 전류(i_L)가 직류이면, 인가되는 전압(v_L)은 0이다. 즉 커패시터와 인덕터는 전압과 전류가 시간에 따라 변화해야 사용할 수 있으므로, 주로 교류 회로에서 사용된다. 반면에 저항은 직류 회로와 교류 회로에 모두 사용된다. 에너지 저장 장치인 커패시터와 인덕터를 모두 포함하는 회로는 5장에서 설명할 것이다.

예제 1-6 스위치

[그림 1-22]의 회로에는 $t=0$에서 위치가 변하는 SPDT 스위치와 $t=0$에서 개방되는 SPST 스위치, $t=5\,\text{s}$에서 닫히는 SPST 스위치가 있다. 다음 주어진 시간에 스위치를 통해 전류가 흐를 때, 그림의 소자를 포함하는 회로도를 만들어라.

(a) $t < 0$

(b) $0 \leq t < 5\,\text{s}$

(c) $t \geq 5\,\text{s}$

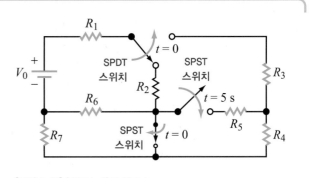

[그림 1-22] [예제 1-6]의 회로

풀이

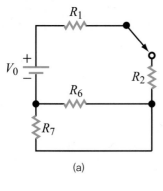

(a)

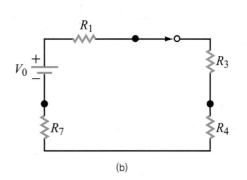

(b)

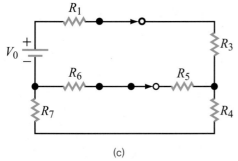

(c)

[그림 1-23] [예제 1-6] 회로 풀이
    (a) $t < 0$
    (b) $0 \leq t < 5\,\text{s}$
    (c) $t \geq 5\,\text{s}$

[질문 1-6] SPST 스위치와 SPDT 스위치의 차이점은 무엇인가?

[질문 1-7] 독립 전압원과 종속 전압원의 차이점은 무엇인가? 종속 전압원은 실제 전력 공급원이 될 수 있는가?

[질문 1-8] '등가회로' 모델이 무엇인가? 어떻게 사용되는가?

[연습 1-9] 다음 회로에서 전류 I_x를 구하라.

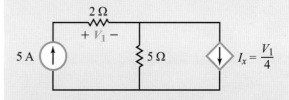

[연습 1-10] 다음 회로에서 문항에 주어진 시간에 대해 전류 I를 구하라.

(a) $t < 0$
(b) $t > 0$

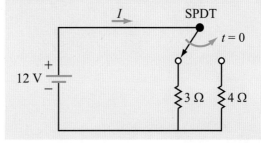

■ 핵심 요약

01. 트랜지스터, 집적회로(IC)와 같은 능동소자는 동작하려면 외부 전력 공급원이 필요하다. 그러나 저항, 커패시터, 인덕터와 같은 수동소자는 외부 전원이 필요하지 않다.

02. 회로 해석과 회로 합성은 상호 보완적인 관계다.

03. 전류 : $i = \dfrac{dq}{dt}$

전압 : $v_{ab} = \dfrac{dw}{dq}$

전력 : $p = vi$

v_{ab}는 a지점과 b지점 사이에 인가되는 전압으로, dw는 dq의 전하량이 b지점에서 a지점으로 이동하기 위해 필요한 일을 의미한다.

04. 수동부호규약에 따라 전류 i의 방향은 전압 v의 (+)극으로 들어가는 방향으로 지정한다. $p > 0$이면 전력을 소모하고, $p < 0$이면 전력을 공급한다.

05. 독립 전원은 에너지의 실제 공급 전원이다. 종속 전원은 소자의 비선형 동작을 모델링하기 위하여 사용되는 가상 전원이다.

06. 저항은 선형 전류–전압 관계식을 나타내는 반면에 다이오드와 트랜지스터는 비선형적인 전류–전압 관계식으로 나타낸다. 커패시터와 인덕터에 대한 전류–전압 관계식은 $\dfrac{d}{dt}$를 포함한다.

■ 관계식

옴의 법칙 $\quad i = \dfrac{v}{R}$

전류 $\qquad i = \dfrac{dq}{dt}$

전류의 방향은 (+) 전하가 흐르는 방향이다.

전하량 전달 $\quad q(t) = \displaystyle\int_{-\infty}^{t} i \, dt$

$$\Delta Q = q(t_2) - q(t_1) = \int_{t_1}^{t_2} i \, dt$$

전압

단위 전하에 대한 전위 에너지 차이

수동부호규약

전류의 방향은 전압의 (+)극이다.

전력 $\qquad p = vi$

$\qquad\qquad p > 0 \rightarrow$ 소자가 전력 흡수

$\qquad\qquad p < 0 \rightarrow$ 소자가 전력 제공

전류–전압 관계식

저항 $\qquad v_R = R i_R$

커패시터 $\quad i_C = C \, \dfrac{dv_C}{dt}$

인덕터 $\qquad v_L = L \, \dfrac{di_L}{dt}$

■ 주요 용어

개방 회로(open circuit)

교류(AC)

국제단위계(SI units)

누적 전하(cumulative charge)

능동소자(active device)

단극단접점(SPST)

단극쌍접점(SPDT)

단락 회로(short circuit)

독립 전원(independent source)

등가회로(equivalent circuit)

분극화 전위차(potential difference)

선형 응답(linear response)

설계(design)

수동부호규약(passive sign convention)

수동소자(passive device)

암페어-시(ampere-hours)

전기회로(electric circuit)

전도 전류(conduction current)

전력(power)

전류(electric current)

전류-전압 특성(i-v characteristic)

전압(voltage)

전자 표동(electron drift)

전하(electric charge)

접두사(prefix)

종속 전원(dependent source)

직류(DC)

킬로와트시(kilowatt-hours)

합성(synthesis)

해석(analysis)

※ **1.2절과 1.3절 : 단위, 양, 표기법, 전하와 전류**

1.1 물리량의 자릿수를 나타내는 적절한 접두사를 사용하여 다음 값을 표현하라.

    (a) 3,620 watts (W)

    (b) 0.000004 amps (A)

    (c) 5.2×10^{-6} ohms (Ω)

    (d) 3.9×10^{11} volts (V)

    (e) 0.02 meters (m)

    (f) 32×10^5 volts (V)

1.2 물리량의 자릿수를 나타내는 적절한 접두사를 사용하여 다음 값을 표현하라.

    (a) 4.71×10^{-8} seconds (s)

    (b) 10.3×10^8 watts (W)

    (c) 0.00000000321 amps (A)

    (d) 0.1 meters (m)

    (e) 8,760,000 volts (V)

    (f) 3.16×10^{-16} hertz (Hz)

1.3 다음 단위를 변환하라.

    (a) 16.3 m를 mm로 변환하라.

    (b) 16.3 m를 km로 변환하라.

    (c) 4×10^{-6} μF(마이크로패럿)을 pF(피코패럿)으로 변환하라.

    (d) 2.3 ns를 μs로 변환하라.

    (e) 3.6×10^7 V를 MV로 변환하라.

    (f) 0.03 mA(밀리암페어)를 μA로 변환하라

1.4 다음 단위를 변환하라.

    (a) 4.2 m를 μm로 변환하라.

    (b) 3 hours를 μs로 변환하라.

    (c) 4.2 m를 km로 변환하라.

    (d) 173 nm를 m로 변환하라.

    (e) 173 nm를 μm로 변환하라.

    (f) 12 pF(피코패럿)을 F(패럿)으로 변환하라.

1.5 어떤 특정한 공간에 포함된 총 전하는 -1 C이다. 만약 전자만 포함되어 있다면 전자의 개수는 얼마인가?

1.6 특정 단면이 xy평면에 놓여 있다. 만약 3×10^{20}의 전자가 4초 동안 z방향으로 지나가는 동시에 1.5×10^{20}의 양성자가 z방향과 반대 방향으로 동일하게 단면적을 통과한다면, 이 단면적을 통과한 전류의 크기와 방향을 구하라.

1.7 시간 t까지 저항을 통해 흘러들어오는 누적 전하가 다음과 같을 때, 저항에 흐르는 전류 $i(t)$의 값을 구하라.

    (a) $q(t) = 3.6t$ mC

    (b) $q(t) = 5\sin(377t)$ μC

    (c) $q(t) = 0.3[1 - e^{-0.4t}]$ pC

    (d) $q(t) = 0.2t\sin(120\pi t)$ nC

1.8 시간 t까지 저항을 통해 흘러들어오는 누적 전하가 다음과 같을 때, 특정 소자에 흐르는 전류 $i(t)$의 값을 구하라.

    (a) $q(t) = -0.45t^3$ μC

    (b) $q(t) = 12\sin^2(800\pi t)$ mC

    (c) $q(t) = -3.2\sin(377t)\cos(377t)$ pC

    (d) $q(t) = 1.7t[1 - e^{-1.2t}]$ nC

1.9 다음과 같이 각각 지정된 특정 시간 동안에 전류가 흐른다. 이때 이 소자를 지나가는 순전하량 ΔQ를 구하라.

    (a) $i(t) = 0.36$ A, $t = 0$에서 $t = 3$ s까지

    (b) $i(t) = [40t + 8]$ mA, $t = 1$ s에서 $t = 12$ s까지

    (c) $i(t) = 5\sin(4\pi t)$ nA, $t = 0$에서 $t = 0.05$ s까지

    (d) $i(t) = 12e^{-0.3t}$ mA, $t = 0$에서 $t = \infty$까지

1.10 전류가 다음과 같이 각각 지정된 특정 시간 간격에 흐른다. 이때 이 소자를 지나가는 전하량을 구하라.

(a) $i(t) = [3t + 6t^3]$ mA, $t = 0$에서 $t = 4$ s까지

(b) $i(t) = 4\sin(40\pi t)\cos(40\pi t)$ μA, $t = 0$에서 $t = 0.05$ s까지

(c) $i(t) = [4e^{-t} - 3e^{-2t}]$ A, $t = 0$에서 $t = \infty$까지

(d) $i(t) = 12e^{-3t}\cos(40\pi t)$ nA, $t = 0$에서 $t = 0.05$ s까지

1.11 전선에 흐르는 전류가 $i(t) = 3e^{-0.1t}$ mA일 때, 얼마나 많은 전자가 시간 $t = 0$에서 $t = 0.3$ ms 사이에 전선을 통과하는지 구하라.

1.12 특정한 소자에 들어가는 mC 단위의 누적 전하가 다음과 같을 때, 물음에 답하라.

$$q(t) = \begin{cases} 0 & (t < 0) \\ 5t & (0 \le t \le 10 \text{ s}) \\ 60 - t & (10 \text{ s} \le t \le 60 \text{ s}) \end{cases}$$

(a) 시간 $t = 0$에서 $t = 60$ s까지 t에 대한 $q(t)$를 그려라.

(b) 그 소자로 들어가는 전류 $i(t)$를 그려라.

1.13 0.1 ms 동안 지속적으로 3×10^{15}개의 전자가 어떤 소자 내부로 들어갈 때, 전류가 얼마인지 구하라.

1.14 전선을 통해 흐르는 전류(단위는 mA)가 다음과 같을 때, 물음에 답하라.

$$i(t) = \begin{cases} 0 & (t < 0) \\ 6t & (0 \le t \le 5 \text{ s}) \\ 30e^{-0.6(t-5)} & (t \ge 5 \text{ s}) \end{cases}$$

(a) 시간에 대한 전류 $i(t)$를 그려라.

(b) 시간에 대한 전하 $q(t)$를 그려라.

1.15 다음은 어떤 소자에 시간 t의 시점까지 들어간 전하의 축적량 $q(t)$를 나타낸 그래프다. 다음 시점에서 전류를 구하라.

(a) $t = 1$ s

(b) $t = 3$ s

(c) $t = 6$ s

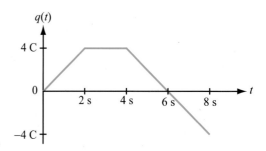

1.16 다음은 어떤 소자에 시간 t의 시점까지 들어간 전하의 축적량 $q(t)$를 나타낸 그래프다. 다음 시점에서 전류를 구하라.

(a) $t = 2$ s

(b) $t = 6$ s

(c) $t = 12$ s

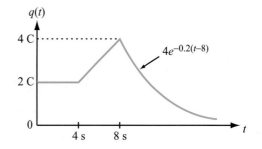

※ 1.4절과 1.5절 : 전압과 전력, 회로소자

1.17 다음 회로에서 각각의 소자 8개에 대해 그 소자가 전력을 공급하는지 소모하는지 판별하고, 얼마나 많은 전력을 공급하거나 수신하는지 결정하라.

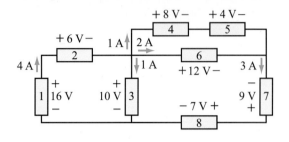

1.18 다음 회로에서 각각의 소자 7개에 대해 그 소자가 전력을 공급하는지 소모하는지 판별하고, 얼마나 많은 전력을 공급하거나 수신하는지 결정하라.

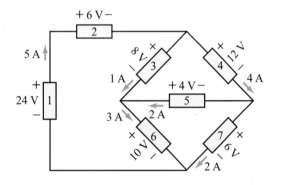

1.19 어떤 전자 오븐이 120 V에서 작동한다. 만약 오븐의 정격 전력이 0.6 kW라면 전류의 양이 얼마인지 구하고, 12분 동안 얼마나 많은 에너지를 소모하는지 구하라.

1.20 어떤 9 V 손전등 배터리의 전력량은 1.8 kWh이다. 점등 시 전구에 100 mA의 전류가 흐를 때, 다음을 결정하라.

(a) 손전등이 얼마나 오랫동안 켜져 있을지 구하라.

(b) 배터리에 얼만큼의 에너지가 저장되어 있는지 구하라(J 단위로 표기).

(c) 배터리의 정격을 암페어-시로 나타내라.

1.21 어떤 소자에 인가되는 전압과 전류가 다음과 같을 때, 물음에 답하라.

$$v(t) = 5\cos(4\pi t) \text{ V}, \quad i(t) = 0.1\cos(4\pi t) \text{ A}$$

(a) $t = 0$ 및 $t = 0.25$ s일 때, 순시 전력 $p(t)$를 구하라.

(b) 코사인 함수의 전체 주기($0 \sim 0.5$ s) 동안 $p(t)$의 평균값으로 정의된 평균 전력 p_{av}를 구하라.

1.22 어떤 소자에 인가되는 전압과 흐르는 전류가 다음과 같을 때, 물음에 답하라.

$$v(t) = 100(1 - e^{-0.2t}) \text{ V}, \quad i(t) = 30e^{-0.2t} \text{ mA}$$

(a) $t = 0$ 및 $t = 3$ s일 때 순시 전력 $p(t)$를 구하라.

(b) $t = 0$에서 $t = \infty$까지 그 소자에 전달되는 누적 에너지를 구하라.

1.23 한 소자에 인가되는 전압과 흐르는 전류가 다음과 같을 때, 그 소자에 전달되는 전력을 시간에 따른 그래프로 그리고 소모된 에너지를 계산하라.

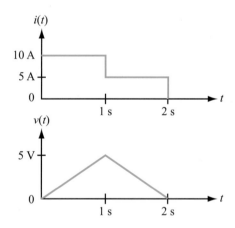

1.24 한 소자에 인가되는 전압과 흐르는 전류가 다음과 같을 때, 그 소자에 전달되는 전력을 시간에 따른 그래프로 그리고 소모된 에너지를 계산하라.

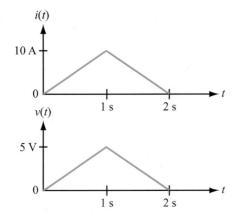

1.25 다음 회로에서 주어진 시간 동안 전류가 흐르는 소자들만 포함하는 회로도를 그려라.

(a) $t < 0$

(b) $0 < t < 2$ s

(c) $t > 2$ s

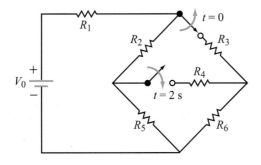

1.26 다음 회로에서 주어진 시간 동안 전류가 흐르는 소자들만 포함하는 회로도를 그려라.

(a) $t < 0$

(b) $0 < t < 2$ s

(c) $t > 2$ s

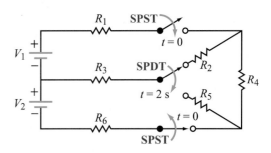

저항 회로
Resistive Circuits

학습목표

- 옴의 법칙을 적용하여 압력 저항과 초전도성의 기본 특성을 이해할 수 있다.
- 마디, 특수 마디, 루프, 경로, 망로와 같은 회로 내부의 연결방식과 관련된 단어를 정의할 수 있다.
- 키르히호프의 전류, 전압법칙을 설명하고, 저항 회로에 적용할 수 있다.
- 두 회로가 서로 등가 관계에 있다는 표현을 이해할 수 있다.
- 직렬 및 병렬로 연결된 저항 구성을 이해하고 전압 및 전류 분배를 적용할 수 있다.
- 전압원과 전류원 간의 전원 변환을 정의할 수 있다.
- Y–Δ 변환을 적용할 수 있다.
- 휘트스톤 브리지 회로의 동작을 표현하고, 작은 편차 측정에 어떻게 사용되는지 이해할 수 있다.
- Multisim을 활용하여 간단한 회로를 해석할 수 있다.

개요

학습은 일반적으로 해당 분야의 특정 용어를 정의하는 데에서 시작한다. 이 책도 1장에서 전류, 전압, 전력 그리고 개방 회로, 폐쇄 회로, 독립 전원, 종속 전원 등의 용어를 소개하고 그 개념을 정의하였다. 이제 다양한 회로에 적용할 수 있는 회로 해석 도구 중 첫 번째 방법을 배워보자.

2장에서는 전원과 저항만으로 구성된 저항 회로를 다룰 것이다(이후 장에서는 2장에서 배운 해석 기법을 커패시터, 인덕터 및 그 외 여러 요소가 포함된 회로에 확대시켜 적용해본다.). 이 장에서는 간단하면서도 효과적인 법칙 세 가지, 즉 옴의 법칙, 키르히호프의 전류법칙과 전압법칙을 소개하고, 몇 가지 회로에 대한 단순화 기법 및 변환 기법들을 배운다.

2.1 옴의 법칙

물질의 전도도 σ는 어떤 물질에 전압이 인가될 때, 전자들이 얼마나 쉽게 그 물질을 통과해 이동하는지를 나타내는 척도다. 물질은 전도도의 크기에 따라 도체(주로 금속), 반도체, 부도체(절연체)로 구분된다. [표 2-1]에 물질의 종류에 따른 σ를 표로 작성하였으며, 미터(m)당 지멘스(siemens)의 단위(S/m)로 표현한다. 지멘스는 옴의 역수($S = \frac{1}{\Omega}$)를 나타내며, σ의 역수는 비저항 ρ라고 한다.

$$\rho = \frac{1}{\sigma} \ \Omega\text{-m} \qquad (2.1)$$

비저항은 물질 내부에서 흐르는 전류가 방해받는 정도를 나타내는 척도다. 대부분 금속의 전도도는 일반적인 절연체의 전도도보다 20승 이상 큰 10^7 S/m 수준이다. 그리고 실리콘(silicon)이나 게르마늄(germanium) 같은 반도체의 전도도는 금속과 절연체 사이에 해당한다.

[표 2-1]에 있는 σ와 ρ의 값은 상온 20℃에서 주어진 값이다. 일반적으로 온도가 감소하면 금속의 전도도는 증가한다. 몇몇 전도체는 매우 낮은 온도에서(절대온도 0도에 가까운 영역에서) 초전도체가 되는데, 이는 초전도체의 전도도가 실제로 무한대이고, 이에 따른 저항값이 0이 되기 때문이다.

2.1.1 저항

소자의 저항 R은 다음 두 가지 요소를 포함한다.

[표 2-1] 20℃에서 일반적인 물질의 전도율과 저항률

물질	전도도 σ (S/m)	비저항 ρ (Ω-m)
도체		
은	6.17×10^7	1.62×10^{-8}
구리	5.81×10^7	1.72×10^{-8}
금	4.10×10^7	2.44×10^{-8}
알루미늄	3.82×10^7	2.62×10^{-8}
철	1.03×10^7	9.71×10^{-8}
수은 (액체 상태)	1.04×10^6	9.58×10^{-8}
반도체		
탄소 (흑연)	7.14×10^4	1.40×10^{-5}
순수 게르마늄	2.13	0.47
순수 실리콘	4.35×10^{-4}	2.30×10^3
절연체		
종이	$\sim 10^{-10}$	$\sim 10^{10}$
유리	$\sim 10^{-12}$	$\sim 10^{12}$
테프론	$\sim 3.3 \times 10^{-13}$	$\sim 3 \times 10^{12}$
도자기	$\sim 10^{-14}$	$\sim 10^{14}$
운모	$\sim 10^{-15}$	$\sim 10^{15}$
폴리스티렌	$\sim 10^{-16}$	$\sim 10^{16}$
석영 유리	$\sim 10^{-17}$	$\sim 10^{17}$

- 어떤 물질을 통해서 전류가 얼마나 잘 흐를 수 있는지를 나타내는 전도율 σ 또는 전도율의 반대 개념으로서 물질을 통해 전류가 흐르는 것을 방해하는 정도를 나타내는 비저항 ρ(전도율과 비저항은 서로 역수 관계이며 각 물질의 고유 특성이다.)

- 소자의 모양과 크기

[그림 2-1]의 저항체에 대한 저항 R은 다음과 같이 주어진다.

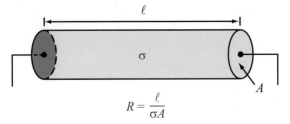

$$R = \frac{\ell}{\sigma A}$$

[그림 2-1] 전도율 σ, 길이 ℓ, 단면적 A를 가지는 저항체

$$R = \frac{\ell}{\sigma A} = \rho \frac{\ell}{A} \ \Omega \qquad (2.2)$$

[표 2-2] AWG 시스템(American Wire Gauge System, 미국 전선 규격 체계)에 따른 전선의 직경

지정된 AWG 크기	직경(mm)
0	8.3
2	6.5
4	5.2
6	4.1
10	2.6
14	1.6
18	1.0
20	0.8

여기서 ℓ은 저항체 소자의 길이, A는 단면적을 나타낸다. 그리고 비저항 ρ와 정비례 관계인 R은, 전류가 흐르는 경로의 길이 ℓ에 정비례하고, A와 반비례한다. 단면적 A가 증가하면 전자는 물질을 통해 더 쉽게 흐른다.

전자회로를 구성하는 모든 회로소자는 각각 고유한 저항 성분을 가지고 있다. 이러한 저항 성분은 소자 사이를 연결하는 전선에도 포함되어 있으나, 일반적으로 전선의 저항은 0으로 취급한다. 왜냐하면 회로의 다른 소자들에 비해 전선의 저항값은 굉장히 작기 때문이다.

예를 들어 회로 기판에 많이 사용하는 AWG-18 구리선과 같은 10 cm 길이의 전선을 고려해보자. [표 2-2]에 따르면, AWG-18 전선은 직경 $d = 1$ mm이다. 이렇게 구체적으로 정해진 ℓ, d 값과 [표 2-1]에서 주어진 구리의 ρ 값을 사용하여 저항 R 값을 구하면 다음과 같다.

$$\begin{aligned} R &= \rho \frac{\ell}{A} = \rho \frac{\ell}{\pi (d/2)^2} \\ &= 1.72 \times 10^{-8} \times \frac{0.1}{\pi (0.5 \times 10^{-3})^2} \\ &= 2.2 \times 10^{-3} \ \Omega \\ &= 2.2 \ \text{m}\Omega \end{aligned}$$

따라서 이 전선의 R 값에 대한 단위는 밀리옴(milliohm)이다. 만일 이 전선이 옴 단위 또는 더 큰 저항을 가진 회로 요소와 연결된다면, 이 전선의 저항을 무시하더라도 회로의 전반적인 동작에는 큰 영향을 미치지 않는다.

그러나 전선의 저항을 무시하는 결정을 신중하게 내려야 할 때도 있다. 대부분 회로를 구성할 때 전선은 단락 회로로 가정하여 무시되지만, 단락 회로의 가정이 유효하지 않은 경우가 있다. 전기 전송 케이블과 같이 수 킬로미터 길이의 매우 긴 전선이나, 수 마이크로급 공정으로 제작되는 마이크로 크기의 매우 얇은 전선 같은 경우다.

전기회로에 사용되는 저항체는 저항체가 포함된 회로의 응용 목적과 구조에 따라 다양한 크기와 모양으로 제작된다. 개별 저항은 보통 [그림 2-2]에 예시된 것처럼 원통형 모양이며, 탄소 혼합물로 만들어진다. 하이

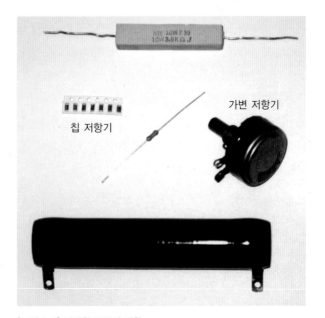

[그림 2-2] 다양한 종류의 저항

[표 2-3] 일반적인 저항 용어

서미스터	온도에 민감한 R
피에조 저항(압력 저항)	압력에 민감한 R
가변 저항기	2단자 가변 저항기
전위차계	3단자 가변 저항기

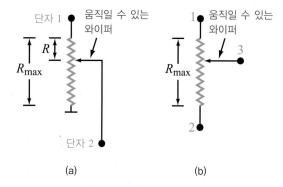

[그림 2-3] 가변 저항기와 전위차계
(a) 단자 1과 단자 2 사이에서 0과 R_{max}간의 원하는 저항을 지정하는 데 사용되는 가변 저항기
(b) 와이퍼를 통해 R_{13}과 R_{23} 간의 저항들로 R_{max}를 분할할 수 있는 전위차계

브리드와 소형화된 회로에서는 얇은 박막 형태의 금속이나 탄소 저항을 사용한다. 또한 집적회로에서는 저항 성분이 확산 공정에 의해 제작된다.

비저항 ρ가 온도에 매우 민감한 금속 산화물이 있다. 이런 저항을 서미스터(thermistor)라고 하며 온도 측정, 온도 보정과 같은 온도 관련 응용 분야에 사용된다([표 2-3]). 또 다른 흥미로운 저항으로 피에조 저항(piezo-resistor)이 있다. 피에조 저항은 가정용 기기, 자동차 시스템, 생체의학 소자 등 많은 분야에서 압력 센서로 사용된다.

라디오의 볼륨 조정기와 같은 응용에는 가변 저항이 사용된다. 일반적으로 쓰이는 기본적인 가변 저항은 가변 저항기와 전위차계 두 가지가 있다. [그림 2-3(a)]의 가변 저항기는 한 단자는 저항선로 끝에, 다른 단자는 움직일 수 있는 와이퍼에 연결된 2단자 소자다. 저항 선로에 걸쳐져 있는 와이퍼는 축의 회전을 통해 선로 전체 저항의(이론적으로는) 0 값에서 최대 저항까지, 두 단자 사이에서 저항값을 변경할 수 있게 해준다. 그래서 만일 저항 선로의 총 저항이 R_{max}라면, 가변 저항기는 0과 R_{max} 사이의 임의의 저항값을 제공할 수 있다.

전위차계는 3단자 소자다. [그림 2-3(b)]에서 단자 1과 단자 2는 총 저항값이 R_{max}인 선로의 각 끝단에 있으며, 단자 3은 움직일 수 있는 와이퍼에 연결되어 있다. 단자 3이 단자 1에 연결되면, 단자 1과 단자 3 사이의 저항은 0이 되고 단자 2와 단자 3 사이의 저항은 R_{max}가 된다. 반대로 단자 3을 단자 1에서 이동시키면, 단자 1과 단자 3 사이의 저항이 증가하고 단자 2와 단자 3 사이의 저항은 감소한다.

2.1.2 $i-v$ 특성

독일의 물리학자 게오르크 시몬 옴(Georg Simon Ohm, 1787~1854)은 실험을 통해 회로 내에서 전도성의 본질이 무엇인지를 밝히고, 그 결과를 바탕으로 옴의 법칙인 $i-v$ 관계를 도출하였다. 그는 저항에 인가되는 전압 v가 이 저항에 흐르는 전류 i와 정비례한다는 것을 발견했고, 다음과 같이 정의했다.

$$v = iR \qquad (2.3)$$

여기서 저항 R은 전압과 전류 사이의 비례 인자로 정의한다.

> 수동부호규약에 따라, v의 극성은 전류가 저항으로 들어가는 부분을 '+'로 정의한다.

이상적인 선형 저항은 흐르는 전류의 크기에 독립적인 상숫값 R을 가지며, 이때 $i-v$ 응답은 직선으로 나타난다. 실제 선형 저항의 $i-v$ 응답은 [그림 2-4]에 표현된 것처럼 전류 i가 $-i_{max}$와 i_{max} 사이에서 정의된 선형 구간일 때는 거의 직선에 가깝다. 그리고 선형 구간 이외 범위에서는 $i-v$ 응답이 직선 모델에서 벗어난다. 그래서 식 (2.3)에서 표현된 옴의 법칙은 저항이 이 선형 응답 구간에서만 동작한다고 가정하고 사용한다.

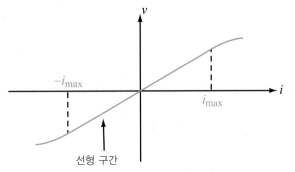

[그림 2-4] $-i_{max}$와 i_{max} 사이에 있는 선형 구간을 포함한 일반적인 저항의 i-v 응답

몇몇 저항 소자 중에는 매우 비선형적인 i-v 특성을 보여주는 것도 있다. 예를 들면 다이오드나 전구의 필라멘트 같은 것이다. 그러나 회로를 해석하거나 설계할 때 사용되는 저항이라는 용어는 달리 명시되지 않는 한 선형 저항을 말한다.

저항에 전류가 흐르면 열에 의한(또는 전구 필라멘트 같은 경우에는 빛과 열의 조합) 전력 손실이 생긴다. 식 (1.9)에 식 (2.3)을 사용하면 저항에서 손실되는 전력 p를 다음과 같이 표현할 수 있다.

$$p = iv = i^2R \ \text{ W} \tag{2.4}$$

저항의 정격 전력(power rating)은 저항의 손실 없이 연속적으로 소모할 수 있는 최대 전력 수준으로 정의한다. 과도한 열은 융해, 연기, 심지어 화재도 일으킬 수 있다.

예제 2-1 직류 모터

12 V의 자동차 배터리가 6 m 길이의 이중 전선을 경유해서 후미 창문의 와이퍼를 구동하는 직류 모터에 연결되어 있다. 전선은 구리 AWG-10 모델이고, 모터는 회로에서 등가저항 $R_m = 2\ \Omega$으로 표시할 때, 다음을 구하라.

(a) 전선의 저항
(b) 모터로 전달되는 전력 중 배터리에서 공급받는 전력

풀이

[예제 2-1]에서 설명한 회로가 [그림 2-5]에 제시되어 있다.

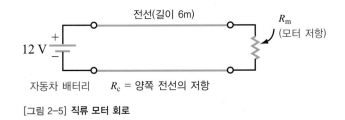

[그림 2-5] 직류 모터 회로

(a) $\ell = 12$ m(두 도선에 대한 총 길이), 구리에 대한

$\rho = 1.72 \times 10^{-8}$ Ω-m, $A = \pi\left(\dfrac{d}{2}\right)^2$ 그리고

AWG-10에 대한 $d = 2.6$ mm로 이루어진 전선의 저항 R_c는 다음과 같이 구할 수 있다.

$$
\begin{aligned}
R_c &= \rho\,\frac{\ell}{A} \\
&= 1.72 \times 10^{-8} \times \frac{12}{\pi(1.3 \times 10^{-3})^2} \\
&= 0.04\ \Omega
\end{aligned}
$$

(b) 회로의 전체 저항은 케이블 저항과 모터 저항의 합과 같다(다음 절에서 직렬로 연결되어 있는 두 저항체의 총 저항은 각 저항의 합과 같다는 것을 배울 것이다.). 따라서 다음과 같이 나타낸다.

$$R = R_c + R_m = 0.04 + 2 = 2.04\ \Omega$$

결론적으로 회로에 흐르는 전류는 다음과 같다.

$$I = \frac{V}{R} = \frac{12}{2.04} = 5.88\,\text{A}$$

그리고 배터리가 제공한 전력 P와 모터로 전달된 전력 P_m은 다음과 같다.

$$P = IV = 5.88 \times 12 = 70.56\,\text{W}$$

$$P_m = I^2 R_m = (5.88)^2 \times 2 = 69.15\,\text{W}$$

그리고 P 중 부하(모터)에 전달된 전력의 비율은 다음과 같다.

$$비율 = \frac{P_m}{P} = \frac{69.15}{70.56} = 0.98 \text{ 또는 } 98\text{퍼센트}$$

즉 전력의 2퍼센트는 전선에서 소모되었다.

[질문 2-1] 구리와 같은 금속의 전도도 크기는 운모와 같은 부도체의 전도도 크기와 비교해볼 때 어떠한가? 또 초전도체는 무엇인지, 왜 유용하게 이용되는지 설명하라.

[질문 2-2] 피에조 저항은 무엇인지, 어떻게 사용되는지 설명하라.

[질문 2-3] 저항의 선형 구간은 무엇을 의미하는가? 정격 전력과 관련이 있는가?

[연습 2-1] 탄소로 만들어진 어떤 원통형 저항의 길이는 10 cm, 지름은 1 mm, 정격 전력은 2 W다. 이 저항을 통해 손실 없이 흐를 수 있는 전류의 최댓값은 얼마인가?

[연습 2-2] 알루미늄으로 만든 직사각형의 막대에 전류 3 A가 흐르고 있다. 만약 길이가 2.5 m이고 단면의 한 변 길이가 1 cm라면, 온도 20도에서 손실된 전력은 얼마인가?

[연습 2-3] 어떤 다이오드의 양단에 걸리는 전압 v와 (+)극으로 들어가는 전류 i 사이에 비선형 관계가 있다. 동작 전압 범위(0~1 V까지) 안에서, 전류가 다음과 같이 주어질 때, v에 따른 다이오드의 실효 저항을 결정하고 $v = 0, 0.01\,\text{V}, 0.1\,\text{V}, 0.5\,\text{V}, 1\,\text{V}$에 대한 실효 저항을 계산하라.

$$i = 0.5v^2 \quad (0 \leq v \leq 1\,\text{V})$$

2.1.3 컨덕턴스

컨덕턴스는 저항의 역수를 말하며, 다음 관계식으로 표현된다.

$$G = \frac{1}{R}\;\text{S} \tag{2.5}$$

컨덕턴스의 단위는 지멘스(siemen, S)이며, G를 이용하여 다음과 같이 옴의 법칙을 다시 쓸 수 있다.

$$i = \frac{v}{R} = Gv \tag{2.6}$$

그리고 전력에 관한 표현은 다음과 같다.

$$p = iv = Gv^2\;\text{W} \tag{2.7}$$

2.2 회로 위상기하학

원래 위상기하학이란 용어는 다양한 기하학적인 구조의 특성을 다루는 수학의 한 분야를 의미한다. 따라서 전기회로의 기하학적인 구조에 따라서 달라지는 특성을 해석하는 것이 회로 위상기하학의 주요 내용이며, 이를 네트워크 위상기하학이라고도 한다.

새로운 주제를 논리적으로 소개하기 위해서는 우선 그 주제와 관련된 용어를 확실하게 정의해야 한다. 이번 절에서 다루는 회로 위상기하학이라는 단어는 마디와 가지, 루프뿐만 아니라 여러 가지 다른 파생어도 포함한다. 그러나 위와 같은 용어 간의 관계를 언급하기 전에, 이 책에서 다룰 내용이 **평면 회로**에 한정되어 있다는 것을 명심하자. 여기서 평면 회로란 두 개의 가지가 서로 겹쳐질 수 없는 2차원 공간에서 표현되는 회로를 말한다. 더 자세한 내용은 2.2.3절에서 설명할 것이다.

2.2.1 명명법

회로 위상기하학에서 사용되는 주요 용어를 [표 2-4]

에 요약했다. [그림 2-6]에서 보여주는 평면 회로는 [표 2-4]의 용어에 대한 상세한 정의를 설명하는 데 도움이 될 것이다.

- 마디(node)는 두 개 또는 그 이상의 회로 요소(소자)가 서로 만나는 지점을 의미한다. 정상 마디는 두 개의 요소가 서로 연결되고, 특수 마디는 세 개 또는 그 이상의 요소가 연결된다. [그림 2-6]에서 마디는 일곱 개가 있으며, N_1, N_3, N_5, N_6는 정상 마디, 나머지 마디 세 개(N_2, N_4, N_7)는 특수 마디다.

- 가지(branch)는 연달아 연결된 두 마디 사이에 하나의 요소가 포함된 연결을 말한다. 즉 가지는 회로 요소를 하나만 포함한다. [그림 2-6]은 아홉 개의 회로 요소가 있으므로, 가지는 아홉 개다.

- 경로(path)는 가지들의 연속적인 배열을 말하며, 모든 마디는 하나의 경로 위에 한 번만 있어야 한다. 간단한 예로 N_1에서 R_1을 지나 N_2로 가는 경로

[표 2-4] 회로 용어

용어	정의
정상 마디	두 개의 소자가 연결된 전기적 연결 지점
특수 마디	세 개 또는 그 이상의 소자가 만나는 전기적 연결 지점
가지	두 마디 사이에 하나의 소자가 있는 연결
경로	한 번 이상 만나는 마디가 없는 가지들의 연속적인 연결 고리
특수 경로	두 개의 인접한 특수 마디 사이의 경로
루프	시작 마디와 끝 마디가 같은 폐쇄 경로
독립 루프	다른 독립 루프에 포함되지 않은 하나 또는 그 이상의 가지를 가지는 루프
망로	다른 루프에 의해 둘러싸지 않는 루프
직렬	같은 전류를 공유하는 회로 요소
병렬	같은 전압을 공유하는 회로 요소

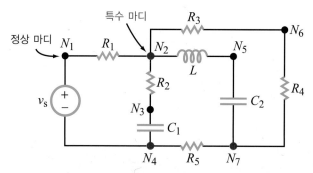

[그림 2-6] 일곱 개의 마디가 있으며, 세 개는 특수 마디(N_2, N_4, N_7)다.

를 생각해보자. N_1에서 N_2로 갈 수 있는 다른 경로는 다음과 같다.

- $v_s-C_1-R_2$
- $v_s-R_5-C_2-L$
- $v_s-R_5-R_4-R_3$

- **특수 경로**(extraordinary path)는 두 개의 특수 마디 사이에 존재하는 경로이며, 이 경로에 다른 특수 마디는 없다. [그림 2-6]에서 특수 마디는 N_2, N_4, N_7 이다. 따라서 이 회로의 특수 경로는 다음과 같다.

- $N_2-R_2-C_1-N_4$
- $N_2-R_1-v_s-N_4$
- $N_4-R_5-N_7$
- $N_2-L-C_2-N_7$
- $N_2-R_3-R_4-N_7$

- **루프**(loop)는 시작 마디와 끝 마디가 같은 폐쇄 경로다. [그림 2-6] 회로는 모든 소자를 제거하여 [그림 2-7(a)]처럼 소자가 없는 **선형 회로**로 다시 그릴 수 있다. 새롭게 그려진 회로에서 마디는 원래 회로와 동일하게 모두 유지되며, 사라지는 회로 요소는 간단하게 선으로 대체된다. 이런 방식으로 다시 그린 선형 회로는 복잡하게 구성되어 있던 회로 요소를 제거하고, 간단한 루프 여섯 개로 회로를 표현하기 위한 유용한 도구로 사용된다. 총 여섯 개의 루프는 시계 방향으로 다음과 같다.

- 루프 1 : $N_1-N_2-N_3-N_4-N_1$
- 루프 2 : $N_2-N_5-N_7-N_4-N_3-N_2$
- 루프 3 : $N_2-N_6-N_7-N_5-N_2$
- 루프 4 : $N_1-N_2-N_5-N_7-N_4-N_1$
- 루프 5 : $N_2-N_6-N_7-N_4-N_3-N_2$
- 루프 6 : $N_1-N_2-N_6-N_7-N_4-N_1$

- **독립 루프**(independent loop)는 다른 독립 루프에 포함되지 않은 가지를 최소 하나 이상 포함한 루프를 말한다. 일반적으로 회로는 독립 루프들의 몇 가지 조합으로 구성될 수 있다. [그림 2-7(a)]의 루프 1, 2, 3은 모두 독립 루프인데, 각각의 루프가 다른 두 개의 루프에 포함되지 않는 가지를 최소한 1개 이상 포함하고 있기 때문이다. 그리고 루프 1, 2, 3을 독립 루프로 지정하면 루프 1, 2, 3이 회로를 구성하는 모든 가지를 포함하고 있기 때문에 루프 4, 5, 6은 독립 루프가 아니다. 독립 루프 그룹으로 선택할 수 있는 조합은 다음과 같이 다양하다.

- 루프 1, 루프 3, 루프 4
- 루프 1, 루프 2, 루프 5
- 루프 1, 루프 2, 루프 6
- 이외에도 많은 기타 그룹

하지만 모든 경우에서 회로의 특성을 규정지을 수 있는 독립 루프의 개수는 항상 총 세 개다.

- **망로**(mesh)는 어떠한 다른 루프도 둘러싸지 않은 루프를 말한다. [그림 2-7(a)] 회로에서 망로는 루프 1, 2, 3이다.

평면 회로는 다양한 방식으로 그릴 수 있는데, 각기 다른 방식으로 그려진 평면 회로의 루프와 망로는 그려진 방식에 따라서 서로 달라진다. 예를 들어 [그림 2-7(b)]의 선형 그래프는 [그림 2-6] 회로의 또 다른 표현 방법으로 볼 수 있다. 선형 그래프 (a)와 (b)를 비교하면 (a)의 루프 1과 루프 2는 (b)의 루프 1 및 루프 2

와 같은 가지와 마디로 구성되므로 회로 요소가 바뀌지 않는다. 그러나 (a)의 루프 3에 있는 마디와 가지는 (b)의 루프 3과 다르므로, (a)와 (b) 두 회로에 있는 루프 3은 서로 다른 회로 요소를 포함한 것으로 간주해야 한다. 이런 경우 루프 3은 회로 요소를 포함하지 않고 표현하는 방식이다. 비록 각각의 루프가 포함하고 있는 회로 요소는 회로를 그리는 방식에 따라서 달라질 수 있지만, (a)와 (b)의 두 회로는 정확하게 망로 세 개

씩을 포함한다. [그림 2-6] 회로는 $n = 7$, $\ell_{\text{ind}} = 3$, $b = 9$이다.

개별 회로 요소로 이루어진 평면 회로 및 네트워크의 가지 개수 b는 마디 개수 n과 독립 루프 개수 ℓ_{ind}와 관련이 있으며, 다음과 같이 표현된다.

$$b = n + \ell_{\text{ind}} - 1 \qquad (2.8)$$

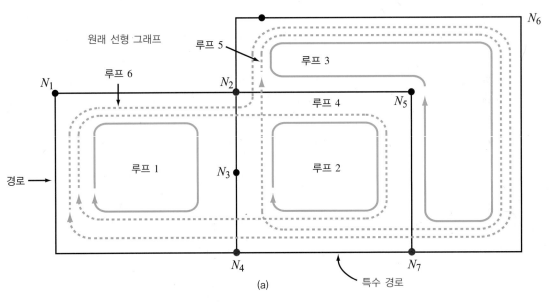

(a)

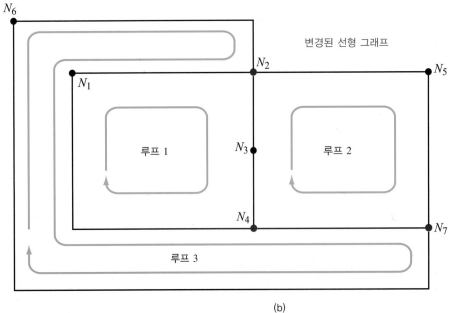

(b)

[그림 2-7] (a) 독립 루프 세 개를 포함한 루프 여섯 개로 구성된 선형 그래프(소자가 제거된 회로)
(b) 회로를 다시 그리면 루프는 바뀌지만 회로 자체는 바뀌지 않는다.

마찬가지로 특수 마디 개수 n_{ex}와 특수 경로 개수 p_{ex}, 독립 루프 개수 ℓ_{ind} 사이의 관계는 다음과 같이 표현할 수 있다.

$$p_{ex} = n_{ex} + \ell_{ind} - 1 \qquad (2.9)$$

[그림 2-6] 회로는 특수 마디 세 개를 가지고 있고, 따라서 $\ell_{ind} = 3$, $p_{ex} = 5$이다. 식 (2.8)과 (2.9)는 마디와 루프 분석을 적용하여 전기회로를 해석할 때 중요하게 사용되므로 잘 기억해두자.

2.2.2 직렬연결과 병렬연결

직렬연결과 병렬연결은 회로를 해석하는 데 중요하고 광범위하게 사용된다. 모든 소자에 같은 전류가 흐른다면, 두 개 또는 그 이상의 소자가 직렬로 연결된 것이다. 그리고 직렬로 연결된 회로 요소를 포함하는 경로상의 모든 마디는 보통 마디임을 의미한다. 반면 병렬로 연결된 모든 회로 요소는 같은 쌍의 마디를 공유하며, 각각의 회로 요소가 갖는 전압은 모두 같다. [그림 2-6] 회로에는 v_s-R_1, R_2-C_1, L-C_2, R_3-R_4 총 네 개의 직렬연결 결합이 있다. 그리고 직렬연결 v_s-R_1은 직렬연결 C_1-R_2와 병렬로 연결되어 있다. 또한 직렬연결 R_3-R_4는 직렬연결 L-C_2에 병렬로 결합되어 있다.

[연습 2-4] 다음 회로를 보고 물음에 답하라.
(a) 직렬로 연결된 회로 요소는 무엇인가?
(b) 병렬로 연결된 회로 요소는 무엇인가?

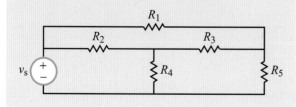

[연습 2-5] 다음 회로에 있는 스위치는 $t = 0$일 때 닫힌다.
(a) $t < 0$일 때 직렬과 병렬로 연결된 회로 요소는 무엇인가?
(b) $t > 0$일 때 직렬과 병렬로 연결된 회로 요소는 무엇인가?

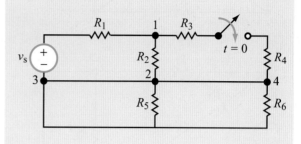

2.2.3 평면 회로

평면 회로상에서 가지, 마디, 루프 사이의 관계는 식 (2.8)과 식 (2.9)에 의해 정해진다. 평면 회로의 조건은 이 책에서 다루는 모든 자료에 적용되므로, 평면 회로인지, 아닌지를 명확하게 정의하는 것이 중요하다.

> 서로 다른 가지가 두 개 있을 때, 한 가지를 다른 가지의 위나 아래로 교차하지 않고 2차원 평면 위에 그릴 수 있다면 그 회로는 평면 회로다.

만약 회로 내에서 서로 다른 가지들이 서로 교차하면 그 회로는 비평면 회로다. [그림 2-8(a)] 회로를 통해 더 정확하게 살펴보자. 저항 R_3과 R_4를 포함한 가지들은 교차점과 같은 물리적인 접촉 없이 서로 교차한다. 따라서 이 회로는 회로 위상기하학 측면에서 비평면 회로라고 할 수 있다. 그러나 [그림 2-8(b)]와 같이 바깥쪽으로 R_4를 포함한 가지를 다시 그리면, 회로를 교차 없이 한 단면에 그릴 수 있기 때문에 결국에는 평면 회로가 된다.

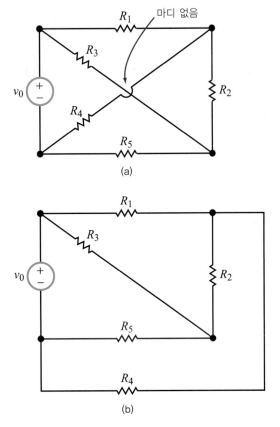

(a)

(b)

[그림 2-8] (a) 원래 회로에서는 R_3와 R_4를 포함한 가지들이 서로 교차
한다.
(b) 변경된 회로에서 교차점을 피하여 회로를 다시 그려주면
평면 회로가 된다.

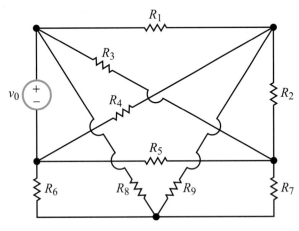

[그림 2-9] 비평면 회로

반면에 [그림 2-9] 회로는 가지들을 다른 형태로 그리
더라도 평면 회로로 그릴 수 없다. 적어도 하나 이상의
교차된 가지를 포함하므로 비평면 회로다.

[질문 2-4] 평면 회로의 정의는 무엇인가?

[질문 2-5] '특수 경로는 두 개의 특수 마디 사이
의 경로다.'는 정확한 문장이 아니다. 이유는 무엇
인가?

[질문 2-6] 루프와 망로의 차이점은 무엇인가?

[연습 2-6] 한 네트워크에 특수 경로 여섯 개, 마
디 여덟 개, 특수 마디 세 개가 있다. 가지는 몇 개
인가?

[연습 2-7] 마디 1, 마디 2, 마디 3은 모두 특수
마디다. 저항 R_1이 마디 1과 마디 2 사이에 연결
되어 있고, R_2가 마디 1과 3 사이, R_3가 마디 2와
마디 3 사이에 연결되어 있을 때, 세 가지 저항
중 직렬로 연결된 것과 병렬로 연결된 것은 무엇
인가?

2.3 키르히호프의 법칙

회로의 해석과 설계를 모두 다루는 회로이론은 몇 가지 기본적인 물리법칙을 토대로 정립되었다. 회로이론의 토대가 되는 기본 법칙 중 대표적인 것이 바로 키르히호프의 전류법칙과 전압법칙이다.

이 절의 주제인 키르히호프의 법칙은 1847년 독일의 물리학자 구스타프 로버트 키르히호프(Gustav Robert Kirchhoff, 1824~1887)가 처음 도입했고, 21년 후 독일의 게오르그 사이먼 옴이 개발하였다.

2.3.1 키르히호프의 전류법칙

앞서 정의된 바와 같이, 마디는 두 개 또는 그 이상의 가지가 연결된 지점을 나타낸다. 따라서 마디는 실제 회로 요소가 아니므로, 전하를 생성하거나 저장하거나 혹은 소모할 수 없다. 전하 보존의 법칙을 따르는 이 개념은 키르히호프의 전류법칙(KCL)의 근간을 이루며, 다음과 같이 기술된다.

> 마디로 흘러 들어가는 전류의 대수적인 합은 항상 0이다.

KCL은 수학적으로 다음과 같이 간단한 형태로 표현할 수 있다.

$$\sum_{n=1}^{N} i_n = 0 \qquad \text{(KCL)} \qquad (2.10)$$

여기서 N은 마디에 연결된 가지의 총 개수이며, i_n은 n번째 전류를 의미한다.

> 일반적으로 마디에 전류가 흘러들어가는 경우를 양의 기호(+)로 표시하고, 마디에서 전류가 흘러 나가는 경우를 음의 기호(–)로 표시한다.

[그림 2-10]의 마디에서 다음 관계식을 구할 수 있다.

$$i_1 - i_2 - i_3 + i_4 = 0 \qquad (2.11)$$

이 식에서 전류 i_1과 i_4는 마디로 흘러들어 가기 때문에 양의 기호로 표현하며, i_2와 i_3은 마디에서 흘러나가고 있으므로 음의 기호로 표현한다.

반대로 마디에서 나가는 전류를 '+'라고 하고, 마디로 들어가는 전류를 '–'로 둘 수도 있다. 이처럼 마디를 통해 나가거나 들어오는 전류를 각각 다른 극성의 부호로 표시하는 방식을 두 종류의 전류에 일관되게 적용한다면, 항상 올바른 전류 분석 결과를 얻을 수 있다.

i_2와 i_3을 식 (2.11)의 우변으로 옮기면, 다음과 같이 변경된 형태의 KCL 식을 얻을 수 있다.

$$i_1 + i_4 = i_2 + i_3 \qquad (2.12)$$

이 식은 마디로 들어간 총 전류가 마디에서 나간 총 전류와 같음을 의미한다.

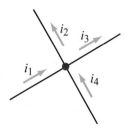

[그림 2-10] 마디에서의 전류

[그림 2-11]의 회로에서 마디 1~마디 5까지의 KCL 방정식을 구하라.

풀이

마디 1 $-I_1 - I_3 + I_5 = 0$

마디 2 $I_1 - I_2 + 2 = 0$

마디 3 $-2 - I_4 + I_6 = 0$

마디 4 $-5 - I_5 - I_6 = 0$

마디 5 $I_3 + I_4 + I_2 + 5 = 0$

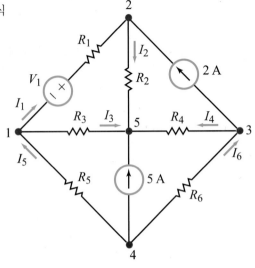

[그림 2-11] [예제 2-2]의 회로

[그림 2-12]에서 4 Ω의 저항에 걸리는 전압 V_4가 8 V일 때, I_1과 I_2를 구하라.

풀이

옴의 법칙을 적용하면 I_2는 다음과 같다.

$$I_2 = \frac{V_4}{4} = \frac{8}{4} = 2\,\text{A}$$

마디 1에서 $10 - I_1 - I_2 = 0$이므로, I_1은 다음과 같다.

$$I_1 = 10 - I_2 = 10 - 2 = 8\,\text{A}$$

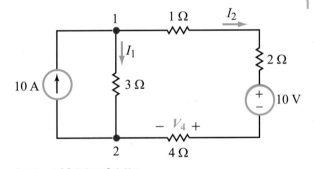

[그림 2-12] [예제 2-3]의 회로

2.3.2 키르히호프의 전압법칙

회로를 구성하는 소자나 요소에 인가되어 있는 전압은 음의 단자에서 양의 단자로 양전하를 이동시키는 데 필요한 에너지의 양을 의미한다. 바꿔 말하면 두 단자 사이의 전위 에너지 차이를 말한다. 그리고 에너지 보존의 법칙은 정확히 같은 지점에서 시작하고 끝나는 폐쇄 회로 내에서 전하가 움직일 때, 총 에너지의 이득과 손실의 합은 반드시 0이어야 한다는 의미다. 따라서 전압은 전위 에너지를 대신하는 물리량으로 간주될 수 있다.

> 폐쇄 루프 내에서의 전압의 대수합은 항상 0이 되어야 한다.

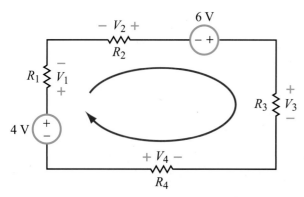

[그림 2-13] 단일 루프 회로

이것이 바로 키르히호프의 전압법칙(KVL)의 정의다. 수식으로 나타내면 다음과 같다.

$$\sum_{n=1}^{N} v_n = 0 \qquad \text{(KVL)} \qquad (2.13)$$

여기에서 N은 루프 내 가지의 총 개수, v_n은 n번째 가지에 걸리는 n번째 전압이다. 식 (2.13)을 적용하려면 부호 관계에 대한 정확한 기준이 필요하다. 이 책에서 사용하는 부호 관계는 회로 해석에서 사용되는 여러 부호 규약 중에서 다음 두 단계로 결정된다.

부호 규약

- 특정 루프를 따라서 시계 방향으로 전압을 더하라.
- 시계 방향을 따라 차례대로 전압을 더하여 방정식을 만들 때, 어느 회로 요소에 인가된 전압의 극성 중 (+)극을 처음 만나게 되면 그 회로 요소에 인가된 전압에는 양의 부호를, (−)극을 처음 만나게 되면 전압에 음의 부호를 붙인다.

[그림 2-13]의 루프에 KCL을 적용할 때 전압원의 음의 단자에서 부호 규약을 적용하여 방정식을 만들면 식 (2.13)은 다음과 같이 나타난다.

$$-4 + V_1 - V_2 - 6 + V_3 - V_4 = 0 \qquad (2.14)$$

KVL은 폐루프 내에서 총 전압 상승이 그 루프 내에서의 총 전압 강하와 반드시 같아야 한다고 다시 정의할 수 있다. 전압 상승은 회로에 인가된 (−)전압 단자에서 (+)전압 단자까지의 이동으로 표현되고, 전압 강하는 그와 반대로 표현된다. [그림 2-13]의 루프에서 KVL 방정식을 시계 방향으로 표현하면 아래 식과 같다. 식 (2.15)는 수학적으로 식 (2.14)와 동일하다.

$$4 + V_2 + 6 + V_4 = V_1 + V_3 \qquad (2.15)$$

[표 2-5]에 KCL과 KVL에 대한 정의를 요약하였다.

[표 2-5] **키르히호프의 전류법칙(KCL)과 전압법칙(KVL)의 다양한 표현**

KCL	• 하나의 마디로 들어오는 모든 전류의 합 = 0 [i = 들어오는 전류는 '+', i = 나가는 전류는 '−']
	• 하나의 마디에서 나가는 모든 전류의 합 = 0 [i = 나가는 전류는 '+', i = 들어오는 전류는 '−']
	• 들어오는 총 전류 = 나가는 총 전류
KVL	• 폐쇄 루프 내에서 전압의 합 = 0 [v = 시계 방향에서 처음으로 '+'극이 나오면 '+']
	• 총 전압 상승 = 총 전압 강하

예제 2-4 KCL과 KVL 방정식 적용

[그림 2-14(a)]의 회로에서 다음을 구하라.

(a) 이 회로에 대한 모든 루프를 찾고 각각의 루프에 대한 KVL 방정식을 구하라.

(b) 2 A 전류원에 인가된 전압을 구하라.

풀이

(a) [그림 2-14(b)]에서 보이는 것과 같이, 이 회로는 총 루프 세 개를 포함한다. KVL 방정식을 구하기 전에, 모든 회로 요소에 인가되어 있는 전압에 이름을 지정해야 한다. 각각의 전압에 이름을 지정하는 과정은 회로 내에서 흐르는 전류 성분에 대한 이름을 지정하는 데 큰 도움이 되고, 또한 (+)전압 단자에서 (−)전압 단자로 전류가 흐르는 저항의 전류 방향과 그 저항에 인가된 전압의 극성이 서로 일관성이 있음을 확실하게 보여준다. 표시된 전압에 대해 KVL 방정식을 다음과 같이 나타낼 수 있다.

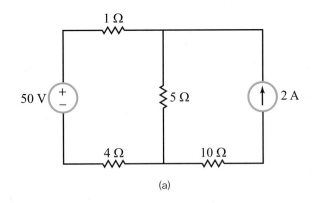

루프 1 $-50 + V_1 + V_2 + V_3 = 0$ (2.16)

루프 2 $-V_2 + V_c - V_4 = 0$ (2.17)

루프 3 $-50 + V_1 + V_c - V_4 + V_3 = 0$ (2.18)

여기서 이 세 방정식은 완전한 독립 관계가 아니라는 것에 유의해야 한다. 루프 3에 대한 방정식은 루프 1과 루프 2의 방정식을 더한 합과 같다.

(b) $1\,\Omega$, $4\,\Omega$, $5\,\Omega$ 저항에 옴의 법칙을 적용하고 $10\,\Omega$ 저항을 따라 흐르는 전류가 $2\,A$라는 것을 이용하면, 식 (2.16)과 식 (2.17)은 다음과 같이 변형된다.

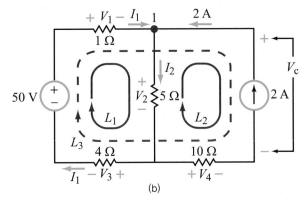

[그림 2-14] (a) 전류 전압 표기 이전의 회로
(b) 전류 전압 표기 이후의 회로

$$-50 + I_1 + 5I_2 + 4I_1 = 0 \qquad (2.19)$$

$$-5I_2 + V_c - (10 \times 2) = 0 \qquad (2.20)$$

다음으로 마디 1에서 KCL을 적용하면 아래와 같은 관계식을 얻는다.

$$I_1 - I_2 + 2 = 0 \qquad (2.21)$$

이제 미지수 세 개 I_1, I_2, V_c로 이루어진 방정식 세 개를 구했다. 구해진 수식 간의 간단한 대입을 통해서 다음 답을 구할 수 있다.

$$I_1 = 4\,A$$
$$I_2 = 6\,A$$
$$V_c = 50\,V$$

[질문 2-7] KCL이 (본질적으로) 전하 보존의 법칙과 같은 이유를 설명하라.

[질문 2-8] KVL이 에너지 보존의 법칙과 같은 이유를 설명하라. KVL에서 어떠한 부호 규약이 사용되는가?

[그림 2-15]에서 제시된 연산 증폭기 등가회로에 대해 다음 물음에 답하라.

(a) 출력 전압 대 입력 전압의 비율 $\dfrac{v_0}{v_s}$를 구하라.

(b) $R_1 = 15\text{ k}\Omega$, $R_2 = 30\text{ k}\Omega$, $R_3 = 75\ \Omega$, $R_i = 3\text{ M}\Omega$, $A = 10^6$ 일 때 비율을 계산하라.

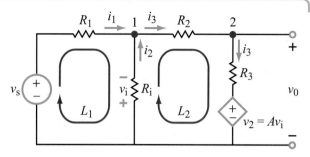

[그림 2–15] 연산 증폭기 등가회로

풀이

(a) 마디 1에서 전류를 표시하고 전류들 사이의 KCL 관계식을 쓰면 다음과 같다.

$$i_1 = i_3 - i_2 \tag{2.22}$$

종속 전압원 v_2는 다음과 같이 주어진다.

$$v_2 = Av_i = AR_i i_2 \tag{2.23}$$

다음으로 두 루프에 대한 KVL 방정식을 나타내면 다음과 같다.

$$-v_s + R_1 i_1 - R_i i_2 = 0 \tag{2.24}$$

$$R_i i_2 + R_2 i_3 + R_3 i_3 + v_2 = 0 \tag{2.25}$$

여기서 v_s와 제시된 회로의 각 요소들로 이루어진 v_0에 대한 표현식을 구해야 한다. 회로의 우측의 출력단에서 다음 식을 구할 수 있다.

$$v_0 = R_3 i_3 + v_2 = R_3 i_3 + AR_i i_2 \tag{2.26}$$

이제 위 식에서 미지수 i_2와 i_3에 대한 정보가 필요하다. i_1을 제거하기 위해 식 (2.24)에 식 (2.22)를 적용하고, 식 (2.23)에서 주어진 표현을 이용하여 식 (2.25)의 v_2를 대체한다. 그리고 이 두 표현식을 i_2와 i_3에 대한 선형 연립 방정식을 만들기 위해 묶어주면 다음 식을 얻을 수 있다.

$$-i_2(R_1 + R_i) + i_3 R_1 = v_s \tag{2.27}$$

$$i_2(1 + A)R_i + i_3(R_2 + R_3) = 0 \tag{2.28}$$

두 연립 방정식의 해는 아래와 같이 구해진다.

$$i_2 = -\left[\frac{(R_2 + R_3)}{(R_1 + R_i)(R_2 + R_3) + (1 + A)R_1 R_i}\right]v_s \tag{2.29}$$

$$i_3 = \left[\frac{(1 + A)R_i}{(R_1 + R_i)(R_2 + R_3) + (1 + A)R_1 R_i}\right]v_s \tag{2.30}$$

식 (2.26)에 바로 위의 두 식을 대입하면 원하는 출력 전압과 입력 전압의 비율을 다음과 같이 구할 수 있다.

$$\frac{v_0}{v_s} = \frac{R_i(R_3 - AR_2)}{(R_1 + R_i)(R_2 + R_3) + (1 + A)R_1 R_i} \tag{2.31}$$

(b) R_i와 A의 크기가 10^6 수준이고, R_1과 R_2의 크기가 10^4 수준이며, R_3의 크기가 10^2 수준이므로 식 (2.31)은 다음과 같이 근사화된다.

$$\frac{v_0}{v_\mathrm{s}} \simeq -\frac{R_2}{R_1} \tag{2.32}$$

$R_1 = 15\ \mathrm{k\Omega},\ R_2 = 30\ \mathrm{k\Omega}$ 의 조건에서 식 (2.32)의 값은 다음과 같다.

$$\frac{v_0}{v_\mathrm{s}} \approx -2$$

[연습 2-8] 다음 회로에서 $I_1 = 3\mathrm{A}$일 때, I_2를 구하라.

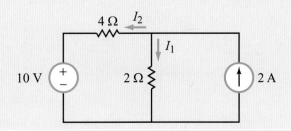

[연습 2-9] 다음 회로에서 KCL과 KVL를 적용하여 I_1과 I_2를 구하라.

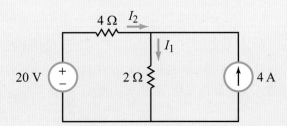

[연습 2-10] 다음 회로에서 I_x를 구하라.

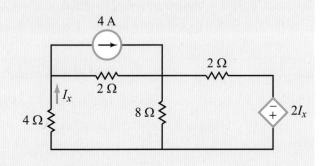

2.4 등가회로

키르히호프의 전류법칙 및 전압법칙을 이용하여 필요한 마디 방정식이나 루프 방정식을 얻어 회로의 모든 전압과 전류값을 구할 수 있다. 그러나 키르히호프의 법칙을 적용하기 전에 회로의 일부분을 간단하게 만들 수 있다면 미지수인 전압과 전류를 구하는 것이 훨씬 쉬워진다.

회로의 일부분을 간단하게 하는 과정은 회로 등가화(circuit equivaience) 방식을 이용한다. 회로 등가화를 이용하면 [그림 2-16]의 마디 1, 마디 2와 같은 두 마디 사이에 연결되어 있던 원래 회로가 더 간단한 다른 회로로 대체된다. 이때 대체된 간단한 회로는 원래 회로에서 두 마디 사이에 인가되어 있던 전압차 (v_1-v_2)뿐만 아니라 들어오거나 나가는 전류값을 똑같이 유지해야 한다.

> 한 쌍의 마디 사이에 연결된 두 회로가 각각의 마디에서 같은 i-v 특성을 나타낸다면 등가화되었다고 간주한다.

등가화된 부분 이외의 나머지 회로 부분에서는 등가화 전의 원래 회로 부분과 등가화 후의 회로 부분의 특성이 동일하게 보인다. 이 절에서는 몇 가지 형태의 등가회로(equivalent circuit)를 살펴볼 것이다.

2.4.1 직렬 저항

[그림 2-17(a)]의 회로는 전압원 v_s가 다섯 개의 저항에 직렬로 연결되어 있는 단일 루프 회로다. 이 루프에서 KVL 방정식은 다음과 같다.

$$-v_s + R_1 i_s + R_2 i_s + R_3 i_s + R_4 i_s + R_5 i_s = 0 \quad (2.33)$$

그리고 위의 수식은 다음과 같이 바꿔 쓸 수 있다.

회로 등가화

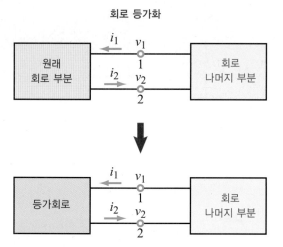

[그림 2-16] 회로 등가화는 원래 회로의 i-v 특성과 같은 등가회로를 만든다.

저항의 직렬연결

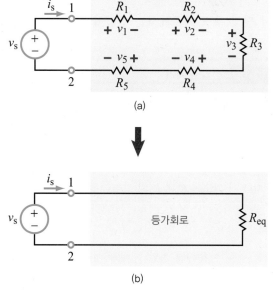

[그림 2-17] 단일 루프 회로에서 R_{eq}는 저항의 합과 같다.
  (a) 원래 회로
  (b) $R_{eq} = R_1 + R_2 + R_3 + R_4 + R_5$

$$v_s = R_1 i_s + R_2 i_s + R_3 i_s + R_4 i_s + R_5 i_s$$
$$= (R_1 + R_2 + R_3 + R_4 + R_5)i_s \qquad (2.34)$$
$$= R_{eq} i_s$$

여기서 R_{eq}는 직렬로 연결된 저항 다섯 개의 합과 동일한 등가저항이다.

$$R_{eq} = R_1 + R_2 + R_3 + R_4 + R_5 \qquad (2.35)$$

전원의 전압 v_s와 전류 i_s에서 볼 때, [그림 2-17(a)] 회로는 [그림 2-17(b)] 회로와 같다. 따라서 다음과 같다.

$$i_s = \frac{v_s}{R_{eq}} \qquad (2.36)$$

R_2와 같은 개별 저항들에 걸리는 전압은 다음과 같이 주어진다.

$$v_2 = R_2 i_s$$
$$= \left(\frac{R_2}{R_{eq}}\right)v \qquad (2.37)$$

이러한 표현은 다른 저항에도 적용되며, 저항에 걸리는 전압은 저항의 총합 R_{eq}에 대한 개별 저항의 비율을 전압 v_s에 곱한 것과 같다.

따라서 **단일 루프 회로에서는 전압이 직렬로 연결된 각각의 저항에 인가된 전압으로 나누어진다.**

지금까지의 설명을 바탕으로 다음과 같은 두 가지 기본적인 결론을 내릴 수 있다.

- 직렬로 연결된 다수의 저항은 각각의 저항값에 대한 총합과 같은 값인 등가저항 R_{eq}로 표현된다.

수학적으로는 다음과 같다.

$$R_{eq} = \sum_{i=1}^{N} R_i \qquad \text{(직렬로 연결된 저항)} \qquad (2.38a)$$

여기서 N은 저항의 총 개수다. 두 번째 결론은 전압 분배다.

- 직렬 회로 안에서 임의의 저항 R_i에 걸린 전압은 전체 전압에 저항 비율$\left(\dfrac{R_i}{R_{eq}}\right)$을 곱한 것이다.

$$v_i = \left(\frac{R_i}{R_{eq}}\right)v_s \qquad (2.38b)$$

예제 2-6 전압 분배기

전압 분배기는 [그림 2-18]과 같은 회로에 일반적으로 사용된다. 이 회로는 전원 전압인 v_s보다 작은 특정한 전압 v_2를 2차 부하 회로에 전달하는 역할을 한다. 즉 전압의 크기를 v_s에서 v_2로 낮추는 것이다. $v_s = 100\,\text{V}$일 때, $v_2 = 60\,\text{V}$가 되도록 R_1과 R_2의 적절한 값을 구하라.

풀이

식 (2.37)을 이용하면 전압 분배 특성으로부터 다음과 같은 식이 구해진다.

$$v_2 = \left(\frac{R_2}{R_1 + R_2}\right)v_s$$

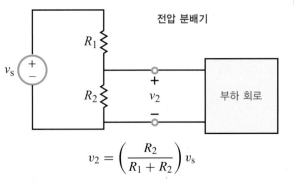

$$v_2 = \left(\frac{R_2}{R_1 + R_2}\right)v_s$$

[그림 2-18] 전압 분배기

원하는 전압 분배를 얻으려면 다음 관계가 성립해야 한다.

$$\frac{R_2}{R_1 + R_2} = \frac{v_2}{v_s} = \frac{60}{100} = 0.6$$

이 식을 만족하는 R_1과 R_2는 무한히 많은 조합이 나올 수 있는데, 그중 하나를 임의로 선택하면 다음과 같다.

$$R_1 = 2\,\text{k}\Omega, \quad R_2 = 3\,\text{k}\Omega$$

2.4.2 직렬 전원

[그림 2-19]는 하나의 전압원과 저항, 두 개의 전류원이 모두 직렬로 구성된 단일 루프 회로다. 전류원 중 하나는 전류의 세기가 4 A이고 전류의 방향은 시계 방향인 반면에, 다른 전류원은 전류의 세기가 6 A이고 전류 방향은 반시계 방향이다. 전류는 연속적으로 흐르기 때문에 루프를 따라 흐른다면 루프 내의 어떠한 지점에서도 방향과 세기가 항상 같아야 한다. 여기서 다음과 같은 딜레마가 생긴다. 전류의 세기는 4 A, 6 A, 또는 그 둘의 차이 중 어느 것인가? 답은 모두 아니다. 이러한 회로는 실제로 구현될 수 없으며, 서로 다른 크기나 방향을 가진 두 개의 전류원이 직렬연결된 회로를 구성하는 것은 불가능하다.

지금 언급한 [그림 2-19] 회로에 대한 문제는 각각의 전류원을 이상적인 전류원으로 생각할 때 발생한다. 1.5.2절과 [표 1-3]에서 언급한 것처럼, 실제 전류원은 이상적인 전류원과 션트 저항(shunt resistor) R_s의 병렬연결로 표현된다. 일반적으로는 R_s가 매우 크기 때문에, R_s를 통해 흐르는 전류는 회로의 다른 부분을 통해 흐르는 전류에 비해 매우 작고 R_s는 큰 무리 없이 제거될 수 있다. 그러나 우회 저항이 매우 큰 값을 가져 회로 동작에 큰 영향을 주지 않더라도, 우회 저항이 실제로 존재하는 경우에는 실제 전류원을 고려하는 [그림 2-19]와 같은 딜레마가 생기지 않는다. 왜냐하면 우회 저항이 회로에 포함되었다면 두 전류원이 직접 직렬연결된 것은 아니기 때문이다. 따라서 전류원에 병렬연결된 우회 저항을 제거하여 전류원을 이상적인 전류원으로 대체하고자 할 때는 절대로 전류원끼리 직렬로 연결해서는 안 된다.

전류원은 직렬로 연결될 수 없는 반면, 전압원은 직렬연결이 가능하다. 실제로 KVL을 통해 [그림 2-20(a)]의 회로는 [그림 2-20(b)]의 등가회로와 같이 간략화될 수 있으며 이때의 식은 다음과 같이 표현된다.

$$v_{eq} = v_1 - v_2 + v_3 \qquad (2.39)$$

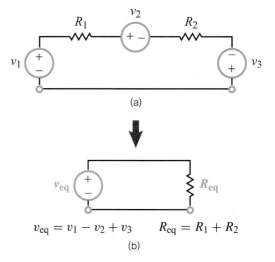

(a)

$$v_{eq} = v_1 - v_2 + v_3 \qquad R_{eq} = R_1 + R_2$$

(b)

[그림 2-20] 직렬 전압원은 대수적으로 합해질 수 있다.
(a) 직렬연결된 전압원을 가지는 회로
(b) 등가회로

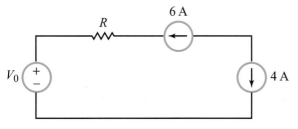

[그림 2-19] 실현 불가능한 회로 : 서로 다른 크기와 방향을 가지고 있는 두 개의 전류원은 직렬연결될 수 없다.

$$R_{\text{eq}} = R_1 + R_2 \qquad (2.40)$$

> 직렬로 연결된 다수의 전압원은 각각의 전압을 모두 더한 것과 같은 전압값의 등가 전압원으로 나타낼 수 있다.

2.4.3 저항과 전원의 병렬연결

저항 여러 개가 직렬로 연결되었을 경우 저항은 같은 전류를 공유하지만, 전압은 각기 다른 값을 가진다. 그리고 병렬로 연결되었을 경우에는 모든 저항에 인가되어 있는 전압은 동일하며, 전류는 모두 다르다. [그림 2-21(a)] 회로에서 저항 세 개는 같은 전압 v_s가 걸려 있으나, 전류의 값은 각각 다르다. 전원에서 공급된 전류는 저항 세 개를 포함하는 각각의 가지로 나누어지며, 다음과 같이 표현된다.

$$i_s = i_1 + i_2 + i_3 \qquad (2.41)$$

옴의 법칙을 적용하면 다음과 같고

$$i_1 = \frac{v_s}{R_1}, \quad i_2 = \frac{v_s}{R_2}, \quad i_3 = \frac{v_s}{R_3} \qquad (2.42)$$

식 (2.41)에 식 (2.42)를 대입하면 다음 식을 유도할 수 있다.

$$i_s = \frac{v_s}{R_1} + \frac{v_s}{R_2} + \frac{v_s}{R_3} \qquad (2.43)$$

[그림 2-21(b)]에서 나타내듯이 전류 i_s를 그대로 둔 상태로 세 저항의 병렬연결을 하나의 등가저항 R_{eq}으로 대체하면 등가회로를 나타내는 관계식은 아래와 같다.

$$i_s = \frac{v_s}{R_{\text{eq}}} \qquad (2.44)$$

[그림 2-21]의 두 회로가 전원 v_s에 관하여 같은 동작을 하면, 원래 회로에 식 (2.43)으로 주어진 i_s는 등가회로에 식 (2.44)로 주어진 i_s의 표현식과 같아야 한다. 따라서

$$\frac{v_s}{R_{\text{eq}}} = \frac{v_s}{R_1} + \frac{v_s}{R_2} + \frac{v_s}{R_3} \qquad (2.45)$$

이며, 위 식으로부터 다음 식을 유도할 수 있다.

$$\frac{1}{R_{\text{eq}}} = \frac{1}{R_1} + \frac{1}{R_2} + \frac{1}{R_3} \qquad (2.46)$$

이 결과는 병렬로 연결된 N개의 저항에 대하여 일반화될 수 있다.

$$\frac{1}{R_{\text{eq}}} = \sum_{i=1}^{N} \frac{1}{R_i} \quad \text{(병렬연결된 저항)} \qquad (2.47)$$

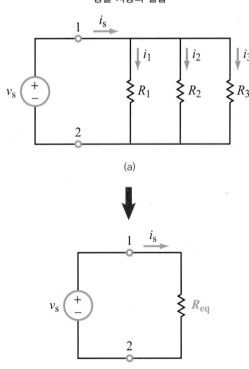

병렬 저항의 결합

$$R_{\text{eq}} = \left(\frac{1}{R_1} + \frac{1}{R_2} + \frac{1}{R_3} \right)^{-1} \qquad i_2 = \left(\frac{R_{\text{eq}}}{R_2} \right) i_s$$

(b)

[그림 2-21] 병렬연결된 저항 3개에 연결된 전압원
(a) 원래 회로
(b) 등가회로

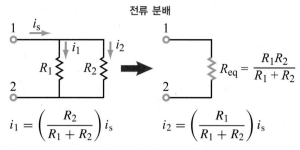

$$i_1 = \left(\frac{R_2}{R_1 + R_2} \right) i_s \qquad i_2 = \left(\frac{R_1}{R_1 + R_2} \right) i_s$$

[그림 2-22] 병렬로 연결된 두 저항에 대한 등가회로

병렬로 연결된 여러 개의 저항은 각각의 저항에 대하여 입력 전류를 나누어 분배한다.

[그림 2-21(a)]의 R_2에 흐르는 전류 i_2는 다음과 같다.

$$i_2 = \frac{v_s}{R_2} = \left(\frac{R_{eq}}{R_2} \right) i_s \qquad (2.48)$$

N개의 저항이 병렬연결된 전류 분배기에서 R_i를 통해 흐르는 전류는 총 입력 전류에 $\left(\frac{R_{eq}}{R_i} \right)$를 곱한 값이다. 병렬로 연결된 두 저항 R_1과 R_2([그림 2-22])에 대한

등가저항은 다음과 같이 얻을 수 있으며, 이 관계식은 매우 유용하게 사용된다.

$$R_{eq} = \frac{R_1 R_2}{R_1 + R_2} \qquad (2.49)$$

이러한 병렬연결을 간단히 $R_1 \parallel R_2$로 표현할 것이다.

2.1.3절에서 언급된 바와 같이 **저항 R의 역수인 컨덕턴스 G는 $G = \frac{1}{R}$이다.** 병렬로 연결된 N개의 컨덕턴스에 대해 식 (2.47)은 다음과 같이 선형 합으로 나타낸다.

$$G_{eq} = \sum_{i=1}^{N} G_i \quad \text{(컨덕턴스 병렬연결)} \qquad (2.50)$$

두 저항은 같은 전류를 공유하는 직렬연결이나 같은 전압을 공유하는 병렬연결로 항상 함께 연결될 수 있다. 두 개의 전압원은 직렬로는 연결될 수 있지만 병렬로는 연결될 수 없고, 두 전류원은 [그림 2-23]과 같이 병렬로는 연결할 수 있지만 직렬로는 연결할 수 없다.

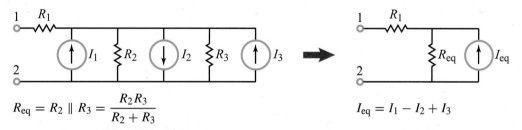

$$R_{eq} = R_2 \parallel R_3 = \frac{R_2 R_3}{R_2 + R_3} \qquad\qquad I_{eq} = I_1 - I_2 + I_3$$

[그림 2-23] 병렬로 연결된 전류원이 추가된 회로

예제 **2-7** 등가회로 풀이

등가저항 해석 방법을 사용하여 [그림 2-24(a)] 회로에서 V_2, I_1, I_2, I_3를 구하라.

풀이

첫 번째 단계로 직렬로 연결된 2 Ω과 4 Ω의 저항을 6 Ω짜리 저항 하나로 묶어주고, 병렬로 연결된 6 Ω 저항 두 개를 식 (2.49)를 이용하여 하나의 3 Ω짜리 저항으로 대체한다. 이 첫 번째 단계를 통하여 [그림 2-24(a)] 회로는 [그림 2-24(b)] 회로로 간략화된다.

다음 단계는 $3\,\Omega$과 $6\,\Omega$의 병렬 조합된 저항값을 계산하는 것이다($3\parallel6$). 식 (2.49)를 사용하면 $\dfrac{(3\times6)}{(3+6)}=\dfrac{18}{9}=2\,\Omega$이다. 새로운 등가회로는 [그림 2-24(c)]처럼 변형되며, 이 회로로부터 다음과 같은 식을 유도할 수 있다.

$$I_1 = \frac{24}{10+2} = 2\,\text{A}$$

$$V_2 = 2I_1 = 2 \times 2 = 4\,\text{V}$$

[그림 2-24(b)]로 돌아가서, I_2와 I_3를 구하기 위해서 옴의 법칙을 적용한다.

$$I_2 = \frac{V_2}{3} = \frac{4}{3} = 1.33\,\text{V}$$

$$I_3 = \frac{V_2}{6} = \frac{4}{6} = 0.67\,\text{V}$$

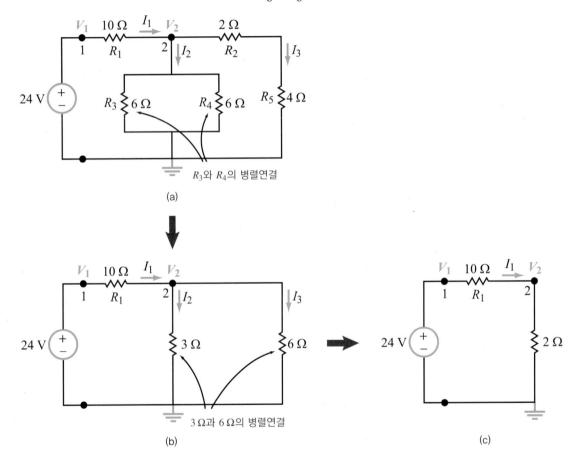

[그림 2-24] (a) 원래 회로
(b) 원래 회로에서 R_3과 R_4는 병렬연결, R_2와 R_5는 직렬연결했을 때의 회로
(c) 회로 (b)에서 저항 $3\,\Omega$과 $6\,\Omega$을 병렬연결했을 때의 등가회로

[질문 2-9] 회로가 서로 등가회로가 되려면 어떤 조건을 만족해야 되는가?
[질문 2-10] 전압 분배기와 전류 분배기는 각각 무엇을 말하는가?
[질문 2-11] 컨덕턴스 G에 대한 i-v 관계식은 무엇인가?

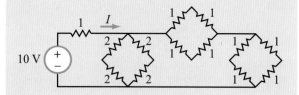

[연습 2-11] 전류 I를 구하기 위해서 저항 조합을 적용하여 다음 회로를 단순화하라. 이때 모든 저항의 단위는 옴(ohm)이다.

2.4.4 전원 변환

이 절에서는 저항과 직렬연결된 이상적인 실제 전압원이 우회 저항과 병렬연결된 이상적 전류원으로 구성된 실제 전류원으로 변경되는 과정과 그 반대 과정을 살펴볼 것이다. 먼저 [그림 2-25 (a)]와 [그림 2-25(b)]의 두 회로를 살펴보자.

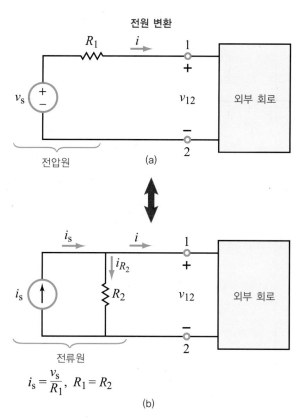

[그림 2-25] 외부 회로에 연결된 실제 전압원 및 실제 전류원 : 두 회로가 같은 기능을 하는 동일한 회로가 되려면 $i_s = \frac{v_s}{R_1}$와 $R_1 = R_2$의 등가 관계가 필요하다.

어떤 전원을 다른 종류의 전원으로 변환할 때는 외부 회로를 해석하고 분석하는 과정이 쉬워지는 방향으로 등가화해야 한다.

> 전압원 회로와 전류원 회로는 외부 회로로 같은 입력 전류 i와 같은 입력 전압 v_{12}를 전달할 때 등가 관계에 있으며 상호 대체가 가능하다.

전압원 회로에 KVL을 적용하여 다음 식을 구할 수 있다.

$$-v_s + i R_1 + v_{12} = 0 \qquad (2.51)$$

위의 식으로부터 전류 i에 대한 식을 구한다.

$$i = \frac{v_s}{R_1} - \frac{v_{12}}{R_1} \qquad (2.52)$$

전류원 회로에 KCL을 적용하면 전류 i는 다음과 같다.

$$\begin{aligned} i &= i_s - i_{R_2} \\ &= i_s - \frac{v_{12}}{R_2} \end{aligned} \qquad (2.53)$$

여기서 i_{R_2}를 v_{12}의 항으로 바꾸기 위하여 옴의 법칙을 사용했다. 식 (2.52)와 식 (2.53)의 등가관계는 다음 조건일 때만 모든 i와 v_{12} 값에 대하여 성립한다.

$$R_1 = R_2 \qquad (2.54a)$$

$$i_s = \frac{v_s}{R_1} \qquad (2.54b)$$

> 전원 저항 R_s와 직렬연결된 전압원 v_s는 우회 저항 R_s와 병렬로 연결된 전류원 $i_s = \frac{v_s}{R_s}$와 같다.

이러한 등가 관계를 통하여 전압원과 전류원을 서로 바꾸는 과정을 전원 변환이라고 하며, 이로 인해 실제 전류원과 실제 전압원은 상호 대체할 수 있다.

전원과 저항을 포함하는 직렬 및 병렬 등가회로는 [표 2-6]에 정리하였다.

[표 2-6] 등가회로

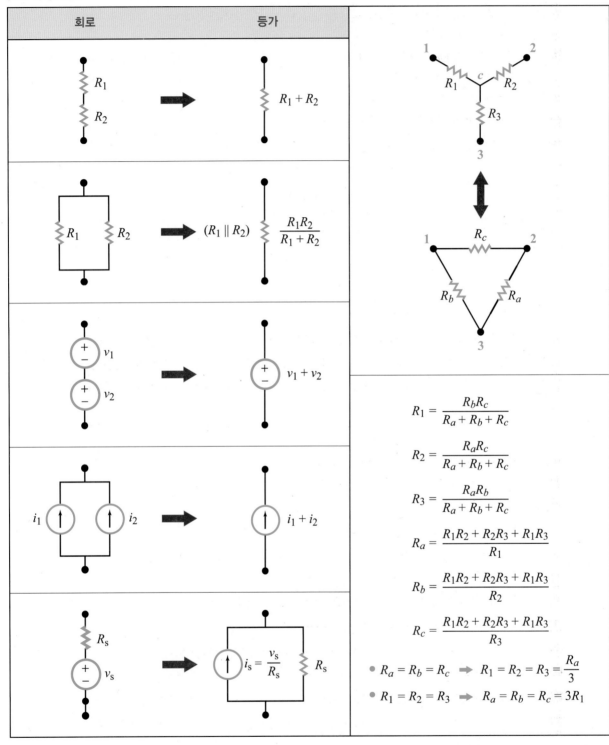

회로	등가

$$R_1 = \frac{R_b R_c}{R_a + R_b + R_c}$$

$$R_2 = \frac{R_a R_c}{R_a + R_b + R_c}$$

$$R_3 = \frac{R_a R_b}{R_a + R_b + R_c}$$

$$R_a = \frac{R_1 R_2 + R_2 R_3 + R_1 R_3}{R_1}$$

$$R_b = \frac{R_1 R_2 + R_2 R_3 + R_1 R_3}{R_2}$$

$$R_c = \frac{R_1 R_2 + R_2 R_3 + R_1 R_3}{R_3}$$

- $R_a = R_b = R_c$ ⟹ $R_1 = R_2 = R_3 = \frac{R_a}{3}$
- $R_1 = R_2 = R_3$ ⟹ $R_a = R_b = R_c = 3R_1$

[그림 2-26(a)]의 회로에서 전류 I를 구하라.

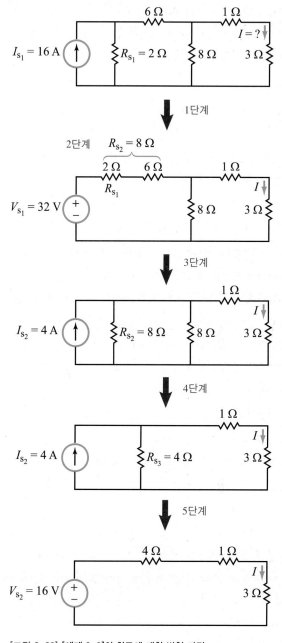

풀이

이러한 회로를 해석하기 위하여 회로를 변형할 때, 미지수인 전류 I가 흐르는 $3\,\Omega$ 저항을 포함한 변환은 피해야 한다. 그리고 $3\,\Omega$ 저항의 좌측에 존재하는 회로에 대하여 전원 변환을 여러 번 수행해야 한다.

1단계 : 전류를 전압으로 변환하면 $(I_{s_1},\ R_{s_1})$의 조합을 R_{s_1} 및 R_{s_1}과 직렬로 연결되어 있는 V_{s_1}으로 변환이 가능하다.

$$V_{s_1} = I_{s_1}R_{s_1} = 16 \times 2 = 32\,\text{V}$$

2단계 : 다음과 같이 $6\,\Omega$ 저항에 직렬로 I_{s_1}을 결합한다.

$$R_{s_2} = 2 + 6 = 8\,\Omega$$

그러므로 새로운 입력 전원은 $(V_{s_1},\ R_{s_2})$이다.

3단계 : 전압원 $(V_{s_1},\ R_{s_2})$를 R_{s_3}와 병렬연결된 전류 전원으로 변환한다.

$$I_{s_2} = \frac{V_{s_1}}{R_{s_2}} = \frac{32}{8} = 4\,\text{A}$$

4단계 : $8\,\Omega$짜리 저항을 $R_{s_2} = 8\,\Omega$ 저항과 병렬로 조합하여 $R_{s_3} = 4\,\Omega$을 구한다.

5단계 : $(I_{s_2},\ R_{s_3})$는 R_{s_3}와 직렬로 연결된 전압원 V_{s_1}으로 변환된다.

$$V_{s_2} = I_{s_2}R_{s_3} = 4 \times 4 = 16\,\text{V}$$

마지막 단계의 단일 루프에서 I를 구한다.

$$I = \frac{V_{s_2}}{4+1+3} = \frac{16}{8} = 2\,\text{A}$$

[그림 2-26] [예제 2-8]의 회로에 대한 변형 과정

[연습 2-12] 다음 회로에 전원 변환을 적용하여 I를 구하라.

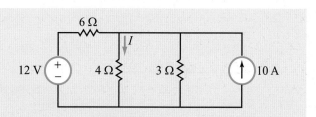

2.5 Y-Δ 변환

회로가 아무리 복잡하더라도 서로 직렬연결된 하나의 등가저항과 하나의 등가 전압원으로 구성된 등가회로 형태로 간단하게 표현할 수 있다. 그리고 단순하게 표현된 등가회로에 의하여 두 마디 간의 저항 회로 동작을 단순화할 수 있다. 앞 절에서 병렬 혹은 직렬로 연결된 저항을 결합시킬 수 있는 방법을 배웠으며, 직렬 전압원과 병렬 전류원의 연결 조합에 대해서도 알아보았다. 그러나 때때로 저항이 직렬이나 병렬이 아닌 방식으로 연결되어 있어서 쉽게 단순화할 수 없는 회로 구성을 볼 수 있다. [그림 2-27]이 이러한 회로다. 이 회로 내에서 어떠한 두 저항도 같은 전류나 전압을 공유하지 않는다. 이 절에서는 [그림 2-27]의 회로처럼 회로 요소가 특이하게 배열된 경우에 사용할 수 있는 Y와 Δ 변환을 살펴볼 것이다.

Y와 Δ 변환을 알아보기 위하여 [그림 2-28(a)]와 [그림 2-28(b)]에서 나타낸 Y 회로와 Δ 회로를 먼저 살펴보자. 동일한 외부 회로가 마디 1, 마디 2, 마디 3에서 Y와 Δ 회로에 각각 연결되었다고 가정한다. 우선 해야할 일은 Y 회로의 저항 집합인 (R_1, R_2, R_3)와 Δ 회로

의 저항 집합인 (R_a, R_b, R_c) 사이의 변환 관계를 찾아내는 것이다. 즉 외부 회로에서 볼 때 Y와 Δ 회로는 등가적이며 동일하게 동작해야 한다.

Y와 Δ 회로 표준 변환 절차

❶ 한 특정 마디를 외부 회로에 연결하지 않은 상태의 개방 회로로 설정한다.

❷ 개방 회로로 설정한 마디를 제외한 Y 회로의 또 다른 두 마디에 전압원이 연결되어 있다고 가정한 뒤, 그 두 마디 사이의 저항에 대한 표현을 유도한다.

❸ Δ 회로에 대하여 ❶, ❷와 동일한 과정을 수행한다.

❹ 과정 ❷와 ❸에서 얻은 표현들을 등식화한다.

예를 들어 마디 3을 개방 회로로 두면, Y 회로는 마디 1과 마디 2 사이에서 R_1와 R_2의 직렬 저항으로 단순화될 수 있다.

$$R_{12} = R_1 + R_2 \quad \text{(Y 회로)} \quad (2.55)$$

Y 회로와 마찬가지로 Δ 회로의 마디 3을 외부 회로에 연결하지 않은 상태에서 위와 같은 절차를 반복하면,

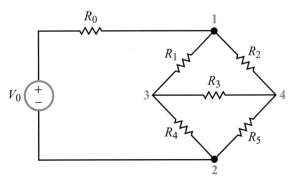

[그림 2-27] 이 회로의 어떠한 저항도 같은 전류(직렬연결일 경우)나 전압(병렬연결일 경우)을 공유하지 않는다.

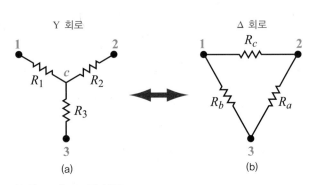

[그림 2-28] Y-Δ 등가회로

마디 1과 마디 2 사이에 두 저항 R_a, R_b의 직렬 저항과 R_c가 병렬로 연결될 것이다. 따라서 Δ 회로의 마디 1과 마디 2 사이의 저항은 다음과 같다.

$$R_{12} = \frac{R_c(R_a + R_b)}{R_a + R_b + R_c} \quad (\Delta \text{ 회로}) \qquad (2.56)$$

식 (2.55)와 식 (2.56)에서 주어진 R_{12}에 관한 두 수식을 같다고 두면 다음과 같다.

$$R_1 + R_2 = \frac{R_c(R_a + R_b)}{R_a + R_b + R_c} \qquad (2.57a)$$

마디 1과 마디 2 사이에서 식 (2.57a)를 구한 것과 같은 방식으로 다른 두 마디에 같은 과정을 반복하면 다음 관계식이 유도된다.

$$R_2 + R_3 = \frac{R_a(R_b + R_c)}{R_a + R_b + R_c} \qquad (2.57b)$$

$$R_1 + R_3 = \frac{R_b(R_a + R_c)}{R_a + R_b + R_c} \qquad (2.57c)$$

2.5.1 $\Delta \rightarrow Y$ 변환

앞서 배운 식 (2.57)에 대한 연립 방정식을 풀면 R_1, R_2, R_3에 대한 표현을 다음과 같이 구할 수 있다.

$$R_1 = \frac{R_b R_c}{R_a + R_b + R_c} \qquad (2.58a)$$

$$R_2 = \frac{R_a R_c}{R_a + R_b + R_c} \qquad (2.58b)$$

$$R_3 = \frac{R_a R_b}{R_a + R_b + R_c} \qquad (2.58c)$$

위의 표현식에서 대칭성에 주목해보자. Y 회로의 1번 마디에 연결된 R_1은 식 (2.58a)와 같이 Δ 회로의 1번 마디에 연결된 두 저항 R_b와 R_c의 곱을 분자항으로 갖는다.

이러한 대칭성은 R_2와 R_3의 수식에서도 똑같이 적용된다.

식 (2.58)에 기술되어 있는 변환식은 외부 회로에 어떠한 영향도 주지 않으면서 Δ 회로를 Y 회로로 변환해준다.

2.5.2 $Y \rightarrow \Delta$ 변환

Δ-Y 변환과 반대 과정, 즉 Y에서 Δ로 변환할 때 변환 관계는 다음과 같다.

$$R_a = \frac{R_1 R_2 + R_2 R_3 + R_1 R_3}{R_1} \qquad (2.59a)$$

$$R_b = \frac{R_1 R_2 + R_2 R_3 + R_1 R_3}{R_2} \qquad (2.59b)$$

$$R_c = \frac{R_1 R_2 + R_2 R_3 + R_1 R_3}{R_3} \qquad (2.59c)$$

Y-Δ 변환에서 대칭성은 다음과 같다. Δ 회로의 2번 마디와 3번 마디에 연결된 R_a는 식 (2.59a)로 분모항은 Y 회로에서 1번 마디에 연결된 저항인 R_1이다. 이런 대칭 형식은 R_b와 R_c에도 적용된다.

Y-Δ 변환 과정을 알아보기 위하여 [그림 2-27]의 회로를 다시 살펴보자. 이 회로는 쉽게 확인할 수 있는 R_1-R_2-R_3와 R_4-R_5-R_6의 Δ 회로뿐만 아니라, 잘 드러나지 않은 R_1-R_3-R_4와 R_2-R_3-R_5의 Y 회로도 포함되어 있다. R_1-R_3-R_4와 R_2-R_3-R_5의 두 조합이 실제로 Y 회로라는 것을 명확하게 보여주려면 [그림 2-29(a)]와 같은 형식으로 회로를 다시 그려야 한다. 이때 마디 1과 마디 2는 점 두 개와 수평선 두 개로 늘려 그리는데, 전기적으로는 회로의 어떤 특성이나 구조도 변경되지 않는다. 같은 회로의 또 다른 형태가 [그림 2-29(b)]에 나타나 있다. 이 경우 R_1-R_3-R_4로 나타난 Y 회로는 Y보다 T 형태에 가깝고, R_1-R_3-R_2로 나타난 Δ 회로는 Δ보다 Π 형태와 비슷하다. 따라서 Y-Δ 변환은 흔히 T-Π 변환이라고 부르기도 한다. 회

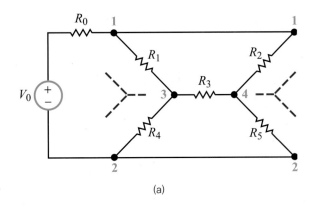

(a)

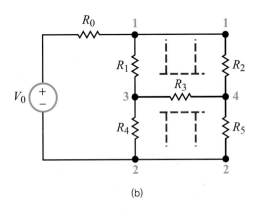

(b)

[그림 2-29] [그림 2-27] 회로를 다시 그린 것
   (a) Y 회로
   (b) T와 Ⅱ의 하부 회로를 이용하여 표현된 회로

로가 그려진 모양은 전기적인 특성이나 동작과 전혀 관계가 없으며, 각각의 가지가 마디에 어떻게 연결되었는지가 중요하다.

2.5.3 평형 회로

만약 Δ 회로의 모든 저항이 같다면 그 회로는 **평형**(balanced) 상태라고 한다. Y 회로가 평형 상태일 때 저항값은 다음과 같다.

$$R_1 = R_2 = R_3 = \frac{R_a}{3} \quad (R_a = R_b = R_c) \quad (2.60\text{a})$$

$$R_a = R_b = R_c = 3R_1 \quad (R_1 = R_2 = R_3) \quad (2.60\text{b})$$

> [질문 2-12] Y-Δ 변환은 언제 사용하는가? Y 회로와 Δ 회로의 저항 간 대칭성에 대하여 기술하라.
>
> [질문 2-13] 등가회로에 관한 평형 Y 회로의 요소는 등가회로의 요소와 어떤 관계가 있는지 설명하라.

> [연습 2-13] 다음에 나타난 각 회로에 대해 단자 (a, b) 사이의 등가저항을 구하라.
>
>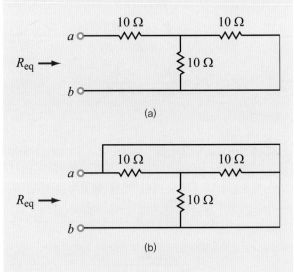

Y-Δ 변환을 적용하여 [그림 2-30(a)]의 회로를 단순
화하고, 전류 I를 구하라.

풀이

앞서 언급된 변환의 대칭성 규칙을 통해 마디 1, 마디 3,
마디 4에 연결된 Δ 회로는 [그림 2-30(b)]와 같이 Y 회
로로 대체할 수 있다.

저항값은 다음과 같다.

$$R_1 = \frac{24 \times 36}{24 + 36 + 12} = 12\ \Omega$$

$$R_2 = \frac{24 \times 12}{24 + 36 + 12} = 4\ \Omega$$

$$R_3 = \frac{36 \times 12}{24 + 36 + 12} = 6\ \Omega$$

직렬인 $4\ \Omega$과 $20\ \Omega$ 저항을 더하면, 우측 가지의 저항
은 $24\ \Omega$이다. 같은 방법으로, 왼쪽 지점을 합하면
$12\ \Omega$이고, 이 두 과정을 통해 구한 $24\ \Omega$과 $12\ \Omega$의 두
병렬 가지의 저항을 합하면 $\frac{24 \times 12}{24 + 12} = 8\ \Omega$이다.

다음으로 직렬인 $5\ \Omega$과 $12\ \Omega$의 두 저항을 $8\ \Omega$에 더하면,
[그림 2-30(c)]의 최종 회로를 유도할 수 있다. 따라서

$$I = \frac{100}{25} = 4\ \text{A}$$

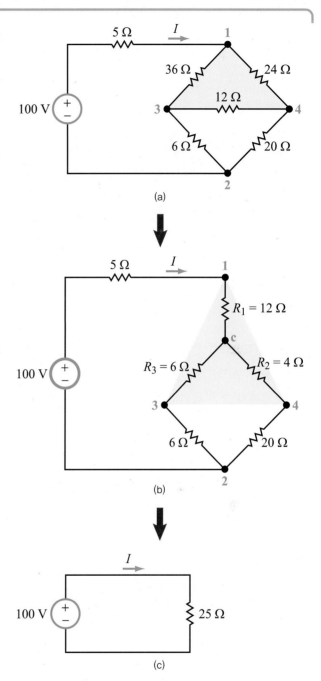

[그림 2-30] (a) 원래 회로
(b) Δ→Y 변환 이후의 회로
(c) 최종 회로

2.6 휘트스톤 브리지

1833년 사무엘 크리스티(Samuel Christie, 1784~1865)는 저항을 정확하게 측정하기 위하여 휘트스톤 브리지라는 저항계를 최초로 개발하였다. 찰스 휘트스톤(Charles Wheatstone, 1802~1875)은 이 저항계를 실용적으로 다양하게 응용하여 유명해졌다. 오늘날 휘트스톤 브리지 회로는 스트레인 게이지, 힘과 토크 센서, 관성 자이로 센서를 포함하는 다양한 센서 소자에 필수적인 요소로 사용되고 있다.

[그림 2-31]에 제시된 휘트스톤 브리지는 고정된 값의 두 저항(R_1과 R_2)과 저항값을 알 수 있는 가변 저항 R_3, 값이 정해지지 않은 저항 R_x 등 총 네 개의 저항 성분을 포함하고 있다. 직류 전압원 V_0은 제일 위에 있는 마디와 접지 사이에, 전류계는 마디 1과 마디 2 사이에 연결되어 있다.

R_x를 결정하려면 $I_a = 0$을 만들기 위해 먼저 R_3를 조절해야 한다. 마디 1과 마디 2 사이에서 전류 흐름이 없

는 상태는 $V_1 = V_2$로 **평형 상태**(balanced condition)를 의미한다. 그리고 전압 분배 원리로부터 $V_1 = \dfrac{R_3 V_0}{(R_1 + R_3)}$, $V_2 = \dfrac{R_x V_0}{(R_2 + R_x)}$이므로, 따라서 $V_1 = V_2$의 조건에 의하여 다음 식을 얻는다.

$$\frac{R_3 V_0}{R_1 + R_3} = \frac{R_x V_0}{R_2 + R_x} \tag{2.61}$$

평형 브리지는 R_1과 R_2에 걸려 있는 전압이 같음을 나타내므로, 이를 바탕으로 다음 식을 구할 수 있다.

$$\frac{R_1 V_0}{R_1 + R_3} = \frac{R_2 V_0}{R_2 + R_x} \tag{2.62}$$

여기서 식 (2.61)을 식 (2.62)로 나누면

$$\frac{R_3}{R_1} = \frac{R_x}{R_2}$$

다시 정리하면, 최종적으로 다음 관계식을 얻을 수 있다.

$$R_x = \left(\frac{R_2}{R_1} \right) R_3 \quad \text{(평형 상태)} \tag{2.63}$$

[질문 2-14] 휘트스톤 브리지는 어떤 용도로 사용될 수 있는가?

[질문 2-15] 휘트스톤 브리지에서 평형 상태란 무엇인가?

[연습 2-14] [그림 2-32]의 센서 회로에서 $V_0 = 4$ V이고, 측정이 가능한 V_{out}의 최솟값이 1 μV이라면, 이 조건에서 측정이 가능한 $\dfrac{\Delta R}{R}$의 정확도는 얼마인가?

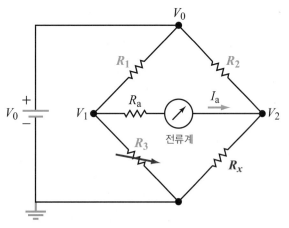

[그림 2-31] 가변 저항 R_3와 미지수 저항값인 R_x를 포함하는 휘트스톤 브리지 회로 : $I_a = 0$을 만들기 위해 R_3가 조정할 때 R_x는 $R_x = (\frac{R_2}{R_1})R_3$로부터 결정된다.

특정 저항을 기준값으로 둘 때, 기준 저항값으로부터 발생한 작은 편차를 측정하기 위해 고안된 특정한 버전의 휘트스톤 브리지([그림 2-32])가 있다고 가정한다. 기준값의 예로 아무런 하중이 가해지지 않은 도로의 다리를 생각해보자. 고감도의 유동 저항기를 사용하는 스트레인 게이지는 다리 위에 있는 자동차나 트럭의 무게(힘)를 통해 다리의 표면에 발생하는 작은 뒤틀림을 측정할 수 있다. 자동차나 트럭에 의한 힘이 저항기가 부착되어 있는 다리의 표면을 뒤틀면 저항기의 길이는 늘어나고, 저항값은 자극이 없던 상태의 저항값 R에서 $R + \Delta R$로 증가한다. 이때 외부 자극을 받아 변화하는 저항을 제외한 휘트스톤 브리지 회로 내의 다른 세 개의 저항은 저항값 R을 그대로 유지한다. 따라서 다리 위에 차량이 존재하지 않을 때, 회로는 평형 상태가 된다.

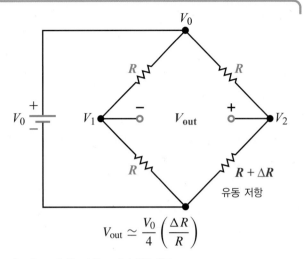

$$V_{\text{out}} \simeq \frac{V_0}{4}\left(\frac{\Delta R}{R}\right)$$

[그림 2-32] 휘트스톤 브리지 센서 회로

이 회로에서 $\frac{\Delta R}{R} \ll 1$의 조건에 대해 마디 1과 마디 2 사이의 출력 전압인 V_{out}의 근사 표현을 구하라.

풀이

전압 분배에 의하여 다음과 같이 주어진다.

$$V_1 = \frac{V_0 R}{R + R} = \frac{V_0}{2}$$

$$V_2 = \frac{V_0(R + \Delta R)}{R + (R + \Delta R)} = \frac{V_0(R + \Delta R)}{2R + \Delta R}$$

따라서 V_{out}은 다음과 같이 표현된다.

$$\begin{aligned} V_{\text{out}} &= V_2 - V_1 \\ &= \frac{V_0(R + \Delta R)}{2R + \Delta R} - \frac{V_0}{2} \\ &= \frac{2V_0(R + \Delta R) - V_0(2R + \Delta R)}{2(2R + \Delta R)} \\ &= \frac{V_0\,\Delta R}{4R + 2\,\Delta R} = \frac{V_0\,\Delta R}{4R(1 + \Delta R/2R)} \end{aligned}$$

$\frac{\Delta R}{R} \ll 1$이므로 분모의 두 번째 항은 생략이 가능하며, 오차는 거의 무시할 수 있다. 따라서 근사 조건에 의해 V_{out}은 다음과 같이 근사화된다.

$$V_{\text{out}} \simeq \frac{V_0}{4}\left(\frac{\Delta R}{R}\right) \tag{2.64}$$

이 식은 저항의 변화 ΔR과 출력 전압 V_{out} 사이의 간단한 선형 관계를 보여 준다.

2.7 응용 노트 : 선형 대 비선형 i-v 관계

이상적인 저항기, 전압원, 전류원은 모두 선형 요소로 간주되며, 이 세 가지 요소에 인가된 전압과 흐르는 전류 사이의 관계는 직선으로 표현된다. [그림 2-33]에 나타낸 전류원, 전압원, 저항기에 대한 i-v 관계식은 각각 0, ∞, $\frac{1}{R}$의 기울기를 가진다.

2.7.1 퓨즈 : 간단한 비선형 회로 요소

일반적으로 회로에 사용되는 많은 회로 요소는 선형 i-v 관계를 보이지 않는다. [그림 2-34(a)]의 회로를 보면 a와 b 단자 사이에 부하 저항 R_L이 실제 전압원과 연결되어 있다. 여기서 전원 저항 R_s의 저항값(1 Ω)은 부하 저항값(1 kΩ)보다 훨씬 작다는 것에 유의해야 한다. 잘 설계된 전형적인 전압원은 전원 저항에 걸리는 전압을 최소화하기 위해 크기가 작으며, 단락 회로가 될 때 특성을 파악하기 위한 스위치가 회로에 포함되어 있다. [그림 2-34(a)]의 루프에 KVL을 적용하면 다음 수식을 구할 수 있다.

$$I_s = \frac{V_s}{R_s + R_L} = \frac{100}{1 + 1000} \approx 0.1 \text{ A} \quad \text{(스위치가 열릴 때)}$$

만약 우연히 SPST 스위치가 닫혀서 a와 b 단자 사이가 단락되면, 전류 I_s는 모두 단락 회로를 통해 흐른다. 결과적으로 스위치가 닫힐 때, I_s 값은 다음과 같다.

$$I_s = \frac{V_s}{R_s} = 100 \text{ A!} \quad \text{(스위치가 닫힐 때)}$$

이는 굉장히 큰 전류다. 대부분 가정용 전선은 이렇게 큰 전류가 흐를 경우 과열되어 전선의 절연체가 녹아 버린다. 이런 이유로 전력 분배 회로에서는 [그림 2-34(b)]처럼 퓨즈(fuse)를 사용한다. [그림 2-34(c)]에서

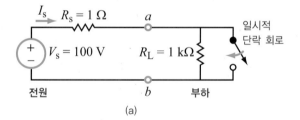

(a)

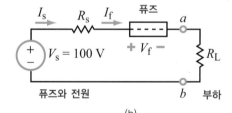

(b)

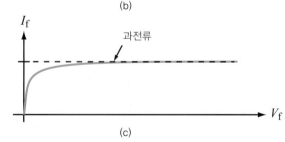

(c)

[그림 2-34] 전압원 보호를 위해 퓨즈가 사용된 회로
(a) 스위치에 의해 순간적으로 단락된 회로
(b) 전압원을 보호하기 위한 퓨즈가 포함된 회로
(c) 퓨즈에 대한 i-v 특성

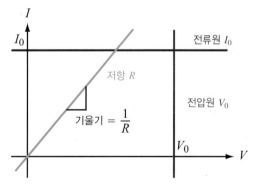

[그림 2-33] 저항기 R, 이상적인 전압원 V_0, 이상적인 전류원 I_0에 대한 I-V 관계

볼 수 있듯이 퓨즈에 대한 $i-v$ 곡선은 명확한 비선형이다. 퓨즈에 특정 전류값 이상의 전류가 흐르면 퓨즈는 전류 진폭 제한기와 마찬가지로 더 많은 전류가 흐르는 것을 차단한다. 보통 물리적인 소자는 **과전류**라고 불리는 특정 전류값에서 작은 금속 전선들이 녹아 없어지도록 설계되어 있으므로, 결국 개방 회로가 되면서 회로를 통해 큰 전류가 흐르는 것을 방지해준다. [그림 2-34(c)]는 퓨즈의 시간 의존성을 설명해줄 수 있는 특성 그래프는 아니며, 단지 퓨즈에 흐르는 전류가 과전류를 초과하는 시점까지의 동작만을 나타낸다. 과전류보다 큰 전류가 흐른 후의 퓨즈는 개방 회로처럼 보인다.

퓨즈의 특성, 즉 얼마나 빨리 반응할 수 있는지에 따라 퓨즈의 등급이 정해진다. 초고속으로 반응하는 퓨즈는 수 마이크로초에서 수 밀리초 내에 작동한다. 퓨즈의 또 다른 중요한 특성은 퓨즈의 단자를 따라 유지할 수 있는 최대 전압값이다. [그림 2-34(b)]에서 일단 퓨즈가 개방 회로가 되었다고 가정하면 퓨즈에 인가되는 전압은 V_s가 된다. 이 전압이 너무 높아지면 단자 사이에서 불꽃과 불똥이 발생할 수도 있다(큰 전압은 공기 중에서 공기 분자를 파괴시켜 밝은 불꽃을 발생시킨다.). 따라서 퓨즈가 견딜 수 있는 최대 전압값 역시 퓨즈를 선택할 때 신중하게 고려해야 할 중요한 요소다.

2.7.2 다이오드 : 고체 상태 비선형 소자

다이오드는 고체 회로의 핵심이 되는 소자다. [그림 2-35(a)]에서는 다이오드의 회로 기호를 다이오드에 인가된 전압 V_D와 함께 보여준다. (+) 쪽이 다이오드의 애노드(anode) 단자, (−) 쪽이 캐소드(cathode) 단자로 정의된다. 다이오드는 많은 가정용 전자기기에서 사용되는 기본적인 pn 접합 **다이오드**를 포함하여, 제너 다이오드, 쇼트키 다이오드, 흔히 볼 수 있는 발광 다이오드 등 많은 종류가 있다.

여기서는 흔히 다이오드로 간단히 간주되는 pn 접합 다이오드에 대해서만 논의할 것이다. pn 다이오드는 n형 반도체와 접촉된 p형 반도체로 구성되어 접합을 형성한다. p형 물질은 본래의 벌크 물질에 불순물이 첨가되어 전기전도에 참여할 수 있는 대전 캐리어들의 대부분이 **양**(positive) 전하인 결정 구조가 된 상태를 말한다. n형 물질은 그와는 반대로 대부분의 캐리어가 **음**(negative) 전하(전자)가 되도록 다른 종류의 불순물을 본래의 벌크 물질에 주입한 것이다. 다이오드에 인가된 전압이 없을 때 두 종류의 캐리어는 서로 다른 접합 쪽으로 확산되고, 순방향 바이어스 전압 또는 오프셋 전압 V_F로 알려진 접촉전위 장벽을 발생시킨다.

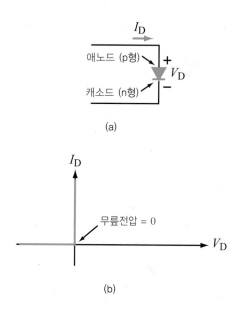

(a)

(b)

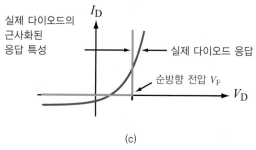

(c)

[그림 2-35] pn 접합 다이오드 기호와 $i-v$ 특성
    (a) 다이오드 기호
    (b) 이상적인 다이오드의 $i-v$ 특성
    (c) 실제 다이오드의 $i-v$ 특성

다이오드는 주로 전류에 대한 단방향 밸브(one-way valve)로 사용된다. [그림 2-35(b)]는 **이상적인 다이오드**의 $i-v$ 관계를 보여주며, 다음과 같이 동작을 기술할 수 있다.

> 다이오드의 전류는 크기에 상관없이 어떠한 방해도 받지 않고 (+) 단자로부터 (−) 단자로 다이오드를 따라서 흐를 수 있지만 반대 방향으로는 흐르지 못한다.

다시 말해 이상적인 다이오드는 양의 V_D 값에 대해서는 단락 회로처럼 보이고, 음의 V_D 값에 대해서는 개방 회로처럼 보인다. 이러한 상반된 두 전압 조건을 각각 **순방향 바이어스와 역방향 바이어스**라고 한다. V_F보다 큰 순방향 바이어스 전압이 다이오드에 인가되면 전위장벽이 낮아지고 p영역에서 n영역으로 전류가 흐른다(이 전류는 전류와 같은 방향으로 흐르는 양전하와 반대 방향으로 흐르는 음전하로 구성된다.). 반면에 다이오드에 역방향 바이어스 전압이 인가되면 전위장벽이 더 커지고 장벽을 통한 전하의 흐름이 제한되어, n영역에서 p영역으로 어떤 전류도 흐르지 못한다.

다이오드가 역방향 바이어스에서 순방향 바이어스 상태로 바뀌는 전압값을 무릎전압(knee voltage) 또는 순방향 바이어스 전압이라고 한다. 이상적인 다이오드에서는 $V_F = 0$이며 무릎전압이 $V_D = 0$일 때, $i-v$ 특성의 순방향 바이어스 부분은 [그림 2-35(b)]에서 보인 것처럼 I_D축을 따라 완벽히 겹쳐져서 정렬된다.

실제 다이오드는 다음 두 가지 중요한 측면에서 이상적인 다이오드와 다른 특성을 보인다.

> - 실제 다이오드의 특성 곡선에서 무릎전압은 $V_D = 0$이 아니다.
> - 이상적인 다이오드일 때와는 달리 순방향 바이어스에서 완벽한 단락 회로처럼 동작하거나 역방향 바이어스에서 완벽한 개방 회로처럼 동작하지는 않는다.

[그림 2-35(c)]는 실제 다이오드의 $i-v$ 곡선과 회로 설계에서 실제로 많이 사용되는 근사화된 다이오드의 등가회로 모델 특성을 함께 보여주고 있다. 이 그림을 보면 실제 다이오드가 얼마나 비선형적인 특성을 가지는지 알 수 있다. 그러나 실제로 많은 전기공학 응용 분야에서 이러한 비선형 특성은 크게 문제되지 않으며 근사화하여 다루어도 무방한 경우가 많다.

[그림 2-35(b)]의 이상적인 다이오드 모델과 [그림 2-35(c)]의 근사적인 다이오드 모델의 유일한 차이는 역방향에서 순방향 바이어스로의 변화가 영이 아닌 양의 전압 V_D, 즉 순방향 바이어스 전압 V_F에서 나타난다는 것이다. 실리콘 pn 접합 다이오드에서 V_F의 일반적인 값은 0.7 V다. 이때 V_F는 다이오드 자체의 특성이며, 다이오드가 포함된 회로의 한 부분은 아니라는 것을 명심해야 한다.

예제 2-11 다이오드 회로

[그림 2-36]의 회로는 $V_F = 0.7$ V인 다이오드를 포함하고 있다. I_D를 구하라.

풀이

문제에서 주어진 조건만으로는 다이오드에 순방향 바이어스가 인가되었는지, 역방향 바이어스가 인가되었는지 알 수 없다. 일단 I_D를 계산하기 위해 순방향 바이어스

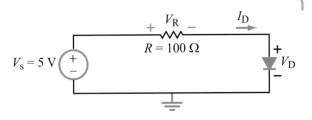

[그림 2-36] 다이오드 회로

가 인가된 것으로 가정해보자. I_D가 양의 값으로 계산된다면 가정이 유효하지만, I_D가 음이면 다이오드에는 역방향 바이어스가 인가된 것으로 봐야 하며, 회로에는 전류가 흐르지 않는 것이다. 루프에 KVL을 적용하면 다음과 같다.

$$-V_s + I_D R + V_D = 0$$

다이오드에 $V_D = 0.7$ V의 순방향 바이어스가 인가되었다면, I_D는 다음과 같다. I_D가 양의 값을 가지므로 다이오드에 순방향 바이어스가 인가되었다는 가정이 맞다.

$$I_D = \frac{V_s - V_D}{R} = \frac{5 - 0.7}{100} = 43 \text{ mA}$$

흥미로운 사실은 발광 다이오드(LED)로 흐르는 전류를 조절할 때 이 회로를 사용할 수 있다는 것이다. LED에 의해 방출된 빛의 양은(즉 얼마나 빛이 밝은지는) 순방향 바이어스가 인가되었을 때 LED를 통과하는 전류 I_D에 비례한다.

따라서 [그림 2-36] 회로를 사용하고 R에 대한 적절한 값을 선택함으로써 순방향 바이어스가 인가되었을 때의 LED 회로를 구현할 수 있고, 그 밝기를 조절할 수 있다.

[질문 2-16] 퓨즈의 과전류는 무엇인가?

[질문 2-17] 왜 pn 접합 다이오드의 전압은 0이 아닌 순방향 바이어스 전압 V_F인가?

[연습 2-15] 다음 두 회로에서 I를 구하라. 단, 모든 다이오드의 V_F는 0.7 V로 가정한다.

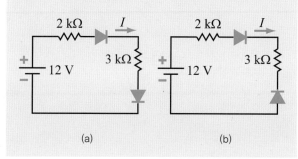

2.7.3 피에조 저항 회로

저항의 축을 따라 저항에 힘을 가하면([그림 2-37]) 저항값 R은 자극(압력)이 없을 때의 저항값인 R_0에서 다음과 같이 바뀐다.

$$R = R_0 + \Delta R \qquad (2.65)$$

그리고 저항의 편차 ΔR은 다음과 같이 주어진다.

$$\Delta R = R_0 \alpha P \qquad (2.66)$$

여기서 α는 저항을 만들 때 사용되는 물질 고유의 성질로 피에조 저항 계수이고, 단위는 m²/N이다. P는 저항에 적용된 기계적 자극(압력)으로, 단위는 N/m²이다. 저항에 대한 압축은 저항의 길이를 감소시키고, 단면적을 증가시킨다. 즉 식 (2.2)와 같이 저항값이 $R = \frac{\rho \ell}{A}$로 표현되므로, 압축을 가해주는 힘은 저항의 길이 ℓ을 감소시키고 단면적 A는 증가시키기 때문에 저항값 R의 크기는 감소한다. 따라서 압축에 대해 ΔR은 음의 값을 갖고, 결국 식 (2.66)에서 α는 음의 값으로 표현된다.

[그림 2-32]와 같이 다른 세 개의 저항은 R_0로 주어진

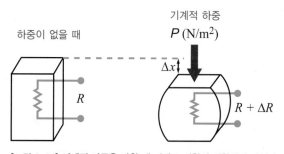

[그림 2-37] 기계적 자극을 가할 때 피에조 저항의 저항값이 바뀐다.

휘트스톤 브리지 회로에 들어가 있는 경우, 식 (2.64)에 주어진 출력 전압의 식은 다음과 같이 바뀐다.

$$V_{out} = \frac{V_0}{4}\left(\frac{\Delta R}{R_0}\right) = \frac{V_0}{4}\alpha P \tag{2.67}$$

V_0과 α는 둘 다 상수이기 때문에, 인가된 압력 P와 출력 전압 V_{out} 사이의 선형 관계는 피에조 저항이 기계적인 자극을 감지하거나 측정할 수 있는 센서로 사용될 수 있게 해준다. 이때 센서로서의 감도를 살펴봐야 하는데, 참고로 손가락은 면적 $1 \text{ cm}^2(10^{-4} \text{ m}^2)$에 50 N의 힘을 가할 수 있고, 이는 $P = 5 \times 10^5 \text{ N/m}^2$의 압력과 같다.

만약 $\alpha = -1 \times 10^{-9} \text{ m}^2/\text{N}$인 실리콘으로 제작된 피에조 저항이 있고 휘트스톤 브리지의 직류 전원이 $V_0 = 1$ V일 때, 식 (2.67)의 결과로 출력 전압은 $V_{out} = -125$

μV다. 이 값은 측정이 불가능한 정도는 아니지만 매우 작은 값이다. 이러한 압력 센서가 사용되려면, 신호를 증폭시키기 위한 기술을 사용해야 하는데, 출력 전압 V_{out}을 높은 이득을 갖는 증폭기의 입력 신호로 넣어 출력 신호를 증가시킬 수도 있고, 기계적인 자극의 크기 자체를 피에조 저항에 인가하기 전에 미리 증폭시키는 방법도 있다.

후자의 방법은 [그림 2-38]과 같은 캔틸레버(cantilever) 구조로 피에조 저항을 구성함으로써 구현할 수 있다. 캔틸레버는 한쪽 끝은 고정되어 있고, 한쪽 끝은 자유로이 움직일 수 있는 다이빙 도약대를 연상하면 된다. 끝부분의 휘어짐은 부착 지점 근처의 캔틸레버 기부에 자극을 주는데, 실리콘이나 금속으로 적절하게 설계된 캔틸레버는 인가된 자극의 크기를 몇 승 이상 증폭시킬 수 있다([예제 2-12] 참조).

예제 2-12 실제 피에조 저항 센서

[그림 2-38]과 같이 폭 W, 두께 H, 길이 L의 캔틸레버 끝에 힘 F가 인가될 때, 캔틸레버 기부에 부착된 피에조 저항기에 가해지는 압력은 다음 식으로 나타낼 수 있다.

$$P = \frac{FL}{WH^2} \tag{2.68}$$

실리콘으로 만들어진 피에조 저항이 부착된 캔틸레버의 크기가 $W = 0.5$ cm, $H = 0.5$ mm, $L = 1$ cm이고, 가해진 힘과 전압이 각각 $F = 50$ N와 $V_0 = 1$ V일 때 휘트스톤 브리지 회로의 출력 전압을 구하라.

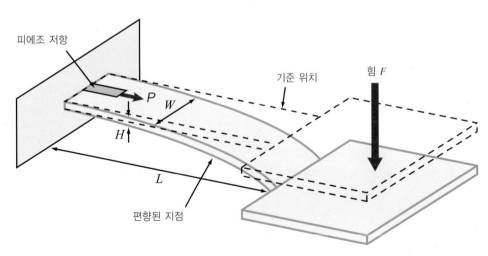

[그림 2-38] 피에조 저항기를 기반으로 집적화된 캔틸레버 구조

풀이

식 (2.67)과 식 (2.68)을 결합하면 다음과 같다.

$$V_{\text{out}} = \frac{V_0}{4} \, \alpha \cdot \frac{FL}{WH^2}$$

$$= \frac{1}{4} \times (-1 \times 10^{-9}) \times \frac{50 \times 10^{-2}}{(5 \times 10^{-3}) \times (5 \times 10^{-4})^2}$$

$$= -0.1 \, \text{V}$$

집적된 피에조 저항-캔틸레버 구조를 사용하면, 저항에 직접 압력을 가했을 때보다 1000배 이상 큰 출력 전압을 만들어낼 수 있다.

[질문 2-18] 전류 방향을 따라 가해진 압축의 힘은 저항을 증가시키는가, 감소시키는가? 그 이유를 설명하라.

[질문 2-19] 왜 피에조 저항은 캔틸레버나 다른 편향 구조물의 기부에 배치되는가?

[연습 2-16] 캔틸레버의 두께가 절반으로 줄어들 때, [예제 2-12] 회로의 출력 전압을 구하라.

2.8 Multisim 소개

Multisim 11은 내셔널 인스트루먼트(National Instrument) 사에서 출시된 최신 SPICE 시뮬레이터용 소프트웨어 버전이다. Simulation Program with Integrated Circuit Emphasis의 약자인 SPICE는 1970년대 초에 UC 버클리 대학의 래리 나겔(Larry Nagel)이 개발하였다. 이 소프트웨어는 이후 아날로그, 디지털, 혼합-신호 회로를 시뮬레이션하기 위한 소프트웨어 패키지로 학문적/상업적으로 많이 사용되어 왔다. Multisim과 같은 현대의 SPICE 시뮬레이터는 집적회로(IC) 설계에 필수적인 도구가 되었다. IC는 너무 복잡해서 생산에 앞서 실험용 회로판을 이용하여 직접 설계하거나 테스트하는 것이 불가능하기 때문이다.

하지만 SPICE를 사용하면 구성요소를 모아놓은 라이브러리에서 회로를 그릴 수 있고, 각각의 회로 요소가 어떻게 연결될 수 있는지를 확인하거나, 특정 시간일 때 회로 내 모든 전압이나 전류를 구해낼 수 있다. 근래 Multisim과 같은 SPICE 패키지는 그래픽 유저 인터페이스(GUI)와 매우 직관적인 그래픽을 제공하여 회로 설계와 해석 모두를 쉽게 이해하고 수행할 수 있다. 사용자는 실제 부품으로 이루어진 회로의 동작을 확인하기에 앞서서 개인 컴퓨터를 이용하여 연구실에서의 실험을 Multisim으로 미리 시뮬레이션 해볼 수 있다.

이 장에서는 다음 내용에 대해 배운다.

- Multisim을 이용하여 간단한 직류 회로를 설정하고 해석하는 방법
- 전압과 전류를 빠르게 구하기 위한 측정 프로브 도구를 사용하는 방법
- 더 복합적인 회로 해석 및 풀이를 위한 해석 도구 사용법

위의 세 가지 내용을 통하여 이 책 전반에 걸쳐 소개되는 여러 가지 해석 도구를 적용하는 법을 배우게 될 것이다.

2.8.1 회로 그리기

Multisim을 설치하고 실행하면, 기본 사용자 인터페이스 창이 나오는데, 주로 회로창이나 회로도 캡처창으로 사용된다. 여기서 종이에 그림을 그리듯이 회로를 그릴 것이다.

(1) 회로에 저항 지정하기

Multisim은 일반적으로 Database → Group → Family → Component 순서로 된 내림차순의 계층 구조로 구성되어 있다. Multisim에서 사용하는 모든 구성요소는 이 계층 구조에 맞게 구성되어 있다.

❶ Place → Component 명령을 통해 Select a Component 창을 연다(place → component 과정의 단축키는 Ctrl-W이다. Multisim의 많은 단축키는 회로를 구성하고 시험하는 데 효율성을 높여줄 것이다.).

❷ Database을 선택하라. Master Database와 Group을 선택하라. 다음으로 선택창에서 Basic을 선택한다.

❸ 이제 Family로 들어가서 RESISTOR을 선택한다.

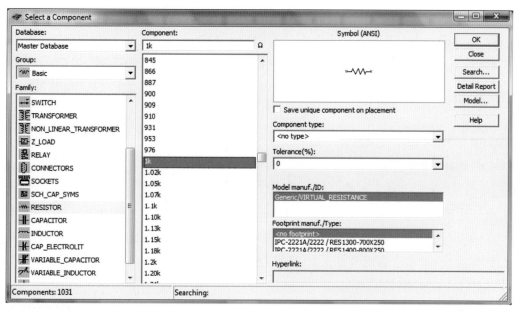

[그림 2-39] Multisim에서 저항을 선택하고 위치시키는 화면

Component 메뉴에서 저항값에 대한 긴 목록과 저항 기호를 볼 수 있을 것이다([그림 2-39]). 위에서 언급 되었던 Family 메뉴에는 인덕터, 커패시터, 전위차계 등 다른 많은 소자들이 포함되어 있다. 이러한 다양한 소자들은 이후 단원에서 사용할 것이다.

스크롤을 아래로 내려서 1 k 값을 선택(이때 단위는 옴 Ω)하고 OK를 클릭한다. 그러면 캡쳐창에 저항을 볼 수 있을 것이다. 창을 클릭하기 전에 Ctrl+R을 사용하 면 창에서 저항을 회전시킬 수 있다. 저항을 회전시켜 서 수직으로 세우고, 창 아무 곳에나 저항을 놓을 위치 를 정하고 클릭한다. 앞선 과정을 반복하여 이번에는 수직으로 세워진 100 Ω 저항을 첫 번째 저항 바로 아 래에 위치시킨다([그림 2-40]에 나와 있는 것처럼). 서 로 연결하는 방법은 이후 짧게 설명하겠다. 일단 소자 들을 배열하는 과정이 끝났다면, Close를 선택하여 회 로도 캡쳐 창으로 돌아온다.

앞의 방법을 이용하여 회로를 구성하면 각 구성요소는 기호 이름(R1, R2)을 가지며, 그 옆에 값(1k, 100)이 표시된다. 또한 어떤 소자 하나를 더블클릭하면 소자

의 모델과 값에 대한 세부적인 내용을 볼 수 있다. 이 저항값은 Value 메뉴를 통해 언제든지 변경될 수 있다.

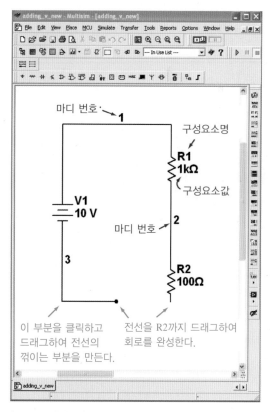

[그림 2-40] 전압원이 추가되고 각 요소가 구성된 회로

(2) 독립 전압원 지정하기

저항에서 했던 것과 같은 방식으로 Select a Component 창을 연다. Database에서 Master Database를 선택하고 접이식 메뉴에서 Group과 Sources를 차례로 선택한다.

❶ Family에서 POWER_SOURCES를 선택한다.
❷ Component에서 DC_POWER을 선택하고 OK 를 클릭한다.
❸ 두 저항들의 왼쪽 영역 적당한 곳에 독립 전압 원을 둔다([그림 2-40]).
❹ 위치를 지정한 후에, component 창을 닫고 소 자 V1을 더블클릭한다. Value 탭에서 Voltage 를 10 V로 변경하고 OK를 클릭한다.

(3) 구성요소를 전선으로 연결하기

Place → Wire 과정에서 마우스의 클릭-드래그 동작 으로 각 요소들을 서로 전선으로 연결할 수 있다(단축 키는 Ctrl- Q). 또한 구성요소의 마디에 마우스 커서를 가깝게 이동시켜서(마우스 포인터가 십자가가 있는 검 은 원으로 바뀌는 것을 볼 수 있다.) 전선 연결 도구를 자 동으로 실행할 수도 있다.

❶ 전선 도구가 활성화된 상태에서 직류 전원의 마디 하나를 클릭하라(그렇게 한 노드를 클릭할 때, 마우스 포인터가 검은 십자가에서 검은색 원 으로 변하는 것을 볼 수 있다).
❷ 회로도 창에서 어디든지 추가로 한 번씩 클릭 하면 전선의 모서리(수직으로 꺾인 모양)를 만 들 수 있다. 다 완성한 뒤에는 더블클릭으로 선 기능을 종료한다.
❸ 전선을 끌어 오지 않았을 때 회로도의 빈 공간 을 더블클릭하면 클릭한 지점으로부터 전선을 만들 수 있다.

[그림 2-40]과 같이 요소들을 전선으로 연결하라. [그 림 2-41]에서 나타난 것과 같이 접지(GROUND)를 추 가하라. 접지는 POWER_SOURCE 메뉴의 Component 목록에서 찾을 수 있다. 이 과정을 마무리하면 저항 분 배기가 구성된다.

2.8.2 회로 풀이

Multisim에서는 회로를 해석하는 방법이 두 가지 있 다. 첫째는 쌍방향 시뮬레이션(Interactive Simulation) 으로, 시간의 변화에 따라서 회로의 특성 변화를 측정 하기 위한 가상 장비(저항 측정기, 오실로스코프, 함수 발생기와 같은 장비)를 활용하는 방식이다. 연구실에서 주로 사용하는 저항 측정기, 오실로스코프, 함수 발생 기 등의 장비가 시뮬레이션에서도 같이 사용될 수 있 으므로 가상 실험을 하는 데는 Interactive Simulation 이 가장 좋다. Interactive Simulation에서 회로를 해석 할 때는 실제 생활과 동일하게 크기와 단위로 시간이 변하고 이 시간의 흐름에 따라서 회로의 특성이 해석 된다(단, 시뮬레이션 상에서 일정량의 시간이 변화하는 속도 자체는 컴퓨터 프로세서의 속도와 시뮬레이션의 해 상도에 의존한다.).

Interactive Simulation은 F5 키, ▷ 버튼, 혹은 토글(toggle) 스위치를 누르면 시작한다. 진행되던 시 뮬레이션은 F6 키, ❚❚ 혹은 버튼을 누르면 일시 정지한다. 그리고 ■ 버튼, 혹은 토글 스위치 를 누르면 시뮬레이션을 종료한다.

Multisim에서 회로 해석을 위한 또 다른 주된 방법은 Analyses이다. 이 시뮬레이션은 출력값이 장비에서 나 타나는 방식이 아니라 Grapher 창에 나타나는 방식이 다(경우에 따라 표도 만들 수 있다.). 이 시뮬레이션은 지정된 시간 혹은 회로 내의 특정 변수에 대하여 지정 된 범위를 벗어난 변화에 대해 실행한다. 예를 들면 dc sweep은 회로에서 특정한 전압 혹은 전류값을 구할 때

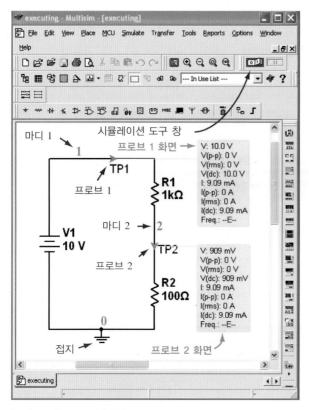

[그림 2-41] 시뮬레이션 실행

직류 입력값 범위 이상에 대해 시뮬레이션한다.

위에 설명한 두 방법은 모두 각각 장단점을 가지고 있다. 사실 두 방법이 서로 다른 장점을 가졌다 해도 같은 시뮬레이션을 수행할 수 있다. 주어진 회로에 사용할 방법을 선택하는 것은 사용자의 선호도에 따라 달라질 수 있으며 Multisim을 통해 많은 회로를 경험함으로서 사용자 개개인의 선호도는 달라질 것이다.

[그림 2-41] 회로에서 모든 마디에 걸려있는 전압과 모든 가지에 흐르는 전류를 구해보려 한다. 향후 Multisim을 사용하면서 알 수 있는 것처럼, Interactive Simulation이나 Analyses의 두 가지 방법 모두 같은 결과를 얻을 수 있다. 여기서 이 두 가지 방법을 모두 설명하겠다.

쌍방향 시뮬레이션

Simulate → Instruments → Measurement Probe를 선택하면 회로 내에 존재하는 특정 마디 위에 측정 프로브의 위치를 지정할 수 있다(Instruments 메뉴는 전자공학 실험실에서 흔히 사용되는 다양한 종류의 장비를 포함하고 있다.). 이렇게 지정된 측정 프로브는 특정 가지를 통해 흐르는 전류와 마디에 인가되는 전압을 지속적으로 보여준다. [그림 2-41]과 같이 회로에 두 프로브를 배치하라. 배치가 끝나면 기본적으로 프로브는 [그림 2-41]에 표시된 방향으로 정해진다. 반대로 방향을 지정하고 싶을 경우, 프로브 기호 위에서 오른쪽 클릭을 하고 Reverse Probe Direction을 눌러 프로브의 방향을 반대로 바꿔준다. 프로브가 제 위치에 놓이면, 쌍방향 시뮬레이션(Interactive Simulation)의 명령을 사용하여 시뮬레이션을 실행한다.

예상하는 바와 같이, 회로가 단일 루프로 구성되어 있어서 두 전선에 흐르는 전류는 같다.

$$I = \frac{V_1}{R_1 + R_2} = \frac{10}{1000 + 100} = 9.09 \text{ mA}$$

전원의 전압에 의해서 마디 1의 전압은 10 V이다. V2는 전압 분배([그림 2-18])를 적용하면 다음과 같이 주어진다.

$$V_2 = \left(\frac{R_2}{R_1 + R_2}\right) V_1 = \left(\frac{100}{1100}\right) 10 = 0.909 \text{ V}$$

직류 동작점 분석

회로는 또한 Simulate → Analyses → DC Operating Point를 사용하여 풀 수 있다. 이 방법은 많은 마디를 가진 회로를 풀 때 쌍방향 시뮬레이션보다 편리하다. 이 창을 열고, 풀고자 하는 전압과 전류를 정할 수 있다(직류 동작점 분석(DC Operating Point Analysis)을 실행하기 위해서 쌍방향 시뮬레이션 모드는 일시정지가 아닌 꺼진 상태가 되어야 한다.). Output 탭에서, Variables

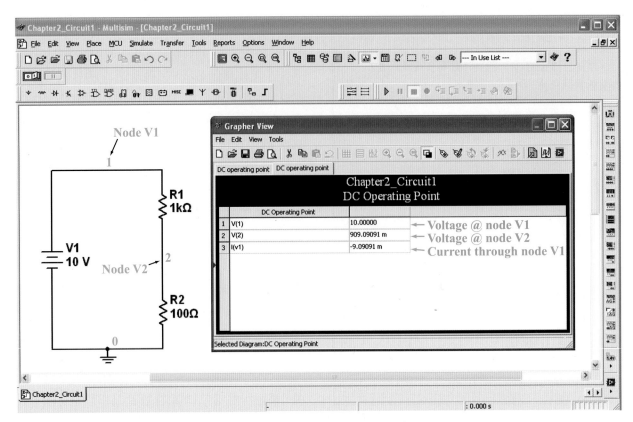

[그림 2-42] **시뮬레이션 결과창**

in Circuit 창 안에 두 개의 마디 전압과 가지 전류를 선택한다. 변수를 선택한 후에, Add를 클릭하고 나면 Selected variables for analysis 창에 선택된 변수가 나타난다. 풀고자 하는 모든 변수를 선택하면 Simulate를 클릭하라. 그러면 Multisim이 전체 회로를 해석하고, 선택한 전압과 전류의 값을 보여주는 해답창이 열릴 것이다([그림2-42]).

2.8.3 종속 전원

Multisim은 (전압제어 전류원, 전류제어 전압원 등의) 정의된 종속 전원과 수학적인 수식을 이용하여 정의될 수 있는 일반적인 종속 전원을 모두 제공한다. 다음 예제에서는 수학적인 수식을 통해 정의될 수 있는 일반적인 종속 전원이 사용된 회로를 살펴볼 것이다.

❶ 종속 전원은 다음과 같이 설정한다.

Place → Component는 Select a Component 창을 연다. Database에서 Master Database를 선택하고 Group에서 Sources를 선택하라. Family에서 CONTROLLED VOLTAGE 혹은 CONTROLLED CURRENT를 선택한다. Component 아래에, ABM_VOLTAGE 혹은 ABM_CURRENT를 선택하고 OK를 클릭하라. 아날로그 동작 모델링(Analog Behavioral Modeling)을 나타내는 ABM 전원값은 회로 내 특정 변수를 이용하여 수학적인 표현식으로 직접 설정할 수 있다.

❷ 2.8.1절에서 배운 방법을 사용하여, [그림 2-43]에 나타난 회로를 그려라(이때 마디 2에 프로브를 지정하라.).

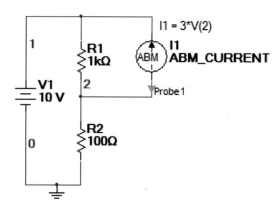

[그림 2-43] 종속 전원 만들기

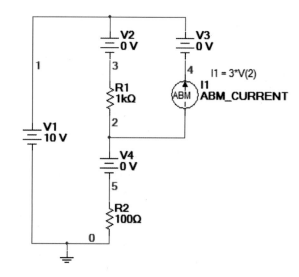

[그림 2-44] R1, R2 그리고 종속 전원을 통해 흐르는 전류를 알기 위한
[그림 2-43]의 회로

❸ ABM_CURRENT 전원을 더블클릭하여, 값을 지정하는 탭에서 3*V(2)를 입력하라. V(2)는 마디 2에서의 전압을 뜻한다. 이 표현 방식은 지정된 전원이 전압제어 전류원임을 쉽게 정의해 준다. 회로를 구성하고 설계할 때, 설계하는 회로의 마디 숫자 지정이 예제 회로의 마디 숫자 지정과 다르다면(마디 1과 2가 바뀐 경우), 회로 방정식을 쓸 때 적절한 마디 전압을 사용할 수 있도록 그 차이에 주의해야 한다. 마디의 라벨을 편집하거나 수정하려면, 전선을 더블클릭하여 Net Window을 열어라. 그리고 지정하고 싶은 마디의 라벨을 Net Name 아래에 입력하라.

전류원 옆에 I1의 표현식을 쓰려면, Place → Text로 들어가면 된다. 그리고 전류원 근처의 특정 위치에 표현식을 작성하라(Ctrl-T는 place-text 명령을 위한 단축키다.).

임의의 가지에서 전류

이제 직류 동작점 분석(DC Operating Point Analysis)을 사용하여 회로를 해석해 보자. 목표는 모든 마디에 인가되어 있는 전압과 모든 가지를 통하여 흐르는 전류를 구하는 것이다. 만약 여전히 프로브가 회로 내에서 지정되어 있다면 프로브를 클릭하고 Delete 키를 눌러서 제거하라.

직류 동작점 분석을 실행하기 위해, 앞서 2.8.2절에서 수행했던 Simulate → Analyses → DC Operating Point로 가서 모든 사용 가능한 변수들을 Selected variables for analysis 창으로 옮겨라. 현재 살펴보고 있는 회로에서는 사용가능한 변수가 V(1), V(2), I(v1)이라는 것을 알 수 있다(만약 프로브 1이 여전히 회로에 연결되어 있다면, I(프로브 1)와 V(프로브 2) 또한 볼 수 있어야 한다.). 그런데 여기서 R1과 R2를 통해 흐르는 전류나 종속 전원에서 나가는 전류와 같은 다른 전류들은 어디에 있는가? 일반적으로 Multisim이나 대부분의 SPICE 소프트웨어에서는, 단지 전압원을 통해서 흐르는 전류만을 측정하거나 조정할 수 있다(몇몇 예외적인 경우들이 있지만, 지금은 무시한다.). 그 이유는 I(v1)로 표시된 V1을 통해 흐르는 전류는 사용가능하지만, 다른 소자들의 전류는 그렇지 않기 때문이다. 그래서 전압원을 통하여 흐르는 전류와는 달리 측정이 어려운 전류들은 이러한 전류가 흐르는 가지에 0 V의 직류 전압원을 추가함으로써 전류값을 얻을 수 있다. 우리가 살펴보고 있는 회로에 이 방법을 적용해보면

[그림 2-44]에서 나타난 것과 같다.

[그림 2-44] 회로에 새로운 마디들이 추가되었지만, V2, V3, V4가 0 V 전원이기 때문에, V(3) = V(4) = V(1) 및 V(5) = V(2)가 된다.

직류 동작점 분석 창으로 돌아가서 Variables in Circuit 창 아래를 보면 4개의 전류(I(v1), I(v2), I(v3), I(v4)) 및 5개의 전압이 있다. 4개의 전류뿐만 아니라 V(1)과 V(2)를 밝은 빛으로 표시되게 한 후에 Add와 OK를 차례로 클릭하라. 그러면 분석 결과가 들어있는 Grapher 창이 뜰 것이다.

명심할 것은 가지를 통해 흐르는 전류를 분석할 때, 전압원을 통해 흐르는 전류는 양의 단자로 들어오는 전류로 정의된다는 것이다. 예를 들면 전원 V1의 경우는, 마디 1에서 V1 쪽으로 흐르는 전류와 V1에서 나와 마디 0으로 흐르는 전류가 해당된다.

[질문 2-20] Multisim에서는 어떻게 소자들이 회로에 지정되고 서로 전선으로 연결되는가?

[질문 2-21] 어떻게 회로의 해를 구하여 시각적으로 확인할 수 있는가?

[연습 2-17] 다음 회로는 저항 브리지라고 한다. 전압 $V_x = (V_3 - V_2)$는 전위차계 R_1의 값에 따라서 어떻게 바뀌는가?

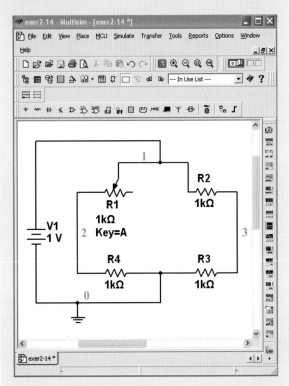

[연습 2-18] 다음 회로를 시뮬레이션하고 R_3에 인가되는 전압을 구하라. 종속 전류원의 크기는 $\frac{V_1}{100}$이다.

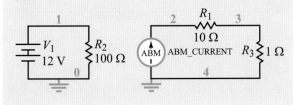

■ 핵심 요약

01. 옴의 법칙처럼 저항에 관한 전류(i)-전압(v) 관계는 특정 범위($-i_{max}$에서 $+i_{max}$까지)에서 선형적이다. 그러나 저항 R 값은 온도(서미스터)와 압력(피에조 저항)에 의해 변할 수도 있다.

02. 회로 위상기하학은 마디, 루프, 가지 사이의 관계를 정의하는 것이다.

03. 키르히호프의 전류법칙과 전압법칙은 회로 해석과 회로 설계를 위한 기초 법칙이다.

04. 만약 두 회로가 외부 회로에 대하여 같은 전류-전압 관계를 나타낸다면 두 회로는 서로 등가화되었다고 한다.

05. 전원 변환 과정을 통하여 실제 전압원을 등가 관계의 실제 전류원으로 표현하거나 그 반대 과정으로 변환할 수 있다.

06. Y 회로 구성은 Δ 구성으로 변환될 수 있고, 그 반대로도 변환될 수 있다.

07. 휘트스톤 브리지는 스트레인 측정기 및 여러 다른 유형의 센서들에서 저항을 측정하기 위해 사용되는 회로다. 뿐만 아니라 기준 저항값에 대한 저항값의 작은 편차를 검출하는 데도 사용될 수 있다.

08. 비선형 저항 소자는 백열전구, 퓨즈, 다이오드, 발광다이오드(LED)를 포함한다.

09. Multisim은 전기회로를 시뮬레이션하거나 전기회로의 동작을 해석하는 데 사용되는 시뮬레이션 소프트웨어 프로그램이다.

■ 관계식

선형 저항

$$R = \frac{\rho\ell}{A} \quad p = i^2 R$$

키르히호프의 전류법칙(KCL)

$$\sum_{n=1}^{N} i_n = 0$$

i_n = 마디 n으로 들어오는 전류

키르히호프의 전압법칙(KVL)

$$\sum_{n=1}^{N} v_n = 0$$

v_n = 가지 n에 걸리는 전압

저항 결합

직렬 $R_{eq} = \sum_{i=1}^{N} R_i$

병렬 $\dfrac{1}{R_{eq}} = \sum_{i=1}^{N} \dfrac{1}{R_i}$ 혹은 $G_{eq} = \sum_{i=1}^{N} G_i$

전압 분배

$$v_1 = \left(\frac{R_1}{R_1 + R_2}\right) v_s$$

$$v_2 = \left(\frac{R_2}{R_1 + R_2}\right) v_s$$

전류 분배

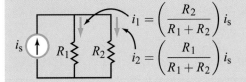

$$i_1 = \left(\frac{R_2}{R_1 + R_2} \right) i_s$$

$$i_2 = \left(\frac{R_1}{R_1 + R_2} \right) i_s$$

전원 변환

$$i_s = \frac{v_s}{R_s}$$

Y-Δ 변환   [표 2-6] 참조

휘트스톤 브리지   [그림 2-32] 참조

$$v_{out} \simeq \frac{V_0}{4} \left(\frac{\Delta R}{R} \right)$$

■ 주요 용어

가감 저항기(rheostat)

가지(branch)

감도(sensitivity)

경로(path)

과전류(overcurrent)

기계적 자극(mechanical stress)

다이오드(diode)

루프(loop)

마디(node)

망로(mesh)

반도체(semiconductor)

발광 다이오드(LED)

비저항(resistivity)

서미스터(thermistor)

순방향 바이어스(forward bias)

역방향 바이어스(reverse bias)

위상 기하학(topology)

유전체(dielectric)

저항(resistance)

전도율(conductivity)

전류 분배기(current divider)

전압 분배기(voltage divider)

전원 변환(source transformation)

전위차계(potentiometer)

절연체(insulator)

정격 전력(power rating)

초전도체(superconductor)

키르히호프의 전류법칙(KCL)

키르히호프의 전압법칙(KVL)

평면 회로(planar circuit)

평형 브리지 회로(balanced bridge circuit)

퓨즈(fuse)

피에조 저항 계수(piezoresistive coefficient)

피에조 저항(piezoresistor)

회로 등가(circuit equivalence)

휘트스톤 브리지(Wheatstone bridge)

Y-Δ 변환(Y-Δ transformation)

※ 2.1절 : 옴의 법칙

2.1 AWG-14 구리선이 온도 20°C에서 17.1 Ω의 저항을 가질 때, 이 구리선의 길이는 얼마인가?

2.2 길이 3 km의 AWG-6 금속선이 온도 20°C에서 대략 6 Ω의 저항을 가지고 있다. 이 금속선은 어떤 물질로 만들었는가?

2.3 다음 그림에서 보는 바와 같이 게르마늄으로 만들어진 얇은 박막 저항체의 단면적이 2 mm의 길이와 0.2 mm × 1 mm의 직사각형이다. 이 박막 저항체의 다음 부분에 저항계를 접촉시킨다. 저항을 구하라.

(a) 윗부분과 아랫부분의 표면
(b) 앞부분과 뒷부분의 표면
(c) 오른쪽과 왼쪽의 표면

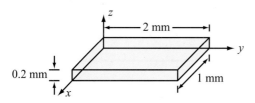

2.4 다음 그림에서 보는 바와 같이 길이 ℓ의 어느 저항이 $r = a$에서 $r = b$까지 탄소층으로 둘러싸이고 속이 빈 반지름 a의 원통으로 구성되어 있다.

(a) 저항 R에 관한 식을 구하라.
(b) 온도가 20°C일 때 $a = 2$ cm, $b = 3$ cm, $\ell = 10$ cm에 대한 R을 계산하라.

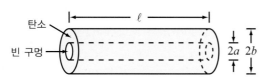

2.5 온도 T에 의해 저항의 변화를 표현하는 데 사용되는 표준 모델은 다음과 같다.

$$R = R_0(1 + \alpha T)$$

여기서 R은 온도 T(°C 단위로 측정된 값)에서의 저항값이고, R_0은 온도 $T = 0$°C에서의 저항값이며 α는 온도계수다. 그리고 구리는 $\alpha = 4 \times 1^{-3}$°C^{-1}의 값을 가진다. R_0보다 1퍼센트 큰 저항을 가질 경우, 온도는 몇 °C인가?

2.6 어느 백열전구의 필라멘트가 온도계수 $\alpha = 6 \times 10^{-3}$°C^{-1}의 특성을 보여주는 저항값을 갖는 필라멘트로 구성된다(문제 2.5에 주어진 저항 모델을 참고하라.). 이 전구가 스위치를 거쳐 가정용의 전압원 100 V에 연결된다. 스위치가 켜진 뒤, 필라멘트의 온도는 상온인 20°C에서 1800°C의 동작온도까지 급속도로 증가한다. 필라멘트의 온도가 1800°C에 이르게 될 때 소모 전력은 80 W이다.

(a) 1800°C에서 필라멘트 저항을 구하라.
(b) 상온에서 필라멘트 저항을 구하라.
(c) 상온과 1800°C에서 각각 필라멘트를 따라 흐르는 전류를 구하라.
(d) 필라멘트를 따라 10 A에 가까운 전류가 흐를 때 이 필라멘트가 열화된다면, 필라멘트에 더 큰 손상을 가한 경우는 처음으로 작동시켰을 때인가? 아니면 필라멘트가 동작온도에 도달한 이후인가?

2.7 110 V 난로 안의 전열선은 1.2분 동안 표준 크기의 커피포트를 끓일 수 있으며, 이때 소모되는 전체 에너지는 136 kJ이다. 전열선의 저항과 전열선을 따라 흐르는 전류는 얼마인가?

2.8 어느 구리선의 저항 계수는 $\alpha = 4 \times 10^{-3}$°C^{-1}이고, 저항값($R$)은 문제 2.5에서 주어진 모델에 의해 특성이 결정된다. 만약 20°C에서 $R = 60$ Ω이고 저항의 크기가 20°C에서의 값보다 10% 이상 증가하는 것을 견디지 못 하는 구리선이 회로에서 사용되었

다면, 허용 범위 내에서 회로가 동작할 수 있는 최
고 온도는 얼마인가?

※ 2.2절과 2.3절 : 회로 위상기하학, 키르히호프의 법칙

2.9 다음 회로에 대해 식 (2.8)을 증명하라.

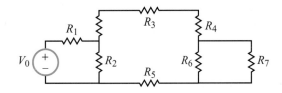

2.10 [연습문제 2.9]의 회로에 대해 식 (2.9)를 증명하라.

2.11 다음 회로에 대해 식 (2.8)을 증명하라.

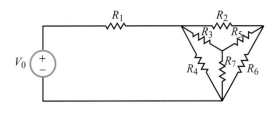

2.12 [연습문제 2.11]의 회로에 대해 식 (2.9)를 증명
하라.

2.13 $I_0 = 0$으로 주어졌을 때, 다음 회로에서 전류 I를
구하라.

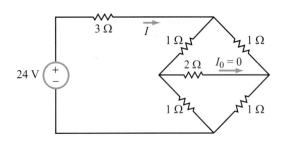

2.14 다음 회로에서 전류 I_1, I_2, I_3를 구하라.

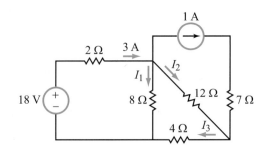

2.15 다음 회로에서 전류 I_x를 구하라.

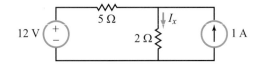

2.16 다음 회로에서 전류 I_1, I_2, I_3, I_4를 구하라.

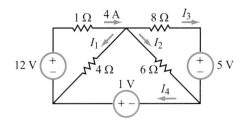

2.17 다음 회로에서 전류 I_1, I_2, I_3, I_4를 구하라.

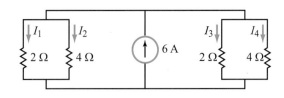

2.18 다음 회로에 있는 저항 3 kΩ에서 소모되는 전력
을 구하라.

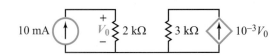

2.19 다음 회로에서 I_x와 I_y를 구하라.

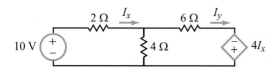

2.20 다음 회로에서 V_{ab}를 구하라.

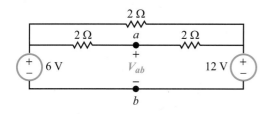

2.21 다음 회로에서 전류 I_1, I_2, I_3를 구하라.

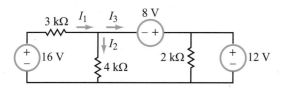

2.22 다음 회로에서 전류 I를 구하라.

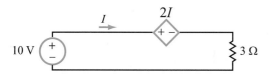

2.23 다음 회로에서 독립 전류원에 의해 공급된 전력량을 구하라.

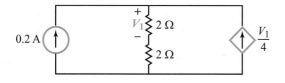

※ 2.4절 : 등가회로

2.24 다음 회로에서 $I_1 = 1$ A일 때, I_0를 구하라.

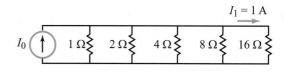

2.25 다음 회로에서 $R_{eq} = 4$ Ω일 때, R은 얼마가 돼야 하는가?

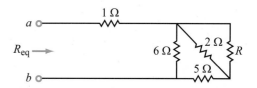

2.26 다음 회로에서 I_0를 구하라.

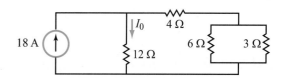

2.27 다음 SPDT 스위치를 가진 회로에 대해 $t < 0$과 $t > 0$에 대한 I_x를 구하라.

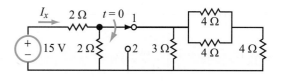

2.28 다음 회로의 단자 (a, b)에서 R_{eq}를 구하라.

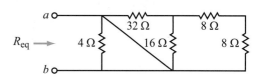

2.29 다음 회로에서 $V_L = 5$ V일 때, R을 구하라.

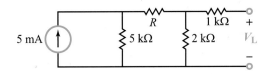

2.30 다음 회로에서 $R = 12$ Ω일 때, I를 구하라.

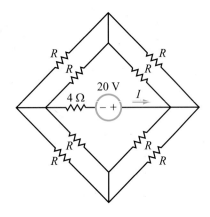

2.31 다음 회로에서 저항 감소 및 전원 변환을 사용하여 V_x를 구하라. 모든 저항값의 단위는 Ω이다.

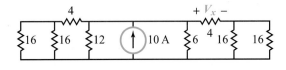

2.32 다음 회로에서 $\dfrac{V_{out}}{V_s} = 9$일 때, A를 구하라.

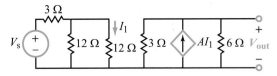

2.33 다음 회로의 단자 (a, b)에서 R_{eq}를 구하라.

2.34 [연습문제 2.33] 회로의 단자 (c, d)에서 R_{eq}를 구하라.

2.35 다음 회로의 단자 (a, b)의 오른쪽 회로를 단순화하여 R_{eq}를 구하고, 전압원에 의해 공급되는 전력을 구하라. 모든 저항값의 단위는 Ω이다.

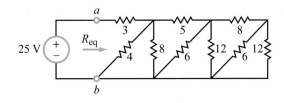

2.36 다음 회로를 보고 아래 네 가지 단자 사이의 R_{eq}를 구하라.

(a) 단자 (a, b)

(b) 단자 (a, c)

(c) 단자 (a, d)

(d) 단자 (a, f)

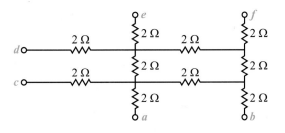

2.37 다음 회로에서 R_{eq}를 구하라. 모든 저항값의 단위는 Ω이다.

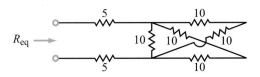

2.38 다음 회로에서 $V_{out} = 0.2$ V일 때, 전압 분배와 전류 분배를 이용하여 V_0를 구하라.

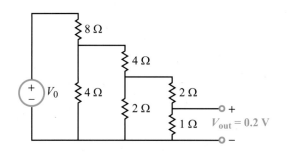

※ 2.5절과 2.6절 : Y-Δ 변환, 휘트스톤 브리지

2.39 다음 회로 (a)를 Δ에서 Y 구성으로 변환하라.

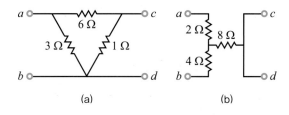

(a)   (b)

2.40 [연습문제 2.39(b)]의 회로를 T에서 Π 구성으로 변환하라.

2.41 다음 회로의 전원에서 공급되는 전력을 구하라.

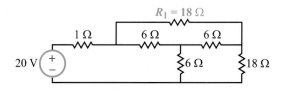

2.42 [연습문제 2.41]의 회로에서 R_1을 단락 회로로 교체하였을 때, 전원에서 공급되는 전력을 구하라.

2.43 다음 회로에서 I를 구하라.

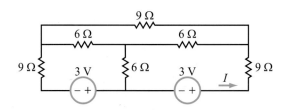

2.44 다음 회로에서 전압원에서 공급되는 전력을 구하라.

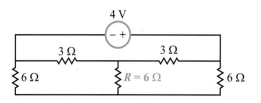

2.45 [연습문제 2.44]의 회로에서 R을 단락 회로로 교체하였을 때, 전압원에서 공급되는 전력을 구하라.

2.46 다음 회로에서 I를 구하라. 이때 모든 저항의 단위는 Ω이다.

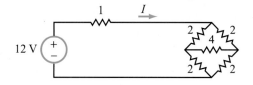

2.47 다음 회로에서 R_{eq}를 구하라.

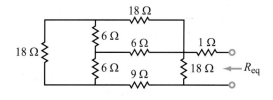

2.48 다음 회로에서 아래와 같은 조건일 때 (a, b) 단자의 R_{eq}를 구하라.

· 단자 c와 단자 d가 단락 회로로 연결되어 있다.
· 단자 e와 단자 f가 단락 회로로 연결되어 있다.
· 단자 c와 단자 e가 단락 회로로 연결되어 있다.

이때 모든 저항의 단위는 Ω이다.

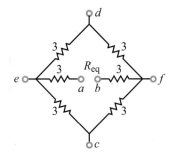

2.49 [연습문제 2.31]의 휘트스톤 브리지 회로를 보고 다음 물음에 답하라.

(a) $R_1 = 1\ \Omega$, $R_2 = 2\ \Omega$, $R_x = 3\ \Omega$일 때, 평형 상태가 되기 위한 R_3 값은 얼마인가?

(b) $V_0 = 6\ \mathrm{V}$, $R_a = 0.1\ \Omega$일 때, R_x는 $R_x = 3.01\ \Omega$으로 아주 작은 저항 차이로 증가한다. 전류계는 어떤 값이 측정되는가?

2.50 [연습문제 2.32]의 휘트스톤 브리지 회로에서 $V_0 = 10\ \mathrm{V}$이고, 전압계가 읽을 수 있는 V_{out}의 최소 전압이 1 mV일 때, 회로에서 측정될 수 있는 최소 저항에 대한 $\left(\dfrac{\Delta R}{R}\right)$의 값은 얼마인가?

※ 2.7절 : 선형 대 비선형 $i-v$ 관계

2.51 다음 회로에서 I_1과 I_2를 구하라. 이때 두 다이오드에서 $V_F = 0.7\ \mathrm{V}$라고 가정한다.

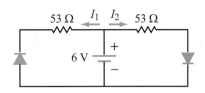

2.52 다음 회로에서 V_1을 구하라. 이때 모든 다이오드에서 $V_F = 0.7\ \mathrm{V}$라고 가정한다.

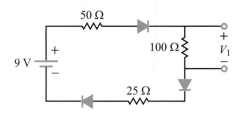

2.53 다음 회로에서 전압원이 진폭 2 V의 단일 구형파를 내보낼 때, 같은 시간 주기에 대한 V_{out}을 그려라.

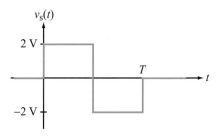

2.54 실리콘으로 만들어진 캔틸레버로 제작된 피에조 저항 기반의 터치 센서가 $V_0 = 1\ \mathrm{V}$인 휘트스톤 브리지에 배치되어 있다. 만일 $L = 1.44\ \mathrm{cm}$, $W = 1\ \mathrm{cm}$라면, 터치 압력이 10 N일 때 터치 센서가 10 mV의 크기를 갖기 위한 두께 H는 얼마인가?

※ 2.8절 : Multisim 소개

2.55 Multisim에서 직류 동작점 분석(DC Operating Point Analysis)을 사용해서 다음 회로의 V_{out}을 구하라. 이후 V_{out}을 직접 구해보고 이를 Multisim에서 나온 결과와 비교해보라. [예제 2-17]의 풀이를 보고, 어떻게 회로 변수들이 대수적인 표현으로 나타나는지 확인하라.

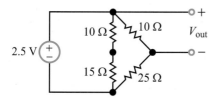

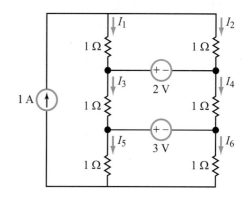

2.56 Multisim에서 직류 동작점 분석을 사용하여, 다음 회로의 $\frac{V_{out}}{V_{in}}$ 비율을 구하라. 참고로 ABM 전원의 전류를 참조하는 방법이 있다(단순히 I(V1)로 입력하면 안 된다.).

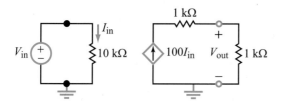

2.57 Multisim에서 직류 동작점 분석을 사용하여, 우측 상단의 회로에 나타나 있는 여섯 가지 저항에서의 전류 성분을 구하라.

2.58 Multisim에서 직류 동작점 분석 도구를 사용하여, 다음 회로에서 R_1, R_2, R_3의 전압을 구하라.

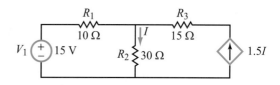

2.59 Multisim의 쌍방향 시뮬레이션(Interactive Simulation)에서 테스트 전압원 및 전류 프로브를 사용하여, 아래 회로([P 2.59])의 단자에서 바라본 등가저항을 구하라. 직렬 및 병렬 저항으로부터 손으로 직접 계산한 값과 비교하라.

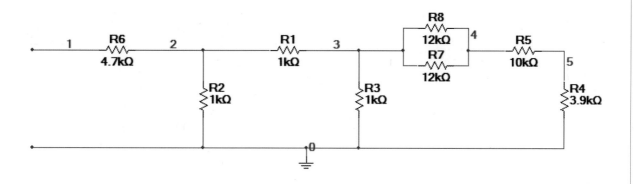

[P 2.59]

Chapter

03

해석 기법
Analysis Techniques

학습목표

- 마디 전압법을 이해하여, 선형 평면 회로를 해석할 수 있다.
- 망로 전류법을 이해하여, 선형 평면 회로를 해석할 수 있다.
- 특정 조건을 만족하는 다양한 회로에 즉석 해석법을 적용하여 해석할 수 있다.
- 회로 내 존재하는 다양한 전원에 중첩의 원리를 적용하여 회로의 감도를 평가할 수 있다.
- 입력 회로의 테브난/노턴 등가회로를 구하고, 입력에 대한 외부 부하(혹은 출력 회로)의 응답을 구할 수 있다.
- 입력에서 외부 부하까지 전류, 전압 및 전력이 최댓값을 가지는 조건을 설정할 수 있다.
- 바이폴라 접합 트랜지스터의 기본 특성을 이해할 수 있다.
- Multisim을 활용하여 회로의 마디를 해석할 수 있다.

개요

이 장에서는 2장에서 학습한 회로 해석 기법을 적용하여 복잡한 선형 및 평면 회로를 해석하는 기술을 배워볼 것이다. 우선 3.1절~3.3절까지는 특정 회로의 마디 전압 및 망로 전류 방정식을 구하여 회로를 해석한다. 마디 전압법 및 망로 전류법으로 구한 선형 연립 방정식은 행렬식을 사용하거나 MATLAB® 혹은 MathScript와 같은 컴퓨터 시뮬레이션 패키지를 사용하여 쉽게 풀 수 있다. 또한 마디와 망로 전류법은 중첩의 원리 및 테브난/노턴(Thévenin/Norton) 등가회로 방법을 통하여 더 쉽게 적용할 수 있다. 후반부에서는 앞에서 언급한 다양한 회로 해석 기법을 이용하여, 입력 회로가 부하와 연결되어 있을 때 회로에서 부하까지 전달될 수 있는 전력의 최댓값이 어떻게 결정되는지를 배워볼 것이다.

3.1 마디 전압법

3.1.1 기본 절차

키르히호프 전류법칙(KCL)에 따르면, 회로의 한 마디로 들어가는 모든 전류의 합은 0이다. 마디 전압법(Node-Voltage Method)은 이 원리를 기반으로 회로의 모든 전류 및 전압을 결정하기 위한 체계적이고 효율적인 방법이다. 마디 전압법을 적용하면 특수 마디에서의 전압이 미지수인 선형 연립 방정식을 풀어서, 회로의 모든 전류 및 전압을 구할 수 있다. 여기서 특수 마디란 2.2절에서 언급된 바와 같이 세 개 이상의 회로 요소가 연결된 마디를 말한다. 마디 전압법으로 특수 마디인 n_{ex}를 포함하는 회로를 해석할 경우, 다음 세 단계의 기본 절차를 따른다.

일단 마디 전압을 구하면, 가지를 통한 전류 및 회로 요소에 인가되는 모든 전압을 쉽게 계산할 수 있다.

마디 전압법 풀이 절차

1단계 특수 마디를 모두 정한 뒤, 기준 마디(접지)가 되는 특수 마디를 하나 지정한다. 그 다음 나머지 $(n_{ex}-1)$ 특수 마디에 대한 마디 전압을 변수로 지정한다.

2단계 $(n_{ex}-1)$개의 특수 마디 각각에 대하여 마디를 통해 나오는 전류의 합이 0이 되는 KCL을 적용한다.

3단계 $(n_{ex}-1)$개의 독립적인 연립 방정식을 풀어서 미지수인 마디 전압을 구한다.

예제 3-1 두 개의 전원이 포함된 회로

[그림 3-1] 회로를 보고 다음 물음에 답하라.
(a) 마디 전압법을 사용하여 마디 전압식을 세워라.
(b) $V_0 = 6$ V, $I_0 = 3$ A, $R_1 = 3$ Ω, $R_2 = R_3 = 2$ Ω, $R_4 = R_5 = 12$ Ω, $R_6 = 6$ Ω일 때, 마디 전압을 구하라.
(c) R_5에서 소모된 전력을 계산하라.

풀이

(a) 1단계 : 특수 마디를 확인하고 마디 전압을 지정하라.

이 회로는 특수 마디를 네 개 가지고 있다. 그 중 하나인 마디 4를 [그림 3-1(b)]에 나타난 것처럼 접지로 선택하였다. 그리고 마디 1, 마디 2, 마디 3에서 대응되는 마디 전압을 V_1, V_2, V_3로 지정하였다. 접지 마디는 $V_4 = 0$으로 정의된다.

2단계 : 마디 1～마디 3까지 KCL을 적용하라.

각 마디에서 전류를 지정하고 전류가 마디를 떠나는 쪽으로 방향을 정한다. [그림 3-1(b)]를 통해서 $I_3 = -I_4$임을 알 수 있다. 모든 가지에 흐르는 전류를 각각의 마디로부터 흘러나가는 전류로 지정하면 각 마디에 대해 KCL을 일관성 있게 적용할 수 있다.

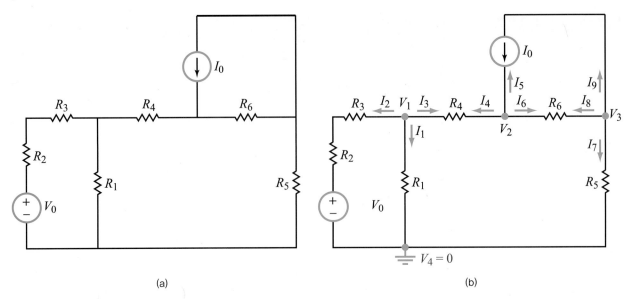

[그림 3-1] (a) 기본 회로
(b) 마디 전압이 표시된 회로

마디 1에서 KCL 식은 다음과 같다.

$$I_1 + I_2 + I_3 = 0 \tag{3.1}$$

전류값을 모르면 KCL 식에 표시된 각 전류 성분은 그 전류가 흐르는 가지에 인가된 마디 전압으로 형태를 바꾸어 표현해야 한다. 이때 옴의 법칙(Ohm's law)을 적용하여 나타내는데, 전류의 방향은 저항을 통해 (+) 단자에서 (−) 단자로 흐른다는 것에 주의해야 한다. 그러므로

> 어떤 마디에서 나오는 전류는 그 마디의 전압에서 전류가 들어오는 다른 마디의 전압을 뺀 후에 저항으로 나눈 값과 같다.

따라서 R_1에 흐르는 전류 I_1은 다음과 같다.

$$I_1 = \frac{V_1 - 0}{R_1} = \frac{V_1}{R_1} \tag{3.2}$$

마찬가지로 R_4에 흐르는 전류 I_3는 다음과 같다.

$$I_3 = \frac{V_1 - V_2}{R_4} \tag{3.3}$$

전류 I_2는 직렬저항인 $(R_2 + R_3)$에 인가된 전압 V_1에서 가지의 전압원인 V_0를 뺀 값과 같다. 따라서 전류 I_2는 다음과 같다.

$$I_2 = \frac{V_1 - V_0}{R_2 + R_3} \tag{3.4}$$

식 (3.2)~식 (3.4)를 식 (3.1)에 대입하면 다음과 같다.

$$\frac{V_1}{R_1} + \frac{V_1 - V_0}{R_2 + R_3} + \frac{V_1 - V_2}{R_4} = 0 \quad \text{(마디 1)} \tag{3.5}$$

마디 2에서 KCL 식은 다음과 같다.

$$I_4 + I_5 + I_6 = 0$$

위의 식을 마디 1에서와 마찬가지로 전압으로 표현하면 다음과 같다.

$$\frac{V_2 - V_1}{R_4} - I_0 + \frac{V_2 - V_3}{R_6} = 0 \quad (\text{마디 2}) \tag{3.6}$$

여기서 회로에 있는 전류원에 의해서 $I_5 = -I_0$임을 알 수 있다. 마디 3에서 KCL 식은 다음과 같다.

$$I_7 + I_8 + I_9 = 0$$

앞의 절차와 동일하게 전압으로 KCL 식을 표현하면 다음과 같다.

$$\frac{V_3}{R_5} + \frac{V_3 - V_2}{R_6} + I_0 = 0 \quad (\text{마디 3}) \tag{3.7}$$

모든 전류를 마디에서 나오는 방향으로 지정하였다는 것을 반드시 명심해야 한다.

특정 마디에서 마디 전압을 표현할 때, 그 특정 마디의 전압 V 앞에는 항상 양(+)의 부호를 붙이고, 다른 마디의 전압은 음(−)의 부호로 지정하여 KCL 식을 구한다.

그러므로 식 (3.5)와 같이 마디 1에서 지정된 V_1은 방정식에서 항상 양의 부호로, V_2와 V_3은 항상 음의 부호로 지정된다. 다른 마디에도 똑같이 적용한다.

3단계 : 연립 방정식을 풀어라.

미지수인 V_1에서 V_3를 구하려면 식 (3.5)∼식 (3.7)을 풀 때, 다음과 같이 표준 방정식 형태로 재구성해야 한다.

$$\left(\frac{1}{R_1} + \frac{1}{R_2 + R_3} + \frac{1}{R_4} \right) V_1 - \left(\frac{1}{R_4} \right) V_2 = \frac{V_0}{R_2 + R_3} \tag{3.8a}$$

$$-\left(\frac{1}{R_4} \right) V_1 + \left(\frac{1}{R_4} + \frac{1}{R_6} \right) V_2 - \frac{V_3}{R_6} = I_0 \tag{3.8b}$$

$$-\left(\frac{1}{R_6} \right) V_2 + \left(\frac{1}{R_5} + \frac{1}{R_6} \right) V_3 = -I_0 \tag{3.8c}$$

위 식들은 다음과 동일하다.

$$a_{11} V_1 + a_{12} V_2 + a_{13} V_3 = b_1 \tag{3.9a}$$

$$a_{21} V_1 + a_{22} V_2 + a_{23} V_3 = b_2 \tag{3.9b}$$

$$a_{31} V_1 + a_{32} V_2 + a_{33} V_3 = b_3 \tag{3.9c}$$

$$a_{11} = \left(\frac{1}{R_1} + \frac{1}{R_2 + R_3} + \frac{1}{R_4} \right) \qquad a_{21} = -\frac{1}{R_4} \qquad a_{31} = 0$$

$$a_{12} = -\frac{1}{R_4} \qquad a_{22} = \left(\frac{1}{R_4} + \frac{1}{R_6} \right) \qquad a_{32} = -\frac{1}{R_6}$$

$$a_{13} = 0 \qquad a_{23} = -\frac{1}{R_6} \qquad a_{33} = \left(\frac{1}{R_5} + \frac{1}{R_6} \right)$$

$$b_1 = \frac{V_0}{R_2 + R_3}$$

$$b_2 = I_0$$

$$b_3 = -I_0$$

식 (3.9)에 주어진 방정식은 손으로 계산하거나, 매트랩(MATLAB®) 소프트웨어를 사용하여 크래머의 법칙(Cramer's rule)이나 역행렬을 적용하여 구할 수 있다.

(b) 식 (3.9)에 $a_{13} = a_{31} = 0$, $a_{23} = a_{32}$, $a_{12} = a_{21}$의 조건과 함께 크래머의 법칙을 적용하면 다음 수식을 얻을 수 있다.

$$V_1 = \frac{b_1(a_{22}a_{33} - a_{23}^2) - a_{12}(b_2a_{33} - a_{23}b_3)}{a_{11}(a_{22}a_{33} - a_{23}^2) - a_{12}^2a_{33}} \tag{3.10a}$$

$$V_2 = \frac{a_{11}(b_2a_{33} - a_{23}b_3) - b_1a_{21}a_{33}}{a_{11}(a_{22}a_{33} - a_{23}^2) - a_{12}^2a_{33}} \tag{3.10b}$$

$$V_3 = \frac{a_{11}(a_{22}b_3 - b_2a_{32}) - a_{12}^2b_3 + b_1a_{21}a_{32}}{a_{11}(a_{22}a_{33} - a_{23}^2) - a_{12}^2a_{33}} \tag{3.10c}$$

(c) 계수 a, b를 구하기 위해 문제에서 주어진 값을 V_0, I_0 및 6개의 저항에 적용하여 식 (3.10)에 대입하면 $V_1 = \frac{126}{37}$ V, $V_2 = \frac{342}{37}$ V, $V_3 = -\frac{216}{37}$ V를 얻을 수 있다.

[그림 3-1(b)]에서 R_5를 통해 흐르는 전류는 다음과 같다.

$$I_7 = \frac{V_3}{R_5} = -\frac{216}{37 \times 12} = -0.486 \text{ A}$$

그리고 R_5에 소모된 전력은 다음과 같다.

$$P = I_7^2 R_5 = (-0.486)^2 \times 12 = 2.84 \text{ W}$$

[질문 3-1] 마디 전압법은 키르히호프 전류법칙을 따른다. 그 절차 및 이유를 설명하라.

[질문 3-2] n_{ex}개의 특수 마디를 가진 회로는 왜 (n_{ex}-1)개의 마디 전압 방정식이 필요한가?

3.1.2 종속 전원 회로

종속 전원을 포함한 회로에 마디 전압법을 적용하는 방법은 3.1.1절에 제시된 절차와 같다. 종속 전원의 특성은 회로 내에 존재하는 어느 특정 회로 요소에서 흐르는 전류나 인가되어 있는 전압으로 결정된다. 따라서 종속 전원의 특성을 정의해주는 관계식이 회로의 풀이 절차에 포함되어야 한다.

[연습 3-1] 다음 회로에서 마디 전압법을 적용하여 전류 I를 구하라.

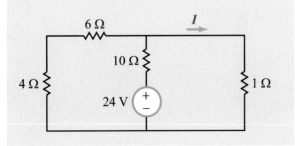

[그림 3-2]의 회로는 전류제어 전류원(CCCS)을 포함한다. 종속 전원 I_x가 그림에 표시된 방향으로 6 Ω 저항을 통해 흐르는 전류에 영향을 받을 때 I_x를 구하라.

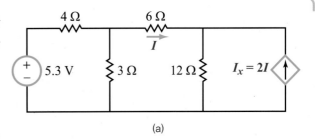

(a)

풀이

앞에서 명시된 마디 전압법의 표준 풀이 절차에 따라서, [그림 3-2(b)]처럼 회로에 접지 마디를 정하고 접지 이외의 특수 마디에 마디 전압을 할당한다. 마디 1과 마디 2에 연결된 모든 가지에 대해 전류는 마디에서 나가는 방향으로 지정한다.

이어서 마디 1과 마디 2에 대한 마디 전압 방정식을 다음과 같이 작성한다.

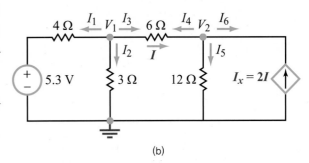

$$\frac{V_1 - 5.3}{4} + \frac{V_1}{3} + \frac{V_1 - V_2}{6} = 0 \quad (\text{마디 } 1)$$

$$\frac{V_2 - V_1}{6} + \frac{V_2}{12} - I_x = 0 \quad (\text{마디 } 2)$$

[그림 3-2] (a) 기본 회로
(b) 마디 전압이 표시된 회로

위의 방정식을 풀려면 먼저 미지수인 V_1과 V_2를 이용하여 I_x를 표현해야 한다. 종속 전원 I_x는 V_1과 V_2의 전위차에 의존하는 전류 I로 다음과 같이 주어진다.

$$I_x = 2I = 2\frac{(V_1 - V_2)}{6} = \frac{V_1 - V_2}{3}$$

위의 I_x 표현식을 마디 2의 마디 전압 방정식에 대입하여 정리하면 다음과 같은 식을 구할 수 있다.

$$9V_1 - 2V_2 = 15.9$$
$$-6V_1 + 7V_2 = 0$$

위의 두 방정식에 대한 답은 $V_1 = 2.18$ V와 $V_2 = 1.87$ V이다. 따라서 I_x는 다음과 같다.

$$I_x = \frac{V_1 - V_2}{3} = \frac{2.18 - 1.87}{3} = 0.1 \text{ A}$$

[연습 3-2] 다음 회로에 마디 전압법을 적용하여 V_a를 구하라.

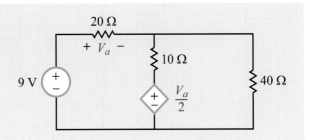

3.1.3 슈퍼 마디

때때로 다른 어떤 요소도 직렬로 연결되어 있지 않은 상태의 단일 전압원이 두 개의 특수 마디 사이에 있는 경우가 있다. 이러한 마디를 슈퍼 마디(Supernode)라고 한다. [그림 3-3]은 슈퍼 마디의 예로, 다음과 같이 정의한다.

> 슈퍼 마디는 두 특수 마디(기준 마디는 제외) 사이에 단일 전압원이 존재하는 경우다.

전압원은 독립 전원과 종속 전원이 모두 될 수 있으며, 직렬이 아니라 병렬 요소(예를 들면 [그림 3-3]의 슈퍼 마디 B에서 16 V 전원과 병렬인 R_4와 같은 요소)를 포함할 수 있다. 두 슈퍼 마디 중 하나가 기준(접지) 마디인 경우를 준-슈퍼 마디(quasi-supernode)라고 한다.

[그림 3-3]의 회로는 슈퍼 마디를 포함하여 $V_1 \sim V_5$의 마디 전압으로 지정된 다섯 개의 특수 마디를 포함한다. 3.1.1절에 제시된 표준 풀이 절차에 따라 회로를 해석하면, 다섯 개의 독립적인 방정식을 만들 수 있다.

슈퍼 마디는 두 개의 특수 마디를 하나로 줄임으로써 마디 전압 방정식 두 개를 하나로 줄인다. 따라서 [그림 3-3] 회로에서, 슈퍼 마디 A와 슈퍼 마디 B는 마디 전압 방정식을 네 개에서 두 개로 감소시켜 준다. 준-

슈퍼 마디의 경우, 기준 마디가 아닌 마디에서의 전압은 전압원의 전압 크기와 같다. 그러므로 [그림 3-3]에서 $V_1 = 20$ V이다.

슈퍼 마디의 특성과 사용법을 이해하기 위해, 슈퍼 마디 A를 분석해보자. 우선 [그림 3-4(a)]에서 마디 2에서 나오는 전류 I_1, I_2, I_3와 마디 3에서 나오는 전류 I_4, I_5, I_6를 보자. 마디 V_2와 마디 V_3에서 KCL을 적용하면 다음과 같다.

$$I_1 + I_2 + I_3 = 0 \quad \text{(마디 } V_2\text{)} \tag{3.11a}$$
$$I_4 + I_5 + I_6 = 0 \quad \text{(마디 } V_3\text{)} \tag{3.11b}$$

두 방정식을 더하고 $I_3 = -I_4$를 적용하면 다음과 같다.

$$I_1 + I_2 + I_5 + I_6 = 0 \quad \text{(슈퍼 마디 } A\text{)} \tag{3.12}$$

위 식은 슈퍼 마디 A에서 나가는 네 개의 전류로 구성된다. 식 (3.12)는 마디 2와 마디 3을 [그림 3-4(b)]에서 점선으로 연결된 단일 마디와 같이 처리할 수 있다는 것을 의미한다. 단, 여기서 다음 식이 성립함을 기억하자.

$$V_3 - V_2 = 10 \text{ V} \quad \text{(보조식)}$$

위 식은 전형적인 마디 전압 방정식보다 훨씬 간단한 식이다.

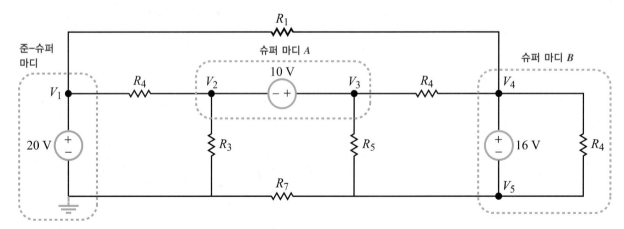

[그림 3-3] 두 개의 슈퍼 마디와 하나의 준-슈퍼 마디를 포함한 회로

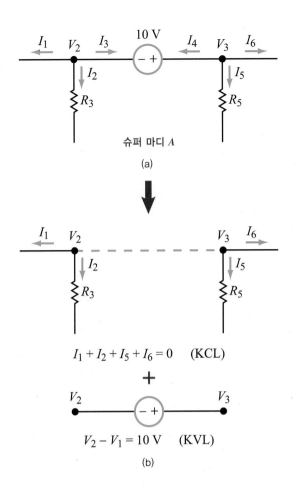

$$I_1 + I_2 + I_5 + I_6 = 0 \quad \text{(KCL)}$$

+

$$V_2 - V_1 = 10 \text{ V} \quad \text{(KVL)}$$

(b)

[그림 3-4] 마디 V_2와 마디 V_3로 구성된 슈퍼 마디는 하나의 마디로 간주하여 KCL을 적용한다. 그리고 반드시 V_3와 V_2 사이 전위차를 정의하는 보조식을 추가해야 한다.
(a) 슈퍼 마디 A
(b) 추가된 보조식

[그림 3-3] 회로에서 마디 4와 마디 5 사이 전압차는 R_4의 값과 상관없이 16V이다(R_4는 단락 회로가 아니다.). 반대로 R_4를 통해 흐르는 전류는 $\dfrac{16V}{R_4}$이며, 회로 다른 부분의 전압 및 전류와는 독립적이다.

예제 3-3 슈퍼 마디 회로

[그림 3-5]에서 슈퍼 마디 개념을 이용하여, 마디 전압들을 구하라.

풀이

마디 1과 마디 2의 결합은 다음과 같은 마디 전압 방정식으로 슈퍼 마디를 형성한다.

$$I_1 + I_2 + I_3 + I_4 = 0$$

또는

$$\frac{V_1 - 4}{2} + \frac{V_1}{4} + \frac{V_2}{8} - 2 = 0$$

위의 식은 다음과 같이 간략화된다.

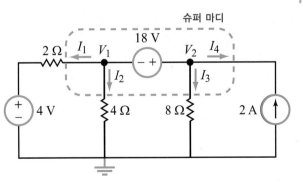

[그림 3-5] 슈퍼 마디 회로

$$6V_1 + V_2 = 32$$

또한 슈퍼 마디에서의 KVL 방정식은 다음과 같다.

$$V_2 - V_1 = 18$$

따라서 두 방정식의 답은 아래와 같다.

$$V_1 = 2\,\text{V}, \quad V_2 = 20\,\text{V}$$

[질문 3-3] 종속 전원은 마디 전압법을 적용할 때 어떤 영향을 미치는가?

[질문 3-4] 슈퍼 마디란 무엇이며, 마디를 해석할 때 어떻게 다루어야 하는가?

[연습 3-3] 다음 회로에서 슈퍼 마디 개념을 적용하여 I를 구하라.

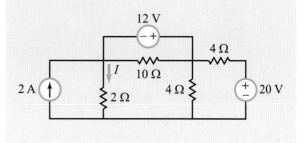

3.2 망로 전류법

3.2.1 기본 절차

2.2절에서 망로란 다른 루프를 포함하지 않는 단일 루프라고 정의하였다. 망로와 연관된 전류를 망로 전류라고 부른다. [그림 3-6]은 망로 전류 I_1과 망로 전류 I_2가 흐르는 두 망로를 포함한 회로다.

망로 전류는 이웃한 망로와 상관없이 그 가지에 흐르는 전류를 말한다. 그러나 망로 전류가 실제 망로 성분을 통해 흐르는 전류와 같다는 것은 아니다. [그림 3-6]의 R_1과 같이 단 하나의 망로에 속한 회로 요소에 흐르는 전류만이 망로 1에서의 전류 I_1과 동일하다.

$$I_a = I_1$$

반면에 R_3의 경우처럼 한 요소가 두 망로를 공유한다면, 전류는 다음과 같다.

$$I_b = I_1 - I_2$$

R_3에서 전류의 방향은 I_b이고 I_b의 방향은 I_1과 같으므로, 전류 I_1은 양의 부호로 지정된다. 그러나 I_2는 I_b와 반대 방향으로 흐르기 때문에 음의 부호로 지정된다. 망로 전류법(Mesh-Current Method)은 회로의 모든 망로에 KVL을 적용한다. 망로 전류법의 풀이 절차는 다음 세 단계로 구성되며, 3.1절에서 설명한 마디 전압법과 유사하다.

망로 전류법 풀이 절차
1단계 모든 망로를 정하고 각각의 망로에 대하여 미지수인 망로 전류를 지정하라. 모든 망로 전류를 시계 방향으로 정의하면 편리하다.
2단계 각 망로에 키르히호프의 전압법칙(KVL)을 적용하라.
3단계 연립 방정식을 풀어, 망로 전류를 구하라.

[그림 3-6] 회로의 왼쪽 아래 모서리부터 시작하여 루프를 따라 시계 방향으로 움직이는 망로 1에 대한 KVL은 다음과 같다.

$$-V_0 + I_1 R_1 + (I_1 - I_2)R_3 = 0 \quad \text{(망로 1)} \quad (3.13)$$

위 식에서 각 항의 부호는 망로를 따라 움직이면서 처음 만나게 되는 전압 단자에 의해 결정되며 (+) 또는 (−) 부호로 지정된다. 또한 저항을 따라 흐르는 전류는 저항에 인가된 전압의 (+) 단자로 흘러 들어가는 것으로 간주한다. 망로 2의 식은 다음과 같다.

$$(I_2 - I_1)R_3 + I_2 R_2 = 0 \quad \text{(망로 2)} \quad (3.14)$$

위의 두 연립 방정식은 I_1과 I_2의 항을 기준으로 계수를 모아 정리하면 다음과 같다.

$$(R_1 + R_3)I_1 - I_2 R_3 = V_0 \quad \text{(망로 1)} \quad (3.15a)$$

$$-R_3 I_1 + (R_2 + R_3)I_2 = 0 \quad \text{(망로 2)} \quad (3.15b)$$

식 (3.15a)와 (3.15b)에 나타난 대칭성에 주목하라. 망로 1에 대한 식 (3.15a)에서 I_1의 계수는 망로 1에 포함

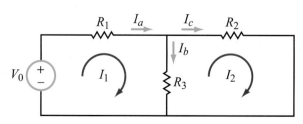

[그림 3-6] **망로 전류 I_1과 I_2를 포함한 회로**

된 모든 저항의 합이고, I_2의 계수는 망로 1에 포함된 저항 중에서 망로 2와 공유하는 저항만을 포함한다. 또한 I_1과 I_2의 계수는 반대 부호를 가진다. 이와 같은 형식은 식 (3.15b)와 같이 망로 2에서도 적용된다. I_2

의 계수는 망로 2의 모든 저항을 포함하고, I_1의 계수는 두 망로에 공유된 저항을 포함한다. 이러한 대칭적 구조로 망로 전류 방정식을 쉽게 구할 수 있다. 이 내용은 3.3절에서 더 자세히 설명하겠다.

예제 3-4 세 개의 망로로 구성된 회로

망로 전류법을 이용하여 다음 물음에 답하라.
(a) [그림 3-7]의 회로에 대한 망로 전류 방정식을 구하라.
(b) R_4에 흐르는 전류를 구하라. $V_0 = 18$ V, $R_1 = 6\ \Omega$, $R_2 = R_3 = 2\ \Omega$, $R_4 = 4\ \Omega$, $R_5 = R_6 = 4\ \Omega$이다.

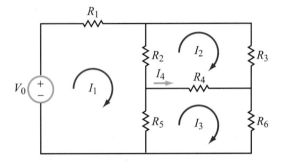

[그림 3-7] 세 개의 망로로 구성된 회로

풀이

(a) 망로 전류 방정식의 대칭성을 이용하여 다음 연립 방정식을 세운다.

$$(R_1 + R_2 + R_5)I_1 - R_2 I_2 - R_5 I_3 = V_0 \qquad (3.16a)$$

$$-R_2 I_1 + (R_2 + R_3 + R_4)I_2 - R_4 I_3 = 0 \qquad (3.16b)$$

$$-R_5 I_1 - R_4 I_2 + (R_4 + R_5 + R_6)I_3 = 0 \qquad (3.16c)$$

식 (3.16a)를 보면 I_1의 계수는 양수이고 망로 1에서 모든 저항의 합으로 이루어져 있다. I_2 및 I_3의 계수는 음수이고 망로 2와 망로 3이 망로 1과 공유하는 저항들을 포함한다. 식 (3.16b)와 (3.16c)에서도 같은 대칭성이 적용된다.

(b) 특정한 전원 전압 V_0와 저항 6개에 대해 연립 방정식을 풀면 다음과 같다.

$$I_1 = 2\ \text{A}, \qquad I_2 = 1\ \text{A}, \qquad I_3 = 1\ \text{A}$$

R_4를 통과하는 전류는 다음과 같다.

$$I_4 = I_3 - I_2$$
$$= 1 - 1 = 0$$

주어진 회로가 2.6절에서 언급한 평형 상태($R_2 R_6 = R_3 R_5$)에서 동작된 휘트스톤 브리지(Wheatstone bridge)라면, $I_4 = 0$임을 쉽게 예상할 수 있다.

[연습 3-4] 다음 회로에 망로 전류법을 적용하여 I를 구하라.

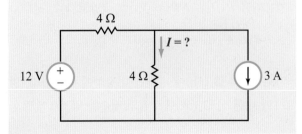

3.2.2 종속 전원 회로

종속 전원이 존재하는 회로를 해석할 때도 망로 전류법의 기본적인 절차는 동일하다. 그러나 종속 전원과 회로의 다른 부분 간의 관계를 정의하기 위한 수식이 추가로 필요하다.

망로 전류법을 사용하여 [그림 3-8]에서 종속 전원의 전류값 I_x를 구하라.

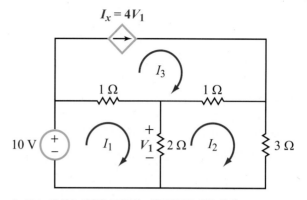

$$I_x = 4V_1$$

[그림 3-8] 종속 전원을 포함하는 회로의 망로 전류 풀이

풀이

망로 전류 I_1과 망로 전류 I_2가 흐르는 망로에 대하여 다음 식을 구할 수 있다.

$$(1+2)I_1 - 2I_2 - I_3 = 10 \qquad (3.17a)$$
$$-2I_1 + (2+1+3)I_2 - I_3 = 0 \qquad (3.17b)$$

망로 3에서 I_3은 전류원에 의해 다음과 같이 표시되기 때문에 망로 전류 방정식을 따로 쓸 필요가 없다.

$$I_3 = I_x = 4V_1$$

$2\,\Omega$의 저항에 걸리는 전압 V_1은 다음과 같이 주어진다.

$$V_1 = 2(I_1 - I_2)$$

따라서 I_3는 다음과 같이 구할 수 있다.

$$I_3 = 4V_1 = 8(I_1 - I_2) \qquad (3.18)$$

식 (3.18)을 식 (3.17a)와 식 (3.17b)에 대입하고 I_1과 I_2에 관하여 풀면, 다음과 같다.

$$-5I_1 + 6I_2 = 10$$
$$-10I_1 + 14I_2 = 0$$

위의 두 연립 방정식을 풀면 아래와 같이 망로 전류가 정해진다.

$$I_1 = -14\,\text{A}, \qquad I_2 = -10\,\text{A}$$

따라서 I_x는 다음과 같다.

$$I_x = 8(I_1 - I_2)$$
$$= 8(-14 + 10)$$
$$= -32\,\text{A}$$

[연습 3-5] 다음 회로에서 전류 I를 구하라.

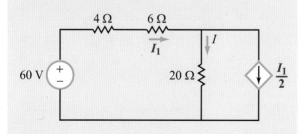

3.2.3 슈퍼 망로

하나의 전류원을 공유하는 두 개의 인접한 망로를 슈퍼 망로(supermeshes)라고 한다.

전류원은 독립 전원과 종속 전원 중 어떤 형태라도 될 수 있으며, 전류원에 직렬로 연결된 저항을 포함할 수도 있다. [그림 3-9(a)]와 같이 회로에 슈퍼 망로가 존재하면 다음 두 단계를 거쳐 풀이를 단순화할 수 있다.

❶ 두 망로 전류 방정식을 결합하여 하나로 만든다.
❷ 두 망로에 흐르는 망로 전류와 전원의 전류가
   연관된 방정식을 추가한다.

[그림 3-9(b)]에서 슈퍼 망로의 전류원은 직렬 저항 R_4
와 함께 제거되고 점선으로 바뀐다. 이 점선은 전류 I_0
가 망로 전류들과 연관된 값임을 보여주며 다음과 같
이 표현된다.

$$I_0 = I_2 - I_3 \qquad (3.19)$$

망로 1에 대한 망로 전류 방정식과 망로 2, 망로 3이 결
합된 슈퍼 망로에 대한 망로 전류 방정식은 각각 다음
과 같다.

$$(R_1 + R_2 + R_5)I_1 - R_2 I_2 - R_5 I_3 = V_0 \qquad (3.20)$$

$$-(R_2 + R_5)I_1 + (R_2 + R_3)I_2 + (R_5 + R_6)I_3 = 0 \qquad (3.21)$$

두 망로 전류 방정식과 식 (3.19)에서 주어진 보조 방
정식을 이용하여 세 개의 망로 전류를 구할 수 있다.

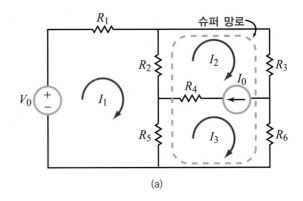

(a)

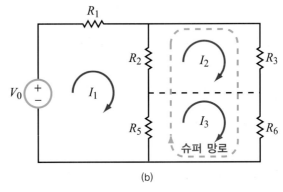

(b)

[그림 3-9] 슈퍼 망로의 개념
(a) 같은 전류원을 공유하는 두 개의 인접한 망로는 슈퍼 망
   로가 된다.
(b) 망로 2와 망로 3은 하나의 슈퍼 망로 방정식으로 결합될
   수 있는데, 이때 보조 방정식 $I_0 = I_2 - I_3$가 추가된다.

직렬 저항 R_4를 통해 흐르는 전류는 저항의 크기에 상
관없이 전류원 I_0에 의하여 이미 정해져 있다. 따라서 R_4
는 망로 전류값을 구할 때 아무런 역할을 하지 않는다.

예제 3-6 슈퍼 망로를 포함하는 회로

[그림 3-10(a)]의 회로에서 다음을 구하라.
(a) 망로 전류
(b) 두 전원의 의해 공급되는 전력

풀이

(a) 망로 3과 망로 4는 전류원을 공유함으로써 슈퍼 망로를 형성한다. [그림 3-10(b)]는 망로 3과 4가 단일 슈퍼 망로
방정식으로 결합될 수 있다는 사실을 이용하여 재구성한 회로를 보여주고 있다. 결과적으로 망로 1, 망로 2, 그리
고 슈퍼 망로 3과 슈퍼 망로 4에 대한 망로 전류 방정식은 다음과 같이 나타낼 수 있다.

$$(10 + 2 + 4)I_1 - 2I_2 - 4I_3 = 6 \qquad (3.22a)$$

$$-2I_1 + (2 + 2 + 2)I_2 - 2I_4 = 0 \qquad (3.22b)$$

$$-4I_1 - 2I_2 + 4I_3 + (2+4)I_4 = 0 \qquad (3.22c)$$

회로의 전류원과 관련된 보조 방정식은 아래와 같이 주어진다.

$$I_4 - I_3 = 3 \qquad (3.23)$$

I_4를 제거하기 위하여 식 (3.23)을 식 (3.22b)와 식 (3.22c)에 대입하면 세 개의 연립 방정식에 대한 해가 다음과 같이 구해진다.

$$I_1 = 0$$

$$I_2 = \frac{3}{7}\,\text{A}$$

$$I_3 = -\frac{12}{7}\,\text{A}$$

$$I_4 = \frac{9}{7}\,\text{A}$$

(b) $I_1 = 0$이기 때문에 6 V 전원에 의해 공급되는 전력은 다음과 같다.

$$P_1 = 6I_1 = 0$$

전류원 3 A에 의해 공급되는 전력을 계산하기 위해서는 전류원에 인가되어 있는 전압 V_1을 알아야 하며, V_1은 다음과 같이 4 Ω의 저항에 걸리는 전압으로 나타낼 수 있다.

$$V_1 = 4(I_1 - I_3) = 4\left(0 - \left(-\frac{12}{7}\right)\right) = \frac{48}{7}\,\text{V}$$

즉 전류원에 의해 공급된 전력은 다음과 같다.

$$P_2 = 3V_1 = 3 \times \frac{48}{7} = 20.6\,\text{W}$$

따라서 이 회로의 모든 전력은 3 A의 전류원에 의해 공급되고, $I_1 = 0$의 전류가 흐르는 10 Ω의 저항을 제외한 나머지 회로 저항 성분에 의하여 소모된다.

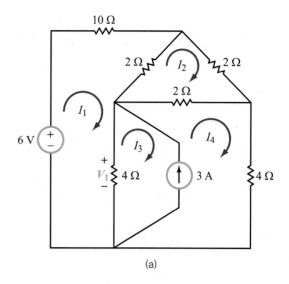

(a)

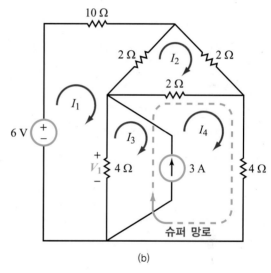

(b)

[그림 3-10] (a) 기본 회로
(b) 망로 3과 망로 4로 슈퍼 망로 구성

[질문 3-5] 회로에서 종속 전원은 망로 전류법을 수행할 때 어떠한 영향을 미치는가?

[질문 3-6] 슈퍼 망로는 무엇이며, 망로를 해석할 때 어떻게 사용되는가?

[연습 3-6] 다음 회로에 망로 전류법을 사용하여 I를 구하라.

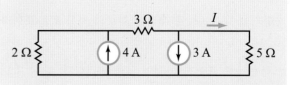

3.3 즉석 해석법

마디 전압법과 망로 전류법은 종속 전원을 포함한 평면 회로를 해석하는 데 사용할 수 있다. 두 방법의 풀이 절차는 KCL 및 KVL을 어떻게 적용하여 미지수인 전류 및 전압을 구하기 위한 방정식을 만들어 내는지에 달려 있다.

> 독립 전원만을 포함한 회로에서 구해진 KCL 및 KVL 방정식은 표준 양식을 가지고 있다. 이러한 표준 양식으로 회로를 직접 점검하여 KCL이나 KVL 방정식을 구할 수 있다. **즉석 마디 해석법**(nodal analysis by inspection)은 회로 내의 모든 전원이 독립 전류원일 때만 적용할 수 있다. 마찬가지로 **즉석 망로 해석법**(mesh analysis by inspection)도 모든 전원이 독립 전압원일 때만 적용할 수 있다.

만일 독립 전류원 및 독립 전압원이 혼합되어 있는 회로라면 즉석 해석법(By-Inspection Methods)을 실행하기 앞서 전류원을 전압원으로 변형하거나 전압원을 전류원으로 변형하는 사전 작업이 필요하다. 이는 회로 내 모든 전원이 전류원이나 전압원 중 한 종류로만 이루어져야 하는 조건을 만족시키기 위해서다. 변형 절차는 2.4.4절에서 배운 전원 변환 기법을 사용하여 구현할 수 있다.

3.3.1 즉석 마디 해석법

저항기에 대한 $i{-}v$ 관계식을 회로의 저항 R로 표현하는 것이 일반적이라 할지라도 어떤 경우에서는 컨덕턴스 $G = \frac{1}{R}$로 표현하는 것이 더욱 편리하다. 즉석 마디 해석법이 이런 경우 중 하나다.

우선 기준(접지) 마디가 아닌 n개의 특수 마디로 이루어진 회로를 이용하여 즉석 마디 해석법을 설명해보자. 앞서 언급한 바와 같이 즉석 마디 해석법은 독립 전류원을 포함하고 있는 회로에 대해서만 제한적으로 적용된다. 이 기법을 설명하기 위하여 [그림 3-11(b)]에서 컨덕턴스 항으로 다시 표기된 저항을 갖는 [그림 3-11(a)]의 간단한 회로를 고려해보자. 이 회로는 두 개의 특수 마디를 가지고 있다. 즉석 마디 해석법에 의해서 이 회로는 다음과 같이 두 개의 마디 전압 방정식으로 표현될 수 있다.

$$G_{11}v_1 + G_{12}v_2 = i_{t_1} \qquad (3.24a)$$
$$G_{21}v_1 + G_{22}v_2 = i_{t_2} \qquad (3.24b)$$

여기서 위 식들의 항과 계수는 다음과 같이 정의된다.

> • G_{11}과 G_{22} = 마디 1과 마디 2에 각각 연결된 모든 컨덕턴스의 합
> • $G_{12} = G_{21}$ = 마디 1과 마디 2에 각각 연결된 모든 컨덕턴스 합의 음의 값
> • i_{t_1}과 i_{t_2} = 마디 1과 마디 2로 각각 들어가는 모든 독립 전류원의 총합(음의 표시는 마디로부터 흘러나가는 전류원에 적용한다.)

[그림 3-11(b)]에 위의 정의를 적용하면 다음과 같다.

$$G_{11} = G_1 + G_2$$
$$G_{22} = G_2 + G_3$$
$$G_{12} = G_{21} = -G_2$$
$$i_{t_1} = -i_1$$
$$i_{t_2} = i_1 + i_2$$

따라서 다음 두 식으로 정리된다.

$$(G_1 + G_2)v_1 - G_2 v_2 = -i_1 \qquad (3.25a)$$

$$-G_2 v_1 + (G_2 + G_3)v_2 = i_1 + i_2 \qquad (3.25b)$$

지금까지 식 (3.25a)와 식 (3.25b)가 [그림 3–11(b)] 회로의 정확한 마디 전압 방정식이라는 것을 확인하기 위한 간단한 절차를 알아보았다.

마디 전압 방정식을 n개의 마디에 대해 일반화하면 다음과 같은 행렬 형태로 표현될 수 있다.

$$\begin{bmatrix} G_{11} & G_{12} & \cdots & G_{1n} \\ G_{21} & G_{22} & \cdots & G_{2n} \\ \vdots & & & \\ G_{n1} & G_{n2} & \cdots & G_{nn} \end{bmatrix} \begin{bmatrix} v_1 \\ v_2 \\ \vdots \\ v_n \end{bmatrix} = \begin{bmatrix} i_{t_1} \\ i_{t_2} \\ \vdots \\ i_{t_n} \end{bmatrix} \qquad (3.26)$$

식 (3.26)은 다음과 같이 간략하게 표현된다.

$$\mathbf{GV} = \mathbf{I}_t \qquad (3.27)$$

여기서 $\mathbf{G}$는 회로에서의 **컨덕턴스 행렬**(conductance matrix), $\mathbf{V}$는 미지수인 마디 전압을 나타내는 **전압 벡터**(voltage vector), $\mathbf{I}_t$는 **전원 벡터**(source vector)다. 이러한 행렬의 성분은 다음과 같이 정의된다.

- G_{kk} = 마디 k에 연결된 모든 컨덕턴스의 합
- $G_{k\ell} = G_{\ell k} = K \ne \ell$일 때, 마디 k와 ℓ을 연결하는 컨덕턴스의 음의 값
- v_k = 마디 k에서의 전압
- i_{t_k} = 마디 k로 들어가는 전체 전류원의 총합(음의 표시는 마디로부터 흘러나가는 전류원에 적용한다.)

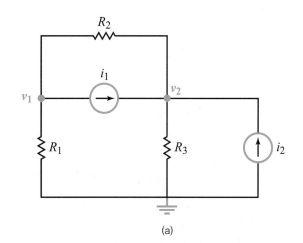

(a)

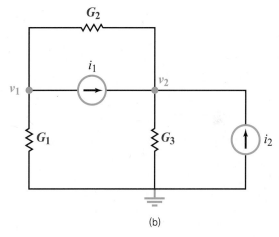

(b)

[그림 3–11] 저항을 컨덕턴스로 대체함으로써 즉석 마디 해석법을 쉽게 적용할 수 있다.
(a) 기본 회로
(b) 컨덕턴스 항으로 표현된 회로

벡터 $\mathbf{V}$의 성분에 대한 식 (3.27)의 해답은 역행렬 또는 MATLAB®, MathScript를 통해 얻을 수 있다.

예제 3–7 네 마디 회로

[그림 3–12] 회로에 즉석 마디 해석법을 이용하여 마디 전압 행렬식을 구하라.

풀이

마디 1, 마디 2, 마디 3, 마디 4에서 컨덕턴스의 합은 다음과 같이 구할 수 있다.

$$G_{11} = \frac{1}{1} + \frac{1}{5} + \frac{1}{10} = 1.3$$

$$G_{22} = \frac{1}{5} + \frac{1}{2} + \frac{1}{10} = 0.8$$

$$G_{33} = \frac{1}{10} + \frac{1}{20} = 0.15$$

$$G_{44} = \frac{1}{10} + \frac{1}{20} = 0.15$$

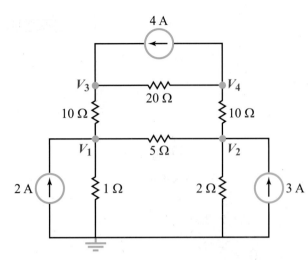

[그림 3-12] 네 마디 회로

그리고 컨덕턴스 행렬의 비대각선 성분은 다음과 같다.

$$G_{12} = G_{21} = -\frac{1}{5} = -0.2$$

$$G_{13} = G_{31} = -\frac{1}{10} = -0.1$$

$$G_{14} = G_{41} = 0$$

$$G_{23} = G_{32} = 0$$

$$G_{24} = G_{42} = -\frac{1}{10} = -0.1$$

$$G_{34} = G_{43} = -\frac{1}{20} = -0.05$$

마디 1~마디 4까지 마디로 들어가는 전체 전류는 다음과 같다.

$$I_{t_1} = 2\,\text{A}$$

$$I_{t_2} = 3\,\text{A}$$

$$I_{t_3} = 4\,\text{A}$$

$$I_{t_4} = -4\,\text{A}$$

따라서 마디 전압 행렬식은 아래와 같다.

$$\begin{bmatrix} 1.3 & -0.2 & -0.1 & 0 \\ -0.2 & 0.8 & 0 & -0.1 \\ -0.1 & 0 & 0.15 & -0.05 \\ 0 & -0.1 & -0.05 & 0.15 \end{bmatrix} \begin{bmatrix} V_1 \\ V_2 \\ V_3 \\ V_4 \end{bmatrix} = \begin{bmatrix} 2 \\ 3 \\ 4 \\ -4 \end{bmatrix}$$

역행렬 또는 MATLAB® 소프트웨어를 사용하여 해답을 다음과 같이 구할 수 있다.

$$V_1 = 3.73\,\text{V}$$

$$V_2 = 2.54\,\text{V}$$

$$V_3 = 23.43\,\text{V}$$

$$V_4 = -17.16\,\text{V}$$

[연습 3-7] 즉석 마디 해석법을 적용하여 다음 회로에 대한 마디 전압 행렬을 만들어라.

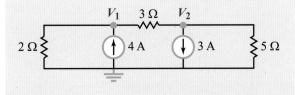

3.3.2 즉석 망로 해석법

독립 전압원을 포함하는 회로에 대한 n개의 망로 전류 방정식을 다음과 같이 행렬 형태로 나타낼 수 있다. 이는 즉석 마디 해석법과 유사하다.

$$\mathbf{RI} = \mathbf{V}_t \tag{3.28}$$

여기서 $\mathbf{R}$은 회로의 저항 행렬(resistance matrix), $\mathbf{I}$는

미지수인 망로 전류를 나타내는 벡터, $\mathbf{V}$는 전원 벡터(source vector)다. 식 (3.28)을 행렬로 풀어서 나타내면 다음과 같다.

$$\begin{bmatrix} R_{11} & R_{12} & \cdots & R_{1n} \\ R_{21} & R_{22} & \cdots & R_{2n} \\ \vdots & & & \\ R_{n1} & R_{n2} & \cdots & R_{nn} \end{bmatrix} \begin{bmatrix} i_1 \\ i_2 \\ \vdots \\ i_n \end{bmatrix} = \begin{bmatrix} v_{t_1} \\ v_{t_2} \\ \vdots \\ v_{t_n} \end{bmatrix} \tag{3.29}$$

위의 식에서 각 항들은 다음과 같이 정의된다.

- R_{kk} 망로 k에서 모든 저항의 합
- $R_{k\ell} = R_{\ell k}$ = 망로 k와 ℓ 사이에 공유되는 모든 저항의 합이며 음의 값($k \neq \ell$일 때)
- i_k = 망로 k의 전류
- v_{t_k} = 망로 k는 모든 독립 전압원의 합을 의미한다. 이때 전압의 합은 망로를 따라서 시계 방향으로 움직이며 더해지고, 전압이 상승하는 경우를 양의 값으로 지정한다.

예제 3-8 **세 개의 망로를 포함한 회로**

[그림 3-13]의 회로에서 망로 전류 행렬 방정식을 구하라.

풀이

[그림 3-13] 회로에 대하여 행렬 $\mathbf{R}$과 벡터 $\mathbf{V}_t$의 성분에 대한 정의를 이용하여 다음과 같이 나타낼 수 있다.

$$\begin{bmatrix} (2+3+6) & -3 & -6 \\ -3 & (3+4+5) & -5 \\ -6 & -5 & (5+6+7) \end{bmatrix} \begin{bmatrix} I_1 \\ I_2 \\ I_3 \end{bmatrix}$$

$$= \begin{bmatrix} 6-4 \\ 0 \\ 4 \end{bmatrix}$$

위의 행렬식은 다음과 같이 간단히 나타낼 수 있다.

$$\begin{bmatrix} 11 & -3 & -6 \\ -3 & 12 & -5 \\ -6 & -5 & 18 \end{bmatrix} \begin{bmatrix} I_1 \\ I_2 \\ I_3 \end{bmatrix} = \begin{bmatrix} 2 \\ 0 \\ 4 \end{bmatrix}$$

이 행렬식을 풀면 해를 구할 수 있다.

$$I_1 = 0.55\,\text{A}, \quad I_2 = 0.35\,\text{A}, \quad I_3 = 0.50\,\text{A}$$

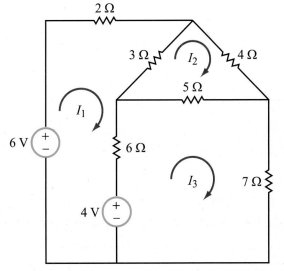

[그림 3-13] 세 망로를 포함한 회로

[질문 3-7] 즉석 해석법은 다음 회로에 적용할 수 있는가?

(a) 독립 전압원 및 독립 전류원이 섞여 있는 회로

(b) 독립 및 종속 전압원이 섞여 있는 회로

[질문 3-8] 실제 전압원과 전류원이 섞여 있는 회로에 즉석 마디 해석법과 즉석 망로 해석법 중 하나를 적용하여 회로를 분석할 때, 어떤 절차가 추가되어야 하는가?

[연습 3-8] 즉석 해석법을 사용하여 다음 회로의 망로 전류 행렬을 만들어라.

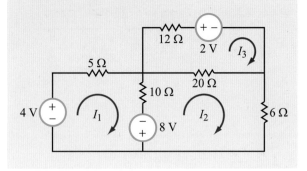

3.4 중첩의 원리

> 어떤 시스템의 출력 응답이 입력단의 신호에 정비례한다면 선형시스템이다.

저항 회로의 경우 입력 신호는 독립 전압원 및 독립 전류원의 결합으로 구성되며, 출력 응답은 회로에 존재하는 모든 수동소자에 인가되어 있는 전압이나 수동소자를 통해 흐르는 전류로 구성된다. 커패시터나 인덕터를 포함한 이상적인 소자로 구성된 회로는 선형 특성을 만족하므로 선형시스템으로 간주할 수 있으며, 선형시스템에서는 전원 중첩 기법(source superposition)을 적용할 수 있다. 선형시스템에 대한 중첩의 원리는 다음과 같이 정의한다.

> 하나 이상의 독립 전원을 가지고 있는 회로에서 회로 내의 특정 요소에 대한 전압이나 전류 응답은 각각의 독립 전원에 의한 개별 응답의 합과 같다. 이때 각각의 독립 전원에 대한 개별 응답은 각 전원이 홀로 동작한다고 가정하여 구한다.

즉 $1 \sim n$까지 숫자로 표기된 n개의 독립 전압원이나 독립 전류원으로 구성된 회로에서는 주어진 특정 수동소자에 인가되는 전압을 다음과 같이 구할 수 있다.

$$v = v_1 + v_2 + \cdots + v_n \tag{3.30}$$

위의 식에서 v_k는 k번째 전원을 제외한 다른 모든 전원의 값이 0일 때의 응답을 의미한다. 식 (3.30)과 같은 표현은 회로를 통해 흐르는 전류 i에서도 적용되며 다음과 같다.

$$i = i_1 + i_2 + \cdots + i_n \tag{3.31}$$

중첩의 원리는 아래에 기술된 단계를 거쳐서 전압 또는 전류를 찾는 데 사용된다.

> ### 중첩의 원리 풀이 절차
>
> **1단계** 1번 전원을 제외한 모든 독립 전원의 값을 0으로 설정한다(전압 전원은 단락 회로로, 전류 전원은 개방 회로로 대체한다.)
>
> **2단계** 1번 전원에 의한 응답 v_1을 구하기 위해 마디 전압 및 망로 전류와 같은 편리한 분석 기술을 사용한다.
>
> **3단계** 2번 전원~n번 전원까지 1단계와 2단계를 반복하여 각각의 전원에 대한 개별 응답을 계산한다.
>
> **4단계** 식 (3.30)을 사용하여 전체 응답인 v를 구한다.
>
> 위의 절차는 전류 $i_1 \sim i_n$을 찾는 데 사용될 수 있고, 식 (3.31)을 이용하여 각 전류를 모두 더해 총 전류 i를 찾을 수 있다.

중첩의 원리는 회로 해석을 여러 번 반복해야 하기 때문에, 많은 전원이 포함된 회로에서는 좋은 방법이 아닐 수도 있다. 그러나 중첩의 원리는 회로의 해석과 설계 모든 측면에서 응답 특성의 민감도(특정 전원에 대한 부하저항의 전류와 같은)를 평가할 때 유용하다.

단, 중첩의 원리는 전압과 전류를 구하기 위해서 사용될 수 있지만, 선형 응답 특성이 없는 전력을 구할 때는 사용할 수 없다는 것에 유의해야 한다([예제 3-9] 참조).

[그림 3-14] 회로에서 다음 물음에 답하라.

(a) 중첩의 원리를 이용하여 전류 I를 구하라.

(b) 두 전원이 각각 홀로 동작할 때 $10\,\Omega$ 저항에서 소모되는 전력과 두 전원이 동시에 동작할 때 소모되는 전력을 모두 구하라.

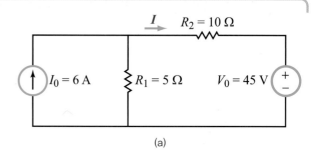

(a)

풀이

(a) [그림 3-14] 회로는 I_0과 V_0의 두 전원을 포함하고 있다. 먼저 [그림 3-14(b)]와 [그림 3-14(c)]에서 나타낸 것처럼, I_0과 V_0 각각을 단독 전원으로 하는 새로운 두 회로로 [그림 3-14(a)] 회로를 변형해보자. 단독 전원 I_0에 의해 R_2에 흐르는 전류를 I_1, 단독 전원 V_0에 의해 R_2에 흐르는 전류를 I_2라고 한다. 앞에서 제시한 풀이 절차에 의해 [그림 3-14(b)] 회로의 답은 다음과 같다.

$$I_1 = 2\,\text{A}$$

마찬가지로 [그림 3-14(c)] 회로의 답은 다음과 같다.

$$I_2 = -3\,\text{A}$$

따라서 전체 전류 I는 다음과 같이 구할 수 있다.

$$I = I_1 + I_2$$
$$= 2 - 3 = -1\,\text{A}$$

(b) $10\,\Omega$의 저항에서 소모되는 전력인 I_1과 I_2, 그리고 전체 전류 I를 각각 구하면 다음과 같다.

$$P_1 = I_1^2 R = 2^2 \times 10 = 40\,\text{W}$$
$$P_2 = I_2^2 R = (-3)^2 \times 10 = 90\,\text{W}$$
$$P = I^2 R = 1^2 \times 10 = 10\,\text{W}$$

이때 선형 특성이 전력에 적용되지 않기 때문에 $P \neq P_1 + P_2$라는 점에 주의해야 한다.

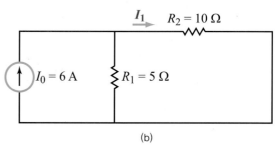

(b)

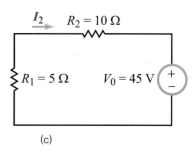

(c)

[그림 3-14] 중첩의 원리 적용
(a) 기본 회로
(b) 전원 I_0가 홀로 I_1을 생성한다.
(c) 전원 V_0가 홀로 I_2를 생성한다.

[질문 3-9] 중첩의 원리를 적용하기 위하여 전기적인 회로의 선형 특성이 기본적으로 필요한 이유는 무엇인가?

[질문 3-10] 회로를 해석하거나 설계하는 절차에서 중첩의 원리가 어떻게 출력 응답의 민감도를 확인하는 도구로 사용되는가?

[질문 3-11] 중첩의 원리를 전력에 적용할 수 있는가? 다시 말해 개별적으로 동작하는 전원 1이 소자에 전력 P_1을 공급하고 전원 2가 같은 소자에 전력 P_2를 공급한다면, 동시에 동작하고 있는 두 전원은 그 소자에 $P_1 + P_2$만큼의 전력을 공급하는가?

[연습 3-9] 다음 회로에 중첩의 원리를 적용하여 전류 I를 구하라.

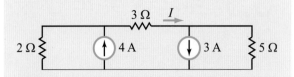

[연습 3-10] 다음 회로에 중첩의 원리를 적용하여 V_{out}을 구하라.

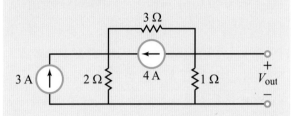

3.5 테브난 및 노턴 등가회로

[그림 3-15]의 블록 다이어그램을 보자. 일반적인 휴대전화 회로(cell-phone circuit)는 증폭기, 발진기, 아날로그 디지털(A/D) 변환기, 디지털 아날로그(D/A) 변환기, 안테나, 안테나의 송수신을 가능하게 해주는 다이플렉서, 마이크로프로세서 및 각종 보조 회로로 구성되어 있다. 이들 회로는 매우 복잡할 뿐만 아니라 개별 상태 혹은 집적된 형태로서 많은 능동소자와 수동소자를 포함한다. 따라서 이렇게 복잡한 구조의 회로를 분석하고 설계하기 위한 접근법은 매우 중요하다.

복잡한 전체 회로를 단 한 번에 다루는 것은 사실상 거의 불가능하다. 그 이유는 회로가 엄청나게 복잡할 뿐만 아니라 개별 회로마다 회로를 분석하고 설계할 때 필요한 전문 소양이 다르기 때문이다.

다행스럽게도 개별 회로가 특정한 입력과 출력 단자

특성을 갖는 블랙박스로 모델화될 수 있어서, 전체 회로의 분석이나 설계가 용이하다. 블랙박스는 회로 내부 구조를 상세히 다룰 필요 없이 특정 회로의 특성만으로도 그 회로를 다른 회로들과 연결해주기 때문에, 전체 회로 내의 특정 회로 부분만을 다룰 수 있도록 해준다.

예를 들면 증폭기의 상세한 성능 조건에는 전압 이득과 주파수 대역폭이 포함돼야 하지만, 이 증폭기와 연결되는 다른 회로의 관점에서는 증폭기의 입력 및 출력 단자 특성이 어떻게 나타나는지가 중요하다.

반대로 증폭기와 연결되어 있는 다른 회로의 특성은 이 회로가 증폭기 입장에서 어떻게 보이는지에 따라 결정된다. [그림 3-16]은 휴대전화 회로의 수신 채널에 사용되는 라디오 주파수 저잡음 증폭기(RF low

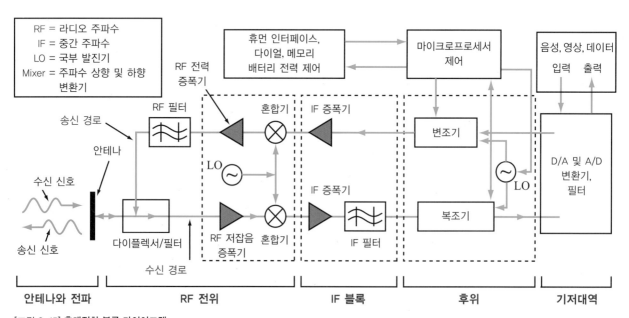

[그림 3-15] 휴대전화 블록 다이어그램

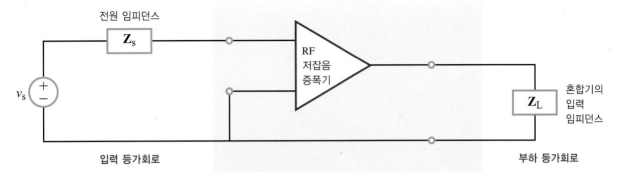

전원 임피던스

$\mathbf{Z}_s$

v_s

RF
저잡음
증폭기

$\mathbf{Z}_L$

혼합기의
입력
임피던스

입력 등가회로

부하 등가회로

[그림 3-16] 무선 주파수 증폭기 회로의 관점에서 보인 입력 및 출력 회로

noise amplifier)의 관점으로, 앞서 말한 개념을 보여준다. 수신되는 입력 신호를 포함하고 있는 안테나와 다이플렉서의 조합은 증폭기의 입력 부분에서 전압원 v_s와 직렬 임피던스 $\mathbf{Z}_s$로 구성된 등가회로에 의해 나타난다.

다음 장에서 소개할 임피던스는 회로 내의 교류-등가저항을 의미한다. 증폭기의 출력 부분에 있는 혼합기는 입력 신호의 중심 주파수를 834 MHz에서 70 MHz로 낮추는 역할을 하며 부하 임피던스(load impedance) $\mathbf{Z}_L$로 나타낸다. 따라서 안테나/다이플렉서 조합의 출력 단자 특성은 증폭기의 입력 전원이고, 혼합기의 입력 임피던스는 증폭기가 연결된 부하가 된다. 따라서 증폭기의 입력 및 출력단 주변부의 상태를 유지하면서 증폭기를 분리시켜 다루면 회로의 해석 및 설계가 모두 용이해진다.

블랙박스를 이용한 접근법의 다른 예는 일반적인 가정용 콘센트다. 가정용 콘센트는 전기기기가 콘센트에 연결될 때 부하 임피던스에 상관없이 일정한 전압을 갖는 전압원으로 간주한다. 그리하여 전기기기를 대변하는 부하가 변경될 때마다 전력선 및 전력발전소를 포함한 전체 회로를 재분석하지 않아도 된다. 이 절에서 다루게 될 테브난 정리와 노턴 정리 이론을 통해 등가회로를 표현할 수 있다.

3.5.1 테브난 정리

1880년대 프랑스 엔지니어인 테브난(M. Leon Thévenin)이 정립한 테브난 정리(Thévenin's theorem)의 개념은 다음과 같다.

> 선형 회로는 출력 단자에서 전압원 v_{Th}와 저항 R_{Th}의 직렬 조합으로 구성된 등가회로로 표현될 수 있다. 여기서 v_{Th}는 선형 회로의 출력 단자에 부하가 없는 개방회로 상태의 전압이고, R_{Th}는 회로의 모든 독립 전원이 비활성화되었을 때 출력 단자 사이의 등가 저항이다.

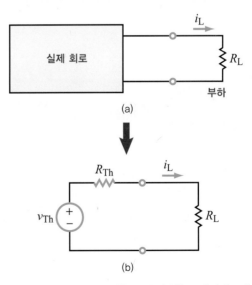

[그림 3-17] 선형 회로는 저항 R_{Th}과 전압원 v_{Th}이 직렬로 연결된 테브난 등가회로로 표현될 수 있다.
(a) 기본 회로
(b) 테브난 등가회로

[그림 3-17]에 테브난 정리를 그림으로 표현하였다. 여기서 (a)의 실제 회로는 (b)의 테브난 등가회로로 대체되었다. 이러한 회로가 부하저항 R_L에 연결되어 있을 때 회로를 따라 흐르는 전류 i_L은 실제 회로와 등가회로에서 둘 다 동일한 값을 가진다. 이러한 등가 관계는 R_L이 0(단락 회로)~∞(개방 회로)까지 어떤 값을 갖더라도 항상 적용 가능하다. 따라서 두 회로는 부하의 관점에서는 구별이 불가능한 동일 회로다.

지금은 DC 전류를 가지고 설명하고 있지만, 테브난 개념은 AC 회로에서도 똑같이 적용할 수 있다. 4장에서 커패시터와 인덕터를 포함하는 회로에 테브난 정리를 적용하는 방법을 다시 설명한다.

3.5.2 v_{Th} 구하기

[그림 3-17]에서 보여준 두 회로의 등가 관계에 의하여, 원래 회로의 테브난 전압 v_{Th}는 그 회로의 출력 단자에 어떤 부하도 연결되지 않았을 때($R_L = ∞$), 출력 단자에서의 전압 v_{oc}를 계산할 수 있다. 따라서 v_{Th}와 v_{oc}는 아래처럼 서로 등가 관계를 가진다.

$$v_{Th} = v_{oc} \qquad (3.32)$$

위 관계는 [그림 3-18(a)]에 표현된 바와 같다. 이 절차는 회로 내 종속 전원 유무와 상관없이 동일하게 적용된다. 독립 전원이 없는 회로에서는 $v_{Th} = 0$이다.

3.5.3 R_{Th} 구하기 – 단락 회로 방법

테브난 저항 R_{Th}를 구하기 위한 방법은 다양하다. 먼저 단락 회로 방법을 살펴보면 [그림 3-17(b)]로부터 다음 관계가 성립한다.

$$i_L = \frac{v_{Th}}{R_{Th} + R_L} \qquad (3.33)$$

만약 단락 회로처럼 부하저항을 $R_L = 0$이라고 가정하면 i_L은 단락 회로 전류 i_{sc}라고 하며, 다음과 같이 주어진다.

$$i_{sc} = \frac{v_{Th}}{R_{Th}} \qquad (3.34)$$

i_{sc}를 구하기 위한 [그림 3-18(b)]의 회로를 분석하면 수식 (3.34)의 적용을 통해 R_{Th}를 구할 수 있고 다음 관계가 성립한다.

$$R_{Th} = \frac{v_{Th}}{i_{sc}} \qquad (3.35)$$

이 방법은 회로 내 종속 전원 유무와 상관없이 적어도 하나 이상의 독립 전원을 가지고 있는 어떠한 회로에서도 적용할 수 있다.

개방 회로/단락 회로 방법

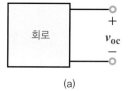

(a)

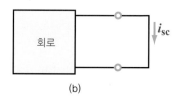

(b)

[그림 3-18] 테브난 전압은 개방 회로 전압과 같고 테브난 저항은 v_{oc}에 대한 i_{sc}의 비와 같다. 여기서 i_{sc}는 출력 단자 사이의 단락 회로 전류다.
(a) $v_{Th} = v_{oc}$
(b) $R_{Th} = \dfrac{v_{oc}}{i_{sc}}$

[그림 3-19(a)]에서 단자 (a, b) 왼쪽의 입력 회로는 가
변 부하 저항 R_L에 연결되어 있다.

(a) 단자 (a, b)에서의 테브난 등가회로를 구하라.

(b) 가변 부하 저항을 따라 흐르는 전류가 0.5 A일 때 앞
서 구한 회로를 사용해 가변 부하 저항 R_L을 구하라.

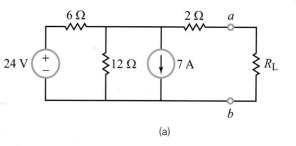

(a)

풀이

(a) [그림 3-19(b)]에서 R_L을 개방 회로로 대체하면 V_{Th}
는 단자 (a, b) 사이의 개방 회로 전압이다. 또한 2 Ω
의 저항을 통해 어떤 전류도 흐르지 않기 때문에 마
디 c에서 $V_{Th} = V_c$이다. 마디 c에서 마디 전압 방정
식은 다음과 같이 주어진다.

$$\frac{V_c - 24}{6} + \frac{V_c}{12} + 7 = 0$$

위의 식을 풀면 $V_c = -12$ V이므로, V_{Th}는 다음과
같다.

$$V_{Th} = -12 \text{ V}$$

이어서 [그림 3-19(c)]처럼 R_L을 단락 회로로 대체
하고 V_c'를 구하기 위해 앞의 절차를 반복하면 다음
과 같다.

$$\frac{V_c' - 24}{6} + \frac{V_c'}{12} + 7 + \frac{V_c'}{2} = 0$$

따라서 V_c는 −4 V이므로 다음을 구할 수 있다.

$$R_{Th} = \frac{V_{Th}}{I_{sc}} = \frac{-12}{-2} = 6 \text{ Ω}$$

그리고 테브난 등가회로는 [그림 3-19(d)]와 같이 표
현된다.

(b) [그림 3-19(d)]를 보면, I_L가 0.5 A가 되기 위한 R_L
은 다음과 같다.

$$I_L = \frac{12}{6 + R_L} = 0.5 \text{ A}$$
$$R_L = 18 \text{ Ω}$$

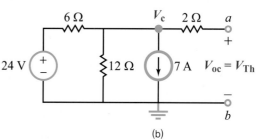

(b)

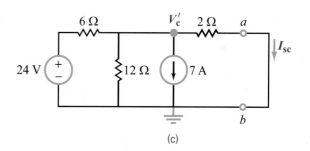

(c)

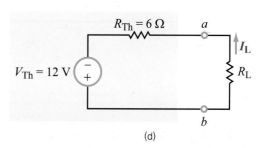

(d)

[그림 3-19] 테브난 등가회로를 구하기 위해 개방 회로/단락 회로 방법
을 적용한다.
(a) 기본 회로
(b) 개방 회로로 R_L 대체
(c) 단락 회로로 R_L 대체
(d) 테브난 등가회로

[연습 3-11] 다음 회로의 단자 (a, b)에서 테브난
등가회로를 구하라.

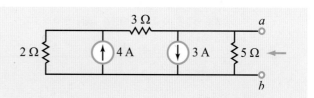

3.5.4 R_{Th} 구하기 – 등가 저항 방법

회로가 종속 전원을 포함하지 않는다면, R_{Th}는 [그림 3-20]에서 묘사된 바와 같이 모든 전원을 비활성화시키고 회로를 출력 단자 사이의 단일 등가 저항으로 단순화시킴으로써 구할 수 있다. 전원의 비활성화는 전압원을 단락 회로로, 전류원을 개방 회로로 대체하여 구현할 수 있다. 이 경우 다음 관계가 성립한다.

$$R_{Th} = R_{eq} \qquad (3.36)$$

등가 저항 방법

모든 독립 전원이 비활성화된 회로

$\leftarrow R_{eq} = R_{Th}$

[그림 3-20] 종속 전원을 포함하지 않은 회로에서 R_{Th}는 모든 전원 성분을 비활성화시키고 저항 R_{eq}로 회로를 단순화시킴으로써 구할 수 있다.

이 방법은 종속 전원을 포함하는 회로에는 적용할 수 없다.

예제 3-11 테브난 저항

[그림 3-21(a)] 회로에서 단자 (a, b) 사이의 R_{Th}를 구하라.

풀이

회로가 종속 전원을 포함하지 않기 때문에 등가 저항 방법을 적용할 수 있다. [그림 3-21(b)]에서 보여준 바와 같이 전압원을 단락 회로로 대체하고 전류원을 개방 회로로 대체함으로써 모든 전원을 비활성화시킨다.

❶ 병렬로 연결된 $50\,\Omega$의 두 저항을 결합시킨다.

❷ $25\,\Omega$의 저항에 $35\,\Omega$의 저항을 직렬 결합시킨다.

❸ 그 결과로 생긴 $60\,\Omega$의 저항에 병렬로 연결된 $30\,\Omega$의 저항을 결합시키면 R_{Th}를 다음과 같이 구할 수 있다.

$$R_{Th} = 20\,\Omega$$

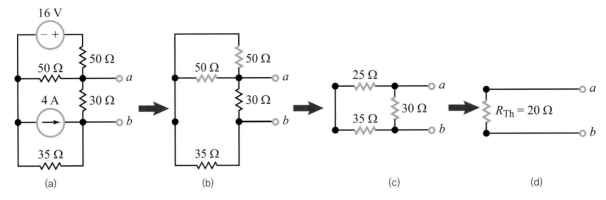

[그림 3-21] 전원을 비활성화시킨 뒤, R_{Th}를 구하기 위해 체계적인 단순화 과정을 거친다.
(a) 기본 회로
(b) 전원 비활성화 후의 회로
(c) 병렬로 연결된 $50\,\Omega$의 두 저항을 결합시킨 후의 회로
(d) 최종 R_{Th}

[연습 3-12] 다음 회로에서 단자 (a, b)의 왼쪽 회로에 대한 테브난 등가회로를 구하고 전류 I를 구하라.

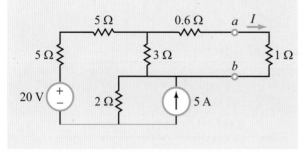

3.5.5 R_{Th} 구하기 – 외부 전원 방법

등가 저항 방법은 종속 전원을 포함하는 회로에는 적용할 수 없다. 이런 경우 R_{Th}를 구하려면 새로운 방법

[그림 3-22] 독립 및 종속 전원을 모두 포함하고 있는 회로에서 R_{Th}는 독립 전원을 비활성화시키고, 외부 전원 v_{ex}를 추가한다. 그리고 회로를 풀어 전류 i_{ex}를 구한다. 해답은 $R_{Th} = \frac{v_{ex}}{i_{ex}}$이다.

이 필요하다. [그림 3-22]에서 설명한 바와 같이 종속 전원은 그대로 남겨둔 채, 독립 전원을 비활성화시키고 외부 전압원 v_{ex}를 회로를 여기시키기 위해 적용한다. 회로를 해석하여 전류 i_{ex}를 구한 후에, R_{Th}는 다음 수식에 의해 구할 수 있다.

$$R_{Th} = \frac{v_{ex}}{i_{ex}} \qquad (3.37)$$

예제 3-12 종속 전원을 갖는 회로

개방 회로 전압과 외부 전원 방법을 적용하여 [그림 3-23(a)] 회로의 단자 (a, b) 사이의 테브난 등가회로를 구하라.

풀이

[그림 3-23(a)]에서 망로 전류 I_1과 I_2에 대한 수식은 다음과 같이 주어진다.

$$-68 + 6I_1 + 2(I_1 - I_2) + 4I_x = 0$$
$$-4I_x + 2(I_2 - I_1) + 6I_2 + 4I_2 = 0$$

$I_x = I_2$일 때, 두 연립 방정식을 풀면 I_1과 I_2는 다음과 같이 구해진다.

$$I_1 = 8\,\text{A}$$
$$I_2 = 2\,\text{A}$$

테브난 전압은 V_{ab}이므로 다음과 같이 구해진다.

$$V_{Th} = V_{ab}$$
$$= 4I_2$$
$$= 8\,\text{V}$$

[그림 3-23(b)]와 같이 외부 전원 방법을 사용해 R_{Th}를 구하기 위해서 68 V의 전압원을 비활성화시키고 외부 전압원 V_{ex}를 추가하였다. 이는 V_{ex}의 항으로 I_{ex}에 대한 표현식을 얻기 위함이다. $I_1{}'$, $I_2{}'$, $I_3{}'$로 표기되는 세 가지 망로 전류에 대하여 망로 전류 방정식은 다음과 같이 나타난다.

$$6I_1' + 2(I_1' - I_2') + 4I_x = 0$$
$$-4I_x + 2(I_2' - I_1') + 6I_2' + 4(I_2' - I_3') = 0$$
$$4(I_3' - I_2') + V_{\text{ex}} = 0$$

I_x를 I_2'로 대체한 후에 세 연립 방정식을 풀면 다음과 같다.

$$I_1' = \frac{1}{18} V_{\text{ex}}$$

$$I_2' = -\frac{2}{9} V_{\text{ex}}$$

$$I_3' = -\frac{17}{36} V_{\text{ex}}$$

[그림 3-23(c)]에서 보인 등가회로에 대해서 R_{Th}는 다음과 같은 관계를 갖는다.

$$R_{\text{Th}} = \frac{V_{\text{ex}}}{I_{\text{ex}}}$$

따라서 $I_{\text{ex}} = -I_3'$을 적용해 풀면 R_{Th}는 다음과 같다.

$$R_{\text{Th}} = -\frac{V_{\text{ex}}}{I_3'}$$
$$= \frac{36}{17} \, \Omega$$

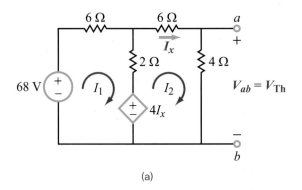

(a)

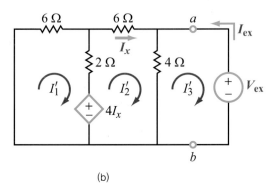

(b)

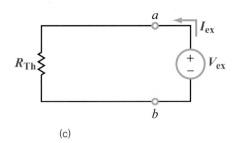

(c)

[그림 3-23] 개방 회로 전압의 해답은 $V_{ab} = V_{\text{Th}} = 8$ V이다. 외부 전압 방법을 사용하면 $R_{\text{Th}} = \frac{36}{17}$ Ω이다.
(a) V_{Th}를 구하기 위한 회로
(b) I_{ex}를 구하기 위한 회로
(c) R_{Th} 계산을 위한 등가회로

3.5.6 노턴 정리

노턴 정리는 선형 회로가 전류원 i_N과 저항 R_N의 병렬 조합으로 구성된 등가회로에 의해 출력 단자에서 표현될 수 있음을 말한다. [그림 3-24]의 테브난 등가회로에 전원 변환을 적용하여 노턴 등가회로의 i_N과 R_N에 대한 간단한 수식을 이끌어 낼 수 있다.

$$i_N = \frac{v_{Th}}{R_{Th}} \tag{3.38a}$$

$$R_N = R_{Th} \tag{3.38b}$$

어떤 해석 방법을 사용할지 어떻게 선택할 수 있는가?

[표 3-1]은 테브난 및 노턴 등가회로의 요소들을 구할 수 있는 다양한 방법을 요약하여 보여주고 있다.

[표 3-2]는 이번 장에서 다루는 다양한 해석 방법을 요약하여 보여준다. 표에 적혀 있는 바와 같이 마디 전압/슈퍼 마디법과 망로 전류/슈퍼 망로법만이 슈퍼 마디 또는 슈퍼 망로를 사용하는지에 상관없이 종속 전원과 독립 전원이 모두 있는 회로에 적용할 수 있다. 즉석 해석법은 행렬 형태로 식을 적용하고 구성하기 쉽지만 독립 전류원이든 독립 전압원이든 한 종류의

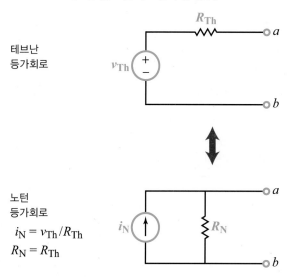

테브난 및 노턴 회로 간의 등가관계

[그림 3-24] 테브난 및 노턴 등가회로 사이의 등가관계

전원이 있는 회로에서만 적용이 가능하다.

어떤 방법을 언제 어떻게 사용할지에 대한 대답은 없지만, 일반적으로 회로가 전압원에 의해 좌우된다면 마디 전압법을 사용하는 것이 유리하고 전류원을 전원으로 사용하고 있다면 망로 전류법을 사용하는 것이 유리하다. 이러한 간단한 기준 이외에도 회로를 분석하기에 앞서 [표 3-2]를 참고하기 바란다.

[표 3-1] 테브난/노턴 해석 기술의 특징

결정 요소	방법	종속 전원 포함 유무	관계식
v_{Th}	개방 회로 전압 v	Yes	$v_{Th} = v_{oc}$
v_{Th}	R_{Th}를 알고 있을 때, 단락 회로 전류 i	Yes	$v_{Th} = R_{Th}i_{sc}$
R_{Th}	개방/단락	Yes	$R_{Th} = \dfrac{v_{oc}}{i_{sc}}$
R_{Th}	등가 저항 R	No	$R_{Th} = R_{eq}$
R_{Th}	외부 전원	Yes	$R_{Th} = \dfrac{v_{ex}}{i_{ex}}$

참고 : $i_N = v_{Th}/R_{Th}$, $R_N = R_{Th}$

[표 3-2] 회로 해석 방법의 적용 조건 개요

기본 해석 방법						
절	방법	회로에 포함 가능 유무				
		종속 전원	전압 및 전류원	슈퍼 마디	슈퍼 망로	
3.1.1	마디 전압 / 표준	가능	모두 가능	불가능	가능	
3.1.3	마디 전압 / 슈퍼 마디	가능	모두 가능	가능	가능	
3.2.1	망로 전류 / 표준	가능	모두 가능	가능	불가능	
3.2.3	망로 전류 / 슈퍼 망로	가능	모두 가능	가능	가능	
3.3.1	마디 분석 / 즉석	불가능	전류원만 가능	불가능	가능	
3.3.2	망로 분석 / 즉석	불가능	전압원만 가능	가능	불가능	
다른 해석 방법						
3.4	중첩의 원리	n개의 독립 전원이 포함된 회로에서 각각의 전원에 대해 개별적으로 회로를 해석하기 위해 기본 해석 방법들이 사용된다.				
3.5	테브난/노턴	단순한 등가회로를 만들기 위해 적용 가능한 기본 방법들을 사용한다([표 3-1] 참고).				

[질문 3-12] 휴대전화 회로와 같은 복잡한 회로를 해석할 때, 테브난 등가회로 방법이 매우 효과적인 이유는 무엇인가?

[질문 3-13] 3.5절에서 R_{Th}를 구하기 위한 세 가지 방법을 제시하였다. 종속 전원을 포함하는 회로에 적용할 수 있는 방법은 무엇인가?

[연습 3-13] 다음 회로의 단자 (a, b)에서 노턴 등가회로를 구하라.

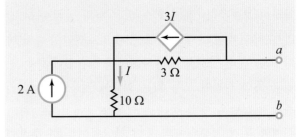

3.6 최대 전력 전달

[그림 3-25(a)]에 나타낸 것처럼 수동 선형 회로에 능동 선형 회로 하나가 연결되어 있다고 가정해보자. 능동 회로는 적어도 하나의 독립 전원을 포함하는 반면, 수동 회로는 종속 전원을 포함할 수는 있지만, 독립 전원이 포함되어서는 안 된다. 편의상 능동 선형 회로와 수동 선형 회로를 각각 전원 회로 및 부하 회로로 간주하자. 어떤 응용 시스템에서는 전원 회로에서 부하 회로로 흐르는 전류 i_L의 크기가 최대가 되어야 하지만, 다른 시스템에서는 부하 회로의 입력단에서 인가되는 전압 v_L이 최대가 되거나 전원에서 부하로 전달되는 전력 P_L이 최대가 되어야 할 수 있다. 그렇다면 특정한 전원 회로가 주어져 있을 때, 이렇게 각기 다른 목적을 이루기 위해서는 어떻게 부하 회로를 설계해야 할까?

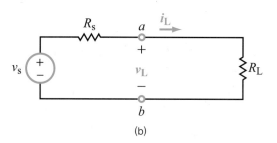

앞에서 제기된 해결책은 테브난 정리다. 이미 3.5절에서 모든 능동 선형 회로는 테브난 저항 R_{Th}와 직렬로 연결된 테브난 전압 V_{Th}로 구성된 등가회로로 표현할 수 있다는 것을 확인하였다. 수동 부하 회로는 등가회로가 오직 테브난 저항으로만 구성된다. 두 회로 간의 혼동을 피하기 위해서 [그림 3-24(b)]에 나타낸 것처럼 전원 회로의 v_{Th}와 R_{Th}를 v_s와 R_s로 나타내고, 부하 회로의 R_{Th}는 R_L로 표현할 것이다.

전류 i_L과 전압 v_L은 다음과 같이 주어진다.

$$i_L = \frac{v_s}{R_s + R_L} \tag{3.39a}$$

$$v_L = \frac{v_s R_L}{R_s + R_L} \tag{3.39b}$$

만일 전원 회로의 변수인 v_s와 R_s가 고정된 값일 때, 부하 회로에 최대 전류가 흐르려면 R_L은 0이 되어야 한다(단락 회로). 특정 기능을 가져야 하는 실제 회로의 경우, 회로가 제대로 된 기능을 발휘하기 위해서는 에너지를 공급받아야 한다. 따라서 R_L은 정확하게 0(영)이 될 수는 없으나, R_s에 비해서는 매우 작은 값으로 만들어진다. 그래서 최대 전류가 전달되면, 부하 회로는 다음과 같이 설계된다.

$$R_L \ll R_s \quad \text{(최대 전류 전달)} \tag{3.40}$$

식 (3.39b)에 근거하여 최대 전압이 전달될 때 조건은 다음과 같다.

$$R_L \gg R_s \quad \text{(최대 전압 전달)} \tag{3.41}$$

[그림 3-25] 전원 회로에서 부하 회로로 전달되는 전압, 전류, 전력을 해석하기 위해서 전원 회로와 부하 회로를 테브난 등가회로로 변환한다.
(a) 전원 및 부하 회로
(b) 테브난 등가회로로 전원 및 부하 회로를 변환한 모습

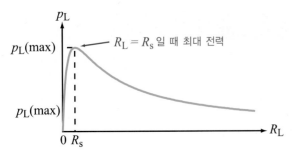

[그림 3-26] **부하 R_L의 변화에 따른 전력 p_L의 함수**

전력을 전달할 때는 i_L과 v_L의 곱이 최댓값이 되어야 한다.

$$p_L = i_L v_L = \frac{v_s^2 R_L}{(R_s + R_L)^2} \qquad (3.42)$$

식 (3.42)는 R_L에 대한 비선형 함수가 된다. [그림

3-26]에서처럼 전력 p_L은 R_L의 값이 0이나 무한대로 수렴하면 0에 가까워진다. 그리고 다음 조건에서 전력 p_L값은 최대가 된다.

$$R_L = R_s \qquad \text{(최대 전압 전달)} \qquad (3.43)$$

식 (3.43)은 [예제 3-13]에서 증명하였다.

식 (3.42)에 v_s의 $R_L = R_s$ 조건을 적용하면 최대 전력값은 다음과 같이 주어진다.

$$p_L(\text{max}) = \frac{v_s^2 R_L}{(R_L + R_L)^2} = \frac{v_s^2}{4R_L} \qquad (3.44)$$

위 식은 등가 입력 전원 v_s에서 생성되는 총 전력의 50%를 의미한다. 나머지 50%는 R_s에 의해 소모된다.

예제 3-13 **최대 전력 전달**

$R_L = R_s$일 때 식 (3.42)에 의해 표현된 p_L이 최대가 됨을 증명하라.

풀이

p_L이 최대가 되는 R_L 값을 구하기 위해, 식 (3.42)를 R_L에 대하여 미분하고, 이를 0으로 둔다.

$$\frac{dp_L}{dR_L} = \frac{d}{dR_L}\left[\frac{v_s^2 R_L}{(R_s + R_L)^2}\right]$$

$$= v_s^2\left[\frac{1}{(R_s + R_L)^2} - \frac{2R_L}{(R_s + R_L)^3}\right] = 0$$

위의 식을 정리하면 아래의 조건에서 전력이 최대가 되는 것을 알 수 있다.

$$R_L = R_s$$

[질문 3-14] 전력 전원에서 부하 저항으로 전달되는 전력이 최대가 되기 위한 조건은 무엇인가?

[질문 3-15] 입력 회로에 의해 생성되는 전력값에서 외부 부하로 전달할 수 있는 전력의 최대치는 얼마인가?

[연습 3-14] 다음 브리지 회로는 단자 (a, b) 사이에 부하 R_L이 연결되어 있다. R_L에 전달되는 전력이 최대가 되도록 R_L의 값을 정하라. 만일 $R = 3$ Ω이라면, R_L에 전달되는 전력은 얼마인가?

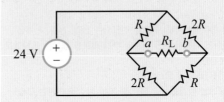

3.7 응용 노트 : 바이폴라 접합 트랜지스터

SPDT 스위치를 제외하고 지금까지 살펴본 회로 요소는 모두 단일 $i-v$ 관계로 정의되는 2단자 소자였다. 이러한 2단자 소자에는 저항기, 전압원, 전류원 및 2.7.2절에서 소개된 PN 접합 다이오드 등이 있다. [그림 2-3(b)]의 전위차계는 마치 3단자 소자처럼 보이지만 실제로는 각각 한 쌍의 단자를 가진 저항 2개에 지나지 않는다. 이번 응용 노트에서는 진정한 3단자 소자인 바이폴라 접합 트랜지스터(BJT)에 대하여 알아본다.

BJT는 일반적으로 실리콘으로 만들어진 3층의 반도체 구조로 되어 있다. 이 외의 다른 화합물 반도체도 마이크로파 및 광 주파수 대역에서 특수하게 응용될 수 있지만, 이번 응용 노트에서는 DC 회로에 사용되는 실리콘 기반 트랜지스터에 대해서만 설명할 것이다. BJT는 이미터, 컬렉터, 베이스라는 세 단자를 가지고 있다. 이미터와 컬렉터는 n형 또는 p형과 같은 반도체 물질로 만들어지며, 베이스는 다른 물질로 구성된다. 그래서 BJT는 [그림 3-27]에서처럼 pnp 혹은 npn 형태로 구성된다. 실제 트랜지스터의 형태 및 제작은 [그림 3-27]에서 제시된 것보다 훨씬 복잡하고 정교하다. 하지만 BJT가 n형 및 p형 반도체 물질이 교대로 적층된 3층 구조로 되어있다는 기본 개념만으로도 BJT의 전기적 동작 특성을 충분히 설명할 수 있다. [그림 3-27]은 pnp 및 npn 트랜지스터에 대해 사용되는 기호도 보여주고 있다. 가운데 단자는 항상 베이스이고, 세 단자 중 하나에는 화살표가 그려져 있다. 화살표를 포함하는 단자를 통해서 이미터 단자를 확인할 수 있고, 또 트랜지스터가 pnp 형태인지, npn 형태인지 구분할 수 있다. 화살표는 항상 n형 물질을 향하고 있으므로 pnp 트랜지스터에서는 화살표가 베이스를 향하고 있고,

npn 트랜지스터에서는 베이스에서 나오는 방향을 가리키고 있기 때문이다.

[그림 3-27]에 있는 각 단자의 전류 방향을 살펴보자. 베이스와 컬렉터 전류인 I_B와 I_C는 트랜지스터 내부로 들어가는 방향으로, 이미터 전류 I_E는 트랜지스터에서 외부로 나오는 방향으로 정의된다. KCL 법칙에 의해

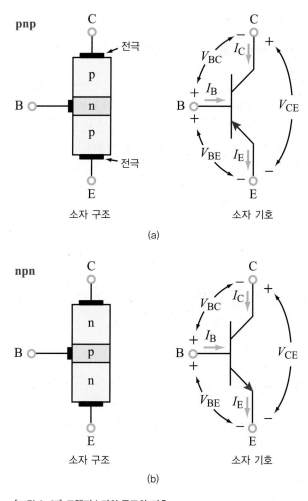

소자 구조   소자 기호

(a)

소자 구조   소자 기호

(b)

[그림 3-27] **트랜지스터의 구조와 기호**
(a) pnp 트랜지스터
(b) npn 트랜지스터

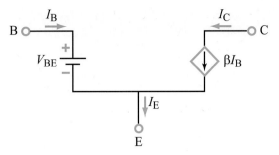

[그림 3-28] npn 트랜지스터의 직류 등가회로 : 등가 DC 전압은 $V_{BE} \simeq$ 0.7 V이다.

서 다음 조건을 만족해야 한다.

$$I_E = I_B + I_C \qquad (3.45)$$

일반적으로 I_E는 세 전류 중에서 가장 큰 값을 가지며, I_B는 I_C나 I_E에 비해 훨씬 더 작은 값을 갖는다. BJT는 직류 및 교류 상태에서 모두 동작이 가능하지만, 여기서는 직류 상태만 생각한다. 또한, npn 공통 이미터 구조일 경우만을 고려한다. 따라서 [그림 3-28]의 DC 등가회로 모델을 이용해서 npn 트랜지스터의 작동을 설명할 수 있다. 등가회로는 일정한 DC 전압원 V_{BE} 및 I_C와 I_B의 관계로 정의되는 종속 전류 제어 전류원을 포함하고 있다.

$$I_C = \beta I_B \qquad (3.46)$$

여기서 β는 트랜지스터 변수인 공통 이미터 전류이득이다. 일반적으로 $V_{BE} \simeq 0.7$ V이며, β는 30~1000 사이의 값을 가진다. BJT가 능동 모드에서 작동하기 위해서는 베이스와 컬렉터 단자에 특정 직류 전압이 가해져야 한다. 이 전압을 V_{BB}와 V_{CC}라 정의한다.

예제 3-14 BJT 회로

[그림 3-29] 등가회로에서 $V_{BE} \simeq 0.7$ V, $\beta = 200$일 때, I_B, I_C, V_{CE}를 구하라. 단, $V_{BB} = 2$ V, $V_{CC} = 10$ V, $R_B = 26$ kΩ, $R_C = 200$ Ω이라 가정한다.

풀이

npn 트랜지스터를 등가회로로 교체한 [그림 3-29(b)]의 회로에서 왼쪽 루프의 KVL 방정식은 다음과 같다.

$$-V_{BB} + R_B I_B + V_{BE} = 0$$

위 식을 정리하면 I_B는 다음과 같이 구해진다.

$$I_B = \frac{V_{BB} - V_{BE}}{R_B}$$
$$= \frac{2 - 0.7}{26 \times 10^3} = 5 \times 10^{-5} \text{ A} = 50 \ \mu\text{A}$$

$\beta = 200$을 대입하여 I_C와 V_{CE}를 구한다.

$$I_C = \beta I_B = 200 \times 50 \times 10^{-6} = 10 \text{ mA}$$
$$V_{CE} = V_{CC} - I_C R_C = 10 - 10^{-2} \times 200 = 8 \text{ V}$$

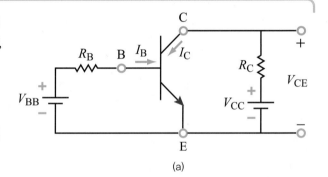

(a)

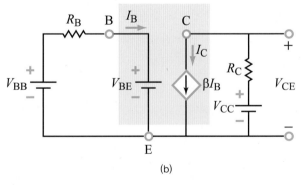

(b)

[그림 3-29] (a) 트랜지스터 회로
(b) 등가회로

디지털 논리는 '0'과 '1'(혹은 'low'와 'high'), 두 가지 상태로 결정된다. 디지털 인버터 회로는 컴퓨터 프로세서가 수행하는 논리 작업을 수행할 때 일반적으로 'low'의 입력 비트를 'high' 상태의 출력값으로 바꾸거나 'high'의 입력 비트를 'low'의 출력값으로 반전시키는 역할을 한다.

[그림 3-30]에 나타난 트랜지스터 회로를 디지털 인버터라고 생각하고, 입력 전압 V_{in}에 대한 출력 전압 V_{out}의 그래프를 그려 인버터 기능을 설명하라. 비트 전압이 0~0.5 V 사이일 경우는 0(low)의 상태, 전압이 4 V보다 크면 1(high)의 상태로 가정한다. [그림 3-28]에서 주어진 등가회로 회로는 $\beta = 20$이며 다음 조건을 만족한다고 가정하라. 즉 I_B와 V_{out} 모두 음의 값을 가질 수 없고, 만약 등가회로를 이용하여 주어진 회로를 분석하여 둘 중 어느 것이라도 음의 값이 나타나면 그 값은 0으로 간주한다.

풀이

[그림 3-30(b)]에 나타나 있는 등가회로는 다음 식으로 표현된다.

$$I_B = \frac{V_{in} - 0.7}{20k} \qquad (3.47)$$

$$I_C = \beta I_B = 200 I_B \qquad (3.48)$$

$$V_{out} = V_{CC} - I_C R_C \qquad (3.49)$$

세 방정식을 합치면 다음과 같은 식으로 유도된다.

$$\begin{aligned} V_{out} &= V_{CC} - \frac{\beta R_C}{R_B}(V_{in} - 0.7) \\ &= 12 - 10V_{in} \text{ V} \end{aligned} \qquad (3.50)$$

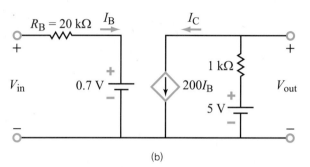

(a)

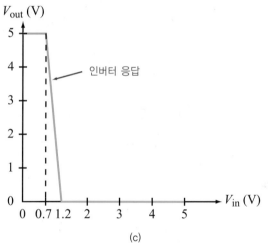

(b)

(c)

[그림 3-30] (a) 인버터 회로
(b) 등가회로
(c) V_{out} 대 V_{in}

V_{out}이 V_{in}과 선형 관계이므로 입력과 출력 간의 응답 그래프는 [그림 3-30(c)]에서 보는 것처럼 직선으로 나타난다. 그러나 I_B는 $V_{in} < 0.7$ V의 구간처럼 음수이면 안 되며, V_{out}도 $V_{in} = 1.2$ V일 때 발생하는 것처럼 음수면 안 된다. 결과적으로 전달함수는 디지털 인버터의 요구사항을 명확하게 만족한다.

입력 : 낮음   출력 : 높음
$V_{in} < 0.5$ V일 때 ➡ $V_{out} = 5$ V

- - - - - - - - - - - - - - - -

입력 : 높음   출력 : 낮음
$V_{in} > 1.2$ V일 때 ➡ $V_{out} = 0$

[질문 3-16] BJT에서 콜렉터 전류는 베이스 전류와 어떤 관계가 있는가?

[질문 3-17] 디지털 인버터는 무엇인가? 입력과 출력 전압은 서로 어떤 관계가 있는가?

[연습 3-15] $V_{BE} = 0.7\,\text{V}$, $\beta = 200$일 때, 다음 트랜지스터 회로에 대한 I_B, V_{out_1}, V_{out_2}를 구하라.

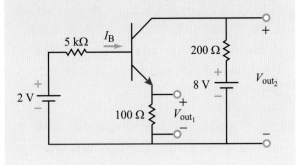

3.8 Multisim을 활용한 마디 해석

Multisim은 여러 개의 마디를 가진 회로를 해석하는 데 특히 유용하다. 전압과 전류가 지정된 여섯 개의 마디를 갖는 [그림 3-31(a)] 회로를 Multisim 표기법 시스템에 따라 다루어보자. Multisim에서 V1은 전원 1의 전압을 말하고 V(1)은 마디 1에서의 전압을 말한다.

마디 분석을 적용하면 V(1)~V(5)까지 다섯 개의 미지수를 갖는 다섯 개의 방정식을 만들 수 있으며, 그 방정식은 행렬 연산이나 변수 제거 방식으로 풀 수 있다. [그림 3-31(a)]의 회로는 두 개의 루프만 포함하고 있어 망로를 해석하는 편이 훨씬 간단하고 쉽다. 망로 해석을 사용할 경우, 망로 방정식 두 개와 종속 전류원에

대한 보조 방정식 하나만 계산하면 된다. 그러나 여기서는 많은 마디를 갖는 회로에 대해 Multisim을 어떻게 사용하는지 알아보기 위해 마디 해석을 적용할 것이다.

Multisim으로 회로를 구성하면, 회로가 [그림 3-31 (b)]의 형태로 나타난다. Measurement Probes 또는 DC Operating Point Analysis 중 하나를 사용하여 V(1)~V(5)까지의 전압값을 구한다. 이는 [그림 3-31 (b)]에 표시되어 있다.

네 개 또는 다섯 개 이상의 마디를 포함하는 회로를 손

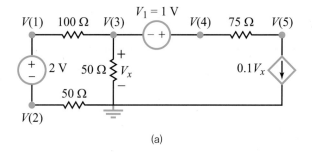

(a)

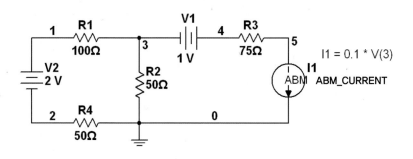

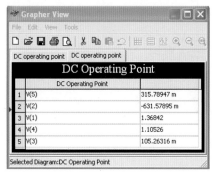

(b)

[그림 3-31] Multisim을 이용한 회로 해석
(a) 여섯 마디 회로
(b) Multisim 회로와 해석 결과

으로 직접 해석하는 것은 매우 힘들다. 게다가 어떤 회로는 시변(time-varying) 전원이나 성분을 포함할 수 있으므로, 직접 계산하여 회로를 분석하기란 어렵다. 예를 들어 추가적인 SPDT 스위치를 제외하면 [그림 3-31] 회로와 같은 [그림 3-32(a)] 회로를 생각해보자 (Multisim에서 스위치는 컴퓨터의 스페이스바를 사용하여 위치 1과 위치 2를 번갈아 옮겨갈 수 있다.). 위치 1에 연결되었을 때, 이 회로의 상태는 [그림 3-31]과 동일하다. 그러나 SPDT 스위치가 위치 2로 옮겨지면 두 개의 회로 요소와 하나의 마디가 추가된 새로운 회로가 구성된다.

[그림 3-32(b)]는 Multisim에서 그린 회로다. SPDT는 SWITCH 군의 BASIC 그룹 아래 Select a Component 창에서 사용 가능하다. Measurement Probes는 마디 4, 마디 5, 마디 6에 추가되었다. Multisim의 쌍방향 시뮬레이션 기능을 사용하여 SPDT 스위치의 두 상태에 대한 해석이 가능하다. 시뮬레이션 과정은 F5나 ▷ 버튼을 누르거나 🔲 스위치를 전환시켜서 시작하고, 스페이스 키를 눌러 SPDT 스위치의 상태를 전환할 수 있다. 이 실사 스위칭 기능은 Multisim이 왜 쌍방향 시뮬레이션(Interactive Simulation)인지를 잘 보여준다.

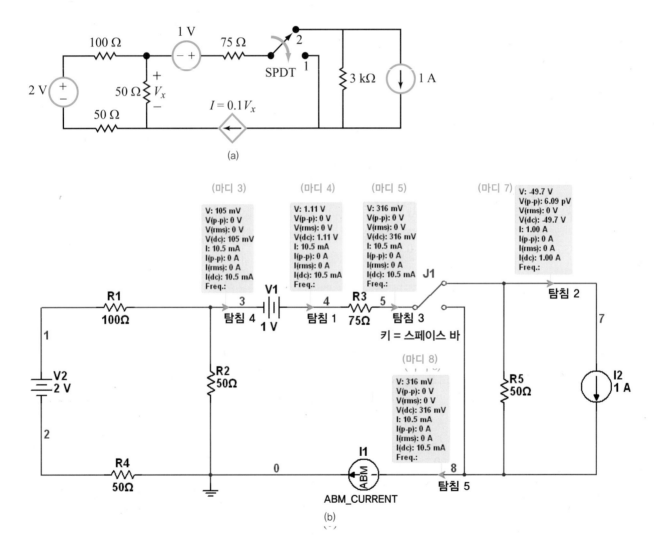

[그림 3-32] (a) 스위치를 이용한 회로
(b) Multisim을 이용한 구성도(Multisim에서의 회로 구성)

2장의 Multisim 코너에서 어떻게 DC Operating Point Analysis 도구가 마디 사이의 전압차를 구하는지 확인했다. 기본적으로 DC Operating Point Analysis 도구를 통해 뺄셈 연산을 할 수 있고, 그 외에도 원하는 물리량을 구하기 위한 변수나 각 변수의 조합에 적용할 수 있는 많은 연산자를 사용할 수 있다(기본 연산자 목록이 수록된 CD의 Multisim 지침을 참고하라.).

이제 [그림 3-31(a)] 회로 각각의 요소에서 소모되거나 공급된 전력을 계산하기 위해 DC Operating Point Analysis에서 변수를 조작할 것이다. 각각의 요소에 대한 전력을 구하려면, 각각의 요소를 통해 흐르는 전류와 요소에 인가되어 있는 전압을 알아야 한다. 이때 전압값은 알기 쉬운 반면, 가지에 흐르는 전류는 모든 가지에 직렬로 연결된 전압원을 반드시 알아야 한다. [그림 3-31(a)] 회로를 보면 직렬 연결된 전압원이 없는 가지가 하나이므로 [그림 3-33(a)]에서 보인 바와

같이 단 하나의 전압원만 추가되면 된다. 이때 전압원의 값은 0으로 설정한다.

DC Operating Point Analysis 창을 열고 Add Expression 버튼을 통해 출력탭 아래에 방정식을 입력하자. 이 과정을 통해 각 회로 요소의 전력을 표현할 수 있다. 그리고 전력 표현 수식을 입력한 뒤에 OK를 누른다(적절한 기호 표기와 전류 방향을 반드시 기억하라.). 전력을 위한 방정식은 다음과 같다.

전원 : (V(4)-V(3))*I(v1)
전원 : (V(1)-V(2))*I(v2)
전원 : -V(5)*I(v1)
저항 : (V(3)-V(1))*I(v2)
저항 : V(3)*I(v3)
저항 : (V(5)-V(4))*I(v1)
저항 : V(2)*I(v2)

이때 위 식의 변수 이름이 [그림 3-33(a)]의 회로에 적

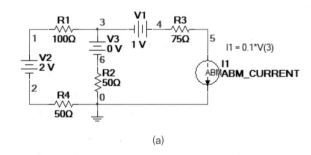

(a)

Selected variables for analysis

All variables ▼

(V(1)-V(2))*I(v2)
(V(3)-V(1))*I(v2)
(V(4)-V(3))*I(v1)
(V(5)-V(4))*I(v1)
V(2)*I(v2)
V(3)*I(v3)
-V(5)*I(v1)

(b)

		DC Operating Point	
1	V(2)*I(v2)	10.57851 m
2	(V(3)-V(1))*I(v2)	21.15702 m
3	V(3)*I(v3)	661.15702 u
4	(V(4)-V(3))*I(v1)	-18.18182 m
5	(V(5)-V(4))*I(v1)	24.79339 m
6	-V(5)*I(v1)	-9.91736 m
7	(V(1)-V(2))*I(v2)	-29.09091 m

(c)

[그림 3-33] [그림 3-31(a)] 회로의 7개 요소에 의해 소모되거나 생성된 전력을 계산하기 위한 Multisim 절차
(a) [그림 3-31(a)] 회로의 전력을 계산하기 위한 Multisim 회로
(b) 회로를 해석하기 위해 선택된 변수들이 DC Operating Point Analysis 창에 표시되어 있다.
(c) 시뮬레이션 결과(모든 값의 단위는 와트(Watt)다.)

용되었음을 기억하자. 만약 사용하려는 회로의 마디와 전압원에 지정된 번호가 [그림 3-33(a)]와 다르다면, 방정식에서 표기된 번호도 달라진다.

일단 전력에 관한 표현 방정식이 입력되면 Selected Variables for Analysis 창의 모습은 [그림 3-33(b)]와 유사해야 한다. Simulate 버튼을 눌러 변숫값을 구한다. 시뮬레이션 결과는 [그림 3-33(c)]에 보이는 것과 같아야 한다.

위에서 살펴본 전력 수식과 같은 방정식을 작성하는 방법은 Multisim 사용에서 매우 중요하다. 왜냐하면

앞으로 이 책에서 다룰 많은 Analyses 기능은 DC Operating Point Analysis에서 사용된 것과 같은 구문을 사용하기 때문이다.

[질문 3-18] Measurement Probes 도구와 DC Operating Point Analysis 간의 차이점은 무엇인가?

[연습 3-16] Multisim을 사용하여 SPDT 스위치가 위치 2에 연결되었을 때 [그림 3-32(b)] 회로의 마디 3에 대한 전압을 계산하라.

■ 핵심 요약

01. 회로에서 임의의 마디 중 하나를 전압 접지(ground)의 역할로 지정한 뒤, 남아 있는 마디에 KCL을 적용하면 전압을 결정하기 위해 필요한 연립 방정식이 만들어진다.

02. 독립 전압원에 연결된 임의의 두 마디는 하나의 슈퍼 마디(supernode)가 된다. 마디 전압법(node-voltage method)에서 KCL을 적용할 때, 두 마디는 그 사이의 전압차를 지정하는 보조 관계식에 의해 단일 마디로 처리된다.

03. 회로에서 각각의 독립적인 루프에 망로 전류(mesh current)를 지정함으로써 KVL을 적용하면 망로 전류가 미지수인 연립 방정식을 만들 수 있다.

04. 단일 전류원을 포함하는 가지 하나를 공유하는 인접한 두 루프는 하나의 슈퍼 망로(supermesh)가 된다. KVL을 적용할 때, 인접한 두 루프의 망로 전류 간의 관계를 지정하는 보조 관계식에 의해서 단일 루프로 처리된다.

05. 종속 전원을 포함하지 않고 전류원만을 포함하는 회로는 구현하기 쉬운 행렬 형태의 마디 전압 방정식으로 표현할 수 있는 즉석 마디 전압법을 적용하여 해석할 수 있다.

06. 종속 전원을 포함하지 않고 전압원만 포함하는 회로는 구현하기 쉬운 행렬 형태의 수식으로 표현할 수 있는 즉석 망로 전류법을 적용하여 쉽게 해석된다.

07. 실제 전압원 또는 전류원을 여러 개 포함하고 있는 회로에서, 선형 특성이란 특정 회로 요소를 따라 흐르는 총 전류가 각각의 전원이 단독으로 동작할 때 흐르는 전류의 합과 같다는 것을 의미한다. 이 선형 특성은 회로 요소에 인가되어 있는 전압에 대해서도 똑같이 적용된다.

08. 테브난(Thévenin) 정리는 어떤 선형 회로라도 직렬로 연결된 하나의 저항 및 하나의 전압원으로 구성된 등가회로의 형태로 표현할 수 있다.

09. 어떤 선형 회로는 테브난 정리와 비슷한 방법으로 우회 저항과 병렬인 전류원으로 구성된 노턴(Norton) 등가회로로 표현될 수 있다.

10. 외부 입력 회로에 의해 부하로 전달된 전력은 부하 저항이 입력 회로의 테브난 저항과 동일할 때 최대다. 따라서 전달된 전력의 비율은 외부 입력 회로에 의해서 공급된 전력의 50%다.

11. Multisim은 회로의 특성을 시뮬레이션하고, 관심 있는 특정 변수에 대한 회로의 감도를 점검하기에 유용한 도구다.

■ 관계식

마디 전압법
한 마디에서 나가는 모든 전류의 합$(\Sigma) = 0$
(한 마디로 들어오는 전류의 부호는 음이다.)

망로 전류법
한 루프를 따라 더한 모든 전압의 합$(\Sigma) = 0$
(수동부호조약은 시계 방향을 따라서 망로 전류에 적용된다.)

즉석 마디 해석법 $\mathbf{GV} = \mathbf{I}_t$

즉석 망로 해석법 $\mathbf{RI} = \mathbf{V}_t$

테브난 등가회로
$$v_{Th} = v_{oc}$$
$$R_{Th} = \frac{v_{oc}}{i_{sc}}$$

최대 전력 전달
$$R_L = R_s$$
$$P_L(\max) = \frac{v_s^2}{4R_L}$$

■ 주요 용어

노턴 정리(Nortons theorem)
마디 전압법(node-voltage method)
망로 전류법(mesh-current method)
바이폴라 접합 트랜지스터
　　(bipolar junction transistor, BJT)
부하 임피던스(load impedance)
슈퍼 마디(supernode)
슈퍼 망로(supermesh)
저항 행렬(resistance matrix)

전도도 행렬(conductance matrix)
전원 벡터(source vector)
중첩의 원리(source superposition)
즉석 해석법(by-inspection method)
최대 전력 전달(maximum power transfer)
테브난 저항(Thévenin's resistance)
테브난 전압(Thévenin's voltage)
테브난 정리(Thévenin's theorem)
특수 마디(extraordinary node)

※ 3.1절 : 마디 전압법

3.1 다음 회로에 마디 전압법을 적용하여 전압 V를 구하라. 그리고 구한 전압을 이용하여 전류 I를 구하라.

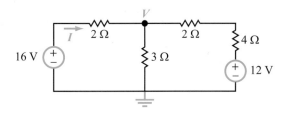

3.2 다음 회로에 마디 전압법을 적용하여 V_x를 구하라.

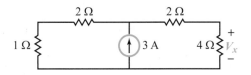

3.3 다음 회로에 마디 전압법을 적용하여 전압원에 의해 공급되는 I_x와 전력의 양을 구하라.

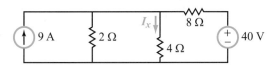

3.4 다음 회로를 보고 물음에 답하라.

(a) 마디 전압법을 적용하여 마디 전압 V_1과 V_2를 구하라.

(b) 전압 V_R과 전류 I를 구하라.

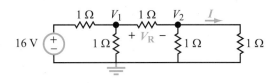

3.5 다음 회로에 마디 전압법을 적용하여 전압 V_R을 구하라.

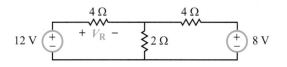

3.6 다음 회로에 마디 전압법을 적용하여 전압 V_1과 V_2를 구하고, I_x를 구하라.

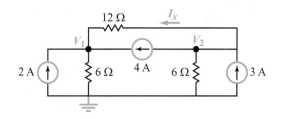

3.7 다음 회로에서 I_x를 구하라.

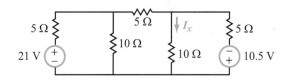

3.8 다음 회로를 보고 물음에 답하라.

(a) I를 구하라.

(b) 전압원에 의해서 공급되는 전력의 양을 구하라.

(c) 4 A 전원은 3 A 전원 왼쪽의 회로에 얼마나 많은 영향을 미치는가?

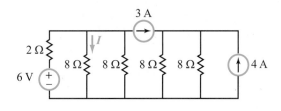

3.9 다음 회로에 마디 전압법을 적용하여 마디 전압 V_1, V_2, V_3를 구하고 I_x를 구하라.

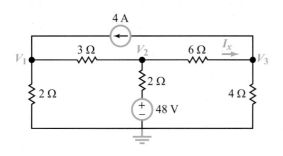

3.10 다음 회로는 종속 전류원을 갖는다. 전압 V_x를 구하라.

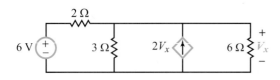

3.11 다음 회로에서 독립 전압원에 의해 공급된 전력을 구하라.

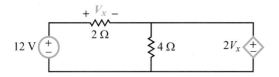

3.12 다음 회로에서 종속 전류원의 크기는 10 Ω에 흐르는 전류 I_x에 따른다. I_x를 구하라.

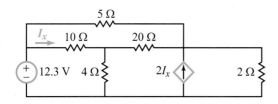

3.13 [연습문제 3.12] 회로의 5 Ω을 단락 회로로 대체한 뒤, [연습문제 3.12]를 반복하라.

3.14 다음 회로에 마디 전압법을 적용하여 전류 I_x를 구하라.

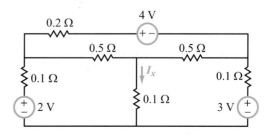

3.15 다음 회로에 슈퍼 마디 개념을 적용하여 전류 I_x를 구하라.

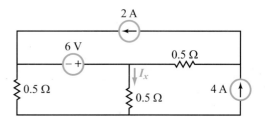

3.16 다음 회로에 슈퍼 마디 기법을 적용하여 전류 V_x를 구하라.

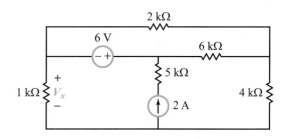

3.17 다음 회로에서 V_x를 구하라.

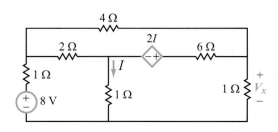

3.18 [연습문제 3.17] 회로의 2 Ω을 단락 회로로 대체한 뒤, [연습문제 3.17]을 반복하라.

3.19 다음 회로를 보고 물음에 답하라.

(a) 단자 (a, b) 사이의 R_{eq}를 구하라.

(b) (a)의 결과를 적용하여 전류 I를 구하라.

(c) 초기 회로에 마디 전압법을 적용하여 마디 전압을 구한 뒤 I를 구하라. 이 결과를 (b)의 결과와 비교하라.

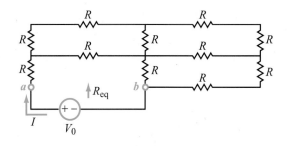

3.20 다음 회로에서 전류 I를 구하라.

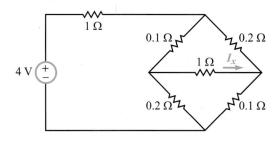

※ 3.2절 : 망로 전류법

3.21 다음 회로에 망로 전류법을 적용하여 망로 전류를 모두 구하라. 구한 전류값을 적용하여 V를 구하라.

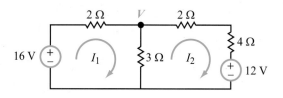

3.22 다음 회로에 망로 전류법을 적용하여 전압원에 의해 공급되는 전력의 양을 구하라.

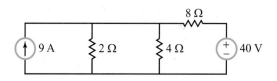

3.23 다음 회로에 망로 전류법을 적용하여 V를 구하라.

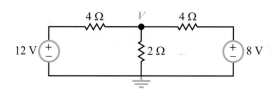

3.24 다음 회로에 망로 전류법을 적용하여 I를 구하라.

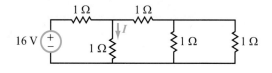

3.25 다음 회로에 망로 전류법을 적용하여 I_x를 구하라.

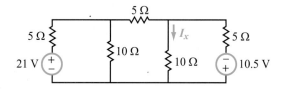

3.26 다음 회로에 망로 전류법을 적용하여 전압원에 의해 공급된 전력을 구하라.

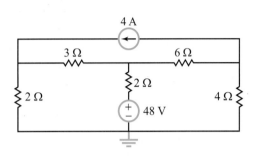

3.27 다음 회로에 슈퍼 망로를 적용하여 V_x를 구하라.

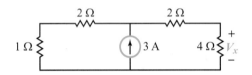

3.28 다음 회로에 슈퍼 망로를 적용하여 I_x를 구하라.

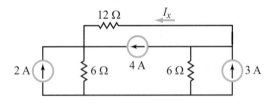

3.29 다음 회로에 망로 전류법을 적용하여 V_x를 구하라.

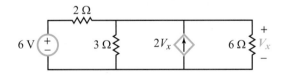

3.30 다음 회로에 망로 전류법을 적용하여 종속 전압원에 의해 공급된 전력을 구하라.

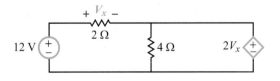

3.31 다음 회로에 망로 전류법을 적용하여 I_x를 구하라.

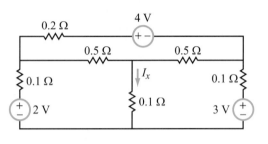

3.32 다음 회로는 독립 전류원을 포함한다. 망로 전류법을 적용하여 I_x를 구하라.

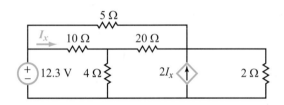

3.33 [연습문제 3.32]의 회로에서 저항 5 Ω을 단락 회로로 바꾼 뒤, [연습문제 3.32]를 반복하라.

3.34 다음 회로에 망로 전류법을 적용하여 I_x를 구하라.

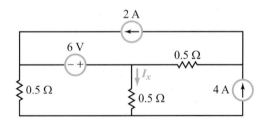

3.35 다음 회로에서 V_x를 구하라.

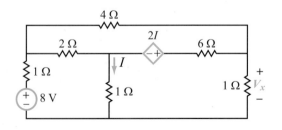

3.36 다음 회로에 슈퍼 망로를 적용하여 V_x를 구하라.

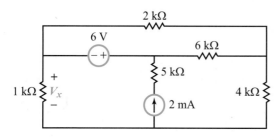

3.37 [연습문제 3.35]의 회로에서 저항 2 Ω을 단락 회로로 바꾼 뒤, [연습문제 3.35]를 반복하라.

3.38 다음 회로에 망로 전류법을 적용하여 I_x를 구하라.

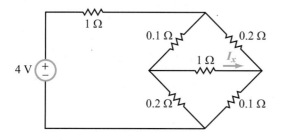

3.39 다음 회로에 망로 전류법을 적용하여 I_0를 구하라.

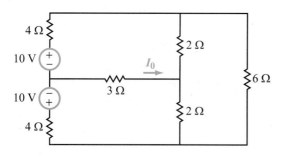

3.40 해석 방법을 선택하여 다음 회로에서 I_0를 구하라.

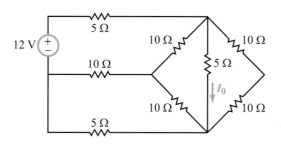

3.3절과 3.4절 : 즉석 해석법, 중첩의 원리

3.41 다음 회로에 즉석 해석법을 적용하여 마디 전압 행렬식을 구하라. 그리고 MATLAB® 또는 Mathscript 소프트웨어를 사용하여 V_1과 V_2를 풀어라.

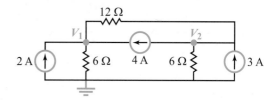

3.42 다음 회로에 즉석 해석법을 적용하여 마디 전압 행렬식을 구하라. 그리고 MATLAB® 또는 Mathscript 소프트웨어를 사용하여 $V_1 \sim V_4$까지 구하라.

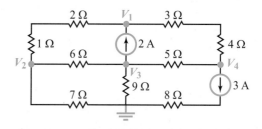

3.43 다음 회로에 즉석 해석법을 적용하여 망로 전류 행렬식을 구하라. 그리고 $I_1 \sim I_3$까지 구하라.

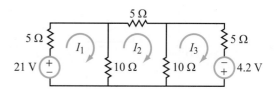

3.44 다음 회로에 망로 전류 행렬식을 구한 뒤, MATLAB® 또는 Mathscript 소프트웨어를 사용하여 전류 I_0를 구하라.

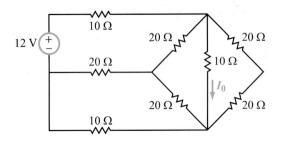

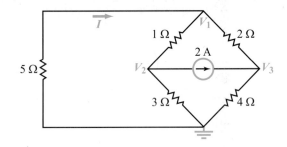

3.45 다음 회로에 즉석 해석법을 적용하여 마디 전압 행렬식을 구한 뒤, MATLAB® 또는 Mathscript 소프트웨어를 사용하여 V_x를 구하라.

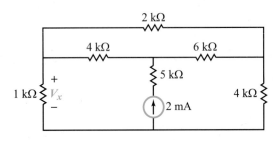

3.46 다음 회로에 즉석 해석법을 적용하여 망로 전류 행렬식을 구한 뒤, MATLAB® 또는 Mathscript 소프트웨어를 사용하여 V_{out}을 구하라.

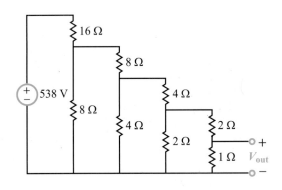

3.47 다음 회로에서 마디 전압 행렬식을 구한 뒤, I를 구하라.

3.48 다음 회로에서 망로 전류 행렬식을 구한 뒤, 전압원에 의해 공급된 전력을 구하라.

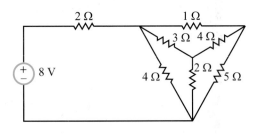

3.49 다음 회로에서 중첩의 원리를 적용하여 전류 I_x를 구하라. I_x'는 전압원에 의해 흐르는 I_x의 성분이며, I_x''는 전류원에 의해 흐르는 I_x의 성분이다. [연습문제 3.9]에서의 답이 식 $I_x = I_x' + I_x''$의 결과와 같다는 것을 보여라.

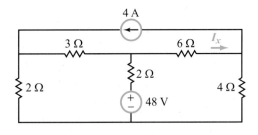

3.50 다음 회로에 중첩의 원리를 적용하여 다음을 구하라.

(a) I_x', 전압원에 의해 흐르는 I_x의 성분

(b) I_x'', 전류원에 의해 흐르는 I_x의 성분

(c) 총 전류 $I_x = I_x' + I_x''$

(d) P', 전류 I_x'에 의해 $4\,\Omega$의 저항에서 소모되는 전력

(e) P'', 전류 I_x''에 의해 4 Ω의 저항에서 소모되는 전력

(f) P, 총 전류 I에 의해 4 Ω의 저항에서 소모되는 전력, 또한 식 $P = P' + P''$도 역시 성립하는가? 성립하지 않는다면 그 이유는 무엇인가?

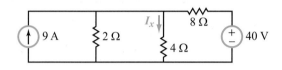

※ 3.5절 : 테브난 및 노턴 등가회로

3.51 다음 회로에서 단자 (a, b)의 테브난 등가회로를 구하라.

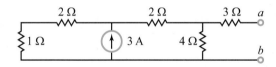

3.52 다음 회로에서 단자 (a, b)의 테브난 등가회로를 구하라.

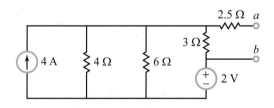

3.53 다음 회로의 단자 (a, b) 사이에 부하저항 R_L이 연결되어 있다.
  (a) 단자 (a, b)의 테브난 등가회로를 구하라.
  (b) (a)에서 해당 전류값이 0.5 A가 되기 위한 R_L을 구하라.

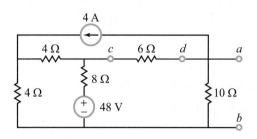

3.54 다음 회로의 단자 (c, d) 사이에 연결된 저항 6 Ω의 테브난 등가회로를 구하라. 그리고 그때 해당 저항에 흐르는 전류값을 구하라.

3.55 다음 회로에서 단자 (a, b)의 테브난 등가회로를 구하라.

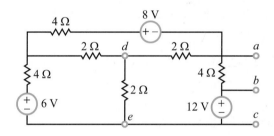

3.56 [연습문제 3.55]의 회로에서 단자 (a, c)에 대하여 [연습문제 3.55]를 반복하라.

3.57 저항 2 Ω(외부 부하저항으로 가정하여)으로 연결된 단자 (d, e)에 대하여 [연습문제 3.55]를 반복하라.

3.58 다음 회로에서 단자 (a, b)의 테브난 등가회로를 구하라.

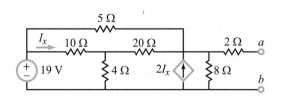

3.59 [연습문제 3.59]의 회로에서 전압원의 크기를 38 V로 증가시킨 뒤 노턴 등가회로를 구하라.

3.60 다음 회로에서 단자 (a, b)의 노턴 등가회로를 구하라.

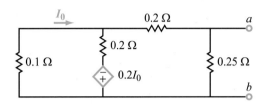

3.61 다음 회로에서 단자 (a, b)의 노턴 등가회로를 구하라.

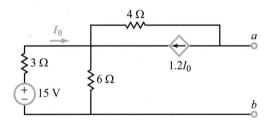

3.62 [연습문제 3.61]의 회로에서 저항 6 Ω을 개방 회로로 바꾼 뒤, [연습문제 3.61]을 반복하라.

3.63 다음 회로에서 단자 (a, b)의 노턴 등가회로를 구하라.

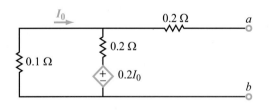

※ 3.6절 : 최대 전력 전달

3.64 다음 브리지 회로를 보고 물음에 답하라.

(a) 단자 (a, b)에서 부하저항 R_L에 의해 바라본 테브난 등가회로를 구하라.

(b) (a)에서 해당 전류값이 0.4 A가 되기 위한 R_L을 구하라.

(c) 전달된 전력이 최대가 되기 위한 R_L를 구하라. 최대 전력은 얼마인가?

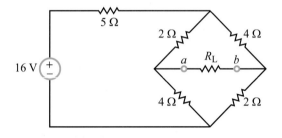

3.65 다음 회로에서 전력이 최대일 때 부하저항 R_L의 값은 얼마인가? 그리고 그때 최대 전력은 얼마인가?

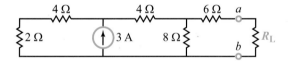

3.66 다음 회로의 R_L에서 소모되는 전력이 최대일 때, R_L의 값을 구하라.

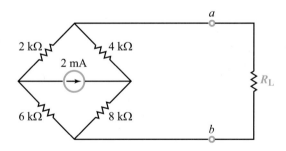

3.67 다음 회로에서 부하저항으로 전달되는 최대 전력을 구하라.

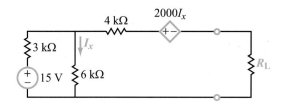

3.68 다음 회로는 연결된 저항 범위가 0~10 Ω인 가변 부하 저항 R_L이 사용된 전위차계를 나타낸다. 전위차계의 가동 접촉자를 $R_L = 1.2$ kΩ으로 조절했을 때 흐르는 전류값은 3 mA로 측정되었고, 가동 접촉자를 $R_L = 2$ kΩ으로 낮게 조절했을 때 흐르는 전류값은 2.5 mA로 감소하였다. 최대 전력을 얻었을 때, 저항 R_L의 값을 구하라.

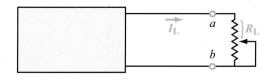

3.69 다음 회로는 저항 R_s을 통해 가변부하 R_L이 연결되어 있다. 저항 R_L과 관계없이 I_L이 4 mA를 초과하지 않기 위한 저항 R_s을 구하라. 저항 R_s을 구한 뒤, 저항 R_L로 전달될 수 있는 최대 전력은 얼마인지 구하라.

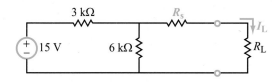

3.70 다음 회로에서 전위차계는 부하저항 R_L과 병렬로 연결되어 있다. 전위차계의 총 저항은 $R = R_1 + R_2 = 5$ kΩ이다.

   (a) R_1이 임의의 값을 가질 경우, R_L에서 소모된 전력 P_L을 구하라.

(b) 전위차계의 가동 접촉자를 이동시키면서 얻을 수 있는 R_1의 최대 범위 안에서 전력 P_L을 R_1에 관한 그래프로 그려라.

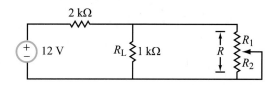

3.71 다음 회로에서 부하저항 R_L로 전달되는 최대 전력을 구하라.

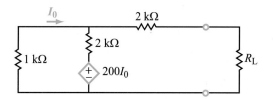

3.72 다음 회로에서 부하저항 10 Ω에 전달되는 전력이 최대가 될 때, R_s의 값은 얼마인가?

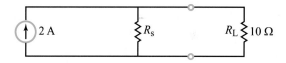

※ 3.7절 : 바이폴라 접합 트랜지스터

3.73 다음 회로의 두 트랜지스터는 전류 거울(current mirror)이다. 전류 I_0는 외부 접촉과 상관없이 전류 I_{REF}에 의해 조절되기 때문에 유용하다. 다시 말해서, 이 회로는 전류제어 전류원과 같이 작동한다. 두 트랜지스터는 같은 크기라고 가정하고 $I_B = I_{B_2}$라고 놓는다. I_0와 I_{REF}의 관계를 구하라

> **Hint** 트랜지스터 아래 또는 위에 무엇이 연결되었는지는 고려하지 않아도 된다. 마디 해석으로 충분하다.

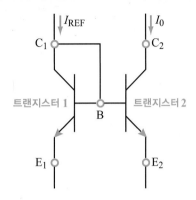

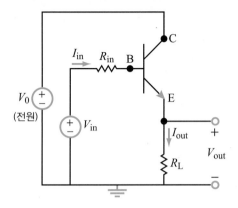

3.74 다음 회로는 접합 트랜지스터 공통 컬렉터 증폭기(common-collector amplifier)다. 전압 이득($A_V = V_{out}/V_{in}$)과 전류 이득($A_I = I_{out}/I_{in}$)을 구하라. 단, $V_{in} \gg V_{BE}$로 가정한다.

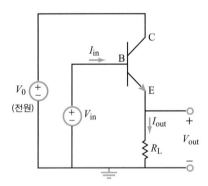

3.75 전압원 V_{in}에서 실질적인 저항 R_{in}을 제외하면, 다음 회로는 [연습문제 3.74]의 회로와 동일하다. 전압 이득($A_V = V_{out}/V_{in}$)과 전류 이득($A_I = I_{out}/I_{in}$)을 구하라. 단, $V_{in} \gg V_{BE}$라고 가정한다.

3.76 다음 회로는 바이폴라 접합 트랜지스터 공통 이미터 증폭기(common-emitter amplifier)이다. V_{out}을 V_{in}의 함수로 구하라.

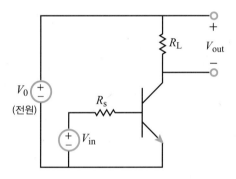

3.77 다음 공통 이미터 증폭기 회로에서 V_{out}을 V_{in}의 함수로 구하라. 단, $V_{in} \gg V_{BE}$라고 가정한다.

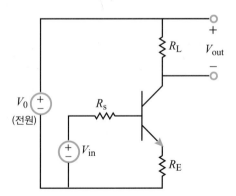

※ 3.8절 : Multisim을 활용한 마디 해석

3.78 Multisim을 활용하여 다음 회로를 그리고, 전압 V_1과 V_2를 구하라.

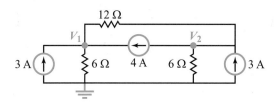

3.79 [연습문제 3.44]의 회로는 MATLAB® 또는 Mathscript 소프트웨어를 활용하여 풀 수 있다. 또한 Multisim을 활용해서도 쉽게 풀 수 있다. Multisim을 활용하여 [연습문제 3.44]의 회로를 그리고, 모든 마디 전압과 전류 I_0를 구하라.

3.80 Multisim을 활용하여 다음 회로를 그리고, V_x를 구하라.

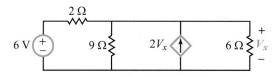

3.81 Multisim을 활용하여 다음 회로를 그리고, V_x를 구하라.

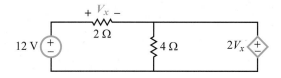

3.82 Multisim에서 DC Operating Point Analysis를 활용하여 다음 회로의 각 요소에서 소모되거나 공급되는 전력을 구하고, 총 전력의 합은 0이 되는 것을 보여라.

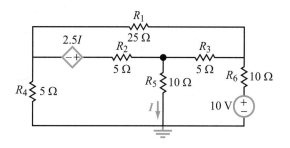

3.83 다음 회로의 단자 (a, b)에 걸쳐서 연결된 $10\,\Omega$의 저항이 있는 회로를 Multisim을 활용하여 시뮬레이션하고, 각각의 회로 요소에 인가된 전압이 흐르는 전류값을 확인하라. 그 다음 직접 풀거나 Multisim을 활용해 테브난과 노턴 등가회로를 구하고 출력 단자에 $10\,\Omega$의 저항이 있는 회로에 대해 모두 시뮬레이션하라. 이때 전압 강하와 $10\,\Omega$의 부하저항을 따라 흐르는 전류가 앞의 세 시뮬레이션에서 같음을 보여라.

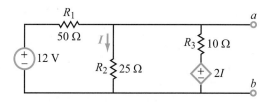

연산 증폭기
Operational Amplifiers

학습목표

- 연산 증폭기의 기본 특성과 이상적인 연산 증폭기 모델의 제약 조건을 이해할 수 있다.
- 부궤환의 역할 및 회로 이득과 동적 동작범위 사이의 상충 관계에 대해 설명할 수 있다.
- 반전 증폭기, 가산 증폭기, 차동 증폭기 및 전압 추종기를 해석하고 설계할 수 있다.
- 여러 연산 증폭기를 조합하여 신호처리 동작이 가능한 회로를 구성할 수 있다.
- 높은 이득 및 높은 감도를 지닌 계측 증폭기를 해석하고 설계할 수 있다.
- n비트 D/A 변환기를 설계할 수 있다.
- MOSFET을 사용한 아날로그 및 디지털 회로를 이해할 수 있다.
- Multisim을 활용하여 연산 증폭기가 포함된 회로를 해석하고 시뮬레이션할 수 있다.

개요

연산 증폭기(OP amp : operational amplifier)는 1963년 밥 와이들라(Bob Widlar)가 처음 구현하여 1968년 페어차일드 반도체(Fairchild Semiconductor) 사가 도입한 이후, 신호처리 회로의 주요 소자로 사용되고 있다. 연산 증폭기는 신호의 크기를 증폭할 뿐만 아니라 극성을 반전시키거나, 적분 및 미분도 가능한 다용도 소자이기 때문에 연산(operational)이라는 말로 표현한다.

신호 여러 개가 하나의 연산 증폭기 입력에 연결되어 있을 때, 연산 증폭기는 덧셈과 뺄셈을 포함한 추가적인 연산을 수행할 수 있다. 따라서 연산 증폭기 회로는 다양한 형태로 배열하여 여러 가지로 응용될 수 있다. 이 장에서는 증폭기, 가산기, 전압 추종기 및 D/A 변환기와 같은 연산 증폭기의 회로 구성을 살펴볼 것이다.

4.1 연산 증폭기의 특성

연산 증폭기의 내부는 단일 실리콘 칩상에 제작된 트랜지스터, 다이오드, 저항 및 커패시터가 상호 연결되어 구성된다. 실제 연산 증폭기의 내부 구조는 매우 복잡하지만 **선형** 입출력 응답 특성을 나타내는 간단한 등가회로를 이용하여 모델링할 수 있다. 등가회로를 이용하면 2장과 3장에서 배운 회로를 설계하거나 해석하는 방법들을 여러 연산 증폭기가 배열된 회로에도 쉽게 적용할 수 있다.

4.1.1 명명법

상업적으로 사용 가능한 연산 증폭기는 다양한 형태로 봉합된 패키지 형태로 제작된다. 대표적인 예로 [그림 4-1(a)]의 8핀 DIP(dual-in-line package) 구조가 있다. 이 구조를 핀 다이어그램으로 나타내면 [그림 4-1(b)]와 같다. 그림에서 삼각형 모양의 회로 기호는 [그림 4-1(c)]에 더 자세히 나타내었다. 핀 8개 중에서 외부 회로에 연결되기 위해 필요한 핀은 5개로, 각 핀은 다음과 같이 지정된다.

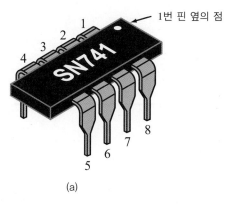

(a)

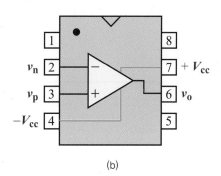

(b)

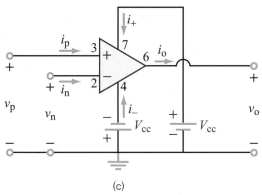

(c)

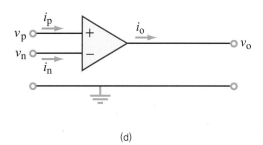

(d)

[그림 4-1] (a) 전형적인 연산 증폭기 패키지
　　　　　 (b) 핀 다이어그램
　　　　　 (c) 완전한 회로 다이어그램
　　　　　 (d) V_{cc} 전원이 생략된 연산 증폭기 다이어그램

연산 증폭기에는 두 개의 입력 전압(v_n, v_p) 단자와 하나의 출력 전압(v_o) 단자가 있다.

비반전 및 반전이라는 용어는 연산 증폭기의 출력 전압 v_o가 어느 입력 전압에 비례하는지에 따라서 결정된다. 비반전인 경우 출력 전압은 비반전 입력 전압 v_p에 비례한다. 반전인 경우 출력 전압은 반전 입력 전압이 v_n일 때, $-v_n$에 비례한다.

키르히호프의 전류법칙(Kirchhoff's current law)은 연산 증폭기를 포함하는 특정 공간에서도 적용될 수 있다. 따라서 연산 증폭기에 연결된 단자 5개에 KCL을 적용하면 다음과 같다.

$$i_o = i_p + i_n + i_+ + i_- \qquad (4.1)$$

여기서 i_p, i_n, i_o는 직류 전류와 시변 전류 모두 가능하다. 전류 i_+와 i_-는 공급 전원 V_{cc}에 의해 생성된 직류 전류다. 앞으로 연산 증폭기가 포함된 회로를 그릴 때 선형 영역에서 동작하는 한, V_{cc}에 연결된 핀은 생략할 것이다. V_{cc}는 회로의 동작에 영향을 미치지 않기 때문이다.

따라서 앞으로는 연산 증폭기 기호를 [그림 4-1(d)]처럼 단자 3개로 그린다. 더불어 전압 v_p, v_n, v_o는 공통 기준 전압 또는 접지에 대한 상대값으로 정의된다. 연산 증폭기에 간단히 표시된 (+)와 (−) 표기는 v_p 또는 v_n의 극성이 아니라 연산 증폭기의 비반전과 반전 핀을 나타낸다.

공급 전원 V_{cc}와 관련된 핀을 생략하는 것으로 전류 i_+와 i_-를 무시할 수 있는 것은 아니다. [그림 4-1(d)]의 다이어그램에 근거하여 KCL 방정식을 쓸 때 다음과 같이 명시하여 오류를 피한다.

$$i_o \neq i_p + i_n \qquad (4.2)$$

4.1.2 전달 특성

[그림 4-2]는 연산 증폭기의 입출력 전압 전달 특성을 나타내는 그래프로 음의 포화 영역, 선형 영역, 양의 포화 영역으로 표시된 세 가지 동작 영역으로 나눠진다.

선형 영역에서 출력 전압 v_o는 다음에서 나타낸 바와 같이 입력 전압 v_p, v_n과 관련이 있다.

$$v_o = A(v_p - v_n) \qquad (4.3)$$

여기서 A는 연산 증폭기 이득 또는 개방 루프 이득이라고 한다. 엄밀히 말하면, 이런 관계식은 연산 증폭기의 출력 부분이 외부 회로에 연결되지 않은 개방 회로에서만 유효하다. 그러나 출력 회로가 개방 회로가 아니더라도 어떠한 특정 조건을 만족시킨다면, 연산 증폭기의 출력 부분이 외부 회로에 연결되더라도 이 관

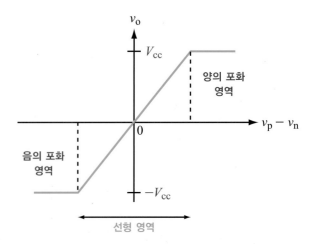

[그림 4-2] OP amp 전달 특성 : 선형 영역은 $v_o = -V_{cc}$와 $v_o = +V_{cc}$ 사이에 존재한다.

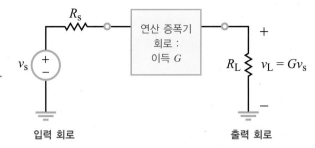

[그림 4-3] 회로 이득 G는 신호 입력 전압 v_s에 대한 출력 전압 v_L의 비율이다.

계식은 유효하다. 이 특정 조건에 대해서는 4.1.3절에서 논의할 것이다.

개방 회로 이득은 전체 회로의 이득을 정의하는 **회로 이득**이나 **폐쇄 루프 이득** G와는 달리 연산 증폭기 소자 자체의 값만을 의미한다. 따라서 [그림 4-3]처럼 v_s가 연산 증폭기 회로의 입력 부분에 연결된 회로의 신호 전압이고 v_L이 회로의 출력 부분에 연결된 부하에 걸리는 전압이면 다음 관계가 성립한다.

$$v_L = Gv_s \qquad (4.4)$$

식 (4.3)에 따르면, v_o는 v_p와 v_n 사이의 차이 또는 둘 중 한쪽이 상수일 경우 다른 한쪽과 선형적인 관계를 가진다. 자기적으로 결합된 변압기를 포함하는 회로를 제외하고 보통 회로에서는 어떤 전압도 전원 공급기의 순 전압량을 초과할 수 없다. 따라서 v_o의 최댓값은 $|V_{cc}|$이다. $|A(v_p - v_n)| > |V_{cc}|$이면 연산 증폭기는 포화 영역이 되고, 선형 영역의 음과 양의 방향 모두에서 포화 영역이 생길 수 있다.

연산 증폭기 이득 A는 보통 대략 10^5 또는 그 이상의

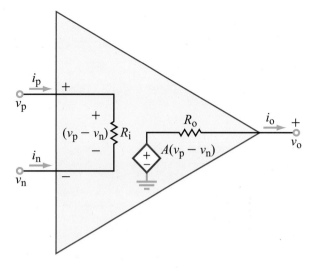

[그림 4-4] 선형 범위에서 동작하는 연산 증폭기 등가회로 모델

값이고, 공급 전압은 수 내지 수십 볼트다. 선형 영역에서 v_o는 $-V_{cc}$와 $+V_{cc}$ 사이로 한정된다(이는 $(v_p - v_n)$이 $-\dfrac{V_{cc}}{A}$와 $+\dfrac{V_{cc}}{A}$ 사이로 한정되는 것을 의미한다.). 연산 증폭기를 포함하는 회로를 다룰 때 $V_{cc} = 10\text{ V}$, $A = 10^6$일 경우 $(v_p - v_n)$의 동작범위는 $-10\ \mu\text{V} \sim +10\ \mu\text{V}$임을 명심해야 한다.

4.1.3 등가회로 모델

선형 영역에서 연산 증폭기 입출력 동작은 [그림 4-4]와 같은 등가회로로 모델화될 수 있다. 등가회로는 $A(v_p - v_n)$의 크기를 갖는 전압 제어 전압원, 입력 저항 R_i, 출력 저항 R_o를 포함한다.

[표 4-1]은 각각의 연산 증폭기 파라미터에 대하여 가정할 수 있는 일반적인 범위의 값을 나타내었다. 이 값을 바탕으로 연산 증폭기는 다음과 같이 특징지을 수 있다.

[표 4-1] 연산 증폭기의 특성과 일반적인 범위 : 최우측 열은 이상적인 연산 증폭기에서 가정되는 값을 나타낸다.

연산 증폭기 특성	파라미터	일반적인 범위	이상적인 연산 증폭기
선형 입출력 응답	개방 루프 이득 A	$10^4 \sim 10^8$ (V/V)	∞
높은 입력 저항	입력 저항 R_i	$10^6 \sim 10^{13}\ \Omega$	$\infty\ \Omega$
낮은 출력 저항	출력 저항 R_o	$1 \sim 100\ \Omega$	$0\ \Omega$
매우 높은 이득	공급 전압 V_{cc}	$5 \sim 24$ V	제조자에 의해 명시된 값

- **높은 입력 저항** R_i : 적어도 저항이 1 MΩ은 되어야 한다. 연산 증폭기의 입력 부분과 연결된 외부 입력 회로로부터 공급되는 전압은 입력 저항 R_i가 클수록 R_i에 많이 인가되므로 높은 저항값이 적합하다.

- **낮은 출력 저항** R_o : 연산 증폭기의 출력 전압은 R_o가 부하 저항에 비하여 작을수록 부하 회로로 잘 전달되므로 낮은 값이 적합하다.
- **높은 전압 이득** A : 등가회로를 무한 이득과 함께 '이상적인' 연산 증폭기로 더 단순화시키기 위한 핵심 요소다.

예제 4-1 비반전 증폭기

[그림 4-5] 회로에서는 연산 증폭기를 사용하여, 입력 신호 전압 v_s를 증폭시킨다. 회로 이득 $G = \dfrac{v_o}{v_s}$에 대한 표현식을 구하고, $V_{cc} = 10$ V, $A = 10^6$, $R_i = 10$ MΩ, $R_o = 10$ Ω, $R_1 = 80$ kΩ, $R_2 = 20$ kΩ일 때 G 값을 구하라.

풀이

회로를 해석하는 기준으로 삼기 위하여 출력을 단자 a로, 전류가 연산 증폭기에 피드백되는 마디를 단자 b로 표기한다. 단자 b에서 단자 a로 흐르는 전류 i_3는 단자 a에서 R_o로 흐르는 전류 i_4와 같다. 마디 전압 측면에서 표기되었을 때 $i_3 = i_4$는 다음과 같다.

$$\frac{v_n - v_o}{R_1} = \frac{v_o - A(v_p - v_n)}{R_o} \tag{4.5}$$

마디 b에서 KCL을 적용하면 $i_1 + i_2 + i_3 = 0$ 혹은 식 (4.6)처럼 표현할 수 있다.

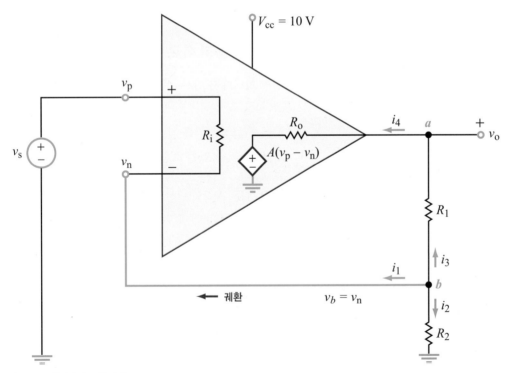

[그림 4-5] 비반전 증폭기 회로

$$\frac{v_{\mathrm{n}} - v_{\mathrm{p}}}{R_{\mathrm{i}}} + \frac{v_{\mathrm{n}}}{R_2} + \frac{v_{\mathrm{n}} - v_{\mathrm{o}}}{R_1} = 0 \tag{4.6}$$

덧붙여 다음 관계식이 성립된다.

$$v_{\mathrm{p}} = v_{\mathrm{s}} \tag{4.7}$$

위의 연립 방정식을 풀어 G에 대한 표현식을 얻을 수 있다.

$$G = \frac{v_{\mathrm{o}}}{v_{\mathrm{s}}} = \frac{[AR_{\mathrm{i}}(R_1 + R_2) + R_2 R_{\mathrm{o}}]}{AR_2 R_{\mathrm{i}} + R_{\mathrm{o}}(R_2 + R_{\mathrm{i}}) + R_1 R_2 + R_{\mathrm{i}}(R_1 + R_2)} \tag{4.8}$$

$V_{\mathrm{cc}} = 10\,\mathrm{V}$, $A = 10^6$, $R_{\mathrm{i}} = 10^7\,\Omega$, $R_{\mathrm{o}} = 10\,\Omega$, $R_1 = 80\,\mathrm{k}\Omega$, $R_2 = 20\,\mathrm{k}\Omega$이면, G는 다음과 같다.

$$G = \frac{v_{\mathrm{o}}}{v_{\mathrm{s}}} = 4.999975 \simeq 5.0 \tag{4.9}$$

G에 대한 표현식 (4.8)에서 두 파라미터 A와 R_{i}는 (4.8)에 있는 다른 모든 파라미터의 값보다 몇 승 이상 더 큰 값이다. 또한 R_{o}는 8000배 더 큰 값인 R_1과 직렬연결되어 있다. 따라서 G에 대한 표현식이 다음과 같이 줄어들도록 $A \to \infty$, $R_{\mathrm{i}} \to \infty$, $R_{\mathrm{o}} \to 0$이라고 놓으면 오류를 최소화할 수 있다.

$$G = \frac{R_1 + R_2}{R_2} \qquad \text{(이상적인 연산 증폭기 모델)} \tag{4.10}$$

4.3절에서 소개될 이상적인 연산 증폭기 모델을 바탕으로 한 근사치는 다음과 같다.

$$G = \frac{80\,\mathrm{k}\Omega + 20\,\mathrm{k}\Omega}{20\,\mathrm{k}\Omega} = 5$$

[질문 4-1] 연산 증폭기의 선형 구간은 어떻게 정의되는가?

[질문 4-2] 연산 증폭기 이득 A와 회로 이득 G의 차이점은 무엇인가?

[질문 4-3] 연산 증폭기의 특성에는 세 가지 중요한 입력-출력 속성이 있다. 세 가지 특성은 무엇인가?

[연습 4-1] [예제 4-1]에 나와 있는 [그림 4-5] 회로에서 직렬 저항 R_{s}를 v_{s}와 v_{p} 사이에 삽입하고, G에 대한 표현을 구하라. $R_{\mathrm{s}} = 10\,\Omega$일 경우를 계산하고, 기타 값은 [예제 4-1]에 사용된 것과 같다. R_{s}의 삽입이 G에 어떤 영향을 미치는가?

4.2 부궤환

궤환(feedback)이란 출력 신호의 일부가 입력 신호로 다시 되돌아가 사용되는 것을 의미한다. 이때 만일 입력 신호의 강도를 증가시킨다면 **정궤환**(positive feedback)이라 하고, 감소시키면 **부궤환**(negative feedback)이라 한다. 이 부궤환 작용은 연산 증폭기 회로에서 핵심적인 요소다.

연산 증폭기 회로에서 부궤환이 왜 필요할까? 입력 신호를 감소시켜 신호를 증폭시킨다는 것은 직관적으로 생각했을 때 맞지 않다. 이 문제의 해답을 [예제 4-1] 회로를 이용해서 알아보자.

식 (4.5)~(4.7)을 해석하고, 회로 변수에 대한 구체적인 값을 통해서 v_n에 대한 표현을 구체화하였다. 그 결과 다음 식을 얻을 수 있다.

$$v_n = 0.999995 v_s \qquad (4.11)$$

$v_p = v_s$를 이용하여 연산 증폭기에 입력으로 들어가는 총 전압을 구하면 다음과 같다.

$$v_i = v_p - v_n = v_s - 0.999995 v_s$$
$$\simeq 5 \times 10^{-6} v_s \qquad (4.12)$$

따라서 출력회로의 단자 b에서 입력 부분의 v_n으로 연결된 배선은 입력 신호를 v_s에서 v_i로 급격히 감소시키며, 감소된 뒤 입력 신호 v_i의 크기는 겨우 $5 \times 10^{-6} v_s$이다.

연산 증폭기는 공급 전원 $V_{cc} = 10$ V를 사용한다. 즉 v_o의 **선형 동적 동작범위**(linear dynamic range)가 -10 V ~ $+10$ V라는 것을 의미한다. 식 (4.9)의 $v_o = 5 v_s$에 따르

면, v_s의 선형 동적 동작범위에 해당하는 구간은 -2 V ~ $+2$ V이다. 즉 [그림 4-5]의 연산 증폭기 회로는 위와 같은 효과를 통하여 v_s 신호의 전체 영역인 ± 2 V의 범위에서 5배 증폭이 가능하다.

궤환의 필요성을 알아보기 위해, 이제 회로에서 입력과 출력 사이에 궤환이 연결되지 않았다고 가정해보자. [그림 4-6]의 회로는 [예제 4-1]에서 예로 들었던 회로로써, 이제 v_n 단자가 단자 b 대신, 접지 단자로 연결되어 있다고 가정하면 다음 관계가 성립한다.

$$v_p = v_s \qquad (4.13\text{a})$$
$$v_n = 0 \qquad (4.13\text{b})$$

출력 부분의 전압 분배를 통해 아래 식을 얻는다.

$$v_o = A(v_p - v_n)\left(\frac{R_1 + R_2}{R_0 + R_1 + R_2}\right)$$
$$= A\left(\frac{R_1 + R_2}{R_0 + R_1 + R_2}\right) v_s \qquad (4.14)$$

$A = 10^6$, $R_0 = 10$ Ω, $R_1 = 80$ kΩ, $R_2 = 20$ kΩ이므로, 대입하면 아래와 같다.

$$v_o \simeq 10^6 v_s \qquad (4.15)$$

이는 곧 회로 이득값이 $G = \frac{v_o}{v_s} = 10^6$임을 의미한다. 이 이득은 매우 큰 값이지만, v_s가 사용될 수 있는 범위를 제한한다. v_o의 범위가 ± 10 V이므로, v_s의 선형 구간 범위는 ± 10 μV이다. 이렇게 궤환이 없으면 회로 이득이 매우 커지지만, 입력 신호의 선형 구간이 마이크로 수준의 전압으로 제한된다.

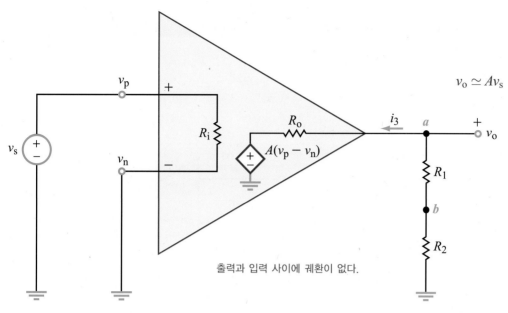

$$v_o \simeq A v_s$$

[그림 4-6] 무궤환 비반전 증폭 회로

출력과 입력 사이에 궤환이 없다.

부궤환은 회로 이득과 동적 동작범위 간의 균형을 유지하여 응용한다.

[예제 4-1] 회로의 경우, 궤환이 없는 회로에 비해 이득이 약 2×10^5배 작은 $G = 5$이다. 다시 말해 궤환이 있는 회로의 동적 동작범위는 궤환이 없을 때보다, 2×10^5배 크다. 그리고 $\dfrac{R_1 + R_2}{R_2}$ 비율을 다르게 선택하여 회로의 이득과 동적 동작범위 간의 균형을 조절할 수 있다.

[질문 4-4] 연산 증폭기 회로에서 왜 부궤환이 사용되는가?

[질문 4-5] 궤환이 없을 때 회로 이득 G는 얼마나 증가하는가? 100% 궤환에서는 얼마나 커지는가? ([그림 4-5] 회로에서 $R_1 = 0$으로 설정하는 것과 같다.)

[연습 4-2] 회로 이득 G와 v_s의 선형 동적 동작범위 간의 균형을 해석하기 위해, 식 (4.8)을 적용하여 G의 크기를 구하고, v_s의 동적 동작범위를 정하라. 단, 다음 경우를 가정하여 분석하라. $R_2 : 0$ (궤환 없음), $800\,\Omega$, $8.8\,\Omega$, $40\,\Omega$, $80\,\Omega$, $1\,\text{M}\Omega$. R_2를 제외한 다른 모든 변수는 변함없다.

4.3 이상적인 연산 증폭기 모델

4.1절에서 연산 증폭기는 $10^7\,\Omega$ 정도의 매우 큰 입력 저항 R_i와 $1\sim100\,\Omega$의 매우 작은 출력 저항 R_o와 $A \simeq 10^6$ 수준의 개방 루프 이득을 가진다고 배웠다. 일반적으로 입력 회로의 단자 v_p와 v_n에 연결되어 있는 직렬 저항의 값은 R_i보다 몇 승 정도 작다. 즉 입력 회로를 통해서는 매우 작은 양의 전류만 흐르며, 입력 회로 저항을 가로지르는 전압 강하 또한 R_i를 가로질러 일어나는 전압 강하 현상보다 작은 양으로 무시할 수있다. 이러한 조건때문에 [그림 4-7]에 나타나있는 것처럼, 연산 증폭기의 등가회로를 R_i가 개방 회로인 이상적인 연산 증폭 회로 모델로 바꿀 수 있다. 단자 v_p와 v_n 사이의 개방 회로는 다음과 같은 **이상적인 연산 증폭기의 전류 제한 조건**을 가진다.

$$i_p = i_n = 0 \quad \text{(이상적인 연산 증폭기 모델)} \quad (4.16)$$

실제 연산 증폭기에서는 i_p와 i_n이 매우 작지만, 0은 아니다. 만일 이 값들이 0이라면, 실제 연산 증폭기를 통한 증폭 작용은 불가능할 것이다. 즉 실제 연산 증폭기에서 R_i는 무한대가 아닌 특정 상수값을 가지므로, 입력 신호 v_s가 존재하면 옴의 법칙에 의하여 i_p와 i_n은 절대로 0이 될 수 없다. 그러나 이상적인 연산 증폭기에서는 R_i를 무한대로 가정하므로, 무한대가 아닌 상수값 v_s에 대해서는 i_p와 i_n이 0이 된다. 결국 R_i가 개방 회로로 보이므로 R_i에는 전류가 흐를 수 없고, 이 전류 조건이 R_i를 무한대로 가정하는 이상적인 연산 증폭기의 전류 제한 조건이 되는 것이다. 식 (4.16)은 연산 증폭기 회로를 설계하거나 해석할 때 유용하게 사용될 것이다.

출력 부분에서 만일 R_o와 직렬로 연결되어 있는 부하

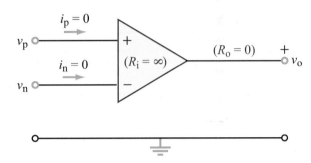

[그림 4-7] 이상적인 연산 증폭기 모델

저항이 R_o의 크기보다 몇 승 이상 크다면, R_i를 0으로 두어 무시할 수 있다. 마지막으로 이상적인 연산 증폭기에서는 큰 개방 루프 이득 A가 무한대가 된다. 따라서 다음과 같은 관계가 성립한다.

$$v_p - v_n = \frac{v_o}{A} \to 0 \qquad (A \to \infty \text{일 때})$$

따라서 **이상적인 연산 증폭기의 전압 제한 조건**을 다음과 같이 얻을 수 있다.

$$v_p = v_n \quad \text{(이상적인 연산 증폭기 모델)} \quad (4.17)$$

지금까지 언급된 사항들을 요약하면 다음과 같다.

연산 증폭기가 등가회로일 때, 이상적인 연산 증폭기 모델의 특징은 다음과 같다.

$$R_i = \infty, \quad R_o = 0, \quad A = \infty$$

[표 4-2] 이상적인 연산 증폭기 모델의 특징

이상적인 연산 증폭기	
전류 상수	$i_p = i_n = 0$
전압 상수	$v_p = v_n$
$A = \infty$, $R_i = \infty$	$R_i = 0$

이 동작 결과는 식 (4.16), 식 (4.17)과 [표 4-2]에 제시하였다.

[예제 4-1]에서 해석했던 회로를 다시 분석하여, 이상적인 연산 증폭기의 실용성을 알아보자. 여기서는 이상적인 모델을 사용할 것이다.

[그림 4-8]에서 볼 수 있듯이 이상적인 모델을 사용한 새 회로에서는 전원 저항 R_s가 포함되어 있으며, 연산 증폭기에 흐르는 전류가 $0(i_p = 0)$이기 때문에, R_s에 인가된 전압 강하는 생기지 않는다. 따라서 다음 관계가 성립한다.

$$v_p = v_s \tag{4.18}$$

그리고 출력단의 전압 분배에 의해 v_o와 v_n의 관계는 아래와 같다.

$$v_o = \left(\frac{R_1 + R_2}{R_2} \right) v_n \tag{4.19}$$

식 (4.17)의 $v_p = v_n$ 관계와 식 (4.18), 식 (4.19)의 두 식을 사용하여, 회로 이득 G에 대한 다음 표현을 구할 수 있다.

$$G = \frac{v_o}{v_s} = \left(\frac{R_1 + R_2}{R_2} \right) \tag{4.20}$$

이는 식 (4.10)과 같다. 이후 별도로 명시하지 않는 한, 이상적인 연산 증폭기 모델을 사용한다.

비반전 증폭기 회로의 **입력 저항**은 입력 전원이 v_s인 연산 증폭기 회로의 테브난 저항이다. $i_p = 0$이기 때문에, $R_{input} = R_{Th} = R_i = \infty$라는 것을 쉽게 알 수 있다.

> [질문 4-6] 이상적인 연산 증폭기의 전류와 전압의 제한 조건은 무엇인가?
>
> [질문 4-7] 이상적인 연산 증폭기의 입력과 출력 저항값은 무엇인가?
>
> [질문 4-8] 이상적인 연산 증폭기 모델에서 R_o는 0으로 취급된다. 이런 근사화를 만족하기 위해서 부하 저항은 R_o보다 훨씬 커야 하는가, 작아야 하는가? 이에 대하여 설명하라.

> [연습 4-3] [그림 4-8(a)]의 비반전 증폭기 회로를 이상적인 연산 증폭기 모델을 사용한 것으로 간주하고, $V_{cc} = 10\text{ V}$라고 가정한다. G 값을 결정하고 다음 값에서 v_s의 동적 동작범위를 구하라. 단, $\dfrac{R_1}{R_2}$: 0, 1, 9, 99, 10^3, 10^6이다.

비반전 증폭기

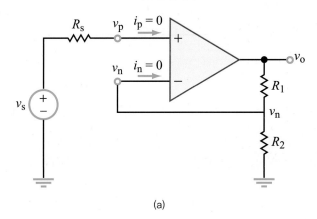

(a)

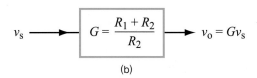

(b)

[그림 4-8] **비반전 연산 증폭기 회로**
　　(a) 이상적인 연산 증폭기 모델이 사용된 모습
　　(b) 등가 블록 다이어그램 표현으로 나타낸 모습

4.4 반전 증폭기

반전 연산 증폭기 회로에서는 입력 전원이 **입력 전원 저항** R_s를 통하여 v_p 단자 대신 v_n 단자와 연결되어 있고, v_p 단자는 접지와 연결되어 있다. [그림 4-9]처럼 출력에서 돌아온 궤환은 **궤환 저항** R_f를 통하여 v_n에 적용된다. 여기서 회로 이득 G가 음의 값이므로, 이를 반전 증폭기라고 한다.

단자 v_n에서의 마디 전압식을 다음과 같이 변형하여, 출력 전압 v_o와 입력 신호 전압 v_s의 관계식을 구할 수 있다.

$$i_1 + i_2 + i_n = 0 \qquad (4.21)$$

$$\frac{v_n - v_s}{R_s} + \frac{v_n - v_o}{R_f} + i_n = 0 \qquad (4.22)$$

식 (4.16)에서 연산 증폭기의 전류 제한은 $i_n = 0$, 전압 제한은 $v_n = v_p$로 표현된다. v_p 단자는 접지와 연결되어 있기 때문에 $v_p = 0$임을 알 수 있다. 이를 이용하면 다음과 같은 관계식을 얻을 수 있다.

$$v_o = -\left(\frac{R_f}{R_s}\right) v_s \qquad (4.23)$$

반전 증폭기로 얻는 회로 전압 이득은 다음과 같다.

$$G = \frac{v_o}{v_s} = -\left(\frac{R_f}{R_s}\right) \qquad (4.24)$$

반전 증폭기는 $\left(\frac{R_f}{R_s}\right)$의 비를 이용하여 v_s를 증폭시킴

반전 증폭기

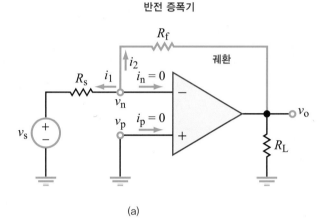

(a)

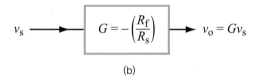

(b)

[그림 4-9] 반전 증폭기 회로와 등가 블록 다이어그램
(a) 반전 증폭기 회로
(b) 블록 다이어그램 표현

과 동시에 v_p의 극성 또한 반전시킨다.

부하 저항 R_L이 연산 증폭기의 출력 저항 R_o보다 훨씬 크다면, v_o는 R_L의 크기와 상관없이 독립적이다. 이는 이상적인 연산 증폭기 모델에 내포되어 있는 기본 특성이다.

$v_n = 0$이기 때문에, [그림 4-9(a)] 회로에서 테브난 해석으로 얻는 반전 증폭기 회로의 **입력 저항**은 $R_{input} = R_{Th} = R_s$이다.

[그림 4-10(a)]의 회로에서 다음을 구하라.

(a) 입출력 전달함수 $K_t = \dfrac{v_o}{i_s}$ 의 표현을 구하고, $R_1 = 1\,k\Omega, R_2 = 2\,k\Omega, R_f = 30\,k\Omega, R_L = 10\,k\Omega$일 때의 값을 구하라.

(b) $V_{cc} = 20\,V$일 때, i_s의 선형 동적 동작범위를 정하라.

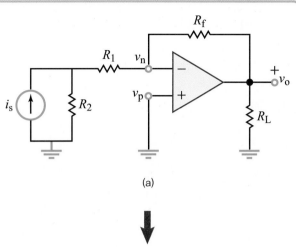

(a)

풀이

(a) 전원 변환 방법을 응용하여 i_s와 R_2의 조합을 직렬 저항 R_2와 연결된 전압원 $v_s = i_s R_2$의 표현으로 나타낼 수 있다. R_2와 직렬로 연결되는 R_1을 통해, [그림 4-10(b)]에 나타난 새로운 회로를 구할 수 있다. 이는 전원 저항이 $R_s = (R_1 + R_2)$로 나타나는 점을 제외하고는 [그림 4-9]의 반전 증폭기 회로와 같은 형태다. 따라서 식 (4.23)을 응용하여 다음을 구한다.

$$v_o = -\left(\frac{R_f}{R_1 + R_2}\right) v_s$$
$$= -\left(\frac{R_f}{R_1 + R_2}\right) R_2 i_s \qquad (4.25)$$

전달함수는 아래와 같다.

$$K_t = \frac{v_o}{i_s} = -\frac{R_f R_2}{R_1 + R_2} \qquad (4.26)$$

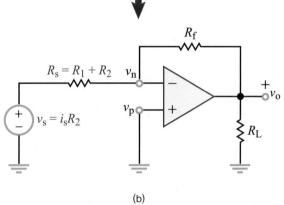

(b)

[그림 4-10] (a) 반전 증폭기 회로
(b) 전원 변환 이후 회로

$R_1 = 1\,k\Omega, R_2 = 2\,k\Omega, R_f = 30\,k\Omega$ 의 조건으로 다음 값을 구한다.

$$K_t = \frac{v_o}{i_s}$$
$$= -2 \times 10^4 \ \ V/A$$

(b) K_t의 표현식으로 다음 전류 관계식을 구한다.

$$i_s = -\frac{v_o}{2 \times 10^4}$$

$|v_o|$는 $V_{cc} = 20\,V$에 따라 범위가 정해지므로, i_s의 선형 범위는 다음과 같다.

$$|i_s| = \left| \frac{V_{cc}}{2 \times 10^4} \right|$$
$$= \left| \frac{20}{2 \times 10^4} \right|$$
$$= 1\,mA$$

따라서 i_s 선형 범위는 $-1\,mA \sim +1\,mA$이다.

[그림 4-11(a)]의 연산 증폭기 회로에서 다음과 같은
경우 테브난 등가회로를 구하라.

(a) 입력 전원 (v_s, R_s)가 있는 입력 단자 (a, b)에서 바라볼 때

(b) 부하 저항 R_L이 있는 출력 단자 (c, d)에서 바라볼 때

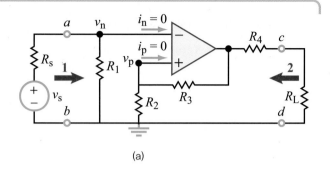

(a)

풀이

(a) 단자 (a, b)의 오른쪽 회로는 독립 전원을 포함하지
않는다. 이때 입출력 전달 특성은 제어하지 않으면
서 연산 증폭기에 직류 전력을 공급하고 포화 영역
값을 구체화해주는 입력 전압 V_{cc}와 $-V_{cc}$는 예외
다. 따라서 단자 (a, b)에서 테브난 등가 전압은 다
음과 같다.

$$\text{단자 } (a, b)\text{에서} \quad v_{Th_1} = 0$$

단자 (a, b)에서 R_{Th_1}를 구하려면 [그림 4-11(b)]처
럼 3.5.5절에서 나왔던 외부 전원 방법을 적용한다.
$i_p = 0$이기 때문에, i_{ex}는 오직 R_1을 통해서만 흐른
다. 따라서 다음 결과를 얻을 수 있다.

$$i_{ex} = \frac{v_{ex}}{R_1}$$

$$\text{단자 } (a, b)\text{에서} \quad R_{Th_1} = \frac{v_{ex}}{i_{ex}} = R_1$$

따라서 R_1은 단자 (a, b)에서 연산 증폭기 회로의
입력 저항이다. R_1 부분이 개방 회로가 되어 R_1이
없었다면, 연산 증폭기의 v_n과 v_p 사이의 입력 저항
은 무한대이므로 R_{Th_1}는 무한대가 되었을 것이다.

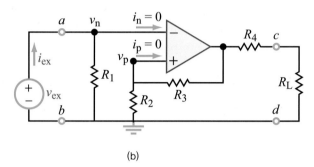

(b)

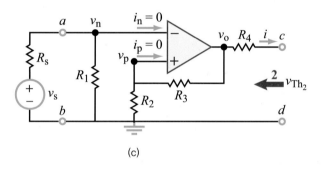

(c)

[그림 4-11] **(a)** 연산 증폭기 회로

(b) $i_{ex} = \frac{v_{ex}}{R_1}$

(c) 단자 (c, d)의 왼편에서 본 모습

(b) [그림 4-11(c)]는 단자 (c, d)의 R_L에서 바라본 회
로 구성을 보여준다. 테브난 전압 v_{Th_2}는 단자 (c, d)에서의 개방 회로 전압이다. 단자 (c, d) 사이에 개방 회로가 존
재하여 $i = 0$이기 때문에, R_4에는 전압 강하가 존재하지 않는다. 따라서 다음 전압 관계가 성립한다.

$$v_{Th_2} = v_o$$

입력단에 전압 분배를 적용하면 다음 관계식을 구할 수 있다.

$$v_p = \frac{v_s R_1}{R_s + R_1}$$

입력단의 해석을 출력단에도 적용하면 다음 식을 구할 수 있다.

$$v_n = \frac{v_o R_2}{R_2 + R_3}$$

이상적인 연산 증폭기의 조건인 $v_p = v_n$을 적용하면, 테브난 등가 전압은 다음과 같다.

$$\text{단자 } (c, d)\text{에서} \quad v_{\text{Th}2} = v_o = \left(\frac{R_2 + R_3}{R_2}\right)\left(\frac{R_1}{R_1 + R_s}\right) v_s$$

다음으로 테브난 저항을 찾아야 한다. 만일 단자 c를 단자 d와 단락 회로로 연결한다면, 전류 i는 i_{sc}가 되며, 이 값은 다음과 같다.

$$i_{\text{sc}} = \frac{v_o}{R_4}$$

여기서 v_n, v_p, v_o의 표현은 바뀌지 않는다. 결과적으로 3.5.3절에 나와 있는 개방 회로/단락 회로 해석 방법을 적용하여, 다음과 같은 식을 구할 수 있다.

$$\text{단자 } (c, d)\text{에서} \quad R_{\text{Th}2} = \frac{v_{\text{Th}2}}{i_{\text{sc}}} = \frac{v_o}{i_{\text{sc}}} = R_4$$

[질문 4-9] 궤환은 반전 증폭기 회로의 이득을 어떻게 제어하는가?

[질문 4-10] 식 (4.24)에 주어진 표현식은 반전 증폭기의 이득이 부하 저항 R_L의 크기에 독립적임을 나타낸다. $R_L = 0$일 때도 이 표현이 유효한지 설명하라.

[연습 4-4] 어떤 반전 증폭기의 입력이 $v_s = 0.2$ V, $R_s = 10\ \Omega$으로 구성되었다고 한다. 이때 $V_{\text{cc}} = 12$ V라면, 연산 증폭기에서 포화되기 전에 가질 수 있는 R_f의 최댓값은 얼마인가?

4.5 가산 증폭기

반전 증폭기의 단자 v_n에 여러 전원이 병렬로 연결된 회로를 **가산기**라고 한다. 가산기는 입력에 연결된 전원 신호들의 크기를 각각 변화시키고 **극성은 반전된 상태**로 더해주는 역할을 한다. 이제 일반적으로 **가산 증폭기**라고 불리는 회로가 두 입력 전압 v_1과 v_2에 대해서 어떻게 동작하는지 알아보고, 두 개 이상의 여러 전원에 대하여 일반화시켜보자.

[그림 4–12(a)] 회로에 대해서, 출력 전압 v_0가 v_1 및 v_2와 어떤 관계가 있는지를 알아보자. 먼저 전원 변환 기술을 적용하여 전원 저항 R_s와 직렬연결된 단일 전압원 v_s의 형태로 회로를 구성한다. 이 변환 과정은 [그림 4–12(b)]와 [그림 4–12(c)]에 나타나 있다. 변환 과정을 통해 전압원에서 전류원으로 변환시켜 $i_{s_1} = \dfrac{v_1}{R_1}$과 $i_{s_2} = \dfrac{v_2}{R_2}$를 구할 수 있고, 이를 단일 전류원으로 합칠 수 있다. 단일 전류원 i_s는 식 (4.27)과 같이 표현된다.

$$i_s = i_{s_1} + i_{s_2} = \frac{v_1}{R_1} + \frac{v_2}{R_2} = \frac{v_1 R_2 + v_2 R_1}{R_1 R_2} \qquad (4.27)$$

두 병렬 저항은 다음과 같이 합쳐진다.

$$R_s = \frac{R_1 R_2}{R_1 + R_2} \qquad (4.28)$$

만일 (i_s, R_s)를 전압원 (v_s, R_s)로 변환하면, 다음 관계로 변형할 수 있다.

$$\begin{aligned} v_s = i_s R_s &= \left(\frac{v_1 R_2 + v_2 R_1}{R_1 R_2} \right) \frac{R_1 R_2}{R_1 + R_2} \\ &= \frac{v_1 R_2 + v_2 R_1}{R_1 + R_2} \end{aligned} \qquad (4.29)$$

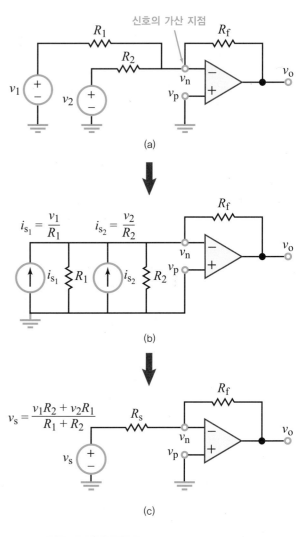

[그림 4-12] (a) 가산 증폭기
(b) 전원 변환 이후 회로
(c) 재변환과 결합 이후 회로
(d) 블록 다이어그램

[그림 4-12(c)]의 회로는 [그림 4-9]의 반전 증폭기와 같은 형태다. 따라서 식 (4.33)에 의해 주어지는 입출력 전압 관계를 사용하면 출력 전압은 다음과 같다.

$$v_o = -\left(\frac{R_f}{R_s}\right)v_s = -\frac{R_f}{\left(\dfrac{R_1 R_2}{R_1 + R_2}\right)}\left(\frac{v_1 R_2 + v_2 R_1}{R_1 + R_2}\right)$$

$$= -\left(\frac{R_f}{R_1}\right)v_1 - \left(\frac{R_f}{R_2}\right)v_2 \qquad (4.30)$$

v_o에 대한 이 표현은 다음과 같이 쓸 수 있다.

$$v_o = G_1 v_1 + G_2 v_2 \qquad (4.31)$$

$G_1 = -\left(\dfrac{R_f}{R_1}\right)$는 전원 전압 v_1에 적용되는 음의 이득이고, $G_2 = -\left(\dfrac{R_f}{R_2}\right)$는 v_2에 적용되는 이득이므로 다음과 같이 정의할 수 있다.

가산 증폭기는 v_1을 G_1으로, v_2를 G_2로 변환하며 둘을 더한다.

$R_1 = R_2 = R$과 같이 특수한 경우에는 다음 관계식이 성립된다.

$$v_o = -\left(\frac{R_f}{R}\right)[v_1 + v_2] \quad \text{(동일한 이득)} \qquad (4.32)$$

그리고 만일 조건이 $R_f = R_1 = R_2$와 $G_1 = G_2 = -1$이라면, 가산 증폭기는 다음과 같은 특징을 가진 반전 가산기가 된다.

$$v_o = -(v_1 + v_2) \quad \text{(반전 가산기)} \qquad (4.33)$$

입력이 총 n개의 입력 전압원 $v_1 \sim v_n$으로 구성된 경우에 대하여 일반화해보자. 이때 $v_1 \sim v_n$의 전압원은 저항 $R_1 \sim R_n$에 각각 대응되는 값이다. 입력 전압원 v_1에서 v_n은 같은 가산 지점인 단자 v_n에서 병렬로 연결되어 있고, 출력 전압은 다음과 같다.

$$v_o = \left(-\frac{R_f}{R_1}\right)v_1 + \left(-\frac{R_f}{R_2}\right)v_2 + \cdots + \left(-\frac{R_f}{R_n}\right)v_n$$

$$(4.34)$$

예제 4-4 가산 회로

다음과 같이 동작하는 회로를 설계하라.

$$v_o = 4v_1 + 7v_2$$

풀이

문제에서 제시된 회로는 v_1을 4배, v_2를 7배로 증폭하고 이를 합한다. 신호의 합은 가산 증폭기로 수행할 수 있지만, 가산 증폭기는 가산치를 반전시킨다. 따라서 '−' 부호 상태로 원하는 가산 동작을 하는 회로와 가산 연산 이후에 (−1)의 이득을 가지는 반전 증폭기가 있는 2단 회로를 사용해야 한다. 2단 회로는 [그림 4-13]과 같다.

1단에서 R_1, R_2, R_{f_1}의 값을 다음과 같이 선택해야 한다.

$$\frac{R_{f_1}}{R_1} = 4, \quad \frac{R_{f_1}}{R_2} = 7$$

즉 두 가지 조건만을 가지고 있기 때문에 무한 개수의 저항 조합이 가능하고, 각 조합에 대해 위에 제시된 특정 비율을 모두 만족시킬 수 있다. 임의로 $R_{f_1} = 56\,\text{k}\Omega$을 선택하면, 다른 저항은 다음과 같이 구체화된다.

$$R_1 = 14\,\text{k}\Omega, \quad R_2 = 8\,\text{k}\Omega$$

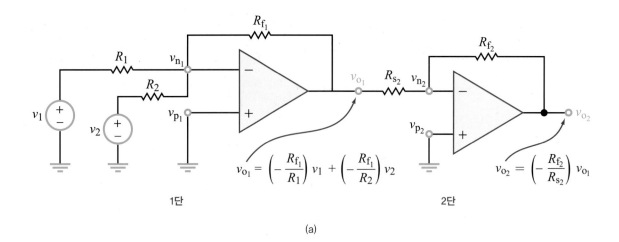

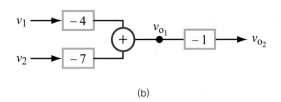

(b)

[그림 4-13] (a) $v_o = 4v_1 + 7v_2$로 구성되는 2단 회로
(b) 블록 다이어그램

2단에서 (−1)의 이득을 가지려면 다음 조건이 필요하다.

$$\frac{R_{f_2}}{R_{s_2}} = 1$$

위의 조건을 만족하는 무한개의 조합에서 임의로 $R_{f_2} = R_{s_2} = 20\ \text{k}\Omega$을 선택한다.

[예제 4-4]의 해답과 같이 반전 증폭기 회로 두 개를 이용하여, 반전되지 않는 가산 연산을 수행할 수 있다. 1단 회로는 반전된 합을 구하기 위해, 2단 회로는 반전된 합을 다시 반전시키기 위하여 (−1)을 곱하는 데 이용된다. [그림 4-14]의 비반전 증폭기를 이용해도 [예제 4-4]와 같은 동작을 하는 회로를 설계할 수 있다.

4.3절에서 해석한 것처럼, 비반전 증폭기 회로의 출력 전압 v_o는 v_p와 다음과 같은 관련이 있다.

$$\frac{v_o}{v_p} = G = \frac{R_1 + R_2}{R_2} \qquad (4.35)$$

[그림 4-14]는 이상적인 연산 증폭기 회로로 전류가 흐르지 않는($i_p = 0$) 연산 증폭기 조건을 가지며, 이는 다음과 같이 간단하게 표현할 수 있다.

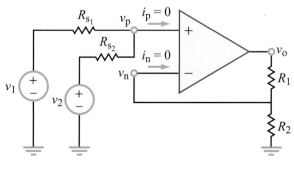

[그림 4-14] 비반전 가산기

$$v_p = \frac{v_1 R_{s_2} + v_2 R_{s_1}}{R_{s_1} + R_{s_2}} \qquad (4.36)$$

식 (4.35)와 식 (4.36)을 조합하면 아래와 같다.

$$v_o = G\left[\left(\frac{R_{s_2}}{R_{s_2} + R_{s_1}}\right)v_1 + \left(\frac{R_{s_1}}{R_{s_1} + R_{s_2}}\right)v_2\right] \quad (4.37)$$

v_1의 계수인 4와 v_2의 계수인 7을 구하기 위해서는 다음 관계가 반드시 성립해야 한다.

$$\frac{G R_{s_2}}{R_{s_1} + R_{s_2}} = 4$$

$$\frac{G R_{s_1}}{R_{s_1} + R_{s_2}} = 7$$

이 두 조건을 만족하는 정답은 $R_{s_1} = 7\ \text{k}\Omega$, $R_{s_2} = 4\ \text{k}\Omega$, $G = 11$이다. 그리고 명시된 G 값은 $R_1 = 50\ \text{k}\Omega$, $R_2 = 5\ \text{k}\Omega$을 선택함으로써 만족될 수 있다.

[질문 4-11] G_1과 G_2가 모두 양수인 연산 $v_o = G_1 v_1 + G_2 v_2$를 수행하는 연산 증폭기 회로의 종류는 반전, 비반전, 혹은 다른 종류의 증폭기 중에서 어느 것에 해당하는가?

[질문 4-12] 반전 가산기란 무엇인가?

[연습 4-5] [그림 4-13(a)] 회로는 연산

$$v_o = 3v_1 + 6v_2$$

를 수행하는 데 사용된다. $R_1 = 1.2\ \text{k}\Omega$, $R_{s_2} = 2\ \text{k}\Omega$, $R_{f_2} = 4\ \text{k}\Omega$일 때, 원하는 결과를 얻을 수 있는 R_2와 R_{f_1}의 값을 선택하라.

4.6 차동 증폭기

입력 신호 v_2가 비반전 증폭기 회로의 단자 v_p에 연결되어 있을 때, 출력은 v_2가 증폭된 값이다. 입력 전압 v_1이 반전 증폭기의 v_n 단자에 연결되었을 때, 출력값의 크기는 v_1이 증폭된 값이 되고 극성은 입력 신호와 반대로 반전된다. **차동 증폭기** 회로는 비반전 증폭기와 반전 증폭기의 두 가지 기능을 조합하여 **뺄셈**을 수행하도록 구성된다.

[그림 4-15(a)]의 차동 증폭기 회로에서 입력 신호는 v_1과 v_2다. 그리고 R_2는 궤환 저항을, R_1은 v_1의 전원 저항을, R_3와 R_4는 v_2에 대한 이득을 제어하기 위해 제공되는 저항이다. 마디 v_n과 v_p에서 KCL을 적용하여 입력 v_1과 v_2로 표현된 출력 전압 v_o의 표현식을 얻는다. v_n에서 구한 $i_1 + i_2 + i_n = 0$의 KCL 식은 다음 식과 같다.

$$\frac{v_n - v_1}{R_1} + \frac{v_n - v_o}{R_2} + i_n = 0 \tag{4.38}$$

v_p에서 구한 $i_3 + i_4 + i_p = 0$의 KCL 방정식은 아래와 같이 표현된다.

$$\frac{v_p - v_2}{R_3} + \frac{v_p}{R_4} + i_p = 0 \tag{4.39}$$

이상적인 연산 증폭기의 조건인 $i_p = i_n = 0$와 $v_p = v_n$을 위에서 구한 KCL 식에 적용하면 다음과 같이 출력 전압을 구할 수 있다.

$$v_o = \left[\left(\frac{R_4}{R_3 + R_4} \right) \left(\frac{R_1 + R_2}{R_1} \right) \right] v_2 - \left(\frac{R_2}{R_1} \right) v_1 \tag{4.40}$$

그리고 위의 식은 다음 형태로 변형될 수 있다.

$$v_o = G_2 v_2 + G_1 v_1 \tag{4.41}$$

이때 이득은 다음과 같이 주어진다.

$$G_2 = \left(\frac{R_4}{R_3 + R_4} \right) \left(\frac{R_1 + R_2}{R_1} \right) \tag{4.42a}$$

$$G_1 = -\left(\frac{R_2}{R_1} \right) \tag{4.42b}$$

차동 증폭기

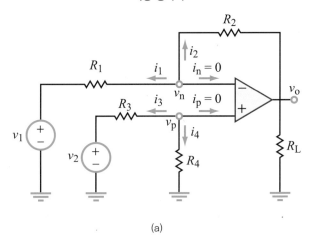

(a)

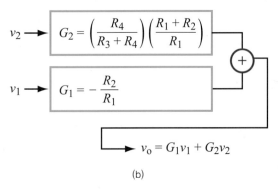

(b)

[그림 4-15] (a) 차동 증폭기 회로
(b) 블록 다이어그램

차동 증폭기 회로의 블록 다이어그램인 [그림 4-15(b)]에 따라서 차동 증폭기는 다음과 같이 정의된다.

> 차동 증폭기는 양의 이득 G_2에 의해 v_2를 증폭하고, 음의 이득 G_1에 의해 v_1을 증폭하여 이 값들을 함께 더한다.

같은 이득을 갖는 뺄셈 회로로 동작하는 차동 증폭기에서 저항의 상호 관계는 다음과 같다.

$$R_2 R_3 = R_1 R_4 \qquad (4.43)$$

이때 식 (4.41)은 다음과 같이 간소화된다.

$$v_o = \left(\frac{R_2}{R_1} \right) (v_2 - v_1) \qquad \text{(동일한 이득)} \qquad (4.44)$$

$R_1 = R_2$일 때는 이득의 크기 조정 없이 v_1과 v_2의 원래 값을 이용하여 정확하게 뺄셈을 할 수 있다.

> [연습 4-6] [그림 4-15]의 차동 증폭기 회로는 연산 $v_o = (6v_2 - 2)$ V를 수행한다. $R_3 = 5$ kΩ, $R_4 = 6$ kΩ, $R_2 = 20$ kΩ일 때, v_1과 R_1의 값을 구하라.

4.7 전압 추종기

전자회로에서는 종종 부하 저항 R_L의 변화로부터 입력 전압을 격리시켜 주는 회로가 중요하게 쓰인다. 이러한 회로를 전압 추종기(voltage follower) 또는 **완충 회로**(buffer)라고 한다. 전압 추종기의 유용성을 알기 위하여 [그림 4-16(a)]의 회로를 먼저 살펴보자. 테브난 등가 (v_s, R_s)에 의해 대변되는 입력 회로는 부하 R_L에 연결된다. 출력 전압은 아래와 같다.

$$v_o = \frac{v_s R_L}{R_s + R_L} \quad \text{(전압 추종기가 없을 때)} \quad (4.45)$$

이때 출력 전압은 R_s와 R_L에 따라 변한다. 전압 추종기 회로는 [그림 4-16(b)]와 같이 입력 회로와 부하 사이

에 들어가는데, $i_p = 0$, $v_p = v_s$이기 때문이다. 그리고 연산 증폭기의 제한 조건인 $v_p = v_n$의 관점에서 출력 마디가 v_n에 직접적으로 연결되기 때문에 아래와 같은 관계가 성립한다.

$$v_o = v_p = v_s \quad \text{(전압 추종기가 있을 때)} \quad (4.46)$$

따라서 위에 제시된 출력값은 R_s와 R_L 값과 상관없다. 다만 전체 회로를 무효화시켜버리는 $R_L = \infty$(개방 회로)와 $R_L = 0$(단락 회로)의 조건에서는 예외다. 따라서 전압 추종기는 아래와 같이 정의할 수 있다.

> 전압 추종기의 출력은 R_L의 변화에 영향을 받지 않으며 입력 신호를 따라간다.

이렇게 입력 신호를 보호하는 역할을 하므로, 전압 추종기를 완충 회로라고도 한다.

[질문 4-13] 전압 추종기의 기능은 무엇인가? 그리고 왜 '완충 회로'라 불리는가?

[질문 4-14] 얼마나 많은 전압 이득이 전압 추종기에 의해 제공되는가?

전압 추종기(완충 회로)

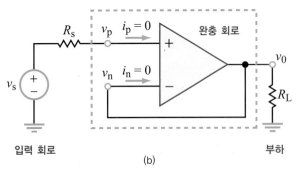

(a)

입력 회로   부하

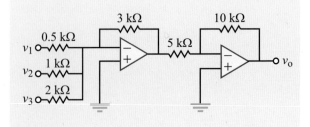

(b)

[그림 4-16] 전압 추종기는 어떠한 전압 이득도 제공하지 않으면서 ($v_0 = v_s$), 부하로부터 입력 회로를 격리시킨다.
(a) 부하에 직접적으로 연결된 입력 회로
(b) 완충 회로에 의해 분리된 입력 회로

[연습 4-7] 다음 회로에서 v_1, v_2, v_3로 v_o를 표현하라.

4.8 연산 증폭기 신호처리 회로

[표 4-3]에 연산 증폭기 회로의 기능을 요약하여 블록 다이어그램으로 나타내었다. 이 회로들은 특별한 신호 처리 작업을 구현하기 위해 다양한 조합으로 사용될 수 있다. 입출력 전달함수는 출력 단자 v_o와 접지 사이에 연결되어 있는 부하 저항 R_L과는 독립적이다. 비반전 증폭기의 경우, 전달함수와 전원 저항 R_s도 역시 독립적이다. 다단계로 직렬연결된 연산 증폭기 회로에서 주의할 점은 전체 이득이 각 단계를 구성하는 연산 증폭기의 개별 이득의 곱으로 표현된다는 것, 어떤 단계의 연산 증폭기도 포화 영역에서 동작하지 않도록 해야 하는 것이다.

연산 증폭기를 포함하는 회로를 해석할 때, 그 회로의 구조와 무관하게 적용되는 기본 규칙을 [표 4-3]에 정리했다.

연산 증폭기의 기본 규칙

- KCL과 KVL은 회로의 모든 곳에 적용할 수 있지만, 이상적인 연산 증폭기 모델의 출력 마디에는 KCL을 적용할 수 없다.
- 연산 증폭기는 $|v_o| < |V_{cc}|$와 같은 매우 긴 선형 범위에서 동작한다.
- 이상적인 연산 증폭기는 단자 v_p나 v_n에 연결된 전원 저항 R_s가 연산 증폭기의 입력 저항 R_i(보통 $10\,M\Omega$보다 작지 않음)보다 매우 작다. 반면에 부하 저항 R_L은 연산 증폭기 출력 저항 R_o(보통 수십 Ω 수준)보다 훨씬 크다.
- 이상적인 연산 증폭기의 제한 조건은 $i_p = i_n = 0$과 $v_p = v_n$이다.

예제 4-5 **고도 센서**

휴대용 고도 센서는 [그림 4-17(a)]와 같이 유연한 금속 박막으로 분리된 한 쌍의 커패시터를 사용하여, 해수면 위의 높이 h를 측정한다. [그림 4-17(a)]의 아래쪽 용기는 밀폐되어 있고, 압력은 해수면의 표준 대기압인 P_0이다. 외부 공기에 개방되어 있는 위쪽 용기의 압력은 P이고, 해수면에서 $P = P_0$이므로, 금속 박막을 평면 모양으로 가정하면 두 커패시터는 같다. 대기압은 고도가 높아짐에 따라 감소하기 때문에 고도의 상승은 위쪽 용기 내의 압력 P를 변화시킨다. 그래서 [그림 4-17(b)]와 같이 박막은 위로 휘게 되며 두 커패시터의 커패시턴스를 변화시킨다. 이때 센서는 커패시턴스의 변화에 비례하는 전압 v_s를 측정한다.

h의 함수인 v_s의 측정을 바탕으로 하기 때문에 감지된 데이터는 거의 선형으로 변하며 다음과 같이 주어진다.

$$v_s = 2 + 0.2h \text{ V} \tag{4.47}$$

이때 h의 단위는 km다. 센서는 범위 $0 \le h \le 10\,km$에서 작동하도록 설계되었다. 볼트 단위의 회로 출력 전압 v_o가 높이 $h\,(km)$에 대한 정확한 값을 표현하도록 회로를 설계하라.

풀이

주어진 정보를 바탕으로 센서 전압 v_s는 설계할 회로에서 입력 역할을 하고, 출력 v_o는 높이인 고도 h를 표현한다.

[표 4-3] 연산 증폭기 회로 요약

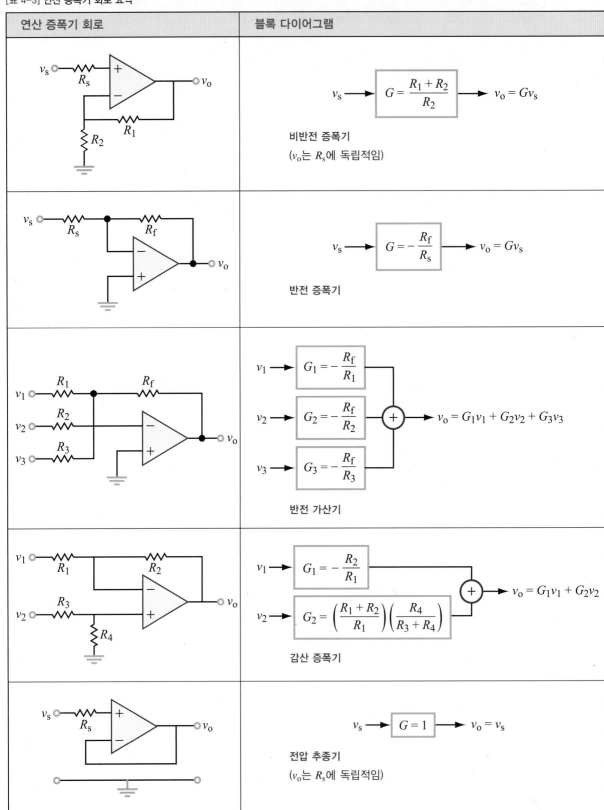

연산 증폭기 회로	블록 다이어그램
	$G = \dfrac{R_1 + R_2}{R_2}$, $v_o = Gv_s$ 비반전 증폭기 (v_o는 R_s에 독립적임)
	$G = -\dfrac{R_f}{R_s}$, $v_o = Gv_s$ 반전 증폭기
	$G_1 = -\dfrac{R_f}{R_1}$, $G_2 = -\dfrac{R_f}{R_2}$, $G_3 = -\dfrac{R_f}{R_3}$ $v_o = G_1v_1 + G_2v_2 + G_3v_3$ 반전 가산기
	$G_1 = -\dfrac{R_2}{R_1}$, $G_2 = \left(\dfrac{R_1+R_2}{R_1}\right)\left(\dfrac{R_4}{R_3+R_4}\right)$ $v_o = G_1v_1 + G_2v_2$ 감산 증폭기
	$G = 1$, $v_o = v_s$ 전압 추종기 (v_o는 R_s에 독립적임)

따라서 다음 동작을 수행할 수 있는 회로가 필요하다.

$$v_o = h = \frac{1}{0.2} v_s - \frac{2}{0.2} = 5v_s - 10 \qquad (4.48)$$

여기서 v_s의 항으로 h를 표현할 수 있도록 식 (4.47)을 변형하였다. 식 (4.48)의 함수를 보면 오직 하나의 가변 입력 변수인 v_s만을 가지며, 이 입력값을 5배 증폭시키고 거기서 10 V를 빼야한다는 것을 알 수 있다.

이때 [그림 4-17(c)]의 감산기 회로를 포함하여 원하는 동작을 수행할 수 있는 회로 구조가 여러 개 있다. 식 (4.40)에 따라 차동 증폭기의 출력은 식 (4.49)와 같이 주어진다.

$$v_o = \left[\left(\frac{R_4}{R_3 + R_4} \right) \left(\frac{R_1 + R_2}{R_1} \right) \right] v_2 - \left(\frac{R_2}{R_1} \right) v_1 \qquad (4.49)$$

다음 세 가지 조건을 취한다면 식 (4.49)는 식 (4.48)에 대응되도록 만들 수 있다.

- $v_s = v_2$

- 임의로 선택한 $v_1 = 1$ V과 $\left(\frac{R_2}{R_1} \right) = 10$ 으로 만족할 수 있는 조건인 $\left(\frac{R_2}{R_1} \right) v_1 = 10$ V 와 같은 직류 전압원으로서의 v_1

- 조건 $\frac{R_2}{R_1} = 10$ 과 $\left(\frac{R_4}{R_3 + R_4} \right)\left(\frac{R_1 + R_2}{R_1} \right) = 5$ 를 동시에 만족하는 $R_1 \sim R_4$의 값

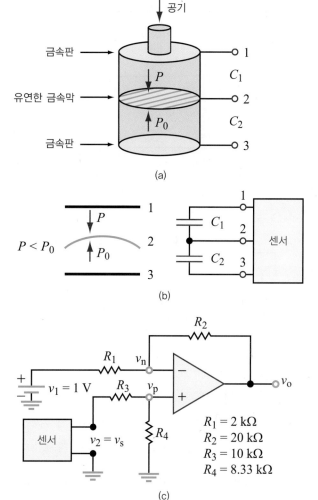

[그림 4-17] 압력 센서에 대한 회로 설계 : P_0 = 해수면에서의 압력,
P = 높이 h에서의 압력이다.
(a) 압력 센서
(b) 커패시턴스
(c) 회로 구현

위의 조건을 모두 만족하는 값들의 집합은 하나다.

$$R_1 = 2 \text{ k}\Omega \qquad R_2 = 20 \text{ k}\Omega$$
$$R_3 = 10 \text{ k}\Omega \qquad R_4 = 8.33 \text{ k}\Omega$$

설계를 하기 전에 증폭기가 센서의 모든 범위에서 선형 범위로 동작할 것인지를 확인해야 한다. 식 (4.47)에 따르면 h는 0~10 km까지 변하기 때문에 h는 2~4 V까지 변한다. h와 v_s의 변화 범위에 대하여 식 (4.48)로부터 알 수 있는 v_o의 변화 범위는 0~10 V까지다. 따라서 10 V를 초과하는 직류 공급 전압 V_{cc}를 포함하도록 설계된 연산 증폭기를 선택해야 한다.

[그림 4-18] 회로의 입력 전압 v_1과 v_2에 대한 출력 전압 v_0의 관계식을 구하라.

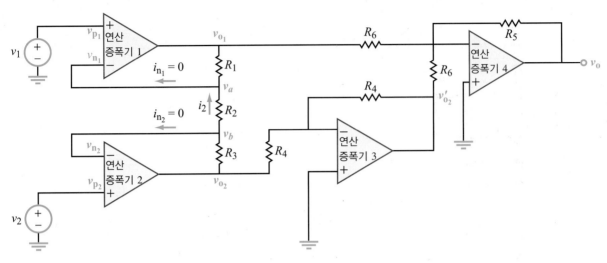

[그림 4-18] [예제 4-6]의 회로

풀이

[그림 4-18] 회로에 포함된 네 개의 연산 증폭기 주변의 연결 상태와 [표 4-3]의 연산 증폭기 회로를 비교해보자. 비반전 증폭기인 연산 증폭기 1과 연산 증폭기 2, −1의 이득을 갖는(입력과 피드백 저항이 R_4로 동일함) 반전 증폭기인 연산 증폭기 3, 동일한 이득(가산점에서 동일한 입력 저항 R_6가 있음)을 갖는 반전 가산 증폭기인 연산 증폭기 4가 포함되어 있다.

먼저 연산 증폭기 한 쌍의 입력을 살펴보자. 연산 증폭기 1은 연산 증폭기 전압 제한 조건에 의하여, $v_{p1} = v_1$이고 $v_{p1} = v_{n1}$이다. 따라서 다음 관계가 성립한다.

$$v_a = v_{n_1} = v_1$$

연산 증폭기 2도 마찬가지로 다음 관계가 성립한다.

$$v_b = v_{n_2} = v_2$$

연산 증폭기의 전류 제한 조건에 의하여, $i_{n_1} = i_{n_2} = 0$이므로 다음 식을 얻을 수 있다.

$$i_2 = \frac{v_b - v_a}{R_2} = \frac{v_2 - v_1}{R_2}$$

$$v_{o_2} - v_{o_1} = i_2(R_1 + R_2 + R_3) = \left(\frac{R_1 + R_2 + R_3}{R_2} \right)(v_2 - v_1) \tag{4.50}$$

연산 증폭기 3과 연산 증폭기 4에 대하여 출력 전압은 다음과 같다.

$$v'_{o_2} = -v_{o_2}$$

$$v_{o} = -\frac{R_5}{R_6}(v_{o_1} + v'_{o_2}) = -\frac{R_5}{R_6}(v_{o_1} - v_{o_2}) = \frac{R_5}{R_6}(v_{o_2} - v_{o_1})$$

$$= R_5 \left(\frac{R_1 + R_2 + R_3}{R_6 R_2} \right)(v_2 - v_1) \tag{4.51}$$

[그림 4-19(a)]의 회로에 대한 블록 다이어그램을 만들어라.

풀이

연산 증폭기 1은 직류 입력 전압 $v_1 = 0.42$ V인 반전 증폭기다. 이 회로의 회로 이득 G_i는 다음과 같다.

$$G_i = -\frac{30K}{10K} = -3$$

여기서 i로 표시된 아래첨자는 반전 증폭기를 의미한다. 그리고 이 회로의 출력 전압은 다음과 같다.

$$v_{o_1} = G_i v_1 = -3(0.42) = -1.26 \text{ V}$$

연산 증폭기 2는 차동 증폭기다. 이 차동 증폭기의 음과 양의 단자 이득은 [표 4-3]에서 주어진 식으로 구할 수 있으며 다음과 같다.

$$G_2 = \left(\frac{R_4}{R_3 + R_4}\right)\left(\frac{R_1 + R_2}{R_1}\right) = \left(\frac{2K}{1K + 2K}\right)\left(\frac{10K + 20K}{10K}\right) = 2$$

$$G_1 = -\frac{R_2}{R_1} = -\frac{20K}{10K} = -2$$

따라서 최종 출력 전압은 다음과 같이 구할 수 있다.

$$v_o = G_2 v_2 + G_1 v_{o_1}$$
$$= 2v_2 - 2(-1.26)$$
$$= (2v_2 + 2.52) \text{ V}$$

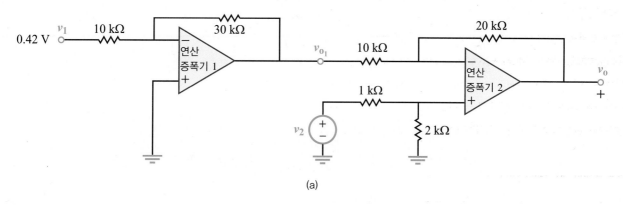

(a)

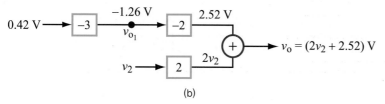

(b)

[그림 4-19] (a) 회로
　　　　　 (b) 블록 다이어그램

4.9 계측 증폭기

전기 센서는 거리, 움직임, 온도, 압력, 습도와 같은 물리적인 양을 측정하기 위해 사용되는 회로다. 이러한 전기 센서회로를 사용할 때 특정 물리량의 크기를 단순히 측정만 하는 것이 아니라 기준값에 대한 미세한 편차를 감지하는 경우가 있다. 예를 들면, 만약 방의 온도가 20°C로 유지되어야 한다면, 온도 센서의 목표는 방의 온도 T와 기준 온도 $T_0 = 20$°C 사이의 차이를 측정하고, 온도 편차가 미리 입력한 특정 한계점을 초과할 경우 에어컨이나 난방 장치를 작동시키는 것이다.

한계점이 0.1°C라고 가정해보자. 0.1°C라는 미세한 온도 차이를 측정할 수 있는 센서를 만드는 대신 $\Delta v = v_2 - v_1$을 측정하는 센서를 설계하여 온도 감지에 사용할 수 있다. 이때 v_2는 방 온도 T에 대응하는 감온 소자의 출력 전압이고, v_1은 $T_0 = 20$°C일 때 측정된 보정 감온 소자의 전압값을 의미한다. 따라서 이러한 온도 센서는 온도 T 자체를 측정하는 것이 아니라 T_0에서 T의 편차를 0.1°C만큼의 정확도로 측정할 수 있도록 설

계한다. 이러한 접근 방식의 장점은 신호가 v_2보다 100배 이상 작은 Δv라는 것이다. 10%의 정밀도를 가지는 회로는 v_2 자체의 크기를 측정하기에는 부족하지 않지만 Δv를 측정하기에는 충분하다.

> 계측 증폭기는 하나의 신호 또는 두 개 이상의 다른 두 신호를 겹쳐 놓을 때, 작은 편차를 감지하거나 증폭시키기에 적합한 회로다.

계측 증폭기는 [그림 4-20] 회로처럼 연산 증폭기 세 개로 구성된다. 처음 두 개로 구성된 회로는 [예제 4-6]에서 살펴본 것과 같다. 식 (4.50)에 따라 연산 증폭기 1과 연산 증폭기 2의 출력에 대한 전압 차이는 다음과 같다.

$$v_{o2} - v_{o1} = \left(\frac{R_1 + R_2 + R_3}{R_2} \right)(v_2 - v_1) \\ = G_1(v_2 - v_1)$$

(4.52)

계측 증폭기

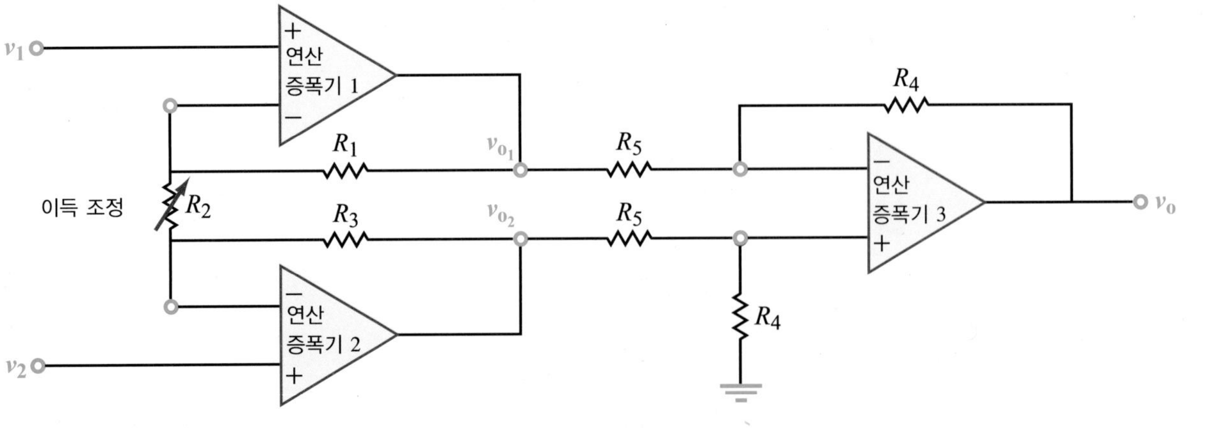

[그림 4-20] 계측 증폭기 회로

이때 G_1은 연산 증폭기 1과 연산 증폭기 2를 포함하는 첫 번째 단계의 회로 이득이고, 다음과 같이 주어진다.

$$G_1 = \frac{R_1 + R_2 + R_3}{R_2} \qquad (4.53)$$

연산 증폭기 3은 식 (4.54)에 의해 주어진 이득 G_2에 의해 $(v_{o2} - v_{o1})$를 증폭시키는 차동 증폭기다.

$$G_2 = \frac{R_4}{R_5} \qquad (4.54)$$

따라서 최종 출력 전압은 다음과 같다.

$$\begin{aligned} v_o &= G_2 G_1 (v_2 - v_1) \\ &= \left(\frac{R_4}{R_5}\right)\left(\frac{R_1 + R_2 + R_3}{R_2}\right)(v_2 - v_1) \end{aligned} \qquad (4.55)$$

회로를 단순화하고 정밀도를 개선하기 위해서 R_2를 제외한 모든 저항은 회로의 설계와 구성에서 같은 값을 선택한다. 이렇게 같은 값으로 저항을 선택하면 각각의 저항 간 편차를 최소화할 수 있다. 만약 식 (4.55)에서 $R_1 = R_3 = R_4 = R_5 = R$로 설정하면 에 대한 표현은 식 (4.56)으로 간략화된다.

$$v_o = \left(1 + \frac{2R}{R_2}\right)(v_2 - v_1) \qquad (4.56)$$

그 경우 R_2는 회로의 이득 조정 저항이 된다. 즉 R 값에 따라서 이득이 설정된다. 만약 예상되는 신호 편차($v_2 - v_1$)가 마이크로볼트(microvolt) 내지 밀리볼트(milli-volt) 정도의 크기일 때, 이 값을 수 볼트 수준으로 증폭시키도록 계측 증폭기가 설계된다. 따라서 계측 증폭기는 높은 감도와 높은 이득을 갖는 편차 센서다. 몇몇 반도체 제조업체는 집적 패키지 형태로 계측 증폭기 회로를 제공하기도 한다.

[질문 4-15] 다단계의 연산 증폭기 회로를 설계할 때, 모든 연산 증폭기가 포화 상태에서 동작하지 않도록 설계하려면, 어떻게 해야 하는가?

[질문 4-16] 두 입력 신호 사이의 작은 편차를 측정할 때 차동 증폭기를 사용하는 것보다 계측 증폭기를 사용했을 때의 장점은 무엇인가?

[연습 4-8] 두뇌 활동을 관찰하기 위한 계측 증폭기 센서에서는 한 쌍의 탐침을 삽입하여 뇌의 다른 지점에서 전압 차이를 측정한다. 회로가 [그림 4-20]과 같은 구조이고, $R_1 = R_3 = R_4 = R_5 = R = 50 \text{ k}\Omega$, $V_{cc} = 12 \text{ V}$ 그리고 뇌가 나타낼 수 있는 최대 전압차가 3 mV일 때 두뇌 센서의 감도가 최대가 되는 R_2는 얼마인가?

4.10 디지털 아날로그 변환기

n비트의 디지털 신호는 일련번호 $[V_1 V_2 V_3 \ldots V_n]$으로 표현되는데, V_1을 최상위 비트(MSB : most significant bit), V_n을 최하위 비트(LSB : least significant bit)라고 한다. $V_1 \sim V_n$까지의 전압은 오직 0 또는 1, 두 가지 상태로 가정한다. 한 비트의 상태가 1일 때, 이 비트의 10진수 값은 2^m이다. 이때 m은 그 비트의 위치가 일련번호의 오른쪽에서 몇 번째인지에 따라서 달라진다. 예를 들어 최상위 비트인 V_1의 10진수 값은 $2^{(n-1)}$이고, V_2의 10진수 값은 $2^{(n-2)}$이다. 최하위 비트가 상태 1에 있을 때 10진수 값은 $2^{n-n} = 2^0 = 1$이다. 그리고 상태 0인 어떤 비트는 0의 10진수 값을 갖는다.

[표 4-4]는 4비트 디지털 신호의 2진수 일련번호와 각각에 대한 10진수 값을 보여준다. 2진수 일련번호는 [0000]으로 시작하여 [1111]로 끝난다. 이러한 각각의 2진수 일련번호에 대하여 0~15까지 총 16개의 10진수 값으로 대응된다.

> 디지털 아날로그 변환기(DAC)는 입력에 표현된 디지털 신호를 아날로그 출력 전압으로 변환시키는 회로다. 이때 아날로그 출력 전압은 입력 신호의 10진수 값 크기에 비례한다.

[표 4-4] 4비트 디지털 신호에 대한 2진수 일련번호, 10진수 값 사이의 대응, $G = -0.5$를 가지는 DAC 출력 전압

$V_1 V_2 V_3 V_4$	10진수 값	DAC 출력(V)
0000	0	0
0001	1	−0.5
0010	2	−1
0011	3	−1.5
0100	4	−2
0101	5	−2.5
0110	6	−3
0111	7	−3.5
1000	8	−4
1001	9	−4.5
1010	10	−5
1011	11	−5.5
1100	12	−6
1101	13	−6.5
1110	14	−7
1111	15	−7.5

[그림 4-21]의 DAC는 $V_1 \sim V_n$까지의 신호에 대응되는 10진수 값과 같은 값으로 가중치가 매겨진 뒤 $V_1 \sim V_n$을 모두 합한다. 따라서 4비트 디지털 일련번호에 대하여 DAC의 출력 전압은 다음 식과 같이 입력 신호로 표현된다.

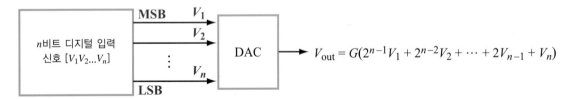

$$V_{\text{out}} = G(2^{n-1} V_1 + 2^{n-2} V_2 + \cdots + 2V_{n-1} + V_n)$$

[그림 4-21] 디지털 아날로그 변환기는 디지털 신호의 일련번호와 대응되는 10진수 값에 비례하는 아날로그 전압으로 변환한다.

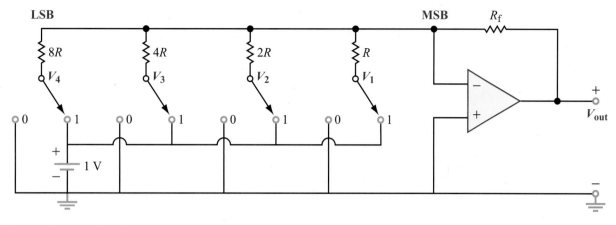

[그림 4-22] DAC의 회로 구현

$$V_{out} = G(2^{4-1}V_1 + 2^{4-2}V_2 + 2^{4-3}V_3 + 2^{4-4}V_4)$$
$$= G(8V_1 + 4V_2 + 2V_3 + V_4) \qquad (4.57)$$

이때 G는 식 (4.57)의 항 4개에 상대적인 가중치에 영향을 주지 않는 크기 조정 성분이다. G의 크기는 출력 전압의 범위에 적합하도록 선택된다. 만약 입력이 0~7 사이의 10진수 값을 갖는 3비트 일련번호라면, $G = 1$이 되도록 회로가 설계되어야 한다. 왜냐하면 이 경우 최대 출력 전압은 7 V이며, 이 값은 대부분의 연산 증폭기에서 사용되는 V_{cc}보다 작은 값이기 때문이다. 3비트보다 더 큰 비트의 디지털 일련번호에 대해서는 연산 증폭기가 포화 상태로 동작하지 않도록 G가 1보다 작아져야 한다.

각 비트에 대하여 가중치가 부여된 합산 연산을 수행하는 DAC는 다른 여러 종류의 신호처리 회로를 이용하여 구현할 수 있다. 다소 직관적이고 직접적인 DAC의 수행 과정이 [그림 4-22]에서 표현되어 있다. 이때 반전 가산기는 DAC에서 반드시 필요한 가중치를 구

현하기 위한 개별 저항과 R_f의 비율을 사용하며, 스위치의 위치는 4비트의 0과 1의 상태를 결정한다.

[표 4-3]과 식 (4.34)를 이용하면 출력 전압은 다음과 같이 표현된다.

$$V_{out} = -\frac{R_f}{R}V_1 - \frac{R_f}{2R}V_2 - \frac{R_f}{4R}V_3 - \frac{R_f}{8R}V_4$$
$$= \frac{-R_f}{8R}(8V_1 + 4V_2 + 2V_3 + V_4) \qquad (4.58)$$

위의 식에서 상대적인 가중치 성분들은 식 (4.57)에서 주어진 상대적인 값을 만족시킨다. 또한 이때 G는 다음과 같다.

$$G = -\frac{R_f}{8R} \qquad (4.59)$$

$[V_1 V_2 V_3 V_4] = [1111]$일 때는 $V_{out} = 15G$가 된다. $R_f = 4R$에 해당하는 $G_2 = -0.5$일 때, 출력값은 0~7.5 사이에서 변화할 것이다.

예제 4-8 R-2R 래더(ladder)

[그림 4-23(a)] 회로는 4비트 신호의 D/A 변환을 구현하기 위한 접근법을 보여준다. 이 회로를 R-2R 래더라고 하는데, 그 이유는 입력 회로에 존재하는 모든 저항이 R 또는 2R의 값을 가지고 있기 때문이다. 이 저항값은 디지털 일련번호가 아무리 많은 비트라고 하더라도 직류 전원의 입력 저항을 2:1로 제한해준다. 이는 4비트 변환기일 때 8:1, 8비트 변환기에서 128:1과 같이 입력 저항 범위가 비트 수에 의존하는 [그림 4-22]의 DAC와는 대조적이다. 그리고 이

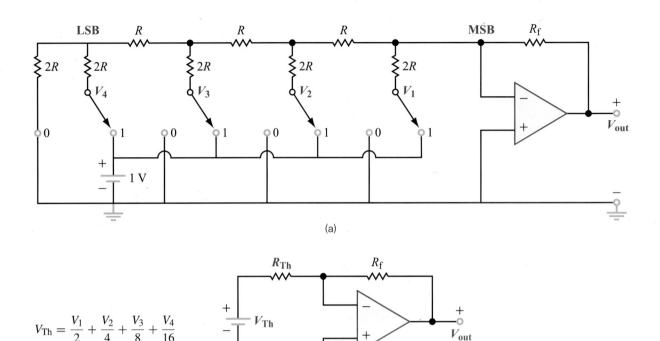

$$V_{Th} = \frac{V_1}{2} + \frac{V_2}{4} + \frac{V_3}{8} + \frac{V_4}{16}$$

$$R_{Th} = R$$

[그림 4-23] $R-2R$ 래더 디지털 아날로그 변환기
   (a) $R-2R$ 래더 회로
   (b) 테브난 등가회로

러한 회로에서는 입력 회로에 더 적은 수의 저항이 사용될 때 회로 성능 및 정밀도가 더 우수해진다. 같은 생산 과정으로 만들어진 저항은 다른 과정으로 만들어진 저항보다 편차가 작기 때문이다.

[그림 4-23(a)]를 보면 $R-2R$ 래더는 4비트의 DAC에 대해 적절한 가중치를 제공한다는 것을 알 수 있다. 만약 $R = 2$ kΩ이고 $V_{cc} = 10$ V일 때, R_f가 가질 수 있는 최댓값은 무엇인가?

풀이

[그림 4-23] 회로에서 $V_1 \sim V_4$ 값은 스위치의 위치에 따라 변하는 2진수인 0 또는 1이지만, 이 예제의 풀이에서는 DC 전원을 $V_1 \sim V_4$로 둔다. 그리고 전압-전류 변환을 반복하여 연산 증폭기의 입력 부분을 테브난 등가회로로 만든다. 이러한 변환 과정의 결과는 [그림 4-23(b)]와 같으며, 다음과 같이 테브난 등가 전압과 저항을 표현할 수 있다.

$$V_{Th} = \frac{V_1}{2} + \frac{V_2}{4} + \frac{V_3}{8} + \frac{V_4}{16} \tag{4.60a}$$

$$R_{Th} = R \tag{4.60b}$$

따라서 출력 전압식은 다음과 같다.

$$V_{out} = -\frac{R_f}{R_{Th}} V_{Th}$$

$$= -\frac{R_f}{R} \left(\frac{V_1}{2} + \frac{V_2}{4} + \frac{V_3}{8} + \frac{V_4}{16} \right) \qquad (4.61)$$

$$= -\frac{R_f}{16R} (8V_1 + 4V_2 + 2V_3 + V_4)$$

$[V_1 V_2 V_3 V_4] = [1111]$일 때 전압 $|V_{out}|$이 최대이고, 그 값은 다음과 같다.

$$V_{out} = -\frac{15}{16} \frac{R_f}{R}$$

$|V_{out}|$이 10 V를 넘지 않고 2 V의 안정적인 전압 차이를 제공하려면, 다음 조건이 필요하다.

$$8 \geq \frac{15}{16} \frac{R_f}{2\text{k}}$$

따라서 $R_f \leq 17.1\ \text{k}\Omega$의 조건이 성립해야 한다.

[질문 4-17] D/A 변환기에서 R_f의 최댓값은 무엇인가?

[질문 4-18] [그림 4-23]의 R-$2R$ 래더는 [그림 4-22]의 전통적인 DAC보다 어떤 장점이 있는가?

[연습 4-9] 어떤 3비트 DAC는 $R = 3\ \text{k}\Omega$ 및 $R_f = 24\ \text{k}\Omega$를 갖는 R-$2R$ 래더 설계를 사용하여 구현된다. $V_{cc} = 10$ V일 때, $[V_1 V_2 V_3] = [111]$에 대한 V_{out}의 표현식을 쓰고 그 값을 구하라.

4.11 전압제어 전류원으로 사용되는 MOSFET

MOSFET은 metal-oxide-semiconductor field-effect transistor의 약자로 [그림 4-24(a)]에 나타나 있다. 대부분 상업용 컴퓨터 프로세서는 MOSFET으로 만들어진다. (2006년 인텔 코어 프로세서는 개별 MOSFET을 151,000,000개 포함하고 있다). MOSFET은 게이트(G), 소스(S), 드레인(D)이라는 단자 세 개로 구성되어 있다. 실제 구조에서는 네 번째 단자인 바디(B)를 가지고 있지만 단순히 접지 단자에 연결되어 있기 때문에 이번 절에서는 무시할 것이다.

MOSFET의 회로 기호는 다소 특이하게 보일 수 있지만, 실제 MOSFET의 물리적인 단면을 묘사한 것이다. 실제 MOSFET에서 게이트는 얇은 절연체 층(< 100 nm) 위에 인접하여 매우 얇은 층(< 500 nm)으로 만들어진다. 반도체 물질 표면의 특정 부위에 넓은 판의 형태로 절연체가 만들어지는데 통상적으로 '칩'이라고 한다. 실리콘으로 된 칩의 경우 보통 두께가 0.5~1.5 mm다. 드레인과 소스는 게이트의 양쪽, 반도체 칩 내부에 형성된다.

게이트 G와 트랜지스터는 얇은 절연층으로 분리되므로, G에서 D나 S쪽으로는 전류가 흐를 수 없다.

그럼에도 불구하고, 단자 G와 S사이의 전압차는 MOSFET이 동작하는 데 가장 중요한 핵심 성분이다.

[그림 4-24(b)]에서 단자 S의 전압을 기준으로 각각 단자 D와 G의 전압을 V_{DS}와 V_{GS}로 나타내고, MOSFET의 D에서 S로 흐르는 전류를 I_{DS}로 나타낸다. 이러한 단순화 과정은 게이트 마디를 통해 드레인이나 소스 마디로 어떠한 전류도 흐르지 않는다고 가정했기에 가능하다. MOSFET의 동작은 [그림 4-25(a)]의 간단한 회로를 통해서 살펴볼 수 있다. 여기서 V_{DD}는 직류 전원에 의해 공급되는 전압으로, 이 값은 특정 MOSFET 모델에서 사용되는 V_{DS}의 최댓값보다 크지 않은 범위에서 최대한 가깝게 두어야 한다. MOSFET 외부에 있는 저항 R_D의 역할은 추후에 논의할 것이다. 그리고 입력 전압은 V_{GS}와 같고, 출력 전압은 V_{DS}와 같다.

$$V_{in} = V_{GS}, \quad V_{out} = V_{DS} \qquad (4.62)$$

이때 V_{out}은 V_{DD}와 관련되어 있으며, 다음과 같이 표현한다.

$$V_{out} = V_{DD} - I_{DS}R_D \qquad (4.63)$$

전류는 G에서 D 또는 S로 흐를 수 없기 때문에 MOSFET을 통해 흐를 수 있는 유일한 전류는 I_{DS}이다. 전형적인 MOSFET에서 V_{GS}와 V_{DS}에 대한 I_{DS}의 의존도는 [그림 4-25(b)]에 나타나 있다. 특정 V_{GS}에서 V_{DS}에 따른 I_{DS}의 응답 곡선을 보여주고 있다.

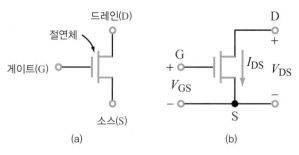

[그림 4-24] MOSFET 기호와 전압의 명칭
(a) MOSFET 기호
(b) 전압

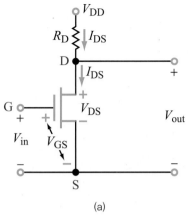

(a)

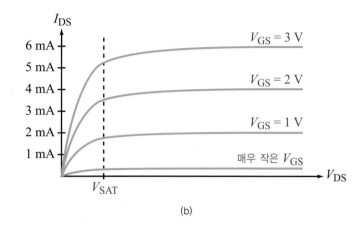

(b)

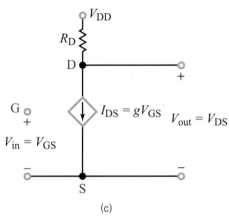

(c)

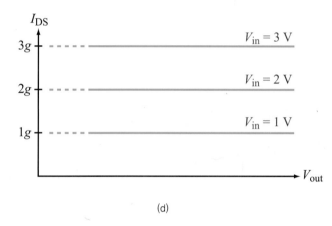

(d)

[그림 4-25] MOSFET
  (a) 인버터 회로
  (b) 일반 특성 곡선
  (c) 등가회로
  (d) 등가회로의 특성 곡선

V_{DS}가 특정의 **포화 문턱값** V_{SAT}보다 큰 경우, 거의 일정한 값의 곡선이 나타나는데, 이때 일정한 값의 크기는 V_{GS}에 비례한다. 이러한 특성은 [그림 4-25(c)]의 등가회로를 이용하여 MOSFET을 간단히 표현할 때 유용하며, 다음과 같은 단일 종속 전류원으로 표현할 수 있다.

$$I_{DS} = gV_{GS} \qquad (4.64)$$

여기서 g는 MOSFET 이득 상수다. 이 모델과 관련된 특성 곡선은 V_{DS}가 V_{SAT}를 초과할 때만 유효하며 [그림 4-25(d)]와 같이 나타난다.

실제 MOSFET의 포화 영역에 대한 I_{DS}와 V_{GS}의 관계는 엄밀하게 말해서 선형 관계가 아니다. 포화 영역의 특성이 얼마나 선형에 가까운지는 트랜지스터의 크기에 따라 좌우된다. 디지털 프로세서에 사용되는 최신 마이크로미터 이하급 트랜지스터들은 포화 영역에서 선형의 $I_{DS} - V_{GS}$ 관계를 보여주지만 전력 스위칭에서 사용되는 큰 MOSFET은 비선형적으로 동작한다. 이번 절에서는 식 (4.64)로 간단하게 표현된 특성만으로 MOSFET을 살펴볼 것이다.

4.11.1 디지털 인버터

디지털 인버터(digital inverter)는 입력 상태가 1일 때 출력 상태를 0으로, 입력 상태가 0일 때 출력 상태를 1로 만들어준다. 이 절에서는 MOSFET이 어떻게 디지털 인버터의 기능을 할 수 있는지 살펴볼 것이다. 식 (4.62)와 식 (4.64)를 합치면 다음과 같다.

$$V_{\text{out}} = V_{\text{DD}} - g R_{\text{D}} V_{\text{in}} \qquad (4.65)$$

상수 g는 MOSFET의 파라미터이고, R_{D}는 $g R_{\text{D}} \approx 1$이 되도록 선택할 수 있다. 이때 식 (4.65)는 다음과 같이 간단해진다.

$$\frac{V_{\text{out}}}{V_{\text{DD}}} = 1 - \frac{V_{\text{in}}}{V_{\text{DD}}} \qquad (4.66)$$

디지털 인버터에서는 오직 두 가지 입력 상태에 따른 출력 응답만이 고려되므로, 식 (4.66)에 따른 출력값은 다음과 같다.

$$\text{만약} \quad \frac{V_{\text{in}}}{V_{\text{DD}}} = 1 \quad \Rightarrow \quad \frac{V_{\text{out}}}{V_{\text{DD}}} = 0 \qquad (4.67\text{a})$$

$$\text{만약} \quad \frac{V_{\text{in}}}{V_{\text{DD}}} = 0 \quad \Rightarrow \quad \frac{V_{\text{out}}}{V_{\text{DD}}} = 1 \qquad (4.67\text{b})$$

따라서 [그림 4-25(a)]의 MOSFET 회로는 디지털 인버터로 동작한다. 단, 식 (4.64)로 주어진 모델이 유효해야 하며, V_{DS}가 V_{SAT}를 초과한다는 두 가지 조건을 만족해야 한다. 실제 디지털 인버터에서는 식 (4.67)과 같이 완벽한 0과 1의 입출력 결과가 나오지 않는다. 그러나 정확한 0과 1은 아니라도 거의 0과 1로 볼 수 있는 수준의 입출력 전압은 쉽게 얻어낼 수 있다.

4.11.2 NMOS와 PMOS 트랜지스터

[그림 4-25(a)]의 MOSFET 회로는 n채널 MOSFET이며, 간단히 NMOS라고 한다. NMOS의 동작은 I_{DS}와 V_{DS}를 모두 양의 값으로 가정할 경우, [그림 4-26]의 1사분면으로 제한된다. 또 다른 형태인 PMOS(p채널 MOSFET)는 [그림 4-26]의 제3사분면에 표시된 것처럼 I_{DS}와 V_{DS}가 음의 값이다. 두 소자의 형태를 구별하기 위해 PMOS 기호의 G 단자에는 작은 원이 그려져 있다.

[그림 4-25(a)]의 NMOS 인버터 회로는 디지털 인버터로서의 기능은 정확하게 수행하지만 과도한 전력 손실이 발생한다. 실제 상황에서 R_{D}에 의해 소모되는 전력을 살펴보자.

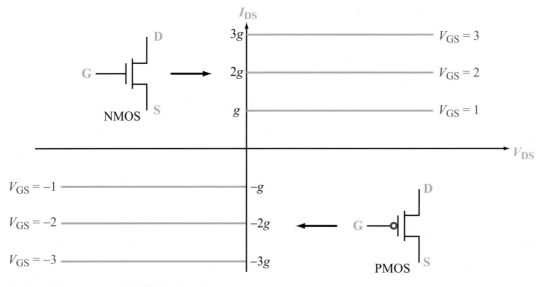

[그림 4-26] NMOS와 PMOS에 대한 상보적 특성 곡선

입력 상태 0 :

$$\frac{V_{\text{in}}}{V_{\text{DD}}} = 0 \quad \Rightarrow \quad I_{\text{DS}} \simeq 0 \quad \Rightarrow \quad P_{R_{\text{D}}} = I_{\text{DS}}^2 R_{\text{D}} \simeq 0$$

$$(4.68a)$$

입력 상태 1 :

$$\frac{V_{\text{in}}}{V_{\text{DD}}} = 1 \quad \Rightarrow \quad I_{\text{DS}} = \frac{V_{\text{DD}}}{R_{\text{D}}} \quad \Rightarrow \quad P_{R_{\text{D}}} = \frac{V_{\text{DD}}^2}{R_{\text{D}}}$$

$$(4.68b)$$

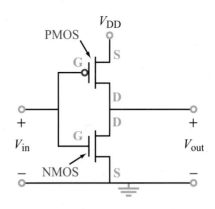

[그림 4-27] CMOS 인버터

R_{D}에서 발생하는 열 손실은 입력 상태 0에서는 0이지만 입력 상태 1에서는 $\frac{V_{DD}^2}{R_D}$가 된다. MOSFET의 V_{DD} 값은 일반적으로 수 볼트 수준이며 R_{D}는 수~수십 kΩ에 이르는 큰 값이다. 만약 R_{D}가 더 커진다면 I_{DS}가 너무 작아져서 MOSFET은 인버터로서 동작할 수 없다. 한편 10 V의 V_{DD}와 10 kΩ의 R_{D}에 대하여 개별 NMOS의 전력 P_{RD}는 10 mW이다.

단일 트랜지스터에서 발생하는 열의 양은 극히 미미하여 큰 문제가 되지 않는다. 하지만 극히 작은 공간에 10^9개 정도의 트랜지스터가 포함된 일반 컴퓨터 프로세서에서는 발생하는 전체 열의 양이 컴퓨터에 구멍을 만들어 태울 정도로 매우 크다. 이러한 열 발생 문제를 해결하기 위하여 1980년대에 상보적 MOS의 약자로 CMOS라고 불리는 새 기술이 도입되었다.

> CMOS는 마이크로프로세서 산업에 혁명을 가져왔고, x86 PC 프로세서를 발전시켰다.

CMOS 인버터는 [그림 4-27]에서 나타낸 것처럼 NMOS와 PMOS의 드레인 단자를 서로 붙여 구성한다. CMOS 인버터는 간단한 NMOS 인버터와 같은 기능을 수행하지만 두 가지 입력 상태에서 전력을 거의 소모하지 않는 장점이 있다. 이러한 CMOS 인버터는 AND와 OR 연산 등을 수행하는 복잡한 논리 회로에서 핵심 소자로 사용된다.

4.11.3 아날로그 회로의 MOSFET

MOSFET은 디지털 회로뿐만 아니라 [예제 4-9]와 [예제 4-10]에서 예시된 증폭기나 완충 회로와 같은 아날로그 회로에서도 사용된다. 4.7절에서 언급된 바와 같이, 완충 회로는 부하 저항의 변동으로부터 입력 전압을 분리시켜주는 회로다.

예제 4-9 MOSFET 증폭기

[그림 4-28(a)]에서 보여주는 회로는 공통 소스 증폭기다. 이 회로에서 직류 드레인 전압 $V_{\text{DD}} = 10$ V와 드레인 저항 $R_{\text{D}} = 1$ kΩ이 MOSFET과 함께 사용된다. 입력 신호는 교류 전압으로 다음과 같이 주어진다.

$$v_{\text{s}}(t) = [500 + 40\cos 300t] \ \mu\text{V}$$

입력 교류 신호의 크기는 직류 전압 V_{DD}의 크기보다 몇 승 이상 작은 값이다. $v_{\text{out}}(t)$의 표현식을 얻기 위해 $g = 10$ A/V 인 MOSFET의 등가 모델을 사용하라.

풀이

등가 모델로 MOSFET을 교체하면, [그림 4-28(b)]의 회로가 된다. 입력 측에서 R_S를 통해 전류가 흐르지 않기 때문에 다음 전압 조건이 성립한다.

$$v_{GS}(t) = v_s(t)$$

출력단의 전압은 다음과 같다.

$$v_{out}(t) = V_{DD} - i_{DS}R_D = V_{DD} - gR_Dv_{GS}(t)$$
$$= V_{DD} - gR_Dv_s(t)$$

위의 식을 통하여 출력 전압이 상수인 직류 성분과 입력 신호 $v_s(t)$에 정비례하는 교류 성분으로 구성되었음을 알 수 있다. 문제에 제시된 성분값을 대입하면 다음과 같다.

$$v_{out}(t) = 10 - 10 \times 10^3 \times (500 + 40\cos 300t) \times 10^{-6}$$
$$= 5 - 0.4\cos 300t \text{ V}$$

위의 식을 통해 극성은 반전되고 크기는 10^4의 교류 이득에 의해 증폭된 입력 신호와 같은 형태의 교류 신호가 존재하며, 5 V 직류값에 의하여 단순히 값이 이동하는 것을 알 수 있다.

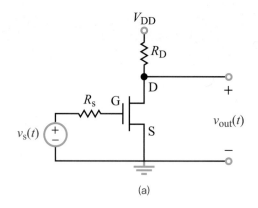

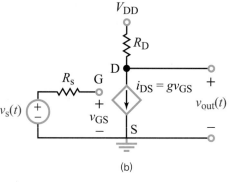

[그림 4-28] (a) MOSFET 증폭기 회로
(b) 등가회로

예제 **4-10** MOSFET 완충 회로

[그림 4-29(a)] 회로는 부하 저항 R_L에 실제 전압원(v_s, R_s)이 직접 연결되어 있다. 이와 대조적으로 [그림 4-29(b)]의 회로는 부하로부터 소스를 완충(절연)시키기 위해 부하와 소스 사이에 공통 드레인 MOSFET 회로를 사용하였다. 만약 부하를 가로지르는 출력 전압이 v_s 값과 99% 같다면 부하로부터 전원이 절연되었다고 정의한다. 각각의 회로에 대해 앞서 말한 절연 기준을 만족시킬 R_L의 조건을 결정하라. $R_s = 100 \ \Omega$이고 MOSFET 이득은 $g = 10 \text{ A/V}$라고 가정하라.

풀이

완충 회로가 없는 회로

[그림 4-29(a)]에서 출력 전압식은 다음과 같다.

$$v_{out_1} = \frac{v_s R_L}{R_s + R_L}$$

$\frac{v_{out_1}}{v_s} \geq 0.99$이려면 다음 조건을 만족해야 한다.

$$\frac{R_L}{R_s} \geq 99$$

또는

$$R_L \geq 9.9 \text{ k}\Omega \quad (R_s = 100 \ \Omega)$$

MOSFET 완충 회로가 달린 회로

MOSFET이 등가회로로 교체된 [그림 4-29(c)]에서 KVL을 적용하면 다음과 같다.

$$-v_s + v_{GS} + v_{out_2} = 0$$

$$v_{out_2} = I_{DS}R_L = gR_Lv_{GS}$$

두 가지 식에 대한 연립방정식 해는 다음과 같이 주어진다.

$$v_{out_2} = \left(\frac{gR_L}{1 + gR_L} \right)$$

$g = 10\,\text{A/V}$와 v_{out_2}이 $0.99\,v_s$보다 작아지지 않으려면, 다음과 같은 조건이 필요하다.

$$R_L \geq 9.9\ \Omega$$

이 조건은 완충 회로가 없을 때보다 3승 작은 값이다.

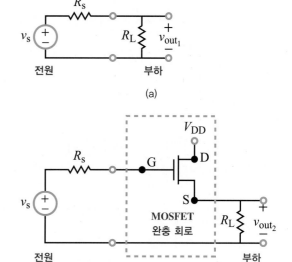

(a)

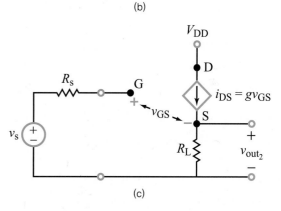

(b)

(c)

[그림 4-29] (a) 부하와 바로 연결된 전원
(b) 완충 회로
(c) 등가회로

[질문 4-19] 디지털 인버터로 사용될 때 NMOS 에 비해 CMOS의 주된 장점은 무엇인가?

[질문 4-20] MOSFET이 완충 회로로 사용될 경우, v_s가 입력 신호 전압이면 $v_{out} \simeq v_s$인 이유를 설명하라.

[연습 4-10] [예제 4-9] 회로에서 $v_{out}(t)$가 항상 양의 값을 가지면서 가장 높은 교류 이득을 가지게 하는 R_D 값은 무엇인가?

[연습 4-11] [예제 4-10] 회로에서 v_{out}이 적어도 v_s의 99.9% 비율이 되도록 [예제 4-10]을 반복하여 풀어라. (a) 완충 회로 없는 회로와 (b) 완충 회로가 있는 회로에서 R_L 값은 무엇인가?

4.12 응용 노트 : 신경 탐침

인간의 뇌는 정보를 처리하는 신경 단위 세포(뉴런, neuron)들이 상호 연결된 망으로 구성되어 있다. 인간의 뇌에는 약 1조의 신경 세포가 있고, 각각의 신경 세포는 평균적으로 7,000개의 다른 신경 세포들과 연결되어 있다. 비록 신경계의 활동이 이 책의 범위를 벗어나지만 신경 세포가 정보를 전달할 때 신경 세포 부근에서 다양한 이온들의 농도가 변하는 것은 중요하게 살펴보아야 할 부분이다. 이온의 움직임은 세포의 여러 부분과 세포 주변 사이의 전위차(전압)를 변화시켜서 신경 세포막을 통해 전류가 흐르도록 해준다. 따라서 특정 신경 세포가 반응할 때, 세포와 그 주변에는 작지만 감지하기에는 충분한 전위 감소가 발생한다.

지난 몇 십 년 동안, 신경 세포의 전기적인 현상을 측정하기 위해 다양한 종류의 소자가 만들어졌다. 그리고 최근 고감도 특성을 가진 신경 탐침 개발에 성공했다. [그림 4-30]이 3차원 탐침의 예다. 이 3차원 탐침은 매우 얇은 탐침이 2차원으로 배열되어 있고, 각각의 탐침에는 길이를 따라서 여러 위치에 감지기가 장착되어 있다. 탐침으로 뇌의 많은 곳에서 반응하는 신경 세포들의 활동 전위를 동시에 측정할 수 있다. 현대의 신경 인터페이스 시스템 또한 특정한 신경 세포의 전

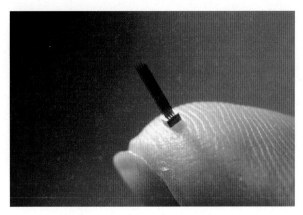

[그림 4-30] **3차원 신경 탐침**(5mm×5mm×3mm)
(출처 : 캔 와이즈(Ken Wise) 및 가야트리 펄린(Gayatri Perlin) 교수, 미시건 대학교(University of Michigan))

기적 상태를 자극하거나 변경하기 위해 개발되고 있다.

전기적 상태의 자극이나 변경을 통해 뇌 안의 특정 신경 세포들의 동작에 영향을 줄 수 있다. 이러한 기기들은 두뇌 개발 및 동작 측면에서 실마리를 제공할 뿐만 아니라, 파킨슨병(Parkinson's disease)과 같은 만성 신경 질환의 치료에 대한 임상 실험에도 사용되기 시작했다. 이러한 전압 신호는 매우 작기 때문에 두뇌에서 기록 장치까지 신호를 전달하는 데는 내장된 증폭기, 잡음 제거, 아날로그 디지털 변환 회로가 필요하다.

예제 4-11 신경 탐침

[그림 4-31]에 나타난 신경 탐침은 양 끝에 두 금속 전극이 놓인 긴 침으로 이루어져 있다. 침은 두뇌에 약간 삽입되어 이 전극으로부터 오는 신호를 기록하는데, 여기서 두 탐침 사이의 두뇌 활동을 저항 R_s와 직렬로 연결된 실제 전압원 V_s처럼 모델화할 것이다. 전원은 −100 mV의 역펄스를 생성한다. V_a와 V_b 모두 회로의 접지와 연결되어 있지 않다. 신경 신호는 0～5 V에서만 작동하는 아날로그 디지털 변환기로 나타낼 수 있도록 반전되고 증폭되어야 한다. 이 증폭 회로를 설계하라.

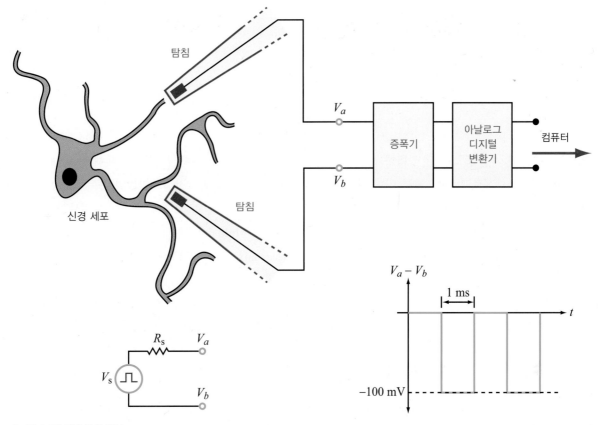

[그림 4-31] 신경 탐침 회로

풀이

입력 신호는 V_a와 V_b의 차이에 의해 표현된다. 그리고 이 두 단자는 접지가 아니기 때문에 원하는 응용을 위하여 차동 증폭기를 사용할 수 있다. 증폭기는 입력 신호를 반전하고 아날로그 디지털 변환기(ADC)에서 요구하는 전압 범위인 $0 \sim 5$ V에 맞도록 증폭시켜야 한다. 이러한 제약 조건을 감안하여 입력 v_1에 V_a, 입력 v_2에 V_b를 가지는 [그림 4-20] 의 계측 증폭기 회로를 생각해보자. 증폭기의 출력은 $(v_2 - v_1)$에 비례하며 자동으로 반전된다. 식 (4.56)에 따라 회로 의 저항을 $R_1 = R_3 = R_4 = R_5 = R$로 선택하면, 출력 전압은 다음과 같다.

$$v_0 = \left(1 + \frac{2R}{R_2}\right)(v_2 - v_1) = \left(1 + \frac{2R}{R_2}\right)(V_b - V_a)$$

$$= -\left(1 + \frac{2R}{R_2}\right)(V_a - V_b)$$

-100 mV $\sim +5$ V까지 $(V_a - V_b)$를 증폭하기 위해, 비율 $\left(\dfrac{R}{R_2}\right)$은 다음과 같아야 한다.

$$5 = -\left(1 + \frac{2R}{R_2}\right) \times (-100 \times 10^{-3})$$

$$\frac{R}{R_2} = 24.5$$

만약 $R = 100$ kΩ으로 둔다면, R_2는 4.08 kΩ이 되어야 한다. 따라서 신경 세포에서 -100 mV 펄스가 발생할 때마다 아날로그 디지털 변환기에 5 V 펄스가 인가된다.

4.13 Multisim 해석

Multisim의 유용한 기능 중 하나는 쌍방향 시뮬레이션 모드다. 이 모드는 2.8절과 3.8절에서 이미 활용하였다. 이 시뮬레이션 모드는 회로에 가상 실험 장비를 연결하고 Multisim을 사용하여 실시간으로 회로 동작을 조작할 수 있다. 이번 절에서는 하나의 연산 증폭기 회로와 두 MOSFET으로 이루어진 회로의 기능을 살펴볼 것이다.

4.13.1 연산 증폭기와 가상 장비

[그림 4-32]에 나타난 회로는 가변 저항으로 모델화된 감지기에서 저항의 변화를 감지하기 위해 2.6절에서 배운 휘트스톤 브리지(Wheatstone bridge)를 사용한다. 회로의 출력은 한 쌍의 전압 추종기에 인가되고 결국 차동 증폭기로 전달된다. 이 회로는 [표 4-5]에 나열된 구성 요소를 사용하여 Multisim에서 설계되고 실험될 수 있다. 전위계의 저항값은 키 입력이나 구성 요소 아래의 마우스 슬라이더를 사용하여 조절할 수 있다(키 값으로 한 방향의 저항을 바꾸기 위해서는 키 'a'를 누르

고 반대 방향으로 저항을 바꾸기 위해서 기본 조합키인 Shift-a를 누른다.). 전위계의 변화가 출력을 얼마나 변화시키는지 관찰하기 위해 출력을 오실로스코프에 연결한다. Multisim은 애질런트(Agilent) 및 텍트로닉스(Tektronix)에서 제작된 상업적인 오실로스코프의 가상 제품이나 일반적인 계측기를 포함한 여러 오실로스코프를 제공한다. 초보자는 Simulate → Source → POWER SOURCES를 선택하거나 계측기 창으로부터 오실로스코프를 끌어와서 일반적인 계측기를 사용하는 것이 가장 쉽다.

[그림 4-33]은 Multisim에서 그려진 회로다. 연산 증폭기를 위한 전력 공급기는 Components → Sources → POWER SOURCES → VDD(또는 VSS) 아래에 있다. 일단 배치하고 VDD(또는 VSS)를 두 번 눌러 VDD는 15 V로, VSS는 −15 V로 지정한다.

회로가 완성되면, F5(혹은 Simulate → Run)를 눌러 시뮬레이션을 시작하고 F6을 눌러 멈춘다. 오실로스코프 성분을 두 번 눌러, 설계 도면에서 오실로스코프창

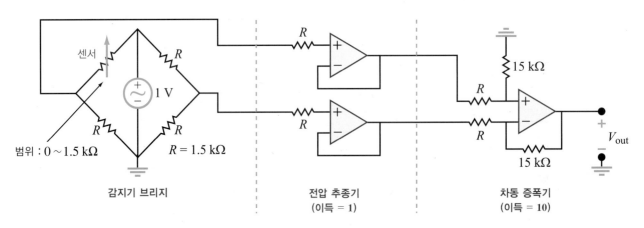

센서

R

$+$ $\sim$ 1 V

R

R

R

범위 : 0 ~ 1.5 kΩ

$R = 1.5$ kΩ

R

R

R

R

15 kΩ

15 kΩ

V_{out}

감지기 브리지

전압 추종기
(이득 = 1)

차동 증폭기
(이득 = 10)

[그림 4-32] 휘트스톤 브리지 연산 증폭기 회로

[표 4-5] [그림 4-32]의 회로를 구현하기 위한 Multisim 구성 요소

구성 요소	분류	집단	수량	설명
1.5 k	기본	저항	7	1.5 kΩ 저항
15 k	기본	저항	2	15 kΩ 저항
1.5 k	기본	전위계	1	1.5 kΩ 저항
OP_AMP_5T_VIRTUAL	아날로그	아날로그_Virtual	3	5개의 단자를 갖는 이상적인 연산 증폭기
AC_POWER	전원	전력 전원	1	1 V ac 전원, 60 Hz
VDD	전원	전력 전원	1	15 V 전원 공급기
VSS	전원	전력 전원	1	−15 V 전원 공급기

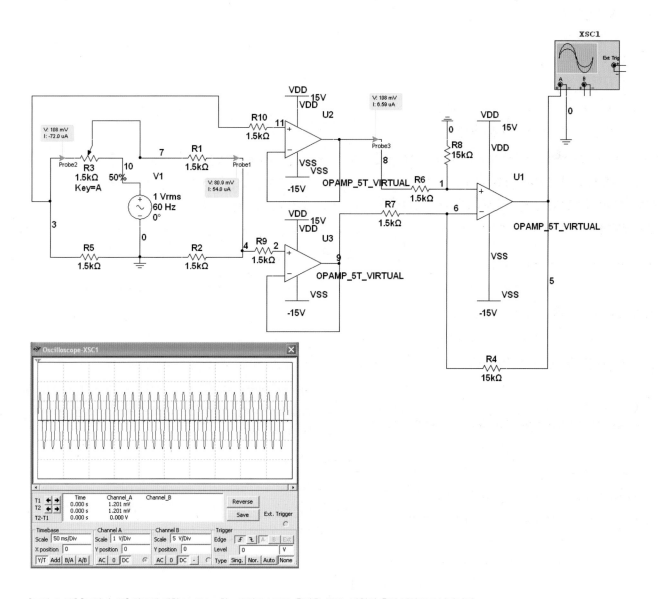

[그림 4-33] [그림 4-32] 회로에 대한 Multisim 창 : 오실로스코프 출력은 60 Hz 파형의 출력 전압으로 나타난다.

을 가져온다. 출력 전압은 오실로스코프창에서 채널(Channel) A로 보인다. 오실로스코프창 아래 제어 부분을 사용하여 시간축과 전압축의 크기를 조정하면, 출력 전압을 잘 관찰할 수 있다. 감지 전위계의 저항값을 변화하면서 출력의 크기 변화를 관찰하라.

Multisim으로 회로의 다른 부분을 수정하고 결과의 변화를 관찰할 수 있다. 이때 구성 요소나 배선을 변경하기 전에 시뮬레이션을 멈추어야 한다.

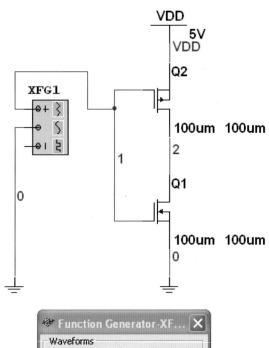

> [질문 4-21] 어떤 종류의 Multisim 계측기가 회로 실험에 용이한가?
>
> [질문 4-22] 오실로스코프에서 시간축이 무엇인지 설명하라.

[연습 4-12] [그림 4-33]의 회로에서 전압 추종기가 왜 필요한가? Multisim 회로에서 전압 추종기를 제거하고 차동 증폭기의 두 입력에 브리지 회로를 직접 연결하라. 전위계에 출력값이 어떻게 변하는가?

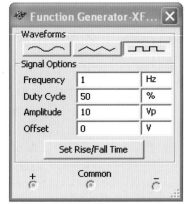

[그림 4-34] [그림 4-27]의 MOSFET 회로에 대한 Multisim 등가회로

4.13.2 디지털 인버터

4.11.2절에서 소개된 MOSFET 인버터를 통해서 정상 상태와 시간-의존 해석 기법의 차이를 관찰해본다. [그림 4-27]의 MOSFET 디지털 변환기를 다시 살펴보자. 이러한 논리 게이트를 해석할 때는 입력 전압의 변화에 따른 출력의 응답과 게이트가 얼마나 빠르게 출력을 발생하는지가 주된 분석 내용이다. 두 종류의 해석은 Multisim에서 모두 가능하다. [그림 4-34]는 Multisim에서 구현된 MOSFET 인버터 회로를 보여준다. 이러한 회로를 그리기 위해서는 [표 4-6]에 나열된 구성 요소가 필요하다.

[표 4-6] [그림 4-34] 회로의 구성 요소

구성 요소	분류	집단	수량	설명
MOS_3TDN_VIRTUAL	트랜지스터	가상 트랜지스터	1	3단자 N-MOSFET
MOS_3TDP_VIRTUAL	트랜지스터	가상 트랜지스터	1	3단자 N-MOSFET
VDD	전원	전력 전원	1	5 V 전원
GND	전원	전력 전원	2	접지 마디

과도 응답 해석

시간의 함수로서 변환기 출력을 관찰하기 위해 함수 발생기를 사용할 수 있다(Simulate → Instruments → Function Generator).

함수 발생기를 더블클릭하여 제어창을 불러온다. 함수 발생기를 1 kHz의 주파수와 2.5 V의 크기, 2.5 V의 offset 값을 갖는 Square Wave 모드로 설정하면 0~5 V 구간의 구형파 입력 신호가 생성될 것이다. Simulate → Analyses → Transient Analysis를 이용하면 입력과 출력의 시간 함수로 분리하여 그려볼 수 있다. 상호적인 시뮬레이션(Interactive simulation)에서는 1×10^{30} s의

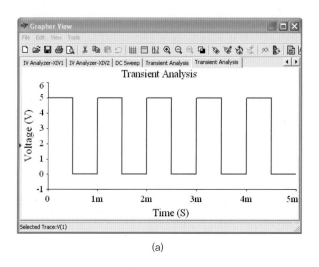

(a)

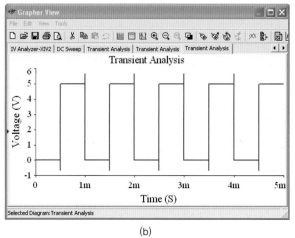

(b)

[그림 4-35] 시간의 함수로 나타낸 [그림 4-34] 회로
    (a) 입력 전압 V(1)
    (b) 출력 전압 V(2)

기간으로 한정된 기본값에 의해서 시뮬레이션이 끝나는 경우가 있지만 Transient Analysis 시뮬레이션을 이용하면 시작 시간과 끝 시간을 자유로이 설정할 수 있다. 시작 시간을 0 s로 유지하고, 끝 시간을 0.005 s로 설정한 뒤, Output 메뉴에서 그래프로 표현할 전압으로 입력 전압 V(1)을 선택하라. 그 다음 Simulate를 클릭하면 [그림 4-35(a)]처럼 입력 전압이 시간의 함수로 그려진다. Output 메뉴에서 V(1)을 제거하고 V(2)를 추가한 후 시뮬레이션을 반복하라. [그림 4-35(b)]는 시간의 함수로서 출력 전압을 보여준다. 입력과 출력 그래프는 시간 축에 대하여 서로 대칭 형태를 갖는다.

정상 상태 해석

정상 상태 출력 동작을 해석하기 위해, 함수 발생기를 먼저 제거하고 직류 전압 전원으로 대체한다. 전원의 실제 전압값은 중요하지 않다. 일단 직류 전압 전원으로 Simulate → Analyses → DC Sweep를 차례로 선택하라. 이 해석은 직류 동작점 해석(DC Operating Point Analysis)과 유사하지만, 정상 상태 해석(Steady-State Analysis)은 선택된 마디에서의 전압을 변화하면서 또 다른 선택된 마디의 전압이나 전류를 해석한다. 이 방법을 통해서 회로 및 회로 요소에 대한 입출력 관계를 생성하거나 그래프로 그려볼 수 있다.

입력으로서 전원 이름 vv1을 선택하고 start, stop, increment 부분에 각각 0 V, 5 V, 0.5 V의 값을 입력하라. Output 탭에서 그려질 전압으로써 출력 전압 V(2)를 선택하라. Simulate를 클릭하면 [그림 4-36]과 같이 출력 전압은 예상했던 반전 동작을 보여준다. 입력이 0~2 V일 때는 약 5 V의 출력을 생성한다. 입력이 3~5 V 사이 범위일 경우는 약 0 V의 출력 전압을 생성한다. 이 그래프에서 시간에 따라 점진적으로 변하는 천이 구간을 볼 수 있다.

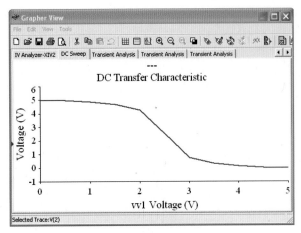

[그림 4-36] 입력 전압의 크기에 대한 함수로 표현된 [그림 4-34]의
MOSFET 반전 회로에 대한 출력 응답

[질문 4-23] DC Operaing Point Analysis,
Transient Analysis, DC sweep 해석은 서로 어떻
게 다른가?

[질문 4-24] 일반적인 함수 발생기 장비는 얼마
나 많은 종류의 파형을 제공하는가?

[연습 4-13] 전류-전압 해석기(IV Analyzer)는 회로 특성을 해석하기 위해 사용되는 유용한 Multisim 기기다. [그림 4-25(b)]에 있는 것과 유사한 NMOS 트랜지스터에 대한 특성 곡선을 먼저 만들어 전류-전압 해석기의 유용성을 살펴보자. 아래의 회로 그림 (a)는 전류-전압 해석기에 연결된 NMOS를 나타낸다. 이 기기는 게이트(G) 전압의 범위를 변화시키면서 각 게이트 전압에 따라 드레인과 소스 사이의 전류-전압 그래프를 만들어낸다. IV 분석기의 화면이 그림 (b)와 같아지는 것을 보여라.

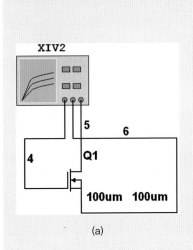

(a)

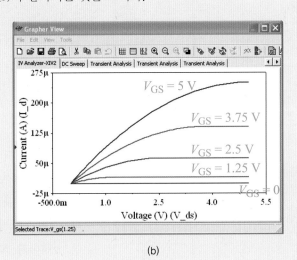

(b)

■ 핵심 요약

01. 연산 증폭기의 실제 회로 구조가 복잡하더라도, 간단한 선형 등가회로 형태로 모델화될 수 있다.

02. 이상적인 연산 증폭기는 무한대의 이득, 무한대의 입력 저항, 제로의 출력 저항을 가진다.

03. 회로의 출력과 두 입력 사이에 저항을 이용한 궤환을 연결함으로써 연산 증폭기는 여러 개의 입력 신호를 증폭하여 더하거나 뺄 수 있다.

04. 다단계 연산 증폭기 회로는 다양한 신호처리가 가능하도록 구성할 수 있다.

05. 계측 증폭기는 작은 신호에 대하여 높은 이득과 감도를 갖는 감지기이며, 기준 조건에 대한 편차를 감지하기에 적합하도록 구성되어 있다.

06. Multisim은 연산 증폭기(op-amp) 회로를 구성하여 입출력 응답을 시뮬레이션할 수 있다.

■ 관계식

이상적인 연산 증폭기 $v_p = v_n$
$i_p = i_n = 0$

비반전 증폭기 $G = \dfrac{v_o}{v_s} = \dfrac{R_1 + R_2}{R_2}$

반전 증폭기 $G = \dfrac{v_o}{v_s} = -\left(\dfrac{R_f}{R_s}\right)$

가산 증폭기 $v_o = G_2 v_2 + G_1 v_2$

차동 증폭기 $v_o = G_2 v_2 + G_1 v_2$

전압 추종기 $v_o = v_s$

계측 증폭기 $v_o = \left(1 + \dfrac{2R}{R_2}\right)(v_2 - v_1)$
(이득 조절 저항 R_2)

MOSFET $V_{out} = V_{DD} - g R_D V_{in}$

■ 주요 용어

MOSFET
$R{-}2R$ 래더($R{-}2R$ ladder)
가산 증폭기(summing amplifier)
개방 루프 이득(open-loop gain)
계측 증폭기(instrumentation amplifier)
궤환(feedback)
궤환 저항(feedback resistance)
동적 동작범위(dynamic range)
디지털 아날로그 변환기(digital-to-analog converter, DAC)
반전 가산기(inverting adder)
반전 입력(inverting input)
반전 증폭기(inverting amplifier)

부궤환(negative feedback)
비반전 입력(noninverting input)
신호처리 회로(signal-processing circuit)
연산 증폭기 이득(op-amp gain)
완충 회로(buffer)
전류 제한(current constraint)
전압 제한(voltage constraint)
전압 추종기(voltage follower)
차동 증폭기(difference amplifier)
최상위 비트(most significant bit)
최하위 비트(least significant bit)
폐쇄 루프 이득(closed-loop gain)

※ **4.1절과 4.2절 : 연산 증폭기의 특성, 부궤환**

4.1 개방 루프 이득이 10^6이고 $V_{cc} = 12$ V인 연산 증폭기는 20 μV의 반전 입력 전압과 10 μV의 비반전 입력 전압을 가지고 있다. 출력 전압은 얼마인가?

4.2 개방 루프 이득이 6×10^5이고 $V_{cc} = 10$ V인 연산 증폭기는 출력 전압 3 V를 가진다. 반전 입력 전압이 −1 μV일 때, 비반전 입력 전압 크기는 얼마인가?

4.3 비반전 입력은 접지시키고 반전 입력 전압은 4 mV인 연산 증폭기의 출력 전압은 얼마인가? 연산 증폭기의 개방 루프 이득이 2×10^5이며, 공급 전압은 $V_{cc} = 10$ V이라고 가정하자.

4.4 비반전 입력 전압이 10 μV일 때, 연산 증폭기의 출력 전압은 −15 V이다. $A = 5 \times 10^5$이고 $V_{cc} = 15$ V일 경우 반전 입력 전압 크기를 결정할 수 있는가? 만약 그렇지 않다면 반전 입력 전압 크기의 가능한 범위는 무엇인가?

4.5 다음 연산 증폭기에 대해 다음 물음에 답하라.

(a) [그림 4–4]에 주어진 모델을 사용하여 전류 이득 $G_i = \dfrac{i_L}{i_s}$ 에 대한 식을 구하라.

(b) 이상적인 연산 증폭기 모델을 이용하여 식을 단순화하라($A \to \infty$, $R_i \to \infty$, $R_o \to 0$).

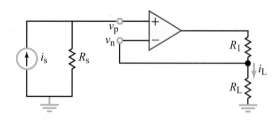

4.6 다음 반전 증폭기 회로는 R_f를 사용하여 출력 단자에서 반전 입력 단자까지 궤환을 만든다.

(a) [그림 4–4]의 등가회로 모델을 사용하여 R_s, R_i, R_o, R_L, R_f, A의 항으로 표현된 폐쇄 루프 이득 $G = \dfrac{v_o}{v_s}$ 에 관한 식을 구하라.

(b) $R_s = 10$ Ω, $R_i = 10$ MΩ, $R_f = 1$ kΩ, $R_o = 50$ Ω, $R_L = 1$ kΩ, $A = 10^6$의 경우, G의 값을 구하라.

(c) $A \to \infty$, $R_i \to \infty$, $R_o \to 0$(이상적인 연산 증폭기 모델)으로 가정할 경우, (a)에서 주어진 G에 관한 식을 단순화하라.

(d) (c)에서 얻어진 식을 평가하고, (b)에서 얻어진 값과 비교하라.

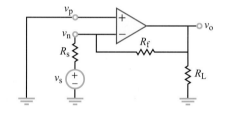

4.7 다음 회로에 대하여 다음 물음에 답하라.

(a) 연산 증폭기 등가회로 모델을 사용하여 $G = \dfrac{v_o}{v_s}$ 관한 식을 구하라.

(b) 이상적인 연산 증폭기 모델 파라미터인 $A \to \infty$, $R_i \to \infty$, $R_o \to 0$를 이용하여 식을 단순화하라.

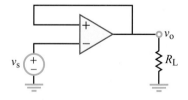

4.8 다음 연산 증폭기 회로는 비반전 입력에 일정한 전압 6 V를 가진다. 반전 입력은 6 V의 직류(DC) 전원과 시변 소신호 v_s로 두 전압원으로 구성되어 있다.

(a) [그림 4–4]에 주어진 연산 증폭기 등가회로 모델을 사용하여 v_o에 관한 식을 나타내라.

(b) $A \to \infty$, $R_i \to \infty$, $R_o \to 0$인 이상적인 연산 증폭기 모델을 이용하여 식을 단순화하라.

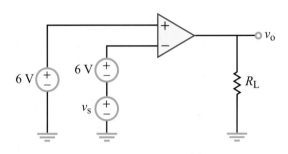

※ **4.3절과 4.4절 : 이상적인 연산 증폭기 모델 반전 증폭기**

(이후의 모든 연산 증폭기는 이상적이라고 가정한다.)

4.9 다음 회로에서 연산 증폭기의 공급 전압은 16 V다. 만약 $R_L = 3 \text{ k}\Omega$일 경우, 회로가 R_L에게 75 mW의 전력을 전달하기 위한 R_f의 저항값을 구하라.

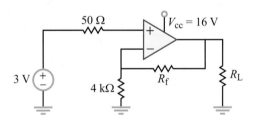

4.10 다음 브리지 회로는 반전 연산 증폭기 회로의 입력 영역에 연결되어 있다.

(a) 브리지 회로에 대해 단자 (a, b)에서의 테브난 등가회로를 구하라.

(b) $G = \dfrac{v_o}{v_s}$의 식을 구하기 위해 (a)의 결과를 사용하라.

(c) $R_1 = R_4 = 100 \ \Omega$, $R_2 = R_3 = 101 \ \Omega$, $R_f = 100 \text{ k}\Omega$일 경우 G 값을 구하라.

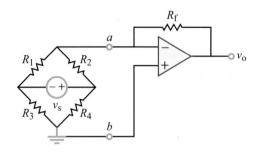

4.11 $V_{cc} = 15$ V이고 $V_0 = 0$일 경우, 다음 회로의 출력 전압을 구하고 v_s에 대한 선형 범위를 정하라.

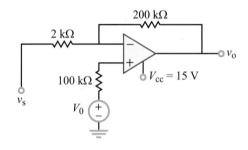

4.12 $V_0 = 0.1$ V에 대해 [연습문제 4.11]을 반복하라.

4.13 다음 회로의 전압 이득 $G = \dfrac{v_o}{v_s}$에 대한 식을 구하라.

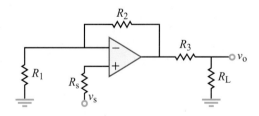

4.14 다음 연산 증폭기 회로에 대해 다음 물음에 답하라.

(a) 전류 이득에 대한 식 $G_i = \dfrac{i_L}{i_s}$을 구하라.

(b) 만약 $R_L = 12 \text{ k}\Omega$일 경우, $G_i = -15$이기 위한 R_f를 구하라.

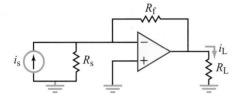

4.15 $G = \dfrac{v_L}{v_s}$ 일 경우, 다음 회로의 이득 $R_L = 4\,k\Omega$ 을 구하고, v_s의 선형 범위를 정하라.

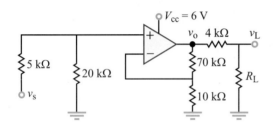

4.16 [연습문제 4.15]의 회로에서 최대 전달 전력을 가지기 위한 R_L의 값은 얼마인가?

4.17 다음 회로에서 $10\,k\Omega$에 걸리는 v_o를 구하라.

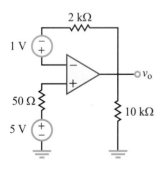

4.18 다음 회로에서 $G = \dfrac{v_o}{v_s}$ 를 구하고, v_s의 선형 범위를 정하라. $R_f = 2400\,\Omega$이라고 가정하자.

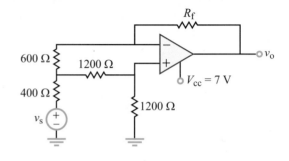

4.19 $R_f = 0$에 대하여 [연습문제 4.18]을 반복하라.

4.20 다음 회로에서 전원 v_s의 선형 범위를 구하라.

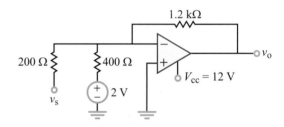

4.21 단락 회로에 대해 다음 직류 전원을 2 V로 대체한 후 [연습문제 4.20]을 반복하라.

4.22 다음 회로는 총 저항이 $R = 10\,k\Omega$이고, 위쪽 영역의 저항인 βR과 아래쪽 영역의 저항인 $(1 - \beta)R$로 나뉜 전위차계를 사용한다. 화살표 부분을 변화시켜 β를 $0 \sim 0.9$까지 변할 수 있다. β에 관한 식 $G = \dfrac{v_o}{v_s}$ 를 구하고 G의 범위를 정하라. 단, β는 가능한 범위에서 변한다.

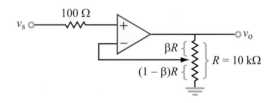

※ 4.5절과 4.6절 : 가산 증폭기, 차동 증폭기

4.23 만약 $R_2 = 4 \text{ k}\Omega$일 경우, [그림 4-14]의 회로에서 $v_o = 3v_1 + 5v_2$이기 위한 R_{s_1}, R_{s_2}, R_1의 값을 구하라.

4.24 다섯 개의 입력 $v_1 \sim v_5$에 대한 평균값을 구하는 연산을 수행하도록 연산 증폭기 회로를 설계하라.

4.25 다음 회로에서 v_L을 v_s의 함수로서 v_s의 전체 범위에 대하여 그래프를 그려라.

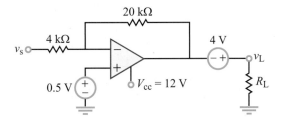

4.26 다음 회로에서 v_s와 v_o의 관계를 설명하고, v_s의 선형 범위를 정하라. $V_0 = 0 \text{ V}$로 가정하자.

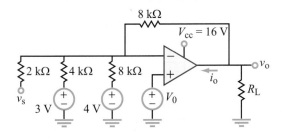

4.27 $V_0 = 6 \text{ V}$에 대해 [연습문제 4.26]을 반복하라.

4.28 $v_s = 0.5 \text{ V}$, $V_0 = 0 \text{ V}$, $R_L = 10 \text{ k}\Omega$의 조건에서 다음 연산 증폭기 회로에 흐르는 전류 i_o를 구하라.

4.29 $v_o = 3 \times 10^4 (i_2 - i_1)$으로 동작할 수 있는 연산 증폭기 회로를 하나 설계하라. i_2와 i_1은 입력 전류 전원이다.

4.30 $v_o = 3v_1 + 4v_2 - 5v_3 - 8v_4$로 동작할 수 있는 회로를 설계하라. $v_1 \sim v_4$까지는 입력 전압 신호다.

4.31 다음 회로에서 v_1, v_2, v_3에 대한 v_o의 관계를 설명하라.

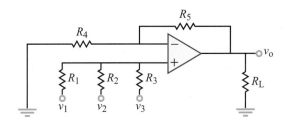

4.32 다음 회로에서 v_1, v_2, 그리고 4개의 저항에 관련된 v_o의 식을 구하라. 만약 $v_1 = 0.1 \text{ V}$, $v_2 = 0.5 \text{ V}$, $R_1 = 100 \text{ } \Omega$, $R_2 = 200 \text{ } \Omega$, $R_3 = 2.4 \text{ k}\Omega$, $R_4 = 1.2 \text{ k}\Omega$일 때 v_o를 구하라.

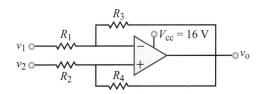

4.33 다음 회로의 출력 영역에서 v_s의 전체 선형 범위에 대해 i_L에 대한 그래프를 그려라.

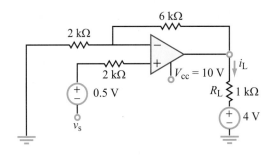

4.34 다음 회로에는 스위치가 두 개 있다. 두 스위치가 닫히거나 열린 네 개의 경우에 대한 폐쇄 루프 이득 $G = \dfrac{v_o}{v_s}$를 구하라.

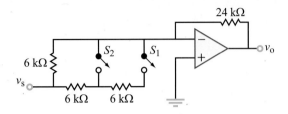

※ 4.8절 : 연산 증폭기 신호처리 회로

4.35 다음 회로를 $v_{s_2} = v_{s_3} = 0$과 다음 조건에서 블록 다이어그램으로 표현하라.

    (a) $R_1 = \infty$(개방 회로)

    (b) $R_1 = 10\ \text{k}\Omega$

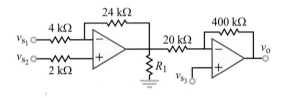

4.36 [연습문제 4.35]의 회로를 $v_{s_3} = 0$과 $R_1 = \infty$인 조건에서 블록 다이어그램으로 표현하라.

4.37 [연습문제 4.35]의 회로를 $v_{s_2} = 0$과 $R_1 = \infty$인 조건에서 블록 다이어그램으로 표현하라.

4.38 다음 회로에 대해 다음 물음에 답하라.

    (a) 가변적인 파라미터인 R_L에 대한 블록 다이어그램을 표현하라.

    (b) v_s의 선형 범위를 정하라.

    (c) $v_s = 0.3\ \text{V}$이고, $R_L = 10\ \text{k}\Omega$일 때 v_o를 구하라.

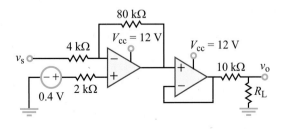

4.39 전원 v_{s_1}에 관한 입력 영역에 저항 $50\ \text{k}\Omega$과 전원 v_{s_2}에 관한 입력 영역에 저항 $25\ \text{k}\Omega$이 있을 때, $v_o = 12v_{s_1} + 3v_{s_2}$로 동작하기 위한 연산 증폭기 회로를 설계하라.

4.40 전원 v_{s_1}에 관한 입력 영역에 저항 $10\ \text{k}\Omega$과 전원 v_{s_2}에 관한 입력 영역에 저항 $5\ \text{k}\Omega$이 있을 때, $v_o = 4v_{s_1} - 3v_{s_2}$으로 동작하기 위한 연산 증폭기 회로를 설계하라.

4.41 다음 회로에서 v_o를 v_s에 대한 식으로 나타내라.

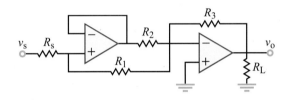

4.42 다음 회로에서 연산 증폭기 1은 연산 증폭기 1의 출력과 연산 증폭기 2의 출력으로부터 궤환을 가진다. v_o를 v_s에 대한 식으로 나타내라.

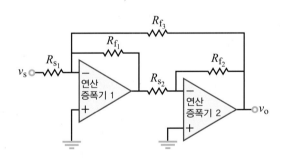

4.43 다음 회로에서 v_o를 v_1과 v_2에 대한 식으로 나타내라.

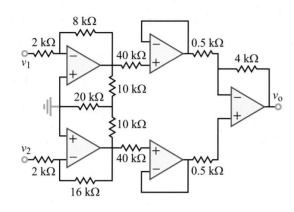

4.44 $i_o = (30i_1 - 8i_2 + 0.6)$으로 동작하기 위한 연산 증폭기를 설계하라. 여기서 i_1과 i_2는 입력 전류다.

4.45 다음 회로에서 v_o를 v_s에 대한 식으로 나타내라.

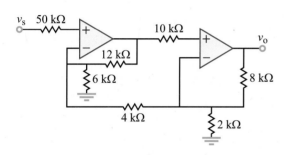

※ 4.9절과 4.10절 : 계측 증폭기
디지털 아날로그 변환기

4.46 다음 증폭기 회로는 전압차 $\Delta v = v_2 - v_1$을 측정하기 위해 사용된다. 만약 Δv의 범위가 -10 mV $\sim +10$ mV까지고 $R_1 = R_3 = R_4 = R_5 = 100$ kΩ일 때, v_o에 해당하는 범위가 -5 mV $\sim +5$ mV가 되기 위한 R_2를 구하라.

4.47 $R_1 = R_3 = 10$ kΩ, $R_4 = 1$ MΩ, $R_5 = 1$ kΩ 을 가진 증폭기는 이득 조절 저항 R_2에 관한 전위차계를 사용한다. 만약 전위차계 저항이 $10\ \Omega \sim 100$ Ω까지 변할 수 있다면, 회로 이득 $G = \dfrac{v_o}{v_2 - v_1}$에 해당하는 변화는 어떠한가?

4.48 [그림 4-22] 회로와 비슷하게 5비트 디지털 아날로그 변환기(DAC)를 설계하라.

4.49 $R-2R$ 래더를 사용하여 6비트 디지털 아날로그 변환기(DAC)를 설계하라.

4.11절 : 전압제어 전류원으로 사용되는 MOSFET

4.50 [예제 4-9]에서 부하 저항 없이 공통 소스 증폭기를 해석하였다. 다음 증폭기는 추가된 부하 저항 R_L을 제외하면, 문제 4.28의 회로와 같다. v_{out}을 v_s에 대한 식으로 나타내라.

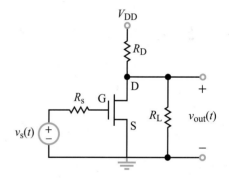

4.51 다음 회로에서 $v_{out}(t)$를 $v_s(t)$의 함수로 나타내라. $V_{DD} = 2.5$ V라고 가정한다.

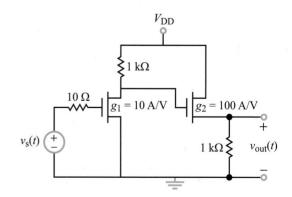

4.52 3장의 [연습문제 3.73]에서, 바이폴라 접합 트랜지스터(BJT)로 이루어진 전류 거울(mirror) 회로를 해석하였다. 전류 거울 회로는 다음 회로에서처럼 MOSFET을 이용하여 설계할 수 있다. I_0와 I_{REF}의 관계를 구하라.

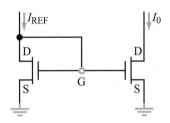

※ 4.13절 : Multisim 해석

4.53 Multisim에서 이득이 2인 비반전 증폭기([그림 4-5])를 그려라. 1 V 펄스 전원을 연결하고 입력과 출력 전압을 그려 그래퍼(grapher) 도구와 과도 응답 해석(transient analysis)을 사용함으로써 예상되는 회로 동작을 보여라. 3단자 연산 증폭기를 사용하라.

4.54 Multisim에서 이득이 3.5인 반전 증폭기([그림 4-9])를 그려라. 1 V 직류 전원을 연결하여 회로를 풀어 직류 동작점 해석(DC Operating point analysis)을 수행하라. 3단자 연산 증폭기를 사용하라.

4.55 Multisim에서 반전 이득이 4이고, 4개의 다른 직류 전압원의 값을 더하는 가산 증폭기를 그려라. 회로 특성을 확인하기 위해 직류 동작점 해석 도구를 사용하라.

4.56 Multisim에서 3개의 다른 직류 전압원 V_1, V_2, V_3에 대해 이득이 1, 2, 3인 비반전 가산 증폭기를 각각 그려라. 회로를 증명하기 위해 직류 동작점 해석 도구를 이용하라.

4.57 Multisim에서 다음 연산 증폭기 회로를 그리고, 직류 동작점 해석을 이용하여 회로의 동작을 설명하라.

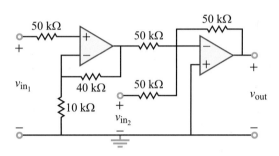

4.58 Multisim에서 다음 비반전 증폭기 회로를 구성하라. R을 50 kΩ으로 설정하고, 입력 전압이 −5 ~ +5 V까지인 DC sweep analysis을 형성하고, 출력을 그려라. R을 80 kΩ으로 바꾸고 DC sweep analysis을 반복하라. 나란히 놓아둔 그림과 그래퍼(grapher) 도구창의 overlay trace 버튼을 사용하여 겹치는 그림을 비교하라. 시뮬레이션을 위해 3단자 연산 증폭기를 사용하라.

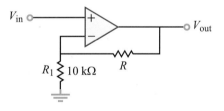

4.59 1970년도까지 많은 연구가 (오늘날에 사용되는 디지털 컴퓨터와 구별함으로써) 아날로그 컴퓨터로 수행되었다. 사실 아날로그 컴퓨터는 증폭기를 사용하여 구현되는 시스템 중 하나이며 연산 증폭기는 많은 수학적 연산을 수행할 수 있다. 이 장에 보인 기본 연산 증폭기 회로를 사용하여, 다음에 나오는 전압에 관련된 방정식을 표현하기 위한 회로를 설계하라.

$$v = 2x - 3.5y + 0.2z$$

v는 출력 전압이고 x, y, z는 세 개의 입력 전압이다.
설계한 회로를 Multisim에서 구성하고 다음 값들
을 대입하여 올바르게 동작하는지를 확인하라.

$$x = 1.2, \quad y = 0.4, \quad z = 0.9$$

Chapter

05

*RC*와 *RL* 회로
RC and *RL* Circuits

학습목표

- 수학 함수를 사용하여 여러 종류의 비주기적인 파형을 표현할 수 있다.
- 커패시터의 전기적인 특성을 정의하고, 커패시터에 인가된 전압과 저장된 전기 에너지 및 i–v 특성 관계를 이해할 수 있다.
- 직렬 또는 병렬로 연결된 여러 커패시터를 조합하여 표현할 수 있다.
- 인덕터의 전기적인 특성을 정의하고, 인덕터를 통하여 흐르는 전류와 저장된 자기 에너지 및 i–v 특성 관계를 이해할 수 있다.
- 직렬 또는 병렬로 연결된 여러 인덕터를 조합하여 표현할 수 있다.
- 스위치로 인하여 직렬 *RC* 또는 병렬 *RL* 회로에 갑작스러운 신호 변화가 생길 때 두 회로에서 발생하는 응답을 분석할 수 있다.
- 미분 및 적분 연산을 수행하는 *RC* 연산 증폭기 회로를 설계할 수 있다.
- Multisim을 활용하여 *RC*와 *RL* 회로를 해석할 수 있다.

개요

저항의 특성은 시간을 고려하지 않은 상태에서 옴의 법칙 $v = iR$로 정의되는 $i-v$ 관계로 결정된다. 그리고 옴의 법칙을 이용하여 저항 회로에 키르히호프의 전류 및 전압법칙을 적용하면 결국 하나 이상의 선형 연립 방정식을 이끌어낼 수 있다. 선형 연립 방정식을 해결하는 과정은 비교적 간단하며, 시간에 따른 특성 변화는 포함하지 않는다. 만약 i가 시간에 따라 변한다면 v도 i에 선형적으로 비례하여, v와 i는 서로 같은 시간 변화 특성을 가진다. 회로 내에 있는 전압원 또는 전류원은 시간 변화에 따라 단지 신호의 크기가 변하는 것이기 때문에, 이러한 저항 회로는 동적 회로가 아닌 정적 회로로 간주된다. 저항 요소의 또 다른 중요한 특징은 열에 의한 전기에너지를 소비한다는 것이다.

커패시터와 인덕터는 서로 대조적인 시간 특성을 갖는 대표적인 전기소자다. 시간 t(더 정확하게 $\frac{d}{dt}$)는 커패시터와 인덕터의 동작 원리를 설명하는 핵심 요소다. 또한 커패시터와 인덕터는 저항과 달리 에너지를 소모하지 않는다. 에너지를 저장할 수는 있지만 소모할 수는 없다.

시간에 따라서 변하는 전원을 포함한 회로에 커패시터와 인덕터를 추가하여 실제로 다양한 분야에 응용될 수 있는 동적 회로를 구현할 수 있다. 특정 전압원 또는 전류원을 사용한 회로에서 동적 응답은 회로의 구조와 전원의 시간 변화 특성을 나타내는 파형에 따라 달라진다. 일반적으로 회로의 응답 결과는 과도 응답 성분과 정상 상태 응답 성분으로 구성된다.

> 과도 응답은 회로에서 전원에 연결된 스위치를 열고 닫는 것과 같이 갑작스런 변화가 일어날 때의 초기 반응을 나타낸다.

대부분의 전자회로는 외부 자극이 가해진 뒤 아주 짧은 시간 내에 과도 응답이 없어지거나 거의 상숫값에 도달하도록 설계된다. [그림 5-1]에 과도 응답과 정상 상태 응답에 대한 일반적인 예를 나타내었다.

[그림 5-1(a)]에서 외부 여기는 직류 전압원이고, 그림에 있는 응답은 회로 내의 스위치가 닫힐 때 커패시터를 통해 흐르는 전류를 나타낸다. i_0와 i_∞로 표시된 전류값은 스위치가 닫힌 직후와 긴 시간이 흐른 후의 과도 응답 전류를 의미한다. 이때 i_0와 i_∞는 $i(t)$의 초깃값과 최종값이라고 한다.

[그림 5-1(b)]는 시간의 변화에 따라서 사인 파형으로 변하는 전원이 사용된 회로의 응답을 보여준다. 교류 전원과 스위치의 초기 동작은 과도 응답을 빠르게 정상 상태의 응답으로 바꾼다. 이러한 교류 응답 신호의 파형은 외부 여기 신호 및 회로 응답 모두 주기함수다. 이와 반대로 직류 신호의 파형은 비주기적이다. 회로의 해석 및 설계에 사용되는 도구들은 주기함수 파형과 비주기함수 파형을 다룰 때 각각 다르게 사용되어야 한다. 따라서 7장에서 교류 회로를 배우기 전에 5장과 6장에서는 비주기 파형이 외부에서 인가된 회로가 어떻게 동작하는지를 배울 것이다.

5.1절에서는 전기회로의 비주기적인 파형을 소개하고, 5.2절과 5.3절에서는 커패시터와 인덕터의 회로

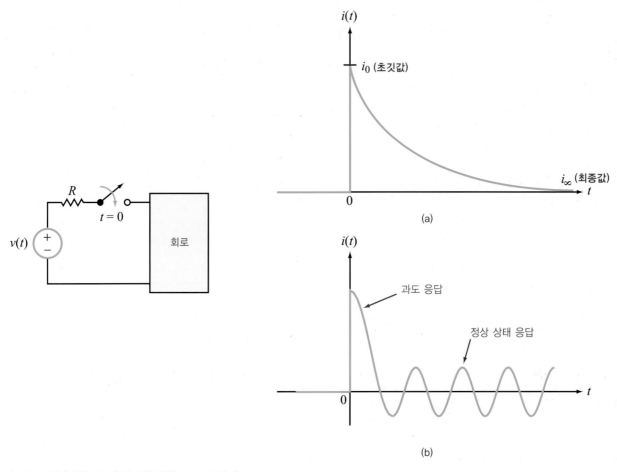

[그림 5-1] (a) 직류 과도 응답 : 직류 전원 $v(t) = V_0$일 때
(b) 교류로 여기된 회로의 응답 결과 : 교류 전원 $v(t) = V_0 \cos wt$일 때의 회로 응답

특성을 배울 것이다. 5장에서 소개되는 비주기적인 여기 함수가 사용된 회로의 응답은 과도 응답과 정상 상태 응답, 두 부분으로 나누어 다룰 것이다. 5.4절~5.6절까지는 키르히호프의 전압법칙과 전류법칙을 적용할 때 일차 미분 방정식으로 회로 특성을 나타낼 수 있는 일차 회로를 다룬다.

일차 회로는 전원, 저항, 커패시터 한 개(또는 여러 커패시터를 결합한 하나의 등가 커패시터)로 구성된 RC 회로와 RL 회로를 말한다. 일차 회로에 커패시터와 인덕터가 동시에 사용된 RLC 회로는 포함되지 않으며, 2차 미분 방정식을 사용하는 RLC 회로는 6장에서 배울 것이다.

[질문 5-1] 회로의 과도 응답과 정상 상태 응답의 차이점은 무엇인가?

[질문 5-2] 왜 직류 전원과 교류 전원이 사용된 회로의 응답을 따로 공부하는가?

5.1 비주기적 파형

수많은 비주기적 파형 중에서 계단, 경사, 펄스, 지수 파형은 전기회로에서 가장 많이 접하는 파형이다. 이 장에서는 이 네 가지 파형과 관련된 기하학적 속성과 각각의 수학적 표현을 알아보고, 네 가지 신호 사이의 연결 관계를 검토한다.

5.1.1 계단함수의 파형

[그림 5-2(a)]에 표시된 파형 $v(t)$는 이상적인 계단함수를 보여준다. $t < 0$일 때 $v(t)$는 0이고, $t = 0$일 때 $v(t)$는 V_0의 값으로 불연속적으로 증가한다. 시간이 지남에 따라 V_0는 같은 값으로 유지된다. 이를 수학적으로 표현하면 다음과 같다.

$$v(t) = V_0 \, u(t) \tag{5.1}$$

$u(t)$는 단위 계단함수이고 다음과 같이 정의된다.

$$u(t) = \begin{cases} 0 & (t < 0) \\ 1 & (t > 0) \end{cases} \tag{5.2}$$

$v(t)$의 값은 0에서 V_0로 변해야하기 때문에, 현실적으로 이상적인 계단함수는 불가능하다. 계단함수의 현실적인 모양은 [그림 5-2(b)]와 같다. Δt에 대해 불연속적으로 뛰어오르면서 경사형 파형으로 바뀐다.

계단함수의 한 예는 회로에 전압원과 연결된 스위치가 닫힐 때 볼 수 있다. 만약 스위치를 열고 닫는데 필요한 시간이 회로에서 확인하고자 하는 응답 시간에 비해서 매우 짧으면(Δt는 응답 시간에 비하여 매우 짧으므로) 이상적인 계단함수로 볼 수 있다. 따라서 회로 응

계단함수

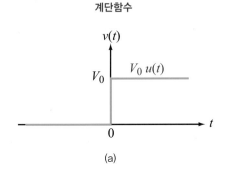

(a)

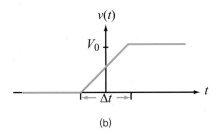

(b)

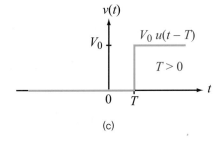

(c)

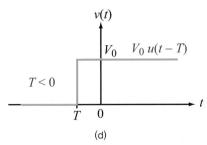

(d)

[그림 5-2] (a) 이상적인 계단함수
(b) 전이 시간 Δt를 갖는 실제 계단함수
(c) $T > 0$일 때, 시간 지연된 계단함수
(d) $T < 0$일 때, 시간 지연된 계단함수

답을 분석할 때 스위치의 개폐 시간 혹은 계단함수의 전이 시간은 무시할 수 있다. 반면에 스위치를 열고 닫을 때 필요한 전이 시간이 회로의 응답 시간에 비하여 훨씬 긴 경우에는 이상적인 계단함수로 볼 수 없다. 따라서 이런 경우는 계단함수를 Δt가 반영된 실제적이고 연속적인 계단함수로 간주하여 회로 응답을 분석해야 한다.

$v(t)$가 0이 아닌 시간 $t = T$를 기준으로 값이 바뀐다면 다음과 같이 표현된다.

$$v(t) = V_0\, u(t - T) = \begin{cases} 0 & (t < T) \\ V_0 & (t > T) \end{cases} \qquad (5.3)$$

$u(t-T)$는 시간 지연된 계단함수로 $u(t-T)$ 값은 $(t-T)$가 0보다 작을 때 0으로 정의하고, 0보다 클 때는 1로 정의한다.

[그림 5-2(c)]와 [그림 5-2(d)]는 $T > 0$일 때와 $T < 0$일 때의 계단함수 파형을 나타낸다.

경사함수

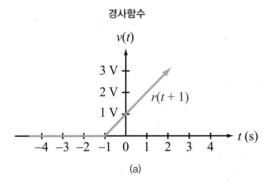

(a)

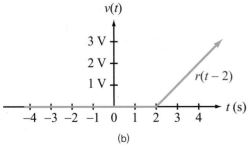

(b)

[그림 5-3] (a) $T = -1\text{s}$
(b) $T = 2\,\text{s}$일 때 시간 지연된 경사함수 $r(t-T)$

5.1.2 경사함수의 파형

한 파형이 특정 시간 $t = T$에서 시작하여 시간에 따라 선형적으로 변화할 때, 시간 지연된 경사함수라 하고 $r(t - T)$로 나타낸다. 만약 $t = 0$이라면 간단하게 경사함수라 하고 $r(t)$로 나타낸다. 일반적으로 $r(t - T)$는 다음과 같이 정의된다.

$$r(t - T) = \begin{cases} 0 & (t \le T) \\ (t - T) & (t \ge T) \end{cases} \qquad (5.4)$$

식 (5.4)로 정의된 $v(t) = r(t-T)$가 $T = -1\,\text{s}$와 $T = 2\,\text{s}$일 때의 파형을 [그림 5-3]에 나타내었다. [그림 5-4 (a)]는 $T = 1\,\text{s}$부터 초당 3 V씩 전압이 증가하는 경사함수다.

$v(t)$는 수학적으로 다음과 같이 나타낸다.

$$v(t) = 3r(t - 1)\ \text{V} \qquad (5.5)$$

$r(t - T)$의 계수가 음이면, [그림 5-4(b)]의 $v(t) = -2r(t + 1)$ 함수처럼 음의 기울기가 나타난다. 단위 경사함수와 단위 계단함수의 관계는 다음과 같다.

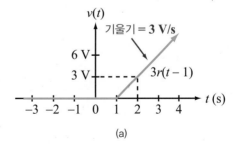

(a)

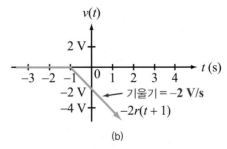

(b)

[그림 5-4] 경사함수의 예

$$r(t) = \int_{-\infty}^{t} u(t)\, dt = t\, u(t) \qquad (5.6)$$

$$r(t-T) = \int_{-\infty}^{t} u(t-T)\, dt \qquad (5.7)$$
$$= (t-T)\, u(t-T)$$

$t=T$에서 시작하는 경사함수와 계단함수의 관계는 다음과 같다.

예제 5-1 실제 계단 파형

[그림 5-5(a)]에서 보여주는 파형에 대한 표현식을 구하라. 시간의 단위는 ms다.

풀이

전압 $v(t)$는 [그림 5-5(b)]와 같이 두 개의 시간 지연 경사함수의 합으로 표현할 수 있다. 두 경사함수 중, 하나는 $T = -2$ ms에서 값이 증가하여 기울기가 3 V/s이며, 또 하나는 $T = +2$ ms에서 값이 증가하여 기울기가 -3 V/s다. 두 함수를 합하면 다음과 같다.

$$v(t) = v_1(t) + v_2(t)$$
$$= 3r(t + 2\text{ ms}) - 3r(t - 2\text{ ms})\text{ V}$$

식 (5.7)을 응용하면, 위의 식으로 표현된 $v(t)$도 시간 지연된 계단함수들로 표현할 수 있다.

$$v(t) = 3(t + 2\text{ ms})\, u(t + 2\text{ ms})$$
$$- 3(t - 2\text{ ms})\, u(t - 2\text{ ms})\text{ V}$$

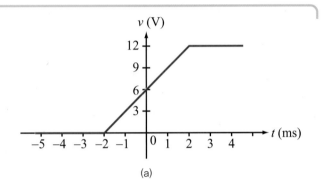

(a)

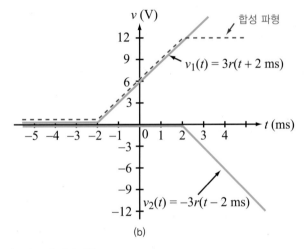

(b)

[그림 5-5] 계단 파형
(a) 기본 함수
(b) 두 개의 시간 지연 경사함수의 합

5.1.3 펄스 파형

[그림 5-6(a)]는 $t=1$ s일 때 단자 1에서 단자 2로 이동하고, $t=5$ s일 때 단자 1로 돌아오는 SPDT 스위치다. 이 스위치는 전기회로의 직류 전압원과 연결되어 있다. 회로 입장에서 보면 [그림 5-6(b)]와 같이 스위치가 동작하여 전압 V_0의 직사각형 펄스를 만들어낸다.

펄스함수 파형은 직사각형뿐만 아니라 삼각형이나 가우스함수 형태 등 다양한 모양이 될 수 있다. 하지만 모양이 다르더라도 펄스함수는 기본값에서 최댓값으로 크기가 변하고 일정 시간동안 최댓값을 유지한 뒤, 원래의 기본값으로 되돌아온다.

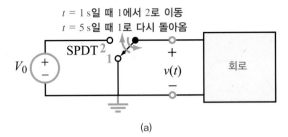

(a)

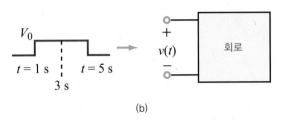

(b)

[그림 5-6] $t = 1$ s일 때 스위치가 직류 전원에 연결되고 $t = 5$ s일 때 접지
로 되돌아온다. 전압 펄스의 정중앙 위치는 $T = 3$ s이고 펄스
의 지속시간은 $\tau = 4$ s이다.
(a) 입력 스위치 회로
(b) 등가적으로 표현된 입력 펄스 $\text{rect}\left(\dfrac{t-3}{4}\right)$

직사각형 펄스는 단위 직사각형함수인 $\text{rect}\left(\dfrac{t-T}{\tau}\right)$로
설명된다. 이때 직사각형 펄스는 [그림 5-7]처럼 펄스
의 정중앙 위치인 T와 펄스의 지속 시간 τ로 특성이 결
정된다. 이러한 펄스 파형은 수학적으로 다음과 같이
정의된다.

$$\text{rect}\left(\frac{t-T}{\tau}\right) = \begin{cases} 0 & t < \left(T - \dfrac{\tau}{2}\right) \\ 1 & \left(T - \dfrac{\tau}{2}\right) \leq t \leq \left(T + \dfrac{\tau}{2}\right) \\ 0 & t > \left(T + \dfrac{\tau}{2}\right) \end{cases}$$

$$(5.8)$$

직사각형 펄스

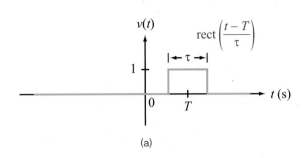

(a)

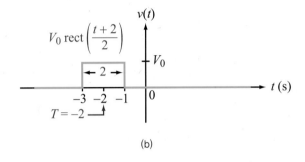

(b)

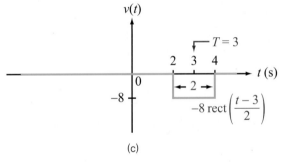

(c)

[그림 5-7] 직사각형 펄스

특정 직사각형 펄스는 시간 지연된 계단함수 두 개로
만들 수 있다. 첫 번째 계단함수는 값을 상승시키고 두
번째 계단함수는 값을 하강시킨다. [예제 5-2]를 통해
자세한 내용을 알아보자.

예제 5-2 펄스

다음 펄스를 나타내는 표현식을 계단함수와 경사함수를 이용하여 구하라.
(a) [그림 5-8(a)]의 직사각형 펄스
(b) [그림 5-8(b)]의 사다리꼴 펄스

풀이

(a) [그림 5-8(a)]의 직사각형 펄스는 진폭이 4 V이고, 지속 시간은 $T_1 = 2$ s에서 $T_2 = 4$ s까지 2 s이다. 펄스의 정중

파형 합성

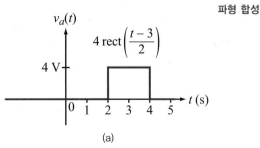

(a)

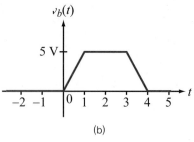

(b)

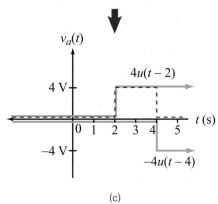

(c)

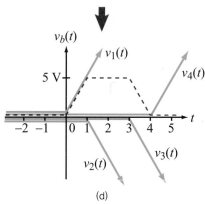

(d)

[그림 5-8] (a) 직사각형 펄스
(b) 사다리꼴 펄스
(c) $v_a(t) = 4u(t-2) - 4u(t-4)$
(d) $v_b(t) = v_1(t) + v_2(t) + v_3(t) + v_4(t)$

앙 시간이 3 s이므로 다음과 같은 식으로 표현된다.

$$v_a(t) = 4\operatorname{rect}\left(\frac{t-3}{2}\right) \text{ V} \tag{5.9}$$

[그림 5-8(c)]와 같이 $t = 2$ s에서 $v_1(t)$를, $t = 4$ s에서 $v_2(t)$를 순차적으로 더하면, 하나의 직사각형 펄스를 두 개의 시간 지연 계단함수로 만들 수 있다.

$$\begin{aligned} v_a(t) &= v_1(t) + v_2(t) \\ &= 4[u(t-2) - u(t-4)] \text{ V} \end{aligned} \tag{5.10}$$

(b) [그림 5-8(b)]의 사다리꼴 신호는 $t = 0$에서 $t = 1$ s까지 양의 기울기를 갖는 경사 부분, $t = 1$ s에서 $t = 3$ s까지 값이 고정된 안정 상태 부분, $t = 3$ s에서 $t = 4$ s까지 음의 기울기를 갖는 부분, 총 세 개의 영역으로 구성되어 있다. 이러한 신호는 [예제 5-1]의 풀이 과정을 응용하여, 네 개의 경사함수를 이용하여 합성할 수 있다. 그 과정은 [그림 5-8(b)]에 나타나 있다.

$$\begin{aligned} v_b(t) &= v_1(t) + v_2(t) + v_3(t) + v_4(t) \\ &= 5[r(t) - r(t-1) - r(t-3) + r(t-4)] \text{ V} \end{aligned} \tag{5.11}$$

식 (5.7)에 주어진 경사 및 계단함수 사이의 관계를 사용하여 $v_b(t)$를 표현하면 다음과 같다.

$$\begin{aligned} v_b(t) = 5[&t\, u(t) - (t-1)\, u(t-1) \\ &- (t-3)\, u(t-3) + (t-4)\, u(t-4)] \text{ V} \end{aligned} \tag{5.12}$$

[연습 5-1] 단위 계단함수를 이용하여 다음 파형 (a), (b)를 각각 표현하라.

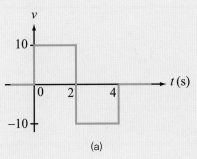

(a)

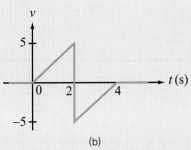

(b)

[연습 5-2] $u(t)$와 $u(-t)$는 어떤 관계인가?

[연습 5-3] [그림 5-6(a)]의 SPDT 스위치를 생각해보자. 단자 1에서 시작하여 $t = 1$ s일 때 단자 1로 이동하고, $t = 5$ s일 때 단자 2로 다시 이동한다. 이 동작 순서는 [그림 5-6(b)]에 표시된 순서와 반대다. $v(t)$를 다음 형태로 표현하라.
(a) 단위 계단함수
(b) 직사각형 펄스

5.1.4 지수 파형

지수함수는 시간에 따라서 매우 빠르게 상승하거나 감소하는 파형의 특성을 나타낼 수 있다. 양의 지수함수는 다음과 같이 주어진다.

$$v_{\mathrm{p}}(t) = e^{t/\tau} \qquad (5.13)$$

[그림 5-9]는 양의 시정수 τ를 갖는 지수함수와 음의 시정수 τ를 갖는 지수함수를 모두 보여준다.

$$v_{\mathrm{n}}(t) = e^{-t/\tau} \qquad (5.14)$$

$t = \tau$일 때, $v_{\mathrm{n}} = e^{-1} = 0.37$이다. 즉 전압이나 전류와 같은 특정 물리량이 시간에 지수적으로 감소할 때, τ초 후에 특정 물리량의 진폭이 초깃값의 $\frac{1}{e}$ 또는 37%로 감소함을 의미한다. 유사하게 $t = -\tau$일 때 $v_{\mathrm{p}} = e^{-1} = 0.37$이다.

[그림 5-10(a)]에 나타낸 것처럼 짧은 시정수를 갖는 지수함수는 긴 시정수를 갖는 지수함수보다 빠르게 감소한다. 시간 t를 $(t - T)$로 대체하면 [그림 5-10(b)]와 같이 T가 양의 값일 때는 지수 곡선이 오른쪽으로 이동하고 T가 음의 값일 때는 왼쪽으로 이동한다. [그림 5-10(c)]에서 볼 수 있듯이 지수함수의 범위는 $e^{-t/\tau}$와 $u(t)$의 곱에 의해 $t > 0$으로 제한된다. 그리고 [그림 5-10(d)]에서 함수 $v(t) = V_0(1 - e^{-t/\tau}) u(t)$는 어떤 파형이 V_0으로 포화되는 것을 표현할 수 있다.

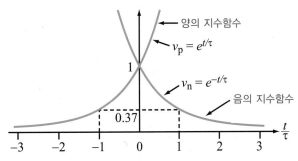

[그림 5-9] $t = \tau$일 때 지수함수 $e^{-t/\tau}$의 값은 $t = 0$일 때 값의 37%로 감소한다.

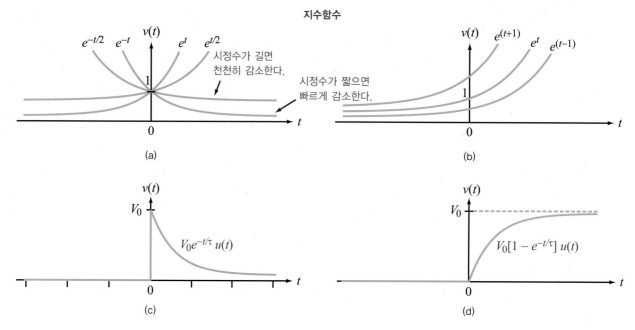

지수함수

[그림 5-10] (a) 시정수의 역할
(b) 시간 지연을 위한 T의 역할
(c) 지수함수의 범위
(d) V_0으로 포화되는 파형

[표 5-1]은 일반적인 파형의 형태와 관계식을 요약하여 보여준다.

[질문 5-6] 음의 지수함수의 시정수가 두 배가 되면, 파형은 더 빠르게 감소하는가? 아니면 더 느리게 감소하는가?

[질문 5-7] 함수 $(1 - e^{-|t|})$로 표현된 파형은 대략 어떤 모양인가?

[연습 5-4] 어떤 물질에 대한 방사선 붕괴 방정식이 $n(t) = n_0 e^{-t/\tau}$이며, n_0는 $t = 0$에서의 초깃값을 의미한다. 만약 $\tau = 2 \times 10^8$일 때 반감기는 얼마인가? (반감기 $t_{1/2}$는 초깃값의 50%가 될 때까지 걸리는 시간이다.)

[연습 5-5] 저항 R을 통해 흐르는 전류 $i(t)$가 시정수 τ를 갖는 지수함수의 형태로 감소한다. $t = 0$에서의 전력값과 비교하여 $t = \tau$일 때 저항에서 소모된 전력을 구하라.

[표 5-1] 일반적인 비주기적 파형

파형	관계식	일반적인 형태
계단	$u(t - T) = \begin{cases} 0 & (t < T) \\ 1 & (t > T) \end{cases}$	
경사	$r(t - T) = (t - T)\,u(t - T)$	
직사각형 펄스	$\mathrm{rect}\left(\dfrac{t - T}{\tau}\right) = u(t - T_1) - u(t - T_2)$ $T_1 = T - \dfrac{\tau}{2}, \quad T_2 = T + \dfrac{\tau}{2}$	
지수	$\exp\left(-\dfrac{t - T}{\tau}\right)u(t - T)$	

5.2 커패시터

절연 물질로 서로 분리된 두 전도성 물체는 모양이나 크기에 상관없이 커패시터를 형성한다. [그림 5-11]의 평행판 커패시터는 면적(A)이 같은 두 전도성판으로 구성되어 있다. 두 판은 유전율 ϵ인 유전체 물질에 의해 거리 d만큼 떨어져 있다.

물질의 유전율(electrical permittivity)은 자유공간에서의 유전율 $\epsilon_0 = 8.85 \times 10^{-12}$ F/m에 대한 상대 유전율로 표현한다. 그래서 물질의 상대 유전율은 다음과 같이 정의된다.

$$\epsilon_r = \frac{\epsilon}{\epsilon_0} \qquad (5.15)$$

유전체 물질이 전기장에 노출되면, 내부 원자들은 부분적으로 분극화된다. 평행판에 인가되어 있는 전압 v는 전도성 평행판 사이의 공간에서 전기장 E를 발생시킨다. 물질의 감수율(electrical susceptibility) χ_e는 이물질이 전기장에 의하여 얼마나 전기적으로 분극이 잘되는지를 나타내는 척도다. 유전률 ϵ과 감수율 χ_e의 관계는 다음과 같다.

$$\epsilon = \epsilon_0(1 + \chi_e) \qquad (5.16)$$

이를 식 (5.15)에 대입하면 다음과 같이 상대 유전율을 구할 수 있다.

$$\epsilon_r = \frac{\epsilon}{\epsilon_0} = 1 + \chi_e \qquad (5.17)$$

자유공간에는 원자가 존재하지 않기 때문에, $\chi_e = 0$이며, $\epsilon_r = 1$이다. 해수면에서의 공기는 $\epsilon_r = 1.0006 \simeq 1.0$이다. [표 5-2]에 일반적인 절연체의 ϵ_r 값을 나타내었다.

[그림 5-11]처럼 평행판 커패시터의 두 판에 전압원이 연결되면 전하들이 전도체 표면으로 이동한다. 전압원의 (+) 단자가 연결된 판에는 $+q$전하가 축적될 것이며, 다른 판에 $-q$전하가 축적될 것이다. 축적된 전하는 유전체 물질에 전기장 E를 발생시키며, 전기장과 관계는 다음과 같다.

$$E = \frac{q}{\epsilon A} \qquad (5.18)$$

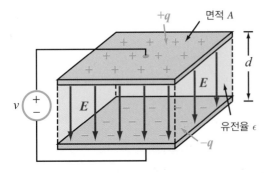

[그림 5-11] 면적이 A, 거리는 d만큼 떨어져 있고, 유전율 ϵ의 유전체에 의해 절연된 평행판 커패시터

[표 5-2] 일반적인 절연체에 대한 상대 유전율

물질	상대 유전율 ϵ_r
해수면 높이의 공기	1.0006
테프론	2.1
폴리스티렌	2.6
종이	2~4
합성수지	5
운모	5.4~6
도자기	5.7

이때 E의 방향은 $+q$가 축적된 판에서 $-q$가 축적된 판으로 향한다. 또한 E는 전압 v와 다음과 같은 식으로 표현할 수 있다. 단위는 V/m이다.

$$E = \frac{v}{d} \text{ V/m} \tag{5.19}$$

> 커패시터에서 정전용량(커패시턴스) C는 양극판이 지닌 전하량 q를 커패시터에 전하를 축적하기 위해 인가된 전압으로 나눈 값으로 정의된다. 단위는 패럿(F)이다.

따라서 정전용량은 다음과 같이 표현된다.

$$C = \frac{q}{v} \text{ F} \quad \text{(모든 커패시터)} \tag{5.20}$$

평행판 커패시터에서 식 (5.18)과 식 (5.19)를 결합하면 $q = \frac{\epsilon A v}{d}$를 구할 수 있고, 이를 식 (5.20)에 q대신 대입하면 다음과 같은 식을 구할 수 있다.

$$C = \frac{\epsilon A}{d} \quad \text{(평행판 커패시터)} \tag{5.21}$$

식 (5.21)의 표현식은 평행판 커패시터뿐만 아니라 다른 구조의 커패시터에서도 유효하다. 일반적으로 두 전도체로 구성된 커패시터의 정전용량 C는 전도면에 비례하여 증가하며, 이들 사이의 거리에 반비례한다. 또한 절연 물질 ϵ와 직접적인 비례관계다. 예를 들어 유전율 ϵ의 절연 물질로 분리되어 있으며, 반지름이 a와 b인 두 전도 실린더([그림 5-12(a)])로 구성된 동축 커패시터의 정전용량은 다음과 같이 표현된다.

$$C = \frac{2\pi\epsilon\ell}{\ln(b/a)} \quad \text{(동축 커패시터)} \tag{5.22}$$

여기서 ℓ은 커패시터의 길이다. 실린더 사이의 거리는 $(b-a)$이며, b를 일정하게 유지한 상태로 이 공간을 줄이면, $\left(\frac{b}{a}\right)$의 비가 줄어든다. 이는 $\ln\left(\frac{b}{a}\right)$가 감소하는 것을 의미하고 따라서 C의 크기가 증가한다.

[그림 5-12(b)]에 나와 있는 운모 커패시터는 운모층으로 절연된 다량의 전도판으로 구성되어 있다. [그림 5-12(c)]의 플라스틱 금속막 커패시터는 유연성 있는 전도 금속판들이 플라스틱층으로 분리되어 동심원 모양으로 말려 있다. 마이크로 회로에 사용되는 작은 커패시터의 정전용량 범위는 일반적으로 피코패럿(10^{-12}

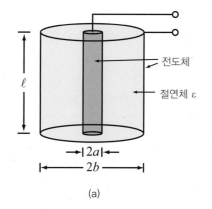

(a)

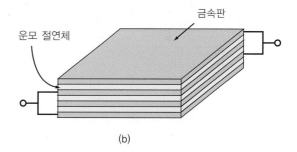

(b)

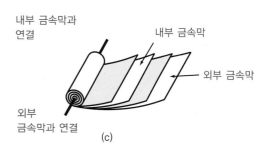

(c)

[그림 5-12] 다양한 종류의 커패시터
  (a) 동축 커패시터
  (b) 운모 커패시터
  (c) 플라스틱 금속막 커패시터

F)에서 마이크로패럿(10^{-3} F) 사이다. 변전소의 전력 전송 시스템에 사용되는 큰 커패시터들의 정전용량은 밀리패럿(10^{-3} F) 급이다. 얇은 두께의 중합체를 절연층으로 사용하고, 탄소 나노튜브를 전극 단자로 사용하는 새로운 종류의 커패시터(슈퍼 커패시터 혹은 나노커패시터)는 1990년대부터 전도체가 지닐 수 있는 전하량을 증가시키는 것을 목표로 개발되었다. 개발된 커패시터는 일반적으로 비슷한 크기의 커패시터에 비해서 몇 승 이상의 큰 정전용량을 가진다. 새로운 커패시터의 제조 기술 덕분에 전자회로에서 커패시터가 다양하게 사용되고, 많은 전자적 응용 분야에서 슈퍼 커패시터를 에너지 저장 장치로 사용할 수 있다.

5.2.1 커패시터의 전기적 특성

식 (5.20)에 따르면, $q = Cv$이다. 커패시터를 통하여 흐르는 전류는 다음과 같이 전류 i로 정의된다.

$$i = \frac{dq}{dt}$$
$$= C\frac{dv}{dt} \quad (5.23)$$

i의 방향과 v의 극성은 [그림 5-13]과 같이 수동부호조약으로 정의되어 있다.

식 (5.23)의 $i-v$ 관계식은 다음과 같은 매우 중요한 조건을 알려준다.

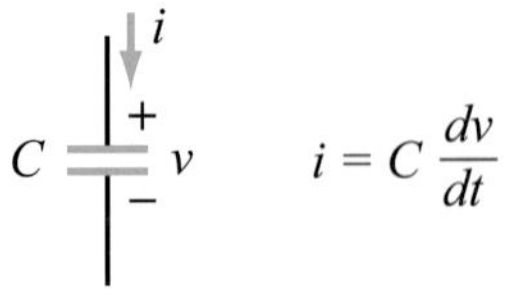

$$C \; \overset{+}{\underset{-}{\rlap{\rule{1.5em}{0.05em}}}} \; v \qquad i = C\frac{dv}{dt}$$

[그림 5-13] **커패시터의 수동부호규약** : 만일 전류 i가 커패시터의 (+) 전압 단자로 인가된다면, 전력이 커패시터 내부로 이동한다. 이와 반대로 i가 (+) 단자를 나간다면, 전력도 커패시터로부터 점점 풀려난다.

커패시터에 인가되어 있는 전압은 순간적으로 빠르게 변할 수 없다.

즉 만일 v 값이 변화하는 데 걸리는 시간이 0이라면, $\frac{dv}{dt}$가 무한대이며, 그러므로 전류 i 역시 무한대가 되어야 한다는 것을 의미한다. 그러나 i는 무한대가 될 수 없기 때문에, v는 즉각적으로 변화할 수 없다.

덧붙여 식 (5.23)으로 직류 전원 상태에서 커패시터가 어떻게 동작하는지 알 수 있다. 직류 전원에서 $\frac{dv}{dt} = 0$이기 때문에, $i = 0$이 성립한다. 이러한 현상은 개방 회로의 특성을 나타내며, 커패시터에 일정 전압이 가해지더라도 흐르는 전류는 0으로 나타난다. 따라서

직류 전원 상태에서 커패시터는 마치 개방 회로처럼 동작한다.

v를 i의 관점에서 표현하면 식 (5.23)을 다시 쓸 수 있으며, 이 식의 양변을 $t_0 \sim t$까지 적분하면 다음과 같다.

$$\int_{t_0}^{t}\left(\frac{dv}{dt}\right)dt = \frac{1}{C}\int_{t_0}^{t}i\,dt \quad (5.24)$$

t_0는 $v(t_0)$를 알고 있을 때 시간에 대한 기준점이다. 좌변을 적분하고 식을 다시 전개하면 다음과 같다.

$$v(t) = v(t_0) + \frac{1}{C}\int_{t_0}^{t}i\,dt \quad (5.25)$$

여기서 $dq = i\,dt$를 이용하면, $\int_{t_0}^{t}i\,dt$는 커패시터에 축적되는 전하량을 나타낸다. 만일 $t_0 = 0$이 스위치가 닫히거나 신호가 회로로 들어올 때까지 전하가 없던 커패시터에 신호가 유입되는 기준 시간이라면 식 (5.25)는 아래처럼 단순화할 수 있다.

$$v(t) = \frac{1}{C} \int_0^t i \, dt \qquad (5.26)$$

$(t = 0$ 이전에는 충전되지 않은 커패시터$)$

커패시터가 충전되면 전도체 사이에 존재하는 유전체 물질에서 전기장이 발생한다. 전기장은 유전체 물질에 에너지를 저장하는 기제가 되며, 이렇게 저장된 에너지는 커패시터를 방전시키면서 내보낼 수 있다. 따라서 커패시터는 에너지를 저장할 수도 있고 이전에 저장되어 있는 에너지를 내보낼 수도 있지만 에너지를 소모하지는 않는다. 커패시터로 전송 혹은 반송되는 전력 $p(t)$는 다음과 같다.

$$p(t) = vi$$
$$= Cv \frac{dv}{dt} \text{ W} \qquad (5.27)$$

만일 $p(t)$의 극성이 양극이라면 수동부호규약에 따라 커패시터는 전력을 공급받고, $p(t)$가 음극이라면 반대로 커패시터가 외부로 전력을 공급하게 된다.

에너지는 시간에 대한 전력의 적분값이다. 따라서 어

떤 시간 t에서 커패시터에 저장된 에너지의 총량은 $-\infty$(커패시터가 충전되지 않았던 시간)부터 t까지의 $p(t)$를 적분한 값으로 표현한다.

$$w = \int_{-\infty}^t p \, dt = C \int_{-\infty}^t \left(v \frac{dv}{dt} \right) dt$$
$$= C \int_{-\infty}^t \left[\frac{d}{dt} \left(\frac{1}{2} v^2 \right) \right] dt \qquad (5.28)$$

이를 전개하면

$$w = \frac{1}{2} C v^2 \text{ J} \qquad (5.29)$$

와 같다. 이 과정에서 커패시터가 $-\infty$일 경우 충전된 전하가 없으므로 이때 전압도 0이다. 식 (5.29)는 다음과 같이 표현할 수 있다.

> 주어진 순간적인 시간 동안 커패시터에 저장되는 전기에너지는 커패시터에 인가된 전압에 따라 순간적으로 변한다. 이때 주어진 시간 이전의 이력은 관계없다.

예제 5-3 전압 파형에 따른 커패시터의 응답

[그림 5-14(a)]에 나타난 전압 파형이 $0.6 \, \mu\text{F}$의 커패시터에 인가된다.

(a) 전류 $i(t)$를 구하라.

(b) 전력 $p(t)$를 구하라.

(c) 커패시터에 저장된 에너지 $w(t)$에 대한 파형을 구하라.

풀이

(a) 우선 [그림 5-14(a)] 나타나 있는 $v(t)$의 파형을 경사함수(ramp function)로 표현해보자. $t = 0$부터 시작되는 직선의 기울기는 $\frac{10}{2} = 5$ V/s이며, $v(t)$는 다음과 같이 표현된다.

$$v(t) = 5r(t) - 5r(t-2) - 5r(t-4) + 5r(t-5) \text{ V}$$

식 (5.7)로부터 $r(t-T) = (t-T) u(t-T)$를 적용하면, $v(t)$에 관한 표현은 다음과 같다.

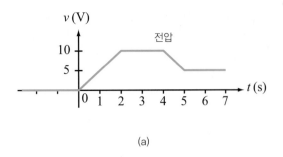

(a)

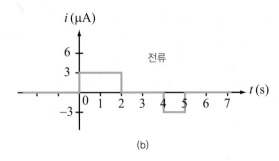

(b)

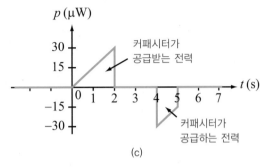

(c)

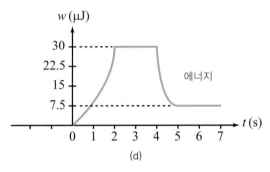

(d)

[그림 5-14] [예제 5-3]의 v, i, p, w에 관한 파형

$$v(t) = \begin{cases} 0 & (t \leq 0) \\ 5t \text{ V} & (0 \leq t \leq 2 \text{ s}) \\ 10 \text{ V} & (2 \text{ s} \leq t \leq 4 \text{ s}) \\ (-5t + 30) \text{ V} & (4 \text{ s} \leq t \leq 5 \text{ s}) \\ 5 \text{ V} & (t \geq 5 \text{ s}) \end{cases} \quad (5.30)$$

여기에 식 (5.23)을 응용하면 다음과 같은 식이 된다.

$$i(t) = C\frac{dv}{dt} = \begin{cases} 0 & (t \leq 0) \\ 3 \text{ } \mu\text{A} & (0 \leq t \leq 2 \text{ s}) \\ 0 & (2 \text{ s} \leq t \leq 4 \text{ s}) \\ -3 \text{ } \mu\text{A} & (4 \text{ s} \leq t \leq 5 \text{ s}) \\ 0 & (t \geq 5 \text{ s}) \end{cases} \quad (5.31)$$

전류 파형은 [그림 5-14(b)]에 나타나 있다. 여기서 $v(t)$가 양의 기울기를 가질 때는 $i(t) > 0$이고, 반대로 $v(t)$가 음의 기울기를 가질 때는 $i(t) < 0$임을 알 수 있다.

(b) 식 (5.30)과 (5.31)을 이용해서 구한 전력 $p(t)$에 관한 그래프는 [그림 5-14(c)]에 나타나 있다.

(c) 저장된 에너지 $w(t)$는 $p(t)$를 적분하거나 혹은 식 (5.29)를 적용하여 구할 수 있다. 두 가지 경우 모두 [그림 5-14(d)]와 같은 결과를 얻을 수 있다.

$t = 5$ s 이후, 전류는 0이 되며 전압은 일정하고 커패시터로 인가되는 전력은 0($i = 0$이므로)이며 저장된 에너지는 변화 없이 그대로 7.5 μJ이다.

[그림 5-15(a)]의 회로에서 커패시터 C_1과 C_2에 인가된 전압 v_1과 v_2를 구하라. 이 회로는 오랜 시간 동안 현재의 상태가 유지되었다고 가정한다.

풀이

정상 상태의 직류 조건에서, 커패시터를 통해 흐르는 전류는 존재하지 않는다. 따라서 [그림 5-15(b)]에서 커패시터 C_1과 C_2를 개방 회로로 대체한다면, V 마디에서 다음과 같이 KCL을 적용할 수 있다.

$$\frac{V - 20}{20 \times 10^3} + \frac{V}{(30 + 50) \times 10^3} = 0$$

이 식을 계산하면 $V = 16$ V를 구할 수 있고, 따라서

$$v_1 = V = 16 \text{ V}$$

를 구할 수 있다. 전압 분배법칙을 이용해서, 50 kΩ에 걸리는 v_2는 다음과 같다.

$$v_2 = \frac{V \times 50\text{k}}{(30 + 50)\text{k}} = \frac{16 \times 50}{80} = 10 \text{ V}$$

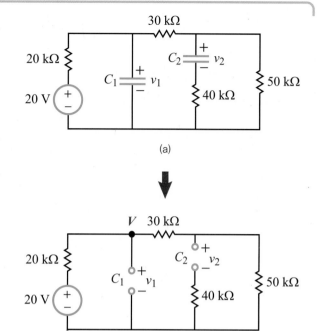

(a)

(b)

[그림 5-15] 직류 전원에서의 커패시터는 개방 회로와 같이 동작한다.
(a) 원래 회로
(b) 등가회로

[질문 5-8] 직류 전원 조건에서 커패시터는 왜 개방 회로처럼 동작하는지 설명하라.

[질문 5-9] 커패시터에 인가되어 있는 전압은 순간적으로 변화할 수 없다. 그렇다면 전류의 순간적인 변화는 가능한가? 그 이유를 설명하라.

[질문 5-10] 커패시터에서 $p(t)$가 음의 값을 가질 수 있는가? 마찬가지로 $w(t)$도 음의 값을 가질 수 있는가?

[연습 5-6] 커패시터 양단의 전압이 1 V일 때, 1 mJ의 에너지를 저장할 수 있는 평판 커패시터를 제작한다. 커패시터 평판의 크기가 각각 2 cm × 2 cm이고, 유전체 물질로 테프론이 사용된다면 평판 사이의 거리 d는 얼마가 되어야 하는가? 이런 종류의 커패시터가 실제로 구현이 가능한가?

[연습 5-7] [연습 5-6]에서 1 mJ의 요구사항을 만족하기 위하여 지정된 A 값에 대한 거리 d 값을 구하는 대신, d 값이 1 μm로 정해져 있다고 가정하고 A 값을 계산해보자. A 값은 얼마가 되어야 하는가?

[연습 5-8] 직류 전원 상태에서 다음 회로의 전류 i를 구하라.

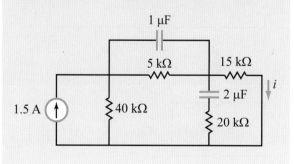

5.2.2 커패시터의 직렬과 병렬 조합

2장에서 직렬로 연결된 여러 개의 저항은 각각의 저항값을 더한 저항 하나와 같다는 것을 배웠다. 저항에 대한 직렬 조합 관계는 커패시터에서는 적용되지 않는다. 커패시터의 직렬연결은 다음과 같이 정의된다.

> 직렬로 연결되어 있는 커패시터의 관계는 저항의 병렬연결과 유사하다.

커패시터의 직렬연결

[그림 5-16]과 같은 세 커패시터에 대해 생각해보자. 이들은 같은 전류 i_s를 공유하며, 각기 걸리는 전압은 다음과 같은 관계를 가진다.

$$i_s = C_1 \frac{dv_1}{dt} = C_2 \frac{dv_2}{dt} = C_3 \frac{dv_3}{dt} \tag{5.32}$$

$$v_s = v_1 + v_2 + v_3 \tag{5.33}$$

여기서 등가회로의 C_{eq}는 단자 (1, 2)에서 실제 회로와 등가회로가 동일한 $i-v$ 특성을 나타낼 수 있도록 C_1, C_2, C_3를 이용하여 표현되어야 한다. 그러므로 등가회로에서는 다음 전류 관계가 성립한다.

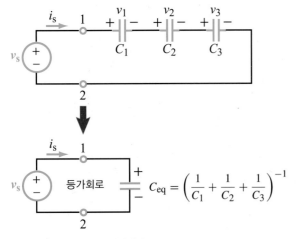

직렬연결된 커패시터 조합

[그림 5-16] **직렬연결된 커패시터**

$$i_s = C_{eq} \frac{dv_s}{dt}$$
$$= C_{eq} \left(\frac{dv_1}{dt} + \frac{dv_2}{dt} + \frac{dv_3}{dt} \right) \tag{5.34}$$
$$= C_{eq} \left(\frac{i_s}{C_1} + \frac{i_s}{C_2} + \frac{i_s}{C_3} \right)$$

식 (5.34)를 다시 정리하면 다음과 같다.

$$\frac{1}{C_{eq}} = \frac{1}{C_1} + \frac{1}{C_2} + \frac{1}{C_3} \tag{5.35}$$

위의 식을 N개의 커패시터일 경우로 일반화하면 다음과 같다.

$$\frac{1}{C_{eq}} = \sum_{i=1}^{N} \frac{1}{C_i} = \frac{1}{C_1} + \frac{1}{C_2} + \cdots + \frac{1}{C_N} \tag{5.36}$$

(직렬연결된 커패시터)

덧붙여 만일 기준 시간 t_0에서 커패시터들이 초기 전압 $v_1(t_0) \sim v_N(t_0)$를 가진다면, 등가 커패시터의 초기 전압은 다음과 같이 나타낼 수 있다.

$$v_{eq}(t_0) = \sum_{i=1}^{N} v_i(t_0) \tag{5.37}$$

커패시터의 병렬연결

[그림 5-17]에 나와 있는 세 커패시터들은 병렬로 연결되어 있다. 따라서 이들은 같은 전압 v_s를 공유하고 있으며, 전원 전류 i_s는 세 커패시터에 흐르는 전류의 총합과 같다.

$$i_s = i_1 + i_2 + i_3$$
$$= C_1 \frac{dv_s}{dt} + C_2 \frac{dv_s}{dt} + C_3 \frac{dv_s}{dt} \tag{5.38}$$

등가 커패시터 C_{eq}를 가지는 등가회로에서 i_s는 다음과 같다.

$$i_s = C_{eq} \frac{dv_s}{dt} \qquad (5.39)$$

이렇게 주어진 식 (5.38)과 식 (5.39)를 이용하여 풀면 다음 관계식을 구할 수 있다.

$$C_{eq} = C_1 + C_2 + C_3 \qquad (5.40)$$

이를 N개의 병렬연결된 커패시터에 일반화하면 최종적으로 다음 식이 구해진다.

$$C_{eq} = \sum_{i=1}^{N} C_i \quad \text{(병렬연결된 커패시터)} \qquad (5.41)$$

커패시터가 병렬로 연결되어 있으면, 초기 시간 t_0에서 같은 전압 $v(t_0)$를 공유한다. 따라서 등가 커패시터에서는 다음과 같은 전압 관계식이 나타난다.

$$v_{eq}(t_0) = v(t_0) \qquad (5.42)$$

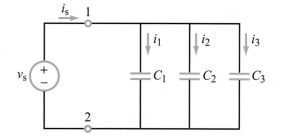
병렬연결된 커패시터 조합

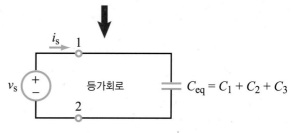

[그림 5-17] **병렬연결된 커패시터**

예제 **5-5** 등가회로

[그림 5-18(a)] 회로를 단순화하라.

풀이

저항을 단순화하기 위해 우선 R_2와 R_3를 병렬로 결합하고 이 값을 직렬연결된 R_1과 합한다. 직렬연결의 경우는 각 소자에 흐르는 전류와 인가된 전압에 아무런 영향을 미치지 않으므로 직렬연결된 소자의 위치를 서로 바꿀 수 있다. 비슷한 원리를 커패시터에도 적용시킨다. 이때 커패시터와 저항의 등가 변형 관계는 서로 반대임을 유의해야 한다.

$$R_2 \parallel R_3 = \frac{R_2 R_3}{R_2 + R_3}$$
$$= \frac{3k \times 6k}{3k + 6k}$$
$$= 2\ k\Omega$$

$$R_{eq} = R_1 + 2\ k\Omega$$
$$= 8\ k\Omega + 2\ k\Omega$$
$$= 10\ k\Omega$$

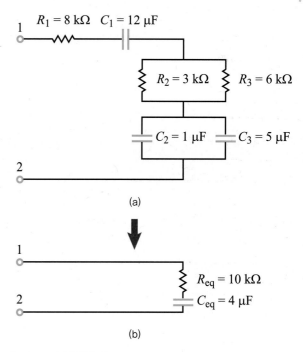

(a)

(b)

[그림 5-18] (a) **원래 회로**
(b) **등가회로**

$$C_2 \parallel C_3 = C_2 + C_3$$
$$= 1\,\mu\text{F} + 5\,\mu\text{F}$$
$$= 6\,\mu\text{F}$$

$$C_{\text{eq}} = \frac{C_1 \times 6 \times 10^{-6}}{C_1 + 6 \times 10^{-6}}$$
$$= \left(\frac{12 \times 6}{12 + 6}\right) \times 10^{-6}$$
$$= 4\,\mu\text{F}$$

등가회로는 [그림 5-18(b)]와 같다.

예제 5-6 전압 분배

[그림 5-19(a)]는 전압원 v_s에 직렬로 연결된 두 저항 R_1, R_2를 포함하고 있다. 2장에서 전압 v_s는 직렬로 연결된 두 저항에서 각각 분배된다는 것을 배웠다. 예를 들면 v_1은 다음과 같이 주어진다.

$$v_1 = \left(\frac{R_1}{R_1 + R_2}\right) v_s \qquad (5.43)$$

[그림 5-19(b)] 회로에 대해 직렬연결된 커패시터 C_1과 C_2에 대한 등가 전압 분배 공식을 유도하라. v_s가 인가되기 전에는 커패시터 내부에 전하가 없다고 가정한다.

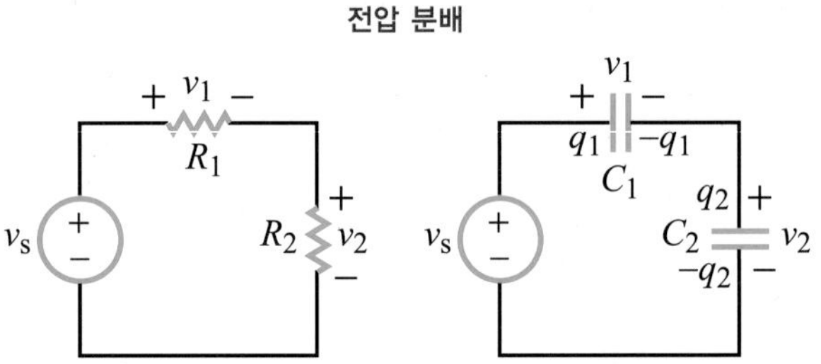

전압 분배

(a) $v_1 = \left(\dfrac{R_1}{R_1 + R_2}\right) v_s$ (b) $v_1 = \left(\dfrac{C_2}{C_1 + C_2}\right) v_s$

$v_2 = \left(\dfrac{R_2}{R_1 + R_2}\right) v_s$ $v_2 = \left(\dfrac{C_1}{C_1 + C_2}\right) v_s$

[그림 5-19] 전압 분배 법칙
(a) 직렬 저항
(b) 직렬 커패시터

풀이

전원 v_s의 관점에서 직렬 조합에 따른 커패시터의 등가 커패시터는 C로 표현된다.

$$C = \frac{C_1 C_2}{C_1 + C_2} \qquad (5.44)$$

여기서 C에 인가되는 전압은 v_s다. 에너지 보존법칙에 따라 등가 커패시터 C에 저장되는 에너지는 C_1과 C_2의 에너지 합과 같아야 한다. 따라서 식 (5.29)를 응용하면 다음과 같은 식을 구할 수 있다.

$$\frac{1}{2} C v_s^2 = \frac{1}{2}\,C_1 v_1^2 + \frac{1}{2}\,C_2 v_2^2 \qquad (5.45)$$

C를 식 (5.44)로 대체하고, 전압원은 $v_s = v_1 + v_2$로 바꿔 표현하면 다음과 같다.

$$\frac{1}{2}\left(\frac{C_1 C_2}{C_1 + C_2}\right)(v_1 + v_2)^2 = \frac{1}{2}C_1 v_1^2 + \frac{1}{2}C_2 v_2^2 \qquad (5.46)$$

이를 정리하면

$$C_1 v_1 = C_2 v_2 \qquad (5.47)$$

이다. 식 (5.47)에 $v_2 = v_s - v_1$을 이용하면 다음 식을 구할 수 있다.

$$C_1 v_1 = C_2(v_s - v_1)$$

$$v_1 = \left(\frac{C_2}{C_1 + C_2} \right) v_s \tag{5.48}$$

저항에 대한 전압 분배법칙에서 v_1은 R_1에 대해 직접적으로 비례한다는 것은 이미 알고 있다. 하지만 커패시터의 경우, v_1은 C_1 대신 C_2와 비례 관계를 가진다. 식 (5.47)에 정전용량의 기본 정의 $C = \frac{q}{v}$를 이용하면 다음과 같다.

$$q_1 = q_2 \tag{5.49}$$

[질문 5-11] 직렬연결된 두 개의 커패시터와 직렬연결된 두 저항의 전압 분배 공식을 비교하라. 두 공식은 같은가 아니면 다른가?

[질문 5-12] 어떤 회로의 단자 a 옆에 커패시터 1이 있고, 단자 b 옆에 커패시터 2가 있다. 이 두 커패시터가 직렬로 단자 (a, b) 사이에 연결되어 있다. 커패시터 1에서 평판에 축적된 전하 q_1과 커패시터 2에서 평판에 축적된 전하 q_2를 비교하였을 경우, 극성과 단위는 무엇인가?

[연습 5-9] $C_1 = 6\,\mu\text{F}$, $C_2 = 4\,\mu\text{F}$, $C_3 = 8\,\mu\text{F}$이고, 세 커패시터에 대한 초기 전압이 각각 $v_1(0) = 5\,\text{V}$, $v_2(0) = v_3(0) = 10\,\text{V}$로 주어진 경우 다음 회로의 단자 (a, b) 사이에서 C_{eq}과 $V_{eq}(0)$을 구하라.

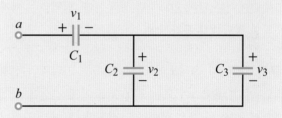

[연습 5-10] [연습 5-9]의 회로가 직류 전원 $V_0 = 12\,\text{V}$에 연결되어 있다고 하자. 전압원을 연결하기 전에 커패시터에는 전하가 없다고 가정하고, $C_1 = 6\,\mu\text{F}$, $C_2 = 4\,\mu\text{F}$, $C_3 = 8\,\mu\text{F}$으로 주어질 때 v_1과 v_2를 구하라.

5.3 인덕터

커패시터와 인덕터(inductor)는 한 쌍으로 간주된다. 커패시터는 단자에 인가된 전압을 통해 유도된 전기장으로 에너지를 저장할 수 있는 반면에, 인덕터는 전선에 흐르는 전류를 통해 유도된 자기장으로 자기 에너지를 저장할 수 있다. 커패시터의 $i-v$ 관계는 $i = C\dfrac{dv}{dt}$ 이며, 인덕터는 $v = L\dfrac{di}{dt}$ 이다. 뒤에 7장에서 배우겠지만, 커패시터는 저주파에서 개방 회로처럼 동작하고, 고주파에서는 단락 회로처럼 동작한다. 인덕터는 커패시터와 정반대로 동작한다.

[그림 5-20]의 솔레노이드(solenoid)는 인덕터의 전형적인 예다. 솔레노이드는 원통형 코어에 전선을 나선형으로 여러 번 감은 형태로 구성된다. 코어는 공기나 투자율 μ를 가진 자기 물질로 채워진다. 만약 전선에 전류 $i(t)$가 흐르고 전선이 촘촘히 감겨있다면, 솔레노이드 내부에는 균일한 자기장 B가 형성된다.

쇄교 자속(magnetic-flux linkage) Λ는 코일이나 주어진 회로에 쇄교하는 총 자속을 의미한다. 전류 i가 흐르는 전선이 N번 감긴 솔레노이드의 쇄교 자속은 다음

과 같이 표현된다.

$$\Lambda = \left(\frac{\mu N^2 S}{\ell}\right) i \ \text{Wb} \qquad (5.50)$$

여기서 ℓ은 솔레노이드의 길이이고, S은 단면적이다. Λ의 단위는 독일 과학자 빌헬름 웨버(Wilhelm Weber, 1804~1891)의 이름을 딴 웨버(weber, Wb)를 사용한다.

자체 인덕턴스(self-inductance)는 코일 또는 회로의 쇄교 자속을 의미한다. 상호 인덕턴스(mutual inductance)는 어떤 코일이나 회로에 의해 생기는 자기장 때문에 또 다른 코일에 생기는 쇄교 자속을 의미한다. 보통 인덕턴스라는 말은 자체 인덕턴스를 말한다. 전도성 시스템의 인덕턴스는 인덕턴스를 형성하는 데 필요한 전류 i에 대한 Λ의 비율로 다음과 같이 정의한다.

$$L = \frac{\Lambda}{i} \ \text{H} \qquad (5.51)$$

단위는 미국의 발명가인 조지프 헨리(Joseph Henry, 1797~1878)의 이름을 따서 헨리(henry)를 사용한다. 식 (5.50)에 주어진 Λ의 식을 이용하여, 다음과 같이 표현할 수 있다.

$$L = \frac{\mu N^2 S}{\ell} \quad \text{(솔레노이드)} \qquad (5.52)$$

인덕턴스 L은 코어의 투자율(permeability) μ와 정비례한다. 상대 투자율 μ_r은 다음과 같이 정의한다.

$$\mu_r = \frac{\mu}{\mu_0} \qquad (5.53)$$

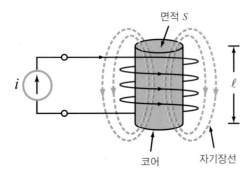

[그림 5-20] 길이 ℓ과 단면적 S로 구성된 솔레노이드의 인덕턴스는 $L = \mu N^2 S/\ell$이며, 여기서 N은 전선의 감은 횟수이고, μ는 코어의 투자율이다.

[표 5-3] 물질의 상대 투자율

물질	상대 투자율
모든 유전체와 비강자성체 금속	≈ 1.0
강자성체 금속	
코발트	250
니켈	600
연강	2,000
철	4,000~5,000
규소철	7,000
뮤 합금	~ 100,000
정제 철	~ 200,000

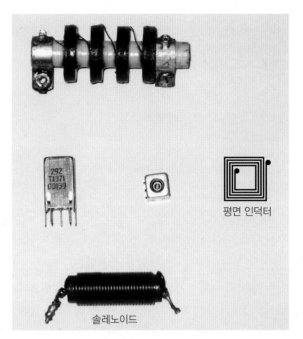

[그림 5-21] 다양한 유형의 인덕터

여기서 $\mu_0 \simeq 4\pi \times 10^{-7}$는 진공 상태의 투자율이다. 강자성체 물질을 제외하고 모든 유전체와 도체의 상대 투자율은 $\mu_r \simeq 1$이다. [표 5-3]에 의하면 철, 니켈, 코발트를 포함하는 강자성체 물질의 μ_r은 다른 물질보다 훨씬 크다. 따라서 철심(iron-core) 솔레노이드의 L은 같은 크기, 같은 형태인 공심(air-core) 솔레노이드보다 5,000배 크다.

공심 인덕터의 인덕턴스는 $10\,\mu H$ 이하의 비교적 작은 값이다. 따라서 공심 인덕터는 주로 AM과 FM 라디오, 휴대전화, TV, 유사 형태의 송수신기를 설계하는 데 필요한 고주파 회로에 많이 사용된다. 페라이트 코어(ferrite-core) 인덕터는 공심 인덕터보다 인덕턴스는 더 크지만, 페라이트 물질이 이력(hysteresis) 현상을 발생시키는 단점이 있다. 자기 이력 현상으로 인덕턴스 L이 인덕터를 통해 흐르는 전류의 함수로 표현된다. 자기 이력 현상은 회로이론에서 다루는 범위를 벗어나므로, 이 책에서는 인덕터가 이상적인 선형소자이며 인덕턴스는 상수이고 인덕터에 흐르는 전류와는 독립적이라고 가정할 것이다.

현대에서 회로를 설계하고 제조하는 데는 회로의 크기를 가능한 한 가장 작은 크기로 줄이는 것이 중요하다. 따라서 가능하면 평면의 집적회로 소자를 사용하는 것이 유리하다. 평면의 IC 구조에서 저항이나 커패시턴스는 비교적 넓은 범위의 값을 갖도록 제조할 수 있지만, 인덕터는 쉽지 않다. [그림 5-21]처럼 평면 구조의 인덕터는 제작할 수 있지만, 평면 인덕터의 인덕턴스는 대부분 회로에 사용하기에는 너무 작아서 주로 큰 부피의 개별적인 형태로 만들어진다.

인덕터는 자기 결합과 전자기 유도와 같은 유용한 특성을 지니고 있으며 마이크로폰, 확성기, 전자계전기, 자기 센서, 모터, 발전기와 같은 많은 응용 분야에 사용되고 있다.

5.3.1 전기적 특성

패러데이 법칙(faraday's law)으로 인덕터나 회로의 쇄교 자속이 시간에 따라 변하면, 인덕터의 단자에 유도되는 전압 v는 다음과 같다.

$$v = \frac{d\Lambda}{dt} \tag{5.54}$$

식 (5.54)는 식 (5.51)을 이용하여 다음과 같이 표현된다.

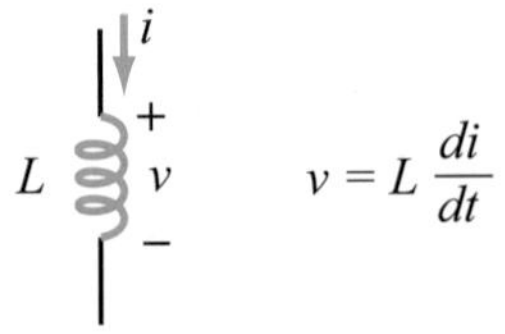

$$v = L\frac{di}{dt}$$

[그림 5-22] 인덕터에 대한 수동부호규약

$$v = \frac{d}{dt}(Li) = L\frac{di}{dt} \qquad (5.55)$$

$i-v$ 관계는 이전에 저항과 커패시터에서 소개된 수동 부호규약을 따른다. 만약 i가 인덕터의 (+) 전압 단자로 들어갈 경우, 인덕터는 전력을 공급받는다. 또한 커패시터에 걸린 전압은 즉시 변할 수 없다는 특성과 같은 논리로, 인덕터에 대해서 다음과 같이 정의할 수 있다.

인덕터에 흐르는 전류는 즉시 변할 수 없다.

반면에 인덕터에 인가되는 전압은 무한대가 될 수도 있다. 인덕터에 연결된 전류원을 스위치로 순간적으로 끊을 경우 시간 변화량인 dt는 0이 되고, 인덕터 전류는 즉시 0으로 변할 수 없으므로 인덕터에 인가된 전압은 무한대가 된다. 따라서 전류가 스위치의 단자들 사이에 존재하는 공기를 통하여 짧은 시간 동안 흐르기 때문에 불꽃을 일으키게 된다.

식 (5.23)으로 주어진 커패시터의 $i-v$ 관계를 설명할 때, 커패시터는 직류 상태에서 개방 회로처럼 동작하였다. 그러나 식 (5.55)의 의미는 다음과 같다.

직류 상태에서 인덕터는 단락 회로처럼 동작한다.

커패시터에 적용했던 유도 과정을 반복하여 적용하면 인덕터에서는 다음과 같은 결과가 유도된다. 즉 v로 i를 표현할 수 있다.

$$i(t) = i(t_0) + \frac{1}{L}\int_{t_0}^{t} v\, dt \qquad (5.56)$$

여기서 t_0는 기준 시간이다. 인덕터로 전달되는 전력은 다음과 같이 주어진다.

$$p(t) = vi = Li\frac{di}{dt} \qquad (5.57)$$

그리고 저항, 커패시터와 마찬가지로 p의 부호는 인덕터가 전력을 받거나($p > 0$) 전달하는지($p < 0$)에 따라 결정된다. 시간의 경과에 따라 전력의 합은 에너지가 되며, 따라서 인덕터에 저장된 자기 에너지는 다음과 같다.

$$w = \int_{-\infty}^{t} p\, dt = \int_{-\infty}^{t}\left(Li\frac{di}{dt}\right)dt \qquad (5.58)$$

여기서 $t = -\infty$일 때 인덕터를 통해 전류가 흐르지 않는다고 생각하고, 다음과 같이 나타낼 수 있다. 커패시터에 대한 에너지 관계식 $w = \frac{1}{2}Cv^2$과 유사하다.

$$w = \frac{1}{2}Li^2 \text{ J} \qquad (5.59)$$

주어진 시간에서 인덕터에 저장된 자기 에너지는 해당 시간 이전의 결과와 상관없이 그 시간에 인덕터를 통해 흐르는 전류에 의해서 결정된다.

[그림 5-23(a)] 회로에서 $t = 0$일 때 스위치가 닫히면, 전압원은 회로를 따라서 흐르는 전류를 만들어내며 전류 파형은 다음과 같다.

$$i(t) = 10e^{-0.8t} \sin\left(\frac{\pi t}{2}\right) \text{A} \quad (t \geq 0)$$

(a) t일 때 파형 $i(t)$를 그려보고, 첫 번째 최댓값과 최솟값이 나타나는 시간의 위치를 구하라. 그리고 그 시간 위치에서 전류의 크기를 구하라.

(b) $L = 50 \text{ mH}$로 주어질 때, 인덕터에 인가되는 $v(t)$ 식을 구하고 파형을 그려라.

(c) 인덕터로 전달되는 전력 $p(t)$의 그래프를 그려라.

풀이

(a) $i(t)$의 파형은 [그림 5-23(b)]와 같다. 최댓값과 최솟값을 구하기 위해, $i(t)$를 미분한 후, 0과 같다고 놓으면

$$-0.8 \times 10e^{-0.8t} \sin\left(\frac{\pi t}{2}\right) + \left(\frac{\pi}{2}\right) \times 10e^{-0.8t} \cos\left(\frac{\pi t}{2}\right) = 0$$

이다. 이를 단순화하면 다음과 같다.

$$\tan\left(\frac{\pi t}{2}\right) = \frac{\pi}{1.6}$$

위 식의 답은 다음과 같다.

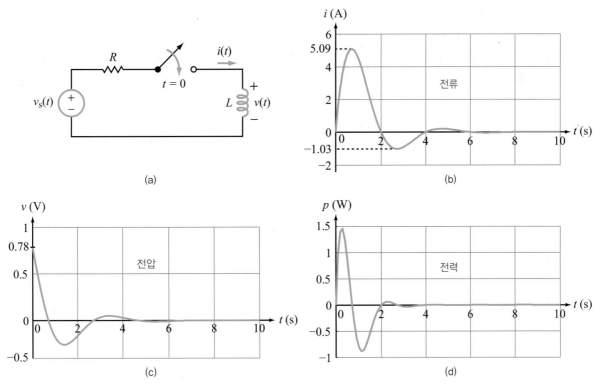

(a)

(b)

(c)

(d)

[그림 5-23] [예제 5-7]의 회로

$$\frac{\pi t}{2} = 1.1 + n\pi \quad (n = 0, 1, 2, \dots)$$

$i(t)$의 첫 번째 최댓값의 위치는 $n = 0$일 때, $t = 0.7$ s이고, 첫 번째 최솟값의 위치는 $n = 1$일 때, 2.7 s이다. 이들의 $i(t)$ 크기는 다음과 같다.

$$i_{\max} = i(t = 0.7 \text{ s}) = 10e^{-0.8 \times 0.7} \sin\left(\pi \times \frac{0.7}{2}\right) = 5.09 \text{ A}$$

$$i_{\min} = i(t = 2.7 \text{ s}) = 10e^{-0.8 \times 2.7} \sin\left(\pi \times \frac{2.7}{2}\right) = -1.03 \text{ A}$$

(b)

$$\begin{aligned}
v(t) &= L\frac{di}{dt} \\
&= L\frac{d}{dt}\left[10e^{-0.8t}\sin\left(\frac{\pi t}{2}\right)\right] \\
&= 50 \times 10^{-3} \cdot \left[-8e^{-0.8t}\sin\left(\frac{\pi t}{2}\right) + 5\pi e^{-0.8t}\cos\left(\frac{\pi t}{2}\right)\right] \\
&= \left[-0.4\sin\left(\frac{\pi t}{2}\right) + 0.25\pi\cos\left(\frac{\pi t}{2}\right)\right]e^{-0.8t} \text{ V}
\end{aligned}$$

$v(t)$의 파형은 [그림 5−23(c)]와 같다.

(c)

$$\begin{aligned}
p(t) &= v(t)\,i(t) \\
&= \left[-0.4\sin\left(\frac{\pi t}{2}\right) + 0.25\pi\cos\left(\frac{\pi t}{2}\right)\right]e^{-0.8t} \\
&\quad \times 10e^{-0.8t}\sin(\pi t/2) \\
&= \left[-4\sin^2\left(\frac{\pi t}{2}\right) + 2.5\pi\cos\left(\frac{\pi t}{2}\right)\sin\left(\frac{\pi t}{2}\right)\right] \\
&\quad \times e^{-1.6t} \text{ W}
\end{aligned}$$

[그림 5−23(d)]에서 나타난 $p(t)$의 파형은 양과 음의 값을 모두 포함한다. $p(t) > 0$일 때는 자기 에너지가 인덕터에 저장된다. 반대로 $p(t) < 0$일 때는 인덕터에 저장된 에너지가 방출된다.

[질문 5-13] μ_0와 다른 투자율을 갖는 물질은 어떤 것이 있는가?

[질문 5-14] 인덕터에 인가된 전압은 순간적으로 변할 수 있는가?

[연습 5-11] 길이가 4 cm이고 단면의 원 반지름이 0.5 cm인 공심 솔레노이드의 코일이 20번 감겨 있을 때 인덕턴스를 구하라.

[연습 5-12] 직류 상태에서 다음 회로의 전류 i_1과 i_2를 구하라.

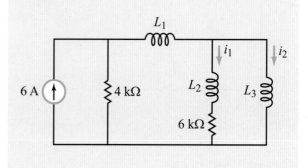

5.3.2 인덕터의 직렬과 병렬 조합

직렬 또는 병렬로 연결된 여러 인덕터의 조합 법칙은
저항과 동일하다.

인덕터의 직렬연결

[그림 5-24]에서 직렬로 연결된 세 인덕터의 전압 관
계식은 다음과 같다.

$$
\begin{aligned}
v_s &= v_1 + v_2 + v_3 \\
&= L_1 \frac{di_s}{dt} + L_2 \frac{di_s}{dt} + L_3 \frac{di_s}{dt} \\
&= (L_1 + L_2 + L_3) \frac{di_s}{dt}
\end{aligned}
\tag{5.60}
$$

등가회로일 때는 다음과 같다.

$$
v_s = L_{eq} \frac{di_s}{dt} \tag{5.61}
$$

그러므로 다음 인덕턴스 관계식이 성립된다.

$$
L_{eq} = L_1 + L_2 + L_3 \tag{5.62}
$$

직렬연결된 N개의 인덕터에 대하여 일반화하면 다음
과 같다.

$$
L_{eq} = \sum_{i=1}^{N} L_i = L_1 + L_2 + \cdots + L_N \tag{5.63}
$$

(직렬연결된 인덕터)

인덕터의 병렬연결

[그림 5-25]의 병렬 회로에 대하여 직렬연결일 때와
같은 전류 분석법을 적용하면 다음과 같다.

$$
\frac{1}{L_{eq}} = \frac{1}{L_1} + \frac{1}{L_2} + \frac{1}{L_3} \tag{5.64}
$$

병렬연결된 N개의 인덕터로 일반화하면 다음과 같다.

$$
\frac{1}{L_{eq}} = \sum_{i=1}^{N} \frac{1}{L_i} = \frac{1}{L_1} + \frac{1}{L_2} + \cdots + \frac{1}{L_N} \tag{5.65}
$$

(병렬연결된 인덕터)

만약 $i_1(t_0) \sim i_N(t_0)$가 t_0에서 병렬 인덕터 $L_1 \sim L_N$를 통
하여 흐르는 초기 전류라면, 등가 인덕터 L_{eq}를 통해
흐르는 초기 전류 $i_{eq}(t_0)$는 다음과 같다.

$$
i_{eq}(t_0) = \sum_{j=1}^{N} i_j(t_0) \tag{5.66}
$$

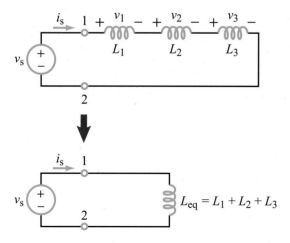

[그림 5-24] **직렬연결된 인덕터**

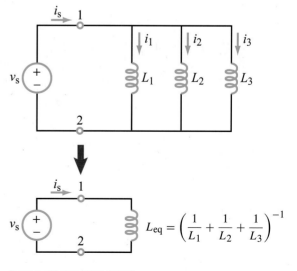

[그림 5-25] **병렬연결된 인덕터**

저항, 인덕터 및 커패시터의 전기적 특성을 [표 5-4]에 요약했다.

[표 5-4] R, L, C의 기초 특성

특성	R	L	C
$i-v$ 관계식	$i = \dfrac{v}{R}$	$i = \dfrac{1}{L} \displaystyle\int_{t_0}^{t} v\, dt + i(t_0)$	$i = C\dfrac{dv}{dt}$
$v-i$ 관계식	$v = iR$	$v = L\dfrac{di}{dt}$	$v = \dfrac{1}{C} \displaystyle\int_{t_0}^{t} i\, dt + v(t_0)$
p (전력 전달)	$p = i^2 R$	$p = Li\dfrac{di}{dt}$	$p = Cv\dfrac{dv}{dt}$
w (저장된 에너지)	0	$w = \dfrac{1}{2}Li^2$	$w = \dfrac{1}{2}Cv^2$
직렬 조합	$R_{\text{eq}} = R_1 + R_2$	$L_{\text{eq}} = L_1 + L_2$	$C_{\text{eq}} = \dfrac{C_1 C_2}{C_1 + C_2}$
병렬 조합	$R_{\text{eq}} = \dfrac{R_1 R_2}{R_1 + R_2}$	$L_{\text{eq}} = \dfrac{L_1 L_2}{L_1 + L_2}$	$C_{\text{eq}} = C_1 + C_2$
직류 동작	변화 없음	단락 회로	개방 회로
v는 순간적으로 변할 수 있는가?	가능	가능	불가능
i는 순간적으로 변할 수 있는가?	가능	불가능	가능

예제 5-8 직류 상태에서 에너지 저장

[그림 5-26(a)] 회로는 현재 상태를 장시간 유지하고 있다. 커패시터와 인덕터에 저장된 에너지의 양을 구하라.

풀이

먼저 [그림 5-26(b)]와 같이 커패시터를 개방 회로로, 인덕터는 단락 회로로 대체한다. 전류 I_1은 다음과 같이 주어진다.

$$I_1 = \frac{24}{(2+4)\text{k}} = 4 \text{ mA}$$

마디 전압 V는 다음과 같다.

$$V = 24 - (4 \times 10^{-3} \times 4 \times 10^{3}) = 8 \text{ V}$$

그러면 C_1, C_2, L_1, L_2, L_3에 저장되는 에너지는 다음과 같다.

$$C_1 : W = \frac{1}{2}C_1 V^2 = \frac{1}{2} \times 10^{-5} \times 64 = 0.32 \text{ mJ}$$

$$C_2 : W = \frac{1}{2}C_2V^2 = \frac{1}{2} \times 4 \times 10^{-6} \times 64 = 0.128 \text{ mJ}$$

$$L_1 : W = \frac{1}{2}L_1I_1^2$$
$$= \frac{1}{2} \times 0.2 \times 10^{-3} \times (4 \times 10^{-3})^2 = 1.6 \text{ nJ}$$

$$L_2 : W = \frac{1}{2}L_2I_2^2 = \frac{1}{2} \times 0.5 \times 10^{-3} \times (0) = 0$$

$$L_3 : W = \frac{1}{2}L_3I_1^2 = \frac{1}{2} \times 10^{-3} \times (4 \times 10^{-3})^2 = 8 \text{ nJ}$$

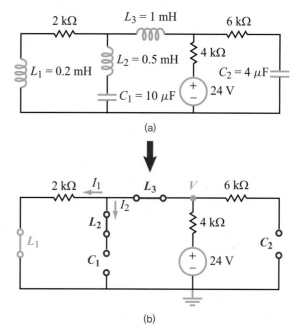

[그림 5-26] 정상 상태 직류 조건 하에서 커패시터는 개방 회로처럼 인덕터는 단락 회로처럼 동작한다.
(a) 원래 회로
(b) 정상 상태 조건 하에서의 등가회로

[질문 5-15] 인덕터를 직렬 및 병렬로 추가하면 어떻게 되는지 저항과 커패시터의 경우와 비교하여 설명하라.

[질문 5-16] 인덕터는 자기장 B로 에너지를 저장하지만, 인덕터에서 저장된 에너지에 대한 식은 자기장 항목이 없이 표현된 $w = \frac{1}{2}Li^2$이다. 그 이유를 설명하라.

[연습 5-13] 다음 회로에서 단자 (a, b) 사이의 L_{eq} 값을 구하라.

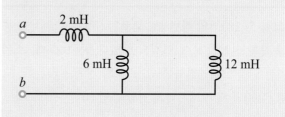

5.4 *RC* 회로 응답

[그림 5-27]은 하나의 저항과 커패시터로 구성된 일차 *RC* 회로다. 일차 *RC* 회로의 전류와 전압 응답은 일차 미분 방정식을 풀어 구한다.

일차 *RC* 회로라는 용어는 전원, 저항, 커패시터를 포함하는 다른 회로에도 적용되며, [그림 5-27]의 일반적인 *RC* 회로나 노턴 등가회로와 같은 모양으로 축소될 수 있다. 이 회로에 인가된 전압원은 크기 V_s와 주기 T_0를 갖는 사각형 펄스다. 이 절에서는 *RC* 회로에 적합한 해석 방법을 개발하고 개발된 분석 방법을 이용하여, 사각형 펄스 파형이나 다른 종류의 비주기 파형에 대한 회로 응답을 해석해볼 것이다.

5.4.1 충전된 커패시터의 자연 응답

[그림 5-28(a)]의 직렬 *RC* 회로는 SPDT 스위치를 통해 직류 전압원 V_s에 연결되어 있다. $t = 0$일 때, 스위치는 단자 2에 연결되어 *RC* 회로와 전원을 끊는다. 그럼 $t \geq 0$일 때 커패시터의 전압 응답 $v(t)$을 구해보자.

응답을 구하기 전, 스위치의 이동 전후 상태에서 커패시터를 파악하는 것이 중요하다.

스위치의 이동 전후 상태 중 커패시터의 상태를 알기 위한 시간 조건은 다음과 같다.

- 스위치가 단자 1에서 단자 2로 이동하기 직전의 시간 $t = 0^-$
- 움직이고 난 직후의 시간인 $t = 0$는 $t = 0^+$와 같다.

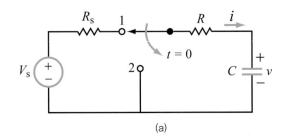

(a)

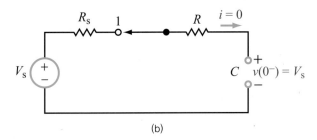

(b)

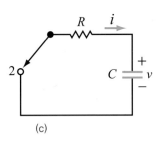

(c)

[그림 5-28] 초기에 충전된 커패시터로 구성된 *RC* 회로 : $t = 0$ 이후에 에너지가 방전되도록 설계되어 있다.
(a) *RC* 회로
(b) $t = 0^-$일 때
(c) $t \geq 0$일 때

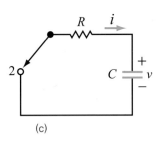

[그림 5-27] 일반 일차 *RC* 회로

$t = 0^-$일 때, 회로는 오랫동안 [그림 5-28]과 같은 상태였다고 가정한다. 5.2.1절에서 배운 것처럼 직류 회로가 정상 상태일 때, 커패시터는 개방 회로와 같다. 따라서 $t = 0^-$에서 회로 상태는 [그림 5-28(b)]의 개방 회로와 같고, 이때 전류는 루프를 통해 흐르지 않는다. 그러므로 $v(0^-) = V_s$이며 커패시터에 인가된 전압은 순식간에 변할 수 없으므로 스위치가 이동한 후의 전압 $v(0)$는 다음과 같이 나타난다.

$$v(0) = v(0^-) = V_s \qquad (5.67)$$

식 (5.67)은 $v(t)$의 미분 방정식을 풀 때 필요한 초기 조건을 알아내는 데 필요하다. $t \geq 0$의 경우, [그림 5-28(c)]의 루프에 KVL을 적용하면 다음과 같다.

$$Ri + v = 0 \qquad (t \geq 0) \qquad (5.68)$$

i는 커패시터를 통해 흐르는 전류이고 는 커패시터의 전압이다. $i = C\dfrac{dv}{dt}$ 이므로, 다음과 같다.

$$RC\frac{dv}{dt} + v = 0 \qquad (5.69)$$

RC로 양변을 나누면, 식 (5.69)는 다음과 같이 변형된다.

$$\frac{dv}{dt} + av = 0 \quad (\text{전원 없음}) \qquad (5.70)$$

여기서 a는 다음과 같다.

$$a = \frac{1}{RC} \qquad (5.71)$$

$v(t)$에 관한 미분 방정식을 정리할 때, 방정식의 좌변에는 $v(t)$를 포함한 식을 두고 우변에는 $v(t)$를 포함하지 않는 식을 둔다. 우변은 강제함수(forcing function)라고 하는데, 회로에서 전압 및 전류원과 직접적으로 관련된 항이다. [그림 5-28(c)]에서 RC 회로는 전원이 없기 때문에 식 (5.70)의 우변은 영이고 무전원의 일차

미분 방정식이라고 한다. 무전원 방정식의 해를 회로의 자연 응답(natural response)이라고 한다.

식 (5.70)을 풀기 위한 기본 절차의 첫 단계는 미분 방정식의 양변에 e^{at}를 곱하는 것이다.

$$\frac{dv}{dt}e^{at} + ave^{at} = 0 \qquad (5.72)$$

식 (5.72)의 좌변 두 항의 합은 ve^{at}의 미분값과 같다.

$$\frac{d}{dt}(ve^{at}) = \frac{dv}{dt}e^{at} + ave^{at} \qquad (5.73)$$

그러므로 식 (5.72)는 다음과 같다.

$$\frac{d}{dt}(ve^{at}) = 0 \qquad (5.74)$$

양변을 적분하면 다음과 같다.

$$\int_0^t \frac{d}{dt}(ve^{at})\, dt = 0 \qquad (5.75)$$

여기서 $t = 0$을 적분 하한값으로 둔다. 이는 $t = 0$에서 회로의 상태를 알려주는 특정 정보를 이미 알고 있기 때문이다. 적분을 취하면 다음과 같다.

$$ve^{at}\Big|_0^t = 0$$

또는 다음과 같다.

$$v(t)\,e^{at} - v(0) = 0 \qquad (5.76)$$

$v(t)$에 대해 풀면, 다음과 같다.

$$\begin{aligned} v(t) &= v(0)\,e^{-at} \\ &= v(0)\,e^{-t/RC} \quad (t \geq 0) \end{aligned} \qquad (5.77)$$

식 (5.77)에서 a를 다르게 표현하기 위하여 식 (5.71)을 사용하였다. 그리고 식 (5.77)이 $t \geq 0$에서만 유효함을 나타내기 위해서 $t \geq 0$라는 조건을 덧붙였다.

지수에서 t의 계수는 매우 중요한 성분이다. 왜냐하면 $v(t)$의 순간 변화 속도를 결정하기 때문이다. 식 (5.77)은 통상적으로 다음과 같이 간단히 표현한다.

$$v(t) = v(0)\, e^{-t/\tau} \quad \text{(자연 응답)} \tag{5.78}$$

여기서 τ는 다음과 같다.

$$\tau = RC \ \text{s} \tag{5.79}$$

τ는 회로의 시정수로 불리고 단위는 초(second)다. 식

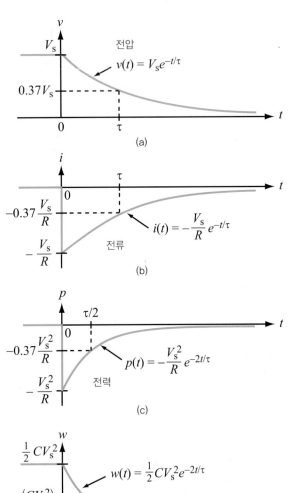

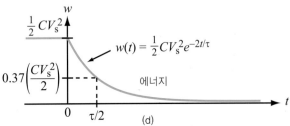

[그림 5-29] SPDT 스위치가 단자 2에 연결된 [그림 5-28(a)]에서 RC 회로의 응답

(5.67)에 주어진 초기 조건 $v(0) = V_s$를 이용하면 $v(t)$에 대한 식은 다음과 같다.

$$v(t) = V_s e^{-t/\tau} \quad (t \geq 0) \tag{5.80}$$

[그림 5-29(a)]의 그래프는 스위치가 이동하면서 $v(t)$가 시간에 따라 지수적으로 감소하며, 전압값은 시간 $t = 0$일 때의 값 V_s에서부터 $t \to \infty$일 때의 값인 영까지 감소하게 된다. 감쇠율은 시정수 τ에 의해서 결정된다. $t = \tau$일 때 전압은 다음과 같다.

$$v(t = \tau) = V_s e^{-1} = 0.37 V_s \tag{5.81}$$

식 (5.81)은 스위치가 작동한 후 τ초가 지나면 커패시터 전압은 초깃값의 37%로 줄어든다는 것을 의미한다. $t = 2\tau$일 때 전압은 초깃값의 14%이고, $t = 5\tau$일 때는 초깃값의 1%보다도 작다. 그러므로 시간이 5τ 이상이 되면 회로가 최종 상태에 도달했다고 볼 수 있다.

> 시정수 τ의 크기는 회로가 갑작스러운 변화에 얼마나 빠르게 혹은 느리게 반응하는지를 나타내는 척도다.

5.7절에서 보게 될 바와 같이 컴퓨터 프로세서의 클록 속도는 $\frac{1}{\tau}$에 비례한다. 그러므로 $\tau = 1\,\text{ms}$의 느린 회로는 $1\,\text{kHz}$의 클록 속도를 가진다. 반면에 $\tau = 1\,\text{ns}$의 빠른 회로는 $1\,\text{GHz}$의 매우 빠른 클록 속도를 가진다.

커패시터를 통해 흐르는 전류 $i(t)$는 다음과 같다.

$$
\begin{aligned}
i(t) &= C\,\frac{dv}{dt} = C\,\frac{d}{dt}(V_s e^{-t/\tau}) \\
&= -C\,\frac{V_s}{\tau}\,e^{-t/\tau} \quad (t \geq 0)
\end{aligned} \tag{5.82}
$$

간단히 하면 다음과 같다.

$$i(t) = -\frac{V_s}{R}\,e^{-t/\tau}\,u(t) \quad (t \geq 0) \tag{5.83}$$
$$\text{(자연 응답)}$$

[그림 5-29(b)]에 나타난 그래프는 $t = 0$에서 스위치가 닫힌 뒤의 전류를 나타낸다. 전류는 순간적으로 $-\dfrac{V_s}{R}$로 변하고 지수적으로 영까지 감소한다. i가 음의 값인 것은 전류가 루프를 통해 반시계 방향으로 흐르는 것을 나타낸다. 여기서 커패시터는 전압원처럼 동작한다.

주어진 $v(t)$ 및 $i(t)$를 이용하여 $p(t)$에 대한 표현식을 만들 수 있다. 커패시터에 전달된 순시 전력은 다음과 같다.

$$p(t) = iv = -\frac{V_s}{R}\,e^{-t/\tau} \times V_s e^{-t/\tau}$$

$$= -\frac{V_s^2}{R}\,e^{-2t/\tau} \quad (t \geq 0) \tag{5.84}$$

일반적으로 전력 전달은 $p > 0$이면 소자에 전력이 공급되고, $p < 0$이면 소자가 전력을 공급하는 것을 의미한다. $t = 0$ 이전에 커패시터는 오랜 시간 동안 전압원에 연결되어 있다. 그러므로 전력은 이미 커패시터로 들어가고 전기에너지가 커패시터에 충전되어 있다. 식 (5.84)에서 음의 부호는 $t = 0$ 이후에 전력이 커패시터에서 나와 저항에서 소모되는 것을 의미한다. $p(t)$의 감쇠율은 $\dfrac{2}{\tau}$이며 $v(t)$ 혹은 $i(t)$에 비해 2배 빠르다.

커패시터에서 서로 반대로 대전된 도체판들 사이에 존재하는 에너지 $w(t)$는 $0\sim t$까지 $p(t)$를 적분하거나 식 (5.29)의 적용에 의해 계산된다. [그림 5-29(c)]와 [그림 5-29(d)]는 $p(t)$ 및 $w(t)$의 시간 파형을 나타낸다.

$$w(t) = \frac{1}{2}\,Cv^2$$

$$= \frac{CV_s^2}{2}\,e^{-2t/\tau} \quad (t \geq 0) \tag{5.85}$$

[질문 5-17] 일차 회로를 정의하는 구체적인 특성은 무엇인가?

[질문 5-18] RC 회로의 시정수는 무엇인가?

[질문 5-19] RC 회로의 자연 응답에서 전력과 전압의 감쇠율은 어떻게 다른가?

[연습 5-14] 다음 회로에서 $v(0^-) = 24$ V라면, $t \geq 0$에서 $v(t)$을 구하라.

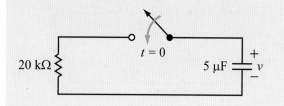

5.4.2 RC 회로의 일반적인 계단 응답

회로 응답이란 어떤 회로에 전원을 인가하거나 제거하는 경우 또는 회로의 구조가 바뀌는 등의 변화가 있을 때, 회로 내 특정 전압 및 전류가 어떻게 반응하는가를 의미한다. 회로에서 순간적인 변화가 발생하는 시간을 $t = 0$으로 두고, $t \geq 0$을 회로 응답을 찾는 구간으로 둔다. 일반적인 경우, 커패시터는 회로의 순간적인 변화가 일어나는 $t = 0$에서 전압 $v(0)$를 가지며 $t \to \infty$에서 $v(\infty)$에 도달한다. 이러한 전압 변화 과정은 [그림 5-30(a)]의 회로 구성을 통해 살펴볼 수 있다. $t = 0$ 이전에 RC 회로는 전원 V_{s1}에 연결되어 있고, $t = 0$ 이후에는 다른 전원 V_{s2}에 연결되어 있다. 회로 응답은 다음과 같이 특별한 경우로 분류할 수 있다.

- 충전되지 않은 커패시터의 계단 응답 $V_{s2}(V_{s1} = 0)$
- 충전된 커패시터의 계단 응답 $V_{s2}(V_{s1} \neq 0)$
- 충전된 커패시터의 자연 응답 $V_{s2}(V_{s1} \neq 0)$

$$v(0) = v(0^-) = V_{s1} \tag{5.86}$$

V_{s1}과 V_{s2} 둘 다 영(0)인 경우를 제외하고, V_{s1}과 V_{s2}가 모두 영이 아닌 경우를 다룬다.

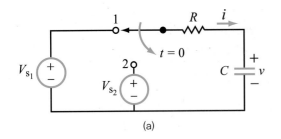

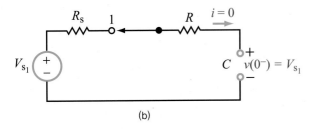

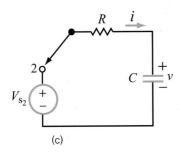

[그림 5-30] RC 회로가 $t=0$일 때 전원 V_{s_1}에서 V_{s_2}로 연결된다.

(a) RC 회로
(b) $t=0^-$일 때
(c) $t \geq 0$일 때

$t=0^-$에서 커패시터는 개방 회로와 같이 동작한다. $i(0^-)=0$이고, $v(0^-)=V_{s_1}$이다. 커패시터 전압은 시간이 영일 때 변하지 않기 때문에, 스위치가 단자 2에 연결된 뒤 전압 $v(0)$는 다음과 같다.

$$-V_{s_2} + iR + v = 0 \qquad (5.87)$$

$i = C\dfrac{dv}{dt}$를 이용하여 식 (5.87)에 대입하면 다음 미분 방정식으로 쓸 수 있다.

$$\dfrac{dv}{dt} + av = b \qquad (5.88)$$

$$a = \dfrac{1}{RC}, \quad b = \dfrac{V_{s_2}}{RC} \qquad (5.89)$$

식 (5.88)을 식 (5.70)과 비교하면 방정식의 우변이 영이 아닌 것을 제외하면 거의 같다. 비록 우변이 영이 아니지만 식 (5.88)의 풀이 방법은 식 (5.70)과 동일하다. 식 (5.88)의 양변에 e^{at}를 곱하고 식 (5.73)과 같이 미분하면 다음과 같다.

$$\dfrac{d}{dt}(ve^{at}) = be^{at} \qquad (5.90)$$

양변을 적분하면, 다음과 같다.

$$\int_0^t \dfrac{d}{dt}(ve^{at})\,dt = \int_0^t be^{at} \qquad (5.91)$$

$$ve^{at}\big|_0^t = \dfrac{b}{a}\,e^{at}\Big|_0^t \qquad (5.92)$$

두 시간 구간에서 함수를 나타내면

$$v(t)\,e^{at} - v(0) = \dfrac{b}{a}\,e^{at} - \dfrac{b}{a} \qquad (5.93)$$

위의 식을 얻을 수 있고 $v(t)$에 대해 풀면 다음과 같다.

$$v(t) = v(0)\,e^{-at} + \dfrac{b}{a}\,(1 - e^{-at}) \qquad (5.94)$$

$t \to \infty$일 때, $v(t)$는 다음 식이 된다.

$$v(\infty) = \dfrac{b}{a} = V_{s_2} \qquad (5.95)$$

시정수 $\tau = RC = \dfrac{1}{a}$ 을 다시 사용하고 $v(\infty)$인 $\dfrac{b}{a}$를 대입하면, 식 (5.94)는 일반적인 형식으로 다시 쓸 수 있다.

$$v(t) = v(\infty) + [v(0) - v(\infty)]e^{-t/\tau} \quad (t \geq 0)$$
$$(t = 0\text{일 때 스위치 동작})$$

$$(5.96)$$

식 (5.96)은 다음과 같이 설명될 수 있다.

[표 5-5] 기본 일차 회로의 응답 형태

회로	그림	응답
RC	입력 : $t = T_0$에서 스위치 동작하는 직류 회로	$v(t) = v(\infty) + [v(T_0) - v(\infty)]e^{-(t-T_0)/\tau}$ $(\tau = RC)$ $(t \geq T_0)$
RL	입력 : $t = T_0$에서 스위치 동작하는 직류 회로	$i(t) = i(\infty) + [i(T_0) - i(\infty)]e^{-(t-T_0)/\tau}$ $\left(\tau = \dfrac{L}{R}\right)$ $(t \geq T_0)$
이상적인 적분기		$v_{\text{out}}(t) = -\dfrac{1}{RC} \displaystyle\int_{t_0}^{t} v_{\text{i}}\, dt + v_{\text{out}}(t_0)$
이상적인 미분기		$v_{\text{out}}(t) = -RC \dfrac{dv_{\text{i}}}{dt}$

> 다음 세 가지 변수가 *RC* 회로의 전압 응답을 결정한다.
>
> 초기 전압 $v(0)$, 최종 전압 $v(\infty)$, 시정수 τ

[그림 5-30(a)]와 같은 특정 회로에서, 식 (5.86)과 (5.95)는 $v(0) = V_{s_1}$과 $v(\infty) = V_{s_2}$를 나타낸다. 따라서 다음 관계식을 구할 수 있다.

$$v(t) = V_{s_2} + (V_{s_1} - V_{s_2})e^{-t/\tau} \qquad (5.97)$$

만약 커패시터 전압의 변화를 발생하는 스위치가 $t = 0$ 대신에 시간 T_0에서 동작한다면, 식 (5.96)은 다음과 같이 표현된다.

> $$v(t) = v(\infty) + [v(T_0) - v(\infty)]e^{-(t-T_0)/\tau} \qquad (t \geq T_0)$$
> $$(t = T_0\text{일 때 스위치 동작})$$

$$(5.98)$$

식 (5.96)의 우변에 t 대신 $t - T_0$를 대입한다. $v(T_0)$는 $t = T_0$에서의 초기 전압이다. 이 표현식은 [표 5-5]에서도 확인할 수 있으며, 나머지 세 종류 회로에 대한 표현식은 이후 절에서 다룬다.

[그림 5-31(a)] 회로에서 SPDT 스위치는 오랜 시간 동안 단자 1에 있다가 단자 2로 움직인다. 스위치가 다음 위치에서 움직일 때, $t \geq 0$에서 전압 $v(t)$를 구하라.

(a) $t = 0$

(b) $t = 3$ s

풀이

(a) T_0이고 $t \geq 0$일 때, $v(t)$의 완전해는 식 (5.96)에서 주어진다.

$$v(t) = v(\infty) + [v(0) - v(\infty)]e^{-t/\tau} \tag{5.99}$$

문제를 풀려면 변숫값 세 가지를 구해야 한다. 초기 전압 $v(0)$, 최종 전압 $v(\infty)$, 시정수 τ. 초기 전압은 스위치를 움직이기 전에 커패시터에 존재하는 전압이다. 스위치가 오랜 시간 동안 그 위치에 있었기 때문에, [그림 5-31(b)] 회로는 스위치가 이동하기 오래 전에 정상 상태에 도달했다. 그러므로 스위치가 움직이기 바로 전인 $t =$

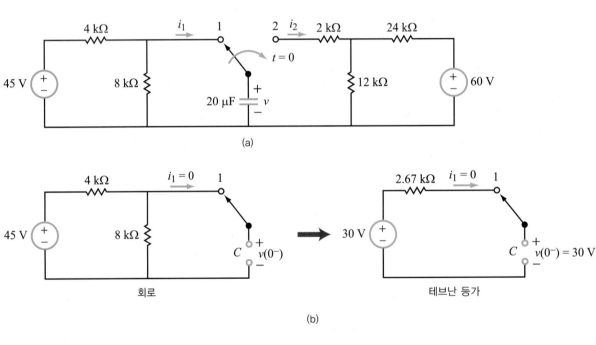

(a)

(b)

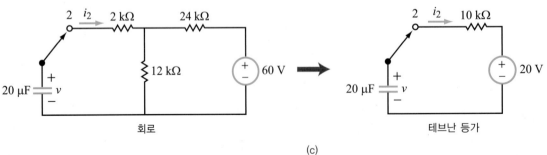

(c)

[그림 5-31] **(a)** 원래 회로
(b) $t = 0^{-}$일 때
(c) $t \geq 0$일 때

0^-일 때, 커패시터는 개방 회로와 같이 동작한다. 커패시터 전압 $v(0^-)$는 저항 8 kΩ의 전압과 같고 $t = 0^-$에서 $i_1 =$ 0이므로 전압 분배를 적용하면 다음과 같다.

$$v(0^-) = \left(\frac{8k}{4k + 8k} \right) \times 45 = 30 \text{ V}$$

[그림 5–31(b)] 회로를 테브난 등가회로로 변환한 결과와 같다. 커패시터의 전압은 순간적으로 변하지 않으므로 초기 전압은 다음과 같다.

$$v(0) = v(0^-) = 30 \text{ V}$$

이제 $v(\infty)$를 구해보자. 단자 2로 스위치를 옮기고 최종 상태에 도달하기 위해 충분한 시간이 흐른 뒤, 커패시터는 다시 개방 회로와 같이 동작한다. 즉 $t = \infty$에서 $i_2 = 0$임을 의미한다. 전압 분배를 적용하면 다음과 같다.

$$v(\infty) = \left(\frac{12k}{12k + 24k} \right) \times 60 = 20 \text{ V}$$

단자 2의 오른편 회로에서 시정수는 $\tau = RC$이다. R은 오른편 회로의 테브난 저항이다. 60 V 전원이 인가된 뒤, 저항은 다음과 같다.

$$R = R_{Th} = 2 \text{ k}\Omega + 12 \text{ k}\Omega \parallel 24 \text{ k}\Omega$$
$$= 2 \text{ k}\Omega + \frac{12k \times 24k}{12k + 24k} = 10 \text{ k}\Omega$$

따라서 시정수는 다음과 같다.

$$\tau = RC = 10 \times 10^3 \times 20 \times 10^{-6} = 0.2 \text{ s}$$

식 (5.99)에서 $v(0)$, $v(\infty)$, τ의 값을 대입하면 다음과 같은 식을 유도할 수 있다.

$$v(t) = (20 + 10e^{-5t}) \text{ V} \quad (t \geq 0)$$

(b) $T_0 = 3$ s일 때 스위치가 동작한다는 것을 제외하고는 (a)와 같은 과정을 반복한다. 적용할 표현식은 식 (5.98)에서 주어진다.

$$v(t) = v(\infty) + [v(3) - v(\infty)]e^{-(t-3)/\tau} \quad (t \geq 3 \text{ s})$$
$$= \begin{cases} 30 \text{ V} & (0 \leq t \leq 3 \text{ s}) \\ [20 + 10e^{-5(t-3)}] \text{ V} & (t \geq 3 \text{ s}) \end{cases}$$

예제 5–10 충전 및 방전 동작

[그림 5–32]의 스위치는 오랜 시간 단자 1에 있다가 $t = 0$일 때 단자 2로 옮겨지고 $t = 10$ s일 때 단자 1로 돌아간다. $t \geq 0$에서 전압 응답 $v(t)$를 구하고 $V_1 = 20$ V, $R_1 = 80$ kΩ, $R_2 = 20$ kΩ, $C = 0.25$ mF일 때 응답 결과를 평가하라.

풀이

시간을 다음과 같이 두 구간으로 나눠서 답을 구할 것이다. $0 \leq t \leq 10$ s일 때 $v_1(t)$와 $t \geq 10$ s일 때 $v_2(t)$다.

$0 \leq t \leq 10$ s일 때

스위치가 단자 2일 때([그림 5–32(b)]), 회로의 저항은 $R = R_1 + R_2$이다. 그러므로 첫 구간에서 시정수는 다음과 같다.

$$\tau_1 = (R_1 + R_2)C$$
$$= (80 + 20) \times 10^3 \times 0.25 \times 10^{-3} = 25 \text{ s}$$

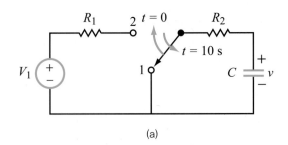

$v_1(0) = 0$, $v_1(\infty) = V_1 = 20\,\text{V}$, $\tau_1 = 25\,\text{s}$를 식 (5.96)에 적용하면 다음과 같다(커패시터는 $t = 0$ 이전에 충전되어 있지 않다.).

$$v_1(t) = v_1(\infty) + [v_1(0) - v_1(\infty)]e^{-t/\tau_1}$$
$$= 20(1 - e^{-0.04t})\,\text{V} \quad (0 \leq t \leq 10\,\text{s})$$

$t \geq 10\,\text{s}$일 때

두 번째 시간 구간에 해당하는 시정수 τ_2와 식 (5.98)에 의해 주어진 전압 $v_2(t)$를 이용하면 다음과 같다.

$$v_2(t) = v_2(\infty) + [v_2(10) - v_2(\infty)]e^{-(t-10)/\tau_2}$$

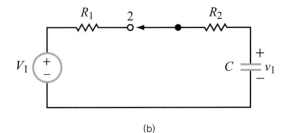

시정수는 스위치가 단자 1로 돌아온 후의 커패시터 회로와 관련이 있다.

$$\tau_2 = R_2C$$
$$= 20 \times 10^3 \times 0.25 \times 10^{-3} = 5 \text{ s}$$

초기 전압 $v_2(10)$은 시간 구간 1의 끝일 때 커패시터 전압 v_1과 같다.

$$v_2(10) = v_1(10) = 20(1 - e^{-0.04 \times 10})$$
$$= 6.59 \text{ V}$$

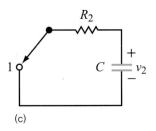

[그림 5-32] (a) 실제 회로
(b) $0 \leq t \leq 10\,\text{s}$
(c) $t = 10\,\text{s}$ 이후의 회로

R_2C 회로에서 전압원이 없는 경우, 충전된 커패시터가 R_2로 에너지를 공급해주며 $v_2(\infty) = 0$의 최종 전압을 가질 때 자연 응답이라고 한다.

$$v_2(t) = v_2(10)\, e^{-(t-10)/\tau_2}$$
$$= 6.59e^{-0.2(t-10)}\,\text{V} \quad (t \geq 10\,\text{s})$$

예제 5-11 사각형 펄스에 대한 RC 회로 응답

[그림 5-33(a)]에 묘사된 것과 같이 초기에 충전이 되어 있지 않은 RC 회로에 크기 V_s와 주기 T_0의 사각형 펄스 $v_i(t)$가 인가되었을 때 전압 응답을 구하라. $R = 25\,\text{k}\Omega$, $C = 0.2\,\text{mF}$, $V_s = 10\,\text{V}$, $T_0 = 4\,\text{s}$에 대한 응답을 구하고 그려라.

풀이

[예제 5-2]에 따르면, 사각형 펄스는 두 함수의 합과 같다. 그러므로 다음과 같다.

$$v_i(t) = V_s[u(t - T_1) - u(t - T_2)]$$

$u(t - T_1)$은 $t = T_1$에서 값이 0에서 1로 상승하고, 음의 부호를 가진 두 번째 함수는 $t = T_2$ 이후에 첫 번째 함수를 상쇄시킨다. 이 예제에서 $T_1 = 0$이고, $T_2 = 4\,\text{s}$다. 그러므로 입력 신호는 다음과 같다.

$$v_i(t) = V_s u(t) - V_s u(t - 4)$$

선형 회로이므로 커패시터 응답 $v(t)$을 구할 때 중첩의 원리를 적용할 수 있다.

$$v(t) = v_1(t) + v_2(t)$$

$v_1(t)$는 $V_s u(t)$에 대한 응답이고, 비슷하게 $v_2(t)$는 $-V_s u(t-4)$에 대한 응답이다. 응답 $v_1(t)$는 $v_1(0) = 0$, $v_1(\infty) = V_s$, $\tau = RC$인 식 (5.96)에서 주어진다. 따라서 다음과 같다.

$$v_1(t) = v_1(\infty) + [v_1(0) - v_1(\infty)]e^{-t/\tau}$$
$$= V_s(1 - e^{-t/\tau}) \quad (t \geq 0)$$

$V_s = 10$ V이고 $\tau = RC = 25 \times 10^3 \times 0.2 \times 10^{-3} = 5$ s 일 때 다음과 같다.

$$v_1(t) = 10(1 - e^{-0.2t}) \text{ V} \quad (t \geq 0)$$

두 번째 함수는 크기가 $-V_s$이고, 지연 시간은 4 s이다. V_s을 음의 부호로 두고 t를 $(t-4)$로 대체하면 다음과 같다.

$$v_2(t) = -10[1 - e^{-0.2(t-4)}] \text{ V} \quad (t \geq 4 \text{ s})$$

$t \geq 0$에서 전체 응답은 다음과 같다.

$$v(t) = v_1(t) + v_2(t)$$
$$= 10[1 - e^{-0.2t}] - 10[1 - e^{-0.2(t-4)}]\, u(t - 4) \text{ V}$$
$$(5.100)$$

위 식에는 $t \leq 4$ s 동안 값이 0이 되는 시간 지연 계단함수 $u(t - 4)$를 추가하였다. [그림 5-33]에 나타난 $v(t)$의 그래프는 $t = 4$ s에서 최대 전압 5.5 V이고 그 후에 지수함수적으로 감소한다. 외부 신호로 인해 형성된 응답을 강제 응답이라고 한다. 반면에 $t = 4$ s 이후 시간 동안 $v(t)$가 커패시터에서 에너지가 방전되는 것을 자연 감쇠 응답이라고 한다. 이 시간 동안 $i(t)$는 반시계 방향으로 흐른다.

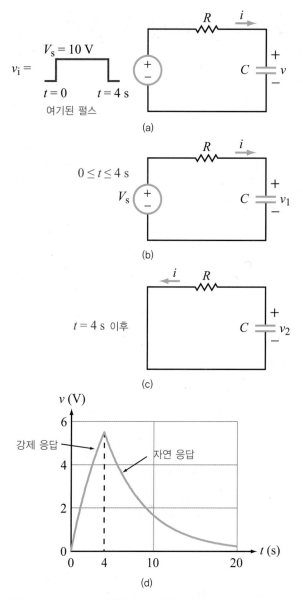

[그림 5-33] 4 s의 긴 사각형 펄스에 대한 RC 회로의 응답

[질문 5-20] RC 회로에서 커패시터 전압 $v(t)$를 알아내는 데 필요한 세 변수는 무엇인가?

[질문 5-21] [그림 5-30]의 회로에서 $V_{s2} < V_{s1}$라면, 스위치가 단자 1에서 단자 2로 이동한 뒤 전류의 방향은 어떻게 되는가? 커패시터에 축적되는 전하의 관점에서 이 과정을 분석하라.

[연습 5-15] $t \geq 0$ 동안 $v_1(t)$와 $v_2(t)$를 구하라. 다음 회로에서 $C_1 = 6$ μF, $C_2 = 3$ μF, $R = 100$ kΩ이고 커패시터는 $t = 0$ 이전에 충전되어 있지 않다.

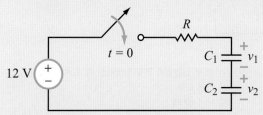

5.5 *RL* 회로 응답

RC 회로에서는 커패시터에 인가된 전압 $v(t)$에 대한 일차 미분 방정식을 세우고, $v(t)$의 완전 해를 구하기 위해 초기 조건과 최종 조건을 이용하였다. $i = C\dfrac{dv}{dt}$, $p = iv$, $w = \dfrac{1}{2}Cv^2$의 식을 이용하여 커패시터에 흐르는 전류, 전력, 저장된 에너지를 구할 수 있었다. *RL* 회로를 풀 때는 *RC* 회로와 유사한 풀이 과정을 따르지만, 인덕터에 흐르는 전류 $i(t)$를 중심으로 분석할 것이다.

5.5.1 *RL* 회로의 자연 응답

[그림 5-34(a)] 회로에서 스위치가 오랜 시간 닫혀 있

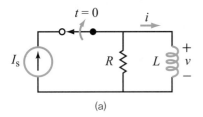

(a)

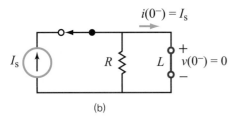

(b)

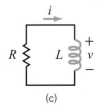

(c)

[그림 5-34] $t = 0$에서 전류원과 연결이 끊어진 *RL* 회로
 (a) 기본 회로
 (b) $t = 0^-$일 때
 (c) $t \geq 0$일 때

다가 $t = 0$에서 열렸을 때, *RL* 회로는 전류원 I_s와 끊어진다. 인덕터를 통해 흐르는 전류는 스위치가 열리면서 발생하는 갑작스러운 변화에 어떻게 반응하는가? 즉 $t \geq 0$에서 $i(t)$의 파형은 어떻게 되는지 알아보자. 이를 위해 스위치가 열리기 직전인 $t = 0^-$ 상태의 *RL* 회로는 [그림 5-34(b)] 회로로 표현되고 인덕터는 단락 회로로 대체된다.

이는 정상 상태 조건에서 i가 시간에 따라 더 이상 변하지 않아 $v = L\dfrac{di}{dt} = 0$이므로, 인덕터 양단의 전압은 0이 되기 때문이다. 또한 저항 R과 단락 회로의 병렬 조합으로 들어간 전류들은 모두 단락 회로를 따라 흐르므로 $i(0^-) = I_s$이다. 게다가 인덕터를 따라 흐르는 전류가 순간적으로 변화할 수 없기 때문에 $t = 0$ (스위치가 개방된 직후)에서 전류는 다음과 같다.

$$i(0) = i(0^-) = I_s$$

$t \geq 0$인 조건에서, [그림 5-34(c)]의 *RL* 회로에 대한 루프 방정식은 다음과 같다.

$$Ri + L\frac{di}{dt} = 0$$

이는 다음과 같이 다시 표현될 수 있다.

$$\frac{di}{dt} + ai = 0 \qquad (5.101)$$

여기서 a는 임시 상수로 다음과 같이 주어진다.

$$a = \frac{R}{L} \qquad (5.102)$$

식 (5.101)은 변수가 $i(t)$라는 것을 제외하면 전원이 없

는 RC 회로에 대한 식 (5.70)과 같다. 식 (5.78)에서 주어진 해와 마찬가지로 $i(t)$에 대한 해는 다음과 같이 주어진다.

$$i(t) = i(0)\, e^{-t/\tau} \quad (t \geq 0)$$
$$\text{(자연 응답)} \qquad\qquad (5.103)$$

여기서 RL 회로에 대한 시정수는 다음과 같이 주어진다.

$$\tau = \frac{1}{a} = \frac{L}{R} \qquad\qquad (5.104)$$

5.5.2 RL 회로의 일반적인 계단 응답

회로 구성이 갑자기 변하기 전과 후에 모두 전원을 포

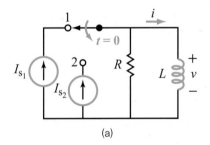

(a)

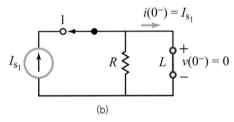

(b)

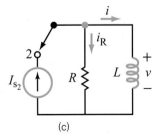

(c)

[그림 5-35] $t = 0$일 때, 두 전류원 사이에서 스위치가 연결되어 있는 RL 회로
(a) 기본 회로
(b) $t = 0^-$일 때
(c) $t \geq 0$일 때

함하는 RL 회로에 대한 해를 구해보자. $t = 0$에서 SPDT 스위치가 전류원 I_{s_1}에 연결된 단자 1로부터 전류원 I_{s_2}에 연결시키는 단자 2로 움직이는 [그림 5-35(a)]의 기본 회로를 사용한다. [그림 5-35(b)]의 $t = 0^-$에서의 회로를 보면 $t = 0$에서 전류는 다음과 같다.

$$i(0) = i(0^-) = I_{s_1}$$

[그림 5-35(c)]는 $t \geq 0$에서의 회로를 나타낸다. 공통 마디에서 KCL을 적용하면 다음과 같다.

$$-I_{s_2} + i_R + i = 0$$

v는 R과 L, $i_R = \dfrac{v}{R}$에 공통적으로 인가되어 있으므로, $v = L \dfrac{di}{dt}$를 적용하면 KCL 방정식은 다음과 같이 표현된다.

$$\frac{di}{dt} + ai = b \qquad\qquad (5.105)$$

여기서 a는 식 (5.102)를 통해 이미 알고 있으므로 b는 다음과 같다.

$$b = aI_{s_2} = \frac{R}{L}\, I_{s_2} \qquad\qquad (5.106)$$

식 (5.105)는 RC 회로에 대한 식 (5.88)과 같은 형태다. 그러므로 식 (5.96)에서 주어진 표현식과 해가 유사하다. 따라서 RL 회로에서 인덕터를 따라 흐르는 전류의 일반적인 형태는 다음과 같으며, 이때 $\tau = \dfrac{L}{R}$이다.

$$i(t) = i(\infty) + [i(0) - i(\infty)]e^{-t/\tau} \quad (t \geq 0)$$
$$(t = 0\text{일 때 스위치 동작})$$

$$(5.107)$$

[그림 5-35(a)] 회로에서 $i(0) = I_{s_1}$이고 $i(\infty) = I_{s_2}$이다. $t = 0$ 대신에 $t = T_0$일 때, 회로 구성에 갑작스런 변화가 생긴다면 $i(t)$에 대한 일반적인 표현식은 다음과 같다.

$$i(t) = i(\infty) + [i(T_0) - i(\infty)]e^{-(t-T_0)/\tau} \quad (t \geq T_0)$$
$$(t = T_0 \text{일 때 스위치 동작})$$

$$(5.108)$$

여기서 $i(T_0)$는 T_0에서의 전류다. 위의 표현식은 커패시터를 따라 걸리는 전압에 대한 식 (5.98)과 유사하다.

예제 5-12 두 RL 가지를 포함하는 회로

[그림 5-36(a)]에서 $t = 0$일 때 SPDT 스위치는 단자 1에서부터 단자 2로 이동했다. $t \geq 0$에서 $V_s = 9.6$ V, $R_s = 4$ kΩ, $R_1 = 6$ kΩ, $R_2 = 12$ kΩ, $L_1 = 1.2$ H, $L_2 = 0.36$ H일 때, i_1, i_2, i_3을 구하라.

풀이

스위치를 옮기기 전의 회로 상태를 먼저 살펴보자. $t = 0^-$에서 인덕터는 단락 회로처럼 동작하며 [그림 5-36(b)]로 표현된다. 마디 V에 KCL을 적용하면 다음과 같이 주어진다.

$$\frac{V}{R_1} + \frac{V - V_s}{R_s} + \frac{V}{R_2} = 0$$

이에 대한 해는 다음과 같다.

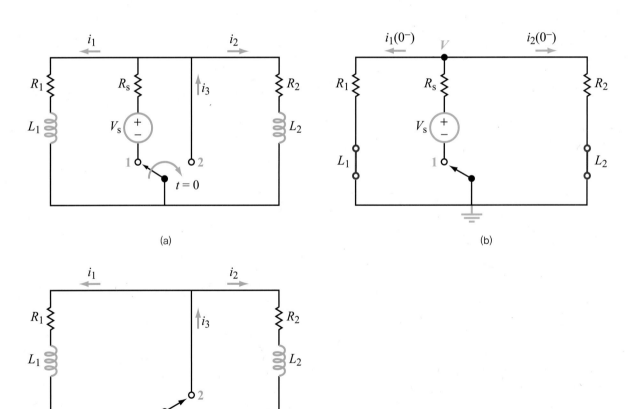

(a)

(b)

(c)

[그림 5-36] (a) 두 인덕터를 포함하는 회로
        (b) $t = 0^-$에서의 회로
        (c) $t = 0$ 이후의 회로

$$V = \frac{R_1 R_2 V_s}{R_1 R_2 + R_1 R_s + R_2 R_s}$$

$$= \frac{6 \times 12 \times 9.6}{6 \times 12 + 6 \times 4 + 12 \times 4} = 4.8 \text{ V}$$

따라서 초기 전류 $i_1(0)$과 $i_2(0)$을 구하면 다음과 같다.

$$i_1(0) = i_1(0^-) = \frac{V}{R_1} = \frac{4.8}{6 \times 10^3} = 0.8 \text{ mA}$$

$$i_2(0) = i_2(0^-) = \frac{V}{R_2} = \frac{4.8}{12 \times 10^3} = 0.4 \text{ mA}$$

[그림 5-36(c)] 회로는 $t = 0$ 이후의 회로 상태를 나타낸다. 전체 회로에 각각 두 개의 저항과 인덕터가 있더라도 두 RL 가지가 모두 단락 회로에 걸쳐서 연결되어 있기 때문에 서로 독립적인 RL 가지로 간주된다. 두 가지에 있는 인덕터는 스위치를 옮기기 전에 저장하고 있던 자기 에너지를 저항으로 소모할 것이다. 따라서 $i_1(\infty) = i_2(\infty) = 0$이다. $t \geq 0$에서 $i_1(t)$와 $i_2(t)$에 대한 완전해는 다음과 같다.

$$i_1(t) = [i_1(\infty) + [i_1(0) - i_1(\infty)]e^{-t/\tau_1}]$$

$$= 0.8e^{-t/\tau_1} \text{ mA}$$

$$i_2(t) = [i_2(\infty) + [i_2(0) - i_2(\infty)]e^{-t/\tau_2}]$$

$$= 0.4e^{-t/\tau_2} \text{ mA}$$

여기서 τ_1과 τ_2는 두 RL 회로의 시정수이며, 그 값은 다음과 같다.

$$\tau_1 = \frac{L_1}{R_1} = \frac{1.2}{6 \times 10^3} = 2 \times 10^{-4} \text{ s}$$

$$\tau_2 = \frac{L_2}{R_2} = \frac{0.36}{12 \times 10^3} = 3 \times 10^{-5} \text{ s}$$

단락 회로를 따라 흐르는 전류는 다음과 같다.

$$i_3 = i_1 + i_2$$

$$= (0.8e^{-t/\tau_1} + 0.4e^{-t/\tau_2}) \text{ mA} \quad (t \geq 0)$$

예제 5-13 삼각 여기 신호에 대한 응답

[그림 5-37(a)] 회로에서 전압원은 $t = 0$에서 시작하여 $t = 3$ ms일 때 12 V까지 선형적으로 증가했다가 다시 급격히 0 V로 떨어지는 삼각 경사함수를 발생시킨다. 그리고 $R = 250$ Ω, $L = 0.5$ H이며, $t = 0$ 이전에 L을 따라 흐르는 전류는 없다.

(a) $v_s(t)$를 단위 계단함수를 이용하여 표현하고 그려보라.

(b) $t \geq 0$일 때, $i(t)$에 대한 미분 방정식을 만들어라.

(c) $t \geq 0$일 때, 방정식을 풀고 $i(t)$에 대한 그래프를 그려라.

풀이

(a) [그림 5-37(b)]에서 보인 $v_s(t)$의 파형은 다음과 같이 두 경사함수의 합으로 나타낼 수 있다.

$$v_s(t) = 4r(t) - 4r(t)\,u(t-3\text{ ms})$$
$$= 4t\,u(t) - 4t\,u(t)\,u(t-3\text{ ms}) \quad (5.109)$$
$$= 4t\,u(t) - 4t\,u(t-3\text{ ms}) \quad \text{V}$$

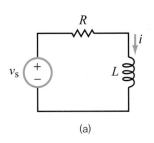

(a)

(b) $t \geq 0$일 때, KVL 루프 방정식은 다음과 같이 주어진다.

$$-v_s + Ri + L\frac{di}{dt} = 0$$

$$\frac{di}{dt} + ai = \frac{v_s}{L} \quad (5.110)$$

여기서 $a = \dfrac{R}{L}$ 이다. $v_s(t)$는 두 성분으로 구성되어 있기 때문에 $i(t)$를 다음과 같이 두 성분의 합으로 표현한다.

$$i(t) = i_1(t) + i_2(t) \quad (5.111)$$

여기서 $i_1(t)$는 $v_s = 4t\,u(t)$에 대한 식 (5.110)의 해이고, $i_2(t)$는 $v_s = -4t\,u(t-3\text{ ms})$에 대한 식 (5.110)의 해를 나타낸다. 즉 다음과 같다. 이때 $b = \dfrac{4}{L}$ 이다.

$$\frac{di_1}{dt} + ai_1 = \frac{4t}{L} = bt \quad (t \geq 0) \quad (5.112\text{a})$$

$$\frac{di_2}{dt} + ai_2 = \frac{-4t}{L} = -bt \quad (t \geq 3\text{ ms}) \quad (5.112\text{b})$$

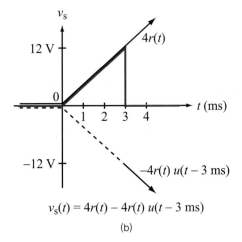

$$v_s(t) = 4r(t) - 4r(t)\,u(t-3\text{ ms})$$

(b)

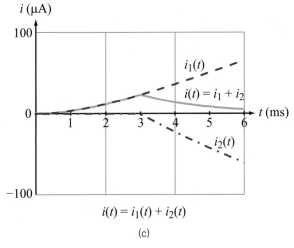

$$i(t) = i_1(t) + i_2(t)$$

(c)

[그림 5-37] (a) *RL* 회로
(b) *t*에 따른 $v_s(t)$의 파형
(c) *t*에 따른 $i(t)$의 그래프

(c)

① $i_1(t)$

먼저 식 (5.112a)의 양변에 e^{at}를 곱하고 $0 \sim t$까지 적분하면 다음과 같이 표현된다.

$$\int_0^t \left(e^{at}\frac{di_1}{dt} + ai_1 e^{at} \right) dt = \int_0^t bt e^{at}\,dt \quad (5.113)$$

좌변을 풀면 다음과 같다.

$$\int_0^t \left[e^{at}\frac{di_1}{dt} + ai_1 e^{at} \right] dt = \int_0^t \left[\frac{d}{dt}(i_1 e^{at}) \right] dt = i_1 e^{at} \Big|_0^t \quad (5.114)$$

우변을 풀면 다음과 같다.

$$\int_0^t bt e^{at}\,dt = \frac{b}{a^2}e^{at}(at-1) \Big|_0^t \quad (5.115)$$

식 (5.114)와 식 (5.115)를 통해 식 (5.113)은 다음과 같이 표현된다.

$$i_1 e^{at}\Big|_0^t = \frac{b}{a^2}\, e^{at}(at-1)\Big|_0^t \tag{5.116}$$

이를 풀면 다음과 같다.

$$i_1(t)\, e^{at} - i_1(0) = \frac{b}{a^2}\,[e^{at}(at-1)+1] \tag{5.117}$$

$i_1(0) = 0$이므로 $i_1(t)$에 대한 표현식은 다음과 같다.

$$i_1(t) = \frac{b}{a^2}\,[(at-1)+e^{-at}] \quad (t \geq 0) \tag{5.118}$$

② $i_2(t)$

식 (5.112a)와 식 (5.112b)는 같은 형태이나 중요한 차이가 두 가지 있다.

- $i_1(t)$에 대한 시간함수는 bt인 반면에 $i_2(t)$에 대한 시간함수는 $-bt$이다.
- $i_2(t)$에 대한 시공간의 적용은 $t = 0$이 아닌 $t = 3\,\text{ms}$에서 시작한다.

따라서 식 (5.116)은 b를 $-b$로 바꾸고 적분의 하한을 $3\,\text{ms}$로 바꾸어 i_2에 적용할 수 있으며 이는 다음과 같다.

$$i_2 e^{at}\Big|_{3\,\text{ms}}^t = \frac{-b}{a^2}\, e^{at}(at-1)\Big|_{3\,\text{ms}}^t \tag{5.119}$$

이를 풀면 다음과 같다.

$$i_2(t)\, e^{at} - i_2(3\,\text{ms})\, e^{0.003a} = -\frac{b}{a^2}[e^{at}(at-1) - e^{0.003a}(0.003a-1)] \tag{5.120}$$

중첩의 원리를 사용할 때, $v_s(t)$의 두 계단함수 성분에 대하여 같은 초기 조건을 RL 회로에 적용한다. 따라서 $i_1(0) = i_2(3\,\text{ms}) = 0$이고 식 (5.120)은 다음과 같이 단순화할 수 있다.

$$i_2(t) = -\frac{b}{a^2}[(at-1) - (0.003a-1)e^{-a(t-0.003)}] \quad (t \geq 3\,\text{ms}) \tag{5.121}$$

$i(t)$의 전체 해는 $R = 250\ \Omega$, $L = 0.5\ \text{H}$, $a = \dfrac{R}{L} = 500$, $b = \dfrac{4}{L} = 8$일 때, 다음과 같다.

$$
i(t) = \begin{cases} i_1(t) & (0 \leq t \leq 3\,\text{ms}) \\ i_1(t) + i_2(t) & (t \geq 3\,\text{ms}) \end{cases}
$$
$$
\qquad = \begin{cases} 32[(500t-1)+e^{-500t}]\,\mu\text{A} & (0 \leq t < 3\,\text{ms}) \\ 103.7e^{-500t}\,\mu\text{A} & (t \geq 3\,\text{ms}) \end{cases} \tag{5.122}
$$

[질문 5-22] 식 (5.96)과 식 (5.107)을 비교하여 RC 및 RL 회로의 유사점을 도출해보자. RC 회로의 v, R, C는 RL 회로의 어느 요소와 일치하는가?

[질문 5-23] [그림 5-34(a)] 회로에서 장시간 열려 있던 스위치가 갑자기 닫혔을 때를 생각해보자. I_s는 초기에 R 또는 L을 따라 흐르는가?

[연습 5-16] $t \geq 0$일 때, 다음 회로에서 $i_1(t)$와 $i_2(t)$를 구하라. $L_1 = 6\,\text{mH}$, $L_2 = 12\,\text{mH}$, $R = 2\,\Omega$이고, $i_1(0^-) = i_2(0^-) = 0$이라고 가정한다.

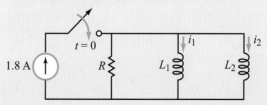

5.6 *RC* 연산 증폭기 회로

저항 회로에 커패시터와 인덕터를 추가하면 회로의 유용성 및 사용 범위가 크게 확대된다. 이 절에서는 적분, 미분과 그 이외의 연산 동작을 수행하기 위해 연산 증폭기와 커패시터가 같이 포함한 회로에 대해서 알아본다. 이러한 특정 기능은 인덕터로도 구현이 가능하지만 평면 회로, 특히 근래의 집적회로에서는 커패시터가 더 작고 쉽게 구현될 수 있기 때문에 대체로 커패시터가 더 많이 사용된다.

5.6.1 이상적인 연산 증폭 적분기

[그림 5-38]은 4.4절의 표준 반전 증폭기 회로와 거의 유사하다. 여기에 궤환 저항 R_f를 커패시터 C로 대체하여 연산 증폭 적분기로 변환하였다.

> 적분기 회로의 출력 전압 v_{out}은 입력 신호 v_i를 시간에 따라 적분한 값에 비례한다.

이상적인 연산 증폭기 모델은 두 개의 제약 조건을 가진다. 첫 번째, 전압은 $v_p = v_n$이라는 조건이다. 즉 [그림 5-38] 회로에서 $v_p = 0$이기 때문에 $v_n = 0$이다. 따라서 저항 R에서 흐르는 전류 i_R은 다음과 같다.

$$i_R = \frac{v_i}{R} \tag{5.123}$$

$v_n = 0$이므로 C에 걸려 있는 전압 v_C는 간단히 v_{out}이고, 이를 따라 흐르는 전류는 다음과 같다.

$$i_C = C \frac{dv_{out}}{dt} \tag{5.124}$$

마디 v_n에서 보면 다음과 같다.

$$i_R + i_C - i_n = 0 \tag{5.125}$$

두 번째, $i_n = i_p = 0$이라는 조건이다. 이를 통해 다음과 같이 표현할 수 있다.

$$i_C = -i_R \tag{5.126}$$

$$\frac{dv_{out}}{dt} = -\frac{1}{RC} v_i \tag{5.127}$$

식 (5.127)의 양변을 $t_0 \sim t$까지 적분하면 다음과 같다.

$$\int_{t_0}^{t} \left(\frac{dv_{out}}{dt} \right) dt = -\frac{1}{RC} \int_{t_0}^{t} v_i \, dt \tag{5.128}$$

이를 다시 표현하면 다음과 같다.

$$v_{out}(t) = -\frac{1}{RC} \int_{t_0}^{t} v_i \, dt + v_{out}(t_0) \tag{5.129}$$

시간 t_0는 적분이 시작되는 시간이며, $v_{out}(t_0)$는 시간 t_0에서 커패시터에 걸리는 순시 전압이다. 식 (5.129)에

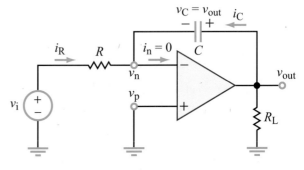

[그림 5-38] 적분기 회로

따라 커패시터에 걸리는 출력 전압은 적분이 시작될 때 커패시터에 걸려있는 전압인 $v_{out}(t_0)$ 값에 상관없이 동일하다. 이는 $v_{out}(t_0)$이 t_0에서 입력 전압의 적분값에 계수 $\left(-\dfrac{1}{RC}\right)$가 곱해진 값과 같은 양이기 때문이다. 출력 전압 $|v_{out}|$의 값이 공급 전압 V_{cc}를 넘을 수 없기 때문에 R과 C의 값은 연산 증폭기가 포화 상태가 되지 않도록 선택해야 한다.

기준 시간이 $t_0 = 0$이고 그 시점에서 커패시터가 충전되어 있지 않았다면($v_{out}(0) = 0$), 식 (5.129)는 다음과 같이 간략화된다.

$$v_{out}(t) = -\frac{1}{RC}\int_0^t v_i \, dt \quad (v_{out}(0) = 0일 \text{ 때})$$

(5.130)

예제 5-14 구형파 입력 신호

[그림 5-39(a)]의 구형파 신호가 $t = 0$에서 초기의 커패시터 전압이 0 V인 이상적인 적분기 회로의 입력으로 사용되었다. $R = 200\,\text{k}\Omega$, $C = 2.5\,\mu\text{F}$이라면, 다음 조건일 때 증폭기 출력 전압 파형을 구하라.

(a) $V_{cc} = 14\,\text{V}$

(b) $V_{cc} = 9\,\text{V}$

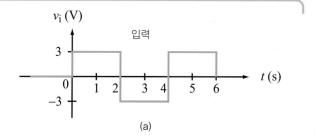

(a)

풀이

(a) 적분항 앞에 사용되는 계수는 다음과 같다.

$$-\frac{1}{RC} = -\frac{1}{2 \times 10^5 \times 2.5 \times 10^{-6}} = -2\,\text{s}^{-1}$$

첫 주기의 전반부에 해당하는 시간 구간 $0 \le t \le 2\,\text{s}$ 동안 출력 전압은 다음과 같다.

$$v_{out}(t) = -2\int_0^t v_i \, dt = -2\int_0^t 3 \, dt = -6t \, \text{V}$$

$$(0 \le t \le 2\,\text{s})$$

위 식은 [그림 5-39(b)]의 첫 번째 경사함수로 표현된다. 첫 주기의 후반부 동안 v_i의 극성 반전은 커패시터에서 방전될 에너지를 다시 저장한다. 결국 한 주기에서 방전되고 저장되는 에너지가 동일하므로 한 주기 전체를 통해 커패시터에 인가된 유효 전압은 없다.

$|V_{out}|$이 $|V_{cc}| = 14\,\text{V}$를 초과할 수 없기 때문에 연산 증폭기에서 포화 영역이 나타나지 않는다.

(b) $V_{cc} = 9\,\text{V}$일 때 [그림 5-39(c)]에서 보인 연산 증폭기의 파형은 [그림 5-39(b)]와 같다. 단, $-9\,\text{V}$일 때 깎인 파형만 다르다.

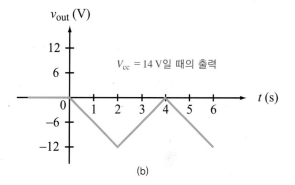

(b)

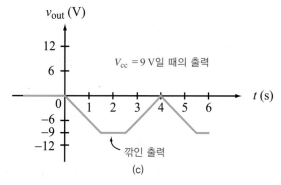

(c)

[그림 5-39] (a) 입력 신호
(b) 포화 영역이 없는 연산 증폭기의 출력 신호
(c) $-9\,\text{V}$에서 포화되는 연산 증폭기의 출력 신호

5.6.2 이상적인 연산 증폭 미분기

[그림 5-38]의 적분기 회로에서 간단히 R과 C의 위치를 바꿔 [그림 5-40]의 미분기 회로로 변환할 수 있다. 미분기 회로에 연산 증폭기의 전압 및 전류 제약을 적용해 다음과 같은 식을 얻을 수 있다.

$$i_C = C \frac{dv_i}{dt}$$

$$i_R = \frac{v_{out}}{R}$$

$$i_C = -i_R$$

결과적으로 출력 전압은 다음과 같다.

$$v_{out} = -RC \frac{dv_i}{dt} \qquad (5.131)$$

위의 식에서 미분기 회로의 출력 전압은 입력 전압 v_i의 시간 미분에 비례하고 비례 상수는 $-RC$이다. 미분기 회로는 적분기 회로와 반대로 동작한다.

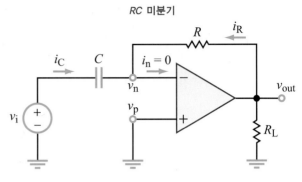

RC 미분기

[그림 5-40] 미분기 회로

5.6.3 그 밖의 연산 증폭기 회로

이상적인 적분기 및 미분기 회로가 비교적 단순한 구조이기 때문에 두 회로에 대한 입출력 관계식 역시 쉽게 구할 수 있다. 회로 응답의 해에 아무 영향도 주지 않는 부하 저항 R_L을 제외하고 [그림 5-38]과 [그림 5-40]은 각각 하나의 저항과 커패시터로 구성된 회로다. 이제 두 예제를 통해서 좀더 복잡한 구조의 RC 연산 증폭기 회로를 어떻게 해석하는지 알아보자.

예제 5-15 연산 증폭기 회로의 펄스 응답

[그림 5-41(a)]의 연산 증폭기는 진폭 $V_s = 2.4$ V, 주기 $T_0 = 0.3$ s를 가진 입력 펄스로 구동된다. $t = 0$ 이전에 커패시터가 충전되지 않은 것으로 가정한다. $t \geq 0$일 때 출력 전압 $v_{out}(t)$을 구하고 시간에 따른 변화를 그려라.

풀이

먼저 회로를 펄스의 주기 (0~0.3 s)와 ($t > 0.3$ s)에 대한 두 개의 시간 구간으로 나누어 해석하는 방법이 있다. 또 다른 방법으로는 각각의 계단함수에 대한 독립적인 해를 구하고 구해진 해를 더하기 위해 두 계단함수의 합으로 사각형 펄스를 만드는 것이다. 두 방법을 모두 이용하여 풀어보자.

두 개의 시간 구간

① 시간 구간 1 : $0 \leq t \leq 0.3$ s, $v_i = V_s = 2.4$ V

마디 v_n에서 KCL 방정식은 다음과 같다.

$$i_1 + i_2 + i_3 = 0$$

$$\frac{v_n - V_s}{R_1} + C \frac{d}{dt}(v_n - v_{out_1}) + \frac{v_n - v_{out_1}}{R_2} = 0$$

여기서 v_{out_1}은 시간 구간 1 동안의 출력 전압이다. $v_p = 0$이기 때문에 이상적인 연산 증폭기 전압 조건 $v_p = v_n$에 의하여 다음과 같은 식을 얻을 수 있다.

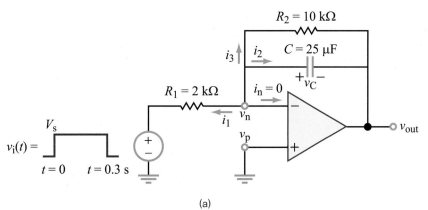

(a)

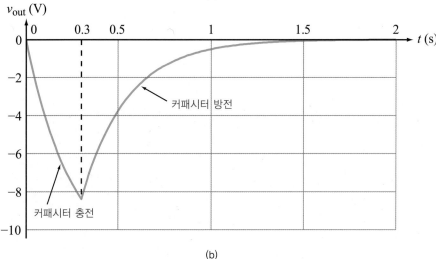

(b)

[그림 5-41] (a) 연산 증폭기 회로

(b) $v_{\text{out}}(t)$

$$C\,\frac{dv_{\text{out}_1}}{dt} + \frac{v_{\text{out}_1}}{R_2} = -\frac{V_{\text{s}}}{R_1}$$

이는 다음과 같이 표준 일차 미분 방정식 형태로 표현될 수 있다. 여기서 $a = \dfrac{1}{R_2 C}$ 이고, $b = -\dfrac{V_{\text{s}}}{R_1 C}$ 이다.

$$\frac{dv_{\text{out}_1}}{dt} + a v_{\text{out}_1} = b \tag{5.132}$$

식 (5.132)에 대한 풀이는 식 (5.94)에 의해 주어진 것과 유사하다. 즉 다음과 같으며, 여기서 $\tau = \dfrac{1}{a} = R_2 C = 0.25\ \text{s}$ 이다.

$$
\begin{aligned}
v_{\text{out}_1}(t) &= v_{\text{out}_1}(0)\,e^{-at} + \frac{b}{a}(1 - e^{-at}) \\
&= v_{\text{out}_1}(0)\,e^{-t/\tau} - \frac{V_{\text{s}} R_2}{R_1}(1 - e^{-t/\tau})
\end{aligned}
\tag{5.133}
$$

따라서 [그림 5-41(a)] 회로는 다음과 같다.

$$v_{\text{out}_1} = -v_{\text{C}}$$

여기서 v_{C}는 커패시터에 인가되는 전압이다. 문제에서 제시된 바와 같이 $v_{\text{C}}(0^-) = 0$이고, 커패시터에 걸리는 전압이 순간적으로 변할 수 없기 때문에 다음과 같이 나타낼 수 있다.

$$v_{\text{out}_1}(0) = -v_C(0) = -v_C(0^-) = 0$$

이를 앞서 구한 풀이와 결합시키면 다음 결과를 얻을 수 있다.

$$v_{\text{out}_1}(t) = -\frac{V_s R_2}{R_1}(1 - e^{-t/\tau}) \tag{5.134}$$
$$= -12(1 - e^{-4t})\,\text{V} \quad (0 \le t \le 0.3\,\text{s})$$

② 시간 구간 2 : $t > 0.3\,\text{s}$, $v_i = 0$

시간 구간 2에 대한 해의 형태는 다음 수정 내용을 제외하고는 시간 구간 1에 대한 식 (5.133)과 같다.

- 입력 전압은 0이다. 따라서 $V_s = 0$이어야 한다.
- 시작 시간이 $t = 0$이 아니라 $t = 0.3\,\text{s}$이므로 t는 $(t - 0.3\,\text{s})$로 대체되어야 한다.
- 시간 구간 1 동안 커패시터에 전하가 축적되기 때문에 초기 전압 $v_{\text{out}_2}(0.3\,\text{s})$은 0이 아니다.

따라서 시간 구간 2에 대한 v_{out_2}는 다음과 같이 주어진다.

$$v_{\text{out}_2}(t) = v_{\text{out}_2}(0.3)\, e^{-4(t-0.3)} \quad (t > 0.3\,\text{s})$$

초기 전압 $v_{\text{out}_2}(0.3)$은 $t = 0.3\,\text{s}$에서 시간 구간 1 동안에 존재하는 전압과 같다. 따라서 다음과 같이 표현된다.

$$v_{\text{out}_2}(0.3) = v_{\text{out}_1}(0.3) = -12(1 - e^{-4\times0.3}) = -8.4\,\text{V}$$

따라서 다음과 같다.

$$v_{\text{out}_2}(t) = -8.4e^{-4(t-0.3\,\text{s})}\,\text{V} \quad (t > 0.3\,\text{s}) \tag{5.135}$$

입력 펄스에 대한 두 시간 구간의 출력 응답은 [그림 5-41(b)]에서 동시에 보여준다.

두 개의 계단함수

다음과 같이 사각형 펄스를 모델링하여 입력 신호를 구한다.

$$v_i(t) = V_s[u(t) - u(t - 0.3\,\text{s})] \tag{5.136}$$

이를 사용하여 계단함수 입력에 대한 일반적인 해를 만들고, $v_{\text{out}}(t) = v_{\text{out}_a}(t) + v_{\text{out}_b}(t)$를 구한다. 두 계단함수를 두 개의 독립 전원으로서 간주하고 두 계단함수에 대하여 같은 초기 조건을 적용할 것이다.

즉 두 번째 계단함수를 다룰 때 첫 번째 계단함수는 존재하지 않는 것처럼 여긴다. 첫 번째 계단함수에 대한 응답은 식 (5.134)에 의해 다음과 같이 주어진다.

$$v_{\text{out}_a}(t) = -12(1 - e^{-4t})\,\text{V} \quad (t \ge 0) \tag{5.137}$$

V_s의 극성을 반전시킨 뒤 지연시간 $0.3\,\text{s}$를 적용시키면 다음과 같다.

$$v_{\text{out}_b}(t) = 12(1 - e^{-4(t-0.3)})\,\text{V} \quad (t \ge 0.3\,\text{s}) \tag{5.138}$$

입력에 인가된 사각형 펄스를 계단함수 두 개로 모델링하였으므로, 두 계단함수가 정의된 시간 구간으로 나누어 완전 해를 구하면 다음과 같다.

$$v_{\text{out}}(t) = v_{\text{out}_a}(t) + v_{\text{out}_b}(t)$$
$$= \begin{cases} v_{\text{out}_a}(t) & (0 \le t \le 0.3\,\text{s}) \\ v_{\text{out}_a}(t) + v_{\text{out}_b}(t) & (t > 0.3\,\text{s}) \end{cases} \tag{5.139}$$

이번 예제는 풀이에 사용된 두 방법이 같은 답을 도출해내는 것을 보여준다.

[그림 5-42(a)]에서 $v_i(t) = 3u(t)$ V이고, $t = 0$ 이전에 커패시터에 축적된 전하는 없으며, $R_1 = 1\ \text{k}\Omega$, $R_2 = 15\ \text{k}\Omega$, $R_3 = 30\ \text{k}\Omega$, $R_4 = 12\ \text{k}\Omega$,, $R_5 = 24\ \text{k}\Omega$, $C = 50\ \mu\text{F}$일 때 커패시터에 걸리는 전압 $v_C(t)$를 구하라.

풀이

커패시터는 연산 증폭기의 출력 단자 부분에 있으므로 다음 절차를 적용하여 문제를 풀어보자.

❶ 일시적으로 커패시터를 개방 회로로 대체한다.

❷ 단자 (a, b)에서 테브난 등가회로를 구한다.

❸ [그림 5-42(c)]처럼 커패시터를 다시 삽입한다.

먼저 v_{out}을 v_i에 연결시킨다. 이상적인 연산 증폭기의 제약 조건 $v_p = v_n$과 $i_p = 0$로부터 다음과 같이 표현된다.

$$v_n = v_p = v_i$$

게다가 $i_n = 0$이므로, v_n과 v_{out}의 관계는 다음과 같다.

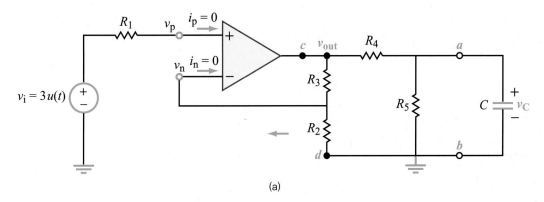

(a)

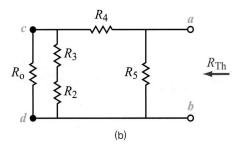

(b)

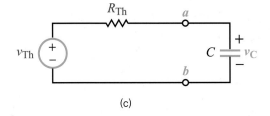

(c)

[그림 5-42] (a) 연산 증폭기 회로
(b) R_{Th}를 구하기 위한 회로
(c) 등가회로

$$v_{\text{out}} = \left(\frac{R_2 + R_3}{R_2}\right) v_{\text{n}} = \left(\frac{R_2 + R_3}{R_2}\right) v_{\text{i}}$$

커패시터를 제거하여 [그림 5-42(a)]의 단자 (a, b) 사이의 테브난 전압은 R_5에 걸리는 전압과 같다. 이때 R_5는 다음 식의 전압 분배법칙에 의해 v_{out}과 관련된다.

$$v_{\text{Th}} = \left(\frac{R_5}{R_4 + R_5}\right) v_{\text{out}} = \left(\frac{R_5}{R_4 + R_5}\right)\left(\frac{R_2 + R_3}{R_2}\right) v_{\text{i}}$$

$$= \left(\frac{24}{12 + 24}\right)\left(\frac{15 + 30}{15}\right) \times 3 = 6\,\text{V} \quad (t \geq 0)$$

다음으로 R_{Th}의 값을 결정해보자. $v_{\text{p}} - v_{\text{n}} = 0$이기 때문에 단자 (c, d)에서 연산 증폭기의 등가회로는 출력 저항 R_0만으로 구성된다. [그림 5-42(b)]는 단자 (a, b)에서 왼쪽으로 바라볼 때 보이는 전체 회로에서 R_{Th}를 구하기 위해 필요한 부분을 보여준다. 실제 연산 증폭기에서 R_0는 대략 $10 \sim 100\,\Omega$이다. 이 출력 저항값은 회로 내의 다른 저항들보다 최소 100배 더 작은 값이다. 또한 $R_0 = 0$인 이상적인 연산 증폭기 모델의 조건이 적절함을 알 수 있다. 결과적으로 다음과 같다.

$$R_{\text{Th}} = R_4 \parallel R_5 = \frac{R_4 R_5}{R_4 + R_5} = \frac{12 \times 24}{12 + 24} = 8\,\text{k}\Omega$$

구한 v_{Th}와 R_{Th}를 이용하면 [그림 5-42(c)]의 회로로 표현할 수 있고 이 회로는 [그림 5-30(a)]의 계단함수 회로와 유사하다. 이 회로에 대한 응답 결과의 해는 식 (5.97)에 $V_{\text{s}_1} = 0$과 $V_{\text{s}_2} = V_{\text{s}}$의 값을 적용하여 구할 수 있다. 따라서 다음과 같다.

$$v_{\text{C}}(t) = V_{\text{s}}(1 - e^{-t/\tau})$$

이 예제에서 $V_{\text{s}} = v_{\text{Th}} = 6\,\text{V}$이고 $\tau = R_{\text{Th}}C = 8 \times 10^3 \times 50 \times 10^{-6} = 0.4\,\text{s}$이다. 따라서 커패시터 응답은 다음 식과 같다.

$$v_{\text{C}}(t) = 6(1 - e^{-2.5t})\,\text{V} \quad (t \geq 0)$$

[연습 5-17] $RC = 2 \times 10^{-3}\,s$이고 $V_{\text{cc}} = 15\,\text{V}$인 이상적인 적분기 회로의 입력 신호가 $v_{\text{s}}(t) = 2\sin 100t$ V이다. $v_{\text{out}}(t)$는 무엇인가?

[연습 5-18] [연습 5-17]을 적분기 대신 미분기에 대하여 풀어라.

[질문 5-24] 특정한 진폭 크기에서 신호를 잘라내는 클리핑(clipping) 동작은 연속 증폭 적분기 회로에서 왜 발생하는가? 클리핑은 미분기 회로에서 발생할 수 있는가?

[질문 5-25] $R_1 C_1 = 0.01$인 적분기로 이루어진 1단계와 $R_2 C_2 = 0.01$인 미분기로 이루어진 2단계 회로들로 이루어진 2단계 연산 증폭기 회로가 있다. 이 2단계 회로의 입력 신호가 $v_{\text{s}}(t)$일 때, 출력 파형 $v_{\text{out}}(t)$가 $v_{\text{s}}(t)$와 같아지는 조건과 달라지는 조건은 각각 무엇인가?

5.7 응용 노트 : 기생 커패시턴스와 컴퓨터 프로세서 속도

4.11절에서 언급했듯이 현대 컴퓨터 프로세서의 기본 연산 요소는 CMOS 트랜지스터다. 단일 논리 게이트가 논리 상태 0과 1 사이의 출력을 얼마나 빠르게 전환시킬 수 있는지는 전체의 프로세서가 얼마나 빠르게 복합 연산을 수행할 수 있는지를 결정한다. [그림 5-43(a)]는 디지털 인버터의 출력 부분에서 나타날 수 있는 연속적인 출력 결과를 보여준다. 각각의 펄스는 논리 상태 0 또는 1을 나타내며 지속기간은 T이다. 즉각적으로 상태를 전환할 수 있다면 1초 동안 연속될 수 있는 최대 진동수는 $\frac{1}{T}$이다. 이 비율은 펄스 반복 주파수, 스위칭 주파수, 클록 속도와 같이 여러 가지 이름으로 부르는데, 여기서는 스위칭 주파수라고 정하고 기호 f_s로 표기할 것이다. 스위칭 주파수는 다음 식으로 표현된다.

$$f_s = \frac{1}{T} \quad \text{(Hz)} \tag{5.140}$$

따라서 $T = 1$ ns일 때 $f_s = \frac{1}{10}^{-9} = 1$ GHz이고 펄스 지속기간을 더 짧게 만들수록 f_s도 증가한다. 그러나 실제로 상태 0과 1 사이를 즉각적으로 전환하는 논리 회로는 만들 수 없다. [그림 5-43(b)]는 연속 상태 101을 나타내는 펄스 세 개의 확대 그림이다. 스위치 과정은 계단함수보다는 오히려 경사함수에 가깝고, 전압이 상태 0과 1 사이에서 변하기 위해서는 유한한 양의 시간이 필요하다. 이를 상승 시간 t_{rise}라고 한다. 이와 유사

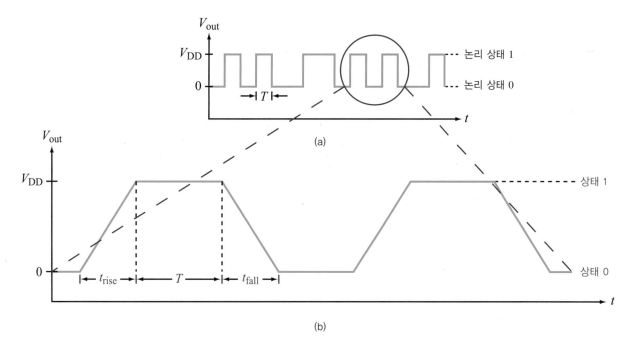

[그림 5-43] 연속 진동
    (a) 펄스
    (b) 확대 그림

하게 상태 1과 0 사이의 하강 시간은 t_{fall}이다(여기서 보여주는 선형적인 증가와 하강 응답은 간략화 과정을 이용하여 인위적으로 표현한 결과다. 일반적으로 응답은 지수함수를 포함하여 변화하며 따라서 전압 변화의 10% 수준과 90% 수준 사이의 지속 기간으로서 t_{rise}와 t_{fall}을 정의하는 것이 더 정확하다.). 펄스 한 번의 총 시간은 식 (5.141)과 같고 스위칭 주파수는 식 (5.142)으로 표현된다.

$$T_{total} = T + t_{rise} + t_{fall}$$
$$= T + 2t_{rise} \quad (t_{rise} = t_{fall}) \tag{5.141}$$

$$f_s = \frac{1}{T_{total}} = \frac{1}{T + 2t_{rise}} \tag{5.142}$$

T가 0으로 줄어들고 인접한 펄스에 겹치는 부분이 없다면, 스위칭 주파수가 가질 수 있는 최댓값은 식 (5.143)이 될 것이다.

$$f_s(\max) = \frac{1}{2t_{rise}} \tag{5.143}$$

스위치 시간(t_{rise}과 t_{fall})은 회로의 커패시턴스에 부분적으로 영향을 받는다. 즉 커패시턴스는 디지털 회로의 스위칭 속도를 결정하는 데 중요한 역할을 한다. 사실 커패시턴스는 컴퓨터 마더보드(mother board)에서 프로세서와 다양한 다른 소자를 연결해주는 전선(버스라고 한다.)의 스위칭 속도를 결정한다.

최근 컴퓨터의 프로세서 속도가 GHz 범위인 반면 버스 속도는 보통 3~10배 정도 더 느리다. 프로세서가 버스를 통해 데이터에 접근할 때 컴퓨터가 느려지는 이유다. 5.7.1절에서 이 이유를 살펴보자.

5.7.1 기생 커패시턴스

공기, 플라스틱, 부도체와 같은 절연 물질로 분리된 두 개의 전도성 물체는 커패시터를 형성한다. 커패시터는 회로의 부품으로 사용된다. 그러나 회로에 기생 커패

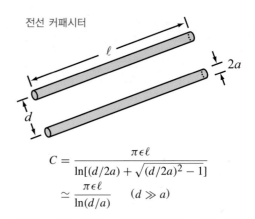

전선 커패시터

$$C = \frac{\pi \epsilon \ell}{\ln[(d/2a) + \sqrt{(d/2a)^2 - 1}]}$$
$$\simeq \frac{\pi \epsilon \ell}{\ln(d/a)} \quad (d \gg a)$$

[그림 5-44] 두 전선으로 구성된 커패시턴스 : 이때 ϵ은 전선을 분리하는 물질의 유전율이다.

시턴스라고 불리는 의도치 않은 커패시턴스가 존재할 수 있다.

예를 들어 회로판 위에 나란히 존재하는 두 병렬 전선에 의해 형성된 커패시턴스를 생각해보자. 두 전선으로 구성된 전송선([그림 5-44])에 의해 만들어지는 커패시턴스는 전선의 길이 ℓ에 정비례하고 전선 간의 거리 d를 포함한 로그함수에 반비례한다. 따라서 C는 ℓ이 증가하면 증가하고, d가 증가하면 감소한다. 만약 전선이 길거나 다른 전선에 매우 가까운 경우, 전선 커패시터 때문에 회로의 응답 시간이 늦어질 수 있다. 디지털 회로에서 더 느린 응답 시간은 더 느린 스위칭 속도를 의미한다. 스위칭 속도와 커패시턴스의 관계를 알아보기 위하여 MOSFET 동작에서 기생 커패시턴스의 영향을 5.7.2절에서 알아볼 것이다.

5.7.2 CMOS 스위칭 속도

4.11절에서 유전체 역할을 하는 얇은 실리콘 산화막으로 분리된 금속과 반도체 구조의 MOSFET에서 게이트 마디를 다시 보자. 이 구조는 [그림 5-11]의 평형판 커패시터와 유사하다. 그러므로 MOSFET의 일반적인 동작에서 게이트(G)와 소스(S) 마디는 게이트와 드레인(D) 마디와 마찬가지로 커패시터를 형성한다. MOSFET에서 역시 기생 커패시턴스가 존재하는데,

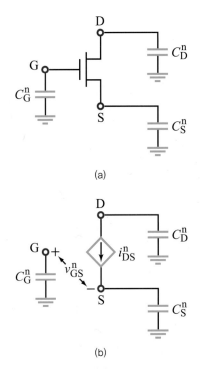

(a)

(b)

[그림 5-45] n채널 MOSFET(NMOS)
(a) 기생 커패시턴스가 더해진 회로 기호
(b) 등가회로(PMOS에서는 기생용량 C_D^p과 C_S^p은 접지 대신
에 에 연결되어야 한다.)

이는 주로 소스와 큰 실리콘 칩, 드레인과 칩 사이의
분리된 전하 때문에 생긴다. G, S, D에서 접지로 연결
된 커패시턴스 세 개를 포함한 등가 모델에 다양한 기
생 커패시턴스들이 포함된다. [그림 5-45]에서 G, S,
D의 커패시턴스는 C_G^n, C_S^n, C_D^n이라고 하고, 여기서 'n'
이라는 첨자는 바디 마디가 접지에 연결된 n채널
MOSFET(또는 NMOS)을 의미한다. p채널 MOSFET
에서 바디 마디는 V_{DD}에 연결된다. 그러므로 PMOS
모델은 접지 대신에 V_{DD}에 연결된 정전용량 C_D^p과 C_S^p
을 포함한다.

이제 기생용량이 있을 때 CMOS 인버터의 작동을 분
석해보자. [그림 5-46(a)]의 회로는 추가된 기생 커패
시턴스를 제외하고는 기본적으로 CMOS 회로와 같다.
n채널 MOSFET과 관련된 커패시턴스는 단자 G^n, D^n,
S^n에서 접지까지 연결된다. p채널 MOSFET에서 정전
용량 C_D^p은 접지되어 있지만, 다른 두 단자에서는 커패

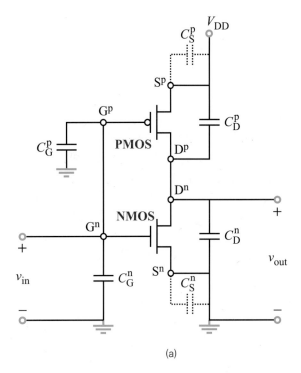

(a)

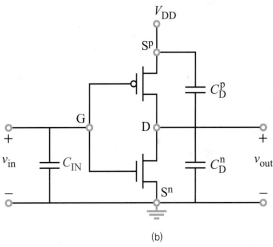

(b)

[그림 5-46] 기생 커패시턴스가 있는 공통 드레인 인버터 회로 첨자 'n'
과 'p'는 NMOS와 PMOS를 대신한다.
(a) 기본 회로
(b) 간략화된 회로

시턴스가 V_{DD}에 연결된다. 두 MOSFET은 입력 쪽에
서 공통 게이트(common gate) 단자와 출력 쪽에서 공
통 드레인(common drain) 단자를 공유한다. MOSFET
의 단자 S^n은 직접적으로 접지되어 있고, 커패시턴스
C_G^n과 관련이 없다. MOSFET의 단자 S^p은 V_{DD}에 직
접적으로 연결되고, 마찬가지로 C_S^n과 관련이 없다. 커

패시턴스 C_G^n과 C_G^p은 공통 게이트 단자에서 접지까지 연결되고 등가 커패시턴스 C_{IN}으로 결합된다. 간략화된 회로는 [그림 5-46(b)]와 같다.

다음 과정은 $v_{IN} = 0$에서 $v_{IN} = V_{DD}$까지 입력에 갑작스러운 상태 변화가 일어날 때 출력 응답을 알아보는 것이다. 입력의 상태는 $t = 0$에서 변화하고 이미 정상 상태가 되었다고 가정하자.

■ $t = 0^-$일 때

[그림 5-47(a)]에서의 커패시턴스는 개방 회로처럼 동작한다. 또한 $v_{IN} = 0$이라는 것은 NMOS에서 $V_{GS}^n = 0$을 의미하고 PMOS에서는 $V_{SG}^p = V_{DD}$를 의미한다. 같은 조건에서 전류는 다음과 같다.

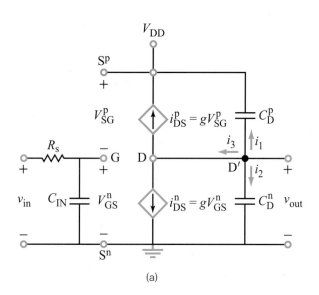

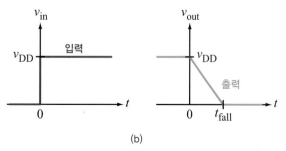

[그림 5-47] (a) CMOS 인버터에 대한 등가회로
(b) $t = 0$에서 v_{in}이 0에서 V_{DD}까지 상태가 변할 때 $v_{out}(t)$의 응답

$$i_{DS}^n = gV_{GS}^n = 0, \quad i_{DS}^p = gV_{SG}^p = gV_{DD} \quad (5.144)$$

이때 g는 MOSFET의 이득 상수다. PMOS에서 V_D^p이 V_{DD}에 가까워진다면 전압 종속 전류원에 인가된 전압 V_{DS}^p은 0에 가까워진다. 값이 0인 전류 i_{DS}^n과 단락 회로처럼 동작하는 i_{DS}^p으로 인해 커패시터 C_D^n 사이의 전압은 식 (5.145)와 같다.

$$v_{out}(0^-) = V_{DD} \quad (5.145)$$

한 커패시터 사이의 전압은 순간적으로 변하지 않기 때문에 식 (5.146)과 같다.

$$v_{out}(0) = V_{DD} \quad (5.146)$$

■ $t \geq 0$일 때

$t = 0$에서 v_{in}이 $0 \sim V_{DD}$까지 변한다면 다음과 같은 응답이 일어난다.

[그림 5-47(a)] 회로는 입력 쪽에서 v_{in}, R_s, C_{IN}으로 구성된 격리된 루프를 갖는다. v_{in}의 변화에 대한 응답에서 커패시터 C_{IN}은 시정수 $\tau = R_s C_{IN}$에 의해 정해진 비율로 최후 전압인 V_{DD}로 충전될 것이다. 그러므로 R_s를 매우 작게 적절히 선택하면 시정수의 값이 작아지므로 C_{IN}은 매우 빠르게 V_{DD}로 충전될 것이다. 이때 충전되는 시간은 출력의 응답시간과 비교해서 매우 짧다. 즉 $t = 0$ 이후에 즉각적으로 $V_{GS}^n = V_{DD}$가 된다고 가정할 수 있다.

출력 쪽에서 $V_{GS}^n = V_{DD}$일 때 $V_{SG}^p = 0$이다. 따라서 식 (5.147)과 같다.

$$i_{DS}^n = gV_{DD}, \quad i_{DS}^p = gV_{SG}^p = 0 \quad (5.147)$$

마디 D'에서는 식 (5.148)이 된다.

$$i_1 + i_2 + i_3 = 0 \quad (5.148)$$

그리고 마디 D에서는 식 (5.149)와 같다.

$$i_3 = i_{DS}^n + i_{DS}^p = g V_{DD} \qquad (5.149)$$

또한

$$i_1 = C_D^p \frac{d}{dt}(v_{out} - V_{DD}) = C_D^p \frac{d}{dt} v_{out} \qquad (5.150)$$

$$i_2 = C_D^n \frac{d}{dt} v_{out} \qquad (5.151)$$

식 (5.149)에 의해 주어진 식들은 식 (5.151)을 통해 식 (5.148)으로, 이후 식 (5.152)와 같이 정리된다.

$$\frac{dv_{out}}{dt} = \frac{-g V_{DD}}{C_D^n + C_D^p} \qquad (5.152)$$

0~t까지 통합하는 양쪽 부분은 식 (5.153)을 나타낸다.

$$v_{out}\big|_0^t = \frac{-g V_{DD}}{C_D^n + C_D^p} \int_0^t dt \qquad (5.153)$$

이때 이 식은 식 (5.154)를 유도한다.

$$v_{out}(t) = v_{out}(0) - \left(\frac{g V_{DD}}{C_D^n + C_D^p}\right) t \qquad (5.154)$$

식 (5.146)에서 $v_{out}(t)$에 대한 표현은 식 (5.155)와 같다. $t=0$에서 0~V_{DD}까지 변하는 $v_{in}(t)$과 해당하는 응답 $v_{out}(t)$은 [그림 5-47(b)]와 같다. t_{fall}은 V_{DD}~0까지 상태가 변화하는 v_{out}에 대한 시간이다. 식 (5.155)로부터 식 (5.156)의 결과를 얻을 수 있다.

$$v_{out}(t) = V_{DD}\left[1 - \left(\frac{g}{C_D^n + C_D^p}\right) t\right] \qquad (5.155)$$

$$t_{fall} = \frac{C_D^n + C_D^p}{g} \qquad (5.156)$$

예제 5-17 프로세서 속도

어떤 CMOS 인버터의 입력은 각각의 지속시간이 25피코초(ps)인 연속된 비트로 구성된다. 이 CMOS 인버터가 다음과 같은 조건에서 인접한 비트(펄스)와 중첩되지 않게 동작할 수 있는 최대 스위칭 주파수를 결정하라. $g = 10^{-5}$ A/V, $C_D^n = C_D^p = 0.5$ fF이라고 가정하라.

(a) 기생 커패시턴스를 모두 무시한 경우
(b) 모두 포함한 경우

풀이

(a) $T = 25$ ps $= 25 \times 10^{-12}$ s와 스위칭 과정을 느리게 하는 커패시턴스가 없을 때, 최대 스위칭 주파수는 다음과 같다.

$$f_s = \frac{1}{T} = \frac{1}{25 \times 10^{-12}} = 40 \text{ GHz}$$

(b) 식 (5.156)으로부터 다음을 알 수 있다.

$$t_{fall} = \frac{C_D^n + C_D^p}{g} = \frac{(0.5 + 0.5) \times 10^{-15}}{10^{-5}} = 10^{-10} \text{ s}$$

식 (5.156)에 대한 풀이 과정을 반복하여 t_{rise}를 결정한다. 이때 v_{in}은 상태 1에서 시작하고(즉 $v_{in} = V_{DD}$), $t=0$에서 상태 0으로 변한다. 이 과정은 다음 식으로 나타낸다.

$$v_{\text{out}}(t) = V_{\text{DD}} \left(\frac{g}{C_D^n + C_D^p} \right) t$$

$v_{\text{out}}(t)$가 V_{DD}가 될 때까지 걸리는 시간은 다음과 같다.

$$t_{\text{rise}} = \frac{C_D^n + C_D^p}{g} = t_{\text{fall}}$$

그러므로 기생 커패시턴스가 존재할 때 식 (5.142)를 적용할 수 있다. 즉 다음 식과 같다.

$$f_s = \frac{1}{T + 2t_{\text{rise}}} = \frac{1}{25 \times 10^{-12} + 2 \times 10^{-10}} = 4.44 \, \text{GHz}$$

여기서 기생 커패시턴스는 CMOS의 스위칭 속도를 약 10배 느리게 하는 원인이다.

이번 예제에서는 CMOS의 입력 커패시턴스를 무시했다. 논리 게이트는 하나의 게이트 출력이 다음 게이트의 입력이 되도록 직렬로 연결되어 있기 때문에 입력 커패시턴스는 보통 이전 게이트의 출력 커패시턴스를 포함하고 있다. 두 입력과 출력 기생 커패시턴스의 역할을 회로 특성을 해석하는데 적절히 포함시키기 위해서는 이 절에서 수행한 일차 근사법보다 더 정확한 해석 과정이 필요하다. 그러나 비록 근사법을 사용했지만 스위칭 속도가 높은 회로의 경우는 기생 커패시턴스가 무시될 수 없는 중요한 성분임을 알 수 있다.

[질문 5-26] [그림 5-45]의 마디 G, D, S에 기생 커패시턴스를 추가하는 이유가 무엇인가?

[질문 5-27] CMOS 인버터에 대한 최대 스위칭 주파수를 어떻게 결정하는가?

[연습 5-19] $C_D^n + C_D^p = 20 \, \text{fF}$인 CMOS 인버터의 하강 시간은 1 ps다. 이득 상수는 얼마인가?

5.8 Multisim을 활용한 회로 응답 분석

5.8.1 Multisim에서 스위치의 모델링

크고 복잡한 회로의 시간 종속 특성을 결정하는 것은 어렵고, 많은 시간이 소요된다. 따라서 상업적으로 회로를 설계할 때는 실제 회로를 제작하기 전에 미리 응답을 평가하기 위하여 회로 설계 실험을 하며, 이 과정에서 SPICE 시뮬레이터를 많이 사용한다. 이 절에서는 시간 종속 전원으로 발생하는 회로의 전송 응답을 분석하기 위해 Multisim을 사용하는 방법과 과정을 알아볼 것이다.

일차 RC 회로는 손으로 분석하기 쉽고 간단하기 때문에 Multisim 시뮬레이션 결과와 직접 계산한 결과를 쉽게 비교해볼 수 있다. 오랜 시간 동안 스위치가 닫혀 있던 상태에서 $t = 0$에서 스위치가 열리는 [그림 5-48] 회로를 생각해보자. 이때 $t = 0$ 이전의 회로는 안정된 상태이고 커패시터는 완전히 충전되어 흐르는 전류가 없는 개방 회로처럼 동작한다고 가정한다. 커패시터의 전압의 이름은 V(3)로 정하고, 여기서 설계할 Multisim 회로에서도 같은 이름을 사용할 것이다. V(3)는 다음과 같이 주어진다.

$$V(3) = \frac{2.5 \times 10\,\text{k}}{1\,\text{k} + 10\,\text{k}} = 2.27\,\text{V} \quad (t = 0^-)$$

스위치를 개방하면 커패시터는 10 kΩ 저항을 통하여 방전되고 다음과 같은 시정수값을 가진다.

$$\tau_{\text{discharge}} = R_1 C_1 = 10^4 \times 5 \times 10^{-15} = 50\,\text{ps}$$

회로가 완전히 방전된 후에 스위치를 닫으면 커패시터는 다시 2.27 V로 충전되지만 이 경우 시정수는 다음 식과 같다.

$$\tau_{\text{charge}} = (R_1 \parallel R_2)C_2 = \frac{1\,\text{k} \times 10\,\text{k}}{11\,\text{k}} \times 5 \times 10^{-15}$$
$$= 4.54\,\text{ps}$$

따라서 회로의 충전 응답은 방전 응답보다 약 10배 정도 빠르다.

Multisim을 이용하여 회로의 과도 응답 특성을 알아보기 위하여 [표 5-6]의 구성 요소를 이용한 [그림 5-49]의 회로 모델을 만들어보자. 회로에서 특이한 점은 Voltage-Controlled Switch와 그것을 동작시키기 위

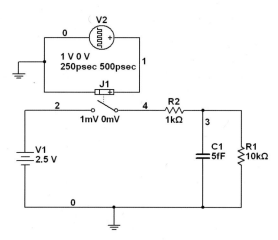

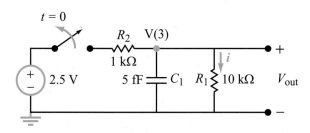

[그림 5-48] SPST 스위치를 가지는 RC 회로

[그림 5-49] [그림 5-48]에 있는 RC 회로의 Multisim 등가회로

[표 5-6] 그림 5-49의 회로에 대한 Multisim 회로 요소 목록

회로 요소	그룹	분류	수량	설명
1 k	Basic	Resistor	1	1 kΩ 저항
10 k	Basic	Resistor	1	10 kΩ 저항
5 f	Basic	Capacitor	1	5 fF 커패시터
전압 제어 스위치	Basic	Switch	1	스위치
직류 전원	Sources	Power_sources	1	2.5 V dc 전원
펄스 전압	Sources	Signal_Voltage_Source	1	펄스 발생 전압원

한 Pulse Generator 전원을 사용한 것이다. Multisim 에는 시간을 프로그래밍할 수 있는 스위치가 없다. 따라서 스위치의 복합적인 개폐 동작에 따른 회로 응답을 관찰하기 위하여 전압제어 스위치와 펄스 발생기의 조합을 사용한다. 펄스의 정확한 전압 진폭([그림 5-49]의 V2)은 스위치의 문턱전압인 1 mV보다 더 크기만 하면 되지만 펄스의 타이밍은 매우 중요하다. 그 이유는 회로의 완벽한 과도 응답을 관찰하기 위해 스위치의 개방과 폐쇄가 충분한 시간을 두고 이루어져야 하기 때문이다. 가장 긴 시정수는 50 ps이기 때문에 Pulse Generator를 더블 클릭하고 적당한 시간 설정을 위해 Pulse width을 250 ps로, Period를 500 ps로 설정

한다. 또한 상승 시간과 하강 시간을 1 ps로 설정한다.

특성을 분석하기 위해 Simulate → Analyses → Transient Analysis를 선택하라. End Time이 주기의 몇 배에 해당하는지 확인하라(3 ns면 충분하다.). 만약 이 과정을 거치지 않았다면 기본값이 0.001 s로 너무 긴 시간 동안 분석이 진행되기 때문에 시뮬레이션을 중지해야 한다. 너무 오랜 시간 진행되는 시뮬레이션이나 일반적인 Analyses를 피하기 위하여 Simulate → Analyses → Stop Analysis 순서로 진행하라. Output 탭에서 시간 기준에 의하여 커패시터 V(3)와 펄스 전압 V(1)의 마디 중 접지가 아닌 마디를 선택하라. [그

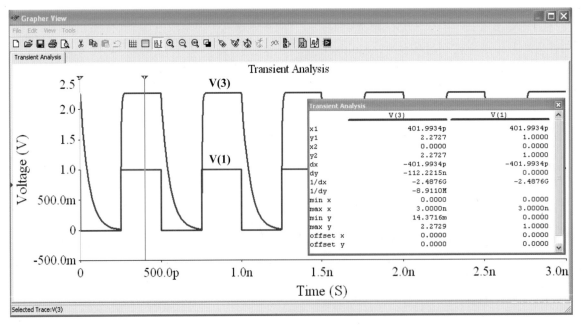

[그림 5-50] [그림 5-49] 회로의 과도 응답

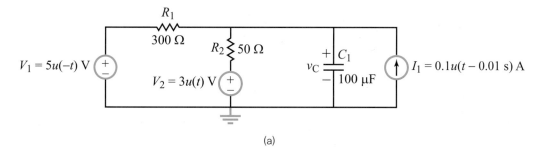

(a)

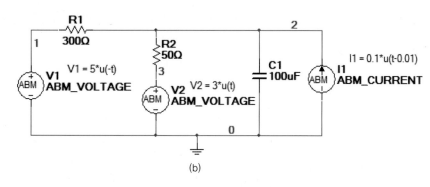

(b)

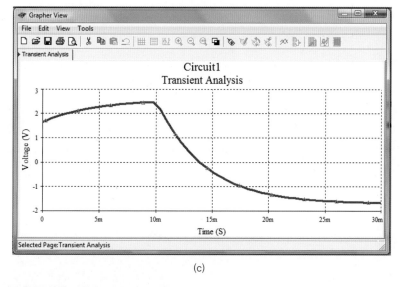

(c)

[그림 5-51] 시간 종속 전원을 포함하는 회로의 Multisim 분석
    (a) 세 개의 시간 종속 전원을 가지는 회로
    (b) Multisim 회로
    (c) $v_C(t)$의 특성 곡선

림 5-50]은 과도 분석의 출력 특성값을 보여준다. Grapher 창의 Cursor 도구를 사용하면 어떤 특성 곡선에서 정확한 전압과 시간값을 읽을 수 있다.

5.8.2 Multisim에서 시간 종속 전원의 모델링

5.8.1절에서 시간과 함께 변하는 스위치를 어떻게 만들 수 있는지 살펴보았다. [그림 5-51(a)] 회로를 시뮬레이션하고 특정한 시간 지연에 대하여 v_C를 그리는

방법은 다음과 같다. 이 회로에는 시간 종속 전원이 세 개 있는데, 이 전원들 때문에 회로 내에 스위치나 펄스 발생기를 추가하는 과정이 복잡하다. Multisim에서는 ABM Voltage and Current 전원을 사용하여 이 회로에서 필요한 시간 종속 전원을 만들 수 있다.

Multisim의 ABM 문법에서 계단함수 $u(t)$는 stp(TIME) 함수로 표현된다. 이때 stp( )는 계단함수를 나타내며 TIME은 시간 변수를 의미한다. 따라서 ABM 값을 정할 때는 다음과 같은 세 가지 표현이 사용된다.

$V1 = 5u(-t)$ V 일 때 ➡ 5*stp(-TIME)

$V2 = 3u(t)$ V 일 때 ➡ 3*stp(TIME)

$I1 = 0.1u(t - 0.01)$ A 일 때 ➡ 0.1*stp(TIME-0.01)

이를 입력한 후, Simulate → Analyses → Transient Analysis 순으로 실행한다. Start Time은 0으로, End Time은 0.03으로 설정하라. Output 탭 아래에서 [그림 5-51(b)]의 커패시터에 걸리는 전압을 나타내는 전압 V(2)를 선택하고 Simulate를 눌러라. 그러면 [그림 5-51(c)]에서 보이는 특성 곡선이 생성된다.

■ 핵심 요약

01. 계단, 경사, 사각형, 지수함수는 다양한 종류의 비주기 파형을 묘사하는 데 사용된다.

02. 커패시터는 두 개의 전도체면으로 구성된다. 한 면은 +q로 축적되고 다른 면은 −q로 축적되며 축적된 전하에 의하여 두 면 사이에 전압차를 만든다. 커패시턴스는 $C = \dfrac{q}{v}$ 로 정의된다.

03. 커패시터에 흐르는 전류는 $i = C\dfrac{dv}{dt}$, 저장된 전기에너지는 $w = \dfrac{1}{2}Cv^2$ 이다.

04. 직렬로 연결된 커패시터를 조합하는 법칙은 병렬로 연결된 저항 조합의 법칙과 같다. 그리고 병렬 연결된 커패시터의 경우는 직렬연결된 저항 조합과 같은 법칙이 적용된다.

05. 인덕터는 전류가 흐를 때 자기 에너지를 저장한다. $i-v$ 관계는 $v = L\dfrac{di}{dt}$ 이고 저장된 에너지는 $w = \dfrac{1}{2}Li^2$으로 표현된다.

06. 직렬로 연결되거나 병렬로 연결된 인덕터의 조합에 대한 법칙은 저항에 대한 법칙과 같다.

07. 직류 전원에 의해 여기되는 직렬 RC 회로는 시정수 $\tau = RC$를 갖는 지수함수로 표현되는 커패시터 전압 응답을 보여준다.

08. 병렬 RL 회로는 인덕터를 통하는 전류에 대한 전류 응답 특성을 가지며 직렬 RC 회로의 전압 응답과 같은 형태다. 그러나 RL 회로에 대해서 시정수는 $\tau = \dfrac{L}{R}$ 이다.

09. 출력 전압이 입력 신호의 시간 적분값에 정비례하는 이상적인 연산 증폭 적분기 회로는 반전 증폭기 회로에서 피드백 저항을 커패시터로 대체하면 동일해진다.

10. 적분 회로에서 R과 C의 위치를 바꾸면 미분 회로가 된다.

11. 기생 커패시턴스는 컴퓨터의 프로세서 속도를 제한하는 중요한 요소다.

12. Multisim를 활용하여 회로의 스위칭 응답을 분석할 수 있다.

■ 관계식

단위 계단함수
$$u(t) = \begin{cases} 0 & (t < 0) \\ 1 & (t > 0) \end{cases}$$

시간 지연 계단함수
$$u(t-T) = \begin{cases} 0 & (t < T) \\ 1 & (t > T) \end{cases}$$

단위 경사함수
$$r(t) = \begin{cases} 0 & (t \leq 0) \\ t & (t \geq 0) \end{cases}$$

시간 지연 경사함수
$$r(t-T) = \begin{cases} 0 & (t \leq T) \\ (t-T) & (t \geq T) \end{cases}$$

단위 사각형 함수
($t = T$가 펄스의 중심이고 펄스의 길이는 τ임)
$$\text{rect}\left[\frac{(t-T)}{\tau}\right] = \begin{cases} 0 & t < \left(T - \dfrac{\tau}{2}\right) \\ 1 & \left(T - \dfrac{\tau}{2}\right) \leq t \leq \left(T + \dfrac{\tau}{2}\right) \\ 0 & t > \left(T + \dfrac{\tau}{2}\right) \end{cases}$$

커패시터 $i = C \dfrac{dv}{dt}$

$$v(t) = v(t_0) + \frac{1}{C} \int_{t_0}^{t} i \, dt$$

$$w = \frac{1}{2} C v^2 \quad \text{(저장된 에너지)}$$

인덕터 $v = L \dfrac{di}{dt}$

$$i(t) = i(t_0) + \frac{1}{L} \int_{t_0}^{t} v \, dt$$

$$w = \frac{1}{2} L i^2 \quad \text{(저장된 에너지)}$$

RC 회로 응답($t = 0$에서 순간적으로 변함)

$$v_C(t) = v_C(\infty) + [v(0) - v(\infty)]e^{-t/\tau}$$

$$\tau = RC$$

RL 회로 응답($t = 0$에서 순간적으로 변함)

$$i_L(t) = i_L(\infty) + [i_L(0) - i_L(\infty)]e^{-t/\tau}$$

$$\tau = \frac{L}{R}$$

연산 증폭 적분기

$$v_{out}(t) = -\frac{1}{RC} \int_{t_0}^{t} v_i \, dt + v_{out}(t_0)$$

연산 증폭 미분기

$$v_{out}(t) = -RC \frac{dv_i}{dt}$$

■ 주요 용어

감수율(electrical susceptibility)

강제 응답(forced response)

강제함수(forcing function)

경사함수(ramp function)

계단함수(step function)

과도 응답(transient response)

구형파함수(rectangle function)

기생 커패시턴스(parasitic capacitance)

동축 커패시터(coaxial capacitor)

무전원(source free)

버스 속도(bus speed)

상대 투자율(relative permittivity)

솔레노이드(solenoid)

쇄교 자속(magnetic flux linkage)

스위칭 주파수(속도)(switching frequency, speed)

시정수(time constant)

연산 증폭 미분기(op-amp differentiator)

연산 증폭 적분기(op-amp integrator)

유전율(electrical permittivity)

인덕턴스(inductance)

자기장(magnetic field)

자연 응답(natural response)

전기장(electric field)

정상 상태 응답(steady-state response)

주기 파형(periodic waveform)

지수함수(exponential function)

일차 회로(first-order circuit)

초깃값(initial value)

최종값(final value)

클록 속도(clock speed)

투자율(magnetic permeability)

펄스 반복 주파수(pulse repetition frequency)

펄스 파형(pulse waveform)

평행판 커패시터(parallel-plate capacitor)

※ 5.1절 : 비주기적 파형

5.1 −5 ∼ +5 s까지의 시간 범위에서 다음 계단함수 파형에 대한 그래프를 그려라.

(a) $v_1(t) = -6u(t+3)$

(b) $v_2(t) = 10u(t-4)$

(c) $v_3(t) = 4u(t+2) - 4u(t-2)$

(d) $v_4(t) = 8u(t-2) + 2u(t-4)$

(e) $v_5(t) = 8u(t-2) - 2u(t-4)$

5.2 아래 그림의 파형을 계단함수로 나타내라.

(a) 계단형

(b) 사발형

(c) 오르막 계단

(d) 내리막 계단

(e) 모자형

(f) 구형파

5.3 지연시간이 5 μs인 10 V 사각형 펄스는 $t = 2$ μs에서 시작한다. 이 펄스를 계단함수로 나타내라.

5.4 −4 ∼ +4 s까지의 시간 주기에서 다음 함수에 대한 그래프를 그려라.

(a) $v_1(t) = 5r(t+2) - 5r(t)$

(b) $v_2(t) = 5r(t+2) - 5r(t) - 10u(t)$

(c) $v_3(t) = 10 - 5r(t+2) + 5r(t)$

(d) $v_4(t) = 10\,\text{rect}\left(\dfrac{t+1}{2}\right) - 10\,\text{rect}\left(\dfrac{t-3}{2}\right)$

(e) $v_5(t) = 5\,\text{rect}\left(\dfrac{t-1}{2}\right) - 5\,\text{rect}\left(\dfrac{t-3}{2}\right)$

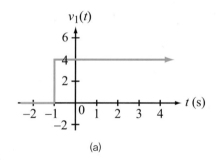

(a)

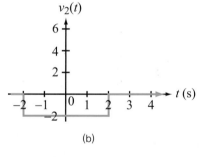

(b)

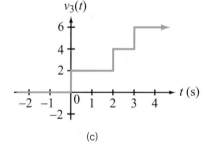

(c)

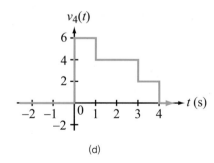

(d)

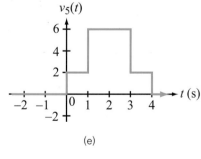

(e)

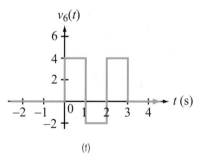

(f)

[P 5.2]

5.5 다음 파형을 경사함수와 계단함수로 나타내라.

(a) V자형

(b) 메사형

(c) 톱니형

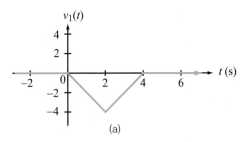

(a)

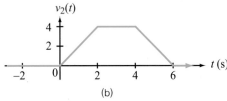

(b)

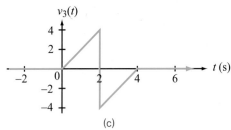

(c)

5.6 다음 함수를 그려라. 각 파형과 관련된 시간 주기와 시간 크기를 추가하라.

(a) $v_1(t) = 100e^{-2t} u(t)$

(b) $v_2(t) = -10e^{-0.1t} u(t)$

(c) $v_3(t) = -10e^{-0.1t} u(t-5)$

(d) $v_4(t) = 10(1 - e^{-10^3 t}) u(t)$

(e) $v_5(t) = 10e^{-0.2(t-4)} u(t)$

(f) $v_6(t) = 10e^{-0.2(t-4)} u(t-4)$

5.7 커패시터를 포함하고 있는 회로에서 $t = 0$일 때 스위치를 개방한 후 커패시터의 전압이 시간에 따라 지수적으로 감소하기 시작했다. $t = 1$ s에서의 전압은 7.28 V이고 $t = 6$ s에서는 0.6 V이다. $t = 0$에서의 초기 전압값과 전압 파형의 시정수를 구하라.

※ 5.2절 : 커패시터

5.8 다음 전압 파형을 그리고 0.2 mF짜리 커패시터에 대한 $i(t)$, $p(t)$, $w(t)$에 대한 표현식과 그래프를 구하라.

(a) $v_1(t) = 5r(t) - 5r(t-2)$ V

(b) $v_2(t) = 10u(-t) + 10u(t) - 5r(t-2)$
$\quad\quad\quad + 5r(t-4)$ V

(c) $v_3(t) = 15u(-t) + 15e^{-0.5t} u(t)$ V

(d) $v_4(t) = 15[1 - e^{-0.5t}] u(t)$ V

5.9 $t = 0$에서 스위치가 변하고 이에 대한 100 μF짜리 커패시터에 흐르는 전류는 다음과 같이 나타난다.

$$i(t) = -0.4e^{-0.5t} \text{ mA} \quad (t > 0)$$

$t = \infty$에서 커패시터의 최종 에너지가 0.2 mJ이라면 $t > 0$에 대한 $v(t)$를 구하라.

5.10 20 μF 커패시터의 전압은 다음 파형과 같다.

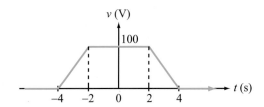

(a) 전류 $i(t)$를 구하고 그래프를 그려라.

(b) 전력이 커패시터로 전송되는 구간과 전력이 커패시터에서 나오는 구간을 나타내라.

(c) 커패시터로 전송되는 최대 전력은 얼마인가? 그리고 커패시터로부터 전송되어 나오는 전력의 최솟값은 얼마인가?

(d) 커패시터에 저장되는 최대 에너지양은 얼마인가? 그리고 그때의 시간은 언제인가?

5.11 [연습문제 5.10]의 파형이 전압이 아니라 0.2 mF 커패시터에 흐르는 전류 $i(t)$이고 최댓값이 100 μA 라고 가정하자. 커패시터의 초기 전압이 $t = -4$ s에 서 0으로 주어질 때 $v(t)$를 구하고 그래프를 그려라.

5.12 40 μF 커패시터를 통해 흐르는 전류가 다음과 같 이 사각형 펄스로 주어진다.

$$i(t) = 40 \text{ rect}\left(\frac{t-1}{2}\right) \text{ mA}$$

초기에 커패시터가 충전되어 있지 않았다고 할 때, $v(t)$, $p(t)$, $w(t)$를 구하라.

5.13 회로의 스위치가 $t = 0$에서 개방될 때까지 0.2 mF 커패시터에 인가되어 있는 전압이 20 V였다. 그 리고 시간에 따른 전압 변화는 다음과 같다.

$$v(t) = (60 - 40e^{-5t}) \text{ V} \quad (t > 0)$$

(a) 스위치 동작이 $v(t)$의 즉각적인 변화를 가져왔 는가?

(b) 스위치 동작이 $i(t)$의 즉각적인 변화를 가져왔 는가?

(c) $t = 0$에서 커패시터에 저장된 초기 에너지양 은 얼마인가?

(d) $t = \infty$에서 커패시터에 저장된 최종 에너지양 은 얼마인가?

5.14 직류 상태에서 다음 회로의 전압 $v_1 \sim v_4$를 구하라.

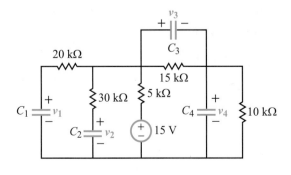

5.15 직류 상태에서 다음 회로의 $v_1 \sim v_3$를 구하라.

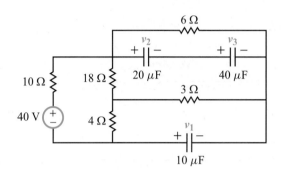

5.16 직류 상태에서 다음 회로의 두 커패시터에 대한 전압을 구하라.

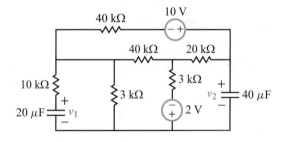

5.17 다음 회로를 단자 (a, b)에서 단일 등가 커패시터 로 줄여라. $t = 0$에서 모든 초기 전압은 0이다.

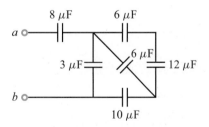

5.18 다음 회로를 단자 (a, b)에서 단일 등가 커패시터 로 줄여라. $t = 0$에서 모든 초기 전압은 0이다.

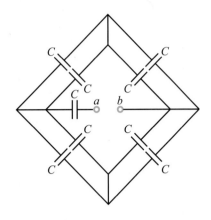

5.19 다음 회로의 단자 (a, b)에서 C_{eq}를 구하라. 모든 초기 전압은 0이다.

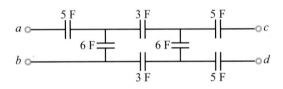

5.20 [연습문제 5.19]의 회로 단자 (c, d)에서의 C_{eq}를 구하라.

5.21 [연습문제 5.17]의 회로에서 직류 전원 120 V가 단자 (a, b)에 연결되어 있다고 가정하라. 이때 모든 커패시터의 전압을 구하라.

5.22 다음 회로를 보고 물음에 답하라.

　　(a) 세 개의 커패시터에 각각 저장된 에너지를 구하라.

　　(b) 단자 (a, b)에서 등가 커패시터를 구하라.

　　(c) 등가 커패시터에 저장된 에너지를 구하라.

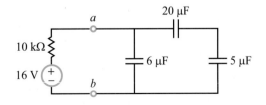

※ 5.3절 : 인덕터

5.23 다음에 제시된 전류 파형을 그리고, 0.5 mH 인덕터에 대한 $v(t)$, $p(t)$, $w(t)$의 표현식과 그래프로 구하라. 전류 파형은 다음과 같이 주어진다.

　　(a) $i_1(t) = 0.2r(t-2) - 0.2r(t-4) - 0.2r(t-8)$
　　　　　$+ 0.2r(t-10)$ A

　　(b) $i_2(t) = 2u(-t) + 2e^{-0.4t} u(t)$ A

　　(c) $i_3(t) = -4(1 - e^{-0.4t}) u(t)$ A

5.24 0.1 mH 인덕터를 통해 흐르는 전류 $i(t)$는 다음 그림에 나타난 파형으로 주어진다.

　　(a) 인덕터의 전압 $v(t)$를 구하고 그래프를 그려라.

　　(b) 전력이 인덕터로 전달되는 시간과 인덕터에서 나오는 시간 구간을 나타내라. 또한 각 경우 전달되는 에너지의 양을 나타내라.

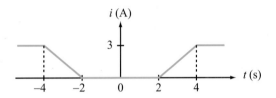

5.25 어떤 회로에서 $t = 0$일 때, 스위치의 동작으로 20 mH 인덕터의 전압 응답이 다음과 같이 나타난다.

$$v(t) = 4e^{-0.2t} \text{mV} \quad (t \geq 0)$$

$t = \infty$에서 인덕터에 저장된 에너지는 0.64 mJ로 주어질 때, $t \geq 0$에서의 $i(t)$를 구하라.

5.26 다음 파형은 $t \geq 0$일 때 0.2 H 인덕터의 전압을 뜻한다. 만약 $t = 0$에서 인덕터에 흐르는 전류가 -20 mA라면, $t \geq 0$에서의 $i(t)$를 구하라.

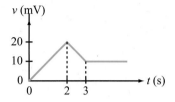

5.27 다음 그림은 50 mH 인덕터에 걸리는 전압을 나타낸다. 이 구간에서의 전류 파형을 그려라. $i(0)$ = 0이라 가정한다.

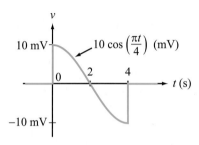

5.28 직류 조건하에 다음 회로에서 커패시터 C에 인가된 전압과 인덕터 L_1과 L_2에 흐르는 전류를 구하라.

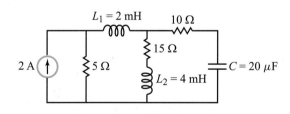

5.29 다음 회로에서 C_1과 C_2에 걸리는 전압을 결정하고, 직류 상태에서 L_1과 L_2를 통하여 흐르는 전류를 구하라.

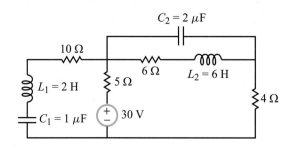

5.30 다음 그림의 인덕터는 10 mH이다. L_{eq}를 구하라.

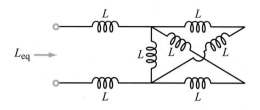

5.31 다음 회로의 인덕터의 모든 단위는 밀리헨리 (mH)다. 이때 L_{eq}를 구하라.

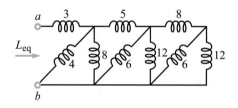

5.32 다음 회로의 단자 (a, b)에서 L_{eq}를 구하라. 이때 모든 인덕터의 단위는 밀리헨리(mH)다.

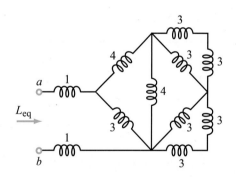

※ 5.4절 : RC 회로 응답

5.33 다음 회로의 스위치는 충분히 오랜 시간 동안 단자 1에 있다가, $t = 0$에서 단자 2로 바뀐다. V_0 = 12 V, $R_1 = 30$ kΩ, $R_2 = 120$ kΩ, $R_3 = 60$ kΩ, C = 100 μF일 때, 다음을 구하라.

(a) $i_C(0^-)$와 $v_C(0^-)$

(b) $i_C(0)$와 $v_C(0)$

(c) $i_C(\infty)$와 $v_C(\infty)$

(d) $t \geq 0$일 때 $v_C(t)$

(e) $t \geq 0$일 때 $i_C(t)$

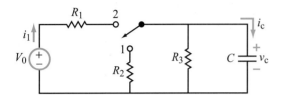

5.34 [연습문제 5.33]의 그림에서 스위치가 충분한 시간 동안 단자 2에 머물러 있다가, $t = 0$에서 단자 1로 바뀐다는 조건하에서 [연습문제 5.33]을 다시 풀어라.

5.35 다음 회로는 $t = 0$ 이전의 충분한 시간 동안 열려 있는 두 스위치를 포함하고 있다. 여기에서 단자 1은 $t = 0$에서 닫히고, 단자 2는 $t = 5$ s에서 닫힌다. $V_0 = 24$ V, $R_1 = R_2 = 16$ kΩ, $C = 250$ μF일 때, $t \geq 0$에서 $v_C(t)$의 그래프를 그려보라. 이때 $v_C(0) = 0$이라 가정한다.

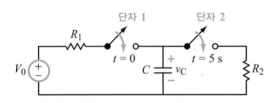

5.36 다음 회로는 $t = 0$일 때 스위치가 단자 1에서 단자 2로 움직이기 전까지 정상 상태에 있다. $I_0 = 21$ mA, $R_1 = 2$ kΩ, $R_2 = 3$ kΩ, $R_3 = 4$ kΩ, $C = 50$ μF로 주어질 경우, $t \geq 0$일 때의 $v(t)$를 구하라.

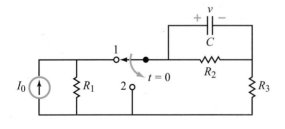

5.37 다음 회로에서 커패시터 C_1는 $t = 0$ 전에 충전되지 않는다. $I_0 = 5$ mA, $R_1 = 2$ kΩ, $R_2 = 50$ kΩ, $C_1 = 3$ μF, $C_2 = 6$ μF으로 주어질 경우, 다음을 구하라.

(a) $t \geq 0$일 때의 커패시터를 포함하는 등가회로 $v_1(0)$과 $v_2(0)$

(b) $t \geq 0$일 때의 $i(t)$

(c) $t \geq 0$일 때의 $v_1(t)$과 $v_2(t)$

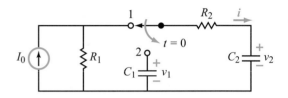

5.38 다음 회로에서 스위치는 $t = 0$일 때 열리기 전에 오랫동안 닫혀 있었다. $V_s = 10$ V, $R_1 = 20$ kΩ, $R_2 = 100$ kΩ, $C_1 = 6$ μF, $C_2 = 12$ μF으로 주어질 경우, $t \geq 0$일 때의 $i(t)$를 구하라.

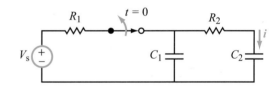

5.39 다음 회로에서 스위치는 $t = 0$일 때 단자 2로 움직이기 전까지 오랫동안 단자 1에 있다. $I_0 = 6$ mA, $V_0 = 18$ V, $R_1 = R_2 = 4$ kΩ, $C = 200$ μF으로 주어질 경우, $t \geq 0$일 때의 $v(t)$를 구하라.

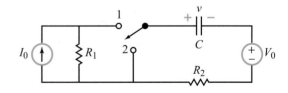

5.40 [연습문제 5.39]의 그림에서 스위칭 순서를 반대로 하고, [연습문제 5.39]를 반복하라. 스위치는 $t = 0$일 때 단자 2에서 시작하고 단자 1로 움직인다.

5.41 다음 회로에서 i는 R_3으로 흐르는 전류다. $t \geq 0$일 때의 $i(t)$를 구하라. $v_s = 16$ V, $R_1 = R_2 = 2$ kΩ, $R_3 = 4$ kΩ, $C = 25$ μF으로 주어진다. $t = 0$ 시점 이전에 오랫동안 스위치가 열려있다고 가정하라.

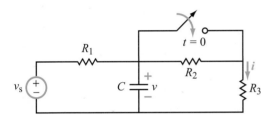

5.42 [연습문제 5.41]의 회로에서 스위치가 $t = 0$ 전에 닫혀 있는 상태로 시작하고 $t = 0$일 때 열린다고 하고, [연습문제 5.41]를 반복하라.

5.43 [연습문제 5.41]의 회로를 스위치가 없는 것으로 가정하라. 전원 v_s는 $t = 0$일 때 시작하는 12 V, 100 ms의 사각파로 대체하고, $R_1 = 6$ kΩ, $R_2 = 2$ kΩ, $R_3 = 4$ kΩ, $C = 15$ μF으로 주어질 경우, $t \geq 0$일 때의 전압 응답 $v(t)$로 구하라.

5.44 다음 회로에서 $I_1 = 4$ mA, $I_2 = 6$ mA, $R_1 = 3$ kΩ, $R_2 = 6$ kΩ, $C = 0.2$ mF으로 주어질 경우, $v(t)$를 구하라. 스위치가 단자 2로 움직이기 전에 오랫동안 단자 1에 있다고 가정하라.

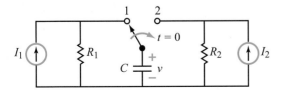

※ 5.5절 : RL 회로 응답

5.45 다음 회로에서 스위치는 오랫동안 단자 1에 있다가 $t = 0$일 때 단자 2로 움직인다. $V_0 = 12$ V, $R_1 = 30$ Ω, $R_2 = 120$ Ω, $R_3 = 60$ Ω, $L = 0.2$ H로 주어질 경우, 다음을 구하라.

(a) $i_L(0^-)$과 $v_L(0^-)$

(b) $i_L(0)$과 $v_L(0)$

(c) $i_L(\infty)$과 $v_L(\infty)$

(d) $t \geq 0$일 때 $i_L(0)$

(e) $t \geq 0$일 때 $v_L(0)$

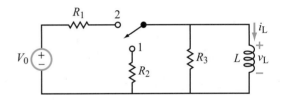

5.46 오랫동안 단자 2에 있는 스위치가 $t = 0$일 때 단자 1로 움직인다고 하고, [연습문제 5.45]를 반복하라.

5.47 다음 회로가 $t = 0$ 전에 정상 상태로 주어질 경우, $t \geq 0$일 때의 $i(t)$를 구하라. 또한 $I_0 = 5$ A, $R_1 = 2$ Ω, $R_2 = 10$ Ω, $R_3 = 3$ Ω, $R_4 = 7$ Ω, $L = 0.15$ H로 주어진다.

5.48 다음 회로에서, $i_L(t)$를 구하고 $t \geq 0$일 때 t에 대한 함수로 그래프를 그려라. $I_0 = 4$ A, $R_1 = 6$ Ω, $R_2 = 12$ Ω, $L = 2$ H로 주어진다. $t \geq 0$ 일 때 $i_L = 0$으로 가정하라.

5.49 다음 회로에서 스위치가 오랫동안 단자 1에 있다가, $t = 0$일 때 단자 2로 움직인다. $I_0 = 6$ mA, $R_0 = 12$ Ω, $R_1 = 10$ Ω, $R_2 = 40$ Ω, $L_1 = 1$ H, $L_2 = 2$ H로 주어질 경우, $t \geq 0$일 때의 $i_1(t)$와 $i_2(t)$를 구하라.

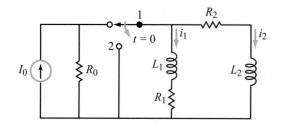

5.50 다음 회로 (a)에서 $R_1 = R_2 = 20$ Ω이고, $R_3 = 10$ Ω이다. $v_s(t)$가 계단함수로 회로 (b)와 같이 주어질 때 $i(t)$를 구하라($t \geq 0$일 때).

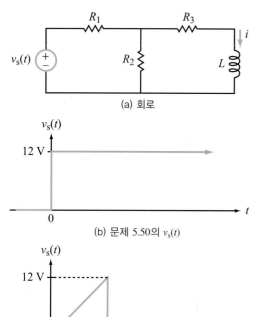

(a) 회로

(b) 문제 5.50의 $v_s(t)$

(c) 문제 5.51의 $v_s(t)$

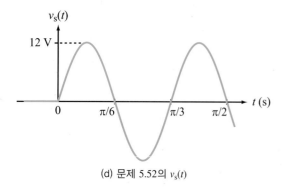

(d) 문제 5.52의 $v_s(t)$

5.51 [연습문제 5.50]의 회로에서 삼각파 형태의 전원 전압이 주어질 때 다시 구하라.

Hint $\int x e^{ax} \, dx = \dfrac{e^{ax}}{a^2}(ax - 1)$

5.52 [연습문제 5.50]의 회로에서 사인파 형태의 전원 전압 $v_s(t) = 12 \sin 6t$ V 가 주어질 때 다시 구하라.

Hint $\int e^{ax} \sin bx \, dx$
$= e^{ax} \dfrac{[a \sin bx - b \cos(bx)]}{a^2 + b^2}$

5.53 다음 회로에서 스위치는 단자 1에 있다가 $t = 0$일 때 단자 1에서 단자 2로 이동한다. $L = 80$ mH일 때 $i(t)$를 구하라($t \geq 0$).

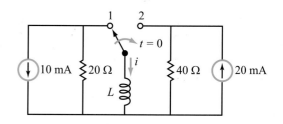

5.54 [연습문제 5.53] 회로에서 $t = 0$일 때 스위치가 단자 2에서 단자 1로 이동할 때 [연습문제 5.53]의 과정을 반복하라.

5.55 다음 회로에서 $t \geq 0$일 때 인가되는 구형파 전압에 대한 $i(t)$를 구하라.

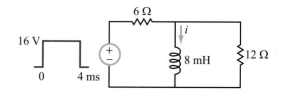

※ 5.6절 : RC 연산 증폭기 회로

5.56 다음 회로 (a)와 같은 입력 전압 파형이 회로 (b)에 인가된다. 이때의 $v_{out}(t)$를 구하라.

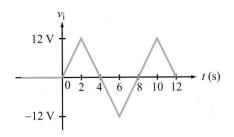

(a) $v_i(t)$의 파형

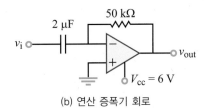

(b) 연산 증폭기 회로

5.57 다음 회로에서 v_{out}을 v_i에 대한 식으로 나타내라.

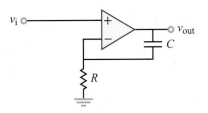

5.58 다음 회로에서 v_{out}을 v_i에 대한 식으로 나타내라.

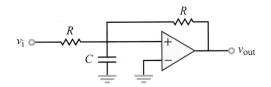

5.59 다음 회로에서 v_{out}을 v_i의 식으로 나타내라($v_c = 0$, $t = 0$).

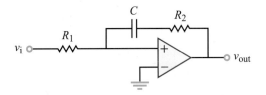

5.60 다음 회로에서 $i_{out}(t)$를 $v_i(t)$의 식으로 나타내라. $v_C(0) = 3$ V, $R = 10$ kΩ, $C = 50$ μF, $v_i(t) = 9\ u(t)$ V이다.

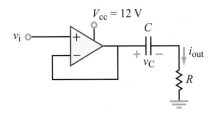

5.61 출력과 입력 전압 사이의 관계를 수행할 수 있는 회로를 그려라.

$$v_{out} = -100 \int_0^t v_i\, dt$$

$t = 0$일 때 $v_{out} = 0$이다. 이때 연산 증폭기는 하나만 사용할 수 있고, 커패시터 역시 0.1 F을 초과하지 않는 것으로 하나만 쓸 수 있다. 저항은 원하는 만큼 사용할 수 있다.

5.62 다음 두 연산 증폭기 회로는 입력 신호가 $v_i(t) = 10\ u(t)$ mV의 계단 전압으로 주어진다. 두 연산 증폭기 $V_{cc} = 10$ V이고 두 개의 커패시터가 $t = 0$ 이전에 전하가 없다고 할 때, 아래 (a)와 (b)를 구하고 그래프를 그려라.

(a) $t \geq 0$일 때 v_{out1}

(b) $t \geq 0$일 때 v_{out2}

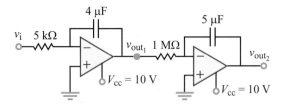

5.63 다음 동작을 할 수 있는 단일 연산 증폭기 회로를 설계하라.

$$v_{out} = -\int_0^t (5v_1 + 2v_2 + v_3)\, dt$$

5.64 다음 동작을 할 수 있는 단일 연산 증폭기 회로를 설계하라.

$$i_{out} = -\int_0^t \left(\frac{v_1}{100} + \frac{v_2}{200} + \frac{v_3}{400} \right) dt$$

5.65 아래 회로([P 5.65])에서 $R = 10\ \text{k}\Omega$이고 $C = 20$ μF인 연산 증폭기가 다음 미분 방정식을 만들 수 있음을 보여라. 이때 $v(0) = 0$이다.

※ 5.7절과 5.8절 : 기생 커패시턴스와 컴퓨터 프로세서 속도
Multisim을 활용한 회로 응답 분석

5.67 실제 트랜지스터에서 MOSFET의 이득 g와 기생 커패시턴스 C_D^n과 C_D^p은 트랜지스터의 크기에 따라서 달라진다. 그 함수 관계가 다음과 같다고 가정한다.

$$g = 10^6 W, \quad C_D^n = C_D^p = (2.5 \times 10^3) W^2$$

여기서 W는 미터 단위의 트랜지스터의 채널폭이다. CMOS 인버터가 1 ns의 하강 시간을 가지기 위한 W 값은 얼마인가? (현대의 디지털 MOSFET의 채널폭은 40 nm에서 4 μm 사이로 다양하다.)

5.68 [예제 5-15]의 [그림 5-41(a)]의 회로를 Multisim 으로 그리고 시뮬레이션하라.

5.69 다음 회로([P 5.69])를 고려해 보자. 스위치 S1은 닫힌 위치에서 시작하고 $t = 0$에서 열린다. 스위치 S2는 열린 위치에서 시작하고 매 250 ps마다 열림과 닫힘 동작을 반복한다. Multisim에서 이 회로를 설계하고 모든 마디가 1 mV 이하로 방전될 때까지의 시간에 따른 v_0와 v_1을 그려라.

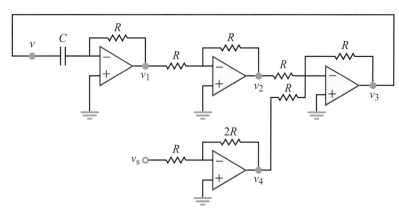

[P 5.65]

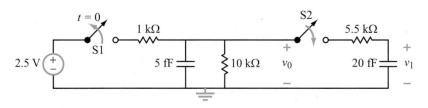

[P 5.69]

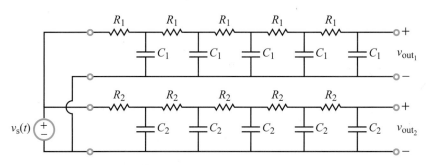

[P 5.70]

5.70 위의 회로([P 5.70])에서 단위 전압원 $v_s(t)$는 전송선 두 개로 신호를 보낸다. Multisim에서 단위 전압은 주기 10 ns인 1 V 구형파로 설정될 수 있다. Multisim에서 회로를 설계하고 다음의 질문에 대해 대답하라. $R_1 = R_2 = 10 \text{ k}\Omega$, $C_1 = 7 \text{ pF}$, $C_2 = 5 \text{ pF}$이다.

(a) 출력 전압이 0.75 V에 도달하였을 때 검출기가 신호를 감지한다면 어떤 신호가 먼저 도착하는가?

(b) 검출되는 신호는 얼마인가?

Hint Grapher View에서 커서를 사용할 때 특성 곡선을 선택하고 나서 커서의 오른쪽 버튼을 클릭한 후 Set Y_Value를 선택하여 750 m로 들어가라. 이는 특성 곡선의 값이 0.75 V가 되는 정확한 시간을 알 수 있다.

5.71 다음의 델타 구조 회로를 고려해 보자. v_a, v_b 및 v_c에 대한 곡선 응답을 만들기 위해 Multisim을 사용하라. TSTOP $= 3 \times 10^{-10}$ s 의 값을 이용하여 과도 응답 분석 기법을 적용하라.

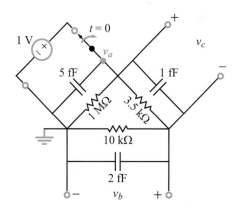

5.72 다음 회로에서 $0 \sim 15$ ms까지 전류 $i(t)$에 대한 그래프를 Multisim을 사용하여 만들어라.

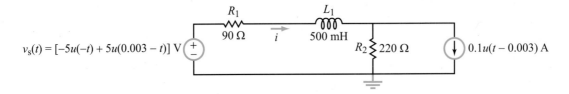

$$v_s(t) = [-5u(-t) + 5u(0.003 - t)] \text{ V}$$

5.73 다음과 같이 3단자 가상 연산 증폭기를 사용하는 적분기 회로를 구성하라. 다음 입력 신호에 해당하는 출력을 구하라.

　(a) $v_{in}(t)$는 주기가 1 ms인 $0 \sim 1$ V의 구형파이고, 듀티 주기(duty cycle)는 50%다. $0 \sim 10$ ms 사이의 출력을 그려라.

(b) $v_{in}(t) = -0.2t$ V이다. $0 \sim 50$ ms 사이의 출력을 그려라.

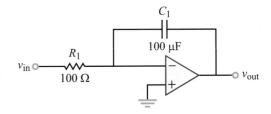

Chapter

06

RLC 회로
RLC Circuits

학습목표

- 직류 전원이 사용되는 이차 회로에서 초기 및 최종 조건을 결정할 수 있다.
- 직렬 및 병렬 *RLC* 회로와 임의의 이차 회로에 대한 이차 미분 방정식을 세우고 해를 구하여, 전체 해를 구성하는 항들 중 과도 상태와 정상 상태 성분을 구분해낼 수 있다.
- 이차 회로의 응답이 과감쇠, 임계감쇠, 저감쇠 중 어떤 유형에 해당하는지 판별할 수 있다.
- 연산 증폭기를 포함하는 이차 회로의 해를 구할 수 있다.
- 초소형기계 가속도계의 동작 원리를 이해할 수 있다.
- Multisim을 활용하여 임의의 이차 회로의 응답을 구할 수 있다.

개요

이전 장에서 살펴본 일차 *RC* 및 *RL* 회로의 전류와 전압은 모두 일차 미분 방정식을 통해 구할 수 있다. 일차 회로의 핵심적 특성은 전압원(전류원) 및 저항과 더불어 단일 커패시터나 단일 인덕터가 직렬 혹은 병렬로 연결되는 단순한 회로로 축소 변환할 수 있다는 점이다. [그림 6-1(a)]에서 보는 바와 같이 주어진 회로 안에 커패시터 두 개가 포함되어 있을 때, 커패시터 두 개를 등가 커패시터 하나로 바꿀 수 없다면 그 회로는 일차 회로가 아니다. 이 장의 후반부에서 더 자세히 설명하겠으나, 더 이상 단일 등가 성분으로 줄일 수 없는 커패시터 두 개는 이차 미분 방정식을 통해 특성화할 수 있는 이차 회로다. [그림 6-1(b)]처럼 인덕터 두 개를 가지는 회로, [그림 6-1(c)]와 [그림 6-1(d)]처럼 *RLC*가 직렬 및 병렬로 연결되어 있는 회로 역시 이차 회로로 구분된다.

> 이차 회로는 두 개의 에너지 저장 성분(커패시터 두 개, 인덕터 두 개, 혹은 커패시터 하나와 인덕터 하나)이 포함되어 있고, 두 개가 등가 변환을 통해 같은 기능을 하는 수동소자 하나로 변환될 수 없는 회로다.

둘 이상의 에너지 저장 요소를 가지고 있는 경우에도 이차 회로가 될 수 있다. 그러나 소자들을 등가적으로 결합한 뒤 개수를 두 개보다 더 줄일 수 없을 때 이차 회로라고 할 수 있다.

이 장에서는 (계단 형태의) 직류 전원 혹은 구형파가 인가될 때 이차 회로를 해석하는 수학적 기법을 개발하는 것을 목표로 한다. 이 해석은 시간 영역에서의 이차 미분 방정식을 푸는 데 기반을 두며 비교적 간단하게 결과를 얻을 수 있다. 삼차 혹은 그 이상의 회로에 대해서는 미분 방정식을 푸는 과정이 다소 복잡하므로 이차 회로를 해석하는 데 중점을 두고자 한다. 삼차 이상의 고차 회로를 해석할 때는 10장에서 소개할 라플라스 변환처럼 더 강력한 해석 기법이 필요하다.

6.1 초기 조건 및 최종 조건

이차 회로를 기술하는 미분 방정식의 일반해는 항상 결정되지 않은 상수를 여러 개 포함한다. 이러한 상수의 값을 정확히 결정하기 위해서는 주로 일반해와 알려진 전압 혹은 전류값을 비교하는 방법을 사용한다. 주어진 회로에 대하여 전원이 갑작스럽게 변할 때(어느 순간 SPST 스위치가 닫히거나 열리는 경우 혹은 SPDT 스위치가 한 단자에서 다른 단자로 이동할 때), 이후 일정 시간 구간 동안 특정 단자에서의 전류나 전압의 변화를 해석한다. 이때 그 시간 구간의 최초 및 최종 지점에서의 회로 상태를 해석하고, 결과를 미분 방정식의 해와 맞추어 보게 된다. 이러한 과정을 **초기 조건 및 최종 조건의 활용**(invoking initial and final conditions)이라고 한다.

초기 및 최종 상태에서의 회로 해석은 다음과 같은 근본적인 특성에 기반을 둔다.

❶ 커패시터 양단에 걸리는 전압(v_C)과 인덕터에 흐르는 전류(i_L)는 순간적으로 변화할 수 없다.

변화에 따른 시간을 다음과 같이 표기한다면

$t = 0^-$: 갑작스런 변화가 발생하기 직전
$t = 0$: 갑작스런 변화가 발생한 직후

앞서 기술한 특성은

$$v_C(0) = v_C(0^-) \qquad (6.1a)$$

$$i_L(0) = i_L(0^-) \qquad (6.1b)$$

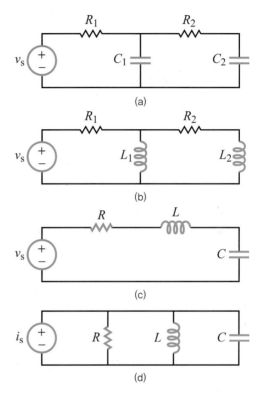

[그림 6-1] 이차 회로의 예
(a) 두 개의 커패시터를 갖는 회로
(b) 두 개의 인덕터를 갖는 회로
(c) 직렬연결된 *RLC* 회로
(d) 병렬연결된 *RLC* 회로

식으로 표현할 수 있다. 이러한 특성은 커패시터를 통해 흐르는 전류 i_C나 인덕터 양단에 걸리는 전압 v_L에 대해서는 적용되지 않음을 유의해야 한다. i_C나 v_L은 순간적으로 변할 수 있기 때문이다. 위의 수식을 살펴볼 때 순간적으로 변한다는 것은 큰 차이의 변화가 극히 짧은 시간 안에, 즉 겉보기에는 불연속적으로 변한다는 것을 의미한다.

[표 6-1] 커패시터 C와 인덕터 L이 회로의 동작에 미치는 영향의 유형별 정리 : 각 회로에서 A는 순간적인 변화가 일어나기 직전($t = 0^-$)을 나타내며, B는 변화가 일어난 후의 상태를 나타낸다.

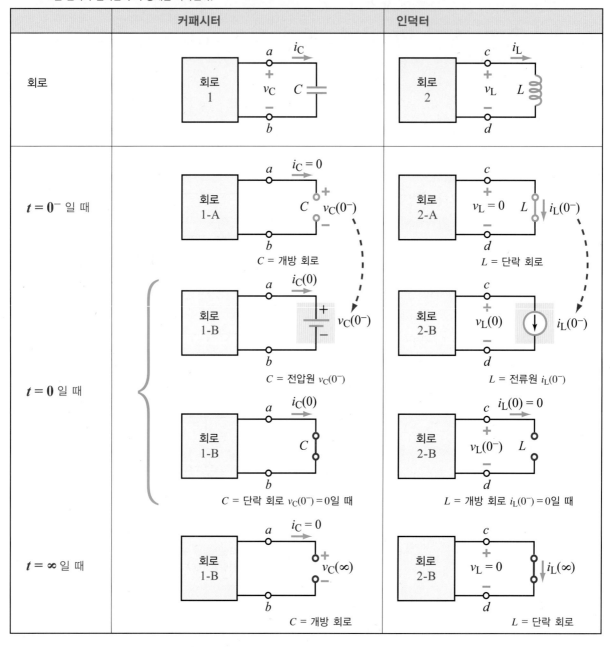

❷ DC 전원을 포함하고 있는 회로에서 모든 과도적인 변화(transients)가 사라진 후의 정상 상태(steady-state) 조건은, 시간이 충분히 지나서 커패시터에는 전류가 흐르지 않고 인덕터 양단에는 전압이 걸리지 않음을 의미한다. 정상 상태에서 커패시터는 개방 회로(open circuit), 인덕터는 단락 회로(short circuit)로 이해해도 무방하다.

[표 6-1]은 회로 1 안에서 커패시터 C의 효과, 회로 2 안에서 인덕터 L의 효과가 회로의 동작에 미치는 영향을 유형별로 세 개의 시간 지점에 따라 정리한 결과다. $t = 0^-$에서는 회로가 계속 정상 상태에 있다가, $t = 0$일 때 순간적으로 회로 안에서 어떤 변화가 일어났음을 가정한다. 커패시터가 있는 회로의 시간에 따른 동작을 구분하기 위해 $t = 0^-$(변화 직전)일 때와 $t \geq 0$일 때

의 상태를 각각 1-A, 1-B로 구분하였다. 마찬가지 방법으로 인덕터를 포함하는 회로도 시간에 따라 상태를 구분하고 있다.

- $t = 0^-$일 때 : C는 개방 회로로 동작하고 L은 단락 회로로 동작한다. 1-A 회로에서 커패시터 양단에 걸리는 전압 $v_C(0^-)$은 (a, b) 지점 양단에서의 개방 회로 전압(open-circuit voltage)과 같다. 마찬가지로 인덕터에 흐르고 있던 전류 $i_L(0^-)$은 2-A 회로에서 (c, d) 단자 사이에 흐르는 단락 회로 전류(short-circuit current)와 동일하다.

- $t = 0$일 때($t = 0^+$도 같은 의미다.) : 커패시터가 있는 회로는 1-B, 인덕터가 있는 회로는 2-B의 구성으로 변한다. 커패시터는 크기가 $v_C(0) = v_C(0^-)$인 직류 전원처럼 동작한다. v_C는 순간적으로 변화할 수 없기 때문이다. $i_C(0^-)$는 $t = 0^-$에서 0이었으나(갑작스런 변화 직전에 커패시터는 개방 회로로 동작하고 있었기 때문), 변화가 생긴 직후의 전류

$i_C(0)$ 값은 회로 1-B의 동작에 따라 발생하는 어떤 전류값이라도 그대로 가질 수 있다. 단, 앞서 설명한 바와 같이 커패시터가 크기가 $v_C(0^-)$인 전압원처럼 동작한다는 가정 하에 발생하는 전류를 전류값으로 가질 수 있다. 만약 $v_C(0^-)$가 0이라면 C는 단락 회로처럼 동작한다. 마찬가지로 인덕터는 크기가 $i_L(0^-)$인 전류원처럼 행동하며, 인덕터 양단에 걸리는 전압 $v_L(0)$은 회로 2-B에서 인덕터를 $i_L(0^-)$의 전류원으로 대체했을 때 해석되는 결과로부터 얻을 수 있다. 만약 $i_L(0^-) = 0$이라면 인덕터는 개방 회로처럼 동작한다.

- $t > 0$이면서 정상 상태($t = \infty$)에 도달하기 전 : C와 L은 적절하게 행동한다. 즉 v_C, i_C, v_L, i_L은 모두 시간에 따라 변할 수 있다.

- $t = \infty$일 때 : 회로 1-B와 2-B는 정상 상태에 도달하여 C는 개방 회로로, L은 단락 회로로 동작한다.

예제 6-1 초기 및 최종값

[그림 6-2(a)]의 회로는 정전압원 V_s와 스위치를 포함하고 있다. 스위치는 $t = 0$이 되는 시점 이전에 아주 오랫동안 1의 위치에 놓여 있었다(즉 오랜 시간 동안 꺼져 있었다.). 다음 값을 구하라.
(a) $v_C(0)$와 $i_L(0)$
(b) $i_C(0)$와 $v_L(0)$
(c) $v_C(\infty)$와 $i_L(\infty)$

풀이

(a) $v_C(0)$와 $i_L(0)$을 결정하기 위해서는 $t = 0^-$(스위치가 위치를 바꾸기 전)일 때의 회로를 해석하고, 반면 $i_C(0)$와 $v_L(0)$을 결정하기 위해서는 $t = 0$일 때의 회로를 해석한다. $t = 0^-$일 때, 회로는 [그림 6-2(b)]에 나타난 구성과 등가적이다. 여기서 C는 개방 회로, L은 단락 회로로 동작한다. 회로에는 닫힌 루프(loop)가 없으므로 전류가 흐르지 않는다. 즉 R_1에서의 전압 강하가 없으므로

$$v_C(0^-) = V_s$$
$$i_L(0^-) = 0$$

이다. 그리고 v_C와 i_L이 갖는 시간적 연속성으로 인해 스위치가 1에서 2로 위치가 변화한 뒤

$$v_C(0) = v_C(0^-) = V_s$$
$$i_L(0) = i_L(0^-) = 0$$

의 값을 갖는다.

(b) [그림 6-2(c)]의 회로는 $t = 0$(스위치가 이동한 후)일
때 회로의 상태를 보여준다. 커패시터는 V_s 크기의
직류 전압원처럼 동작하며, 인덕터는 전류의 크기가
0인 직류 전류원처럼 동작한다. 전류의 크기가 0인
전류원은 개방 회로인 것처럼 동작한다고 이해할 수
도 있다. 일반적으로 i_C는 급격하게 변화할 수 없다
는 조건이 필요 없지만(i_L은 급격하게 변할 수 없다.),
지금 회로는 구성 요소가 직렬로 연결되어 $i_C = i_L$이
며 $i_L(0) = 0$이므로, 결과적으로

$$i_C(0) = 0$$

이다. R_2에서의 전압 강하가 없으므로, 인덕터 양단
에서의 전압 강하는 다음과 같다.

$$v_L(0) = v_C(0) = V_s$$

(c) $t \to \infty$일 때의 v_C와 i_L 값은 매우 간단하게 얻을 수
있다. 회로에서 L과 C는 있으나 능동 전원이 없으므
로, L과 C에 저장된 에너지는 결국 시간이 지나 $t =$
∞에 접근함에 따라 모두 소진되어 회로는 동작하지
않을 것이다. 따라서 다음과 같다.

$$v_C(\infty) = 0$$
$$i_L(\infty) = 0$$

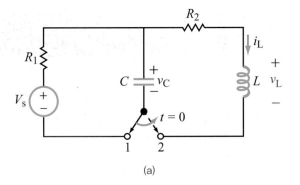

(a)

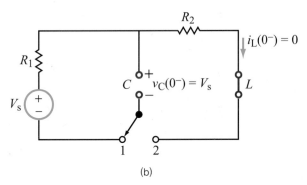

(b)

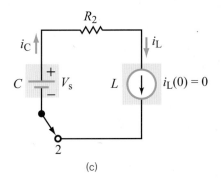

(c)

[그림 6-2] (a) 기본 회로
(b) $t = 0^-$에서 C는 개방 회로, L는 단락 회로로 동작하고 있다.
(c) $t = 0$에서 C는 전압원으로, L은 전류가 0인 전류원으로
동작하기 시작한다.

예제 6-2 초기 및 최종 조건

[그림 6-3(a)] 회로는 직류 전압원과 계단함수 형태로 전류를 인가해주는 전류원을 포함하고 있다. 각 성분의 값은
$V_0 = 24$ V, $I_0 = 4$ A, $R_1 = 2 \ \Omega$, $R_2 = 4 \ \Omega$, $R_3 = 6 \ \Omega$, $L = 0.2$ H, $C = 8$ mF다. 다음 값을 구하라.
(a) $v_C(0)$와 $i_L(0)$
(b) $i_C(0)$과 $v_L(0)$
(c) $v_C(\infty)$과 $i_L(\infty)$

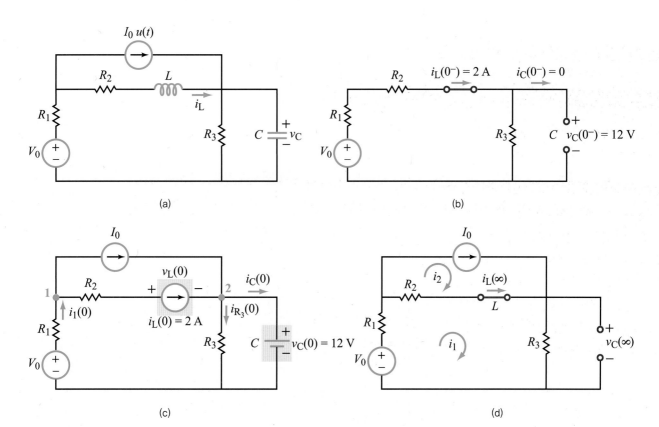

[그림 6-3] (a) 기본 회로
          (b) $t=0^-$일 때
          (c) $t=0$일 때
          (d) $t=\infty$일 때

풀이

(a) $t=0$일 때 v_C와 i_L을 구하기 위해서는 우선 $t=0^-$에서의 값을 구한다. 그리고 $t=0$인 시점에서 커패시터 양단에 걸리는 전압과 인덕터에 흐르는 전류가 $t=0^-$일 때의 값과 같다는 조건을 활용한다. $t=0^-$일 때 회로 상태는 [그림 6-3(b)]에서 볼 수 있다. 정상 상태에 있으므로 인덕터는 단락 처리, 커패시터는 개방 처리를 하고, 전류원은 동작을 시작하기 전이므로 고려하지 않는다. $i_C(0^-)=0$이므로

$$i_L(0^-) = \frac{V_0}{R_1 + R_2 + R_3} = 2 \text{ A}$$

$$v_C(0^-) = i_L(0^-)\,R_3 = 12 \text{ V}$$

이다. 따라서 다음 결과를 얻는다.

$$i_L(0) = i_L(0^-) = 2 \text{ A}$$

$$v_C(0) = v_C(0^-) = 12 \text{ V}$$

(b) $t=0$에서의 회로 상태는 [그림 6-3(c)]에 나타나 있다.

$$v_{R_3}(0) = v_C(0) = 12 \text{ V}$$

이 성립하므로

$$i_{R_3}(0) = \frac{12}{6} = 2 \text{ A}$$

임을 알 수 있다. 마디 2에서 KCL을 적용하면 다음 결과를 얻는다.

$$-50 + I_1 + 5I_2 + 4I_1 = 0$$

다음으로 $v_L(0)$ 값을 구해야 한다. 마디 1에서는

$$i_1(0) = I_0 + i_L(0) = 4 + 2 = 6 \text{ A}$$

의 전류가 흐른다. 왼쪽 아래 부분의 루프를 따라 KVL을 적용하면 인덕터 전압은 다음과 같다.

$$v_L(0) = -8 \text{ V}$$

(c) $t = \infty$에서의 회로 상태는 [그림 6-3(d)]와 같다. 크기가 I_0인 전류원이 추가되었다는 점을 제외하고는 $t = 0^-$일 때 상황과 매우 유사하다. 루프 1에 대한 망로 방정식은

$$-V_0 + R_1 i_1 + R_2(i_1 - i_2) + R_3 i_1 = 0$$

와 같고, 루프 2로부터

$$i_2 = I_0 = 4 \text{ A}$$

의 전류 조건을 얻을 수 있다. 이 값을 루프 1의 방정식에 대입하면

$$i_1 = 3.33 \text{ A}$$

이며 최종적으로 다음 결과를 얻을 수 있다.

$$i_L(\infty) = i_1 - I_0 = 3.33 - 4 = -0.67 \text{ A}$$
$$v_C(\infty) = i_1 R_3 = 3.33 \times 6 = 20 \text{ V}$$

[질문 6-1] 회로에 갑자기 변화가 일어난 직후에는 커패시터와 인덕터의 기본적인 특성에 따라 회로 상태가 변한다. 이때 기본적인 특성이란 무엇인가?

[질문 6-2] 회로가 직류 정상 상태에 있을 때, 커패시터는 개방 회로처럼 동작하는가 아니면 단락 회로처럼 동작하는가? 인덕터는 어떠한가?

[질문 6-3] 이차 회로를 해석할 때 초기 및 최종 값은 어떤 역할을 하는가?

[연습 6-1] 다음 회로에서 $v_C(0)$, $i_L(0)$, $v_L(0)$, $i_C(0)$, $v_C(\infty)$, $i_L(\infty)$의 값을 구하라.

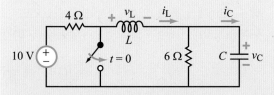

[연습 6-2] 다음 회로에서 $v_C(0)$, $i_L(0)$, $v_L(0)$, $i_C(0)$, $v_C(\infty)$, $i_L(\infty)$의 값을 구하라.

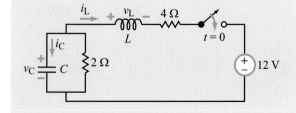

6.2 일반해

[그림 6-4]의 직렬 *RLC* 회로를 생각해보자. 전원 전압 v_s는 다음과 같이 표현된다.

$$v_s = V_s\, u(t) \tag{6.2}$$

이때 V_s는 상수이고, $u(t)$는 단위 계단함수다. KVL 루프 방정식은 다음과 같다.

$$Ri + L\frac{di}{dt} + v = V_s \quad (t \geq 0) \tag{6.3}$$

커패시터 양단의 전압과 커패시터에 흐르는 전류간의 관계식

$$i = C\frac{dv}{dt} \tag{6.4}$$

를 활용하고 항들을 정리하면, 식 (6.3)은 다음과 같이 표현된다.

$$\frac{d^2v}{dt^2} + \frac{R}{L}\frac{dv}{dt} + \frac{1}{LC}v = \frac{V_s}{LC} \tag{6.5}$$

쉽게 계산하기 위하여 식 (6.5)를 다음과 같이 간소화된 식으로 나타낼 수 있다.

$$v'' + av' + bv = c \tag{6.6}$$

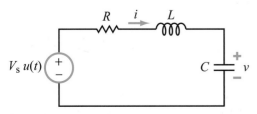

[그림 6-4] 계단함수 형태의 입력 전압이 인가되는 직렬 *RLC* 회로

여기서 좌우변의 상수는 다음과 같다.

$$a = \frac{R}{L}, \quad b = \frac{1}{LC}, \quad c = \frac{V_s}{LC} \tag{6.7}$$

식 (6.6)의 이차 미분 방정식은 [그림 6-4]의 직렬 *RLC* 회로의 커패시터 전압만을 선택적으로 기술하기 위하여 세운 식이지만, 이차 회로라면 임의의 전류나 전압에 관한 미분 방정식의 형태 자체는 지금 세운 미분 방정식의 형태와 동일할 것이다. 미분 방정식으로 구하는 일반해의 형태 역시 어느 경우든 동일하게 나타난다.

6.2.1 일반적인 풀이 순서

주어진 이차 회로의 전류와 전압에 대한 수식적 표현을 얻기 위한 과정은 다음 세 가지 단계로 이루어진다.

1단계 : KVL 및 KCL을 적용한다.
회로 내에 존재하고 있는 마디, 가지, 루프에 대하여 KVL 및 KCL을 적용한다. 결과 수식을 결합하여, 구하고자 하는 전압 혹은 전류를 나타내는 단 하나의 변수에 대한 이차 미분 방정식을 세운다. 식 (6.6)의 미분 방정식을 1단계의 예로 들 수 있다.

2단계 : 미분 방정식을 푼다.
식 (6.6)과 같은 형태의 이차 미분 방정식의 일반해는 두 가지 성분으로 구성된다.

$$v(t) = v_p(t) + v_h(t) \tag{6.8}$$

$v_p(t)$는 특별해(particular solution, 이 명칭은 식 (6.6)의 우변에 특별한 강제 입력 함수를 넣을 때 발생하는 항이라

는 데서 유래)이며 $v_h(t)$는 균일해(homogeneous solution, 우변에서 회로의 전원이 인가되지 않을 때의 해)로서 다음 식으로 표현된다.

$$v_h'' + av_h' + bv_h = 0 \quad \text{(전원이 없는 상태)} \quad (6.9)$$

a와 b는 회로에 인가되는 전원 신호에 따라 변하는 값이 아니므로, 식 (6.9)의 해인 $v_h(t)$는 전압원이 직류인지 교류인지 혹은 시간의 함수로 표현되는 다른 신호인지와 상관없이 얻을 수 있다. 이러한 이유로 미분 방정식의 균일해는 회로의 자연 응답(natural response)이라고도 한다. 이와 반대로 특별해 $v_p(t)$는 인가되는 전원을 나타내는 함수 형태에 따라 많이 달라지며, 실제로 $v_p(t)$를 구하여 그려보면 일반적으로 인가되는 전원 신호의 형태와 유사하게 나타난다.

이 책에서는 본래 수학에서 유래한 특별과 균일이라는 표현 대신, 각각 정상 상태(steady state)와 과도(transient)라는 용어를 사용한다. 전자공학 관점에서는 이 용어들이 더 정확한 의미를 전달할 수 있기 때문이다. 이에 따라 식 (6.8)은 정상 상태와 과도를 의미하는 'ss'와 't'를 첨자로 사용하여 다음과 같이 다시 쓸 수 있다.

$$v(t) = v_{ss}(t) + v_t(t) \quad (6.10)$$

$v_{ss}(t)$와 $v_t(t)$의 명확한 수식에 도달하는 방법은 6.3절과 6.4절에서 설명된다. 일반적으로 이들의 합인 $v(t)$는 결정되지 않은 상수를 최대 세 개까지 가질 수 있다.

3단계 : 초기 및 최종 조건을 활용하여 미지수를 구한다.

6.2.2 인가 전원의 역할

식 (6.6)의 미분 방정식에서 강제 함수(방정식의 우변에서 상수 c로 표현되는 항)는 전압원 V_S와 정확히 비례

한다. 과도 응답 $v_t(t)$는 c와는 무관하며 따라서 V_S에도 의존하지 않는다. 이는 $v_t(t)$가 식 (6.6)에서 c를 0으로 두었을 때의 해이기 때문이다. 반면 정상 상태 응답은 c가 포함되어 있는 완전한 방정식의 해이며 시간에 따른 변화를 그려보았을 때 강제 함수와 비슷한 형태이다. 이 경우 V_S는 직류 전압원이므로 c는 상수이고, v_{ss} 역시 상수다. 실제로 직류 회로에 대하여 v_{ss}는 다음과 같이 나타난다.

$$v_{ss} = v(\infty) = \text{상수} \quad (6.11)$$

이렇게 표현할 수 있는 이유는(6.3절에서 좀 더 자세히 살펴보겠지만) $v_t(t)$는 $t \to \infty$일 때 항상 점차 감소하여 0이 되기 때문이다. 따라서 v_{ss}는 식 (6.10)에서 남는 유일한 항이 된다. 또한 $v(\infty)$는 상수이므로 $v'(\infty) = v''(\infty) = 0$이다. 결과적으로 $t = \infty$에서 식 (6.6)의 첫 두 항은 0이 되고, 다음과 같이 축약된다.

$$v(\infty) = \frac{c}{b} \quad (6.12)$$

이 장에서는 직류 전원이 공급되는 이차 회로에 한하여 논리를 전개하고 있으며, SPST(단극 단접점)와 SPDT(단극 쌍접점) 스위치가 포함될 수도 있다. 그리고 5장에서 일차 회로에 대해 살펴본 바와 같이, 계단형 전압이 인가될 때의 회로 응답, 나아가 구형파에 대한 응답을 구할 것이다. 그러나 교류 전원 혹은 형태가 다른 파형을 가진 전원이 인가되는 회로 응답은 어떻게 구할 수 있을까? 같은 방법을 적용할 수 있을까?

답은 '그렇다. 그러나 흔히 같은 방법을 사용하지는 않는다.'이다. 이차 미분 방정식을 풀어 이차 회로를 분석하는 것은 충분히 가능한 일이다. 그러나 회로가 시변(time-varying) 전원을 포함하고 있다면 더 적용하기 쉬운 다른 수학적 기법을 활용한다.

주기 파형

주기성을 갖는 전기 신호 중에서 현재 가장 널리 사용되는 전원은 시간에 따라 사인파 형태로 변하는 파형이다. 따라서 사인 파형의 전원이 인가되는 교류 회로에 관한 내용을 두 장 전체(7장과 8장)에 걸쳐 다루고 있는 것이다. 교류 회로를 해석하는 데 가장 선호되는 기법은 페이저(phasor) 영역 기법이다. 이 기법을 사용하면 시간 영역에서의 미분 방정식을 페이저 영역에서의 선형 방정식으로 변환할 수 있고, 해를 더 손쉽게 구할 수 있다.

구형파, 반복 펄스, 삼각파와 같은 비(非) 사인파 주기 함수는 많은 사인파 조화항(harmonics)의 합으로 구성되는 푸리에 급수로 나타낼 수 있다. 즉 임의의 형태를 갖는 주기 파형은 사인파 함수의 합으로 나타낼 수 있다. 전기회로는 선형성을 가지므로 여러 가지 사인파 함수의 합으로 나타나는 급수가 입력으로 인가될 때 개별적인 사인파 함수에 대한 응답들을 중첩(superposition)하여 임의의 형태를 갖는 주기 신호 전원에 대한 응답을 구할 수 있다.

비주기 파형

경사(ramp) 파형(일정한 기울기를 가지고 증가하는 파형)과 지수함수 파형 등과 같은 비주기함수 형태의 전원이 인가되었을 때도, 식 (6.6)으로 주어지는 미분 방정식을 시간 영역에서 풀 수 있지만 일반적으로는 좀 더 강력한 풀이 기법을 사용한다. 이 경우 10장에서 배우게 될 라플라스 변환 기법이 유용하다.

[질문 6-4] 이차함수의 자연 응답은 회로의 전압원이나 전류원에 의존하지 않는다. 이유는 무엇인가?

[질문 6-5] 회로의 정상 상태 응답은 회로에 인가되는 전압원이나 전류원과 어떠한 공통점을 가지는가?

6.3 직렬 *RLC* 회로의 자연 응답

회로 구성이 갑자기 변하면 회로가 그에 반응하여, 과도 성분과 정상 상태 성분을 포함하는 전압 및 전류에 변화가 생긴다. 만약 전원이 연결되어 있지 않은 회로에서 갑작스러운 변화가 발생한다면, 회로의 응답은 순전히 과도 응답으로만 이루어질 것이다(이를 자연 응답이라고도 한다.). [그림 6-5(a)] 회로가 $t = 0$인 시점에서 스위치 위치가 변하여 [그림 6-5(d)]의 전원이 없는 회로를 구성하는 상황이 그러한 예를 잘 보여준다. $t \geq 0$에서 커패시터 양단의 전압 $v(t)$를 결정하기 위해서는 6.2.1절에서 제시된 세 단계 과정을 따르면 된다.

1단계 : $v(t)$에 대한 미분 방정식을 세운다.

직렬 *RLC* 회로에서 $v(t)$에 대한 이차 미분 방정식은 [그림 6-4]의 회로와 연관 지어 이미 유도한 바 있다. [그림 6-5(d)] 회로가 나타내는 전원이 없는 상황의 미분 방정식은 식 (6.6)과 같이 나타나고 이때 $c = 0$이다. 즉

$$v'' + av' + bv = 0 \qquad (6.13)$$

의 식으로 나타나며, 각 항의 상수는 다음과 같다.

$$a = \frac{R}{L}, \quad b = \frac{1}{LC} \qquad (6.14)$$

식 (6.13)과 같이 전원이 없는 경우의 회로 방정식은 과도 성분 $v_t(t)$에 대해서도 그대로 적용된다. [그림 6-5(d)]의 회로에는 동작하고 있는 전원이 없으므로 정상 상태 성분 v_{ss}는 0이다. 따라서 $v(t)$는 결국 $v_t(t)$와 일치한다.

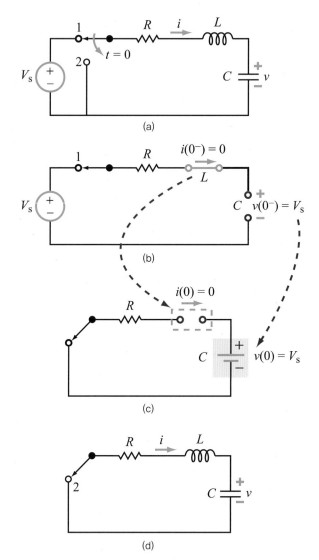

[그림 6-5] SPDT 스위치가 달린 직렬 *RLC* 회로 : $t = 0^-$에서 $t = 0$으로 넘어갈 때, 커패시터 양단에 걸리는 전압 v는 변화 없이 유지된다. 또 인덕터에 흐르는 전류 i 역시 0인 상태에서 변화가 없으므로 순간적으로는 개방 회로로 간주할 수가 있다.
(a) 기본 회로
(b) $t = 0^-$일 때
(c) $t = 0$일 때
(d) $t \geq 0$일 때

2단계 : 미분 방정식을 푼다.

지수함수 e^{st}는 미분하면 자기 자신이 다시 나타난다(상수와의 곱으로 나타날 수는 있다.). 이러한 성질과 형태로 인해 지수함수는 균일형(homogeneous) 미분 방정식의 해가 될 수 있다. 일단 미분 방정식의 해는 다음 형태가 될 것이라고 가정해보자.

$$v(t) = Ae^{st} \qquad (6.15)$$

A와 s는 상수로, 이후에 결정된다. 식 (6.15)가 식 (6.13)의 실제 해가 된다는 것을 확인하기 위해, 이 식을 식 (6.13)의 미분 방정식에 대입해보자.

$$s^2 Ae^{st} + as Ae^{st} + bAe^{st} = 0 \qquad (6.16)$$

이 식은 다음과 같이 축약된다.

$$s^2 + as + b = 0 \qquad (6.17)$$

따라서 식 (6.17)을 만족한다면 식 (6.15)의 형태로 가정한 해는 실제 해가 된다. 식 (6.17)의 이차 방정식은 미분 방정식의 특성 방정식(characteristic equation)이라고 하며, 두 개의 해를 갖는다.

$$s_1 = -\frac{a}{2} + \sqrt{\left(\frac{a}{2}\right)^2 - b} \qquad (6.18a)$$

$$s_2 = -\frac{a}{2} - \sqrt{\left(\frac{a}{2}\right)^2 - b} \qquad (6.18b)$$

상수 a, b의 값은 회로의 수동소자에 의해서만 결정되는 값이며, 따라서 s_1, s_2도 그렇다. 엄밀히 말하면 s_1과 s_2의 단위는 1/second이지만 지수함수에 나타나는 양은 차원이 없는 단위인 네퍼(neper)로 나타내는 것이 일반적이다. 따라서 s_1와 s_2의 단위는 Np/s (nepers/second)다. 두 개의 해가 존재한다는 것은 식 (6.13)의 해는 실질적으로 $e^{s_1 t}$와 $e^{s_2 t}$임을 의미한다. 따라서 다음과 같은 형태의 일반해를 얻을 수 있다.

$$v(t) = A_1 e^{s_1 t} + A_2 e^{s_2 t} \qquad (t \geq 0) \qquad (6.19)$$

A_1과 A_2는 다음 단계에서 결정되는 상수다.

3단계 : 초기 및 최종 조건을 활용한다.

A_1과 A_2의 값을 결정하기 위해서는 $v(0)$과 $v'(0)$의 값을 알아야 한다. $v'(0)$는 $t = 0$일 때 $v(t)$의 시간에 관한 미분이다. $I(t) = C\frac{dv}{dt} = C\,v'(t)$이므로 $v'(0)$의 값을 아는 것은 결국 $i(0)$의 값을 알면 해결될 것이다.

> 일반적으로 $t = 0$에서 커패시터 양단에 걸리는 전압 v_C와 인덕터에 흐르는 전류 i_L의 값을 알기 위해서는, 우선 $t = 0^-$ 상태에 있는 회로를 해석하고 그 결과를 $t = 0$에서의 값으로 그대로 전달한다. 다른 순서쌍인 $i_C(0)$과 $v_L(0)$을 구하기 위해서는 $t = 0$(회로에 갑작스러운 변화가 발생한 직후이자 v_C와 i_L의 값을 $t = 0^-$일 때의 값으로부터 전달한 직후) 상태에 있는 회로에 대한 해석을 수행해야 한다.

$t = 0^-$에 도달할 때까지 RLC 회로는 매우 오랜 시간 동안 정상 상태에 있었다. 따라서 C는 개방 회로처럼 동작하고 있으며([그림 6-5(b)]), 루프상에 흐르는 전류가 0인 상태이다. 결과적으로 다음 식이 성립한다.

$$v(0^-) = V_s, \quad i(0^-) = 0 \qquad (6.20)$$

커패시터 양단에 걸리는 전압과 인덕터에 흐르는 전류는 모두 갑작스럽게 변할 수 없는 성질을 가지고 있으므로, $t = 0$ ([그림 6-5(c)]의 회로)일 때 다음과 같은 식이 성립한다.

$$v(0) = v(0^-) = V_s \qquad (6.21a)$$

$$i(0) = i(0^-) = 0 \qquad (6.21b)$$

더불어 $i = C\frac{dv}{dt}$이므로

$$v'(0) = \frac{dv}{dt}\bigg|_{t=0} = \frac{1}{C}\,i(0) = 0 \qquad (6.22)$$

이다. 식 (6.21a)를 (6.19)에 대입하면, $t = 0$에서의 전압은 다음과 같다.

$$v(0) = A_1 + A_2 = V_s \qquad (6.23)$$

마찬가지로 식 (6.19)를 미분한 결과에 식 (6.22)를 대입하면 $t = 0$에서의 미분값은

$$v'(0) = (s_1 A_1 e^{s_1 t} + s_2 A_2 e^{s_2 t})\big|_{t=0} = 0 \qquad (6.24)$$

로 표현되고 다음과 같이 정리할 수 있다.

$$s_1 A_1 + s_2 A_2 = 0 \qquad (6.25)$$

식 (6.23)과 식 (6.25)의 연립 방정식을 풀면 다음 결과를 얻는다.

$$A_1 = \left(\frac{s_2}{s_2 - s_1}\right) V_s \qquad (6.26a)$$

$$A_2 = -\left(\frac{s_1}{s_2 - s_1}\right) V_s \qquad (6.26b)$$

식 (6.26a)와 (6.26b)를 식 (6.19)에 대입하면 시간에 대한 전압의 함수를 최종적으로 다음과 같이 얻을 수 있다.

$$v(t) = \frac{V_s}{s_2 - s_1}(s_2 e^{s_1 t} - s_1 e^{s_2 t}) \quad (t \geq 0) \qquad (6.27)$$

식 (6.27)은 s_1과 s_2가 서로 다른 실수이면 사용할 수 있다. s_1과 s_2가 허수이거나 서로 같은 경우라면 위의 식은 다른 형태로 수정해야 한다. 그러한 경우를 논의하기 위해 우선 식 (6.18a)와 (6.18b)에서 주어진 표현에서 s_1과 s_2를 다음과 같이 α와 ω_0라는 새로운 매개변수의 쌍으로 나타내보자.

$$s_1 = -\frac{a}{2} + \sqrt{\left(\frac{a}{2}\right)^2 - b}$$
$$= -\alpha + \sqrt{\alpha^2 - \omega_0^2} \qquad (6.28a)$$

$$s_2 = -\frac{a}{2} - \sqrt{\left(\frac{a}{2}\right)^2 - b} \qquad (6.28b)$$
$$= -\alpha - \sqrt{\alpha^2 - \omega_0^2}$$

이때 새로운 두 변수는 각각 다음 값을 의미한다.

$$\alpha = \frac{a}{2} = \frac{R}{2L} \qquad (6.29a)$$

$$\omega_0 = \sqrt{b} = \frac{1}{\sqrt{LC}} \qquad (6.29b)$$

변수 α를 감쇠 계수(damping coefficient)라고 하며 s_1, s_2와 같이 Np/s의 단위로 나타낸다. 이후에 좀 더 자세히 살펴보게 될 바와 같이, ω_0는 공진 주파수(resonant frequency)라고 하며 단위는 초당 라디안(rad/s)이다.

식 (6.28)의 근호 안에 들어 있는 $(\alpha^2 - \omega_0^2)$은 이 값이 갖는 절댓값과 부호(+ 혹은 -)가 회로의 과도 응답 특성을 결정한다는 점에서 매우 중요한 역할을 한다. $\alpha > \omega_0$인지 $\alpha = \omega_0$인지 혹은 $\alpha < \omega_0$인지의 여부에 따라 회로는 매우 다른 양상의 응답을 나타낸다. 각각의 조건에서 나타나는 결과를 살펴보도록 하자.

[질문 6-6] 식 (6.14)에서 a 또는 b는 음의 값을 가질 수 있는가? 만약 그렇지 않다면, 식 (6.18)의 s_1 또는 s_2는 양의 실수값을 가질 수 있는가? $t \rightarrow \infty$일 때의 자연 응답 동작 관점에서 볼 때 어떠한 결과가 나타나는가?

[질문 6-7] 직렬로 연결된 *RLC* 회로에서 $v_C(0)$의 값을 결정하기 위해서는 $t = 0^-$에서 또는 $t = 0$인 시점에서만 회로를 해석하면 되는가? $i_C(0)$의 값을 결정하기 위해서는 어떤 회로 조건들이 필요한가?

6.3.1 과감쇠 응답($\alpha > \omega_0$)

직렬 RLC 회로에서 $\alpha > \omega_0$의 조건은 다음과 같다.

$$R > 2\sqrt{\frac{L}{C}} \quad \text{(과감쇠)} \qquad (6.30)$$

이 경우 $(\alpha^2 - \omega_0^2)$의 값은 $\alpha^2 - \omega_0^2 > 0$이지만, 제곱근의 값은 α보다 작다. 결과적으로 s_1과 s_2는 음의 값을 가지는 서로 다른 실수다. 따라서 식 (6.19)의 형태는 그대로 유지된다. 곧

$$v(t) = A_1 e^{s_1 t} + A_2 e^{s_2 t} \quad (t \geq 0) \qquad (6.31)$$
$$\text{(과감쇠 응답)}$$

의 식으로 표현된다. 이것을 과감쇠 응답(overdamped response)라고 하며, 다른 두 조건과 비교했을 때 $v(t)$의 형태의 기준으로 삼을 수 있다. 세 가지 경우의 응답 예를 [그림 6-6]에서 보여주고 있다.

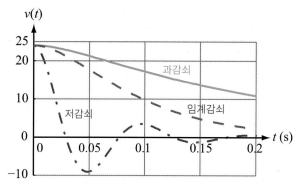

[그림 6-6] 과감쇠, 임계감쇠, 저감쇠 조건에서 [그림 6-5(a)]의 RLC 회로의 전압 응답

예제 6-3 과감쇠 응답

[그림 6-5(a)]의 회로에서 $v(t)$를 결정하라. 이때 $V_s = 24$ V, $R = 12\ \Omega$, $L = 0.3$ H, $C = 0.01$ F이다.

풀이

α와 ω_0의 수치적인 값은

$$\alpha = \frac{R}{2L} = \frac{12}{2 \times 0.3} = 20 \text{ Np/s}$$

$$\omega_0 = \frac{1}{\sqrt{LC}} = \frac{1}{\sqrt{0.3 \times 10^{-2}}} = 18.26 \text{ rad/s}$$

이다. $\alpha > \omega_0$이므로 회로는 과감쇠 응답을 보이며, 그 때의 해는 다음과 같다.

$$s_1 = -\alpha + \sqrt{\alpha^2 - \omega_0^2}$$
$$= -20 + \sqrt{(20)^2 - (18.26)^2} = -11.84 \text{ Np/s}$$

$$s_2 = -\alpha - \sqrt{\alpha^2 - \omega_0^2}$$
$$= -20 - \sqrt{(20)^2 - (18.26)^2} = -28.16 \text{ Np/s}$$

과감쇠 응답을 나타내는 식에서 상수 A_1과 A_2는 식 (6.26)을 통해 구할 수 있다.

$$A_1 = \frac{s_2}{s_2 - s_1} V_s = \frac{-28.16}{-28.16 + 11.84} \times 24 = 41.4 \text{ V}$$

$$A_2 = \frac{-s_1}{s_2 - s_1} V_s = \frac{11.84}{-28.16 + 11.84} \times 24 = -17.4 \text{ V}$$

식 (6.31)에서 s_1, s_2, A_1, A_2의 값을 활용하여 시간에 대한 전압의 식을 구하면 다음과 같다.

$$v(t) = (A_1 e^{s_1 t} + A_2 e^{s_2 t})\, u(t)$$
$$= (41.4 e^{-11.84t} - 17.4 e^{-28.16t})\, \text{V} \quad (t \geq 0)$$

[그림 6-7]은 시간에 따른 $v(t)$의 변화를 보여준다.

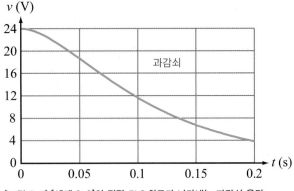

[그림 6-7] [예제 6-3]의 직렬 RLC 회로가 나타내는 과감쇠 응답

예제 6-4 전류 전원의 인가

[그림 6-8(a)]의 회로에서 $v(t)$를 결정하라. 이때 $I_S = 2$ A, $R_S = 10\ \Omega$, $R_1 = 1.81\ \Omega$, $R_2 = 0.2\ \Omega$, $L = 5$ mH, $C = 5$ mF이다.

풀이

[그림 6-8(b)], [그림 6-8(c)], [그림 6-8(d)]는 각각 $t = 0^-$, $t = 0$, $t > 0$일 때, 회로의 상태를 나타낸다.

$t = 0^-$일 때

[그림 6-8(b)]의 커패시터는 개방 회로로, 그리고 인덕터는 단락 회로로 대체가 되었다. 그리고 전류 전원 I_S (연결되어 있는 소스 저항 R_s를 포함)는 R_s와 직렬 연결되고 $V_s = I_s R_s$의 값을 갖는 전압 전원으로 변환이 된다. C가 개방 회로 처리가 되면 회로에는 전류가 흐르지 않고 따라서 R_s나 R_2에서의 전압 강하도 발생하지 않는다. 결과적으로

$$v(0^-) = V_s = I_s R_s = 20\ \text{V}$$

의 값을 얻을 수 있다. 또한 L을 통해 전류가 흐르지 않으므로 다음 식을 얻을 수 있다.

$$i_L(0^-) = 0$$

$t = 0$일 때

$v(0^-)$과 $i_L(0^-)$의 값들을 그대로 $t = 0$일 때 사용할 수 있으므로, [그림 6-8(c)]의 C는 전압원 V_S로, L은 전류값이 0인 전류원, 즉 개방 회로로 각각 대체할 수 있다. 곧

$$v(0) = v(0^-) = 20\ \text{V}$$
$$i_C(0) = -i_L(0) = 0$$

의 결과를 얻을 수 있으며, 이를 통해 $t = 0^-$일 때의 전압의 미분값도 구할 수 있다.

$$v'(0) = \frac{i_C(0)}{C} = 0$$

$t > 0$일 때

[그림 6-8(d)] 회로는 전원이 없는 직렬 RLC 회로이고 저항의 합은

$$R = R_1 + R_2 = 1.81 + 0.2 = 2.01\ \Omega$$

와 같다. α와 ω_0의 값은 다음과 같이 주어진다.

$$\alpha = \frac{R}{2L} = \frac{2.01}{2 \times 5 \times 10^{-3}} = 201 \text{ Np/s}$$

$$\omega_0 = \frac{1}{\sqrt{LC}} = \frac{1}{\sqrt{5 \times 10^{-3} \times 5 \times 10^{-3}}}$$
$$= 200 \text{ rad/s}$$

$\alpha > \omega_0$이므로, 과감쇠 응답이 나타나며 식 (6.31)에 따라 다음과 같은 형태를 갖는다.

$$v(t) = A_1 e^{s_1 t} + A_2 e^{s_2 t}$$

이때

$$s_1 = -\alpha + \sqrt{\alpha^2 - \omega_0^2}$$
$$= -201 + \sqrt{(201)^2 - (200)^2} = -181 \text{ Np/s}$$

$$s_2 = -\alpha - \sqrt{\alpha^2 - \omega_0^2} = -221 \text{ Np/s}$$

의 값을 얻는다.

초기 조건의 활용

상수 A_1과 A_2는 $v(t)$를 나타내는 식에 이전에 결정한 $v(0) = 20$ V와 $v'(0) = 0$의 초깃값을 대입하여 얻을 수가 있다. 따라서

$$A_1 + A_2 = 20$$

의 식과

$$(s_1 A_1 e^{s_1 t} + s_2 A_2 e^{s_2 t})\big|_{t=0} = 0$$

혹은

$$s_1 A_1 + s_2 A_2 = 0$$

의 식을 얻는다. 위에서 얻은 두 방정식을 연립하여 풀면 다음의 A_1, A_2의 값을 얻는다.

$$A_1 = \frac{20 s_2}{s_2 - s_1} = \frac{20 \times (-221)}{-221 + 181} = 110.4 \text{ V}$$

$$A_2 = \frac{-20 s_1}{s_2 - s_1} = \frac{-20 \times (-181)}{-221 + 181} = -90.4 \text{ V}$$

이상의 s_1, s_2, A_1, A_2 값을 대입하면 구하는 전압의 식은 다음과 같다.

$$v(t) = (110.4 e^{-181t} - 90.4 e^{-221t}) \text{ V} \quad (t \geq 0)$$

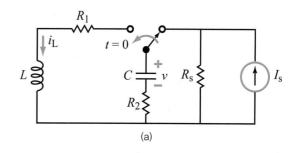

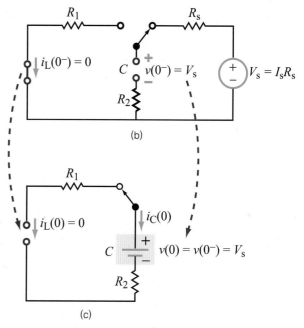

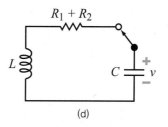

[그림 6-8] (a) 기본 회로
(b) $t = 0^-$일 때
(c) $t = 0$일 때
(d) $t > 0$일 때

[연습 6-3] [그림 6-8(a)]에서 L과 C의 위치를 바꾼 뒤 [예제 6-4]를 다시 풀어 커패시터 양단에 걸리는 전압 $v_C(t)$의 구하라.

[연습 6-4] 과감쇠 응답에 대해 식 (6.31)을 사용하여 A_1, A_2를 s_1, s_2, $v(0)$, $v'(0)$의 식으로 나타내라.

6.3.2 임계감쇠 응답($\alpha = \omega_0$)

다음 식이 성립할 때

$$R = 2\sqrt{\frac{L}{C}} \tag{6.32}$$

$\alpha = \omega_0$이고 다음 식이 성립한다.

$$s_1 = s_2 = -\alpha \tag{6.33}$$

식 (6.19)가 다음과 같이 처리되므로 반복적으로 나타나는 근(중근)은 문제가 될 수 있다.

$$
\begin{aligned}
v(t) &= A_1 e^{-\alpha t} + A_2 e^{-\alpha t} \\
&= (A_1 + A_2)e^{-\alpha t} \tag{6.34} \\
&= A_3 e^{-\alpha t}
\end{aligned}
$$

이때 $A_3 = A_1 + A_2$이다. 단 하나의 상수만을 갖는 해는 커패시터 양단에 걸리는 전압과 인덕터에 흐르는 전류 모두에 대한 초기 조건을 동시에 만족할 수 없다. 임계감쇠(critically damped)의 경우에는 새로운 상수 B_1과 B_2를 도입하여 다음과 같이 수정된 형태의 해를 구한다.

$$v(t) = B_1 e^{-\alpha t} + B_2 t e^{-\alpha t} = (B_1 + B_2 t)e^{-\alpha t}$$
$$(t \geq 0 \text{일 때}) \tag{6.35}$$
$$(\text{임계감쇠 응답})$$

해 안에는 $e^{-\alpha t}$와 곱의 형태로 나타나는 $te^{-\alpha t}$의 두 항을 포함한다. [예제 6-5]에서 살펴보게 될 바와 같이 식 (6.35)에서 주어진 표현은 실제로 임계 응답 조건에 있는 RLC 회로의 모든 초기 조건을 만족한다. [그림 6-9]는 그러한 응답의 전형적인 예를 보여주고 있다.

임계감쇠는 ω_0의 값이 감쇠 계수 α와 정확히 동일한 공진(resonant) 조건을 나타낸다.

예제 6-5 임계감쇠 응답

$V_S = 24$ V, R = 12 Ω, $L = 0.3$ H으로 유지하되 $C = 8.33$ mF으로 바꾸어 [예제 6-3]을 다시 풀어라.

풀이

변수 α와 ω_0의 값은 다음과 같이 구해진다.

$$\alpha = \frac{R}{2L} = \frac{12}{2 \times 0.3} = 20 \text{ Np/s}$$

$$\omega_0 = \frac{1}{\sqrt{LC}} = \frac{1}{\sqrt{0.3 \times 8.33 \times 10^{-3}}} = 20 \text{ rad/s}$$

$\alpha = \omega_0$이므로 응답은 임계감쇠하며, 식 (6.35)에 의하여 다음과 같이 나타낼 수 있다.

$$v(t) = (B_1 + B_2 t)e^{-\alpha t} = (B_1 + B_2 t)e^{-20t}$$

식 (6.21a)와 (6.22)에서 주어진 초기 조건에 의하여 $t = 0$일 때 다음 조건이 성립한다.

$$v(0) = V_s = 24 \text{ V}, \quad v'(0) = 0$$

이 조건을 $v(t)$의 식에 적용하면

$$B_1 = 24 \text{ V}$$

$$\left[B_2 e^{-20t} - 20(B_1 + B_2 t)e^{-20t}\right]\Big|_{t=0} = 0$$

를 얻고, 정리하면

$$B_2 - 20B_1 = 0 \quad \text{또는} \quad B_2 = 20B_1$$

의 관계식을 얻는다. $v(t)$를 나타내는 식에 B_1, B_2의 값을 대입하면 최종적으로 다음과 같은 식을 구할 수 있다.

$$v(t) = 24(1 + 20t)e^{-20t} \text{ V} \quad (t \geq 0)$$

시간의 흐름에 따른 $v(t)$의 변화를 나타내면 [그림 6-9]와 같다.

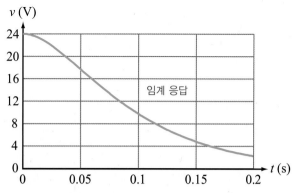

[그림 6-9] [예제 6-5]의 직렬 *RLC*가 나타내는 임계감쇠 응답

[연습 6-5] 다음 회로에서 스위치는 오랜 시간 동안 위치 1에 놓여 있다가 어느 순간에 위치 2로 옮겨진다.
(a) $v_C(0)$와 $i_C(0)$의 값을 구하라.
(b) $t \geq 0$일 때 $i_C(t)$를 구하라.

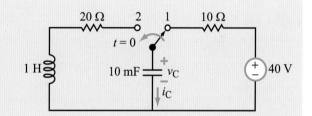

[연습 6-6] 다음은 [연습 6-5] 회로에서 커패시터와 인덕터의 위치를 바꾼 회로다.
(a) $i_L(0)$과 $v_L(0)$의 값을 구하라.
(b) $t \geq 0$일 때 $i_L(t)$를 구하라.

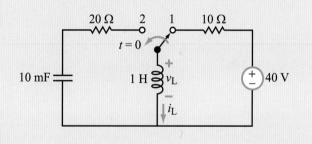

[연습 6-7] 식 (6.35)로 주어지는 임계감쇠 응답에서 B_1와 B_2를 α, $v(0)$, $v'(0)$의 식으로 나타내라.

6.3.3 저감쇠 응답($\alpha < \omega_0$)

$\alpha < \omega_0$라면 다음 조건에 해당되며

$$R < 2\sqrt{\frac{L}{C}} \quad \text{(저감쇠)} \quad (6.36)$$

다음과 같이 **감쇠 자연 주파수**(damped natural frequency) ω_d를 정의한다.

$$\omega_d^2 = \omega_0^2 - \alpha^2 \quad (6.37)$$

$\alpha < \omega_0$이므로, $\omega_d > 0$이다. 식 (6.28)에서 주어진 해 s_1, s_2를 ω_d의 식으로 나타내면

$$\begin{aligned} s_1 &= -\alpha + \sqrt{\alpha^2 - \omega_0^2} \\ &= -\alpha + \sqrt{-\omega_d^2} \\ &= -\alpha + j\omega_d \end{aligned} \quad (6.38a)$$

$$s_2 = -\alpha - \sqrt{\alpha^2 - \omega_0^2} \qquad (6.38b)$$

$$= -\alpha - j\omega_d$$

이다. 이때 $j = \sqrt{-1}$이다. 해의 형태로 볼 때 s_1과 s_2는 명백한 켤레 복소수다. s_1과 s_2에 관한 표현을 식 (6.19)에 대입하면 다음 식을 얻는다.

$$v(t) = A_1 e^{-\alpha t} e^{j\omega_d t} + A_2 e^{-\alpha t} e^{-j\omega_d t} \qquad (6.39)$$

오일러의 공식

$$e^{\pm j\theta} = \cos\theta \pm j\sin\theta \qquad (6.40)$$

을 활용하여 식 (6.39)를 전개하면 다음과 같다.

$$\begin{aligned} v(t) &= A_1 e^{-\alpha t}(\cos\omega_d t + j\sin\omega_d t) \\ &\quad + A_2 e^{-\alpha t}(\cos\omega_d t - j\sin\omega_d t) \\ &= e^{-\alpha t}[(A_1 + A_2)\cos\omega_d t + j(A_1 - A_2)\sin\omega_d t] \end{aligned} \qquad (6.41)$$

그리고 $D_1 = A_1 + A_2$와 $D_2 = j(A_1 - A_2)$라는 새로운 한 쌍의 상수를 도입하면 다음 식을 얻을 수 있다.

$$v(t) = e^{-\alpha t}[D_1\cos\omega_d t + D_2\sin\omega_d t] \qquad (t \geq 0)$$
(저감쇠 응답)

$$(6.42)$$

음의 계수를 갖는 지수항 $e^{-\alpha t}$은 $v(t)$가 시간 상수 $\tau = \frac{1}{\alpha}$를 가지고 감쇠한다는 것을 의미한다. 또한 사인 및 코사인 항은 $v(t)$가 각주파수 ω_d를 가지고 진동하는 형태를 가짐을 의미한다. 이때 ω_d에 상응하는 시간상의 주기는

$$T = \frac{2\pi}{\omega_d} \qquad (6.43)$$

이다. ω_d는 회로의 감쇠 자연 응답이 나타내는 진동 특성을 나타내는 지표이므로, 그 회로의 감쇠 자연 주파수라는 표현이 적절하다.

[그림 6-10]은 시간에 따른 저감쇠 응답의 진동 형태를 보여준다.

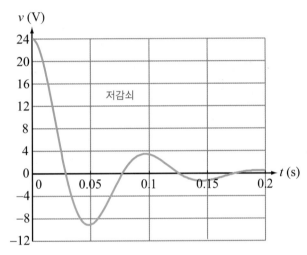

[그림 6-10] [예제 6-6]의 직렬 RLC 회로의 저감쇠 응답

예제 6-6 저감쇠 응답

$V_S = 24$ V, $R = 12\ \Omega$, $L = 0.3$ H으로 두고 $C = 0.72$ mF로 바꾸어 [예제 6-3]을 다시 풀어라.

풀이

주어진 값들로부터

$$\alpha = \frac{R}{2L} = \frac{12}{2 \times 0.3} = 20 \text{ Np/s}$$

$$\omega_0 = \frac{1}{\sqrt{LC}} = \frac{1}{\sqrt{0.3 \times 0.72 \times 10^{-3}}} = 68 \text{ rad/s}$$

이다. $\alpha < \omega_0$이므로, 전압 응답은 식 (6.42)의 형태와 같다.

$$v(t) = e^{-\alpha t}[D_1 \cos \omega_\mathrm{d} t + D_2 \sin \omega_\mathrm{d} t]$$

이때

$$\omega_\mathrm{d} = \sqrt{\omega_0^2 - \alpha^2} = \sqrt{(68)^2 - (20)^2} = 65 \text{ rad/s}$$

이다. 초기 조건으로부터

$$v(0) = D_1 = V_\mathrm{s} = 24 \text{ V}$$

$$v'(0) = \{-\alpha[D_1 \cos \omega_\mathrm{d} t + D_2 \sin \omega_\mathrm{d} t]$$
$$+ [-\omega_\mathrm{d} D_1 \sin \omega_\mathrm{d} t + \omega_\mathrm{d} D_2 \cos \omega_\mathrm{d} t]\} e \quad \Big|_{t=0} = 0$$

의 식을 얻는다. 이 식은 다음과 같이 간단한 식으로 정리된다.

$$-\alpha D_1 + \omega_\mathrm{d} D_2 = 0$$

$D_1 = 24$ V, $\alpha = 20$ (Np/s), $\omega_\mathrm{d} = 65$ (rad/s)이므로

$$D_2 = \frac{\alpha}{\omega_\mathrm{d}} D_1 = \frac{20 \times 24}{65} = 7.4 \text{ V}$$

의 결과값을 얻으며 구하는 전압은 다음 식으로 표현된다.

$$v(t) = e^{-20t}[24 \cos 65t + 7.4 \sin 65t] \text{ V} \qquad (t \geq 0)$$

[그림 6-10]에서 $v(t)$의 형태는 사인 및 코사인 함수 성분으로 인해 진동하면서도 (e^{-20t}의 항으로 인해서) 시간에 따라 지수적으로 감쇠하고 있다.

[질문 6-8] 저감쇠 응답 형태는 과감쇠 응답이나 임계감쇠 응답과 구별되는 어떤 특징이 있는가?

[질문 6-9] ω_0를 공진 주파수라고 하는 이유는 무엇인가?

[연습 6-8] R_1 값을 1.7 Ω으로 바꾸어 [예제 6-4]를 다시 풀어라.

[연습 6-9] 식 (6.42)의 형태로 주어지는 저감쇠 응답에서 D_1과 D_2를 α, ω_d, $v(0)$, $v'(0)$의 식으로 나타내라.

6.4 직렬 *RLC* 회로의 전체 응답

[그림 6-11]의 두 회로는 스위치가 위치 1에서 위치 2로 이동하면 모두 직렬 *RLC* 회로가 된다. 그러나 한 가지 중요한 차이가 있다. $t = 0$ 시점 이후, 회로 1에는 전원이 들어가 있지 않으므로 응답은 오직 과도 응답 $v_t(t)$만으로 구성된다. 이에 반해 회로 2는 $t = 0$ 이후에도 V_{S_2}라는 전원을 계속 포함한다. 결과적으로 회로 2는 과도 응답뿐만 아니라 정상 상태 성분인 v_{ss}도 포함된 응답을 나타낸다.

$$v(t) = v_{ss} + v_t(t) \tag{6.44}$$

직류 전원을 가지고 있는 회로에서 정상 상태 성분은 다음 조건의 상수로 표현된다.

$$v_{ss} = v(\infty) \tag{6.45}$$

$v(t)$의 과도 응답 $v_t(t)$는 $t \to \infty$일 때 항상 0으로 소멸하므로, 식 (6.45)의 표현이 타당함을 알 수 있다. 이는 6.3절에서 고려한 세 가지 유형의 응답 모두에 대해 명백히 성립한다.

앞 절에서 세 가지 유형의 감쇠 조건들에 대하여 유도한 과도 상태의 해와 식 (6.45)를 결합함으로써, 각 경우의 전체 응답(total response)을 다음과 같이 정리할 수 있다.

직렬 *RLC*

과감쇠 조건($\alpha > \omega_0$)

$$v(t) = [v(\infty) + A_1 e^{s_1 t} + A_2 e^{s_2 t}] \quad (t \geq 0)$$

$$\tag{6.46a}$$

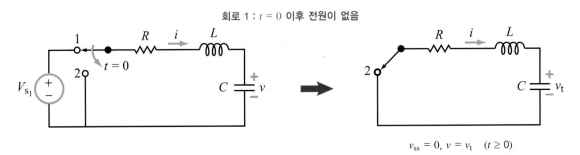

회로 1 : $t = 0$ 이후 전원이 없음

$$v_{ss} = 0, \; v = v_t \quad (t \geq 0)$$

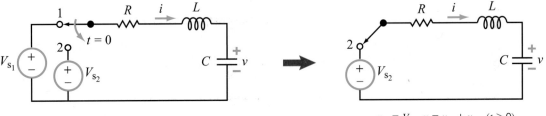

회로 2 : $t = 0$ 이후 전원 V_{S_2}를 포함

$$v_{ss} = V_{S_2}, \; v = v_{ss} + v_t \quad (t \geq 0)$$

[그림 6-11] $t = 0$ 이후 회로 1은 과도 응답을 보여주는 반면, 회로 2는 정상 상태 성분도 포함한다.

임계감쇠 조건($\alpha = \omega_0$)

$$v(t) = [v(\infty) + (B_1 + B_2 t)e^{-\alpha t}] \qquad (t \geq 0)$$
$$(6.46\text{b})$$

저감쇠 조건($\alpha < \omega_0$)

$$v(t) = [v(\infty) + e^{-\alpha t}(D_1 \cos \omega_\text{d} t + D_2 \sin \omega_\text{d} t)]$$
$$(t \geq 0)$$
$$(6.46\text{c})$$

상수들의 순서쌍(A_1과 A_2, B_1과 B_2, D_1과 D_2)은 상기 $v(t)$의 수식과 $v(0)$와 $v'(0)$ 등의 초기 조건들을 맞추어 결정할 수 있다([예제 6-10] 및 이후 예제와 같은 방법 사용). 직렬 및 병렬 RLC 회로의 응답을 나타내는 일반식과 관련 수식을 [표 6-2]에 정리하였다.

T_0 만큼의 시간 이동

$t = 0$에서가 아니라 특정한 시점 $t = T_0$에서 회로에 변

[표 6-2] $t \geq 0$일 때 RLC 회로의 계단 응답

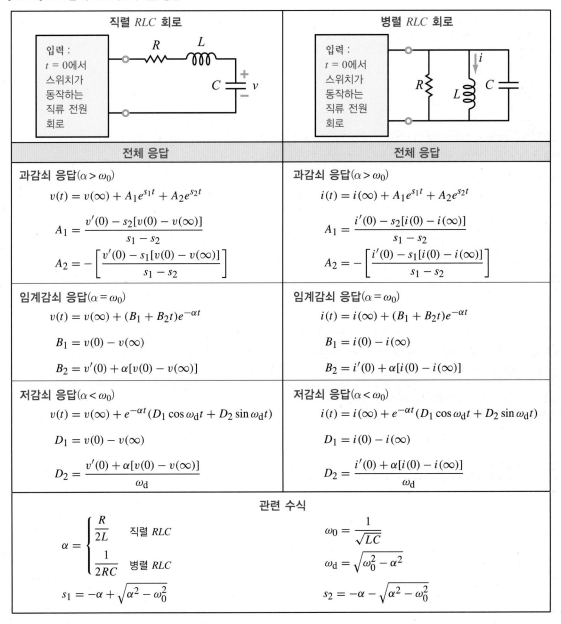

직렬 RLC 회로	병렬 RLC 회로
전체 응답	**전체 응답**
과감쇠 응답($\alpha > \omega_0$) $v(t) = v(\infty) + A_1 e^{s_1 t} + A_2 e^{s_2 t}$ $A_1 = \dfrac{v'(0) - s_2[v(0) - v(\infty)]}{s_1 - s_2}$ $A_2 = -\left[\dfrac{v'(0) - s_1[v(0) - v(\infty)]}{s_1 - s_2}\right]$	**과감쇠 응답**($\alpha > \omega_0$) $i(t) = i(\infty) + A_1 e^{s_1 t} + A_2 e^{s_2 t}$ $A_1 = \dfrac{i'(0) - s_2[i(0) - i(\infty)]}{s_1 - s_2}$ $A_2 = -\left[\dfrac{i'(0) - s_1[i(0) - i(\infty)]}{s_1 - s_2}\right]$
임계감쇠 응답($\alpha = \omega_0$) $v(t) = v(\infty) + (B_1 + B_2 t)e^{-\alpha t}$ $B_1 = v(0) - v(\infty)$ $B_2 = v'(0) + \alpha[v(0) - v(\infty)]$	**임계감쇠 응답**($\alpha = \omega_0$) $i(t) = i(\infty) + (B_1 + B_2 t)e^{-\alpha t}$ $B_1 = i(0) - i(\infty)$ $B_2 = i'(0) + \alpha[i(0) - i(\infty)]$
저감쇠 응답($\alpha < \omega_0$) $v(t) = v(\infty) + e^{-\alpha t}(D_1 \cos \omega_\text{d} t + D_2 \sin \omega_\text{d} t)$ $D_1 = v(0) - v(\infty)$ $D_2 = \dfrac{v'(0) + \alpha[v(0) - v(\infty)]}{\omega_\text{d}}$	**저감쇠 응답**($\alpha < \omega_0$) $i(t) = i(\infty) + e^{-\alpha t}(D_1 \cos \omega_\text{d} t + D_2 \sin \omega_\text{d} t)$ $D_1 = i(0) - i(\infty)$ $D_2 = \dfrac{i'(0) + \alpha[i(0) - i(\infty)]}{\omega_\text{d}}$
관련 수식	
$\alpha = \begin{cases} \dfrac{R}{2L} & \text{직렬 } RLC \\[2ex] \dfrac{1}{2RC} & \text{병렬 } RLC \end{cases}$ $s_1 = -\alpha + \sqrt{\alpha^2 - \omega_0^2}$	$\omega_0 = \dfrac{1}{\sqrt{LC}}$ $\omega_\text{d} = \sqrt{\omega_0^2 - \alpha^2}$ $s_2 = -\alpha - \sqrt{\alpha^2 - \omega_0^2}$

화가 생길 수도 있다. 이때 다음과 같은 변화를 고려해야 한다.

- 식 (6.46)의 우변에서 모든 t는 $(t - T_0)$로 교체되어야 한다.

- [예제 6-10]과 [표 6-2]의 상수 표현에서 $v(0)$과 $v'(0)$은 각각 $v(T_0)$와 $v'(T_0)$로 교체되어야 한다.

[연습 6-10] 식 (6.46)의 미지의 상수들을 $v(0)$, $v(\infty)$, $v'(0)$의 식으로 나타내라. 이때 $v'(0)$은 $\dfrac{dv}{dt}\Big|_{t=0}$으로 정의된다.

예제 6-7 **과감쇠 RLC 회로**

[그림 6-12(a)] 회로에서 $V_S = 16$ V, $R = 64$ Ω, $L = 0.8$ H, $C = 2$ mF이라고 하자. 이때 $t \geq 0$에서의 $v(t)$와 $i(t)$를 구하라. $t = 0$ 이전에 커패시터에 축적되어 있던 전하는 없다고 가정한다.

풀이

회로의 감쇠 조건을 찾는 것부터 시작한다. 식 (6.29)의 α와 ω_0의 정의에서 값을 구할 수 있다.

$$\alpha = \frac{R}{2L} = \frac{64}{2 \times 0.8} = 40 \text{ Np/s}$$

$$\omega_0 = \frac{1}{\sqrt{LC}} = \frac{1}{\sqrt{0.8 \times 2 \times 10^{-3}}} = 25 \text{ rad/s}$$

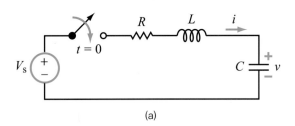

(a)

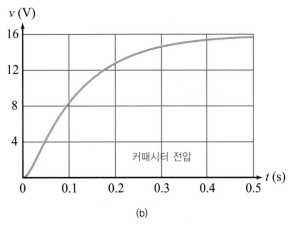

(b)

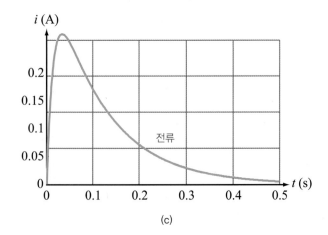

(c)

[그림 6-12] (a) 직렬 RLC 회로
  (b) $v(t)$
  (c) $i(t)$

$\alpha > \omega_0$이고, 따라서 회로는 스위치가 닫힌 후 과감쇠 응답을 보일 것이다. 식 (6.46a)로부터 활용할 수 있는 $v(t)$의 식은 다음과 같다.

$$v(t) = [v(\infty) + A_1 e^{s_1 t} + A_2 e^{s_2 t}] \tag{6.47}$$

식 (6.28)을 활용하여 특성 방정식의 해를 구하면

$$s_1 = -\alpha + \sqrt{\alpha^2 - \omega_0^2} = -40 + \sqrt{40^2 - 25^2} = -8.8 \text{ Np/s}$$

그리고 다음과 같다.

$$s_2 = -\alpha - \sqrt{\alpha^2 - \omega_0^2} = -71.2 \text{ Np/s}$$

$t = \infty$에서 커패시터는 개방 회로처럼 동작하므로 회로에 전류가 흐르지 않는다. 결과적으로

$$v(\infty) = V_s$$
$$= 16 \text{ V}$$

이다. $t = 0^-$에서 커패시터에 저장된 전하는 없으므로 다음 식이 성립한다.

$$v(0) = v(0^-) = 0 \tag{6.48}$$

더불어 초기 조건으로 $t = 0$에서 $v(t)$의 시간에 관한 미분값이 필요하다. L을 통해 흐르는 전류가 갑작스럽게 변하지 않으므로(이로 인해 직렬로 연결되어 있는 C에 흐르는 전류 역시 갑작스럽게 변하지 않는다.) 미분값을 구할 수 있다. 즉

$$v'(0) = \frac{1}{C} i(0) = 0 \tag{6.49}$$

의 값을 얻는다. [연습 6-10]과 [표 6-2]를 참조하여 A_1과 A_2의 표현으로부터 다음 값을 얻을 수 있다.

$$A_1 = \frac{v'(0) - s_2[v(0) - v(\infty)]}{s_1 - s_2}$$
$$= \frac{0 + 71.2(0 - 16)}{-8.8 + 71.2}$$
$$= -18.25 \text{ V}$$
$$A_2 = -\left[\frac{v'(0) - s_1[v(0) - v(\infty)]}{s_1 - s_2}\right]$$
$$= -\left[\frac{0 + 8.8(0 - 16)}{-8.8 + 71.2}\right]$$
$$= 2.25 \text{ V}$$

따라서 전체 응답 $v(t)$의 식은 다음과 같으며

$$v(t) = [16 - 18.25e^{-8.8t} + 2.25e^{-71.2t}] \text{ V} \quad (t \geq 0) \tag{6.50}$$

관련된 전류식은 다음과 같다.

$$i(t) = C \frac{dv}{dt}$$
$$= 2 \times 10^{-3}[18.25 \times 8.8 e^{-8.8t} - 2.25 \times 71.2 e^{-71.2t}] \tag{6.51}$$
$$= 0.32(e^{-8.8t} - e^{-71.2t}) \text{ A} \quad (t \geq 0)$$

$v(t)$와 $i(t)$의 파형은 [그림 6-12(b)]와 [그림 6-12(c)]에 나타내었다.

[질문 6-10] [그림 6-12]의 직렬 *RLC* 회로에서 $R = 0$이라면 응답 $v(t)$의 특성에 어떠한 변화가 생기는가?

[질문 6-11] [그림 6-12] 회로에서 $t = 0$과 $t = \infty$ 사이에서 L과 C에 전달되는 (알짜) 에너지의 양은 얼마인가?

[연습 6-11] 다음 회로는 $t = 0$ 시점에 스위치가 열릴 때, 정상 상태에 도달해 있었던 상황이다. 스위치가 열린 후 $t \geq 0$에서 $v_C(0)$, $i_C(0)$, α, ω_0, $v_C(t)$의 값을 구하라.

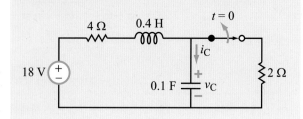

예제 6-8 구형파 인가

[그림 6-13(a)] 회로에서 스위치는 위치 1에 오랜 시간 있다가 $t = 0$ 시점에 위치 2로 이동한다. 그리고 $t = 20$ms 시점에서 다시 위치 1로 되돌아온다. $V_S = 12$ V, R $= 40$ Ω, $L = 0.8$ H, $C = 2$ mF일 때, $t \geq 0$에서의 $v(t)$과 $i(t)$의 파형을 구하라.

풀이

식 (6.29)로부터

$$\alpha = \frac{R}{2L} = \frac{40}{2 \times 0.8} = 25 \text{ Np/s}$$

$$\omega_0 = \frac{1}{\sqrt{LC}} = \frac{1}{\sqrt{0.8 \times 2 \times 10^{-3}}} = 25 \text{ rad/s}$$

이다. $\alpha = \omega_0$이므로 회로는 임계감쇠 특성을 보일 것이다. 시간 구간을 둘로 나누어 해를 구할 수 있다.

시간 구간 1 : $0 \leq t \leq 20$ ms

식 (6.46b)에서 직렬 *RLC* 회로의 임계감쇠 응답을 나타내는 일반식을 확인할 수 있다.

$$v_1(t) = v_1(\infty) + (B_1 + B_2 t)e^{-\alpha t} \tag{6.52}$$

$t = 20$ ms에서 스위치가 다시 위치 1로 돌아오지만, 식 (6.52)의 상수를 구할 때 [그림 6-13(b)]의 회로 상태가 $t = \infty$일 때까지 변함없이 유지된다고 가정한다. 회로는 미래의 한 시점인 $t = 20$ ms 시점에서 발생할 일을 미리 예측할 수 없으므로, $t = 0$에서의 반응은 이 시점에서의 상태가 계속될 것을 가정하여 이루어진다. 따라서 $t = \infty$에서 커패시터 양단에 걸리는 전압은 다음과 같다.

$$v_1(\infty) = V_s = 12 \text{ V} \tag{6.53}$$

$t = 0^-$에서 *RLC* 회로는 능동 전원을 가지고 있지 않으므로 $v_1(0^-)$ 및 $i_1(0^-)$의 값 모두 0이다. 또한 커패시터 C의 양단에 걸리는 전압이나 인덕터 L에 흐르는 전류는 순간적으로 변할 수 없으므로

$$v_1(0) = v_1(0^-) = 0$$

$$v'_1(0) = \frac{1}{C} i(0) = \frac{1}{C} i(0^-) = 0$$

이다. [표 6-2]를 활용하여 B_1과 B_2의 값을 구할 수 있다.

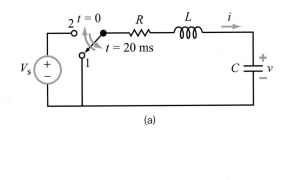

(a)

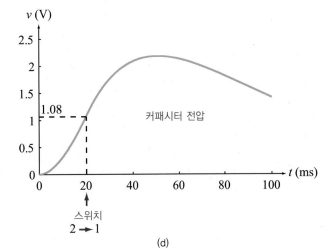

(d)

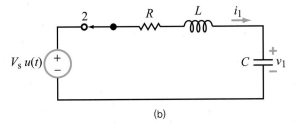

(b)

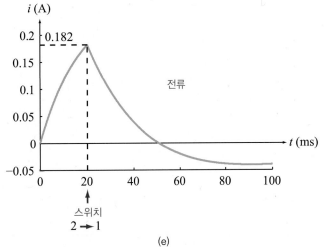

(e)

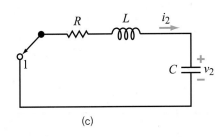

(c)

[그림 6-13] (a) 스위치 동작
(b) $0 \leq t \leq 20$ms
(c) $t = 20$ ms 이후
(d) 커패시터 전압
(e) 전류

$$B_1 = v(0) - v(\infty) = 0 - 12 = -12 \text{ V} \tag{6.54a}$$

$$B_2 = v'(0) + \alpha[v(0) - v(\infty)]$$

$$= 0 + 25[0 - 12] = -300 \text{ V/s} \tag{6.54b}$$

결과적으로 $v_1(t)$의 식은 다음과 같이 주어진다.

$$v_1(t) = 12 - (12 + 300t)e^{-25t} \text{ V} \quad (0 \leq t \leq 20 \text{ ms}) \tag{6.55}$$

관련된 전류식은 다음과 같다.

$$i_1(t) = C\frac{dv_1}{dt} = 2 \times 10^{-3}\frac{d}{dt}[12 - (12 + 300t)e^{-25t}] \tag{6.56}$$

$$= 15te^{-25t} \text{ A} \quad (0 \leq t \leq 20 \text{ ms})$$

시간 구간 2 : $t \geq 20$ ms

$t = 20$ ms에서 스위치가 다시 위치 1로 돌아온 뒤, 회로에는 더 이상 능동 전원이 없으며 새로운 폐회로를 구성한다 ([그림 6-13(c)]). 이러한 구성에서는 커패시터와 인덕터에 저장되어 있던 에너지가 모두 R을 통해 소진된다. 따라서 $t = \infty$에서

$$v_2(\infty) = 0$$

가 된다. t를 0.02 s만큼 이동시키면 $v_2(t)$에 관한 식은 다음과 같다.

$$v_2(t) = [B_3 + B_4(t - 0.02)]e^{-25(t-0.02)} \text{ V} \quad (t \geq 20 \text{ ms}) \tag{6.57}$$

이전 시간 구간에서의 상수와 구분하기 위해 새로운 상수 B_3, B_4를 사용하였다. 관련된 전류식은 다음과 같다.

$$
\begin{aligned}
i_2(t) &= C \frac{dv_2}{dt} \\
&= 2 \times 10^{-3} \frac{d}{dt}\{[B_3 + B_4(t - 0.02)]e^{-25(t-0.02)}\} \\
&= [(2B_4 - 50B_3) - 50B_4(t - 0.02)] \cdot e^{-25(t-0.02)} \times 10^{-3} \text{ A} \quad (t \geq 20 \text{ ms})
\end{aligned} \tag{6.58}
$$

시간 구간 1에서 시간 구간 2로 넘어가는 시점에서 (커패시터의 특성으로 인해) 전압이 순간적으로 바뀌지 않으며, (인덕터의 특성으로 인해) 전류 역시 순간적으로 바뀌지 않는다. 따라서 다음 두 가지 조건이 성립한다.

$$v_1(t = 20 \text{ ms}) = v_2(t = 20 \text{ ms}) \tag{6.59a}$$

$$i_1(t = 20 \text{ ms}) = i_2(t = 20 \text{ ms}) \tag{6.59b}$$

식 (6.59a)와 (6.59b)를 식 (6.55)에서 (6.58)에 적용하면

$$12 - (12 + 300 \times 0.02)e^{-25 \times 0.02} = B_3$$

$$15 \times 0.02 e^{-25 \times 0.02} = (2B_4 - 50B_3) \times 10^{-3}$$

의 관계식이 성립한다. 이 두 식을 연립하여 상수를 구하면

$$B_3 = 1.08 \text{ V}, \quad B_4 = 118.04 \text{ V/s}$$

이다. 결과적으로

$$v_2(t) = [1.08 + 118.04(t - 0.02)]e^{-25(t-0.02)} \text{ V} \quad (t \geq 20 \text{ ms}) \tag{6.60a}$$

$$i_2(t) = [0.182 - 5.90(t - 0.02)]e^{-25(t-0.02)} \text{ A} \quad (t \geq 20 \text{ ms}) \tag{6.60b}$$

의 전압 및 전류식을 얻는다. $v(t)$와 $i(t)$의 파형을 표현하면 각각 [그림 6-13(d)]와 [그림 6-13(e)]와 같다.

예제 6-9 **저감쇠 응답**

[그림 6-14(a)] 회로에서 스위치는 오랜 시간 동안 닫혀 있다가 $t = 0$ 시점에서 개방된다. $V_{S_1} = 20$ V, $V_{S_2} = 24$ V, $R_1 = 40$ Ω, $R_2 = R_3 = 20$ Ω, R4 $= 10$ Ω, $L = 0.8$ H, $C = 2$ mF이다. $t \geq 0$일 때 $v_C(t)$를 구하라.

풀이

[그림 6-14(b)]와 같이 $t = 0^-$(스위치가 개방되기 직전)에서의 회로 상태를 생각해보자. 표시한 루프에 대해서 망로 전류 방정식을 세우면

$$-V_{s_1} + R_1 I_1 + R_2(I_1 - I_2) = 0$$

$$R_2(I_2 - I_1) + R_3 I_2 + V_{s_2} + R_4 I_2 = 0$$

이다. 주어진 전원과 저항값을 대입하여 연립 방정식을 풀면

$$I_1 = 0.2 \text{ A}, \quad I_2 = -0.4 \text{ V}$$

의 전류값을 얻을 수 있다. 따라서 다음과 같다.

$$v_C(0^-) = I_2 R_4 = -0.4 \times 10 = -4 \text{ V} \tag{6.61a}$$

$$i_L(0^-) = I_1 = 0.2 \text{ A} \tag{6.61b}$$

다음으로 $t > 0$일 때(스위치가 개방된 후) 회로의 구성을 나타내는 [그림 6-14(d)]를 살펴보자. 쉽게 해석하기 위해 전원을 변환하여 회로를 테브난 등가회로로 바꾸면 [그림 6-14(e)]와 같고, 이때 등가 저항 및 등가 전압은

$$R_{eq} = (R_2 + R_3) \parallel R_4 = \frac{(R_2 + R_3)R_4}{R_2 + R_3 + R_4} = 8 \ \Omega$$

$$V_{eq} = \frac{V_{s_2}}{R_2 + R_3} \times R_{eq} = 4.8 \text{ V}$$

이다. 이로써 [그림 6-14(e)]의 직렬 RLC 회로를 해석할 준비가 완료되었다. α와 ω_0의 값을 계산하면 다음과 같다.

$$\alpha = \frac{R_{eq}}{2L} = \frac{8}{2 \times 0.8} = 5 \text{ Np/s}$$

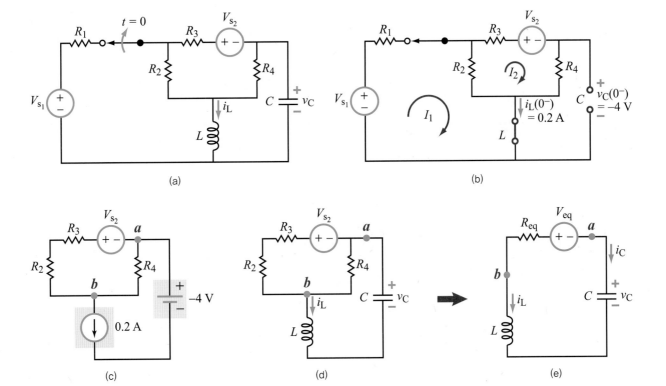

[그림 6-14] (a) 전체 회로도
　　　　　　(b) $t = 0^-$일 때
　　　　　　(c) $t = 0$일 때
　　　　　　(d) $t > 0$일 때
　　　　　　(e) $t > 0$일 때의 등가회로

$$\omega_0 = \frac{1}{\sqrt{LC}} = \frac{1}{\sqrt{0.8 \times 2 \times 10^{-3}}} = 25 \ \text{rad/s}$$

$\alpha < \omega_0$이므로, 커패시터에 걸리는 전압 v_C는 식 (6.46c)의 형태로 나타나는 저감쇠 진동 응답을 보인다.

$$v_C(t) = \{v(\infty) + e^{-\alpha t}[D_1 \cos \omega_d t + D_2 \sin \omega_d t]\} \qquad (6.62)$$

이때

$$\omega_d = \sqrt{\omega_0^2 - \alpha^2} = \sqrt{25^2 - 5^2} = 24.5 \ \text{rad/s}$$

이고, [그림 6-14(e)] 회로에서 다음 식이 명백히 성립한다.

$$v_C(\infty) = -V_{eq} = -4.8 \ \text{V}$$

D_1과 D_2의 값을 결정하려면 $v_C(0)$과 $v_C'(0)$의 값을 알아야 한다. 식 (6.61a)을 보면

$$v_C(0) = v_C(0^-) = -4 \ \text{V}$$

임을 알 수 있다. [그림 6-14(e)]로부터 $i_C = -i_L$이므로, 식 (6.61b)를 사용해서 전압의 미분값을 구할 수 있다.

$$\begin{aligned}
v_C'(0) &= \frac{1}{C} i_C(0) = -\frac{1}{C} i_L(0) \\
&= -\frac{1}{C} i_L(0^-) = -\frac{0.2}{2 \times 10^{-3}} \\
&= -100 \ \text{V/s}
\end{aligned}$$

[표 6-2]를 활용하여 D_1과 D_2의 값을 구할 수 있다.

$$D_1 = v_C(0) - v_C(\infty) = -4 + 4.8 = 0.8 \ \text{V} \quad (6.63a)$$

$$\begin{aligned}
D_2 &= \frac{v_C'(0) + \alpha[v_C(0) - v_C(\infty)]}{\omega_d} \\
&= \frac{-100 + 5[-4 + 4.8]}{24.5} = -3.92 \ \text{V}
\end{aligned} \qquad (6.63b)$$

앞서 밝힌 값들을 대입하여 다음 전압식을 얻는다.

$$\begin{aligned}
v_C(t) = \{-4.8 + e^{-5t}[0.8 \cos 24.5t \\
- 3.92 \sin 24.5t]\} \ \text{V} \quad (t \ge 0)
\end{aligned} \qquad (6.64)$$

[그림 6-15]는 시간에 따른 $v_C(t)$의 파형 변화를 나타내고 있다.

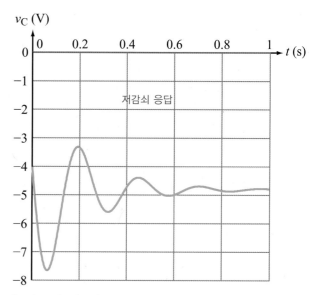

[그림 6-15] 식 (6.64)의 $v_C(t)$를 나타낸 결과

6.5 병렬 *RLC* 회로

지금까지 직렬 *RLC* 회로를 검토하였다([그림 6–16(a)]). 이제 [그림 6–16(b)]의 병렬 *RLC* 회로를 살펴보자. 곧 살펴볼 바와 같이, 병렬 *RLC* 회로의 인덕터에 흐르는 전류 $i(t)$는 직렬 *RLC* 회로에서 커패시터 양단에 걸리는 전압 $v(t)$를 구하기 위해 세운 이차 미분 방정식과 같은 형태의 미분 방정식을 통해서 구할 수 있다. 따라서 이러한 직렬 및 병렬 *RLC* 회로 간의 대응성을 활용하여 앞 절에서 직렬 회로의 해를 구한 방식을 그대로 사용하여 병렬 회로의 해를 구한다.

[그림 6–16(b)]에서 KCL을 회로에 적용하면 다음과 같다.

$$i_R + i + i_C = I_s \quad (t \geq 0) \tag{6.65}$$

이 식을 모든 수동소자에 공통적으로 인가되고 있는 전압 v에 관한 식으로 표현하면

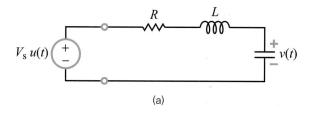

(a)

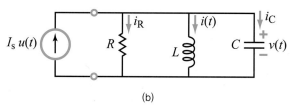

(b)

[그림 6–16] 직렬 *RLC* 회로(a)의 $v(t)$에 관한 미분 방정식과 병렬 *RLC* 회로(b)의 전류 $i(t)$에 대한 미분 방정식은 같은 형태다.
(a) 직렬 *RLC* 회로
(b) 병렬 *RLC* 회로

$$\frac{v}{R} + i + C\frac{dv}{dt} = I_s \tag{6.66}$$

과 같다. $v = L\dfrac{di}{dt}$의 관계식을 사용하여 정리하면 다음 미분 방정식을 얻을 수 있고

$$\frac{d^2 i}{dt^2} + \frac{1}{RC}\frac{di}{dt} + \frac{1}{LC}i = \frac{I_s}{LC} \tag{6.67}$$

다음과 같이 간략화된 형태로 정리할 수 있다.

$$i'' + ai' + bi = c \tag{6.68}$$

여기서 각 상수들은 다음을 나타낸다.

$$a = \frac{1}{RC}, \quad b = \frac{1}{LC}, \quad c = \frac{I_s}{LC} \tag{6.69}$$

또한 $i' = \dfrac{di}{dt}$이고 $i'' = \dfrac{d^2 i}{dt^2}$이다. 식 (6.68)과 직렬 *RLC* 회로에서의 커패시터 전압을 나타내는 식인 식 (6.6)을 비교해보면 상수 a와 c가 각 경우 다른 식을 의미하기는 하나, 두 미분 방정식은 서로 같은 형태를 가진다. 식 (6.46)의 표현에서 v를 i로 교체하면 $i(t)$에 대한 일반해를 얻을 수 있다.

병렬 *RLC* 회로

과감쇠 응답($\alpha > \omega_0$)

$$i(t) = [i(\infty) + A_1 e^{s_1 t} + A_2 e^{s_2 t}] \quad (t \geq 0) \tag{6.70a}$$

임계감쇠 응답($\alpha = \omega_0$)

$$i(t) = [i(\infty) + (B_1 + B_2 t)e^{-\alpha t}] \quad (t \geq 0)$$
$$(6.70b)$$

저감쇠 응답($\alpha < \omega_0$)

$$i(t) = [i(\infty) + e^{-\alpha t}(D_1 \cos \omega_d t + D_2 \sin \omega_d t)]$$
$$(t \geq 0)$$
$$(6.70c)$$

이 경우 s_1, s_2, ω_0, ω_d는 각각 식 (6.28a), (6.28b), (6.29b), (6.37)에서 나타난 표현과 같다. 그러나 α는 다음과 같은 식으로 나타난다.

$$\alpha = \frac{1}{2RC} \quad (6.71)$$

관련식은 [표 6-2]에서 볼 수 있다. 상수 $i(\infty)$은 $t = \infty$일 때 인덕터에 흐르는 전류의 정상 상태값이고, 상수의 쌍(A_1과 A_2, B_1과 B_2, D_1과 D_2)은 $i(t)$의 식과 초기 및 최종값을 맞추어봄으로써 구할 수 있다.

예제 6-10 병렬 RLC 회로

$I_S = 0.5$ A, $V_0 = 12$ V, $R_1 = 60$ Ω, $R_2 = 30$ Ω, $L = 0.2$ H, $C = 500$ μF일 때, $t \geq 0$에서 [그림 6-17(a)]에 나타낸 회로의 $i_L(t)$를 구하라.

풀이

[그림 6-17(b)] 회로는 $t = 0^-$일 때(스위치를 이동하기 전) 회로의 정상 상태를 나타낸다. I_S가 정상 상태에서 단락 회로를 나타내는 인덕터를 통해 흐르는 전류의 값이라고 한다면 다음과 같다.

$$i_L(0^-) = I_s = 0.5 \text{ A}$$
$$v_C(0^-) = 0$$

인덕터에 흐르는 전류 i_L은 갑작스럽게 변화할 수 없으므로(커패시터의 양단에 걸리는 전압 v_C도 그렇다.) 이 조건은 $t = 0$에서 공통적으로 다시 적용할 수 있다. 결과적으로

$$i_L(0) = i_L(0^-) = 0.5 \text{ A}$$
$$i'_L(0) = \frac{1}{L} v_L(0) = \frac{1}{L} v_C(0) = 0$$

가 성립한다. 스위치가 이동한 뒤($t > 0$) 회로는 [그림 6-17(d)]와 같이 구성되며, 이때

$$I'_0 = \frac{V_0}{R_1} = \frac{12}{60} = 0.2 \text{ A}$$
$$R' = R_1 \parallel R_2 = \frac{R_1 R_2}{R_1 + R_2} = 20 \text{ Ω}$$

이다. [그림 6-17(d)] 회로에서 볼 때, α와 ω_0에 관한 식은 다음과 같다.

$$\alpha = \frac{1}{2R'C} = \frac{1}{2 \times 20 \times 500 \times 10^{-6}} = 50 \text{ Np/s}$$
$$\omega_0 = \frac{1}{\sqrt{LC}} = \frac{1}{\sqrt{0.2 \times 500 \times 10^{-6}}} = 100 \text{ rad/s}$$

$\alpha < \omega_0$이므로, 회로는 저감쇠 응답을 보이며 이때 감쇠 자연 주파수 ω_d는

$$\omega_d = \sqrt{\omega_0^2 - \alpha^2} = \sqrt{100^2 - 50^2} = 86.6 \text{ rad/s}$$

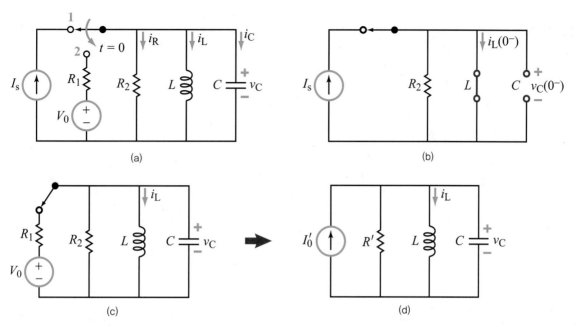

[그림 6-17] (a) 전체 회로도
  (b) t = 0^-일 때
  (c) $t = 0$ 이후
  (d) 노턴 등가회로

이다. $i_L(t)$의 식은 다음과 같이 주어진다.

$$i_L(t) = [i_L(\infty) + e^{-\alpha t}(D_1 \cos \omega_d t + D_2 \sin \omega_d t)] \quad (t \geq 0)$$

$t = \infty$일 때, 인덕터는 단락 회로처럼 동작하며 I_0'의 정상 상태 전류를 흘린다. 곧

$$i_L(\infty) = I_0' = 0.2 \text{ A}$$

남아 있는 미지수 D_1, D_2의 값은 다음과 같이 [표 6-2]에 주어진 식을 적용하여 결정할 수 있다.

$$D_1 = i_L(0) - i_L(\infty) = (0.5 - 0.2) \text{ A} = 0.3 \text{ A}$$

$$D_2 = \frac{i_L'(0) + \alpha[i_L(0) - i_L(\infty)]}{\omega_d} = \frac{0 + 50(0.5 - 0.2)}{86.6} = 0.17 \text{ A}$$

따라서 $i_L(t)$에 대한 최종적인 수식은 다음과 같다.

$$i_L(t) = [0.2 + e^{-50t}(0.3 \cos 86.6t + 0.17 \sin 86.6t)] \text{ A} \quad (t \geq 0)$$

[연습 6-12] 다음 회로에서 i_L에 대한 초기 및 최종값을 구하고, 시간에 대한 함수($i_L(t)$)로 나타내라.

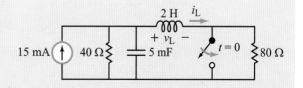

[연습 6-13] [그림 6-16(b)]의 병렬 RLC 회로에서 $t = \infty$ 일 때 L과 C에 저장되는 에너지의 양은 얼마인가?

6.6 임의의 이차 회로의 일반해

이전 절에서 다룬 내용을 비교해보면 직렬과 병렬 RLC 회로는 공통점이 있다. RLC 회로는 모두 공진 주파수 ω_0와 감쇠 계수 α로 특성화할 수 있다. 그리고 순간적인 직류 전원이 인가된 뒤 반응 신호는 $e^{-\alpha t}$에 따라 지수적으로 감쇠한다. ω_0의 크기가 α의 크기보다 큰지 작은지에 따라 반응 신호는 진동하는 항을 포함할 수도 있고 그렇지 않을 수도 있다. 이러한 특성은 근본적으로 에너지의 저장과 소모 상호간의 상태 변화에 따른 것이다. RLC 회로가 동작할 때 에너지는 두 소자, 즉 커패시터와 인덕터 사이에서 교환된다. 교환 과정에서 에너지는 $e^{-\alpha t}$를 따라 소모되며, $\tau = \dfrac{1}{\alpha}$라는 파라미터를 사용하여 $e^{-t/\tau}$의 식으로 나타낼 수 있다. 이 변형된 식에서 감쇠하는 속도는 시간 상수 τ에 의해서 결정된다. 한 번의 진동 주기 $T\left(T = \dfrac{2\pi}{\omega}\right)$와 비교하여 τ가 작으면(급격한 감소) 에너지의 소모가 매우 빨라서 진동을 보이지 않는다. 이 경우가 바로 과감쇠에 해당된다. 반면, τ의 값이 T와 비교했을 때 충분히 크다면, 에너지는 L과 C를 반복적으로 왕복할 것이며, 이로 인해 진동하는 응답 형태를 보인다. 그러나 주기가 반복되면 저항을 통해 에너지의 소비가 발생할 것이며, 결과적으로 감쇠와 진동이 동시에 결합하여 나타나는 저감쇠 응답을 나타낸다. 만약 $R = 0$이라면, 회로는 공진 주파수 ω_0에서 무한히 진동할 것이다([연습 6-14] 참조).

직렬 및 병렬 RLC 회로를 살펴본 경험을 임의의 이차 회로의 해를 구하는 방법에 대한 논의로 확대하고자 한다. 다루고자 하는 임의의 이차 회로에는 연산 증폭기(op amp)를 포함하는 회로도 포함된다. 직류 전원만을 포함하는 회로에 대해서(또는 독립 전원이 전혀 없는 회로) 구하고자 하는 것은 $t = 0$에서 회로에 갑작스러운 변화가 생겼을 때(보통 스위치에 의한 변화를 다룸), $t \geq 0$일 때 회로에서 관심 있는 전류 혹은 전압의 응답식 $x(t)$이다. 목적을 달성하기 위한 해법 순서를 다음과 같이 제안한다.

1단계 : $t \geq 0$일 때 $x(t)$에 대한 이차 미분 방정식을 세운다. 다음 방정식의 일반형에서 시작한다. 여기서 a, b, c는 상수다.

$$x'' + ax' + bx = c \qquad (6.72)$$

2단계 : 다음 관계식을 이용하여 α와 ω_0의 값을 결정한다.

$$\alpha = \frac{a}{2}, \qquad \omega_0 = \sqrt{b} \qquad (6.73)$$

3단계 : 응답 $x(t)$가 과감쇠인지, 임계감쇠인지, 저감쇠인지 결정하고, 다음 일반해들 중에서 각 경우에 맞는 식을 골라 사용한다.

일반해

과감쇠 응답 $(\alpha > \omega_0)$

$$x(t) = [x(\infty) + A_1 e^{s_1 t} + A_2 e^{s_2 t}] \quad (t \geq 0)$$
$$(6.74a)$$

임계감쇠 응답 $(\alpha = \omega_0)$

$$x(t) = [x(\infty) + (B_1 + B_2 t)e^{-\alpha t}] \quad (t \geq 0)$$
$$(6.74b)$$

저감쇠 응답 $(\alpha < \omega_0)$

$$x(t) = [x(\infty) + e^{-\alpha t}(D_1 \cos \omega_d t + D_2 \sin \omega_d t)]$$
$$(t \geq 0)$$
$$(6.74c)$$

이때

$$s_1 = -\alpha + \sqrt{\alpha^2 - \omega_0^2} \qquad (6.75a)$$

$$s_2 = -\alpha - \sqrt{\alpha^2 - \omega_0^2} \qquad (6.75b)$$

$$\omega_d = \sqrt{\omega_0^2 - \alpha^2} \qquad (6.75c)$$

이다. 식 (6.74)의 세 가지 표현은 $t = 0$일 때 발생하는 순간적인 변화에 대한 회로 응답이다. 만약 $t = T_0$에서 변화가 발생했다면, 수식의 형태는 그대로 유지하되 우변의 모든 t를 $(t - T_0)$로 교체한다.

4단계 : $t = \infty$에서의 변수값 $x(\infty)$을 결정한다. 식 (6.12)를 활용하여 간단히 구할 수 있다.

$$x(\infty) = \frac{c}{b} \qquad (6.75d)$$

5단계 : 초기 조건으로써 $t = 0$에서의 $x(t)$ 및 $x'(t)$ 값을 구하여(회로가 갑작스럽게 T_0에서 변화한다면 $t = T_0$에서의 값을 구한다.) 나머지 미지의 상수를 결정한다.

이 과정은 [표 6-3]에 정리하였다. 또한 [예제 6-11]~[예제 6-13]을 통하여 검증한다.

[표 6-3] $t \geq 0$ 영역에서 이차 회로의 일반해

$x(t)$ = 미지의 변수(전압 혹은 전류)
미분 방정식 $\quad x'' + ax' + bx = c$
초기 조건 $\quad x(0)$와 $\quad x'(0)$
최종 조건 $\quad x(\infty) = \dfrac{c}{b}$
$\alpha = \dfrac{a}{2}, \quad \omega_0 = \sqrt{b}$
과감쇠 응답($\alpha > \omega_0$)
$x(t) = [x(\infty) + A_1 e^{s_1 t} + A_2 e^{s_2 t}]\,u(t)$
$s_1 = -\alpha + \sqrt{\alpha^2 - \omega_0^2} \qquad\qquad s_2 = -\alpha - \sqrt{\alpha^2 - \omega_0^2}$
$A_1 = \dfrac{x'(0) - s_2[x(0) - x(\infty)]}{s_1 - s_2} \qquad A_2 = -\left[\dfrac{x'(0) - s_1[x(0) - x(\infty)]}{s_1 - s_2}\right]$
임계감쇠 응답($\alpha = \omega_0$)
$x(t) = [x(\infty) + (B_1 + B_2 t)e^{-\alpha t}]\,u(t)$
$B_1 = x(0) - x(\infty) \qquad\qquad B_2 = x'(0) + \alpha[x(0) - x(\infty)]$
저감쇠 응답($\alpha < \omega_0$)
$x(t) = x(\infty) + [D_1 \cos \omega_d t + D_2 \sin \omega_d t]e^{-\alpha t}\,u(t)$
$D_1 = x(0) - x(\infty) \qquad\qquad D_2 = \dfrac{x'(0) + \alpha[x(0) - x(\infty)]}{\omega_d}$
$\omega_d = \sqrt{\omega_0^2 - \alpha^2}$

[그림 6-18(a)]에서 회로의 스위치는 오랜 시간 동안 열려 있다가 $t = 0$ 시점에 닫힌다. $t \geq 0$에서의 $i_L(t)$를 구하라. 회로를 구성하는 성분값은 다음과 같다. $V_0 = 24$ V, $R_1 = 4\ \Omega$, $R_2 = 8\ \Omega$, $R_3 = 12\ \Omega$, $L = 2$ H, $C = 0.2$ F.

풀이

[그림 6-18(b)], [그림 6-18(c)], [그림 6-18(d)]는 각각 $t = 0^-$, $t \geq 0$, $t = \infty$에서의 회로 상태를 나타낸다.

1단계 : $i_L(t)$에 관한 미분 방정식의 수립

스위치가 닫힌 후에 마디 1은 마디 2와 연결되며, R_2는 단락 회로와 병렬연결되므로 나머지 회로에 영향을 미치지 못한다. [그림 6-18(c)]의 마디 2에서 KCL을 적용하면 다음 식을 얻는다.

$$-i_1 + i_L + i_C = 0 \tag{6.76}$$

마디 전압 v_C에 관하여 전류들을 나타내면,

$$-i_1 = \frac{v_C - V_0}{R_1} \tag{6.77a}$$

$$i_C = C\,\frac{dv_C}{dt} \tag{6.77b}$$

이다. 따라서

$$\frac{v_C}{R_1} + i_L + C\,\frac{dv_C}{dt} = \frac{V_0}{R_1} \tag{6.78}$$

의 식을 세울 수 있다. 전압 v_C는 L과 R_3 양단에 걸리는 전압들의 합이므로

$$v_C = L\,\frac{di_L}{dt} + i_L R_3 \tag{6.79}$$

의 식이 성립한다. 식 (6.79)를 식 (6.78)에 대입하면 다음 식을 얻는다.

$$\frac{1}{R_1}\left(L\,\frac{di_L}{dt} + i_L R_3 \right) + i_L + C\,\frac{d}{dt}\left(L\,\frac{di_L}{dt} + i_L R_3 \right) = \frac{V_0}{R_1} \tag{6.80}$$

좌변의 세 번째 항에 있는 2계 미분을 수행하고, 그 항의 계수로 양변을 나누어 정리하면 다음 미분 방정식을 얻는다.

$$\frac{d^2 i_L}{dt^2} + \left(\frac{L + R_1 R_3 C}{R_1 L C} \right)\frac{di_L}{dt} + \left(\frac{R_1 + R_3}{R_1 L C} \right) i_L = \frac{V_0}{R_1 L C} \tag{6.81}$$

편의를 위하여 식 (6.81)은 다음과 같이 간단한 형태로 나타낼 수 있다.

$$i_L'' + a i_L' + b i_L = c \tag{6.82}$$

$$a = \frac{L + R_1 R_3 C}{R_1 L C} = \frac{2 + 4 \times 12 \times 0.2}{4 \times 2 \times 0.2} = 7.25$$

$$b = \frac{R_1 + R_3}{R_1 L C} = \frac{4 + 12}{4 \times 2 \times 0.2} = 10$$

$$c = \frac{V_0}{R_1 L C} = \frac{24}{4 \times 2 \times 0.2} = 15$$

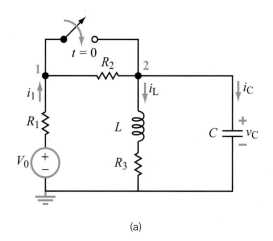

(a)

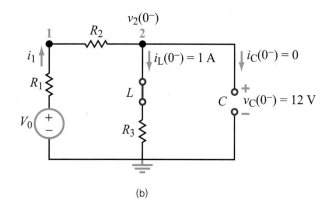

(b)

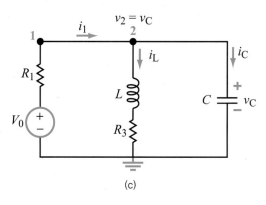

(c)

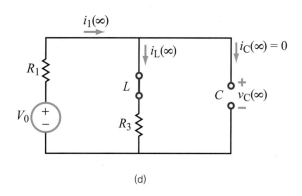

(d)

[그림 6-18] (a) 스위치가 있는 회로

(b) $t = 0^-$일 때 : $i_L(0^-) = \dfrac{V_0}{R_1 + R_2 + R_3} = 1\,\text{A}$, $v_C(0^-) = i_L(0^-)R_3 = 12\,\text{V}$

(c) $t \geq 0$일 때

(d) $t = \infty$일 때 : $i_L(\infty) = \dfrac{V_0}{R_1 + R_3} = 1.5\,\text{A}$

2단계 : α와 ω_0 값의 결정

두 상수의 값을 구하면 다음과 같다.

$$\alpha = \frac{a}{2} = \frac{7.25}{2} = 3.625$$

$$\omega_0 = \sqrt{b} = \sqrt{10} = 3.162$$

3단계 : 감쇠 조건의 결정과 적절한 수식 선택

$\alpha > \omega_0$이므로, 과감쇠 응답을 나타내며 전류식은 다음과 같다.

$$i_L(t) = [i_L(\infty) + (A_1 e^{s_1 t} + A_2 e^{s_2 t})]$$

이때 두 상수 s_1, s_2의 값을 계산하면 다음과 같다.

$$s_1 = -\alpha + \sqrt{\alpha^2 - \omega_0^2} = -1.85\,\text{Np/s}$$

$$s_2 = -\alpha - \sqrt{\alpha^2 - \omega_0^2} = -5.40\,\text{Np/s}$$

4단계 : $i_L(\infty)$의 결정

[그림 6-18(d)] 회로에서 $i_C = 0$ (커패시터가 개방 회로 처리)이므로 전류는 다음과 같다.

$$i_L(\infty) = \frac{V_0}{R_1 + R_3} = \frac{24}{4 + 12} = 1.5 \text{ A} \tag{6.83}$$

5단계 : 초기 조건의 활용

$t = 0^-$에서 C가 개방 회로로 동작하므로([그림 6-18(b)])

$$I_L(0^-) = i_1(0^-) = \frac{V_0}{R_1 + R_2 + R_3} = 1 \text{ A}$$

이고, i_L은 순간적으로 변할 수 없으므로 $t = 0$에서의 전류는 다음과 같다.

$$i_L(0) = i_L(0^-) = 1 \text{ A} \tag{6.84}$$

A_1, A_2와 관련된 추가적인 관계식이 필요한데 $i_L{}'$의 초기 조건으로부터 얻을 수 있다. [그림 6-18(b)] 회로에서 $t = 0^-$일 때 커패시터 양단에 걸리는 전압은 다음과 같다.

$$v_C(0^-) = i_L(0^-) \, R_3$$
$$= 1 \times 12$$
$$= 12 \text{ V}$$

$t = 0^-$(스위치를 닫기 직전)에서 $t = 0$(스위치를 닫은 직후)으로 시간이 변할 때, i_L이나 v_C는 모두 순간적으로 변할 수 없으므로 마디 2에서의 전압 v2(0)은 12 V로 나타나고, R_3를 흐르는 전류 i_L 역시 1 A의 값으로 유지되어 나타난다. 따라서 전압 $v_L(0)$의 값은 다음과 같다.

$$v_L(0) = v_2(0) - i_L(0) \, R_3$$
$$= 12 - 1 \times 12$$
$$= 0$$

$v_L = L \dfrac{di_L}{dt}$이므로, 다음 식이 성립한다.

$$i_L'(0) = 0 \tag{6.85}$$

[표 6-3]에서 A_1, A_2에 대한 표현은 모두 x, 즉 이차 미분 방정식의 변수에 관한 식으로 나타나 있다. 식 (6.82)에 의해 미분 방정식이 주어지며, 구하고자 하는 미지의 변수는 $i_L(t)$이다. 따라서 A_1와 A_2의 식에서 $x = i_L$이라고 두면 다음 식을 얻는다.

$$A_1 = \frac{i_L'(0) - s_2[i_L(0) - i_L(\infty)]}{s_1 - s_2} = \frac{0 + 5.4(1 - 1.5)}{-1.85 + 5.4}$$
$$= -0.76 \text{ A}$$

$$A_2 = -\left[\frac{i_L'(0) - s_1[i_L(0) - i_L(\infty)]}{s_1 - s_2}\right] = -\left[\frac{0 + 1.85(1 - 1.5)}{-1.85 + 5.4}\right]$$
$$= 0.26 \text{ A}$$

따라서 최종적인 해는 다음과 같다.

$$i_L(t) = [1.5 - 0.76e^{-1.85t} + 0.26e^{-5.4t}] \text{ A} \quad (t \geq 0)$$

[그림 6-19] 회로에서 $t \geq 0$에서의 전류 $i_1(t)$와 $i_2(t)$를 구하라. $V_S = 1.4$ V, $R_1 = 0.4$ Ω, $R_2 = 0.3$ Ω, $L_1 = 0.1$ H, $L_2 = 0.2$ H이다.

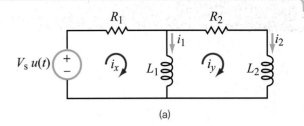

(a)

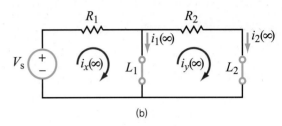

(b)

[그림 6-19] (a) 기본 회로
(b) $t = \infty$일 때

풀이

그림에 나타낸 바와 같이 두 루프 안에서의 망로 전류를 각각 i_x와 i_y로 둔다. 우선 i_x, i_y에 관하여 회로를 해석한 뒤, 얻은 결과를 적용하여 i_1과 i_2를 구할 것이다.

$t \geq 0$에서, 망로 방정식은 다음과 같이 주어진다.

$$-V_s + R_1 i_x + L_1 \frac{d}{dt}(i_x - i_y) = 0 \qquad (i_x \text{ 루프})$$

$$L_1 \frac{d}{dt}(i_y - i_x) + R_2 i_y + L_2 \frac{di_y}{dt} = 0 \qquad (i_y \text{ 루프})$$

위의 식을 정리하면 다음과 같이 다시 쓸 수 있다.

$$R_1 i_x + L_1 i'_x - L_1 i'_y = V_s \qquad (i_x \text{ 루프}) \tag{6.86}$$

$$-L_1 i'_x + R_2 i_y + (L_1 + L_2) i'_y = 0 \qquad (i_y \text{ 루프}) \tag{6.87}$$

1단계 : i_x만의 식으로 표현되는 미분 방정식 세우기

i_y루프 방정식에서 모든 항을 시간에 대하여 미분한다.

$$-L_1 i''_x + R_2 i'_y + (L_1 + L_2) i''_y = 0 \tag{6.88}$$

식 (6.88)을 i_x만의 미분 방정식으로 나타내기 위해서는 우선 i_y'과 i_y''을 i_x와 i_x의 미분 형태로 나타내야 한다. 식 (6.86)으로부터 i_y'를 먼저 정리하면 다음 식을 얻을 수 있다.

$$i'_y = \frac{R_1}{L_1} i_x + i'_x - \frac{V_s}{L_1} \tag{6.89}$$

단순히 식 (6.89)의 양변을 미분하면 i_y''의 식을 얻을 수 있다.

$$i''_y = \frac{R_1}{L_1} i'_x + i''_x \tag{6.90}$$

식 (6.89)와 (6.90)을 (6.88)에 대입한 뒤 정리하면 다음 식을 얻는다.

$$i''_x + \left[\frac{(R_1 + R_2)L_1 + R_1 L_2}{L_1 L_2} \right] i'_x + \left(\frac{R_1 R_2}{L_1 L_2} \right) i_x = \frac{R_2 V_s}{L_1 L_2} \tag{6.91}$$

이 식은 다음과 같이 좀 더 간단한 식으로 나타낼 수 있다.

$$i''_x + a i'_x + b i_x = c \tag{6.92}$$

이때 각 상수의 값을 구하면 다음과 같다.

$$a = \frac{(R_1 + R_2)L_1 + R_1 L_2}{L_1 L_2} = 7.5, \quad b = \frac{R_1 R_2}{L_1 L_2} = 6, \quad c = \frac{R_2 V_s}{L_1 L_2} = 21$$

2단계 : α, ω_0, s_1, s_2의 계산

$$\alpha = \frac{a}{2} = \frac{7.5}{2} = 3.75 \text{ Np/s}$$

$$\omega_0 = \sqrt{b} = \sqrt{6} = 2.45 \text{ rad/s}$$

$$s_1 = -\alpha + \sqrt{\alpha^2 + \omega_0^2}$$
$$= -3.75 + \sqrt{(3.75)^2 - 6} = -0.91 \text{ Np/s}$$
$$s_2 = -3.75 - \sqrt{(3.75)^2 - 6} = -6.6 \text{ Np/s}$$

3단계 : $i_x(t)$에 관한 수식 표현

$\alpha > \omega_0$이므로 i_x는 과감쇠 응답을 보인다. 따라서 다음 식으로 나타낼 수 있다.

$$i_x(t) = [i_x(\infty) + A_1 e^{s_1 t} + A_2 e^{s_2 t}]$$
$$= [i_x(\infty) + A_1 e^{-0.91t} + A_2 e^{-6.6t}] \tag{6.93}$$

4단계 : 최종 조건의 계산

$t = \infty$일 때, 회로의 인덕터는 단락 회로처럼 동작한다([그림 6-19(b)]). 즉 V_S에 의해 생성된 전류는 모두 L_1을 통해 흐르게 되므로 $t = \infty$에서의 전류는 다음과 같다.

$$i_x(\infty) = \frac{V_s}{R_1} = \frac{1.4}{0.4} = 3.5 \text{ A}$$

$$i_y(\infty) = 0$$

따라서 $i_x(t)$의 식은 다음과 같이 나타낼 수 있다.

$$i_x(t) = 3.5 + A_1 e^{-0.91t} + A_2 e^{-6.6t} \tag{6.94}$$

5단계 : 초기 조건의 활용

$t = 0$ 이전에 회로는 전원이 없다. 따라서

$$i_1(0) = i_1(0^-) = 0$$
$$i_2(0) = i_2(0^-) = 0$$

이므로

$$i_x(0) = i_x(0^-) = 0 \tag{6.95}$$
$$i_y(0) = i_y(0^-) = 0 \tag{6.96}$$

의 조건이 성립한다. $t = 0$에서 어느 루프에도 전류가 흐르지 않으므로 L_1과 L_2 양단에 걸리는 전압은 모두 V_S로 동일하다. 따라서

$$i_1'(0) = \frac{1}{L_1} v_{L_1}(0) = \frac{V_s}{L_1} \tag{6.97a}$$

$$i_2'(0) = \frac{1}{L_2} v_{L_2}(0) = \frac{V_s}{L_2} \tag{6.97b}$$

가 성립하며, 결과적으로

$$i'_x(0) = i'_1(0) + i'_2(0) = \frac{V_s}{L_1} + \frac{V_s}{L_2} = 21 \tag{6.98}$$

임을 알 수 있다. $i_x(0)$, $i_x'(0)$, $i_x(\infty)$의 값을 알게 되었으므로 [표 6-3]의 A_1과 A_2에 관한 일반식에 적용하여 다음과 같이 각 값들을 구할 수 있다.

$$\begin{aligned}
A_1 &= \frac{i'_x(0) - s_2[i_x(0) - i_x(\infty)]}{s_1 - s_2} \\
&= \frac{21 + 6.6(0 - 3.5)}{-0.91 + 6.6} = -0.36 \text{ A} \\
A_2 &= -\left[\frac{i'_x(0) - s_1[i_x(0) - i_x(\infty)]}{s_1 - s_2}\right] \\
&= -\left[\frac{21 + 0.91(0 - 3.5)}{-0.91 + 6.6}\right] = -3.14 \text{ A}
\end{aligned}$$

따라서 $i_x(t)$의 최종식은 다음과 같이 주어진다.

$$i_x(t) = [3.5 - 0.36e^{-0.91t} - 3.14e^{-6.6t}] \text{ A} \tag{6.99}$$

i_y를 구하기 위해서 1단계~4단계까지의 과정을 수행하려면 i_x에 관한 루프 방정식(식 6.86)의 시간에 대한 미분을 구하고, i_y 루프 방정식을 사용하여 i_x'과 i_x''에 관한 식을 얻어야 한다. 이 과정을 통해 다음 결과를 얻을 수 있다.

$$i_y(t) = 1.23(e^{-0.91t} - e^{-6.6t}) \text{ A} \tag{6.100}$$

최종적으로 $i_1(t)$와 $i_2(t)$에 관한 식을 구하면 다음과 같다.

$$\begin{aligned}
i_1(t) &= i_x(t) - i_y(t) \\
&= [3.5 - 1.59e^{-0.91t} - 1.91e^{-6.6t}] \text{ A}
\end{aligned} \tag{6.101a}$$

$$i_2(t) = i_y(t) = 1.23(e^{-0.91t} - e^{-6.6t}) \text{ A} \quad (t \geq 0) \tag{6.101b}$$

[연습 6-14] 다음 회로에서 $t \geq 0$일 때 $i_C(t)$를 구하라.

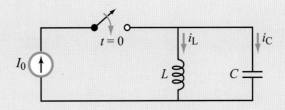

[연습 6-15] 다음 회로에서 $t \geq 0$일 때 $i_C(t)$를 구하라.

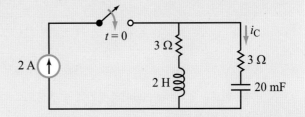

[그림 6-20(a)]의 연산 증폭기 회로에서 $t \geq 0$일 때 $i_L(t)$를 구하라. $V_S = 1$ mV, $R_1 = 10$ kΩ, $R_2 = 1$ MΩ, $R_3 = 100$ Ω, $L = 5$ H, $C = 1$ μF임을 가정한다.

풀이

마디 v_n에서 KCL을 적용하면

$$i_1 + i_n + i_2 + i_3 = 0$$

또는 등가적으로

$$\frac{v_n - V_s}{R_1} + i_n + \frac{v_n - v_{out}}{R_2} + C\frac{d}{dt}(v_n - v_{out}) = 0 \tag{6.103}$$

의 식을 얻을 수 있다. $v_n = v_p = 0$, $i_n = 0$이므로

$$v_{out} = R_3 i_L + L\frac{di_L}{dt} \tag{6.104}$$

의 출력 전압을 얻는다. 곧 식 (6.103)은 다음과 같이 쓸 수 있다.

$$\frac{R_3}{R_2} i_L + \left(\frac{L}{R_2} + R_3 C\right)\frac{di_L}{dt} + LC\frac{d^2 i_L}{dt^2} = -\frac{V_s}{R_1} \tag{6.105}$$

위의 식을 간단히 정리하면 다음 미분 방정식을 얻는다.

$$i_L'' + a i_L' + b i_L = c \tag{6.106}$$

이때 각 상수의 값을 계산하면 다음과 같다.

$$a = \frac{L + R_2 R_3 C}{R_2 LC} = 21$$

$$b = \frac{R_3}{R_2 LC} = 20$$

$$c = \frac{-V_s}{R_1 LC} = -0.02$$

i_L의 감쇠 양상은 α와 ω_0의 크기의 대소가 어떤지에 따라서 결정된다. α와 ω_0의 값은

$$\alpha = \frac{a}{2} = 10.5 \text{ Np/s}$$

$$\omega_0 = \sqrt{b} = \sqrt{20} = 4.47 \text{ rad/s}$$

이다. $\alpha > \omega_0$이므로 i_L은 다음 수식과 같은 과감쇠 응답을 보일 것이다. 이때 상수 s_1, s_2의 값은 다음과 같다.

$$i_L(t) = [i_L(\infty) + A_1 e^{s_1 t} + A_2 e^{s_2 t}]\, u(t)$$

$$s_1 = -\alpha + \sqrt{\alpha^2 - \omega_0^2} = -1.0$$

$$s_2 = -\alpha - \sqrt{\alpha^2 - \omega_0^2} = -20$$

$t = \infty$일 때, 회로는 [그림 6-20(b)]의 등가적인 구성으로 나타낼 수 있으며, 이는 반전 증폭기를 의미한다. 따라서 출력 전압은 다음 식과 같다.

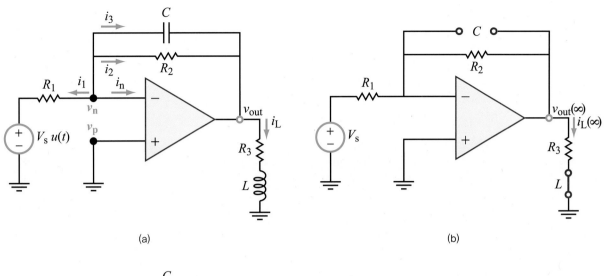

(a)

(b)

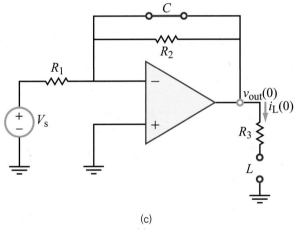

(c)

[그림 6-20] (a) 연산증폭기 회로
　　　　　 (b) $t = \infty$일 때
　　　　　 (c) $t = 0$일 때

$$v_{\text{out}}(\infty) = -\frac{R_2}{R_1} V_s$$

곧 $t = \infty$에서의 전류는

$$i_L(\infty) = \frac{v_{\text{out}}(\infty)}{R_3} = -\frac{R_2 V_s}{R_1 R_3} = -1 \text{ mA}$$

이며 최종적인 $i_L(t)$의 식은 다음과 같이 구할 수 있다.

$$i_L(t) = [-10^{-3} + A_1 e^{-t} + A_2 e^{-20t}] \tag{6.107}$$

A_1과 A_2의 값을 결정하기 위하여 i_L과 $i_L{}'$의 초기 조건들을 살펴보아야 한다. $t = 0^-$에서는 회로 내에 독립 전원이 존재하지 않고, i_L은 갑작스럽게 변화할 수 없는 성질을 가지므로 다음 관계식이 성립한다.

$$i_L(0) = i_L(0^-) = 0$$

이것은 [그림 6-20(c)]에서 볼 수 있는 바와 같이, $t = 0$ 시점에서 인덕터가 개방 회로로 동작한다는 것을 의미한다. 또한 $t = 0$ 이전에 커패시터 양단에 걸리는 전압 v_C는 0이었으므로 $t = 0$에서도 여전히 0으로 유지되어야 하며, 이로 인해 [그림 6-20(c)]에서 커패시터가 단락 회로로 처리된다. 결과적으로 $v_{out}(0) = 0$, $v_L(0) = 0$이므로

$$i_L'(0) = \frac{1}{L} v_L(0) = 0$$

이다. [표 6-3]에서 $x = i_L$로 두고 상수 A_1과 A_2의 값을 계산하면 다음과 같다.

$$A_1 = \frac{i_L'(0) - s_2[i_L(0) - i_L(\infty)]}{s_1 - s_2}$$

$$= \frac{0 + 20(0 + 1)}{-1 + 20} \times 10^{-3} \tag{6.108}$$

$$= 1.05 \text{ mA} \tag{6.109}$$

$$A_2 = -\left[\frac{i_L'(0) - s_1[i_L(0) - i_L(\infty)]}{s_1 - s_2}\right]$$

$$= -\left[\frac{0 + 1(0 + 1)}{-1 + 20}\right] \times 10^{-3} \tag{6.110}$$

$$= -0.053 \text{ mA} \tag{6.111}$$

따라서 다음과 같은 $i_L(t)$의 최종식을 얻는다.

$$i_L(t) = -[1 - 1.05e^{-t} + 0.053e^{-20t}] \text{ mA} \quad (t \geq 0)$$

[질문 6-12] 어떤 회로 안에 저항과 전원 외에 두 개의 커패시터와 세 개의 인덕터가 포함되어 있다. 이 회로는 어떤 상황에서 이차 회로가 될 수 있는가?

[질문 6-13] 식 (6.72)에서 $a = 0$이라고 가정하자. 이 경우 $x(t)$는 어떤 종류의 응답을 가지는가?

6.7 응용 노트 : 초소형기계 변환기

6.6절에서는 저항과 같이 에너지를 소모하는 성분 외에 커패시터 혹은 인덕터와 같은 에너지 저장 성분을 포함하는 임의의 회로에서 전압과 전류는 식 (6.72)로 주어지는 이차 미분 방정식으로 기술할 수 있음을 배웠다.

$$x'' + ax' + bx = c \qquad (6.102)$$

이 방정식은 다음 조건을 만족하는 한 전기회로 외에도 다양한 시스템에서 응용할 수 있다.

- 두 개의 에너지 저장 매체 혹은 메커니즘이 있다.
- 그들 사이에 에너지의 상호 전달이 이루어진다.
- 에너지의 교환은 에너지를 소모하는 성질을 갖는 제3의 매체를 거친다.

예로 기타줄을 들 수 있다. 기타줄을 튕기면 줄에 힘이 전해져 각주파수 ω_d를 갖고 진동한다. 가해진 힘은 기타줄에 두 가지 형태로 에너지를 전달하는데 하나는 줄이 위아래로 움직이도록 하는 운동 에너지이고, 다른 하나는 줄의 장력으로 인한 위치 에너지다. 이때 같은 매체(현)가 동시에 두 가지 형태의 에너지를 저장하기 위한 매체로 작용한다.

두 가지 형태의 에너지가 반복적으로 형태를 교환할 때, 시스템은 기타줄을 둘러싸고 있는 공기를 통해 에너지를 잃는다. 공기 분자들을 움직이게 함으로써, 줄은 분자들에게 운동 에너지를 전달하고 그로 인해 공기의 온도가 약간 상승한다. 따라서 기타줄은 두 개의 에너지 저장 매체와 에너지를 소모하는 매질이 있으므로, 식 (6.102)를 적용할 수 있는 세 가지 기본 조건을 충족한다. 기타줄을 튕길 때, 줄은 저감쇠 응답을 보인다. 어떤 각주파수 ω_d를 가지고 진동한다. 진동의 진폭은 시간이 지남에 따라 지수적으로 줄어든다. 이것은 [그림 6-10]에서 본 직렬 RLC 회로의 저감쇠 전압 응답과 같은 결과다. 만약 기타를 끈적끈적한 액체 안에 담그고 줄을 튕기면, 기타줄은 진동이 없는 저감쇠 응답을 보일 것이다(진동이 없으므로 소리도 나지 않는다.).

식 (6.102)의 형태를 갖는 미분 방정식으로 특성화할 수 있는 시스템을 공진기(resonator)라고 한다. 공진기의 공진 특성을 결정하는 두 가지 중요한 파라미터는 $\alpha = \dfrac{a}{2}$와 $\omega_0 = \sqrt{b}$이다. 기계적인 공진기의 예로는 교량, 진자, 대부분의 악기들을 들 수 있다.

예제 6-14 MEMS 가속도계의 공진 주파수

[그림 6-21]은 커패시터의 상판이 +z 방향으로 가해지는 외부의 힘 $\mathbf{F}_{ext}$의 영향을 받고 있는 상태다. 그림에서 +z는 아래 방향을 나타낸다. 판에 가해지는 힘들이 전혀 없다면, 외부의 힘 $\mathbf{F}_{ext}$는 크기와 방향이 같은 가속력 $\mathbf{F}_{acc}$를 판에 가한다고 볼 수 있다. 판은 용수철에 연결되어 있으므로 용수철을 (늘어나지 않은 상태의 본래 위치를 기준으로 하여) z만큼 늘리면 다음과 같이 정의되는 용수철 힘 $\mathbf{F}_{sp}$를 유도한다.

$$\mathbf{F}_{sp} = -\hat{\mathbf{z}}kz \qquad (6.112)$$

식에서 k는 용수철 상수이고 $\hat{\mathbf{z}}$는 +z 방향으로의 단위 벡터를 나타낸다. 이것을 후크의 법칙(Hooke's law)이라고 하며 용수철 힘은 z, 즉 늘어간 길이에 비례하고 음의 부호를 갖는다. 음의 부호는 용수철이 아래 방향으로 늘어났을 때 용수철이 물체에 가하는 힘은 위를 향한다는 것을 의미한다. 반대의 경우도 마찬가지다.

판이 움직임으로 인해 유도되는 또 다른 반대 힘은 끌림힘 혹은 감쇠힘이다. 이 힘은 공기 분자들이 판의 움직임을 방해하는 힘이며, 다음과 같은 식으로 표현된다.

$$\mathbf{F}_{\text{drag}} = -\hat{\mathbf{z}}\beta u \tag{6.113}$$

여기서 β는 공기의 저항 상수이며, u는 상판이 아래로 움직이는 속도를 나타낸다.

늘어난 길이 z에 대한 미분 방정식이 식 (6.102)의 형태임을 보여라. 주어진 MEMS 가속도계의 상판의 질량은 10 μg이고 $k = 9$ N/m, $\beta = 0.06$ (N · s/m)이라고 가정했을 때, α와 ω_0의 값을 구하라.

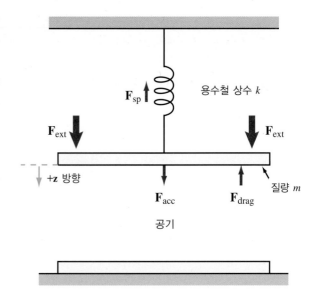

[그림 6-21] 커패시터 가속도계 : +z 방향은 아래 방향을 나타낸다. 화살표들은 외부에서 힘을 가하여 상판을 아래로 움직이려고 할 때 파생적으로 발생하는 힘들의 방향을 나타내고 있다.

풀이

판에 가해지는 가속 힘은 알짜 힘의 합으로 나타난다. 즉

$$\mathbf{F}_{\text{acc}} = \mathbf{F}_{\text{ext}} + \mathbf{F}_{\text{sp}} + \mathbf{F}_{\text{drag}} \tag{6.114}$$

혹은 동일하게 다음 식으로 표현할 수 있다.

$$u = \frac{dz}{dt} = z', \quad a = \frac{d^2z}{dt^2} = z'' \tag{6.115}$$

이때 m은 상판의 질량이며 a는 아래 방향으로의 가속도. 속도 u와 가속도 a는 다음 관계식을 통해서 z와 연관 지을 수 있다.

$$u = \frac{dz}{dt} = z', \quad a = \frac{d^2z}{dt^2} = z'' \tag{6.116}$$

따라서 식 (6.115)는 다음과 같이 축약되고

$$mz'' + \beta z' + kz = F_{\text{ext}} \tag{6.117}$$

상수를 정리하면 다음과 같이 더 간단히 나타낼 수 있다.

$$z'' + az' + bz = c \tag{6.118}$$

이때 각 항의 상수들은 다음과 같다.

$$a = \frac{\beta}{m}, \quad b = \frac{k}{m}, \quad c = \frac{F_{\text{ext}}}{m} \tag{6.119}$$

식 (6.73)을 활용하면 구하는 상수들의 값은

$$\alpha = \frac{a}{2} = \frac{\beta}{2m} = \frac{0.06}{2 \times 10^{-8}} = 3 \times 10^6 \text{ Np/s}$$

$$\omega_0 = \sqrt{b} = \sqrt{\frac{k}{m}} = \sqrt{\frac{9}{10^{-8}}} = 30 \text{ krad/s}$$

이다. m에는 mks 시스템의 표기에 맞춘 값인 10^{-8} kg을 대입하였다.

[질문 6-14] 비전기계(non-electrical system)는 식 (6.102)와 같은 이차 미분 방정식을 통해 모델링할 수 있는 비전기 시스템(non-electrical system)을 생각해 볼 수 있는가?

[질문 6-15] 진동하는 기타줄 내에서의 두 가지 에너지 저장 매체는 무엇인가? 주된 에너지 소모 메커니즘은 무엇인가?

[질문 6-16] 후크의 법칙이란 무엇인가?

[연습 6-16] $k = 0.1 \text{ N/m}$, $m = 1 \text{ ng} = 10^{-12} \text{ kg}$, $\beta = 0.05$ (N · s/m)일 때 MEMS 커패시터형 가속도계의 공진 주파수 ω_0와 감쇠 상수 α는 얼마인가?

6.8 Multisim을 활용한 회로 응답 분석

전기 및 컴퓨터공학을 공부하는 학생들조차도 간단한 *RLC* 회로의 동작을 이해하는 일이 쉽지 않을 때가 있다. 회로 상태에 갑작스러운 변화가 생겼다면 회로의 구성과 각 성분들의 초기 상태, 각 성분들의 물리값에 따라 전압과 전류에 변동이 생기게 된다. 이 절에서는 우선 Multisim을 사용하여 앞서 6.3절에서 다룬 *RLC* 회로의 응답을 분석하는 방법을 설명한다. 임의의 회로를 분석할 때 쉽게 따라 해볼 수 있도록 Multisim의 각 과정을 단계적으로 보여주고자 한다. 실제 생활에서 접할 수 있는 *RLC* 회로 응답을 활용하는 예로서, *RLC* 회로가 어떻게 근래의 고주파 인식(radio frequency identification RFID) 기술에 응용되고 있는지 살펴볼 것이다.

6.8.1 직렬 *RLC* 회로

이제는 Multisim에서 회로를 그리는 일에 많이 익숙해졌으리라 생각한다. Multisim의 Schematic Capture 창에서 스위치가 하나 포함되어 있는 직렬 *RLC* 회로를 그린다. 각 구성 요소의 값들은 [표 6-4]를 활용한다. 그리고 [그림 6-22]에서와 같이 오실로스코프를 추가적으로 연결한다. 오실로스코프는 같은 화면상에서 L_1

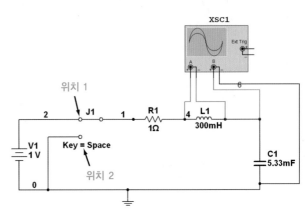

[그림 6-22] Multisim으로 구성한 *RLC* 회로를 나타내는 화면

과 C_1 양단에 걸리는 전압을 비교하기 위해 사용한다.

시뮬레이션을 시작하기에 앞서, 스위치가 위치 2에 있어 직류 전압원이 *RLC* 회로에 직접 연결되어 있지 않았다는 것이 회로의 초기 조건이라는 것을 염두에 두어야 한다. 시뮬레이션이 시작된 직후, 세 회로 요소 양단에 각각 걸리는 전압은 없다. 스페이스 바를 눌러 스위치를 이동시키면([그림 6-23]), $v_L(t)$는 우선적으로 1 V 크기의 전압으로 급격히 변화한 뒤 시간에 흐름에 따라 저감쇠 진동 응답을 보일 것이다. 이에 반해 $v_C(t)$는 진동하는 양상을 보이지만 시간이 지남에 따라 서서히 감쇠해 1 V에 최종적으로 접근한다.

[표 6-4] [그림 6-22] 회로의 구성 요소들의 값

구성 요소	Group	Family	수량	설명
1	Basic	Resistor	1	1 kΩ 저항
300 m	Basic	Inductor	1	300 mH 인덕터
5.3 3m	Basic	Capacitor	1	5.33 mF 커패시터
SPDT	Basic	Switch	1	단극 쌍접점 스위치
DC POWER	Sources	Power Sources	1	1 V 직류 전원

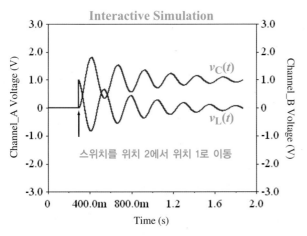

[그림 6-23] 스위치를 위치 2에서 위치 1로 옮길 때 나타나는 *RLC* 회로
의 전압 응답

Interactive Simulation에 대한 설명을 덧붙일 수 있다. Interactive Simulation을 실행할 때, Multisim은 연속적인 시간 지점에 대해서 회로의 해를 수치해석적으로 구해 나간다. 풀이를 하는 이 시간 간격은 Simulate → Interactive Simulation Settings 항목 아래서 조정할 수 있다. 최대 시간 간격(TMAX)과 최초 시간 간격을 모두 수정할 수 있다. 보통은 특별히 수정해서 사용하지는 않으며, Multisim에서 기본적으로 제공하는 값을 사용해도 정확한 해를 구할 수 있다. 그러나 간혹 가상적으로 정의한 회로 요소들을 사용할 때, 시간 간격 지점들이 지나치게 빨리 생성되어 회로 요소들이 어떻게 동작하는지 제대로 파악하지 못할 수가 있다. 또 그와는 반대로, 시간 간격이 너무 좁아서 해를 구하는 지점이 많아져 Interactive Simulation의 계산 속도가 지나치게 느려지는 경우도 있다.

예를 들어 [그림 6-23]의 결과를 생성할 때, 화면상에서 파형의 감쇠 응답이 너무 빨리 지나가 직접적으로 보는 일이 어려울 수가 있다. 이런 경우 최대 시간 간격과 초기 시간 간격을 모두 줄이는 것이 도움이 된다 (10에서 100배 정도 줄이는 것이 바람직하다.). 이러한 조치를 취함으로써 컴퓨터는 더 많은 수의 시뮬레이션 지점을 확보하게 되므로 속도를 늦출 수 있고, 이에 따라 곡선이 그려지는 것을 더 완만한 속도로 지켜볼 수

있다. 이러한 방법의 단점은 컴퓨터의 메모리 사용(그리고 파일 저장 공간)이 늘어난다는 점이다.

> **[연습 6-17]** [그림 6-22]의 Multisim 회로에서 주어진 값의 회로 요소들을 사용한다고 했을 때, 회로 응답과 관련하여 ω_0와 α의 값은 얼마인가?
>
> **[연습 6-18]** [그림 6-22]의 회로가 나타내는 자연 응답은 과감쇠, 저감쇠, 임계감쇠 응답 중 어떤 응답에 해당하는가? 그림을 통해서(오실로스코프에서 얻은 그림) 확인하는 방법, 수학적으로 ω_0와 α의 크기 비교를 하는 방법을 모두 사용해볼 수 있다.
>
> **[연습 6-19]** [그림 6-22]의 회로가 임계감쇠 응답을 보이도록 *R*의 값을 수정하라.

6.8.2 RFID 회로

고주파 인식(radio frequency identification, RFID) 회로는 다수의 소비자가 오가는 공간에서 개인을 인식하는 목적으로 근래 널리 사용되고 있다. 소포와 배송을 추적하는 일부터 간편한 개인용 ID 뱃지까지 다양한 용도로 쓰인다. 근래 사용되는 대부분의 시스템은 휴대가 가능한 트랜시버(송수신기)에 의존한다. 트랜시버는 두 개 이상의 RFID 태그(보통 수 밀리미터에서 수 센티미터의 크기)에서 정보를 읽어낼 수 있다. 어떤 태그들은 단 하나의 일련번호에만 반응하기도 하고, 또 다른 종류의 태그들은 소형 센서에 연결되어 온도나 습도, 가속도, 위치 등의 정보를 제공하기도 한다. RFID 태그가 널리 성공할 수 있었던 핵심 요인은 배터리가 필요하지 않다는 점이다! 트랜시버가 태그의 근처에 있다면(보통 1미터 안에 위치), 트랜시버가 전송하는 고주파 전력이 RFID 태그를 활성화시킬 수 있다. RFID 태그는 이러한 전력을 받아들이고 트랜시버에 다시 재전송할 수 있는 *RLC* 회로로 구현한다([그림 6-24]). RFID 통신 시스템의 필수적인 요소들을 [그림 6-25]

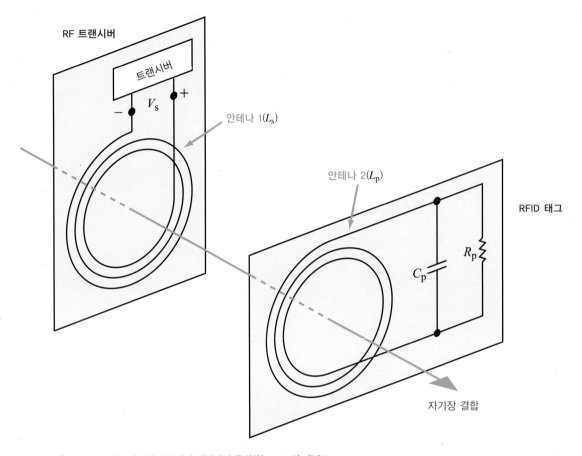

RF 트랜시버

트랜시버

V_s $-$ $+$

안테나 1(L_s)

안테나 2(L_p)

RFID 태그

C_p R_p

자기장 결합

[그림 6-24] RFID 태그와 트랜시버가 근거리 배치되어 동작하는 RFID의 개념도

의 회로에 나타내었다. RFID 태그는 두 인덕터가 자기장 방향을 따라(푸른색 화살표 방향) 정합될 때에만 트랜시버와 커플링됨에 주목하자.

실제 RFID 회로는 훨씬 복잡하지만, 기본적인 동작 원리는 같다. 전송 모드(SPDT 스위치가 T 단자에 연결되어 있는 상태)에서 트랜시버 회로는 인덕터 L_S 및 인덕터에 직렬로 연결된 교류 전압원 v_S로 구성된다. 스위치를 R 단자로 이동시키면 트랜시버 회로는 출력 전압 $v_\text{out}(t)$을 내는 수신기로 동작하게 된다. 전송 모드에서 v_S는 L_S를 통해 흐르는 전류를 생성하며, 이로 인해 주변에 자기장이 형성된다. RFID 태그의 인덕터 L_p가 L_S와 가깝다면, L_S에 의해 발생한 자기장은 L_p를 흐르는 전류를 유도할 것이다. 이 전류는 RFID 태그 회로에서의 전력원이 되고, C_p의 양단에 특정한 최댓값 V_C까지 전압이 걸리도록 해주는 메커니즘으로 작용한다.

스위치가 전송 모드에서 수신 모드로 바뀔 때, v_S에서 L_S로 공급되던 전력이 중단된다. 그러나 L_p를 통해 흐르는 전류는 갑작스럽게 변할 수 없는 특성을 가지고 있다. RLC 회로는 그 변화에 대해서 자연 주파수 ω_d로 표현되는 저감쇠 진동 응답을 나타낼 것이며, ω_d의 값은 RFID 태그가 갖는 R_p, L_p, C_p의 값에 의해 결정된

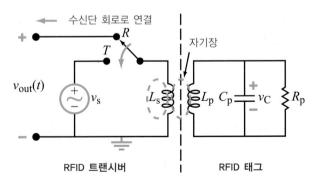

수신단 회로로 연결

R

T

자기장

$v_\text{out}(t)$ $+$ $-$ v_s L_s L_p C_p v_C R_p

RFID 트랜시버   RFID 태그

[그림 6-25] RFID의 기본 구성도

다. 이 주파수값은 태그가 생성하는 고유한 값으로 결정되며 결과적으로 ID를 식별하는 수단이 된다. 마찬가지 방법으로 자기장 결합에 의하여 전송 모드에서는 L_S에서 L_p로 전력이 전달되며 수신 모드에서는 반대 방향, 즉 L_p에서 L_S로 정보를 전달하게 된다.

$$v_{\text{out}}(t) = L_s \, \frac{di_{L_s}}{dt}$$

의 관계식이 성립하므로 수신 모드로 전환된 후 기록된 출력 전압은 전송 모드일 때 인가되었던 v_s의 입력

신호에 대해서 RFID 태그가 생성하는 응답을 제공한다. 실제 RFID 트랜시버는 진동 신호에 디지털 비트들을 중첩시킴으로써 몇 개의 비트에 해당하는 데이터를 동시에 전송한다.

RFID의 동작을 확인하기 위해 Multisim을 통한 시뮬레이션을 수행해볼 수 있다. [표 6-5]에 나타나 있는 부품들을 사용해서 [그림 6-26]에 나타낸 Multisim 수행 창에 그려진 회로를 구성할 수 있다. 두 인덕터 L_s와 L_p 사이의 자기장 결합을 시뮬레이션하기 위해서, 변

[표 6-5] [그림 6-26]의 Multisim 회로의 구성 요소

구성 요소	Group	Family	수량	설명
TS IDEAL	Basic	Transformer	1	1 mH의 이상적인 변압기
1 k	Basic	Resistor	1	1 kΩ 저항
1 μ	Basic	Capacitor	1	1 μF 커패시터
SPDT	Basic	Switch	1	SPDT 스위치
AC CURRENT	Sources	Signal Current Source	1	1 mA, 5.033 kHz

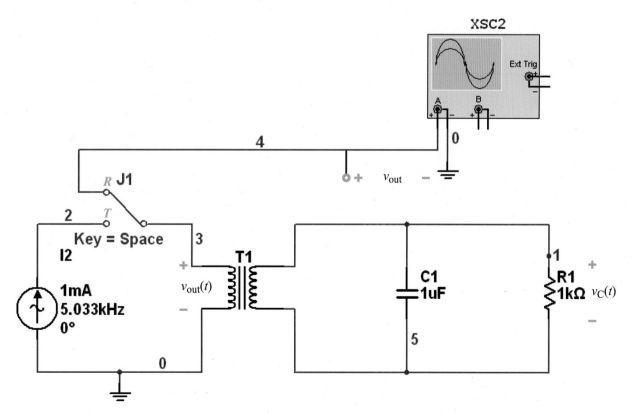

[그림 6-26] Multisim에서 작성한 RFID 회로도

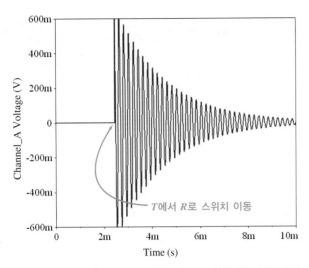

[그림 6-27] 스위치를 T에서 R로 이동한 후 RFID 수신 채널 A를 통해 읽어 들이는 전압 신호 $v_{out}(t)$의 파형

압기 T_1를 사용할 수 있다. 변압기는 같은 자기장을 공유하는 매우 가깝게 결합된 두 개의 인덕터로 구성되기 때문이다. Multisim에서 변압기를 구성하는 각 인덕터의 값을 1 mH로 정하고 결합 계수(coupling coefficient)를 1로 두도록 하자. 회로에서 $v_{out}(t)$의 파형을 관찰하기 위해 오실로스코프를 연결한다. 오실로스코프로 관할하는 파형은 [그림 6-27]에 나타나 있다. 스위치가 전송 모드에서 수신 모드로 이동할 때, $v_{out}(t)$는 즉각적으로 시간에 따라 지수적으로 감소하

는 응답을 보임을 주목하자. $v_C(t)$와 $i_C(t)$를 그려봄으로써 전송 및 수신 모드에서 RFID 자체에서 발생하는 전압과 전류의 파형을 살펴볼 수도 있다.

[질문 6-17] RFID 시스템의 전송부는 RLC 회로에 어떻게 전력을 전달하는가?

[질문 6-18] 트랜시버는 RFID 태그의 응답 신호를 어떻게 판독하는가?

[연습 6-20] [그림 6-26]의 RLC 회로에 대하여 ω_0, α, ω_d의 값을 구하라. 전류원의 각주파수와 비교했을 때 ω_0와 ω_d의 크기는 어떠한가? 이 결과는 결코 우연이 아니다(더 자세한 내용은 9장의 공진 회로에서 배운다.).

[연습 6-21] 이상적으로는 RFID의 응답이 0으로 떨어지는 데까지 걸리는 시간을 아주 길게 하여 가능한 한 많은 디지털 비트를 신호에 포함하는 상황이 바람직하다. 그러한 감소 시간을 결정하는 요인은 무엇인가? [그림 6-26] 회로에서 감쇠 계수를 2배 감소하도록 일부 구성 요소들의 값을 수정하라.

■ 핵심 요약

01. 직류 정상 상태에서 커패시터는 개방 회로, 인덕터는 단락 회로로 동작한다.

02. 이차 회로는 두 종류의 수동 에너지 저장소자(커패시터 및 인덕터)가 있는 회로들을 포함하며, 병렬 및 직렬 *RLC* 회로도 해당된다.

03. 순간적인 변화에 대해서 (직류 전원을 포함하는) 이차 회로가 나타내는 전기적 반응은 과도 성분($t \to \infty$ 일 때 사라지는 성분)과 상수로 나타나는 정상 상태 성분으로 구성된다.

04. 과도 반응은 회로를 구성하는 요소들의 값들에 따라 과감쇠, 임계감쇠, 저감쇠 응답으로 구분된다.

05. 이차 회로에 대한 일반해는 연산 증폭기를 포함하는 회로에도 적용할 수 있다.

06. Multisim 프로그램의 시뮬레이션을 통해 임의의 이차 회로의 응답을 구할 수 있다.

■ 관계식

직렬 및 병렬 *RLC* 회로의 계단 신호 응답

[표 6-2] 참조

후크의 법칙　$\mathbf{F}_{sp} = -\hat{\mathbf{z}}kz$

이차 회로의 일반해　[표 6-3] 참조

미분 방정식의 형태　$x'' + ax' + bx = c$

과감쇠 응답($\alpha > \omega_0$)

$$x(t) = [x(\infty) + A_1 e^{s_1 t} + A_2 e^{s_2 t}] u(t)$$

임계감쇠 응답($\alpha = \omega_0$)

$$x(t) = [x(\infty) + (B_1 + B_2 t)e^{-\alpha t}] u(t)$$

저감쇠 응답($\alpha < \omega_0$)

$$x(t) = x(\infty) + [D_1 \cos \omega_d t + D_2 \sin \omega_d t]e^{-\alpha t} u(t)$$

■ 주요 용어

MEMS(Micro Electro Mechanical Systems)
RFID(Radio Frequency Identification)
감쇠 계수(damping coefficient)
감쇠 자연 주파수(damped natural frequency)
공진 주파수(resonant frequency)
과감쇠 응답(overdamped response)
과도 응답(transient response)
균일해(homogeneous solution)
시정수(time constant)
이차 회로(second-order circuit)

임계감쇠 응답(critically damped response)
자연 응답(natural response)
저감쇠 응답(underdamped response)
정상 상태 응답(steady-state response)
초기 조건(initial condition)
최종 조건(final condition)
특별해(particular solution)
특성 방정식(characteristic equation)
후크의 법칙(Hooke's law)

※ 6.1절 : 초기 조건 및 최종 조건

6.1 다음 회로에서 SPST 스위치는 오랜 시간 동안 열린 상태에 있다가 $t = 0$일 때 닫힌다. $t = 0^-$, $t = 0$, $t = \infty$일 때 회로의 각 상태를 나타내는 그림을 간략히 그린 후 이 그림들을 활용하여 다음 값들을 구하라.

(a) $v_C(0)$와 $i_L(0)$

(b) $_C(0)$과 $v_L(0)$

(c) $v_C(\infty)$와 $i_L(\infty)$

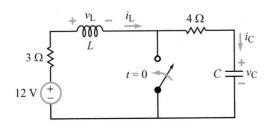

6.2 다음 회로에서 SPST 스위치는 오랜 시간 동안 닫힌 상태에 있다가 $t = 0$일 때 열린다. $t = 0^-$, $t = 0$, $t = \infty$일 때 회로의 각 상태를 나타내는 그림을 간략히 그린 후 이 그림들을 활용하여 다음 값들을 구하라.

(a) $v_C(0)$와 $i_L(0)$

(b) $i_C(0)$과 $v_L(0)$

(c) $v_C(\infty)$와 $i_L(\infty)$

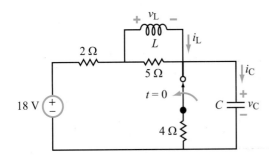

6.3 다음 회로에서 SPST 스위치는 오랜 시간 동안 닫힌 상태에 있다가 $t = 0^-$일 때 열린다. $t = 0^-$, $t = 0$, $t = \infty$일 때 회로의 각 상태를 나타내는 그림을 간

략히 그린 후 이 그림들을 활용하여 다음 값들을 구하라.

(a) $v_C(0)$와 $i_L(0)$

(b) $i_C(0)$과 $v_L(0)$

(c) $v_C(\infty)$와 $i_L(\infty)$

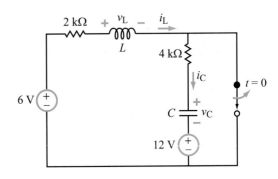

6.4 다음 회로에서 SPST 스위치는 오랜 시간 동안 닫힌 상태에 있다가 $t = 0$일 때 열린다. $t = 0^-$, $t = 0$, $t = \infty$일 때 회로의 각 상태를 나타내는 그림을 간략히 그린 후 이 그림들을 활용하여 다음 값들을 구하라.

(a) $v_C(0)$와 $i_L(0)$

(b) $i_C(0)$과 $v_L(0)$

(c) $v_C(\infty)$와 $i_L(\infty)$

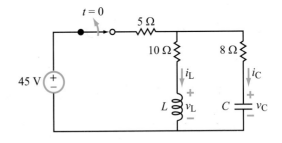

6.5 다음 회로에서 SPST 스위치는 오랜 시간 동안 열린 상태에 있다가 $t = 0$일 때 닫힌다. $t = 0^-$, $t = 0$, $t = \infty$일 때 회로의 각 상태를 나타내는 그림을 간략히 그린 후 이 그림들을 활용하여 다음 값들을 구하라.

(a) $v_C(0)$와 $i_L(0)$

(b) $i_C(0)$과 $v_L(0)$

(c) $v_C(\infty)$와 $i_L(\infty)$

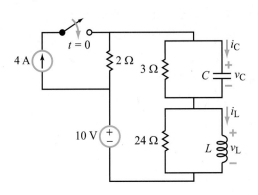

6.6 스위치가 오랜 시간 닫힌 상태에 있다가 $t = 0$에서 열리는 상황을 가정하여 문제 6.5를 다시 풀어라.

6.7 다음 회로에서 $i_1(0)$과 $i_2(0)$의 값을 구하라.

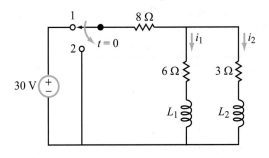

6.8 다음 회로에서 다음 값을 구하라.

(a) $i_{C_1}(0)$, $i_{R_1}(0)$, $i_{C_2}(0)$, $i_{R_2}(0)$

(b) $v_{C_1}(\infty)$과 $v_{C_2}(\infty)$

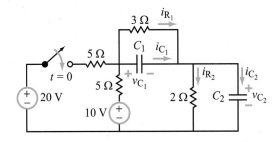

※ 6.3절 : 직렬 RLC 회로의 자연 응답

6.9 다음 회로에서 $v_C(t)$를 구하고 $t \geq 0$일 때의 파형을 그림으로 나타내라. 이때 $V_0 = 12$ V, $R_1 = 0.4$ Ω, $R_2 = 1.2$ Ω, $L = 0.1$ H, $C = 0.4$ F이다. 구한 파형의 형태가 되도록 잘 나타날 수 있는 시간 구간을 정하여 그려라.

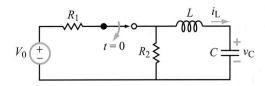

6.10 [연습문제 6.9]의 회로에서 $i_L(t)$를 구하고, $t \geq 0$일 때의 파형을 그림으로 나타내라. 이때 $V_0 = 12$ V, $R_1 = 0.4$ Ω, $R_2 = 1.2$ Ω, $L = 0.1$ H, $C = 0.4$ F이다. 구한 파형의 형태가 되도록 잘 나타날 수 있는 시간 구간을 정하여 그려라.

6.11 [연습문제 6.9]의 회로에서, $V_0 = 12$ V, $R_1 = 0.4$ Ω, $R_2 = 1.2$ Ω, $L = 0.1$ H이다. $i_L(t)$가 임계감쇠 응답을 보이도록 하는 C의 값은 얼마인가? $i_L(t)$를 수식으로 나타내고, $t \geq 0$일 때의 파형을 그려라.

6.12 어떤 회로의 전압이 다음 미분 방정식으로 표현 가능하다고 한다.

$$3v'' + 24v' + 75v = 0$$

(a) α와 ω_0의 값을 구하라.

(b) $v(t)$는 어떤 유형의 감쇠를 보이는가?

(c) $v(0) = 10$ V, $v'(0) = 50$ V/s일 때, $t \geq 0$에서의 $v(t)$를 구하라.

6.13 다음 회로에서 $t = 0$에서 스위치가 위치 1에서 위치 2로 이동한다. $t \geq 0$일 때의 $v_C(t)$에 관한 식을 구하라.

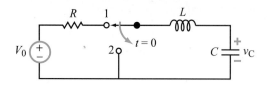

6.14 어떤 직렬 *RLC* 회로가 다음 식으로 표현되는 전압 및 전류 응답을 나타낸다고 한다.

$$v_C(t) = (6\cos 4t - 3\sin 4t)e^{-2t}\,u(t)\ \text{V}$$

$$i_C(t) = -(0.24\cos 4t + 0.18\sin 4t)e^{-2t}\,u(t)\ \text{A}$$

α, ω_0, R, L, C의 값을 구하라.

6.15 다음 회로에서 $t \geq 0$일 때의 $i_C(t)$를 구하라.

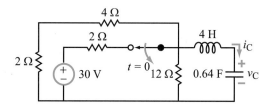

6.16 다음 회로에서 $t \geq 0$일 때의 $v_C(t)$를 구하라.

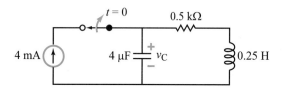

6.17 다음 회로에서 $t \geq 0$일 때의 $i_C(t)$를 구하라.

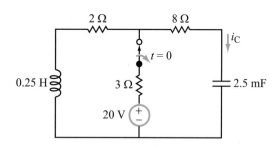

6.18 [그림 6-5(a)]의 회로는 다음과 같은 응답을 보인다.

$$v(t) = (12 + 36t)e^{-3t}\ \text{V} \quad (t \geq 0)$$

만약 $R = 12\ \Omega$라면, V_S, L, C의 값을 구하라.

6.19 다음 회로에 대하여 $i_C(t)$를 구하고, $t \geq 0$에서의 파형을 그림으로 나타내라.

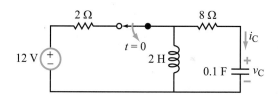

6.20 회로 내에서 C를 제외한 모든 성분들의 값을 그대로 유지한다고 가정하고 [연습문제 6–19]를 다시 풀어라. C의 값은 $i_C(t)$가 임계감쇠 응답을 보이는 조건을 만족하도록 정한다.

※ **6.4절 : 직렬 *RLC* 회로의 전체 응답**

6.21 $L = 0.05$ H라고 가정했을 때, 다음 회로에 대해서 $i_C(t)$를 구하고, $t \geq 0$에서의 파형을 그림으로 나타내라. 구한 파형의 형태를 되도록 잘 나타낼 수 있는 시간 구간에 대하여 그려라.

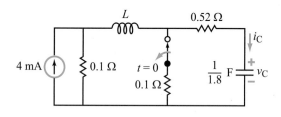

6.22 [연습문제 6.21]의 회로에서 v_C가 임계감쇠 응답을 보이도록 인덕터의 값을 결정하고, 이때 $t \geq 0$에서의 $v_C(t)$의 식을 구하라.

6.23 다음 회로에서 $i_C(t)$를 구하고 $t \geq 0$에서의 파형을 그림으로 나타내라. 이때 $V_S = 24$ V, $R_1 = 2$ Ω, $R_2 = 4$ Ω, $L = 0.4$ H, $C = \frac{10}{24}$ F이다.

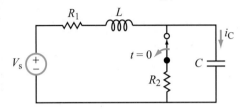

6.24 C의 값을 $\frac{10}{29}$ F으로 변경하고 나머지 값들은 그대로 두어 [연습문제 6.23]을 다시 풀어라.

6.25 다음 회로에서 스위치가 위치 1에 오랜 시간 동안 있다가 $t = 0$에서 위치 2로 이동한 후 $t = 0.5$ s인 시점에서 다시 위치 1로 이동할 때, $i_L(t)$의 식을 구하라. 이때, $V_S = 36$ V, $R_1 = 4$ Ω, $R_2 = 8$ Ω, $L = 0.8$ H, $C = \frac{5}{24}$ F이다. $t = 0$ 이전에 커패시터에 저장되어 있던 전하는 없었던 것으로 가정한다.

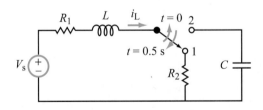

6.26 다음 회로에 관하여 물음에 답하라.

(a) $v_C(\infty)$의 값은 얼마인가?

(b) v_C가 최종값의 0.99에 해당하는 전압에 이르는 데 걸리는 시간은 $t = 0$ 이후 얼마인가?

> **Hint** $v_C(t)$에 대한 식을 구한 후, 주어진 조건을 만족하는 값을 결정하기 위해 $2 \leq t \leq 2.5$의 시간 영역에서의 값들을 검토해보도록 한다.

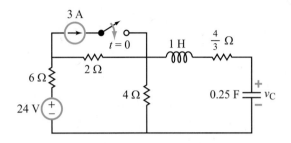

6.27 다음 회로에서 $t \geq 0$일 때 $v_C(t)$가 임계감쇠 응답을 보이는 조건을 만족하도록 C 값을 결정하라. 이때 $v_C(t)$의 파형을 그림으로 나타내라.

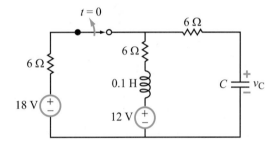

6.28 다음 회로에서 스위치는 오랜 시간 동안 열린 상태에 있다가, $t = 0$에서 닫힌 후 $t = 0.4$ s 시점에서 다시 열린다. $t \geq 0$에 대한 $i_L(t)$의 식을 구하고, 그림으로 나타내라.

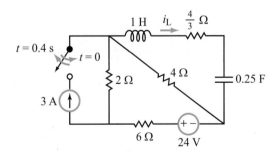

6.29 다음 회로에서 $i_L(t)$의 식을 구하고, $t \geq 0$에서의 파형을 그려라.

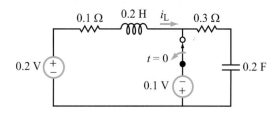

6.30 다음 회로에서 $t \geq 0$에서의 $i_C(t)$과 $i_L(t)$의 식을 구하라.

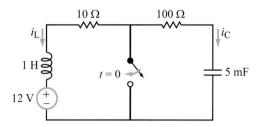

※ **6.5절 : 병렬 RLC 회로**

6.31 다음 회로에 대하여 $i_L(t)$와 $i_C(t)$의 식을 구하고, $t \geq 0$일 때의 두 파형을 그림으로 나타내라. SPDT 스위치는 $t = 0$에서 위치 1에서 위치 2로 이동한다.

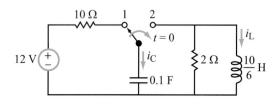

6.32 다음 회로에서 $i_L(t)$의 식을 구하고, $t \geq 0$일 때의 파형을 그려라.

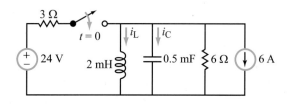

6.33 다음 회로에서 $i_L(t)$의 식을 구하고, $t \geq 0$일 때의 파형을 그려라. $t = 0$ 이전에 커패시터에 저장되어 있던 전하는 없었다고 가정한다.

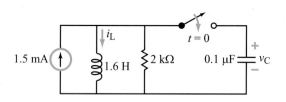

6.34 [연습문제 6.32]의 회로에서 $t \geq 0$에서의 $i_C(t)$의 식을 구하라.

6.35 다음 회로에서 $i_L(t)$의 식을 구하고, $t \geq 0$에서의 파형을 그려라.

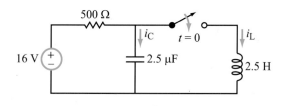

6.36 [연습문제 6.35]의 회로에서 $i_C(t)$의 식을 구하고, $t \geq 0$에서의 파형을 그려라.

6.37 다음 회로에서 $i_L(t)$의 식을 구하고, $t \geq 0$에서의 파형을 그려라.

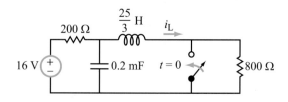

6.38 다음 회로에서 $t = 0$일 때 스위치가 닫혔다가 $t = 1$ ms 시점에서 다시 열린다. $t \geq 0$일 때의 $i_L(t)$와 $v_C(t)$의 식을 구하라. $t = 0$ 이전에 커패시터에 저장되어 있던 전하는 없었다고 가정한다.

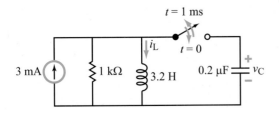

6.39 다음 회로에서 $t = 0$일 때 스위치가 닫혔다가 $t = 1$ ms 시점에서 다시 열린다. $t \geq 0$일 때의 $i_C(t)$의 식을 구하고, 파형을 그림으로 나타내라. $t = 0$ 이전에 L이나 C에 저장되어 있던 에너지는 없었다고 가정한다.

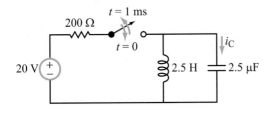

6.40 왼쪽에 나타낸 구형파 전류가 오른쪽 회로에 전류 전원으로 인가될 때 회로의 전류 응답 $i_L(t)$와 $i_C(t)$를 구하라. 이때 $I_S = 10$ mA, $R = 499.99$ Ω이다. 그리고 $i_L(t)$, $i_C(t)$, $i_S(t)$를 같은 그래프 상에 나타내라.

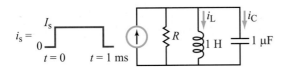

※ 6.6절 : 임의의 이차 회로의 일반해

6.41 어떤 회로의 전압이 다음의 미분 방정식으로 기술된다고 하자.

$$v'' + 5v' + 6v = 144 \quad (t \geq 0)$$

$v(0) = 16$ V, $v'(0) = 9.6$ V/s일 때, $t \geq 0$에서의 $v(t)$의 식을 구하라.

6.42 어떤 회로의 전류가 다음의 미분 방정식으로 기술된다고 한다.

$$i'' + \sqrt{24}\,i' + 6i = 18 \quad (t \geq 0)$$

$i(0) = -2$ A, $i'(0) = 8\sqrt{6}$ A/s일 때, $t \geq 0$에서의 $i(t)$의 식을 구하라.

6.43 다음 회로에 관하여 물음에 답하라.

(a) $i_L(0)$과 $v_L(0)$의 값을 구하라.

(b) $t \geq 0$일 때 $i_L(t)$에 대한 미분 방정식을 세워라.

(c) 미분 방정식을 풀어 $i_L(t)$에 대한 수식을 구하라. 이때 $V_S = 12$ V, $R_S = 300$ Ω, $R_1 = 50$ Ω, $R_2 = 100$ Ω, $L = 10$ mH, $C = 5$ mF이라고 가정한다.

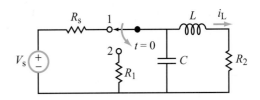

6.44 다음 회로에서 $i_L(t)$에 대한 미분 방정식을 세워라. 미분 방정식을 풀어 $t \geq 0$에서의 $i_L(t)$를 구하라. 이때 각 회로 요소들의 값은 다음과 같다. $I_S = 36\ \mu$A, $R_S = 100$ kΩ, $R = 100$ Ω, $L = 10$ mH, $C = 10\ \mu$F.

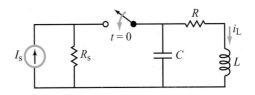

6.45 다음 회로에서 v_C에 대한 미분 방정식을 세워라. 미분 방정식을 풀어 $t \geq 0$에서의 $v_C(t)$를 구하라. 이때 각 회로 요소들의 값은 $I_S = 0.2$ A, $R_S = 30$ Ω, $R_1 = 10$ Ω, $R_2 = 20$ Ω, $R_3 = 20$ Ω, $L = 4$ H, $C = 5$ mF으로 가정한다.

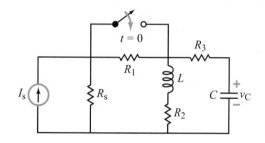

6.46 다음 회로에서 i_L에 관한 미분 방정식을 세워라. 스위치가 $t = 0$에서 닫혔다가 $t = 0.5$ s에서 다시 열린다. 이때 회로 요소들의 값은 $V_S = 18$ V, $R_S = 1$ Ω, $R_1 = 5$ Ω, $R_2 = 2$ Ω, $L = 2$ H, $C = \dfrac{1}{17}$ F 으로 가정한다.

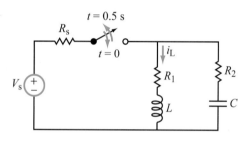

6.47 다음 회로에서 $t \geq 0$일 때의 i_2를 구하라. $V_S = 10$ V, $R_S = 0.1$ MΩ, $R = 1$ MΩ, $C_1 = 1$ μF, $C_2 = 2$ μF이라고 가정한다.

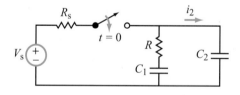

6.48 스위치가 오랜 시간 동안 닫혀 있다가 $t = 0$의 시점에서 열렸다고 가정했을 때, [연습문제 6.47]을 다시 풀어라.

6.49 다음 연산 증폭기 회로는 다중 궤환 대역통과 필터(multiple–feedback bandpass filter)라고 한다. $v_{in} = A\,u(t)$일 때, $t \geq 0$에서의 $v_{out}(t)$를 구하라. 이때 $A = 6$ V, $R_1 = 10$ kΩ, $R_2 = 5$ kΩ, $R_f = 50$ kΩ, $C_1 = C_2 = 1$ μF이라고 가정한다.

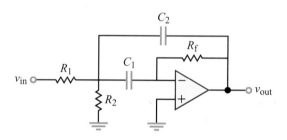

6.50 다음 연산 증폭기 회로는 쌍극점 저역통과 필터(two–pole low–pass filter)라고 한다. $v_{in} = A\,u(t)$일 때, $t \geq 0$에서의 $v_{out}(t)$를 구하라. 이때 $A = 2$ V, $R_1 = 5$ kΩ, $R_2 = 10$ kΩ, $R_3 = 20$ kΩ, $R_4 = 12$ kΩ, $C_1 = 100$ μF, $C_2 = 200$ μF이라고 가정한다.

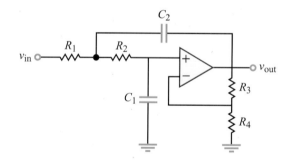

※ 6.8절 : Multisim을 활용한 회로 응답 분석

6.51 [예제 6-3]의 회로 요소 값들을 활용하여 Multisim으로 [그림 6-5(a)]의 회로를 그려라. 과도 분석(Transient Analysis) 기능을 사용하여 $0 < t < 0.2$ s 구간에서의 $v(t)$의 파형을 그림으로 나타내라.

6.52 Multisim을 사용하여 [연습문제 6.5]의 회로를 그려라. 과도 분석 기능을 사용하여 $0 < t < 1$ s 구간에서의 $i_C(t)$의 파형을 그림으로 나타내라.

6.53 Multisim을 사용하여 [연습문제 6.5]의 회로를 그려라. 과도 분석 기능을 사용하여 다음 각 경우의 $i_C(t)$를 그림으로 나타내라.

   (a) 저감쇠 응답

   (b) 임계 응답

   (c) 과감쇠 응답

세 가지 조건을 만들기 위해 20 Ω으로 표기되어 있는 저항의 값을 조정하여 사용하라.

6.54 [그림 6-26]의 전원과 회로 요소들의 값을 조정하여 *RLC* 회로가 인가된 전원에 의해 1 MHz의 주파수로 진동하는 응답을 보이도록 설계하라. 회로가 '듣기' 상태로 변환된 이후 12회의 진동 후 진동의 포락선(envelope)이 초깃값의 10%에 해당하는 값으로 감쇠하도록 한다.

6.55 Multisim에서 다음 회로를 그리고 과도 분석 기능을 통하여 0~200 ms 구간에서의 $v_C(t)$의 전압 파형을 그림으로 나타내라.

6.56 Multisim을 사용하여 다음 이차 능동 회로를 그려라. 0~5 ms 구간에서의 v_{out} 신호를 나타내고 진폭이 1 V 미만으로 떨어지는 데 얼마나 오랜 시간이 걸리는지 살펴보라. R_2의 값을 100 kΩ으로 바꾼 후 시뮬레이션을 다시 수행하라. 변화를 정확히 보기 위해 각 경우 시간축의 간격을 조정할 수도 있다.

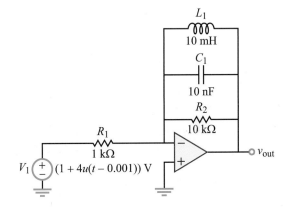

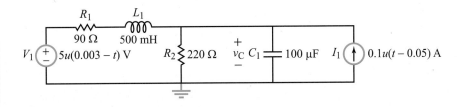

교류 해석
AC Analysis

학습목표

• 정현파 함수(사인 곡선 함수)를 이루는 매개변수가 파형의 형태를 어떻게 결정하는지 확인할 수 있다.

• 복소대수를 쉽게 해결할 수 있다.

• 시변 사인함수를 페이저 영역으로, 페이저 영역을 시변 사인함수로 변환할 수 있다.

• 페이저 영역에서 선형 회로를 해석할 수 있다.

• 수동소자나 연속 또는 평행으로 연결된 소자 결합의 임피던스를 구할 수 있다.

• 페이저 영역에서 Y-Δ 변환, 전압원 변환, 전류 배분을 시행하고 테브난/노턴 등가회로를 구할 수 있다.

• 페이저 영역에서 마디 해석, 망로 해석 및 기타 해석법을 적용할 수 있다.

• 단순한 RC 위상 변이 회로를 설계할 수 있다.

• 직류 전원 공급 회로를 설계할 수 있다.

• Multisim을 활용하여 교류 회로를 해석한다.

개요

우리는 태양광에서 무선 전송, 휴대전화 전송에 이르기까지 항상 전자파에 둘러싸여 있다. 전자파는 정현파형 전기장과 자기장으로 구성되며, 전자파를 서로 구별하는 기본적인 파라미터는 파장의 주파수 f(또는 그 파장 $\lambda = \frac{c}{f}$, 여기서 $c = 3 \times 10^8$ m/s는 외부와 단절된 상태에서 빛의 속도)다. 예를 들어 붉은빛의 주파수는 4.3×10^{14} Hz이며, 휴대전화 트래픽에 할당되는 주파수 중 하나는 1,900 MHz(1.9×10^9 Hz)이다. 둘 다 전자파지만(방사선, 적외선, 마이크로파도 마찬가지), 둘은 다른 주파수에서 진동한다.

용어 'AC(교류)'는 시간에 따라 전류 및 전압이 정현형으로 변화하는 전기회로와 관련이 있다. 사실 교류 회로와 전자파는 유사할 뿐만 아니라 직접 연결된다. 진동 주파수가 f인 교류 회로는 같은 주파수의 전자파를 방출한다. 방출된 파장은 공기층을 통해 회로의 한 부분을 다른 부분과 연결할 수 있으며, 이 결합은 RFID 회로와 마찬가지로 계획된 커뮤니케이션 수단으로 사용할 수 있다. 그러나 회로의 동작을 방해하는 반갑지 않은 신호를 생성할 수도 있다. 이러한 원치 않는 신호를 처리하는 기술은 전자기 호환성(electromagnetic compatibility)이라는 전기공학의 한 세부 분야에서 다루기도 한다.

이 장을 비롯하여 8, 9장에서는 직류 회로보다 훨씬 더 일반적이고 광범위하게 응용되는 교류 회로에 대해 깊이 학습할 것이다. 이 책에서는 모든 전류 및 전압은 회로 내의 개별 소자들과 소자들을 연결하는 지점 등 회로의 구성 요소 안에 전부 나타나는 상황으로 국한한다.

7.1 정현파 신호

회로 내 두 지점 간 전압(또는 가지를 통해 흐르는 전류)이 시간에 따라 정현파 함수를 나타낼 때, '해당 전원은 정현파를 갖는다.'라고 한다. **정현파**(sinusoid)라는 용어는 사인함수와 코사인함수를 모두 포함한다. 예를 들면

$$v(t) = V_{\mathrm{m}} \cos \omega t \tag{7.1}$$

위 식은 **진폭 V_{m}, 각주파수 ω**인 정현파 전압 $v(t)$를 나타낸다. 진폭은 $v(t)$가 도달할 수 있는 최댓값 또는 **피크값**(peak value)을 나타내며, $-V_{\mathrm{m}}$은 음수 최댓값이다. 코사인함수 ωt의 **위상**은 다음과 같이 각도 또는 라디안으로 측정한다.

$$\pi \ (\mathrm{rad}) \simeq 3.1416 \ (\mathrm{rad}) = 180° \tag{7.2}$$

따라서 ω에 대한 단위는 rad/s다. [그림 7-1(a)]는 ωt 함수로서 $v(t)$을 도시한 결과다.

잘 알려진 코사인함수는 최댓값($\omega t = 0$일 때)에서 시작해 $\omega t = \dfrac{\pi}{2}$에서 0으로 감소하며, 주기의 절반을 음의 영역에 있다가 $\omega t = 2\pi$에서 첫 번째 주기를 완료한다. ωt 대신 t 함수로 정현파 신호를 나타낼 수 있을까? 다음과 같이 각주파수 ω은 신호의 **진동 주파수**(oscillation frequency, 단순 **주파수**) f와 관련이 있다.

$$\omega = 2\pi f \ \ \mathrm{rad/s} \tag{7.3}$$

f는 초당 사이클수(cycles/second)와 동일한 헤르츠(Hz)로 측정한다. 주파수 100 Hz의 정현파 전압은 1초에 100회 진동하며, 각 진동이 이루어지는 시간은

$\dfrac{1}{100} = 0.01 \ \mathrm{s}$이며, 주기(period)는 T다. 그러므로

$$T = \frac{1}{f} \ \mathrm{s} \tag{7.4}$$

식 (7.1), 식 (7.3), 식 (7.4)을 결합하여 $v(t)$를 다음과 같이 다시 쓸 수 있다.

$$v(t) = V_{\mathrm{m}} \cos \frac{2\pi t}{T} \tag{7.5}$$

이 식은 [그림 7-1(b)]에서 t 함수로 나타내었다. 이를 통해 파형의 주기적 패턴이 매 T초마다 반복되는 것을 알 수 있다. 즉 모든 정수값 n에 대해

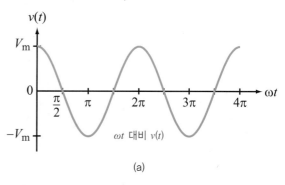

(a)

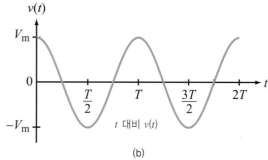

(b)

[그림 7-1] 변수 ωt(a)와 t(b)로 나타낸 함수 $v(t) = V_{\mathrm{m}} \cos \omega t$

$$v(t) = v(t + nT) \qquad (7.6)$$

정현파는 사인 또는 코사인함수로 표현할 수 있다.

통일성을 위해 이후의 장에서 코사인 형태를 기준으로 설명할 것이다.

즉 전압과 전류를 코사인함수로 표현하므로, 전압(또는 전류) 파형이 사인함수로 제시되면 회로를 해석하기 전에 이를 먼저 진폭이 양(+)인 코사인 형태로 변환해야 한다. 사인 형태에서 코사인 형태로 변환할 때는 [표 7-1]의 식 (7.7a)을 사용한다. 예를 들어

$$\begin{aligned} i(t) &= 6\sin(\omega t + 30°) \\ &= 6\cos(\omega t + 30° - 90°) \qquad (7.8) \\ &= 6\cos(\omega t - 60°) \end{aligned}$$

ωt에 더해, 코사인함수의 독립변수는 상수각인 $-60°$를 포함한다. 코사인 기준(cosine-referenced) 정현함수는 일반적으로 다음과 같은 형태를 취한다.

$$v(t) = V_m \cos(\omega t + \phi) \qquad (7.9)$$

여기서 ϕ는 위상각(phase angle)이라고 한다. 식 (7.8) $i(t)$의 경우, $\phi = -60$이다. 각 ϕ는 양 또는 음으로 가정할 수 있지만, 보통 2π 라디안의 배수(또는 360°의 배

[표 7-1] 유용한 삼각법 증명

$\sin x = \pm\cos(x \mp 90°)$	(7.7a)
$\cos x = \pm\sin(x \pm 90°)$	(7.7b)
$\sin x = -\sin(x \pm 180°)$	(7.7c)
$\cos x = -\cos(x \pm 180°)$	(7.7d)
$\sin(-x) = -\sin x$	(7.7e)
$\cos(-x) = \cos x$	(7.7f)
$\sin(x \pm y) = \sin x \cos y \pm \cos x \sin y$	(7.7g)
$\cos(x \pm y) = \cos x \cos y \mp \sin x \sin y$	(7.7h)
$2\sin x \sin y = \cos(x - y) - \cos(x + y)$	(7.7i)
$2\sin x \cos y = \sin(x + y) + \sin(x - y)$	(7.7j)
$2\cos x \cos y = \cos(x + y) + \cos(x - y)$	(7.7k)

수)를 더하거나 빼서 나머지가 $-180° \sim +180°$가 되도록 한다. ϕ의 크기 및 부호(+ 또는 −)는 $\phi = 0$인 $v(t)$에 해당하는 기준 파형과 비교해, 시간축에 따라 $v(t)$의 파형이 변하는 정도와 방향을 결정한다.

[그림 7-2]에는 세 가지 파형이 있다.

$$v_1(t) = V_m \cos\left(\frac{2\pi t}{T} - \frac{\pi}{4}\right) \qquad (7.10a)$$

$$v_2(t) = V_m \cos\frac{2\pi t}{T} \quad (\phi = 0\text{인 기준 파형 : 코사인 형태}) \qquad (7.10b)$$

$$v_3(t) = V_m \cos\left(\frac{2\pi t}{T} + \frac{\pi}{4}\right) \qquad (7.10c)$$

기준 파형 $v_2(t)$과 비교해보면 시간에 따라 반대 방향으

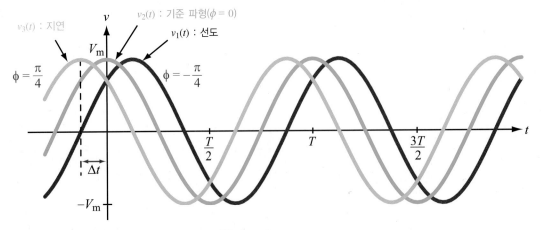

[그림 7-2] 세 ϕ 값에 대하여 나타낸 $v(t) = V_m \cos\left[\left(\frac{2\pi t}{T}\right) + \phi\right]$의 그림

로 변화하는 파형 $v_3(t)$가 $v_2(t)$보다 먼저 피크값에 도달한다. 결과적으로 파형 $v_3(t)$는 $\frac{\pi}{4}$의 위상선도(phase lead)만큼 $v_2(t)$를 앞선다고 말할 수 있다. 마찬가지로 파형 $v_1(t)$은 $\frac{\pi}{4}$의 위상지연(phase lag)만큼 $v_2(t)$에 뒤처진다. 위상각 ϕ이 음인 코사인함수는 명시된 기준 수치(피크값 등)에 도달할 때, 위상각이 0인 함수보다 시간이 더 오래 걸린다. 이를 위상지연이라고 한다. ϕ가 양일 때는 위상이 선도함을 나타낸다. 위상각 2π는 전체 기간 T와 동일한 시간축에 따른 시간 변화와 부합한다. 이에 비례해 위상각 ϕ(라디안)는 다음과 같이 주어진 시간 변화 Δt와 부합한다.

$$\Delta t = \left(\frac{\phi}{2\pi}\right)T \qquad (7.11)$$

이제 위상선도 및 위상지연에 대한 고찰을 일반화할 수 있다. 두 개의 정현함수가 각주파수 ω가 같고, 모두 다음과 같은 표준 코사인 형태로 표현된다고 가정할 때

$$v_1(t) = V_1\cos(\omega + \phi_1)$$
$$v_2(t) = V_2\cos(\omega + \phi_2)$$

관련 용어는 다음과 같다.

- v_2는 $(\phi_2 - \phi_1)$만큼 v_1을 앞선다.
- v_2는 $(\phi_1 - \phi_2)$만큼 v_1에 뒤처진다.
- $\phi_2 = \phi_1$일 때, v_1과 v_2는 같은 위상에 있다.
- $\phi_2 = \phi_1 \pm 180°$일 때, v_1과 v_2는 반대 위상에 있다.

예제 7-1 전압 파형

샘플링 오실로스코프(sampling oscilloscope)를 사용해 전압 신호 $v(t)$를 측정한다. 측정을 통해 $v(t)$는 진폭 10 V로 주기적이고, 최댓값은 20 ms마다 구분되며, 최댓값 중 하나는 $t = 1.2$ ms에서 발생한다는 것을 알 수 있다. $v(t)$의 함수 형태를 구해보자.

풀이

$T = 20$ ms $= 2 \times 10^{-2}$ s라고 가정할 때, $v(t)$는 다음과 같이 주어진다.

$$v(t) = 10\cos\left(\frac{2\pi t}{2 \times 10^{-2}} + \phi\right) = 10\cos(100\pi t + \phi) \text{ V}$$

$v(t = 1.2$ ms$) = 10$ V를 적용하면 다음 결과를 얻는다.

$$10 = 10\cos(100\pi \times 1.2 \times 10^{-3} + \phi)$$

이를 만족하기 위해서 코사인의 위상은 2π의 배수가 되어야 한다.

$$0.12\pi + \phi = 2n\pi \quad (n = 0, \pm1, \pm2, \ldots)$$

위 식을 만족시키는 $[-180°, 180°]$ 범위 내 ϕ의 최솟값은 $n = 0$일 때 발생하며, 다음과 같이 주어진다.

$$\phi = -0.12\pi = -21.6°$$

따라서

$$v(t) = 10\cos(100\pi t - 21.6°) \text{ V}$$

의 전압식을 얻는다.

전류 파형을 다음과 같이 가정하자.

$$i_1(t) = -8\cos(\omega t - 30°)\ \text{A}$$
$$i_2(t) = 12\sin(\omega t + 45°)\ \text{A}$$

$i_1(t)$는 $i_2(t)$를 앞서는가, 아니면 뒤처지는가? 그 정도는 얼마나 되는가?

풀이

표준 코사인 형태에서는 정현함수가 코사인이어야 하며 진폭이 양의 값을 가져야 한다. [표 7-1]의 식 (7.7d)를 적용하면 진폭 $i_1(t)$ 앞에 있는 음의 부호를 없앨 수 있다.

$$i_1(t) = -8\cos(\omega t - 30°) = 8\cos(\omega t - 30° + 180°)$$
$$= 8\cos(\omega t + 150°)\ \text{A}$$

식 (7.7a)를 $i_2(t)$에 적용하면

$$i_2(t) = 12\sin(\omega t + 45°) = 12\cos(\omega t + 45° - 90°)$$
$$= 12\cos(\omega t - 45°)\ \text{A}$$

$\phi_1 = 150°$, $\phi_2 = -45°$이므로

$$\Delta\phi = \phi_2 - \phi_1 = -195°$$

$\Delta\phi$의 범위가 $[-180°, 180°]$ 이내여야 한다. $\Delta\phi$에 $360°$를 더하면 $165°$으로 전환되며, 이는 i_2가 i_1보다 $165°$만큼 앞선다는 것을 의미한다.

[질문 7-1] 정현파는 세 가지 파라미터로 정의할 수 있다. 세 가지는 무엇이며 각각 명시하는 것은 무엇인가?

[질문 7-2] 파형 $v_1(t)$와 $v_2(t)$의 각주파수는 같지만, $v_1(t)$가 $v_2(t)$를 앞선다. $v_1(t)$의 피크값이 $v_2(t)$의 피크값보다 먼저 발생하는가, 아니면 나중에 발생하는가?

[연습 7-1] $t = 0$에서 최솟값을 나타내는 100 V, 60 Hz 전압에 대한 식을 제시하라.

[연습 7-2] 다음과 같은 두 전류 파형이 주어졌다고 가정하자.

$$i_1(t) = 3\cos\omega t$$
$$i_2(t) = 3\sin(\omega t + 36°)$$

$v_2(t)$는 $v_1(t)$를 앞서는가, 아니면 뒤처지는가? 그 위상각 차이는 얼마인가?

7.2 복소수

복소수(complex number) $\mathbf{z}$는 다음과 같이 **직교좌표 형식**(rectangular form)으로 나타낼 수 있다.

$$\mathbf{z} = x + jy \tag{7.12}$$

여기서 x와 y는 각각 실수(real, $\mathfrak{Re}$)와 허수(imaginary, $\mathfrak{Im}$) 부분이며, $j = \sqrt{-1}$이다. 즉

$$x = \mathfrak{Re}(\mathbf{z}), \qquad y = \mathfrak{Im}(\mathbf{z}) \tag{7.13}$$

또 $\mathbf{z}$는 다음과 같이 극형식(polar form)으로 나타낼 수 있다.

$$\mathbf{z} = |\mathbf{z}|e^{j\theta} = |\mathbf{z}|\angle\theta \tag{7.14}$$

여기서 $|\mathbf{z}|$는 $\mathbf{z}$의 크기값이며, θ은 위상각을 나타낸다. 형식 $\angle\theta$는 일반적으로 유용하게 사용하는 간략한 표기법이다. **오일러 공식**(Euler's identity)을 적용하면 다음과 같다.

$$e^{j\theta} = \cos\theta + j\sin\theta \tag{7.15}$$

극형식으로 표현된 식 (7.14)의 $\mathbf{z}$는 식 (7.12)와 같은

직교좌표 형식으로 전환할 수 있다.

$$\mathbf{z} = |\mathbf{z}|e^{j\theta} = |\mathbf{z}|\cos\theta + j|\mathbf{z}|\sin\theta \tag{7.16}$$

둘의 관계는 다음과 같다.

$$x = |\mathbf{z}|\cos\theta, \qquad y = |\mathbf{z}|\sin\theta \tag{7.17}$$

$$|\mathbf{z}| = \sqrt{x^2 + y^2}, \qquad \theta = \tan^{-1}\left(\frac{y}{x}\right) \tag{7.18}$$

$\mathbf{z}$의 두 가지 형식은 [그림 7–3]에서 더 자세히 알 수 있다. 복소수는 복소평면에서 벡터 형태이므로 이 책에서는 볼드체로 표시한다.

식 (7.18)을 사용할 때는, [그림 7–4]에서 설명한 바와 같이 x와 y의 부호에 주목하여 θ가 적절한 사분면에 배치되도록 주의해야 한다. $\left(\frac{y}{x}\right)$의 값이 같음에도 불구하고 반대 방향에 있는 복소수 $\mathbf{z}_2$와 $\mathbf{z}_4$ 점, 그리고 위상각 θ_2와 θ_4는 180° 차이가 난다. 또한 $|\mathbf{z}|$는 양의 값이기

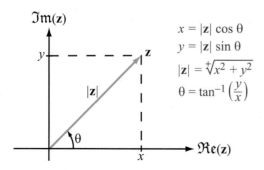

$$x = |\mathbf{z}|\cos\theta$$
$$y = |\mathbf{z}|\sin\theta$$
$$|\mathbf{z}| = \sqrt[+]{x^2 + y^2}$$
$$\theta = \tan^{-1}\left(\frac{y}{x}\right)$$

[그림 7–3] 복소수 $\mathbf{z} = x + jy = |\mathbf{z}|e^{j\theta}$의 직교좌표 형식과 극형식 간의 관계

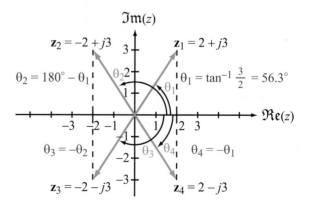

[그림 7–4] 복소수 $\mathbf{z}_1 \sim \mathbf{z}_4$까지는 크기값이 $|\mathbf{z}| = +\sqrt{2^2 + 3^2} = 3.61$로 동일하지만, 편각은 실수와 허수 성분의 극성에 따라 달라진다.

때문에 식 (7.18)에서 양의 근만 적용할 수 있다. 이는 제곱근 부호 위의 + 부호로 나타낸다.

별표로 표시된 $\mathbf{z}$의 켤레복소수(complex conjugate)는 j가 나타날 때마다 $-j$로 대체하여 얻는다. 따라서 아래와 같은 등식이 성립한다.

$$\mathbf{z}^* = (x + jy)^* = x - jy = |\mathbf{z}|e^{-j\theta} = |\mathbf{z}|\angle{-\theta} \quad (7.19)$$

크기값 $|\mathbf{z}|$는 $\mathbf{z}$와 그 켤레복소수의 곱의 양의 제곱근과 같다.

$$|\mathbf{z}| = \sqrt{\mathbf{z}\mathbf{z}^*} \quad (7.20)$$

앞으로 다루게 될 복소수 연산의 몇 가지 속성을 살펴보자.

등가성 : 두 개의 복소수 $\mathbf{z}_1$과 $\mathbf{z}_2$가 다음과 같이 주어진 경우

$$\begin{aligned} \mathbf{z}_1 &= x_1 + jy_1 = |\mathbf{z}_1|e^{j\theta_1} \\ \mathbf{z}_2 &= x_2 + jy_2 = |\mathbf{z}_2|e^{j\theta_2} \end{aligned} \quad (7.21)$$

$x_1 = x_2$이고 $y_1 = y_2$일 때, 혹은 $|\mathbf{z}_1| = |\mathbf{z}_2|$이고 $\theta_1 = \theta_2$일 때만 $\mathbf{z}_1 = \mathbf{z}_2$이다(필요충분조건 성립).

덧셈 :

$$\mathbf{z}_1 + \mathbf{z}_2 = (x_1 + x_2) + j(y_1 + y_2) \quad (7.22)$$

곱셈 :

$$\begin{aligned} \mathbf{z}_1\mathbf{z}_2 &= (x_1 + jy_1)(x_2 + jy_2) \\ &= (x_1x_2 - y_1y_2) + j(x_1y_2 + x_2y_1) \end{aligned} \quad (7.23a)$$

$$\begin{aligned} \mathbf{z}_1\mathbf{z}_2 &= |\mathbf{z}_1|e^{j\theta_1} \cdot |\mathbf{z}_2|e^{j\theta_2} = |\mathbf{z}_1||\mathbf{z}_2|e^{j(\theta_1+\theta_2)} \\ &= |\mathbf{z}_1||\mathbf{z}_2|[\cos(\theta_1 + \theta_2) + j\sin(\theta_1 + \theta_2)] \end{aligned} \quad (7.23b)$$

나눗셈 : $\mathbf{z}_2 \neq 0$인 경우

$$\begin{aligned} \frac{\mathbf{z}_1}{\mathbf{z}_2} &= \frac{x_1 + jy_1}{x_2 + jy_2} = \frac{(x_1 + jy_1)}{(x_2 + jy_2)} \cdot \frac{(x_2 - jy_2)}{(x_2 - jy_2)} \\ &= \frac{(x_1x_2 + y_1y_2) + j(x_2y_1 - x_1y_2)}{x_2^2 + y_2^2} \end{aligned} \quad (7.24a)$$

$$\begin{aligned} \frac{\mathbf{z}_1}{\mathbf{z}_2} &= \frac{|\mathbf{z}_1|e^{j\theta_1}}{|\mathbf{z}_2|e^{j\theta_2}} = \frac{|\mathbf{z}_1|}{|\mathbf{z}_2|}e^{j(\theta_1-\theta_2)} \\ &= \frac{|\mathbf{z}_1|}{|\mathbf{z}_2|}[\cos(\theta_1 - \theta_2) + j\sin(\theta_1 - \theta_2)] \end{aligned} \quad (7.24b)$$

거듭제곱 : 임의의 양의 정수 n에 대하여

$$\begin{aligned} \mathbf{z}^n &= (|\mathbf{z}|e^{j\theta})^n \\ &= |\mathbf{z}|^n e^{jn\theta} = |\mathbf{z}|^n(\cos n\theta + j\sin n\theta) \end{aligned} \quad (7.25)$$

$$\begin{aligned} \mathbf{z}^{1/2} &= \pm|\mathbf{z}|^{1/2}e^{j\theta/2} \\ &= \pm|\mathbf{z}|^{1/2}\left[\cos\left(\frac{\theta}{2}\right) + j\sin\left(\frac{\theta}{2}\right)\right] \end{aligned} \quad (7.26)$$

유용한 관계식 :

$$-1 = e^{j\pi} = e^{-j\pi} = 1\angle{180°} \quad (7.27a)$$

$$j = e^{j\pi/2} = 1\angle{90°} \quad (7.27b)$$

$$-j = -e^{j\pi/2} = e^{-j\pi/2} = 1\angle{-90°} \quad (7.27c)$$

$$\sqrt{j} = (e^{j\pi/2})^{1/2} = \pm e^{j\pi/4} = \frac{\pm(1 + j)}{\sqrt{2}} \quad (7.27d)$$

$$\sqrt{-j} = \pm e^{-j\pi/4} = \frac{\pm(1 - j)}{\sqrt{2}} \quad (7.27e)$$

이와 같은 복소수의 속성을 [표 7–2]에 요약하였다. 복소수가 $(a + jb)$와 $b = 1$로 주어진 경우, $(a + j1)$ 또는 단순하게 $(a + j)$로 쓸 수 있다. 그러므로 j는 $j1$과 같다.

[표 7-2] 복소수의 속성

$$\text{오일러 공식} : e^{j\theta} = \cos\theta + j\sin\theta$$

$$\sin\theta = \frac{e^{j\theta} - e^{-j\theta}}{2j} \qquad\qquad \cos\theta = \frac{e^{j\theta} + e^{-j\theta}}{2}$$

$$\mathbf{z} = x + jy = |\mathbf{z}|e^{j\theta} \qquad\qquad \mathbf{z}^* = x - jy = |\mathbf{z}|e^{-j\theta}$$

$$x = \mathfrak{Re}(\mathbf{z}) = |\mathbf{z}|\cos\theta \qquad\qquad |\mathbf{z}| = \sqrt[+]{\mathbf{z}\mathbf{z}^*} = \sqrt[+]{x^2 + y^2}$$

$$y = \mathfrak{Im}(\mathbf{z}) = |\mathbf{z}|\sin\theta \qquad\qquad \theta = \tan^{-1}(y/x)$$

$$\mathbf{z}^n = |\mathbf{z}|^n e^{jn\theta} \qquad\qquad \mathbf{z}^{1/2} = \pm|\mathbf{z}|^{1/2}e^{j\theta/2}$$

$$\mathbf{z}_1 = x_1 + jy_1 \qquad\qquad \mathbf{z}_2 = x_2 + jy_2$$

$$\mathbf{z}_1 = \mathbf{z}_2 \leftrightarrow x_1 = x_2 \text{ and } y_1 = y_2 \qquad\qquad \mathbf{z}_1 + \mathbf{z}_2 = (x_1 + x_2) + j(y_1 + y_2)$$

$$\mathbf{z}_1\mathbf{z}_2 = |\mathbf{z}_1||\mathbf{z}_2|e^{j(\theta_1 + \theta_2)} \qquad\qquad \frac{\mathbf{z}_1}{\mathbf{z}_2} = \frac{|\mathbf{z}_1|}{|\mathbf{z}_2|}e^{j(\theta_1 - \theta_2)}$$

$$-1 = e^{j\pi} = e^{-j\pi} = 1\angle{\pm 180°}$$

$$j = e^{j\pi/2} = 1\angle{90°} \qquad\qquad -j = e^{-j\pi/2} = 1\angle{-90°}$$

$$\sqrt{j} = \pm e^{j\pi/4} = \pm\frac{(1+j)}{\sqrt{2}} \qquad\qquad \sqrt{-j} = \pm e^{-j\pi/4} = \pm\frac{(1-j)}{\sqrt{2}}$$

예제 7-3 복소수의 계산

두 복소수가 다음과 같이 주어진다고 가정하고, (a)~(e)를 구하라.

$$\mathbf{V} = 3 - j4$$
$$\mathbf{I} = -(2 + j3)$$

(a) $\mathbf{V}$와 $\mathbf{I}$를 극형식으로 표현하라.

(b) $\mathbf{VI}$를 구하라.

(c) $\mathbf{VI}^*$를 구하라.

(d) $\dfrac{\mathbf{V}}{\mathbf{I}}$를 구하라.

(e) $\sqrt{\mathbf{I}}$ 를 구하라.

풀이

(a)

$$|\mathbf{V}| = \sqrt[+]{\mathbf{V}\mathbf{V}^*} = \sqrt[+]{(3 - j4)(3 + j4)} = \sqrt[+]{9 + 16} = 5$$

$$\theta_V = \tan^{-1}\left(-\frac{4}{3}\right) = -53.1°$$

$$\mathbf{V} = |\mathbf{V}|e^{j\theta_V} = 5e^{-j53.1°} = 5\angle{-53.1°}$$

$$|\mathbf{I}| = \sqrt[+]{2^2 + 3^2} = \sqrt[+]{13} = 3.61$$

$\mathbf{I} = (-2 - j3)$는 복소평면에서 3사분면에 있으므로 ([그림 7-5] 참조)

$$\theta_{\mathbf{I}} = -180° + \tan^{-1}\left(\frac{3}{2}\right) = -123.7°$$

$$\mathbf{I} = 3.61\underline{/-123.7°}$$

다른 방법으로 복소수의 실수부가 음수가 될 때마다 (-1)을 앞으로 빼내어 식 (7.27a)을 사용해 (-1)을 크기가 1이고 위상각이 $+180°$ 또는 $-180°$인 페이저 표기로 대체할 수 있다. $\mathbf{I}$의 경우, 그 과정은 다음과 같다.

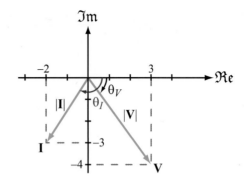

[그림 7-5] 복소평면에서 복소수 $\mathbf{V}$와 $\mathbf{I}$

$$\mathbf{I} = -2 - j3 = -(2 + j3)$$
$$= e^{\pm j180°} \cdot \sqrt[+]{2^2 + 3^2}\, e^{j\tan^{-1}(3/2)}$$
$$= 3.61 e^{j57.3°} e^{\pm j180°}$$

위상각은 범위 $-180° \sim +180°$ 내의 값으로 표현하는 것이 좋으므로 $-180°$를 선택한다. 그러므로 다음과 같다.

$$\mathbf{I} = 3.61 e^{-j123.7°}$$

(b)

$$\mathbf{VI} = (5\underline{/-53.1°})(3.61\underline{/-123.7°})$$
$$= (5 \times 3.61)\underline{/(-53.1°-123.7°)} = 18.05\underline{/-176.8°}$$

(c)

$$\mathbf{VI}^* = 5e^{-j53.1°} \times 3.61 e^{j123.7°}$$
$$= 18.05 e^{j70.6°}$$

(d)

$$\frac{\mathbf{V}}{\mathbf{I}} = \frac{5e^{-j53.1°}}{3.61 e^{-j123.7°}}$$
$$= 1.39 e^{j70.6°}$$

(e)

$$\sqrt{\mathbf{I}} = \sqrt{3.61 e^{-j123.7°}}$$
$$= \pm\sqrt{3.61}\, e^{-j123.7°/2} = \pm 1.90 e^{-j61.85°}$$

[질문 7-3] $\mathbf{Z}$가 복소평면에서 1사분면에 위치하는 복소수라면, 켤레복소수 $\mathbf{Z}^*$은 몇 사분면에 있는가?

[질문 7-4] 두 복소수의 크기값이 같다면, 두 복소수는 반드시 같다고 볼 수 있는가?

[연습 7-3] 다음 복소함수를 극형식으로 나타내라.

$$z_1 = (4 - j3)^2, \quad z_2 = (4 - j3)^{1/2}$$

[연습 7-4] $\sqrt{2j} = \pm(1 + j)$임을 증명하라.

7.3 페이저 영역

정의역 변환(domain transformation)은 어떤 정의역에 있는 일련의 변수를 다른 정의역에서 정의된 변수로 변환하는 수학적 과정이다.

이 절에서는 시간 영역에서 정의된 전류 및 전압이 페이저 영역의 관련 전류 및 전압으로 어떻게 변환되며, 이러한 변환으로 어떻게 교류 회로를 쉽게 해석할 수 있는지 알아볼 것이다.

KVL과 KCL 식은 커패시터와 인덕터를 포함한 교류 회로의 특징을 규명한다. 이 식은 시간에 따라 정현형으로 달라지는 강제함수(회로에서 실제 전원을 나타냄)가 있는 미적분식 형태다. 페이저 해석법을 통해 식을 시간 영역에서 페이저 영역으로 변환할 수 있으며, 그 결과 미적분식이 정현함수 없이도 선형 방정식으로 전환된다. 특정 전압 또는 전류와 같은 필요한 변수에 대하여 페이저 영역에서 방정식을 푼 후, 그 해들을 다시 시간 영역의 표기로 변환하면 시간 영역에서 미적분 방정식을 완전히 풀었을 때와 같은 해답을 얻는다. 이 절차에는 여러 단계가 포함되지만 정현함수를 포함한 미분 방정식을 푸는 것은 피할 수 있다.

7.3.1 시간 영역/페이저 영역의 대응관계

시간 영역에서 페이저 영역으로 전환하려면 회로 안에서 시간에 의존하는 모든 요소를 변환해야 하며, 이는 시간 영역의 회로를 페이저 영역의 등가회로로 변환하는 과정이다. 변환과 관련있는 요소는 모든 전류와 전압, 모든 전원, 모든 커패시터와 인덕터다. 커패시터와

인덕터의 값 자체는 변화하지 않지만, 양단에서 나타나는 $i-v$ 관계는 t와 관련해 미분 또는 적분을 수반하기 때문에 변환된다. 전압 또는 전류를 나타내는 코사인함수 형태의 **시변함수**(time-varying function) $x(t)$는 다음과 같은 형태로 표현할 수 있다.

$$x(t) = \Re[\mathbf{X}e^{j\omega t}] \tag{7.28}$$

여기서 $\mathbf{X}$는 $x(t)$의 **페이저 등가**(phasor equivalent) 또는 **페이저 대응값**(phasor counterpart)이라고 하는 **시불변함수**(time-independent function)다. 그러므로 $x(t)$는 시간 영역에서 정의되는 반면 그 대응값인 $\mathbf{X}$는 페이저 영역에서 정의된다.

페이저 용량을 시간 영역의 대응값과 구별하기 위해, 이 책에서는 페이저를 항상 볼드체로 표시한다.

일반적으로 페이저 영역 용량 $\mathbf{X}$는 크기값 $|\mathbf{X}|$와 페이저 각 ϕ로 구성된 복소수이며, 다음과 같이 나타낸다.

$$\mathbf{X} = |\mathbf{X}|e^{j\phi} \tag{7.29}$$

이것을 식 (7.28)에 사용하면,

$$\begin{aligned} x(t) &= \Re[|\mathbf{X}|e^{j\phi}e^{j\omega t}] \\ &= \Re[|\mathbf{X}|e^{j(\omega t + \phi)}] \\ &= |\mathbf{X}|\cos(\omega t + \phi) \end{aligned} \tag{7.30}$$

$\Re$ 연산자를 적용하면 페이저 영역의 함수를 시간 영역으로 전환할 수 있다. 역 과정, 즉 시간함수의 페이저 영역 등가를 명시하는 것은 식 (7.30)의 두 변을 비

교하여 확인할 수 있다. 그러므로 페이저 대응값 $\mathbf{V}$를 갖는 전압 $v(t)$의 경우, 두 영역은 다음과 같은 관련이 있다.

시간 영역		페이저 영역	
$v(t) = V_0 \cos \omega t$	$\Longleftrightarrow$	$\mathbf{V} = V_0$	(7.31a)
$v(t) = V_0 \cos(\omega t + \phi)$	$\Longleftrightarrow$	$\mathbf{V} = V_0 e^{j\phi}$	(7.31b)

$\phi = -\dfrac{\pi}{2}$라면

$$v(t) = V_0 \cos\left(\omega t - \frac{\pi}{2}\right) \quad \Longleftrightarrow \quad \mathbf{V} = V_0 e^{-j\pi/2} \qquad (7.32)$$

[표 7-1]의 식 (7.7a)를 $v(t)$의 코사인에 적용하고 식 (7.27c)를 $e^{-j\pi/2}$에 적용하면, 다음 결과를 얻는다.

$$v(t) = V_0 \sin \omega t \quad \Longleftrightarrow \quad \mathbf{V} = -j V_0 \qquad (7.33)$$

이것은 다음과 같이 일반화할 수 있다.

$$v(t) = V_0 \sin(\omega t + \phi) \quad \Longleftrightarrow \quad \mathbf{V} = V_0 e^{j(\phi - \pi/2)} \quad (7.34)$$

간혹 전압 및 전류 시간함수가 미분 또는 적분을 거쳐야 하는 경우가 있다. 예를 들어 해당 페이저가 $\mathbf{I}$인 전류 $i(t)$를 생각해보자.

$$i(t) = \mathfrak{Re}[\mathbf{I}e^{j\omega t}] \qquad (7.35)$$

여기서 $\mathbf{I}$는 복소수지만 정의상으로는 시간함수가 아니다. 미분계수 $\dfrac{di}{dt}$는 다음과 같이 주어진다.

$$\begin{aligned} \frac{di}{dt} &= \frac{d}{dt}[\mathfrak{Re}(\mathbf{I}e^{j\omega t})] \\ &= \mathfrak{Re}\left[\frac{d}{dt}(\mathbf{I}e^{j\omega t})\right] \qquad (7.36) \\ &= \mathfrak{Re}[j\omega \mathbf{I}e^{j\omega t}] \end{aligned}$$

두 번째 단계에서 두 연산자 $\mathfrak{Re}$와 $\dfrac{d}{dt}$의 순서를 교환하였다(두 연산자가 서로 독립적이라는 사실로부터 타당

하다.). 이는 해당 양의 실수부를 취하는 것이 그 시간 도함수를 취하는 것에 어떠한 영향도 미치지 않는다는 것을 의미하며 그 역도 성립한다. 따라서 식 (7.36)으로부터 다음과 같이 추측할 수 있다.

$$\boxed{\frac{di}{dt} \quad \Longleftrightarrow \quad j\omega \mathbf{I}} \qquad (7.37)$$

또는

> 시간 영역에서 시간함수 $i(t)$의 미분은 페이저 대응값 $\mathbf{I}$에 페이저 영역의 $j\omega$을 곱한 것과 같다.

마찬가지로

$$\begin{aligned} \int i\, dt &= \int \mathfrak{Re}[\mathbf{I}e^{j\omega t}]\, dt \\ &= \mathfrak{Re}\left[\int \mathbf{I}e^{j\omega t}\, dt\right] = \mathfrak{Re}\left[\frac{\mathbf{I}}{j\omega}e^{j\omega t}\right] \end{aligned} \qquad (7.38)$$

[표 7-3] 시간 영역 정현함수 $x(t)$와 코사인 기준 페이저 영역 대응값 $\mathbf{X}$ (여기서 $x(t) = \mathfrak{Re}[\mathbf{X}e^{j\omega t}]$)

$x(t)$	$\mathbf{X}$
$A\cos\omega t \quad \Longleftrightarrow$	A
$A\cos(\omega t + \phi) \quad \Longleftrightarrow$	$Ae^{j\phi}$
$-A\cos(\omega t + \phi) \quad \Longleftrightarrow$	$Ae^{j(\phi \pm \pi)}$
$A\sin\omega t \quad \Longleftrightarrow$	$Ae^{-j\pi/2} = -jA$
$A\sin(\omega t + \phi) \quad \Longleftrightarrow$	$Ae^{j(\phi - \pi/2)}$
$-A\sin(\omega t + \phi) \quad \Longleftrightarrow$	$Ae^{j(\phi + \pi/2)}$
$\dfrac{d}{dt}(x(t)) \quad \Longleftrightarrow$	$j\omega \mathbf{X}$
$\dfrac{d}{dt}[A\cos(\omega t + \phi)] \quad \Longleftrightarrow$	$j\omega Ae^{j\phi}$
$\displaystyle\int x(t)\, dt \quad \Longleftrightarrow$	$\dfrac{1}{j\omega}\mathbf{X}$
$\displaystyle\int A\cos(\omega t + \phi)\, dt \quad \Longleftrightarrow$	$\dfrac{1}{j\omega}Ae^{j\phi}$

$$\int i \, dt \quad \longleftrightarrow \quad \frac{\mathbf{I}}{j\omega} \tag{7.39}$$

이것은 다음과 같이 표현할 수 있다.

> 시간 영역에서 $i(t)$의 적분은 대응 페이저 $\mathbf{I}$를 $j\omega$로 나눈 것과 같다.

[표 7-3]은 몇 가지 시간함수와 그 페이저 영역 대응을 요약한 것이다.

7.3.2 회로 요소의 임피던스

저항

저항 R에 대한 v-i 관계는 다음과 같다.

$$v_R = Ri_R \tag{7.40}$$

시간 영역의 물리량인 v_R과 i_R은 다음과 같이 페이저 영역 대응값과 연결된다.

$$v_R = \mathfrak{Re}[\mathbf{V}_R e^{j\omega t}] \tag{7.41a}$$

$$i_R = \mathfrak{Re}[\mathbf{I}_R e^{j\omega t}] \tag{7.41b}$$

식 (7.40)에 삽입하면 다음과 같고

$$\begin{aligned} \mathfrak{Re}[\mathbf{V}_R e^{j\omega t}] &= R \, \mathfrak{Re}[\mathbf{I}_R e^{j\omega t}] \\ &= \mathfrak{Re}[R\mathbf{I}_R e^{j\omega t}] \end{aligned} \tag{7.42}$$

양변에 동일한 실수부($\mathfrak{Re}$) 연산자를 취하면 다음과 같다.

$$\mathfrak{Re}[(\mathbf{V}_R - R\mathbf{I}_R)e^{j\omega t}] = 0 \tag{7.43a}$$

정현함수를 정의하기 위해 코사인 기준이 아닌 사인 기준을 사용하여 유사한 방법을 통해 다음과 같은 결과를 얻을 수 있다.

$$\mathfrak{Im}[(\mathbf{V}_R - R\mathbf{I}_R)e^{j\omega t}] = 0 \tag{7.43b}$$

증명 단계는 생략하고 결과만 가지고 설명한다. 식 (7.43a)와 (7.43b)로 변환하면, 꺾은 괄호 안 양의 실수부와 허수부는 모두 0이다. 그러므로 양(quantity) 자체는 0이며, 항상 $e^{j\omega t} \neq 0$이기 때문에 다음과 같은 결과가 도출된다.

$$\mathbf{V}_R - R\mathbf{I}_R = 0 \tag{7.44}$$

> 페이저 영역에서 회로 소자의 임피던스(impedance) $\mathbf{Z}$는 플러스 전극을 통해 들어오는 페이저 전류에 대한 전반적인 페이저 전압의 비율로 정의된다.

$$\mathbf{Z} = \frac{\mathbf{V}}{\mathbf{I}} \; \Omega \tag{7.45}$$

또한 $\mathbf{Z}$의 단위는 ohm(Ω)이다. 저항의 경우, 식 (7.44)로부터 다음을 도출할 수 있다.

$$\mathbf{Z}_R = \frac{\mathbf{V}_R}{\mathbf{I}_R} = R \tag{7.46}$$

그러므로 저항의 임피던스는 순실수이며, v-i 관계의 형태는 시간 영역과 페이저 영역에서 모두 같다.

인덕터

시간 영역에서 인덕터 L의 전압 v_L는 다음과 같이 i_L로 표현된다.

$$v_L = L \frac{di_L}{dt} \tag{7.47}$$

페이저 $\mathbf{V}_L$과 $\mathbf{I}_L$은 다음과 같이 시간 영역에서 대응된다.

$$v_L = \mathfrak{Re}[\mathbf{V}_L e^{j\omega t}] \tag{7.48a}$$

$$i_L = \mathfrak{Re}[\mathbf{I}_L e^{j\omega t}] \tag{7.48b}$$

결과적으로, 다음 식이 성립한다.

$$\Re[\mathbf{V}_L e^{j\omega t}] = L\,\frac{d}{dt}[\Re(\mathbf{I}_L e^{j\omega t})] \qquad (7.49)$$

$$= \Re[j\omega L \mathbf{I}_L e^{j\omega t}]$$

식 (7.49)는 다음 결과를 도출한다.

$$\mathbf{V}_L = j\omega L \mathbf{I}_L \qquad (7.50)$$

그리고

$$\mathbf{Z}_L = \frac{\mathbf{V}_L}{\mathbf{I}_L} = j\omega L \qquad (7.51)$$

식 (7.51)에 따라 $\mathbf{Z}_L$은 순허수이며(실수부가 0), 허수부는 양의 값을 갖는다. $\omega \to 0$일 때 $\mathbf{Z}_L \to 0$이고, $\omega \to \infty$일 때 $\mathbf{Z}_L \to \infty$이다. 결과적으로

> 페이저 영역에서 인덕터는 직류에서 단락 회로(short circuit)와 같이 작용하며 매우 높은 주파수에서는 개방 회로와 같이 작용한다.

커패시터

커패시터의 경우

$$i_C = C\,\frac{dv_C}{dt} \qquad (7.52)$$

페이저 영역에서는 다음과 같이 표현한다.

$$\mathbf{I}_C = j\omega C \mathbf{V}_C \qquad (7.53)$$

그리고

$$\mathbf{Z}_C = \frac{\mathbf{V}_C}{\mathbf{I}_C} = \frac{1}{j\omega C} \qquad (7.54)$$

$\mathbf{Z}_L$과 $\mathbf{Z}_C$는 각각 ω에 정비례와 반비례하기 때문에, ω이 0과 ∞에 접근함에 따라 $\mathbf{Z}_L$과 $\mathbf{Z}_C$는 서로 반대 역할을 한다.

> 페이저 영역에서 커패시터는 직류에서 개방 회로, 매우 높은 주파수에서 단락 회로처럼 동작한다.

[표 7-4] R, L, C에 대한 $v-i$ 속성 요약

항목	R	L	C
$v-i$	$v = Ri$	$v = L\,\dfrac{di}{dt}$	$i = C\,\dfrac{dv}{dt}$
$\mathbf{V}-\mathbf{I}$	$\mathbf{V} = R\mathbf{I}$	$\mathbf{V} = j\omega L\mathbf{I}$	$\mathbf{V} = \dfrac{\mathbf{I}}{j\omega C}$
$\mathbf{Z}$	R	$j\omega L$	$\dfrac{1}{j\omega C}$
DC 등가	R	단락 회로	개방 회로
고주파 등가	R	개방 회로	단락 회로
주파수 응답	$\|\mathbf{Z}_R\|$, R	$\|\mathbf{Z}_L\|$, ωL	$\|\mathbf{Z}_C\|$, $1/\omega C$

저항의 임피던스는 순실수이며, 인덕터의 임피던스는 순허수이고 그 허수부는 양의 값을 갖는다. 커패시터의 임피던스는 순허수이고 그 허수부는 음의 값을 갖는다$\left(\dfrac{1}{j\omega C} = -\dfrac{j}{\omega C}\right)$. [표 7-4]는 R, L, C에 대한 v-i 속성을 요약한 결과다.

예제 7-4 페이저 대응

다음 성분의 페이저 대응을 구하라.

(a) $v_1(t) = 10\cos(2 \times 10^4 t + 53°)$ V

(b) $v_2(t) = -6\sin(3 \times 10^3 t - 15°)$ V

(c) $L = 0.4$ mH(주파수는 1 kHz)

(d) C = 2 μF(주파수는 1 MHz)

풀이

(a) $v_1(t)$는 이미 코사인 형태이므로 다음과 같다.

$$\mathbf{V}_1 = 10e^{j53°} = 10\angle 53° \text{ V}$$

(b) $v_2(t)$에 해당하는 페이저 $\mathbf{V}_2$를 구하기 위해 $v_2(t)$에 대한 식을 표준 코사인 형태로 전환하거나, [표 7-3]에 주어진 사인함수로 변환해야 한다. 여기서는 첫 번째 방법을 사용한다.

$$v_2(t) = -6\sin(3 \times 10^3 t - 15°)$$
$$= -6\cos(3 \times 10^3 t - 15° - 90°)$$
$$= -6\cos(3 \times 10^3 t - 105°) \text{ V}$$

진폭을 -6에서 $+6$으로 전환하기 위해서는 [표 7-1]의 식 (7.7d)를 사용한다. 즉 다음과 같다.

$$-\cos(x) = \cos(x \pm 180°)$$

코사인의 독립변수에서 180°를 더하거나 뺄 수 있다. 독립변수는 음의 위상각(−105°)을 가지므로 180°를 더하는 것이 더욱 편리하다. 즉 다음과 같은 결과를 얻는다.

$$v_2(t) = 6\cos(3 \times 10^3 t - 105° + 180°) = 6\cos(3 \times 10^3 t + 75°) \text{ V}$$

그리고

$$\mathbf{V}_2 = 6e^{j75°} = 6\angle 75° \text{ V}$$

(c)

$$\mathbf{Z}_L = j\omega L = j2\pi \times 10^3 \times 0.4 \times 10^{-3} = j2.5 \ \Omega$$

(d)

$$\mathbf{Z}_C = \frac{-j}{\omega C} = \frac{-j}{2\pi \times 10^6 \times 2 \times 10^{-6}} = -j0.08 \ \Omega$$

[질문 7-5] 교류 회로를 해석할 때 페이저 영역이 유용한 이유는 무엇인가?

[질문 7-6] 시간 영역의 미분에 상응하는 페이저 영역의 수학 연산자는 무엇인가?

[질문 7-7] 인덕턴스의 단위는 헨리(H)다. 인덕터의 임피던스 $\mathbf{Z}_L$의 단위는 무엇인가?

[질문 7-8] 다음과 동일한 회로 유형은 각각 무엇인가?

(a) 직류에서의 인덕터

(b) 매우 높은 고주파에서 커패시터의 작용

[연습 7-5] 다음 파형의 페이저 대응을 구하라.

(a) $i_1(t) = 2\sin(6 \times 10^3 t - 30°)$ A

(b) $i_2(t) = -4\sin(1000t + 136°)$ A

[연습 7-6] 각주파수 $\omega = 3 \times 10^4$ rad/s에서 다음 페이저에 상응하는 시간 영역 파형(표준 코사인 형태)을 구하라.

(a) $\mathbf{V}_1 = (-3 + j4)$ V

(b) $\mathbf{V}_2 = (3 - j4)$ V

[연습 7-7] $\omega = 10^6$ rad/s에서 특정 소자의 페이저 전압 및 전류는 다음과 같다. 이것은 어떤 유형의 회로 요소인가?

$$\mathbf{V} = 4\angle{-20°} \text{ V}, \quad \mathbf{I} = 2\angle{70°} \text{ A}$$

7.4 페이저 영역 해석

시간 영역에서 키르히호프의 전압법칙은 n개의 소자를 포함하는 폐경로 주변에서 $v_1 \sim v_n$까지의 모든 전압의 대수적 합은 0이라고 정의한다.

$$v_1(t) + v_2(t) + \cdots + v_n(t) = 0 \qquad (7.55)$$

$\mathbf{V}_1 \sim \mathbf{V}_n$이 각각 $v_1 \sim v_n$의 페이저 영역 대응이라면

$$\mathfrak{Re}[\mathbf{V}_1 e^{j\omega t}] + \mathfrak{Re}[\mathbf{V}_2 e^{j\omega t}] + \cdots + \mathfrak{Re}[\mathbf{V}_n e^{j\omega t}] = 0 \qquad (7.56)$$

즉 식 (7.57)이 성립한다.

$$\mathfrak{Re}[(\mathbf{V}_1 + \mathbf{V}_2 + \cdots + \mathbf{V}_n)e^{j\omega t}] = 0 \qquad (7.57)$$

$e^{j\omega t} \neq 0$이므로 다음과 같은 결론이 도출된다.

$$\mathbf{V}_1 + \mathbf{V}_2 + \cdots + \mathbf{V}_n = 0 \qquad (7.58)$$

KVL은 페이저 영역에도 똑같이 적용될 수 있다. 마찬가지로 마디(node)에서의 KCL은 다음과 같다.

$$\mathbf{I}_1 + \mathbf{I}_2 + \cdots + \mathbf{I}_n = 0 \qquad (7.59)$$

여기서 $\mathbf{I}_1 \sim \mathbf{I}_n$까지는 $i_1 \sim i_n$까지의 페이저 대응이다. KCL과 KVL이 페이저 영역에서도 유효하다는 사실은 매우 중요하다. 앞서 이 두 법칙을 토대로 설명한 여러 해석 기법이 페이저 영역에서도 여전히 유효하다는 것을 의미하기 때문이다. 이러한 기법에는 마디 해석법과 망로 해석법, 테브난/노턴 기법, 그외 여러 가지 방법이 포함된다. 다음 절에서는 이러한 툴을 교류 회로에 적용하는 법을 배울 것이다. 여기에서는 간단한 예시를 통해 페이저 해석 과정의 기본적인 소자들을 소개한다.

페이저 해석법은 다섯 단계로 구성된다. 이를 설명하기 위해 [그림 7-6]에 제시한 RC 회로를 활용한다. 전압 전원은 다음과 같이 주어진다.

$$v_s = 12 \sin(\omega t - 45°) \text{ V} \qquad (7.60)$$

$\omega = 10^3$ rad/s, $R = \sqrt{3}$ kΩ, $C = 1\,\mu$F의 조건에서 KVL을 적용하면 다음과 같은 루프 방정식을 생성한다.

$$Ri + \frac{1}{C} \int i\, dt = v_s \qquad (7.61)$$

목표는 $i(t)$에 대한 식을 구하는 것이다. 일반적으로 $i(t)$는 v_s가 0으로 설정된 식 (7.61)을 풀어 얻은 과도 응답(5장에서 이미 공부한 바와 같이)과 정현함수 $v_s(t)$를 포함한 정상 상태 응답으로 구성된다. 지금 구하고자 하는 것은 시간 영역에서 식 (7.61)을 푼 정현파 응답이지만, 정현파 전압 전원으로 인해 단순한 회로라 하더라도 다소 복잡한 풀이 과정을 거치게 된다. 그러나 페이저 기법을 적용하여 원하는 해답을 얻을 수 있으며, 사인함수와 코사인함수를 모두 다루지 않아도 된다.

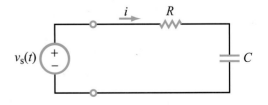

[그림 7-6] 교류 전원에 연결된 RC 회로

1단계 : 코사인 형태로 표현하기

미리 정현함수가 정의되어 있는 모든 전압 및 전류는 표준 코사인 형태(7.1절)로 표현해야 한다. RC 회로에서 $v_s(t)$는 명확한 수식이 있는 시변 양이며, $v_s(t)$는 사인함수의 식으로 주어지기 때문에 [표 7-1]의 식 (7.7a)를 적용하여 이를 코사인으로 변환한다.

$$\begin{aligned} v_s(t) &= 12\sin(\omega t - 45°) \\ &= 12\cos(\omega t - 45° - 90°) \\ &= 12\cos(\omega t - 135°) \text{ V} \end{aligned} \qquad (7.62)$$

[표 7-3]에 따르면 $v_s(t)$의 페이저 등가는 다음과 같다.

$$\mathbf{V}_s = 12e^{-j135°} \text{ V} \qquad (7.63)$$

2단계 : 회로를 페이저 영역으로 변환하기

식 (7.61)에서 전류 $i(t)$는 다음과 같이 페이저 대응 $\mathbf{I}$와 관련이 있다.

$$i(t) = \Re[\mathbf{I}e^{j\omega t}] \qquad (7.64)$$

아직까지 $i(t)$ 또는 $\mathbf{I}$에 대한 명확한 수식이 나타나지는 않았지만, 추후 4단계와 5단계에서 이러한 수식을 얻게 된다. [그림 7-7]의 2단계는 교류 전류 $\mathbf{I}$, 저항을 나타내는 임피던스 $\mathbf{Z}_R = R$, 커패시터를 나타내는 임피던스 $\mathbf{Z}_C = \dfrac{1}{j\omega C}$인 페이저 영역의 RC 회로를 보여준다. 전압 전원은 그 페이저 $\mathbf{V}_s$로 나타낸다.

3단계 : 페이저 영역에서 KCL / KVL 식 세우기

[그림 7-7]의 2단계 회로의 경우, 루프 방정식은 다음과 같이 주어진다.

$$\mathbf{Z}_R\mathbf{I} + \mathbf{Z}_C\mathbf{I} = \mathbf{V}_s \qquad (7.65)$$

식 (7.65)는 식 (7.66)과 같다.

$$\left(R + \frac{1}{j\omega C}\right)\mathbf{I} = 12e^{-j135°} \qquad (7.66)$$

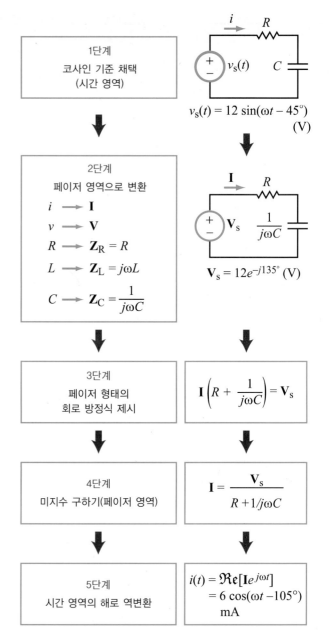

$$v_s(t) = 12\sin(\omega t - 45°) \text{ (V)}$$

$$\mathbf{V}_s = 12e^{-j135°} \text{ (V)}$$

1단계 코사인 기준 채택 (시간 영역)	
2단계 페이저 영역으로 변환 $i \rightarrow \mathbf{I}$ $v \rightarrow \mathbf{V}$ $R \rightarrow \mathbf{Z}_R = R$ $L \rightarrow \mathbf{Z}_L = j\omega L$ $C \rightarrow \mathbf{Z}_C = \dfrac{1}{j\omega C}$	
3단계 페이저 형태의 회로 방정식 제시	$\mathbf{I}\left(R + \dfrac{1}{j\omega C}\right) = \mathbf{V}_s$
4단계 미지수 구하기(페이저 영역)	$\mathbf{I} = \dfrac{\mathbf{V}_s}{R + 1/j\omega C}$
5단계 시간 영역의 해로 역변환	$\begin{aligned} i(t) &= \Re[\mathbf{I}e^{j\omega t}] \\ &= 6\cos(\omega t - 105°) \\ & \text{mA} \end{aligned}$

[그림 7-7] 페이저 영역 기법을 이용해 교류 회로를 해석하는 5단계

이 식은 또한 시간 영역의 식 (7.61)을 페이저 영역으로 전환하여 얻을 수 있으며, i를 $\mathbf{I}$로, $\int i\,dt$를 $\dfrac{\mathbf{I}}{j\omega}$로, v_s를 $\mathbf{V}_s$로 교체한다.

4단계 : 미지수 구하기

$\mathbf{I}$에 대해 식 (7.66)을 풀면 다음과 같다.

$$\mathbf{I} = \frac{12e^{-j135°}}{R + \frac{1}{j\omega C}} \tag{7.67}$$

$$= \frac{j12\omega C e^{-j135°}}{1 + j\omega RC}$$

주어진 $R = \sqrt{3}$ kΩ, $C = 1\ \mu$F, $\omega = 10^3$ rad/s를 이용하면 식 (7.67)은 다음 식으로 바꿔 쓸 수 있다.

$$\mathbf{I} = \frac{j12 \times 10^3 \times 10^{-6} e^{-j135°}}{1 + j10^3 \times \sqrt{3} \times 10^3 \times 10^{-6}} \tag{7.68}$$

$$= \frac{j12e^{-j135°}}{1 + j\sqrt{3}}\ \text{mA}$$

다음 단계를 위해 I에 대한 방정식을 극형식으로 전환해야 한다($Ae^{j\theta}$, 여기서 A는 양의 실수). 이를 위해 분자의 j를 $e^{j\pi/2}$로 교체하고, 분모를 극형식으로 전환한다.

$$1 + j\sqrt{3} = \sqrt{1 + 3}\,e^{j\phi} \tag{7.69}$$

$$= 2e^{j\phi}$$

여기서

$$\phi = \tan^{-1}\left(\frac{\sqrt{3}}{1}\right) = 60° \tag{7.70}$$

그러므로

$$\mathbf{I} = \frac{12e^{-j135°} \cdot e^{j90°}}{2e^{j60°}}$$

$$= 6e^{j(-135° + 90° - 60°)} \tag{7.71}$$

$$= 6e^{-j105°}\ \text{mA}$$

5단계 : 해를 다시 시간 영역의 형식으로 변환

시간 영역으로 돌아가기 위해 정현함수와 페이저 대응의 기본 관계를 활용한다. 즉

$$i(t) = \Re[\mathbf{I}e^{j\omega t}]$$

$$= \Re[6e^{-j105°}e^{j\omega t}] \tag{7.72}$$

$$= 6\cos(\omega t - 105°)\ \text{mA}$$

이상으로 페이저 영역 해석법의 5단계 절차를 증명하였다. 이 절차는 선형 교류 회로에도 똑같이 적용될 수 있다.

예제 7-5 *RL* 회로

[그림 7-8(a)]에 제시한 회로의 전압 전원은 다음과 같이 주어진다. $R = 3\ \Omega$, $L = 0.1$ mH일 때 인덕터 전압에 대한 수식을 구하라.

$$v_s(t) = 15\sin(4 \times 10^4 t - 30°)\ \text{V}$$

풀이

1단계 : $v_s(t)$를 코사인 형태로 표현한다.

$$v_s(t) = 15\sin(4 \times 10^4 t - 30°)$$

$$= 15\cos(4 \times 10^4 t - 30° - 90°)$$

$$= 15\cos(4 \times 10^4 t - 120°)\ \text{V}$$

그 결과 대응 페이저 $\mathbf{V}_s$는 다음과 같이 주어진다.

$$\mathbf{V}_s = 15e^{-j120°}\ \text{V}$$

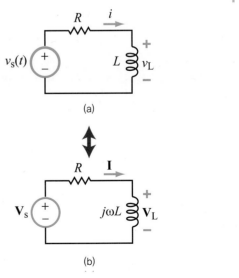

[그림 7-8] (a) 시간 영역
(b) 페이저 영역

2단계 : 회로를 페이저 영역으로 전환한다.

페이저 영역 회로는 [그림 7-8(b)]와 같다.

3단계 : 페이저 영역에서의 KVL을 세운다.

$$R\mathbf{I} + j\omega L\mathbf{I} = \mathbf{V}_s$$

4단계 : 미지수를 푼다.

$$\mathbf{I} = \frac{\mathbf{V}_s}{R + j\omega L} = \frac{15e^{-j120°}}{3 + j4 \times 10^4 \times 10^{-4}}$$

$$= \frac{15e^{-j120°}}{3 + j4} = \frac{15e^{-j120°}}{5e^{j53.1°}} = 3e^{-j173.1°} \text{ A}$$

인덕터의 페이저 전압과 페이저 전류 $\mathbf{I}$의 관계는 다음과 같다.

$$\mathbf{V}_L = j\omega L\mathbf{I}$$

$$= j4 \times 10^4 \times 10^{-4} \times 3e^{-j173.1°}$$

$$= j12e^{-j173.1°}$$

$$= 12e^{-j173.1°} \cdot e^{j90°} = 12e^{-j83.1°} \text{ V}$$

여기서 j를 $e^{j90°}$로 교체하였다.

5단계 : 구한 해를 시간 영역에서의 해로 변환한다.

대응하는 시간 영역 전압은 다음과 같다.

$$v_L(t) = \mathfrak{Re}[\mathbf{V}_L e^{j\omega t}]$$

$$= \mathfrak{Re}[12e^{-j83.1°}e^{j4 \times 10^4 t}]$$

$$= 12\cos(4 \times 10^4 t - 83.1°) \text{ V}$$

[연습 7-8] $v_s(t) = 20\cos(2 \times 10^3 t + 60°)$ V, $R = 6\ \Omega$, $L = 4$ mH일 때 [예제 7-5]의 회로 해석을 반복하라.

7.5 임피던스 변환

2장에서 전원과 저항만으로 구성된 회로에 대해 개발한 해석 방법은 전압 배분, 전류 배분, Y−Δ 변환 기법 기법이다. 이 기법들은 두 가지 기본 법칙인 KCL과 KVL에 근거한다. 앞 절에서 KCL과 KVL이 페이저 영역에서도 유효함을 살펴보았으므로, 이 간소화 및 변환 기법들 역시 페이저 영역에서 사용 가능하다. 두 경우의 차이는 2장에서는 시간 영역에서 표현한 전압 및 전류와 더불어 저항을 다룬 반면, 페이저 영역에서는 회로의 양이 임피던스와 페이저라는 것이다. 그러므로 일단 교류 회로가 페이저 영역으로 변환되고 나면, 2장과 3장의 방법을 똑같이 적용할 수 있다. 하지

만 그 기법들을 활용하는 과정에서 복소수 연산이 필요하다.

7.5절과 7.6절에서는 임피던스와 전원을 페이저 영역에서 변환하는 방법을 설명할 것이다. 그러나 그 전에 단일 소자의 임피던스를 넘어서 성분들의 총합이 나타내는 거동을 설명할 수 있도록 임피던스의 정의를 확장해야 한다. 세 가지 수동소자인 R, L, C는 옴(ohm), 헨리(henry), 패럿(farad)의 단위로 측정된다. 해당 임피던스인 $\mathbf{Z}_R$, $\mathbf{Z}_L$, $\mathbf{Z}_C$는 모두 옴으로 나타내며, 다음과 같다.

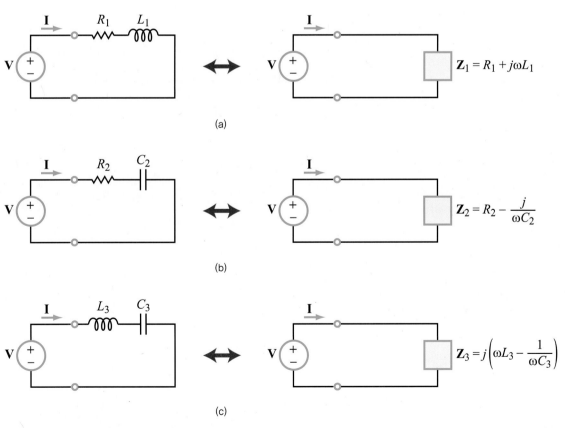

(a)

(b)

(c)

[그림 7-9] 두 개의 수동소자를 직렬연결한 세 가지 예

$$\mathbf{Z}_R = R, \qquad \mathbf{Z}_L = j\omega L, \qquad \mathbf{Z}_C = \frac{-j}{\omega C} \qquad (7.73)$$

[그림 7-9]에서 제시한 세 가지 직렬연결을 생각해보자. 좌변의 회로와 그 페이저 대응에 KVL을 적용하면 다음과 같다.

$$\mathbf{Z}_1 = \mathbf{Z}_{R_1} + \mathbf{Z}_{L_1} = R_1 + j\omega L_1 \qquad (7.74a)$$

$$\mathbf{Z}_2 = \mathbf{Z}_{R_2} + \mathbf{Z}_{C_2} = R_2 - \frac{j}{\omega C_2} \qquad (7.74b)$$

$$\mathbf{Z}_3 = \mathbf{Z}_{L_3} + \mathbf{Z}_{C_3} = j\left(\omega L_3 - \frac{1}{\omega C_3}\right) \qquad (7.74c)$$

이 간단한 세 가지 예시로부터 임피던스 $\mathbf{Z}$가 일반적으로 실수부와 허수부로 구성된 복소수(complex quantity)임을 알 수 있다. 보통 기호 R을 사용해 실수부를 나타내고, **임피던스 저항**(resistance)이라고 한다. 또한 기호 X를 사용해 허수부를 나타내고, **리액턴스**(reactance)라고 부른다. 따라서

$$\mathbf{Z} = R + jX \qquad (7.75)$$

임피던스 $\mathbf{Z}_1$과 $\mathbf{Z}_2$의 리액턴스의 극성은 반대다. $\mathbf{Z}_1$에서와 같이 X가 양인 경우, $\mathbf{Z}$를 **유도성 임피던스**(inductive impedance), X가 음인 경우 **용량성 임피던스**(capacitive impedance)라고 부른다. 임피던스 $\mathbf{Z}_2$는 용량성이다. 임피던스 $\mathbf{Z}_3$는 순허수이며, ωL과 $\frac{1}{\omega C}$의 대소 비교에 따라 유도성이나 용량성으로 결정된다. 종종 $\mathbf{Z}$를 극형식으로 표현하기도 한다.

$$\mathbf{Z} = |\mathbf{Z}|e^{j\theta} \qquad (7.76)$$

여기서 $\mathbf{Z}$의 크기인 절댓값 $|\mathbf{Z}|$와 위상각 θ는 다음과 같이 직교좌표 형식의 요소 R, X로 나타낼 수 있다.

$$|\mathbf{Z}| = \sqrt[+]{R^2 + X^2}, \qquad \theta = \tan^{-1}\left(\frac{X}{R}\right) \qquad (7.77)$$

역 관계는 다음과 같이 주어진다.

$$R = \Re[\mathbf{Z}] = \Re[|\mathbf{Z}|e^{j\theta}] = |\mathbf{Z}|\cos\theta \qquad (7.78a)$$

$$X = \Im[\mathbf{Z}] = \Im[|\mathbf{Z}|e^{j\theta}] = |\mathbf{Z}|\sin\theta \qquad (7.78b)$$

2장에서 전도도 G를 R의 역수로 정의했다. 즉 $G = \frac{1}{R}$다. 페이저 영역에서 G에 해당하는 것은 **어드미턴스**(admittance) $\mathbf{Y}$이며, 다음과 같이 정의한다.

$$\mathbf{Y} = \frac{1}{\mathbf{Z}} = G + jB \qquad (7.79)$$

여기서 $G = \Re[\mathbf{Y}]$는 $\mathbf{Y}$의 전도도(conductance)라고 하며 $B = \Im[\mathbf{Y}]$는 서셉턴스(susceptance)라고 한다. 이때 $\mathbf{Y}$, G, B의 단위는 모두 지멘스(siemens, S)다.

7.5.1 직렬 및 병렬 임피던스

[그림 7-9]의 직렬연결 예는 모두 임피던스 두 개로 구성되었다. 이를 좀 더 일반화하여, 다음과 같이 설명할 수 있다.

직렬로 연결된 N개의 임피던스(같은 페이저 전류 공유)는 그 값이 각 임피던스의 대수적 합과 동일한 단일 등가 임피던스 $\mathbf{Z}_{eq}$로 간주할 수 있다.

$$\mathbf{Z}_{eq} = \sum_{i=1}^{N} \mathbf{Z}_i \qquad \text{(직렬 임피던스)} \qquad (7.80)$$

각 임피던스 $\mathbf{Z}_i$에 걸리는 페이저 전압은 모든 수동소자에 걸리는 페이저 전압의 합에 대한 비례분수 $\left(\frac{\mathbf{Z}_i}{\mathbf{Z}_{eq}}\right)$에 해당한다.

이는 **전압 분배**(voltage division)를 설명한 것으로 [그림 7-10]과 같이 임피던스가 두 개인 회로에서 분배되는 전압들은 다음과 같이 표현된다고 가정할 수 있다.

$$\mathbf{V}_1 = \left(\frac{\mathbf{Z}_1}{\mathbf{Z}_1 + \mathbf{Z}_2}\right)\mathbf{V}_s, \quad \mathbf{V}_2 = \left(\frac{\mathbf{Z}_2}{\mathbf{Z}_1 + \mathbf{Z}_2}\right)\mathbf{V}_s \qquad (7.81)$$

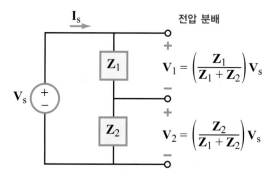

[그림 7-10] 직렬의 두 임피던스 간 전압 분배

$$V_1 = \left(\frac{Z_1}{Z_1 + Z_2}\right)V_s$$

$$V_2 = \left(\frac{Z_2}{Z_1 + Z_2}\right)V_s$$

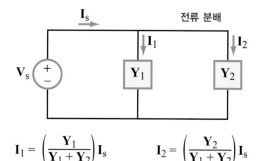

[그림 7-11] 병렬의 두 어드미턴스 간 전류 분배

$$I_1 = \left(\frac{Y_1}{Y_1 + Y_2}\right)I_s \qquad I_2 = \left(\frac{Y_2}{Y_1 + Y_2}\right)I_s$$

마찬가지로 다음과 같이 등가 어드미턴스를 계산할 수 있다.

> 한 쌍의 마디 사이에 병렬로 연결된 N개의 어드미턴스 (모두 같은 전압 공유)는 그 값이 각 어드미턴스의 대수적 합과 동일한 단일 등가 어드미턴스 Y_{eq}로 결합될 수 있다.

$$Y_{eq} = \sum_{i=1}^{N} Y_i \quad \text{(병렬연결된 어드미턴스)} \quad (7.82)$$

각 어드미턴스 Y_i를 통해 흐르는 페이저 전류는 모든 수동소자를 통해 흐르는 페이저 전류의 합에 대한 비

례 분수 $\left(\dfrac{Y_i}{Y_{eq}}\right)$에 해당한다.

식 (7.81)과 마찬가지로 **전류 분배**(current division)에 대해 설명할 수 있다. 병렬로 연결된 두 개의 어드미턴스 사이에서 전류가 어떻게 나누어지는지를([그림 7-11]) 정의한 것으로 다음 수식으로 나타낼 수 있다.

$$I_1 = \left(\frac{Y_1}{Y_1 + Y_2}\right)I_s, \quad I_2 = \left(\frac{Y_2}{Y_1 + Y_2}\right)I_s \quad (7.83)$$

그리고 식 (7.83)은 임피던스에 관해 다음과 같이 다시 쓸 수 있다.

$$I_1 = \left(\frac{Z_2}{Z_1 + Z_2}\right)I_s, \quad I_2 = \left(\frac{Z_1}{Z_1 + Z_2}\right)I_s \quad (7.84)$$

예제 7-6 입력 임피던스

[그림 7-12(a)]의 회로를 다음 전원에 연결한다. $R_1 = 2\ \text{k}\Omega$, $R_2 = 4\ \text{k}\Omega$, $L = 3\ \text{mH}$일 때 다음 물음에 답하라.

$$v_s(t) = 16\cos 10^6 t\ \text{V}$$

(a) 회로의 입력 임피던스를 구하라.

(b) R_2의 전압 $v_2(t)$를 구하라.

풀이

(a) 페이저 영역 등가회로는 [그림 7-12(b)]와 같다. 여기서

$$V_s = 16$$

$$Z_1 = R_1 - \frac{j}{\omega C} = 2 \times 10^3 - \frac{j}{10^6 \times 10^{-9}} = (2 - j1)\ \text{k}\Omega$$

$$\mathbf{Z}_L = j\omega L = j \times 10^6 \times 3 \times 10^{-3} = j3 \text{ k}\Omega$$

이고

$$\mathbf{Z}_{R_2} = R_2 = 4 \text{ k}\Omega$$

이다. $\mathbf{Z}_L$와 $\mathbf{Z}_{R_2}$의 병렬연결은 [그림 7-12(c)]에 서 $\mathbf{Z}_2$로 나타내며, 다음과 같이 주어진다.

$$\mathbf{Z}_2 = \frac{\mathbf{Z}_L \mathbf{Z}_{R_2}}{\mathbf{Z}_L + \mathbf{Z}_{R_2}} = \frac{j3 \times 10^3 \times 4 \times 10^3}{(4 + j3) \times 10^3}$$

$$= \frac{j12 \times 10^3}{4 + j3}$$

$\mathbf{Z}_2$에 대한 식을 $(a + jb)$ 형태로 전환하기 위한 유용한 '비법'은 분자와 분모를 분모의 켤레복소수로 곱하는 것이다.

$$\mathbf{Z}_2 = \frac{j12 \times 10^3}{4 + j3} \times \frac{4 - j3}{4 - j3} = \frac{36 + j48}{16 + 9} \times 10^3$$

$$= (1.44 + j1.92) \text{ k}\Omega$$

입력 임피던스 $\mathbf{Z}_i$는 $\mathbf{Z}_1$과 $\mathbf{Z}_2$의 합과 동일하다.

$$\mathbf{Z}_i = \mathbf{Z}_1 + \mathbf{Z}_2$$

$$= (2 - j1 + 1.44 + j1.92) \times 10^3$$

$$= (3.44 + j0.92) \text{ k}\Omega$$

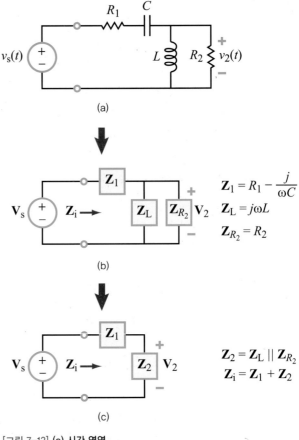

[그림 7-12] (a) 시간 영역
(b) 페이저 영역
(c) 임피던스 결합

(b) 전압 분배에 의해

$$\mathbf{V}_2 = \frac{\mathbf{Z}_2 \mathbf{V}_s}{\mathbf{Z}_1 + \mathbf{Z}_2}$$

$$= \frac{(1.44 + j1.92) \times 10^3 \times 16}{(3.44 + j0.92) \times 10^3}$$

$$= 10.8 e^{j38.2°} \text{ V}$$

$\mathbf{V}_2$를 시간 영역 대응값으로 변환하면 다음과 같다.

$$v_2(t) = \mathfrak{Re}[\mathbf{V}_2 e^{j\omega t}]$$

$$= \mathfrak{Re}[10.8 e^{j38.2°} e^{j10^6 t}]$$

$$= 10.8 \cos(10^6 t + 38.2°) \text{ V}$$

예제 7-7 전류 분배

[그림 7-13(a)]의 회로를 다음과 같은 전압 전원과 연결한다. $R_1 = 10 \ \Omega$, $R_2 = 30 \ \Omega$, $L = 2 \ \mu\text{H}$, $C = 10 \ \text{nF}$일 때 다음 물음에 답하라.

$$v_s(t) = 4 \sin(10^7 t + 15°) \text{ V}$$

(a) 입력 어드미턴스 $\mathbf{Y}_i$를 구하라.

(b) R_2를 통해 흐르는 전류 $i_2(t)$를 구하라.

풀이

(a) $v_s(t)$을 코사인 형태로 전환하는 것으로 시작한다.

$$v_s(t) = 4\sin(10^7 t + 15°)$$
$$= 4\cos(10^7 t + 15° - 90°)$$
$$= 4\cos(10^7 t - 75°) \text{ V}$$

해당 페이저 전압은

$$\mathbf{V}_s = 4e^{-j75°} \text{ V}$$

[그림 7-13(b)]에 제시한 임피던스는 다음과 같이 주어진다.

$$\mathbf{Z}_{R_1} = R_1 = 10 \ \Omega$$

$$\mathbf{Z}_C = \frac{-j}{\omega C} = \frac{-j}{10^7 \times 10^{-8}} = -j10 \ \Omega$$

또한

$$\mathbf{Z}_a = R_2 + j\omega L$$
$$= 30 + j10^7 \times 2 \times 10^{-6} = (30 + j20) \ \Omega$$

[그림 7-13(c)]에서 $\mathbf{Z}_b$는 $\mathbf{Z}_C$와 $\mathbf{Z}_a$의 병렬연결을 나타낸다.

$$\mathbf{Z}_b = \mathbf{Z}_C \parallel \mathbf{Z}_a$$
$$= \frac{(-j10)(30 + j20)}{-j10 + 30 + j20} = \frac{20 - j30}{3 + j1}$$
$$= \frac{(20 - j30)}{(3 + j1)} \frac{(3 - j1)}{(3 - j1)} = (3 - j11) \ \Omega$$

입력 임피던스는

$$\mathbf{Z}_i = \mathbf{Z}_{R_1} + \mathbf{Z}_b = 10 + 3 - j11 = (13 - j11) \ \Omega$$

이며, 그 역수는 다음과 같다.

$$\mathbf{Y}_i = \frac{1}{\mathbf{Z}_i}$$
$$= \frac{1}{13 - j11} \times \frac{13 + j11}{13 + j11}$$
$$= \frac{13 + j11}{169 + 121} = (4.5 + j3.8) \times 10^{-2} \text{ S}$$

(b) 전류 $\mathbf{I}$는 다음과 같이 주어진다.

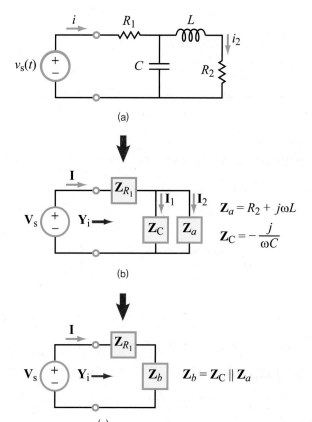

[그림 7-13] (a) 시간 영역
(b) 페이저 영역
(c) 임피던스 결합

$$\mathbf{I} = \frac{\mathbf{V}_s}{\mathbf{Z}_i} = \frac{4e^{-j75°}}{13 - j11} = \frac{4e^{-j75°}}{17.03e^{-j40.2°}} = 0.235e^{-j34.8°} \text{ A}$$

[그림 7-13(b)]의 전류 분배에 의해

$$\begin{aligned}
\mathbf{I}_2 &= \frac{\mathbf{Z}_C}{\mathbf{Z}_a + \mathbf{Z}_C} \mathbf{I} \\
&= \frac{-j10}{30 + j20 - j10} \times 0.235e^{-j34.8°} \\
&= \frac{2.35e^{-j34.8°} \cdot e^{-j90°}}{31.6e^{j18.4°}} = 7.4 \times 10^{-2}e^{-j143.2°} \text{ A}
\end{aligned}$$

시간 영역에서 해당하는 전류는 다음과 같다.

$$\begin{aligned}
i_2(t) &= \Re[\mathbf{I}_2 e^{j\omega t}] \\
&= \Re[7.4 \times 10^{-2}e^{-j143.2°}e^{j10^7 t}] \\
&= 7.4 \times 10^{-2}\cos(10^7 t - 143.2°) \text{ A}
\end{aligned}$$

[질문 7-9] 두 직렬 커패시터를 추가하는 규칙은 두 직렬 레지스터를 추가하는 규칙과 다르다. 하지만 두 직렬 커패시터의 임피던스를 추가하는 규칙은 두 직렬 레지스터를 추가하는 규칙과 같다. 이 말에 모순이 있는지 설명하라.

[질문 7-10] 커패시터와 인덕터만으로 전체 결합의 임피던스가 0이 아닌 실수부를 갖도록 회로를 구성할 수 있는지 설명하라.

[연습 7-9] 다음 각 회로에 대해 $\omega = 10^5$ rad/s일 때 입력 임피던스를 구하라.

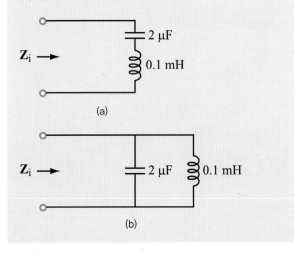

7.5.2 Y-Δ 변환

2.5절에서 간략히 설명한 Y-Δ 변환을 통해 세 마디에 걸리는 전압이나 마디로 흘러들어오는 전류값의 변화 없이도, 세 마디가 형성하는 Y 회로를 Δ 회로로, Δ회로를 Y 회로로 등가적으로 변환할 수 있다. Y 회로([그림 7-14])의 임피던스 $\mathbf{Z}_1$과 $\mathbf{Z}_3$, Δ 회로의 임피던스 $\mathbf{Z}_a$와 $\mathbf{Z}_c$ 간의 관계와 마찬가지로 동일한 원리를 임피던스에 적용한다.

Δ → Y 변환

$$\mathbf{Z}_1 = \frac{\mathbf{Z}_b \mathbf{Z}_c}{\mathbf{Z}_a + \mathbf{Z}_b + \mathbf{Z}_c} \tag{7.85a}$$

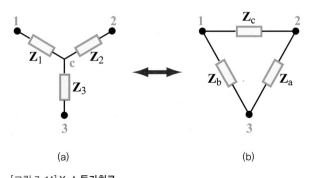

[그림 7-14] Y-Δ 등가회로

$$\mathbf{Z}_2 = \frac{\mathbf{Z}_a\mathbf{Z}_c}{\mathbf{Z}_a + \mathbf{Z}_b + \mathbf{Z}_c} \tag{7.85b}$$

$$\mathbf{Z}_c = \frac{\mathbf{Z}_1\mathbf{Z}_2 + \mathbf{Z}_2\mathbf{Z}_3 + \mathbf{Z}_1\mathbf{Z}_3}{\mathbf{Z}_3} \tag{7.86c}$$

$$\mathbf{Z}_3 = \frac{\mathbf{Z}_a\mathbf{Z}_b}{\mathbf{Z}_a + \mathbf{Z}_b + \mathbf{Z}_c} \tag{7.85c}$$

평형 회로

Y 회로가 평형인 경우(그 임피던스가 모두 동일) Δ 회로도 평형이며 그 역도 성립한다.

Y → Δ 변환

$$\mathbf{Z}_a = \frac{\mathbf{Z}_1\mathbf{Z}_2 + \mathbf{Z}_2\mathbf{Z}_3 + \mathbf{Z}_1\mathbf{Z}_3}{\mathbf{Z}_1} \tag{7.86a}$$

$$\mathbf{Z}_1 = \mathbf{Z}_2 = \mathbf{Z}_3 = \frac{\mathbf{Z}_a}{3}, \quad \text{if } \mathbf{Z}_a = \mathbf{Z}_b = \mathbf{Z}_c \tag{7.87a}$$

$$\mathbf{Z}_b = \frac{\mathbf{Z}_1\mathbf{Z}_2 + \mathbf{Z}_2\mathbf{Z}_3 + \mathbf{Z}_1\mathbf{Z}_3}{\mathbf{Z}_2} \tag{7.86b}$$

$$\mathbf{Z}_a = \mathbf{Z}_b = \mathbf{Z}_c = 3\mathbf{Z}_1, \quad \text{if } \mathbf{Z}_1 = \mathbf{Z}_2 = \mathbf{Z}_3 \tag{7.87b}$$

예제 7-8 Y-Δ 변환의 응용

(a) Y-Δ 변환기법을 활용하여 전류 **I**를 구하고, [그림 7-15(a)]의 회로를 간소화하라.

(b) 전압 전원의 진동 주파수가 1 MHz라고 가정하고 해당 $i(t)$를 구하라.

풀이

(a) [그림 7-15(b)]에 제시한 바와 같이 다음의 임피던스로 마디 1, 마디 2, 마디 3에 연결된 Δ 회로를 Y 회로로 교체할 수 있다.

$$\mathbf{Z}_1 = \frac{\mathbf{Z}_b\mathbf{Z}_c}{\mathbf{Z}_a + \mathbf{Z}_b + \mathbf{Z}_c}$$
$$= \frac{-j6 \times 12}{24 - j12 - j6 + 12} = \frac{-j72}{36 - j18} = (0.8 - j1.6) \ \Omega$$

$$\mathbf{Z}_2 = \frac{\mathbf{Z}_a\mathbf{Z}_c}{\mathbf{Z}_a + \mathbf{Z}_b + \mathbf{Z}_c}$$
$$= \frac{(24 - j12) \times 12}{36 - j18} = 8 \ \Omega$$

$$\mathbf{Z}_3 = \frac{\mathbf{Z}_b\mathbf{Z}_a}{\mathbf{Z}_a + \mathbf{Z}_b + \mathbf{Z}_c}$$
$$= \frac{-j6(24 - j12)}{36 - j18} = -j4 \ \Omega$$

[그림 7-15(c)]에서 **Z**_f는 **Z**_3와 **Z**_d의 직렬연결을 나타낸다.

$$\mathbf{Z}_f = \mathbf{Z}_3 + \mathbf{Z}_d = -j4 + j2 = -j2 \ \Omega$$

마찬가지로

$$\mathbf{Z}_g = \mathbf{Z}_2 + \mathbf{Z}_e = (8 + j6) \ \Omega$$

임피던스 **Z**_f와 **Z**_g는 병렬로 연결되며, 이 연결이 **Z**_0, **Z**_1과 직렬로 연결된다. 그러므로 다음 식이 성립한다.

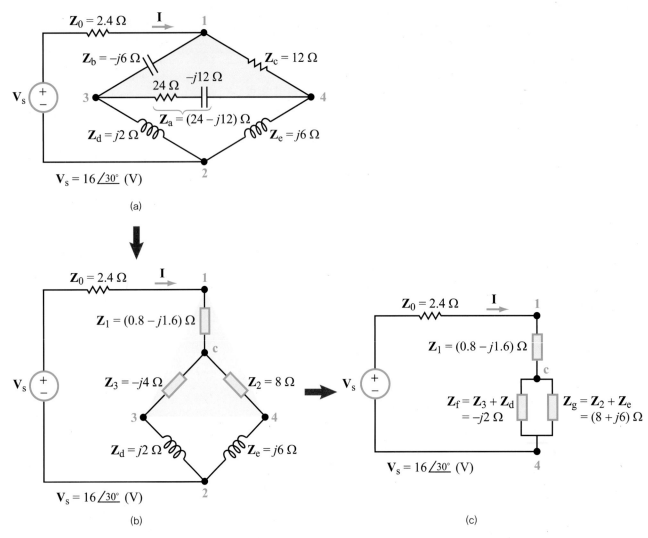

[그림 7-15] [예제 7-8] 회로의 간소화 과정

$$I = \frac{V_s}{Z_0 + Z_1 + (Z_f \parallel Z_g)}$$

$$= \frac{16e^{j30°}}{2.4 + (0.8 - j1.6) + [-j2 \times (8 + j6)/-j2 + 8 + j6]}$$

복소수 연산을 몇 단계 거친 뒤 다음과 같은 결과를 얻는다.

$$I = 3.06 \underline{/76.55°}\ A$$

(b)

$$i(t) = \Re[I e^{j\omega t}]$$

$$= \Re[3.06 e^{j76.55°} e^{j2\pi \times 10^6 t}]$$

$$= 3.06 \cos(2\pi \times 10^6 t + 76.55°)\ A$$

[연습 7-10] 다음 Y 임피던스 회로를 Δ 임피던스 회로로 전환하라.

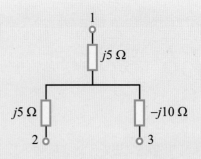

7.6 등가회로

앞절에서 임피던스 변환을 이용해 페이저 영역 회로를 간소화할 수 있는 방법에 대해 알아보았다. 이제 등가 회로 법칙을 전압 및 전류 전원을 포함한 회로로 확장해보자.

7.6.1 전원 변환

2.4.4절에서 저항성 회로에 **전원 변환 원리**(source-transformation principle)를 적용하는 것에 대해 간략히 설명하였다. 페이저 영역에서 적용할 때는 외부에서 바라볼 때의 회로를 고려하여 확인할 수 있으며, [그림 7-16]과 같이 나타낼 수 있다.

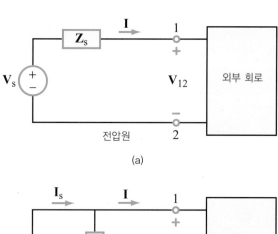

(a)

(b)

[그림 7-16] **전원 등가 변환**

전원 임피던스가 $\mathbf{Z}_s$인 직렬 전압 전원 $\mathbf{V}_s$는 임피던스 $\mathbf{Z}_s$와 전류 전원 $\mathbf{I}_s = \dfrac{\mathbf{V}_s}{\mathbf{Z}_s}$의 병렬연결과 같다.

등가(equivalence)는 두 입력 회로가 같은 전류 $\mathbf{I}$와 전압 $\mathbf{V}_{12}$를 외부 회로에 전달함을 의미한다.

7.6.2 테브난 등가회로

3.5절의 **테브난 정리**(Thévenin's theorem)를 페이저 영역과 관련해 다시 기술하면 다음과 같다.

선형 회로는 전압 전원 $\mathbf{V}_{Th}$와 임피던스 $\mathbf{Z}_{Th}$의 직렬연결로 구성된 등가회로를 출력 단자에 연결함으로써 나타낼 수 있다. 여기서 $\mathbf{V}_{Th}$는 부하가 연결되지 않았을 때 양단에 걸리는 전압이며, $\mathbf{Z}_{Th}$는 회로 내 모든 독립 전원들이 꺼져 있을 때 그 양단에서 들여다보는 등가 임피던스다.

등가란 부하 $\mathbf{Z}_L$을 실제 회로([그림 7-17(a)])의 출력단자에 연결하여 전류 $\mathbf{I}_L$이 부하를 통해 흐르도록 유도하면, 테브난 등가회로([그림 7-17(b)])가 같은 부하 임피던스 $\mathbf{Z}_L$에 연결될 때 같은 전류 $\mathbf{I}_L$을 전달하게 된다는 것을 의미한다. 등가성이 유지되려면, 테브난 회로의 전압 $\mathbf{V}_{Th}$와 임피던스 $\mathbf{Z}_{Th}$가 다음과 같이 성립해야 한다([그림 7-17의 (c)와 (d)]).

$$\mathbf{V}_{Th} = \mathbf{V}_{oc} \tag{7.88a}$$

$$\mathbf{Z}_{Th} = \mathbf{Z}_{eq} \tag{7.88b}$$

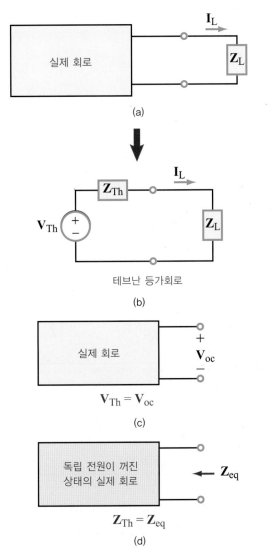

(a)

테브난 등가회로

(b)

$$V_{Th} = V_{oc}$$

(c)

$$Z_{Th} = Z_{eq}$$

(d)

[그림 7-17] 종속 전원이 없는 회로에 테브난 등가 방법 적용

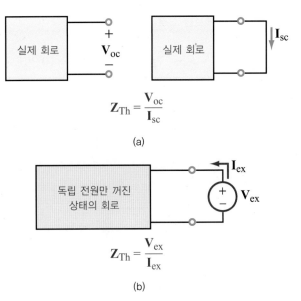

$$Z_{Th} = \frac{V_{oc}}{I_{sc}}$$

(a)

$$Z_{Th} = \frac{V_{ex}}{I_{ex}}$$

(b)

[그림 7-18] 두 가지 방법 모두 회로에 종속 전원이 포함되어 있는지와
관계없이 Z_{Th}을 구하는 데 적합하다.
(a) 개방 회로/단락 회로 방법
(b) 외부 전원 방법

개방 회로/단락 회로 방법

$$Z_{Th} = \frac{V_{oc}}{I_{sc}} \qquad (7.89)$$

위 식에서 I_{sc}는 출력 단자에서의 단락 전류다([그림
7-18(a)]).

외부 전원 방법

$$Z_{Th} = \frac{V_{ex}}{I_{ex}} \qquad (7.90)$$

위 식에서 I_{ex}는 회로 내 모든 독립 전원이 꺼진 후, 회
로 단자에 연결된 외부 전원인 V_{ex}([그림 7-18(b)])에
의해 생성된 전류다.

테브난(Thévenin) 등가회로는 7.6.1절의 전원 변환 방
법을 적용하여 언제나 노턴(Norton) 등가회로로 변환
될 수 있으며, 그 역도 성립한다.

개방 회로 전압 V_{oc}를 계산하거나 측정함으로써 V_{Th}
를 구하기 위해 식 (7.88a)를 적용하는 것은 실제 회로
가 종속 전원을 포함하는지 여부와 관계없이 항상 유
효한 접근 방법이다. 그러나 식 (7.88b)는 그렇지 않
다. 등가 임피던스 방법은 회로에 종속 전원이 포함되
어 있으면 Z_{Th}를 구하는 데 사용될 수 없다. 대안으로
는 다음과 같은 방법이 있다.

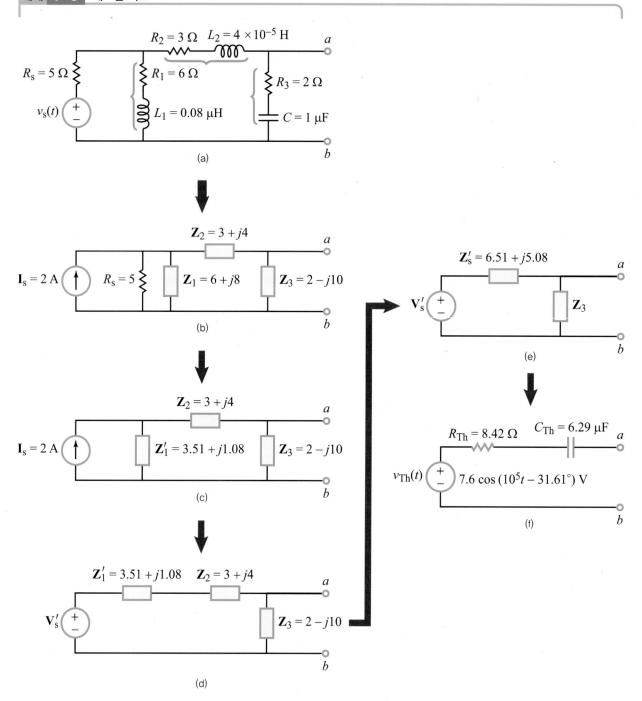

[그림 7-19] 전원 변환을 이용한 [예제 7-9] 회로의 간소화(모든 임피던스는 ohm으로 표시됨)

(a) $v_s(t) = 10 \cos 10^5 t$ (V)

(b) $\mathbf{I}_s = \dfrac{\mathbf{V}_s}{R_s} = \dfrac{10}{5} = 2$ A

(c) $\mathbf{Z}_1' = R_s \parallel \mathbf{Z}_1$

(d) $\mathbf{V}_s' = \mathbf{I}_s \mathbf{Z}_s' = (7.02 + j2.16)$ V

(e) $\mathbf{Z}_s' = \mathbf{Z}_1' + \mathbf{Z}_2$

(f) 테브난 등가회로

[그림 7-19(a)]의 회로는 다음과 같은 정현파 전원(sinusoidal source)을 포함한다. 테브난 등가회로를 구하라.

$$v_s(t) = 10 \cos 10^5 t \text{ V}$$

풀이

1단계 : $v_s(t)$의 페이저 대응값은

$$\mathbf{V}_s = 10 \text{ V}$$

[그림 7-19(b)]는 직렬연결($\mathbf{V}_s$, R_s)을 병렬연결($\mathbf{I}_s$, R_s)로 대체한 것과 더불어 페이저 영역의 회로를 나타낸다. 여기에서

$$\mathbf{I}_s = \frac{\mathbf{V}_s}{R_s} = \frac{10}{5} = 2 \text{ A}$$

2단계 : R_s를 $\mathbf{Z}_1$과 병렬로 결합하면

$$\mathbf{Z}_1' = R_s \parallel \mathbf{Z}_1 = \frac{5(6 + j8)}{5 + 6 + j8} = (3.51 + j1.08) \text{ } \Omega$$

3단계 : $\mathbf{Z}_1'$과 직렬 상태의 전압원으로 전환하면 [그림 7-19(d)]의 회로가 된다.

$$\mathbf{V}_s' = \mathbf{I}_s\mathbf{Z}_1' = 2(3.51 + j1.08) = (7.02 + j2.16) \text{ V}$$

4단계 : $\mathbf{Z}_1'$을 $\mathbf{Z}_2$와 직렬로 결합하면 [그림 7-19(e)]의 회로가 된다.

$$\begin{aligned} \mathbf{Z}_s' &= \mathbf{Z}_1' + \mathbf{Z}_2 \\ &= (3.51 + j1.08) + (3 + j4) = (6.51 + j5.08) \text{ } \Omega \end{aligned}$$

5단계 : 전압 분배를 적용하면

$$\begin{aligned} \mathbf{V}_{Th} = \mathbf{V}_{oc} &= \frac{\mathbf{V}_s'\mathbf{Z}_3}{\mathbf{Z}_s' + \mathbf{Z}_3} \\ &= \frac{(7.02 + j2.16)(2 - j10)}{(6.51 + j5.08) + (2 - j10)} \\ &= 7.6\angle^{-31.61°} \text{ V} \end{aligned}$$

따라서

$$\begin{aligned} v_{Th}(t) &= \mathfrak{Re}[\mathbf{V}_{Th}e^{j\omega t}] = \mathfrak{Re}[7.6e^{-j31.61°}e^{j10^5 t}] \\ &= 7.6 \cos(10^5 t - 31.61°) \text{ V} \end{aligned}$$

6단계 : [그림 7-19(e)]에서 전원 $\mathbf{V}_s$를 무시하면, 단자 (a, b)의 회로가 $\mathbf{Z}_3$와 병렬 상태의 $\mathbf{Z}_s$로 바뀌어 아래와 같은 식이 성립된다.

$$\begin{aligned} \mathbf{Z}_{Th} &= \mathbf{Z}_s' \parallel \mathbf{Z}_3 \\ &= \frac{(6.51 + j5.08)(2 - j10)}{(6.51 + j5.08) + (2 - j10)} = (8.42 - j1.59) \text{ } \Omega \end{aligned}$$

7단계 : 허수 성분이 음의 부호를 가지므로 $\mathbf{Z}_{Th}$는 용량성(capacitive)이다. 따라서 임피던스는 다음과 같다.

$$\mathbf{Z}_{Th} = R_{Th} - \frac{j}{\omega C_{Th}}$$

두 임피던스는 정합되므로 두 식으로부터

$$R_{Th} = 8.42 \ \Omega, \qquad C_{Th} = \frac{1}{1.59\omega} = 6.29 \ \mu F$$

의 결과를 얻는다. 시간 영역에서의 테브난 등가회로는 [그림 7-19(f)]와 같다.

[질문 7-11] 페이저 영역에서 테브난 등가 방법은 종속 전원들을 포함하는 회로에 유효한가? 그렇다면 그러한 회로의 $\mathbf{Z}_{Th}$를 구하는 데 사용할 수 있는 방법으로는 어떤 것들이 있는가?

[질문 7-12] 어떤 회로의 $\mathbf{Z}_{Th}$가 순허수라면, 그 회로는 저항을 포함하는가?

[연습 7-11] 다음 회로의 단자 (a, b)에서 $\mathbf{V}_{Th}$와 $\mathbf{Z}_{Th}$를 구하라.

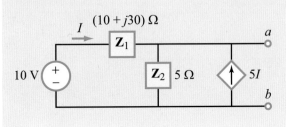

7.7 페이저 다이어그램

다음 정현파 신호 $v_s(t)$와 페이저 대응인 $\mathbf{V}_s$를 생각해 보자.

$$v_s(t) = V_0 \cos(\omega t + \phi) \quad \longleftrightarrow \quad \mathbf{V}_s = V_0 \angle \phi \quad (7.91)$$

시간 영역 전압 $v_s(t)$는 세 가지 속성(진폭 V_0, 각주파수 ω, 위상 ϕ)을 가진다. 그러나 페이저 영역 $\mathbf{V}_s$에 있는 대응값은 두 가지 속성(V_0과 ϕ)만으로 표시된다. 이를 통해 페이저 영역 회로를 해석할 때 ω는 무관하지만, 회로가 커패시터나 인덕터를 포함하면 그렇지 않다는 점을 명확히 알 수 있다. ω는 페이저 전류 및 전압에 대한 식에서 명시적으로 나타나지 않지만, 커패시터 임피던스 $\mathbf{Z}_C$와 인덕터 임피던스 $\mathbf{Z}_L$를 정의하는 데 필수적인 요소다. 이 두 소자에 대한 $\mathbf{I}$–$\mathbf{V}$ 관계를 다음과 같이 정의한다.

$$\mathbf{Z}_C = \frac{\mathbf{V}_C}{\mathbf{I}_C} = \frac{1}{j\omega C} = \frac{1}{\omega C} \angle{-90°} \quad (7.92\text{a})$$

$$\mathbf{Z}_L = \frac{\mathbf{V}_L}{\mathbf{I}_L} = j\omega L = \omega L \angle{90°} \quad (7.92\text{b})$$

사실 ω 값은 C나 L 값에 비해 회로의 동작을 크게 바꿀 수 있다.

DC에서, $\mathbf{Z}_C \to \infty$(개방 회로)와 $\mathbf{Z}_L \to 0$(단락 회로) 반대로, $\omega \to \infty$로서 $\mathbf{Z}_C \to 0$와 $\mathbf{Z}_L \to \infty$

페이저 다이어그램(phasor diagram)은 회로 내 다양한 전류와 전압 간의 관계를 조사하는 데 유용한 그림 도구다. 하지만 다중 소자 회로를 고려하기에 앞서 먼저 R, L, C에 대한 페이저 다이어그램을 개별적으로 조사해야 한다. [그림 7-20]은 세 개의 소자 모두에 대한 $\mathbf{I}$와 $\mathbf{V}$의 페이저 다이어그램을 나타낸 것으로, 위상각을 0으로 설정한 $\mathbf{V}$를 기준으로 한다. 각 페이저 양이 그 크기와 위상의 각 측면에서 복소평면에 표시되어 있다. 저항의 경우, $\mathbf{V}_R$과 $\mathbf{I}_R$은 항상 같은 위상에 있기 때

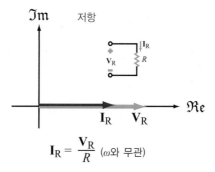

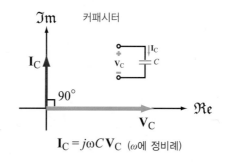

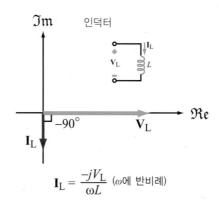

[그림 7-20] R, L, C에 대한 페이저 다이어그램

문에 항상 같은 방향을 따라 배열된다. $\mathbf{V}_R$이 실수 (real)이므로 $\mathbf{I}_R$도 실수다.

다음으로 커패시터를 살펴보자. 식 (7.92a)에서 커패시터는 벡터 $\mathbf{I}_C$를 $\mathbf{V}_C$보다 90°만큼 앞에 위치시킨다. 인덕터는 $\mathbf{I}_L$이 $\mathbf{V}_L$보다 90°만큼 지연되어 나타난다.

$$\mathbf{I}_C = \frac{\mathbf{V}_C}{\mathbf{Z}_C} = j\omega C\mathbf{V}_C = \omega C\mathbf{V}_C\angle 90° \qquad (7.93a)$$

$$\mathbf{I}_L = \frac{\mathbf{V}_L}{j\omega L} = \frac{-j\mathbf{V}_L}{\omega L} = \frac{\mathbf{V}_L}{\omega L}\angle{-90°} \qquad (7.93b)$$

개별 소자를 다룰 때는 $\mathbf{I}$과 $\mathbf{V}$ 사이의 관계가 명확하다. 복소평면에서 둘 중 어느 한쪽의 위치를 파악하면 해당 소자에 적합한 위상각 변이에 따라 다른 한쪽의 위치도 알아낼 수 있다.

다중소자 회로를 기술하는 방법은 상대 페이저 다이어그램(relative phasor diagram)과 절대 페이저 다이어그램(absolute phasor diagram) 중에서 선택할 수 있다. 상대 페이저 다이어그램에서는 보통 특정 전류 또는 전압을 설정하고 위상은 0°로 가정하여 그 전류 또는 전압을 기준 페이저로 정한다.

페이저 다이어그램을 사용하는 목적은 회로 내 여러 전압, 전류 변수들의 위상을 정확히 알아내기 위한 것이라기보다는 관계, 즉 물리량들의 크기와 '상대적인' 위상차를 보기 위한 것이다. 원칙적으로 어떤 페이저 전압 또는 전류를 기준으로 삼는지는 크게 중요하지 않지만, 보통은 다수의 회로 소자들에게 공통적으로 영향을 미치는 페이저 전류나 전압을 선택한다. [예제 7-10]에서는 도해를 통해 페이저 다이어그램 두 개를 나타냄으로써 RLC 직렬회로를 조사한다. 여기서 첫 번째는 루프를 통해 흐르는 전류를 기준으로 제시하고 두 번째는 전압원을 기준으로 삼는다. 전자는 상대 페이저 다이어그램, 후자는 절대 페이저 다이어그램이다.

예제 7-10 상대 페이저 다이어그램과 절대 페이저 다이어그램

[그림 7-21(a)]의 회로는 다음 식과 같은 전압원으로 작동한다.

$$v_s(t) = 20\cos(500t + 30°) \text{ V}$$

(a) 페이저 전류 $\mathbf{I}$를 기준으로 하여 상대 페이저 다이어그램을 그려보라.
(b) 페이저 전압원을 기준으로 하여 절대 페이저 다이어그램을 그려보라.

풀이

[그림 7-21(b)]는 RLC 소자를 각각의 임피던스로 나타낸 페이저 영역 회로를 보여준다.

(a) 상대 페이저 다이어그램

$\mathbf{I}$를 기준 페이저로 선정한다는 것은 아직 알려지지 않은 크기를 I_0로, 위상을 0°로 간주한다는 것을 의미한다.

$$\mathbf{I} = I_0\angle 0°$$

$\mathbf{I}$의 위상각이 실제로는 0이 아닐 수 있기 때문에, 페이저 다이어그램의 복소평면에서 그리는 벡터들의 방향이 정확이 똑같은 양(즉 $\mathbf{I}$의 실질 위상각)만큼 이동하게 된다. 따라서 처음에는 벡터들이 올바른 방향을 갖지 않는다 하더라도 모두가 서로에 대하여 정확한 상대적 위상을 유지하게 된다.

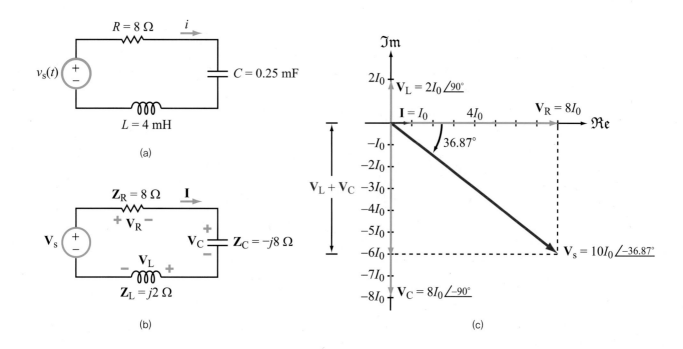

(a)

(b)

(c)

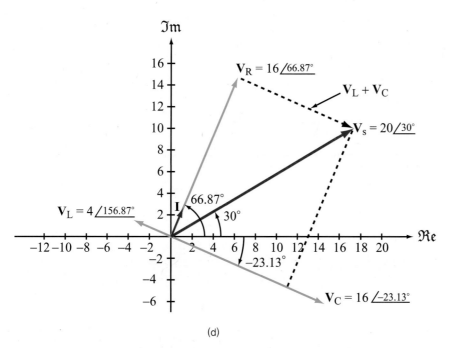

(d)

[그림 7-21] [예제 7-10]에 대한 회로 및 페이저 다이어그램 : $\mathbf{I}$의 실제 위상각이 66.87°이므로, 만약 (c)의 상대 페이저 다이어그램이 위상각과 $I_0 = 2$이 라는 사실을 반영하도록 조정된 척도에 의해 반시계방향으로 회전하면 다이어그램은 (d)의 절대 페이저 다이어그램과 일치한다.
(a) 시간 영역
(b) 페이저 영역
(c) 모든 위상각이 $\mathbf{I}$의 위상각과 비례하는 상대 페이저 다이어그램
(d) 절대 페이저 다이어그램

함수 형태의 $v_s(t)$로부터 $\omega = 500$ rad/s라고 추정한다. R, C, L에서의 전압을 **I**에 관하여 나타내면 다음과 같다.

$$\mathbf{V}_R = R\mathbf{I} = 8I_0\angle 0°,$$

$$\mathbf{V}_C = \frac{\mathbf{I}}{j\omega C} = \frac{-jI_0}{500 \times 2.5 \times 10^{-4}} = -j8I_0 = 8I_0\angle{-90°},$$

$$\mathbf{V}_L = j\omega L\mathbf{I} = j500 \times 4 \times 10^{-3}I_0 = j2I_0 = 2I_0\angle 90°$$

그리고 세 가지 전압을 합산하면 다음 결과를 얻는다.

$$\mathbf{V}_s = \mathbf{V}_R + \mathbf{V}_C + \mathbf{V}_L = 8I_0 - j8I_0 + j2I_0$$

$$= (8 - j6)I_0 = \sqrt{8^2 + 6^2}\ I_0 e^{j\phi} = 10I_0\angle\phi$$

위 식에서

$$\phi = -\tan^{-1}\frac{6}{8} = -36.87°$$

[그림 7-21(c)]은 **I**를 기준으로 삼았을 때 RLC 회로의 상대 페이저 다이어그램을 나타낸다. 각 전압($\mathbf{V}_R$, $\mathbf{V}_C$, $\mathbf{V}_L$, $\mathbf{V}_s$)의 크기는 I_0 단위로 측정되며, 그 방향각은 **I**의 방향에 대하여 상대적인 위치로 나타난다.

(b) 절대 페이저 다이어그램

$v_s(t)$의 페이저 대응은 다음과 같다.

$$\mathbf{V}_s = 20\angle 30°\ \text{V}$$

루프 주변에서 KVL을 적용하면

$$\mathbf{I} = \frac{\mathbf{V}_s}{R + j\omega L - (j/\omega C)} = \frac{20e^{j30°}}{8 + j2 - j8}$$

$$= \frac{20e^{j30°}}{8 - j6} = \frac{20e^{j30°}}{10e^{-j36.87°}} = 2e^{j66.87°}\ \text{A}$$

I의 실제 위상각이 66.87°임을 명시하고 있다. **I**를 고려해볼 때 $\mathbf{V}_R$, $\mathbf{V}_C$, $\mathbf{V}_L$를 쉽게 계산할 수 있다. [그림 7-21(d)]에 제시된 페이저 다이어그램은 모든 벡터가 66.87° 반시계방향으로 회전했다는 점을 제외하면 [그림 7-21(c)]의 다이어그램과 동일하다.

[질문 7-13] 커패시터의 경우, 페이저 전류의 위상을 기준으로 봤을 때 페이저 전압의 위상값은 얼마인가?

[질문 7-14] 상대 페이저 다이어그램과 절대 페이저 다이어그램의 차이점은 무엇인가?

[연습 7-12] **V**를 기준 페이저로 하는 다음 회로에서 전류 성분에 대한 상대 페이저 다이어그램을 나타내라.

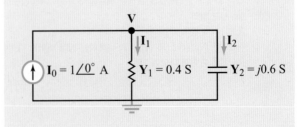

7.8 위상 변이 회로

통신 및 신호처리에서 종종 지정된 ϕ의 위상차를 가감하여 **AC** 신호의 위상을 변화시켜야 하는 경우가 있다. [그림 7-22]에서 입력 전압은 다음과 같다.

$$v_{in}(t) = V_1 \cos \omega t \qquad (7.94)$$

위상 변이 회로(phase-shift circuit)의 기능은 다음과 같은 출력 전압을 제공하는 것이다.

$$v_{out}(t) = V_2 \cos(\omega t + \phi) \qquad (7.95)$$

출력 전압의 진폭 V_2는 V_1(입력 전압의 진폭) 및 위상 변이 회로의 구성과 관련되어 있다. RC 회로는 ϕ 값이 음이나 양인 위상 변이기(phase shifter)로 설계될 수 있다.

$0 \le \phi \le 180°$이면 v_{out}은 v_{in}을 앞선다.

$-180 \le \phi \le 0°$이면 v_{out}은 v_{in}보다 뒤처진다.

[그림 7-23(a)]의 단순한 RC 회로를 통해 이 과정을 설명한다. 입력 신호는 다음과 같이 주어진다.

$$v_{in}(t) = 10 \cos 10^6 t \text{ V}$$

소자의 값은 $R = 2\ \Omega$, $C = 0.2\ \mu$F이다. $\omega = 10^6$ rad/s일 때, 커패시터 임피던스는 다음과 같다.

[그림 7-22] 위상 변이 회로는 입력 신호의 위상을 ϕ만큼 변화시킨다.

$$\mathbf{Z}_C = \frac{-j}{\omega C} = \frac{-j}{10^6 \times 0.2 \times 10^{-6}} = -j5\ \Omega$$

페이저 영역에서 전압 배분에 의한 출력 전압([그림 7-23(b)])은 다음과 같다.

$$\mathbf{V}_{out1} = \frac{\mathbf{V}_{in} R}{R - (j/\omega C)} = \frac{\omega RC}{\sqrt{1 + \omega^2 R^2 C^2}} \mathbf{V}_{in} \angle \phi_1 \qquad (7.96a)$$

$$\mathbf{V}_{out2} = \frac{\mathbf{V}_{in} (-j/\omega C)}{R - (j/\omega C)} = \frac{1}{\sqrt{1 + \omega^2 R^2 C^2}} \mathbf{V}_{in} \angle \phi_2 \qquad (7.96b)$$

그리고 위상각 ϕ_1과 ϕ_2는 각각 다음 식으로 주어진다.

$$\phi_1 = \tan^{-1}\left(\frac{1}{\omega RC}\right) \qquad (7.97a)$$

$$\phi_2 = \phi_1 - 90° = \tan^{-1}\left(\frac{1}{\omega RC}\right) - 90° \qquad (7.97b)$$

$\omega = 10^6$ rad/s, $R = 2\ \Omega$, $C = 0.2\ \mu$F, $\mathbf{V}_{in} = 10$ V일 때

$$\mathbf{V}_{out1} = 3.71 \angle 68.2° = (1.38 + j3.45) \text{ V}$$

$$\mathbf{V}_{out2} = 9.28 \angle -21.8° = (8.62 - j3.45) \text{ V}$$

$\mathbf{V}_{out1}$과 연관된 위상각 ϕ_1은 68.2°이고, $\mathbf{V}_{out2}$와 연관된 위상각 ϕ_2는 -21.8°이다. [그림 7-23(c)]의 복소평면에서 보듯이, $\mathbf{V}_{out1}$과 $\mathbf{V}_{out2}$ 간의 각 거리(angular separation)는 정확히 90°이다. 또한 복소평면에서 $\mathbf{V}_{out1}$과 $\mathbf{V}_{out2}$를 더하면 허수부는 상쇄되고 실수부는 10 V($\mathbf{V}_{in}$의 진폭)가 된다.

따라서 시간 영역에서 출력 전압은 다음과 같다.

$$v_{out1}(t) = \Re[\mathbf{V}_{out1}e^{j\omega t}] \tag{7.98}$$
$$= 3.716\cos(10^6 t + 68.2°)\ \mathrm{V}$$

$$v_{out2}(t) = \Re[\mathbf{V}_{out2}e^{j\omega t}] \tag{7.99}$$
$$= 9.285\cos(10^6 t - 21.8°)\ \mathrm{V}$$

[그림 7-23(a)]는 입력 신호 $v_{in}(t)$의 파형을 커패시터 양단의 전압인 $v_{out2}(t)$의 파형과 비교하여 보여준다. 여기서 주목할 점은 v_{out2}가 v_{in}보다 뒤처지기 때문에

항상 v_{in}보다 지연시간 Δt 만큼 늦게 시간축을 교차한 다는 것이다. $v_{in}(t)$가 시간축을 교차할 때의 시간을 t_0 로 표시하고, $v_{out2}(t)$가 시간축을 교차할 때의 시간을 t_2라고 하면 다음과 같은 식이 성립한다.

$$10^6 t_0 = \frac{\pi}{2}$$
$$10^6 t_2 + \phi_2 = \frac{\pi}{2}$$

여기에서

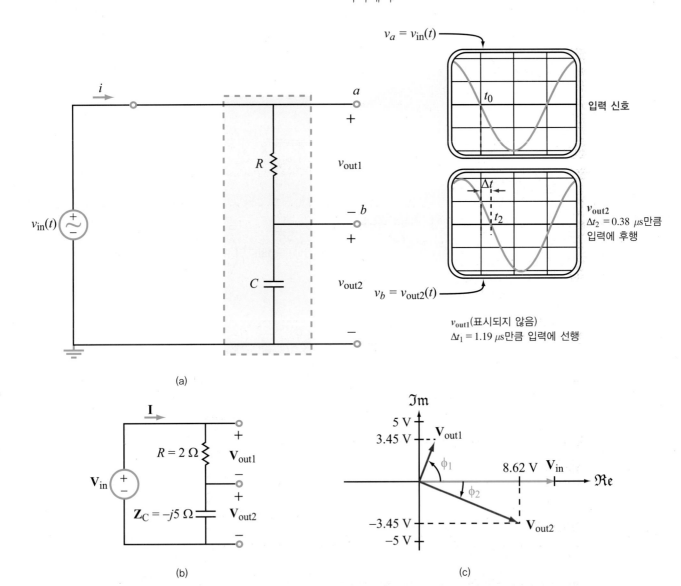

[그림 7-23] RC 위상 변이 회로 : v_{out_1}(R 양단의 출력 전압)의 위상이 $v_{in}(t)$의 위상을 선행하는 반면, v_{out_2}(C 양단의 출력 전압)의 위상은 $v_{in}(t)$의 위상에 후행한다.
(a) 시간 영역에서의 파형
(b) 페이저 영역에서의 회로
(c) 복소평면에서의 $\mathbf{V}_{in}$, $\mathbf{V}_{out_1}$, $\mathbf{V}_{out_2}$ 페이저

$$\phi_2 = -21.8° \times \left(\frac{\pi}{180°}\right) = -0.38 \text{ rad}$$

모든 양이 같은 단위로 표시되므로 다음 식으로부터 지연 시간을 구할 수 있다.

$$\Delta t_2 = t_2 - t_0 = -\phi_2 \times 10^{-6} = 0.38 \ \mu s$$

같은 논지로 v_{out_1}은 v_{in}을 68.2°만큼 선행하므로 다음 식으로 구한 지연 시간만큼 $v_{in}(t)$보다 더 빨리 시간축을 교차한다.

$$\Delta t_1 = 68.2° \times \frac{\pi}{180°} \times 10^{-6} = 1.19 \ \mu s$$

이상의 해석으로부터 다음과 같은 결론을 얻을 수 있다. 단순 RC 회로의 경우, 입력 v_{in}에 양의 위상각을 더할 경우 v_{out_1}을 출력으로 사용할 수 있고, v_{in}에 음의 위상각을 더할 경우 v_{out_2}를 출력으로 사용할 수 있다. 아울러 (특징 ω에서) R과 C의 값을 조정하여 ϕ_1을 0과

90° 사이의 어떤 값으로든 변경할 수 있으며, 마찬가지로 ϕ_2를 0과 −90° 사이의 어떤 값으로든 변경할 수 있다. 앞에서 [그림 7-23(c)]와 관련하여 언급했듯이, ϕ_1과 ϕ_2의 절댓값은 항상 그 합이 90°가 되어야 한다. 항상 유념해야 할 또 다른 고려 사항은 v_{out_1}과 v_{out_2}의 크기가 R, C, ω에 대한 선택을 통해 ϕ_1과 ϕ_2의 크기에 연계된다는 것이다. 예컨대 ϕ_1가 90°에 근접함에 따라 v_{out_1}은 0에 가까워지므로, 실제로는 90°에 가까운 각만큼 입력 신호의 위상을 변화시킬 수 있으나 그렇게 하면 출력신호의 크기가 너무 작아 사용할 수 없다. 이러한 한계를 극복하거나 90°보다 큰 각의 위상 변이를 수행하기 위해서 [예제 7-11]의 캐스케이드(cascade) 회로처럼 소자가 두 개 이상인 회로를 사용할 수 있다.

> 출력에서 위상 선도가 이루어지게 하려면 [그림 7-24]와 같이 캐스케이드 배열(cascading arrangement)이 이루어져야 하지만 위상 지연을 만들기 위해서는 R과 C의 위치가 서로 바뀌어야 한다.

예제 7-11 캐스케이드 위상 변이기

[그림 7-24]의 회로는 캐스케이드 위상 변이기(cascaded phaseshifters)를 이용해 위상이 입력 신호 $v_s(t)$보다 120° 앞서는 출력신호 $v_{out}(t)$를 생성한다. $\omega = 10^3$ (rad/s)이고 $C = 1 \ \mu F$일 때, R과 v_s 진폭에 대한 v_{out} 진폭의 비율을 구해보자.

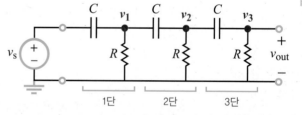

[그림 7-24] 3단 캐스케이드 RC 위상 변이기

풀이

페이저 영역의 마디 $\mathbf{V}_1$과 $\mathbf{V}_2$에서 마디 해석법(nodal analysis)을 적용하면 다음과 같은 식이 성립한다.

$$\frac{\mathbf{V}_1 - \mathbf{V}_s}{\mathbf{Z}_C} + \frac{\mathbf{V}_1}{R} + \frac{\mathbf{V}_1 - \mathbf{V}_2}{\mathbf{Z}_C} = 0 \tag{7.100}$$

$$\frac{\mathbf{V}_2 - \mathbf{V}_1}{\mathbf{Z}_C} + \frac{\mathbf{V}_2}{R} + \frac{\mathbf{V}_2}{R + \mathbf{Z}_C} = 0 \tag{7.101}$$

위 식에서 $\mathbf{Z}_C = \dfrac{1}{j\omega C}$이다. 아울러 전압 분배를 통해 $\mathbf{V}_3$와 $\mathbf{V}_2$의 관계는 다음과 같다.

$$\mathbf{V}_3 = \left(\frac{R}{R + \mathbf{Z}_C}\right)\mathbf{V}_2 \tag{7.102}$$

식 (7.100)과 (7.101)을 단계적으로 연산해 내려가면 다음 식을 얻는다.

$$\frac{\mathbf{V}_1}{\mathbf{V}_s} = \frac{x[(x^2 - 1) - j3x]}{(x^3 - 5x) + j(1 - 6x^2)} \tag{7.103}$$

$$\frac{\mathbf{V}_2}{\mathbf{V}_s} = \frac{x^2(x - j1)}{(x^3 - 5x) + j(1 - 6x^2)} \tag{7.104}$$

$$\frac{\mathbf{V}_3}{\mathbf{V}_s} = \frac{x^3}{(x^3 - 5x) + j(1 - 6x^2)} \tag{7.105}$$

단계적인 대수 연산으로 식 (7.100)과 (7.101)을 동시에 풀면 다음과 같은 식이 성립한다.

$$x = \omega RC \tag{7.106}$$

여기에서 $\mathbf{V}_3$의 크기와 위상($\mathbf{V}_s$의 크기 및 위상을 기준으로 한 상대적인 값들로 처리)은 다음과 같다.

$$\left| \frac{\mathbf{V}_3}{\mathbf{V}_s} \right| = \frac{x^3}{[(x^3 - 5x)^2 + (1 - 6x^2)^2]^{1/2}} \tag{7.107a}$$

$$\phi_3 = -\tan^{-1}\left(\frac{1 - 6x^2}{x^3 - 5x} \right) \tag{7.107b}$$

위의 조건을 만족하도록 $\phi_3 = 120°$를 설정하여 x 값을 구한다.

$$\tan 120° = -1.732 = -\left(\frac{1 - 6x^2}{x^3 - 5x} \right)$$

따라서 다음과 같다.

$$x = 1.1815 \tag{7.108}$$

$\omega_3 = 10^3$ rad/s이고 $C = 1$ μF이라고 가정하면,

$$R = \frac{x}{\omega C} = \frac{1.1815}{10^3 \times 10^{-6}} = 1.1815 \text{ k}\Omega \simeq 1.2 \text{ k}\Omega$$

결과적으로 $x = 1.1815$를 대입하여 풀이한 식 (7.107a)의 값은 다음과 같다.

$$\left| \frac{\mathbf{V}_3}{\mathbf{V}_s} \right| = 0.194$$

[질문 7-15] 파형의 시간 지연 또는 시간 선행의 동작 관점에서 위상 변이 회로의 기능을 설명하라.

[질문 7-16] 원하는 위상 변이를 얻기 위해 다단(multiple stages)을 구성해야 할 때는 언제인가?

[연습 7-13] 두 단으로만 구성된 RC 위상 변이를 사용하여 [예제 7-11]을 다시 풀어보라.

[연습 7-14] $\omega = 10^4$ rad/s에서 $-120°$의 위상 변이를 발생시키는 2단 RC 위상변위기를 설계하라. $C = 1$ μF이라고 가정한다.

7.9 페이저 영역 해석 기법

저항성 회로(resistive circuits)와 관련하여 3장에서 소개한 해석 기법들은 페이저 영역의 AC 회로를 해석하는 데 모두 동일하게 적용될 수 있다. 한 가지 다른 점은 회로를 시간 영역에서 페이저 영역으로 이동시킨 뒤 페이저 영역에서 실수가 아닌 복소 대수(complex algebra)로 연산한다는 점이다. 그외 회로의 풀이 방법과 규칙은 같다.

지금 단계에서는 기법들의 세부 내용을 반복하기보다는 구체적인 예시를 통해 기법들을 적용하는 방법을 확인해보는 것이 더 효과적이므로, [예제 7-12]~[예제 7-16]을 통해 이와 같은 문제를 생각해보자.

예제 7-12 마디 해석법

마디 해석법을 적용하여 [그림 7-25(a)]의 회로에서 $i_L(t)$를 구해보자. 주어진 전원 소스는 다음과 같다.

$$v_{s_1}(t) = 12 \cos 10^3 t \text{ V}$$
$$v_{s_2}(t) = 6 \sin 10^3 t \text{ V}$$

풀이

우선 표준적인 마디 해석법을 활용하여 문제를 풀어본 후, 즉석 해석법에 대해서도 알아보자.

마디 해석법

첫 번째 단계는 다음과 같이 주어진 회로를 페이저 영역으로 변환하는 것이다.

$$\mathbf{Z}_C = \frac{1}{j\omega C} = \frac{-j}{10^3 \times 0.25 \times 10^{-3}} = -j4 \text{ }\Omega$$

$$\mathbf{Z}_L = j\omega L = j10^3 \times 10^{-3} = j1 \text{ }\Omega$$

$$\mathbf{V}_{s_1} = 12 \text{ V}$$

$$\mathbf{V}_{s_2} = -j6 \text{ V}$$

이 때 $\mathbf{V}_{s_2}$에 대하여 [표 7-3]에서 제시한 특성(즉 $\sin \omega$의 페이저 대응값이 $-j$)을 사용하였다. 이 값을 이용하여 [그림 7-25(b)]에 제시된 페이저 영역의 회로를 표현할 수 있는데, 이 회로에서 특별 마디 중 하나를 접지 마디(ground node)로 선정하고, 페이저 전압 $\mathbf{V}_1 \sim \mathbf{V}_3$까지를 나머지 마디 세 개에 배정하였다.

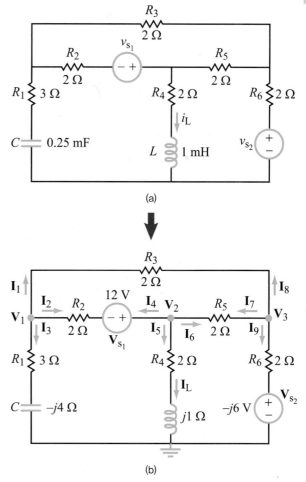

(a)

(b)

[그림 7-25] (a) 시간 영역
(b) 페이저 영역에서의 회로

마디 1~마디 3에서 각각 전압 마디 방정식을 세우고 동시에 풀어 $\mathbf{V}_1 \sim \mathbf{V}_3$를 구한 다음, $\mathbf{V}_3$ 값을 이용해 $\mathbf{I}_L$을 얻고자 한다. 마지막 단계에서는 $\mathbf{I}_L$을 시간 영역으로 변환하여 $i_L(t)$을 구할 것이다.

마디 1에서 KCL은 다음과 같아야 한다.

$$\mathbf{I}_1 + \mathbf{I}_2 + \mathbf{I}_3 = 0 \tag{7.109}$$

각 전류를 마디 전압에 관한 식으로 나타내면 다음과 같다.

$$\mathbf{I}_1 = \frac{\mathbf{V}_1 - \mathbf{V}_3}{R_3} = \frac{\mathbf{V}_1 - \mathbf{V}_3}{2}$$

$$\mathbf{I}_2 = \frac{\mathbf{V}_1 - \mathbf{V}_2 + \mathbf{V}_{s_1}}{R_2} = \frac{\mathbf{V}_1 - \mathbf{V}_2 + 12}{2}$$

$$\mathbf{I}_3 = \frac{\mathbf{V}_1}{R_1 + \mathbf{Z}_C} = \frac{\mathbf{V}_1}{3 - j4}$$

$\mathbf{I}_1 \sim \mathbf{I}_3$의 식을 식 (7.109)에 대입한 후 정리하면 다음과 같다.

$$\left(\frac{1}{2} + \frac{1}{2} + \frac{1}{3 - j4}\right)\mathbf{V}_1 - \frac{1}{2}\mathbf{V}_2 - \frac{1}{2}\mathbf{V}_3 = -6 \tag{7.110}$$

$\mathbf{V}_1$의 계수는 다음과 같이 간단히 정리할 수 있다.

$$\begin{aligned}
\frac{1}{2} + \frac{1}{2} + \frac{1}{3 - j4} &= 1 + \frac{1}{3 - j4} = \frac{3 - j4 + 1}{3 - j4} \\
&= \frac{4 - j4}{3 - j4} \times \frac{3 + j4}{3 + j4} \\
&= \frac{(12 + 16) + j(16 - 12)}{9 + 16} \\
&= 1.12 + j0.16
\end{aligned} \tag{7.111}$$

식 (7.111)을 식 (7.110)에 삽입하고 모든 항에 2를 곱하면 마디 1에서 다음과 같은 간단한 대수 방정식을 얻는다.

$$(2.24 + j0.32)\mathbf{V}_1 - \mathbf{V}_2 - \mathbf{V}_3 = -12 \qquad (\text{마디 1}) \tag{7.112}$$

마찬가지 방법으로 마디 2에서

$$\frac{\mathbf{V}_2 - \mathbf{V}_1 - 12}{2} + \frac{\mathbf{V}_2}{2 + j1} + \frac{\mathbf{V}_2 - \mathbf{V}_3}{2} = 0$$

의 방정식을 세울 수 있고 다음과 같이 간단히 정리할 수 있다.

$$-\mathbf{V}_1 + (2.8 - j0.4)\mathbf{V}_2 - \mathbf{V}_3 = 12 \qquad (\text{마디 2}) \tag{7.113}$$

마디 3에서는

$$\frac{\mathbf{V}_3 - \mathbf{V}_2}{2} + \frac{\mathbf{V}_3 - \mathbf{V}_1}{2} + \frac{\mathbf{V}_3 + j6}{2} = 0$$

혹은

$$-\mathbf{V}_1 - \mathbf{V}_2 + 3\mathbf{V}_3 = -j6 \qquad (\text{마디 3}) \tag{7.114}$$

이 성립함을 확인할 수 있다. 방정식 (7.112)~(7.114)는 다음과 같이 행렬 방정식 형태로 나타낼 수 있다.

$$\begin{bmatrix} (2.24 + j0.32) & -1 & -1 \\ -1 & (2.8 - j0.4) & -1 \\ -1 & -1 & 3 \end{bmatrix} \begin{bmatrix} \mathbf{V}_1 \\ \mathbf{V}_2 \\ \mathbf{V}_3 \end{bmatrix} = \begin{bmatrix} -12 \\ 12 \\ -j6 \end{bmatrix} \tag{7.115}$$

손으로 직접 계산하거나 MATLAB 소프트웨어를 활용하여 역행렬을 구해 양변에 취하면 다음 해를 얻는다.

$$\mathbf{V}_1 = -(4.72 + j0.88) \text{ V} \tag{7.116a}$$

$$\mathbf{V}_2 = (2.46 - j0.89) \text{ V} \tag{7.116b}$$

$$\mathbf{V}_3 = -(0.76 + j2.59) \text{ V} \tag{7.116c}$$

따라서 다음과 같은 전류식을 구할 수 있다.

$$\mathbf{I}_\text{L} = \frac{\mathbf{V}_2}{2 + j1} = \frac{2.46 - j0.89}{2 + j1}$$

$$= 0.81 - j0.85 = 1.17 e^{-j46.5°} \text{ A}$$

그리고 이에 대응하는 시간 영역에서의 짝은 다음과 같다.

$$i_\text{L}(t) = \Re[\mathbf{I}_\text{L} e^{j1000t}]$$

$$= \Re[1.17 e^{-j46.4°} e^{j1000t}] \tag{7.117}$$

$$= 1.17 \cos(1000t - 46.5°) \text{ A}$$

즉석 해석법

즉석 마디 해석법을 실행하기 위해서는 회로가 종속 전원을 포함하지 않아야 하며, 회로 내 모든 독립 전원은 전류원이어야 한다. [그림 7-25(b)]의 회로는 첫 번째 조건을 만족하지만 두 번째 조건은 만족하지 않는다. 그러나 [그림 7-25(b)]의 두 전압원은 모두 직렬 저항과 연관되어 있으므로 쉽게 전류원으로 변환시킬 수 있다. 다시 그린 [그림 7-26] 회로에서는 전압원이 등가 전류원으로 대체되었을 뿐만 아니라 임피던스들도 모두 등가 어드미턴스($\mathbf{Y} = \frac{1}{\mathbf{Z}}$)로 대체되었다. 마디가 세 개인 경우, 식 (3.26)의 페이저 영역 등가는 아래와 같이 주어진다.

$$\begin{bmatrix} \mathbf{Y}_{11} & \mathbf{Y}_{12} & \mathbf{Y}_{13} \\ \mathbf{Y}_{21} & \mathbf{Y}_{22} & \mathbf{Y}_{23} \\ \mathbf{Y}_{31} & \mathbf{Y}_{32} & \mathbf{Y}_{33} \end{bmatrix} \begin{bmatrix} \mathbf{V}_1 \\ \mathbf{V}_2 \\ \mathbf{V}_3 \end{bmatrix} = \begin{bmatrix} \mathbf{I}_{t_1} \\ \mathbf{I}_{t_2} \\ \mathbf{I}_{t_3} \end{bmatrix} \tag{7.118}$$

여기에서

- $\mathbf{Y}_{kk}$ = 마디 k로 연결된 모든 어드미턴스의 합
- $\mathbf{Y}_{kl} = \mathbf{Y}_{lk}$ = 마디 k와 $l(k \neq l)$을 연결하는 어드미턴스의 **음의 값**
- $\mathbf{V}_k$ = 마디 k에서의 페이저 전압

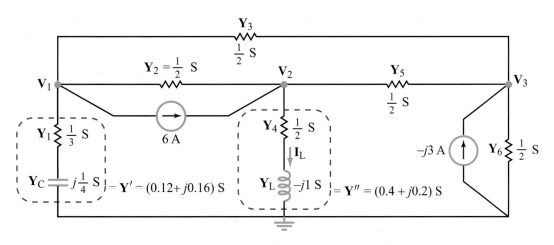

[그림 7-26] [그림 7-25] 회로의 등가회로 : 전압원을 전류원으로 변환하고 수동소자들을 등가의 어드미턴스로 교체한 결과다.

• $\mathbf{I}_{tk}$ = 마디 k에 들어가는 전체 페이저 전류원(마디에서 나가는 전류원에는 마이너스 기호가 적용)

[그림 7-26] 회로에 대하여 다음 식이 성립한다.

$$\mathbf{Y}_{11} = \mathbf{Y}' + \mathbf{Y}_2 + \mathbf{Y}_3$$
$$= (\mathbf{Y}' + 0.5 + 0.5) \text{ S} \tag{7.119}$$

위 식에서 $\mathbf{Y}'$는 $\mathbf{Y}_1$과 $\mathbf{Y}_C$의 합이다. 직렬연결된 두 개의 어드미턴스를 더하는 규칙은 병렬연결된 임피던스의 합을 구하는 방법과 같다.

$$\mathbf{Y}' = \mathbf{Y}_1 \parallel \mathbf{Y}_C = \frac{(1/3) \times j(1/4)}{(1/3) + j(1/4)} = (0.12 + j0.16) \text{ S}$$

따라서

$$\mathbf{Y}_{11} = (1.12 + j0.16) \text{ S}$$

마찬가지로 아래와 같은 연산이 가능하다.

$$\mathbf{Y}_{22} = \mathbf{Y}'' + 0.5 + 0.5$$
$$= (\mathbf{Y}_4 \parallel \mathbf{Y}_L) + 1$$
$$= \frac{0.5 \times (-j1)}{0.5 - j1} + 1 = (1.4 - j0.2) \text{ S}$$
$$\mathbf{Y}_{33} = 0.5 + 0.5 + 0.5 = 1.5 \text{ S}$$

그리고 $\mathbf{Y}_{12} = \mathbf{Y}_{21} = \mathbf{Y}_{13} = \mathbf{Y}_{31} = \mathbf{Y}_{23} = \mathbf{Y}_{32} = -0.5$ S, $\mathbf{I}_{t1} = -6$ A, $\mathbf{I}_{t2} = 6$ A, $\mathbf{I}_{t3} = -j3$ A이다. 이 값들을 모두 식 (7.118)에 대입하면 다음과 같은 식이 성립한다.

$$\begin{bmatrix} (1.12 + j0.16) & -0.5 & -0.5 \\ -0.5 & (1.4 - j0.2) & -0.5 \\ -0.5 & -0.5 & 1.5 \end{bmatrix} \begin{bmatrix} \mathbf{V}_1 \\ \mathbf{V}_2 \\ \mathbf{V}_3 \end{bmatrix} = \begin{bmatrix} -6 \\ 6 \\ -j3 \end{bmatrix} \tag{7.120}$$

예상할 수 있는 바와 같이 식 (7.120)의 양쪽에 2를 곱하면 식 (7.115)의 행렬 방정식과 일치한다.

[연습 7-15] 다음 회로의 마디 전압 행렬 방정식을 세워라.

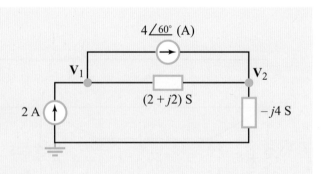

이미 페이저 영역에 있는 [그림 7-27]의 회로는 독립 전압원을 두 개 포함하는데, 모든 전압원은 각주파수 $\omega = 2 \times 10^3$ rad/s에서 진동하고 있으며 위상각 $0°$이다. $i_L(t)$를 구하라.

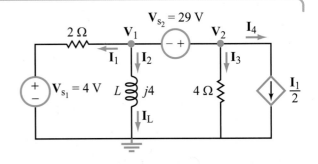

[그림 7-27] 슈퍼마디와 종속 전원을 포함하는 페이저 영역 회로

풀이

마디 $\mathbf{V}_1$과 $\mathbf{V}_2$는 하나의 전압원으로 연결되어 있으므로 둘을 묶으면 슈퍼마디가 된다. KCL을 슈퍼마디에 적용할 때, 두 마디를 하나의 마디로 간주하여 마디 양쪽에서 나가는 모든 전류를 합한다.

$$\mathbf{I}_1 + \mathbf{I}_2 + \mathbf{I}_3 + \mathbf{I}_4 = 0$$

즉

$$\frac{\mathbf{V}_1 - 4}{2} + \frac{\mathbf{V}_1}{j4} + \frac{\mathbf{V}_2}{4} + \frac{\mathbf{I}_1}{2} = 0 \tag{7.121}$$

그리고 두 마디를 연결하는 다음과 같은 보조 방정식을 얻을 수 있다.

$$\mathbf{V}_2 - \mathbf{V}_1 = 29 \tag{7.122}$$

주어진 회로로부터 식 (7.121)의 전류 $\mathbf{I}_1$은 다음 식으로 구할 수 있다.

$$\mathbf{I}_1 = \frac{\mathbf{V}_1 - 4}{2} \tag{7.123}$$

식 (7.122)와 식 (7.123)을 식 (7.121)에 대입하여 $\mathbf{V}_1$을 구하면 다음과 같다.

$$\mathbf{V}_1 = -(4 + j1) \text{ V}$$

이 값으로 다음과 같은 결과를 얻을 수 있다.

$$\mathbf{I}_L = \frac{\mathbf{V}_1}{j4} = -\frac{(4 + j1)}{j4} = (-0.25 + j1) = 1.03 \angle 104° \text{ A}$$

따라서 $\omega = 2 \times 10^3$ rad/s에서 시간 영역의 인덕터 전류는 다음과 같다.

$$i_L(t) = \Re[\mathbf{I}_L e^{j\omega t}] = \Re[1.03 e^{j104°} e^{j2 \times 10^3 t}]$$
$$= 1.03 \cos(2 \times 10^3 t + 104°) \text{ A}$$

망로 해석법을 적용하여 [그림 7-25] 회로의 $i_L(t)$와 더불어 [예제 7-12]에서 설명된 $\mathbf{v}_{s1}$과 $\mathbf{v}_{s2}$를 구하라.

풀이

망로 전류 $\mathbf{I}_1 \sim \mathbf{I}_3$를 포함하는 페이저 영역 버전의 회로를 나타내면 [그림 7-28] 회로와 같다. 이 회로는 종속 전원과 독립 전류원을 전혀 포함하지 않기 때문에 즉석 해석이 가능하다. 루프가 세 개인 회로에 있어, 식 (3.29)의 페이저 영역 행렬 방정식은 다음과 같이 가정한다.

$$\begin{bmatrix} \mathbf{Z}_{11} & \mathbf{Z}_{12} & \mathbf{Z}_{13} \\ \mathbf{Z}_{21} & \mathbf{Z}_{22} & \mathbf{Z}_{23} \\ \mathbf{Z}_{31} & \mathbf{Z}_{32} & \mathbf{Z}_{33} \end{bmatrix} \begin{bmatrix} \mathbf{I}_1 \\ \mathbf{I}_2 \\ \mathbf{I}_3 \end{bmatrix} = \begin{bmatrix} \mathbf{V}_{t_1} \\ \mathbf{V}_{t_2} \\ \mathbf{V}_{t_3} \end{bmatrix} \qquad (7.124)$$

위 식에서

- $\mathbf{Z}_{kk}$ = 루프 k 내 모든 임피던스의 합
- $\mathbf{Z}_{kl} = \mathbf{Z}_{lk}$ = 루프 k와 $\ell(k \neq \ell)$이 공유하는 임피던스의 음의 값
- $\mathbf{I}_k$ = 루프 k의 페이저 전류
- $\mathbf{V}_{tk}$ = 루프 k에 포함된 전체 페이저 전압원. $\mathbf{I}_k$가 전원을 통해 (−)에서 (+)로 흐르면 극성이 플러스로 정의된다.

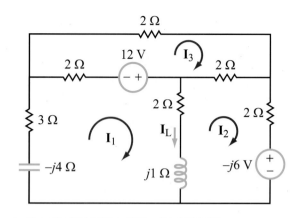

[그림 7-28] 망로 전류를 포함하는 페이저 영역 회로

위의 정의에 비추어 볼 때, [그림 7-28]의 회로에 대한 행렬 방정식은 다음과 같이 주어진다.

$$\begin{bmatrix} (7-j3) & -(2+j1) & -2 \\ -(2+j1) & (6+j1) & -2 \\ -2 & -2 & 6 \end{bmatrix} \begin{bmatrix} \mathbf{I}_1 \\ \mathbf{I}_2 \\ \mathbf{I}_3 \end{bmatrix} = \begin{bmatrix} 12 \\ j6 \\ -12 \end{bmatrix} \qquad (7.125)$$

양변에 역행렬을 취하면 다음 해를 얻는다.

$$\mathbf{I}_1 = (0.43 + j0.86)\,\text{A}$$
$$\mathbf{I}_2 = (-0.38 + j1.71)\,\text{A}$$
$$\mathbf{I}_3 = (-1.98 + j0.86)\,\text{A}$$

인덕터를 통해 흐르는 전류 I_L은 다음과 같다.

$$\mathbf{I}_L = \mathbf{I}_1 - \mathbf{I}_2 = (0.43 + j0.86) - (-0.38 + j1.71)$$
$$= 0.81 - j0.85 = 1.17e^{-j46.4°}\,\text{A} \qquad (7.126)$$

이에 대응하는 시간 영역에서의 전류식은 다음과 같다.

$$i_L(t) = \mathfrak{Re}[\mathbf{I}_L e^{j\omega t}] = \mathfrak{Re}[1.17e^{-j46.4°}e^{j1000t}]$$
$$= 1.17\cos(1000t - 46.4°)\,\text{A} \qquad (7.127)$$

[연습 7-16] 다음 회로에 대한 망로 전류 행렬 방정식을 세워라.

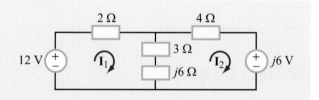

[그림 7-29(a)] 회로는 두 개의 독립 전원을 포함한다. 전원 중첩 기법을 적용하여 $\mathbf{I}_L$이 결과적으로 [예제 7-14]에서 얻은 수식, 즉 식 (7.126)과 동일함을 보여라.

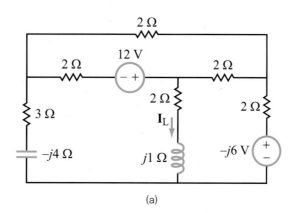

(a)

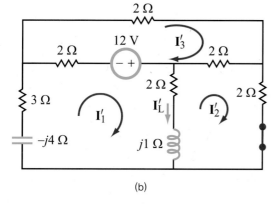

(b)

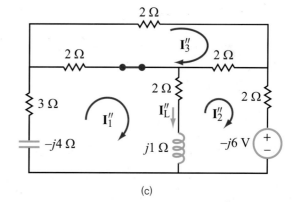

(c)

[그림 7-29] **전원 중첩 기법의 활용**
    (a) 두 전원이 모두 활성화된 경우
    (b) −6j V 전원이 단락 회로로 대체된 경우
    (c) 12 V 전원이 단락 회로로 대체된 경우

풀이

전원 중첩 기법을 활용하여, 독립 전원을 한 번에 하나씩 활성화 해본다.

전원 1만 활성화

[그림 7-29(b)]에서 12 V 전압 전원만이 활성화되고 다른 전원들은 모두 단락 처리한다. 루프 전류는 $\mathbf{I}_1'$에서 $\mathbf{I}_3'$로 표기하고 결과적으로 인덕터에 흐르는 전류는 $\mathbf{I}_L'$로 나타낸다. 신속한 점검을 통해 망로 전류들에 관한 식을 나타내면 다음과 같은 행렬 방정식을 세울 수 있다.

$$\begin{bmatrix} (7-j3) & -(2+j1) & -2 \\ -(2+j1) & (6+j1) & -2 \\ -2 & -2 & 6 \end{bmatrix} \begin{bmatrix} \mathbf{I}_1' \\ \mathbf{I}_2' \\ \mathbf{I}_3' \end{bmatrix} = \begin{bmatrix} 12 \\ 0 \\ -12 \end{bmatrix} \tag{7.128}$$

양변에 역행렬을 취하면 다음 결과를 얻는다.

$$\mathbf{I}_1' = (0.79 + j0.52) \text{ A}$$
$$\mathbf{I}_2' = (-0.36 + j0.48) \text{ A}$$
$$\mathbf{I}_3' = (-1.86 + j0.33) \text{ A}$$

따라서 인덕터에 흐르는 전류는 다음과 같다.

$$
\begin{aligned}
\mathbf{I}_L' &= \mathbf{I}_1' - \mathbf{I}_2' \\
&= (0.79 + j0.52) - (-0.36 + j0.48) \\
&= (1.15 + j0.04) \text{ A}
\end{aligned}
\tag{7.129}
$$

전원 2만 활성화

12V 전원을 끄고 $-j6$ V 전원을 활성화하면 [그림 7-29(c)] 회로를 얻는다. 이제 루프 전류는 각각 $\mathbf{I}_1''$, $\mathbf{I}_2''$, $\mathbf{I}_3''$로 표기하고 다음과 같은 행렬 방정식을 새로 세울 수 있다.

$$
\begin{bmatrix}
(7 - j3) & -(2 + j1) & -2 \\
-(2 + j1) & (6 + j1) & -2 \\
-2 & -2 & 6
\end{bmatrix}
\begin{bmatrix}
\mathbf{I}_1'' \\
\mathbf{I}_2'' \\
\mathbf{I}_3''
\end{bmatrix}
=
\begin{bmatrix}
0 \\
j6 \\
0
\end{bmatrix}
\tag{7.130}
$$

식 (7.130)을 풀면 아래와 같다.

$$\mathbf{I}_1'' = (-0.36 + j0.34) \text{ A}$$
$$\mathbf{I}_2'' = (-0.02 + j1.23) \text{ A}$$
$$\mathbf{I}_3'' = (-0.13 + j0.53) \text{ A}$$

그리고 인덕터에 흐르는 전류는 다음과 같다.

$$
\begin{aligned}
\mathbf{I}_L'' &= \mathbf{I}_1'' - \mathbf{I}_2'' = -0.36 + j0.34 - (-0.02 + j1.23) \\
&= (-0.34 - j0.89) \text{ A}
\end{aligned}
$$

총합

전원 1과 전원 2가 각각 단독으로 켜져있을 때 얻은 $\mathbf{I}_L'$과 $\mathbf{I}_L''$의 값을 합하여 두 전원이 발생시키는 전류의 총량을 구하면 다음과 같다.

$$
\begin{aligned}
\mathbf{I}_L &= \mathbf{I}_L' + \mathbf{I}_L'' = (1.15 + j0.04) + (-0.34 - j0.89) \\
&= (0.81 - j0.85) \text{ A}
\end{aligned}
\tag{7.131}
$$

이는 식 (7.126)과 동일하다.

예제 7-16 테브난 등가회로를 통한 접근법

[그림 7-30] 회로에 대하여 다음을 구하라.

(a) 인덕터가 외부 부하인 것으로 간주하여 단자 (a, b) 양단에서의 테브난 등가회로를 구하라.

(b) (a)의 테브난 회로를 활용하여 $\mathbf{I}_L$을 구하라.

풀이

(a) 개방 회로/단락 회로 기법을 적용하여 테브난 등가회로의 $\mathbf{V}_{Th}$와 $\mathbf{Z}_{Th}$ 값을 결정할 것이다.

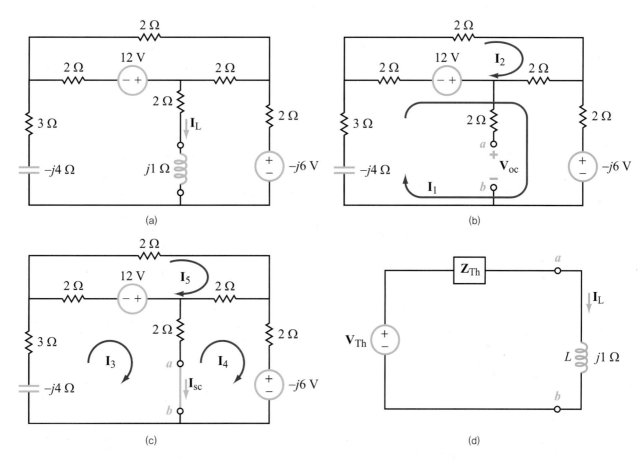

[그림 7-30] (b)에서 개방 회로 전압을 구하고 (c)에서 단락 회로 전류를 구한 후, 테브난 등가회로를 인덕터에 연결하여 I_L을 구한다.
(a) 본래의 회로
(b) 인덕터를 개방 회로 처리
(c) 인덕터를 단락 회로 처리
(d) 인덕터에 연결된 테브난 회로

개방 회로 전압

[그림 7-30(b)]와 같이 인덕터가 개방 회로로 대체된 상태에서, 루프 전류 I_1과 I_2에 대한 행렬 방정식은 다음과 같다.

$$\begin{bmatrix} (9 - j4) & -4 \\ -4 & 6 \end{bmatrix} \begin{bmatrix} I_1 \\ I_2 \end{bmatrix} = \begin{bmatrix} 12 + j6 \\ -12 \end{bmatrix} \tag{7.132}$$

양변에 역행렬을 취하면 다음 해를 얻는다.

$$I_1 = (0.02 + j0.96) \text{ A}, \quad I_2 = (-1.98 + j0.64) \text{ A}$$

I_1과 I_2를 알고 있는 경우, $-j6$ V 전원을 포함하는 루프를 따라 KVL을 적용하면 다음 식을 얻는다.

$$\begin{aligned} V_{Th} = V_{oc} &= 2(I_1 - I_2) + 2I_1 - j6 \\ &= 4I_1 - 2I_2 - j6 = (4.06 - j3.44) \text{ V} \end{aligned} \tag{7.133}$$

단락 전류

[그림 7-30(c)]에서는 인덕터가 단락 회로로 처리되었다. 이때 루프 전류 $I_3 \sim I_5$에 대한 행렬 방정식은 다음과 같다.

$$\begin{bmatrix} (7-j4) & -2 & -2 \\ -2 & 6 & -2 \\ -2 & -2 & 6 \end{bmatrix} \begin{bmatrix} \mathbf{I}_3 \\ \mathbf{I}_4 \\ \mathbf{I}_5 \end{bmatrix} = \begin{bmatrix} 12 \\ j6 \\ -12 \end{bmatrix} \tag{7.134}$$

식 (7.134)를 적용하여 각 루프 전류를 구하면 다음과 같다.

$$\mathbf{I}_3 = (0.44 + j0.95)\,\text{A}$$

$$\mathbf{I}_4 = (-0.53 + j1.60)\,\text{A}$$

$$\mathbf{I}_5 = (-2.03 + j0.85)\,\text{A}$$

이로부터, 구하는 단락 회로 전류는 다음과 같다.

$$\mathbf{I}_{sc} = \mathbf{I}_3 - \mathbf{I}_4 = (0.44 + j0.95) - (-0.53 + j1.60)$$

$$= (0.97 - j0.65)\,\text{A} \tag{7.135}$$

주어진 $\mathbf{V}_{oc}$와 $\mathbf{I}_{sc}$로 테브난 등가저항을 계산할 수 있다.

$$\mathbf{Z}_{Th} = \frac{\mathbf{V}_{oc}}{\mathbf{I}_{sc}} = \frac{4.06 - j3.44}{0.97 - j0.65} = (4.53 - j0.51)\,\Omega \tag{7.136}$$

(b) $\mathbf{V}_{Th}$와 $\mathbf{Z}_{Th}$를 결정하였다면, 이제 테브난 등가회로를 [그림 7–30(d)]와 같이 단자 (a, b)에서 인덕터에 연결한다. 전류 인덕터에 흐르는 전류 $\mathbf{I}_L$을 구하면 다음과 같다.

$$\mathbf{I}_L = \frac{\mathbf{V}_{Th}}{\mathbf{Z}_{Th} + j1} = \frac{4.06 - j3.44}{4.53 - j0.51 + j1} \tag{7.137}$$

$$= (0.80 - j0.85)\,\text{A}$$

7.10 응용 노트 : 전원 공급 회로

한 개 이상의 전자회로로 구성되는 시스템은 보통 내부 직류 전압을 제공하는 전원 공급 회로를 포함한다. 벽의 콘센트에서 이용할 수 있는 교류 전원을 직류 전원으로 전환시킴으로써 전자회로가 적절히 작동할 수 있도록 해준다. 대부분 직류 전원 공급은 [그림 7-31]과 같이 네 개의 하위 시스템으로 구성된다. 입력은 진폭 V_s, 각주파수 ω의 교류 전압 $v_s(t)$이며, 최종 출력은 직류 전압 V_{out}이다. 이 절에서는 각 중간 단계를 구성하고 있는 블록의 기능을 설명하고 연결해본다.

7.10.1 변압기

변압기는 **와인딩**(winding)이라는 두 개의 인덕터로 구성된다. 두 인덕터는 매우 가까운 거리에 있지만 전기적으로 연결되지는 않는다(변압기에서의 인덕터는 흔히 코일이라고 부르므로 그에 따르기로 한다. : 역자 주). 두 코일은 [그림 7-32]에서와 같이 **일차**(primary)와 **이차**(secondary) 코일로 구분한다. 두 코일이 전기적으로 절연(둘 사이에 전류가 흐르지 않음을 의미)되어 있다

하더라도, 일차 코일에 교류 전압이 인가되면, 두 코일을 함께 감싸고 있는 **철심**(core)를 통해 두 코일을 관통하는 자속(magnetic flux)이 형성되며, 이차 코일에 교류 전압이 유도된다.

> 변압기(transformer)라고 하는 이유는 일차 및 이차 회로 간의 전류, 전압, 임피던스를 변화시키기 때문이다.

일차와 이차 코일(또는 회로) 관계를 결정짓는 주요한 매개변수는 **권수비**(turns ratio) $\frac{N_1}{N_2}$이다. 여기서 N_1은 일차 코일이 감긴 수, N_2는 이차 코일이 감긴 수다. 또 중요한 점은 철심을 중심으로 이차 코일이 감긴 방향에 대하여 일차 코일이 어느 방향으로 감겼는지 알아보는 것인데, 이 상대적인 방향이 일차측 대비 이차측에서 나타나는 전압의 극성과 전류의 방향을 결정한다. 두 경우를 구분하기 위해 [그림 7-32]에서와 같이 보통 각 와인딩의 한쪽 끝에 점을 찍는다. 이상적인 변압기에서, 이차측의 전압 v_2와 일차측의 전압 v_1의 관계는 다음과 같다.

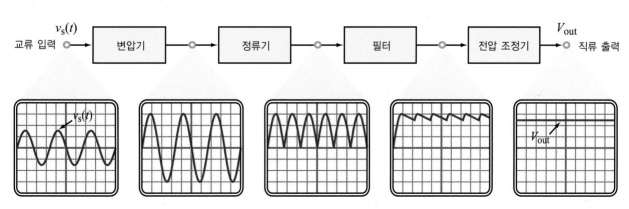

[그림 7-31] **기본적인 직류 전원 공급의 블록 선도**

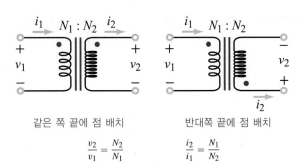

같은 쪽 끝에 점 배치   반대쪽 끝에 점 배치

$$\frac{v_2}{v_1} = \frac{N_2}{N_1} \qquad \frac{i_2}{i_1} = \frac{N_1}{N_2}$$

[그림 7-32] **이상적인 변압기의 도식 기호 :** 이차측의 점 위치가 코일의 상단 끝에서 하단 끝으로 이동하면 전압 양극성과 전류 방향이 전환되는 것에 주의한다.

$$\frac{v_2}{v_1} = \frac{N_2}{N_1} \tag{7.138}$$

여기서 v_1과 v_2의 극성은 각각의 (+) 단자가 점이 있는 쪽으로 결정된다. 이상적인 변압기에서는 철심에서 전력이 손실되지 않으므로 전원을 통해 일차 코일로 공급된 모든 전력이 이차측에 연결된 부하로 이동한다. 그러므로 $p_1 = p_2$이고, $p_1 = i_1 v_1$, $p_2 = i_2 v_2$이므로 다음 식이 성립한다.

$$\frac{i_2}{i_1} = \frac{N_1}{N_2} \tag{7.139}$$

i_1은 항상 일차측에서 점을 향하는 방향으로 정의되며, i_2는 항상 이차측에서 점으로부터 멀어지는 방향으로 정의된다. $\frac{N_2}{N_1} > 1$일 때 변압기를 **승압기**(step-up trans-former)라고 하는데 일차측의 v_1을 보다 높은 전압으로 상승시켜주기 때문이다. 또한 $\frac{N_2}{N_1} < 1$이라면 **강압기**(step-down transformer)라고 부른다. 사무실과 가정에서 사용하는 대부분 전자기기(전화기, 시계, 라디오, 자동응답기 등)가 필요로 하는 직류 전압은 몇 볼트(혹은 최대 몇 십 볼트)정도다. 이는 벽 콘센트에서 직접 연결해 사용할 수 있는 전압보다 훨씬 낮다. 강압기는 이러한 기기를 사용하기 위해 필요한 변압기다.

> [질문 7-17] 변압기에서 일차와 이차 코일의 점 (dot)과 관련해 전압의 극성과 전류 방향은 어떻게 정의되는가?
>
> [질문 7-18] 이상적인 변압기에서 전력 p_2와 전력 p_1의 관계는 무엇인가?

7.10.2 정류기

정류기는 다이오드의 방향에 따라 AC 파형을 항상 양이나 항상 음인 파형으로 전환하는 다이오드 회로다. 보통 전원 공급을 위해서 **브리지 정류기**(bridge rectifier)를 사용하지만, 어떻게 기능하는지를 파악하기 위해 먼저 [그림 7-33]의 간단한 단일 다이오드 회로를 생각해보자. 2.7.2절에서 논의한 바와 같이 다이오드는 다이오드 양단에 걸리는 전압이 흔히 순방향 전압

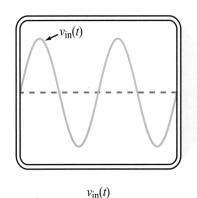

$v_{in}(t)$

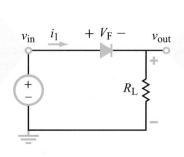

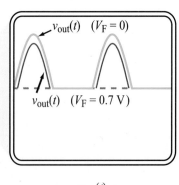

$v_{out}(t)$

[그림 7-33] **반파 정류기**

(forward−bias voltage) V_F로 표현되는 **문턱값**(threshold value)보다 클 때만, 그림에 나타낸 방향으로 전류를 흘릴 수 있는 전자소자로 모델링할 수 있다. 즉 [그림 7-33] 회로에 대해서 부하 저항 양단에 걸리는 출력 전압은 다음과 같이 나타낼 수 있다.

$$v_{out} = \begin{cases} v_{in} - V_F & (v_{in} \geq V_F) \\ 0 & (v_{in} \leq V_F) \end{cases} \tag{7.140}$$

$V_F = 0$인 이상적인 다이오드의 경우, 출력 파형은 v_{in}이 양의 값을 갖는 반주기 동안의 입력 파형과 동일하며, v_{in}이 음일 때의 출력 전압은 0이다. $V_F \simeq 0.7$ V인 실제 다이오드의 경우, 출력 전압의 최대 진폭은 입력 전압의 최대 진폭보다 0.7 V만큼 작다. 출력 파형은 기본적으로 입력 파형이 양의 값을 갖는 반주기의 형태만을 복제하기 때문에, [그림 7-33]의 회로를 반파 정류기(half−wave rectifier)라고 한다.

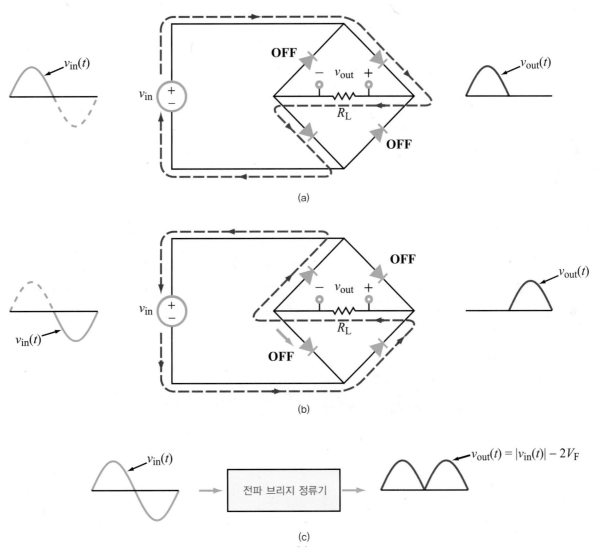

(a)

(b)

(c)

[그림 7-34] 전파 브리지 정류기로, 두 반주기 동안 전류는 부하 저항을 통해 같은 방향으로 흐른다.
   (a) 양의 반주기
   (b) 음의 반주기
   (c) 입출력 반응

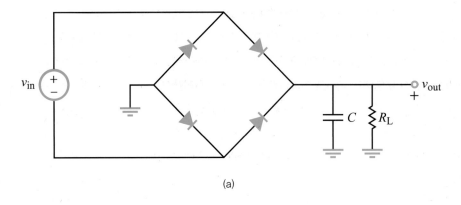

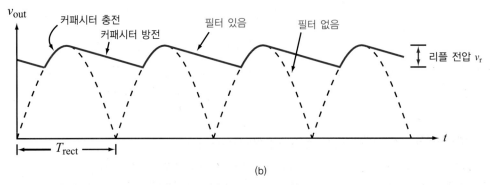

[그림 7-35] 평활 필터는 파형 $v_{out}(t)$의 흔들림을 줄인다.
(a) 필터가 있는 브리지 정류기
(b) 여과된 출력

다음으로 [그림 7-34]의 브리지 정류기(bridge rectifier)에 대하여 생각해보자. 브리지 정류기는 다이오드 네 개를 사용한다. $v_{in}(t)$가 양의 값을 갖는 반주기 동안에 다이오드 두 개는 전도 상태가 되며, 다른 두 개의 다이오드는 차단된다. 두 번째 반주기 동안에는 그 반대 현상이 발생하지만 R_L에 흐르는 전류의 방향은 두 반주기 동안 모두 동일하다. 결과적으로 (V_F가 진폭에 비해 무시할 수 있을 정도로 작다면) 출력 파형은 본래 입력 파형의 절댓값을 취한 것과 같다고 볼 수 있다.

[연습 7-17] [그림 7-34]의 회로에서 입력 전압이 10 V의 진폭을 갖는 구형파라고 가정하자. 출력 전압의 형태는 어떠한가?

7.10.3 평활 필터

지금까지 전원 공급의 기본 회로 네 가지 중 두 가지를 살펴보았다. 변압기는 AC 신호의 진폭을 최종 출력단에서 원하는 전압 수치에 근접하도록 조정한다. 브리지 정류기는 AC 신호를 모두 양의 값을 갖는 파형으로 변환한다. 다음은 전파 정류 후 얻은 파형의 변동을 최대한 작게 하여 상수에 가까운 전압을 내도록 해야 한다. 이는 전파 정류한 파형을 평활 필터(smoothing filters)에 통과시키면 된다. 부하 저항에 커패시터 C를 병렬로 추가하면 평활 효과를 얻는다. [그림 7-35(a)]는 수정된 회로이며, 출력 파형은 [그림 7-35(b)]와 같다. 커패시터는 전체 용량의 일부를 충전 및 방전 주기를 거쳐 보관하는 장치로 볼 수 있다. 충전 기간 동안 회로의 상승시간 상수(upswing time constant)는 다음과 같다.

$$\tau_{up} = (2R_D \parallel R_L)C$$
$$\simeq 2R_D C \quad (R_L \gg R_D) \tag{7.141}$$

여기서 R_D는 다이오드 저항이다. 보통 R_D는 수 옴(ohm), R_L은 수 킬로옴 수준의 값을 가지므로, 식 (7.141)의 근사는 적절하다. 회로에 커패시터가 없으면 R_D는 훨씬 더 큰 저항인 R_L과 직렬로 연결되므로, R_D는 일반적으로 무시된다. 그러나 커패시터가 더해지면 R_D와 R_L의 병렬 조합인 R과 함께 RC 회로를 형성한다. 병렬 연결된 저항의 등가저항은 작은 저항을 기준으로 더 작아지므로, R_D가 R을 결정하는 데 상대적으로 더 큰 영향을 준다고 볼 수 있다.

방전 기간 동안에는 다이오드가 꺼지고 커패시터로부터의 전류는 R_L만을 통해 방전된다. 결과적으로 하강 시간 상수(downswing time constant)는 R_L와 C만으로 표현된다.

$$\tau_{dn} = R_L C \tag{7.142}$$

특정한 R_D에 대하여, R_L와 C의 값을 정함으로써 τ_{up}은 짧고 τ_{dn}은 길게 조정할 수 있다(짧고 긴 것은 모두 정류한 파형의 주기에 대한 상대적인 정도). 이로써 상승부에서의 빠른 반응과 하강부에서의 매우 느린 반응을 동작 특성으로 얻을 수 있다. 실제로 평균값의 1%~10%에 해당하는 수준의 리플 성분을 가져, 대략적으로 일정한 직류 전압을 생성할 수 있다([그림 7-35(b)]).

예제 7-17 필터 설계

[그림 7-35(a)]에서 브리지 정류기 회로의 AC 입력 신호가 60 Hz일 때, $\tau_{up} = \dfrac{T_{rect}}{12}$, $\tau_{dn} = 12T_{rect}$가 되도록 R_L과 C의 값을 구하라. 여기서 T_{rect}는 정류된 파형의 주기이고, $R_D = 5\ \Omega$이라고 가정한다.

풀이

본래 AC 신호의 주파수가 60 Hz라면, 정류한 파형의 주파수는 120 Hz가 된다. 그러므로 정류한 파형의 주기는 다음과 같다.

$$T_{rect} = \frac{1}{120} = 8.33 \text{ ms}$$

또한 이에 해당하는 설계 사양은 다음과 같다.

$$\tau_{up} = \frac{T_{rect}}{12} = 0.69 \text{ ms}, \quad \tau_{dn} = 12T_{rect} = 100 \text{ ms}$$

식 (7.141)을 적용하면 다음과 같은 식을 얻는다.

$$\tau_{up} \simeq 2R_D C$$

또는

$$C = \frac{\tau_{up}}{2R_D} = \frac{0.69 \times 10^{-3}}{2 \times 5} = 69\ \mu\text{F}$$

계산 결과 얻어진 C를 식 (7.142)에 대입하면 부하 저항값을 얻는다.

$$R_L = \frac{\tau_{dn}}{C} = \frac{100 \times 10^{-3}}{69 \times 10^{-6}} = 1.45 \text{ k}\Omega$$

7.10.4 전압 조정기

[그림 7-36]의 회로는 지금까지 설명한 모든 전원 공급 회로의 기본 구성을 나타내고 있으며 추가적으로 직렬 저항인 R_S와 제너 다이오드(zener diode)가 연결되어 있는 상태를 보여준다. 제너 다이오드는 역방향 파괴 전압 영역에서 동작을 하면, 제너 다이오드를 통해 흐르는 전류 i_z가 일정한 범위 안에 드는 한 다이오드 양단에 걸리는 전압을 V_z로 유지하는 고유한 특성을 갖는다. 다이오드는 저항 R_L과 병렬로 연결되기 때문에 출력 전압은 제너 전압(zener voltage) V_z와 동일해지며, 평활 필터의 유효 시간 상수는 $\tau = R_S C$가 된다. 제너 다이오드를 추가하면 RC 필터의 출력에서 피크 간 리플 전압(peak-to-peak ripple voltage) V_r의 크기를 10배 가량 줄일 수 있다. 제너 다이오드를 넣었을 때 얻어지는 피크 간 리플 전압의 크기는 다음과 같은 식으로 나타낼 수 있다.

$$V_r = \frac{[(V_{s_1} - 1.4) - V_z]T_{rect}}{R_s C} \times \frac{(R_z \parallel R_L)}{R_s + (R_z \parallel R_L)}$$

(7.143)

여기서 $\mathbf{V}_{s_1}$은 변압기의 출력에서 나타나는 AC 신호의 진폭이며([그림 7-36]), 1.4 V의 값은 정류기의 두 다이오드에서 이루어지는 전압 강하를 나타낸다. V_z는 회로에 사용되는 특정 모델에 대하여 제조자가 소자의 특성을 평가한 후 명시한 제너 전압의 값이며, T_{rect}는 정류한 파형의 주기, R_z는 제조자가 제공하는 제너 다이오드 저항값이다.

예제 7-18 전원 공급 설계

[그림 7-36]에 제시한 회로 구성에서 전원의 사양은 다음과 같다. 입력 전압 60 Hz, rms 진폭 $V_{rms} = 110$ V. 여기서 $V_{rms} = \dfrac{V_s}{\sqrt{2}}$ (정현함수의 rms 값의 정의는 8장에서 다룬다), $\dfrac{N_1}{N_2} = 5$, $C = 2$ mF, $R_L = 1$ kΩ, $V_z = 24$ V, $R_z = 20$ Ω일 때, v_{out}에 대한 리플 비율을 구하라.

풀이

변압기의 이차 측에서 전압은 다음과 같다.

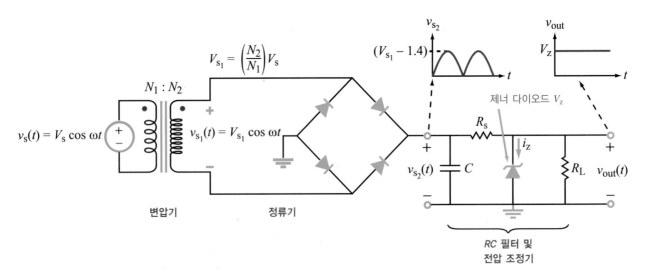

[그림 7-36] **전원 공급 회로의 완성도**

$$v_{s_1}(t) = \left(\frac{N_2}{N_1}\right)(V_s \cos 377t)$$

$$= \frac{1}{5} \times 110\sqrt{2} \cos 377t = 31.11 \cos 377t \text{ V}$$

그러므로 $V_{s_1} = 31.11$ V이며, 이는 제너 전압인 $V_z = 24$ V보다 크다. 출력 전압은 다음과 같다.

$$v_{\text{out}} = V_z = 24 \text{ V}$$

[예제 7-17]에서 $T_{\text{rect}} = 8.33$ ms의 값을 정하였다. 또한

$$R_z \parallel R_L = \frac{20 \times 1000}{20 + 1000} = 19.6 \ \Omega$$

이다. 식 (7.143)을 적용하면 다음 결과를 얻는다.

$$V_r = \frac{[(V_{s_1} - 1.4) - V_z]T_{\text{rect}}}{R_s C} \times \frac{(R_z \parallel R_L)}{R_s + (R_z \parallel R_L)}$$

$$= \frac{[(31.11 - 1.4) - 24]}{50 \times 2 \times 10^{-3}}(8.33 \times 10^{-3}) \times \frac{19.6}{50 + 19.6}$$

$$= 0.13 \text{ V (피크 간 전압)}$$

따라서

$$리플 \ 비율(\text{ripple fraction}) = \frac{(V_r/2)}{V_z} = \frac{0.13/2}{24} = 0.0027$$

이고, 이 값은 상대적인 변동의 정도가 $\pm 0.3\%$ 이하임을 나타낸다.

7.11 Multisim을 활용한 교류 회로 해석

보통 회로의 전선을 이상적인 단락 회로로 취급하지만 실제로는 0이 아닌 작은 저항이 있다. 또한 앞서 5.7.1절에서 설명한 바와 같이 두 전선이 서로 근접해 있으면 0이 아닌 커패시터를 형성한다. 회로판 상에서 근접한 한 쌍의 평행 전선을 구현하여 분산 전송선(distributed transmission line)을 모사한다. 각각의 작은 조각 길이 ℓ은 [그림 7-37]에서 제시한 회로 모델에서와 같이 직렬 저항 R과 병렬(shunt) 커패시터 C로 표현한다. 길이 ℓ의 병렬 전선 조각의 경우, R과 C는 다음과 같다.

$$R = \frac{2\ell}{\pi a^2 \sigma} \qquad \begin{array}{l}\text{(저주파 근사)}\\ (a\sqrt{f\sigma} \leq 500)\end{array} \qquad (7.144\text{a})$$

$$R = \sqrt{\frac{\pi f \mu}{\sigma}}\left(\frac{\ell}{\pi a}\right) \qquad \begin{array}{l}\text{(고주파 근사)}\\ (a\sqrt{f\sigma} \geq 1250)\end{array} \qquad (7.144\text{b})$$

$$C = \frac{\pi \epsilon \ell}{\ln(d/a)} \qquad \left(\frac{d}{2a}\right)^2 \gg 1 \qquad (7.144\text{c})$$

여기서 a는 전선의 반경, d는 전선 간의 거리, f는 전선을 따라 전파하는 신호의 주파수, μ와 σ는 전선 물질의 각각 투자율(magnetic permeability)과 전도도(conductivity), ϵ는 두 전선 간 물질의 유전율(permittivity)이다. R은 두 전선의 저항을 나타낸다. 일반적인 경우의 전송선에서는 고려해야 할 세 번째 요소가 있는데, 바로 분산 인덕턴스(distributed inductance)이다. 이 인덕턴스는 각 조각 저항 R과 함께 직렬로 배치한다. 전송선을 통해 흐르는 전류가 전선 주변의 자기장을 유도하고 이로 인해 인덕턴스(5.3절에서 논의)가 정의된다. 그러므로 이 세 성분을 갖춘 실제 전송선의 동작은 다소 복잡하다. 따라서 이 절에서는 Multisim을 이용하여 RC 전송선의 성능을 간략히 설명할 수 있도록 인덕턴스는 모두 무시할 것이다. 그러면 전선들을 [그림 7-37]의

분산 모델이 나타내는 종속 직렬 연결된 RC 회로로 나타낼 수 있다. 실제 두 평행 전송선의 동작을 보다 정확하게 모델링할 수 있기 위해서는, 각 RC 단의 길이 ℓ은 동작 주파수에서의 신호가 한 주기 동안 이동하는 거리의 $\frac{1}{10}(\approx 10\%)$ 이하가 되어야 한다. 그러므로 ℓ은 대략 다음 범위를 가질 것이다.

$$\ell \leq \frac{u_p T}{10} \simeq \frac{c}{10f} \qquad (7.145)$$

여기서 u_p는 전선을 따라 전달되는 신호의 속도이며, $c = 3 \times 10^8$ m/s 정도로 빛의 속도와 비슷하다. 기간 T는 $T = \frac{1}{f}$에 의해 주파수와 비례한다. 예를 들어 신호 주파수가 1 GHz($= 10^9$ Hz)라면, ℓ은 다음과 같아야 한다.

$$\ell \simeq \frac{c}{10f} = \frac{3 \times 10^8}{10 \times 10^9} = 3 \text{ cm}$$

또한 병렬 전선의 총 길이가 $\ell_t = 15$ cm라면, 전송선 등

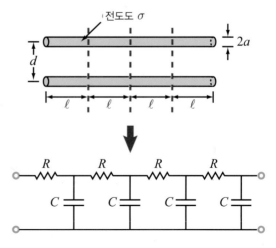

[그림 7-37] 2선식 전송선의 분산 임피던스 모델

가회로는 다음과 같이 길이 구간 n개로 나눌 수 있다.

이상에서 살펴본 전송선에 관한 시뮬레이션을 Multisim을 이용하여 수행해보자.

$$n = \frac{\ell_t}{\ell} = \frac{15 \text{ cm}}{3 \text{ cm}} = 5$$

예제 **7-19** 전송선 시뮬레이션

전도도 $\sigma = 1.9 \times 10^5$ S/m의 전도 물질로 구성된 한 쌍의 병렬 전선을 사용해 회로판의 두 회로 사이에 1 GHz의 구형파 신호를 전달한다. 전선의 길이는 15 cm이며 서로 1 mm만큼 분리되어 있다.

(a) 전선에 대한 전송선 등가 모델을 세워라.

(b) Multisim을 활용하여 전송선 상의 전압 응답을 구하라.

풀이

(a) $\ell = 3$ cm (식 (7.145)에 부합)일 때, 식 (7.144b)와 (7.144c)를 적용하면 다음의 저항 및 커패시터를 얻는다.

$$
\begin{aligned}
R &= \sqrt{\frac{\pi f \mu}{\sigma}} \left(\frac{\ell}{\pi a} \right) \\
&= \sqrt{\frac{\pi \times 10^9 \times 4\pi \times 10^{-7}}{1.9 \times 10^5}} \left(\frac{3 \times 10^{-2}}{\pi \times 10^{-4}} \right) \\
&= 13.76 \ \Omega
\end{aligned}
$$

$$
\begin{aligned}
C &= \frac{\pi \epsilon \ell}{\ln(d/a)} \\
&= \frac{\pi \times (10^{-9}/36\pi) \times 3 \times 10^{-2}}{\ln(10)} \\
&= 3.6 \times 10^{-13} \ \text{F} \\
&= 0.36 \ \text{pF}
\end{aligned}
$$

(b) Multisim의 라이브러리에서 사용할 수 있는 값 중에서 계산한 R 및 C 값과 비슷한 값을 선택한다. 시뮬레이션에서 선택하는 개별적인 값보다는 둘을 곱한 값이 중요하다. 전압 반응의 시간 상수를 결정하는 요인은 각각의 개별적인 값이 아니라 RC 곱($RC = 13.76 \times 0.36 \times 10^{-12} \simeq 5 \times 10^{-12}$ s)이기 때문이다. 그러므로 다음과 같이 선택할 수 있다.

$$R = 10 \, \Omega, \quad C = 0.5 \ \text{pF}$$

또한 [그림 7-38]에 제시한 5단 회로를 그릴 수 있다. 구형파는 0과 1 V 사이를 오가는 펄스 발생기에 의해 생성된다. 1을 나타내는 펄스의 길이는 500 ps이며 펄스의 주기는 1000 ps이다(또는 주파수 $f = 1$ GHz에 해당하는 주기인 1 ns). 상승 시간(rise time)과 하강 시간(fall time)은 1ps으로 설정되어야 한다. [그림 7-39]는 마디 1에서의 전압 V(1)을 나타내며, 이는 펄스 발생기 전압 파형과 5개 RC 단계의 출력에 해당하는 마디 2, 3, 4, 5, 6에서의 전압을 나타낸다. 충전 기간 동안 펄스 발생기에서 더 멀리 있는 마디는 발생기에 가까이 있는 마디보다 정상 상태의 전압 1 V에 도달하기까지 더 오래 걸린다. 방전 기간 동안에도 동일한 패턴을 적용한다. 병렬전선 구성에 더

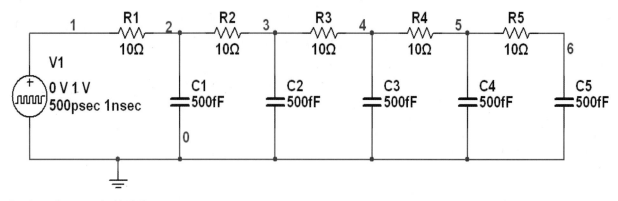

[그림 7-38] Multisim의 전송선 회로

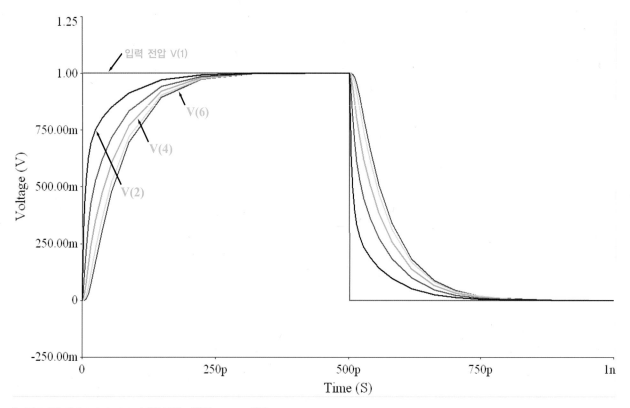

[그림 7-39] 마디 1, 2, 3, 4, 5, 6에서 전압 파형의 Multisim 출력

해, 분포 전송선 개념은 다른 회로 사이에 오디오, 비디오, 디지털 데이터를 전송하기 위해 일반적으로 사용하는 차폐 전선을 포함한 다른 전송 매체에 똑같이 적용할 수 있다.

logic 0 = 0 V, *logic* 1= 1 V인 디지털 신호를 동축 케이블 또는 다른 전송선을 따라 전송할 경우, 다른 마디들을 1 V까지 충전하는 데 걸리는 시간을 알아보기 위해 Multisim으로 그 과정을 시뮬레이션해보면 도움이 된다. 이것은 전송선을 따라 'logic 1'을 전파하는(propagating) 과정으로 이해할 수도 있다. 로직 분석기(Simulate → Instruments → Logic Analyzer)를 선택하여 한 번에 여러 개의 로직 단계를 시각화할 수가 있다. 한 예가 [그림 7-40]에 나타나 있다. 주어진 회로는 1 MΩ의 저항, 5 fF 커패시터, 그리고 펄스 발생기로 구성되어 있다. 펄스 길이는 500 ps이고, 펄스 주기는 1000 ps(= 1 ns)로 설정한다. 회로 마디는 로직 해석기에 연결한다. [그림 7-41]

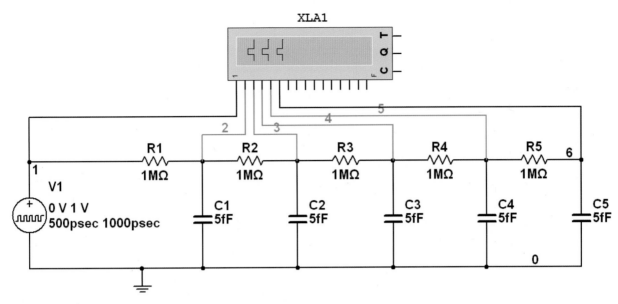

[그림 7-40] Multisim의 로직 분석 기능을 활용한 시간 지연 측정

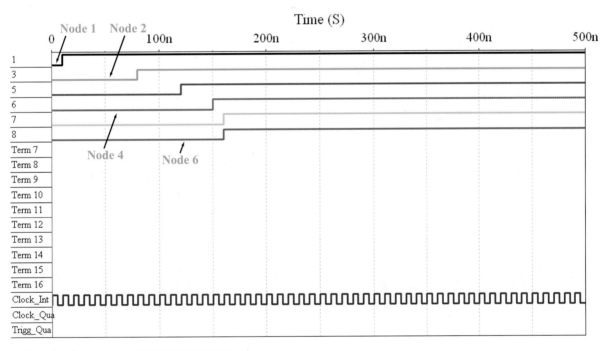

[그림 7-41] 마디 1, 2, 3, 4, 5, 6에서 로직 분석기 판독

에서 각 마디가 logic 1로 나타날 수 있도록 충분히 충전되기까지 걸리는 시간을 관찰할 수 있다. 로직 분석기의 커서를 움직여 특정한 시간 지점에서의 로직 값을 정확히 읽을 수 있다.

펄스 발생기를 진폭 1 V, 주기 10 HMz의 AC 전원으로 교체한 뒤 [그림 7-40]의 Multisim 회로에 대한 과도 해석 (Transient Analysis)을 실행하라. 목적은 마디 1의 위상(전압원)에 대한 마디 2의 위상을 구하는 것이다. 시작 시간 (Start Time)을 2.7 μs으로, 종료 시간(TSTOP)을 3.0 μs으로 선택한 후, TSTEP과 TMAX를 1e − 10초(0.1ns)로 설정 하여 매끄러워 보이는 곡선을 생성할 수 있도록 한다(회로가 정상 상태에 도달하는 데는 수 마이크로 초가 걸리기 때문에 단순히 시작 시간을 0으로 설정하지는 않았다).

풀이

[그림 7-42]는 그래프 보기(Grapher View) 기능에서 선택한 마디 V(1), V(2), V(6)의 파형을 보여준다. 커서 보이기/ 숨기기(Show/Hide Cursors) 버튼을 클릭하면 측정 커서를 이용해 각 곡선에 대한 진폭(세로축) 및 시간(가로축)의 값 을 볼 수 있다. 마디 V(2)와 V(1)의 위상 변이를 측정하기 위해서는 두 커서가 필요하다.

1단계 : 커서 1을 V(1) 기록의 최댓값 약간 왼쪽에 놓는다.
2단계 : V(1)에 대한 기록을 클릭해 선택한다. V(1) 파형에 흰 삼각형이 나타날 것이다.
3단계 : 커서를 오른쪽 클릭하고 "Go to next Y Max=〉"을 선택한다. 열 V(1), 행 x_1에서 표의 값이 2.7250 μs여야 한다.
4단계 : 커서 2를 이용해 이 과정을 반복하여 V(2) 파형에 인접한 최댓값을 선택한다. 열 V(2), 행 x_2의 입력값이 2.7312 μs여야 한다. 두 값의 시간차는 다음과 같다.

$$\Delta t = 2.7312 \; \mu s − 2.7250 \; \mu s = 0.0062 \; \mu s$$

f = 10 MHz라 할 때, 주기는 다음과 같다.

$$T = \frac{1}{f} = \frac{1}{10^7} = 10^{-7} = 0.1 \; \mu s$$

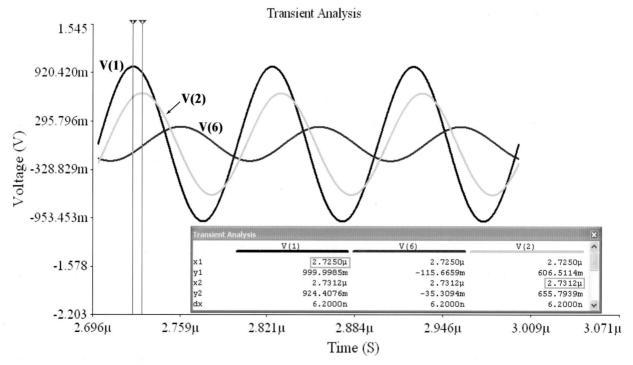

[그림 7-42] [그림 7-38] 회로에서 전압 마디 V(1), V(2), V(6)에 대한 Multisim 그래핑(Multisim Grapher Plot) 결과

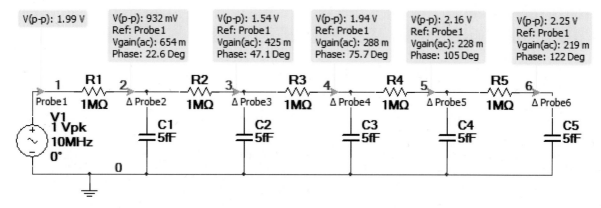

[그림 7-43] 측정 프로브(Measurement Probe)를 이용해 전송선의 여러 지점에서 신호의 위상 및 진폭 구하기

식 (7.11)을 적용하면 다음 위상을 얻는다.

$$\phi = 2\pi \left(\frac{\Delta t}{T} \right) = 360° \times \left(\frac{0.0062}{0.1} \right) = 22.3°$$

또한 V(2)와 V(1)의 진폭 비율을 구할 수 있다. 열 V(1)의 y_1에 대한 열 V(2)의 y_2 비는 다음과 같다.

$$\frac{V(2)}{V(1)} = \frac{0.656}{1} \simeq 66\,\%$$

[연습 7-18] [예제 7-20]의 회로에서 V(1)과 비교하여 V(6)의 진폭과 위상을 구하라.

진폭 및 위상을 측정하기 위한 추가 방법

앞의 두 예제에 제시한 전송선 회로를 계속 활용한다. 측정 프로브(Measurement Probe), (2장과 3장에서 소개한 유형)를 회로의 적절한 각 마디에 배치한다. 프로브를 더블클릭하고 파라미터(Parameters) 탭 아래에서 적절한 파라미터를 선택해 V(p-p), Vgain(AC), 위상(phase)만이 탐색자 출력에 나타나도록 한다. 추가로 탐색자 1(V(1) 바로 위에 위치)을 제외하고 탐색자 속성(Probe Properties) 창 상단에서 기준 프로브 사용(Use reference probe)에 표시한 다음 프로브 1을 선택한다. 여기서 '위상'이란 특정 프로브와 기준 프로브에서 측정되는 전압 간의 위상차를 의미한다. 특정 신호가 기준 마디를 선행하는 경우 위상이 음으로 나타나고, 특정 신호가 기준 마디보다 지체되는 경우 위상은 양으로 나타난다. 위상에 대해 배운 설명과는 표기 방법이 반대이므로, 시뮬레이션을 수행할 때 이 사실을 명심하도록 한다.

F5(또는 적절한 버튼이나 토글)를 눌러 대화형 시뮬레이션(Interactive Simulation)을 실행하면 [그림 7-43]과 같은 결과가 나타나야 한다. 마디 2의 위상이 22.6°임을 알 수 있고 이는 물론 [그림 7-42]에 나타난 것과 정반대다. V(2)의 신호는 V(1)보다 22.3도(기호로) 뒤처진다. 그러나 위상값이 측정 탐색자 판독에서 뒤집히므로 사실값은 일치한다는 사실을 유념해야 한다. [그림 7-43]에서 마디 2의 Vgain(AC)이 '654m'(65.4%에 해당)임을 알 수 있는데, 이는 [예제 7-20]에서 얻은 66% 값과 거의 일치한다.

■ 핵심 요약

01. 정현 파형(sinusoidal waveform)은 세 가지 독립 파라미터(진폭, 각주파수, 위상각)를 가진다.

02. 복소 대수(complex algebra)는 교류 회로를 해석하기 위해 페이저 영역에서 광범위하게 사용된다. 회로 해석을 공부하는 학생은 복소수를 능숙하게 사용해야 한다.

03. 교류 회로를 시간 영역에서 페이저 영역으로 변환함으로써 미적분 방정식이 선형 방정식으로 변환된다. 선형 방정식을 푼 뒤에는 그 해를 다시 시간 영역에서의 표현으로 변환한다.

04. 시간 영역에서의 전압과 전류는 페이저 영역에서 페이저 대응을 갖는다. 저항, 커패시터, 인덕터는 임피던스로 변환된다.

05. 임피던스를 결합하는 규칙은(직렬 또는 병렬연결 시) 저항 회로에서 저항에 적용되는 규칙과 같다. 마찬가지로 Y-Δ 전환에도 똑같이 적용된다.

06. 회로 해석 기법들은 페이저 영역에서 모두 동일하게 적용된다.

07. 위상 변이기는 정현파형의 위상각을 변경할 수 있는 회로다.

08. AC 파형은 변압기, 브리지 정류기, 평활 필터(smoothing filter), 전압 조정기를 사용한 4단계 과정을 거쳐 DC 파형으로 전환될 수 있다.

09. Multisim은 교류 회로를 해석하고 그 응답을 주파수 함수로 평가하는 데 매우 유용하다.

■ 관계식

삼각함수 항등식 [표 7-1] 참조

오일러 공식 $e^{j\theta} = \cos\theta + j\sin\theta$

복소수의 성질 [표 7-2] 참조

시간 영역/페이저 영역 간 대응 관계 [표 7-3] 참조

임피던스
$$\mathbf{Z}_R = R$$
$$\mathbf{Z}_C = \frac{1}{j\omega C}$$
$$\mathbf{Z}_L = j\omega L$$

직렬 임피던스 $\mathbf{Z}_{eq} = \sum_{i=1}^{N} \mathbf{Z}_i$

병렬 어드미턴스 $\mathbf{Y}_{eq} = \sum_{i=1}^{N} \mathbf{Y}_i$

Y-Δ 변환 7.5.2절 참조

변압기
$$\frac{v_2}{v_1} = \frac{N_2}{N_1}$$
$$\frac{i_2}{i_1} = \frac{N_1}{N_2}$$

전선 저항
$$R = \frac{2\ell}{\pi a^2 \sigma} \quad (a\sqrt{f\sigma} \le 500)$$
$$R = \sqrt{\frac{\pi f\mu}{\sigma}}\left(\frac{\ell}{\pi a}\right)$$
$$(a\sqrt{f\sigma} \ge 1250)$$

전선 커패시터 $C = \frac{\pi\epsilon\ell}{\ln(d/a)} \quad \left(\frac{d}{2a}\right)^2 \gg 1$

■ 주요 용어

각주파수(angular frequency)

극형식(polar form)

리액턴스(reactance)

리플(ripple)

변압기(transformer)

브리지 정류기(bridge rectifier)

서셉턴스(susceptance)

어드미턴스(admittance)

오일러 공식(Euler's identity)

위상 변이 회로(phase-shift circuit)

위상각(phase angle)

위상선도(phase lead)

위상지연(phase lag)

임피던스(impedance)

전압 조정기(voltage regulator)

전자파 호환성(electromagnetic compatibility)

정류기(rectifier)

정현파(sinusoidal waveform)

제너 다이오드(zener diode)

주기(period (of a cycle))

직교좌표 형식(rectangular form)

진동 주파수(oscillation frequency)

진폭(amplitude)

켤레복소수(complex conjugate)

페이저 다이어그램(phasor diagram)

페이저 영역(phasor domain)

※ 7.1절 : 정현파 신호

7.1 정현파 $v(t) = -4\sin(8\pi \times 10^3 t - 45°)$ V를 표준 코사인 형태로 나타내고 진폭, 주파수, 주기, 위상각을 구하라.

7.2 전류 파형 $i(t) = -0.2\cos(6\pi \times 10^9 t + 60°)$ mA를 표준 코사인 형태로 나타내고 다음 항목을 구하라.

(a) 진폭, 주파수, 위상각

(b) $t = 0.1$ ns일 때 $i(t)$ 값

7.3 진폭이 12 V인 4 kHz의 정현파 전압 $v(t)$가 $t = 1$ ms일 때 6 V라고 한다. $v(t)$를 나타내는 함수를 구하라.

7.4 두 가지 파형 $v_1(t)$와 $v_2(t)$가 같은 진폭으로 같은 주파수에서 진동하지만, $v_2(t)$가 $v_1(t)$보다 60°의 위상각만큼 느리다. $v_1(t) = 4\cos(2\pi \times 10^3 t + 30°)$라고 할 때 $v_2(t)$에 적합한 식을 작성하고, −1 ms부터 +1 ms까지 두 파형의 변화를 그림으로 나타내라.

7.5 파형 $v_1(t)$와 $v_2(t)$가 다음과 같을 때, $v_2(t)$는 $v_1(t)$에 선행하는가, 후행하는가? 선행하거나 후행하는 위상각의 정도는 얼마인지 구하라.

$$v_1(t) = -4\sin(6\pi \times 10^4 t + 30°) \text{ V}$$
$$v_2(t) = 2\cos(6\pi \times 10^4 t - 30°) \text{ V}$$

7.6 120°의 위상각이 MHz 신호에 추가되어 그 파형이 시간축을 따라 Δt 만큼 이동하게 되었다. 어느 방향으로 얼마나 많이 이동했는가?

7.7 $t = 1.04$ ms와 $t = 2.29$ ms인 시점에서 연속된 최저 강도를 갖는 24 V 신호에 대한 식을 작성하라.

7.8 어떤 증폭 회로가 각각 v_1과 v_2로 지정된 입력 포트 두 개와 전압 v_{out}의 크기가 v_1과 v_2을 곱한 값과 같은 출력 포트 하나를 가지고 있다. 다음과 같이 가정했을 때,

$$v_1 = 10\cos 2\pi f_1 t \text{ V}$$
$$v_2 = 10\cos 2\pi f_2 t \text{ V}$$

(a) 합주파수($f_s = f_1 + f_2$)와 차주파수($f_d = f_1 - f_2$)에 대하여 v_{out}에 대한 식을 구하라.

(b) $f_1 = 3$ Hz이고 $f_2 = 2$ Hz인 경우, 시간 간격 [0, 2 s] 동안의 파형을 그림으로 나타내라.

7.9 $t = 2.5$ ms일 때 최대 강도를 보이고 $t = 12.5$ ms일 때 가장 가까운 최소 강도를 보이는 12 V 신호에 대한 식을 작성하라.

※ 7.2절 : 복소수

7.10 다음 복소수를 극형식으로 나타내라.

(a) $z_1 = 3 + j4$
(b) $z_2 = -6 + j8$
(c) $z_3 = -6 - j4$
(d) $z_4 = j2$
(e) $z_5 = (2 + j)^2$
(f) $z_6 = (3 - j2)^3$
(g) $z_7 = (-1 + j)^{1/2}$

7.11 다음 복소수를 직교좌표 형식으로 나타내라.

(a) $z_1 = 2e^{j\pi/6}$
(b) $z_2 = -3e^{-j\pi/4}$
(c) $z_3 = \sqrt{3}\, e^{-j3\pi/4}$
(d) $z_4 = -j^3$
(e) $z_5 = -j^{-4}$
(f) $z_6 = (2 + j)^2$
(g) $z_7 = (3 - j2)^3$

7.12 복소수 $\mathbf{z}_1$와 $\mathbf{z}_2$가 다음과 같다고 한다.

$$\mathbf{z}_1 = 6 - j4$$
$$\mathbf{z}_2 = -2 + j1$$

(a) $\mathbf{z}_1$와 $\mathbf{z}_2$를 극형식으로 나타내라.

(b) 식 (7.20)을 주어진 수식에 적용하여 $|\mathbf{z}_1|$을 구하라.

(c) 극형식으로 $\mathbf{z}_1$와 $\mathbf{z}_2$의 곱을 구하라.

(d) 극형식으로 $\dfrac{\mathbf{z}_1}{\mathbf{z}_2}$의 비율을 구하라.

(e) $\mathbf{z}_1^2$를 구하고 그 결과를 $|\mathbf{z}_1|^2$과 비교하라.

(f) $\dfrac{\mathbf{z}_1}{\mathbf{z}_1 - \mathbf{z}_2}$ 을 극형식으로 나타내라.

7.13 복소수 $\mathbf{z} = 1 + j$가 $\mathbf{z}^2 - |\mathbf{z}|^2 = -2(1-j)$임을 보여라.

7.14 $\mathbf{z} = -8 + j6$에서 다음 값을 구하라.

(a) $|\mathbf{z}|^2$

(b) $\mathbf{z}^2$ (극형식)

(c) $\dfrac{1}{\mathbf{z}}$ (극형식)

(d) $\mathbf{z}^{-3}$ (극형식)

(e) $\Re\left(\dfrac{1}{\mathbf{z}^2}\right)$

(f) $\Im(\mathbf{z}^*)$

(g) $\Im[(\mathbf{z}^*)^2]$

(h) $\Re[(\mathbf{z}^*)^{-1/2}]$

7.15 복소수 $\mathbf{z}_1$와 $\mathbf{z}_2$가 다음과 같을 때, 아래 식들의 극형식 값을 구하라.

$$\mathbf{z}_1 = 2\angle -60°$$
$$\mathbf{z}_2 = 5\angle 45°$$

(a) $\mathbf{z}_1\mathbf{z}_2$

(b) $\dfrac{\mathbf{z}_1}{\mathbf{z}_2}$

(c) $\mathbf{z}_1\mathbf{z}_2^*$

(d) $\mathbf{z}_1^2$

(e) $\sqrt{\mathbf{z}_2}$

(f) $\sqrt{\mathbf{z}_2^*}$

(g) $\mathbf{z}_1(\mathbf{z}_2 - \mathbf{z}_1)^*$

(h) $\dfrac{\mathbf{z}_2^*}{(\mathbf{z}_1 + \mathbf{z}_2)}$

7.16 $\mathbf{z} = 1.2 - j2.4$라고 할 때, 다음 값을 구하라.

(a) $\ln \mathbf{z}$

(b) $e^{\mathbf{z}}$

(c) $\ln(\mathbf{z}^*)$

(d) $\exp(\mathbf{z}^* + 1)$

7.17 다음 식을 $(a + jb)$의 형태(a와 b는 실수)로 단순화하라.

(a) $\sqrt{j} + \sqrt{-j}$

(b) $\sqrt{j}\sqrt{-j}$

(c) $\dfrac{(1+j)^2}{(1-j)^2}$

7.18 다음 식을 단순화시키고 그 결과를 극형식으로 나타내라.

(a) $\mathbf{A} = \dfrac{5e^{-j30°}}{2 + j3} - j4$

(b) $\mathbf{B} = \dfrac{(-20\angle 45°)(3 - j4)}{(2 - j)} + (2 + j)$

(c) $\mathbf{C} = \dfrac{j4}{(3 + j2) - 2(1 - j)} + \dfrac{1}{1 + j4}$

(d) $\mathbf{D} = \begin{vmatrix} (2 - j) & -(3 + j4) \\ -(3 + j4) & (2 + j) \end{vmatrix}$

(e) $\mathbf{E} = \begin{vmatrix} 5\angle 30° & -2\angle 45° \\ -2\angle 45° & 4\angle 60° \end{vmatrix}$

※ 7.3절~7.5절 : 페이저 영역, 임피던스 변환

7.19 아래 정현함수에 대응하는 페이저를 구하라.

(a) $v_1(t) = 4\cos(377t - 30°)$ V

(b) $v_2(t) = -2\sin(8\pi \times 10^4 t + 18°)$ V

(c) $v_3(t) = 3\sin(1000t + 53°)$
$\qquad - 4\cos(1000t - 17°)$ V

7.20 아래 페이저에 대응하는 시간 함수를 구하라.

(a) $\mathbf{I}_1 = 6e^{j60°}$ A, $\qquad f = 60$ Hz

(b) $\mathbf{I}_2 = -2e^{-j30°}$ A, $\qquad f = 1$ kHz

(c) $\mathbf{I}_3 = j3$ A, $\qquad f = 1$ MHz

(d) $\mathbf{I}_4 = -(3 + j4)$ A, $\qquad f = 10$ kHz

(e) $\mathbf{I}_5 = -4\angle{-120°}$ A, $\qquad f = 3$ MHz

7.21 페이저 $\mathbf{V} = 4e^{j60°} + 6e^{-j60°}$ V에 대응하는 시간 함수가 아래의 식으로 주어짐을 보여라.

$$v(t) = 5.29\cos(\omega t - 19.1°) \text{ V}$$

7.22 아래 소자들의 임피던스를 구하라.

(a) $R = 1$ kΩ, $\qquad f = 1$ MHz

(b) $L = 30$ μH, $\qquad f = 1$ MHz

(c) $C = 50$ μF, $\qquad f = 1$ kHz

7.23 함수 $v(t)$는 아래와 같이 두 가지 정현파 함수의 합이다.

$$v(t) = 4\cos(\omega t + 30°) + 6\cos(\omega t + 60°) \text{ V}$$

(a) [표 7-1]에서 필요한 삼각함수를 적용하여 다음 식이 성립함을 보여라.

$$v(t) = 9.67\cos(\omega t + 48.1°) \text{ V}$$

(b) 문제에서 주어진 수식을 페이저로 변환하고 단일 항으로 단순화한 뒤 다시 시간 영역으로 변환하여 그 결과가 (a)에서 주어진 수식과 같다는 것을 보여라.

7.24 페이저를 이용해 아래의 각 수식을 단일항으로 단순화하라. **Hint** [연습문제 7.23] 참조

(a) $v_1(t) = 12\cos(6t + 30°)$
$\qquad - 6\cos(6t - 45°)$

(b) $v_2(t) = -3\sin(1000t - 15°)$
$\qquad - 6\sin(1000t + 15°)$
$\qquad + 12\cos(1000t - 60°)$

(c) $v_3(t) = 2\cos(377t + 60°)$
$\qquad - 2\cos(377t - 60°)$

(d) $v_4(t) = 10\cos 800t + 10\sin 800t$

7.25 다음 회로 내 전류원이 아래 식과 같다. $R = 20$ Ω, $C = 1$ μF이라고 가정하고, 페이저 해석기법을 적용하여 $i_C(t)$를 구하라.

$$i_s(t) = 12\cos(2\pi \times 10^4 t - 60°) \text{ mA}$$

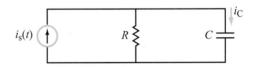

7.26 커패시터를 값이 0.5 mH인 인덕턴스로 대체하고, 인덕턴스를 통과하는 전류를 계산한 뒤 [연습문제 7.25]를 다시 풀어라.

7.27 다음과 같이 (a)~(e)까지 그림을 보고 등가 임피던스를 구하라.

(a) 1000 Hz에서의 $\mathbf{Z}_1$

(b) 500 Hz에서의 $\mathbf{Z}_2$

(c) $\omega = 10^6$ rad/s에서의 $\mathbf{Z}_3$

(d) $\omega = 10^5$ rad/s에서의 $\mathbf{Z}_4$

(e) $\omega = 2000$ rad/s에서의 $\mathbf{Z}_5$

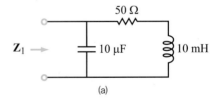

(a)

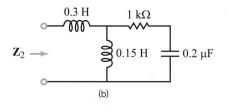

(b)

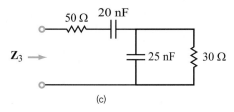

(c)

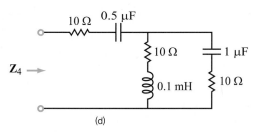

(d)

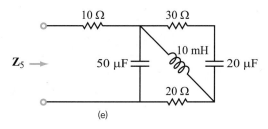

(e)

7.28 [연습문제 7.28]의 회로 내 전압원은 아래와 같은 식으로 주어진다.

$$v_s(t) = 12 \cos 10^4 t \text{ V}$$

(a) 회로를 페이저 영역으로 변환한 후 단자 (a, b)에서 등가 임피던스 $\mathbf{Z}$를 구하라.

Hint Δ-Y 변환을 적용해본다.

(b) $i(t)$에 대응하는 페이저 $\mathbf{I}$를 구하라
(c) $i(t)$를 구하라.

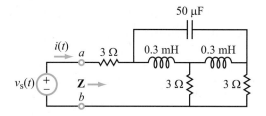

7.29 다음 회로는 페이저 영역에 있다. 다음을 구하라.

(a) 단자 (a, b)에서 등가 입력 임피던스 $\mathbf{Z}$
(b) $\mathbf{V}_s = 25\angle 45°$ V인 경우, 페이저 전류 $\mathbf{I}$

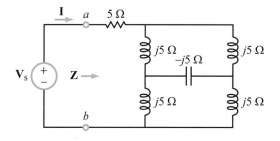

7.30 다음 페이저 영역 회로를 이용해 아래 문항을 해결하라.

(a) 입력 임피던스 $\mathbf{Z}$를 순실수(purely real)로 만들 수 있는 $\mathbf{Z}_x$ 값을 구하라.
(b) (a)의 조건을 만족하기 위해 어떤 유형의 소자가 필요한지, 그리고 $\omega = 6250$ rad/s일 때 그 크기가 어떻게 되는지를 구체적으로 기술하라.

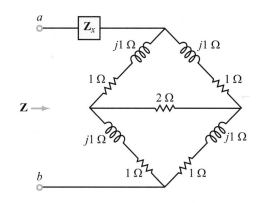

7.31 다음 회로에서 입력 신호 전압 $v_s(t) = 24 \cos 2000\pi t$에 대응하여 입력 전류는 $i(t) = 6 \cos(2000\pi t - 60°)$ mA로 측정되었다. 해당 회로의 등가 입력 임피던스 $\mathbf{Z}$를 구하라.

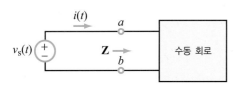

7.32 $\omega = 400$ rad/s일 때, 다음에 제시된 회로의 입력 임피던스는 $\mathbf{Z} = (74 + j\,72)\ \Omega$이다. L 값을 구하라.

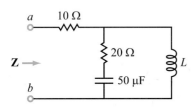

7.33 다음 회로에서 $i(t)$가 $v_s(t)$와 같은 위상이 되도록 $\omega = 104$ rad/s일 때의 L 값을 구하라.

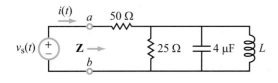

7.34 다음 회로 내 전류 $i(t)$가 전원 전압 $v_s(t)$과 같은 위상이 되는 각주파수(ω) 값을 구하라.

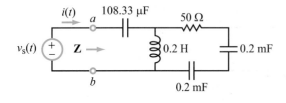

※ 7.6절 : 등가회로

7.35 $i_s(t) = 3 \cos 4 \times 10^4\,t$ A라고 가정하고 다음에 제시된 회로의 테브난 등가를 구하고자 할 때, 다음 질문에 답하라.

(a) 회로를 페이저 영역으로 변환하라.

(b) 전원 변환 기법을 적용하여 단자 (a, b)에서 테브난 등가회로를 구하라.

(c) 페이저 영역 테브난 회로를 다시 시간 영역으로 변환하라.

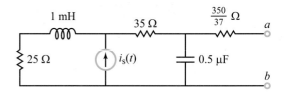

7.36 다음에 보이는 입력 회로는 아래와 같이 주어진 두 개의 전원을 포함한다.

$$i_s(t) = 2 \cos 10^3 t\ \text{A}$$

$$v_s(t) = 8 \sin 10^3 t\ \text{V}$$

이 입력 회로는 임피던스 Z가 순실수(purely real)일 때 최적의 성능을 제공하는 부하 회로에 연결된다. 회로에는 이러한 최적 조건을 구현할 수 있도록 선택된 종류와 특정 값들을 갖는 '정합(matching)' 요소를 포함한다. 정합 요소의 속성을 설명하라.

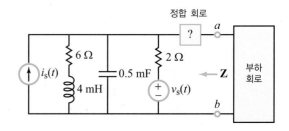

7.37 $v_s(t) = 12 \cos 2500t$ V이고, $i_s(t) = 0.5 \cos (2500t - 30°)$ A라고 가정할 때, 단자 (a, b)에서 다음에 제시된 회로의 테브난 등가회로를 구하라.

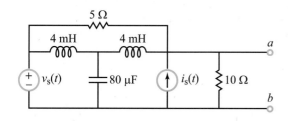

7.38 다음 회로는 페이저 영역에 있다. 단자 (a, b)에서 이 회로의 테브난 등가회로를 구하라.

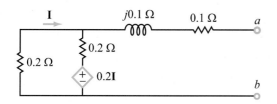

7.39 입력 회로에서 부하 $\mathbf{Z}_L$로의 전력 전달을 극대화 하려면, 입력 회로 임피던스의 켤레복소수에 해 당하는 $\mathbf{Z}_L$을 선택해야 한다. 다음에 제시된 회로 의 경우, $\mathbf{Z}_L = \mathbf{Z}_{Th}^*$인 조건이 충족되어야 한다. 이와 같은 요건을 충족시키는 $\mathbf{Z}_L$을 구하라.

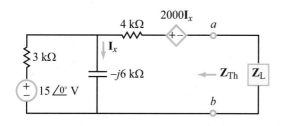

7.40 다음 회로에서 페이저 전류 $\mathbf{I}_L$은 다음과 같이 측 정되었다. $\mathbf{Z}_L$을 구하라.

$$\mathbf{I}_L = \left(\frac{78}{41} - j\frac{36}{41} \right) \text{ mA}$$

※ 7.7절~7.8절 : 페이저 다이어그램, 위상 변이 회로

7.41 다음에 제시된 회로에 대하여 다음 문항을 해결 하라.

(a) 전류 배분을 적용하여 $\mathbf{I}_C$와 $\mathbf{I}_R$을 $\mathbf{I}_s$와의 관계 식으로 나타내라.

(b) $\mathbf{I}_s$를 기준으로 사용하여 $\mathbf{I}_C$, $\mathbf{I}_R$, $\mathbf{I}_s$가 포함된 상대 페이저 다이어그램을 생성하고 벡터 합 $(\mathbf{I}_R + \mathbf{I}_C = \mathbf{I}_s)$이 충족됨을 보여라.

(c) 회로를 해석하여 $\mathbf{I}_s$를 결정한 후 $\mathbf{I}_C$, $\mathbf{I}_R$, $\mathbf{I}_s$의 실질 위상각에 따라 절대 페이저 다이어그램 을 그려라.

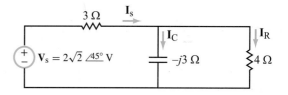

7.42 다음에 제시된 회로에 대하여 다음 문항을 해결 하라.

(a) 전류 배분을 적용하여 $\mathbf{I}_1$과 $\mathbf{I}_2$를 $\mathbf{I}_s$와의 관계 식으로 나타내라.

(b) $\mathbf{I}_s$를 기준으로 하여 벡터 합($\mathbf{I}_1 + \mathbf{I}_2 = \mathbf{I}_s$)이 확실하게 충족된다는 것을 보여주는 상대 페 이저 다이어그램을 생성하라.

(c) 회로를 해석하여 $\mathbf{I}_s$를 결정한 뒤 세 가지 전류 에 대한 절대 페이저 다이어그램을 생성하라.

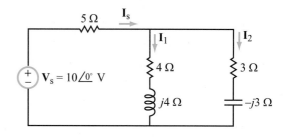

7.43 출력 전압이 입력 신호의 경우보다 120° 뒤쳐지는 2단계의 1 MHz RC 위상 변이 회로를 설계하라. 모든 커패시터가 1 nF이다. 레지스터의 값과 입력 대비 출력 전압의 진폭비를 구하라.

7.44 2단계로 구성된 RC 회로가 120°의 위상 변이 선도를 제공한다. 입력 전압 대비 출력 전압의 진폭비를 구하라.

7.45 1단계로 구성된 위상 변이 회로의 소자값이 $R = 40 \, \Omega$과 $C = 5 \, \mu\text{F}$이다. ϕ_1과 ϕ_2이 각각 R과 C에 걸친 출력 전압의 위상각인 경우, $\phi_1 = -\phi_2$의 관계가 성립되는 주파수 f의 값을 구하라.

※ 7.9절 : 페이저 영역 해석 기법

7.46 페이저 영역에서 마디 해석법을 적용하여 다음에 제시된 회로에서의 $i_x(t)$를 구하라.

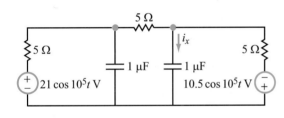

7.47 페이저 영역에서 마디 해석법을 적용하여 다음에 제시된 회로에서의 $i_C(t)$를 구하라.

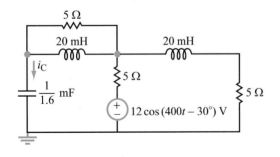

7.48 다음 회로는 마디 $\mathbf{V}_1$과 $\mathbf{V}_2$ 사이에 슈퍼마디를 포함한다. 슈퍼마디 방법을 적용하여 $\mathbf{V}_1$, $\mathbf{V}_2$, $\mathbf{V}_3$를 각각 구한 후 $\mathbf{I}_C$를 계산하라.

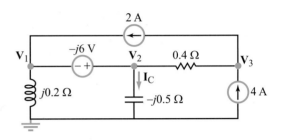

7.49 점검에 의한 해석 방법을 적용하여 다음 회로에 대한 마디−전압 행렬 방정식을 세우고, MATLAB을 이용한 풀이를 통해 $\mathbf{V}_1$과 $\mathbf{V}_2$의 값을 구하라.

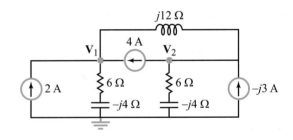

7.50 다음 회로에서 $\mathbf{I}_s = 12\angle 120° \, \text{V}$일 때, 즉석 해석법을 적용하여 마디−전압 행렬 방정식을 세우고 MATLAB을 이용하여 $\mathbf{I}_x$ 값을 구하라.

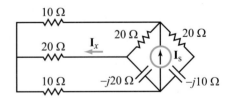

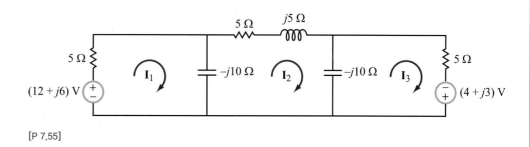

[P 7.55]

7.51 마디 해석법을 적용하여 다음에 제시된 회로에서의 $\mathbf{I}_C$를 구하라.

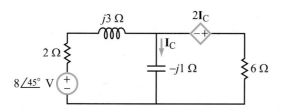

7.52 망로 해석법을 적용하여 [연습문제 7.51] 회로에서의 $\mathbf{I}_C$를 구하라.

7.53 망로 해석법을 적용하여 다음 회로에서의 $i_L(t)$를 구하라.

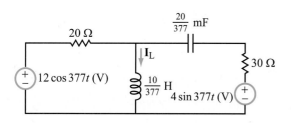

7.54 망로 해석법을 이용하여 $\mathbf{V}_s$와 R의 항으로 다음 회로의 페이저 V_{out}에 대한 식을 구하라($R = \omega_L = \frac{1}{\omega C}$으로 가정한다).

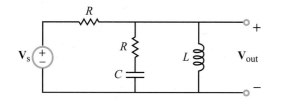

7.55 즉석 해석법을 적용하여 위의 회로([P 7.55])에 대한 망로 전류 행렬 방정식을 세운 뒤 MATLAB 소프트웨어를 이용한 풀이를 통해 $\mathbf{I}_1$, $\mathbf{I}_2$, $\mathbf{I}_3$의 값을 구하라.

7.56 스스로 선택한 임의의 해석 방법을 이용해 다음 회로에서의 $i_C(t)$를 구하라.

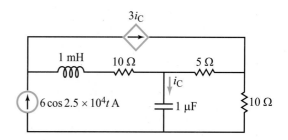

7.57 $v_s(t) = 6 \cos 5 \times 10^5 t$ V으로 가정한 경우, 다음 회로에서의 $i_x(t)$를 구하라.

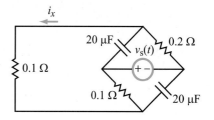

7.58 다음 연산 증폭 회로에서 입력 신호는 다음과 같은 등식으로 주어진다.

$$v_{in}(t) = V_0 \cos \omega t$$

연산 증폭기(op amp)가 직선 범위 내에서 작동하고 있다는 가정 하에서, 페이저 영역 기법을 적용하여 $v_{out}(t)$를 구하기 위한 식을 세우고 이 식으로 $\omega RC = 1$의 관계가 성립되는지 확인하라.

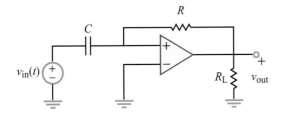

7.59 다음 연산 증폭 회로에서 입력 신호는 다음과 같은 등식으로 주어진다.

$$v_{in}(t) = 0.5 \cos 2000t \text{ V}$$

$v_{out}(t)$을 구하기 위한 식을 세우고 이 식으로 $R_1 = 2 \text{ k}\Omega$, $R_2 = 10 \text{ k}\Omega$, $C = 0.1 \text{ }\mu\text{F}$의 관계가 성립되는지 확인하라.

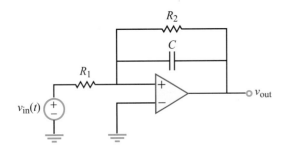

7.60 $v_i(t) = V_0 \cos \omega t$인 경우, 다음 회로의 $v_{out}(t)$를 구하기 위한 식을 세우고 이 식으로 $V_0 = 4 \text{ V}$, $\omega = 400 \text{ rad/s}$, $R = 5 \text{ k}\Omega$, $C = 2.5 \text{ }\mu\text{F}$의 관계가 성립되는지 확인하라.

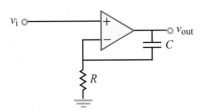

7.61 $v_i(t) = V_0 \cos \omega t$인 경우, 다음 회로의 $v_{out}(t)$를 구하기 위한 식을 세우고 이 식으로 $V_0 = 2 \text{ V}$, $\omega = 377 \text{ rad/s}$, $R_1 = 2 \text{ k}\Omega$, $R_2 = 10 \text{ k}\Omega$, $C = 0.5 \text{ }\mu\text{F}$의 관계가 성립되지는 확인하라.

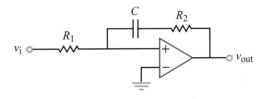

※ **7.10절 : 전원 공급 회로**

7.62 반파 정류기 회로의 입력점에서 신호 전압은 $v_{in}(t) = A \cos(377t + 30°) \text{ V}$의 등식으로 주어진다. $v_{out}(t)$의 파형을 구하여 도표로 나타내라. $v_{out} = 0$의 관계가 유지되는 전체 기간 중 아래의 각 A 값에 부합하는 부분의 비율을 계산하라($V_F = 0.7\text{V}$으로 가정).

(a) A = 0.5 V

(b) A = 5 V

7.63 브리지 정류기는 진폭 10 V의 1 kHz 입력 신호에 의해 움직인다. 정류기 출력점에서 평활 필터는 부하 레지스터 R_L과 병렬로 1 μF 커패시터를 사용한다. $R_D = 5 \text{ }\Omega$일 때,

(a) $\tau_{dn}/\tau_{up} = 2500$이 성립하는 R_L 값을 구하라.

(b) τ_{dn}은 정류된 파형의 주기와 어떻게 비교되는가?

(c) 출력 파형의 피크값(근사치)은 얼마인가?

7.64 [그림 7–36]에 제시된 회로에서의 전원 공급은 다음과 같은 특성을 갖는다. $v_s = 24 \cos(2\pi \times 10^3 t + 30°) \text{ V}$, $N_2/N_1 = 2$, $C = 0.1 \text{ mF}$, $R_s = 50 \text{ }\Omega$, $R_L = 20 \text{ k}\Omega$, $R_z = 20 \text{ }\Omega$, $V_z = 42 \text{ V}$. v_{out}과 리플의 피크 간 전압을 구하라.

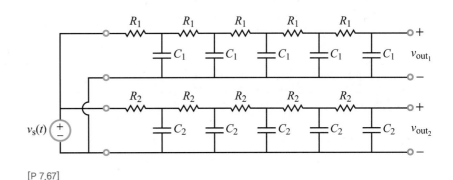

[P 7.67]

※ 7.11절 : Multisim을 활용한 교류 회로 해석

7.65 Multisim에서 네트워크 해석기를 활용해 다음 회로의 등가 임피던스 $\mathbf{Z}_{eq}$를 구하라. 네트워크 해석기를 이용해 1 kHz~1 MHz까지의 $\mathbf{Z}_{eq}$를 도표로 그리고, 직접 손으로 계산한 결과를 통해 시뮬레이션 결과가 어느 정도 정확한지 확인하라.

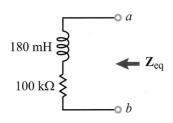

7.66 Multisim에서 네트워크 해석기를 활용해 다음 회로의 등가 임피던스 $\mathbf{Z}_{eq}$를 구하라. 네트워크 해석기를 이용해 100 Hz~100 kHz까지 $\mathbf{Z}_{eq}$의 실수부와 허수부를 도표로 그리고, 직접 손으로 계산한 결과를 통해 시뮬레이션 결과가 어느 정도 정확한지 확인하라.

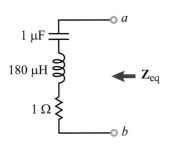

7.67 1 V, 100 MHz의 전압원 $v_s(t)$가 위의 회로([P 7.67])에 묘사된 바와 같이 두 개의 전송선으로 동시에 신호를 내려 보낸다. $R_1 = R_2 = 10\ \Omega$, $C_1 = 7$ pF, $C_2 = 5$ pF인 조건으로 Multisim에서 이 회로의 모형을 만들어보고 다음 질문에 답하라.

(a) $v_s(t)$와 두 개의 출력 마디(v_{out_1} and v_{out_2}) 사이의 위상 변이는 어떤 것인가?

(b) $\dfrac{v_{out_1}}{v_s}$ 및 $\dfrac{v_{out_2}}{v_s}$의 진폭비는 얼마인가?

7.68 위상 변이 회로는 여러 가지 용도를 갖는다. 이 회로는 발진기(반복적인 전기신호를 생성하는 회로)의 기본 구성요소일 수 있다. 다음 회로([P 7.68])는 위상 변이 발진기(phase-shift oscillator)이다. 이 책에서 상세한 해석을 다루기는 너무 복잡하지만, Multisim을 통해 이 회로를 쉽게 만들고 해석할 수 있다. 3단자의 가상 연산 증폭기 요소를 이용해, 그림에 보이는 위상 변이 발진기를 구축하고 과도 해석(Transient Analysis)에서 0~1.5 ms의 출력을 도표로 그려보도록 한다. 직류 오프셋(DC offset)뿐만 아니라 진동(oscillations)의 주파수와 진폭을 구한다. (보다 선명한 그래프를 얻기 위해 시뮬레이션 시간 간격의 최대값(TMAX)을 줄일 수도 있다).

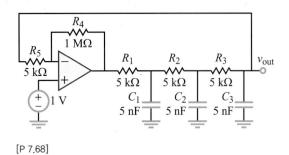

[P 7.68]

7.69 Multisim이나 스스로 다른 해석법을 선택하여 다음 회로의 각 마디에서 전압의 위상과 크기를 구하라.

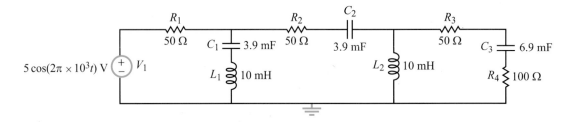

고류 전력
AC Power

학습목표

- 주기 파형의 평균 및 실효값(rms)을 계산할 수 있다.
- 입력 전압 또는 전류를 알고 있는 복소 부하에 대한 복소 전력, 평균 유효 전력, 무효 전력을 구할 수 있다.
- 복소 부하에 대한 역률을 구하고, 분로 커패시터를 추가하여 부하를 보상하여 얻은 개선사항을 평가할 수 있다.
- 입력 회로에서 부하로 전원 변환을 최대화하기 위한 부하 임피던스를 선택할 수 있다.
- 3상 회로를 해석할 수 있다.
- Multisim을 활용하여 전력을 측정할 수 있다.

개요

전류 i가 저항 R을 지날 때 저항 R이 흡수하는 전력을 식 $p = i^2 R$로 표현한다. i가 시간에 따라 변할 때는 $i(t)$로 지정하고 순시 전류라고 부른다. 해당 전력은 순시 전력(instantaneous power)이라고 한다.

$$p(t) = i^2(t) \ R \ \text{W} \tag{8.1}$$

보통 중요한 물리량은 주어진 회로 혹은 가정에서 사용하는 전기기기로 대표되는 회로들의 총합에서 소모되는 **평균 전력**(average power) P이다. AC 신호는 시간에 대하여 주기성을 가지고, 이때 각주파수는 ω, 시간 주기는 $T = \dfrac{2\pi}{\omega}$로 나타내므로 P_{av}는 온전한 한 주기(또는 그 이상) 동안의 $p(t)$의 평균값으로 정의한다. AC 전류가 다음과 같이 주어졌을 때

$$i(t) = I_{\text{m}} \cos \omega t \tag{8.2}$$

저항 R이 소비하는 평균 전력은 다음과 같다.

$$P_{\text{av}} = \frac{1}{2} I_{\text{m}}^2 R \ \text{W} \tag{8.3}$$

이 결과는 8.2절에서 유도할 것이다. P_{av}가 ω에 독립적이며, 그 식에 $\dfrac{1}{2}$이라는 인자가 포함된다는 사실이 매우 흥미롭다. 식 (8.3)에 대한 설명은 나중에 간단히 다시 다룰 것이다. 만약 저항 회로의 AC 전력만을 논의하고자 한다면 단 몇 페이지, 한두 개 예시만으로도 충분할 것이다. 그러나 실제 회로에 저항만 있는 경우는 거의 없기 때문에, 8장 전체를 AC 전력에 집중하기로 한다. 실제 회로에는 커패시터와 인덕터가 포함되며, 둘은 전력을 소비할 수는 없지만 저장하거나 방출할 수 있다.

저항에 흐르는 전류는 항상 저항 양단에 걸리는 전압과 위상이 같다. 위상의 이러한 속성때문에 P_{av}가 식

(8.3)의 형태로 나타나게 된다. 이 식은 일반적으로 부하 회로가 반응소자(커패시터 및 인덕터)만을 포함하거나 저항소자를 함께 포함할 때는 유효하지 않다. 따라서 일반적인 사례의 경우, 순수한 저항 성분에서 순수한 반응성 성분에 이르기까지 모든 복소 부하에 적합한 식을 개발할 필요가 있다. 이것이 이 장의 목적이다.

회로를 시간 영역에서 페이저 영역으로 변환하면 전압 및 전류는 각자에 해당하는 페이저에 대응하며 수동소자는 임피던스가 된다. 그렇다면 전력은 어떨까? $p(t)$에 해당하는 페이저 전력 P가 있을까? 답은 정확하지 않다는 것이다. **복소 전력**(complex power)이라는 새로운 물리량 S를 도입할 것이다. 그러나 S는 $p(t)$의 페이저 대응값이 아니고, $p(t)$에 대한 일대일 대응으로 혼동하지 않도록 기호 P 대신 사용하는 것이다. 8.3절에서 확인할 수 있듯이 S는 실수부와 허수부로 이루어지는데, 실수부는 회로가 소비하는 유효 평균 전력을, 허수부는 회로가 저장하는 평균 전력을 나타낸다.

3장 마지막에 입력 회로가 저항성 부하에 연결될 때, 회로에서 부하로 전력이 최대로 전달되는 조건은 무엇인지에 대한 문제를 제기했다. 그리고 테브난 정리(Thévenin's theorem)를 적용하여 부하 저항이 입력 회로의 테브난 저항과 동일할 때 변환된 전력이 최대가 된다는 것을 증명하였다. 8장에서 이 질문을 다시 살펴보며 부하를 저항부 R_{L}과 반응부 X_{L}로 구성된 복소 부하 $Z_{\text{L}} = R_{\text{L}} + jX_{\text{L}}$의 일반식으로 표현한다. 이 두 부분으로 구성된다는 사실에서, 답이 하나가 아닌 두 조건을 구성할 것이라고 예상할 수 있으며 실제로도 그렇다. 자세한 내용은 8.5절에서 설명한다.

8.1 주기 파형

이 장에서는 시변 정현파 신호가 전달하는 AC 전력을 중점으로 설명한다. 먼저 정현파를 포함한 모든 주기 파형이 공유하는 주요 속성 몇 가지를 검토해보자.

수학적으로 주기 T의 주기 파형 $x(t)$는 임의의 정수값에 대해서 다음 식과 같은 주기성(periodicity property)을 갖는다.

$$x(t) = x(t + nT) \tag{8.4}$$

주기성은 $x(t)$ 파형이 매 T초마다 반복되는 것을 말한다. [그림 8-1]은 주기함수의 일반적인 세 가지 파형(서로 상관관계 없음)을 나타내는데, [그림 8-1(a)]에서 $v(t)$는 사인파를, [그림 8-1(b)]에서 $i(t)$는 상단이 잘린 톱니 모양을, [그림 8-1(c)]는 함수 $p(t) = P_m \cos^2 \omega t$를 나타낸다.

8.1.1 순시값과 평균값

[그림 8-1]에 제시한 세 가지 파형은 시간함수로서 시간에 따른 크기의 변화를 정확히 나타낸다. 예를 들어 시간의 함수 $v(t)$는 순시 전압(instantaneous voltage)이다. 마찬가지로 $i(t)$는 순시 전류(instantaneous current)이며, $p(t)$는 순시 전력(instantaneous power)이다. 그러나 경우에 따라서는 각 시간함수의 유용한 정보를 전달하고 있는 파형의 속성을 파악할 수도 있고, 이는 완전한 시간함수의 식을 알아내 다루는 일보다 훨씬 간단하다. AC 회로에서는 특히 파형의 **평균값**(average value)과 **실효값**(root-mean-square value)을 알아야 한다. 실효값은 8.2절에서 공부하고, 이 절에서는 평균값에 대

해서만 알아본다.

주기 T의 주기함수 $v(t)$의 평균값은 다음과 같다.

$$X_{av} = \frac{1}{T} \int_0^T x(t) \, dt \tag{8.5}$$

온전한 한 주기 T 동안의 $x(t)$를 적분하고 이 값을 T로

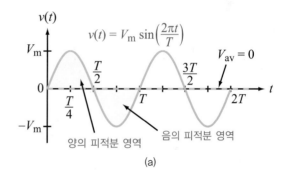

(a)

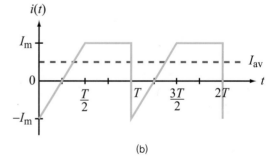

(b)

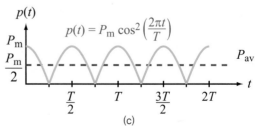

(c)

[그림 8-1] 세 가지 주기 파형의 예

나누어 정규화하여 평균값 X_{av}를 얻는다. 위의 식에서 적분의 구간은 $0 \sim T$까지이지만 적분할 때 $T_0 \sim T_0 + T$의 구간과 같이 상한이 하한보다 정확히 T만큼 더 큰 경우에 한해, T값에 상관없이 동일한 X_{av}를 얻는다.

한편 [그림 8-1(a)]에 제시한 전압 파형은 다음과 같다.

$$v(t) = V_m \sin \frac{2\pi t}{T} \tag{8.6}$$

식 (8.5)을 적용하면 다음과 같은 풀이가 가능하다.

$$V_{av} = \frac{1}{T} \int_0^T V_m \sin \frac{2\pi t}{T} \, dt \tag{8.7}$$

$$= \frac{V_m}{T} \left(-\frac{T}{2\pi} \right) \cos \frac{2\pi t}{T} \Bigg|_0^T = -\frac{V_m}{2\pi} [1 - 1] = 0$$

사인파의 평균값은 0이다. 파형이 가진 대칭성을 따져보자. 주기의 첫 절반 곡선과 x축 사이의 영역(피적분함수)은 주기의 남은 절반 곡선과 x축 사이의 영역과 같은 넓이이나 극성은 반대다. 따라서 두 값의 순 합계, 즉 적분값은 정확히 0이다. 반대로 [그림 8-1(b)]와 [그림 8-1(c)]에서 $i(t)$와 $p(t)$의 파형은 대칭되지 않으므로(t축 위 파형 부분과 축 아래 부분 사이) 평균값이 0이 아닐 뿐만 아니라 양의 값을 가진다.

예제 8-1 평균값

[그림 8-1(b)]와 [그림 8-1(c)]에 나타난 파형의 평균값을 구하라.

풀이

첫 번째 주기의 첫 절반 동안 $i(t)$는 파형의 선형 램프로 설명된다.

$$i(t) = at + b \quad \left(0 \le t \le \frac{T}{2} \right)$$

직선의 기울기는 다음과 같다.

$$a = \frac{2I_m}{(T/2)} = \frac{4I_m}{T}$$

전류축 절편은 다음과 같다.

$$b = -I_m$$

따라서

$$i(t) = \begin{cases} \left(\frac{4t}{T} - 1 \right) I_m & \left(0 \le t \le \frac{T}{2} \right) \\ I_m & \left(\frac{T}{2} \le t < T \right) \end{cases} \tag{8.8}$$

이다. 식 (8.5)에서 $i(t)$의 평균값을 다음과 같이 구할 수 있다.

$$I_{av} = \frac{1}{T} \int_0^T i(t) \, dt = \frac{1}{T} \left[\int_0^{T/2} \left(\frac{4t}{T} - 1 \right) I_m \, dt + \int_{T/2}^T I_m \, dt \right] \tag{8.9}$$

$$= \frac{I_m}{2}$$

또한 $i(t)$의 한 파형 주기의 양단을 상하한으로 정하여 $i(t)$를 적분하고 그 값을 T로 나누어 동일한 결과를 얻을 수 있다.

$$I_{av} = \frac{1}{T}\left[-\frac{1}{2}I_m \times \frac{T}{4} + \frac{1}{2}I_m \times \frac{T}{4} + I_m \times \frac{T}{2} \right] = \frac{I_m}{2}$$

$p(t)$의 P_{av}를 구하기 위하여 식 (8.5)를 $\cos^2$ 함수에 적용한다.

$$P_{av} = \frac{1}{T}\int_0^T P_m \cos^2\left(\frac{2\pi t}{T}\right) dt$$

삼각함수 관계식을 적용하면 적분이 수월해진다.

$$\cos^2 x = \frac{1}{2} + \frac{1}{2}\cos 2x$$

이를 통해 다음과 같은 최종 결과가 도출된다.

$$P_{av} = \frac{P_m}{2}$$

$\cos^2 \omega t$의 **평균값**이 $\frac{1}{2}$이라는 사실은 자주 활용될 것이다. ϕ_1, ϕ_2와 1 이상의 임의의 정수 n에 대하여 다음 식을 쉽게 증명할 수 있다.

$$\frac{1}{T}\int_0^T \cos^2\left(\frac{2\pi nt}{T}+\phi_1\right) dt = \frac{1}{T}\int_0^T \sin^2\left(\frac{2\pi nt}{T}+\phi_2\right) dt = \frac{1}{2} \tag{8.10}$$

즉 온전한 한 주기 $T = \frac{2\pi}{\omega}$ 동안이라면, 일정한 위상차에 의한 위상의 변이 여부와 상관없이 $\cos^2(n\omega t)$와 $\sin^2(n\omega t)$의 **평균값은 모두 $\frac{1}{2}$**이다.

8.1.2 실효값(rms)

저항 R을 통해 흐르는 주기 전류 파형 $i(t)$에 대하여 저항이 흡수하는 평균 전력은 다음과 같다.

$$\begin{aligned} P_{av} &= \frac{1}{T}\int_0^T p(t)\, dt \\ &= \frac{1}{T}\int_0^T i^2(t)\, R\, dt \end{aligned} \tag{8.11}$$

여기서 $i(t)$의 새로운 속성인 **실효값** I_{eff}를 도입해보자. I_{eff}는 AC 전류의 유효전류다. 즉 AC 전류인 $i(t)$가 저항 R에 전달하는 평균 전력인 P_{av}와 동일한 전력을 DC 전류를 통해 R에 전달한다고 가정했을 때, 그 DC 전류 값에 해당한다. 따라서 $P_{av} = I_{eff}^2 R$이 성립하는 I_{eff}의 값이 바로 $i(t)$의 유효 전류이며, 다음과 같은 식이 성립한다.

$$I_{eff}^2 R = P_{av} = \frac{1}{T}\int_0^T i^2(t)\, R\, dt \tag{8.12}$$

I_{eff}에 대하여 식을 정리하면 다음과 같다.

$$I_{eff} = \sqrt{\frac{1}{T}\int_0^T i^2(t)\, dt} \tag{8.13}$$

식 (8.13)에 따라 $i^2(t)$의 평균에 제곱근을 취해 I_{eff}를 얻는다. 이 연산의 주요 용어 세 가지를 결합하여 제곱평균제곱근(root-mean-square, rms)이라고 하며, I_{eff}는 I_{rms}로 다시 쓰인다. 주기 전류 파형과 연관 지어 실효값 또는 rms 값을 정의하였지만, 이 정의는 다른 주기 파형뿐만 아니라 주기 전압 파형에도 동일하게 적용할 수 있다. 따라서 일반적인 주기 파형 $x(t)$의 경우, 그 rms 값은 다음과 같이 정의한다.

$$X_{rms} = X_{eff} = \sqrt{\frac{1}{T} \int_0^T x^2(t)\, dt} \qquad (8.14)$$

예제 8-2 rms 값

[그림 8-1(b)]에서 다음을 구하라.

(a) $v(t) = V_m \sin\left(\dfrac{2\pi t}{T} + \phi\right)$를 구하라.

(b) $i(t)$의 rms 값을 구하라.

풀이

(a) 식 (8.14)를 $v(t)$에 적용하면 다음과 같다.

$$V_{rms} = \left[\frac{1}{T} \int_0^T V_m^2 \sin^2\left(\frac{2\pi t}{T} + \phi\right) dt \right]^{1/2} \qquad (8.15)$$

식 (8.10)의 관점에서 다음과 같이 표현할 수 있다.

$$V_{rms} = \frac{V_m}{\sqrt{2}} \qquad (8.16)$$

따라서 모든 정현함수에 대하여 rms 값은 최댓값(진폭)을 $\sqrt{2}$ 로 나눈 값과 같다.

(b) [예제 8-1]의 식 (8.8)로부터 $i(t)$를 다음과 같이 나타낼 수 있다.

$$i(t) = \begin{cases} \left(\dfrac{4t}{T} - 1\right) I_m & \left(0 \le t \le \dfrac{T}{2}\right) \\ I_m & \left(\dfrac{T}{2} \le t < T\right) \end{cases}$$

따라서 rms 값은 다음과 같다.

$$I_{rms} = \left\{ \frac{1}{T} \left[\int_0^{T/2} \left(\frac{4t}{T} - 1\right)^2 I_m^2\, dt + \int_{T/2}^T I_m^2\, dt \right] \right\}^{1/2}$$

결과적으로 다음과 같은 식이 도출된다.

$$I_{rms} = \frac{2 I_m}{\sqrt{6}} = 0.82 I_m$$

[질문 8-1] 정현파의 평균값은 얼마인가?

[질문 8-2] ϕ_1, ϕ_2 값과 상관없이 식 (8.10)이 성립하는 이유는 무엇인가? 도식으로 설명하라.

[질문 8-3] rms는 무엇의 약자이며, 그 뜻은 수학적 정의와 어떤 관련이 있는가?

[연습 8-1] 파형 $v(t) = 12 + 6\cos 400t$ V의 평균값과 rms 값을 구하라.

[연습 8-2] 파형 $i(t) = 8\cos 377t - 4\sin(377t - 30°)$ A의 평균값과 rms 값을 구하라.

8.2 평균 전력

[그림 8-2]의 회로는 수동 부하에 전력을 공급하는 능동 AC 회로로 구성되었다. 부하 회로를 설계하는 방식이나 회로에 포함될 수 있는 저항, 커패시터, 인덕터들을 결정하고 결합하는 방식에는 제한이 없다. 부하에 걸리는 순시 전압은 $v(t)$이며, 이곳을 흐르는 해당 순시 전류(방향은 수동 신호 관례에 따라 정의된다.)는 $i(t)$이다.

[그림 8-2]의 회로는 AC 회로이기 때문에 전류 및 전압 일체는 동일한 각주파수 ω에서 정현형으로 진동한다. $v(t)$와 $i(t)$에 대한 일반적인 함수 형태는 다음과 같다.

$$v(t) = V_{\mathrm{m}} \cos(\omega t + \phi_v) \qquad (8.17\text{a})$$
$$i(t) = I_{\mathrm{m}} \cos(\omega t + \phi_i) \qquad (8.17\text{b})$$

여기서 V_{m}과 I_{m}은 $v(t)$와 $i(t)$의 진폭이고, ϕ_v와 ϕ_i는 그 위상각이다. 목표는 부하가 흡수하는 평균 전력 P_{av}를 $v(t)$와 $i(t)$의 파라미터와 연결시키는 것이다. 부하 회로에 흐르는 순시 전력은 다음과 같다.

$$\begin{aligned} p(t) &= v(t)\, i(t) \\ &= V_{\mathrm{m}} I_{\mathrm{m}} \cos(\omega t + \phi_v) \cos(\omega t + \phi_i) \end{aligned} \qquad (8.18)$$

삼각함수 항등식을 적용하면 다음과 같다.

$$\cos x \cos y = \frac{1}{2} \cos(x - y) + \frac{1}{2} \cos(x + y) \qquad (8.19)$$

$p(t)$는 다음과 같은 형태로 제시할 수 있다.

$$p(t) = \frac{V_{\mathrm{m}} I_{\mathrm{m}}}{2} \cos(\phi_v - \phi_i) + \frac{V_{\mathrm{m}} I_{\mathrm{m}}}{2} \cos(2\omega t + \phi_v + \phi_i)$$

$$(8.20)$$

$p(t)$의 평균값을 구하기 전에, 식 (8.20)의 두 항의 중요성을 간단하게 설명해보자. 첫 번째 항은 t에 따라 달라지는 값이 아니므로 상수이며, 두 번째 항은 정현형이지만 각주파수는 2ω이므로 다음과 같다.

> $p(t)$는 DC처럼 작용하는 항과 AC 항의 합으로, $i(t)$와 $v(t)$ 주파수의 두 배로 진동한다.

이러한 동작은 [그림 8-3]의 $v(t)$, $i(t)$, $p(t)$ 파형에서 명백하게 확인할 수 있다. 각주파수 $\omega = 2\pi f$는 $f = 60\ \mathrm{Hz}$에 대응하며, 임의로 위상각을 $\phi_v = 30°$, $\phi_i = -30°$로 정하면, 파형의 형태로부터 다음 결론을 도출할 수 있다.

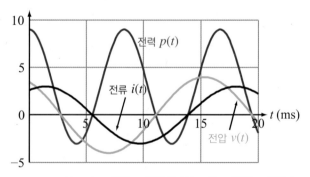

[그림 8-3] $v(t) = 4\cos(377t + 30°)$ V, $i(t) = 3\cos(377t - 30°)$ A, $p(t) = v(t)\,i(t)$인 60 Hz 회로에 대한 파형 : $i(t)$의 파형은 $v(t)$의 파형보다 60°만큼 뒤처지며, $p(t)$의 진동 주파수는 $v(t)$ 또는 $i(t)$ 진동 주파수의 두 배다.

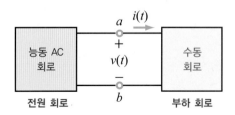

[그림 8-2] 단자 (a, b)에서 입력 전원에 연결된 수동 부하 회로

- 전압 $v(t)$는 t축과 대칭적으로 비례하여 진동하며, 첨두 간(peak-to-peak) 변화는 −4 V에서 4 V로 증폭된다. 전류 $i(t)$는 −3A와 +3A 사이에서 유사한 형태를 보인다.

- $v(t)$와 $i(t)$의 파형은 시간축 상에서 봤을 때 두 신호의 위상각 차이에 해당되는 시간 차이만큼 분리되어 나타난다. $\phi_v = 30°$, $\phi_i = -30°$라고 할 때, $v(t)$는 $i(t)$를 60°만큼 선도한다.

  한 주기($T = \dfrac{1}{f} = \dfrac{1}{60} = 16.67$ ms) 는 총 위상각 360°에 대응한다. 따라서 $v(t)$는 다음 시간차만큼 $i(t)$보다 앞선다.

  $$\Delta t = \left(\frac{60°}{360°}\right) \times 16.67 \text{ ms}$$
  $$= 2.78 \text{ ms}$$

- 전력 $p(t)$의 파형은 t에 대칭적이지 않다. 또한 이 파형은 $v(t)$ 또는 $i(t)$의 파형과 비교했을 때 주기의 반복이 단위 시간당 두 배 많다.

이제 식 (8.5)를 식 (8.20)으로 도출한 $v(t)$의 식에 적용하여 부하에 전달된 평균 전력 P_{av}를 구할 수 있다.

$$P_{av} = \frac{1}{T} \int_0^T p(t)\, dt \tag{8.21}$$

$$= \frac{1}{T} \int_0^T \frac{V_m I_m}{2} [\cos(\phi_v - \phi_i)$$
$$+ \cos(2\omega t + \phi_v + \phi_i)]\, dt$$

각주파수가 $\omega = \dfrac{2\pi}{T}$인 임의의 정현함수에서는 1 혹은 그 이상의 정수 n과 상수각(constant angle) θ에 대하여 다음 식이 성립함을 보일 수 있다.

$$\frac{1}{T} \int_0^T \cos(n\omega t + \theta)\, dt = 0 \quad (n = 1, 2, \ldots) \tag{8.22}$$

따라서 각주파수 ω 혹은 각주파수가 ω의 정수배인 정현파 함수에서 주기 $T = \dfrac{2\pi}{\omega}$ 동안의 평균값은 0이다. 식 (8.22)의 관점에서 식 (8.21) 두 번째 항의 적분은 0 이므로, 결과적으로 P_{av}에 대한 식을 다음과 같이 정리할 수 있다.

$$P_{av} = \frac{V_m I_m}{2} \cos(\phi_v - \phi_i) \text{ W} \tag{8.23}$$

식 (8.16)에 따르면 정현파 전압의 rms 값은 $V_{rms} = \dfrac{V_m}{\sqrt{2}}$ 와 같이 그 진폭과 관련이 있으며, 이와 유사한 관계가 $i(t)$에서도 적용된다. 따라서 다음의 식이 성립한다.

$$P_{av} = V_{rms} I_{rms} \cos(\phi_v - \phi_i) \text{ W} \tag{8.24}$$

$(\phi_v - \phi_i)$에 해당하는 양은 **역률각**(power factor angle) 으로, P_{av}와 관련하여 전체 복소 전력에서 P_{av}가 어느 정도의 비중을 차지하도록 하는지, 회로를 구성하고 있는 수동소자들 중 어떤 종류의 소자가 더 지배적으로 기능하고 있는지 등을 파악하는 데 중요한 역할을 한다. 순수한 저항성 부하 R에 대해서는 $v(t)$와 $i(t)$의 위상이 같으며 이는 $\phi_v = \phi_i$임을 의미한다. 결과적으로 다음과 같은 식이 성립한다.

$$P_{av} = V_{rms} I_{rms} = \frac{V_{rms}^2}{R} \tag{8.25}$$
$$\text{(순수 저항성 부하 혹은 순수 유효 부하)}$$

부하가 완전히 반응성일 경우 두 신호는 서로 직교 상태, 즉 $(\phi_v - \phi_i) = \pm 90°$임을 의미하며 유도성 부하일 때는 (+) 부호(v_L이 i_L을 90° 앞서므로), 용량성 부하일 때는 (−) 부호(v_C가 90°만큼 지연되므로)다. 두 경우 모두 다음 식이 성립한다.

$$P_{av} = V_{rms} I_{rms} \cos 90° = 0 \tag{8.26}$$
$$\text{(순수 반응성 부하 혹은 순수 무효 부하)}$$

순수 무효 부하는 전력을 저장한 후 다시 방출할 수 있어서 흡수하는 순평균 전력은 0이다.

[질문 8-4] rms 값은 정현 신호의 진폭과 어떤 관련이 있는가?

[질문 8-5] 무효 부하가 소비하는 평균 전력은 얼마인가? 그 이유를 설명하라.

[연습 8-3] 어떤 부하에 걸리는 전압과 흐르는 전류가 다음과 같다.

$$v(t) = 8\cos(754t - 30°) \text{ V}$$

$$i(t) = 0.2\sin 754t \text{ A}$$

부하에서 소모되는 평균 전력은 얼마인가? 그리고 시간축에서 $i(t)$는 $v(t)$와 비교하여 얼마만큼의 시간 차이를 보이는가?

8.3 복소 전력

순시 전압 $v(t)$와 순시 전류 $i(t)$, 각각의 페이저($\mathbf{V}$와 $\mathbf{I}$) 간의 대응은 다음과 같은 식으로 나타난다.

$$v(t) = V_m \cos(\omega t + \phi_v) \quad \Longleftrightarrow \quad \mathbf{V} = V_m e^{j\phi_v} \quad (8.27a)$$

$$i(t) = I_m \cos(\omega t + \phi_i) \quad \Longleftrightarrow \quad \mathbf{I} = I_m e^{j\phi_i} \quad (8.27b)$$

시간 영역에서는 수동 부하 회로의 모든 소자를 하나의 등가소자로 결합하는 것이 불가능하지만, 페이저 영역에서는 가능하다. [그림 8-4]와 같이 수동 AC 회로는 항상 등가 임피던스 $\mathbf{Z}$로 표현할 수 있다. 단, 다음 조건에 부합해야 한다.

$$\mathbf{Z} = \frac{\mathbf{V}}{\mathbf{I}} = \frac{V_m}{I_m} e^{j(\phi_v - \phi_i)} \ \Omega \quad (8.28)$$

여기서 $\mathbf{V}$와 $\mathbf{I}$는 입력 단자의 페이저 전압과 전류다. 복소 전력(complex power) $\mathbf{S}$는 $\mathbf{V}$와 $\mathbf{I}$ 항에서 정의한 페이저 크기이며, 단순히 $\mathbf{V}$와 $\mathbf{I}$의 곱이 아니다. 따라서 $\mathbf{S}$를 정의할 때 $\mathbf{S}$의 실수부는 부하 $\mathbf{Z}$가 흡수한 평균 전력인 P_{av}와 정확히 일치하도록 한다. 즉 $\mathbf{S}$는 다음과 같이 정의한다.

$$\mathbf{S} = \frac{1}{2} \mathbf{V}\mathbf{I}^* \ \text{VA} \quad (8.29)$$

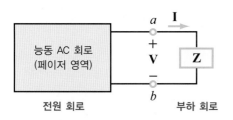

[그림 8-4] 부하 회로의 임피던스 Z에 연결된 전원 회로

여기서 $\mathbf{I}^*$는 $\mathbf{I}$의 켤레복소수이며, $\mathbf{I}$의 모든 항에서 j를 $-j$로 교체하여 만들어 낸다. 식 (8.27a)와 (8.27b)에서 주어진 $\mathbf{V}$와 $\mathbf{I}$에 대한 식을 식 (8.29)에 삽입하여 $j\phi_i$를 $-j\phi_i$로 교체하면 다음 결과를 얻을 수 있다.

$$\begin{aligned} \mathbf{S} &= \frac{1}{2}(V_m e^{j\phi_v})(I_m e^{-j\phi_i}) \\ &= \frac{1}{2} V_m I_m e^{j(\phi_v - \phi_i)} \\ &= \frac{1}{2} V_m I_m \cos(\phi_v - \phi_i) + j\frac{1}{2} V_m I_m \sin(\phi_v - \phi_i) \end{aligned} \quad (8.30)$$

일관성을 유지하기 위해 rms 페이저 전압 및 전류를 다음과 같이 정의한다.

$$\mathbf{V}_{rms} = \frac{\mathbf{V}}{\sqrt{2}} = \frac{V_m}{\sqrt{2}} e^{j\phi_v} \quad (8.31a)$$

$$\mathbf{I}_{rms} = \frac{\mathbf{I}}{\sqrt{2}} = \frac{I_m}{\sqrt{2}} e^{j\phi_i} \quad (8.31b)$$

또한 식 (8.29)와 (8.30)을 다음과 같은 rms 값으로 다시 나타낸다.

$$\mathbf{S} = \mathbf{V}_{rms}\mathbf{I}_{rms}^* \ \text{VA} \quad (8.32)$$

결과적으로 다음 식이 성립한다.

$$\mathbf{S} = V_{rms}I_{rms}\cos(\phi_v - \phi_i) + jV_{rms}I_{rms}\sin(\phi_v - \phi_i) \quad (8.33)$$

$\mathbf{S}$의 실수부(첫 번째 항)는 식 (8.24)에 주어진 P_{av}에 대한 식과 같다. 두 번째 항은 무효 전력(reactive power)이며, Q로 표기한다.

$$Q = V_{rms} I_{rms} \sin(\phi_v - \phi_i) \ \text{VAR} \qquad (8.34)$$

따라서

$$\mathbf{S} = P_{av} + jQ \ \text{VA} \qquad (8.35)$$

로 나타낼 수 있으며, 다음 관계식이 성립한다.

$$P_{av} = \Re[\mathbf{S}] \qquad \text{(평균 흡수 전력)} \qquad (8.36a)$$

$$Q = \Im[\mathbf{S}] \qquad \text{(평균 교환 전력)} \qquad (8.36b)$$

P_{av}는 실제 소모되는 전력을 나타내는 반면, Q는 전원 회로와 부하 회로 사이에서 교환되는 전력의 평균량을 의미한다.

주기 T 동안 한 번 진동한다면, 각 물리량의 의미는 다음과 같다.

$P_{av}T$ = 부하에서 소모된 에너지

QT = 부하로 전달되었다가 다시 전원으로 돌아온 에너지

세 가지 물리량 $\mathbf{S}$, P_{av}, Q는 각각 전압과 전류의 곱이며, 단위는 와트(watt)를 사용한다. 그러나 서로 구별하기 위해 P_{av}만 와트 단위로 나타내고, 다른 두 물리량은 의도적으로 다른 단위를 사용한다. $\mathbf{S}$는 **볼트 암페어**(volt-ampere, VA), Q는 **볼트 암페어 리액티브**(volt-ampere reactive, VAR)로 표기한다.

8.3.1 부하에서의 복소 전력

지금까지 $\mathbf{S}$를 $\mathbf{V}$와 $\mathbf{I}$에 대하여 표현하였다. 그런데 $\mathbf{V}$와 $\mathbf{I}$는 부하 회로 $\mathbf{Z}$의 임피던스를 통해 서로 연결되므로([그림 8-4]). 일반적으로 $\mathbf{Z}$에 실수의 저항 성분 R과 허수의 저항 성분 X가 있다.

$$\mathbf{Z} = R + jX$$

7장에서 저항 성분은 $X > 0$일 때 유도성을 띄고, $X < 0$일 때 용량성을 띈다고 배웠다. 즉 $\mathbf{Z}$에 관하여 나타내면 다음과 같다.

$$\mathbf{V} = \mathbf{Z}\mathbf{I} \qquad (8.37)$$

또한 식 (8.29)에서 주어진 $\mathbf{S}$에 대한 식은 다음과 같다.

$$\begin{aligned} \mathbf{S} &= \frac{1}{2}\mathbf{V}\mathbf{I}^* \\ &= \frac{1}{2}|\mathbf{I}|^2\mathbf{Z} \\ &= I_{rms}^2(R + jX) \end{aligned} \qquad (8.38)$$

이를 통해 다음과 같은 관계식을 도출할 수 있다.

$$P_{av} = \Re[\mathbf{S}] = \frac{1}{2}|\mathbf{I}|^2 R = I_{rms}^2 R \ \text{W} \qquad (8.39a)$$

$$Q = \Im[\mathbf{S}] = \frac{1}{2}|\mathbf{I}|^2 X = I_{rms}^2 X \ \text{VAR} \qquad (8.39b)$$

$\mathbf{S}$와 성분 P_{av}, Q 사이의 관계는 유도 성분이 있는 임피던스의 경우 [그림 8-5(a)]의 도표를 통해 설명할 수 있고($X > 0$), 용량 성분이 있는 임피던스의 경우 [그림 8-5(b)]를 통해 유사한 방식으로 설명할 수 있다($X < 0$). 벡터 $\mathbf{S}$는 X가 유도성이라면 제1사분면($0 < (\phi_v - \phi_i) \leq 90°$)에, X가 용량성이라면 제4사분면($-90° \leq (\phi_v - \phi_i) < 0$)에 위치한다($\mathbf{S}$가 제2, 3사분면에 놓이면 P_{av}는 음의 값으로 부하가 실질적으로 전력을 소비하지 않고 공급함을 의미한다.).

8.3.2 복소 전력의 보존

회로에 n개의 소자가 있을 때 에너지를 보존하기 위해서는, 모든 소자 n개에 대한 복소 전력의 합이 0이 되어야 한다.

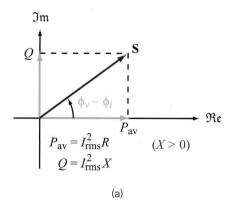

$$\sum_{i=1}^{n} \mathbf{S}_i = 0$$

S_i가 복소수이므로 실수부의 합과 허수부의 합이 모두 각각 0이어야 하며, 식 (8.35)에 따라 다음과 같은 식을 도출할 수 있다.

$$\sum_{i=1}^{n} P_{av_i} = 0, \quad \sum_{i=1}^{n} Q_i = 0 \qquad (8.40)$$

i번째 소자가 저항이라면 P_{av_i}는 양(+)의 값을 가지고, 전력 공급원이라면 P_{av_i}가 음(−)의 부호를 가지므로, 식 (8.40)의 첫 번째 합은 저항들이 소비한 전력이 회로의 전원이 공급한 (실제) 전력과 같다는 의미다. 마찬가지로 Q_i에 대한 합은 회로의 전원과 반응성 소자들 간에 교환되는 순수 무효 전력의 값은 0임을 의미한다.

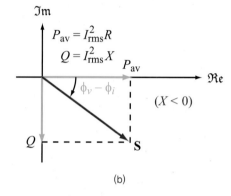

[그림 8-5] 복소 전력 $\mathbf{S}$는 유도성 부하일 때에는 제1사분면에, 용량성 부하일 때에는 제4사분면에 위치한다.
(a) 유도성 부하
(b) 용량성 부하

예제 8-3 *RL* 부하

전원 저항 $R_s = 100\ \Omega$과 직렬 연결된 전압 전원 $v_s = 10\cos 10^5 t$ V가 [그림 8-6(a)]와 같이 *RL* 부하 회로에 연결되어 있다. $R = 300\ \Omega$, $L = 3$ mH라고 할 때, $\mathbf{I}$, P_{av}, Q, S, ϕ_v의 값을 구하라.

풀이

v_s의 식에서 $\mathbf{V}_s = 10$ V, $\omega = 10^5$ rad/s임을 알 수 있다. 따라서 부하 임피던스는 다음과 같다.

$$\mathbf{Z} = R + j\omega L$$
$$= 300 + j10^5 \times 3 \times 10^{-3} = (300 + j300)\ \Omega$$

$i(t)$에 대응하는 페이저 전류 $\mathbf{I}$의 식은 다음과 같다.

$$\mathbf{I} = \frac{\mathbf{V}_s}{R_s + \mathbf{Z}}$$
$$= \frac{10}{100 + 300 + j300}$$
$$= \frac{10}{400 + j300} = 20e^{-j36.87°}\ \text{mA}$$

$I_m = 20$ mA, $R = X = 300$ Ω이므로 다음 값을 얻을 수 있다.

$$P_{av} = I_{rms}^2 R$$
$$= \frac{I_m^2 R}{2} = \frac{(20 \times 10^{-3})^2}{2} \times 300 = 60 \text{ mW}$$

$$Q = I_{rms}^2 X$$
$$= \frac{(20 \times 10^{-3})^2}{2} \times 300 = 60 \text{ mVAR}$$

위의 결과에서 복소 전력 **S**를 구할 수 있다.

$$\mathbf{S} = 60 + j60$$
$$= 84.85 e^{j45°} \text{ mVA}$$

식 (8.30)에 의하여 **S**의 페이저 각은 $\phi_v - \phi_i$이다. 따라서

$$45° = \phi_v - (-36.87°)$$

의 관계식을 유추할 수 있으며 결과적으로

$$\phi_v = 8.13°$$

의 값을 얻는다. 또한 전압 분배를 통하여 별도로 **V**를 구할 수 있다.

$$\mathbf{V} = \frac{\mathbf{V}_s \mathbf{Z}}{R_s + \mathbf{Z}}$$
$$= \frac{10(300 + j300)}{400 + j300} = 8.48 e^{j8.13°} \text{ V}$$

위의 결과로부터 앞서 구한 ϕ_v 값을 검증할 수 있다. [그림 8-6(b)]와 [그림 8-6(c)]는 복소평면 상에서 **S**, **V**, **I**를 나타낸 결과다.

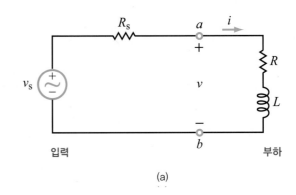

(a)

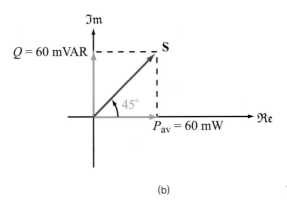

(b)

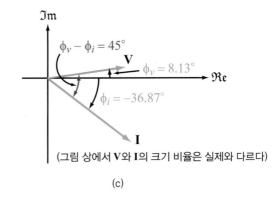

(그림 상에서 **V**와 **I**의 크기 비율은 실제와 다르다)

(c)

[그림 8-6] (a) 회로
(b) 복소평면에서의 **S** 벡터
(c) 복소평면에서의 **V**와 **I**

예제 8-4 용량성 부하

[그림 8-7(a)]에서와 같이 (a, b) 양단을 기준으로 왼쪽에 $i_s(t) = 20\cos(10^3 t + 30°)$ mA와 분로 저항 $R_s = 400$ Ω으로 전류 전원이 구성되어 있고, 우측 회로에 AC 전원이 공급된다. $R_1 = 200$ Ω, $R_2 = 2$ kΩ, $C = 1$ μF일 때 다음을 구하라.

(a) 전체 부하 회로, 즉 (a, b) 단자의 우측에 대한 **I**, **V**, **S**, P_{av}, Q를 구하라.

(b) 커패시터의 $\mathbf{S}_C$를 구하라.

(c) 전류 전원의 $\mathbf{S}_S$를 구하라.

풀이

(a) 페이저 영역에서

$$\mathbf{I}_s = 20e^{j30°} \text{ mA}$$

$$\mathbf{Z}_C = \frac{-j}{\omega C} = \frac{-j}{10^3 \times 10^{-6}} = -j1000 \ \Omega$$

이며, 부하 회로의 임피던스 $\mathbf{Z}$는

$$\mathbf{Z} = R_1 + R_2 \parallel \mathbf{Z}_C$$

$$= 200 + \frac{2000 \times (-j1000)}{2000 - j1000} = (600 - j800) \ \Omega$$

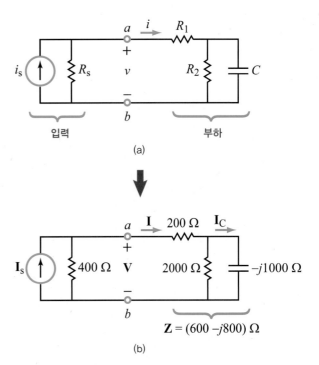

[그림 8-7] (a) 시간 영역
(b) 페이저 영역

이다. [그림 8-7(b)]의 페이저 영역 회로에서 전류 분배는 다음과 같이 이루어진다.

$$\mathbf{I} = \frac{\mathbf{I}_s R_s}{R_s + \mathbf{Z}} = \frac{20 \times 10^{-3} e^{j30°} \times 400}{400 + (600 - j800)}$$

$$= 6.25 e^{j68.66°} \text{ mA}$$

또한 단자 (a, b)의 페이저 전압은 다음과 같다.

$$\mathbf{V} = \mathbf{IZ} = 6.25 \times 10^{-3} e^{j68.66} \times (600 - j800)$$

$$= 6.25 e^{j15.53°} \text{ V}$$

주어진 $\mathbf{I}$와 $\mathbf{V}$에 대한 복소 전력 $\mathbf{S}$는

$$\mathbf{S} = \frac{1}{2} \mathbf{VI}^*$$

$$= \frac{1}{2} \times 6.25 e^{j15.53°} \times 6.25 \times 10^{-3} e^{-j68.66°}$$

$$= 19.53 e^{-j53.13°} \text{ mVA}$$

이다. 이때 실수 성분과 허수 성분은

$$P_{av} = \mathfrak{Re}[\mathbf{S}]$$

$$= 19.53 \times 10^{-3} \cos(-53.13°)$$

$$= 11.72 \text{ mW}$$

이고, 다음과 같다.

$$Q = \mathfrak{Im}[\mathbf{S}]$$

$$= 19.53 \times 10^{-3} \sin(-53.13°)$$

$$= -15.62 \text{ mVAR}$$

(b) C를 통해 흐르는 페이저 전류 $\mathbf{I}_C$와 $\mathbf{I}$의 관계는 다음과 같다.

$$\mathbf{I}_C = \frac{R_2 \mathbf{I}}{R_2 + \mathbf{Z}_C} = \frac{2000 \times 6.25 \times 10^{-3} e^{j68.66°}}{2000 - j1000}$$

$$= 5.59 e^{j95.23°} \text{ mA}$$

이에 따라 커패시터에 걸리는 전압 $\mathbf{V_C}$는 다음과 같다.

$$\mathbf{V_C} = \mathbf{I_C}\mathbf{Z_C} = 5.59e^{j95.23°} \times 10^{-3} \times (-j1000)$$
$$= 5.59e^{j5.23°} \text{ V}$$

여기서 다음 관계식을 활용하였다.

$$-j = e^{-j90°}$$

커패시터와 조합된 복소 전력은 다음과 같다.

$$\mathbf{S_C} = \frac{1}{2}\,\mathbf{V_C}\mathbf{I_C^*}$$
$$= \frac{1}{2}\,5.59e^{j5.23°} \times 5.59 \times 10^{-3}e^{-j95.23°}$$
$$= 15.62e^{-j90°}$$
$$= 0 - j15.62 \text{ mVA}$$

예상한 대로 $\mathbf{S_C}$의 실수부(커패시터에서 소모된 전력의 양)는 0이며, 허수부는 전체 부하 회로의 Q와 정확히 일치한다. 커패시터가 현재 입력 회로와 전력을 교환할 수 있는 부하 회로 내 유일한 소자이기 때문이다.

(c) 어떤 소자에서든 $\mathbf{S}$는 소자로 전달되는 복소 전력을 나타내고, 그 소자를 통해 흐르는 전류의 방향은 전압의 (+) 단자에서 (−) 단자로 정의된다. 전류 전원 $\mathbf{I_s}$에서 전류는 $\mathbf{V}$의 (−) 단자에서 (+) 단자로 흘러, $\mathbf{S}$가 정의되는 방향과 정확히 반대다. 따라서 다음과 같은 계산 결과를 얻는다.

$$\mathbf{S_s} = -\frac{1}{2}\,\mathbf{V}\mathbf{I_s^*}$$
$$= -\frac{1}{2} \times 6.25e^{j15.53°} \times 20e^{-j30°} \times 10^{-3}$$
$$= -62.5e^{-j14.47°} \text{ mVA}$$
$$= -62.5\cos(-14.47°) - j62.5\sin(-14.47°)$$
$$= (-60.52 + j15.62) \text{ mVA}$$

$\mathbf{S_s}$의 실수부는 $\mathbf{I_s}$가 생성하는 실제 평균 전력을 나타내며 회로의 세 저항에서 소모된 평균 전력과 크기가 동일하다. 즉 $\mathbf{S_s}$의 허수부는 $\mathbf{S_C}$와 크기는 동일하며 부호는 반대다.

[질문 8-6] 복소 전력 $\mathbf{S}$를 구성하는 두 가지 성분은 무엇이며, 어떤 종류의 전력을 나타내는가? 단위는 무엇을 사용하는가?

[질문 8-7] $\mathbf{S}$가 복소평면 상에서 제2사분면에 위치한다. 이를 통해 부하에 대하여 무엇을 알 수 있는가?

[연습 8-4] 부하로 흐르는 전류가 $i(t) = 2\cos 2500t$ A라고 한다. 부하가 직렬로 연결된 두 개의 수동소자로 구성되어 있고 $\mathbf{S} = (10 - j8)$ VA일 때, 두 소자의 종류와 각각의 값을 구하라.

8.4 역률

앞 절에서는 복소 전력 $\mathbf{S}$, 실제 평균 전력 P_{av}, 무효 전력 Q 등 전력과 관련된 용어를 소개하였다. 이 절에서는 용어 두 개를 추가로 소개하는데, 많은 용어 때문에 혼동이 생기지 않도록 또 다양한 전력량 사이의 상호 관계를 쉽고 분명하게 이해할 수 있도록 모든 관련 용어와 식을 [표 8-1]에 요약하였다.

복소수 $\mathbf{V}$와 $\mathbf{I}$(부하 회로의 페이저 전압과 그에 따른 전류) 항에서, 부하 회로([그림 8-8])로 전달되는 복소 전력 $\mathbf{S}$는 다음과 같다.

$$\mathbf{S} = P_{av} + jQ \qquad (8.41)$$

여기서

$$P_{av} = V_{rms}I_{rms}\cos(\phi_v - \phi_i) \qquad (8.42a)$$

$$Q = V_{rms}I_{rms}\sin(\phi_v - \phi_i) \qquad (8.42b)$$

이며, 다음 절에서 살펴보겠지만 $\mathbf{S}$의 크기는 **피상 전력**(apparent power) S라고 하며, 다음 식과 같다.

$$S = |\mathbf{S}| = \sqrt{P_{av}^2 + Q^2} = V_{rms}I_{rms} \qquad (8.43)$$

$\mathbf{S}$에 대한 P_{av}의 비율을 **역률**(power factor)이라고 하며, pf로 표기하고 다음과 같은 식으로 나타낸다.

$$pf = \frac{P_{av}}{S} = \cos(\phi_v - \phi_i) \qquad (8.44)$$

코사인 함수가 취하고 있는 위상각 $(\phi_v - \phi_i)$가 **역률각**(power factor angle)이다. 이 값을 부하 임피던스의 위

상각 ϕ_z과 $\mathbf{Z}$를 극형식으로 나타내보자.

$$\mathbf{Z} = R + jX = |\mathbf{Z}|e^{j\phi_z} \qquad (8.45)$$

이때 다음 관계식이 성립한다.

$$|\mathbf{Z}| = \sqrt[+]{R^2 + X^2}, \quad \phi_z = \tan^{-1}\left(\frac{X}{R}\right) \qquad (8.46)$$

그리고 $\mathbf{V}$와 $\mathbf{I}$의 비율을 $\mathbf{Z}$로 표기하면 다음 결과를 얻는다.

$$\mathbf{Z} = \frac{\mathbf{V}}{\mathbf{I}} = \frac{|\mathbf{V}|e^{j\phi_v}}{|\mathbf{I}|e^{j\phi_i}} = \frac{V_m}{I_m}\, e^{j(\phi_v - \phi_i)} \qquad (8.47)$$

두 복소수가 이루는 등식은 둘의 크기와 위상각이 서로 같다는 것을 보여준다. 따라서 식 (8.45)와 식 (8.47)

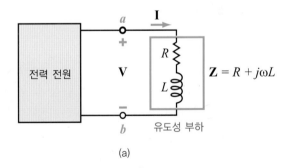

(a)

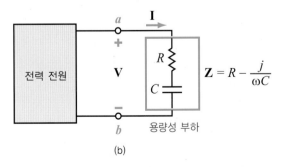

(b)

[그림 8-8] 전원에 연결된 유도성 및 용량성 부하

[표 8-1] 전력과 관련된 물리량 요약

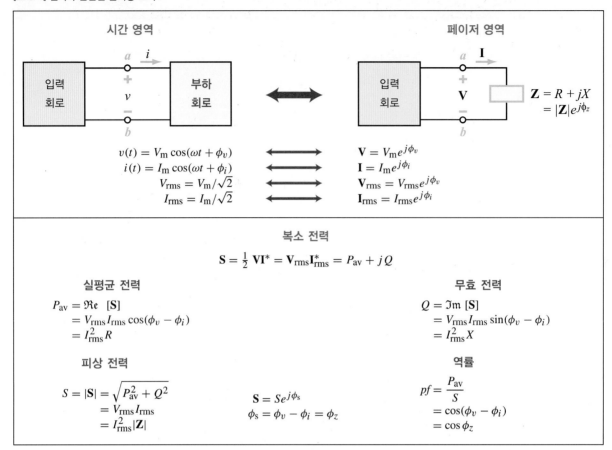

복소 전력

$$\mathbf{S} = \tfrac{1}{2}\,\mathbf{V}\mathbf{I}^* = V_{\text{rms}}\mathbf{I}^*_{\text{rms}} = P_{\text{av}} + jQ$$

실평균 전력

$$P_{\text{av}} = \mathfrak{Re}\,[\mathbf{S}]$$
$$= V_{\text{rms}}I_{\text{rms}}\cos(\phi_v - \phi_i)$$
$$= I_{\text{rms}}^2 R$$

무효 전력

$$Q = \mathfrak{Im}\,[\mathbf{S}]$$
$$= V_{\text{rms}}I_{\text{rms}}\sin(\phi_v - \phi_i)$$
$$= I_{\text{rms}}^2 X$$

피상 전력

$$S = |\mathbf{S}| = \sqrt{P_{\text{av}}^2 + Q^2}$$
$$= V_{\text{rms}}I_{\text{rms}}$$
$$= I_{\text{rms}}^2 |\mathbf{Z}|$$

$$\mathbf{S} = Se^{j\phi_s}$$
$$\phi_s = \phi_v - \phi_i = \phi_z$$

역률

$$pf = \frac{P_{\text{av}}}{S}$$
$$= \cos(\phi_v - \phi_i)$$
$$= \cos\phi_z$$

이 같고 다음과 같은 관계식이 도출된다.

$$\phi_z = \phi_v - \phi_i, \quad |\mathbf{Z}| = \frac{V_{\text{m}}}{I_{\text{m}}} \qquad (8.48)$$

식 (8.48)을 근거로 하여 역률에 대한 식을 다시 쓸 수 있다.

$$pf = \cos\phi_z \qquad (8.49a)$$

또한 복소 전력 $\mathbf{S}$의 위상각이 $\mathbf{Z}$의 위상각과 동일하다는 사실에 주목해야 한다. 즉 다음 식이 성립한다.

$$\phi_s = \phi_z \qquad (8.49b)$$

유도성 부하

직렬 RL 회로와 같이 유도성 부하의 임피던스는 다음과 같다.

$$\mathbf{Z}_{\text{ind}} = R + j\omega L \qquad (8.50)$$

$\mathbf{Z}_{\text{ind}}$의 두 성분은 모두 양의 값이므로, ϕ_z도 양의 값을 가진다. R은 음의 값을 가질 수 없으므로 ϕ_z의 범위는 $0 \leq \phi_z \leq 90°$이며 순수 저항성 부하일 때는 $0°$, 순수 유도성 부하일 때는 $90°$다.

용량성 부하

용량성 부하의 등가회로는 직렬 RC 회로이며, 임피던스는 다음 식으로 나타낼 수 있다.

[표 8-2] 부하 $\mathbf{Z} = R + jX$에 대한 관계 선도 및 지연 역률

부하 유형	$\phi_z = \phi_v - \phi_i$	I–V 관계	pf
순수 저항성($X = 0$)	$\phi_z = 0$	I와 V의 위상이 일치한다.	1
유도성($X > 0$)	$0 < \phi_z \leq 90°$	I가 V보다 지연된다.	후행
순수 유도성($X > 0$, R = 0)	$\phi_z = 90°$	I가 V보다 90°만큼 지연된다.	후행
용량성($X < 0$)	$-90° \leq \phi_z < 0$	I가 V를 선도한다.	선행
순수 용량성($X < 0$, R = 0)	$\phi_z = -90°$	I가 V를 90°만큼 선도한다.	선행

$$\mathbf{Z}_{\text{cap}} = R - \frac{j}{\omega C} \qquad (8.51)$$

결과적으로 ϕ_z는 음의 값이며 범위는 $-90° \leq \phi_z \leq 0$, 순수 용량성 부하의 대응값은 $-90°$다.

$-90° \sim +90°$ 사이의 임의의 θ에 대하여 $\cos(-\theta) = \cos\theta$ 이므로, 식 (8.49a)의 역률은 ϕ_z의 부호와 무관하여 유도성 부하와 용량성 부하를 구별할 수 없다. 이러한 정보를 바탕으로 pf를 정의하면 다음과 같다.

> 부하는 전류 I가 전압 V를 선행 또는 후행하는가에 따라 선도(leading) pf 또는 지연(lagging) pf를 가진다([표 8-2] 참조).

8.4.1 역률의 중요성

대부분 산업용 부하로 사용되는 큰 모터나 수십 킬로와트의 전력을 공급해야 하는 유도성 기기는 일반적으로 440 V rms에서 운용한다. 가전기기(냉장고나 에어컨) 역시 유도 코일을 포함하며, 대부분 110 V rms나 220 V rms에서 작동하도록 설계된다. 그러므로 전력을 공급해야 하는 부하 대부분은 [그림 8-8(a)]에서 제시한 RL 등가회로 속성이 있으며, 특히 전력량 S와 P_{av}는 전력회사 등 에너지 공급업체에게 중요한 속성이다. 업체가 공급해야 하는 전력량은 S이지만 부하가 실제로 소비하는 유일한 전력은 P_{av}이므로, 전력 사용 요금은 P_{av}에 대해서만 부과할 수 있다. 즉 업체는 S를 공급하는 것으로 보이지만(따라서 명칭은 피상 전력) 일부에 대한 요금을 받는 것이다. 이때 그 일부를 나타내는 비율이 바로 역률이다.

같은 전압 V가 필요하고 같은 전력 P_{av}를 소비하는 두 부하를 생각해보자. 둘의 임피던스를 보면 하나는 순수 저항성으로 $\mathbf{Z}_1 = R$이고, 다른 하나는 유도성 부하로서 $\mathbf{Z}_2 = R + j\omega L$이다. 이때 유도성 부하는 순수 저항성 부하보다 더 많은 양의 전류를 전송해주어야 한다. 이러한 사실을 [예제 8-5]를 통해 수학적으로 살펴보도록 하자.

예제 8-5 AC 모터

식기 세척기 모터에 대한 등가회로를 임피던스 $\mathbf{Z} = (20 + j20)\ \Omega$으로 나타낼 수 있다고 할 때, 다음 값을 구하라.
(a) pf, S, P_{av}를 구하라.
(b) 같은 전력을 소비하는 순수 저항성 부하로 가정할 때, 전력회사가 이 부하에 공급해야 하는 전류의 양을 구하라.

풀이

(a) 전압 위상을 임의로 0으로 설정하고, 이 값을 기준으로 삼는다. 따라서

$$\mathbf{V}_{rms} = V_{rms} \angle 0° = 110 \text{ V}$$

로 나타낼 수 있다. 즉 관심 있는 물리량을 구하는 데 ϕ_v와 ϕ_i의 개별적인 값은 필요하지 않다. 중요한 것은 두 값의 차이인 $\phi_v - \phi_i$이다. 이에 따라 전류는 다음과 같이 구한다.

$$\mathbf{I}_{rms} = \frac{\mathbf{V}_{rms}}{\mathbf{Z}} = \frac{110}{20 + j20} = \frac{110}{20\sqrt{2}\, e^{j45°}} = 3.9 \angle -45° \text{ A}$$

이를 통해 $I_{rms} = 3.9$ A, $\phi_2 = 45°$임을 알 수 있다. 구하는 물리량은 다음과 같다.

$$S = V_{rms} I_{rms} = 110 \times 3.9 = 427.8 \text{ VA}$$

$$P_{av} = S \cos\phi_z = 429 \cos 45° = 302.5 \text{ W}$$

그리고 역률은 다음과 같다.

$$pf = \frac{P_{av}}{S} = 0.707$$

(b) 110 V rms에서 302.5 W를 소비하는 순수 저항성 부하의 전류는 다음과 같다.

$$I_{rms} = \frac{P_{av}}{V_{rms}} = \frac{302.5}{110} = 2.75 \text{ A}$$

같은 양의 전력을 소모하도록 했을 때, 역률 0.707인 유도성 부하에는 3.89A의 전류를 공급해야 하지만 $pf = 1$인 순수 저항성 부하에는 2.75A만을 공급하면 된다.

8.4.2 역률 보상

전기 드릴이나 압축기 등과 같은 유도성 부하의 역률을 높이는 것은 에너지 공급업체 뿐만 아니라 사용자에게도 매우 바람직한 일이다. 그러나 역률을 1에 근접한 값으로 높이기 위해 부하 회로 자체를 모두 재설계하는 것은 실용적인 방법이 아니다. 이는 특정 동작 사양을 만족시키기 위해 더 높은 역률에 부합하지 않는 모터나 다른 유도성 성분을 선택했을 가능성이 높기 때문이다. 이처럼 역률이 특정 전기기기의 사양에 완전히 부합되지 않는 문제가 있을 때 다음 질문을 해볼 수 있다. 유도성 부하 자체는 같게 유지하면서 전력원 회로에서 바라본 부하의 pf 값을 높일 수 있는가? 결론은 높일 수 있다. 해법도 매우 간단하다. 부하의 pf 값을 높이려면 [그림 8-9(b)]와 같이 유도성 부하에 분로 커패시터 (shunt capacitor)를 연결하면 된다. 커패시터가 없을 때 ([그림 8-9(a)]) 유도성 부하 양단에는 $\mathbf{V}_L$이 걸리고 전류 $\mathbf{I}_L$이 흐른다. 즉 전원 전류 $\mathbf{I}_s$는 $\mathbf{I}_L$과 같다.

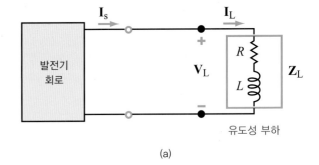

(a)

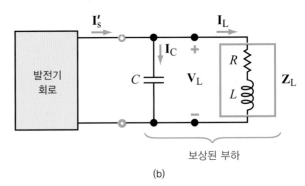

(b)

[그림 8-9] 유도성 부하에 분로 커패시터를 추가하면 발전기에서 공급되는 전류가 감소한다.
(a) 비보상 부하
(b) 보상 부하

분로 커패시터가 있다고 해서 $\mathbf{V_L}$이 변하지는 않으며, 부하 임피던스 $\mathbf{Z_L}$에도 변동이 없으므로 전류 $\mathbf{I_L} = \dfrac{\mathbf{V_L}}{\mathbf{Z_L}}$ 역시 변하지 않는다. 다시 말해 커패시터는 전체 부하 회로의 구성은 변화시키지만 유도성 부하에는 영향을 미치지 않는다. 새로운 부하 회로인 **보상 부하 회로**(compensated load circuit)는 C와 본래 RL 회로의 병렬 조합으로 구성된다. 새로운 회로의 $\mathbf{I_C}$로 인해 전원 전류는 다음과 같이 변한다.

$$\mathbf{I'_s} = \mathbf{I_L} + \mathbf{I_C} \tag{8.52}$$

C와 RL 부하가 순수한 저항성이라면 $\mathbf{I_C}$와 $\mathbf{I_L}$은 같은 부호의 실수이고, 결과적으로 전원 전류가 작아지기보다는 오히려 커지게 된다. 다행히 $\mathbf{I_C}$와 $\mathbf{I_L}$은 페이저 양이고, 둘의 허수부는 서로 부호가 반대다(실제로 $\mathbf{I_C}$는 순허수). $\mathbf{V_L}$의 페이저를 기준으로 삼을 때, [그림 8-10(a)]는 $\mathbf{I_L}$(RL 회로의 전류)과 $\mathbf{I_C}$의 벡터합이 벡터 $\mathbf{I'_s}$를 선도한다. 벡터 $\mathbf{I'_s}$의 길이(벡터의 크기)는 커패시터를 추가하기 전보다 짧아진다.

이 결과를 역률 관점에서 살펴보면 다음과 같다.

$$pf = \begin{cases} \cos\phi_{\mathbf{Z_L}} & \text{부하를 } RL\text{로만 구성했을 때} \\ \cos\phi_{\text{new}} & \text{보상 회로를 적용했을 때} \end{cases} \tag{8.53}$$

여기서 ϕ_{new}는 보상 부하 회로의 $\mathbf{I'_s}$와 $\mathbf{V_L}$의 페이저 각 차이다. 커패시터를 추가하여 역률을 개선할 수 있다는 사실을 증명하는 또 다른 방법은 RL 회로의 전력 삼각형(power triangle)과 커패시터를 포함한 보상 부하 회로의 전력 삼각형을 비교하는 것이다. 두 삼각형은 [그림 8-10(b)]와 [그림 8-10(c)]의 그래프로 나타낼 수 있다. 여기서 P_L과 Q_L은 RL 부하와 조합된 소비 전력과 무효 전력을 의미하며, Q_C는 커패시터 C와 관련된 값이다. 커패시터를 도입하면 무효 전력 Q_C가 발생

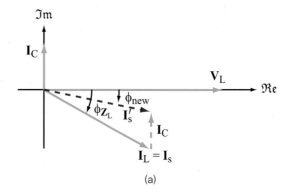

(a)

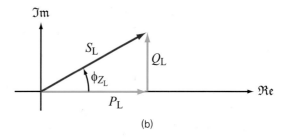

(b)

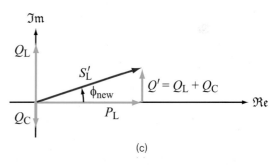

(c)

[그림 8-10] 보상 회로와 비보상 회로에 대한 전원 전류 및 전력 삼각형의 비교
(a) 페이저 전류
(b) 비보상 부하
(c) 보상 부하

하며, 이 값은 음의 부호이므로 순 총합은 다음과 같다.

$$Q' = Q_L + Q_C \tag{8.54}$$

이는 Q_L만의 값보다는 작으며, 이로 인해 페이저 각이 $\phi_{\mathbf{Z_L}}$에서 ϕ_{new}로 감소된다. 이때 다음 관계식이 성립한다.

$$\phi_{\text{new}} = \tan^{-1}\left(\frac{Q'}{P_L}\right) \tag{8.55}$$

60 Hz 발전기는 후행하는 역률 *pf* = 0.8에서 200 kW를 소비하는 부하로 220 V rms를 공급한다. 분로 커패시터 *C*를 추가하자 전반적인 회로의 역률은 0.95 후행으로 개선되었다. *C*의 값을 구하라.

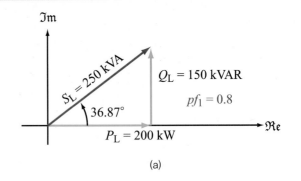

(a)

풀이

역률 0.8은 다음과 같이 주어진 페이저 각 $\phi_{\mathbf{Z}_L}$과 연관 지을 수 있다.

$$\phi_{\mathbf{Z}_L} = \cos^{-1}(pf_1) = \cos^{-1}(0.8) = 36.87°$$

부하에 대한 S_L과 Q_L의 값은 다음과 같다.

$$S_L = \frac{P_L}{pf_1} = \frac{200 \times 10^3}{0.8} = 250 \text{ kVA}$$

$$Q_L = S_L \sin \phi_{\mathbf{Z}_L} = 250 \sin 36.87° = 150 \text{ kVAR}$$

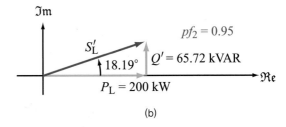

(b)

[그림 8-11] [예제 8-6]에 대한 전력 삼각형

이와 관련된 전력 삼각형을 나타내면 [그림 8-11(a)]와 같다. 커패시터를 추가함으로써 역률은 $pf_2 = 0.95$로 변화하고, 그에 대응하는 위상각은 다음과 같다.

$$\phi_{\text{new}} = \cos^{-1}(pf_2) = \cos^{-1}(0.95) = 18.19°$$

소비 전력 P_L은 변하지 않으나, [그림 8-11(b)]에서 얻은 새로운 무효 전력은 다음과 같다.

$$Q' = 200 \tan \phi_{\text{new}} = 200 \tan 18.19° = 65.72 \text{ kVAR}$$

앞서 구한 Q_L 값을 사용할 때 커패시터에 연관되는 무효 전력은 다음과 같다.

$$Q_C = Q' - Q_L = (65.74 - 150) = -84.26 \text{ kVAR}$$

$\mathbf{Z}_C = \dfrac{1}{j\omega C}$이므로 *C*의 복소 전력은 다음과 같다.

$$\mathbf{S}_C = \mathbf{V}_{L\text{rms}} \mathbf{I}_{C\text{rms}}^* = \mathbf{V}_{L\text{rms}} \frac{\mathbf{V}_{L\text{rms}}^*}{\mathbf{Z}_C^*} = -j |\mathbf{V}_{L\text{rms}}|^2 \omega C$$

그러므로 $P_C = 0$이고, 다음과 같은 Q_C의 식으로 나타낼 수 있다.

$$Q_C = -|\mathbf{V}_{L\text{rms}}|^2 \omega C$$

*C*에 대하여 정리하면 다음 값을 구할 수 있다.

$$C = \frac{-Q_C}{2\pi f V_{\text{rms}}^2} = \frac{84.26 \times 10^3}{2\pi \times 60 \times (220)^2} = 4.62 \text{ mF}$$

[질문 8-8] 전력공급회사에서 가전기기의 역률이 중요한 이유는 무엇인가?

[질문 8-9] pf 보상이란 무엇이며, 이러한 방법을 사용하는 이유는 무엇인가?

[연습 8-5] 60 Hz에서 RL 부하의 임피던스는 $\mathbf{Z}_L = (50 + j\,50)\ \Omega$이라고 한다.

(a) $\mathbf{Z}_L$의 역률은 얼마인가?

(b) RL 부하에 $C = \dfrac{1}{12\pi}$ mF의 커패시터를 병렬로 연결하면 새로운 역률은 얼마인가?

8.5 최대 전력 전달

[그림 8-12]에 나타낸 회로 구성을 생각해보자. AC 회로는 테브난 등가회로로 표현되며, 페이저 전압 $\mathbf{V}_s$ 와 다음과 같은 임피던스를 가진 전원으로 구성된다.

$$\mathbf{Z}_s = R_s + jX_s \qquad (8.56)$$

마찬가지로 부하는 다음과 같은 임피던스 $\mathbf{Z}_L$로 표현할 수 있다.

$$\mathbf{Z}_L = R_L + jX_L \qquad (8.57)$$

3.6절에서 부하가 순수한 저항성 회로라면, $R_L = R_S$일 때 전원 회로에서 부하로 전달되는 전력이 최대가 된다는 사실을 확인했다. 그렇다면 복소 임피던스가 있는 AC 회로에서 최대 전력을 전달하기 위한 조건은 무엇인가?

이 질문에 답하기 위해서는 우선 $\mathbf{I}_L$(부하로 흐르는 전류)에 대한 식을 세워야 한다. 즉

$$\mathbf{I}_L = \frac{\mathbf{V}_s}{\mathbf{Z}_s + \mathbf{Z}_L} = \frac{\mathbf{V}_s}{(R_s + R_L) + j(X_s + X_L)} \qquad (8.58)$$

식 (8.39a)에서 부하로 전달된(부하가 소비한) 평균 전력은 다음과 같다.

$$
\begin{aligned}
P_{av} &= \frac{1}{2}|\mathbf{I}_L|^2 R_L \\
&= \frac{1}{2}\mathbf{I}_L \times \mathbf{I}_L^* R_L \\
&= \frac{1}{2}\frac{\mathbf{V}_s}{(R_s + R_2) + j(X_s + X_L)} \\
&\quad \times \frac{\mathbf{V}_s^*}{(R_s + R_L) - j(X_s + X_L)} \cdot R_L \\
&= \frac{1}{2}\frac{|\mathbf{V}_s|^2 R_L}{(R_s + R_L)^2 + (X_s + X_L)^2}
\end{aligned}
\qquad (8.59)
$$

부하 임피던스의 파라미터 R_L과 X_L은 복소 평면에서 직교 성분을 나타낸다. 따라서 P_{av}가 최대가 되는 R_L과 X_L의 값은 두 파라미터에 대하여 독립적인 최대화 과정을 수행하여 구할 수 있다. 한 과정은 $\frac{\partial P_{av}}{\partial R_L} = 0$을 통해서, 다른 한 과정은 $\frac{\partial P_{av}}{\partial X_L} = 0$을 통해서 진행한다. R_L에 대해서는 다음 식이 성립한다.

$$\frac{\partial P_{av}}{\partial R_L} = \frac{1}{2}|\mathbf{V}_s|^2 \qquad (8.60)$$

$$\cdot \left[\frac{(R_s + R_L)^2 + (X_s + X_L)^2 - 2R_L(R_s + R_L)}{[(R_s + R_L)^2 + (X_s + X_L)^2]^2}\right]$$

식 (8.60)의 우변이 0이 되기 위해서는 분자가 0이 되어야 한다. 우변을 0으로 만드는 또다른 방법으로는 분모를 무한대로 설정하는 방법이 있는데, 분모가 무한대가 된다는 것은 $\mathbf{Z}_L$과 $\mathbf{Z}_s$ 부분이 개방 회로가 되어 부하로 전달되는 전력이 전혀 없음을 의미하므로 고려하지 않는다.

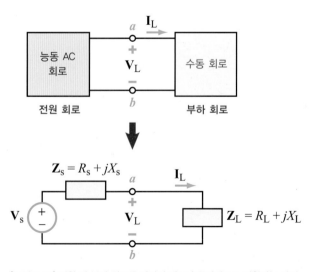

[그림 8-12] 전원 및 부하 회로를 각각의 테브난 등가회로로 변환하는 과정

$$(R_s + R_L)^2 + (X_s + X_L)^2 - 2R_L(R_s + R_L) = 0$$

이 식은 다음과 같이 간단히 정리할 수 있다.

$$R_s^2 - R_L^2 + (X_s + X_L)^2 = 0 \qquad (8.61)$$

마찬가지 방법으로 X_L에 관한 P_{av}의 편도함수를 구하면 다음과 같다.

$$\frac{\partial P_{av}}{\partial X_L} = \frac{1}{2}|\mathbf{V}_s|^2 R_L \left[\frac{-2(X_s + X_L)}{(R_s + R_L)^2 + (X_s + X_L)^2} \right] \quad (8.62)$$

이 식이 0이 되기 위해서는 다음 조건을 만족해야 한다.

$$X_L = -X_s \qquad (8.63)$$

식 (8.63)을 다시 식 (8.61)에 대입하면 다음 결과를 얻는다.

$$R_L = R_s \qquad (8.64)$$

X_L과 R_L에 대한 조건은 다음과 같이 조합할 수 있다.

$$\mathbf{Z}_L = \mathbf{Z}_s^* \qquad \text{(최대 전력 전달 조건)} \qquad (8.65)$$

여기서 $\mathbf{Z}_s^* = (R_s - jX_s)$는 $\mathbf{Z}_s$의 켤레복소수로, 식 (8.65)의 조건이 성립할 때 부하가 전원에 정합한다(matched)고 한다.

식 (8.65)에 의해 요약할 수 있는 결과에 따르면

> AC 부하에 전달되는 평균 전력(즉 AC 부하가 소모하는 평균 전력)은 부하 임피던스 $\mathbf{Z}_L$이 $\mathbf{Z}_s^*$(전원 회로의 테브난 임피던스의 켤레복소수)와 일치할 때 최대가 된다.

식 (8.59)에 주어진 P_{av}에 대한 식은 식 (8.63)과 (8.64)의 최대 전력 전달 조건을 통해 다음과 같이 간단히 정리된다.

$$P_{av}(\text{max}) = \frac{1}{8} \frac{|\mathbf{V}_s|^2}{R_L} \qquad (8.66)$$

예제 8-7 **최대 전력**

[그림 8-13]의 회로에서 부하 $\mathbf{Z}_L$이 소비할 수 있는 최대 전력을 구하라.

풀이

단자 (a, b)를 기준으로 좌측 회로의 테브난 등가회로를 구하는 것부터 시작한다. [그림 8-13(b)]에서 개방 회로 전압을 계산하기 위해 부하를 제거하였다. 전압 분배는 다음과 같이 이루어진다.

$$\mathbf{V}_s = \mathbf{V}_{oc}$$
$$= \frac{(4 + j6)}{4 + 4 + j6} \times 24$$
$$= 17.31 \underline{/19.44^\circ} \text{ V}$$

여기서 $\mathbf{V}_s$는 단자 (a, b)를 기준으로 왼쪽에 위치하는 전원 회로의 테브난 전압이다. 전원 회로의 테브난 임피던스 $\mathbf{Z}_s$는 [그림 8-13(c)]에서와 같이, 24 V의 전압원을 제거한 뒤 양단의 임피던스를 계산하여 구할 수 있다.

$$\mathbf{Z}_s = 4 \parallel (4 + j6) - j3$$
$$= \frac{4(4 + j6)}{4 + 4 + j6} - j3$$
$$= (2.72 - j2.04) \ \Omega$$

부하로 최대 전력을 전달하기 위해 부하 임피던스는 다음과 같아야 한다.

$$\mathbf{Z}_L = \mathbf{Z}_s^*$$
$$= (2.72 + j2.04) \ \Omega$$

이에 따른 P_{av}의 값은 다음과 같다.

$$P_{av}(\text{max}) = \frac{|\mathbf{V}_s|^2}{8R_L}$$
$$= \frac{(17.31)^2}{8 \times 2.72}$$
$$= 13.77 \ \text{W}$$

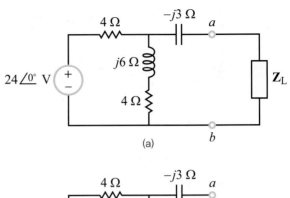

(a)

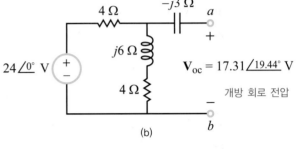

$\mathbf{V}_{oc} = 17.31\underline{/19.44°} \ \text{V}$

개방 회로 전압

(b)

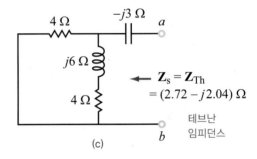

$\mathbf{Z}_s = \mathbf{Z}_{Th}$
$= (2.72 - j2.04) \ \Omega$

테브난 임피던스

(c)

[그림 8-13] [예제 8-7]의 회로

[질문 8-10] 전원 회로에서 부하로 최대 전력을 전달하기 위해서 부하의 임피던스와 전원 회로의 임피던스는 서로 어떤 관계를 가져야 하는가?

[질문 8-11] 저항, 커패시터, 인덕터를 포함한 수동 회로가 구형파(square-wave) 전압 전원에 연결되어 있다고 가정하자. 이 회로의 전압 및 전류를 해석하기 위한 절차를 설명하라.

[연습 8-6] 일반적으로 '최대 전력 전달' 문제의 유형은 주어진 $\mathbf{Z}_s$에서 $\mathbf{Z}_L$로 전력을 최대로 전달하기 위한 $\mathbf{Z}_L$을 구하는 것이다. 이와는 반대로, $\mathbf{Z}_L$이 정해진 상황에서 $\mathbf{Z}_L$로 최대 전력을 전달하기 위한 $\mathbf{Z}_s$를 구하는 문제를 생각해보자.
(a) 위 문제의 답을 구하라.
(b) 이때 $P_{av}(\text{max})$의 식은 어떻게 주어지는가?

8.6 응용 노트 : 3상 회로

가정에 들어오는 콘센트는 왜 전선 세 개가 연결될 수 있는지, 왜 이 중 하나를 중성선(neutral wire)이라고 하는지 궁금했던 적이 있는가? 오늘날 산업화 시대에서 흔히 볼 수 있는 전력을 발생하거나 분배하는 회로는 특별한 교류 회로이며, 이러한 회로들은 7, 8장에서 설명한 기술들을 활용하여 쉽게 해석할 수 있다. 이 절에서 설명하는 회로는 국가 및 지역마다 매우 다양하지만, 형태보다는 이론의 핵심을 이해할 수 있도록 설명할 것이다.

대부분 대규모 화력발전소에서는 세 가지 다른 회로에서 전력이 동시에 생성된다. 모두 같은 AC 주파수 f를 가지며, 위상은 각기 다르다. [그림 8-14(a)]는 전형적인 3상 AC 발전기(three-phase AC generator)의 횡단면을 도식적으로 보여준다. 발전기는 회전 전자석(회전자, rotor)과 원형관(고정자, stator) 주변에 고르게 분포한 개별 고정권선 세 개로 구성된다. 회전자는 증기나 기체를 동력으로 삼는 터빈 같은 외력으로 구동된다. 고정자 둘레에는 권선 세 개가 120° 간격으로 배치된다. 전자석이 회전하면서 전자석의 자기장이 세 전선 각각의 단자에 정현 전압을 유도한다. 전선의 모양과 회전수가 같다면 유도된 세 페이저 전압($\mathbf{V}_1 - \mathbf{V}_3$)의 크기는 모두 같으며, 시간 영역에서 대응하는 함수들($v_1(t) - v_3(t)$)은 같은 주파수 $f = \frac{\omega}{2\pi}$를 갖고 정현형으로 변화한다. 여기서 ω는 회전자의 각주파수다. 그러나 권선들은 물리적으로 120° 간격으로 배치되어 있으므로, 인접 권선에서 유도된 전압은 상호간에 위상차가 120°인 파형을 보인다. [그림 8-14(a)]의 $\mathbf{V}_1$을 위상이 0인 기준 전압으로 지정하면 $\mathbf{V}_2$의 위상은 두 권선이 감긴 방향에 따라 120° 또는 −120°가 될 것이다.

세 권선이 감긴 방향이 모두 같다면 $\mathbf{V}_1$, $\mathbf{V}_2$, $\mathbf{V}_3$의 위상은 각각 0, 120°, 240°가 될 것이며([그림 8-14(b)]), 그에 해당하는 시간 차이만큼 파형간의 이격이 발생한다([그림 8-14(c)]). 이러한 배열 방식이 평형 3상 전원(balanced three-phase source)이며, 각 발생 전압에 대하여 다음과 같이 페이저로 표기할 수 있다.

$$\mathbf{V}_1 = V_0 \angle 0° \tag{8.67a}$$

$$\mathbf{V}_2 = V_0 \angle 120° \tag{8.67b}$$

$$\mathbf{V}_3 = V_0 \angle 240° \tag{8.67c}$$

세 전압의 크기는 V_0이다. 평형 3상 전원에 다음 관계식이 성립함을 주목하자.

$$\mathbf{V}_1 + \mathbf{V}_2 + \mathbf{V}_3 = 0 \tag{8.68}$$

이 관계식은 식 (8.67)을 식 (8.68)에 삽입하거나, 그래프로 [그림 8-14(b)]의 벡터 세 개를 합산함으로써 수학적으로 증명할 수 있다.

[그림 8-15(a)]는 [그림 8-14(a)]를 도식화하여 다시 나타낸 전원 구성이다. 세 전압 전원은 중성 단자(neutral terminal) n이라는 공통 전극과 공통 전선, 즉 앞서 언급한 중성선(neutral wire)을 공유한다. 이는 북미에서 가장 일반적인 Y 전원 구성(Y-source configuration)이다. 다른 방식으로 [그림 8-15(b)]와 같이 중성선 없이 세 전원을 Δ 전원 구성(Δ-source configuration) 형태로 연결하는 방법도 있다. 두 경우 모두 각 전원은 다음 식으로 나타낼 수 있는 주어진 복소 권선 임피던스(coil impedance)와 직렬로 연결된 이상적인 전압원

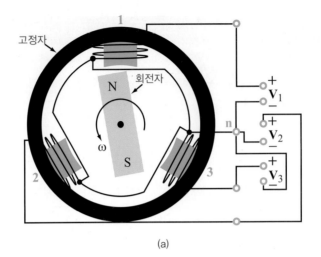

(a)

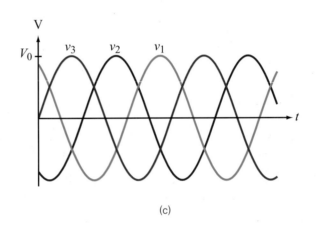

(b)   (c)

[그림 8-14] 3상 AC 발전기 및 관련 전압 파형
    (a) 3상 발전기
    (b) 복소 평면에서의 $\mathbf{V}_1$, $\mathbf{V}_2$, $\mathbf{V}_3$ 전압 표기
    (c) 전압 파형

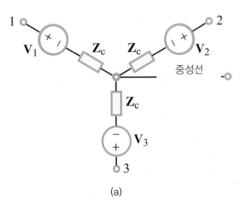

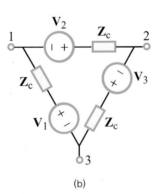

(a)   (b)

[그림 8-15] Y 및 Δ 3상 전원 구성. 임피던스 $\mathbf{Z}_C$을 통해 권선의 저항성과 유도성을 파악할 수 있다.
    (a) Y 전원 구성
    (b) Δ 전원 구성

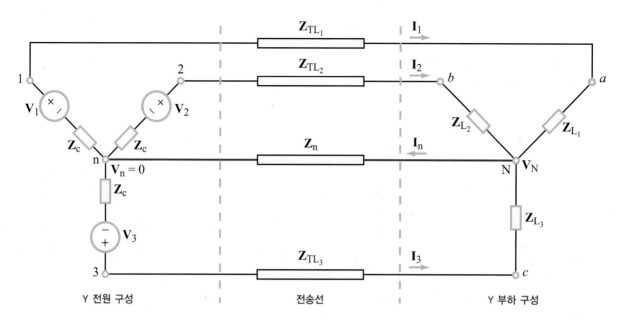

[그림 8-16] 전송선을 통해 Y 부하 회로에 연결된 3상 Y 전원

으로 나타낼 수 있다.

$$\mathbf{Z}_c = R_c + j\omega L_c \qquad (8.69)$$

이 임피던스는 자기권선(magnetic coil)과 연결되어 있기 때문에 유도성을 가진다. 대부분 $\mathbf{Z}_c$는 발전기와 연결된 부하의 임피던스보다 훨씬 작으므로 무시할 수 있다. 하지만 지금은 $\mathbf{Z}_c$에 대한 고려도 포함할 것이다.

3상 발전기는 각기 구별된 세 단상 발전기와 등가적이고, 각 발전기는 분리된 각각의 부하에 연결할 수 있다. 발전기에서 부하로 3상 전력을 전송하는 것이 세 개의 단상 전력을 전송하는 것보다 효율적이다. 세 전원에 연결된 부하는 Y 또는 Δ 연결로 구성된다(후자가 더 일반적). 따라서 전원과 부하간 연결은 Y-Y, Y-Δ, Δ-Y, Δ-Δ 네 가지 중 하나라고 예상할 수 있다. 등가 회로를 적용하여 연결 방식 네 가지 중 하나를 다른 세 가지로 변환할 수 있으므로 단 하나의 구성, 즉 [그림 8-16]과 같은 Y-Y 연결만을 다룰 것이다.

보통 **전송선**이라고 부르는 네 전선을 통해 Y 부하 네트워크를 Y 전원 회로에 연결한다. 전원 $V_1 \sim V_3$를 부하 $\mathbf{Z}_{L_1} \sim \mathbf{Z}_{L_3}$에 연결하는 세 전송선(같을 수도 있고 다를 수도 있음)의 임피던스를 각각 $\mathbf{Z}_{TL_1}$, $\mathbf{Z}_{TL_2}$, $\mathbf{Z}_{T3}$라고 하자. 임피던스가 $\mathbf{Z}_n$인 네 번째 전송선은 전원 구성의 마디 n과 부하 구성의 마디 N을 서로 연결한다. 가장 간단한 구성으로 각 부하가 주거 고객 한 명을 나타내는 [그림 8-17]의 예를 생각해볼 수 있다. 실제 상업적으로 전기를 운용할 때는 한 개 이상의 지점에 연결될 수 있으며, 단일 주거를 가정할 때 강압 중심탭 변압기(step-down center-tapped transformer)를 사용하여 단상 AC 전압을 가전기기에서 사용할 수 있는 수준의 전압으로 낮춘다. 변압기에서 가정으로 전달되는 전력은 3선 단상이라고 하며, 중간선이 중성선 역할을 한다. 한편 변압기의 2차 측에서 120 V rms 전압 두 개는 주파수와 위상이 동일하기 때문에 단상이다. 실제 전선을 통해 발전소까지의 귀로를 제공하는 대신, 접지를 사용하면 전자들의 궤환(feedback) 경로를 제공할 수 있다. 이를 위해 변압기 출력의 중간선을 접지에 연결할 수 있는 케이블을 사용한다([그림 8-17]). 이는 기기가 위험한 수준까지 충전되는 것을 막고 불균형 부하로 인해 전류가 유도한 가열을 막기 위한 것이다.

[그림 8-16]의 네트워크를 참고하여 다음 물음에 답하라.

(a) 마디 n을 기준으로 하여(접지 처리), $\mathbf{V}_N$(마디 N에서의 전압)에 대한 마디 전압 방정식을 세워라.

(b) 전원 전압들이 서로 **평형**을 이루며, 전송선과 부하가 모두 같다면 네크워크는 평형 상태다. $V_0 = 120\sqrt{2}$ V, $f = 60$ Hz, $\mathbf{Z}_c = (0.1 + j0.2)$ Ω, $\mathbf{Z}_{TL_1} = \mathbf{Z}_{TL_2} = \mathbf{Z}_{TL_3} = (0.9 + j0.8)$ Ω, $\mathbf{Z}_{L_1} = \mathbf{Z}_{L_2} = \mathbf{Z}_{L_3} = (29 + j9)$ Ω 일 때, 평형 네트워크 내의 전류 $i_1(t) \sim i_3(t)$와 $i_n(t)$를 구하라.

풀이

(a) 마디 n를 기준으로 했을 때, 즉 $V_n = 0$일 때, 마디 N에서의 전류 방정식은 다음과 같다.

$$\mathbf{I}_n - \mathbf{I}_1 - \mathbf{I}_2 - \mathbf{I}_3 = 0 \tag{8.70}$$

또는 등가적으로 다음 식이 성립한다.

$$\frac{\mathbf{V}_N}{\mathbf{Z}_n} - \frac{(\mathbf{V}_1 - \mathbf{V}_N)}{\mathbf{Z}_c + \mathbf{Z}_{TL_1} + \mathbf{Z}_{L_1}} - \frac{(\mathbf{V}_2 - \mathbf{V}_N)}{\mathbf{Z}_c + \mathbf{Z}_{TL_2} + \mathbf{Z}_{L_2}} - \frac{(\mathbf{V}_3 - \mathbf{V}_N)}{\mathbf{Z}_c + \mathbf{Z}_{TL_3} + \mathbf{Z}_{L_3}} = 0 \tag{8.71}$$

(b) 평형 네트워크는 식 (8.71)의 2항~4항까지의 분모가 모두 동일하며, 이를 $\mathbf{Z}_0$로 나타낸다.

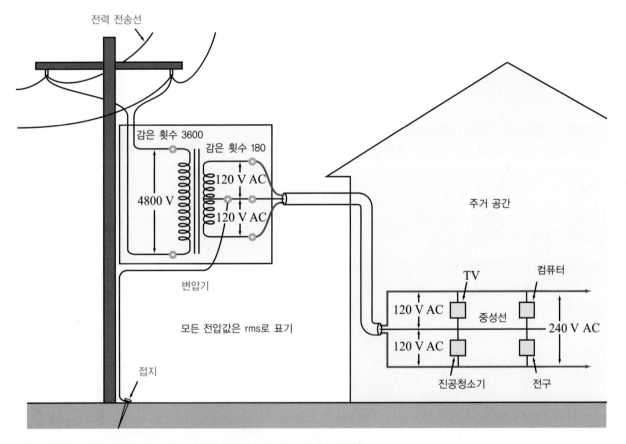

[그림 8-17] 20:1 강압 변압기를 통해 주거 사용자에게 연결된 4800 V rms 단상 AC 전원

$$\mathbf{Z}_0 = \mathbf{Z}_c + \mathbf{Z}_{TL_1} + \mathbf{Z}_{L_1}$$

$$= (0.1 + j0.2) + (0.9 + j0.8) + (29 + j9) \tag{8.72}$$

$$= (30 + j10) \ \Omega$$

식 (8.71)에서 주어진 마디 전압 방정식은 다음과 같이 축약된다.

$$\mathbf{V}_N \left(\frac{1}{\mathbf{Z}_n} + \frac{3}{\mathbf{Z}_0} \right) = \frac{\mathbf{V}_1 + \mathbf{V}_2 + \mathbf{V}_3}{\mathbf{Z}_0} \tag{8.73}$$

평형 전원에서는 식 (8.68)에 따라 $\mathbf{V}_1 + \mathbf{V}_2 + \mathbf{V}_3 = 0$이 성립한다. 따라서 다음 결과를 얻는다.

$$\mathbf{V}_N = 0 \quad (\text{평형 전원 조건}) \tag{8.74}$$

결과적으로 다음 전류값을 얻는다.

$$\mathbf{I}_n = \frac{\mathbf{V}_N}{\mathbf{Z}_n} = 0$$

$$\mathbf{I}_1 = \frac{\mathbf{V}_1 - \mathbf{V}_N}{\mathbf{Z}_0} = \frac{120\sqrt{2}}{30 + j10} = 5.4 e^{-j18.4°}$$

$$\mathbf{I}_2 = \frac{\mathbf{V}_2 - \mathbf{V}_N}{\mathbf{Z}_0} = \frac{120\sqrt{2} e^{j120°}}{30 + j10} = 5.4 e^{j101.6°}$$

$$\mathbf{I}_3 = \frac{\mathbf{V}_3 - \mathbf{V}_N}{\mathbf{Z}_0} = \frac{120\sqrt{2} e^{j240°}}{30 + j10} = 5.4 e^{j221.6°}$$

위의 결과를 바탕으로 시간 영역에서의 전류를 구하면 다음과 같다.

$$i_1(t) = \Re[\mathbf{I}_1 e^{j\omega t}] = 5.4 \cos(2\pi f t - 18.4°) \ \text{A}$$

$$i_2(t) = \Re[\mathbf{I}_2 e^{j\omega t}] = 5.4 \cos(2\pi f t + 101.6°) \ \text{A}$$

$$i_3(t) = \Re[\mathbf{I}_3 e^{j\omega t}] = 5.4 \cos(2\pi f t + 221.6°) \ \text{A}$$

여기서 $f = 60 \ \text{Hz}$이다.

[질문 8-12] 전력을 3상 시스템으로 생성하고 분배하는 이유는 무엇인가?

[질문 8-13] [그림 8-17]과 같이 주거 공간으로 들어가는 전력은 단상인가 2상인가? 그 이유는 무엇인가?

[질문 8-14] 평형 네트워크에서 되돌아오는 전류 I_n의 크기는 얼마인가?

[연습 8-7] 코일과 전송선의 임피던스를 무시한다면 [예제 8-8]의 $|\mathbf{I}_1|$ 값은 얼마인가? 이 값이 나타내는 오차는 몇 %인가?

8.7 Multisim을 활용한 전력 측정

이 절에서는 Multisim의 전력 측정 도구를 소개하고 임피던스 매칭 네트워크(impedance-matching network) 대화식 시뮬레이션의 활용 방법을 알아본다. 8.5절에서 부하 $\mathbf{Z}_{Load}$의 임피던스가 전원 임피던스 $\mathbf{Z}_{Source}$의 켤레복소수일 때, 전원에서 부하로 전달되는 전력이 최대가 된다는 것을 공부했다. 즉 다음 관계식이 성립하였다.

$$\mathbf{Z}_{Load} = \mathbf{Z}_{Source}^* \qquad (8.75)$$

[그림 8-18]에 제시된 회로를 살펴보자. 이 회로는 전원 저항 R_s와 직렬로 연결된 이상적인 전압 전원 $\mathbf{V}_s$로 구성된 전원부가 전력을 공급한다. 부하는 직렬 RL 회로이고, 페이저 영역에서 다음 조건을 만족한다.

$$\mathbf{Z}_{Source} = R_s, \qquad \mathbf{Z}_{Load} = R_L + j\omega L_L \qquad (8.76)$$

$L_L \neq 0$, $R_S \neq R_L$인 일반적인 경우에서 부하는 전원에 정합되지 않을 것이다. 따라서 전력이 최대로 전달되지 않는다. 전원과 부하 사이에 매칭 네트워크를 삽입하고 그 성분의 값을 적절하게 선택하면 전원을 부하에 정합할 수 있다. 즉 전원에서 매칭 네트워크와 부하를 포함해 회로의 단자 (a, b) 우측으로 전달되는 전력을 최대화할 수 있다. 부하에 인덕터가 포함되어 있다면 매칭 네트워크에는 반드시 커패시터가 존재해야 하며, 그 반대도 마찬가지다.

단자 (a, b)를 기준으로 매칭 네트워크와 부하를 모두 포함, [그림 8-18] 회로에 대하여 다음 식이 성립한다.

$$\mathbf{Z}_{Load+Match} = (R_M + R_L) + j\left(\omega L_L - \frac{1}{\omega C_M}\right) \quad (8.77)$$

단자 (a, b)에서 부하로 흐르는 전력을 최대화하기 위해서는 다음 조건이 성립해야 한다.

$$\mathbf{Z}_{Source} = \mathbf{Z}_{Load+Match}^* \qquad (8.78)$$

R_M과 C_M을 다음과 같은 값으로 선택하면 위 식을 만족시킬 수 있다.

$$R_M = R_s - R_L, \qquad C_M = \frac{1}{\omega^2 L_L} \qquad (8.79)$$

단, $R_S \geq R_L$여야 한다. 이러한 정합 조건에서 커패시터의 임피던스는 L_L의 임피던스를 상쇄시키며 전원은 매칭 네트워크와 부하의 합성 임피던스에 정합된다. 이는 전원에서 이 결합으로 전달되는 전력이 최대임을 의미하지만, 부하 자체에 전달되는 전력이 최대라는 의미는 아니다. 사실상 R_S와 R_L의 값을 변경할 수 없다면 부하로 전달되는 전력은 $R_M = 0$, $C_M = \frac{1}{\omega^2 L_L}$일 때 최대가 된다.

더불어 매칭 조건을 이루기 위해 필요한 C_M 값은 ω의 함수라는 사실을 유념해야 한다. 따라서 특정한 주파수에서 회로를 정합하기 위해 C_M 값을 선택했을 때,

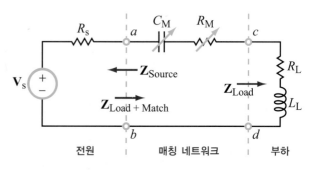

[그림 8-18] 전원과 부하 간 매칭 네트워크

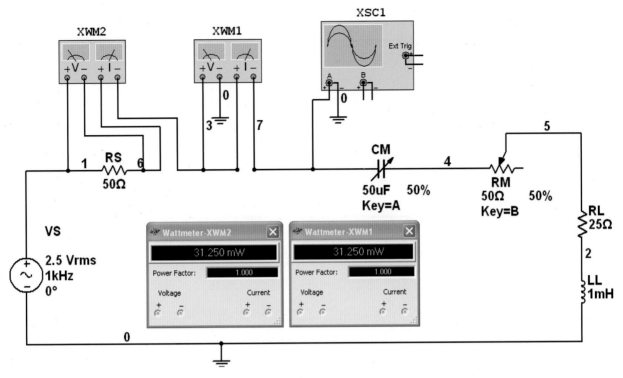

[그림 8-19] 전원과 부하 간 매칭 네트워크의 Multisim 시뮬레이션에서 전력계를 통해 최대 전력 전달을 전달하는 (C_M, R_M)을 확인한다.

ω 값이 그 특정한 주파수와 차이난다면 회로는 정합 상태에서 벗어난다. 의도한 기능을 융통성 있게 수행할 수 있도록 분압계와 조정 가능한 커패시터를 포함하여 매칭 네트워크를 구성하는 것이 일반적이며, 명시된 ω 값(특정 범위 이내)에서 식 (8.79)에 부합하도록 R_M과 C_M을 수동으로 조정한다. [그림 8-18]의 회로는 Multisim으로 시뮬레이션 및 해석할 수 있다. 가변적인 요소들에 대해서는 요소를 더블클릭하고 원하는 키 문자를 Values → Key 아래에서 선택하여 요소를 변경할 키를 선택할 수 있다. 측정기기에 해당하는 XWM1와 XWM2는 개별 소자 혹은 회로가 소모하는 평균 전력을 측정하기 위한 전력계다.

$$P_{av} = \frac{1}{2}\Re[\mathbf{VI^*}]$$

여기서 $\mathbf{V}$는 개별 소자 또는 회로의 페이저 전압이며, $\mathbf{I}$는 양의 전압 단자로 흘러 들어오는 페이저 전류다. [그림 8-19]에서 XWM2는 R_s를 통과하는 전류와 양

단에 걸리는 전압을 측정하며 XWM1은 마디 7에서의 전압(접지 단자를 기준으로 한 값)과 마디 7에서 폐회로를 흐르는 전류를 측정한다. 따라서 XWM2는 R_s에서 소모된 평균 전력을 측정하며, XWM1은 전원으로부터 매칭 네트워크 및 결합 부하로 전달되는 평균 전력을 측정한다. [그림 8-19]의 회로에서 부하를 전원에 정합하기 위해 R_M과 C_M 값을 다음과 같이 정해야 한다.

$$R_M = R_s - R_L = 50 - 25 = 25 \ \Omega$$
$$C_M = \frac{1}{\omega^2 L_L} = \frac{1}{(2\pi \times 10^3)^2 \times 10^{-3}} = 25.33 \ \mu\text{F}$$

[그림 8-19]에서 R_M는 최댓값의 50%(또는 25 Ω)로 맞춘 50 Ω 전압계로 볼 수 있으며 C_M 역시 최댓값의 50%로 맞춰진 50 μF 가변 커패시터라고 볼 수 있다(필요로 하는 25.33 μF과 매우 근접한 값임). 전력계 디스플레이는 XWM1과 XWM2가 나타낸 평균 전력이 실제로 같다는 것을 검증해준다.

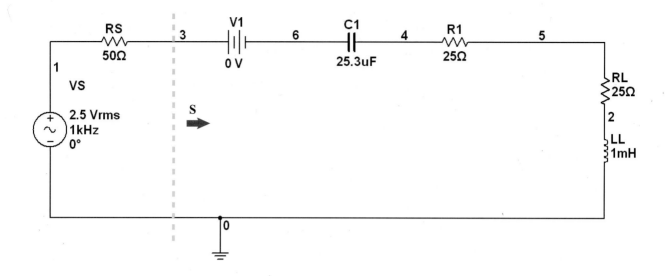

[그림 8-20] 측정기기를 제외한 Multisim 회로

중요한 점은 전력계가 대화식 시뮬레이션 설정(Interactive Simulation Settings)에서 최대 시간 구간(Maximum Time Step, MAX)에 의해 명시된 샘플링 속도로 전압 및 전력을 측정함으로써 평균 전력을 계산한다는 것이다. 표준값은 10^{-5} s이며, 이는 전압과 전류가 10^{-5} s 간격으로 샘플링된다는 것을 의미한다. 1 kHz에 해당하는 주기는 10^{-3} s다. 따라서 10^{-5} s 시간의 각 주기 안에서 100회의 샘플링이 수행되며, 이는 평균 전력을 측정하기에 매우 적절한 회수다. 그러나 더 높은 진동 주파수에서는 주기가 훨씬 짧아지기 때문에 TMAX $\leq \dfrac{10^{-2}}{f}$(f는 Hz 단위의 진동 주파수)와 같이 TMAX에 상한을 정할 필요가 있다. 예를 들어 f = 1MHz에서 TMAX는 10^{-8} s 정도로 설정하는 것이 좋다.

Multisim에서 평균 전력을 측정하는 또 다른 방법은 분석 함수를 활용하여 회로의 일부분에 대한 복소 전력을 그림으로 나타내는 것이다. [그림 8-20]은 [그림 8-19] 회로에서 측정기기 및 고정값 성분을 제외한 뒤, Multisim에서 다시 그린 회로다. AC 해석 시뮬레이션 (AC Analysis Simulation)을 적절하게 시행하기 위해서는 VS 전원의 AC 해석 크기(AC Analysis Magnitude)를 2.5*sqrt(2) = 3.5355 V로 바꿔야 한다. Multisim에서 AC 해석을 시행하여 [그림 8-20]의 단자 (3, 0) 양단에 걸리는 복소 전력 S의 크기 및 위상을 나타낼 수 있다.

Simulate → Analyses → AC Analysis에서 FSTART를 1 Hz로 설정하고 FSTOP를 1 MHz로 설정한다. 좋은 결과를 얻기 위해 10배 눈금(decade)당 적어도 10개의 지점에서 시뮬레이션을 수행하는 것이 좋다. Output 항목에서 다음 수식을 입력한다. 0.5*(real(I(v1)),-imag(I(v1)))*V(3). 이 식은 $S = \frac{1}{2} I^* V$(식 (8.29))와 같

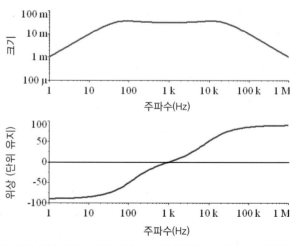

[그림 8-21] [그림 8-20]의 단자 (3, 0)에서의 복소 전력 S의 크기와 위상이 갖는 주파수에 대한 스펙트럼

다. (Multisim에서 (real(X), −imag(X))의 표기는 임의의 복소수 X의 켤레복소수를 나타낸다. Multisim에는 켤레복소수 함수가 없기 때문에 이러한 구문이 필요하다.) [그림 8-21]은 AC 해석을 수행한 뒤 출력을 나타낸 결과다. 예상할 수 있는 바와 같이 $\mathbf{S}$의 위상은 1 kHz에서 0으로 향한다. 이 주파수에서 인덕터와 커패시터 유도 저항이 서로 상쇄되기 때문이다.

[질문 8-15] Multisim에서 전력은 어떻게 측정하는가? 전력을 측정하기 위해 전력계의 네 단자를 모두 사용해야 하는 이유는 무엇인가?

[질문 8-16] $\mathbf{V}_s$, R_s, R_L, L_L 값이 고정되어 있다고 가정할 때, 전원에서 R_L로 전달되는 전력이 최대가 되는 R_M과 C_M의 값은 얼마인가?

[연습 8-8] Multisim을 활용하여 [그림 8-19]의 회로를 시뮬레이션 하라. 전압 전원 $\mathbf{V}_s$에 걸쳐 채널 B를 연결하라. $C_M = 0$, $C_M = 25\ \mu\text{F}$, $C_M = 50\ \mu\text{F}$에서 오실로스코프의 두 채널 간 위상차를 확인하면서 C_M 값을 변화시켜라.

■ 핵심 요약

01. 주기 파형의 rms 값은 파형을 나타낸 식을 제곱하고, 이를 한 주기 동안 적분한 뒤 그 값에 제곱근을 취하여 구한다.

02. 부하의 정현 전압과 전류의 평균값은 모두 0이지만 부하가 순수 반응성 부하가 아니라면, 즉 저항이 전혀 없는 경우가 아니라면 부하에서 소모되는 평균 전력은 0이 아니다.

03. 전력은 복소 전력 $\mathbf{S}$, 평균 전력 P_{av}, 무효 전력 Q를 포함한 몇 가지 속성들로 표현할 수 있다.

04. 역률 pf는 부하가 소비하는 실제 평균 전력 P_{av}와 $\mathbf{S}$(복소 전력의 크기)의 비율로서, 식 $S = [P_{av}^2 + Q^2]^{1/2}$를 통하여 무효 전력 Q와 연관된다.

05. 냉장고, 압축기 등과 같이 코일을 포함하는 일반적인 전기 기기류가 나타내는 R_L 부하는 분로 커패시터를 추가함으로써 역률 보상을 할 수 있다. 이를 통해 pf를 증가시키고 결과적으로 전기 전력원이 공급해야 하는 전류의 양을 줄일 수 있다.

06. 테브난 임피던스가 $\mathbf{Z}_s = R_s + jX_s$인 입력 전원 회로에서 임피던스가 $\mathbf{Z}_L = R_L + jX_L$인 복소 부하로 전달되는 전력은 $\mathbf{Z}_L = \mathbf{Z}_s^*$일 때 최대가 된다.

07. 발전기에서 부하로 3상 전력을 전송하는 것이 세 개의 단상 전송을 개별적으로 전송하는 것보다 더 효율적이다.

08. Multisim을 활용하여 복소 전력의 크기와 위상을 주파수의 함수로 측정할 수 있다.

■ 관계식

평균값 $X_{av} = \dfrac{1}{T}\displaystyle\int_0^T x(t)\,dt$

rms 값 $X_{rms} = X_{eff} = \sqrt{\dfrac{1}{T}\displaystyle\int_0^T x^2(t)\,dt}$

평균 전력 $P_{av} = V_{rms}I_{rms}\cos(\phi_v - \phi_i)$ W

복소 전력 $\mathbf{S} = \frac{1}{2}\mathbf{VI}^*$ VA

무효 전력 $Q = V_{rms}I_{rms}\sin(\phi_v - \phi_i)$ VAR

역률 $pf = \dfrac{P_{av}}{S} = \cos(\phi_v - \phi_i)$

역률 선도 또는 지연 [표 8-2] 참조

최대 전력 전달 $\mathbf{Z}_L = \mathbf{Z}_s^*$

최대 전력 $P_{av}(max) = \dfrac{1}{8}\dfrac{|\mathbf{V}_s|^2}{R_L}$

■ 주요 용어

VAR
고정자(stator)
무효 전력(reactive power)
보상 부하(compensated load)
복소 전력(complex power)
순시 전력(instantaneous power)
실효값(root-mean-square(rms) value)
역률(power factor)
역률 보상(power factor compensation)

역률각(power factor angle)
임피던스 매칭 네트워크(impedance matching network)
정합 부하(matched load)
주기성(periodicity property)
평균 전력(average power)
평균값(average value)
평형 3상 전원(balanced three-phase source)
피상 전력(apparent power)
회전자(rotor)

※ 8.1절 : 주기 파형

8.1 다음에 제시된 주기 전압 파형을 보고 다음 물음에 답하라.

    (a) 평균값을 구하라.

    (b) rms 값을 구하라.

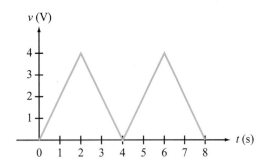

8.2 다음에 제시된 주기 전압 파형을 보고 다음 물음에 답하라.

    (a) 평균값을 구하라.

    (b) rms 값을 구하라.

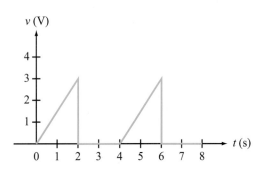

8.3 다음에 제시된 주기 전류 파형을 보고 다음 물음에 답하라.

    (a) 평균값을 구하라.

    (b) rms 값을 구하라.

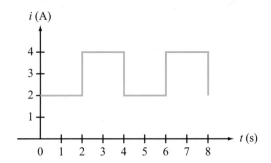

8.4 다음에 제시된 주기 전류 파형을 보고 다음 물음에 답하라.

    (a) 평균값을 구하라.

    (b) rms 값을 구하라.

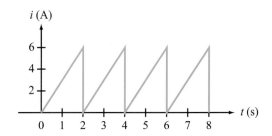

8.5 다음에 제시된 주기 전압 파형을 보고 다음 물음에 답하라.

    (a) 평균값을 구하라.

    (b) rms 값을 구하라.

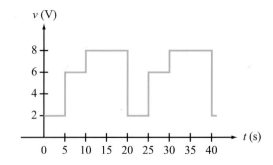

8.6 다음에 제시된 주기 전류 파형을 보고 다음 물음에 답하라.

(a) 평균값을 구하라.

(b) rms 값을 구하라.

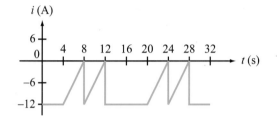

8.7 다음에 제시된 주기 전압 파형을 보고 다음 물음에 답하라.

(a) 평균값을 구하라.

(b) rms 값을 구하라.

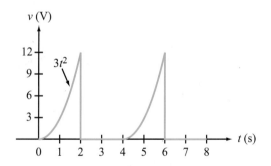

8.8 다음 주기 파형의 평균값과 rms 값을 구하라.

(a) $v(t) = |12\cos(\omega t + \theta)|$ V

(b) $v(t) = 4 + 6\cos(2\pi ft + \phi)$ V

(c) $v(t) = 2\cos\omega t - 4\sin(\omega t + 30°)$ V

(d) $v(t) = 9\cos\omega t \sin(\omega t + 30°)$ V

※ 8.2절과 8.3절 : 평균 전력, 복소 전력

8.9 입력 단자의 전압 및 전류가 다음과 같이 주어진 부하 회로에서 복소 전력, 피상전력, 흡수된 평균 전력, 무효 전력, 역률(선행이나 후행 상태의 설명 포함)을 구하라.

(a) $v(t) = 100\cos(377t - 30°)$ V
$i(t) = 2.5\cos(377t - 60°)$ A

(b) $v(t) = 25\cos(2\pi \times 10^3 t + 40°)$ V
$i(t) = 0.2\cos(2\pi \times 10^3 t - 10°)$ A

(c) $\mathbf{V}_{rms} = 110\underline{/60°}$ V, $\mathbf{I}_{rms} = 3\underline{/45°}$ A

(d) $\mathbf{V}_{rms} = 440\underline{/0°}$ V, $\mathbf{I}_{rms} = 0.5\underline{/75°}$ A

(e) $\mathbf{V}_{rms} = 12\underline{/60°}$ V, $\mathbf{I}_{rms} = 2\underline{/-30°}$ A

8.10 다음 회로에서 $v_s(t) = 60\cos 4000t$ V, $R_1 = 200\,\Omega$, $R_2 = 100\,\Omega$, $C = 2.5\,\mu$F이다. 각 수동소자가 흡수한 평균 전력과 전원이 공급하는 평균 전력을 구하라.

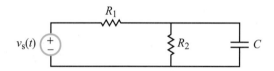

8.11 다음 회로에서 $i_s(t) = 0.2\sin 10^5 t$ A, $R = 20\,\Omega$, $L = 0.1$ mH, $C = 2\,\mu$F이다. 세 수동소자에 대한 복소 전력의 합이 전원의 복소 전력과 동일함을 보여라.

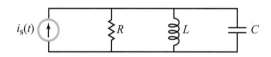

8.12 다음 페이저 영역 회로에서, $\mathbf{V}_s = 20$ V, $\mathbf{I}_s = 0.3\underline{/30°}$ A, $R_1 = R_2 = 100\,\Omega$, $\mathbf{Z}_L = j50\,\Omega$, $\mathbf{Z}_C = -j50\,\Omega$이다. 각 수동소자 네 개와 각 전원 두 개에 대한 복소 전력을 구하라. 이를 통해 에너지 보존이 성립함을 보여라.

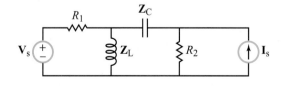

8.13 $V_s = 100$ V, $R_1 = 1$ kΩ, $R_2 = 0.5$ kΩ, $R_L = 2$ kΩ, $Z_L = j0.8$ kΩ, $Z_C = -j4$ kΩ일 때, 다음 회로의 부하 저항 R_L에서 소모되는 평균 전력을 구하라.

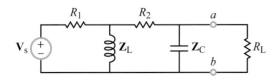

8.14 $I_s = 4\angle 0°$ A, $R_1 = 10$ Ω, $R_2 = 5$ Ω, $Z_C = -j20$ Ω, $R = 10$ Ω, $Z_L = j20$ Ω일 때, 다음 회로에서 R_L 부하에서의 S를 구하라.

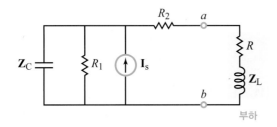

부하

8.15 다음 회로의 R_L에서 소모되는 전력을 구하라.

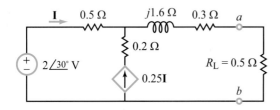

8.16 다음 회로의 R_L에서 소모되는 전력을 구하라.

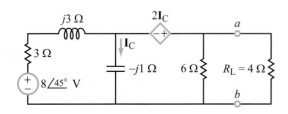

8.17 다음 증폭기 회로에서 $v_{in}(t) = V_0 \cos \omega t$ V이고 $V_0 = 10$ V, $R_C = 1$, $R_L = 10$ kΩ이다. 이때 R_L에 전달되는 전력을 구하라.

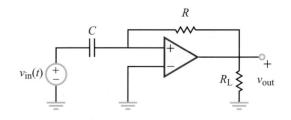

8.18 다음 회로에서 $v_{in}(t) = 0.5 \cos 2000t$ V, $R_1 = 1$ kΩ, $R_2 = 10$ kΩ, $C = 0.1$ μF, $R_L = 1$ kΩ, $L = 0.2$ H일 때, R_L에 전달되는 전력을 구하라.

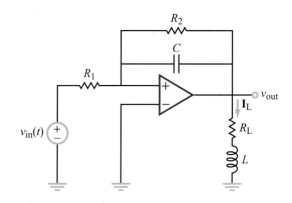

8.19 다음 회로에서 $v_s(t) = 2 \cos 10^3 t$ V일 때, R_L에 전달되는 전력을 구하라.

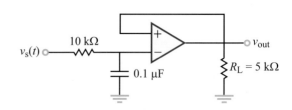

8.20 어떤 부하 $\mathbf{Z}$로 들어가는 피상 전력은 역률이 선행 0.8일 때 250 VA이다. 전원의 rms 페이저 전압은 1 MHz에서 125 V라고 한다.

(a) 부하로 가는 $\mathbf{I}_{rms}$를 구하라.

(b) 부하로 전달되는 $\mathbf{S}$를 구하라.

(c) $\mathbf{Z}$를 구하라.

(d) 부하 회로의 등가 임피던스는 $\mathbf{Z} = R + j\omega L$ 또는 $\mathbf{Z}_C = R - \dfrac{j}{\omega C}$의 형태를 가져야 한다. 둘 중 하나를 적용하여 L 또는 C 값을 구하라.

8.21 다음 회로에서 전압 전원 $\mathbf{V}_s$는 임피던스가 $\mathbf{Z}_1$, $\mathbf{Z}_2$, $\mathbf{Z}_3$인 세 부하 회로에 전력을 공급한다. 세 부하 회로에서 측정한 결과로부터 다음과 같은 전력 정보를 얻었다.

부하 $\mathbf{Z}_1$: $pf = 0.8$ 지연, 80 W
부하 $\mathbf{Z}_2$: $pf = 0.7$ 선도, 60 VA
부하 $\mathbf{Z}_3$: $pf = 0.6$ 선도, 40 VA

$\mathbf{I}_{rms} = 0.4\angle 37°$ A일 때, 다음을 구하라.

(a) 에너지 보존법칙을 활용하여 $\mathbf{V}_s$의 rms 값을 구하라.

(b) $\mathbf{Z}_1$, $\mathbf{Z}_2$, $\mathbf{Z}_3$를 구하라.

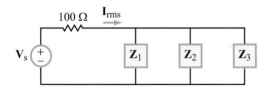

※ 8.4절 : 역률

8.22 다음 R_L 부하는 분로 정전용량 C를 추가함으로써 회로의 역률이 정확히 1이 되도록 보상된다. 이때 C를 R, L, ω의 식으로 나타내라.

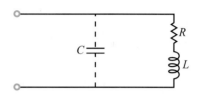

8.23 [P 8.23]에 제시된 발전기 회로(a)는 긴 동축 전송선을 통해 원거리 부하에 연결된다. 전체적인 회로는 (b)와 같이 도식적으로 나타낼 수 있고, 여기서 전송선의 등가 임피던스는 $\mathbf{Z}_{line} = (5 + j2)$ Ω으로 나타난다.

(a) 전압 전원 $\mathbf{V}_s$에 대한 역률을 구하라.

(b) 단자 사이에 연결되어 전원의 역률을 높여 1로 만들 수 있는 분로 커패시터 C의 정전용량을 구하라. 전원 주파수는 1.5 kHz이다.

8.24 다음 회로에서 전원 $\mathbf{V}_s$은 두 개의 동일한 전송선을 통해 등가 임피던스가 $\mathbf{Z}_1$, $\mathbf{Z}_2$인 두 산업용 부하에 연결된다. 각 전송선의 등가 임피던스는 $\mathbf{Z}_{line} = (0.5 + j0.3)$ Ω이다. $\mathbf{Z}_1 = (8 + j12)$ Ω, $\mathbf{Z}_2 = (6 + j3)$ Ω일 때,

(a) $\mathbf{Z}_1$, $\mathbf{Z}_2$, $\mathbf{V}_s$에 대한 역률을 구하라.

(b) 단자 (a, b) 사이에 연결되어 전원의 역률을 0.95로 높일 수 있는 분로 커패시터 C의 정전용량을 구하라. 전원 주파수는 12 kHz다.

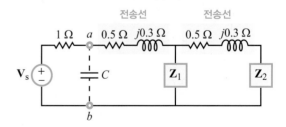

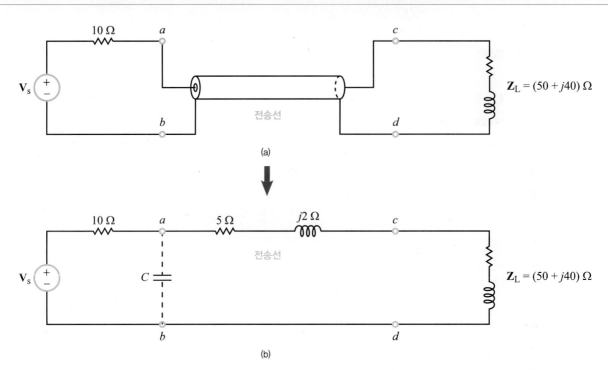

[P 8.23] (a) 발전기 회로
(b) 등가회로

8.25 다음 회로에 대해 주어진 전력 정보를 이용하여 다음을 구하라.

(a) $\mathbf{Z}_1$과 $\mathbf{Z}_2$를 구하라.
(b) $\mathbf{V}_s$의 rms 값을 구하라.

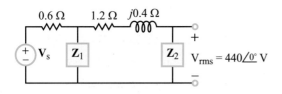

부하 $\mathbf{Z}_1$: 24 kW ($pf = 0.66$ 선도)
부하 $\mathbf{Z}_2$: 18 kW ($pf = 0.82$ 지연)

※ 8.5절 : 최대 전력 전달

8.26 다음 회로에서 부하에서 소모되는 전력이 최대가 되는 부하 임피던스 $\mathbf{Z}_L$을 구하라. 이때 소모 전력은 얼마인가?

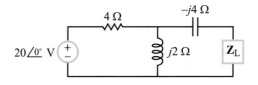

8.27 다음 회로에서 부하에서 소모되는 전력이 최대가 되는 부하 임피던스 $\mathbf{Z}_L$을 구하라. 이때 소모 전력은 얼마인가?

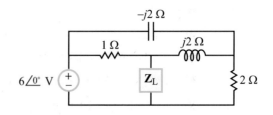

8.28 다음 회로에서 부하에서 소모되는 전력이 최대가 되는 부하 임피던스 $\mathbf{Z}_L$을 구하라. 이때 소모 전력은 얼마인가?

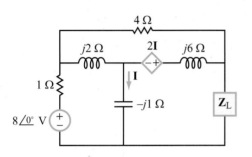

8.29 다음 회로에서 부하에서 소모되는 전력이 최대가 되는 부하 임피던스 $\mathbf{Z}_L$을 구하라. 이때 소모 전력은 얼마인가?

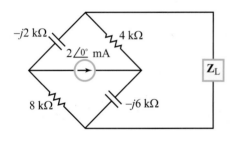

8.30 다음 회로에서 부하에서 소모되는 전력이 최대가 되는 부하 임피던스 $\mathbf{Z}_L$을 구하라. 이때 소모 전력은 얼마인가?

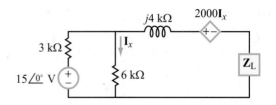

※ 8.6절과 8.7절 : 3상 회로
Multisim을 활용한 전력 측정

8.31 다음 회로([P 8.31])는 60 Hz Y−Δ 네트워크로 코일 및 전송선 임피던스가 무시된 것이다. 물음에 답하라.

(a) 회로에서의 $\mathbf{I}_1$, $\mathbf{I}_2$, $\mathbf{I}_3$를 구하라.

(b) 부하 회로를 Δ → Y 변환한 후의 $\mathbf{I}_1$, $\mathbf{I}_2$, $\mathbf{I}_3$를 구하라.

8.32 다음 회로([P 8.32])는 각각 단상 네트워크와 3상 네트워크를 나타내며 모두 60 Hz에서 동작하고 있다(단, 모든 부하는 $\mathbf{Z}_0 = 50 \ \Omega$).

(a) 단상 네트워크에서 전원 $\mathbf{V}$는 2선 전송선을 통해 부하 임피던스 $\mathbf{Z}_0 = 50 \ \Omega$에 연결된다. 두 전선은 구리로 만들어졌으며 각각의 규격의 길이 10 km, 반경 0.8 cm로 동일하다. 전

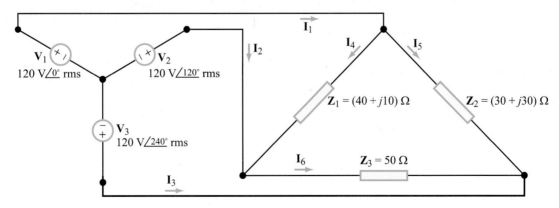

[P 8.31]

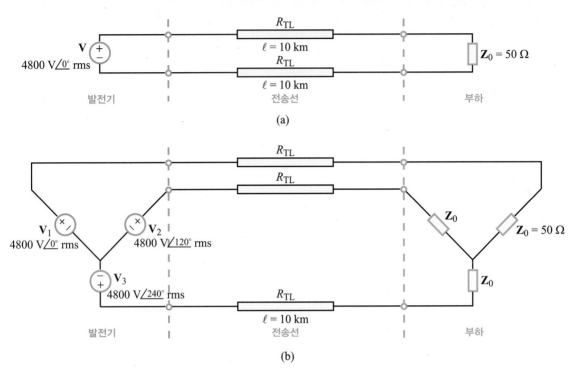

(a)

(b)

[P 8.32] (a) 단상 네트워크
(b) 3상 네트워크

송선이 소비하는 평균 전력을 구하라.

(b) 3상 회로의 모든 전송선이 소비하는 평균 전력을 구하라.

(c) 단상 당 전력 손실로 보면 두 구성 중 어느 쪽이 더 효율적인가?

8.33 다음 회로를 Multisim으로 구성하고 1 kHz ~ 1 GHz의 범위에서 부하 $\mathbf{Z}_L$을 통과하는 복소 전력을 주파수의 함수로서 도시하라. $v_s(t)$의 진폭 (amplitude)은 1 V라고 가정한다.

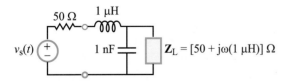

8.34 다음 회로를 Multisim으로 구성하고 부하 회로 $\mathbf{Z}_{in}$의 입력 임피던스가 순수한 실수가 되는 주파수를 구하라. $v_s(t)$의 진폭은 1 V라고 가정한다.

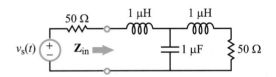

8.35 다음 회로를 Multisim으로 구성하고 부하 회로 $\mathbf{Z}_{in}$의 입력 임피던스가 순수한 실수가 되는 주파수를 구하라.

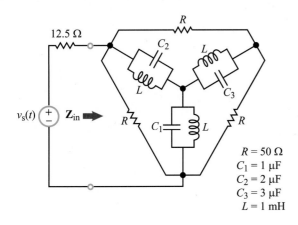

$R = 50\ \Omega$
$C_1 = 1\ \mu\mathrm{F}$
$C_2 = 2\ \mu\mathrm{F}$
$C_3 = 3\ \mu\mathrm{F}$
$L = 1\ \mathrm{mH}$

8.37 1 kHz~1 MHz까지의 주파수 영역에 대하여 Multisim의 AC 해석(AC Analysis)을 통해 [연습문제 8.34]의 부하 $\mathbf{Z}_{\mathrm{in}}$에 걸리는 역률과 위상각 ϕ_z를 도시하라.

8.36 다음 회로를 구성하고 전력계를 이용하여 부하 $\mathbf{Z}_L$이 소비하는 평균 전력을 구하라. 또한 100 kHz~1 GHz까지 AC 해석(AC Analysis)을 수행하여 평균 전력이 1 MHz에서 전력계가 제공하는 값과 일치함을 보여라.

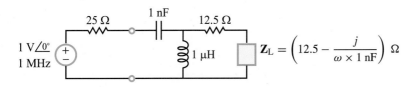

$$\mathbf{Z}_L = \left(12.5 - \frac{j}{\omega \times 1\ \mathrm{nF}}\right)\ \Omega$$

회로 및 필터의 주파수 응답
Frequency Response of Circuits and Filters

학습목표

- AC 회로의 전달함수를 유도할 수 있다.
- 크기 및 위상 스펙트럼 도표를 생성할 수 있다.
- 일차 저역통과, 고역통과, 대역통과 필터 및 대역차단 필터를 설계할 수 있다.
- 주어진 전달함수를 보데 도표로 나타낼 수 있다.
- 능동 필터를 설계할 수 있다.
- 진폭 변조 및 주파수 변조와 슈퍼 헤테로다인 수신기의 운용에 대해 설명할 수 있다.
- Multisim을 활용하여 수동 및 능동 회로에 대한 주파수 응답을 구할 수 있다.

개요

모든 라디오 및 TV 송신소는 해당 지역 내의 다른 라디오 및 TV 방송국에 배정된 것과 다른 고유한 전송 주파수를 배정받아 혼선이나 전파 방해를 피할 수 있다. 안테나가 일정한 거리 내의 각종 전원에서 전송된 여러 신호를 받아들이더라도, 수신기는 다른 신호를 배제하고 특정 관심 채널만을 선별하여 수용할 수 있다.

중심 주파수가 받아들인 여러 신호를 채널의 주파수와 일치하는 협대역 통과 필터(narrow bandpass filter)에 통과시켜 선별하는데, 목표 신호의 발진 주파수를 기준으로 진행된다. 대역 통과 필터는 다수의 전원과 다수의 수신자 간 신호 이동을 관리하기 위해 아날로그 및 디지털 통신망에서 사용되는 여러 종류의 주파수 선택 회로(frequency selective circuits) 중 하나다. AC 회로가 각주파수(angular frequency) ω의 함수로 작용하는 것을 가리켜 회로의 주파수 응답이라고 한다.

이번 장에서는 7장과 8장에서 학습한 페이저영역 해석 툴을 토대로 일련의 측정 기준을 개발하여, 공진 회로의 주파수 응답을 특성화하기 위한 여러 가지 방법을 설계하고 다양한 능동 및 수동 회로에 적용해본다.

9.1 전달함수

[그림 9-1]의 블록 다이어그램으로 나타낸 수동 선형 회로는 입력 단자 (a, b)에서 입력 페이저 전압 $\mathbf{V}_{in}$과 입력 페이저 전류 $\mathbf{I}_{in}$을 가진다. 이에 대응하는 페이저 $\mathbf{V}_{out}$과 $\mathbf{I}_{out}$은 출력 단자 (c, d)에 나타난다. 회로의 전압 이득(voltage gain)은 다음과 같이 정의된다.

$$\mathbf{H}(\omega) = \frac{\mathbf{V}_{out}(\omega)}{\mathbf{V}_{in}(\omega)} \tag{9.1}$$

여기에서 모든 값은 각주파수 ω의 함수로 표현된다. 즉 각주파수 ω가 이후 논의에서 중심 역할을 할 것이다. 커패시터와 인덕터를 포함한 회로에서 $\mathbf{V}_{out}$은 ω의 함수인데, 이때 $\mathbf{V}_{in}$도 ω에 따라 달라질 수 있다. 페이저 $\mathbf{H}(\omega)$는 회로의 전압 전달함수(voltage transfer function)라고도 하는데, 단지 전압 이득의 또 다른 명칭이라는 점 외에 더 폭넓은 의미를 갖는다. 즉 전달함수 $\mathbf{H}(\omega)$는 입력의 여기(input excitation)와 출력 응답 (output response) 간의 관계를 정의해준다.

가령 [그림 9-1] 회로에 대해 다른 전달함수를 정의할 수도 있다.

전류 이득 $\qquad \mathbf{H}_I(\omega) = \dfrac{\mathbf{I}_{out}(\omega)}{\mathbf{I}_{in}(\omega)} \quad$ (9.2a)

전달 임피던스 $\qquad \mathbf{H}_Z(\omega) = \dfrac{\mathbf{V}_{out}(\omega)}{\mathbf{I}_{in}(\omega)} \quad$ (9.2b)

전달 어드미턴스 $\qquad \mathbf{H}_Y(\omega) = \dfrac{\mathbf{I}_{out}(\omega)}{\mathbf{V}_{in}(\omega)} \quad$ (9.2c)

어떠한 경우에도 $\mathbf{H}(\omega)$는 입력량에 대한 출력량의 비율로 정의되기 때문에, 단위 입력(unity input : $1\angle 0°$)에 대하여 회로가 생성하는 출력과 같다고 생각할 수 있다. 전달함수 $\mathbf{H}(\omega)$는 복소수로, 크기(magnitude)

[그림 9-1] **전압 이득 전달함수는 $\mathbf{H}(\omega) = \dfrac{\mathbf{V}_{out}(\omega)}{\mathbf{V}_{in}(\omega)}$ 이다.**

$M(\omega)$과 이에 관한 위상각(phase angle) $\phi(\omega)$를 가진다. 즉 다음과 같은 식으로 나타낼 수 있다.

$$\mathbf{H}(\omega) = M(\omega)\,e^{j\phi(\omega)} \tag{9.3}$$

크기와 위상각은 정의에 의해 다음과 같이 $\mathbf{H}(\omega)$에 관한 식으로 표현할 수 있다.

$$M(\omega) = |\mathbf{H}(\omega)|, \quad \phi(\omega) = \tan^{-1}\left\{ \frac{\mathfrak{Im}[\mathbf{H}(\omega)]}{\mathfrak{Re}[\mathbf{H}(\omega)]} \right\} \tag{9.4}$$

9.1.1 용어

전자회로에서 가장 흔히 접하는 전압 전달함수는 저역통과(lowpass), 고역통과(highpass), 대역통과(bandpass), 대역차단(bandreject) 필터로 구분되는 회로의 전달함수다. 보통 전달함수의 주파수 응답을 시각화하는 방식으로 그 크기와 위상각의 도표를 $\omega = 0$ (DC)부터 $\omega = \infty$까지의 주파수함수로 작성한다. [그림 9-2]는 위의 네 가지 필터 유형에 대한 전형적인 크기 응답 (magnitude responses)을 보여준다. 각 필터의 특징은 최소한 하나의 통과대역(passband)과 하나의 저지대역 (stopband)이 있다는 것이다. 저역통과 필터는 저주파 신호를(본질적으로 방해를 받지 않고) 통과시키지만 고

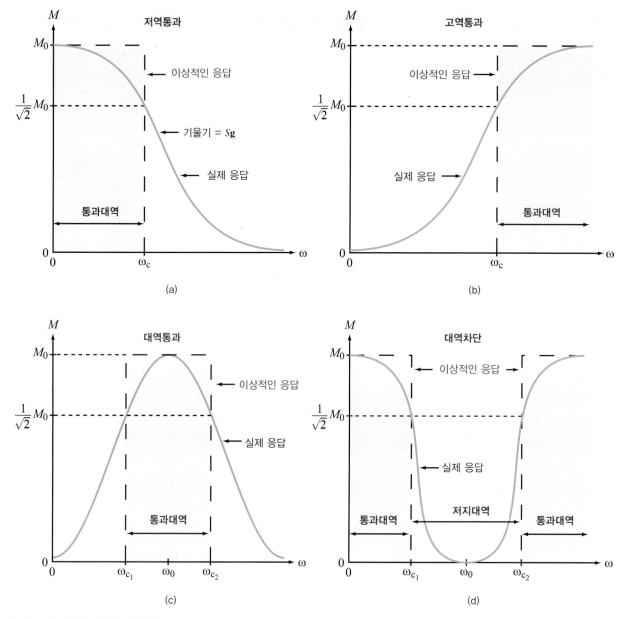

[그림 9-2] 네 가지 필터 유형에 대한 전형적인 크기 스펙트럼 분석
    (a) 저역통과 필터
    (b) 고역통과 필터
    (c) 대역통과 필터
    (d) 대역차단 필터

주파 신호의 전송은 차단한다. 필터가 통과시키는 주파수의 고저는 곧 정의할 모서리 주파수(corner frequency) ω_c를 기준으로 상대적으로 판단한다. 반면, 고역통과 필터는 저주파 신호를 차단하면서 고주파를 통과시킨다. 대역통과 필터([그림 9-2(c)])는 주파수가 ω_0를 중심으로 일정한 범위 내에 존재하는 신호를 통과시키

고, 매우 높은 주파수와 낮은 주파수의 신호는 모두 차단한다. 대역차단 필터의 응답은 대역통과 필터의 응답과 상반된다. 즉 저주파 및 고주파 신호들은 대역차단 필터를 통과하지만 중간 주파수의 신호들은 이 필터를 통과하지 못한다.

보통 각주파수 ω와 주파수 $f = \dfrac{\omega}{2\pi}$ 모두에 주파수라는 용어를 사용한다. 인덕터와 커패시터의 임피던스는 $j\omega L$과 $\dfrac{1}{j\omega C}$로 주어지기 때문에 회로를 해석하고 주파수 응답을 도시하는 데 있어 ω의 함수로 나타내는 것이 수월하다. 그러나 회로의 성능이 헤르츠(Hz)로 명시되어 있는 경우라면 ω를 $2\pi f$로 대체해야 한다.

이득 계수 M_0

[그림 9-2]에 있는 네 가지 스펙트럼 도표는 모두 매끄러운 곡선으로 나타나는 ω의 함수로 통과대역 안에 최댓값 M_0가 있다. 저역통과 필터처럼, M_0가 DC에서 발생하면 이를 DC 이득(DC gain)이라고 한다. 만약 M_0가 $\omega = \infty$에서 발생하면 고주파 이득(high-frequency gain)이라고 하며, 대역통과 필터는 간단히 이득 계수(gain factor)라고 한다.

저역통과 혹은 고역통과 필터의 전달함수가 [그림 9-3]에 나타낸 바와 같이 회로가 가진 공진 주파수 ω_0 부근에서 최댓값을 갖는 공진 거동(resonant behavior)을 보이는 경우도 있다. 외견상 $\omega = \omega_0$에서의 최댓값이 M_0보다 큰 것이 명확하지만, 이후의 설명에서는 단순히 M_0가 $M(\omega)$의 DC 이득이라는 명칭을 유지할 것이다. 그 이유는 M_0가 **전달함수의 통과대역에서 기준으로 정의**되는 반면, ω_0 부근에서 $M(\omega)$의 움직임은 협소한 영역에서 나타나는 특이 현상이기 때문이다.

모서리 주파수 ω_c

모서리 주파수 ω_c는 $M(\omega)$의 기준이 되는 각주파수로 정의하며, 최댓값의 $\dfrac{1}{\sqrt{2}}$ 배다.

$$M(\omega_c) = \frac{M_0}{\sqrt{2}} = 0.707 M_0 \tag{9.5}$$

$M(\omega)$가 전압 전달함수이므로 $M^2(\omega)$는 전력에 대한 전달함수다. 식 (9.5)는 등가적으로 다음 식들로 나타낼 수 있다.

$$M^2(\omega_c) = \frac{M_0^2}{2}, \qquad P(\omega_c) = \frac{P_0}{2} \tag{9.6}$$

따라서 ω_c를 반전력 주파수(half-power frequency)라고도 한다. [그림 9-2(a)]와 [그림 9-2(b)]에 제시된 저역통과 및 고역통과 필터의 스펙트럼은 각각 반전력 주파수가 하나지만, 대역통과 및 대역차단 응답은 각각 반전력 주파수(ω_{c_1}와 ω_{c_2})가 둘이다. 필터의 실제 주파수 응답은 완만하게 변하는 곡선 형태지만, 보통은 [그림 9-2]에 보인 바와 같이 이상적인 등가 응답으로 근사하여 나타낸다. 저역통과 필터의 이상적인 주파수 응답 형태는 $\omega = \omega_c$에서 급격한 변화를 보이는 사각형 모양의 포락선(envelope)으로 간주할 수 있다. 이로 인해 ω_c를 필터의 차단 주파수(cutoff frequency)라고도 한다. 이 용어는 다른 세 가지 필터 유형에도 적용된다.

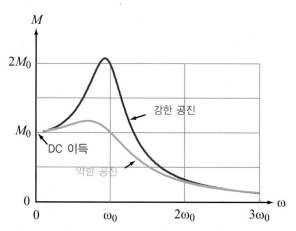

[그림 9-3] 저역통과 필터 회로의 스펙트럼 응답에서 나타날 수 있는 공진 최댓값

대역폭 B

필터의 대역폭 B는 해당 필터의 통과 대역에 해당하는 ω의 범위로 정의된다.

$$B = \begin{cases} 0 \le \omega < \omega_c & \text{저역통과 필터} \\ \omega > \omega_c & \text{고역통과 필터} \\ \omega_{c_1} < \omega < \omega_{c_2} & \text{대역통과 필터} \\ \omega < \omega_{c_1}, \ \omega > \omega_{c_2} & \text{대역차단 필터} \end{cases} \tag{9.7}$$

대역차단 필터의 저지대역(stopband) 범위는 $\omega_{c1} \sim \omega_{c2}$ 이다([그림 9-2(d)]).

공진 주파수 ω_0

공진은 반응성 소자(reactive elements)를 포함하는 회로의 입력 임피던스나 입력 어드미턴스가 순실수일 때 나타나는 현상이며, 공진이 발생하는 각주파수를 가리켜 공진 주파수(resonant frequency) ω_0라고 한다. 항상 그렇지는 않으나 전달함수 $\mathbf{H}(\omega)$도 $\omega = \omega_0$에서 순실수로 나타나는 경우가 있고, 그때 전달함수의 크기가 최대 혹은 최솟값이 된다.

[그림 9-4]의 두 회로를 살펴보자. RL 회로의 입력 임피던스는 다음과 같이 간단하게 나타낼 수 있다.

$$\mathbf{Z}_{\text{in}_1} = R + j\omega L \qquad (9.8)$$

공진은 $\mathbf{Z}_{\text{in}_1}$의 허수부가 0인 조건에 따라 $\omega = 0$에서 발생한다. 따라서 RL 회로의 공진 주파수는 다음과 같다.

$$\omega_0 = 0 \quad (RL \text{ 회로}) \qquad (9.9)$$

$\omega_0 = 0$ (DC) 또는 ∞일 때, 공진은 스펙트럼의 양극단에서 생기기 때문에 단순 응답(trivial response)으로 간주된다. 이는 회로에 인덕터나 커패시터 중 어느 하나가 있는 때만(둘 모두를 동시에 포함해서는 안된다.) 발생한다. [그림 9-4(a)]의 RL 회로와 같이 단순 응답만을 나타내는 회로는 공진기(resonator)로 간주하지 않는다.

회로에 적어도 커패시터와 인덕터가 하나씩 있으면, 0과 ∞ 사이에 존재하는 어떤 ω 값에서 공진이 발생할 수 있다. [그림 9-4(b)]에 제시된 직렬 RLC 회로가 이에 대한 적절한 예다. 이 회로의 입력 임피던스는 아래와 같다.

$$\mathbf{Z}_{\text{in}_2} = R + j\left(\omega L - \frac{1}{\omega C}\right) \qquad (9.10)$$

공진 상태($\omega = \omega_0$)에서 $\mathbf{Z}_{\text{in}_2}$의 허수부는 0이다. 따라서

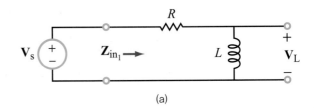

(a)

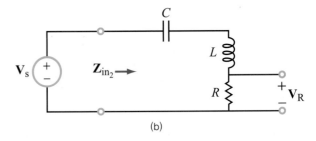

(b)

[그림 9-4] 입력 임피던스의 허수부가 0일 때 공진이 발생한다. RL 회로의 경우, $\omega = 0$ (DC)일 때 $\Im m\,[\mathbf{Z}_{\text{in}_1}] = 0$이지만, RLC 회로에서는 $\mathbf{Z}_L = -\mathbf{Z}_C$의 조건을 만족해야 $\Im m\,[\mathbf{Z}_{\text{in}_2}] = 0$이 성립한다.
(a) 일차 RL 필터
(b) 직렬 RLC 회로

$$\omega_0 L - \frac{1}{\omega_0 C} = 0$$

이므로, 다음 조건이 성립한다.

$$\omega_0 = \frac{1}{\sqrt{LC}} \qquad (RLC \text{ 회로}) \qquad (9.11)$$

L과 C 중 어느 것도 0이나 ∞가 아니면, 전달함수 $\mathbf{H}(\omega)$ $\dfrac{\mathbf{V}_R}{\mathbf{V}_s}$은 최댓값이 ω_0인 양측 스펙트럼(two-sided spectrum)을 나타내며, [그림 9-2(c)]에 제시된 대역통과 필터 응답의 스펙트럼과 형태가 비슷하다.

롤오프율 S_g

통과대역 외부에서 [그림 9-2]에 제시된 직사각형 형태의 이상적인 응답은 무한히 가파른 기울기(infinite slope)를 나타내지만, 실제 응답은 당연히 기울기가 유한하다. 기울기가 커질수록 필터의 검출 특성이 더 확실해지고 이상적인 응답에 더 가까워진다. 따라서 통과대역 바깥쪽의 기울기 S_g(이득 롤오프율 : gain roll-off rate)는 필터 응답의 중요한 속성이다.

9.1.2 *RC* 회로의 예

구체적인 예로 [그림 9-5(a)]의 직렬 *RC* 회로를 들어 전달함수의 개념을 설명해보자. 전압원 $\mathbf{V}_s$는 입력 페이저로 지정된다. 출력 측에서는 두 가지 전압 페이저, 즉 $\mathbf{V}_R$과 $\mathbf{V}_C$를 지정하였다. 두 개의 출력 전압 각각에 대응하는 전달함수의 주파수 응답을 살펴보자.

저역통과 필터

전압 분배를 적용하면 다음 식이 성립된다.

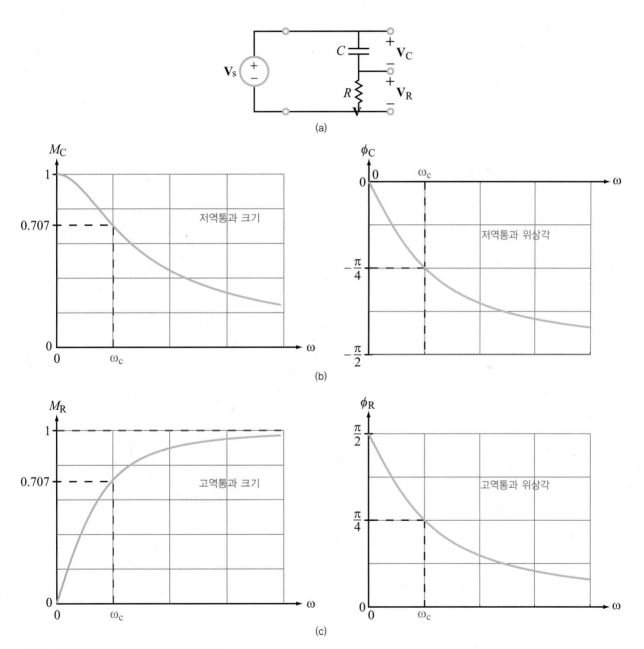

[그림 9-5] **저역통과 및 고역통과 필터의 전달함수**

　　(a) *RC* 회로

　　(b) $\mathbf{H}_C(\omega) = \dfrac{\mathbf{V}_C}{\mathbf{V}_s}$의 크기와 위상각

　　(c) $\mathbf{H}_R(\omega) = \dfrac{\mathbf{V}_R}{\mathbf{V}_s}$의 크기와 위상각

$$\mathbf{V}_C = \frac{\mathbf{V}_s \mathbf{Z}_C}{R + \mathbf{Z}_C} = \frac{\mathbf{V}_s / j\omega C}{R + \frac{1}{j\omega C}} \qquad (9.12)$$

$\mathbf{V}_C$에 대응하는 전달함수는 다음과 같다.

$$\mathbf{H}_C(\omega) = \frac{\mathbf{V}_C}{\mathbf{V}_s} = \frac{1}{1 + j\omega RC} \qquad (9.13)$$

식 (9.12)에서 분자와 분모에 $j\omega C$를 곱하여 식 (9.13)처럼 간단한 결과를 얻는다. 전달함수 크기 $M_C(\omega)$와 위상각 $\phi_C(\omega)$에 관하여 나타내면 다음 식과 같다.

$$\mathbf{H}_C(\omega) = M_C(\omega)\, e^{j\phi_C(\omega)} \qquad (9.14)$$

여기서 다음 관계식이 성립한다.

$$M_C(\omega) = |\mathbf{H}_C(\omega)| = \frac{1}{\sqrt{1 + \omega^2 R^2 C^2}} \qquad (9.15\text{a})$$

$$\phi_C(\omega) = -\tan^{-1}(\omega RC) \qquad (9.15\text{b})$$

$M_C(\omega)$와 $\phi_C(\omega)$에 관한 스펙트럼 도표는 [그림 9-5(b)]와 같다. 크기의 변화를 주파수의 함수로 나타낸 도표로부터, 식 (9.13)은 DC 이득 계수가 $M_0 = 1$인 저주파 필터의 전달함수를 나타냄을 명확히 알 수 있다. 커패시터는 DC에서 개방 회로처럼 작용하면서 루프를 통해 전류가 흐르지 못하게 하므로, 결과적으로 $\mathbf{V}_C = \mathbf{V}_s$가 된다. ω가 매우 높을 때 커패시터는 단락 회로처럼 작용하는데, 이때 커패시터에 걸리는 전압은 0이다.

식 (9.6)을 적용하여 모서리 주파수 ω_c를 다음과 같이 구할 수 있다.

$$M_C^2(\omega_c) = \frac{1}{1 + \omega_c^2 R^2 C^2} = \frac{1}{2} \qquad (9.16)$$

위의 식은 다음 결과를 유도한다.

$$\omega_c = \frac{1}{RC} \qquad (9.17)$$

고역통과 필터

[그림 9-5(a)]에서 R의 양단에 걸리는 출력은 다음 식으로 표현된다.

$$\mathbf{H}_R(\omega) = \frac{\mathbf{V}_R}{\mathbf{V}_s} = \frac{j\omega RC}{1 + j\omega RC} \qquad (9.18)$$

$\mathbf{H}_R(\omega)$의 크기와 위상각은 다음 식을 통해 구할 수 있다.

$$M_R(\omega) = |\mathbf{H}_R(\omega)| = \frac{\omega RC}{\sqrt{1 + \omega^2 R^2 C^2}} \qquad (9.19\text{a})$$

$$\phi_R(\omega) = \frac{\pi}{2} - \tan^{-1}(\omega RC) \qquad (9.19\text{b})$$

크기와 위상각의 스펙트럼 도표를 나타내면 [그림 9-5(c)]와 같다.

예제 9-1 공진 주파수

[그림 9-6] 회로에 대하여

(a) $\mathbf{H}(\omega) = \dfrac{\mathbf{V}_{out}}{\mathbf{V}_s}$ 을 나타내는 수식을 구하라.

(b) $\omega_0 = \dfrac{1}{\sqrt{L(C_1 + C_2)}}$ 에서 $\mathbf{H}(\omega)$가 순실수가 됨을 보여라.

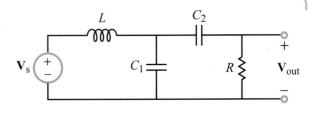

[그림 9-6] [예제 9-1] 회로

풀이

(a) KCL과 KVL을 적용하면

$$\mathbf{H}(\omega) = \frac{\mathbf{V}_{out}}{\mathbf{V}_s}$$

$$= \frac{R Z_{C_1}}{Z_{C_1} Z_{C_2} + Z_L(Z_{C_1} + Z_{C_2}) + R(Z_{C_1} + Z_L)}$$

여기서 $Z_L = j\omega L$, $Z_{C_1} = \dfrac{1}{j\omega C_1}$, $Z_{C_2} = \dfrac{1}{j\omega C_2}$ 이다. 대수적인 정리 단계를 몇 가지 거쳐 위 식을 분모가 순실수인 형태로 변환하면 다음과 같은 결과를 얻는다.

$$\mathbf{H}(\omega) = \frac{\omega^2 R^2 C_2^2(1 - \omega^2 L C_1) + j\omega R C_2[1 - \omega^2 L(C_1 + C_2)]}{[1 - \omega^2 L(C_1 + C_2)]^2 + \omega^2 R^2 C_2^2(1 - \omega^2 L C_1)^2}$$

(b)
$$\omega = \omega_0 = \frac{1}{\sqrt{L(C_1 + C_2)}}$$

에서 앞서 얻은 수식의 허수부는 0이 되고, 다음과 같이 간단해진다.

$$\mathbf{H}(\omega_0) = \frac{C_1 + C_2}{C_2}$$

[질문 9-1] 회로의 전달함수는 전압 이득과 항상 같은가?

[질문 9-2] 이득 계수 M_0는 항상 $M(\omega)$의 최댓값인가?

[질문 9-3] 회로는 언제 공진 상태에 놓이는가?

[질문 9-4] 모서리 주파수를 반전력 주파수라고 하는 이유는 무엇인가?

[연습 9-1] 직렬 RL 회로가 전압원 $\mathbf{V}_s$에 연결되어 있다. $\mathbf{H}(\omega) = \dfrac{\mathbf{V}_R}{\mathbf{V}_S}$에 대한 수식을 구하라. 이때 $\mathbf{V}_R$은 저항 R의 양단에 걸리는 페이저 전압이다. 아울러 $\mathbf{H}(\omega)$의 모서리 주파수를 구하라.

[연습 9-2] 다음 회로의 입력 임피던스에 대한 식을 구하고, 이를 활용하여 공진 주파수를 구하라.

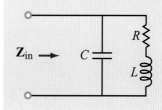

9.2 스케일링

필터와 같은 공진 회로를 설계할 때는 우선 옴(ohms), 헨리(henrys), 패럿(farads) 등의 값을 갖는 소자들이 포함된 프로토타입 모형(prototype model)을 설계한 뒤, 프로토타입 회로를 실질적 값을 갖는 소자들을 포함할 뿐만 아니라 특정 주파수 응답을 제공하는 실제 회로(practical circuit)로 조정(스케일링, scaling)하는 것이 편리하다.

회로의 스케일링은 크기와 주파수 모두에 대해 수행할 수 있다. 크기 스케일링(magnitude scaling)을 하면 회로 내 소자들의 값은 변하지만 주파수 응답은 바뀌지 않는다. 반면에 주파수 스케일링(frequency scaling)을 하면 회로 소자들의 임피던스를 그대로 유지하면서 주파수 응답을 더 높거나 낮은 범위 주파수대로 변환시킬 수 있다.

9.2.1 크기 스케일링

회로의 전달함수는 회로 소자들의 임피던스를 토대로 구성된다. 모든 임피던스에 같은 크기 스케일링 계수(magnitude scaling factor) K_m을 곱하면(스케일링), 전달함수의 절대수준은 변할 수 있어도 전달함수의 주파수 응답은 변함없이 그대로 유지된다.

다음 순서에 따라 프로토타입 회로와 스케일링된 회로를 구분한다.

- 프라임 부호(′)가 없는 기호로 프로토타입 회로의 소자와 임피던스를 표시한다.

$$\mathbf{Z}_R = R, \quad \mathbf{Z}_L = j\omega L, \quad \mathbf{Z}_C = \frac{1}{j\omega C} \quad (9.20)$$

- 프라임 부호(′)가 붙은 기호로 스케일링된 회로의 소자와 임피던스를 표시한다.

$$\mathbf{Z}'_R = R', \quad \mathbf{Z}'_L = j\omega L', \quad \mathbf{Z}'_C = \frac{1}{j\omega C'} \quad (9.21)$$

계수 K_m에 의한 크기 스케일링을 통해 다음 관계식이 성립한다.

$$\mathbf{Z}'_R = K_m \mathbf{Z}_R, \quad \mathbf{Z}'_L = K_m \mathbf{Z}_L, \quad \mathbf{Z}'_C = K_m \mathbf{Z}_C \quad (9.22)$$

위 등식은 다음과 같은 관계로 변환된다.

$$
\begin{aligned}
R' &= K_m R \\
L' &= K_m L \\
C' &= \frac{C}{K_m} \\
\omega &= \omega'
\end{aligned}
\quad (9.23)
$$
(크기 스케일링만 한 경우)

즉 저항 및 인덕터의 값은 K_m배 커지지만, 커패시터의 값은 $\frac{1}{K_m}$배로 축소된다. 예로 식 (9.18)의 전달함수인 식 (9.24a)와 스케일링된 결과인 식 (9.24b)를 살펴보자.

$$\mathbf{H}_R(\omega) = \frac{j\omega RC}{1 + j\omega RC} \quad (9.24a)$$

$$\mathbf{H}'_R(\omega) = \frac{j\omega R'C'}{1 + j\omega R'C'} \qquad (9.24\text{b})$$

식 (9.23)에 따른 방법을 적용하면 다음 등식이 성립한다. 이는 주파수 응답이 동일하게 유지되고 있음을 의미한다.

$$\mathbf{H}'_R(\omega) = \mathbf{H}_R(\omega)$$

$$
\begin{aligned}
R' &= R \\
L' &= \frac{L}{K_f} \\
C' &= \frac{C}{K_f} \\
\omega' &= K_f\omega
\end{aligned}
\qquad (9.25)
$$
(주파수 스케일링만 한 경우)

9.2.2 주파수 스케일링

상대적인 외형을 똑같이 유지한 채 주파수 스케일링 계수 K_f를 고려하여 ω축을 따라 전달함수의 형태를 이동시키려면, 프로토타입 회로의 전달함수에 포함된 ω를 $\omega' = K_f\omega$로 대체하고 개별 소자들은 임피던스가 변하지 않도록 스케일링한다. 인덕터는 $\mathbf{Z}_L = j\omega L$의 임피던스를 가지므로 ω가 K_f에 의해 상향 조정(스케일링 업, scaling up)되려면, $\mathbf{Z}_L$이 같은 값을 유지하도록 L을 같은 배율로 하향 조정(스케일링 다운, scaling down)해야 한다. 따라서 임피던스 조건은 다음을 만족해야 한다.

9.2.3 크기 스케일링과 주파수 스케일링의 병행

프로토타입 회로 설계를 구현 가능한 회로로 전환하기 위해 크기 스케일링과 주파수 스케일링을 동시에 적용할 수도 있다. 이때 프로토타입 회로와 스케일링된 회로의 관계는 다음과 같다.

$$
\begin{aligned}
R' &= K_m R \\
L' &= \frac{K_m}{K_f} L \\
C' &= \frac{1}{K_m K_f} C \\
\omega' &= K_f\omega
\end{aligned}
\qquad (9.26)
$$
(크기 및 주파수 스케일링을 병행한 경우)

예제 9-2 삼차 LP 필터

필터의 차수(order)는 응답이 ω의 함수로서 얼마나 가파른 기울기를 형성하는가를 나타내는 척도다. 예컨대 [그림 9-7]에 제시된 삼차 저역통과 필터의 응답은 [그림 9-5(b)]에 제시된 일차 저역통과 필터의 응답보다 훨씬 가파른 기울기를 갖는다. [그림 9-7]의 회로는 차단 주파수가 $\omega_c = 1$ rad/s인 프로토타입 모형이다. 차단 주파수가 $\omega_c = 10^6$ rad/s이고, 저항값이 2 kΩ인 스케일링된 회로를 설계하라.

풀이

주어진 정보를 토대로 추출되는 스케일링 계수는 다음과 같다.

$$K_m = \frac{R'}{R} = \frac{2\text{k}}{2} = 10^3$$

$$K_f = \frac{\omega'_c}{\omega_c} = \frac{10^6}{1} = 10^6$$

식 (9.26)을 적용하면 다음 값을 얻는다.

$$L_1' = \frac{K_m}{K_f} L_1 = \frac{10^3}{10^6} \times 3 = 3 \text{ mH}$$

$$L_2' = \frac{K_m}{K_f} L_2 = 1 \text{ mH}$$

$$C' = \frac{1}{K_m K_f} C = \frac{1}{10^3 \times 10^6} \times \frac{2}{3} = \frac{2}{3} \text{ nF}$$

스케일링된 회로를 나타내면 [그림 9-7(b)]와 같다.

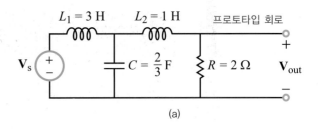

(a)

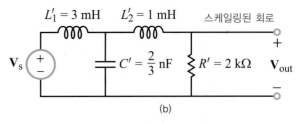

(b)

[그림 9-7] [예제 9-2]의 **프로토타입 회로**와 **스케일링된 회로**

[**질문 9-5**] 스케일링의 개념은 공진 회로 및 필터를 설계할 때 어떻게 사용되는가?

[**질문 9-6**] 크기 스케일링과 주파수 스케일링을 각각 수행할 때, 변하지 않고 유지되는 것은 무엇인가?

[**연습 9-3**] 다음 회로에 대해
(a) $\omega = 1$ rad/s에서 프로토타입 회로의 $\mathbf{Z}_{in}$을 구하라.
(b) $K_m = 1000$ 및 $K_f = 1000$으로 스케일링한 회로의 $\mathbf{Z}_{in}'$을 구하라.

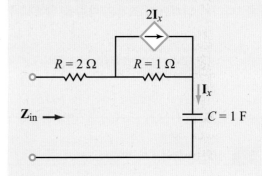

9.3 보데 도표

1930년대 후반, 발명가 헨드릭 보데(Hendrik Bode)는 이후 필터, 발진기, 증폭기 등 공진 회로의 해석 및 설계에서 표준적인 도구로 널리 활용되는 도해 기법을 개발하였다. 오늘날 보데 도표(Bode plots) 또는 보데 다이어그램(Bode diagram)으로 발전한 이 기법은 **ω축을 로그 스케일(logarithmic scale)로 나타내고, 전달함수의 크기를 데시벨(dB)로 표시한다.** dB 연산자의 특성에 친숙해질 수 있도록 우선 수학적인 배경을 살펴보도록 하자.

9.3.1 dB 스케일

기준 전력 P_0에 대한 전력 P의 비율(예를 들어 전원이 공급한 입력 전력 대비 증폭기가 생성한 출력 전력의 비율)을 가리켜 상대 전력 혹은 정규화 전력(normalized power)이라고 한다. 대부분 공학적 응용에서 $\frac{P}{P_0}$는 회로에 인가되는 신호의 주파수 ω와 같은 특정 관심 변수에 대하여 도식화될 때 수십 배 이상의 큰 차수 변화가 발생할 수 있다. 본래 dB 스케일은 상대 전력(relative power)을 그림으로 나타내기 쉽도록 해당값에 로그를 취한 값으로 전환해주는 도구로 도입되었으나, 이후 그 용도가 다른 물리량에 대한 척도로 널리 확대되었다. dB 연산자는 P 자체보다는 $\frac{P}{P_0}$와 같은 상대적 양의 스케일 변환자로 만들어진 것이지만 P가 P_0와 동일한 단위로 표현되는 한, P_0를 1 와트나 1 메가와트와 같은 특정 기준값으로 두어 P에 대해서도 dB 표현이 가능하다.

G를 전력 이득(power gain)이라고 정의하면 다음 등식이 성립한다.

$$G = \frac{P}{P_0} \tag{9.27}$$

이때 해당 이득을 dB 단위로 나타내면 다음과 같다.

$$G\,[\text{dB}] = 10\log G = 10\log\left(\frac{P}{P_0}\right)\,\text{dB} \tag{9.28}$$

로그의 밑(base)은 10이다. dB 스케일은 전력비에 로그를 취한 뒤 그 값에 10을 곱하여 얻는다. [표 9-1]의 왼쪽은 일부 G 값과 그에 대응하는 $G[\text{dB}]$ 값을 보여준다. G가 $10^{-3} \sim 10^3$까지 10의 6승에 해당하는 차수 변화가 일어날 때, $G[\text{dB}]$는 $-30\,\text{dB} \sim +30\,\text{dB}$까지 변한다는 점에 주목한다. 아울러 2(배)는 dB 값으로 $+3\,\text{dB}$에 해당하고, 0.5(배)에 해당하는 dB 값은 $-3\,\text{dB}$라는 점에 유념한다.

[표 9-1] 전력비의 실제값과 dB 값 간의 대응(왼쪽) 및 전압비 혹은 전류비의 실제값과 dB 값 간의 대응(오른쪽)

$\dfrac{P}{P_0}$	dB	$\left\|\dfrac{\mathbf{V}}{\mathbf{V_0}}\right\|$ 또는 $\left\|\dfrac{\mathbf{I}}{\mathbf{I_0}}\right\|$	dB
10^N	$10N$ dB	10^N	$20N$ dB
10^3	30 dB	10^3	60 dB
100	20 dB	100	40 dB
10	10 dB	10	20 dB
4	$\simeq 6$ dB	4	$\simeq 12$ dB
2	$\simeq 3$ dB	2	$\simeq 6$ dB
1	0 dB	1	0 dB
0.5	$\simeq -3$ dB	0.5	$\simeq -6$ dB
0.25	$\simeq -6$ dB	0.25	$\simeq -12$ dB
0.1	-10 dB	0.1	-20 dB
10^{-N}	$-10N$ dB	10^{-N}	$-20N$ dB

이러한 스케일링 기법은 전력비를 구할 때만 적용했지만 지금은 전압비와 전류비를 표시하는 데도 사용한다. P와 P_0는 같은 값의 저항들에 흡수된 평균 전력이고, 각 저항의 양단에 걸리는 페이저 전압을 각각 $\mathbf{V}$, $\mathbf{V}_0$라고 하면 다음 식이 성립한다.

$$G \text{ [dB]} = 10 \log \left(\frac{1/2|\mathbf{V}|^2 R}{1/2|\mathbf{V}_0|^2 R} \right) = 20 \log \left(\frac{|\mathbf{V}|}{|\mathbf{V}_0|} \right) \quad (9.29)$$

마찬가지로 전류 이득에 대해서도 다음 식이 성립한다.

$$G \text{ [dB]} = 20 \log \left(\frac{|\mathbf{I}|}{|\mathbf{I}_0|} \right) \quad (9.30)$$

전력비에 대한 dB 정의는 스케일링 계수가 10인 반면, 전압 및 전류에 대한 스케일링 계수는 20이다.

로그 연산자는 두 수를 곱한 값에 로그를 취한 결과가 각 수에 로그를 취한 결과를 합한 것과 같다는 유용한 특징이 있다. 즉 다음과 같은 관계식이 성립한다.

$$G = XY \;\blacktriangleright\; G \text{ [dB]} = X \text{ [dB]} + Y \text{ [dB]} \quad (9.31)$$

이러한 결과는 다음 등식에서 비롯된다.

$$G \text{ [dB]} = 10 \log(XY) = 10 \log X + 10 \log Y$$
$$= X \text{ [dB]} + Y \text{ [dB]}$$

마찬가지로 다음과 같은 관계식이 성립된다.

$$G = \frac{X}{Y} \;\blacktriangleright\; G \text{ [dB]} = X \text{ [dB]} - Y \text{ [dB]} \quad (9.32)$$

곱(products)과 비(ratios)를 합과 차의 표현으로 전환하면, 공진 회로의 주파수 응답을 설계할 때 매우 유용하다.

예제 9-3 *RL* 고역통과 필터

[그림 9-8(a)]의 직렬 *RL* 회로에 대하여 다음 문제를 풀어라.

(a) 전달함수 $\mathbf{H} = \dfrac{\mathbf{V}_{out}}{\mathbf{V}_s}$ 식을 $\dfrac{\omega}{\omega_c} \left(\omega_c = \dfrac{R}{L} \right)$에 관한 식으로 나타내라.

(b) 전달함수의 크기 $M \text{ [dB]} = 20 \log |\mathbf{H}|$를 구하고, ω에 따른 변화를 로그 스케일로 그려라. 단, ω는 ω_c의 단위로 나타낸다.

(c) $\mathbf{H}$의 위상각을 구하고 그림으로 나타내라.

풀이

(a) 전압 분배를 통하여 입력 전압 및 출력 전압의 페이저는 다음 관계가 있음을 알 수 있다.

$$\mathbf{V}_{out} = \frac{j\omega L \mathbf{V}_s}{R + j\omega L}$$

곧 전달함수를 구하면 다음과 같다. 이때 $\omega_c = \dfrac{R}{L}$이다.

$$\mathbf{H} = \frac{\mathbf{V}_{out}}{\mathbf{V}_s} = \frac{j\omega L}{R + j\omega L} = \frac{j(\omega/\omega_c)}{1 + j(\omega/\omega_c)} \quad (9.33)$$

(b) $\mathbf{H}$의 크기는 다음 식으로 구할 수 있다.

$$M = |\mathbf{H}| = \frac{(\omega/\omega_c)}{|1 + j(\omega/\omega_c)|} = \frac{(\omega/\omega_c)}{\sqrt{1 + (\omega/\omega_c)^2}} \quad (9.34)$$

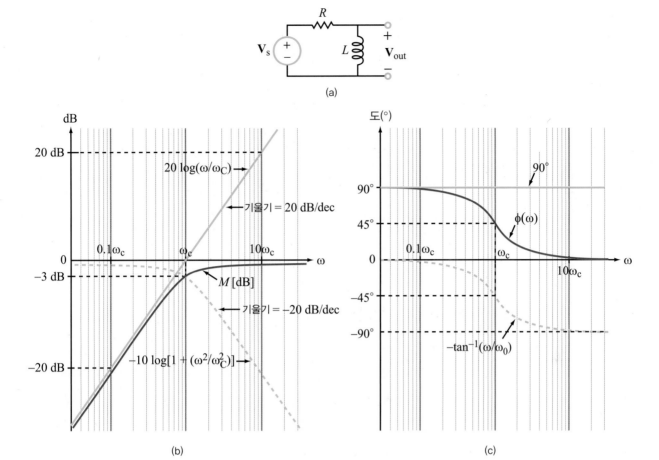

[그림 9-8] $\mathbf{H} = \dfrac{\mathbf{V}_{out}}{\mathbf{V}_s}$의 크기 도표 및 위상 도표

(a) *RL* 회로

(b) 크기 도표

(c) 위상 도표

M은 전압비이므로 dB 스케일링 계수는 20이다. 따라서 M을 dB 단위로 표기하면 다음과 같다.

$$M\,[\text{dB}] = 20 \log M$$

$$= 20 \log\left(\frac{\omega}{\omega_c}\right) - 20 \log\left[1 + \left(\frac{\omega}{\omega_c}\right)^2\right]^{1/2} \tag{9.35}$$

$$= 20 \log\left(\frac{\omega}{\omega_c}\right) - 10 \log\left[1 + \left(\frac{\omega}{\omega_c}\right)^2\right]$$

9.3.2절에서 소개되는 보데 다이어그램 용어에서 $M\,[\text{dB}]$의 성분을 인자(factors)라고 한다. 이 경우 $M\,[\text{dB}]$은 두 개의 인자로 구성되는데, 두 번째 인자는 음수다. 크기 도표(magnitude plot)는 세로축의 단위가 dB이고 가로축의 단위가 rad/s인 세미로그(semilog) 그래프 용지에 나타낼 수 있다. $M\,[\text{dB}]$의 식에서 $\frac{\omega}{\omega_c}$의 표기와 같이 ω가 정규화된 형식으로 나타난다면, 가로축을 ω_c의 단위로 표시할 수 있다. [그림 9-8(b)]는 $M\,[\text{dB}]$을 구성하는 두 인자의 각각에 대한 개별 도표와 함께 두 인자의 합에 대한 도표를 보여준다.

세미로그 그래프 용지 상에서 $\log\left(\frac{\omega}{\omega_c}\right)$는 $\frac{\omega}{\omega_c} = 1$일 때 ω축을 교차하는 직선을 나타낸다. $\log 1 = 0$이기 때문이다. 따라서 $\frac{\omega}{\omega_c} = 10$일 때, $20 \log 10 = 20$ dB이므로, 다음 식을 확인할 수 있다. 여기서 세미로그, 즉 반로그라고 하

는 것은 가로축과 세로축 중 어느 한 축에 대해서만 본래의 값에 로그를 취한 값을 매겼다는 것을 의미한다. 이 경우 세로축은 dB로 나타나는 값을 있는 그대로 표기하였고, 가로축에 대해서만 로그를 취한 값을 나타내고 있다. (만약 가로축과 세로축 모두에 본래 나타내고자 하는 값들의 로그값을 매겨놓았다면 로그-로그 도표(log-log plot)라고 한다. 20 dB/dec는 가로축의 값이 10배 증가할 때 세로축이 20만큼 증가한다는 것을 의미한다. : 역자 주)

$$20 \log \left(\frac{\omega}{\omega_c} \right) \quad \Rightarrow \quad \text{기울기가 20 dB/dec이고 } \frac{\omega}{\omega_c} = 1 \text{에서 } \omega \text{축을 교차하는 직선}$$

두 번째 인자는 다음과 같은 특성을 갖는 비선형 도표를 나타낸다.

저주파 점근선

$$\text{As } (\omega/\omega_c) \Rightarrow 0, \qquad -10 \log \left[1 + \left(\frac{\omega}{\omega_c} \right)^2 \right] \Rightarrow 0$$

고주파 점근선

$$\text{As } (\omega/\omega_c) \Rightarrow \infty, \qquad -10 \log \left[1 + \left(\frac{\omega}{\omega_c} \right)^2 \right] \Rightarrow -20 \log \left(\frac{\omega}{\omega_c} \right)$$

M [dB]의 도표는 각 인자의 도표(지금 예에서는 두 개의 도표)를 그래프상에서 합하여 얻을 수 있다([그림 9-8(b)]). $\frac{\omega}{\omega_c} \ll 1$의 저주파 영역에서 M [dB]은 첫 번째 인자에 크게 의존하여 변화하며 $\frac{\omega}{\omega_c} = 1$일 때 M [dB] = -3 dB이고, 고주파$\left(\frac{\omega}{\omega_c} \gg 1 \right)$에서는 두 인자가 서로를 상쇄시키기 때문에 M [dB] $\rightarrow 0$이 된다. 전반적인 모양은 차단 주파수 ω_c를 갖는 고역통과 필터의 스펙트럼 응답을 나타낸다.

(c) 식 (9.33)으로부터 **H**의 위상각을 구하면 다음과 같다.

$$\phi(\omega) = 90° - \tan^{-1} \left(\frac{\omega}{\omega_c} \right) \tag{9.36}$$

위 식에서 90° 항은 분자의 j에서 나온 것이고, 두 번째 항은 분모의 위상각이다. [그림 9-8(c)]는 위상 도표를 나타낸다.

[질문 9-7] dB 스케일은 언제 사용하는 것이 유용한가?

[질문 9-8] 전력비에 대한 스케일링 계수와 전류비에 대한 스케일링 계수는 얼마인가?

[연습 9-4] 다음 전압비를 dB 값으로 나타내라.
(a) 20 (b) 0.03 (c) 6×10^6

[연습 9-5] 다음 dB 값을 전압비로 나타내라.
(a) 36 dB (b) -24 dB (c) -0.5 dB

9.3.2 극점과 영점

극좌표에서 전달함수 $\mathbf{H}(\omega)$는 크기 $M(\omega)$와 위상각 $\phi(\omega)$로 구성된다.

$$\mathbf{H}(\omega) = M(\omega) \, e^{j\phi(\omega)} \tag{9.37}$$

어떠한 회로든 전달함수 $\mathbf{H}(\omega)$에 대한 일반식은 $\mathbf{A}_1(\omega) \sim \mathbf{A}_n(\omega)$까지의 여러 인자의 곱으로 표현할 수 있다.

$$\mathbf{H}(\omega) = \mathbf{A}_1(\omega) \, \mathbf{A}_2(\omega) \cdots \mathbf{A}_n(\omega) \tag{9.38}$$

$A_1 \sim A_n$에 해당하는 함수는 곧 언급하겠지만, 우선은 다음 식으로 주어지는 전달함수를 예로 살펴보면서 식 (9.38)이 의미하는 바를 명확히 이해하자.

$$\mathbf{H}(\omega) = 10 \, \frac{1 + j\omega/\omega_z}{1 + j\omega/\omega_p} \tag{9.39}$$

이때 각각의 인자는 다음과 같이 분해할 수 있다.

$$A_1 = 10 \tag{9.40a}$$

$$A_2 = 1 + j\omega/\omega_z \tag{9.40b}$$

$$A_3 = \frac{1}{1 + j\omega/\omega_p} \tag{9.40c}$$

위의 예에서 $\mathbf{H}(\omega)$의 식은 의도적으로 **표준** 형식으로 나타냈다. 즉 ω에 관여하는 두 개의 항을 살펴봤을 때 실수부가 1이고 허수부에서 ω에 곱해지는 계수가 특정한 각주파수의 역수로 표기되는 형식이다. 식 (9.39)의 전달함수가 나타내는 회로에서 ω_z와 ω_p는 회로의 구조와 회로를 구성하는 소자의 값으로 결정된다. ω_z(ω와 동일한 단위를 가짐)를 $\mathbf{H}(\omega)$의 **영점**(zero)이라고 하는데, 전달함수 $\mathbf{H}(\omega)$의 분자에 포함되는 인자로 나타나기 때문이다. 또한 ω_p는 **극점**(pole)이라고 하는데 이 값은 $\mathbf{H}(\omega)$의 분모에 포함된 계수의 일부로 나타나기 때문이다(이후의 예에서 의미가 명확해지겠지만, 영점은 이득이 점차 커지는 방향으로 작용하고 극점은 크기의 이득이 작아지는 방향으로 작용한다. 따라서 보데 도표상에서 보면 영점은 크기의 이득이 없는 영역과 있는 영역의 경계를 결정하는 역할을 하며, 극점은 크기의 이득을 끌어내리는 영역이 시작되는 지점과 긴밀히 연관된다. 영어 명칭인 제로와 폴은 각각 보데 도표에서 영점과 극점이 주파수 응답 곡선의 형태에 미치는 영향을 살펴보면 더 명확해진다. : 역자 주).

만약 분자가 여러 인자의 곱이라면 $\mathbf{H}(\omega)$는 그 인자에 1:1로 대응하는 다수의 영점을 가진다($A_1 = 10$과 같이 주파수에 의존하지 않는 항은 제외). 반대로 $\mathbf{H}(\omega)$의 분모가 여러 인자의 곱으로 표현된다면 전달함수는 다수

의 극점을 가진다. 나아가 그 인자는 식 (9.40)에서 주어진 $A_1 \sim A_3$로 주어진 식과는 다른 형태를 취할 수도 있다.

회로의 주파수 응답을 분석하려면 식 (9.38)에서 크기 $M(\omega)$와 위상각 $\phi(\omega)$의 명확한 식을 추출해야 한다. 임의의 두 복소수가 주어졌을 때, 둘의 곱이 갖는 위상각은 각 복소수가 갖는 위상각의 합과 같다. 이와 같은 곱셈 원리를 식 (9.38)에 적용하면 다음과 같은 관계식을 얻을 수 있다.

$$\phi(\omega) = \phi_{A_1}(\omega) + \phi_{A_2}(\omega) + \cdots + \phi_{A_n}(\omega) \tag{9.41}$$

위 식에서 $\phi_{A_1}(\omega) \sim \phi_{A_n}(\omega)$은 $A_1 \sim A_n$ 인자의 위상각을 나타낸다. 식 (9.38)에서와 같은 곱 형식을 식 (9.41)과 같은 합 형식으로 변환하면, 각 인자에 대한 위상 도표를 개별적으로 생성할 수 있고 그들을 한꺼번에 합하여 그려볼 수 있다. 보데가 창안한 dB 변환은 전달함수의 크기 $M(\omega)$에 대하여 유사한 변환을 가능케 해준다. 식 (9.31)을 통해 설명한 로그의 성질을 활용하면 다음 식이 성립함을 알 수 있다.

$$
\begin{aligned}
M \, [\text{dB}] &= 20 \log |\mathbf{H}| \\
&= 20 \log |\mathbf{A}_1| + 20 \log |\mathbf{A}_2| + \cdots + 20 \log |\mathbf{A}_n| \\
&= A_1 \, [\text{dB}] + A_2 \, [\text{dB}] + \cdots + A_n \, [\text{dB}]
\end{aligned} \tag{9.42}
$$

위 식에서 개별항은 다음과 같이 dB 단위의 값으로 변환된다.

$$A_1 \, [\text{dB}] = 20 \log |\mathbf{A}_1| \tag{9.43}$$

식 (9.41)과 식 (9.42)가 나타내는 변환은 보데 다이어그램을 생성하기 위한 기본 구조를 제공한다. 다음으로 $A_1 \sim A_n$의 인자들이 취할 수 있는 함수의 형식을 살펴보자.

표준형(standard form)은 전달함수를 식 (9.38)처럼 구성 인자 $A_1 \sim A_n$의 곱을 이용하여 분해했을 때, 각각의 인자가 가질 수 있는 일곱 가지 기본 함수 형식을 의미

한다. 두 가지 유형의 도표를 통하여 전달함수 $\mathbf{H}(\omega)$가 각 표준형으로 나타나는 단일 인자만을 가진다고 가정하고, 이들 표준형의 일반적인 특성을 개별적으로 살펴볼 것이다. 두 가지 유형의 도표란 $\mathbf{H}(\omega)$에 대한 정확한 식을 바탕으로 하는 정확한 도표와 손으로 그리기에 훨씬 용이하면서도 적정 수준의 정확성을 보장하는 직선 근사 방식의 보데 도표를 말한다. 이후의 설명에서 나오는 N은 인자의 차수라고 부르는 값으로, 1과 같거나 1보다 큰 정수다.

9.3.3 함수 형식

상수 인자(constant factor) $\mathbf{H} = K$

양 또는 음의 값을 가질 수 있으며 주파수에 무관하게 항상 일정한 값을 갖는다.

- 크기 $M\,[\text{dB}] = 20 \log |K|$
- 위상 $K > 0$이면 $\phi = 0°$, $K < 0$이면 $\phi = \pm 180°$
- 보데 도표   정밀 도표와 동일하며 수평선으로 나타난다([표 9-2]).

원점에서의 영점(zero @ origin) $\mathbf{H} = (j\omega)^N$

(N = 양의 정수)

이 인자의 이름은 $\omega \to 0$일 때, $\mathbf{H} \to 0$이라는 사실을 반영한다. N은 차수를 의미하며, $(j\omega)^2$이라는 표기는 원점에서의 이차 영점이라고 한다.

- 크기 $M\,[\text{dB}] = 20\log |(j\omega)^N| = 20N \log \omega$
- 위상 $\phi = (90N)°$
- 보데 도표   정밀 도표와 같다.
    크기 : 기울기 = $20N\,\text{dB/dec}$이고, $\omega = 1$을 통과하는 직선으로 나타난다.
    위상 : 상수로 나타난다([표 9-2]).
    (/dec은 /decade의 약자로 기준값이 열 배 변할 때 관심 있는 변수가 얼만큼 변

하는지 파악하기 위해 사용하는 단위다.
    : 역자 주)

원점에서의 극점(pole @ origin) $\mathbf{H} = \dfrac{1}{(j\omega)^N}$

이 인자는 $\omega \to 0$일 때 $\mathbf{H} \to \infty$이기 때문에 극점이라고 한다. 예를 들어 함수 $\dfrac{1}{(j\omega)^3}$는 원점에서의 삼차 극점이다.

- 크기 $M\,[\text{dB}] = 20\log \left| \dfrac{1}{(j\omega)^N} \right|$
    $= -20N \log \omega$
- 위상 $\phi = (-90N)°$
- 보데 도표   정밀 도표와 같다([표 9-2]).

크기 도표와 위상 도표는 부호가 반대라는 점을 제외하면 원점에서의 영점과 같은 수식이다.

단순 영점(simple zero) $\mathbf{H} = \left(1 + \dfrac{j\omega}{\omega_c} \right)^N$

표준형은 실수부가 1이고, 허수부가 양수여야 한다. 상수 ω_c는 단순 영점 인자의 모서리 주파수이며, N은 차수를 나타낸다.

- 크기 $M\,[\text{dB}] = 20\log \left| \left(1 + \dfrac{j\omega}{\omega_c} \right)^N \right|$
    $= 10N \log \left[1 + \left(\dfrac{\omega}{\omega_c} \right)^2 \right]$
    $\simeq \begin{cases} 0\,\text{dB} & \left(\dfrac{\omega}{\omega_c} \ll 1 \right) \\ 20N \log \left(\dfrac{\omega}{\omega_c} \right) & \left(\dfrac{\omega}{\omega_c} \gg 1 \right) \end{cases}$
- 위상 $\phi = N \tan^{-1} \left(\dfrac{\omega}{\omega_c} \right)$
    $\simeq \begin{cases} 0 & \left(\dfrac{\omega}{\omega_c} \ll 1 \right) \\ (90N)° & \left(\dfrac{\omega}{\omega_c} \gg 1 \right) \end{cases}$
- 보데 도표   정밀 도표와 다르다. 크기에 있어 둘의 최대 차이는 $3N\,\text{dB}$이고, 이는 $\dfrac{\omega}{\omega_c} = 1$ 지점에서 발생한다.
    크기 : $\omega = \omega_c$일 때까지 0 dB의 수평선이고, 이후에는 기울기 $20N\,\text{dB/dec}$

인 직선으로 나타난다.

위상 : $\omega = 0.1\omega_{\mathrm{c}}$일 때까지는 $0°$의 수평선, 이어 좌표 $[0.1\omega_{\mathrm{c}}, 0]$과 $[10\omega_{\mathrm{c}}, (90N)°]$을 잇는 직선, 이후 다시 $(90N)°$을 나타내는 수평선으로 그려진다.

[그림 9–9]는 크기와 위상 모두에 대한 정확한 해와 보데 근사치를 비교하여 보여준다. 모서리 주파수 ω_{c}는 실상 보데 크기 도표가 ω_{c}에서 꺾여 모서리 형태(corner)를 나타내기 때문에 붙여진 명칭이다.

단순 극점(simple pole) $\mathbf{H} = \dfrac{1}{(1 + j\omega/\omega_{\mathrm{c}})^N}$

단순 극점의 도표는 단순 영점의 도표를 ω축을 기준으로 선대칭시킨(거울 이미지) 결과와 같다([표 9–2]).

이차 영점(qua dratic zero) $\mathbf{H} = \left[1 + \dfrac{j2\xi\omega}{\omega_{\mathrm{c}}} + \left(\dfrac{j\omega}{\omega_{\mathrm{c}}}\right)^2\right]^N$

N은 이차 영점의 차수이고, ω_{c}는 모서리 주파수, ξ는 감쇠 계수(damping factor)다.

• 크기

$$M\,[\mathrm{dB}] = 10N \log\left\{\left[1 - \left(\dfrac{\omega}{\omega_{\mathrm{c}}}\right)^2\right]^2 + 4\xi^2\left(\dfrac{\omega}{\omega_{\mathrm{c}}}\right)^2\right\}$$

$$\simeq \begin{cases} 0\ \mathrm{dB} & \left(\dfrac{\omega}{\omega_{\mathrm{c}}} \ll 1\right) \\ 40N \log\left(\dfrac{\omega}{\omega_{\mathrm{c}}}\right) & \left(\dfrac{\omega}{\omega_{\mathrm{c}}} \gg 1\right) \end{cases}$$

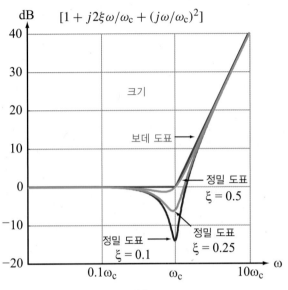

(a)

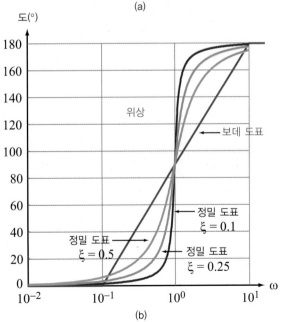

(b)

[그림 9–10] 이차 영점 $\left[1 + \dfrac{j2\xi\omega}{\omega_{\mathrm{c}}} + \left(\dfrac{j\omega}{\omega_{\mathrm{c}}}\right)^2\right]$에 대한 보데 근사치와 정밀 도표의 비교

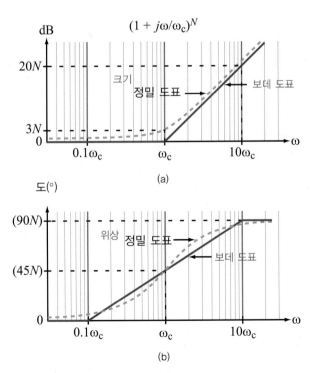

(a)

(b)

[그림 9–9] 모서리 주파수가 ω_{c}인 단순 영점에 대한 보데 근사치와 정밀 도표의 비교

[표 9-2] 크기 및 위상에 대한 보데 직선 근사화

인자	보데 크기	보데 위상
상수 K	$20 \log K$ 0 dB ω	$\pm 180° \ (K < 0)$ $0°$ $0° \ (K > 0)$ ω
원점에서의 영점 $(j\omega)^N$	기울기 $= 20N$ dB/dec 0 dB 1 ω	$(90N)°$ $0°$ ω
원전에서의 극점 $(j\omega)^{-N}$	0 dB 1 ω 기울기 $= -20N$ dB/dec	$0°$ ω $(-90N)°$
단순 영점 $\left(1 + \dfrac{j\omega}{\omega_c}\right)^N$	기울기 $= 20N$ dB/dec 0 dB ω_c ω	$(90N)°$ $0°$ $0.1\omega_c$ ω_c $10\omega_c$ ω
단순 극점 $\left(\dfrac{1}{1 + j\omega/\omega_c}\right)^N$	0 dB ω_c ω 기울기 $= -20N$ dB/dec	$0°$ $0.1\omega_c$ ω_c $10\omega_c$ ω $(-90N)°$
이차 영점 $\left[1 + \dfrac{j2\xi\omega}{\omega_c} + \left(\dfrac{j\omega}{\omega_c}\right)^2\right]^N$	기울기 $= 40N$ dB/dec 0 dB ω_c ω	$(180N)°$ $0°$ $0.1\omega_c$ ω_c $10\omega_c$ ω
이차 극점 $\dfrac{1}{[1 + j2\xi\omega/\omega_c + (j\omega/\omega_c)^2]^N}$	0 dB ω_c ω 기울기 $= -40N$ dB/dec	$0°$ $0.1\omega_c$ ω_c $10\omega_c$ ω $(-180N)°$

- 위상 $\phi = N \tan^{-1}\left[\dfrac{2\xi(\omega/\omega_c)}{1-(\omega/\omega_c)^2}\right]$

  $\simeq \begin{cases} 0° & \left(\dfrac{\omega}{\omega_c} \ll 1\right) \\ (180N)° & \left(\dfrac{\omega}{\omega_c} \gg 1\right) \end{cases}$

- 보데 도표 **크기** : 기울기가 2배라는 사실을 제외하고는 단순 영점과 같은 형태로 그려진다.

  위상 : $\dfrac{\omega}{\omega_c} \gg 1$일 때 기울기가 2배, 최종적으로 도달하는 위상각의 크기가 2배라는 점을 제외하고는 단순 영점과 같은 형태로 그려진다.

[그림 9-10]은 각기 다른 세 개의 감쇠 계수값에 대해 $N=1$인 이차 영점 계수의 크기 및 위상 도표를 보여준다. $\dfrac{\omega}{\omega_c} \ll 1$이거나 $\dfrac{\omega}{\omega_c} \gg 1$인 영역에서는 ξ의 값이 도표의 모양에 거의 영향을 미치지 않지만, ω가 ω_c 근방의 값을 가질 때는 현저한 영향을 미친다. **보데 근사 관점에서 보면, 차수 N의 이차 인자에 대한 보데 도표([표 9-2])는 차수 $2N$의 단순 인자에 대한 보데 도표와 같다.**

이차 극점(quadratic pole)

$$\mathbf{H} = \left[1 + \frac{j2\xi\omega}{\omega_c} + \left(\frac{j\omega}{\omega_c}\right)^2\right]^{-N}$$

이차 극점의 도표는 이차 도표를 ω축을 기준으로 선대칭시킨(거울 이미지) 결과와 같다.

9.3.4 일반적인 관찰 사항들

[표 9-2]의 보데 도표에서 살펴볼 수 있는 몇 가지 사항을 다음 순서로 정리할 수 있다.

❶ $N=1$일 때, 수평선으로 나타나지 않는 보데 크기 도표가 갖는 기울기(이득 감쇠율, gain roll-off rate)는 원점에서의 영점 인자와 단순 영점의 인자 모두 20 dB/dec로 같다. 원점에서의 극점 인자와 단순 극점 인자에 대응하는 기울기는 −20 dB/dec이다.

❷ $N=1$일 때, 이차 영점 인자 및 이차 극점 인자가 보데 크기 도표에서 나타내는 직선의 기울기는 각각 40 dB/dec와 −40 dB/dec이다.

❸ 보데 크기 및 위상 도표 직선의 기울기는 모두 N에 비례한다. 예를 들어 일차 단순 영점 인자 $\left(1 + \dfrac{j\omega}{\omega_c}\right)$의 크기 도표 기울기는 20 dB/dec이므로, 삼차 단순 영점 인자 $\left(1 + \dfrac{j\omega}{\omega_c}\right)^3$의 기울기는 60 dB/dec이다.

예제 9-4 보데 도표 I

어떤 회로의 전압 전달함수가 다음과 같다.

$$\mathbf{H}(\omega) = \frac{(20 + j4\omega)^2}{j40\omega(100 + j2\omega)}$$

(a) 주어진 식을 표준형으로 정리하라.

(b) $\mathbf{H}(\omega)$의 크기와 위상에 대한 보데 도표를 그려라.

풀이

(a) 분자에서 20^2을, 분모에서 100을 괄호 밖으로 끌어내어 계수를 정리하면 다음의 식과 같다.

$$\mathbf{H}(\omega) = \frac{400(1 + j\omega/5)^2}{j4000\omega(1 + j\omega/50)} = \frac{-j0.1(1 + j\omega/5)^2}{\omega(1 + j\omega/50)}$$

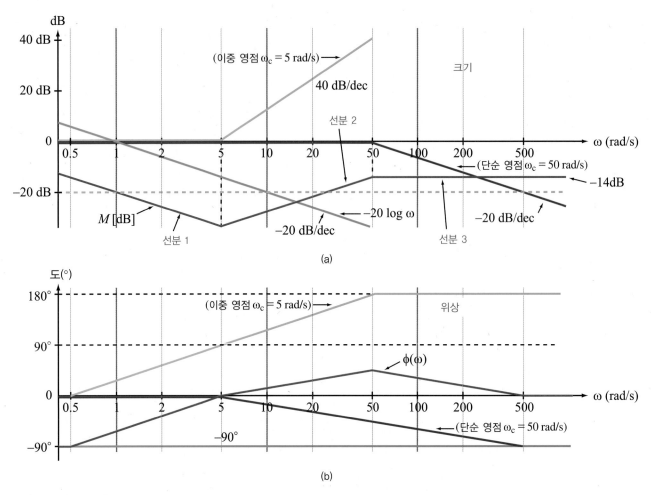

[그림 9-11] [예제 9-4]의 전달함수에 대한 보데 크기 및 위상 도표

$\left(1 + \dfrac{j\omega}{5}\right)^2$로 주어진 이중 영점 인자의 모서리 주파수는 $\omega_{c_1} = 5$ rad/s이고, 이와 유사하게 $\left(1 + \dfrac{j\omega}{50}\right)$로 주어지는 단순 극점 인자의 모서리 주파수는 $\omega_{c_2} = 50$ rad/s이다.

(b)
$$M \, [\text{dB}] = 20 \log |\mathbf{H}|$$
$$= 20 \log 0.1 + 40 \log \left| 1 + \frac{j\omega}{5} \right| - 20 \log \omega - 20 \log \left| 1 + \frac{j\omega}{50} \right|$$
$$= -20 \, \text{dB} + 40 \log \left| 1 + \frac{j\omega}{5} \right| - 20 \log \omega - 20 \log \left| 1 + \frac{j\omega}{50} \right|$$
$$\phi = -90° + 2 \tan^{-1} \frac{\omega}{5} - \tan^{-1} \frac{\omega}{50}$$

[그림 9-11(a)]는 M [dB]을 구성하는 네 개의 항 각각에 대한 보데 선형 근사와 그 합을 나타낸다. 근사치의 합은 네 개의 개별항에 대응하는 선형 근사치를 도표에 추가하여 얻는다. 보데 크기 도표를 그리기 위한 한 가지 방법은 우선 모서리 주파수가 가장 낮은 항의 선 근사를 도표화하고, 모서리 주파수가 점차적으로 높은 값을 갖는 항을 접할 때마다 직선의 기울기를 순차적으로 변경하면서 ω축을 따라 진행하는 것이다. 이러한 절차를 예시하기 위해 [그림 9-11(a)]에 있는 세 개의 M [dB] 선분을 선분 1, 2, 3으로 구분하여 나타내었다.

❶ 상수항은 −20 dB이다(기울기가 0인 수평선).

❷ 주파수가 가장 낮은 항은 원점에서의 극점$\left(\frac{1}{\omega}\right)$이다. 이 항이 나타내는 보데 직선은 $\omega = 1$ rad/s에서 0 dB를 통과하고 기울기는 −20 dB/dec이다.

❸ ❶과 ❷의 결합으로 −20 dB에서 $\omega = 1$을 통과하는 선분 1이 생성된다.

❹ 그 다음으로 높은 모서리 주파수를 갖는 항은 $\omega_c = 5$ rad/s인 이중 영점이다. 이중 영점 인자는 기울기가 +40 dB/dec인 보데 직선으로 나타난다. 따라서 $\omega_c = 5$ rad/s에서 −20 dB/dec의 최초 기울기에 40 dB/dec를 추가함으로써 선분 1의 기울기를 변화시킨다. 그 결과 기울기가 +20 dB/dec인 선분 2가 생성된다.

❺ 선분 2는 다음 항의 모서리 주파수, 즉 $\omega_c = 50$ rad/s인 단순 극점까지 계속된다. 기울기 −20 dB/dec를 추가하면 순 기울기(net slope)가 0이고, 상수 −14 dB을 유지하는 선분 3이 생겨난다.

따라서 $\mathbf{H}(\omega)$의 위상은 다음 식으로 나타낼 수 있다.

$$\mathbf{H}(\omega) = \frac{(j10\omega + 30)^2}{(300 - 3\omega^2 + j90\omega)}$$

ϕ를 구성하는 세 가지 성분에 대한 보데 도표는 [그림 9-11(b)]와 같다.

예제 9-5 보데 도표 II

전달함수 $\mathbf{H}(\omega)$가 다음과 같다.

$$\mathbf{H}(\omega) = \frac{(j10\omega + 30)^2}{(300 - 3\omega^2 + j90\omega)}$$

(a) $\mathbf{H}(\omega)$를 표준형으로 다시 나타내라.

(b) 크기 및 위상에 대한 보데 도표를 그려라.

풀이

(a) 분자에서 실수부와 허수부의 순서를 바꾸고, 분자와 분모에서 각각 30^2과 300을 괄호 밖으로 뽑아내면 다음 결과를 얻는다.

$$\mathbf{H}(\omega) = \frac{3(1 + j\omega/3)^2}{[1 + j3\omega/10 + (j\omega/10)^2]}$$

전달함수는 상수 인자 $K = 3$, 모서리 주파수가 3 rad/s인 영점 인자, 모서리 주파수가 10 rad/s인 이차 극점 인자로 구성된다.

(b)
$$M\,[\text{dB}] = 20\log|\mathbf{H}|$$
$$= 20\log 3 + 40\log\left|1 + \frac{j\omega}{3}\right| - 20\log\left|1 + \frac{j3\omega}{10} + \left(\frac{j\omega}{10}\right)^2\right|$$
$$= 9.5\ \text{dB} + 40\log\left|1 + \frac{j\omega}{3}\right| - 20\log\left|1 + \frac{j3\omega}{10} + \left(\frac{j\omega}{10}\right)^2\right|$$

$$\phi = 2\tan^{-1}\left(\frac{3}{\omega}\right) - \tan^{-1}\left(\frac{3\omega/10}{1 - \omega^2/100}\right)$$

[그림 9-12]는 $M\,[\mathrm{dB}]$과 ϕ의 보데 도표다. $M\,[\mathrm{dB}]$이 고역통과 필터와 응답이 유사함을 확인할 수 있다.

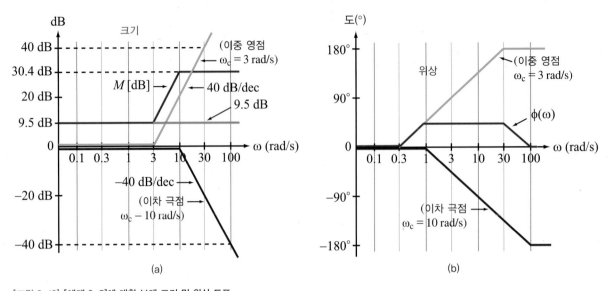

[그림 9-12] [예제 9-5]에 대한 보데 크기 및 위상 도표

[연습 9-6] 다음과 같은 전달함수의 보데 크기 도표를 그려라.

$$\mathbf{H} = \frac{10(100 + j\omega)(1000 + j\omega)}{[(10 + j\omega)(10^4 + j\omega)]}$$

예제 9-6 대역 차단 필터

[그림 9-13]에 제시된 보데 크기 도표는 저주파와 고주파에서 유의미한 수준의 높은 이득을 제공하지만, 주파수 10 ~50 rad/s 범위에서는 이득이 전혀 없는 대역 차단 필터의 특성을 보여주고 있다. 전달함수 $\mathbf{H}(\omega)$를 구하라.

풀이

[그림 9-13]에서 보데 도표는 다섯 부분으로 구성된다. $\omega \leq 1$ rad/s 영역에 해당하는 첫 번째 부분은 $\omega = 3$ rad/s를 통과하고 기울기가 -40 dB/dec인 영점에서의 극점에 의해 생성된다. 기울기를 통해 이중 극점에 의한 것임을 알 수 있고, 이는 다음과 같은 인자가 포함되어 있음을 의미한다.

$$\mathbf{H}_1 = \left(\frac{1}{\omega/3}\right)^2 = \frac{9}{\omega^2}$$

이 식의 타당성을 입증하기 위하여 다음과 같이 주어진 식의 크기를 dB로 전환해보자.

$$M_1\,[\mathrm{dB}] = 20\log\frac{9}{\omega^2} = 20\log 9 - 40\log\omega$$

$$= 19.1\,\mathrm{dB} - 40\log\omega$$

$\omega = 1$ rad/s에서 $M_1[\mathrm{dB}] = 19.1$ dB이며, 그림에서 나타내는 값과 일치한다. ω축을 따라 진행되는 두 번째 부분의 기

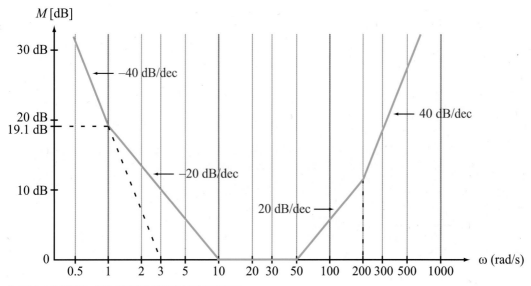

[그림 9-13] [예제 9-6]의 대역차단 필터의 보데 크기 도표

올기는 −20 dB/dec에 불과하다. 이는 모서리 주파수가 1 rad/s인 단순 영점 인자가 작용하기 시작했음을 의미한다. 따라서 그 인자는 다음 식으로 나타낼 수 있다.

$$\mathbf{H}_2 = (1 + j\omega)$$

$\omega = 10$ rad/s에서 기울기는 0인데, 이는 다음 식과 같은 단순 영점 인자가 존재함을 의미한다.

$$\mathbf{H}_3 = (1 + j\omega/10)$$

마찬가지 방식으로

$$\mathbf{H}_4 = (1 + j\omega/50)$$
$$\mathbf{H}_5 = (1 + j\omega/200)$$

의 식으로 표현되는 인자들이 순차적으로 나타남을 확인할 수 있다. 따라서 구하는 전달함수는 다음과 같다.

$$\mathbf{H}(\omega) = \mathbf{H}_1\mathbf{H}_2\mathbf{H}_3\mathbf{H}_4\mathbf{H}_5$$

$$= \frac{9(1 + j\omega)(1 + j\omega/10)(1 + j\omega/50)(1 + j\omega/200)}{\omega^2}$$

$\mathbf{H}(\omega)$의 위상 패턴에 대해서는 전혀 정보가 없으므로, 이상의 풀이는 j^N의 성분만이 곱해질 때 성립한다. 즉 j $(N = 1)$, -1 $(N = 2)$, $-j$ $(N = 3)$, 1 $(N = 4)$가 곱해진다면 $\mathbf{H}(\omega)$의 크기에는 변화가 없다. N이 변화하더라도 j^N이 가질 수 있는 값은 결국 이 네 가지로 제한되므로, N 값에 무관하게 $\mathbf{H}(\omega)$의 크기가 유지된다는 것을 의미한다.

[연습 9-7] 보데 크기 도표가 다음 그림과 같은 전달함수를 표준형으로 나타내라. 단, DC에서 전달함수의 위상각은 90°이다.

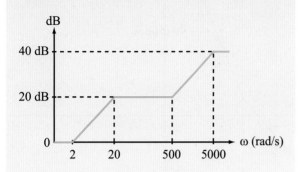

[질문 9-9] 전달함수의 표준형이란 무엇이며, 표준형으로 나타나는 이유는 무엇인가?

[질문 9-10] 일곱 가지 인자 중에서 보데 도표로 나타냈을 때 정밀 도표와 일치하는 것은 무엇이며, 차이를 보이는 것은 무엇인가?

[질문 9-11] 이득 감쇠율(gain roll-off rate)이란 무엇인가?

9.4 수동 필터

필터는 수동과 능동, 두 가지 유형으로 구분된다.

> 수동 필터(passive filters)는 저항기, 커패시터, 유도기 등 수동소자들만 포함하는 공진 회로다.

능동 필터(active filters)는 수동소자들과 더불어 연산 증폭기(op amps)와 트랜지스터를 비롯한 능동 요소를 추가로 포함한다. 이후 9.7절까지 수동 및 능동 필터에 대하여 자세히 살펴보겠다.

주파수 응답이 균일하지 않은 모든 회로는 출력이 일정한 주파수 범위에 분포하는 경향을 보이기 때문에 필터라고 정의한다. 회로 설계자들이 특별히 주목하는 것은 9.1절에서 소개했던 필터의 네 가지 기본 유형이다. 앞서 간단히 언급한 바와 같이, 필터 전달함수는 다음과 같이 여러 가지 속성이 있다.

- 통과 대역과 저지대역의 주파수 범위
- 이득 계수 M_0
- 이득 감쇠율 S_g

이 절의 목적은 수동 필터의 전달함수를 해석하여 수동 필터의 기본적 특성을 조사하는 것이다. 이를 위해 출력 전압 네 개, 즉 개별 수동소자의 양단에 걸리는 전압 $\mathbf{V}_R$, $\mathbf{V}_L$, $\mathbf{V}_C$ 및 L과 C 조합의 양단에 걸리는 전압 $\mathbf{V}_{LC}$를 지정했던 [그림 9-14]의 직렬 RLC 회로를 활용할 것이다. 더불어 출력 전압 네 개에 대응하는 전달함수의 주파수 응답을 살펴보도록 한다.

9.4.1 대역통과 필터

[그림 9-15(a)]에서 루프를 통해 흐르는 전류 $\mathbf{I}$는 다음 식으로 구할 수 있다.

$$\mathbf{I} = \frac{\mathbf{V}_s}{R + j(\omega L - 1/\omega C)}$$
$$= \frac{j\omega C\mathbf{V}_s}{(1 - \omega^2 LC) + j\omega RC} \tag{9.44}$$

위 식의 분자와 분모에 $j\omega C$를 곱하여 식을 간단히 정리하였다. $\mathbf{V}_R$에 대한 전달함수는 다음과 같다.

$$\mathbf{H}_{BP}(\omega) = \frac{\mathbf{V}_R}{\mathbf{V}_s} = \frac{R\mathbf{I}}{\mathbf{V}_s} = \frac{j\omega RC}{(1 - \omega^2 LC) + j\omega RC} \tag{9.45}$$

$\mathbf{H}_{BP}(\omega)$가 대역통과 필터의 전달함수라고 가정하여 대역통과(bandpass)를 뜻하는 약자 'BP'를 아래 첨자로 표기하였다. 그 크기와 위상각은 다음과 같다.

$$M_{BP}(\omega) = |\mathbf{H}_{BP}(\omega)|$$
$$= \frac{\omega RC}{\sqrt{(1 - \omega^2 LC)^2 + \omega^2 R^2 C^2}} \tag{9.46}$$

$$\phi_R(\omega) = 90° - \tan^{-1}\left[\frac{\omega RC}{1 - \omega^2 LC}\right] \tag{9.47}$$

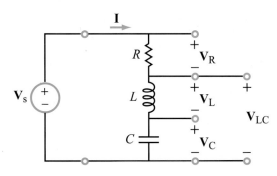

[그림 9-14] 직렬 RLC 회로

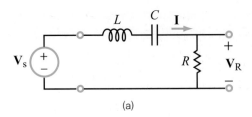

(a)

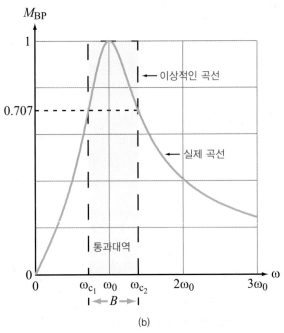

(b)

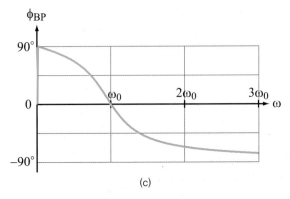

(c)

[그림 9-15] 직렬 *RLC* 대역통과 필터
    (a) *RLC* 회로
    (b) $M_{\mathrm{BP}}(\omega)$
    (c) $\phi_{\mathrm{BP}}(\omega)$

RLC 회로

[그림 9-15(b)]의 스펙트럼 도표에 따라, M_{BP}는 주파수 스펙트럼의 양단에서는 0이 되고, ω_0를 중심으로 한 중간 영역에서 최댓값을 나타낸다. 따라서 회로는

대역통과(BP) 필터처럼 기능하면서 주파수가 ω_0에서 먼 신호를 구분하여, 각주파수가 ω_0에 근접한 신호들만 전송될 수 있도록 한다.

$M_{\mathrm{BP}}(\omega)$의 일반적인 프로파일은 ω의 특정값에서 [그림 9-15(a)]의 회로를 조사하여 판단할 수 있다. $\omega = 0$일 때, 커패시터가 개방 회로처럼 작용하면서 전류가 흐르지 못하고 전압이 R에 걸리지 않는다. $\omega = \infty$일 때, 커패시터는 개방 회로처럼 작용하는 반면, 인덕터는 전류의 흐름을 차단한다. 중간 주파수 범위에서 ω 값이 $\omega L = \dfrac{1}{\omega C}$인 관계를 가질 때, L과 C의 임피던스는 *RLC* 회로의 전체 임피던스를 R로 줄이고 전류를 $\mathbf{I} = \dfrac{\mathbf{V_S}}{R}$로 줄이면서 서로를 상쇄시킨다. 결과적으로 $\mathbf{V_R} = \mathbf{V_S}$ 및 $\mathbf{H_{\mathrm{BP}}} = 1$의 결과가 성립한다. 이러한 특정 조건을 공진 조건이라고 하며 공진이 발생하는 주파수를 공진 주파수 ω_0라고 한다. 공진 주파수 ω_0를 구하는 식은 다음과 같다.

$$\omega_0 = \frac{1}{\sqrt{LC}} \qquad (9.48)$$

[그림 9-15(c)]의 위상 도표는 ϕ_{BP}가 저주파와 고주파에서 각각 C와 L의 위상에 따라 달라지고, $\omega = \omega_0$일 때 $\phi_{\mathrm{BP}} = 0$이 된다는 사실을 보여준다.

필터 대역폭

대역통과 필터의 대역폭(bandwidth)은 ω_{c_1}과 ω_{c_2} 사이의 주파수 영역으로 정의된다. 이때 ω_{c_1}과 ω_{c_2}는 $M_{\mathrm{BP}}^2(\omega) = 0.5$ 또는 $M_{\mathrm{BP}}(\omega) = \dfrac{1}{\sqrt{2}} = 0.707$이 성립하는 각주파수다. M_{BP}^2는 *RLC* 회로의 저항에 전달되는 전력이 비례한다. 공진 상태에서 전력은 최대이고, ω_{c_1}과 ω_{c_2}에서 R에 전달되는 전력은 전달 가능한 최댓값의 $\dfrac{1}{2}$이다. 이러한 이유로 ω_{c_1}과 ω_{c_2}를 반전력 주파수(half-power frequencies : dB 척도에서 -3dB 주파수)로 지칭하기도 한다. 즉 다음 수식이 성립한다.

$$M_{\text{BP}}^2(\omega) = \frac{1}{2} \quad (\omega = \omega_{c_1} \text{ 또는 } \omega_{c_2}) \qquad (9.49)$$

식 (9.46)으로 주어진 $M_{\text{BP}}(\omega)$의 식을 대입하고 정리하면 다음과 같다.

$$\omega_{c_1} = -\frac{R}{2L} + \sqrt{\left(\frac{R}{2L}\right)^2 + \frac{1}{LC}} \qquad (9.50a)$$

$$\omega_{c_2} = \frac{R}{2L} + \sqrt{\left(\frac{R}{2L}\right)^2 + \frac{1}{LC}} \qquad (9.50b)$$

대역폭의 식은 다음과 같다.

$$\omega_0 = \sqrt{\omega_{c_1}\omega_{c_2}} \qquad (9.51)$$

ω_0는 ω_{c_1}과 ω_{c_2}의 기하 평균이다.

$$\omega_0 = \sqrt{\omega_{c_1}\omega_{c_2}} \qquad (9.52)$$

양호도

앞의 설명에 따르면 R, L, C 값에 따라 중심 주파수 ω_0와 대역폭 B뿐만 아니라 전달함수의 전반적 형태가 변화한다.

회로의 양호도(quality factor) Q는 해당 회로의 선택도 (degree of selectivity)를 평가하기 위해 일반적으로 사용되는 지표다.

[그림 9-16]은 ω_0가 같은 회로 세 개의 주파수 응답을 나타낸 것이다. 회로의 Q 값이 크면 ω_0를 중심으로 협대역을 갖는 급격한 응답 특성이 나타나고, Q 값이 중간 정도인 회로는 보다 넓은 패턴을, Q 값이 작은 회로는 선택도가 낮은 펑퍼짐한 패턴을 보인다.

대역통과 필터 응답의 경우, Q는 확실히 $\dfrac{\omega_0}{B}$의 비율과 연관된다. Q의 정의는 어떠한 공진 회로에도 적용할 수 있는데, 근본적인 논의는 에너지의 관점에서 출발한다. 즉 다음과 같은 식이 성립한다.

$$Q = 2\pi \left(\frac{W_{\text{stor}}}{W_{\text{diss}}}\right)\Bigg|_{\omega=\omega_0} \qquad (9.53)$$

여기서 W_{stor}는 공진 상태($\omega = \omega_0$)에서 회로에 저장될 수 있는 최대 에너지고, W_{diss}는 단일 주기 T 동안 회로에 의해 소모된 에너지(energy dissipated)다. 계수 2π는 단순히 Q에 대한 식을 간단하게 만들기 위해 도입된 인위적인 계수다.

[그림 9-15(a)]의 RLC 회로에서 전원은 페이저 전압 $\mathbf{V}_s$로 표시한다. 공진 상태에서 저장되고 소모된 에너지의 식을 구하기 위해

❶ 시간 영역으로 돌아간다.
❷ ω를 ω_0로 지정한다.

편의를 위해 전원에 다음과 같은 함수 형식을 부여한다.

$$v_s(t) = V_0 \cos \omega_0 t \quad \longleftrightarrow \quad \mathbf{V}_s = V_0 \qquad (9.54)$$

공진 상태에서 $\omega_0 L = \dfrac{1}{\omega_0 C}$ 관계가 성립하므로 회로의 전체 임피던스와 그 회로를 통해 흐르는 전류에 대한 식은 다음과 같이 정리할 수 있다.

$$\begin{aligned}\mathbf{Z} &= R + j\omega_0 L - \frac{j}{\omega_0 C} \\ &= R \quad \left(\omega_0 = \frac{1}{\sqrt{LC}}\right)\end{aligned} \qquad (9.55)$$

$$\mathbf{I} = \frac{\mathbf{V}_s}{\mathbf{Z}} = \frac{\mathbf{V}_s}{R} = \frac{V_0}{R} \qquad (9.56)$$

전류는 시간 영역에서 다음과 같이 표현할 수 있다.

$$i(t) = \mathfrak{Re}\left[\frac{V_0}{R} e^{j\omega_0 t}\right] = \frac{V_0}{R} \cos \omega_0 t \qquad (9.57)$$

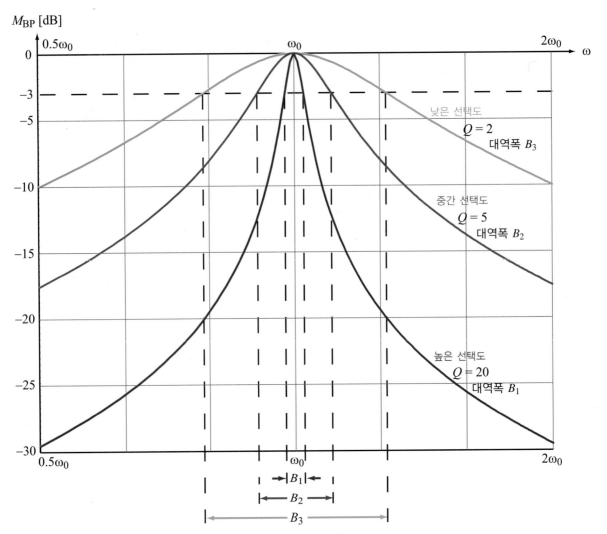

M_{BP} [dB]

[그림 9-16] 대역통과 필터 응답의 예

인덕터 및 커패시터에 저장된 순간 에너지는 다음 식으로 나타낼 수 있다.

$$w_L(t) = \frac{1}{2} L \, i_L^2(t) = \frac{V_0^2 L}{2R^2} \cos^2 \omega_0 t \ \text{J} \qquad (9.58a)$$

$$w_C(t) = \frac{1}{2} C \, v_C^2(t) = \frac{1}{2} C \left(\frac{1}{C} \int i \, dt \right)^2$$

$$= \frac{1}{2} C \left(\frac{V_0}{\omega_0 RC} \sin \omega_0 t \right)^2 \quad (9.58b)$$

$$= \frac{V_0^2 L}{2R^2} \sin^2 \omega_0 t \ \text{J}$$

w_L과 w_C가 시간에 따라 변하더라도 그 합은 항상 그대로이며, 회로에 저장된 최대 에너지와 같다.

$$W_{stor} = w_L(t) + w_C(t) = \frac{V_0^2 L}{2R^2} [\cos^2 \omega_0 t + \sin^2 \omega_0 t]$$

$$= \frac{V_0^2 L}{2R^2} \qquad (9.59)$$

단일 주기 동안 R에 의해 소모된 에너지는 $T = \frac{1}{f_0}$ $= \frac{2\pi}{\omega_0}$의 한 주기 동안 전력 p_R에 대한 식을 적분하여 얻을 수 있다.

$$W_{diss} = \int_0^T p_R \, dt = \int_0^T i^2 R \, dt \qquad (9.60)$$

$$= \int_0^{2\pi/\omega_0} \frac{V_0^2}{R} \cos^2 \omega_0 t \, dt = \frac{\pi V_0^2}{\omega_0 R}$$

[표 9-3] 직렬 및 병렬 *RLC* 대역통과 회로의 속성

RLC 회로		
전달함수	$\mathbf{H} = \dfrac{\mathbf{V_R}}{\mathbf{V_s}}$	$\mathbf{H} = \dfrac{\mathbf{V_R}}{\mathbf{I_s}}$
공진 주파수(ω_0)	$\dfrac{1}{\sqrt{LC}}$	$\dfrac{1}{\sqrt{LC}}$
대역폭 B	$\dfrac{R}{L}$	$\dfrac{1}{RC}$
양호도 Q	$\dfrac{\omega_0}{B} = \dfrac{\omega_0 L}{R}$	$\dfrac{\omega_0}{B} = \dfrac{R}{\omega_0 L}$
낮은 반전력 주파수(ω_{c_1})	$\left[-\dfrac{1}{2Q} + \sqrt{1 + \dfrac{1}{4Q^2}}\right]\omega_0$	$\left[-\dfrac{1}{2Q} + \sqrt{1 + \dfrac{1}{4Q^2}}\right]\omega_0$
높은 반전력 주파수(ω_{c_2})	$\left[\dfrac{1}{2Q} + \sqrt{1 + \dfrac{1}{4Q^2}}\right]\omega_0$	$\left[\dfrac{1}{2Q} + \sqrt{1 + \dfrac{1}{4Q^2}}\right]\omega_0$

참고 : 직렬 *RLC* 회로의 양호도 Q의 식은 병렬 회로의 Q를 나타내는 식의 역수다.

양호도가 $Q \geq 10$인 높은 값을 가질 때, 반전력 주파수는 $\omega_{c_1} \simeq \omega_0 - \dfrac{B}{2}$, $\omega_{c_2} \simeq \omega_0 + \dfrac{B}{2}$로 근사할 수 있다.

식 (9.59)와 식 (9.60)을 식 (9.53)에 대입하면 다음과 같은 결과를 얻는다.

$$Q = \frac{\omega_0 L}{R} \qquad (9.61)$$

식 (9.51)의 관계식을 통해 다음 양호도 식을 얻을 수 있으며 단위는 없다.

$$Q = \frac{\omega_0}{B} \qquad (9.62)$$

따라서 대역통과 필터에 있어, Q는 중심 주파수 ω_0로 정규화된 대역폭 B의 역수다.

Q의 역할을 강조하기 위해서 Q와 ω_0에 대한 식을 활용하여 $\mathbf{H}_{BP}(\omega)$의 크기 및 위상각에 대한 식 (9.46)과 식 (9.47)을 다음과 같은 형식으로 다시 정리할 수 있다.

$$M_{BP}(\omega) = \frac{(\omega/Q\omega_0)}{\{[1 - (\omega/\omega_0)^2]^2 + (\omega/Q\omega_0)^2\}^{1/2}} \quad (9.63a)$$

$$\phi_{BP}(\omega) = 90° - \tan^{-1}\left\{\frac{(\omega/\omega_0)}{Q[1 - (\omega/\omega_0)^2]}\right\} \quad (9.63b)$$

따라서 전달함수의 스펙트럼 응답은 Q와 ω_0가 결합된

식을 통하여 규정할 수 있다. 또한 식 (9.61)로부터 반전력 주파수 ω_{c_1}와 ω_{c_2}에 대한 식 (9.50)을 다음 같은 식들로 다시 정리할 수 있다.

$$\frac{\omega_{c_1}}{\omega_0} = -\frac{1}{2Q} + \sqrt{1 + \frac{1}{4Q^2}} \qquad (9.64a)$$

$$\frac{\omega_{c_2}}{\omega_0} = \frac{1}{2Q} + \sqrt{1 + \frac{1}{4Q^2}} \qquad (9.64b)$$

$Q > 10$인 회로에서는 ω_{c_1}과 ω_{c_2}에 대한 식을 다음과 같이 근사화할 수 있다.

$$\omega_{c_1} \simeq \omega_0 - \frac{B}{2}, \qquad \omega_{c_2} \simeq \omega_0 + \frac{B}{2} \qquad (9.65)$$

결과적으로 ω_0를 중심으로 대칭적인 통과대역이 형성된다. [표 9-3]은 직렬 RLC 대역통과 필터의 대표적인 특징을 정리한 것이다. 비교를 위하여 표의 오른쪽에서는 병렬 RLC 회로에서 나타나는 대응값을 보여준다.

예제 9-7 필터 설계

(a) 중심 주파수가 $f_0 = 1$ MHz이고, 양호도가 $Q = 20$인 직렬 RLC 대역통과 필터를 설계하라. 단, $L = 0.1$ mH라고 가정한다.

(b) 필터의 10 dB 대역폭(전력의 최고치보다 10 dB 낮은 수준을 형성하는 주파수들 사이의 대역폭)을 구하라.

풀이

(a) 다음 식을 적용하여 주어진 값을 대입하면

$$\omega_0 = 2\pi f_0 = 2\pi \times 10^6 = \frac{1}{\sqrt{LC}} = \frac{1}{\sqrt{10^{-4}C}}$$

커패시터는 $C = 0.25$ nF의 값을 가져야 한다. R에 대한 식 (9.61)을 풀면 다음 결과를 얻는다.

$$R = \frac{\omega_0 L}{Q} = \frac{2\pi \times 10^6 \times 10^{-4}}{20} = 31.4 \; \Omega$$

(b) 전압은 M_{BP}에 비례하고, 전력은 M_{BP}^2에 비례한다. 전력을 dB 단위의 값으로 나타내면 다음과 같은 관계식이 성립한다.

$$P\,[\text{dB}] = 10\log P = 10\log M_{BP}^2 = 20\log M_{BP}$$
$$= M_{BP}\,[\text{dB}]$$

$M_{BP}\,[\text{dB}] = -10$ dB에 대응하는 각주파수 ω_a와 ω_b를 구하고자 한다([그림 9-17]).

$$20\log M_{BP} = -10 \text{ dB}$$

이면

$$M_{BP} = 10^{-0.5} = 0.316$$

이다. M_{BP}에 관한 식은 식 (9.46)으로 주어진다.

$$M_{BP} = \frac{\omega RC}{\sqrt{(1 - \omega^2 LC)^2 + \omega^2 R^2 C^2}}$$

이상에서 구한 $M_{BP} = 0.316$, $R = 31.4\ \Omega$, $L = 10^{-4}$ H, $C = 0.25$ nF의 값을 대입하면 다음 결과를 얻는다.

$$\frac{\omega_a}{\omega_0} = 0.93, \qquad \frac{\omega_b}{\omega_0} = 1.08$$

이에 대응하는 대역폭의 크기(Hz)는 다음과 같다.

$$B_{10\ dB} = (1.08 - 0.93) \times 1\ \text{MHz} = 0.15\ \text{MHz}$$

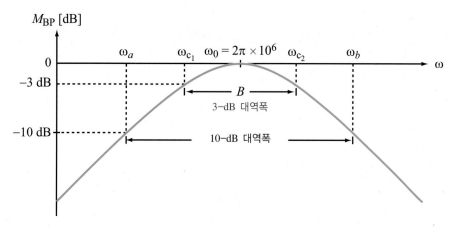

[그림 9-17] 10dB 대역폭은 $M_{BP}(dB) = -10$ dB인 영역으로 3 dB 대역폭과 비교했을 때 폭이 $\omega_a \sim \omega_b$까지 확장된다.

예제 9-8 2단 대역통과(BP) 필터

[그림 9-18]의 2단 대역통과 필터 회로의 전달함수 $\mathbf{H}(\omega) = \dfrac{\mathbf{V}_o}{\mathbf{V}_i}$ 를 구하라. $Q_1 = \dfrac{\omega_0 L}{R}$이 1단의 양호도 (quality factor)라면, 2단으로 결합되었을 때 Q_2의 값은 얼마인가? 단, $R = 2\ \Omega$, $L = 10$ mH, $C = 1\ \mu$F이라고 가정한다.

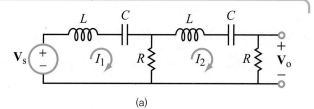

(a)

풀이

우선 각 단에서의 양호도를 구하면 다음과 같다.

$$\omega_0 = \frac{1}{\sqrt{LC}} = \frac{1}{\sqrt{10^{-2} \times 10^{-6}}} = 10^4\ \text{rad/s}$$

$$Q_1 = \frac{\omega_0 L}{R} = \frac{10^4 \times 10^{-2}}{2} = 50$$

망로 전류(mesh current) $\mathbf{I}_1$과 $\mathbf{I}_2$에 대한 루프 방정식은 각각 다음과 같다.

$$-\mathbf{V}_s + \mathbf{I}_1 \left(j\omega L + \frac{1}{j\omega C} + R \right) - R\mathbf{I}_2 = 0$$

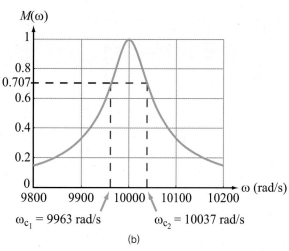

(b)

[그림 9-18] (a) 2단 RLC 회로
(b) $M(\omega)$

$$-R\mathbf{I}_1 + \mathbf{I}_2\left(2R + j\omega L + \frac{1}{j\omega C}\right) = 0$$

연립 방정식을 풀면 다음 전달함수를 얻을 수 있다.

$$
\begin{aligned}
\mathbf{H}(\omega) &= \frac{\mathbf{V}_o}{\mathbf{V}_s} \\[2mm]
&= \frac{\omega^2 R^2 C^2}{\omega^2 R^2 C^2 - (1 - \omega^2 LC)^2 - j3\omega RC(1 - \omega^2 LC)} \\[2mm]
&= \frac{\omega^2 R^2 C^2[\omega^2 R^2 C^2 - (1 - \omega^2 LC)^2 + j3\omega RC(1 - \omega^2 LC)]}{[\omega^2 R^2 C^2 - (1 - \omega^2 LC)^2]^2 + 9\omega^2 R^2 C^2(1 - \omega^2 LC)^2}
\end{aligned}
$$

$\mathbf{H}(\omega)$의 허수부가 0일 때 공진이 발생하는데, 이때 $\omega = 0$(자명해) 또는 $\omega = \dfrac{1}{\sqrt{LC}}$의 조건을 만족해야 한다. 따라서 2단 회로는 1단 회로와 공진 주파수가 같다. 결정한 R, L, C의 값을 활용하여 크기 $M(\omega) = |\mathbf{H}(\omega)|$를 계산하고, 그 결과를 ω의 함수로 나타낼 수 있다([그림 9-18(b)]). [그림 9-18(b)]의 스펙트럼 도표로부터 다음 사항을 확인한다.

$$\omega_{c_1} = 9963 \text{ rad/s}$$
$$\omega_{c_2} = 10037 \text{ rad/s}$$
$$B_2 = \omega_{c_2} - \omega_{c_1} = 10037 - 9963 = 74 \text{ rad/s}$$
$$Q_2 = \frac{\omega_0}{B_2} = \frac{10^4}{74} = 135$$

이때 B_2는 2단 BP 필터 응답의 대역폭으로, 두 단을 결합하면 양호도가 50에서 135로 크게 증가한다.

[연습 9-8] 다음 병렬 RLC 회로가 전달 임피던스 전달함수 $\mathbf{H_Z} = \dfrac{\mathbf{V_R}}{\mathbf{I_s}}$이 대역통과 필터 응답을 보임을 증명하라.

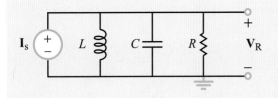

9.4.2 고역통과 필터

[그림 9-19(a)] 회로에서 $\mathbf{V_L}$에 해당하는 전달함수 $\mathbf{H}_{HP}(\omega)$는 다음 식으로 나타낼 수 있다.

$$
\begin{aligned}
\mathbf{H}_{HP}(\omega) &= \frac{\mathbf{V_L}}{\mathbf{V_s}} = \frac{j\omega L\mathbf{I}}{\mathbf{V_s}} \\[2mm]
&= \frac{-\omega^2 LC}{(1 - \omega^2 LC) + j\omega RC}
\end{aligned}
\tag{9.66}
$$

전달함수의 크기와 위상각은 각각 아래와 같은 식으로 표현할 수 있다.

$$
\begin{aligned}
M_{HP}(\omega) &= \frac{\omega^2 LC}{[(1 - \omega^2 LC)^2 + \omega^2 R^2 C^2]^{1/2}} \\[2mm]
&= \frac{(\omega/\omega_0)^2}{\{[1 - (\omega/\omega_0)^2]^2 + (\omega/Q\omega_0)^2\}^{1/2}}
\end{aligned}
\tag{9.67a}
$$

$$
\begin{aligned}
\phi_{HP}(\omega) &= 180° - \tan^{-1}\left[\frac{\omega RC}{1 - \omega^2 LC}\right] \\[2mm]
&= 180° - \tan^{-1}\left\{\frac{(\omega/\omega_0)}{Q[1 - (\omega/\omega_0)^2]}\right\}
\end{aligned}
\tag{9.67b}
$$

위 식에서 ω_0와 Q는 각각 식 (9.48)과 식 (9.61)에서 결정된다. [그림 9-19(b)]는 두 개의 Q 값에 대한

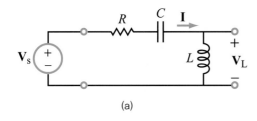

(a)

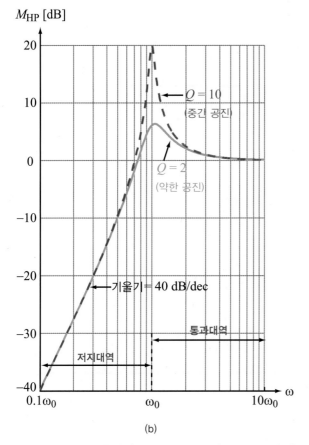

(b)

[그림 9-19] $Q = 2$(약한 공진)와 $Q = 10$(중간 공진)일 때의 MHP [dB]
의 도표

(a) $\mathbf{H}_{HP} = \dfrac{\mathbf{V}_L}{\mathbf{V}_s}$

(b) 크기 스펙트럼

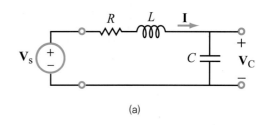

(a)

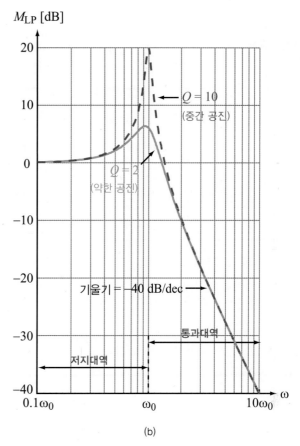

(b)

[그림 9-20] RLC 저역통과 필터

(a) $\mathbf{H}_{LP} = \dfrac{\mathbf{V}_C}{\mathbf{V}_s}$

(b) 크기 스펙트럼

M_{HP} [dB]의 로그 도표를 보여준다. $M_{HP}(\omega)$는 이차 영
점을 갖기 때문에, 저지대역에서의 기울기는 40 dB/
dec이다.

[연습 9-9] 식 (9.66)이 분모의 차수가 2인 단순
극점이 되려면 R은 L 및 C와 어떤 관계를 가져야
하는가? 이때 Q 값은 얼마인가?

9.4.3 저역통과 필터

[그림 9-20(a)]에서 커패시터에 걸리는 전압은 다음
식과 같은 저역통과 필터 전달함수로 기술할 수 있다.

$$\mathbf{H}_{LP}(\omega) = \frac{\mathbf{V}_C}{\mathbf{V}_s} = \frac{(1/j\omega C)\mathbf{I}}{\mathbf{V}_s}$$
$$= \frac{1}{(1 - \omega^2 LC) + j\omega RC}$$

(9.68)

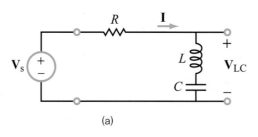

(a)

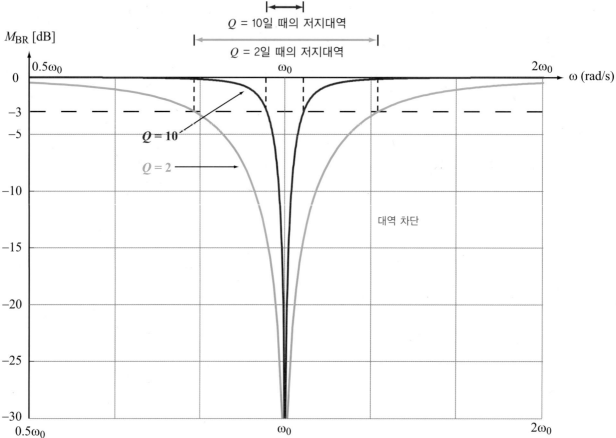

(b)

[그림 9-21] 대역차단 필터

(a) $\mathbf{H}_{\text{BR}} = \dfrac{\mathbf{V}_{\text{LC}}}{\mathbf{V}_{\text{s}}}$

(b) 스펙트럼 응답

전달함수의 크기와 위상각은 각각 다음과 같은 식으로 나타낼 수 있다.

$$M_{\text{LP}}(\omega) = \frac{1}{[(1 - \omega^2 LC)^2 + \omega^2 R^2 C^2]^{1/2}}$$
$$= \frac{1}{\{[1 - (\omega/\omega_0)^2]^2 + (\omega/Q\omega_0)^2\}^{1/2}} \quad (9.69a)$$

$$\phi_{\text{LP}}(\omega) = -\tan^{-1}\left(\frac{\omega RC}{1 - \omega^2 LC}\right)$$
$$= -\tan^{-1}\left\{\frac{(\omega/\omega_0)}{Q[1 - (\omega/\omega_0)^2]}\right\} \quad (9.69b)$$

[그림 9-20(b)]에서 M_{LP} [dB]의 스펙트럼 도표는 [그림 9-19(b)]에 제시된 고역통과 필터 도표의 거울 대칭 형태를 갖는다.

9.4.4 대역차단 필터

[그림 9-21(a)]에서 L과 C의 결합에 걸리는 출력 전압은 대역차단 필터 전달함수이며, 값은 $\mathbf{V}_s - \mathbf{V}_R$이다.

$$\mathbf{H}_{BR}(\omega) = \frac{\mathbf{V}_L + \mathbf{V}_C}{\mathbf{V}_s} = \frac{\mathbf{V}_s - \mathbf{V}_R}{\mathbf{V}_s} = 1 - \mathbf{H}_{BP}(\omega) \quad (9.70)$$

위 식에서 $\mathbf{H}_{BP}(\omega)$는 식 (9.45)로 주어지는 대역통과 필터의 전달함수다. $\mathbf{H}_{BP}$의 스펙트럼 응답은 [그림 9-21(b)]에 보이는 바와 같이 ω_0를 중심으로 한 중간 주파수 영역의 대역을 제외하고는 모든 주파수의 신호가 통과하는 형태를 보인다. 저지대역의 폭은 ω_0와 Q 값에 의해 결정된다.

[연습 9-10] 관계식 $M_{BR} = 1 - M_{BP}$는 성립하는가?

9.5 필터 차수

9.3절에서 차수(order)라는 용어를 ω의 지수와 연관 지어 설명하였다. 즉 주어진 식에서 가장 높은 ω 지수의 값이 2일 때는 $\left(1 + \dfrac{j\omega}{\omega_c}\right)^2$ 으로 주어진 계수를 이차 영점(second-order zero)이라고 한다. 마찬가지로 가장 높은 ω의 지수가 2인 $\left(1 + \dfrac{j\omega}{\omega_c}\right)^{-2}$ 의 식에서 나타나는 극점을 이차 극점(second-order pole)이라고 하지만, 이 식은 분모에서 나타난다. 또한 차수라는 용어는 각기 고유한 차수를 가진 두 개 이상의 영점 인자들과 극점 인자들의 곱으로 구성될 수 있는 일반적인 필터의 응답을 설명하는 데 사용된다. 필터 차수(filter order)를 설명하기 위해 여러 가지 방법을 사용하는데, 모호하지 않도록 이 책에서는 다음 정의를 사용한다.

> 필터의 차수는 ω가 필터의 저지대역(혹은 저지대역들 중 하나)에 속해 있을 때, 전달함수를 나타내는 수식에서 ω가 가진 최대 지수의 절댓값이다.

위의 정의가 의미하는 바를 세 가지의 회로 구성을 통해 살펴보도록 하자.

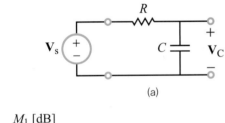

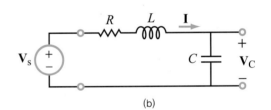

(a)

(b)

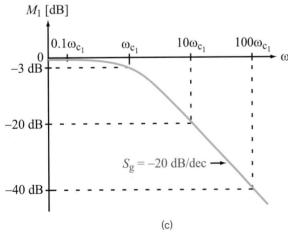

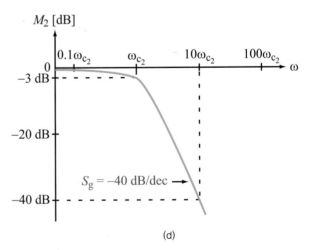

(c)

(d)

[그림 9-22] 일차 RC 필터와 이차 RLC 필터 간 크기 응답 비교이며, 모서리 주파수는 각각 $\omega_{c_1} = \dfrac{1}{RC}$, $\omega_{c_2} = \dfrac{1.28}{RC}$ 로 주어진다.
    (a) 일차 필터
    (b) 이차 필터
    (c) 일차 필터의 응답
    (d) 이차 필터의 응답

9.5.1 일차 저역통과 RC 필터

[그림 9-22(a)]에 제시된 RC 회로의 전달함수는 다음과 같이 주어진다.

$$
\begin{aligned}
\mathbf{H}_1(\omega) = \frac{\mathbf{V}_C}{\mathbf{V}_s} &= \frac{1/j\omega C}{R + 1/j\omega C} \\
&= \frac{1}{1 + j\omega RC} \qquad (9.71) \\
&= \frac{1}{1 + j\omega/\omega_{c_1}} \qquad \text{(일차)}
\end{aligned}
$$

위 식은 분자와 분모에 $j\omega C$를 곱하여 해당 식을 표준형으로 정리한 결과다. 식 (9.71)의 표현식은 다음과 같이 모서리 주파수가 있는 단순 극점을 나타낸다.

$$
\omega_{c_1} = \frac{1}{RC} \qquad (RC \text{ 필터}) \qquad (9.72)
$$

식 (9.71)에서 분명한 점은 ω의 식에서 가장 높은 차수는 1이며, 따라서 주어진 RC 회로가 일차 필터라는 사실이다. 필터의 차수에 대한 정의를 엄격하게 적용하려면, ω가 필터의 저지대역에 있을 때 ω의 지수를 확인해야 한다. 이 식이 나타내는 전달함수의 응답에서 저지대역은 $\omega \geq \omega_{c_1}$을 포함한다. ω가 저지대역보다 클 때$\left(\frac{\omega}{\omega_{c_1}} \gg 1\right)$, 식 (9.71)은 다음과 같이 간략화된다.

$$
\mathbf{H}_1(\omega) \simeq \frac{-j\omega_{c_1}}{\omega} \qquad \left(\frac{\omega}{\omega_{c_1}} \gg 1\right) \qquad (9.73)
$$

이를 통해 RC 회로의 차수가 일차임을 다시 한 번 확인할 수 있다.

반응성 소자(커패시터 또는 인덕터)가 하나 있는 회로는 일차 전달함수로 표현된다. 차수는 반응성 소자의 수와 같거나 작을 수 있지만, 그보다 클 수는 없다.

전달함수 $\mathbf{H}_1(\omega)$의 크기는 다음 식과 같이 나타낼 수 있다.

$$
M_1 = |\mathbf{H}_1(\omega)| = \frac{1}{|1 + j\omega/\omega_{c_1}|} = \frac{1}{\sqrt{1 + (\omega/\omega_{c_1})^2}} \qquad (9.74)
$$

$\omega = \omega_{c_1}$일 때

$$
M_1(\omega_{c_1}) = \frac{1}{\sqrt{1 + 1}} = 0.707 \qquad (9.75)
$$

이고, M_1을 dB 단위로 나타내면 다음과 같다.

$$
\begin{aligned}
M_1 \, [\text{dB}] &= 20 \log M_1 \\
&= -10 \log\left[1 + \left(\frac{\omega}{\omega_{c_1}}\right)^2\right] \\
&= \begin{cases} 0 \text{ dB} & (\omega = 0) \\ -3 \text{ dB} & \left(\frac{\omega}{\omega_{c_1}} = 1\right) \\ -20 \log(\omega/\omega_{c_1}) & \left(\frac{\omega}{\omega_{c_1}} \gg 1\right) \end{cases} \qquad (9.76)
\end{aligned}
$$

[그림 9-22(b)]의 세미로그 스케일에서, $M_1 \, [\text{dB}]$은 0 dB(로그를 취하지 않은 기본값으로는 $M_1 = 1$에 해당)에서 시작하여 $\omega = \omega_{c_1}$일 때 -3 dB로 감소하고, 감소 기울기는 ω 값이 커짐에 따라 급격하게 증가하여(더 가파르게 감소) 정상 상태의 값인 -20 dB/dec에 접근한다. 앞서 언급한 바와 같이, 통과대역에서 저지대역으로 넘어가는 과정에서 전달함수가 변하는 가파른 정도(기울기)를 감쇠율 S_g라고 한다. 더 빠른 감쇠율을 얻기 위해서는 이차 이상의 고차 필터가 필요하다.

예제 9-9 필터 전송 스펙트럼

$C = 10 \, \mu\text{F}$인 커패시터를 사용하는 RC 저역통과 필터가 있다.

(a) $\omega_{c_1} = 1$ krad/s가 되도록 R 값을 정하라.

(b) 신호가 필터를 통과할 때 전압 진폭이 12 dB 이상으로 감소하지 않으면, 이 필터는 해당 신호를 통과시키는 것으로 간주한다고 하자. 이 기준에 따른 필터의 전송 스펙트럼의 범위를 구하라.

풀이

(a) 식 (9.72)를 적용하여 풀면,

$$R = \frac{1}{\omega_{c_1}C} = \frac{1}{10^3 \times 10^{-5}} = 100 \ \Omega$$

(b) $M_1[\text{dB}] = 20 \log M_1 = -12 \ \text{dB}$이라면(같은 크기의 dB 값은 0 dB이므로 12 dB 만큼 감소한다는 것은 크기가 감소하여 dB 단위로 나타냈을 때 -12 dB에 도달함을 의미) 다음과 같다.

$$\log M_1 = -\frac{12}{20} = -0.6$$

$$M_1 = 10^{-0.6} = 0.25$$

M_1 값을 식 (9.74)와 같다고 놓으면 다음 등식을 얻는다.

$$M_1 = \frac{1}{\sqrt{1 + (\omega/\omega_{c_1})^2}}$$
$$= 0.25$$

곧 다음과 같은 답을 얻는다.

$$\frac{\omega}{\omega_{c_1}} = 3.87 \qquad \text{또는} \qquad \omega = 3.87 \ \text{krad/s}$$

따라서 필터의 전송 스펙트럼의 범위는 0 krad/s에서 3.87 krad/s(즉 0 Hz ~ 616 Hz)이다.

9.5.2 이차 저역통과 필터

9.4.3절에서 [그림 9-22(c)]에 제시된 RLC 회로의 전달함수가 식 (9.68)에 의해 다음과 같이 주어진다는 것을 확인하였다.

$$\mathbf{H}_2(\omega) = \frac{\mathbf{V}_C}{\mathbf{V}_s} = \frac{1}{(1 - \omega^2 LC) + j\omega RC} \qquad (RLC \ \text{필터})$$
(9.77)

RLC 저역통과 필터의 크기 스펙트럼은 [그림 9-20(b)]에서 이미 살펴보았는데, 이 그림으로부터 응답이 $\omega_0 = \frac{1}{\sqrt{LC}}$ 부근에서 공진 현상을 보일 수 있고 저지대역($\omega \geq \omega_0$)에서 $S_g = -40 \ \text{dB/dec}$의 기울기로 감쇠한다는 것을 확인하였다. 이는 출력 전압이 커패시터에 걸릴 때 RLC 회로가 이차 저역통과 필터로 동작한다는 사실을 보여준다. 저지대역($\omega^2 \gg \frac{1}{LC}$)에서 필터 차수에 대한 정의에 따르면, 식 (9.77)은 다음과 같은

이차 극점의 함수 형식으로 간단히 정리할 수 있다.

$$\mathbf{H}_2(\omega) \simeq \frac{1}{\omega^2 LC} \qquad (\omega \gg \omega_0)$$
(9.78)

RLC 필터가 보이는 물결 형태의 응답(ripple)은 R, L, C의 값을 적절히 선택함으로써 피할 수 있다. 식 (9.77)에서 음의 부호를 j^2으로 대체하고 다음 등식이 성립하도록 R 값을 결정하면

$$R = 2\sqrt{\frac{L}{C}}$$
(9.79)

다음과 같이 식 (9.77)을 완전 제곱식으로 바꿀 수 있다.

$$\mathbf{H}_2(\omega) = \frac{1}{1 + j^2\omega^2 LC + j2\sqrt{LC}}$$
$$= \frac{1}{(1 + j\omega\sqrt{LC})^2}$$
(9.80)

식 (9.79)에 주어진 조건 $\mathbf{H}_2(\omega)$를 이차 극점에서 차수가 2인 단순 극점으로 변환할 수가 있다. [그림 9-22(d)]는 전달함수의 크기 응답을 나타낸 결과다.

RLC 저역통과 필터의 모서리 주파수(ω_{c_2})는 $\mathbf{H}_2(\omega)$의 크기가 $\frac{1}{\sqrt{2}}$인 값으로 결정된다. 즉 다음 식이 성립한다.

$$|\mathbf{H}_2(\omega_{c_2})| = \frac{1}{1 + \omega_{c_2}^2 LC} = \frac{1}{\sqrt{2}}$$

따라서 다음과 같이 모서리 주파수를 구한다.

$$\omega_{c_2} = \left\{ \frac{\sqrt{2}-1}{LC} \right\}^{1/2} = \frac{0.64}{\sqrt{LC}} \qquad (9.81)$$

식 (9.79)로부터 인덕터는 $L = \frac{R^2 C}{4}$의 식으로 표현할 수 있고 이를 식 (9.81)에 대입하면 ω_{c_2}의 식은 다음과 같이 정리할 수 있다.

$$\omega_{c_2} = \frac{1.28}{RC} \qquad (RLC \text{ 필터}) \qquad (9.82)$$

이상의 수학적 해석은 다음과 같은 관찰 결과를 뒷받침해준다.

- RC 저역통과 필터의 차수는 1이고, 모서리 주파수는 $\omega_{c_1} = \frac{1}{RC}$이며, 이득 감쇠율은 $S_g = -20$ dB/dec이다.

- 식 $L = \frac{R^2 C}{4}$로 결정되는 인덕터를 직렬로 추가 연결함으로써, 필터는 이차가 되고 새로운 필터의 모서리 주파수는 $\frac{1.28}{RC}$로 상향 조정되며 기울기는 두 배 증가한다.

9.5.3 RLC 대역통과 필터

앞 절에서 RLC 저역통과 필터는 이차 필터임을 알았

다. RLC 회로 역시 출력 전압이 C 대신 R에 걸릴 때 대역통과 필터로 동작한다. 그렇다면 RLC 대역통과 필터도 이차 필터로 볼 수 있을까? 질문에 답하려면, 우선 ω가 필터의 저지대역에 있을 때 전달함수의 식을 살펴볼 필요가 있다. $\mathbf{H}_{BP}(\omega)$에 관한 식은 식 (9.45)로부터 다음과 같이 주어진다.

$$\mathbf{H}_{BP}(\omega) = \frac{j\omega RC}{1 - \omega^2 LC + j\omega RC} \qquad (9.83)$$

전달함수 크기의 스펙트럼 도표는 [그림 9-15(b)]와 같다. $\omega \ll \omega_0$이고 $\omega \gg \omega_0$인 경우($\omega_0 = \frac{1}{\sqrt{LC}}$), 위의 식은 다음과 같이 단순화된다.

$$\mathbf{H}_{BP}(\omega) \simeq \begin{cases} j\omega RC & (\omega \ll \omega_0,\ \omega \ll RC) \\ \dfrac{-jR}{\omega L} & (\omega \gg \omega_0) \end{cases} \qquad (9.84)$$

저주파 영역의 끝부분에서 $\mathbf{H}_{BP}(\omega)$는 차수가 1인 원점에서의 영점 인자로서 감소하고, 고주파 영역의 끝부분에서는 일차인 원점에서의 극점으로 작용한다. 그러므로 RLC 대역통과 필터의 차수는 이차가 아니라 일차다.

[질문 9-12] 삼차 필터의 S_g 값은 일차필터의 S_g 값과 비교했을 때 어떤 차이가 있는가?

[질문 9-13] 직렬 RLC 회로는 각각 어떤 조건에서 일차 회로 혹은 이차 회로가 되는가?

[연습 9-11] [그림 9-18(a)]에 제시된 2단 대역통과 필터 회로의 차수는 얼마인가?

[연습 9-12] 다음 회로에 대한 $\mathbf{H}(\omega) = \dfrac{\mathbf{V}_{out}}{\mathbf{V}_s}$의 차수를 결정하라.

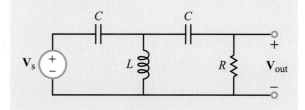

9.6 능동 필터

앞서 언급한 네 가지 기본 필터 유형(저역통과, 고역통과, 대역통과, 대역차단)은 설계하기가 비교적 쉬운 편이지만 여러 가지 단점이 있다.

수동소자는 에너지를 생성할 수 없기 때문에, 필터의 전력 이득이 1을 초과할 수 없다. 그에 반해 능동 필터(active filters)는 원하는 필터 성능을 구현하면서도 상당한 수준의 이득을 제공하도록 설계할 수 있다. 수동 필터의 두 번째 단점은 인덕터와 관련이 있다. 커패시터와 저항은 기계 조립형 인쇄회로기판에 평면형으로 쉽게 제작하여 장착할 수 있지만, 인덕터는 부피가 크고 형태가 입체적이어서 일반적으로 제작 비용이 더 많이 들고 회로상에 구현하기가 어렵다. 그에 반해, 연산 증폭기(op-amp) 회로는 인덕터를 사용하지 않고도 필터 기능을 수행하도록 설계할 수 있다. 목표하는 동작 주파수의 범위는 어떤 유형의 필터로 설계하고 사용해야 가장 적합한지를 결정하는 중요한 요인이다. 일반적으로 연산 증폭기는 1 MHz보다 큰 주파수대에서 성능이 떨어지므로, 필터 용도로는 저주파로 제한된다. 다행히 인덕터의 크기는 1 MHz보다 높은 주파수대에서는 크게 문제되지 않는다($\mathbf{Z}_L = j\omega L$이므로 고주파에서 같은 인덕터 임피던스를 내기 위해서는 L이 작은 값이 되어야 하며, 이는 물리적으로 더 작은 인덕터를 만들 수 있다는 것을 의미하기 때문이다.). 그러므로 수동 필터는 더 높은 주파수대에서 응용할 때 주로 사용된다.

연산 증폭기 회로의 주요 장점 중 하나는 여러 회로가 의도된 기능을 구현하도록(직렬 혹은 병렬로) 쉽게 연결될 수 있다는 점이다. 또한 연속되는 단들 간에 완충 회로(buffer circuits, 4.7절 참조)를 넣어 임피던스 불일치 및 로딩 문제를 최소화하거나 피할 수 있다.

9.6.1 단극 저역통과 필터

[그림 9-23(a)] 회로를 살펴보자. 이 회로는 기본적으로 [그림 4-9(a)]의 반전 증폭기 회로와 같은 형태로 입력 및 출력 전압의 관계를 다음 식으로 나타낼 수 있다.

$$v_{out} = -\frac{R_f}{R_s} v_s \qquad (9.85)$$

해당 회로를 페이저 영역으로 변환하고 [그림 9-23(b)]

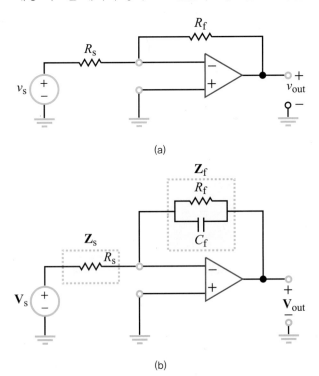

(a)

(b)

[그림 9-23] 저역통과 필터로서 기능하는 반전 증폭기
(a) 반전 증폭기
(b) 임피던스가 있는 페이저 영역에서의 표현

와 같이 저항 R_s와 R_f를 각각 임피던스 $\mathbf{Z}_s$와 $\mathbf{Z}_f$로 대체하여 일반화시켜 보자. 또한 $\mathbf{Z}_s$를 R_s로 유지하면서 $\mathbf{Z}_f$를 저항 R_f와 커패시터 C_f의 병렬 결합으로 정의한다. 식 (9.85)로부터 [그림 9-23(b)] 회로에 대한 등가 관계식을 구하면 다음과 같다.

$$\mathbf{V}_{out} = -\frac{\mathbf{Z}_f}{\mathbf{Z}_s}\,\mathbf{V}_s \qquad (9.86)$$

위 식에서 다음 관계가 성립함을 확인할 수 있다.

$$\mathbf{Z}_s = R_s \qquad (9.87\text{a})$$

$$\mathbf{Z}_f = R_f \parallel \left(\frac{1}{j\omega C_f}\right) = \frac{R_f}{1 + j\omega R_f C_f} \qquad (9.87\text{b})$$

회로의 전달함수는 저역통과 필터의 전달함수 형태이므로, 다음 식으로 나타낼 수 있다.

$$\mathbf{H}_{LP}(\omega) = \frac{\mathbf{V}_{out}}{\mathbf{V}_s} = -\frac{\mathbf{Z}_f}{\mathbf{Z}_s} = -\frac{R_f}{R_s}\left(\frac{1}{1 + j\omega R_f C_f}\right)$$
$$= G_{LP}\left(\frac{1}{1 + j\omega/\omega_{LP}}\right) \qquad (9.88)$$

위 식에서 다음 관계식을 얻는다.

$$G_{LP} = -\frac{R_f}{R_s}, \qquad \omega_{LP} = \frac{1}{R_f C_f} \qquad (9.89)$$

G_{LP}에 대한 식은 원래 반전 증폭기의 식과 같고, ω_{LP}는 저역통과 필터의 차단 주파수다. 이득 계수를 제외하고 식 (9.88)은 RC 저역통과 필터의 전달함수를 나

타내는 식 (9.71)과 형식이 같다. 능동 저역통과 필터가 수동 필터보다 나은 한 가지 장점은 ω_{LP}가 입력 저항 R_s와 0이 아닌 부하 저항 R_L(연산 증폭기의 출력 단자에 걸리도록 연결 가능)에 영향을 받지 않는다는 점이다.

9.6.2 단극 고역통과 필터

만약 반전 증폭기 회로에서 입력 및 피드백 임피던스를 [그림 9-24]에서 나타내고 있는 바와 같이, 다음 식으로 정의하면

$$\mathbf{Z}_s = R_s - \frac{j}{\omega C_s}, \quad \mathbf{Z}_f = R_f \qquad (9.90)$$

다음 식과 같은 고역통과 필터 전달함수를 구할 수 있다.

$$\mathbf{H}_{HP}(\omega) = \frac{\mathbf{V}_{out}}{\mathbf{V}_s} = -\frac{\mathbf{Z}_f}{\mathbf{Z}_s} = -\frac{R_f}{R_s - j/\omega C_s}$$
$$= G_{HP}\left[\frac{j\omega/\omega_{HP}}{1 + j\omega/\omega_{HP}}\right] \qquad (9.91)$$

여기서

$$G_{HP} = -\frac{R_f}{R_s}, \quad \omega_{HP} = \frac{1}{R_s C_s} \qquad (9.92)$$

식 (9.91)의 표현은 차단 주파수가 ω_{HP}, 이득 계수가 G_{HP}인 일차 고역통과 필터를 나타낸다.

[질문 9-14] 수동 필터와 비교했을 때 능동 필터의 주요한 장점은 무엇인가?

[질문 9-15] 능동 필터는 주로 1 MHz 이하에서 사용되는가, 아니면 1 MHz 이상에서 사용되는가?

[연습 9-13] $C_f = 1\ \mu F$일 때, [그림 9-23(b)] 회로의 이득 크기가 10, 모서리 주파수가 10^3 rad/s이 되도록 R_s와 R_f의 값을 정하라.

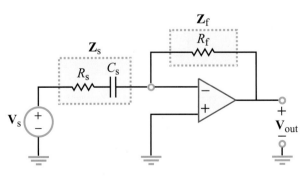

[그림 9-24] **단극 능동 고역통과 필터**

9.7 캐스케이드 능동 필터

지금까지 능동 저역통과 필터 및 고역통과 필터를 살펴보았다. 이 필터들은 같은 기능을 제공하는 다른 연산 증폭기 기반의 회로들과 함께 차수가 이차 이상인 저역통과/고역통과 필터 혹은 대역통과/대역차단 필터를 설계하기 위한 기본 구성 요소로 간주할 수 있다([그림 9-25]). 즉 쉽게 단 연결(cascade : 단순한 소자 간의 직렬 혹은 병렬연결이 아니라 이들을 모두 포함하는 개념으로 어떤 기능을 독립적으로 수행할 수 있는 단 사이의 순차적인 연결 방식을 말한다. 이후의 설명에서 캐스케이드라는 본래의 용어를 그대로 사용하기로 한다. : 역자 주)을 이룰 수 있다.

> 캐스케이드 방식을 통해 우선 각 단을 개별적으로 설계한 뒤, 이 단을 한꺼번에 결합함으로써 원하는 회로의 사양을 얻을 수 있다.

또한 반전 증폭기 단이나 비반전 증폭기 단을 필터 캐스케이드에 추가하여 출력 신호의 이득이나 극성을 소정할 수 있으며, 필요한 경우에는 단 사이에 완충 회로를 삽입해 임피던스 분리(impedance isolation)를 할 수도 있다. 여러 단을 거쳐 동작하는 회로에서 각 단의 출력에서 나타나는 전압량의 최댓값 및 음의 최댓값과 증폭기에 공급되는 전원의 상하한인 V_{CC}와 $-V_{CC}$를 비교하여 증폭기가 포화 상태(saturation mode)가 되지 않도록 조정할 때 신중을 기해야 한다.

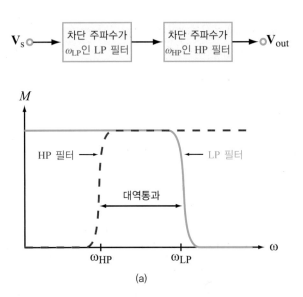

(a)

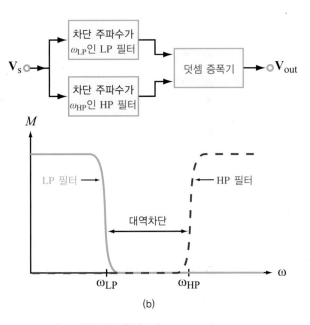

(b)

[그림 9-25] 저역통과 필터와 고역통과 필터의 직렬연결은 대역통과 필터를 만들고, 병렬연결은 대역차단 필터를 만든다.
  (a) 대역통과 필터
  (b) 대역차단 필터

[그림 9-26]의 3단 능동 필터에 대하여 M_1, M_2, M_3에 대한 dB 도표를 그려라. 여기서 $M_1 = \left| \dfrac{\mathbf{V}_1}{\mathbf{V}_s} \right|$, $M_2 = \left| \dfrac{\mathbf{V}_2}{\mathbf{V}_s} \right|$, $M_3 = \left| \dfrac{\mathbf{V}_3}{\mathbf{V}_s} \right|$이다.

풀이

모든 단에서 R_f와 C_f의 값이 같으므로 각 단은 차단 주파수가 같다.

$$\omega_{LP} = \frac{1}{R_f C_f} = \frac{1}{10^4 \times 10^{-9}} = 10^5 \ \text{rad/s}$$

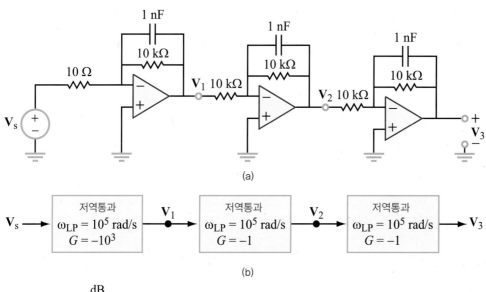

(a)

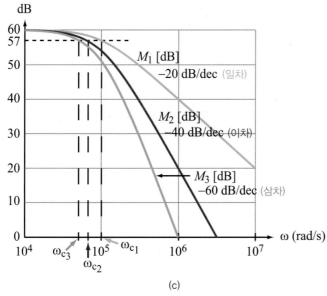

(b)

(c)

[그림 9-26] 3단 저역통과 필터와 전달함수

    (a) 회로도

    (b) 블록 다이어그램

    (c) 전달함수 도표

[그림 9-26(a)]에 나타난 바와 같이, 1단 회로의 입력 저항은 $10\,\Omega$이지만, 2단 및 3단 회로의 입력 저항은 $10\,\text{k}\Omega$이다. 따라서 다음 이득값을 얻는다.

$$G_1 = -\frac{10\text{k}}{10} = -10^3, \quad G_2 = G_3 = -\frac{10\text{k}}{10\text{k}} = -1$$

전달함수 M_1은 다음과 같다.

$$M_1 = \left|\frac{\mathbf{V}_1}{\mathbf{V}_s}\right| = \left|\frac{G_1}{1 + j\omega/\omega_{\text{LP}}}\right| = \frac{10^3}{\sqrt{1 + (\omega/10^5)^2}}$$

dB 단위로 나타내면 다음과 같다.

$$
\begin{aligned}
M_1\,[\text{dB}] &= 20\log\left[\frac{10^3}{\sqrt{1 + (\omega/10^5)^2}}\right] \\
&= 60\,\text{dB} - 10\log\left[1 + \left(\frac{\omega}{10^5}\right)^2\right]
\end{aligned}
$$

$\mathbf{V}_2$에 대한 전달함수는 다음과 같이 구할 수 있다.

$$
\begin{aligned}
M_2 &= \left|\frac{\mathbf{V}_2}{\mathbf{V}_1} \cdot \frac{\mathbf{V}_1}{\mathbf{V}_s}\right| = \left|\frac{G_1}{1 + j\omega/\omega_{\text{LP}}}\right|\left|\frac{G_2}{1 + j\omega/\omega_{\text{LP}}}\right| \\
&= \frac{10^3}{1 + (\omega/10^5)^2}
\end{aligned}
$$

위의 식을 dB 단위로 나타내면 다음과 같다.

$$
\begin{aligned}
M_2\,[\text{dB}] &= 20\log\left[\frac{10^3}{1 + (\omega/10^5)^2}\right] \\
&= 60\,\text{dB} - 20\log\left[1 + \left(\frac{\omega}{10^5}\right)^2\right]
\end{aligned}
$$

마찬가지 방법으로 다음 결과를 얻을 수 있다.

$$M_3\,[\text{dB}] = 60\,\text{dB} - 30\log\left[1 + \left(\frac{\omega}{10^5}\right)^2\right]$$

[그림 9-26(b)]의 블록 다이어그램으로 3단계 과정을 볼 수 있으며, [그림 9-26(c)]에서 $M_1\,[\text{dB}]$, $M_2\,[\text{dB}]$, $M_3\,[\text{dB}]$의 스펙트럼 도표를 확인할 수 있다. 이득 감쇠율 S_g 값이 $M_1\,[\text{dB}]$은 $-20\,\text{dB}$, $M_2\,[\text{dB}]$는 $-40\,\text{dB}$, $M_3\,[\text{dB}]$는 $-60\,\text{dB}$임을 알 수 있다. 또한 -3dB 모서리 주파수가 3단계 과정에서 서로 같지 않다는 사실을 확인할 수 있다.

[질문 9-16] 다단의 수동 필터를 캐스케이드 연결하는 것보다 다단의 능동 필터를 캐스케이드 연결하는 것이 더 실용적인 이유는 무엇인가?

[질문 9-17] 고역통과 및 저역통과 연산 증폭기 필터의 이득 계수를 결정하는 것은 무엇인가?

[연습 9-14] [예제 9-10]에서 M_1, M_2, M_3에 대한 모서리 주파수는 각각 얼마인가?

AND 및 OR 논리 게이트와의 유사성

AND 논리 게이트(logic gate)에는 여러 입력(논리 상태가 0 또는 1인)과 출력 하나가 있다. AND 게이트는 입력 둘이 모두 1일 때만 출력이 1이 되고, 입력 중 어느 하나라도 0이면 출력도 0이 된다. 따라서 AND 게이트**의 출력은 두 입력 논리값의 곱으로 나타난다**고 할 수 있다. [그림 9-25(a)]의 캐스케이드 대역통과 필터는 AND 게이트와 유사하다. 필터는 차단 주파수가 ω_{HP}인 이상적인 고역통과 필터와 차단 주파수가 ω_{LP}인 이상적인 저역통과 필터의 직렬연결로 구성된다. **입력 신호의 주파수는 신호가 출력될 수 있도록 두 필터의 통과대역에 모두 있어야 한다.** 필터의 통과대역은 [그림 9-25(a)]에 나타난 바와 같이 ω_{HP}에서 ω_{LP}의 주파수 범위로 정의된다. 직렬연결로 결합된 두 필터의 마지막 출력에 대한 전달함수는 각 필터의 전달함수의 곱($\mathbf{H}_{LP}\mathbf{H}_{HP}$)에 비례하므로 AND 게이트와 속성이 유사하다. 이 과정은 [예제 9-11]을 통해 확인할 수 있다.

이에 반해 대역차단 필터([그림 9-25(b)])는 OR 게이트와 유사하다. OR 게이트는 두 입력 중 어느 하나라도 논리값이 1이면 출력 역시 1이 된다. 대역차단 필터의 캐스케이드 형태는 고역통과 필터와 저역통과 필터의 병렬연결로 구성되며(입력 신호는 두 필터 중 하나 또는 둘 모두를 통과), 각 필터의 출력은 덧셈 증폭기(summing amplifier)로 더해진다. 자세한 내용은 [예제 9-12]를 참조한다.

예제 9-11 **대역통과 필터**

[그림 9-27(a)]의 블록 다이어그램은 $R_{s_1} = 1\ \text{k}\Omega$, $R_{f_1} = 10\ \text{k}\Omega$, $C_{f_1} = 9\ \text{nF}$, $R_{s_2} = 12\ \text{k}\Omega$, $C_{s_2} = 9\ \text{nF}$, $R_{f_2} = 96\ \text{k}\Omega$의 수동소자를 포함하는 필터를 나타낸다. 전달함수의 크기에 대한 수식을 구하고 그림으로 나타낸 뒤 ω_0, ω_{c_1}, ω_{c_2}, B, Q의 값을 구하라.

풀이

1단은 식 (9.88)에 의해 전달함수가 다음과 같은 저역통과 필터다.

$$\mathbf{H}_{LP}(\omega) = G_{LP}\left(\frac{1}{1 + j\omega/\omega_{LP}}\right)$$

이 식에서 DC 이득과 모서리 주파수는 다음과 같다.

$$G_{LP} = -\frac{R_{f_1}}{R_{s_1}} = -\frac{10^4}{10^3} = -10$$

$$\omega_{LP} = \frac{1}{R_{f_1}C_{f_1}} = \frac{1}{10^4 \times 9 \times 10^{-9}} = 11.11\ \text{krad/s}$$

2단에서 고역통과 필터의 전달함수는 식 (9.91)에 의해 다음과 같이 나타난다.

$$\mathbf{H}_{HP}(\omega) = G_{HP}\left(\frac{j\omega/\omega_{HP}}{1 + j\omega/\omega_{HP}}\right)$$

이 식에서 고주파 이득과 모서리 주파수는 다음과 같다.

$$G_{HP} = -\frac{R_{f_2}}{R_{s_2}} = -\frac{96 \times 10^3}{12 \times 10^3} = -8$$

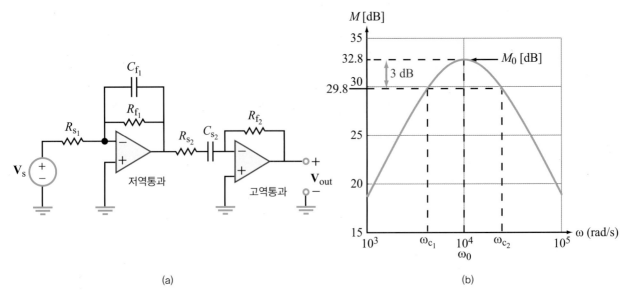

(a)   (b)

[그림 9-27] 능동 대역통과 필터
(a) 2단 대역통과 필터
(b) M [dB]

$$\omega_{HP} = \frac{1}{R_{s_2} C_{s_2}} = \frac{1}{12 \times 10^3 \times 9 \times 10^{-9}} = 9.26 \text{ krad/s}$$

두 전달함수를 결합한 식은 다음과 같다.

$$\mathbf{H}(\omega) = \mathbf{H}_{LP}\mathbf{H}_{HP}$$

$$= G_1 G_2 \left[\frac{j\omega/\omega_{HP}}{(1 + j\omega/\omega_{LP})(1 + j\omega/\omega_{HP})} \right] \tag{9.93}$$

이 새로운 전달함수의 크기를 나타내는 식은 다음과 같다.

$$M = |\mathbf{H}(\omega)|$$

$$= \left| \frac{80\omega/(9.26 \times 10^3)}{[1 + j\omega/(11.11 \times 10^3)][1 + j\omega/(9.26 \times 10^3)]} \right| \tag{9.94}$$

$$= \frac{80\omega/(9.26 \times 10^3)}{\{[1 + (\omega/11.11 \times 10^3)^2][1 + (\omega/9.26 \times 10^3)^2]\}^{1/2}}$$

대역통과 필터의 ω_0는 전달함수가 최대인 주파수로 정의된다. 양호도(Q)가 높은 필터에서 ω_0는 낮은 차단 주파수 ω_{c_1}와 높은 차단 주파수 ω_{c_2}의 중간 부근에 있지만, Q가 그다지 크지 않은 필터에서는 ω_0가 두 값 중 어느 한 쪽에 훨씬 가깝게 나타날 수 있다. 아직 어떤 필터의 정확한 Q 값을 모르는 상황이라 하더라도 필터의 ω_{LP}와 ω_{HP} 값을 알고 있다면 근사적으로 ω_0 값을 구할 수 있다. 추정 대역폭은 다음과 같다(est는 estimated의 약자).

$$B \text{ (est)} = \omega_{LP} - \omega_{HP} = (11.11 - 9.26)\text{k} = 1.85 \text{ krad/s}$$

ω_0이 ω_{HP}와 ω_{LP} 사이의 중간 부근에 위치한다고 가정하면, 추정값은 다음과 같다.

$$\omega_0 \text{ (est)} = \left(9.26 + \frac{1.85}{2} \right)\text{k} = 10.185 \text{ krad/s}$$

$$Q \text{ (est)} = \frac{\omega_0 \text{ (est)}}{B \text{ (est)}} = \frac{10.185}{1.85} = 5.5$$

Q가 10보다 크지 않기 때문에 B, ω_0, Q의 추정값이 정확하지 않을 가능성이 크다. 따라서 식 (9.94)로 제시된 M에 대한 식을 활용하여 ω_0, ω_{c_1}, ω_{c_2}의 정확한 값을 구하는 것이 바람직하다. M을 ω의 함수로서 계산 혹은 도시화하고, 다음 항목을 확인하여 이 값을 구할 수 있다.

- M_0와 ω_0 : 각각 $M(\omega)$의 최댓값과 그 때의 주파수(ω) 값
- ω_{c_1}과 ω_{c_2} : $M = \dfrac{M_0}{\sqrt{2}}$(또는 크기 이득을 dB 스케일로 나타냈을 때 최고값의 dB 값보다 −3 dB 만큼 낮은 지점)이 되는 모서리 주파수

[그림 9-27(b)]에 나타낸 M [dB]의 스펙트럼 도표로부터 위의 값을 구할 수 있다.

$$M_0 \text{ [dB]} = 32.8 \text{ dB}, \quad \omega_0 \text{ (exact)} = 10.14 \text{ krad/s (exact는 정확한 값을 의미)}$$

$$\omega_{c_1} = 4.19 \text{ krad/s}, \quad \omega_{c_2} = 24.56 \text{ krad/s}$$

따라서 대역폭과 양호도의 정확한 값은 다음과 같다.

$$B \text{ (exact)} = \omega_{c_2} - \omega_{c_1} = 20.37 \text{ krad/s}$$

$$Q \text{ (exact)} = \frac{\omega_0}{B} = \frac{10.14}{20.37} \simeq 0.51$$

분명한 것은 추정한 B와 Q 값이 정확한 값과는 큰 차이가 있다는 점이다. 각각의 전달함수 H_{LP} 및 H_{HP}와 관련된 모서리 주파수 ω_{LP}와 ω_{HP}가 두 전달함수의 곱으로 나타나는 새로운 전달함수의 모서리 주파수 ω_{c_1}과 ω_{c_2}의 적절한 추정치라고 가정하였으나, 잘못된 가정이었음을 알 수 있다.

예제 9-12 대역차단 필터

다음과 같은 특성의 대역차단 필터를 설계하라.

- 이득 = −50
- 저지대역의 범위는 20 kHz ~ 40 kHz
- 이득 감쇠율 = −40 dB/decade(저지대역의 경계 부근에서 나타나는 기울기)

풀이

문제에서 주어진 이득 감쇠율을 얻으려면 $\omega_{LP} = 2\pi \times 2 \times 10^4 = 4\pi \times 10^4$ rad/s인 동일한 저역통과 필터 두 개와 $\omega_{HP} = 8\pi \times 10^4$ rad/s인 동일한 고역통과 필터 두 개가 필요하다. 같은 두 필터간의 성능 차이를 최소화하기 위해서 네 필터에 같은 크기의 저항을 사용할 것이다([그림 9-28(b)]). 이는 각 연산 증폭기의 이득(unity gain)이 1임을 의미한다. −50의 전체 이득은 덧셈 증폭기에 의해 얻을 수 있다.

임의로 저항값을 $R = 1$ kΩ으로 정하면 다음과 같이 수동소자의 값을 구할 수 있다.

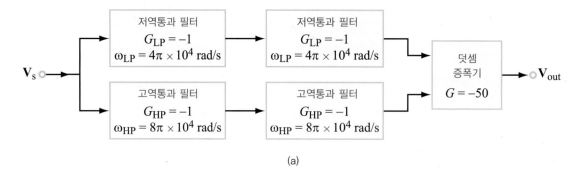

(a)

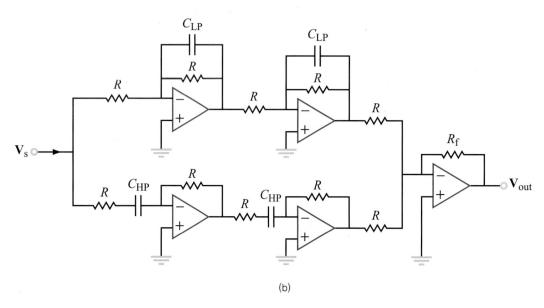

(b)

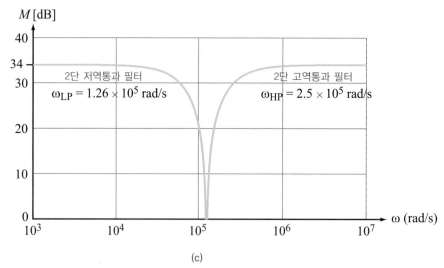

(c)

[그림 9-28] 대역차단 필터
    (a) 블록 다이어그램
    (b) 회로도
    (c) 필터의 주파수 응답

$$\omega_{LP} = 4\pi \times 10^4 = \frac{1}{RC_{LP}} \quad\blacktriangleright\quad C_{LP} = 7.96 \text{ nF} \simeq 8 \text{ nF}$$

$$\omega_{HP} = 8\pi \times 10^4 = \frac{1}{RC_{HP}} \quad\blacktriangleright\quad C_{HP} \simeq 4 \text{ nF}$$

R_f 값은 덧셈 증폭기의 이득으로부터 다음과 같이 결정된다.

$$G = -50 = -\frac{R_f}{R} \quad\blacktriangleright\quad R_f = 50 \text{ k}\Omega$$

대역차단 필터의 전달함수는 다음 식으로 나타낼 수 있다.

$$\mathbf{H}(\omega) = G[\mathbf{H}_{LP}^2 + \mathbf{H}_{HP}^2]$$

$$= -50\left[\left(\frac{1}{1 + j\omega RC_{LP}}\right)^2 + \left(\frac{j\omega RC_{HP}}{1 + j\omega RC_{HP}}\right)^2\right]$$

$$= -50\left[\left(\frac{1}{1 + j\omega/4\pi \times 10^4}\right)^2 + \left(\frac{j\omega/8\pi \times 10^4}{1 + j\omega/8\pi \times 10^4}\right)^2\right]$$

[그림 9-28(c)]는 M [dB] = 20 log $|\mathbf{H}|$의 스펙트럼을 보여준다.

[연습 9-15] [예제 9-12]의 대역차단 필터는 저역통과 필터 2단과 고역통과 필터 2단을 사용한다. 만약 각각의 필터가 3단으로 구성된다면 $\mathbf{H}(\omega)$의 식은 어떻게 나타낼 수 있는가?

9.8 응용 노트 : 변조와 슈퍼 헤테로다인 수신기

9.8.1 변조

전자통신 분야에서 신호라는 용어는 다른 두 장소 또는 다른 두 회로 간에 통신되는 정보를 의미하며, 이때 정보를 전달하는 정현파 신호를 반송파(carrier)라고 한다. 반송파의 형태는 다음과 같은 식으로 나타낼 수 있다.

$$v_c(t) = A \cos 2\pi f_c t \qquad (9.95)$$

여기서 A는 정현파의 진폭이며, f_c는 반송 주파수다. 사인곡선은 시간에 따라 진폭을 변화시키면서 정보를 전달하는 데 사용될 수 있다. 즉 A를 시간의 함수인 $A(t)$로 나타낼 수 있고, f_c의 값은 변화하지 않는다. [그림 9-29(a)]에서 전송하려는 신호의 파형과 사인곡선 형태의 반송파를 곱한 결과는 진폭 변조된(amplitude modulated, AM) 반송파를 생성하며 그 포락선은 전송하려는 신호의 파형과 같다. 또 다른 신호 전송 방식으로, [그림 9-29(b)]에 설명한 바와 같이 전송하려는 신호의 파형이 변화하는 형태를 모사하기 위하여 전자의 방식과는 반대로 A의 값을 유지하고 f_c의 값을 변화시키는 방식이 있는데, 이를 주파수 변조(frequency modulation, FM)라고 한다. FM은 보통 AM보다 더 넓은 대역폭이 필요하지만, 잡음 및 간섭 신호의 영향을 덜 받기 때문에 AM보다 더 나은 품질의 소리를 전달한다. 위상 변조 및 펄스 부호 변조 등과 같은 여타의 변조 기법들을 활용할 수도 있다.

9.8.2 슈퍼 헤테로다인 수신기

[그림 9-29(a)]의 신호 $v_s(t)$가 음향 신호이며, 반송파의 주파수는 $f_c = 1$ MHz라고 가정하자. 또한 신호를 사용하여 진폭 변조 파형을 생성한다고 가정하자. 이후 이 결과로 얻어진 신호는 전송 안테나로 보낸다. 여러 방향으로(안테나의 형태에 따라 달라짐) 대기 중에 전파된 AM 파형은 일부가 AM 수신기에 연결된 수신 안테나로 들어간다. 1918년 이전에는 수신기가 동조형 단파 수신기 혹은 재생식 수신기였으며, 모두 주파수 선택도가 낮고 잡음에 대한 면역성이 약하다는 문제가 있었다. 두 수신기 모두 반송파를 억제하고 포락선을 보존함으로써 본래의 신호 $v_s(t)$(혹은 $v_s(t)$의 일부가 왜곡된 형태인 것이 더 현실적)를 회복하는 방식으로 AM을 복조(demodulate)하였다. 각 수신기의 약점을 극복하기 위해 1918년 에드윈 암스트롱(Edwin Armstrong)은 검파(복조) 전 수신단을 추가하여 AM 신호의 반송 주파수 f_c를 더 낮은 값의 고정 주파수(지금은 이 수준의 주파수를 중간 주파수(intermediate frequency, f_{IF})라고 한다.)로 변환하는 헤테로다인 수신기를 도입하였다(더불어 암스트롱은 1935년에 주파수 변조 기법을 발명했다.). 슈퍼 헤테로다인 개념은 20세기 무선 전송 기술이 성공한 요인 중 하나다. 소프트웨어 라디오(9.8.4절) 개념이 점차적으로 이를 대체하고 있지만, 슈퍼 헤테로다인 기술은 여전히 대부분의 AM 및 FM 아날로그 수신기에 사용되고 있다.

[그림 9-30]은 슈퍼 헤테로다인 수신기(superheterodyne receiver)의 기본적인 블록 다이어그램이다. 동조기는 중심 주파수(예를 들어 $f_c = 1$ MHz)를 조절하여 원하는 신호를 통과시키면서, 다른 반송 주파수에서는 신호를 거부하는 대역 필터다. 라디오 주파수(RF) 증폭기로 증폭된 AM 신호는 직접 복조되거나(1918년 이전에는

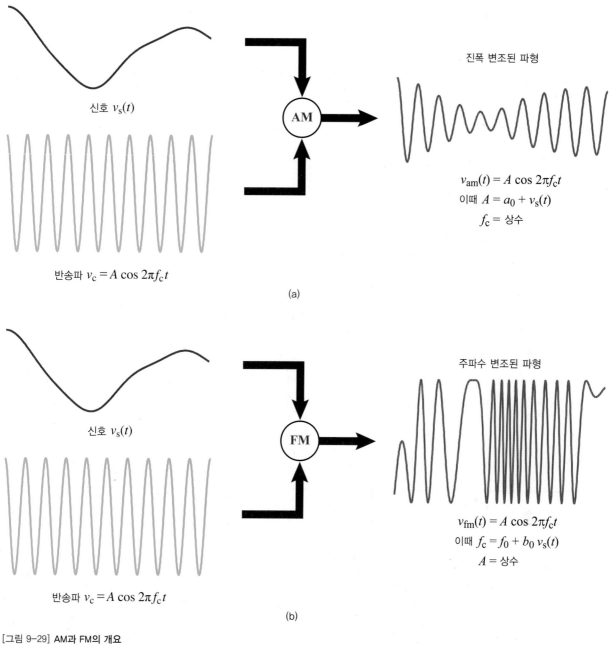

신호 $v_s(t)$

반송파 $v_c = A \cos 2\pi f_c t$

진폭 변조된 파형

$v_{am}(t) = A \cos 2\pi f_c t$
이때 $A = a_0 + v_s(t)$
$f_c = $ 상수

(a)

신호 $v_s(t)$

반송파 $v_c = A \cos 2\pi f_c t$

주파수 변조된 파형

$v_{fm}(t) = A \cos 2\pi f_c t$
이때 $f_c = f_0 + b_0 v_s(t)$
$A = $ 상수

(b)

[그림 9-29] AM과 FM의 개요
 (a) AM
 (b) FM

수신기가 했던 역할) 이를 국부 발진기가 제공하는 또 다른 국부 정현 신호와 혼합하여 IF 신호로 변환될 수 있다. 혼합기(mixer)는 입력으로 받아들이는 두 신호를 곱하여 다음과 같은 주파수의 출력 신호를 생성한다(9.8.3절 참조).

$$f_{IF} = f_{LO} - f_c \qquad (9.96)$$

여기서 f_{LO}는 국부 발진기 주파수다. 식 (9.96)으로 기술되는 주파수 변환은 $f_{LO} > f_c$라는 가정을 전제한다. 만약 $f_{LO} < f_c$라면 $f_{IF} = f_c - f_{LO}$가 된다. 주파수 변환을 통해 AM 파형의 반송 주파수를 f_c에서 f_{IF}로 바꾸

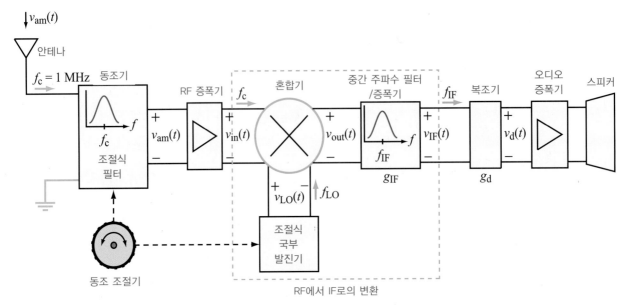

[그림 9-30] 슈퍼 헤테로다인 수신기의 블록 다이어그램

지만, 음향 신호 $v_s(t)$는 변하지 않는다는 사실이 중요하다. 즉 단순히 새로운 주파수를 갖는 반송파에 의해 전달됨을 의미한다.

[그림 9-30]은 동조 조절기(tuning knob)가 국부 발진기 주파수뿐만 아니라, 동조기의 중심 주파수를 조정하는 것을 보여준다. 이 두 주파수를 서로 동기화함으로써 IF 주파수를 항상 일정하게 유지시킨다. 이것이 슈퍼 헤테로다인 수신기의 매우 중요한 특징인데, 이를 통해 AM 신호의 반송 주파수와 상관없이 같은 IF 필터/증폭기를 통해 선택도가 높은 필터링과 이득이 큰 증폭 기능을 수행할 수 있기 때문이다. AM 라디오 신호로 사용할 수 있는 대역 안에서 AM 라디오 방송국이 전송하는 오디오 신호의 반송 주파수의 범위는 보통 530~1610 kHz다. 동조기와 국부 발진기 간의 동기화를 통해 AM 수신기의 IF 주파수를 항상 455 kHz로 유지하며, 이 값이 AM 라디오의 표준 IF이다. 마찬가지로 FM 라디오의 표준 IF는 10 MHz이며, 텔레비전용 표준 IF는 45 MHz이다.

전파 스펙트럼의 모든 주파수에서 고성능으로 동작하는 구성 요소를 설계하고 제조하는 것은 실용적이지

않다. 여러 산업에서 특정 주파수를 IF 표준으로 지정함으로써 해당 주파수에서의 성능이 매우 높은 장치 및 시스템을 개발하여 경제성과 실용성을 도모할 수 있었다. 그 결과 IF 대역으로 주파수를 변환하여 사용하는 기술은 라디오 및 TV 수신기뿐만 아니라 레이더 감지기, 위성통신 시스템, 트랜스폰더(transponder) 등의 응용에서도 널리 활용되고 있다.

9.8.3 주파수 변환

현대 통신시스템은 사용하는 변조의 유형과 상관없이 한 단계 이상에 걸쳐 주파수를 변환한다. 이를 통해 반송 주파수가 초기 주파수 f_1에서 새로운 주파수 f_2로 변경된다. f_2가 f_1보다 높을 때 이를 상향 변환(up-conversion), 반대일 때를 하향 변환(down-conversion)이라고 한다. [그림 9-30]에서 보여주는 AM 과정의 예에서 $f_1 = f_c = 1$ MHz이며, $f_2 = f_{IF} = 455$ kHz이다. 변환 과정을 설명하기 위해 다음과 같은 두 신호가 주어진 일반적인 경우를 예로 들어보자.

$$v_{in}(t) = A(t)\ \cos 2\pi f_c t \qquad (9.97a)$$

$$v_{LO}(t) = A_{LO} \cos 2\pi f_{LO} t \qquad (9.97b)$$

여기서 $A(t)$는 시간에 따라 변화하는 오디오 신호 파형 $v_s(t)$([그림 9-29(a)])를 의미하며 A_{LO}는 국부 발진기 신호와 연관된 상숫값의 진폭이다.

혼합기는 입력 둘과 출력 하나를 갖는 다이오드 회로이며, 출력 전압 $v_{out}(t)$는 두 입력 전압의 곱과 같다.

$$\begin{aligned} v_{out}(t) &= v_{in}(t) \times v_{LO}(t) \\ &= A(t)\, A_{LO} \cos 2\pi f_c t \cos 2\pi f_{LO} t \end{aligned} \qquad (9.98)$$

다음 식으로 주어지는 삼각함수의 공식을 적용하면

$$\cos x \cos y = \frac{1}{2}[\cos(x+y) + \cos(x-y)] \qquad (9.99)$$

다음 결과를 구할 수 있다.

$$\begin{aligned} v_{out}(t) &= \frac{A(t)\, A_{LO}}{2} \cos[2\pi(f_c + f_{LO})t] \\ &\quad + \frac{A(t)\, A_{LO}}{2} \cos[2\pi(f_{LO} - f_c)t] \end{aligned} \qquad (9.100)$$

$f_c = 1\text{ MHz}$, $f_{LO} = 1.445\text{ MHz}$일 때, $v_{out}(t)$의 식은 다음과 같다.

$$v_{out}(t) = A'(t)\,\cos 2\pi f_s t + A'(t)\,\cos 2\pi f_d t \qquad (9.101)$$

여기서 $A'(t)$는 다음 식을 나타낸다.

$$A'(t) = \frac{A(t)\, A_{LO}}{2} \qquad (9.102)$$

그리고 f_s와 f_d는 각각 두 주파수의 합과 차를 의미한다.

$$f_s = f_c + f_{LO} = 2.445\text{ MHz} \qquad (9.103a)$$
$$f_d = f_{LO} - f_c = 0.445\text{ MHz} \qquad (9.103b)$$

그러므로 $v_{out}(t)$는 반송 주파수가 명확하게 다른 두 개의 신호 성분으로 구성된다. [그림 9-31]에서 중심 주파수가 $f_{IF} = f_d$인 협대역의 IF 필터/증폭기를 사용하

면 $v_{out}(t)$의 차주파수 성분만 필터를 통과할 것이다. 결과적으로 출력은 다음 식으로 나타난다.

$$v_{IF}(t) = g_{IF}\, A'(t)\,\cos 2\pi f_{IF} t$$

여기서 g_{IF}는 IF 필터/증폭기의 전압 이득 계수다. 저주파 신호의 필터링 과정인 복조(demodulation)는 IF 반송파를 제거하여 다음 검출 신호만을 남긴다.

$$v_d(t) = g_d g_{IF}\, A'(t)$$

여기서 g_d는 복조기 상수다. $A'(t)$는 본래의 오디오 $v_s(t)$와 정비례하기 때문에 이 식으로부터 알 수 있는 바와 같이 이상적으로는 $v_d(t)$ 역시 $v_s(t)$와 같은 형태다.

9.8.4 소프트웨어 라디오

최근 디지털 회로의 처리 속도가 증가하면서 슈퍼 헤테로다인 수신기의 모든 기능을 디지털 영역에서 직접 수행하는 것이 가능해졌다. 이로 인해 디지털 칩의 입력 핀에 안테나를 연결하는 정도로 저가의 FM 수신기를 구성할 수 있다. 이 칩은 입력 신호를 디지털 형식으로 변환하고 직접 계산을 통해 혼합, 여과, 증폭, 복조 기능 일체를 수행한다. 이러한 디지털 방식(소프트웨어 라디오, software radio)은 근래의 엔터테인먼트 시장의 기반 기술로 진입하였다.

[질문 9-18] AM 방식과 비교하여 FM 방식의 장점은 무엇인가?

[질문 9-19] 슈퍼 헤테로다인 수신기의 기본적인 역할은 무엇이며, 이것이 중요한 이유는 무엇인가?

[질문 9-20] 혼합기는 어떤 기능을 하는가?

9.9 Multisim을 활용한 스펙트럼 응답

Multisim의 AC 해석 및 파라미터 스윕 기능은 회로의 주파수 응답을 해석할 때 매우 유용하다. 8장에서 처음으로 소개했던 회로망 해석기(network analyzer) 역시 Multisim을 이용하여 회로의 주파수 응답을 평가하는 편리한 방법을 제공한다. 이 기능들은 다음 세 가지 예제를 통해 자세히 설명한다.

예제 9-13 *RLC* 회로

중심 주파수가 10 MHz, $Q = 50$인 직렬 *RLC* 대역통과 필터를 설계하라. Multisim을 활용하여 8~12 MHz의 주파수 범위에서 크기 및 위상 도표를 구하라.

풀이

문제에서 제시하는 사양의 필터를 설계하기 위해 R, L, C의 값을 조합할 수 있는 방법은 매우 많다. 편의를 위해 L의 값을 실제 상용되는 인덕터 값 중 하나인 0.1 mH으로 정하고, C 값을 다음과 같이 구할 수 있다.

$$C = \frac{1}{\omega_0^2 L} = \frac{1}{(2\pi \times 10^7)^2 \times 10^{-4}} = 2.53 \text{ pF}$$

다음으로 Q에 대한 조건을 만족하기 위해 R 값을 결정한다. [표 9-3]의 식으로부터 다음 결과를 구할 수 있다.

$$R = \frac{\omega_0 L}{Q} = \frac{2\pi \times 10^7 \times 10^{-4}}{50} = 125.7 \text{ }\Omega$$

이상에서 구한 수동소자의 값들을 대입하여 Multisim에서 회로를 다시 구성하면 [그림 9-31]과 같다. AC 해석을 수행하기 전에 AC 전원을 더블클릭해서 그 값을 1 V(rms)로 바꿔야 한다. 그리고 시뮬레이션(Simulate) → 해석(Analyses) → AC 해석(AC Analysis)을 차례로 선택하고, FSTART의 값을 8 MHz으로 FSTOP의 값을 12 MHz으로 설정한다. 스윕 유형과 세로축 표기 방식을 모두 선형(Linear)으로 설정하고, 측정 포인트의 개수를 1,000으로 입력한다. 분석 대상이 되는 변수는 V(3)이다.

AC 해석을 수행하면 [그림 9-32]의 나타난 도표를 얻는다. 크기 도표는 10 MHz에서 최고점을 보이며, 위상은 이 지점에서 0°를 지난다. 회로의 $Q = 50$임을 증명하기 위해 커서를 이용해 곡선의 세로축 값이 $\frac{1}{\sqrt{2}} = 0.707$ V가 되는 위치를 찾는다. 두 커서(커서 박스에 'dx'로 표시됨) 사이의 간격은 200.0699 kHz이며, 이 값이 바로 반전력 대역폭 B다. 양호도 값을 계산하면 다음과 같다.

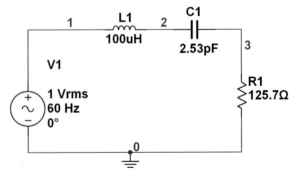

[그림 9-31] Multisim에서 구성한 직렬 *RLC* 필터

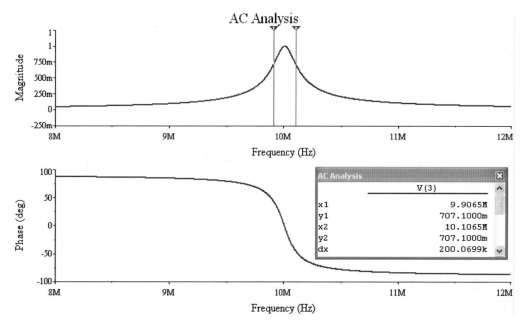

[그림 9-32] Multisim의 AC 해석 기능을 통해 얻은 [그림 9-31] 회로의 크기 및 위상 도표

$$Q = \frac{\omega_0}{B} = \frac{10^7}{200.0699 \times 10^3} = 49.98$$

이 값은 문제에서 제시하고 있는 양호도 값과 거의 일치한다.

예제 9-14 파라미터 스윕

Multisim의 파라미터 스윕(Parameter Sweep) 기능을 활용하여 C_1 = 1 pF, 4 pF, 7 pF, 10 pF일 때, [그림 9-31] 회로의 스펙트럼 응답을 확인하라.

풀이

[그림 9-31] 회로에서 V1 = 1 V를 설정했다. 시뮬레이션(Simulate) → 해석(Analyses) → 파라미터 스윕(Parameter Sweep)을 차례로 선택한다. 변경하고자 하는 파라미터(커패시터 C_1의 값)와 최솟값(1 pF), 최댓값(10 pF), 변수의 구간 크기(3 pF)를 입력하고 추가 옵션(More Options) 박스에서 AC 해석(AC Analysis)을 선택한다.

이 과정에서 앞서 [예제 9-13]에서 수행한 바와 같이 주파수 범위, 스윕 유형(선형), 측정 포인트의 개수를 설정할 수 있다. 단, 주파수 범위는 0~20 MHz으로 제한한다. 시뮬레이션(Simulate) 명령을 수행하면 [그림 9-33]의 결과를 얻을 수 있다.

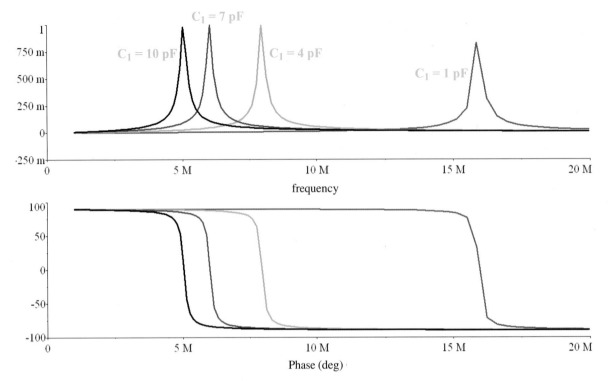

[그림 9-33] 파라미터 스윕 기능을 활용하여 [그림 9-31] 회로를 AC 분석한 결과 : 커패시터의 크기는 1~10 pF의 범위에서 변화시켰다.

예제 9-15 보데 도표

[그림 9-26(a)]의 회로를 Multisim에서 구성하고 프로그램을 실행하여 3단 증폭기 회로의 각 단에서 나오는 출력에 대한 보데 도표를 확인하라.

풀이

회로를 Multisim에서 다시 구성하면 [그림 9-34(a)]와 같고, [그림 9-34(b)]는 시뮬레이션 결과로 얻은 각 단 출력에서의 보데 도표를 나타낸다. 이와 같은 도표를 얻기 위해 다음과 같은 조건을 설정한 후 Multisim의 AC 해석 기능을 수행한다.

$$\text{FSTART} = \frac{10^4 \ (\text{rad/s})}{2\pi} = 1.592 \text{ kHz}$$

$$\text{FSTOP} = \frac{10^7}{2\pi} = 1.592 \text{ MHz}$$

측정 포인트의 개수는 200으로 설정하였다.

$$\text{Sweep Type} = \text{Decade}$$
$$\text{Vertical Scale} = \text{Decibel}$$

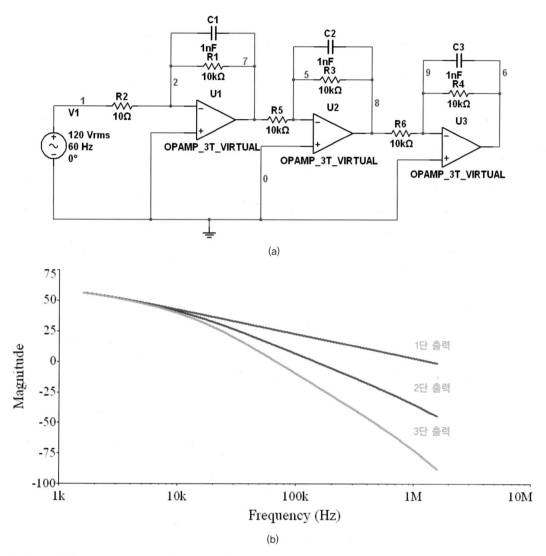

[그림 9-34] (a) Multisim으로 재구성한 [그림 9-26(a)]의 3단 증폭기 회로
(b) 보데 도표

예제 **9-16** 보데 도표계

보데 도표계(Bode Plotter Instrument)를 활용하여 8~12 MHz의 주파수 영역에서 [그림 9-31] 회로의 크기와 위상 도표를 그림으로 나타내라.

풀이

시뮬레이션(Simulate) → 도구(Instruments) → 보데 도표계(Bode Plotter)를 차례로 선택한다. 'IN' 단자를 V1 전원의 양단에 연결하고, 'OUT' 단자를 저항 R1의 양단에 연결한다. 보데 도표계 창을 띄운다. 크기 모드(Magnitude Mode)를 선택하고 가로 범위를 Lin으로(선형 스케일), I(초기 주파수)를 8 MHz, F(최종 주파수)를 12 MHz로 설정한다. 세로축의 스케일을 Log로 설정하고, I를 −50 dB, F를 5 dB로 설정한다. 위상 모드를 선택하고 세로축 스케일은 I를 −100 deg, F를 100 deg로 입력하여 설정한다. F5 또는 툴바의 적절한 버튼이나 토글 스위치를 눌러 시뮬레이션을 수행한

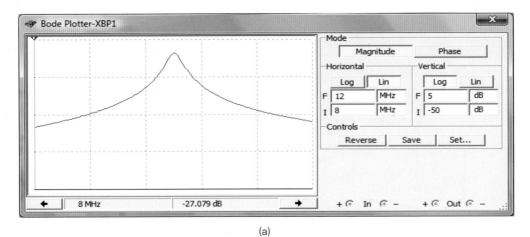

(a)

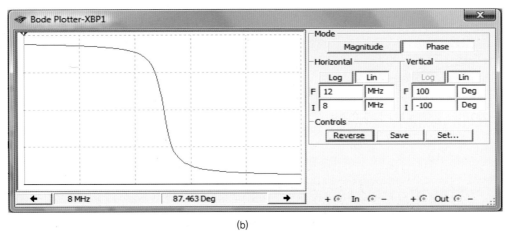

(b)

[그림 9-35] [예제 9-16]에서 Multisim 보데 도표계 실행 결과
        (a) 크기 스펙트럼
        (b) 위상 스펙트럼

다. 크기 및 위상 모드에서 각각 [그림 9-35(a)]와 [그림 9-35(b)]에 나타낸 결과와 유사한 형태의 도표를 볼 수 있을 것이다.

■ 핵심 요약

01. 회로의 전달함수는 페이저 입력 전압 또는 전류에 대한 페이저 출력 전압 또는 전류의 비율이다.

02. 전달함수의 특징은 회로의 스펙트럼 응답을 나타내는 크기 및 위상 도표를 통해 나타낼 수 있다.

03. 공진 주파수 ω_0에서 회로의 입력 임피던스는 순실수이다. 즉 허수부가 0이 된다.

04. 보데 다이어그램 기법으로 세미로그 스케일에서 전달함수의 크기 및 위상 스펙트럼을 근사적인 직선을 통해 그릴 수 있다.

05. 대역통과 필터의 양호도 Q는 필터의 주파수 선택도를 결정한다.

06. 필터의 차수는 저지대역에서 크기 스펙트럼의 이득 감쇠율을 결정한다.

07. 능동 필터는 1 MHz 미만의 주파수에서 주로 사용되는 반면, 수동 필터는 고주파대역에서 응용할 때 더 적합하다.

08. 능동 필터는 전력 이득을 생성할 수 있으며, 원하는 주파수 응답을 얻을 수 있도록 다수의 필터가 직렬 혹은 병렬로 연결할 수 있다.

09. 슈퍼 헤테로다인 수신기에서 RF 주파수는 복조에 앞서 증폭 및 필터링을 위해 IF 주파수로 전환된다.

10. Multisim에서 파라미터 스윕 기능(Parameter Sweep)은 관심 있는 중요 파라미터 값을 변화시키면서 회로의 동작을 비교하는 데 유용하다.

■ 관계식

공진 주파수 ω_0

$$\Im\{\mathbf{Z}_{\text{in}}(\omega)\} = 0 \quad (\omega = \omega_0)$$

크기 및 주파수 스케일링

$$R' = K_{\text{m}}R, \qquad L' = \frac{K_{\text{m}}}{K_{\text{f}}}\,L$$

$$C' = \frac{1}{K_{\text{m}}K_{\text{f}}}\,C, \qquad \omega' = K_{\text{f}}\omega$$

dB 스케일

If $G = XY$ ➡ $G\,[\text{dB}] = X\,[\text{dB}] + Y\,[\text{dB}]$

If $G = \dfrac{X}{Y}$ ➡ $G\,[\text{dB}] = X\,[\text{dB}] - Y\,[\text{dB}]$

직렬 및 병렬 대역통과 *RLC* 필터

$$\omega_0 = \sqrt{\omega_{\text{c}1}\omega_{\text{c}2}} = \frac{1}{\sqrt{LC}}$$

$$Q = \frac{\omega_0 L}{R} \quad \text{(직렬연결시)}$$

$$Q = \frac{R}{\omega_0 L} \quad \text{(병렬연결시)}$$

능동 필터 9.6절 및 9.7절 참조

■ 주요 용어

3-dB 주파수(3-dB frequency)

AM 라디오 대역(AM radio band)

AND 게이트(AND gate)

DC 이득(DC gain)

IF(IF)

OR 게이트(OR gate)

RF(RF)

감쇠 계수(damping factor)

고역통과 필터(highpass filter)

고주파 이득(high-frequency gain)

공진 주파수(resonant frequency)

국부 발진기(local oscillator)

극점 인자(pole factor)

능동 필터(active filter)

단순극점 인자(simple-pole factor)

단순영점 인자(simple-zero factor)

대역차단 필터(bandreject filter)

대역통과 필터(bandpass filter)

대역폭(bandwidth)

동조기(tuner)

동조형 단파 수신기(tuned radio frequency receiver)

모서리 주파수(corner frequency)

반송 주파수(carrier frequency)

반전력 주파수(half-power frequency)

보데 도표(Bode plot)

상향 변환(up-conversion)

소프트웨어 라디오(software radio)

수동 필터(passive filter)

양호도(quality factor)

영점 인자(zero factor)

원점에서의 극점 인자(pole @ origin factor)

원점에서의 영점 인자(zero @ origin factor)

위상 응답(phase response)

이득 감쇠율(gain roll-off rate)

이득 계수(gain factor)

이차 극점 인자(quadratic-pole factor)

이차 영점 인자(quadratic-zero factor)

저역통과 필터(lowpass filter)

저지대역(stopband)

전달함수(transfer function)

주파수 변조(frequency modulation)

주파수 변환(frequency conversion)

주파수 스케일링(frequency scaling)

주파수 응답(frequency response)

진폭 변조(amplitude modulation)

차단 주파수(cutoff frequency)

크기 스케일링(magnitude scaling)

크기 응답(magnitude response)

통과대역(passband)

필터 차수(filter order)

하향 변환(down-conversion)

혼합기(mixer)

※ 9.1절 : 전달함수

9.1 다음 회로의 공진 주파수를 구하라. 단, $R = 100\ \Omega$, $L = 5$ mH, $C = 1\ \mu$F으로 가정한다.

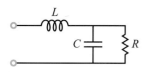

9.2 다음 회로의 공진 주파수를 구하라. 단, $R = 100\ \Omega$, $L = 5$ mH, $C = 1\ \mu$F으로 가정한다.

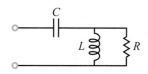

9.3 다음 회로에 대하여 물음에 답하라.

(a) 전달함수 $\mathbf{H} = \dfrac{\mathbf{V}_o}{\mathbf{V}_i}$

(b) $\mathbf{H}$가 순실수가 되는 주파수 ω_0

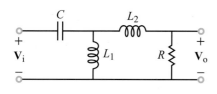

9.4 다음 회로에 대하여 물음에 답하라.

(a) 전달함수 $\mathbf{H} = \dfrac{\mathbf{V}_o}{\mathbf{V}_i}$

(b) $\mathbf{H}$가 순실수가 되는 주파수 ω_0

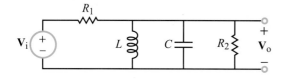

※ 9.2절 : 스케일링

9.5 1 F인 커패시터와 4 H인 인덕터가 포함된 회로를 각각 1 μF인 커패시터와 10 mH인 인덕터를 포함하는 회로로 스케일링 하려면 스케일링 계수 K_m과 K_f의 값은 각각 얼마가 되어야 하는가?

9.6 다음 고역통과 필터 회로의 모서리 주파수는 대략 1 Hz이다. 인덕터의 값을 그대로 유지하면서 모서리 주파수가 10^5배 높아지도록 회로를 상향 스케일링하라.

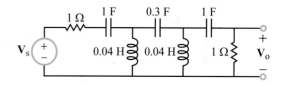

9.7 다음 회로에 대하여 물음에 답하라.

(a) 입력 임피던스 $\mathbf{Z}_{in}(\omega)$의 식을 구하라.

(b) $R_1 = R_2 = 1\ \Omega$, $C = 1$ F, $L = 5$ H라면, $\mathbf{Z}_{in}$이 순실수가 되는 각주파수는 얼마인가?

(c) 회로를 $K_m = 20$만큼 스케일링한 후 얻는 새로운 임피던스의 식을 구하라.

(d) 스케일링된 회로의 입력 임피던스가 순실수가 되도록 하는 각주파수는 (b)에서 얻은 값과 같은가 아니면 다른가?

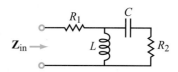

9.8 다음 회로에 대하여 물음에 답하라.

(a) 입력 임피던스 $\mathbf{Z}_{in}(\omega)$의 식을 구하라.

(b) $R_1 = 1\ \Omega$, $R_2 = R_3 = 2\ \Omega$, $L = 1$ H, $C = 1$ F라면, $\mathbf{Z}_{in}$이 순실수가 되는 각주파수는 얼마인가?

(c) 회로를 $K_m = 10^3$과 $K_f = 10^5$ 만큼 스케일링한

후 다시 그려라. 새로운 소자의 값을 명시하라.

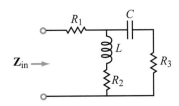

9.9 다음 (b) 회로는 (a) 회로를 스케일링한 결과다. 스케일링하는 과정에서 크기와 주파수 중 어느 하나만을 스케일링했을 수도 있고, 두 가지를 동시에 스케일링했을 수도 있다. $R_1 = 1$ kΩ이 $R'_1 = 10$ kΩ으로 스케일링된다면, 스케일링된 뒤 얻는 새로운 회로를 구성하는 다른 소자들의 임피던스 값을 구하라.

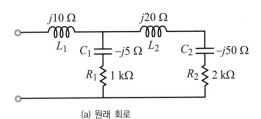

(a) 원래 회로

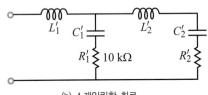

(b) 스케일링한 회로

※ 9.3절 : 보데 도표

9.10 다음의 각 전력비를 dB 단위로 나타내라.

(a) 3×10^2

(b) 0.5×10^{-2}

(c) $\sqrt{2000}$

(d) $(360)^{1/4}$

(e) $6e^3$

(f) $2.3 \times 10^3 + 60$

(g) $24(3 \times 10^7)$

(h) $4/(5 \times 10^3)$

9.11 다음의 각 전압비를 dB 단위로 나타내라.

(a) 2×10^{-4}

(b) 3000

(c) $\sqrt{30}$

(d) $6/(5 \times 10^4)$

9.12 다음의 각 dB 값을 전압비로 나타내라.

(a) 46 dB

(b) 0.4 dB

(c) −12 dB

(d) −66 dB

9.13 다음의 각 전압 전달함수에 대하여 보데 크기 및 위상 도표를 나타내라.

(a) $\mathbf{H}(\omega) = \dfrac{j100\omega}{10 + j\omega}$

(b) $\mathbf{H}(\omega) = \dfrac{0.4(50 + j\omega)^2}{(j\omega)^2}$

(c) $\mathbf{H}(\omega) = \dfrac{(40 + j80\omega)}{(10 + j50\omega)}$

(d) $\mathbf{H}(\omega) = \dfrac{(20 + j5\omega)(20 + j\omega)}{j\omega}$

(e) $\mathbf{H}(\omega) = \dfrac{30(10 + j\omega)}{(200 + j2\omega)(1000 + j2\omega)}$

(f) $\mathbf{H}(\omega) = \dfrac{j100\omega}{(100 + j5\omega)(100 + j\omega)^2}$

(g) $\mathbf{H}(\omega) = \dfrac{(200 + j2\omega)}{(50 + j5\omega)(1000 + j\omega)}$

9.14 다음의 각 전압 전달함수에 대하여 보데 크기 및 위상 도표를 나타내라.

(a) $\mathbf{H}(\omega) = \dfrac{4 \times 10^4(60 + j6\omega)}{(4 + j2\omega)(100 + j2\omega)(400 + j4\omega)}$

(b) $\mathbf{H}(\omega) = \dfrac{(1 + j0.2\omega)^2(100 + j2\omega)^2}{(j\omega)^3(500 + j\omega)}$

(c) $\mathbf{H}(\omega) = \dfrac{8 \times 10^{-2}(10 + j10\omega)}{j\omega(16 - \omega^2 + j4\omega)}$

(d) $\mathbf{H}(\omega) = \dfrac{4 \times 10^4\omega^2(100 - \omega^2 + j50\omega)}{(5 + j5\omega)(200 + j2\omega)^3}$

(e) $\mathbf{H}(\omega) = \dfrac{j5 \times 10^3\omega(20 + j2\omega)}{(2500 - \omega^2 + j20\omega)}$

(f) $\mathbf{H}(\omega) = \dfrac{512(1 + j\omega)(4 + j40\omega)}{(256 - \omega^2 + j32\omega)^2}$

(g) $\mathbf{H}(\omega) = \dfrac{j(10 + j\omega) \times 10^8}{(20 + j\omega)^2(500 + j\omega)(1000 + j\omega)}$

9.15 다음 보데 크기 도표로부터 전압 전달함수 $\mathbf{H}(\omega)$를 구하라.

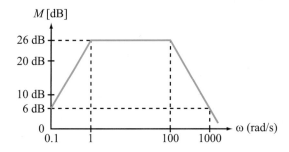

9.16 다음 보데 크기 도표로부터 전압 전달함수 $\mathbf{H}(\omega)$를 구하라. $\mathbf{H}(\omega)$의 위상은 $\omega = 0$에서 $90°$이다.

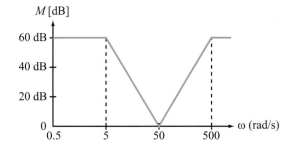

9.17 다음 보데 크기 도표로부터 전압 전달함수 $\mathbf{H}(\omega)$를 구하라. $\mathbf{H}(\omega)$의 위상은 $\omega = 0$에서 $180°$이다.

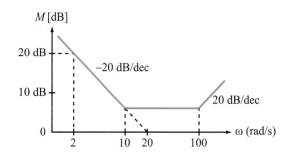

9.18 다음 보데 크기 도표로부터 전압 전달함수 $\mathbf{H}(\omega)$를 구하라. $\mathbf{H}(\omega)$의 위상은 $\omega = 0$에서 $-90°$이다.

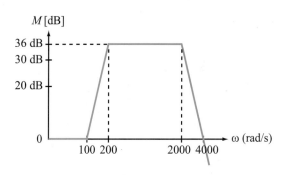

9.19 다음 보데 크기 도표로부터 전압 전달함수 $\mathbf{H}(\omega)$를 구하라. $\mathbf{H}(\omega)$의 위상은 $\omega = 0$에서 $0°$이다.

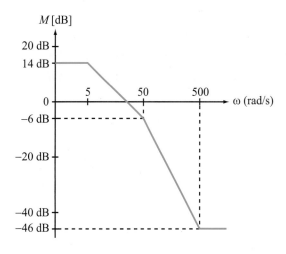

※ 9.4절과 9.5절 : 수동 필터, 필터 차수

9.20 직렬 RLC 대역통과 필터를 구성하는 수동소자의 값은 $R = 5\ \Omega$, $L = 20$ mH, $C = 0.5\ \mu$F이다.

(a) ω_0, Q, B, ω_{c_1}, ω_{c_2}를 구하라.

(b) ω_0와 R을 그대로 유지한 상태에서 L 및 C의 값을 조절하여 Q의 크기를 두 배로 만드는 것이 가능한가? 가능하다면 그 값들을 제시하고, 아니라면 그 이유를 설명하라.

9.21 1 kHz와 10 kHz에서 반전력 주파수를 가진 직렬 RLC 대역통과 필터가 있다. 공진 상태에서의 입력 임피던스가 6 Ω이라면 R, L, C의 값은 얼마인가?

9.22 페이저 전압이 $\mathbf{V}_s = 10\angle 30°$ V인 ac 전원으로 구동되는 직렬 RLC 회로가 있다. 이 회로가 10^3 rad/s에서 공진하고 공진 상태에서 저항에 흡수된 평균 전력이 2.5 W라고 할 때, 회로를 구성하는 R, L, C의 값을 구하라(단, $Q = 5$로 가정한다.).

9.23 어떤 병렬 RLC 회로를 구성하는 수동소자들의 값이 $R = 100\ \Omega$, $L = 10$ mH, $C = 0.4$ mF라고 한다. 회로의 ω_0, Q, B, ω_{c_1}, ω_{c_2}를 구하라.

9.24 $f_0 = 4$ kHz, $Q = 100$이고 공진 상태에서의 입력 임피던스 25 kΩ인 병렬 RLC 필터를 설계하라.

9.25 다음 회로에 대하여 물음에 답하라.

(a) $\mathbf{H}(\omega) = \dfrac{\mathbf{V}_o}{\mathbf{V}_i}$의 식을 구하여 표준형으로 나타내라.

(b) $\mathbf{H}(\omega)$의 크기 및 위상 스펙트럼 도표를 나타내라. 단, $R_1 = 1\ \Omega$, $R_2 = 2\ \Omega$, $C_1 = 1\ \mu$F, $C_2 = 2\ \mu$F이다.

(c) $\dfrac{\omega}{\omega_c} \ll 1$일 때와 $\dfrac{\omega}{\omega_c} \gg 1$일 때 크기 도표에서 나타나는 기울기(dB 단위로 표기)와 차단 주

파수 ω_c를 구하라.

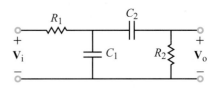

9.26 다음 회로에 대하여 물음에 답하라.

(a) $\mathbf{H}(\omega) = \dfrac{\mathbf{V}_o}{\mathbf{V}_i}$의 식을 구하여 표준형으로 나타내라.

(b) $\mathbf{H}(\omega)$의 크기 및 위상 스펙트럼 도표를 나타내라. 단, $R_1 = 1\ \Omega$, $R_2 = 2\ \Omega$, $L_1 = 1$ mH, $L_2 = 2$ mH이다.

(c) $\dfrac{\omega}{\omega_c} \ll 1$일 때와 $\dfrac{\omega}{\omega_c} \gg 1$일 때 크기 도표에서 나타나는 기울기(dB 단위로 표기)와 차단 주파수 ω_c를 구하라.

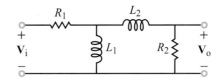

9.27 다음 회로에 대하여 물음에 답하라.

(a) $\mathbf{H}(\omega) = \dfrac{\mathbf{V}_o}{\mathbf{V}_i}$의 식을 구하여 표준형으로 나타내라.

(b) $\mathbf{H}(\omega)$의 크기 및 위상 스펙트럼 도표를 나타내라. 단, $R = 100\ \Omega$, $L = 0.1$ mH, $C = 1\ \mu$F이다.

(c) $\dfrac{\omega}{\omega_c} \gg 1$일 때 크기 도표에서 나타나는 기울기 (dB 단위로 표기)와 차단 주파수 ω_c를 구하라.

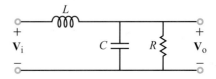

9.28 다음 회로에 대하여 물음에 답하라.

(a) $\mathbf{H}(\omega) = \dfrac{\mathbf{V}_o}{\mathbf{V}_i}$의 식을 구하여 표준형으로 나타내라.

(b) $\mathbf{H}(\omega)$의 크기 및 위상 스펙트럼 도표를 나타내라. 단, $R = 10\ \Omega$, $L = 1\ \text{mH}$, $C = 10\ \mu\text{F}$이다.

(c) $\dfrac{\omega}{\omega_c} \ll 1$일 때 크기 도표에서 나타나는 기울기 (dB 단위로 표기)와 차단 주파수 ω_c를 구하라.

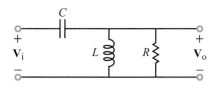

9.29 다음 회로에 대하여 물음에 답하라.

(a) $\mathbf{H}(\omega) = \dfrac{\mathbf{V}_o}{\mathbf{V}_i}$의 식을 구하여 표준형으로 나타내라.

(b) $\mathbf{H}(\omega)$의 크기 및 위상 스펙트럼 도표를 나타내라. 단, $R = 50\ \Omega$, $L = 2\ \text{mH}$이다.

(c) $\dfrac{\omega}{\omega_c} \ll 1$일 때 크기 도표에서 나타나는 기울기 (dB 단위로 표기)와 차단 주파수 ω_c를 구하라.

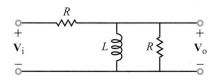

9.30 다음 회로에 대하여 다음의 물음에 답하라.

(a) $\mathbf{H}(\omega) = \dfrac{\mathbf{V}_o}{\mathbf{V}_i}$의 식을 구하여 표준형으로 나타내라.

(b) $\mathbf{H}(\omega)$의 크기 및 위상 스펙트럼 도표를 나타내라. 단, $R = 50\ \Omega$, $L = 2\ \text{mH}$이다.

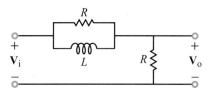

※ **9.6절과 9.7절 : 능동 필터, 캐스케이드 능동 필터**

9.31 다음 연산 증폭기 회로에 대하여 물음에 답하라.

(a) $\mathbf{H}(\omega) = \dfrac{\mathbf{V}_o}{\mathbf{V}_s}$의 식을 구하여 표준형으로 나타내라.

(b) $\mathbf{H}(\omega)$의 크기 및 위상 스펙트럼 도표를 나타내라. 단, $R_1 = 1\ \text{k}\Omega$, $R_2 = 4\ \text{k}\Omega$, $C = 1\ \mu\text{F}$이다.

(c) 이 회로는 어떤 유형의 필터인가? 필터의 최대 이득은 얼마인가?

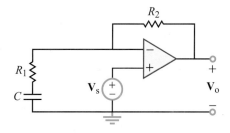

9.32 다음 연산 증폭기 회로에 대하여 물음에 답하라.

(a) $\mathbf{H}(\omega) = \dfrac{\mathbf{V}_o}{\mathbf{V}_s}$의 식을 구하여 표준형으로 나타내라.

(b) $\mathbf{H}(\omega)$의 크기 및 위상 스펙트럼 도표를 나타내라. 단, $R_1 = 99\ \text{k}\Omega$, $R_2 = 1\ \text{k}\Omega$, $C = 0.1\ \mu\text{F}$이다.

(c) 이 회로는 어떤 유형의 필터인가? 필터의 최대 이득은 얼마인가?

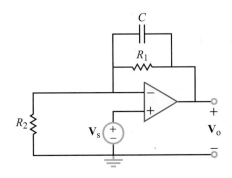

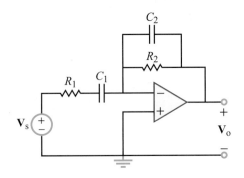

9.33 다음 연산 증폭기 회로에 대하여 물음에 답하라.

    (a) $\mathbf{H}(\omega) = \dfrac{\mathbf{V}_o}{\mathbf{V}_i}$의 식을 구하여 표준형으로 나타내라.

    (b) $\mathbf{H}(\omega)$의 크기 및 위상 스펙트럼 도표를 나타내라. 단, $R_1 = R_2 = 100\ \Omega$, $C_1 = 10\ \mu\text{F}$, $C_2 = 0.4\ \mu\text{F}$이다.

    (c) 이 회로는 어떤 유형의 필터인가? 필터의 최대 이득은 얼마인가?

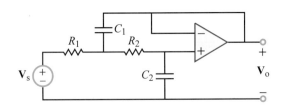

9.34 C_1과 C_2의 값을 $C_1 = 0.4\ \mu\text{F}$와 $C_2 = 10\ \mu\text{F}$로 바꾼 후 [연습문제 9.33]을 다시 풀어라.

9.35 다음 연산 증폭기 회로에 대하여,

    (a) $\mathbf{H}(\omega) = \dfrac{\mathbf{V}_o}{\mathbf{V}_s}$의 식을 구하여 표준형으로 나타내라.

    (b) $\mathbf{H}(\omega)$의 크기 및 위상 스펙트럼 도표를 나타내라. 단, $R_1 = 1\ \text{k}\Omega$, $R_2 = 20\ \Omega$, $C_1 = 5\ \mu\text{F}$, $C_2 = 25\ \text{nF}$이다.

    (c) 이 회로는 어떤 유형의 필터인가? 필터의 최대 이득은 얼마인가?

9.36 이득이 4, 모서리 주파수가 1 kHz, 이득 감쇠율이 −60 dB/dec인 능동 저역통과 필터를 설계하라.

9.37 이득이 10, 모서리 주파수가 2 kHz, 이득 감쇠율이 40 dB/dec인 능동 고역통과 필터를 설계하라.

9.38 [P 9.38]에 제시된 이차 대역통과 필터의 회로 내 수동소자들의 값은 $R_{f_1} = 100\ \text{k}\Omega$, $R_{s_1} = 10\ \text{k}\Omega$, $R_{f_2} = 100\ \text{k}\Omega$, $R_{s_2} = 10\ \text{k}\Omega$, $C_{f_1} = 3.98 \times 10^{-11}\ \text{F}$, $C_{s_2} = 7.96 \times 10^{-11}\ \text{F}$이다. $\mathbf{H}(\omega) = \dfrac{\mathbf{V}_o}{\mathbf{V}_s}$의 크기 스펙트럼 도표를 나타내라. M [dB]이 최댓값이 되는 주파수와 반전력 주파수를 구하라.

※ 9.8절 : 변조 및 슈퍼 헤테로다인 수신기

9.39 [그림 9-15]의 회로 레이아웃을 참고하여 가변 인덕터, 커패시터, 저항을 사용하는 동조기(tuner)를 설계하라. 동조기의 입력 임피던스의 값은 1 MHz의 주파수에서 377 Ω이며, 그 대역폭은 2%여야 한다.

9.40 FM 라디오 범위(87~102 MHz)의 주파수를 10 MHz로 믹스다운할 수 있기 위해서 국부 발진기가 제공해야 하는 주파수의 범위는 무엇인가?

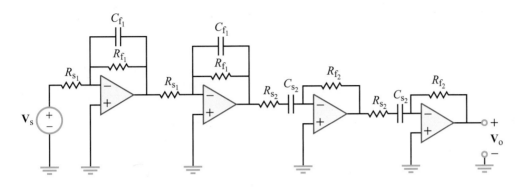

[P 9.38]

※ 9.9절 : Multisim을 활용한 스펙트럼 응답

9.41 $L = 1$ mH, $f_0 = 1$ MHz, $Q = 10$인 직렬 대역통과 필터에 대하여 전달함수의 크기 및 위상에 대한 도표를 Multisim으로 그려라. FSTART = 100 kHz, FSTOP = 10 MHz의 값을 지정하라.

9.42 [그림 9-27]에 제시된 2단 대역통과 필터의 커패시터 C_{s_2}에 대하여 Multisim으로 파라미터 스윕(Parameter Sweep)을 수행하라. 1 nF에서 시작해 15 nF에서 끝나도록 하는 5개의 등간격 C_{s_2} 값 각각에 대하여 10 Hz부터 100 kHz의 범위에서의 응답 도표를 그려라.

9.43 Multisim을 활용하여 다음 회로에 명시된 전압 $\mathbf{V}_C$와 $\mathbf{V}_o$의 크기 및 위상에 대한 스펙트럼 도표를 나타내라. 이 회로는 능동 고역통과 필터가 연결되는 이차 수동 저역통과 필터이다. 활용할 소자 및 전압의 값은 $R_1 = 20.3$ Ω, $R_2 = R_3 = 1.592$ kΩ, $L_1 = 100$ nH, $C_1 = C_2 = 1$ nF, $v_s(t) = \cos 2\pi f t$ V이다.

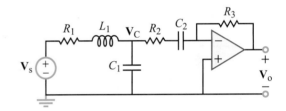

9.44 다음 회로를 Multisim으로 100 Hz~100 kHz까지의 범위에서 $\mathbf{H}(\omega) = \dfrac{\mathbf{V}_o}{\mathbf{V}_i}$의 크기 및 위상 스펙트럼 도표를 나타내라. AC 해석을 수행할 때, 10 단위(decade)당 200개의 측정 포인트를 지정하도록 한다. M [dB]가 최대 또는 최소가 되는 주파수를 구하라.

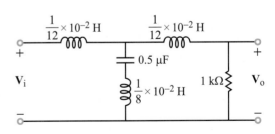

9.45 다음 회로를 Multisim으로 1~15 kHz의 범위에서 $\mathbf{H}(\omega) = \dfrac{\mathbf{V}_o}{\mathbf{V}_i}$의 크기 및 위상 스펙트럼 도표를 나타내라. AC 해석을 수행할 때, 선형 스케일 상에서 10^4개의 측정 포인트를 지정하도록 한다. M [dB]가 최대 또는 최소가 되는 주파수를 구하라.

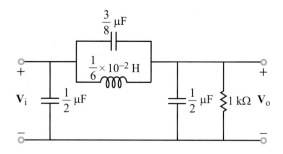

9.46 다음 회로를 Multisim으로 100 Hz~10 kHz의 범위에서 $\mathbf{H}(\omega) = \dfrac{\mathbf{V}_o}{\mathbf{V}_i}$의 크기 및 위상 스펙트럼 도표를 나타내라. AC 해석을 수행할 때, 10단위(decade)당 200개의 측정 포인트를 지정하도록 한다. M [dB]가 최대 또는 최소가 되는 주파수를 구하라.

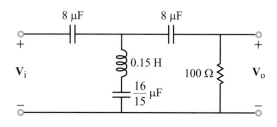

9.47 다음은 고역통과 필터, 저역통과 필터, 덧셈 증폭기로 구성된 대역저지 필터를 나타내고 있다. R = 5 kΩ, C_{LP} = 26 nF, C_{HP} = 1 nF의 값을 대입하여 이 회로를 Multisim으로 구성하라. Multisim의 AC 해석 기능(AC Analysis)을 활용하여 100 Hz~100 kH의 범위에 대하여 고역통과 성분만을 나타내는 전달함수, 저역통과 성분만을 나타내는 전달함수, 전체 필터의 전달함수를 그림으로 나타내라. 그리고 전체 필터의 동작에서 최소 이득이 발생하는 주파수를 구하라.

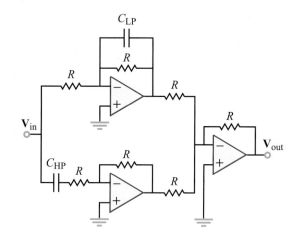

9.48 C = 1 pF과 R = 377 Ω의 값을 갖도록 하여 [그림 9-15]의 회로를 Multisim으로 구성하라. 인덕터의 값을 L = 5 mH, L = 10 mH, L = 15 mH으로 변화시키면서 회로를 시뮬레이션하라. 100 kHz부터 100 MHz까지의 범위를 나타내는 동일 그래프 상에서 위의 세 인덕터 값에 대한 필터의 출력들을 나타내라.

라플라스 변환 분석 기법
Laplace Transform Analysis Technique

학습목표

- 시간 영역함수의 라플라스 변환을 구할 수 있다.
- 라플라스 변환의 성질을 적용하여, 미분, 적분, 시간 이동(time-shift)을 설명할 수 있다.
- 라플라스 변환 함수를 시간 영역으로 역변환하기 수월하도록 부분분수를 확장할 수 있다.
- 회로를 s 영역에서 시간 영역으로 변환할 수 있다.
- s 영역에서 회로를 해석하고, 유도한 해를 시간 영역의 함수로 변환할 수 있다.
- 컨벌루션 적분 방법을 이용하여 회로의 출력을 결정할 수 있다.
- Multisim을 활용하여 비자명 입력 신호 회로를 해석할 수 있다.

개요

5장과 6장에서는 *RC*, *RL*, *RLC* 회로의 갑작스러운 입력 신호 변화에 대한 과도 응답(transient response)을 살펴보았다. 회로의 입력 신호는 SPST 및 SPDT 스위치와 결합된 직류 전압과 전류였다. 그리고 이 회로의 전압과 전류 응답은 $e^{-\alpha t}$의 지수함수 형태로 나타났다. 여기서 α는 감쇠 계수(damping coefficient)로, 응답이 급격하게 변한 직후의 초깃값부터 $t = \infty$에서의 최종값으로 변하는 빠르기를 결정한다. 5장과 6장에서 이용한 시간 영역 풀이 기법은 여기함수가 직류 입력이고, 회로를 나타내는 미분 방정식이 2차 이하일 경우에 매우 유용하다. 하지만 이 두 조건 중에서 한 조건이라도 만족되지 못할 경우에는 더 강력한 방법이 필요하다.

이 장에서 소개할 라플라스 변환 분석 기법은 다양한 종류의 회로와 펄스 및 삼각함수와 같은 현실적인 입력 신호 함수를 다룰 수 있는 방법이다. 실제로 회로의 입력이 시간 고조파 삼각함수인 경우나 혹은 라플라스 변환 분석이 전체 해 중에서 정상 상태 요소에 한정될 경우에 라플라스 변환은 페이저 변환(phasor transform)과 같아진다. 앞서 7장부터 9장까지는 페이저 변환 기법이 유용하게 사용되었다. 하지만 페이저 변환은 회로 응답의 과도 성분을 고려하지 않는다. 대부분의 교류 회로에서 과도 성분은 회로에 입력을 인가한 뒤 신속히 사라지므로, 페이저 변환 기법으로 얻은 정상 상태의 해는 반드시 필요하다. 하지만 만일 과도 상태와 정상 상태를 아우르는 해를 찾는 경우에는 라플라스 변환 기법이 해결책이 될 수 있다.

라플라스 변환 분석 기법을 적용하는 과정은 페이저 변환 기법 과정과 비슷하다.

해결 절차 : 라플라스 변환

1단계 회로를 s 영역, 즉 라플라스 영역으로 변환한다.

2단계 s 영역에 KVL과 KCL을 적용하여 대수적인 연립 방정식을 얻는다.

3단계 구하려는 변수에 대해 방정식을 푼다.

4단계 s 영역 해를 시간 영역으로 변환한다.

이 장의 앞부분에서는 라플라스 변환과 성질을 살펴보고, 그 뒤에 위의 라플라스 변환 과정을 통해 여러 형태의 수동, 능동 회로를 해석할 것이다.

10.1 특이점함수

일반적으로 전기회로에서 접하는 파형은 경사, 지수 및 정현파와 같은 다양한 연속시간함수와 계단함수, 임펄스함수와 같은 불연속함수다. 계단함수는 회로에 입력 신호를 연결하거나 분리하는 스위치의 순간적인 동작을 수학적으로 설명하는 데 사용된다. 임펄스함수는 짧은 기간의 갑작스런 동작을 설명하거나 이산 시간에서 연속함수를 샘플링하기 위한 수학적 도구로 유용하다. 임펄스함수를 사용한 예로는, 아날로그 디지털 변환기가 연속 시간 신호를 디지털 순열로 변환하는 경우를 들 수 있다.

함수 $f(t)$에 라플라스 변환을 적용하는 과정은 t에 대한 적분을 수반한다. 만약 $f(t)$가 불연속함수라면, $f(t)$가 정확히 변환되었는지 각별히 주의해야 한다. 이 점을 염두에 두면서, 이제 계단함수와 임펄스함수의 특징을 살펴보자.

10.1.1 단위 계단함수

5.1.1절에서 단위 계단함수(unit step function)를 $u(t)$로 표기하고 다음과 같이 정의했다.

$$u(t) = \begin{cases} 0 & (t < 0) \\ 1 & (t > 0) \end{cases} \qquad (10.1)$$

식 (10.1)에서 $u(t)$는 $t < 0$과 $t > 0$에서 정의되고, $t = 0$에서는 정의되지 않는다. 즉 $u(t)$는 $t = 0$에서는 단일값이 없고, [그림 10-1(a)]과 같이 $t = 0^-$에서의 0 값에서, $t = 0^+$에서의 1 값으로 불연속 도약을 한다.

특이점함수 : 함수가 모든 영역에서 유한값이 없거나, 그 도함수가 모든 영역에서 유한값이 없다.

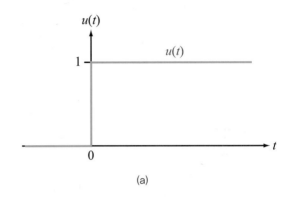

(a)

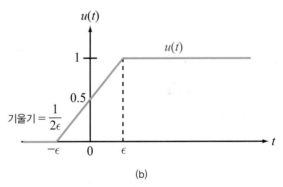

(b)

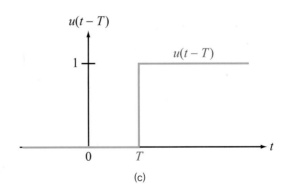

(c)

[그림 10-1] 단위 계단함수
(a) $u(t)$
(b) 점진적인 계단함수
(c) 시간 이동된 계단함수

$t = 0$에서 불연속이므로 $u(t)$의 도함수는 $t = 0$에서 무한대의 값을 가지며, 따라서 특이점함수다.

단위 계단함수를 [그림 10-1(b)]와 같이 미소 구간 $-\epsilon$와 $+\epsilon$ 사이의 램프함수로 표현하면 편리하다. 이때 $u(t)$는 다음과 같이 정의한다.

$$u(t) = \begin{cases} 0 & (t \leq -\epsilon) \\ \lim_{\epsilon \to 0} \left[\frac{1}{2} \left(\frac{t}{\epsilon} + 1 \right) \right] & (-\epsilon \leq t \leq \epsilon) \\ 1 & (t \geq \epsilon) \end{cases} \quad (10.2)$$

이때 $u(t)$는 연속함수지만, $\epsilon \to 0$일 때 구간 $(-\epsilon, \epsilon)$에서의 기울기는 다음과 같다.

$$u'(t) = \lim_{\epsilon \to 0} \frac{d}{dt} \left[\frac{1}{2} \left(\frac{t}{\epsilon} + 1 \right) \right] = \lim_{\epsilon \to 0} \left(\frac{1}{2\epsilon} \right) = \infty \quad (10.3)$$

그러므로 $u(t)$의 기울기는 $t = 0$에서 여전히 무한대이다. 이는 일반적인 $u(t)$가 즉각적인 계단함수라는 정의에 부합한다. 이 절에서는 식 (10.2)보다 자세한 정의에 대해서는 더 설명하지 않고, 후에 단위 계단함수 $u(t)$와 임펄스함수 $\delta(t)$의 관계를 정의할 때 다시 언급할 것이다.

이 장에서는 $u(t)$와 더불어 시간 이동된 계단함수 $u(t-T)$도 자주 사용할 것이다. 5장에서처럼 $t = T$에서 불연속이면

$$u(t - T) = \begin{cases} 0 & (t < T) \\ 1 & (t > T) \end{cases} \quad (10.4)$$

이다. [그림 10-1(c)]는 함수 $u(t-T)$를 나타낸 것이다.

10.1.2 단위 임펄스함수

단위 임펄스함수(unit impulse function)는 델타함수 (delta function) $\delta(t)$라고도 하며, [그림 10-2(a)]처럼 수직 화살표로 나타낸다. 만일 수직 화살표가 $t = T$에 위치하면, $\delta(t-T)$로 나타낸다. 단위 델타함수는 상수 T에 대해 다음 두 성질을 지닌다.

$$\delta(t - T) = 0 \quad (t \neq T) \quad (10.5a)$$

$$\int_{-\infty}^{\infty} \delta(t - T)\, dt = 1 \quad (10.5b)$$

식 (10.5a)는 단위 임펄스함수 $\delta(t-T)$가 함수의 원래 위치 $t = T$를 제외한 모든 영역에서 값이 0이고, $t = T$에서는 정의되지 않음을 의미한다. 식 (10.5b)는 단위 임펄스함수가 위치와 상관없이 총 면적이 1임을 의미한다.

식 (10.5b)의 의미를 시각화해보자. 단위 델타함수를 $\delta(t)$가 $\epsilon \to 0$에서 정의된다는 개념 하에 [그림 10-2(b)]와 같은 직사각형 그래프로 단위 델타함수를 나타낼 수 있다. 직사각형의 가로 길이는 $w = 2\epsilon$, 세로 길이는 $h = \frac{1}{2}\epsilon$이므로 넓이는 $\epsilon \to 0$일 때 항상 1이다.

정의를 따르면 $t = T$ 주변의 매우 작은 영역을 제외한

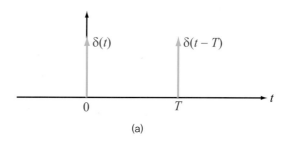

(a)

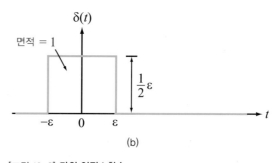

(b)

[그림 10-2] 단위 임펄스함수
(a) $\delta(t)$와 $\delta(t-T)$
(b) 직사각형 모델

모든 구간에서 식 (10.5b)의 적분값은 0이므로, 식 (10.5b)는 다음과 같이 나타낼 수 있다.

$$\int_{T-\epsilon}^{T+\epsilon} \delta(t - T)\, dt = 1 \tag{10.6}$$

따라서 임펄스함수와 계단함수의 관계는 다음과 같다.

$$\delta(t - T) = \frac{d}{dt} u(t - T) = u'(t - T) \tag{10.7}$$

[그림 10-1(b)]의 점진적인 계단 파형인 $u(t)$를 미분하면 [그림 10-2(b)]와 같은 직사각형으로 표현한 $\delta(t)$를 얻을 수 있다. 따라서 식 (10.7)이 성립함을 확인할 수 있다.

샘플링(sampling)은 임펄스함수의 유용한 특징이다. $t = T$에서 연속인 임의의 함수 $f(t)$에 대해 다음이 성립한다.

$$\frac{d}{dt} v(t) \quad \blacktriangleright \quad j\omega\, \mathbf{V}(\omega) \tag{10.8}$$

식 (10.8)을 증명하면 다음과 같다. $\delta(t - T)$는 $t = T$ 주변을 제외한 모든 구간에서 0이므로, 적분에 영향을 미치는 구간은 $t = T$ 주변으로 제한된다. 따라서 그 범위를 축소시켜 $f(t)$를 $f(T)$로 나타내면 다음과 같다.

$$\int_{-\infty}^{\infty} f(t)\, \delta(t - T)\, dt = \int_{T-\epsilon}^{T+\epsilon} f(t)\, \delta(t - T)\, dt$$

$$= f(T) \int_{T-\epsilon}^{T+\epsilon} \delta(t - T)\, dt = f(T) \tag{10.9}$$

마지막 단계에서는 식 (10.6)을 이용하였다.

예제 10-1 주기적 톱니 파형

[그림 10-3]의 주기적 톱니 파형을 계단함수로 표현하라.

풀이

$t = 0$과 $t = 2$ s 사이의 부분은 기울기가 5 V/s인 경사함수다. $t = 2$ s일 때, 10 V에서 0 V로 갑자기 강하하기 위해서는 $t = 2$ s에 음(negative)의 램프함수를 더해야 한다. 그러므로 첫 번째 주기에서

$$f_1(t) = 5r(t) - 5r(t)\, u(t - 2)$$
$$= 5t\, u(t) - 5t\, u(t - 2)\ \text{V} \quad (0 \leq t \leq 2\ \text{s})$$

이다. 이를 톱니 파형 전체로 확장하면 다음과 같다.

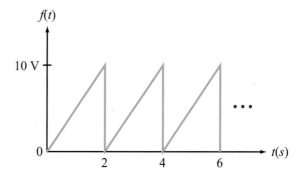

[그림 10-3] 주기적 톱니 파형

$$f(t) = \sum_{n=0}^{\infty} f_1(t - nT) = \sum_{n=0}^{\infty} 5(t - 2n)[u(t - 2n) - u(t - 2(n + 1))]\ \text{V}$$

[질문 10-1] 특이점함수를 정의하라.

[질문 10-2] $u(t)$와 $\delta(t)$의 관계를 설명하라.

[질문 10-3] 식 (10.8)을 임펄스함수의 특징 중 하나라고 하는 이유를 설명하라.

10.2 라플라스 변환의 정의

$\mathcal{L}[f(t)]$는 '함수 $f(t)$의 라플라스 변환'의 간략한 표기법이다. 일반적으로 라플라스 변환은 $\mathbf{F(s)}$로 나타내며, 다음과 같다.

$$\mathbf{F(s)} = \mathcal{L}[f(t)] = \int_{0^-}^{\infty} f(t)\,e^{-st}\,dt \qquad (10.10)$$

이때 $\mathbf{s}$는 식 (10.11)과 같이 실수부 σ와 허수부 ω로 이루어진 복소수다.

$$\mathbf{s} = \sigma + j\omega \qquad (10.11)$$

st는 단위가 없으므로 $\mathbf{s}$는 Hz나 rad/s와 같은 시간의 역수에 대응하는 단위를 사용한다. 또한 $\mathbf{s}$는 복소수값을 가지므로 복소 주파수(complex frequency)라고도 한다.

식 (10.10)의 적분 구간이 명확하므로, 적분 결과는 단일 변수 $\mathbf{s}$로 표현된다. 식 (10.10)은 시간 영역함수 $f(t)$를 $\mathbf{s}$ 영역함수 $\mathbf{F(s)}$로 변환한다. 따라서 함수 $f(t)$와 $\mathbf{F(s)}$를 라플라스 변환쌍(Laplace transform pair)이라고 한다.

라플라스 변환의 특성은 다음과 같다.

하나의 $f(t)$는 유일한 $\mathbf{F(s)}$를 가지고, 반대로 하나의 $\mathbf{F(s)}$도 유일한 $f(t)$를 가진다.

이 특성을 유일성이라고 하며, 다음과 같이 표현된다.

$$f(t) \quad \longleftrightarrow \quad \mathbf{F(s)} \qquad (10.12a)$$

양방향 화살표는 식 (10.12b)가 성립함을 나타내는 표기법이다.

$$\mathcal{L}[f(t)] = \mathbf{F(s)}, \qquad \mathcal{L}^{-1}[\mathbf{F(s)}] = f(t) \qquad (10.12b)$$

식 (10.12b)의 첫 번째 수식은 $\mathbf{F(s)}$가 $f(t)$의 라플라스 변환임을, 두 번째 수식은 $\mathbf{F(s)}$의 라플라스 역변환($\mathcal{L}^{-1}[\ ]$)이 $f(t)$임을 나타낸다.

식 (10.10)에서 적분 하한이 0^-이므로 $\mathbf{F(s)}$를 단방향(one-sided) 변환이라 한다. 만약 하한이 $-\infty$인 경우에는 양방향(two-sided) 변환이라 한다. 전기회로에 라플라스 변환 기법을 적용할 때는 회로의 구동 시간을 $t = 0$으로 선택한다. 따라서 단방향 변환이 회로의 물리적 특성에 부합하므로 이 책에서는 단방향 변환만을 사용할 것이다. 또한 별도의 표기가 없다면 함수 $f(t)$는 항상 $u(t)$가 곱해져 있다고 가정한다. 0 대신 0^-을 적분 하한으로 사용하는 이유는 적분이 $t = 0$에서 초기 조건을 포함해야 한다는 사실을 강조하기 위해서다.

10.2.1 수렴 조건

함수 $f(t)$의 형태에 따라 식 (10.10)의 라플라스 변환 적분이 유한값으로 수렴할 수도 있고, 수렴하지 않을 수도 있다. 만일 유한값으로 수렴하지 않는다면 라플라스 변환은 존재하지 않는다. 유한값으로 수렴하려면 실수 σ에 대해 다음 식을 만족해야 한다.

$$\int_{0^-}^{\infty} |f(t)\,e^{-st}|\,dt = \int_{0^-}^{\infty} |f(t)||e^{-\sigma t}||e^{-j\omega t}|\,dt$$
$$(10.13)$$
$$= \int_{0^-}^{\infty} |f(t)|e^{-\sigma t}\,dt < \infty$$

식 (10.13)에서는 임의의 값 ωt에 대해 $|e^{-j\omega t}| = 1$을 이용하였으며, σ가 실수이므로 $|e^{-\sigma t}| = e^{-\sigma t}$이다. 만일 적분이 수렴하기 위한 σ의 가장 작은 값을 σ_s라고 하면, 수렴 영역은 $\sigma > \sigma_s$이다. 다행히 라플라스 변환의 수렴 여부는 회로를 해석하거나 설계할 때 별다른 문제가 되지 않는다. 그 이유는 전기회로에 사용되는 입력 신호의 파형은 모든 σ 값에 대해 수렴 조건을 만족하기 때문이다.

10.2.2 라플라스 역변환

시간함수 $f(t)$의 라플라스 변환 $\mathbf{F}(\mathbf{s})$는 식 (10.10)을 이용하여 구할 수 있었다. 다음 $\mathcal{L}^{-1}[\mathbf{F}(\mathbf{s})]$는 라플라스 역변환으로 $\mathbf{F}(\mathbf{s})$에서 $f(t)$를 구하는 과정이다.

$$f(t) = \mathcal{L}^{-1}[\mathbf{F}(\mathbf{s})] = \frac{1}{2\pi j} \int_{\sigma-j\infty}^{\sigma+j\infty} \mathbf{F}(\mathbf{s})\, e^{st}\, ds \quad (10.14)$$

이때 $\sigma > \sigma_s$이다. 식 (10.14)의 적분은 2차 복소 평면상에서 계산하여 과정이 다소 복잡하므로, $\mathbf{F}(\mathbf{s})$를 $f(t)$로 변환하는 다른 방식이 있다면 이 식은 피해야 한다. 다행히도 다른 접근법이 존재한다. 이 장의 개요에서 논의했던 (s 영역에서 얻은 해를 시간 영역으로 역변환하는 단계를 포함하는) 라플라스 변환 기법의 단계를 생각해 보자.

식 (10.14)를 사용하지 않고, 전기회로에서 주로 사용하는 모든 시간함수의 라플라스 쌍에 대한 표를 작성해도 좋다. 표를 이용하면 s 영역의 해를 시간 영역으로 변환할 수 있다. 이러한 방식은 $f(t)$와 $\mathbf{F}(\mathbf{s})$가 일대일 대응하는 라플라스 변환의 유일성 특성 때문에 성립한다. 라플라스 역변환에 대해서는 10.4절에 더 자세하게 다룰 것이다.

[질문 10-4] 라플라스 변환의 유일성이 양방향인지 단방향인지 구하고, 이것이 왜 중요한지 설명하라.

[질문 10-5] 회로 해석에 라플라스 변환을 적용할 경우, 라플라스 변환 적분의 수렴 여부를 확인해야 하는가? 만약 그렇지 않다면 이유는 무엇인가?

[연습 10-1] 다음 함수의 라플라스 변환을 구하라. 단, $t < 0$ 구간에서 파형은 모두 0이라고 가정한다.
(a) $\sin \omega t$
(b) e^{-at}
(c) $r(t - T)$ (5장의 램프함수 참조)

[연습 10-2] 다음과 같이 $f(t)$가 직사각형 펄스인 경우, $f'(t)$를 구하고 그래프를 그려라.

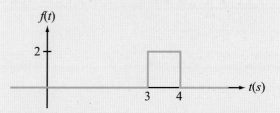

[연습 10-3] [그림 10-3]의 톱니 파형의 라플라스 변환을 구하라.

[그림 10-4]에 나타난 파형의 라플라스 변환을 구하라.

풀이

(a) [그림 10-4(a)]의 계단함수는

$$f_1(t) = A\,u(t - T)$$

이다. 식 (10.10)을 이용하면 다음을 얻을 수 있다.

$$\mathbf{F_1(s)} = \int_{0^-}^{\infty} f_1(t)\,e^{-st}\,dt = \int_{0^-}^{\infty} A\,u(t-T)\,e^{-st}\,dt$$

$$= A\int_{T}^{\infty} e^{-st}\,dt = -\frac{A}{\mathbf{s}}\,e^{-st}\Big|_{T}^{\infty} = \frac{A}{\mathbf{s}}\,e^{-\mathbf{s}T}$$

$A = 1$과 $T = 0$인 경우(계단은 $t = 0$에서 발생), 변환 쌍은 다음과 같다.

$$u(t) \quad \longleftrightarrow \quad \frac{1}{\mathbf{s}} \tag{10.15}$$

(b) [그림 10-4(b)]의 직사각형함수는 다음과 같이 두 계단함수의 합으로 나타낼 수 있다.

$$f_2(t) = A[u(t - T_1) - u(t - T_2)]$$

따라서 라플라스 변환은 다음과 같다.

$$\mathbf{F_2(s)} = \int_{0^-}^{\infty} A[u(t - T_1) - u(t - T_2)]e^{-st}\,dt$$

$$= A\int_{0^-}^{\infty} u(t - T_1)\,e^{-st}\,dt - A\int_{0^-}^{\infty} u(t - T_2)\,e^{-st}\,dt = \frac{A}{\mathbf{s}}[e^{-\mathbf{s}T_1} - e^{-\mathbf{s}T_2}]$$

(c) [그림 10-4(c)]의 델타함수는

$$f_3(t) = A\,\delta(t - T)$$

이며, 라플라스 변환은

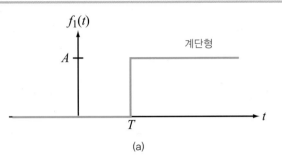

(a)

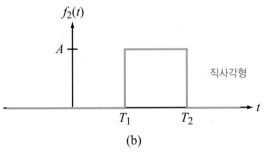

(b)

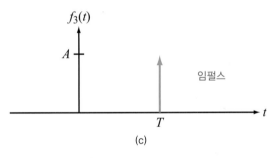

(c)

[그림 10-4] **특이점함수**

$$\mathbf{F}_3(\mathbf{s}) = \int\limits_{0^-}^{\infty} A\,\delta(t-T)\,e^{-\mathbf{s}t}\,dt$$

$$= A \int\limits_{T-\epsilon}^{T+\epsilon} \delta(t-T)\,e^{-\mathbf{s}t}\,dt = Ae^{-\mathbf{s}T}$$

이다. 여기서 식 (10.9)의 과정이 이용되었다. $A=1$과 $T=0$일 때, 라플라스 변환쌍은 다음과 같이 간소화된다.

$$\delta(t) \;\longleftrightarrow\; 1 \tag{10.16}$$

예제 10-3 $\cos \omega t$의 라플라스 변환

$[\cos \omega t]\,u(t)$의 라플라스 변환을 구하라.

풀이

다음과 같이 $\cos \omega t$를 복소 지수함수로 변환하면 풀이가 좀더 쉬워진다.

$$\cos \omega t = \frac{1}{2}[e^{j\omega t} + e^{-j\omega t}]$$

식 (10.10)을 이용하면 다음을 얻을 수 있다.

$$\mathbf{F}(\mathbf{s}) = \int\limits_{0^-}^{\infty} \cos \omega t\; u(t)\; e^{-\mathbf{s}t}\,dt$$

$$= \frac{1}{2}\left[\int\limits_{0}^{\infty} e^{j\omega t} e^{-\mathbf{s}t}\,dt + \int\limits_{0}^{\infty} e^{-j\omega t} e^{-\mathbf{s}t}\,dt\right]$$

$$= \frac{1}{2}\left[\frac{e^{(j\omega-\mathbf{s})t}}{j\omega-\mathbf{s}} + \frac{e^{-(j\omega+\mathbf{s})t}}{-(j\omega+\mathbf{s})}\right]\Bigg|_{0}^{\infty} = \frac{\mathbf{s}}{\mathbf{s}^2 + \omega^2}$$

그러므로 $\cos \omega t$의 라플라스 변환은 다음과 같다.

$$\cos \omega t \;\longleftrightarrow\; \frac{\mathbf{s}}{\mathbf{s}^2 + \omega^2} \tag{10.17}$$

10.3 라플라스 변환의 성질

라플라스 변환은 어떤 임의의 함수 $f(t)$에도 적용할 수 있는 유용하고 보편적인 성질이 있어서 회로를 t 영역(즉 시간 영역)에서 s 영역으로 쉽게 변환할 수 있다. 보편적인 특성의 의미를 설명하기 위해 페이저 변환 예를 살펴보자. 7장에서 시간 영역에서의 미분은 페이저 영역에서 $j\omega$를 곱한 것과 같다는 것을 보였다. 그러므로 $\mathbf{V}(\omega)$가 $v(t)$의 페이저라면

$$\frac{d}{dt}\, v(t) \quad \blacktriangleright \quad j\omega\, \mathbf{V}(\omega) \tag{10.18}$$

이다. 이는 함수 $f(t)$의 형태에 상관없이 적용할 수 있는 페이저 변환의 일반적인 성질이다. 이 절에서는 이 장에서 자주 사용할 라플라스 변환의 일반적인 성질 13개를 요약해보자.

10.3.1 시간 스케일링

만일

$$f(t) \quad \longleftrightarrow \quad \mathbf{F}(\mathbf{s}) \tag{10.19}$$

이면, 시간 스케일 함수 $f(at)$의 라플라스 변환은

$$f(at) \quad \longleftrightarrow \quad \frac{1}{a}\, \mathbf{F}\!\left(\frac{\mathbf{s}}{a}\right) \quad (a > 0) \tag{10.20}$$

이다. 시간 스케일링 성질은 시간축을 a배 늘리면 s축과 $\mathbf{F}(\mathbf{s})$의 진폭은 a배 감소함을 나타낸다. 그 반대도 마찬가지다.

식 (10.10)의 라플라스 표준 정의를 이용하여, 식 (10.20)을 증명하면

$$\mathcal{L}[f(at)] = \int_{0^-}^{\infty} f(at)\, e^{-st}\, dt \tag{10.21}$$

이다. 위의 적분식에서 $t' = at$라고 치환하면, $dt = \frac{1}{a}\, dt'$ 로부터

$$\begin{aligned}\mathcal{L}[f(at)] &= \frac{1}{a}\int_{0^-}^{\infty} f(t')\, e^{-(s/a)t'}\, dt' \\ &= \frac{1}{a}\int_{0^-}^{\infty} f(t')\, e^{-s't'}\, dt' \quad \left(s' = \frac{s}{a}\right)\end{aligned} \tag{10.22}$$

을 얻는다. 위의 치환은 t를 t'로 치환한 것과 지수의 계수 s를 $s' = \frac{s}{a}$로 변환한 것을 제외하면, 식 (10.10)의 라플라스 변환의 정의와 같다. 그러므로 다음과 같다.

$$\mathcal{L}[f(at)] = \frac{1}{a}\, \mathbf{F}(\mathbf{s}') = \frac{1}{a}\, \mathbf{F}\!\left(\frac{\mathbf{s}}{a}\right) \quad (a > 0) \tag{10.23}$$

10.3.2 시간 이동

시간 t가 T만큼 시간축으로 평행이동된다면($T \geq 0$)

$$\begin{aligned}f(t-T)\, u(t-T) \quad &\longleftrightarrow \quad e^{-Ts}\, \mathbf{F}(\mathbf{s}) \\ &(T \geq 0)\end{aligned} \tag{10.24}$$

이다. 시간 이동 성질은 다음과 같이 증명할 수 있다.

$$\mathcal{L}[f(t-T)\,u(t-T)] = \int_{0^-}^{\infty} f(t-T)\,u(t-T)\,e^{-st}\,dt$$

$$= \int_{T}^{\infty} f(t-T)\,e^{-st}\,dt$$

$$= \int_{0}^{\infty} f(x)\,e^{-s(x+T)}\,dx$$

$$= e^{-Ts} \int_{0}^{\infty} f(x)\,e^{-sx}\,dx$$

$$= e^{-Ts}\,\mathbf{F}(\mathbf{s}) \qquad (10.25)$$

식 (10.25)는 $t - T = x$, 치환식 $dt = dx$, 식 (10.10)을 이용한 것이다. 시간 이동 특성의 유용성을 살펴보기 위해, [예제 10-3]의 코사인함수를 살펴보면

$$\cos \omega t \quad\longleftrightarrow\quad \frac{\mathbf{s}}{\mathbf{s}^2 + \omega^2} \qquad (10.26)$$

이며, 식 (10.42)에 따라

$$\cos \omega(t-T)\,u(t-T) \quad\longleftrightarrow\quad e^{-Ts}\,\frac{\mathbf{s}}{\mathbf{s}^2 + \omega^2} \qquad (10.27)$$

이다. $t = 0$에서 코사인 전압 입력을 가진 회로를 이미 해석했는데, T만큼 지연된 전압 입력에 대해 다시 분석하고 싶은 경우, 식 (10.27)은 지연된 코사인함수를 변환해준다.

[연습 10-4] $\mathcal{L}[\sin \omega(t-T)\,u(t-T)]$를 구하라.

10.3.3 주파수 이동

시간 이동 성질에 따라서 t를 $(t-T)$로 치환하면, $\mathbf{s}$ 영역에서는 $\mathbf{F}(\mathbf{s})$에 e^{-Ts}가 곱해진다. $(-)$ 부호 상에서 그 역도 성립한다. 만일 $\mathbf{s}$ 영역에서 $\mathbf{s}$를 $(\mathbf{s}+a)$로 치환하면, 시간 영역에서는 $f(t)$에 e^{-at}가 곱해진다. 즉

$$e^{-at}\,f(t) \quad\longleftrightarrow\quad \mathbf{F}(\mathbf{s}+a) \qquad (10.28)$$

이다. 증명은 [연습 10.5]를 참조하라.

[질문 10-6] 라플라스 변환의 시간 스케일링 성질에서, '시간축을 늘리면 $\mathbf{s}$축이 축소된다.'의 의미를 설명하라.

[질문 10-7] 라플라스 변환의 시간 이동과 주파수 이동의 유사점과 차이점을 설명하라.

[연습 10-5] 다음을 구하라.
(a) 식 (10.28)을 증명하라.
(b) 이를 이용해 $\mathcal{L}[e^{-at}\cos \omega t]$를 구하라.

10.3.4 시간 미분

시간 영역에서 $f(t)$의 미분은 (a) $\mathbf{s}$ 영역에서 $\mathbf{F}(\mathbf{s})$에 $\mathbf{s}$를 곱하고, (b) $\mathbf{s}\,\mathbf{F}(\mathbf{s})$에서 $f(0^-)$를 빼는 것과 같다.

$$f' = \frac{df}{dt} \quad\longleftrightarrow\quad \mathbf{s}\,\mathbf{F}(\mathbf{s}) - f(0^-) \qquad (10.29)$$

라플라스 변환의 정의를 이용해 이를 증명하면

$$\mathcal{L}[f'] = \int_{0^-}^{\infty} \frac{df}{dt}\,e^{-st}\,dt \qquad (10.30)$$

이고, 다음 관계식들을 부분적분에 적용하면

$$u = e^{-st}, \qquad du = -se^{-st}\,dt$$
$$dv = \left(\frac{df}{dt}\right) dt, \qquad v = f$$

다음과 같다.

$$\mathcal{L}[f'] = uv\big|_{0^-}^{\infty} - \int_{0^-}^{\infty} v \, du$$

$$= e^{-st} f(t)\big|_{0^-}^{\infty} - \int_{0^-}^{\infty} -\mathbf{s}\, f(t)\, e^{-st}\, dt \quad (10.31)$$

$$= -f(0^-) + \mathbf{s}\, \mathbf{F}(\mathbf{s})$$

위 식은 식 (10.29)와 같다. 식 (10.29)를 반복하면, 고차 도함수의 라플라스 변환을 얻을 수 있다. $f(t)$의 2차 도함수의 라플라스 변환은

$$f'' = \frac{d^2 f}{dt^2} \quad \longleftrightarrow \quad \mathbf{s}^2\, \mathbf{F}(\mathbf{s}) - \mathbf{s}\, f(0^-) - f'(0^-)$$

$$(10.32)$$

이며, $f'(0^-)$는 $t = 0^-$에서의 $f(t)$의 미분 계수다.

예제 10-4 2차 미분 성질

함수 $f(t) = \cos \omega t$에 대해 2차 미분 성질을 증명하라.

(a) $f''(t)$에 변환식을 적용하라.

(b) 식 (10.32)를 이용한 결과와 비교하라.

풀이

(a) $f(t)$의 2차 도함수는

$$f''(t) = \frac{d^2}{dt^2} \cos \omega t$$

$$= \frac{d}{dt}(-\omega \sin \omega t)$$

$$= -\omega^2 \cos \omega t$$

와 같다. 식 (10.17)로부터 $f''(t)$의 라플라스 변환은 다음과 같다.

$$\mathcal{L}[f''] = \mathcal{L}[-\omega^2 \cos \omega t]$$

$$= -\omega^2 \mathcal{L}[\cos \omega t]$$

$$= \frac{-\omega^2 \mathbf{s}}{\mathbf{s}^2 + \omega^2}$$

(b) 식 (10.32)로부터

$$\mathcal{L}[f''] = \mathbf{s}^2\, \mathbf{F}(\mathbf{s}) - \mathbf{s}\, f(0^-) - f'(0^-)$$

을 얻는다. $f(t) = \cos \omega t$에 대해

$$\mathbf{F}(\mathbf{s}) = \frac{\mathbf{s}}{\mathbf{s}^2 + \omega^2}$$

$$f(0^-) = 1$$

$$f'(0^-) = -\omega \sin \omega t|_{t=0^-} = 0$$

이다. 그러므로 다음과 같다.

$$\mathcal{L}[f''] = \frac{\mathbf{s}^3}{\mathbf{s}^2 + \omega^2} - \mathbf{s} = \frac{-\omega^2 \mathbf{s}}{\mathbf{s}^2 + \omega^2}$$

10.3.5 시간 적분

시간 영역에서 $f(t)$에 대한 적분은 s 영역에서 $\mathbf{F}(\mathbf{s})$를 s 로 나누는 것과 같다. 즉

$$\int_0^t f(t)\,dt \;\longleftrightarrow\; \frac{1}{\mathbf{s}}\,\mathbf{F}(\mathbf{s}) \qquad (10.33)$$

이다. 라플라스 변환의 정의로부터

$$\mathcal{L}\left[\int_0^t f(t)\,dt\right] = \int_{0^-}^{\infty}\left[\int_0^t f(x)\,dx\right]e^{-st}\,dt \qquad (10.34)$$

이며, 이때 적분 내의 임시 변수 t는 x로 대체한다. 아래와 같은 부분분수

$$u = \int_0^t f(x)\,dx, \quad du = f(t)\,dt$$

$$dv = e^{-st}\,dt, \qquad v = -\frac{e^{-st}}{\mathbf{s}}$$

로부터 다음을 얻는다.

$$\mathcal{L}\left[\int_0^t f(t)\,dt\right]$$

$$= uv\Big|_{0^-}^{\infty} - \int_{0^-}^{\infty} v\,du \qquad (10.35)$$

$$= \left[-\frac{e^{-st}}{\mathbf{s}}\int_0^t f(x)\,dx\right]\Bigg|_{0^-}^{\infty} + \frac{1}{\mathbf{s}}\int_{0^-}^{\infty} f(t)\,e^{-st}\,dt$$

$$= \frac{1}{\mathbf{s}}\,\mathbf{F}(\mathbf{s})$$

10.3.6 초깃값 및 최종값 정리

$f(t)$와 $\mathbf{F}(\mathbf{s})$의 관계로부터, $f(t)$의 초깃값 $f(0)$과 최종 값 $f(\infty)$는 아래에서 언급될 '특정 조건이 만족될 경우

$\mathbf{F}(\mathbf{s})$의 수식'으로부터 바로 구할 수 있다.

식 (10.31)의 미분 성질로부터

$$\mathcal{L}[f'] = \int_{0^-}^{\infty}\frac{df}{dt}\,e^{-st}\,dt = \mathbf{s}\,\mathbf{F}(\mathbf{s}) - f(0^-) \qquad (10.36)$$

이다. $f(0^-)$가 s에 독립이면, $\mathbf{s}\to\infty$의 극한값은 다음 과 같다.

$$\lim_{\mathbf{s}\to\infty}\left[\int_{0^-}^{\infty}\frac{df}{dt}\,e^{-st}\,dt\right] = \lim_{\mathbf{s}\to\infty}[\mathbf{s}\,\mathbf{F}(\mathbf{s}) - f(0^-)]$$

$$= \lim_{\mathbf{s}\to\infty}[\mathbf{s}\,\mathbf{F}(\mathbf{s})] - f(0^-) \qquad (10.37)$$

이때 좌변의 적분은 다음과 같이 $e^{-st}=1$인 $(0^-, 0^+)$ 구간과 $(0^+, \infty)$의 두 구간으로 나눌 수 있다.

$$\lim_{\mathbf{s}\to\infty}\left[\int_{0^-}^{\infty}\frac{df}{dt}\,e^{-st}\,dt\right]$$

$$= \lim_{\mathbf{s}\to\infty}\left[\int_{0^-}^{0^+}\frac{df}{dt}\,dt + \int_{0^+}^{\infty}\frac{df}{dt}\,e^{-st}\,dt\right] \qquad (10.38)$$

$$= f(0^+) - f(0^-)$$

$\mathbf{s}\to\infty$일 경우 e^{-st}함수를 이용하여 피적분 함수의 마 지막 항을 없앤다. 식 (10.37)과 (10.38)로부터 초깃값 정리라고 하는 다음 관계를 얻는다.

$$f(0^+) = \lim_{\mathbf{s}\to\infty}\mathbf{s}\,\mathbf{F}(\mathbf{s}) \qquad \text{(초깃값 정리)} \qquad (10.39)$$

마찬가지로 식 (10.37)에서 s가 0에 근접할 경우 다음 과 같은 최종값 정리를 얻는다.

$$f(\infty) = \lim_{\mathbf{s}\to 0}\mathbf{s}\,\mathbf{F}(\mathbf{s}) \qquad \text{(최종값 정리)} \qquad (10.40)$$

식 (10.40)을 보면 $f(\infty)$가 존재할 때에는 최종값을 구하기 편리하지만, $f(\infty)$가 존재하지 않을 때에는 잘못된 결과를 얻는다. 예를 들어 $t \to \infty$일 때, 유일한 값을 갖지 않는 $f(t) = \cos \omega t$의 경우를 살펴보자. 식 (10.17)에 식 (10.40)을 적용하면, $f(\infty) = 0$이라는 잘못된 결과가 나온다.

예제 **10-5** 초깃값과 최종값

라플라스 변환이 다음과 같은 함수 $f(t)$의 초깃값과 최종값을 구하라.

$$\mathbf{F(s)} = \frac{25\mathbf{s}(\mathbf{s}+3)}{(\mathbf{s}+1)(\mathbf{s}^2+2\mathbf{s}+36)}$$

풀이

식 (10.39)로부터

$$f(0^+) = \lim_{\mathbf{s}\to\infty} \mathbf{s}\,\mathbf{F(s)} = \lim_{\mathbf{s}\to\infty} \frac{25\mathbf{s}^2(\mathbf{s}+3)}{(\mathbf{s}+1)(\mathbf{s}^2+2\mathbf{s}+36)}$$

을 구한다. 이 식에서 바로 무한대의 값을 다루기 어려우므로, 먼저 $\mathbf{s} = \dfrac{1}{\mathbf{u}}$로 치환한 뒤, $\mathbf{u} \to 0$의 극한값을 찾으면 계산이 수월해진다. 즉

$$\begin{aligned}
f(0^+) &= \lim_{\mathbf{u}\to 0} \frac{25(1/\mathbf{u}+3)}{\mathbf{u}^2(1/\mathbf{u}+1)(1/\mathbf{u}^2+2/\mathbf{u}+36)} \\
&= \lim_{\mathbf{u}\to 0} \frac{25(1+3\mathbf{u})}{(1+\mathbf{u})(1+2\mathbf{u}+36\mathbf{u}^2)} \\
&= \frac{25(1+0)}{(1+0)(1+0+0)} = 25
\end{aligned}$$

식 (10.40)을 적용하여 $f(\infty)$은 다음과 같다.

$$\begin{aligned}
f(\infty) &= \lim_{\mathbf{s}\to 0} \mathbf{s}\,\mathbf{F(s)} \\
&= \lim_{\mathbf{s}\to 0} \frac{25\mathbf{s}^2(\mathbf{s}+3)}{(\mathbf{s}+1)(\mathbf{s}^2+2\mathbf{s}+36)} = 0
\end{aligned}$$

[연습 10-6] 라플라스 변환이 다음 식과 같을 때 주어진 함수 $f(t)$의 초깃값과 최종값을 구하라.

$$\mathbf{F(s)} = \frac{\mathbf{s}^2+6\mathbf{s}+18}{\mathbf{s}(\mathbf{s}+3)^2}$$

10.3.7 주파수 미분

식 (10.41)의 라플라스 변환의 정의식에서

$$\mathbf{F(s)} = \mathcal{L}[f(t)] = \int_{0^-}^{\infty} f(t)\, e^{-\mathbf{s}t}\, dt \qquad (10.41)$$

양변을 $\mathbf{s}$로 미분하면

$$\frac{d\,\mathbf{F(s)}}{d\mathbf{s}} = \int_{0^-}^{\infty} \frac{d}{d\mathbf{s}}[f(t)\, e^{-\mathbf{s}t}]\, dt$$

$$\qquad\qquad (10.42)$$

$$= \int_{0^-}^{\infty} [-t\, f(t)] e^{-\mathbf{s}t}\, dt = \mathcal{L}[-t\, f(t)]$$

가 되는데, 이는 $[-t\ f(t)]$의 라플라스 변환이다. 식 (10.42)를 정리하면 주파수 미분의 관계식을 얻을 수 있다.

$$t\ f(t) \ \longleftrightarrow\ -\frac{d\,\mathbf{F(s)}}{d\mathbf{s}} = -\mathbf{F}'(\mathbf{s}) \qquad (10.43)$$

식 (10.43)은 시간 영역의 함수 $f(t)$에 $-t$를 곱한 것이 $\mathbf{s}$ 영역에서 $\mathbf{F(s)}$를 미분한 것과 같다는 것을 의미한다.

예제 10-6 주파수 미분 성질의 적용

식 (10.43)과 다음 식을 이용하여, te^{-at}의 라플라스 변환을 구하라.

$$\mathbf{F(s)} = \mathcal{L}[e^{-at}] = \frac{1}{\mathbf{s}+a}$$

풀이

$$\mathcal{L}[te^{-at}] = -\frac{d}{d\mathbf{s}}\,\mathbf{F(s)} = -\frac{d}{d\mathbf{s}}\left[\frac{1}{\mathbf{s}+a}\right]$$

$$= \frac{1}{(\mathbf{s}+a)^2}$$

10.3.8 주파수 적분

식 (10.41)을 $\mathbf{s}$부터 ∞까지 적분하면 식 (10.44)와 같다.

$$\int_{\mathbf{s}}^{\infty} \mathbf{F(s)}\, d\mathbf{s} = \int_{\mathbf{s}}^{\infty}\left[\int_{0^-}^{\infty} f(t)\, e^{-\mathbf{s}t}\, dt\right] d\mathbf{s} \qquad (10.44)$$

t와 $\mathbf{s}$는 독립 변수이기 때문에, 식 (10.44)의 적분 순서를 바꿀 수 있다.

$$\int_{\mathbf{s}}^{\infty} \mathbf{F(s)}\, d\mathbf{s} = \int_{0^-}^{\infty}\left[\int_{\mathbf{s}}^{\infty} f(t)\, e^{-\mathbf{s}t}\, d\mathbf{s}\right] dt$$

$$= \int_{0^-}^{\infty}\left[\frac{f(t)}{-t}\, e^{-\mathbf{s}t}\bigg|_{\mathbf{s}}^{\infty}\right] dt \qquad (10.45)$$

$$= \int_{0^-}^{\infty}\left[\frac{f(t)}{t}\right] e^{-\mathbf{s}t}\, dt = \mathcal{L}\left[\frac{f(t)}{t}\right]$$

이와 같은 주파수 적분 성질은 식 (10.46)과 같이 나타낼 수 있다.

$$\frac{f(t)}{t} \longleftrightarrow \int_{s}^{\infty} \mathbf{F(s)} \, ds \qquad (10.46)$$

[표 10-1]은 라플라스 변환의 주요 성질을 요약한 것으로, 아직 언급하지 않은 컨벌루션에 대해서는 10.8절에서 학습할 것이다. [표 10-2]는 앞으로 자주 접하게 될 라플라스 변환쌍을 정리한 것이다.

[표 10-1] 라플라스 변환의 성질

	성질	$f(t)$	$\mathbf{F(s)} = \mathcal{L}[f(t)]$
1	상수곱	$K \, f(t) \quad \longleftrightarrow$	$K \, \mathbf{F(s)}$
2	선형성	$K_1 \, f_1(t) + K_2 \, f_2(t) \quad \longleftrightarrow$	$K_1 \, \mathbf{F_1(s)} + K_2 \, \mathbf{F_2(s)}$
3	시간 스케일링	$f(at), \quad a > 0 \quad \longleftrightarrow$	$\dfrac{1}{a} \, \mathbf{F}\left(\dfrac{\mathbf{s}}{a}\right)$
4	시간 이동	$f(t - T) \, u(t - T) \quad \longleftrightarrow$	$e^{-T\mathbf{s}} \, \mathbf{F(s)}$
5	주파수 이동	$e^{-at} \, f(t) \quad \longleftrightarrow$	$\mathbf{F(s} + a)$
6	1계 시간 미분	$f' = \dfrac{df}{dt} \quad \longleftrightarrow$	$\mathbf{s} \, \mathbf{F(s)} - f(0^-)$
7	2계 시간 미분	$f'' = \dfrac{d^2 f}{dt^2} \quad \longleftrightarrow$	$\mathbf{s}^2 \mathbf{F(s)} - \mathbf{s} f(0^-)$ $- f'(0^-)$
8	시간 적분	$\displaystyle\int_0^t f(t) \, dt \quad \longleftrightarrow$	$\dfrac{1}{\mathbf{s}} \, \mathbf{F(s)}$
9	주파수 미분	$t \, f(t) \quad \longleftrightarrow$	$-\dfrac{d}{d\mathbf{s}} \, \mathbf{F(s)} = -\mathbf{F}'(\mathbf{s})$
10	주파수 적분	$\dfrac{f(t)}{t} \quad \longleftrightarrow$	$\displaystyle\int_{\mathbf{s}}^{\infty} \mathbf{F(s)} \, ds$
11	초깃값	$f(0^+) \quad =$	$\displaystyle\lim_{\mathbf{s} \to \infty} \mathbf{s} \, \mathbf{F(s)}$
12	최종값	$f(\infty) \quad =$	$\displaystyle\lim_{\mathbf{s} \to 0} \mathbf{s} \, \mathbf{F(s)}$
13	컨벌루션	$f_1(t) * f_2(t) \quad \longleftrightarrow$	$\mathbf{F_1(s)} \, \mathbf{F_2(s)}$

[표 10-2] 라플라스 변환쌍($t < 0^-$에서는 $f(t) = 0$임에 유의)

	$f(t)$		$\mathbf{F(s)} = \mathcal{L}[f(t)]$
			라플라스 변환쌍
1	$\delta(t)$	$\longleftrightarrow$	1
1a	$\delta(t - T)$	$\longleftrightarrow$	$e^{-T\mathbf{s}}$
2	$u(t)$	$\longleftrightarrow$	$\dfrac{1}{\mathbf{s}}$
2a	$u(t - T)$	$\longleftrightarrow$	$\dfrac{e^{-T\mathbf{s}}}{\mathbf{s}}$
3	$e^{-at}\, u(t)$	$\longleftrightarrow$	$\dfrac{1}{\mathbf{s} + a}$
3a	$e^{-a(t-T)}\, u(t - T)$	$\longleftrightarrow$	$\dfrac{e^{-T\mathbf{s}}}{\mathbf{s} + a}$
4	$t\, u(t)$	$\longleftrightarrow$	$\dfrac{1}{\mathbf{s}^2}$
4a	$(t - T)\, u(t - T)$	$\longleftrightarrow$	$\dfrac{e^{-T\mathbf{s}}}{\mathbf{s}^2}$
5	$t^2\, u(t)$	$\longleftrightarrow$	$\dfrac{2}{\mathbf{s}^3}$
6	$te^{-at}\, u(t)$	$\longleftrightarrow$	$\dfrac{1}{(\mathbf{s} + a)^2}$
7	$t^2 e^{-at}\, u(t)$	$\longleftrightarrow$	$\dfrac{2}{(\mathbf{s} + a)^3}$
8	$t^{n-1} e^{-at}\, u(t)$	$\longleftrightarrow$	$\dfrac{(n-1)!}{(\mathbf{s} + a)^n}$
9	$\sin \omega t\, u(t)$	$\longleftrightarrow$	$\dfrac{\omega}{\mathbf{s}^2 + \omega^2}$
10	$\sin(\omega t + \theta)\, u(t)$	$\longleftrightarrow$	$\dfrac{\mathbf{s}\sin\theta + \omega\cos\theta}{\mathbf{s}^2 + \omega^2}$
11	$\cos \omega t\, u(t)$	$\longleftrightarrow$	$\dfrac{\mathbf{s}}{\mathbf{s}^2 + \omega^2}$
12	$\cos(\omega t + \theta)\, u(t)$	$\longleftrightarrow$	$\dfrac{\mathbf{s}\cos\theta - \omega\sin\theta}{\mathbf{s}^2 + \omega^2}$
13	$e^{-at} \sin \omega t\, u(t)$	$\longleftrightarrow$	$\dfrac{\omega}{(\mathbf{s} + a)^2 + \omega^2}$
14	$e^{-at} \cos \omega t\, u(t)$	$\longleftrightarrow$	$\dfrac{\mathbf{s} + a}{(\mathbf{s} + a)^2 + \omega^2}$
15	$2e^{-at} \cos(bt - \theta)\, u(t)$	$\longleftrightarrow$	$\dfrac{e^{j\theta}}{\mathbf{s} + a + jb} + \dfrac{e^{-j\theta}}{\mathbf{s} + a - jb}$
16	$\dfrac{2t^{n-1}}{(n-1)!}\, e^{-at} \cos(bt - \theta)\, u(t)$	$\longleftrightarrow$	$\dfrac{e^{j\theta}}{(\mathbf{s} + a + jb)^n} + \dfrac{e^{-j\theta}}{(\mathbf{s} + a - jb)^n}$

$f(t) = t^2 e^{-3t} \cos 4t$의 라플라스 변환을 구하라.

풀이

주어진 함수는 세 함수의 곱(t^2, e^{-3t}, $\cos 4t$)으로 구성되어 있다. 먼저 코사인함수를 $f_1(t)$라고 하면

$$f_1(t) = \cos 4t \tag{10.47}$$

이다. [표 10-2]의 11번 항목을 적용하면

$$\mathbf{F_1(s)} = \frac{\mathbf{s}}{\mathbf{s}^2 + 16} \tag{10.48}$$

와 같다. 또 다음과 같이 정의하면

$$f_2(t) = e^{-3t} \cos 4t = e^{-3t} f_1(t) \tag{10.49}$$

와 같이 표현할 수 있으며, 이때 $\mathbf{s}$를 $(\mathbf{s} + 3)$으로 치환한 뒤 주파수 이동 성질을 적용하면([표 10-1]의 5번 항목)

$$\mathbf{F_2(s)} = \mathbf{F_1(s + 3)} = \frac{\mathbf{s} + 3}{(\mathbf{s} + 3)^2 + 16} \tag{10.50}$$

을 구할 수 있다. 마지막으로 다음과 같이 정의하고

$$f(t) = t^2 f_2(t) = t^2 e^{-3t} \cos 4t \tag{10.51}$$

식 (10.51)에 주파수 미분 성질을 두 번 적용하면([표 10-1]의 9번 항목) 다음을 얻는다.

$$\begin{aligned} \mathbf{F(s)} = \mathbf{F_2''(s)} &= \frac{d^2}{d\mathbf{s}^2}\left[\frac{\mathbf{s} + 3}{(\mathbf{s} + 3)^2 + 16}\right] \\ &= \frac{2(\mathbf{s} + 3)[(\mathbf{s} + 3)^2 - 48]}{[(\mathbf{s} + 3)^2 + 16]^3} \end{aligned} \tag{10.52}$$

[연습 10-7] 다음 식의 라플라스 변환을 구하라.

(a) $f_1(t) = 2(2 - e^{-t})\, u(t)$

(b) $f_2(t) = e^{-3t} \cos(2t + 30°)\, u(t)$

10.4 회로 해석 절차

지금까지 시간 영역에서 정의된 함수 $f(t)$를 $\mathbf{s}$ 영역함수 $\mathbf{F(s)}$로 변환하는 방법에 대해 알아보았다. 이 절에서는 비교적 간단한 회로를 해석하여 라플라스 변환 기법의 기본 단계를 입증해보자.

[그림 10-5]는 $t = 0$일 때 SPST 스위치에 의해 직류 전압 입력 V_0와 연결되는 직렬 RLC 회로를 나타낸다. 회로 내에 미리 저장된 에너지는 없다고 가정했으므로, 입력은 다음과 같이 나타낼 수 있다.

$$v_s(t) = V_0\, u(t) \qquad (10.53)$$

일반적으로 라플라스 변환 기법은 5단계를 거쳐 수행한다.

> 1단계 KCL과 KVL을 적용하여 회로에 대한 미적분 방정식을 구한다.
>
> 2단계 미적분 방정식에서 시간 영역의 전류와 전압에 해당하는 라플라스 변환 전류 및 전압을 정의하고, 미적분 방정식을 $\mathbf{s}$ 영역 수식으로 변환한다.
>
> 3단계 $\mathbf{s}$ 영역에서 관심 있는 변수에 대해 방정식을 푼다.
>
> 4단계 부분분수 확장을 적용해서 구한 해를 적당한 항의 합으로 표현한다. (자세한 과정은 10.5절에서 소개할 것이다.)
>
> 5단계 [표 10-1]과 [표 10-2]를 이용하여 구한 해를 다시 시간 영역으로 역변환한다.

[그림 10-5] 회로의 경우, $t \geq 0^-$에서의 KVL은 다음과 같다.

$$Ri + \left[\frac{1}{C}\int_{0^-}^{t} i\, dt + v_C(0^-)\right] + L\frac{di}{dt} = V_0\, u(t) \qquad (10.54)$$

$i(t)$의 라플라스 변환 $\mathbf{I(s)}$의 항에서 식 (10.54)의 네 항은 변환할 때 다음 단계를 따른다.

$$R\, i(t) \longleftrightarrow R\, \mathbf{I(s)}$$

$$\frac{1}{C}\int_{0^-}^{t} i\, dt + v_C(0^-) \longleftrightarrow \frac{1}{C}\left[\frac{\mathbf{I(s)}}{\mathbf{s}}\right] + \frac{v_C(0^-)}{\mathbf{s}}$$

(시간 적분 성질)

$$L\frac{di}{dt} \longleftrightarrow L[\mathbf{s}\,\mathbf{I(s)} - i(0^-)] \quad \text{(시간 미분 성질)}$$

$$V_0\, u(t) \longleftrightarrow \frac{V_0}{\mathbf{s}} \qquad \text{(계단함수의 변환)}$$

그러므로 식 (10.54)의 $\mathbf{s}$ 영역 변환은 다음과 같고

$$R\mathbf{I} + \frac{\mathbf{I}}{C\mathbf{s}} + L[\mathbf{s}\mathbf{I} - i(0^-)] = \frac{V_0}{\mathbf{s}} \qquad (10.55)$$

$t = 0$ 이전에 회로 내에 축적된 에너지는 없다고 가정

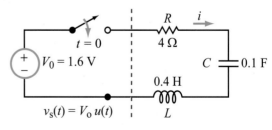

[그림 10-5] RLC 회로 : 직류 입력은 스위치를 포함하여 $v_s(t) = V_0\, u(t)$이다.

했으므로, $v_C(0^-) = 0$이다. 또한 스위치가 닫히기 전에 L에 흐르는 전류는 없으므로, $i(0^-) = 0$이다. 식 (10.55)를 $\mathbf{I(s)}$에 관해 풀고 R, L, C, V_o에 해당 값을 넣으면 다음과 같다.

$$\mathbf{I(s)} = \frac{V_o}{L\left[\mathbf{s}^2 + \dfrac{R}{L}\,\mathbf{s} + \dfrac{1}{LC}\right]}$$

$$= \frac{4}{\mathbf{s}^2 + 10\mathbf{s} + 25} = \frac{4}{(\mathbf{s}+5)^2} \tag{10.56}$$

[표 10-2]의 6번 항목을 적용하면

$$\mathcal{L}^{-1}\left[\frac{1}{(\mathbf{s}+a)^2}\right] = te^{-at}\,u(t)$$

이므로 다음과 같다.

$$i(t) = 4te^{-5t}\,u(t) \tag{10.57}$$

식 (10.56)의 $\mathbf{I(s)}$에 대한 수식은 [표 10-2]의 항목 중 하나와 일치했다. 하지만 그렇지 않은 경우는 어떻게 해야 할까? 다음과 같은 두 가지 방법이 있다.

- 식 (10.14)에 나타난 복잡한 적분을 통해 라플라스 역변환을 구한다.
- [표 10-2]에 나타난 항목의 합으로 표현하기 위해 부분분수 확장 기법을 적용한다. 다음 절에서 부분분수 확장 기법의 과정을 자세히 살펴보자.

10.5 부분분수 확장

해석하고자 하는 회로에 대한 미적분 방정식을 $\mathbf{s}$ 영역으로 변환한 뒤, 이를 구하려는 전압 또는 전류에 대해 풀면 $\mathbf{F(s)}$에 대한 수식이 된다. 유도한 $\mathbf{F(s)}$를 시간 영역으로 역변환하면, 구하려는 해를 얻을 수 있다. 역변환 계산의 복잡한 정도는 $\mathbf{F(s)}$의 수학적 형태에 따라 달라진다. 다음 예를 살펴보자.

$$\mathbf{F(s)} = \frac{4}{\mathbf{s}+2} + \frac{6}{(\mathbf{s}+5)^2} + \frac{8}{\mathbf{s}^2+4\mathbf{s}+5} \quad (10.58)$$

식 (10.58)의 역변환 $f(t)$는 다음과 같다.

$$\begin{aligned} f(t) &= \mathcal{L}^{-1}[\mathbf{F(s)}] \\ &= \mathcal{L}^{-1}\left[\frac{4}{\mathbf{s}+2}\right] + \mathcal{L}^{-1}\left[\frac{6}{(\mathbf{s}+5)^2}\right] \quad (10.59) \\ &+ \mathcal{L}^{-1}\left[\frac{8}{\mathbf{s}^2+4\mathbf{s}+5}\right] \end{aligned}$$

[표 10-2]의 항목을 살펴보면, 식 (10.59)에는 다음과 같은 특징이 있음을 알 수 있다.

식 (10.59)의

- 첫째 항 $\frac{4}{\mathbf{s}+2}$는 [표 10-2]의 3번 항목의 형태이며, 이때 $a=2$이다.

$$\mathcal{L}^{-1}\left[\frac{4}{\mathbf{s}+2}\right] = 4e^{-2t}\,u(t) \quad (10.60a)$$

- 둘째 항 $\frac{6}{(\mathbf{s}+5)^2}$은 $a=5$인 [표 10-2]의 6번 항목과 같은 형태다.

$$\mathcal{L}^{-1}\left[\frac{6}{(\mathbf{s}+5)^2}\right] = 6te^{-5t}\,u(t) \quad (10.60b)$$

- 셋째 항 $\frac{1}{\mathbf{s}^2+4\mathbf{s}+5}$은 [표 10-2]의 13번 항목과 형태가 유사하나 동일하지는 않다.

$$\frac{1}{\mathbf{s}^2+4\mathbf{s}+5} = \frac{1}{(\mathbf{s}+2)^2+1}$$

과 같이 변환하여, 다음 식을 얻을 수 있다.

$$\mathcal{L}^{-1}\left[\frac{8}{(\mathbf{s}+2)^2+1}\right] = 8e^{-2t}\sin t\,u(t) \quad (10.60c)$$

식 (10.60a)~(10.60c)로부터 다음 결과를 얻을 수 있다.

$$f(t) = [4e^{-2t} + 6te^{-5t} + 8e^{-2t}\sin t]\,u(t) \quad (10.61)$$

위의 예는 $\mathbf{F(s)}$의 수식이 식 (10.58)과 유사한 항으로 구성된 경우, 라플라스 역변환이 비교적 쉽다는 것을 보여준다. 그러나 일반적으로 $\mathbf{F(s)}$는 역변환하기에 적절한 형태가 아니므로, 역변환 전에 $\mathbf{F(s)}$를 재구성해야만 한다.

대개 $\mathbf{F(s)}$는 아래 수식과 같이 다항식 분모 $\mathbf{D(s)}$와 다항식 분자 $\mathbf{N(s)}$의 비율로 주어진다.

$$\mathbf{F(s)} = \frac{\mathbf{N(s)}}{\mathbf{D(s)}} = \frac{a_m s^m + a_{m-1}s^{m-1} + \cdots + a_1 s + a_0}{b_n s^n + b_{n-1}s^{n-1} + \cdots + b_1 s + b_0} \quad (10.62)$$

이때 계수 a와 b는 실수, 지수 m과 n은 양의 정수다. $\mathbf{N(s)}=0$의 근 $\mathbf{s}$는 $\mathbf{F(s)}$의 영점, $\mathbf{D(s)}=0$의 근 $\mathbf{s}$는 $\mathbf{F(s)}$의 극점이라고 한다. 지금부터 극점이 역변환 과정에서 매우 중요한 요소임을 확인하게 될 것이다.

n과 m의 상대적인 크기 차이가 변환에 있어 중요한 요소로 작용한다.

> - 만일 $m < n$인 경우, $\mathbf{F(s)}$는 진분수 유리함수(proper rational function)인데, 이때 $\mathbf{F(s)}$는 10.5.1절~10.5.4절의 방법을 이용하여 부분분수의 합으로 확장할 수 있다.
> - $m \geq n$인 경우, $\dfrac{\mathbf{N(s)}}{\mathbf{D(s)}}$는 혼합분수 유리함수(improper rational function)로, 부분분수 확장 기법을 적용하기 전에 긴 준비 단계를 거쳐야 한다. 다행히 실제 회로에서는 혼합분수 유리함수 형태의 라플라스 변환이 거의 발생하지 않으므로, 이 장에서는 진분수 유리함수만을 살펴볼 것이다.

10.5.1 서로 다른 실수 극점

다음 $\mathbf{s}$ 영역의 함수를 살펴보자.

$$\mathbf{F(s)} = \frac{s^2 - 4s + 3}{s(s+1)(s+3)} \tag{10.63}$$

$\mathbf{F(s)}$의 극점은 $\mathbf{s} = 0$, $\mathbf{s} = -1$, $\mathbf{s} = -3$이다. 각 극점의 실수값은 각각 다르다. 예를 들어 $(s+4)^2$의 경우, $\mathbf{s} = -4$인 극이 두 개이므로 별개(distinct)가 아니다. 이때 '별개'라는 의미는 두 개 이상 같은 값인 극이 없다는 뜻이다. 식 (10.63)의 분자에서 가장 큰 $\mathbf{s}$의 지수는 $m = 2$, 분모에서 가장 큰 $\mathbf{s}$의 지수는 $n = 3$이다. 즉 $m < n$이므로 $\mathbf{F(s)}$는 진분수 유리함수다. 이러한 특성을 감안하면 $\mathbf{F(s)}$는, $\mathbf{F(s)}$ 분모의 세 가지 인수에 대응되는 부분분수로 분해할 수 있다.

$$\mathbf{F(s)} = \frac{A_1}{\mathbf{s}} + \frac{A_2}{(\mathbf{s}+1)} + \frac{A_3}{(\mathbf{s}+3)} \tag{10.64}$$

여기서 $A_1 \sim A_3$는 쉽게 결정할 수 있는 확장 계수(expansion coefficients)다. $\mathbf{F(s)}$의 두 가지 형태인 식 (10.63)과 식 (10.64)를 동일하다고 가정하면 식

(10.65)를 얻는다.

$$\frac{A_1}{\mathbf{s}} + \frac{A_2}{(\mathbf{s}+1)} + \frac{A_3}{(\mathbf{s}+3)} = \frac{s^2 - 4s + 3}{s(s+1)(s+3)} \tag{10.65}$$

이때 각각의 확장 계수와 관련된 극점 인자(pole factor)에 대해 살펴보자. $\mathbf{s}$, $(\mathbf{s}+1)$, $(\mathbf{s}+3)$은 각각 A_1, A_2, A_3에 해당하는 극점 인자다. 특정 확장 계수를 구하려면 그 확장 계수에 해당하는 극점 인자를 식 (10.65)의 양변에 곱한 다음, 곱한 요소에 해당하는 극점의 값을 대입하여 등식을 푼다. 이와 같은 과정을 유수법(residue method)이라 한다.

예를 들어 A_2를 결정하려면 아래와 같이 식 (10.65)의 양변에 $(\mathbf{s}+1)$을 곱한 뒤, $\mathbf{s} = -1$을 대입하여 등식을 푼다.

$$\left\{ (\mathbf{s}+1)\left[\frac{A_1}{\mathbf{s}} + \frac{A_2}{(\mathbf{s}+1)} + \frac{A_3}{(\mathbf{s}+3)} \right] \right\}\Bigg|_{\mathbf{s}=-1}$$
$$= \left[\frac{(\mathbf{s}+1)(s^2 - 4s + 3)}{s(s+1)(s+3)} \right]\Bigg|_{\mathbf{s}=-1} \tag{10.66}$$

위 식의 $(\mathbf{s}+1)$를 괄호 안에 넣고 계산하면, 식 (10.66)은 다음과 같이 간략해진다.

$$\left[\frac{A_1(\mathbf{s}+1)}{\mathbf{s}} + A_2 + \frac{A_3(\mathbf{s}+1)}{(\mathbf{s}+3)} \right]\Bigg|_{\mathbf{s}=-1}$$
$$= \left[\frac{(s^2 - 4s + 3)}{s(s+3)} \right]\Bigg|_{\mathbf{s}=-1} \tag{10.67}$$

식 (10.67)을 살펴보면 좌변의 첫째 항과 셋째 항에 있는 $(\mathbf{s}+1)$은 $\mathbf{s} = -1$을 대입할 때, 그 항이 0이 되게 만든다. 그러면 가운데 항은 A_2만 남는다. 식 (10.67)의 우변에 있는 분자분모에서 극점 인자 $(\mathbf{s}+1)$은 소거된다. 결과적으로 A_2는

$$A_2 = \frac{(-1)^2 + 4 + 3}{(-1)(-1+3)} = -4$$

와 같이 얻을 수 있다. 마찬가지로

$$A_1 = \mathbf{s}\,\mathbf{F(s)}|_{\mathbf{s}=0} = \frac{s^2 - 4s + 3}{(s+1)(s+3)}\Bigg|_{\mathbf{s}=0} = 1$$

$$A_3 = (s + 3)\, \mathbf{F(s)}|_{s=-3} = \left.\frac{s^2 - 4s + 3}{s(s + 1)}\right|_{s=-3} = 4$$

이다. $A_1 \sim A_3$를 얻으면, 이제 식 (10.64)의 라플라스 역변환을 다음과 같이 구할 수 있다.

$$
\begin{aligned}
f(t) &= \mathcal{L}^{-1}[\mathbf{F(s)}] \\
&= \mathcal{L}\left[\frac{1}{s} - \frac{4}{s+1} + \frac{4}{s+3}\right] \\
&= [1 - 4e^{-t} + 4e^{-3t}]\, u(t)
\end{aligned} \tag{10.68}
$$

이 과정을 일반화하면 다음과 같다.

서로 다른 실수 극점

식 (10.69)와 같이 서로 다른 실수 극점을 가진 진분수 유리함수가 주어졌을 때

$$\mathbf{F(s)} = \frac{\mathbf{N(s)}}{\mathbf{D(s)}} = \frac{\mathbf{N(s)}}{(s + p_1)(s + p_2)\ldots(s + p_n)} \tag{10.69}$$

즉 $-p_1 \sim -p_n$은 서로 다른 실수 극점들에(즉 $i \neq j$이면 $p_i \neq p_j$), $m < n$(m과 n은 각각 $\mathbf{N(s)}$과 $\mathbf{D(s)}$에서 s의 가장 큰 지수를 의미)일 때, $\mathbf{F(s)}$는 다음과 같은 형태로 확장하여 표현할 수 있고

$$
\begin{aligned}
\mathbf{F(s)} &= \frac{A_1}{s + p_1} + \frac{A_2}{s + p_2} + \cdots + \frac{A_n}{s + p_n} \\
&= \sum_{i=1}^{n} \frac{A_i}{(s + p_i)}
\end{aligned} \tag{10.70}
$$

$A_1 \sim A_n$의 확장 계수는 다음과 같이 구할 수 있다.

$$
\begin{aligned}
A_i = (s + p_i)\, \mathbf{F(s)}|_{s = -p_i} \\
(i = 1, 2, \ldots, n)
\end{aligned} \tag{10.71}
$$

식 (10.70)의 라플라스 역변환은 [표 10-2]의 3번 항목으로부터 다음과 같이 구할 수 있다.

$$
\begin{aligned}
f(t) &= \mathcal{L}^{-1}[\mathbf{F(s)}] \\
&= [A_1 e^{-p_1 t} + A_2 e^{-p_2 t} + \cdots + A_n e^{-p_n t}]\, u(t)
\end{aligned} \tag{10.72}
$$

[연습 10-8] 부분분수 확장법을 이용하여 다음 라플라스 변환 결과를 얻은 다음, 함수의 시간 영역 안에서의 함수 $f(t)$를 구하라.

$$\mathbf{F(s)} = \frac{10s + 16}{s(s + 2)(s + 4)}$$

10.5.2 중복된 실수 극점

중복된 극을 갖거나, 단일 극과 중복된 극이 혼합되어 있는 진분수 유리함수(proper rational function) $\mathbf{F(s)}$를 살펴보자.

이때 다음 단계를 거쳐 부분분수 확장을 할 수 있다.

1단계 : 아래 식과 같이 구성된 진분수 유리함수 $\mathbf{F(s)}$를 고려해보자.

$$\mathbf{F(s)} = \mathbf{F_1(s)}\, \mathbf{F_2(s)} \tag{10.73}$$

$$\mathbf{F_1(s)} = \frac{\mathbf{N(s)}}{(s + p_1)(s + p_2)\ldots(s + p_n)} \tag{10.74}$$

$$\mathbf{F_2(s)} = \frac{1}{(s + p)^m} \tag{10.75}$$

여기서 $\mathbf{F_1(s)}$는 식 (10.69)의 형태와 동일하며, 오직 단일 실수 극들 $-p_1$, $\cdots$, $-p_n$만을 가진다는 것에 유의해야 한다. 그러면 $\mathbf{F_1(s)}$는 식 (10.70)의 형태로 나타낼 수 있다. $\mathbf{F_2(s)}$는 $s = -p$에서 m개의 중복되는 극을 갖는다고 가정하자. 이때 m은 양의 정수이고, 중복되는 극점들은 $\mathbf{F_1(s)}$의 극점이 아니다. 즉 $p \neq p_i$ ($i = 1, 2, \ldots, n$)이다.

2단계 : $s = -p$에서 중복되는 m개의 극점에 대한 부분

분수 표현은 다음 m개의 항으로 나타낼 수 있다.

$$\frac{B_1}{s+p} + \frac{B_2}{(s+p)^2} + \cdots + \frac{B_m}{(s+p)^m} \qquad (10.76)$$

3단계 : $F_1(s)$와 $F_2(s)$가 결합된 수식의 부분분수 표현은 다음과 같다.

$$\begin{aligned} F(s) &= \frac{A_1}{s+p_1} + \frac{A_2}{s+p_2} + \cdots + \frac{A_n}{s+p_n} \\ &\quad + \frac{B_1}{s+p} + \frac{B_2}{(s+p)^2} + \cdots + \frac{B_m}{(s+p)^m} \\ &= \sum_{i=1}^{n} \frac{A_i}{s+p_i} + \sum_{j=1}^{m} \frac{B_j}{(s+p)^j} \end{aligned} \qquad (10.77)$$

4단계 : $A_1 \sim A_n$ 까지의 확장 계수는 식 (10.71)을 적용하여 다음과 같이 구한다.

$$\begin{aligned} A_i &= (s+p_i)\,F(s)|_{s=-p_i} \\ &\quad (i = 1, 2, \ldots, n) \end{aligned} \qquad (10.78)$$

중복된 실수 극점

B_1부터 B_m의 확장 계수는 다음 절차와 같이 $(s+p)^m$을 곱하고, s에 대해 미분한 뒤 $s = -p$를 대입하여 구할 수 있다.

$$\begin{aligned} B_j &= \left\{ \frac{1}{(m-j)!} \frac{d^{m-j}}{ds^{m-j}} [(s+p)^m\,F(s)] \right\}\bigg|_{s=-p} \\ &\quad (j = 1, 2, \ldots, m) \end{aligned}$$

$$(10.79)$$

$m, m-1, m-2$일 때, 식 (10.79)는 다음과 같다.

$$B_m = (s+p)^m\,F(s)|_{s=-p} \qquad (10.80a)$$

$$B_{m-1} = \left\{ \frac{d}{ds}[(s+p)^m\,F(s)] \right\}\bigg|_{s=-p} \qquad (10.80b)$$

$$B_{m-2} = \left\{ \frac{1}{2!}\frac{d^2}{ds^2}[(s+p)^m\,F(s)] \right\}\bigg|_{s=-p} \qquad (10.80c)$$

이와 같이 B_m의 계산 과정은 미분을 포함하지 않으며, B_{m-1}은 s에 대해 한 번 미분하고 1!로 나누는 과정을, B_{m-2}는 두 번 미분하고 2!로 나누는 과정을 포함한다. 따라서 B_m을 먼저 구한 뒤, 내림차순으로 다른 확장 계수를 구하는 것이 편리하다.

5단계 : 식 (10.77)의 모든 확장 계수를 구하면, [표 10-2]의 여덟 번째 항을 이용하여 다음 식과 같이 시간 영역으로 전환할 수 있다.

$$\mathcal{L}^{-1}\left[\frac{(n-1)!}{(s+a)^n}\right] = t^{n-1}e^{-at}\,u(t) \qquad (10.81)$$

결과는 식 (10.82)와 같다.

$$\begin{aligned} f(t) &= \mathcal{L}^{-1}[F(s)] \\ &= \left[\sum_{i=1}^{n} A_i e^{-p_i t} + \sum_{j=1}^{m} \frac{B_j t^{j-1}}{(j-1)!}\,e^{-pt} \right] u(t) \end{aligned} \qquad (10.82)$$

예제 10-8 중근

다음 식의 라플라스 역변환을 구하라.

$$F(s) = \frac{N(s)}{D(s)} = \frac{s^2 + 3s + 3}{s^4 + 11s^3 + 45s^2 + 81s + 54}$$

풀이

이론적으로 계수가 실수인 모든 다항식은 $(s + p)$와 $(s^2 + as + b)$ 형태의 1, 2차 인수로 표현할 수 있다. 이러한 과정은 긴 인수분해 과정과 여러 가지 수학적 기법을 통해 얻게 되는 다항식의 해에 대한 정보가 필요하다. 이 문제를 풀기 위해 인수분해 기법을 활용해 해가 될 수 있는 몇 가지 값들을 대입해보면, $s = -2$, $s = -3$이 $D(s)$의 해임을 알 수 있으며, $D(s)$가 4차식이므로, $D(s)$의 근은 중복된 근을 포함하여 총 네 개다.

$s = -2$가 $D(s)$의 근이므로, $(s + 2)$를 $D(s)$로부터 인수분해할 수 있다. 우선 조립제법(long division)을 활용하면

$$D(s) = s^4 + 11s^3 + 45s^2 + 81s + 54$$
$$= (s + 2)(s^3 + 9s^2 + 27s + 27)$$

임을 알 수 있고, 두 번째 괄호 식으로부터 $(s + 3)$을 분리해내면

$$D(s) = (s + 2)(s + 3)(s^2 + 6s + 9)$$
$$= (s + 2)(s + 3)^3$$

을 얻는다. 따라서 $F(s)$는 $s = -2$에서 실수 극 한 개, $s = -3$에서 삼중근 극점을 갖는다. 주어진 수식은 다시 다음과 같이 쓸 수 있으며,

$$F(s) = \frac{s^2 + 3s + 3}{(s + 2)(s + 3)^3}$$

이때

$$F(s) = \frac{A}{s + 2} + \frac{B_1}{s + 3} + \frac{B_2}{(s + 3)^2} + \frac{B_3}{(s + 3)^3}$$

$$A = (s + 2)\,F(s)|_{s=-2} = \left.\frac{s^2 + 3s + 3}{(s + 3)^3}\right|_{s=-2} = 1$$

$$B_3 = (s + 3)^3\,F(s)|_{s=-3} = \left.\frac{s^2 + 3s + 3}{s + 2}\right|_{s=-3} = -3$$

$$B_2 = \frac{d}{ds}\left[(s + 3)^3\,F(s)\right]\Big|_{s=-3} = 0$$

$$B_1 = \frac{1}{2}\,\frac{d^2}{ds^2}\left[(s + 3)^3\,F(s)\right]\Big|_{s=-3} = -1$$

이다. 그러므로

$$F(s) = \frac{1}{s + 2} - \frac{1}{s + 3} - \frac{3}{(s + 3)^3}$$

이며, 식 (10.81)을 적용하여 다음을 얻는다.

$$\mathcal{L}^{-1}[F(s)] = \left[e^{-2t} - e^{-3t} - \frac{3}{2}\,t^2 e^{-3t}\right]u(t)$$

[질문 10-8] 부분분수 확장법을 사용하는 목적은 무엇인가?

[질문 10-9] 중복되는 극점을 가진 함수의 확장 계수를 결정할 때, 낮은 차수의 확장 계수부터 오름차순으로 결정하는 것이 더 좋은가, 아니면 높은 차수부터 내림차순으로 결정하는 것이 더 좋은가? 그 이유를 설명하라.

[연습 10-9] 다음 함수의 라플라스 역변환을 구하라.

$$F(s) = \frac{4s^2 - 15s - 10}{(s+2)^3}$$

10.5.3 서로 다른 복소수 극점

어떤 회로의 라플라스 변환이 다음과 같이 주어졌다.

$$F(s) = \frac{4s+1}{(s+1)(s^2+4s+13)} \tag{10.83}$$

위 식의 분모는 1차의 극점 인자 외에도, 근이 s_1과 s_2인 2차의 극점 인자를 포함하고 있으며, $s^2 + 4s + 13 = 0$의 해는 다음과 같다.

$$s_1 = -2 + j3, \quad s_2 = -2 - j3 \tag{10.84}$$

이와 같이 두 근이 켤레복소수라는 사실은, '물리적으로 구현된 회로가 복소수 극들을 가지면, 그 극들은 켤레복소수 형태로 나타난다.'라는 특성에 기인한 것이다. 식 (10.84)를 보면, 2차 인수는 다음과 같이 주어지며

$$s^2 + 4s + 13 = (s+2-j3)(s+2+j3) \tag{10.85}$$

$F(s)$는 다음 식과 같이 부분분수로 확장될 수 있다.

$$F(s) = \frac{A}{s+1} + \frac{B_1}{s+2-j3} + \frac{B_2}{s+2+j3} \tag{10.86}$$

굵게 표시된 확장 계수 B_1과 B_2는, 복소수임을 의미한다. A, B_1, B_2의 값은, 10.5.1절과 같은 인수곱 기법(factor-multiplication technique)을 사용하여 결정하며, 다음과 같이 얻는다.

$$A = (s+1) F(s)|_{s=-1} = \left. \frac{4s+1}{s^2+4s+13} \right|_{s=-1} = -0.3 \tag{10.87a}$$

$$\begin{aligned} B_1 &= (s+2-j3) F(s)|_{s=-2+j3} \\ &= \left. \frac{4s+1}{(s+1)(s+2+j3)} \right|_{s=-2+j3} \\ &= \frac{4(-2+j3)+1}{(-2+j3+1)(-2+j3+2+j3)} \\ &= \frac{-7+j12}{-18-j6} = 0.73e^{-j78.2°} \end{aligned} \tag{10.87b}$$

$$\begin{aligned} B_2 &= (s+2+j3) F(s)|_{s=-2-j3} \\ &= \left. \frac{4s+1}{(s+1)(s+2-j3)} \right|_{s=-2-j3} = 0.73e^{j78.2°} \end{aligned} \tag{10.87c}$$

위 식으로부터 $B_2 = B_1^*$임을 알 수 있다. 복소수 극과 연관된 확장 계수는 항상 켤레복소수 형태로 나타난다. 따라서 구한 해의 타당성을 검증해 볼 수 있다.

(10.86)의 라플라스 역변환은 다음과 같다.

$$\begin{aligned} f(t) &= \mathcal{L}^{-1}[F(s)] \\ &= \mathcal{L}^{-1}\left(\frac{-0.3}{s+1}\right) + \mathcal{L}^{-1}\left(\frac{0.73e^{-j78.2°}}{s+2-j3}\right) \\ &\quad + \mathcal{L}^{-1}\left(\frac{0.73e^{j78.2°}}{s+2+j3}\right) \\ &= [-0.3e^{-t} + 0.73e^{-j78.2°} e^{-(2-j3)t} \\ &\quad + 0.73e^{j78.2°} e^{-(2+j3)t}] u(t) \end{aligned} \tag{10.88}$$

복소수는 시간 영역에 속하지 않으므로, 식 (10.88)의 해가 복소수라는 사실을 오류라고 생각할 수도 있다. 그러나 불완전한 해의 형태를 더 정확한 형태로 유도하기 위해, 오일러 공식을 활용하여 켤레복소수를 포함하고 있는 2항과 3항을 하나의 실수항으로 합칠 수 있다.

$$0.73e^{-j78.2°}\,e^{-(2-j3)t} + 0.73e^{j78.2°}\,e^{-(2+j3)t}$$
$$= 0.73e^{-2t}[e^{j(3t-78.2°)} + e^{-j(3t-78.2°)}]$$
$$= 2 \times 0.73e^{-2t}\cos(3t - 78.2°) \qquad (10.89)$$
$$= 1.46e^{-2t}\cos(3t - 78.2°)$$

그러므로 최종적인 시간 영역에서의 해는 다음과 같다.

$$f(t) = [-0.3e^{-t} + 1.46e^{-2t}\cos(3t - 78.2°)]\,u(t) \qquad (10.90)$$

[연습 10-10] 다음 함수의 라플라스 역변환을 구하라.

$$F(s) = \frac{2s + 14}{s^2 + 6s + 25}$$

10.5.4 중복된 복소수 극점

만일 라플라스 변환 $F(s)$가 중복된 복소수 극을 갖는다면, 10.5.2절과 10.5.3절에서 소개된 방법을 조합하여 부분분수 확장을 적용할 수 있다. 이러한 과정을 [예제 10-9]에서 자세히 살펴보자.

예제 10-9 · 5극 함수

다음 함수의 라플라스 역변환을 구하라.

$$F(s) = \frac{108(s^2 + 2)}{(s + 2)(s^2 + 10s + 34)^2}$$

풀이

$$s^2 + 10s + 34 = 0$$

의 해는

$$s_1 = -5 - j3$$

이다. 그러므로

$$s_2 = -5 + j3$$

이며, 부분분수 확장을 적용하면 다음과 같이 나타낼 수 있다.

$$F(s) = \frac{108(s^2 + 2)}{(s + 2)(s + 5 + j3)^2(s + 5 - j3)^2}$$

여기서 B_1^*과 B_2^*는 각각, B_1과 B_2의 켤레복소수이고, 계수 A, B_1, B_2는 다음과 같이 구할 수 있다.

$$F(s) = \frac{A}{s + 2} + \frac{B_1}{s + 5 + j3} + \frac{B_2}{(s + 5 + j3)^2}$$
$$+ \frac{B_1^*}{s + 5 - j3} + \frac{B_2^*}{(s + 5 - j3)^2}$$

$$A = (s + 2)\,F(s)|_{s=-2}$$
$$= \frac{108(s^2 + 2)}{(s^2 + 10s + 34)^2}\bigg|_{s=-2} = 2$$

$$\mathbf{B}_2 = (\mathbf{s} + 5 + j3)^2 \, \mathbf{F(s)}|_{\mathbf{s}=-5-j3}$$

$$= \left. \frac{108(\mathbf{s}^2 + 2)}{(\mathbf{s} + 2)(\mathbf{s} + 5 - j3)^2} \right|_{\mathbf{s}=-5-j3}$$

$$= \frac{108[(-5 - j3)^2 + 2]}{(-5 - j3 + 2)(-5 - j3 + 5 - j3)^2}$$

$$= 24 + j6 = 24.74e^{j14°}$$

$$\mathbf{B}_1 = \left. \frac{d}{d\mathbf{s}}[(\mathbf{s} + 5 + j3)^2 \, \mathbf{F(s)}] \right|_{\mathbf{s}=-5-j3}$$

$$= \left. \frac{d}{d\mathbf{s}}\left[\frac{108(\mathbf{s}^2 + 2)}{(\mathbf{s} + 2)(\mathbf{s} + 5 - j3)^2} \right] \right|_{\mathbf{s}=-5-j3}$$

$$= \left. \left[\frac{108(2\mathbf{s})}{(\mathbf{s} + 2)(\mathbf{s} + 5 - j3)^2} - \frac{108(\mathbf{s}^2 + 2)}{(\mathbf{s} + 2)^2(\mathbf{s} + 5 - j3)^2} - \frac{2 \times 108(\mathbf{s}^2 + 2)}{(\mathbf{s} + 2)(\mathbf{s} + 5 - j3)^3} \right] \right|_{\mathbf{s}=-5-j3}$$

$$= -(1 + j9) = 9.06e^{-j96.34°}$$

그러므로

$$\mathbf{B}_1^* = 9.06e^{j96.34°}$$

$$\mathbf{B}_2^* = 24.74e^{-j14°}$$

이며, 라플라스 역변환은 다음과 같다.

$$f(t) = \mathcal{L}^{-1}[\mathbf{F(s)}]$$

$$= \mathcal{L}^{-1}\left[\frac{2}{\mathbf{s} + 2} + \frac{9.06e^{-j96.34°}}{\mathbf{s} + 5 + j3} + \frac{9.06e^{j96.34°}}{\mathbf{s} + 5 - j3} + \frac{24.74e^{j14°}}{(\mathbf{s} + 5 + j3)^2} + \frac{24.74e^{-j14°}}{(\mathbf{s} + 5 - j3)^2} \right]$$

$$= \left[2e^{-2t} + 9.06(e^{-j96.34°}e^{-(5+j3)t} + e^{j96.34°}e^{-(5-j3)t}) \right.$$

$$\left. + 24.74t(e^{j14°}e^{-(5+j3)t} + e^{-j14°}e^{-(5-j3)t}) \right]u(t)$$

$$= [2e^{-2t} + 18.12e^{-5t}\cos(3t + 96.34°) + 49.48te^{-5t}\cos(3t - 14°)]u(t)$$

예제 10-10 적분 변환

다음 라플라스 변환 함수에 대응하는 시간 영역의 함수를 구하라.

$$\mathbf{F(s)} = \frac{\mathbf{s}e^{-3\mathbf{s}}}{\mathbf{s}^2 + 4}$$

풀이

먼저 지수 $e^{-3\mathbf{s}}$를 다항식에서 다음과 같이 분리한다.

$$\mathbf{F(s)} = e^{-3\mathbf{s}} \, \mathbf{F}_1(\mathbf{s})$$

여기서

$$\mathbf{F}_1(\mathbf{s}) = \frac{\mathbf{s}}{\mathbf{s}^2 + 4}$$

$$= \frac{\mathbf{s}}{(\mathbf{s} + j2)(\mathbf{s} - j2)}$$

$$= \frac{\mathbf{B}_1}{\mathbf{s} + j2} + \frac{\mathbf{B}_2}{\mathbf{s} - j2}$$

$$\mathbf{B}_1 = (\mathbf{s} + j2)\,\mathbf{F}(\mathbf{s})|_{\mathbf{s} = -j2}$$

$$= \frac{\mathbf{s}}{\mathbf{s} - j2}\bigg|_{\mathbf{s} = -j2}$$

$$= \frac{-j2}{-j4} = \frac{1}{2}$$

그리고

$$\mathbf{B}_2 = \mathbf{B}_1^* = \frac{1}{2}$$

이다. 그러므로

$$\mathbf{F}(\mathbf{s}) = e^{-3\mathbf{s}}\,\mathbf{F}_1(\mathbf{s})$$

$$= \frac{e^{-3\mathbf{s}}}{2(\mathbf{s} + j2)} + \frac{e^{-3\mathbf{s}}}{2(\mathbf{s} - j2)}$$

이다. 마지막으로 [표 10-2]의 3a번 항목의 성질을 활용하면, 다음과 같이 라플라스 역변환을 얻을 수 있다.

$$f(t) = \mathcal{L}^{-1}[\mathbf{F}(\mathbf{s})]$$

$$= \mathcal{L}^{-1}\left[\frac{1}{2}\,\frac{e^{-3\mathbf{s}}}{\mathbf{s} + j2} + \frac{1}{2}\,\frac{e^{-3\mathbf{s}}}{\mathbf{s} - j2}\right]$$

$$= \left[\frac{1}{2}(e^{-j2(t-3)} + e^{j2(t-3)})\right]u(t-3)$$

$$= [\cos(2t - 6)]\,u(t - 3)$$

이번 절은 [표 10-3]으로 마무리한다. [표 10-3]에 실수 · 복소수, 단일 · 중복 극점의 조합으로 이루어진 $\mathbf{F}(\mathbf{s})$와 그에 대응하는 역변환 $f(t)$를 정리하였다.

[표 10-3] 네 가지 형태의 극들에 대한 변환쌍

	극점	F(s)	$f(t)$
1	실수	$\dfrac{A}{s+a}$	$Ae^{-at}\,u(t)$
2	복소수	$\dfrac{A}{(s+a)^n}$	$A\,\dfrac{t^{n-1}}{(n-1)!}\,e^{-at}\,u(t)$
3	단일 극점	$\left[\dfrac{Ae^{j\theta}}{s+a+jb}+\dfrac{Ae^{-j\theta}}{s+a-jb}\right]$	$2Ae^{-at}\cos(bt-\theta)\,u(t)$
4	중복 극점	$\left[\dfrac{Ae^{j\theta}}{(s+a+jb)^n}+\dfrac{Ae^{-j\theta}}{(s+a-jb)^n}\right]$	$\dfrac{2At^{n-1}}{(n-1)!}\,e^{-at}\cos(bt-\theta)\,u(t)$

10.6 s 영역 회로소자 모델

7장에서 정상 상태의 교류 회로를 해석하기 위해 페이저 영역 기법을 사용했다. **s** 영역 기법은 같은 기능을 수행할 수 있는 동시에, 펄스, 계단, 램프, 지수함수를 포함한 모든 유형의 입력 변수에 대하여 회로를 해석할 수 있다. 또한 정상 상태 및 과도 상태의 응답을 아우르는 완전한 해를 제공한다. 두 기법은 각각 차이점과 유사점이 있으며, 유사점 중 하나는 회로 요소와 관계가 있다.

페이저 영역에서 R, L, C는 각각 임피던스 $\mathbf{Z}_R$, $\mathbf{Z}_L = j\omega L$, $\mathbf{Z}_C = \dfrac{1}{j\omega C}$로 나타냈다. 다음에 기술한 중요한 성질과 함께, 유사한 표현 방식을 **s** 영역에서도 활용할 수 있다.

> 회로 요소의 **s** 영역 변환은, $t = 0^-$에서 커패시터와 인덕터에 저장되어 있을 수 있는 에너지와 관련된 초기 조건을 포함한다.

s 영역에서의 저항

옴의 법칙에 라플라스 변환을 아래와 같이 적용하면

$$\mathcal{L}[v] = \mathcal{L}[Ri] \qquad (10.91)$$

다음 관계식을 얻는다.

$$\mathbf{V} = R\mathbf{I} \qquad (10.92)$$

이때 정의로부터

$$\mathbf{V} = \mathcal{L}[v], \quad \mathbf{I} = \mathcal{L}[i] \qquad (10.93)$$

이므로 시간 영역과 **s** 영역의 관계식은 다음과 같다.

$$v = Ri \iff \mathbf{V} = R\mathbf{I} \qquad (10.94)$$

s 영역에서의 인덕터

R은 $i-v$ 관계식이 **s** 영역으로 변환된 후에도 그대로 유지되지만, L과 C는 그렇지 않다. 인덕터의 $i-v$ 관계식에 라플라스 변환을 다음과 같이 적용하면

$$\mathcal{L}[v] = \mathcal{L}\left[L\,\frac{di}{dt}\right] \qquad (10.95)$$

의 관계식을 얻을 수 있다.

$$\mathbf{V} = L[s\mathbf{I} - i(0^-)] \qquad (10.96)$$

여기서 $i(0^-)$는 $t = 0^-$인 순간에 인턱터에 흐르고 있던 전류를 나타낸다. [표 10-1]의 6번 시간 1계 미분 성질을 활용하여 식 (10.96)을 얻었다. 시간 영역과 **s** 영역의 관계식은 다음과 같다.

$$v = L\,\frac{di}{dt} \iff \mathbf{V} = sL\mathbf{I} - L\,i(0^-) \qquad (10.97)$$

s 영역에서의 인덕터는 [표 10-4]와 같이, 임피던스 $\mathbf{Z}_L = sL$과 직류 전압 입력 $L\,i(0^-)$의 직렬 연결로 나타내거나, 입력 전원을 변환하여 $\mathbf{Z}_L = sL$ 및 직류 전류원 $\dfrac{i(0^-)}{s}$과의 병렬연결로 나타낼 수 있다. 만일 $i(0^-)$가 양수라면, 전류 **I**는 직류 전압원을 통해 (−)에서 (+)로 흐른다.

s 영역에서의 커패시터

마찬가지로

$$i = C\,\frac{dv}{dt} \quad \longleftrightarrow \quad \mathbf{I} = s C \mathbf{V} - C\,v(0^-) \qquad (10.98)$$

이 성립한다. 여기서, $v(0^-)$는 커패시터 양단의 초기 전압이고, 커패시터의 s 영역 회로 모델은 [표 10-4]와 같다.

$[i(0^-) = v(0^-) = 0]$의 초기 조건에서 임피던스 $\mathbf{Z}_R$, $\mathbf{Z}_L$, $\mathbf{Z}_C$는 s 영역에서 전압과 전류의 비율로 다음과 같이 정의된다.

$$\mathbf{Z}_R = R, \quad \mathbf{Z}_L = sL, \quad \mathbf{Z}_C = \frac{1}{sC} \qquad (10.99)$$

[표 10-4] s 영역에서의 R, L, C 회로 모델

시간 영역	s 영역
저항 $v = Ri$	 $\mathbf{V} = R\mathbf{I}$
인덕터 $v_L = L\,\dfrac{di_L}{dt}$ $i_L = \dfrac{1}{L}\displaystyle\int_{0^-}^{t} v_L\,dt + i_L(0^-)$	또는 $\mathbf{V}_L = sL\mathbf{I}_L - L\,i_L(0^-)$ $\mathbf{I}_L = \dfrac{\mathbf{V}_L}{sL} + \dfrac{i_L(0^-)}{s}$
커패시터 $i_C = C\,\dfrac{dv_C}{dt}$ $v_C = \dfrac{1}{C}\displaystyle\int_{0^-}^{t} i_C\,dt + v_C(0^-)$	또는 $\mathbf{V}_C = \dfrac{\mathbf{I}_C}{sC} + \dfrac{v_C(0^-)}{s}$ $\mathbf{I}_C = sC\mathbf{V}_C - C\,v_C(0^-)$

$\mathbf{s} = j\omega$일 때, 식 (10.98)과 식 (10.99)는 페이저 영역의 식이다.

[연습 10-11] 다음 회로를 $\mathbf{s}$ 영역의 회로로 변환하라.

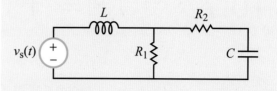

10.7 s 영역 회로 해석

앞서 사용했던 시간 영역과 페이저 영역에서의 회로 법칙과 해석 기법들을 s 영역에서도 똑같이 활용할 수 있다. KVL, KCL, 전압 및 전류 분배, 전원 변환, 전원 중첩, 테브난 및 노턴 등가회로 등이 이에 포함된다. s 영역 해석은 다음 4단계 과정을 거친다.

> 3단계 필요하다면 부분분수 확장법을 활용한다.
> 4단계 [표 10-2]와 [표 10-3]의 변환쌍 목록, [표 10-1]의 라플라스 변환 성질을 활용하여, 시간 영역의 결과로 역변환한다.

[예제 10-11]~[예제 10-13]까지 여러 종류의 입력 파형에 대해 위의 4단계 과정을 거쳐 s 영역 해석을 수행해본다.

> **풀이 절차 : s 영역 해석법**
>
> 1단계 회로를 시간 영역에서 s 영역으로 변환한다.
> 2단계 KVL, KCL 및 다른 회로 해석 도구를 적용하여, 전압, 또는 전류에 대한 명확한 수식을 구한다.

예제 10-11 변동을 겪는 전압원

[그림 10-6(a)]의 회로는 입력 전압 $v_{in}(t)$로 동작하고, 출력은 3 Ω 저항의 양단에서 측정한다. 입력 파형은 [그림 10-6(b)]와 같다. 즉 입력 파형은, 임의의 오랜 시간 전부터 $t = 0$까지 직류 15 V로 주어지다가, $t = 0$ 시점에서 급강하하고, 시간이 흐르면서 원래 상태로 서서히 회복된다. 출력 전압의 파형은 [그림 10-6(c)]와 같다. 출력 $v_{out}(t)$의 수식을 유도하고, [그림 10-6(c)]의 파형이 $v_{out}(t)$와 일치함을 보여라.

풀이

주어진 회로를 s 영역의 회로로 변환하기 전, 항상 $t = 0^-$에서 회로를 해석하여 $t = 0^-$ 시점에서 모든 커패시터 양단의 전압과, 모든 인덕터에 흐르는 전류값을 구해야 한다. $t = 0^-$ 시점에서 회로의 상태는 [그림 10-6(d)]이며, C는 개방 회로로, L은 단락 회로로 나타냈다. [그림 10-6(d)]의 회로를 해석하면 식 (10.100)의 결과를 얻을 수 있다.

$$v_C(0^-) = 9 \text{ V}, \quad i_L(0^-) = 3 \text{ A}, \quad v_{out}(0^-) = 9 \text{ V} \tag{10.100}$$

다음 절차를 통해 [그림 10-6(a)]의 회로를 s 영역으로 변환한다. 전압 파형은 다음과 같다.

$$v_{in}(t) = \begin{cases} 15 \text{ V} & (t \leq 0^-) \\ 15(1 - e^{-2t})\, u(t) \text{ V} & (t \geq 0) \end{cases} \tag{10.101}$$

[표 10-2]로부터, $t \geq 0$에서의 s 영역의 함수는 다음과 같다.

$$\mathbf{V}_{in}(s) = \frac{15}{s} - \frac{15}{s+2} \tag{10.102}$$

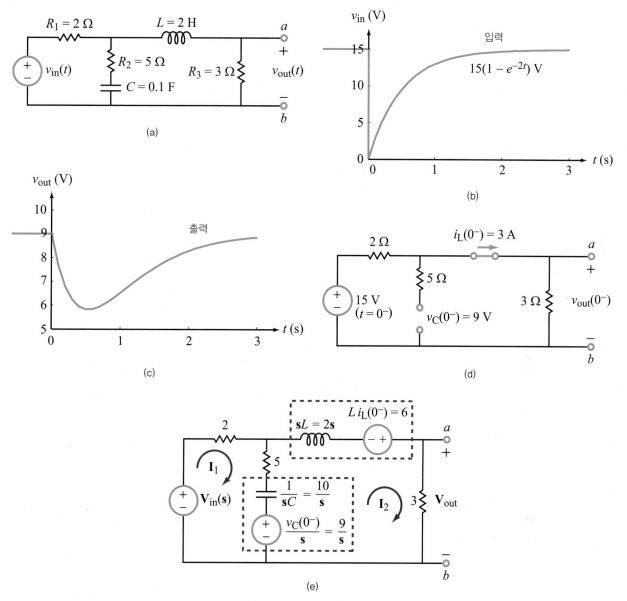

[그림 10-6] (a) 시간 영역
　　　　　(b) $v_{in}(t)$의 파형
　　　　　(c) $v_{out}(t)$의 파형
　　　　　(d) $t = 0^-$ 일 때
　　　　　(e) s 영역

s 영역 회로는 [그림 10-6(e)]와 같으며, 여기서 L과 C는 [표 10-4]에 상응하는 s 영역 모델로 다음과 같이 표현할 수 있다.

루프 1($\mathbf{I}_1$)과 2($\mathbf{I}_2$)에 대한 망로 전류 방정식은 식 (10.103)과 식 (10.104)와 같이 세울 수 있다.

$$\left(2 + 5 + \frac{10}{s}\right)\mathbf{I}_1 - \left(5 + \frac{10}{s}\right)\mathbf{I}_2 = \mathbf{V}_{in} - \frac{9}{s} \tag{10.103}$$

$$-\left(5 + \frac{10}{s}\right)\mathbf{I}_1 + \left(8 + 2s + \frac{10}{s}\right)\mathbf{I}_2 = \frac{9}{s} + 6 \tag{10.104}$$

식 (10.102)에 주어진 $\mathbf{V}_{in}(s)$를 대입한 후, 위의 방정식을 풀면

$$\begin{aligned}\mathbf{I}_2 &= \frac{42s^3 + 162s^2 + 306s + 300}{s(s+2)(14s^2 + 51s + 50)} \\ &= \frac{42s^3 + 162s^2 + 306s + 300}{14s(s+2)(s^2 + 51s/14 + 50/14)}\end{aligned} \tag{10.105}$$

를 얻는다. 분모의 2차 항의 근은 각각 다음과 같다.

$$\mathbf{s}_1 = \left[-\frac{51}{14} - \sqrt{\left(\frac{51}{14}\right)^2 - 4 \times \frac{50}{14}}\right] \bigg/ 2 \tag{10.106a}$$

$$= -1.82 - j0.5$$

$$\mathbf{s}_2 = -1.82 + j0.5 \tag{10.106b}$$

따라서 식 (10.105)는 식 (10.107) 형태로 쓸 수 있다.

$$\mathbf{I}_2 = \frac{42s^3 + 162s^2 + 306s + 300}{14s(s+2)(s+1.82+j0.5)(s+1.82-j0.5)} \tag{10.107}$$

$\mathbf{I}_2$에 대한 식은 부분분수 확장을 통해 식 (10.108)과 같이 나타낼 수 있다.

$$\mathbf{I}_2 = \frac{A_1}{s} + \frac{A_2}{s+2} + \frac{\mathbf{B}}{s+1.82+j0.5} + \frac{\mathbf{B}^*}{s+1.82-j0.5} \tag{10.108}$$

여기서 각 상수는 다음의 식을 통해 구할 수 있다.

$$\begin{aligned}A_1 &= \mathbf{sI}_2|_{s=0} \\ &= \frac{42s^3 + 162s^2 + 306s + 300}{14(s+2)(s^2 + 51s/14 + 50/14)}\bigg|_{s=0} = 3\end{aligned} \tag{10.109a}$$

$$\begin{aligned}A_2 &= (s+2)\mathbf{I}_2|_{s=-2} \\ &= \frac{42s^3 + 162s^2 + 306s + 300}{14s(s^2 + 51s/14 + 50/14)}\bigg|_{s=-2} = 0\end{aligned} \tag{10.109b}$$

$$\begin{aligned}\mathbf{B} &= (s+1.82+j0.5)\mathbf{I}_2|_{s=-1.82-j0.5} \\ &= \frac{42s^3 + 162s^2 + 306s + 300}{14s(s+2)(s+1.82-j0.5)}\bigg|_{s=-1.82-j0.5} \\ &= 5.32e^{-j90°}\end{aligned} \tag{10.109c}$$

위에서 구한 A_1, A_2, $\mathbf{B}$의 값을 식 (10.108)에 넣으면, 식 (10.110)을 얻을 수 있다.

$$\mathbf{I}_2 = \frac{3}{s} + \frac{5.32e^{-j90°}}{s+1.82+j0.5} + \frac{5.32e^{j90°}}{s+1.82-j0.5} \tag{10.110}$$

첫 번째 항에 대하여 [표 10-2]의 2번 관계식을 이용하면, 다음의 라플라스 역변환을 얻을 수 있고

$$\frac{3}{s} \iff 3\,u(t)$$

[표 10-3]의 관계식으로부터

$$\frac{Ae^{j\theta}}{s+a+jb} + \frac{Ae^{-j\theta}}{s+a-jb} \iff 2Ae^{-at}\cos(bt-\theta)\,u(t) \qquad (10.111)$$

를 얻는다. $A = 5.32$, $\theta = -90°$, $a = 1.82$, $b = 0.5$를 대입하면, 식 (10.110)의 라플라스 역변환은 식 (10.112)와 같은 시간의 함수로 나타난다.

$$\begin{aligned} i_2(t) &= [3 + 10.64e^{-1.82t}\cos(0.5t + 90°)]\,u(t) \\ &= [3 - 10.64e^{-1.82t}\sin 0.5t]\,u(t)\ \text{A} \end{aligned} \qquad (10.112)$$

위 식으로부터 얻는 출력 전압은 다음과 같다.

$$\begin{aligned} v_{out}(t) &= 3i_2(t) \\ &= [9 - 31.92e^{-1.82t}\sin 0.5t]\,u(t)\ \text{V} \end{aligned} \qquad (10.113)$$

[그림 10-6(c)]는 $v_{out}(t)$의 식을 시간 그래프에 나타낸 결과다.

예제 10-12 직류 바이어스와 결합된 교류 전원

15V의 직류 전압이 오랜 시간 입력되다가, $t = 0$ 시점에서 [그림 10-7(a)]와 같은 교류 신호가 중첩되어 인가될 때, [그림 10-6(a)]의 회로를 다시 해석하라.

풀이

$$v_{in}(t) = \begin{cases} 15\ \text{V} & (t \le 0^-) \\ [15 + 5\sin 4t]\,u(t)\ \text{V} & (t \ge 0) \end{cases} \qquad (10.114)$$

[표 10-2]의 9항으로부터, $v_{in}(t)$에 대응하는 s 영역함수는 다음과 같다.

$$\mathbf{V_{in}}(\mathbf{s}) = \frac{15}{s} + \frac{5\omega^2}{s^2+\omega^2} = \frac{15}{s} + \frac{80}{s^2+16} \qquad (10.115)$$

이때 ω는 4 rad/s다. $t \le 0^-$에서 전압의 파형은 [예제 10-11]과 같은 15V의 직류 전압이 인가되고 있으므로, 초기 조건은 [그림 10-6(d)]와 같고, s 영역에서의 회로 구성 역시 [그림 10-6(e)]와 동일하다. 유일하게 변화가 생긴 부분은 $\mathbf{V_{in}}(\mathbf{s})$ 식이다. 식 (10.103), 식 (10.115)에서 주어진 $\mathbf{V_{in}}(\mathbf{s})$의 식을 다시 정리하면 식 (10.116)을 구할 수 있다.

$$\left(7 + \frac{10}{s}\right)\mathbf{I_1} - \left(5 + \frac{10}{s}\right)\mathbf{I_2} = \mathbf{V_{in}} - \frac{9}{s} \qquad (10.116)$$

$$= \frac{15}{s} + \frac{80}{s^2+16} - \frac{9}{s} = \frac{6s^2 + 80s + 96}{s(s^2+16)}$$

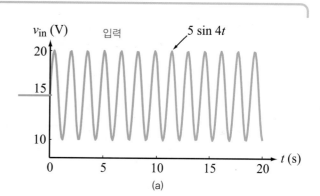

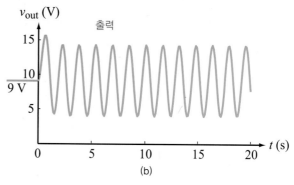

[그림 10-7] [그림 10-6]의 회로에 대한 입력 및 출력 파형([예제 10-12])
(a) $v_{in}(t)$의 파형
(b) $v_{out}(t)$의 파형

식 (10.104)는 다음과 같이 동일한 식으로 주어진다.

$$-\left(5+\frac{10}{s}\right)\mathbf{I}_1+\left(8+2s+\frac{10}{s}\right)\mathbf{I}_2=\frac{9}{s}+6 \tag{10.117}$$

식 (10.116)과 식 (10.117)의 연립 방정식을 풀면 다음 결과를 얻는다.

$$\mathbf{I}_2=\frac{42s^4+153s^3+1222s^2+3248s+2400}{14s(s^2+16)(s^2+51s/14+50/14)}$$

$$=\frac{42s^4+153s^3+1222s^2+3248s+2400}{14s(s+j4)(s-j4)(s+1.82+j0.5)(s+1.82-j0.5)} \tag{10.118}$$

여기서 단일 극점을 파악하기 위해 분모에 있는 이차식을, 네 개의 일차식의 곱으로 표현했다. 식 (10.118)을 다시 한 번 부분분수로 확장하면 다음과 같다.

$$\mathbf{I}_2=\frac{A_1}{s}+\frac{\mathbf{B}_1}{s+j4}+\frac{\mathbf{B}_1^*}{s-j4}+\frac{\mathbf{B}_2}{s+1.82+j0.5}+\frac{\mathbf{B}_2^*}{s+1.82-j0.5} \tag{10.119}$$

이때 확장 계수의 값은 다음과 같이 구한다.

$$A_1=s\mathbf{I}_2|_{s=0}=\left.\frac{42s^4+153s^3+1222s^2+3248s+2400}{14(s+j4)(s-j4)(s+1.82+j0.5)(s+1.82-j0.5)}\right|_{s=0}=3 \tag{10.120a}$$

$$\mathbf{B}_2=(s+1.82+j0.5)\mathbf{I}_2|_{s=-1.82-j0.5}=0.79\underline{/14.0^\circ} \tag{10.120b}$$

따라서 $\mathbf{I}_2$는 다음과 같이 정리된다.

$$\mathbf{I}_2=\frac{3}{s}+\frac{0.834e^{j157^\circ}}{s+j4}+\frac{0.834e^{-j157^\circ}}{s-j4}+\frac{0.79e^{j14^\circ}}{s+1.82+j0.5}+\frac{0.79e^{-j14^\circ}}{s+1.82-j0.5} \tag{10.121}$$

[표 10-3]의 3번 항목에 따라, 위 식을 시간 영역의 식으로 변환하면

$$i_2(t)=[3+1.67\cos(4t-157^\circ)+1.576e^{-1.82t}\cos(0.5t-14^\circ)]u(t)\ \mathrm{A} \tag{10.122}$$

의 결과를 얻을 수 있고, 이에 대응하는 출력 전압은 다음과 같다.

$$v_{\mathrm{out}}(t)=3\,i_2(t)=[9+5\cos(4t-157^\circ)+4.73e^{-1.82t}\cos(0.5t-14^\circ)]u(t)\ \mathrm{V} \tag{10.123}$$

[그림 10-7(b)]는 $v_{\mathrm{out}}(t)$를 나타낸 것이다. $t=0$에서 입력 단자에 교류 신호를 인가하면, 출력 전압은 9 V의 직류 전압을 나타내는 항과, 진동하는 과도 전압 성분의 합으로 나타난다(식 (10.123)의 마지막 항). 이 과도항은 시간이 흐름에 따라 점차적으로 감쇄하여 0으로 수렴하고, 정상 상태를 나타내는 항은 사라지지 않고 계속 진동한다.

회로를 해석하는 다른 방법으로 회로를 두 번 해석하는 전원 중첩법(source-superposition method)이 있다. 한 번은 15 V의 직류 전압원만을 갖는 회로를 해석하고, 다른 한 번은 $t=0$에서 시작하는 교류 전압 성분만을 입력 신호로 갖는 회로를 해석한다. 첫 번째 해석에서는 식 (10.123)의 첫 번째 항을 얻는다.

교류 전원을 갖는 회로 해석에는 7장에서 배운 페이저 해석 기법을 적용할 수 있으나, 정상 상태의 응답만을 얻을 수 있다. 라플라스 변환 기법의 장점은, 정상 상태 및 과도 상태의 응답을 아우르는 완전한 해를 제공한다는 것이며, 임의의 형태의 입력에 대해서도 적용이 가능하다.

[그림 10-8(a)] 회로는 시간 영역에서 2차 미분 방정식을 구하여 해석했던 [예제 6-11]의 회로와 동일한 회로다. 인덕터에 흐르는 전류에 관한 식이 다음과 같을 때, 라플라스 변환 기법을 이용하여 해를 구했을 때도 같은 결과를 얻게 됨을 보여라.

$$i_L(t) = [1.5 - 0.76e^{-1.85t} + 0.26e^{-5.4t}] u(t) \text{ A} \tag{10.124}$$

풀이

먼저 $t = 0^-$(스위치가 닫히기 전)에서의 회로의 상태를 살펴보자. [그림 10-8(b)]와 같이 L을 단락 회로로, C를 개방 회로로 교체하면

$$i_L(0^-) = 1 \text{ A}, \quad v_C(0^-) = 12 \text{ V} \tag{10.125}$$

의 초기 조건을 얻을 수 있다. $t > 0$일 때, 본래의 회로에 대한 **s** 영역 등가회로는 [그림 10-8(c)]와 같다.

여기서 [표 10-4]에 주어진 회로 모델에 따라, R_2를 단락 회로로 대체하고, 직류 전원을 **s** 영역에서의 등가 성분으로 교체했다. 또한 L과 C는 각각에 해당하는 적절한 입력 전압을 갖는 임피던스로 변환했다. 회로로부터 다음 망로 전류 방정식을 세울 수 있다.

$$(4 + 12 + 2s)\mathbf{I}_1 - (12 + 2s)\mathbf{I}_2 = \frac{24}{s} + 2 \tag{10.126a}$$

$$-(12 + 2s)\mathbf{I}_1 + \left(12 + 2s + \frac{5}{s}\right)\mathbf{I}_2 = -2 - \frac{12}{s} \tag{10.126b}$$

위의 연립 방정식을 풀면 전류에 관한 다음 두 식을 얻는다.

$$\mathbf{I}_1 = \frac{12s^2 + 77s + 60}{s(4s^2 + 29s + 40)} \tag{10.127a}$$

$$\mathbf{I}_2 = \frac{8(s + 6)}{4s^2 + 29s + 40} \tag{10.127b}$$

인덕터에 흐르는 전류 $\mathbf{I}_L$은

$$\begin{aligned}
\mathbf{I}_L &= \mathbf{I}_1 - \mathbf{I}_2 \\
&= \frac{4s^2 + 29s + 60}{s(4s^2 + 29s + 40)} \\
&= \frac{4s^2 + 29s + 60}{4s(s + 1.85)(s + 5.4)}
\end{aligned} \tag{10.128}$$

이고, 다음과 같이 부분분수의 합으로 나타낼 수 있다.

$$\mathbf{I}_L = \frac{A_1}{s} + \frac{A_2}{s + 1.85} + \frac{A_3}{s + 5.4} \tag{10.129}$$

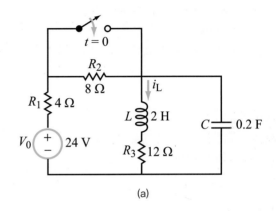

(a)

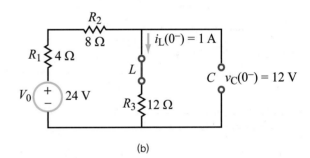

(b)

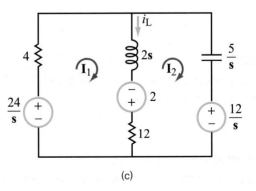

(c)

[그림 10-8] **(a) 시간 영역**
(b) $t = 0^-$ **일 때의 회로**
(c) s 영역

확장 계수 A_1, A_2, A_3의 값은 다음과 같다.

$$A_1 = s\mathbf{I}_L|_{s=0} = \frac{60}{40} = 1.5 \tag{10.130a}$$

$$A_2 = (s + 1.85)\mathbf{I}_L|_{s=-1.85}$$

$$= \left.\frac{4s^2 + 29s + 60}{4s(s + 5.4)}\right|_{s=-1.85} = -0.76 \tag{10.130b}$$

$$A_3 = (s + 5.4)\mathbf{I}_L|_{s=-5.4} = 0.26 \tag{10.130c}$$

따라서 인덕터에 흐르는 전류 $\mathbf{I}_L$은

$$\mathbf{I}_L = \frac{1.5}{s} - \frac{0.76}{s + 1.85} + \frac{0.26}{s + 5.4} \tag{10.131}$$

이며, 이에 대응하는 시간 영역에서의 전류식은 다음과 같다.

$$i_L(t) = [1.5 - 0.76e^{-1.85t} + 0.26e^{-5.4t}]\, u(t) \text{ A} \tag{10.132}$$

이 결과는 식 (10.124)의 결과와 같다.

[질문 10-10] 커패시터와 인덕터에 대한 s 영역의 회로 요소 모델이 페이저 영역의 모델과 유사한 상황은 어떤 조건에서 발생하는가?

[질문 10-11] s 영역에서 커패시터는 입력 전압과 직렬로 연결된 임피던스로 표현된다. 인덕터 또한 입력 전압과 임피던스의 직렬연결로 표현되는데, 이때 입력 전압의 극성은 커패시터 경우와 반대다. 이유는 무엇인가?

10.8 전달함수와 임펄스 응답

[그림 10-9(a)]처럼 선형 회로는 입력 신호 $x(t)$와 출력 신호 $y(t)$가 있는 선형 시스템으로 볼 수 있다. 일반적으로, $x(t)$는 전류 또는 전압 입력이고, $y(t)$는 구하려는 전류 또는 전압이다. 시간 영역에서 회로는 회로의 단위 임펄스 응답(unit impulse response), 또는 간단히 임펄스 응답이라 불리는 $h(t)$에 의해 특징지어진다. s 영역에서 회로는 출력 $\mathbf{Y(s)}$와 입력 $\mathbf{X(s)}$의 비율로 정의되는 전달함수(transfer function) $\mathbf{H(s)}$로 특징지어진다. **이때 회로에서 전류와 전압에 관련된 모든 초기 조건은 $t = 0^-$에서 0이라고 가정한다.** 즉

$$\mathbf{H(s)} = \frac{\mathbf{Y(s)}}{\mathbf{X(s)}} \qquad (10.133)$$

이며, 초기 조건은 위의 가정을 따른다. 선형 회로에서 $\mathbf{H(s)}$는 $\mathbf{X(s)}$에 종속되지 않으므로 $\mathbf{H(s)}$을 결정하는 가장 쉬운 방법은 적당한 $\mathbf{X(s)}$를 선택하여 그에 대응하는 $\mathbf{Y(s)}$를 결정하고, 식 (10.133)을 구성하는 것이다. 특히 $\mathbf{X(s)} = 1$인 경우에 식 (10.133)은 $\mathbf{H(s)} = \mathbf{Y(s)}$로 간략화된다. 1에 대한 라플라스 역변환은 단위 임펄스 함수 $\delta(t)$이다. 그러므로 회로가 $x(t) = \delta(t)$의 입력을 받으면 $\mathbf{H(s)}$가 된다.

$$\mathbf{H(s)} = \mathbf{Y(s)} \qquad (x(t) = \delta(t)) \qquad (10.134)$$

회로의 $\mathbf{H(s)}$가 결정되면 입력 $x(t)$에 대한 출력 $y(t)$는 다음 과정을 통해 쉽게 구할 수 있다.

1단계 $x(t)$를 s 영역으로 변환하여 $\mathbf{X(s)}$를 구한다.
2단계 $\mathbf{X(s)}$에 $\mathbf{H(s)}$를 곱하여 $\mathbf{Y(s)}$를 구한다.

3단계 $\mathbf{Y(s)}$를 부분분수 형태로 표현한다.
4단계 부분분수로 확장된 $\mathbf{X(s)}$를 역변환하여 $y(t)$를 구한다.

$x(t)$가 s 영역으로 변환 가능하고, $\mathbf{Y(s)}$를 역변환할 수 있다면 위의 과정은 간단하다. 하지만 $x(t)$가 불규칙적인 형태 혹은 일반적인 형태가 아닌 파형 또는 어떤 회로의 실제 측정치라면, $x(t)$가 s 영역으로 변환되지 않을 수도 있다. 또한 어떤 경우 $\mathbf{Y(s)}$의 함수 형태가 너무 복잡하여 시간 영역으로 역변환하기가 매우 어려울 때

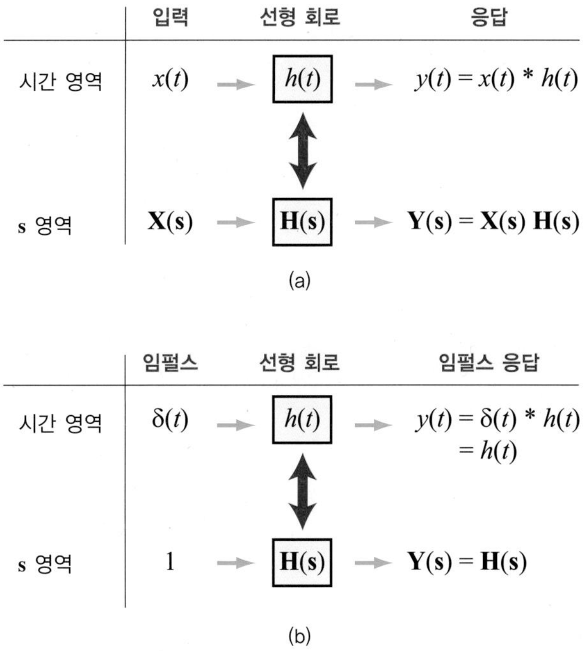

(a)

(b)

[그림 10-9] 시간 영역과 s 영역의 상관관계 : s 영역의 출력 신호 $\mathbf{Y(s)}$는 입력 신호 $\mathbf{X(s)}$와 전달함수 $\mathbf{H(s)}$의 곱으로 나타낸다. 반면 시간 영역 출력 $y(t)$는 입력 $x(t)$과 임펄스 응답 $h(t)$의 컨볼루션으로 구한다. (b)처럼 $x(t) = \delta(t)$일 때는 $y(t) = h(t)$이다.
(a) 임의의 입력 $x(t)$
(b) $x(t) = \delta(t)$

도 있다. 이 경우 $y(t)$를 구하는 다른 방법은 모든 연산을 시간 영역에서 수행하는 것이다. 라플라스 변환의 성질을 이용하여 $y(t)$를 시간 영역에서 직접 구할 수 있다. 컨벌루션이라고 하는 연산의 특징은 만일 $\mathbf{H(s)}$와 $\mathbf{X(s)}$가 각각 $h(t)$와 $x(t)$의 라플라스 변환이라고 할 때, $\mathbf{s}$ 영역에서의 $\mathbf{H(s)}$와 $\mathbf{X(s)}$의 곱은 시간 영역에서 $h(t)$와 $x(t)$의 컨벌루션으로 나타난다는 것이다. 즉 다음 관계식

$$x(t) * h(t) \;\longleftrightarrow\; \mathbf{X(s)\,H(s)} \tag{10.135}$$

가 성립하며, $y(t) = \mathcal{L}^{-1}[\mathbf{Y(s)}] = \mathcal{L}^{-1}[\mathbf{X(s)\,H(s)}]$이므로

$$y(t) = x(t) * h(t) \tag{10.136}$$

가 성립한다. 여기서 * 기호는 '$x(t)$와 $h(t)$를 컨벌루션 연산한다.'는 것을 나타낸다. 컨벌루션의 의미를 설명

하기에 앞서, $x(t) = \delta(t)$인 경우 다음이 성립함에 주목하자.

$$\mathbf{X(s)} = \mathcal{L}[x(t)] = \mathcal{L}[\delta(t)] = 1 \tag{10.137}$$

결론적으로 다음과 같다.

$$\begin{aligned} y(t) &= \mathcal{L}^{-1}[\mathbf{Y(s)}] \\ &= \mathcal{L}^{-1}[\mathbf{H(s)\,X(s)}] = \mathcal{L}^{-1}[\mathbf{H(s)}] = h(t) \end{aligned} \tag{10.138}$$

그러므로 입력이 $\delta(t)$인 경우에 $h(t)$는 출력 $y(t)$와 같으므로, $h(t)$를 회로의 임펄스 응답이라고 한다. 따라서 $h(t)$와 $\mathbf{H(s)}$의 관계는 다음과 같이 표현할 수 있다.

$$\begin{array}{ccc} h(t) & \longleftrightarrow & \mathbf{H(s)} \\ \text{(임펄스 응답)} & & \text{(전달함수)} \end{array} \tag{10.139}$$

예제 10-14 전달함수

$t = 0$에서 단위 계단함수가 입력된 시스템의 출력 응답이 다음과 같을 때, 물음에 답하라.

$$y(t) = [2 + 12e^{-3t} - 6\cos 2t]\,u(t)$$

(a) 시스템의 전달함수
(b) 시스템의 임펄스 응답

풀이

(a) 단위 계단함수의 라플라스 변환은

$$\mathbf{X(s)} = \frac{1}{\mathbf{s}}$$

이고, 출력 응답의 라플라스 변환은

$$\mathbf{Y(s)} = \frac{2}{\mathbf{s}} + \frac{12}{\mathbf{s}+3} - \frac{6\mathbf{s}}{\mathbf{s}^2+4}$$

이다. 따라서 시스템의 전달함수는 다음과 같다.

$$\mathbf{H(s)} = \frac{\mathbf{Y(s)}}{\mathbf{X(s)}} = \frac{2}{\mathbf{s}^2} + \frac{12}{\mathbf{s}(\mathbf{s}+3)} - \frac{6}{\mathbf{s}^2+4}$$

(b) 임펄스 응답은 $\mathbf{H(s)}$를 시간 영역으로 변환하여 얻을 수 있다. 그에 앞서 $\mathbf{H(s)}$의 모든 항을 적절한 형태로 바꿔야한다. 첫 번째 항과 세 번째 항은 이미 적절한 형태로, [표 10-2]의 4번 항목과 9번 항목의 변환쌍에 해당한다. 하지만 가운데 항은 부분분수 확장을 수행해야 한다. 다음과 같이 두 번째 항을 전개할 수 있다.

$$\mathbf{H_2(s)} = \frac{12}{\mathbf{s(s+3)}}$$

$$= \frac{A_1}{\mathbf{s}} + \frac{A_2}{\mathbf{s+3}}$$

$$A_1 = \mathbf{s}\,\mathbf{H_2(s)}\Big|_{\mathbf{s}=0} = \frac{12}{\mathbf{s+3}}\Big|_{\mathbf{s}=0} = 4$$

$$A_2 = (\mathbf{s+3})\,\mathbf{H_2(s)}\Big|_{\mathbf{s}=-3} = \frac{12}{\mathbf{s}}\Big|_{\mathbf{s}=-3} = -4$$

그러므로

$$\mathbf{H_2(s)} = \frac{4}{\mathbf{s}} - \frac{4}{\mathbf{s+3}}$$

이고

$$\mathbf{H(s)} = \frac{2}{\mathbf{s}^2} + \frac{4}{\mathbf{s}} - \frac{4}{\mathbf{s+3}} - \frac{6}{\mathbf{s}^2+4}$$

이다. 따라서 임펄스 응답은 다음과 같다.

$$h(t) = [2t + 4 - 4e^{-3t} - 3\sin 2t]\,u(t)$$

[질문 10-12] 임펄스 응답은 무엇이고, 어떻게 표현할 수 있는가?

10.9 컨벌루션 적분

식 (10.136)에서 나타낸 컨벌루션 연산의 관계식

$$y(t) = x(t) * h(t) \qquad (10.140)$$

로 돌아가보자. s 영역에서는

$$\mathbf{Y(s) = X(s)\ H(s)} \qquad (10.141)$$

이지만, 시간 영역에서는

$$y(t) \neq x(t)\ h(t) \qquad (10.142)$$

이다. 즉 식 (10.140)에 나타난 컨벌루션 연산 *은 곱셈 연산이 아니다.

컨벌루션 연산을 정의하기 위해 [그림 10-10]의 과정을 이용해보자. 1단계에서는 선형 시스템에서 $x(t) =$

$\delta(t)$이면, $y(t) = h(t)$임을 나타내는 식 (10.138)을 이용할 것이다. 다음 단계에서는 입력 t를 λ만큼 평행이동할 것이다. 즉 $\delta(t)$를 $\delta(t-\lambda)$로 바꿀 것이다. 결과적으로 출력 응답은 $h(t-\lambda)$가 된다.

이와 같은 출력 응답을 얻기 위해서, 시스템은 선형이고 시불변(time-invariant)이어야 한다. 시스템의 시불변 특징은 만일 $x(t)$의 출력이 $y(t)$인 경우에 지연된 입력 $x(t-\lambda)$에 대한 출력도 지연된 출력 $y(t-\lambda)$임을 나타낸다. 또한 시간 이동된 임펄스함수 $\delta(t-\lambda)$의 크기가 $x(\lambda)$라면 [그림 10-10]의 3단계에서 보는 바와 같이, 출력 또한 같은 비율로 축소 및 확대된다.

지금까지는 $x(\lambda)$가 단지 상수의 진폭을 의미하였으므로 x로 표현하든지, $x(\lambda)$로 표현하든지 상관이 없었다.

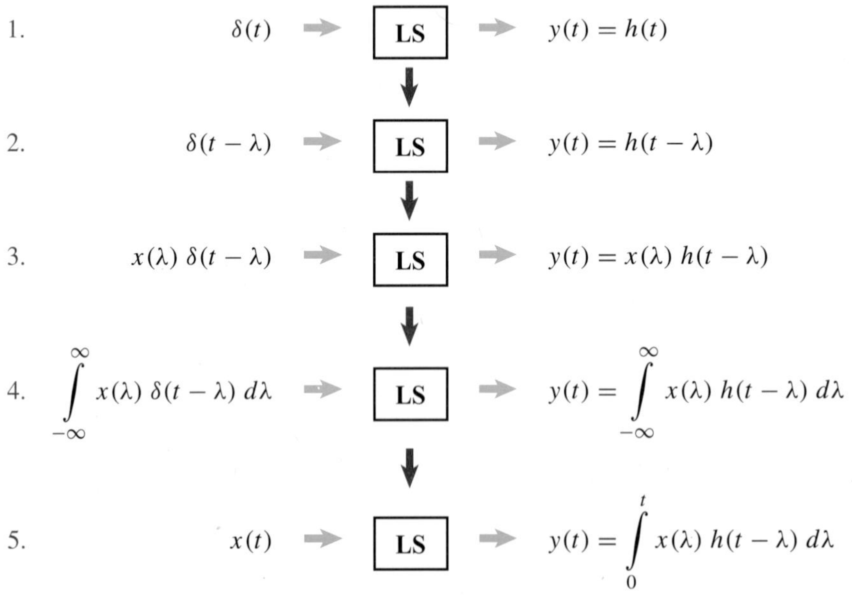

1. $\delta(t)$ ➡ LS ➡ $y(t) = h(t)$

2. $\delta(t-\lambda)$ ➡ LS ➡ $y(t) = h(t-\lambda)$

3. $x(\lambda)\ \delta(t-\lambda)$ ➡ LS ➡ $y(t) = x(\lambda)\ h(t-\lambda)$

4. $\displaystyle\int_{-\infty}^{\infty} x(\lambda)\ \delta(t-\lambda)\ d\lambda$ ➡ LS ➡ $y(t) = \displaystyle\int_{-\infty}^{\infty} x(\lambda)\ h(t-\lambda)\ d\lambda$

5. $x(t)$ ➡ LS ➡ $y(t) = \displaystyle\int_{0}^{t} x(\lambda)\ h(t-\lambda)\ d\lambda$

[그림 10-10] 선형 시불변 시스템에 대한 컨벌루션 적분의 유도 과정 : 마지막 단계에서는 $t < 0$일 때 $x(t) = 0$이므로 적분의 하한을 0으로 바꾸었다.
또한 물리적인 회로에서는 시간 t에서의 출력 $y(t)$가 t 이후의 입력에 영향을 받지 않으므로 적분의 상한을 t로 바꾸었다.

그러나 λ를 특정값의 상수가 아닌 연속인 임시 변수로 사용할 것이므로 이제는 $x(\lambda)$로 표현해야 한다.

[그림 10-11]의 3단계에서, $t = \lambda_1$에서의 입력 $x_1(\lambda_1)$의 출력은

$$y_1(t) = x_1(\lambda_1)\, h(t - \lambda_1) \qquad (10.143a)$$

과 같다. 마찬가지로 $t = \lambda_2$에서의 입력 $x_2(\lambda_2)$의 출력은

$$y_2(t) = x_2(\lambda_2)\, h(t - \lambda_2) \qquad (10.143b)$$

이다. 선형 시스템에 $x(\lambda_1)$과 $x(\lambda_2)$가 동시에 입력되면 중첩의 원리에 의해 출력은 $y_1(t)$와 $y_2(t)$의 합으로 간단히 구할 수 있다. 나아가 λ 영역의 전 구간 $[-\infty, \infty]$에서 연속인 입력 신호 $x(\lambda)$에 대하여 시스템의 입출력은 4단계와 5단계에서 보인 바와 같이 다음 정적분을 통해 구할 수 있다.

$$\text{입력 : } \int_{-\infty}^{\infty} x(\lambda)\, \delta(t - \lambda)\, d\lambda = x(t) \qquad (10.144)$$

$$\text{출력 : } y(t) = \int_{-\infty}^{\infty} x(\lambda)\, h(t - \lambda)\, d\lambda \qquad (10.145)$$

식 (10.145)의 표현을 컨벌루션 적분이라 한다. 즉 하나의 함수를 적분 변수 λ축을 따라 상수 t만큼 평행이동한 다른 함수와 곱한 뒤, 이를 λ가 가질 수 있는 모든 구간에 대해 적분한 것이다. 이것은 단순한 곱셈으로 표현된 식 (10.142)의 우변과 뚜렷이 대조된다. 간단한 표기법으로 컨벌루션 적분은 별표 *를 사용하여 표현한다.

$$y(t) = x(t) * h(t) = \int_{-\infty}^{\infty} x(\lambda)\, h(t - \lambda)\, d\lambda \quad (10.146)$$

식 (10.146)의 적분 구간을 살펴보면, 출력 $y(t)$가 시점 t 이후 미래의 입력값에 대해서도 영향을 받고 있음을 알 수 있다.

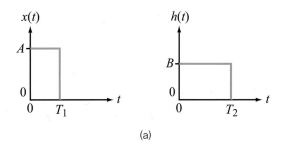

(a)

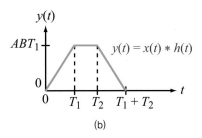

(b)

[그림 10-11] 두 정방형 파형의 컨벌루션(a)은 (b)와 같은 피라미드형 파형이다.
(a) $x(t)$와 $h(t)$
(b) $y(t)$

하지만 물리적으로 구현된 시스템에서는 이러한 일이 발생할 수 없으므로 적분의 상한은 t로 대체될 수 있다. 또한 $t = 0$에서의 입력이 없다고 하면 적분의 하한을 0으로 대체할 수 있다. 그러므로 식 (10.146)은 다음과 같이 표현할 수 있다.

$$y(t) = x(t) * h(t) = \int_{0}^{t} x(\lambda)\, h(t - \lambda)\, d\lambda \quad (10.147)$$

식 (10.147)에서 컨벌루션은 임펄스 응답 $h(t)$를 시간 이동하여 얻을 수 있다. 반대로 입력 $x(t)$를 시간 이동해도 같은 $y(t)$를 얻을 수 있다.

$$y(t) = x(t) * h(t) = \int_{0}^{t} x(t - \lambda)\, h(\lambda)\, d\lambda \quad (10.148)$$

식 (10.133)과 같이 정의한 전달함수 $\mathbf{H(s)}$는 초기 조건이 0인 회로를 의미한다. 그러므로 $t < 0$에서 $x(t)$와 $h(t)$는 0이다. 만일 $x(t)$와 $h(t)$가 모든 양수 t 값에 대해

0이 아니라면, 이러한 사실은 계단함수 $u(t)$를 $x(t)$와 $h(t)$의 식에 각각 대입하여 표현할 수 있다. 만일 특정한 양의 t 구간에서만 $x(t)$와 $h(t)$가 정의된다면, 시간 이동된 계단함수 $u(t-T)$를 사용하여 이를 표현할 수 있다. 이는 식 (10.147)과 식 (10.148)처럼 계단함수 하나만을 포함한 수식의 적분은 계산이 용이한 반면, 두 개 이상의 계단함수의 곱을 포함한 수식의 적분은 다소 복잡하다.

[그림 10-11]의 간단한 예를 통해 좀 더 용이한 적분 과정을 알아보자. 직사각형 파형 $x(t)$와 $h(t)$는 다음과 같은 수식으로 나타낼 수 있다.

$$x(t) = A[u(t) - u(t - T_1)] \qquad (10.149a)$$

$$h(t) = B[u(t) - u(t - T_2)] \qquad (10.149b)$$

식 (10.148)의 컨벌루션 적분을 계산하기 위해서는 $x(t-\lambda)$와 $h(\lambda)$ 식이 필요하다. 식 (10.149a)의 변수 t를 $(t-\lambda)$로 치환하고, 식 (10.149b)의 변수 t를 λ로 치환하면

$$x(t - \lambda) = A[u(t - \lambda) - u(t - T_1 - \lambda)] \qquad (10.150a)$$

$$h(\lambda) = B[u(\lambda) - u(\lambda - T_2)] \qquad (10.150b)$$

를 얻을 수 있다. 위의 식을 식 (10.148)에 대입하면

$$
\begin{aligned}
y(t) &= \int_0^t x(t - \lambda)\, h(\lambda)\, d\lambda \\
&= AB\Bigg\{ \int_0^t u(t - \lambda)\, u(\lambda)\, d\lambda \\
&\quad - \int_0^t u(t - \lambda)\, u(\lambda - T_2)\, d\lambda \qquad (10.151) \\
&\quad - \int_0^t u(t - T_1 - \lambda)\, u(\lambda)\, d\lambda \\
&\quad + \int_0^t u(t - T_1 - \lambda)\, u(\lambda - T_2)\, d\lambda \Bigg\}
\end{aligned}
$$

을 얻는다. 위의 각 항을 살펴보자. 적분 변수는 λ이며 적분 상한은 t이고, $(t-\lambda)$는 적분 구간에서 0보다 작을 수 없다. 또한 T_1과 T_2는 모두 음의 값이 아니다.

첫 번째 항 : 적분 구간에서 $u(\lambda)$와 $u(t-\lambda)$는 1이므로 첫 번째 항의 적분은

$$
\begin{aligned}
\int_0^t u(t - \lambda)\, u(\lambda)\, d\lambda &= \left[\int_0^t d\lambda\right] u(t) \\
&= t\, u(t)
\end{aligned}
\qquad (10.152)
$$

와 같이 간단히 나타낼 수 있다. 이때 위 적분의 결과는 0보다 큰 t 값에 대해서만 유용하므로 위의 적분에 $u(t)$를 곱해도 결과는 동일하다.

두 번째 항 : $\lambda > T_2$ 외의 구간에서 단위 계단함수 $u(\lambda - T_2)$는 0이므로 적분의 하한은 T_2로 대체할 수 있다. 결과 식은 다음과 같이 $u(\lambda - T_2)$이 곱해져야 한다.

$$
\begin{aligned}
\int_0^t u(t - \lambda)\, u(\lambda - T_2)\, d\lambda &= \left[\int_{T_2}^t d\lambda\right] u(t - T_2) \\
&= (t - T_2)\, u(t - T_2)
\end{aligned}
$$
$$(10.153)$$

세 번째 항 : $\lambda < t - T_1$ 이외의 구간에서 단위 계단함수 $u(t - T_1 - \lambda)$는 0이므로, 적분의 상한은 $t - T_1$으로 대체할 수 있다. 또한 하한($\lambda = 0$)에서 위 구간 조건을 만족하는 가장 작은 t 값은 $t = T_1$이다. 따라서 적분 결과 식에 $u(\lambda - T_1)$가 곱해져야 한다.

$$
\begin{aligned}
\int_0^t u(t - T_1 - \lambda)\, u(\lambda)\, d\lambda &= \left[\int_0^{t-T_1} d\lambda\right] u(t - T_1) \\
&= (t - T_1)\, u(t - T_1)
\end{aligned}
$$
$$(10.154)$$

네 번째 항 : 두 계단함수의 곱 $u(t - T_1 - \lambda)\, u(\lambda - T_2)$에서

❶ 적분의 하한을 T_2로 바꾼다.

❷ 상한은 $t = T_1$으로 바꾼다.

❸ 마지막으로 적분값에 $u(t - T_1 - T_2)$를 곱하여 다음을 구한다.

$$\int_0^t u(t - T_1 - \lambda)\, u(\lambda - T_2)\, d\lambda$$

$$= \left[\int_{T_2}^{t-T_1} d\lambda\right] u(t - T_1 - T_2) \qquad (10.155)$$

$$= (t - T_1 - T_2)\, u(t - T_1 - T_2)$$

식 (10.152)~식 (10.155)의 결과를 합하면 다음과 같은 결과를 얻는다.

$$y(t) = AB[t\, u(t) - (t - T_2)\, u(t - T_2)$$
$$\qquad - (t - T_1)\, u(t - T_1) \qquad (10.156)$$
$$\qquad + t(t - T_1 - T_2)\, u(t - T_1 - T_2)]$$

$y(t)$의 파형은 [그림 10-11(b)]와 같다.

앞의 예제에서 얻은 결과를 일반화하면 다음과 같다.

컨벌루션 적분

다음과 같이 주어진 함수 $x(t)$와 $h(t)$를 살펴보자.

$$x(t) = f_1(t)\, u(t - T_1) \qquad (10.157a)$$
$$h(t) = f_2(t)\, u(t - T_2) \qquad (10.157b)$$

이때 $f_1(t)$와 $f_2(t)$는 상수이거나 시간의 함수이며, T_1과 T_2는 음이 아닌 수다. 그러므로 두 함수의 컨벌루션 적분은 다음과 같다.

$$y(t) = x(t) * h(t)$$

$$= \int_0^t x(t - \lambda)\, h(\lambda)\, d\lambda$$

$$= \int_0^t f_1(t - \lambda)\, f_2(\lambda)\, u(t - T_1 - \lambda)\, u(\lambda - T_2)\, d\lambda$$

$$= \left[\int_{T_2}^{t-T_1} f_1(t - \lambda)\, f_2(\lambda)\, d\lambda\right] u(t - T_1 - T_2)$$

$$(10.158)$$

식 (10.158)의 결과는 컨벌루션 적분을 해석적으로 직접 계산하고자 할 때, 쉽고 유용하게 활용할 수 있다. 다음의 [예제 10-15]와 [예제 10-16]에서 보는 바와 같이, 컨벌루션 적분은 분석적으로 직접 계산하거나 도시적 방법을 통해 얻을 수도 있다.

예제 10-15 **직사각형 펄스에 대한 LP 필터의 응답**

[그림 10-12(a)]와 같은 RC 회로가 주어질 때, 1초간 지속되는 직사각형 펄스(rectangular pulse)에 대한 출력 전압을 구하라. 단, 펄스의 크기는 1 V다.

풀이

세 가지 풀이 방법을 살펴볼 것이다. 방법 1은 **s** 영역에서의 풀이, 방법 2는 해석적 방법을 통해 적분값을 계산하는 시간 영역 컨벌루션이고, 방법 3은 도시적 방법을 통해 적분값을 계산하는 시간 영역 컨벌루션이다.

방법 1 : s 영역

$R = 0.5\ \text{M}\Omega$과 $C = 1\ \mu\text{F}$에서 $RC = 0.5\ \text{s}$를 구한다. [그림 10-12(b)]와 같이 **s** 영역의 전압 분배를 통해

$$\mathbf{H(s)} = \frac{\mathbf{V_{out}(s)}}{\mathbf{V_{in}(s)}} = \frac{1/sC}{R + 1/sC} = \frac{1/RC}{s + 1/RC} = \frac{2}{s+2} \tag{10.159}$$

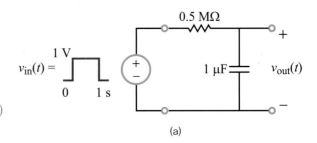

(a)

를 얻는다. 직사각형 펄스는

$$v_{in}(t) = [u(t) - u(t-1)] \text{ V} \tag{10.160}$$

로 주어지고, 이를 [표 10-2]를 이용하여 s 영역으로 변환하면

$$\mathbf{V_{in}(s)} = \left[\frac{1}{s} - \frac{1}{s} e^{-s} \right] \text{ V} \tag{10.161}$$

이다. 그러므로

$$\mathbf{V_{out}(s)} = \mathbf{H(s)} \, \mathbf{V_{in}(s)}$$

$$= 2(1 - e^{-s}) \left[\frac{1}{s(s+2)} \right] \tag{10.162}$$

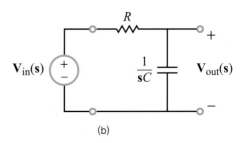

(b)

이 된다. 시간 영역으로 역변환하기 위해 대괄호 안의 식을 부분분수로 확장하면 다음과 같다.

$$\frac{1}{s(s+2)} = \frac{A_1}{s} + \frac{A_2}{s+2} \tag{10.163}$$

$$A_1 = s \left[\frac{1}{s(s+2)} \right] \bigg|_{s=0} = \frac{1}{2}$$

$$A_2 = (s+2) \left[\frac{1}{s(s+2)} \right] \bigg|_{s=-2} = -\frac{1}{2}$$

이를 식 (10.162)에 대입하면

$$\mathbf{V_{out}(s)} = \frac{1}{s} - \frac{1}{s+2} - \frac{1}{s} e^{-s} + \frac{1}{s+2} e^{-s} \tag{10.164}$$

를 얻는다. [표 10-2]로부터 다음 관계를 얻을 수 있다.

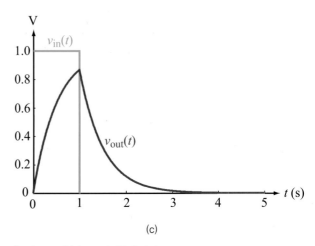

(c)

[그림 10-12] (a) RC 저역통과 필터
(b) s 영역에서의 회로
(c) 출력 응답

$$u(t) \quad \longleftrightarrow \quad \frac{1}{s}$$

$$e^{-2t} \, u(t) \quad \longleftrightarrow \quad \frac{1}{s+2}$$

$$u(t-1) \quad \longleftrightarrow \quad \frac{1}{s} e^{-s}$$

$$e^{-2(t-1)} \, u(t-1) \quad \longleftrightarrow \quad \frac{1}{s+2} e^{-s}$$

그러므로

$$v_{out}(t) = \left[[1 - e^{-2t}] \, u(t) - [1 - e^{-2(t-1)}] \, u(t-1) \right] \text{ V} \tag{10.165}$$

이다. [그림 10-12(c)]에 시간 응답 $v_{out}(t)$를 나타내었다.

방법 2 : 해석적 방법을 이용한 컨벌루션

$\mathbf{H(s)}$의 식 (10.159)에 대응하는 시간 영역 함수는

$$h(t) = 2e^{-2t}\, u(t) \tag{10.166}$$

이다. $v_{\text{in}}(t)$의 식 (10.160)과 $h(t)$의 식 (10.166)을 식 (10.147)에 대입하면 다음과 같다.

$$
\begin{aligned}
v_{\text{out}}(t) &= v_{\text{in}}(t) * h(t) \\[4pt]
&= \int_0^t v_{\text{in}}(\lambda)\, h(t-\lambda)\, d\lambda \\[4pt]
&= \int_0^t [u(\lambda) - u(\lambda-1)] \times 2e^{-2(t-\lambda)}\, u(t-\lambda)\, d\lambda \\[4pt]
&= \int_0^t 2e^{-2(t-\lambda)}\, u(\lambda)\, u(t-\lambda)\, d\lambda - \int_0^t 2e^{-2(t-\lambda)}\, u(\lambda-1)\, u(t-\lambda)\, d\lambda
\end{aligned}
\tag{10.167}
$$

위의 결과를 식 (10.158)에 적용하면 다음과 같이 $v_{\text{out}}(t)$를 얻을 수 있다.

$$
\begin{aligned}
v_{\text{out}}(t) &= \left[\int_0^t 2e^{-2(t-\lambda)}\, d\lambda\right] u(t) - \left[\int_1^t 2e^{-2(t-\lambda)}\, d\lambda\right] u(t-1) \\[4pt]
&= \frac{2}{2}\, e^{-2(t-\lambda)}\Big|_0^t\, u(t) - \frac{2}{2}\, e^{-2(t-\lambda)}\Big|_1^t\, u(t-1) \\[4pt]
&= [1 - e^{-2t}]\, u(t) - [1 - e^{-2(t-1)}]\, u(t-1)\ \text{V}
\end{aligned}
\tag{10.168}
$$

이때 각각의 적분항에는 계단함수 $u(t)$와 $u(t-1)$을 각각 적용했다. 식 (10.168)은 방법 1을 통해 얻은 결과인 식 (10.165)와 같다.

방법 3 : 도시적 적분을 통한 컨벌루션

다음과 같이 주어진 컨벌루션 적분

$$v_{\text{out}}(t) = \int_0^t v_{\text{in}}(\lambda)\, h(t-\lambda)\, d\lambda \tag{10.169}$$

는 연속적인 값 t에서 도시적으로 계산할 수 있다. 먼저 [그림 10-13(a)]와 같이 직사각형 입력 $v_{\text{in}}(t)$와 회로의 임펄스 응답 $h(t)$를 도시해보자. 식 (10.169)의 컨벌루션을 구하려면, 먼저 $v_{\text{in}}(\lambda)$과 $h(t-\lambda)$를 λ축에 따라 그려야 한다.

[그림 10-13(b)]~[그림 10-13(e)]는 $t = 0$에서 시작하여 $t = 2$ s까지 점차 증가하는 t 값에 해당하는 파형을 나타낸다. 모든 그림에서 $v_{\text{in}}(\lambda)$는 변하지 않는다. $h(t-\lambda)$를 얻기 위해서는, 먼저 $h(\lambda)$를 수직축을 기준으로 대칭이동하여 $h(-\lambda)$를 얻고 $h(-\lambda)$를 λ축을 따라 t만큼 평행이동한다.

출력 전압은 $v_{\text{in}}(\lambda)$과 $h(t-\lambda)$의 곱의 적분값이며, 이는 각 그림에서 중첩된 구간과 같다. [그림 10-13(b)]에서 보는 바와 같이 $t = 0$일 때에는 중첩된 구간이 없다. $v_{\text{in}}(\lambda)$를 [그림 10-13(c)]와 같이 $t = 0.5$ s 만큼 평행이동하면, $v_{\text{out}}(0.5)$ = 0.63이다. $v_{\text{in}}(\lambda)$를 좀더 우측으로 평행이동하면, 중첩 구간이 점점 커져 [그림 10-13(d)]와 같이 $t = 1$ s에서 최대가 된다. $t = 1$ s 이후에는 중첩 구간이 점점 작아진다. [그림 10-13(e)]는 $t = 2$ s에서의 중첩 구간을 나타낸다. 연속적인 값 t에서 위와 같은 도시적 적분을 통해 구한 $v_{\text{out}}(t)$를 시간 t에 대해 그리면 [그림 10-12(c)]와 같은 회로 응답 곡선을 얻는다.

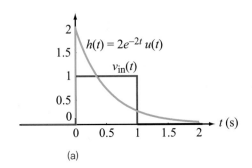

(a)

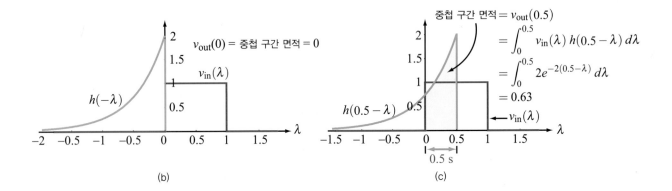

(b)

(c)

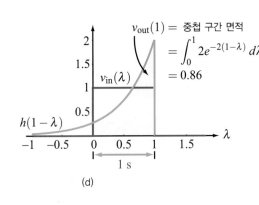

(d)

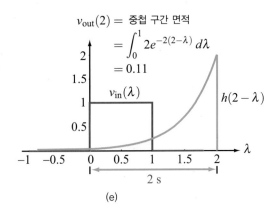

(e)

[그림 10-13] [예제 10-15]의 도시적 컨벌루션의 해

    (a) 시간 영역

    (b) $t=0$일 때

    (c) $t=0.5\,\text{s}$일 때

    (d) $t=1\,\text{s}$일 때

    (e) $t=2\,\text{s}$일 때

도시적 컨벌루션 기법

1단계 λ축에 $x(\lambda)$와 $h(-\lambda)$를 그린다. $h(-\lambda)$는 $h(\lambda)$를 수직축으로 대칭이동하여 구한다.

2단계 t를 점차 증가시켜 $h(-\lambda)$를 평행이동하여 $h(t-\lambda)$를 구한다.

3단계 $x(\lambda)$와 $h(t-\lambda)$의 곱을 구한 뒤, 이를 λ 영역에서 $\lambda = 0$부터 $\lambda = t$까지 적분하여 $y(t)$를 구한다. 적분값은 $x(\lambda)$와 $h(t-\lambda)$의 두 함수가 중첩되는 구간에서의 면적과 같다.

4단계 t를 점차 증가시켜 $y(t)$를 모두 구할 때까지 2단계와 3단계의 과정을 반복한다.

예제 10-16 도시적 컨벌루션

[그림 10-14(a)]와 같이 주어진 파형에 대해 도시적 컨벌루션 기법을 적용하여 응답 $y(t) = x(t) * h(t)$를 구하라.

풀이

[그림 10-14(b)]는 λ축을 따라 파형 $x(\lambda)$와 $h(-\lambda)$를 도시한 결과다. $h(-\lambda)$의 파형은 $h(\lambda)$ 파형을 수직축으로 대칭이동한 것과 같다. [그림 10-14(c)]에서 [그림 10-14(e)]는, $t = 1$ s, $t = 1.5$ s, $t = 2$ s일 때의 $h(t-\lambda)$ 파형을 각각 도시했다.

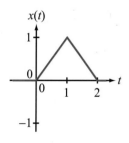
(a)

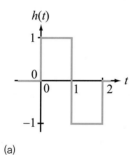
(b)

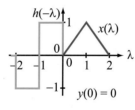
(c)

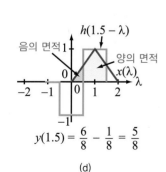
(d)

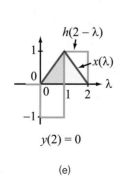
(e)

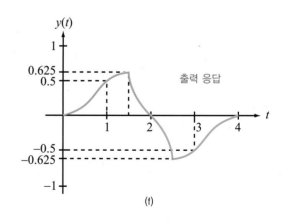
(f)

[그림 10-14] [예제 10-16]의 해
(a) $x(t)$와 $h(t)$
(b) $t = 0$
(c) $t = 1$ s
(d) $t = 1.5$ s
(e) $t = 2$ s
(f) $y(t)$

각각의 그림에서 음영 영역은 $y(t)$와 같다. $t > 1$ s인 경우, 음영 영역의 일부 구간은 양의 값을, 나머지 구간은 음의 값을 가진다. $h(t - \lambda)$를 우측으로 조금씩 이동시키며 구한 전체 응답 $y(t)$는 [그림 10-14(f)]에 나타냈다.

각각 T_1과 T_2의 제한된 시간 폭을 갖는 두 함수가 컨벌루션될 때, 결과 함수의 시간 폭은 두 함수의 모양과 관계없이 $(T_1 + T_2)$이다.

[질문 10-13] 도시적 컨벌루션 기법을 적용하기 위한 과정을 기술하라.

[연습 10-12] 함수 $x(t)$와 $h(t)$의 파형이 다음과 같이 주어졌을 때, 도시적 컨벌루션 기법을 적용하여 $y(t) = x(t) * h(t)$를 구하라.

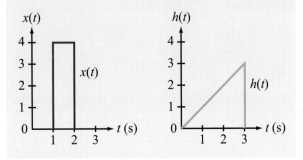

10.10 Multisim을 활용한 비자명 입력 신호 회로의 해석

SPICE 시뮬레이터는 삼각함수 또는 직류 전압과는 달리 비자명 입력 신호(non-trivial inputs)로 구동되는 회로를 시뮬레이션할 때 가장 확실한 결과를 보여주는 도구다.

이번 장에서는 Multisim을 이용하여 해를 얻는 것이 매우 수월함을 보여준다. 또한 Multisim에서 구한 해를 라플라스 변환 방법을 이용하여 해석적으로 구한 해와 비교하기 위해 이전에 다루었던 예제를 다시 살펴볼 것이다. Multisim은 사용자가 이해한 핵심 개념을 다양한 조건과 다양한 입력파형에 대해 시뮬레이션할 수 있는 유용한 학습 도구이기도 하다.

예제 10-17 RC 회로 응답

[그림 10-12(a)]의 회로를 Multisim에 구현하고, Transient Analysis 도구를 이용하여 [그림 10-12(c)]의 출력 응답을 발생시켜라. [예제 10-15]에서 언급한 바와 같이 입력 신호는 1 V, 1 s 직사각형 펄스다.

풀이

이제 Multisim에서 펄스 입력을 만드는 방법에 어느 정도 익숙해져 있을 것이다. 해당 회로는 [그림 10-15(a)]와 같고, 커패시터 양단의 출력은 [그림 10-15(b)]와 같다. 이때 좀더 정확한 파형을 얻기 위해, 펄스의 입력 파라미터를 선택할 때 지연 시간이 0.5 s가 되도록 인가했다.

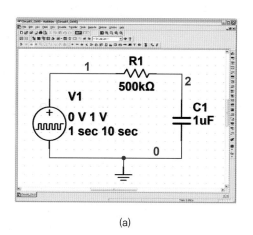

(a)

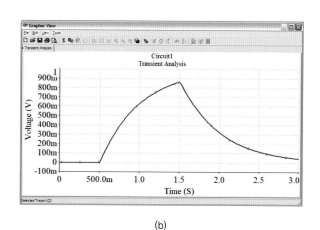

(b)

[그림 10-15] (a) Multisim에서 구현한 회로 : 0.5 s에서 1 V, 1 s 직사각형 펄스가 입력된 RC 회로
(b) 마디 2에서의 응답

[그림 10-6(a)]의 회로를 Multisim에 구현하고, Transient Analysis 도구를 이용하여 3 Ω 저항 양단의 전압 응답을 발생시켜라. 입력 신호는 $t = 0$ 이전에는 15 V이고, 이후에는 $15(1-e^{-2t})$ V다.

풀이

해당 회로는 [그림 10-16(a)]와 같다. 지수 입력 전압을 생성하기 위해, 증가 지수함수와 감소 지수함수를 모두 표현할 수 있는 EXPONENTIAL_VOLTAGE 입력을 사용했다.

Multisim은 지수 전압을 증가 부분과 감소 부분의 두 부분으로 나누며, 두 부분의 순서는 값의 변화가 실제로 증가하는지 또는 감소하는지와는 무관하다. 주어진 예제에서는, 첫 부분에서 15 V에서 0 V로 순간적으로 변화는 시뮬레이션을 해야 한다. 이를 위해서는 Initial Value를 15 V로, Pulsed Value를 0 V로 설정해야 한다. 또한, Rise Delay Time을 0 s로, Rise Time을 1 ns로(실제로 1 ns는 극히 짧은 순간이다.) 설정한다. 0.5 s의 시간동안 전압이 0 V에서 15 V로 증가하는 두 번째 부분을 시뮬레이션하기 위해서는 Fall Delay를 0 s로, Fall Time Constant를 0.5 s로 설정해야 한다. Transient Analysis를 적용하면 [그림 10-16(b)]의 그림을 얻을 수 있다.

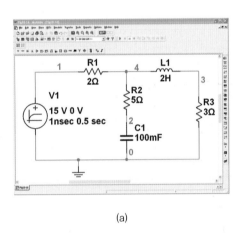

(a)

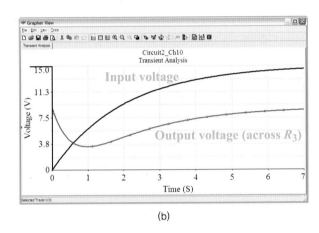

(b)

[그림 10-16] Multisim 실행 결과 : 일시적으로 급격하게 변하는 입력 전압에 대한 회로 응답
(a) Multisim에서 구현한 회로
(b) 응답

예제 10-19 부분 선형 전압 입력

PIECEWISE_LINEAR_VOLTAGE 입력은 시간-전압쌍을 다음과 같이 정의한다, 각 쌍에 해당하는 시간에 해당 전압을 인가하고, 각 쌍 사이의 시간에는 각 쌍을 선형으로 연결하여 얻은 전압을 인가한다. 그러므로 시간-전압쌍 (0, 1), (1, 1), (2, 4)를 입력하면, 시작할 때 1 V를 인가하여 1초까지 지속하다가 3 V/s의 기울기로 전압이 증가하여 2초에는 4 V를 얻는다.

[그림 10-16(a)]에서 지수 전압 입력을 부분 선형(PWL: Piece Wise Linear) 전압 입력 (0, 1), (1, 1), (2, 4), (3, 3), (7, −1), (8, 5), (9, 5)로 대체하고, 0부터 10까지 Transient Analysis의 입력과 출력을 도시하라.

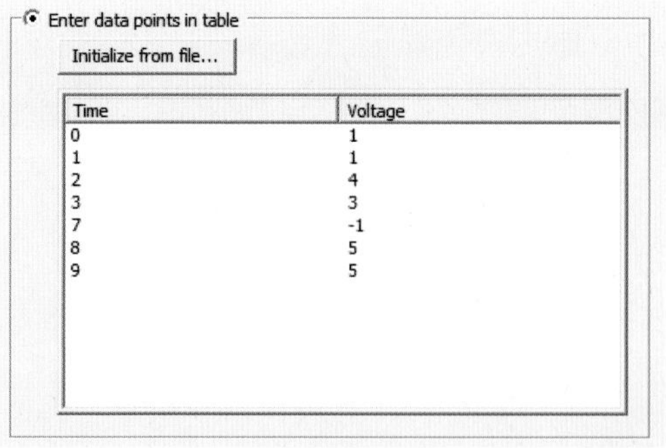

(a)

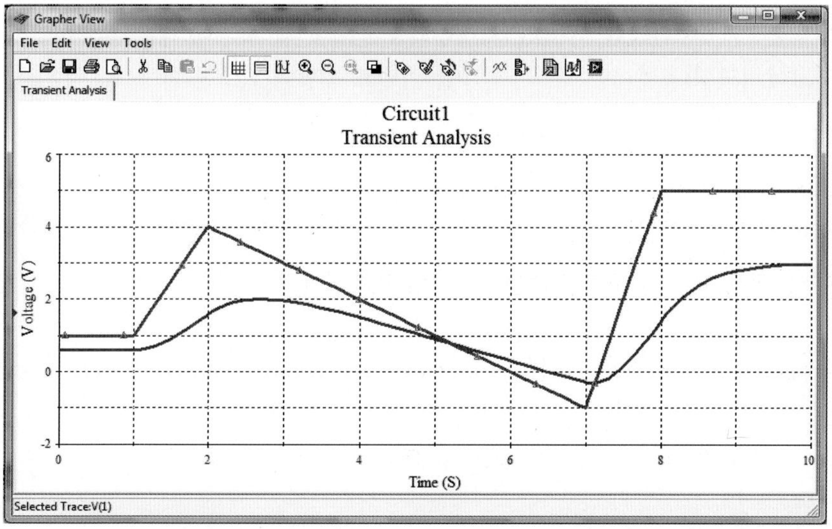

(b)

[그림 10-17] Multisim 실행 결과 : PWL 전압 입력으로 생성된 입력 신호에 대한 회로 응답
        (a) 회로 입력을 위한 시간-전압쌍
        (b) 응답

풀이

PIECEWISE_LINEAR_VOLTAGE 입력을 더블클릭하여 Value 탭을 선택한다. Enter data points in table을 클릭하고, 시간-전압쌍을 [그림 10-17(a)]와 같이 입력한다. Transient Analysis를 적용하여 [그림 10-17(b)]의 응답을 얻는다.

■ 핵심 요약

01. 라플라스 변환 분석 기법은 7장에서 9장까지 교류 회로를 해석할 때 사용했던 페이저 영역 기법과 유사하다. 두 기법 모두 회로를 새로운 영역으로 변환하고, 이를 관심 있는 변수에 대해 푼다. 그리고 구한 해를 다시 시간 영역으로 역변환한다. 하지만 라플라스 변환은 교류 회로뿐 아니라 다양한 형태와 다양한 입력을 갖는 회로에서도 적용할 수 있다.

02. $t = T$에서 0에서 A 값으로 전이되는 계단함수의 시간 미분은 $A\,\delta(t-T)$로 주어지는 임펄스함수다.

03. 라플라스 변환은 시간함수의 라플라스 변환을 쉽게 해주는 유용한 성질이 있다.

04. 0의 초기 조건에, 회로 요소 R, L, C는 s 영역에서 각각 R, sL, $\dfrac{1}{sC}$로 변환된다.

05. 시스템의 s 영역 전환 함수에 대응하는 시간 영역 함수를 임펄스 응답이라고 한다.

06. 컨벌루션 적분 방법은 입력 신호와 회로의 임펄스 응답을 컨벌루션 연산하여, 회로의 출력 응답을 결정해준다. 이 방법은 입력 신호가 함수로 표현하기 어려운 실제의 실험값일 때 특히 유용하다.

■ 관계식

특이점함수

단위 계단함수 $u(t-T) = \begin{cases} 0 & (t < T) \\ 1 & (t > T) \end{cases}$

단위 임펄스함수 $\delta(t-T) = 0 \quad (t \neq T)$

$$\int_{-\infty}^{\infty} \delta(t-T)\,dt = 1$$

라플라스 변환

$$\mathbf{F(s)} = \mathcal{L}[f(t)] = \int_{0^-}^{\infty} f(t)\,e^{-st}\,dt$$

성질 ➡ [표 10-1]
변환쌍 ➡ [표 10-2]

시간/s 영역 등가식

저항 $v = Ri$ ⟷ $\mathbf{V} = R\mathbf{I}$

인덕터 $v = L\dfrac{di}{dt}$ ⟷ $\mathbf{V} = sL\mathbf{I} - L\,i(0^-)$

커패시터 $i = C\dfrac{dv}{dt}$ ⟷ $\mathbf{I} = sC\mathbf{V} - C\,v(0^-)$

컨벌루션

대응식 $x(t) * h(t)$ ⟷ $\mathbf{X(s)\,H(s)}$

적분 $y(t) = x(t)*h(t) = \int_0^t x(\lambda)\,h(t-\lambda)\,d\lambda$

■ 주요 용어

극점 인자(pole factor)

단위 계단함수(unit step function)

단위 임펄스함수(unit impulse function)

델타함수(delta function)

라플라스 변환(Laplace transform)

복소 주파수(complex frequency)

부분분수 확장(partial fraction expansion)

샘플링 성질(sampling property)

수렴 조건(convergence condition)

시간 스케일링(time scaling)

시간 이동(time shift)

시불변(time invariance)

유수법(residue method)

유일성 특성(uniqueness property)

임펄스 응답(impulse response)

전달함수(transfer function)

주파수 이동(frequency shift)

진분수 유리함수(proper rational function)

초깃값 정리(initial-value theorem)

최종값 정리(final-value theorem)

컨벌루션(convolution)

특이점함수(singularity function)

혼합분수 유리함수(improper rational function)

확장 계수(expansion coefficients)

※ 10.1절~10.3절 : 라플라스 변환의 정의, 성질

10.1 다음의 각 파형을 계단함수로 표현하고, 라플라스 변환하라. 이때 램프함수는 계단함수와 $r(t - T) = (t - T)\,u(t - T)$의 관계가 있음을 상기해보자. 모든 파형은 $t < 0$에서 0이라 가정한다.

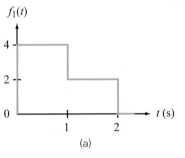

(a)

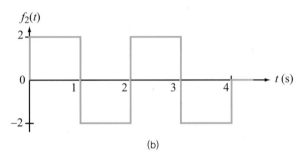

(b)

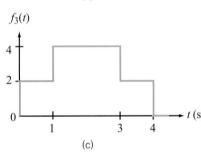

(c)

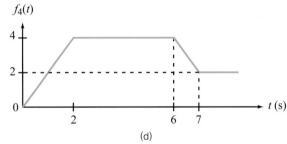

(d)

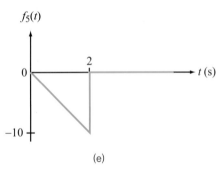

(e)

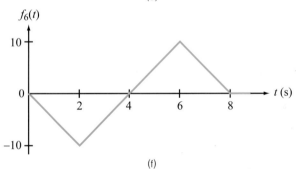

(f)

10.2 다음에 나타난 각 주기 파형의 라플라스 변환을 구하라.

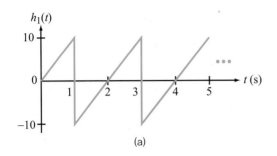

(a)

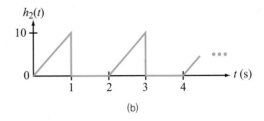

(b)

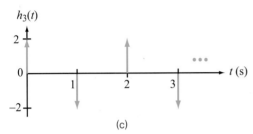

(c)

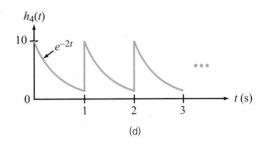

(d)

10.3 다음 적분값을 구하라.

(a) $G_1 = \displaystyle\int_{-\infty}^{\infty} (3t^3 + 2t^2 + 1)[\delta(t) + 4\delta(t-2)]\,dt$

(b) $G_2 = \displaystyle\int_{-2}^{4} 4(e^{-2t} + 1)[\delta(t) - 2\delta(t-2)]\,dt$

(c) $G_3 = \displaystyle\int_{-20}^{20} 3(t\cos 2\pi t - 1)[\delta(t) + \delta(t-10)]\,dt$

10.4 [표 10-1]과 [표 10-2]에 주어진 성질을 이용하여 다음 함수의 라플라스 변환을 구하라.

(a) $f_1(t) = 4te^{-2t}\,u(t)$

(b) $f_2(t) = 10\cos(12t + 60°)\,u(t)$

(c) $f_3(t) = 12e^{-3(t-4)}\,u(t-4)$

(d) $f_4(t) = 30(e^{-3t} + e^{3t})\,u(t)$

(e) $f_5(t) = 16e^{-2t}\cos 4t\,u(t)$

(f) $f_6(t) = 20te^{-2t}\sin 4t\,u(t)$

10.5 [표 10-1]과 [표 10-2]에 주어진 성질을 이용하여 다음 함수의 라플라스 변환을 구하라.

(a) $h_1(t) = 12te^{-3(t-4)}\,u(t-4)$

(b) $h_2(t) = 27t^2\sin(6t - 60°)\,u(t)$

(c) $h_3(t) = 10t^3e^{-2t}\,u(t)$

(d) $h_4(t) = 5(t - 6)\,u(t-3)$

(e) $h_5(t) = 10e^{-3t}\,u(t-4)$

(f) $h_6(t) = 4e^{-2(t-3)}\,u(t-4)$

10.6 다음 함수의 라플라스 변환을 구하라.

(a) $f_1(t) = 25\cos(4\pi t + 30°)\,\delta(t)$

(b) $f_2(t) = 25\cos(4\pi t + 30°)\,\delta(t - 0.2)$

(c) $f_3(t) = 10\,\dfrac{\sin 3t}{t}\,u(t)$

(d) $f_4(t) = \dfrac{d^2}{dt^2}\,[e^{-4t}\,u(t)]$

(e) $f_5(t) = \dfrac{d}{dt}\,[4te^{-2t}\cos(4\pi t + 30°)\,u(t)]$

(f) $f_6(t) = e^{-3t}\cos(4t + 30°)\,u(t)$

(g) $f_7(t) = t^2[u(t) - u(t-4)]$

(h) $f_8(t) = 10\cos(6\pi t + 30°)\,\delta(t - 0.2)$

10.7 $\mathbf{F(s)}$가 다음과 같을 때, $f(0^+)$과 $f(\infty)$를 구하라.

$$\mathbf{F(s)} = \frac{4\mathbf{s}^2 + 28\mathbf{s} + 40}{\mathbf{s(s+3)(s+4)}}$$

10.8 $\mathbf{F(s)}$가 다음과 같을 때, $f(0^+)$과 $f(\infty)$를 구하라.

$$\mathbf{F(s)} = \frac{\mathbf{s}^2 + 4}{2\mathbf{s}^3 + 4\mathbf{s}^2 + 10\mathbf{s}}$$

10.9 $\mathbf{F(s)}$가 다음과 같을 때, $f(0^+)$과 $f(\infty)$를 구하라.

$$\mathbf{F(s)} = \frac{12e^{-2\mathbf{s}}}{\mathbf{s(s+2)(s+3)}}$$

10.10 $\mathbf{F(s)}$가 다음과 같을 때, $f(0^+)$과 $f(\infty)$를 구하라.

$$\mathbf{F(s)} = \frac{19 - e^{-\mathbf{s}}}{\mathbf{s(s}^2 + 5\mathbf{s} + 6)}$$

※ 10.5절 : 부분분수 확장
10.11 부분분수 확장법을 적용하여 다음 함수의 라플라스 역변환을 구하라.

   (a) $\mathbf{F}_1(\mathbf{s}) = \dfrac{6}{(\mathbf{s}+2)(\mathbf{s}+4)}$

   (b) $\mathbf{F}_2(\mathbf{s}) = \dfrac{4}{(\mathbf{s}+1)(\mathbf{s}+2)^2}$

   (c) $\mathbf{F}_3(\mathbf{s}) = \dfrac{3\mathbf{s}^3 + 36\mathbf{s}^2 + 131\mathbf{s} + 144}{\mathbf{s(s+4)(s}^2 + 6\mathbf{s} + 9)}$

   (d) $\mathbf{F}_4(\mathbf{s}) = \dfrac{2\mathbf{s}^2 + 4\mathbf{s} - 16}{(\mathbf{s}+6)(\mathbf{s}+2)^2}$

10.12 다음 함수의 라플라스 역변환을 구하라.

   (a) $\mathbf{F}_1(\mathbf{s}) = \dfrac{\mathbf{s}^2 + 17\mathbf{s} + 20}{\mathbf{s(s}^2 + 6\mathbf{s} + 5)}$

   (b) $\mathbf{F}_2(\mathbf{s}) = \dfrac{2\mathbf{s}^2 + 10\mathbf{s} + 16}{(\mathbf{s}+2)(\mathbf{s}^2 + 6\mathbf{s} + 10)}$

   (c) $\mathbf{F}_3(\mathbf{s}) = \dfrac{4}{(\mathbf{s}+2)^3}$

   (d) $\mathbf{F}_4(\mathbf{s}) = \dfrac{2(\mathbf{s}^3 + 12\mathbf{s}^2 + 16)}{(\mathbf{s}+1)(\mathbf{s}+4)^3}$

10.13 다음 함수의 라플라스 역변환을 구하라.

   (a) $\mathbf{F}_1(\mathbf{s}) = \dfrac{(\mathbf{s}+2)^2}{\mathbf{s(s}+1)^3}$

   (b) $\mathbf{F}_2(\mathbf{s}) = \dfrac{1}{(\mathbf{s}^2 + 4\mathbf{s} + 5)^2}$

   (c) $\mathbf{F}_3(\mathbf{s}) = \dfrac{\sqrt{2}(\mathbf{s}+1)}{\mathbf{s}^2 + 6\mathbf{s} + 13}$

   (d) $\mathbf{F}_4(\mathbf{s}) = \dfrac{-2(\mathbf{s}^2 + 20)}{\mathbf{s(s}^2 + 8\mathbf{s} + 20)}$

10.14 다음 함수의 라플라스 역변환을 구하라

   (a) $\mathbf{F}_1(\mathbf{s}) = 2 + \dfrac{4(\mathbf{s}-4)}{\mathbf{s}^2 + 16}$

   (b) $\mathbf{F}_2(\mathbf{s}) = \dfrac{4}{\mathbf{s}} + \dfrac{4\mathbf{s}}{\mathbf{s}^2 + 9}$

   (c) $\mathbf{F}_3(\mathbf{s}) = \dfrac{(\mathbf{s}+5)e^{-2\mathbf{s}}}{(\mathbf{s}+1)(\mathbf{s}+3)}$

   (d) $\mathbf{F}_4(\mathbf{s}) = \dfrac{(1 - e^{-4\mathbf{s}})(24\mathbf{s} + 40)}{(\mathbf{s}+2)(\mathbf{s}+10)}$

   (e) $\mathbf{F}_5(\mathbf{s}) = \dfrac{\mathbf{s(s}-8)e^{-6\mathbf{s}}}{(\mathbf{s}+2)(\mathbf{s}^2 + 16)}$

   (f) $\mathbf{F}_6(\mathbf{s}) = \dfrac{4\mathbf{s}(2 - e^{-4\mathbf{s}})}{\mathbf{s}^2 + 9}$

※ 10.6절과 10.7절 : s 영역 회로소자 모델
               s 영역 회로 해석
10.15 다음 회로에서 $v(t)$를 구하라. 이때 $v_s(t) = 2u(t)$ V, $R_1 = 1\ \Omega$, $R_2 = 3\ \Omega$, $C = 0.3689$ F, $L = 0.2259$ H이다.

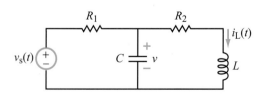

10.16 다음 회로에서 $i_L(t)$를 결정하라. $v_s(t) = 2u(t)$ V, $R_1 = 2\ \Omega$, $R_2 = 6\ \Omega$, $C = 0.0376$ F이다.

10.17 다음 회로에서 $v_{out}(t)$를 구하라. 이때, $v_s(t) = 35u(t)$ V, $v_{c_1}(0^-) = 20$ V, $R_1 = 1\ \Omega$, $C_1 = 1$ F, $R_2 = 0.5\ \Omega$, $C_2 = 2$ F이다.

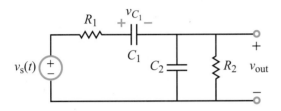

10.18 $t \geq 0$일 때, 다음 회로에서 $i_L(t)$를 구하라. 이때 스위치는 $t = 0$ 이전에는 오랜 시간동안 닫혀 있다가 $t = 0$에서 개방되었고, $v_s = 12$ mV, $R_0 = 5\ \Omega$, $R_1 = 10\ \Omega$, $R_2 = 20\ \Omega$, $L = 0.2$ H, $C = 6$ mF이다.

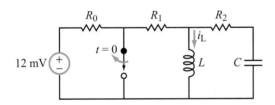

10.19 [연습문제 10.18]을 스위치가 오랜 시간동안 개방되어 있다가 $t = 0$일 때 닫히는 상황으로 가정하여 다시 풀어라. 직류 전압과 저항은 $v_s = 12$ mV, $R_0 = 5\ \Omega$, $R_1 = 10\ \Omega$, $R_2 = 20\ \Omega$으로 같은 값을 사용하고, $L = 2$ H, $C = 0.4$ F로 변경하라.

10.20 다음 회로에서 $i_L(t)$를 구하라. 이때 $R_1 = 2\ \Omega$, $R_2 = \frac{1}{6}\ \Omega$, $L = 1$ H, $C = \frac{1}{13}$ F이다. $t = 0$ 이전에 스위치의 우측단에 충전되어 있던 에너지는 없다고 가정한다.

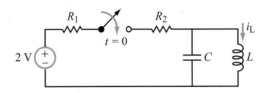

10.21 다음 회로에서 $v_{c_2}(t)$를 구하라. 이때 $R = 200\ \Omega$, $C_1 = 1$ mF, $C_2 = 5$ mF이다.

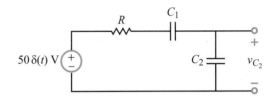

10.22 다음 회로에서 $i_L(t)$를 구하라. 스위치가 닫히기 전에는 $v_c(0^-) = 24$ V이다. 또한 $R = 1\ \Omega$, $L = 0.8$ H, $C = 0.25$ F이다.

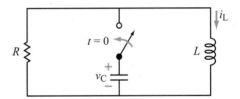

10.23 다음 회로에서 $v_{out}(t)$를 구하라. 이때 $v_s(t) = 11u(t)$ V, $R_1 = 2\ \Omega$, $R_2 = 4\ \Omega$, $R_3 = 6\ \Omega$, $L = 1$ H, $C = 0.5$ F이다.

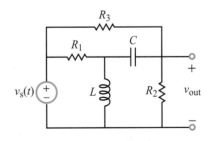

10.24 $t \geq 0$일 때, 다음 회로에서 $i_L(t)$를 구하라. 이때 $R = 3.5\ \Omega$, $L = 0.5$ H, $C = 0.2$ F이다.

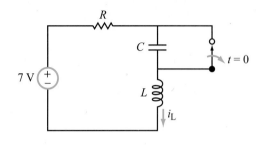

10.25 다음 회로에서 **s** 영역에서의 망로 전류 해석을 이용하여 $i_L(t)$를 구하라. 이때 $v_s(t) = 44u(t)$ V, $R_1 = 2\,\Omega$, $R_2 = 4\,\Omega$, $R_3 = 6\,\Omega$, $C = 0.1$ F, $L = 4$ H이다.

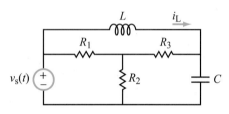

10.26 다음 회로에서 $v_{out}(t)$를 구하라. 이때 $v_s(t) = 3u(t)$ V, $R_1 = 4\,\Omega$, $R_2 = 10\,\Omega$, $L = 2$ H이다.

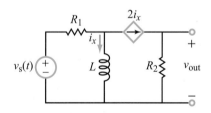

10.27 [연습문제 10.26]을 $v_s(t) = 3\delta(t)$ V에 대하여 다시 풀어라.

10.28 다음 회로에서 전압 입력은 $v_s(t) = [10 - 5u(t)]$ V이다. $t \geq 0$에서 $i_L(t)$를 구하라. 이때 $R_1 = 1\,\Omega$, $R_2 = 3\,\Omega$, $L = 2$ H, $C = 0.5$ F이다.

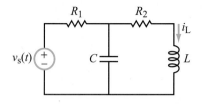

10.29 다음 회로에서 전류 입력은 $i_s(t) = [10u(t) + 20\delta(t)]$ mA이다. $t \geq 0$에서 $v_C(t)$를 구하라. 이때 $R_1 = R_2 = 1\,\text{k}\Omega$, $C = 0.5$ mF이다.

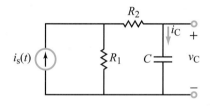

10.30 다음 회로에 10 V가 1초 동안 지속되는 직사각형 펄스가 입력 신호로 인가된다. $i(t)$를 구하라. 이때 $R_1 = 1\,\Omega$, $R_2 = 2\,\Omega$, $L = \frac{1}{3}$ H이다.

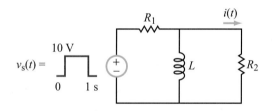

10.31 [연습문제 10.29]를 10 mA가 2초 동안 지속되는 직사각형 펄스 전류 입력에 대해 다시 풀어라.

10.32 [연습문제 10.28]의 회로를 해석하여 $t = 0$에 시작하여 $t = 5$ s에 끝나는 10 V 직사각형 펄스 전압 입력 $v_s(t)$에 대한 응답 $i_L(t)$를 구하라. 이때, $R_1 = 1\,\Omega$, $R_2 = 3\,\Omega$, $L = 2$ H, $C = 0.5$ F이다.

10.33 다음 회로에서 전류 입력은 $i_s(t) = 6e^{-2t}\,u(t)$ A 이다. $t \geq 0$에서 $i_L(t)$를 결정하라. 이때 $R_1 = 10\,\Omega$, $R_2 = 5\,\Omega$, $L = 0.6196$ H, $LC = \frac{1}{15}$ s이다.

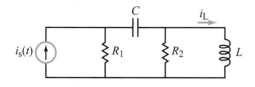

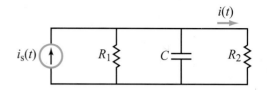

10.34 전류 입력 파형이 다음과 같이 주어질 때, [연습문제 10.33]의 회로에서 $i_L(t)$를 구하라. 이때 $R_1 = 10\,\Omega$, $R_2 = 5\,\Omega$, $L = 0.6196\,H$, $L_C = \dfrac{1}{15}\,s$이다.

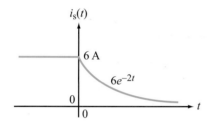

10.35 다음 회로의 전류 입력은 그림의 파형과 같다. $t \geq 0$에서 $v_{out}(t)$를 구하라. 이때 $R_1 = 1\,\Omega$, $R_2 = 0.5\,\Omega$, $L = 0.5\,H$이다.

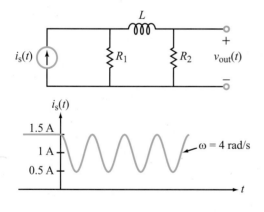

10.36 다음 회로가 [연습문제 10.35]의 전류 파형 $i_s(t)$에 의해 구동될 때, $t \geq 0$에서의 $i(t)$를 구하라. 이때 $R_1 = 10\,\Omega$, $R_2 = 5\,\Omega$, $C = 0.02\,F$이다.

10.37 [연습문제 10.36]의 회로가 전류 $i_s(t) = 36te^{-6t}\,u(t)$ mA으로 구동될 때, $t \geq 0$에서의 $i(t)$를 구하라. 이때 $R_1 = 2\,\Omega$, $R_2 = 4\,\Omega$, $C = \dfrac{1}{8}\,F$이다.

10.38 [연습문제 10.36]의 회로가 전류 $i_s(t) = 9te^{-3t}\,u(t)$ mA으로 구동될 때, $t \geq 0$에서의 $i(t)$를 구하라. 이때 $R_1 = 1\,\Omega$, $R_2 = 3\,\Omega$, $C = \dfrac{1}{3}\,F$이다.

10.39 다음 회로는 [연습문제 5.62]에서 다룬 회로로, $t \geq 0$에서의 시간 영역 해 $v_{out_1}(t)$와 $v_{out_2}(t)$를 구했었다. $v_i(t) = 10u(t)$ mV, 두 op 앰프 모두 $V_{CC} = 10\,V$, 두 커패시터 모두 $t = 0$ 이전에는 아무 변화가 없었다고 가정하자. 라플라스 변환을 활용하여 회로를 해석하고 $v_{out_1}(t)$와 $v_{out_2}(t)$를 도시하라.

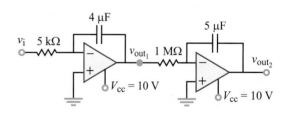

10.40 [연습문제 10.39]를 입력 전압 $v_i(t) = 0.4te^{-2t}\,u(t)$에 대해 다시 풀어라.

※ 10.8절 : 전달함수와 임펄스 응답

10.41 어떤 시스템의 전달함수가 다음과 같다.

$$\mathbf{H(s)} = \frac{18s + 10}{s^2 + 6s + 5}$$

입력 신호가 다음과 같을 때, 출력 응답 $y(t)$를 구하라.

(a) $x_1(t) = u(t)$

(b) $x_2(t) = 2t\, u(t)$

(c) $x_3(t) = 2e^{-4t}\, u(t)$

(d) $x_4(t) = [4\cos 4t]\, u(t)$

10.42 $t = 0$에서 단위 계단함수가 인가될 때, 시스템의 출력 응답이 다음과 같다. $\mathbf{H}(s)$, $h(t)$를 구하라.

$$y(t) = [5 - 10t + 20\sin 2t]\, u(t)$$

(a) 시스템 전달함수

(b) 임펄스 응답

10.43 다음 회로에 대하여 (a), (b)를 구하라. 이때 R_1 = 1 Ω, $R_2 = 2$ Ω, $C_1 = 1\ \mu\text{F}$, $C_2 = 2\ \mu\text{F}$이다.

(a) $\mathbf{H}(s) = \dfrac{\mathbf{V}_o}{\mathbf{V}_i}$

(b) $h(t)$

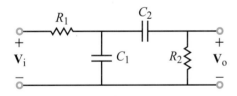

10.44 다음 회로에 대하여 (a), (b)를 구하라. 이때 R_1 = 1 Ω, $R_2 = 2$ Ω, $L_1 = 1$ mH, $L_2 = 2$ mH이다.

(a) $\mathbf{H}(s) = \dfrac{\mathbf{V}_o}{\mathbf{V}_i}$

(b) $h(t)$

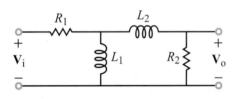

10.45 다음 회로에 대하여 (a), (b)를 구하라. 이때 R = 5 Ω, $L = 0.1$ mH, $C = 1\ \mu\text{F}$이다.

(a) $\mathbf{H}(s) = \dfrac{\mathbf{V}_o}{\mathbf{V}_i}$

(b) $h(t)$

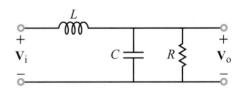

10.46 다음 회로에 대하여 (a), (b)를 구하라. 이때 R_1 = 1 kΩ, $R_2 = 4$ kΩ, $C = 1\ \mu\text{F}$이다.

(a) $\mathbf{H}(s) = \dfrac{\mathbf{V}_o}{\mathbf{V}_s}$

(b) $h(t)$

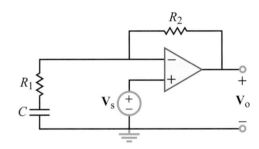

10.47 다음 회로에 대하여 (a), (b)를 구하라. 이때 R_1 = $R_2 = 100$ Ω, $C_1 = C_2 = 1\ \mu\text{F}$이다.

(a) $\mathbf{H}(s) = \dfrac{\mathbf{V}_o}{\mathbf{V}_s}$

(b) $h(t)$

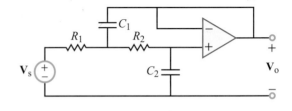

※ 10.9절 : 컨벌루션 적분

10.48 함수 $x(t)$와 $h(t)$는 다음과 같은 직사각형 펄스다. 다음의 파라미터값들에 대해 도시적 컨벌루션을 이용하여 $y(t) = x(t) * h(t)$를 구하라.

(a) $A = 1, B = 1, T_1 = 2$ s, $T_2 = 4$ s

(b) $A = 2, B = 1, T_1 = 4$ s, $T_2 = 2$ s

(c) $A = 1, B = 2, T_1 = 4$ s, $T_2 = 2$ s

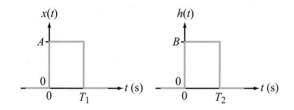

10.49 $x(t)$와 $h(t)$의 파형은 다음과 같다. 도시적 컨벌루션을 활용하여 $y(t) = x(t) * h(t)$를 구하라.

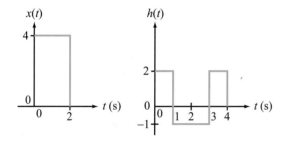

10.50 $x(t)$와 $h(t)$의 파형은 다음과 같다. 다음 기법을 활용하여 $y(t) = x(t) * h(t)$를 구하고 도시하라.

(a) 분석적 컨벌루션 적분

(b) 도시적 컨벌루션 적분

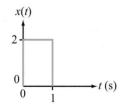 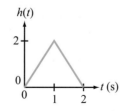

10.51 $x(t)$와 $h(t)$의 파형은 다음과 같다. 다음 기법을 활용하여 $y(t) = x(t) * h(t)$를 구하고 도시하라.

(a) 분석적 컨벌루션 적분

(b) 도시적 컨벌루션 적분

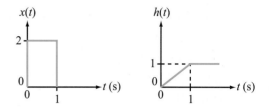

10.52 함수 $x(t)$와 $h(t)$가 다음과 같을 때 $y(t) = x(t) * h(t)$를 구하라.

$$x(t) = \begin{cases} 0 & (t < 0) \\ \sin \pi t & (0 \le t \le 1 \text{ s}, \ h(t) = u(t)) \\ 0 & (t \ge 1 \text{ s}) \end{cases}$$

※ 10.10절 : Multisim을 활용한 비자명 입력 신호 회로의 해석

10.53 [예제 10-11]의 회로를 시뮬레이션하라. 단, 1 V의 직사각형 전압을 입력으로 하라. 직사각형 전압이 주기 1 s와 진폭 0.5 s를 가질 때, 출력의 리플 크기가 얼마인지 구하라. 이때 출력이 1 V에 도달하는지 살펴보라.

10.54 다음 회로에 10 V 직류 오프셋과 함께 1 V, 1 Hz의 신호를 인가했을 때, $v_C(t)$와 $v_R(t)$를 도시하라 이때 $R = 1\ \Omega$, $C = 1$ F이다. 입력 전압의 직류 오프셋이 두 전압에서 다르게 나타나는 이유는 무엇인지 설명하라.

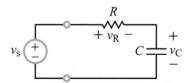

10.55 [예제 10-18]을 지수의 시간 상수를 0.1 s부터 5 s까지 변화시켜가며 다시 풀어라. 세 점 이상을 출력하라. 한 화면에 모든 응답을 도시하라.

10.56 Multisim을 이용하여 [연습문제 10.54]의 회로에 입력을 $v_s(t) = 5t$ V로 인가했을 때, $v_C(t)$와 $v_R(t)$를 0~5 s까지 도시하고, $v_C(t) = v_R(t)$인 시점을 구하라. 입력 신호를 $v_s(t) = 10t$ V로 변화시키면 위의 $v_C(t) = v_R(t)$를 만족시키는 시점이 변화하는지 설명하라.

10.57 Multisim에서 Piecewise Linear 소스를 이용하여 [연습문제 10.30]의 회로를(명시된 소스를 포함하여) 구현하고 시뮬레이션하라. 0~2 s까지의 $i(t)$를 도시하라. 이때 $R_1 = 1\ \Omega$, $R_2 = 2\ \Omega$, $L = \frac{1}{3}$ H이다.

Chapter

11

푸리에 분석 기법
Fourier Analysis Technique

학습목표

- 주기함수를 코사인/사인함수, 위상/진폭, 복소 지수함수를 활용하여 푸리에 급수로 표현할 수 있다.
- 주기적 파형의 선 스펙트럼을 결정할 수 있다.
- 대칭성을 이용하여 푸리에 계수를 구할 수 있다.
- 깁스 현상을 배우고 이해할 수 있다.
- 주기적 파형을 갖는 입력 신호로 동작하는 회로를 분석할 수 있다.
- 주기적인 전압 또는 전류로 동작하는 회로에서 구성 요소에 의해 소모되거나 전달되는 평균 전력을 계산할 수 있다.
- 비주기 파형의 푸리에 변환을 구할 수 있다.
- 비주기 파형으로 동작하는 회로를 푸리에 변환 기법으로 분석할 수 있다.
- 공간 이미지의 2차원 푸리에 변환을 생성할 수 있다.
- Multisim으로 시그마 델타 변조기의 동작을 모델링할 수 있다.

개요

앞서 7장에서는 페이저 영역 분석 기법이 정현파가 인가되는 회로의 정상상태 응답을 결정하는 데 매우 효과적이면서도 간편한 도구임을 보여주었다. 주기 T인 정현파는 주기함수로서 T를 주기로 하는 여타의 주기함수들과 마찬가지로 다음과 같은 수식으로 표현되는 특별한 성질을 갖는다.

$$x(t) = x(t + nT) \qquad (11.1)$$

이때 n은 정수다. 정현파와 다른 주기함수의 공통적인 특성인 식 (11.1)을 기반으로 페이저 영역 기법을 주기적인 비정현파 입력에도 적용할 수 있을까? 답은 '그렇다'이며, 이를 위해 푸리에 정리와 중첩의 원리라는 두 메커니즘을 활용하게 된다. 푸리에 정리를 활용함으로써 수학적으로 주기성을 갖는 함수를 합으로 나타낼 수 있다. 정현 고조파의 중첩의 원리를 활용함으로써 위상 분석을 수행하여 각 고조파에 의한 회로 응답을 계산한 뒤, 다시 각 응답을 모두 더하면 본래의 주기 입력에 대한 응답을 얻게 된다.

이 장의 전반부에서는 풀이 과정을 명시하고, 여러 고조파에 대한 회로 응답이 갖는 물리적 의미를 설명하고, 후반부에서는 단일 펄스 또는 계단함수와 같은 비주기 파형이 입력되는 회로를 분석하는 데 필요한 푸리에 정리를 다룬다. 11.7절에서는 푸리에 변환이 앞서 10장에서 학습한 라플라스 변환과 특별한 조건일 때만 같고, 일반적으로는 다르게 쓰인다는 것을 설명한다.

11.1 푸리에 급수 분석 기법

푸리에 급수 분석 기법을 이해하기 위하여, [그림 11-1(a)]의 *RL* 회로를 생각해보자. 이때 입력은 [그림 11-1(b)]와 같은 구형파(square-wave) 전압이다. 파형의 진폭은 3 V이고 주기는 $T = 2$ s이다. 출력 전압 응답 $v_{out}(t)$를 구해보자. 풀이 과정은 다음 세 단계로 구성된다.

1단계 : 주기 입력을 푸리에 고조파 형태로 표현한다.

푸리에 정리를 이용하면, [그림 11-1(b)]의 파형은 식 (11.2)와 같은 급수 형태로 나타낼 수 있다. 상세한 과정은 11.2절에서 설명할 것이다.

$$v_s(t) = \frac{12}{\pi}\left(\cos\omega_0 t - \frac{1}{3}\cos 3\omega_0 t + \frac{1}{5}\cos 5\omega_0 t - \cdots\right)$$

(11.2)

이때 $\omega_0 = \frac{2\pi}{T} = \frac{2\pi}{2} = \pi$ (rad/s)를 파형의 기본 각주파수(fundamental angular frequency)라고 한다. 이 절의 목표는 풀이 과정에 대한 개요를 설명하는 것이므로, 식 (11.2)의 무한 급수가 [그림 11-1(b)]의 구형파와 등가임을 증명하는 과정은 생략한다. 식 (11.2)의 급수는 m이 홀수인 함수 $\cos mt$로 구성되어 있으므로, 식 (11.2)는 ω_0의 홀수 고조파로 구성된다. m번째 고조파의 계수는 $\frac{1}{m}$이며, $m = 3, 7, \cdots$인 경우 양의 부호이고, $m = 5, 9, \cdots$인 경우 음의 부호이다. 이와 같은 성질을 활용하여 m을 $(2n-1)$로 치환하면 $v_s(t)$는 다음과 같이 나타낼 수 있다.

$$v_s(t) = \frac{12}{\pi}\sum_{n=1}^{\infty}(-1)^{n+1}\frac{1}{2n-1}\cos(2n-1)\pi t \text{ V}$$

(11.3)

식 (11.3)의 처음 몇 항만 나타내보면, $v_s(t)$는 다음과 같이 쓸 수 있다.

$$v_s(t) = v_{s_1}(t) + v_{s_2}(t) + v_{s_3}(t) + \cdots \quad (11.4)$$

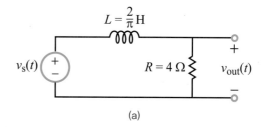

(a)

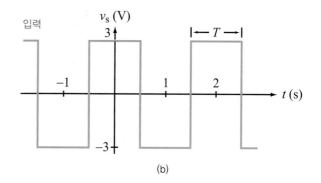

(b)

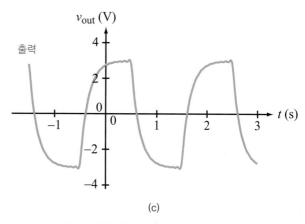

(c)

[그림 11-1] 구형파 전압을 입력으로 하는 *RL* 회로와 출력 응답
(a) *RL* 회로
(b) 구형파 입력
(c) 출력 응답

이때

$$v_{s_1}(t) = \frac{12}{\pi}\cos\omega_0 t \text{ V} \qquad (11.5\text{a})$$

$$v_{s_2}(t) = -\frac{12}{3\pi}\cos 3\omega_0 t \text{ V} \qquad (11.5\text{b})$$

$$v_{s_3}(t) = \frac{12}{5\pi}\cos 5\omega_0 t \text{ V} \qquad (11.5\text{c})$$

페이저 영역에서의 $v_s(t)$는 다음과 같이 표현된다.

$$\mathbf{V}_s(t) = \mathbf{V}_{s_1}(t) + \mathbf{V}_{s_2}(t) + \mathbf{V}_{s_3}(t) + \cdots \qquad (11.6)$$

$$\mathbf{V}_{s_1} = \frac{12}{\pi} \text{ V} \qquad (\omega = \omega_0) \qquad (11.7\text{a})$$

$$\mathbf{V}_{s_2} = -\frac{12}{3\pi} \text{ V} \qquad (\omega = 3\omega_0) \qquad (11.7\text{b})$$

$$\mathbf{V}_{s_3} = \frac{12}{5\pi} \text{ V} \qquad (\omega = 5\omega_0) \quad \text{이하 생략} \quad (11.7\text{c})$$

위상 전압 $\mathbf{V}_{s_1}$, $\mathbf{V}_{s_2}$, $\mathbf{V}_{s_3}$, $\cdots$은 각각 $v_{s_1}(t)$, $v_{s_2}(t)$, $v_{s_3}(t)$, $\cdots$에 대응된다.

2단계 : 입력 고조파에 대한 출력 응답을 결정한다.

[그림 11-1(a)] 회로에서, 출력 전압 $\mathbf{V}_{\text{out}_1}$은 입력 전압 $\mathbf{V}_{s_1}$에 의해서만 생성된다. $\mathbf{V}_{s_1}$이 $\omega = \omega_0 = \pi$일 때 $v_{s_1}(t)$에 대응함을 염두에 두면, 전압 분배는 다음과 같이 이루어진다.

$$\mathbf{V}_{\text{out}_1} = \left(\frac{R}{R + j\omega_0 L}\right)\mathbf{V}_{s_1}$$
$$= \frac{4}{4 + j\pi \times (2/\pi)} \cdot \frac{12}{\pi} = 3.42\angle{-26.56°} \qquad (11.8)$$

식 (11.8)에 해당하는 시간 영역 전압은 다음과 같다.

$$v_{\text{out}_1}(t) = \mathfrak{Re}[\mathbf{V}_{\text{out}_1}e^{j\omega_0 t}] = 3.42\cos(\omega_0 t - 26.56°) \text{ V} \qquad (11.9)$$

마찬가지로 $\omega = 3\omega_0 = 3\pi$일 때는 다음과 같다.

$$\mathbf{V}_{\text{out}_2} = \frac{4}{4 + j3\pi \times (2/\pi)} \cdot \left(-\frac{12}{3\pi}\right)$$
$$= -0.71\angle{-56.31°} \text{ V} \qquad (11.10)$$

$$v_{\text{out}_2}(t) = \mathfrak{Re}[\mathbf{V}_{\text{out}_2}e^{j3\omega_0 t}]$$
$$= -0.71\cos(3\omega_0 t - 56.31°) \text{ V} \qquad (11.11)$$

식 (11.3)에서 고조파의 전개 양상을 살펴보면 $\omega = (2n - 1)\omega_0$의 고조파는 다음과 같음을 알 수 있다.

$$\mathbf{V}_{\text{out}_n} = \frac{4}{4 + j(2n - 1)\pi \times (2/\pi)} \times (-1)^{n+1}\frac{12}{\pi(2n-1)}$$
$$= (-1)^{n+1}\frac{24}{\pi(2n-1)\sqrt{4 + (2n-1)^2}}$$
$$\times \angle{-\tan^{-1}[(2n-1)/2]} \text{ V} \qquad (11.12)$$

식 (11.12)에 대응하는 시간 영역 전압은 다음과 같다.

$$v_{\text{out}_n}(t) = \mathfrak{Re}[\mathbf{V}_{\text{out}_n}e^{j(2n-1)\omega_0 t}] \qquad (11.13)$$
$$= (-1)^{n+1}\frac{24}{\pi(2n-1)\sqrt{4 + (2n-1)^2}}$$
$$\times \cos\left[(2n - 1)\omega_0 t - \tan^{-1}\left(\frac{2n-1}{2}\right)\right] \text{ V}$$

3단계 : 중첩의 원리를 이용하여 $v_{\text{out}}(t)$를 결정

선형 회로의 출력 $v_{\text{out}_1}(t)$가 입력 전압 $v_{s_1}(t)$에만 영향을 받고, 마찬가지로 출력 $v_{\text{out}_2}(t)$가 입력 전압 $v_{s_2}(t)$에 의해서만 결정될 때, $v_{s_1}(t)$와 $v_{s_2}(t)$가 동시에 인가되면 출력 전압은 중첩의 원리에 따라 $v_{\text{out}_1}(t)$와 $v_{\text{out}_2}(t)$의 합으로 주어진다. 두 개 이상의 입력에 대해서도 중첩의 원리를 적용할 수 있다. 지금의 문제에서 인가되는 구형파는 정현파 $v_{s_1}(t)$, $v_{s_2}(t)$, $\cdots$의 급수의 합과 같으며, 각각에 대응하는 출력 전압은 $v_{\text{out}_1}(t)$, $v_{\text{out}_2}(t)$, $\cdots$이므로 회로의 실제 출력은 다음과 같다.

$$v_{\text{out}}(t) = \sum_{n=1}^{\infty} v_{\text{out}_n}(t)$$

$$= \sum_{n=1}^{\infty} (-1)^{n+1} \frac{24}{\pi(2n-1)\sqrt{4+(2n-1)^2}}$$

$$\times \cos\left[(2n-1)\omega_0 t - \tan^{-1}\left(\frac{2n-1}{2}\right)\right]$$

$$= 3.42\cos(\omega_0 t - 26.56°)$$

$$- 0.71\cos(3\omega_0 t - 56.31°)$$

$$+ 0.28\cos(5\omega_0 t - 68.2°) + \cdots \text{ V}$$

$$(11.14)$$

$v_{\text{out}}(t)$의 기본 성분의 진폭이 가장 크며, 높은 각 주파수의 고조파일수록 작은 진폭을 가진다. 이러한 특성으로 몇 개의 항만을 이용하여 (예를 들어 $n = 10$) $v_{\text{out}}(t)$를 예측할 수 있다. 이용할 항의 개수는 요구되는 정확도에 따라 결정된다. 처음 10개 항을 이용하여 얻은 [그림 11-1(c)]의 출력 $v_{\text{out}_1}(t)$의 파형은 상당히 정확하여 실용적으로 사용하는 데에 문제가 없다.

이상의 과정에서 구형파를 정현파들의 합으로 표현하기 위해 푸리에 정리를 활용하였다. 이는 선형 회로에 적용할 수 있다(이때 선형 회로는 실험을 통해 실제로 인가할 수 있는 주기함수로 구동된다.). 11.2절에서는 푸리에 정리의 성질을 살펴보고 이를 임의의 주기함수에 적용하는 방법을 살펴볼 것이다.

[질문 11-1] 푸리에 급수 기법을 활용한 회로 분석은 모든 형태의 입력 함수에 적용되는가?

[질문 11-2] n번째 고조파의 각주파수는 기본 주파수 ω_0와 어떤 관계인가? ω_0는 주기함수의 주기와 어떠한 관계인가?

[질문 11-3] 푸리에 급수를 통한 풀이는 어떤 과정을 통해 이루어지는가?

11.2 푸리에 급수 표현

1822년 프랑스 수학자 푸리에(Jean Baptiste Joseph Fourier)는 임의의 주기함수를 정현파 고조파들의 급수합으로 표현하는 탁월한 법칙을 발견하였다. 정현파 고조파 급수 표현법이 오늘날의 푸리에 급수이며, 이와 관련된 법칙을 푸리에 정리라고 한다. 주기함수 $f(t)$의 푸리에 급수가 존재하기 위해서는 디리클레조건(Dirichlet condition)이라고 하는 일련의 조건을 만족해야 한다. 다행히 실제 회로에서 다루는 주기함수는 디리클레조건을 만족하기 때문에 푸리에 급수가 존재한다는 것을 보장할 수 있다.

푸리에 정리는 주기가 T인 주기함수 $f(t)$를 다음과 같은 형태로 나타낼 수 있다.

$$f(t) = a_0 + \sum_{n=1}^{\infty}(a_n \cos n\omega_0 t + b_n \sin n\omega_0 t) \tag{11.15}$$

(코사인/사인 표현법)

이때 함수 $f(t)$의 기본 각주파수(fundamental angular frequency) ω_0와 T의 관계식은 다음과 같다.

$$\omega_0 = \frac{2\pi}{T} \tag{11.16}$$

식 (11.15)는 무한 급수의 합을 나타내며, $n = 1$인 첫 번째 항은 $\cos\omega_0 t$와 $\sin\omega_0 t$를 포함한다. $n > 1$인 항들은 ω_0의 고조파 배수인 $2\omega_0$, $3\omega_0$ 등을 포함한다. $n = 1$부터 ∞까지의 계수 a_0, a_n, b_n을 통틀어서 함수 $f(t)$의 푸리에 계수(Fourier coefficients)라고 하며, 푸리에 계수는 $f(t)$를 포함한 다음 적분식에서 구할 수 있다.

$$a_0 = \frac{1}{T}\int_0^T f(t)\,dt \tag{11.17a}$$

$$a_n = \frac{2}{T}\int_0^T f(t)\,\cos n\omega_0 t\,dt \tag{11.17b}$$

$$b_n = \frac{2}{T}\int_0^T f(t)\,\sin n\omega_0 t\,dt \tag{11.17c}$$

식 (11.17)에서 적분 구간을 0부터 T까지로 표기하였지만, 적분의 하한과 상한을 각각 t_0와 $(t_0 + T)$로 바꾸어도 된다. 경우에 따라 적분 구간을 $-\frac{T}{2}$부터 $\frac{T}{2}$로 정의하는 것이 풀이 과정을 훨씬 간단하게 할 수 있다.

계수 a_0는 $f(t)$의 시간 평균값과 같다. 교류 성분의 평균값은 모두 0이기 때문에, a_0는 $f(t)$의 직류 성분이라고 한다.

11.2.1 푸리에 계수

[표 11-1]의 삼각적분(trigonometric integral) 성질을 활용하여 식 (11.17)의 타당성을 증명해보자.

직류 푸리에 성분

앞서 8장의 식 (8.5)에서 주기함수의 평균값은 주어진 함수를 크기가 주기 T인 구간에 대하여 적분한 후 이를 다시 T로 나눈 결과임을 의미한다. 이를 식 (11.15)에 적용하면 다음과 같다.

[표 11-1] 임의의 정수 m과 n에 대한 삼각적분의 성질 : 적분 구간은 $T = 2\pi/\omega_0$이다.

	성질
1	$\displaystyle\int_0^T \sin n\omega_0 t \; dt = 0$
2	$\displaystyle\int_0^T \cos n\omega_0 t \; dt = 0$
3	$\displaystyle\int_0^T \sin n\omega_0 t \sin m\omega_0 t \; dt = 0 \quad (n \neq m)$
4	$\displaystyle\int_0^T \cos n\omega_0 t \cos m\omega_0 t \; dt = 0 \quad (n \neq m)$
5	$\displaystyle\int_0^T \sin n\omega_0 t \cos m\omega_0 t \; dt = 0$
6	$\displaystyle\int_0^T \sin^2 n\omega_0 t \; dt = \dfrac{T}{2}$
7	$\displaystyle\int_0^T \cos^2 n\omega_0 t \; dt = \dfrac{T}{2}$

참고 : 모든 적분 성질은 $n\omega_0 t$와 $m\omega_0 t$가 상수 ϕ_0의 각 만큼 위상을 이동해도 여전히 성립한다. 예를 들어 성질 1은 $\int_0^T \sin(n\omega_0 t + \phi_0) \, dt = 0$이고, 성질 5는 $\int_0^T \sin(n\omega_0 t + \phi_0) \cos(m\omega_0 t + \phi_0) \, dt = 0$이다.

$$\frac{1}{T}\int_0^T f(t)\,dt \tag{11.18}$$

$$= \frac{1}{T}\int_0^T a_0\,dt + \frac{1}{T}\int_0^T \left[\sum_{n=1}^{\infty} a_n \cos n\omega_0 t + b_n \sin n\omega_0 t\right] dt$$

$$= a_0 + \frac{1}{T}\int_0^T a_1 \cos \omega_0 t\,dt + \frac{1}{T}\int_0^T a_2 \cos 2\omega_0 t\,dt + \cdots$$

$$+ \frac{1}{T}\int_0^T b_1 \sin \omega_0 t\,dt + \frac{1}{T}\int_0^T b_2 \sin 2\omega_0 t\,dt + \cdots$$

[표 11-1]의 성질 1과 성질 2에 의해 사인함수와 코사인함수의 평균값은 0이다. 그러므로 식 (11.18)의

$\cos n\omega_0 t$와 $\sin n\omega_0 t$ 항은 사라지고, 식 (11.17a)의 정의와 같은 다음 식만 남는다.

$$\frac{1}{T}\int_0^T f(t)\,dt = a_0 \tag{11.19}$$

푸리에 계수 a_n

식 (11.15)의 양변에 $\cos n\omega_0 t$를 곱하면 다음 식을 얻는다(이때 m은 1보다 큰 임의의 정수다.).

$$\int_0^T f(t)\,\cos m\omega_0 t\,dt$$

$$= \int_0^T a_0 \cos m\omega_0 t\,dt$$

$$+ \int_0^T \sum_{n=1}^{\infty} a_n \cos n\omega_0 t \cos m\omega_0 t\,dt \tag{11.20}$$

$$+ \int_0^T \sum_{n=1}^{\infty} b_n \sin n\omega_0 t \cos m\omega_0 t\,dt$$

식 (11.20)의 우변에서

- [표 11-1]의 성질 2에 의해 a_0를 포함한 항은 0이다.
- 성질 5에 의해 b_n을 포함하는 모든 항은 0이다.
- 성질 4와 성질 7에 의해 $m = n$인 경우를 제외하고, a_n를 포함하는 모든 항은 0이다.

그러므로 0이 되는 모든 항을 소거하고, 남은 두 항에서 $m = n$을 적용하면, 다음과 같이 식 (11.17b)를 증명할 수 있다.

$$\int_0^T f(t)\,\cos n\omega_0 t\,dt = a_n \frac{T}{2} \tag{11.21}$$

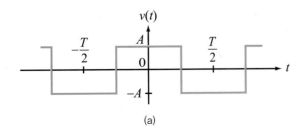

(a)

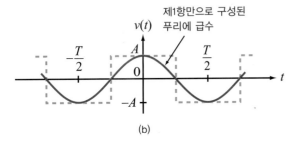

제1항만으로 구성된
푸리에 급수

(b)

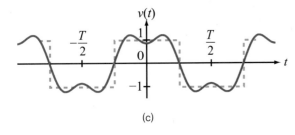

(c)

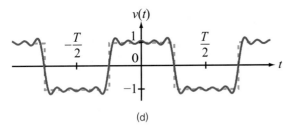

(d)

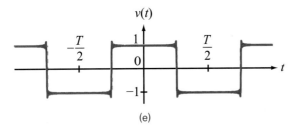

(e)

[그림 11-2] 구형파의 푸리에 급수 표현의 비교
(a) 본래의 구형파
(b) 첫 번째 항으로만 표현된 푸리에 급수
(c) 처음 3개 항의 합으로 이루어진 푸리에 급수
(d) 10개 항의 합으로 이루어진 푸리에 급수
(e) 100개 항의 합으로 이루어진 푸리에 급수

푸리에 계수 b_n

식 (11.15)의 양변에 $\sin n\omega_0 t$를 곱한 뒤, a_n의 푸리에 계수를 구하는 과정을 반복하면, 식 (11.17c)를 증명할 수 있다.

주기함수를 푸리에 급수로 표현할 때, 더하는 항의 개수에 따른 정확도를 알아보자. [그림 11-2(a)] 구형파의 $-\frac{T}{2} \sim \frac{T}{2}$의 주기구간 내에서 $v(t)$는 다음과 같다.

$$v(t) = \begin{cases} -A, & \left(-\dfrac{T}{2} < t < -\dfrac{T}{4}\right) \\ A, & \left(-\dfrac{T}{4} < t < \dfrac{T}{4}\right) \\ -A, & \left(\dfrac{T}{4} < t < -\dfrac{T}{2}\right) \end{cases}$$

푸리에 계수를 얻기 위해 적분 구간을 $\left[-\dfrac{T}{2}, \dfrac{T}{2}\right]$로 하여 식 (11.17)을 적용한 후, 식 (11.15)를 이용하면 다음 식을 얻는다.

$$\begin{aligned} v(t) &= \sum_{n=1}^{\infty} \frac{4A}{n\pi} \sin\left(\frac{n\pi}{2}\right) \cos\left(\frac{2n\pi t}{T}\right) \\ &= \frac{4A}{\pi} \cos\left(\frac{2\pi t}{T}\right) - \frac{4A}{3\pi} \cos\left(\frac{6\pi t}{T}\right) \\ &\quad + \frac{4A}{5\pi} \cos\left(\frac{10\pi t}{T}\right) - \cdots \end{aligned}$$

위 수식의 첫 번째 항은 [그림 11-2(b)]에서 보는 바와 같이 구형파에 대한 부정확한 근사식이다. 반면, [그림 11-2(c) ~ (e)]와 같이 항의 개수를 증가시킬수록 보다 구형파에 근접한 파형을 얻는다.

[그림 11-3(a)]의 톱니 파형을 푸리에 급수로 표현하고, n_{max}항까지만 더한 제한된 급수가 원래의 파형을 얼마나 잘 표현하는지 평가하라. $n_{max} = 1, 2, 10, 100$에 대하여 그래프를 그려라.

풀이

주어진 톱니 파형은 주기 $T = 4$ s와 $\omega_0 = \dfrac{2\pi}{T} = \dfrac{\pi}{2}$ (rad/s)이다. 첫 번째 주기 $[t = 0, t = 4]$ s에 대한 진폭의 변화는 다음과 같다.

$$f(t) = 5t \qquad (0 \le t \le 4 \text{ s})$$

식 (11.17)을 적용하면 다음을 얻는다.

$$a_0 = \frac{1}{T} \int_0^T f(t)\, dt = \frac{1}{4} \int_0^4 5t\, dt = 10$$

$$a_n = \frac{2}{T} \int_0^T f(t)\, \cos(n\omega_0 t)\, dt$$

$$= \frac{2}{4} \int_0^4 5t \cos\left(\frac{n\pi}{2} t\right) dt = 0$$

$$b_n = \frac{2}{T} \int_0^T f(t)\, \sin(n\omega_0 t)\, dt$$

$$= \frac{2}{4} \int_0^4 5t \sin\left(\frac{n\pi}{2} t\right) dt = -\frac{20}{n\pi}$$

위의 수식을 식 (11.15)에 대입하면, 다음과 같은 톱니 파형에 대한 푸리에 급수 표현식을 얻는다.

$$f(t) = 10 - \frac{20}{\pi} \sum_{n=1}^{\infty} \frac{1}{n} \sin\left(\frac{n\pi}{2} t\right)$$

항의 개수가 n_{max}로 제한된 급수는, 합의 상한이 n 대신 n_{max}로 제한된 것을 제외하고는 본래의 푸리에 급수와 동일한 식을 갖는다. [그림 11-3(b) ~ (e)]는 $n_{max} = 1, 2,$ 10, 100인 제한된 급수의 합에 대한 파형이다. 예상대로 더 많은 항을 더하면 푸리에 급수 표현의 정확도를 높여주는데, 단 10개의 항으로도 상당히 정확한 근사값을 얻을 수 있음을 알 수 있다.

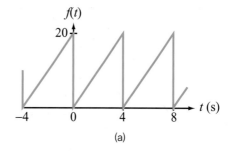

(a)

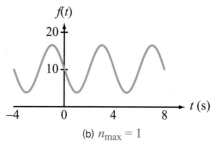

(b) $n_{max} = 1$

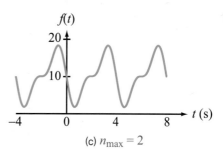

(c) $n_{max} = 2$

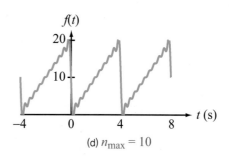

(d) $n_{max} = 10$

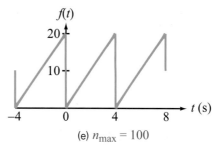

(e) $n_{max} = 100$

[그림 11-3] 톱니 파형
(a) 원형의 톱니 파형
(b)~(e) $n_{max} = 1, 2, 10, 100$ 항까지 합으로 표현한 제한된 푸리에 급수 표현

[질문 11-4] 식 (11.15)로 주어진 푸리에 급수 표현은 $t = 0$에서 시작하는 주기함수에 적용할 수 있는가? $t < 0$의 영역에서는 0인가?

[질문 11-5] 항의 개수가 제한된 급수의 합은 어떤 성질을 가지는가?

[연습 11-1] 다음과 같은 파형의 푸리에 급수 표현을 구하라.

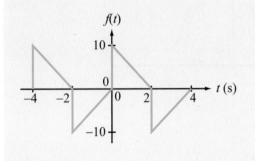

11.2.2 진폭과 위상 표현법

식 (11.15)로 주어진 사인/코사인 푸리에 급수 표현법은 각각의 정수 n에 대하여 각주파수가 $n\omega_0$인 사인과 코사인의 합으로 구성되어 있다. 사인과 코사인의 합은 다음과 같이 하나의 정현파로 표현할 수 있다.

$$a_n \cos n\omega_0 t + b_n \sin n\omega_0 t = A_n \cos(n\omega_0 t + \phi_n) \quad (11.22)$$

이때 A_n은 n번째 고조파의 진폭, ϕ_n은 위상이다. (A_n, ϕ_n)과 (a_n, b_n)의 관계는 식 (11.22)의 우변에

$$\cos(x + y) = \cos x \cos y - \sin x \sin y \quad (11.23)$$

와 같은 삼각함수 공식을 이용하여 다음과 같이 구할 수 있다.

$$a_n \cos n\omega_0 t + b_n \sin n\omega_0 t \quad (11.24)$$
$$= A_n \cos \phi_n \cos n\omega_0 t - A_n \sin \phi_n \sin n\omega_0 t$$

식 (11.24) 양변의 $\cos \omega_0 t$와 $\sin \omega_0 t$의 계수를 같게 놓으면, 다음 식을 구할 수 있다.

$$a_n = A_n \cos \phi_n, \quad b_n = -A_n \sin \phi_n \quad (11.25)$$

(11.25)로부터 다음 관계를 얻는다.

$$A_n = \sqrt{a_n^2 + b_n^2}$$
$$\phi_n = -\tan^{-1}\left(\frac{b_n}{a_n}\right) \quad (11.26)$$

a_n과 b_n 모두 음수일 때 ϕ_n의 부호가 모호할 수 있으나 다음과 같은 복소 벡터를 도입함으로써 정확히 판단할 수 있다.

$$A_n \angle \phi_n = a_n - j b_n \quad (11.27)$$

(11.22)의 표현법에서 함수 $f(t)$에 대한 코사인/사인 푸리에 급수 표현법은 다음과 같은 진폭/위상의 형태로 표현할 수 있다.

$$f(t) = a_0 + \sum_{n=1}^{\infty} A_n \cos(n\omega_0 t + \phi_n) \quad (11.28)$$
$$\text{(진폭/위상 표현법)}$$

각각의 불연속 고조파 $n\omega_0$에 대해 진폭 A_n과 위상 ϕ_n이 존재한다. $n\omega_0$의 함수인 A_n의 그래프를 $f(t)$의 진폭 스펙트럼이라고 하며, $n\omega_0$에 대한 ϕ_n의 그래프를 위상 스펙트럼이라고 한다. A_n과 ϕ_n의 그래프가 ω축에 대한 불연속값이므로, A_n과 ϕ_n의 그래프를 선 스펙트럼이라고 한다. 다음 예제를 살펴보자.

[그림 11-4(a)]의 주기함수에 대한 진폭과 위상 스펙트럼을 구하고, 그래프를 그려라.

풀이

주어진 주기함수의 주기는 $T = 2$ s이다. 그러므로 $\omega_0 = \dfrac{2\pi}{T} = \dfrac{2\pi}{2} = \pi$ rad/s이며, 시간축 t에 대한 함수 $f(t)$는 다음과 같다.

$$f(t) = \begin{cases} 1 - t & (0 < t \leq 1\text{ s}) \\ 0 & (1 \leq t \leq 2\text{ s}) \end{cases}$$

$f(t)$의 직류 성분은 다음과 같이 주어진다.

$$a_0 = \frac{1}{T} \int_0^T f(t)\, dt = \frac{1}{2} \int_0^1 (1 - t)\, dt = 0.25$$

이는 삼각형 하나의 내부 면적을 주기 $T = 2$ s로 나눈 값과 같다. 식 (11.17b)와 식 (11.17c)를 이용하여 나머지 푸리에 계수를 계산하면 다음을 얻는다.

$$a_n = \frac{2}{T} \int_0^T f(t) \cos n\omega_0 t\, dt = \frac{2}{2} \int_0^1 (1 - t) \cos n\pi t\, dt$$

$$= \frac{1}{n\pi} \sin n\pi t \Big|_0^1 - \left(\frac{1}{n^2\pi^2} \cos n\pi t + \frac{t}{n\pi} \sin n\pi t \right) \Big|_0^1$$

$$= \frac{1}{n^2\pi^2} [1 - \cos n\pi]$$

$$b_n = \frac{2}{T} \int_0^T f(t) \sin n\omega_0 t\, dt = \frac{2}{2} \int_0^1 (1 - t) \sin n\pi t\, dt$$

$$= -\frac{1}{n\pi} \cos n\pi t \Big|_0^1 - \left(\frac{1}{n^2\pi^2} \sin n\pi t - \frac{t}{n\pi} \cos n\pi t \right) \Big|_0^1$$

$$= \frac{1}{n\pi}$$

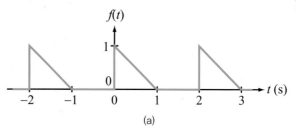

(a)

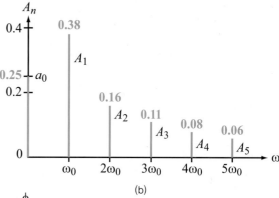

(b)

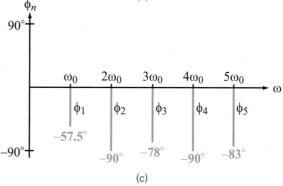

(c)

[그림 11-4] [예제 11-2]의 주기 파형과 선 스펙트럼
(a) 주기 파형
(b) 진폭 스펙트럼
(c) 위상 스펙트럼

식 (11.26)으로부터 고조파 진폭과 위상은 다음과 같이 주어진다.

$$A_n = \sqrt[+]{a_n^2 + b_n^2} = \left[\left(\frac{1}{n^2\pi^2} [1 - \cos n\pi] \right)^2 + \left(\frac{1}{n\pi} \right)^2 \right]^{1/2}$$

$$= \begin{cases} \left(\dfrac{4}{n^4\pi^4} + \dfrac{1}{n^2\pi^2} \right)^{1/2} & (n = \text{홀수}) \\ \dfrac{1}{n\pi} & (n = \text{짝수}) \end{cases}$$

$$\phi_n = -\tan^{-1}\frac{b_n}{a_n} = -\tan^{-1}\left(\frac{n\pi}{[1-\cos n\pi]}\right)$$

$$= \begin{cases} -\tan^{-1}\left(\dfrac{n\pi}{2}\right) & (n = \text{홀수}) \\ -90° & (n = \text{짝수}) \end{cases}$$

처음 세 항에 대한 A_n과 ϕ_n의 값은 다음과 같다.

$$A_1 = 0.38, \qquad \phi_1 = -57.5°$$
$$A_2 = 0.16, \qquad \phi_2 = -90°$$
$$A_3 = 0.11, \qquad \phi_3 = -78°$$

이상에서 구한 A_n과 ϕ_n에 대한 스펙트럼 그래프는 [그림 11-4(b)], [그림 11-4(c)]와 같다.

[연습 11-2] [연습 11-1]의 주기함수에 대한 선 스펙트럼을 구하라.

11.2.3 대칭성의 고려

식 (11.17)에 의하면 $f(t)$에 대한 세 가지 정적분을 풀어야 푸리에 계수를 얻을 수 있다. 만일 $f(t)$가 대칭성이 있다면 정적분 계산이 훨씬 더 간단해질 것이다.

직류 대칭

a_0가 $f(t)$의 평균값과 같고, 평균값은 한 주기에 대한 파형의 면적에 비례하므로, 만일 파형의 면적이 0이면 $a_0 = 0$이다. [그림 11-5(a)]의 파형은 직류 대칭함수의 예를 나타낸다.

기대칭과 우대칭

만일 함수 $f(t)$가 수직축에 대칭이면 함수 $f(t)$의 파형은 우대칭(even symmetry)이며, 수직축 좌측 파형의 모양은 우측 파형과 거울상(mirror image)이다. 수학적으로 우함수는 다음 조건을 만족한다.

$$f(t) = f(-t) \quad \text{(우대칭)} \qquad (11.29)$$

[그림 11-5(b) ~ (c)]의 파형은 우대칭이며, $\sin^2\omega t$와

$|\sin\omega t|$ 또한 많은 우대칭함수 중 하나다. 반면, [그림 11-5(d) ~ (e)]와 같은 사인파와 구형파는 기대칭이며, 수직축의 좌측 파형 모양은 우측 파형이 반전된 거울상이다. 그러므로 기함수는 다음 조건을 만족한다.

$$f(t) = -f(-t) \quad \text{(기대칭)} \qquad (11.30)$$

구형파는 파형을 $\frac{T}{4}$만큼 좌측으로 평행이동시키면, 우함수가 기함수로 전환된다.

11.2.4 우함수의 푸리에 계수

우대칭인 함수에 대해서는 식 (11.17)을 다음과 같이 간단히 줄일 수 있다.

$$\text{우대칭} : f(t) = f(-t)$$

$$a_0 = \frac{2}{T}\int_0^{T/2} f(t)\, dt$$

$$a_n = \frac{4}{T}\int_0^{T/2} f(t)\, \cos n\omega_0 t\, dt \qquad (11.31)$$

$$b_n = 0$$

$$A_n = |a_n|, \qquad \phi_n = \begin{cases} 0 & (a_n > 0) \\ 180° & (a_n < 0) \end{cases}$$

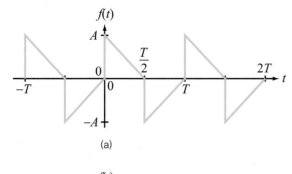

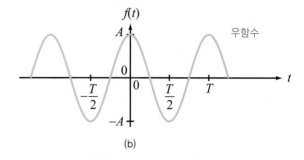

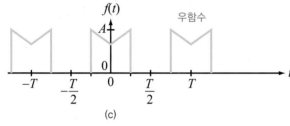

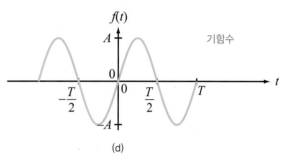

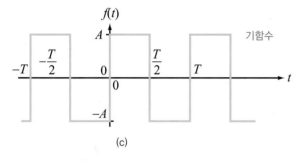

[그림 11–5] 대칭 파형
(a) 직류 대칭
(b) 우대칭 $\cos 2\pi t/T$
(c) 우대칭
(d) 기대칭 $\sin 2\pi t/T$
(e) 기대칭

a_0와 a_n의 수식은 식 (11.17a), 식 (11.17b)와 유사하나, 적분 구간이 주기의 반으로 줄어들고 적분식에 2가 곱해진다. 이와 같은 단순화는 함수 $f(t)$의 대칭성 때문에 가능하다. 식 (11.17)의 적분 구간과 관련된 한 가지 제약 사항은 적분의 상한과 하한의 구간 크기가 정확히 T가 되어야 한다는 점이다. 그러므로 적분 구간을 $\left[-\dfrac{T}{2}, \dfrac{T}{2}\right]$로 선택했을 때 구간 $\left[-\dfrac{T}{2}, 0\right]$에 대한 $f(t)$의 적분값이 구간 $\left[0, \dfrac{T}{2}\right]$에서의 적분값과 같다는 사실에서 a_0에 대한 식 (11.31)을 구할 수 있다. 또한, 우함수 $f(t)$에 우함수 $\cos n\omega_0 t$를 곱한 결과 역시 우함 수임을 이용하면, a_n에 대한 식 (11.31)을 얻는다.

우함수 $f(t)$에 기함수인 $\sin n\omega_0 t$를 곱한 결과는 기함수이며, 기함수를 구간 $\left[-\dfrac{T}{2}, \dfrac{T}{2}\right]$에 대해 적분하면 항상 0이다. 그러므로 모든 n 값에 대해 $b_n = 0$이다. 이는 기함수의 구간 $\left[-\dfrac{T}{2}, 0\right]$의 적분값이 구간 $\left[0, \dfrac{T}{2}\right]$의 적분값과 크기는 같고 부호는 반대이기 때문이다.

11.2.5 기함수의 푸리에 계수

지금까지 논의한 결과를 이용하면, 기대칭함수에 대한 푸리에 계수는 다음과 같다.

[표 11-2] 여러 가지 주기 파형에 대한 푸리에 급수 표현식

파형의 종류		파형 그래프	푸리에 급수 표현식
1	구형파		$f(t) = \displaystyle\sum_{n=1}^{\infty} \frac{4A}{n\pi} \sin\left(\frac{n\pi}{2}\right) \cos\left(\frac{2n\pi t}{T}\right)$
2	시간 이동된 구형파		$f(t) = \displaystyle\sum_{\substack{n=1 \\ n=홀수}}^{\infty} \frac{4A}{n\pi} \sin\left(\frac{2n\pi t}{T}\right)$
3	펄스열		$f(t) = \dfrac{A\tau}{T} + \displaystyle\sum_{n=1}^{\infty} \frac{2A}{n\pi} \sin\left(\frac{n\pi\tau}{T}\right) \cos\left(\frac{2n\pi t}{T}\right)$
4	삼각파		$f(t) = \displaystyle\sum_{\substack{n=1 \\ n=홀수}}^{\infty} \frac{8A}{n^2\pi^2} \cos\left(\frac{2n\pi t}{T}\right)$
5	평행이동된 삼각파		$f(t) = \displaystyle\sum_{\substack{n=1 \\ n=홀수}}^{\infty} \frac{8A}{n^2\pi^2} \sin\left(\frac{n\pi}{2}\right) \sin\left(\frac{2n\pi t}{T}\right)$
6	톱니파		$f(t) = \displaystyle\sum_{n=1}^{\infty} (-1)^{n+1} \frac{2A}{n\pi} \sin\left(\frac{2n\pi t}{T}\right)$
7	반대 방향 톱니파		$f(t) = \dfrac{A}{2} + \displaystyle\sum_{n=1}^{\infty} \frac{A}{n\pi} \sin\left(\frac{2n\pi t}{T}\right)$
8	전파 정류된 사인파		$f(t) = \dfrac{2A}{\pi} + \displaystyle\sum_{n=1}^{\infty} \frac{4A}{\pi(1-4n^2)} \cos\left(\frac{2n\pi t}{T}\right)$
9	반파 정류된 사인파		$f(t) = \dfrac{A}{\pi} + \dfrac{A}{2} \sin\left(\frac{2\pi t}{T}\right) + \displaystyle\sum_{\substack{n=2 \\ n=짝수}}^{\infty} \frac{2A}{\pi(1-n^2)} \cos\left(\frac{2n\pi t}{T}\right)$

$$\text{기대칭} : f(t) = -f(-t)$$

$$a_0 = 0, \qquad a_n = 0$$

$$b_n = \frac{4}{T} \int_0^{T/2} f(t) \, \sin n\omega_0 t \, dt \qquad (11.32)$$

$$A_n = |b_n|, \qquad \phi_n = \begin{cases} -90° & (b_n > 0) \\ 90° & (b_n < 0) \end{cases}$$

몇몇 함수의 파형과 푸리에 급수 표현식을 [표 11-2]에 정리하였다.

예제 11-3 M자 주기 파형

[그림 11-6(a)]의 M자 주기 파형에 대한 푸리에 계수를 구하라.

풀이

주어진 M자 파형은 우대칭이며, $T = 4$ s, $\omega_0 = \dfrac{2\pi}{T} = \dfrac{\pi}{2}$ rad/s이고, 양의 반주기 동안의 함수식은 다음과 같다.

$$f(t) = \begin{cases} \dfrac{1}{2}(1 + t) & (0 \leq t \leq 1 \text{ s}) \\ 0 & (1 \leq t \leq 2 \text{ s}) \end{cases}$$

식 (11.31)로부터 다음 수식을 얻는다.

$$a_0 = \frac{2}{T} \int_0^{T/2} f(t) \, dt = \frac{2}{4} \int_0^1 \frac{1}{2}(1 + t) \, dt = 0.375$$

$$a_n = \frac{4}{T} \int_0^{T/2} f(t) \, \cos n\omega_0 t \, dt = \frac{4}{4} \int_0^1 \frac{1}{2}(1 + t) \, \cos n\omega_0 t \, dt$$

$$= \frac{2}{n\pi} \sin \frac{n\pi}{2} + \frac{2}{n^2\pi^2} \left(\cos \frac{n\pi}{2} - 1 \right)$$

$$b_n = 0$$

$b_n = 0$이므로 다음을 얻는다.

$$A_n = |a_n|, \qquad \phi_n = \begin{cases} 0 & (a_n > 0) \\ 180° & (a_n < 0) \end{cases}$$

[그림 11-6(b) ~ (c)]는 M자 파형의 진폭과 위상 선 스펙트럼을, [그림 11-6(d) ~ (f)]는 각각 처음 5개, 10개, 1000개 항으로 구성된 푸리에 급수의 파형을 나타낸다.

예상대로 더 많은 항의 푸리에 급수가 본래의 파형을 더 충실하게 재현한다. 하지만 더해진 항의 개수와는 무관하게, 파형이 0에서 1로 점프하는 곳과 같은 불연속 지점에서는, 재현된 파형이 본래의 M 파형을 완벽히 재현하지 못함을 볼 수 있다. 불연속은 진동(oscillation)을 야기한다. 항의 개수를 증가시킬수록, 즉 더 많은 고조파를 더할수록, 진동의 주기는 짧아진다. 마침내 불연속 지점을 제외하고 진동은 실선에 근사된다. [그림 11-6(f)]에서 $t = -3$ s 지점의 확대된 그래프를 참고하라. n이 ∞에 접근할수록 불연속 지점의 푸리에 급수 표현법은 본래의 파형을 보다 충실하게 표현한다. 하지만 **파형이 한 값에서 다른 값으로 점프하는 불연속 지점에서의 푸리에 급수는 두 값의 중간값에 수렴**한다. $t = 1$ s, 3 s, 5 s, …에서, 푸리에 급수의 합은 0.5에 수렴한다. 이처럼 불연속 지점 근처에서 푸리에 급수의 합이 국부적으로 진동하는 현상을 깁스 현상(Gibbs phenomenon)이라고 한다.

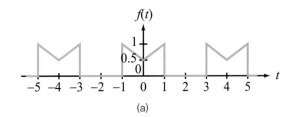

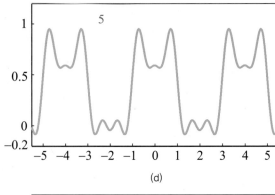

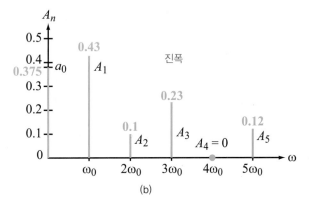

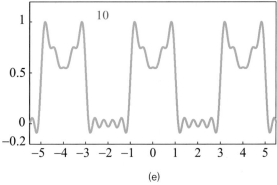

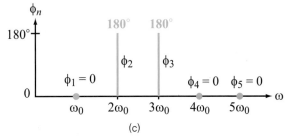

깁스 현상

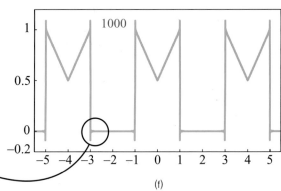

[그림 11-6] (a) M자 파형
　　　　　(b) 진폭 스펙트럼
　　　　　(c) 위상 스펙트럼
　　　　　(d) 5개 항
　　　　　(e) 10개 항
　　　　　(f) 1000개 항

예제 11-4 파형 합성

[그림 11-7(a)]의 파형 $f_1(t)$가 다음과 같은 푸리에 급수로 표현될 때, [그림 11-7(b) ~ (c)]의 파형을 구현하라.

$$f_1(t) = \sum_{n=1}^{\infty} \frac{4A}{n\pi} \sin\left(\frac{n\pi}{2}\right) \cos\left(\frac{2n\pi t}{T}\right)$$

풀이

파형 $f_1(t)$와 $f_2(t)$는 모양이 비슷하고 주기가 같지만, 다음 차이점이 있다.

- $f_1(t)$는 직류 대칭이므로 직류값은 0이다. 하지만 $f_2(t)$의 직류값은 $\dfrac{B}{2}$다.

- $f_1(t)$의 피크간 값은 $2A$인 반면, $f_2(t)$의 피크간 값은 B이다. 수학적으로 $f_2(t)$와 $f_1(t)$의 관계는 다음과 같다.

$$f_2(t) = \frac{B}{2} + \left(\frac{B}{2A}\right) f_1(t)$$
$$= \frac{B}{2} + \sum_{n=1}^{\infty} \frac{2B}{n\pi} \sin\left(\frac{n\pi}{2}\right) \cos\left(\frac{2n\pi t}{T}\right)$$

$f_1(t)$와 $f_3(t)$를 비교하면, $f_3(t)$는 $f_1(t)$를 시간축 t로 $\dfrac{T}{4}$만큼 대칭이동한 것이다. 즉

$$f_3(t) = f_1\left(t - \frac{T}{4}\right)$$
$$= \sum_{n=1}^{\infty} \frac{4A}{n\pi} \sin\left(\frac{n\pi}{2}\right) \cos\left[\frac{2n\pi}{T}\left(t - \frac{T}{4}\right)\right]$$

이다. 위 수식을 다시 간단히 표현하면 다음을 얻는다.

$$f_3(t) = \sum_{\substack{n=1 \\ n=홀수}}^{\infty} \frac{4A}{n\pi} \sin\left(\frac{2n\pi t}{T}\right)$$

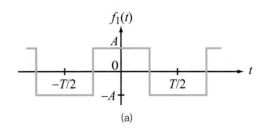

(a)

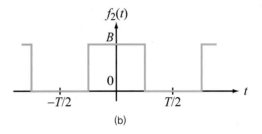

(b)

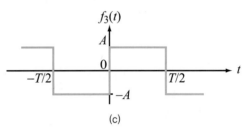

(c)

[그림 11-7] [예제 11-4]의 파형
(a) $f_1(t)$
(b) $f_2(t)$
(c) $f_3(t)$

[질문 11-6] 푸리에 급수를 전개할 때 주기함수의 대칭성을 활용하는 이유는 무엇인가?

[질문 11-7] 우대칭함수의 위상 ϕ_n과 기대칭함수의 위상 ϕ_n의 차이점은 무엇인가?

[질문 11-8] 깁스 현상이란 무엇인가?

[연습 11-3] 다음 물음에 답하라.
(a) 아래의 파형 $f(t)$는 우대칭인가? 기대칭인가?
(b) a_0 값을 구하라.
(c) 함수 $g(t) = f(t) - a_0$은 우대칭 또는 기대칭 성질을 갖는다고 할 수 있는가?

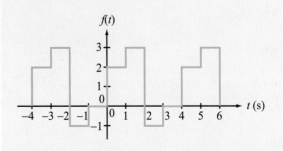

11.3 회로 응용

지금까지 주기함수를 푸리에 급수로 표현하는 기법을 설명하였다. 이를 바탕으로 주기적인 전압 또는 전류 신호로 동작하는 선형 회로를 해석하는 방법을 살펴본다. 7장에서 소개한 위상 영역 기법을 활용한 해석법으로, 정현파 신호가 입력되는 회로를 해석할 것이다. 주기함수는 계수가 a_n, b_n이고 위상각이 0인 코사인과 사인함수의 합으로 표시하거나, 진폭이 A_n이고 위상각이 ϕ_n인 코사인함수의 합으로 표시할 수 있다. 진폭과 위상각으로 표현하는 후자의 방법은 위상 영역 기법을 적용하기에 적절하다. 코사인함수와 사인함수의 합을 이용해 표현하는 전자의 표현법에 위상 영역 기법을 적용하려면, 우선 $\sin n\omega_0 t$로 표현되는 모든 항을 $\cos(n\omega_0 t - 90°)$로 변환해야 한다.

11.1절에서 기본적인 풀이 방법은 이미 다루었지만, 11.2절에서 소개한 개념 및 용어와 관련된 풀이 방법을 알아보자. 이를 위해 $v_s(t)$ (또는 $i_s(t)$)는 입력 신호를 나타내는 데, $v_{out}(t)$ (또는 $i_{out}(t)$)는 구하고자 하는 해를 나타내는 함수를 나타내는 데 쓴다.

푸리에 급수 분석 절차

1단계 $v_s(t)$를 진폭과 위상을 이용한 푸리에 급수로 다음과 같이 나타낸다.

$$v_s(t) = a_0 + \sum_{n=1}^{\infty} A_n \cos(n\omega_0 t + \phi_n) \qquad (11.33)$$

$$A_n \angle \phi_n = a_n - jb_n$$

2단계 주파수 ω에서의 일반적인 전달함수를 다음과 같이 구한다.

$$\mathbf{H}(\omega) = \mathbf{V}_{out} \qquad (v_s = 1\cos\omega t) \qquad (11.34)$$

3단계 다음과 같이 시간 영역의 해를 구한다.

$$v_{out}(t) = a_0\, \mathbf{H}(\omega = 0)$$
$$\qquad\qquad + \sum_{n=1}^{\infty} A_n \mathfrak{Re}\{\mathbf{H}(\omega = n\omega_0)\, e^{j(n\omega_0 t + \phi_n)}\} \qquad (11.35)$$

각각의 n 값에 대응하는 계수 $A_n e^{\phi^n}$은 고조파 $n\omega_0$와 연관되어 있다. 그러므로 3단계에서 $\mathfrak{Re}\{\ \}$ 연산을 적용하기 전에 각 고조파의 진폭에 $e^{jn\omega_0 t}$을 곱해준다.

예제 11-5 *RC 회로*

[그림 11-8(a)]의 회로에 [그림 11-8(b)]의 전압이 입력 신호로 인가될 때, $v_{out}(t)$를 구하라. 이때 $R = 20$ kΩ, $C = 0.1$ mF이다.

풀이

1단계 : $v_s(t)$의 주기는 4 s다. 그러므로 $\omega_0 = \dfrac{2\pi}{4} = \dfrac{\pi}{2}$ rad/s이며, 식 (11.7)에 의해 다음을 얻는다.

$$a_0 = \frac{1}{T} \int_0^T f(t)\, dt = \frac{1}{4} \int_0^1 10\, dt = 2.5\ \text{V}$$

$$a_n = \frac{2}{4} \int_0^1 10 \cos \frac{n\pi}{2} t \, dt = \frac{10}{n\pi} \sin \frac{n\pi}{2} \text{ V}$$

$$b_n = \frac{2}{4} \int_0^1 10 \sin \frac{n\pi}{2} t \, dt = \frac{10}{n\pi} \left(1 - \cos \frac{n\pi}{2} \right) \text{ V}$$

$$A_n \angle \phi_n = a_n - jb_n$$

$$= \frac{10}{n\pi} \left[\sin \frac{n\pi}{2} - j \left(1 - \cos \frac{n\pi}{2} \right) \right]$$

처음 네 항에 대한 $A_n \angle \phi_n$ 값은 다음과 같다.

$$A_1 \angle \phi_1 = \frac{10\sqrt{2}}{\pi} \angle{-45°}$$

$$A_2 \angle \phi_2 = \frac{10}{\pi} \angle{-90°}$$

$$A_3 \angle \phi_3 = \frac{10\sqrt{2}}{3\pi} \angle{-135°}$$

$$A_4 \angle \phi_4 = 0$$

2단계 : $RC = 2 \times 10^4 \times 10^{-4} = 2 \text{ s}$일 때, 위상 영역의 전달함수는 다음과 같이 주어진다.

$$\mathbf{H}(\omega) = \mathbf{V}_{\text{out}} \quad (\mathbf{V}_s = 1)$$

$$= \frac{1}{1 + j\omega RC}$$

$$= \frac{1}{\sqrt{1 + \omega^2 R^2 C^2}} e^{-j \tan^{-1}(\omega RC)}$$

$$= \frac{1}{\sqrt{1 + 4\omega^2}} e^{-j \tan^{-1}(2\omega)} \qquad (11.36)$$

3단계 : 시간 영역에서의 출력 전압 식은 다음과 같다.

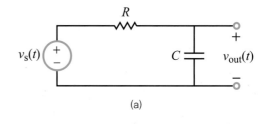

(a)

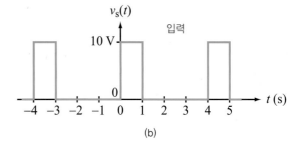

(b)

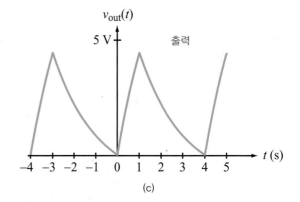

(c)

[그림 11-8] 주기 펄스에 대한 회로 응답
(a) *RC* 회로
(b) 입력 파형
(c) 출력 파형 $v_{\text{out}}(t)$

$$v_{\text{out}}(t) = 2.5 + \sum_{n=1}^{\infty} \Re\mathfrak{e} \left\{ A_n \frac{1}{\sqrt{1 + 4n^2 \omega_0^2}} e^{j[n\omega_0 t + \phi_n - \tan^{-1}(2n\omega_0)]} \right\} \qquad (11.37)$$

1단계에서 구한 $A_n \angle \phi_n$ 값을 대입하고 ω_0를 $\frac{\pi}{2}$ rad/s로 치환하면, 다음을 얻을 수 있다.

$$v_{\text{out}}(t) = 2.5 + \frac{10\sqrt{2}}{\pi\sqrt{1 + \pi^2}} \cos \left[\frac{\pi t}{2} - 45° - \tan^{-1}(\pi) \right] + \frac{10}{\pi\sqrt{1 + 4\pi^2}} \cos[\pi t - 90° - \tan^{-1}(2\pi)]$$

$$+ \frac{10\sqrt{2}}{3\pi\sqrt{1 + 9\pi^2}} \cos \left[\frac{3\pi t}{2} - 135° - \tan^{-1}(3\pi) \right] \cdots$$

$$= 2.5 + 1.37 \cos \left(\frac{\pi t}{2} - 117° \right) + 0.5 \cos(\pi t - 171°) + 0.16 \cos \left(\frac{3\pi t}{2} + 141° \right) \cdots \text{ V}$$

전압 응답 $v_{\text{out}}(t)$를 [그림 11-8(c)]에 나타냈으며, 이는 $n_{\text{max}} = 10000$에 대한 결과이다.

7장의 식 (7.105)에서는 [그림 11-9(a)]와 같은 3단 위상 이동기의 **s** 영역 전달함수가 다음과 같음을 보였다.

$$\mathbf{H}(\omega) = \frac{\mathbf{V}_{\text{out}}}{\mathbf{V}_{\text{s}}} = \frac{x^3}{(x^3 - 5x) + j(1 - 6x^2)}$$

이때 $x = \omega RC$이다. $RC = 1$ s일 경우, [그림 11-9(b)]와
같은 주기 파형에 대한 출력 응답을 구하라.

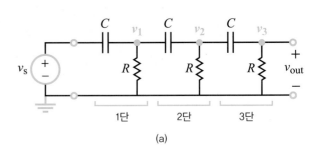

(a)

풀이

1단계 : $T = 1$ s, $\omega_0 = \dfrac{2\pi}{T} = 2\pi$ rad/s, $v_{\text{s}}(t) = t \in [0, 1]$
일 때, 다음을 얻는다.

$$a_0 = \frac{1}{T}\int_0^T v_{\text{s}}(t)\,dt = \int_0^1 t\,dt = 0.5$$

$$a_n = \frac{2}{1}\int_0^1 t\cos 2n\pi t\,dt$$

$$= 2\left[\frac{1}{(2n\pi)^2}\cos 2n\pi t + \frac{t}{2n\pi}\sin 2n\pi t\right]\Bigg|_0^1 = 0$$

$$b_n = \frac{2}{1}\int_0^1 t\sin 2n\pi t\,dt$$

$$= 2\left[\frac{1}{(2n\pi)^2}\sin 2n\pi t - \frac{t}{2n\pi}\cos 2n\pi t\right]\Bigg|_0^1$$

$$= -\frac{1}{n\pi}$$

$$A_n\angle \phi_n = 0 - jb_n$$

$$= 0 + j\frac{1}{n\pi}$$

$$= \frac{1}{n\pi}\angle \underline{90°}\ \text{V}$$

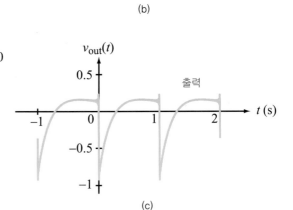

[그림 11-9] [예제 11-6]의 회로 및 그래프
(a) *RC* 회로
(b) 입력 파형
(c) $v_{\text{out}}(t)$

2단계 : $RC = 1$, $x = \omega RC = \omega$일 때, $\mathbf{H}(\omega)$는 다음과 같다.

$$\mathbf{H}(\omega) = \frac{\omega^3}{(\omega^3 - 5\omega) + j(1 - 6\omega^2)}$$

3단계 : $\omega_0 = 2\pi$ rad/s, $\mathbf{H}(\omega = 0) = 0$, $A_n = \left(\dfrac{1}{n\pi}\right)e^{j90°}$일 때, 시간 영역에서의 전압은 합의 모든 항에 해당하는
$e^{jn\omega_0 t} = e^{j2n\pi t}$를 곱한 후, 전체 수식에 $\mathfrak{Re}\{\ \}$ 연산을 취함으로써 얻을 수 있고 다음 식으로 나타낼 수 있다.

$$v_{\text{out}}(t) = \sum_{n=1}^{\infty} \mathfrak{Re}\left\{ \frac{8n^2\pi^2}{[(2n\pi)((2n\pi)^2 - 5) + j(1 - 24n^2\pi^2)]} \cdot e^{j(2n\pi t + 90°)} \right\}$$

$v_{\text{out}}(t)$의 처음 몇 항을 살펴보면 다음과 같다.

$$v_{\text{out}}(t) = 0.25\cos(2\pi t + 137°) + 0.15\cos(4\pi t + 116°) + 0.10\cos(6\pi t + 108°) + \cdots$$

[그림 11-9(c)]는 100개의 항에 대한 $v_{\text{out}}(t)$의 그래프다.

[질문 11-9] 푸리에 급수 풀이 기법과 페이저 영역 풀이 기법은 서로 어떠한 관계가 있는가?

[질문 11-10] 회로의 어떤 성질로 인해 회로 분석에 푸리에 급수 기법을 적용할 수 있는가?

[연습 11-4] 다음 그림에서 RL 회로(a)가 구형파 (b)에 의해 동작할 때, $v_{\text{out}}(t)$를 구하라.

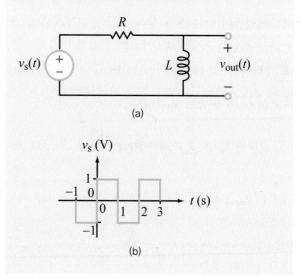

(a)

(b)

11.4 평균 전력

어떤 회로의 주기가 T이고 각주파수가 $\omega_0 = \frac{2\pi}{T}$인 주기 전압 또는 주기 전류에 의해 구동된다고 하자. 이 회로를 구성하는 각 세부 요소들(단일 수동소자가 될 수도 있고, 간단한 회로 블록이 될 수도 있을 것이다.)의 양단에서 발생하는 전압 강하의 합은 전체 회로를 구동하는 전압과 동일하며, 이러한 관계를 다음의 식으로 나타낼 수 있을 것이다. 푸리에 급수의 각 항은 개별 세부 요소에서 발생하는 전압 강하에 대응된다.

$$v(t) = V_{dc} + \sum_{n=1}^{\infty} V_n \cos(n\omega_0 t + \phi_{v_n}) \qquad (11.38)$$

여기서 V_{dc}는 $v(t)$의 평균값이며, V_n은 n번째 고조파의 진폭을, ϕ_{v_n}은 위상각을 나타낸다.

마찬가지로, 전체 회로에 흘러 들어가는 전류는 개별 세부 요소를 통과하는 전류들의 합과 같으며, 이를 다음의 푸리에 급수 합으로 표현할 수 있다.

$$i(t) = I_{dc} + \sum_{m=1}^{\infty} I_m \cos(m\omega_0 t + \phi_{i_m}) \qquad (11.39)$$

이때 I_{dc}는 평균 전류를, I_m과 ϕ_{i_m}은 m번째 고조파의 진폭과 위상각을 나타낸다.

[그림 11-10]에서와 같이 회로 세부 요소에 대한 입력

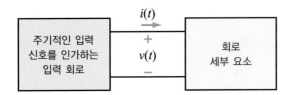

[그림 11-10] 회로 세부 요소에서의 전압 및 전류

전압 $v(t)$의 부호를 정한 뒤 (+)로 정해진 단자를 통해서 전류 $i(t)$가 회로 세부 요소로 들어가는 것을 전류의 기준 방향((+) 방향)으로 삼으면, 전압과 전류의 곱 p_i가 입력 측에서 세부 요소로 전달되는 전력의 흐름을 나타내게 된다. 그러므로 세부 요소의 평균 전력은 다음과 같이 주어진다.

$$
\begin{aligned}
P_{av} &= \frac{1}{T} \int_0^T vi \, dt \\
&= \frac{1}{T} \int_0^T V_{dc} I_{dc} \, dt \qquad (11.40) \\
&\quad + \sum_{n=1}^{\infty} \frac{1}{T} \int_0^T V_n I_{dc} \cos(n\omega_0 t + \phi_{v_n}) \, dt \\
&\quad + \sum_{m=1}^{\infty} \frac{1}{T} \int_0^T V_{dc} I_m \cos(m\omega_0 t + \phi_{i_m}) \, dt \\
&\quad + \sum_{m=1}^{\infty} \sum_{n=1}^{\infty} \frac{1}{T} \int_0^T V_n I_m \cos(n\omega_0 t + \phi_{v_n}) \\
&\qquad \times \cos(m\omega_0 t + \phi_{i_m}) \, dt
\end{aligned}
$$

[표 11-1]의 적분 법칙 2로부터, $n \geq 1$인 임의의 정수와 위상각 ϕ_0에 대해 다음을 얻는다.

$$\int_0^T \cos(n\omega_0 t + \phi_0) \, dt = 0 \qquad (11.41)$$

결과적으로 식 (11.40)의 두 번째 항과 세 번째 항은 소거된다. 또한 마지막 항의 두 코사인함수는 다음과 같이 쓸 수 있다.

$$\cos(n\omega_0 t + \phi_{v_n}) \cos(m\omega_0 t + \phi_{i_m})$$

$$= \frac{1}{2}\cos(\text{위상의 합})$$

$$\quad + \frac{1}{2}\cos(\text{위상의 차}) \qquad (11.42)$$

$$= \frac{1}{2}\cos[(n+m)\omega_0 t + \phi_{v_n} + \phi_{i_m}]$$

$$\quad + \frac{1}{2}\cos[(n-m)\omega_0 t + \phi_{v_n} - \phi_{i_m}]$$

식 (11.42)에 적분을 시행하면, $n = m$인 경우를 제외하고 항상 0이다. 따라서 식 (11.40)은 다음과 같이 나타낼 수 있다.

$$P_{\text{av}} = V_{\text{dc}}I_{\text{dc}} + \frac{1}{2}\sum_{n=1}^{\infty} V_n I_n \cos(\phi_{v_n} - \phi_{i_n}) \qquad (11.43)$$

이때 $\frac{1}{2}V_n I_n \cos(\phi_{v_n} - \phi_{i_n})$은 고조파 $n\omega_0$에서의 평균 전력을 나타낸다. 그러므로,

전체 평균 전력은 직류 전력 $V_{\text{dc}}I_{\text{dc}}$에 기본 주파수 ω_0와 ω_0의 고조파 배수를 갖는 교류 전력 성분들의 합을 더한 것과 같다.

예제 11-7 **교류 전력 비율**

어떤 회로에 인가된 전압이 다음과 같이 푸리에 급수의 처음 세 교류 성분의 합으로 주어졌다.

$$v(t) = 2 + 3\cos(4t + 30°) + 1.5\cos(8t - 30°) + 0.5\cos(12t - 135°)\,\text{V}$$

그리고 회로의 (+) 전압 단자로 들어가는 전류가 다음과 같다.

$$i(t) = 60 + 10\cos(4t - 30°) + 5\cos(8t + 15°) + 2\cos 12t\,\text{mA}$$

이때 전체 평균 전력에서 교류 성분에 의한 전력이 차지하는 비율을 구하라.

풀이

식 (11.43)에서 다음을 얻는다.

$$P_{\text{av}} = 2 \times 60 + \frac{3 \times 10}{2}\cos(30° + 30°) + \frac{1.5 \times 5}{2}\cos(-30° - 15°) + \frac{0.5 \times 2}{2}\cos(-135°)$$

$$= 120 + 7.5 + 2.65 - 0.353$$

$$= 129.80\,\text{W}$$

따라서 교류 비율은 다음과 같다.

$$\frac{7.5 + 2.65 - 0.353}{129.8} = 7.55\%$$

[연습 11-5] 만일 회로 세부 요소가 다음과 같을 때, 식 (11.43)은 어떻게 간소화되는가?
(a) 순수 저항
(b) 순수 반응성 요소(커패시터 또는 인덕터)

11.5 푸리에 변환

푸리에 급수는 주기함수를 표현하기에 매우 적합한 구조를 제공하지만, 비주기함수일 때는 어떨까? [그림 11-11(a)]의 펄스열은 폭이 τ = 2 s이고 주기가 T = 4 s인 연속된 직사각형 파형들로 구성된다. [그림 11-11(b)]는 각각의 직사각형 파형은 같고, 주기만 7 s로 길어졌다. 주기 T가 유한할 때에는, 두 파형 모두 푸리에 급수로 쉽게 표현할 수 있다. 하지만 [그림 11-11(b)]와 같이 T → ∞여서 단일 펄스만 남는 경우는 어떻게 되는가? 더 이상 주기함수가 아닌 펄스를 푸리에 급수로 표현할 수 있을까? 이 절에서는 T → ∞일 때, 푸리에 급수의 합 $\sum_{n=1}^{\infty}$을 적분으로 변환하는 푸리에 변환에 대해 살펴볼 것이다.

> 전기회로를 해석할 때 주기 신호에 의해 구동되는 회로는 푸리에 급수를 활용하고, 비주기 신호에 의해 구동되는 회로는 푸리에 변환을 활용할 것이다.

그럼 10장의 라플라스 변환과 푸리에 변환 모두 비주기적 신호의 전압원을 포함한 회로를 해석할 때 사용될 수 있을까? 만일 그렇다면 두 기법 중 어떠한 기법을 사용해야 하고, 그 이유는 무엇인가? 먼저 푸리에 변환과 그 특징을 소개한 뒤, 11.7절에서 위의 질문에 대해 답변해 볼 것이다.

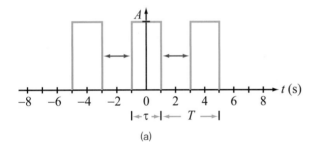

(a)

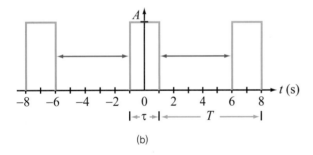

(b)

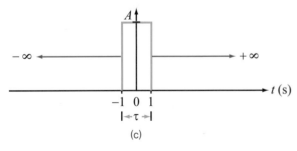

(c)

[그림 11-11] (c)의 단일 펄스는 주기가 T = ∞인 주기 펄스열과 같다.
(a) τ = 2 s, T = 4 s
(b) τ = 2 s, T = 7 s
(c) τ = 2 s, T → ∞

11.5.1 지수함수의 푸리에 급수

식 (11.15)에 의하면, 주기가 T이고 기본 주파수가 $\omega_0 = \frac{2\pi}{T}$인 주기함수는 다음과 같이 나타낼 수 있다.

$$f(t) = a_0 + \sum_{n=1}^{\infty} a_n \cos n\omega_0 t + b_n \sin n\omega_0 t \quad (11.44)$$

오일러 공식에 의해 사인과 코사인함수는 다음과 같이 복소 지수함수로 변환된다.

$$\cos n\omega_0 t = \frac{1}{2}(e^{jn\omega_0 t} + e^{-jn\omega_0 t}) \quad (11.45a)$$

$$\sin n\omega_0 t = \frac{1}{j2}(e^{jn\omega_0 t} - e^{-jn\omega_0 t}) \quad (11.45b)$$

식 (11.45a)와 식 (11.45b)를 식 (11.44)에 대입하면 다음을 얻는다.

$$
\begin{aligned}
f(t) &= a_0 + \sum_{n=1}^{\infty}\left[\frac{a_n}{2}(e^{jn\omega_0 t} + e^{-jn\omega_0 t})\right.\\
&\quad \left. + \frac{b_n}{j2}(e^{jn\omega_0 t} - e^{-jn\omega_0 t})\right] \\
&= a_0 + \sum_{n=1}^{\infty}\left[\left(\frac{a_n - jb_n}{2}\right)e^{jn\omega_0 t} + \left(\frac{a_n + jb_n}{2}\right)e^{-jn\omega_0 t}\right] \\
&= a_0 + \sum_{n=1}^{\infty}[\mathbf{c}_n e^{jn\omega_0 t} + \mathbf{c}_{-n} e^{-jn\omega_0 t}] \qquad (11.46)
\end{aligned}
$$

이때 복소계수는 다음과 같다.

$$
\begin{aligned}
\mathbf{c}_n &= \frac{a_n - jb_n}{2} \\
\mathbf{c}_{-n} &= \frac{a_n + jb_n}{2} = \mathbf{c}_n^*
\end{aligned} \qquad (11.47)
$$

n이 1부터 ∞까지 증가할 때, 식 (11.46)의 둘째 항은 다음과 같다.

$$\mathbf{c}_{-1}e^{-j\omega_0 t} + \mathbf{c}_{-2}e^{-j2\omega_0 t} + \cdots$$

또 n이 $-1 \sim -\infty$까지 증가할 때는 $\mathbf{c}_n e^{jn\omega_0 t}$의 합으로 나타낼 수 있다. 그러므로 함수 $f(t)$를 다음과 같이 지수함수의 형태로 나타낼 수 있다.

$$
f(t) = \sum_{n=-\infty}^{\infty} \mathbf{c}_n e^{jn\omega_0 t} \qquad (11.48)
$$
$$\text{(지수 표현식)}$$

이때

$$c_0 = a_0 \qquad (11.49)$$

이며, n 값의 범위는 $[-\infty, \infty]$로 확장된다. c_0를 포함한 모든 계수 $\mathbf{c}_n$은 다음과 같이 나타낼 수 있다.

$$
\mathbf{c}_n = \frac{1}{T}\int_{-T/2}^{T/2} f(t)\, e^{-jn\omega_0 t}\, dt \qquad (11.50)
$$

식 (11.50)에서는 적분 범위가 $\left[-\dfrac{T}{2}, \dfrac{T}{2}\right]$로 주어졌으나, 적분의 상한과 하한의 차이, 즉 적분 구간의 크기가 T이기만 하면 식 (11.50)은 항상 성립한다.

[표 11-3]에 이 장에서 소개한 모든 푸리에 급수, 즉 코사인/사인, 진폭/위상, 복소 지수함수의 표현식을 정리하였다.

[표 11-3] 주기함수 $f(t)$의 푸리에 급수 표현식

코사인/사인	진폭/위상	복소 지수
$f(t) = a_0 + \sum_{n=1}^{\infty}(a_n \cos n\omega_0 t + b_n \sin n\omega_0 t)$	$f(t) = a_0 + \sum_{n=1}^{\infty} A_n \cos(n\omega_0 t + \phi_n)$	$f(t) = \sum_{n=-\infty}^{\infty} \mathbf{c}_n e^{jn\omega_0 t}$
$a_0 = \dfrac{1}{T}\int_0^T f(t)\, dt$	$A_n e^{j\phi_n} = a_n - jb_n$	$\mathbf{c}_n = \lvert\mathbf{c}_n\rvert e^{j\theta_n}$ $\mathbf{c}_{-n} = \mathbf{c}_n^*$
$a_n = \dfrac{2}{T}\int_0^T f(t)\,\cos n\omega_0 t\, dt$	$A_n = \sqrt[+]{a_n^2 + b_n^2}$	$\lvert\mathbf{c}_n\rvert = \dfrac{A_n}{2}$
$b_n = \dfrac{2}{T}\int_0^T f(t)\,\sin n\omega_0 t\, dt$	$\phi_n = -\tan^{-1}\left(\dfrac{b_n}{a_n}\right)$	$\theta_n = \phi_n$

[그림 11-11(a)]의 펄스열 파형에 대한 푸리에 계수의 지수 표현식을 폭 τ와 주기 T를 이용하여 나타내라. $A = 10$, $\tau = 1$ s일 때, 5 s, 10 s, 20 s의 T에 대한 $|c_n|$의 선 스펙트럼을 구하고 그래프를 그려라.

풀이

구간 $\left[-\dfrac{T}{2},\ \dfrac{T}{2}\right]$에서 다음과 같이 나타낼 수 있다.

$$f(t) = \begin{cases} A & \left(-\dfrac{\tau}{2}\right) \le t \le \left(\dfrac{\tau}{2}\right) \\ 0 & \text{기타 영역} \end{cases}$$

적분 구간을 $\left[-\dfrac{T}{2},\ \dfrac{T}{2}\right]$로 하면 식 (11.50)은 다음과 같다.

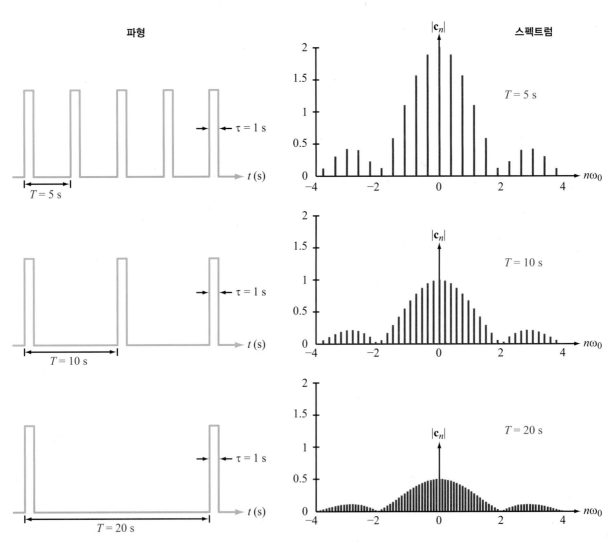

[그림 11-12] $\dfrac{T}{\tau} = 5, 10, 20$의 펄스열에 대한 선 스펙트럼

$$\mathbf{c}_n = \frac{1}{T} \int_{-T/2}^{T/2} f(t)\, e^{-jn\omega_0 t}\, dt = \frac{1}{T} \int_{-\tau/2}^{\tau/2} A e^{-jn\omega_0 t}\, dt$$

$$= \frac{A}{-jn\omega_0 T}\, e^{-jn\omega_0 t} \Big|_{-\tau/2}^{\tau/2} = \frac{2A}{n\omega_0 T} \left[\frac{e^{jn\omega_0 \tau/2} - e^{-jn\omega_0 \tau/2}}{2j} \right] \qquad (11.51)$$

식 (11.51)의 괄호 안 식에 다음의 오일러 공식을 적용하면

$$\sin x = \frac{e^{jx} - e^{-jx}}{2j} \qquad (11.52)$$

식 (11.51)은 다음과 같이 간단히 정리할 수 있다.

$$\mathbf{c}_n = \frac{2A}{n\omega_0 T} \sin\left(\frac{n\omega_0 \tau}{2}\right)$$

$$= \frac{A\tau}{T} \frac{\sin(n\omega_0 \tau/2)}{(n\omega_0 \tau/2)} \qquad (11.53)$$

$$= \frac{A\tau}{T} \operatorname{sinc}\left(\frac{n\omega_0 \tau}{2}\right)$$

여기서 sinc 함수의 정의는 다음과 같다.

$$\operatorname{sinc}(x) = \frac{\sin x}{x} \qquad (11.54)$$

sinc 함수의 주요 성질은 다음과 같다.

- 입력값이 0이면 sinc 함수의 값은 1이다. 즉 다음과 같다. 식 (11.55)는 로피탈(L'Hôpital)의 정리를 식 (11.54)에 적용하고, $x=0$으로 하면 증명할 수 있다.

$$\operatorname{sinc}(0) = \frac{\sin(x)}{x}\Big|_{x=0} = 1 \qquad (11.55)$$

- 임의의 정수 m에 대해 $\sin(m\pi) = 0$이므로, sinc 함수도 다음이 성립한다.

$$\operatorname{sinc}(m\pi) = 0 \qquad (11.56)$$

- $\sin x$와 x 모두 기함수이므로, 두 함수의 비는 우함수다. 그러므로 sinc 함수는 수직축에 대해 대칭이며 $\mathbf{c}_n$은 우대칭성을 갖는다.

$$\mathbf{c}_n = \mathbf{c}_{-n} \qquad (11.57)$$

식 (11.53)에 $A = 10$을 대입하면, [그림 11-12]의 선 스펙트럼을 얻는다. [그림 11-12]는 T가 변화해도 식 (11.53)의 함수들은 $n = 0$에서 최댓값이 존재하고 이를 기준으로 좌우 대칭인 sinc 함수의 일반적인 형태를 유지함을 보여준다. 가장 큰 포락선(major lobe)은 $n = -\frac{T}{\tau}$부터 $n = \frac{T}{\tau}$에서 나타나며, 옆으로 멀어질수록 로브의 크기는 점차 줄어든다. 선 스펙트럼의 밀도는 $\frac{T}{\tau}$의 비율에 의해 결정되므로, $T \to \infty$일 때 선 스펙트럼은 연속인 것처럼 나타난다.

11.5.2 비주기 파형

[예제 11-8]에서 살펴본 것처럼, $T \rightarrow \infty$일 때 주기함수는 비주기함수가 되며, 선 스펙트럼은 연속적으로 나타난다. 비주기함수의 푸리에 변환에 대한 정의를 바탕으로 이러한 대칭적 변화를 수학적인 관점에서 살펴보자. 이를 위하여 식 (11.48)과 식 (11.50)을 다시 써보자.

$$f(t) = \sum_{n=-\infty}^{\infty} \mathbf{c}_n e^{jn\omega_0 t} \tag{11.58a}$$

$$\mathbf{c}_n = \frac{1}{T} \int_{-T/2}^{T/2} f(t) \, e^{-jn\omega_0 t} \, dt \tag{11.58b}$$

시간 영역에서 정의된 연속 함수 $f(t)$와 주파수 영역에서 $n\omega_0$(이때 $\omega_0 = \frac{2\pi}{T}$)지점에서만 불연속적으로 정의된 $\mathbf{c}_n$을 나타낸 식 (11.58a) ~ (11.58b)는 서로 짝을 이룬다. 특정 T값에 대해, n번째 주파수 고조파는 $n\omega_0$에 발생하고, 그 다음 고조파는 $(n+1)\omega_0$에 존재한다. 그러므로 이웃한 고조파 간의 간격은 다음과 같다.

$$\Delta\omega = (n+1)\omega_0 - n\omega_0 = \omega_0 = \frac{2\pi}{T} \tag{11.59}$$

식 (11.58b)를 식 (11.58a)에 대입하고, $\frac{1}{T}$을 $\frac{\Delta\omega}{2\pi}$로 치환하면 다음 식을 얻는다.

$$f(t) = \sum_{n=-\infty}^{\infty} \left[\frac{1}{2\pi} \int_{-T/2}^{T/2} f(t) \, e^{-jn\omega_0 t} \, dt \right] e^{jn\omega_0 t} \, \Delta\omega \tag{11.60}$$

$T \rightarrow \infty$일 때, $\Delta\omega \rightarrow d\omega$이고 $n\omega_0 \rightarrow \omega$이며, 급수의 합은 적분이 되어 다음의 식을 얻는다.

$$f(t) = \frac{1}{2\pi} \int_{-\infty}^{\infty} \left[\int_{-\infty}^{\infty} f(t) \, e^{-j\omega t} \, dt \right] e^{j\omega t} \, d\omega \tag{11.61}$$

식 (11.61)을 기반으로 푸리에 변환 $\mathbf{F}(\omega)$와 역변환 $f(t)$의 관계는 다음과 같음을 알 수 있다.

$$\mathbf{F}(\omega) = \mathcal{F}[f(t)] = \int_{-\infty}^{\infty} f(t) \, e^{-j\omega t} \, dt \tag{11.62a}$$

$$f(t) = \mathcal{F}^{-1}[\mathbf{F}(\omega)] = \frac{1}{2\pi} \int_{-\infty}^{\infty} \mathbf{F}(\omega) \, e^{j\omega t} \, d\omega \tag{11.62b}$$

이때 $\mathcal{F}[f(t)]$는 함수 $f(t)$의 푸리에 변환을, $\mathcal{F}^{-1}[\mathbf{F}(\omega)]$는 역변환을 의미한다. 때때로 다음과 같은 표현도 사용할 수 있다.

$$f(t) \quad \longleftrightarrow \quad \mathbf{F}(\omega)$$

예제 11-9 장방형 펄스

[그림 11-13(a)]의 장방형 펄스에 대한 푸리에 변환을 구하고, $A = 5$와 $\tau = 1$ s일 때의 진폭 스펙트럼 $|\mathbf{F}(\omega)|$의 그래프를 그려라.

풀이

$f(t) = \text{rect}\left(\frac{t}{\tau}\right) = A$를 식 (11.62a)에 적용하고, 적분 구간을 $\left[-\frac{\tau}{2}, \frac{\tau}{2}\right]$로 하면 다음 식을 얻는다.

$$\mathbf{F}(\omega) = \int_{-\tau/2}^{\tau/2} A e^{-j\omega t} \, dt = \frac{A}{-j\omega} e^{-j\omega t} \Big|_{-\tau/2}^{\tau/2} = A\tau \, \frac{\sin \omega\tau/2}{(\omega\tau/2)} = A\tau \, \text{sinc}\left(\frac{\omega\tau}{2}\right) \tag{11.63}$$

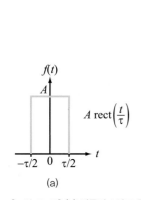

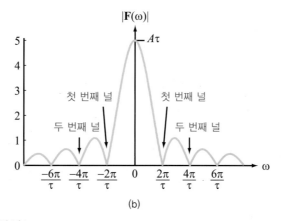

[그림 11-13] (a) 진폭이 A이고 폭이 τ인 장방 펄스
(b) $A = 5$와 $\tau = 1$ s에 대한 주파수 스펙트럼 $|\mathbf{F}(\omega)|$

$A = 5$와 $\tau = 1$ s에 대한 주파수 스펙트럼 $|\mathbf{F}(\omega)|$은 [그림 11-13(b)]와 같다. [그림 11-13(b)]에서의 널(null)은, sinc 함수의 입력이 $\pm\pi$ (rad/s)의 배수일 때 발생하며, 이 예제에서는 ω가 2π (rad/s)일 때 널이 발생한다.

[질문 11-11] 코사인/사인, 진폭/위상 푸리에 급수 표현에서, 급수의 합은 $n = 1$부터 $n = \infty$까지 이루어진다. 복소 지수 표현을 사용할 때의 합의 범위는 어떻게 변화하는가?

[질문 11-12] sinc 함수는 무엇이며, 어떠한 성질을 가지는가? sinc(0) = 1인 이유는 무엇인가?

[질문 11-13] 진폭이 1이고 폭이 τ인 직사각형 펄스에 대한 푸리에 변환 $|\mathbf{F}(\omega)|$의 형태는 무엇인가?

[연습 11-6] 폭이 τ인 단일 직사각형 펄스에 대해, 첫 번째 널들 간의 간격 $\Delta\omega$은 얼마인가? τ가 매우 클 때 주파수 스펙트럼은 좁고 뾰족해지는가, 아니면 넓고 완만해지는가?

11.5.3 푸리에 적분의 수렴

모든 함수를 푸리에 변환할 수 있는 것은 아니다. 푸리에 변환 $\mathbf{F}(\omega)$는 식 (11.62a)의 푸리에 적분이 유한값에 수렴하거나, 수렴하지는 않지만 이후의 내용에서 간단

히 언급하게 될 등가 표현식이 있을 때에 존재할 수 있다. 수렴 여부는 적분 구간 $[-\infty, \infty]$에서 $f(t)$의 성질로 결정된다. 더 구체적으로

- $f(t)$가 무한 불연속인지의 여부
- t가 $\pm\infty$에 접근할 때 $f(t)$의 변화 경향성

에 의해 수렴 여부가 결정된다. 일반적으로 $f(t)$가 불연속이며 절댓값을 적분한 값이 유한값이라면, 즉

$$\int_{-\infty}^{\infty} |f(t)|\, dt < \infty \tag{11.64}$$

라면, 푸리에 적분은 수렴한다. 함수 $f(t)$가 비록 불연속일지라도 불연속값이 유한하다면, $f(t)$는 푸리에 변환이 가능하다. 계단함수 $Au(t)$는 A가 유한할 경우 $t = 0$에서 유한 불연속이다.

지금까지 언급한 푸리에 변환의 존재에 대한 조건은 충분조건이지만 필요조건은 아니다. 즉 어떤 함수는 푸리에 적분이 수렴하지 않더라도 푸리에 변환이 존재

할 수 있다. 그러한 함수의 예로, 선형 회로에서 중요한 파형인 상수함수 $f(t) = A$와 단일 계단함수 $f(t) = Au(t)$를 들 수 있다. 푸리에 적분은 수렴하지 않지만 변환이 존재하는 함수의 푸리에 변환을 구하려면 다음 방법을 통해 간접적인 방법으로 구해야 한다.

다음 절에서는 위의 방법을 통해 푸리에 변환을 구하는 예들을 살펴본다.

---

❶ 함수 $f(t)$의 푸리에 적분이 수렴하지 않을 때에는, 변수 ϵ를 포함하는 제 2의 함수 $f_\epsilon(t)$를 선택한다. ϵ의 값을 충분히 작게 하거나 특정한 값에 충분히 가깝게 접근하도록 할 때 실질적으로 $f(t)$와 동일한 형태가 되어야 한다.

❷ $f_\epsilon(t)$는 푸리에 적분이 수렴하여 푸리에 변환 $\mathbf{F}_\epsilon(\omega)$를 구할 수 있는 함수여야 한다.

❸ 매개변수 ϵ에 대하여 $\mathbf{F}_\epsilon(\omega)$의 극한을 구하면 원 함수 $f(t)$의 푸리에 변환인 $\mathbf{F}(\omega)$를 얻는다.

11.6 푸리에 변환쌍

이 절에서는 시간 영역과 ω 영역 간을 쉽게 이동하면서 임의의 함수를 기술하는 방법에 대해 공부할 것이다. 11.5.3절에서 언급한 수렴 조건들을 만족하지 못하는 함수들을 다루는 방법들을 알아보고, 푸리에 변환의 유용한 성질을 살펴보자.

11.6.1 선형성

만일

$$f_1(t) \iff \mathbf{F}_1(\omega)$$

이고

$$f_2(t) \iff \mathbf{F}_2(\omega)$$

라면

$$K_1 f_1(t) + K_2 f_2(t) \iff K_1 \mathbf{F}_1(\omega) + K_2 \mathbf{F}_2(\omega) \quad (11.65)$$
$$\text{(선형성)}$$

이다. 이때 K_1과 K_2는 상수다. 식 (11.65)는 식 (11.62a)를 통해 쉽게 증명할 수 있다.

11.6.2 $\delta(t - t_0)$의 푸리에 변환

식 (11.62a)로부터 $\delta(t - t_0)$의 푸리에 변환은 다음과 같이 구할 수 있다.

$$\mathbf{F}(\omega) = \mathcal{F}[\delta(t - t_0)] = \int_{-\infty}^{\infty} \delta(t - t_0) e^{-j\omega t} \, dt \quad (11.66)$$
$$= e^{-j\omega t} \Big|_{t=t_0}$$
$$= e^{-j\omega t_0}$$

그러므로

$$\delta(t - t_0) \iff e^{-j\omega t_0} \quad (11.67a)$$

이며, 다음과 같다.

$$\delta(t) \iff 1 \quad (11.67b)$$

그러므로 단일 임펄스 함수 $\delta(t)$는 [그림 11-14(a)]와 같이 ω 영역에서 $[-\infty, \infty]$ 동안 단일 진폭인 상수로 변환된다.

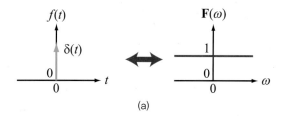

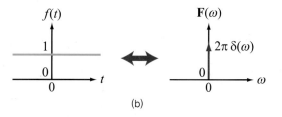

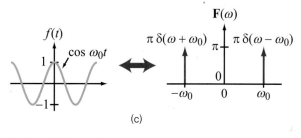

[그림 11-14] (a) $\delta(t)$의 푸리에 변환은 1이다.
(b) 1의 푸리에 변환은 $2\pi\delta(\omega)$이다.
(c) $\cos \omega_0 t$의 푸리에 변환은 두 개의 델타 함수로 나타나는데, 하나는 ω_0에, 다른 하나는 $-\omega_0$에 존재한다.

11.6.3 평행이동

식 (11.67b)에 의해 $\mathbf{F}(\omega) = \delta(\omega - \omega_0)$의 푸리에 역변환은 다음과 같다.

$$f(t) = \mathcal{F}^{-1}[\delta(\omega - \omega_0)] = \frac{1}{2\pi} \int_{-\infty}^{\infty} \delta(\omega - \omega_0) \, e^{j\omega t} \, d\omega$$

$$= \frac{e^{j\omega_0 t}}{2\pi}$$

그러므로 다음이 성립한다.

$$e^{j\omega_0 t} \quad \longleftrightarrow \quad 2\pi \, \delta(\omega - \omega_0) \qquad (11.68\text{a})$$

$$1 \quad \longleftrightarrow \quad 2\pi \, \delta(\omega) \qquad (11.68\text{b})$$

[그림 11-14(a)]와 [그림 11-14(b)]를 비교해보면 시간 영역과 ω 영역 간에는 대응성(correrpondence)이 존재함을 알 수 있다. 즉 시간 영역에서의 임펄스 $\delta(t)$는 주파수 영역에서 단일 스펙트럼을 생성하고, 반대로 시간 영역의 상수는 주파수 영역에서 임펄스 $\delta(\omega)$를 생성한다.

식 (11.68a)는 다음 식으로 일반화할 수 있으며 푸리에 변환의 주파수 이동 성질이라고 한다.

$$e^{j\omega_0 t} \, f(t) \quad \longleftrightarrow \quad \mathbf{F}(\omega - \omega_0) \\ \text{(주파수 이동 성질)} \qquad (11.69)$$

식 (11.69)는 시간 영역에서 함수 $f(t)$에 $e^{j\omega_0 t}$를 곱한 것과 $f(t)$의 푸리에 변환 $\mathbf{F}(\omega)$를 주파수 축으로 ω_0 만큼 평행이동한 것이 같음을 의미한다. 주파수 이동 성질의 역은 시간 이동 성질로 다음과 같은 식으로 표현한다.

$$f(t - t_0) \quad \longleftrightarrow \quad e^{-j\omega t_0} \, \mathbf{F}(\omega) \\ \text{(시간 이동 성질)} \qquad (11.70)$$

11.6.4 $\cos \omega_0 t$의 푸리에 변환

오일러 공식에 의하면 다음이 성립한다.

$$\cos \omega_0 t = \frac{e^{j\omega_0 t} + e^{-j\omega_0 t}}{2}$$

식 (11.68a)로부터 다음을 얻을 수 있다.

$$\mathbf{F}(\omega) = \mathcal{F}\left[\frac{e^{j\omega_0 t}}{2} + \frac{e^{-j\omega_0 t}}{2} \right]$$

$$= \pi \, \delta(\omega - \omega_0) + \pi \, \delta(\omega + \omega_0)$$

그러므로

$$\cos \omega_0 t \quad \longleftrightarrow \quad \pi[\delta(\omega - \omega_0) + \delta(\omega + \omega_0)] \qquad (11.71)$$

$$\sin \omega_0 t \quad \longleftrightarrow \quad j\pi[\delta(\omega + \omega_0) - \delta(\omega - \omega_0)] \qquad (11.72)$$

가 성립한다. [그림 11-14(c)]와 같이 $\cos \omega_0 t$의 푸리에 변환은 $\pm \omega_0$에서의 임펄스 함수로 구성된다.

11.6.5 $a > 0$인 $Ae^{-at}u(t)$의 푸리에 변환

$t = 0$에서 시작하는 감소 지수함수의 푸리에 변환은 다음과 같다.

$$\mathbf{F}(\omega) = \mathcal{F}[Ae^{-at} \, u(t)] = \int_{0}^{\infty} Ae^{-at} e^{-j\omega t} \, dt$$

$$= A \left. \frac{e^{-(a+j\omega)t}}{-(a + j\omega)} \right|_{0}^{\infty} = \frac{A}{a + j\omega}$$

그러므로 다음이 성립한다.

$$Ae^{-at} \, u(t) \quad \longleftrightarrow \quad \frac{A}{a + j\omega} \quad (a > 0) \qquad (11.73)$$

11.6.6 $u(t)$의 푸리에 변환

단위 계단함수의 푸리에 변환 $\mathbf{F}(\omega)$를 구하면

$$\mathbf{F}(\omega) = \mathcal{F}[u(t)] = \int_{-\infty}^{\infty} u(t)\, e^{-j\omega t}\, dt$$

$$= \int_{0}^{\infty} e^{-j\omega t}\, dt$$

$$= \frac{e^{-j\omega t}}{-j\omega}\bigg|_{0}^{\infty} = \frac{j}{\omega}(e^{-j\infty} - 1)$$

인데 이때 $e^{-j\infty}$가 수렴하지 않는 문제가 발생한다. 이러한 수렴 문제를 피하기 위하여, 다음과 같이 정의되는 시그넘(signum) 함수를 활용할 수 있다.

$$\text{sgn}(t) = u(t) - u(-t) \qquad (11.74)$$

[그림 11–15(a)]와 같이 시그넘 함수는 크기가 2이고, 1만큼 아래로 이동한 계단함수와 유사하다. 시그넘 함수로부터 단위 계단함수를 다음과 같이 나타낼 수 있다.

$$u(t) = \frac{1}{2} + \frac{1}{2}\,\text{sgn}(t) \qquad (11.75)$$

식 (11.75)에 대응하는 푸리에 변환은 다음과 같다.

$$\mathcal{F}[u(t)] = \mathcal{F}\left[\frac{1}{2}\right] + \frac{1}{2}\,\mathcal{F}[\text{sgn}(t)]$$

$$= \pi\,\delta(\omega) + \frac{1}{2}\,\mathcal{F}[\text{sgn}(t)] \qquad (11.76)$$

첫 번째 항은 식 (11.86b)를 이용하였다. $\mathcal{F}[\text{sgn}(t)]$를 얻기 위해 시그넘 함수를 다음과 같이 모델링한다.

$$\text{sgn}(t) = \lim_{\epsilon \to 0}[e^{-\epsilon t}\, u(t) - e^{\epsilon t}\, u(-t)] \qquad (11.77)$$

이때 $\epsilon > 0$이다. ϵ의 크기가 작을 때 식 (11.77)에 대한 파형은 [그림 11–15(b)]와 같다. 그리고 ϵ이 0에 가까워짐에 따라 [그림 11–15(b)]는 [그림 11–15(a)]의 본

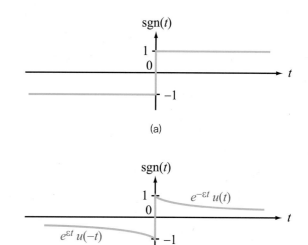

[그림 11–15] (b)의 모델이 $\epsilon \to 0$일 때 $\text{sgn}(t)$의 본래의 형태에 접근한다.
(a) 시그넘 함수
(b) $\text{sgn}(t)$ 모델

래 함수가 갖는 형태에 근접하게 된다.

식 (11.77)에 식 (11.62a)에서 주어진 푸리에 변환의 정의를 적용하면 다음의 결과를 얻는다.

$$\mathcal{F}[\text{sgn}(t)] = \int_{-\infty}^{\infty} \lim_{\epsilon \to 0}[e^{-\epsilon t}\, u(t) - e^{\epsilon t}\, u(-t)]e^{-j\omega t}\, dt$$

$$= \lim_{\epsilon \to 0}\left[\int_{0}^{\infty} e^{-(\epsilon + j\omega)t}\, dt - \int_{-\infty}^{0} e^{(\epsilon - j\omega)t}\, dt\right]$$

$$= \lim_{\epsilon \to 0}\left[\frac{e^{-(\epsilon + j\omega)t}}{-(\epsilon + j\omega)}\bigg|_{0}^{\infty} - \frac{e^{(\epsilon - j\omega)t}}{\epsilon - j\omega}\bigg|_{-\infty}^{0}\right]$$

$$= \lim_{\epsilon \to 0}\left[\frac{1}{\epsilon + j\omega} - \frac{1}{\epsilon - j\omega}\right] = \frac{2}{j\omega} \quad (11.78)$$

식 (11.78)을 식 (11.76)에 대입하면 다음을 얻는다.

$$\mathcal{F}[u(t)] = \pi\,\delta(\omega) + \frac{1}{j\omega}$$

즉 다음 관계식을 얻는다.

[표 11-4] 푸리에 변환쌍의 예($a > 0$)

	$f(t)$	$\mathbf{F}(\omega) = \mathcal{F}[f(t)]$	$\lvert\mathbf{F}(\omega)\rvert$	
1		$\delta(t) \longleftrightarrow 1$		기본 함수
1a		$\delta(t - t_0) \longleftrightarrow e^{-j\omega t_0}$		
2		$1 \longleftrightarrow 2\pi\,\delta(\omega)$		
3		$u(t) \longleftrightarrow \pi\,\delta(\omega) + \dfrac{1}{j\omega}$		
4		$\mathrm{sgn}(t) \longleftrightarrow \dfrac{2}{j\omega}$		
5		$\mathrm{rect}\left(\dfrac{t}{\tau}\right) \longleftrightarrow \tau\,\mathrm{sinc}\left(\dfrac{\omega\tau}{2}\right)$		
6		$\lvert t \rvert \longleftrightarrow \dfrac{-2}{\omega^2}$		
7		$e^{-at}\,u(t) \longleftrightarrow \dfrac{a + j\omega}{1}$		
8		$\cos\omega_0 t \longleftrightarrow \pi[\delta(\omega - \omega_0) + \delta(\omega + \omega_0)]$		
9		$\sin\omega_0 t \longleftrightarrow j\pi[\delta(\omega + \omega_0) - \delta(\omega - \omega_0)]$		
10		$e^{j\omega_0 t} \longleftrightarrow 2\pi\,\delta(\omega - \omega_0)$		기타 함수
11		$te^{-at}\,u(t) \longleftrightarrow \dfrac{1}{(a + j\omega)^2}$		
12		$[e^{-at}\sin\omega_0 t]\,u(t) \longleftrightarrow \dfrac{\omega_0}{(a + j\omega)^2 + \omega_0^2}$		
13		$[e^{-at}\cos\omega_0 t]\,u(t) \longleftrightarrow \dfrac{a + j\omega}{(a + j\omega)^2 + \omega_0^2}$		

$$u(t) \quad \longleftrightarrow \quad \pi\,\delta(\omega) + \frac{1}{j\omega} \qquad (11.79)$$

[표 11-4]에는 일반적으로 사용되는 시간 함수와 그에 대응하는 푸리에 변환을 나열하였고, [표 11-5]에는 푸리에 변환의 주요 성질을 정리하였다. 10장의 라플라스 변환 성질과 유사한 부분들이 많음을 확인할 수 있다.

[표 11-5] 푸리에 변환의 주요 성질

	성질	$f(t)$	$\mathbf{F}(\omega) = \mathcal{F}[f(t)]$
1	상수 곱	$K\,f(t)$	$\longleftrightarrow$ $K\,\mathbf{F}(\omega)$
2	선형성	$K_1\,f_1(t) + K_2\,f_2(t)$	$\longleftrightarrow$ $K_1\,\mathbf{F}_1(\omega) + K_2\,\mathbf{F}_2(\omega)$
3	시간 스케일링	$f(at)$	$\longleftrightarrow$ $\dfrac{1}{a}\,\mathbf{F}\left(\dfrac{\omega}{a}\right)$
4	시간 이동	$f(t - t_0)$	$\longleftrightarrow$ $e^{-j\omega t_0}\,\mathbf{F}(\omega)$
5	주파수 이동	$e^{j\omega_0 t}\,f(t)$	$\longleftrightarrow$ $\mathbf{F}(\omega - \omega_0)$
6	시간 1차 미분	$f' = \dfrac{df}{dt}$	$\longleftrightarrow$ $j\omega\,\mathbf{F}(\omega)$
7	시간 n차 미분	$\dfrac{d^n f}{dt^n}$	$\longleftrightarrow$ $(j\omega)^n\,\mathbf{F}(\omega)$
8	시간 적분	$\displaystyle\int_{-\infty}^{t} f(t)\,dt$	$\longleftrightarrow$ $\dfrac{\mathbf{F}(\omega)}{j\omega}$
9	주파수 미분	$t^n\,f(t)$	$\longleftrightarrow$ $(j)^n\dfrac{d^n \mathbf{F}(\omega)}{d\omega^n}$
10	변조	$\cos \omega_0 t\,f(t)$	$\longleftrightarrow$ $\dfrac{1}{2}[\mathbf{F}(\omega - \omega_0) + \mathbf{F}(\omega + \omega_0)]$
11	시간 컨벌루션	$f_1(t) * f_2(t)$	$\longleftrightarrow$ $\mathbf{F}_1(\omega)\,\mathbf{F}_2(\omega)$
12	주파수 컨벌루션	$f_1(t)\,f_2(t)$	$\longleftrightarrow$ $\dfrac{1}{2\pi}\,\mathbf{F}_1(\omega) * \mathbf{F}_2(\omega)$

예제 11-10 푸리에 변환 성질

푸리에 변환의 시간 미분 성질과 변조 성질을 증명하라.

풀이

시간 미분 성질

식 (11.62b)로부터 다음을 얻는다.

$$f(t) = \frac{1}{2\pi} \int_{-\infty}^{\infty} \mathbf{F}(\omega)\,e^{j\omega t}\,d\omega \qquad (11.80)$$

양변을 t에 대해 미분하면 다음과 같다.

$$f'(t) = \frac{df}{dt} = \frac{1}{2\pi} \int_{-\infty}^{\infty} j\omega \, \mathbf{F}(\omega) \, e^{j\omega t} \, d\omega$$

$$= j\omega \left[\frac{1}{2\pi} \int_{-\infty}^{\infty} \mathbf{F}(\omega) \, e^{j\omega t} \, d\omega \right]$$

그러므로 시간 영역에서 함수 $f(t)$를 미분한 결과는 다음과 같이 주파수 영역에서 $\mathbf{F}(\omega)$에 단순히 $j\omega$를 곱한 것과 같다.

$$f'(t) \quad \longleftrightarrow \quad j\omega \, \mathbf{F}(\omega) \tag{11.81}$$

변조 성질

식 (11.80)의 양변에 $\cos \omega_0 t$에 곱한 뒤, 편의를 위해 ω를 ω'로 치환하여 다음을 얻는다.

$$\cos \omega_0 t \, f(t) = \frac{1}{2\pi} \int_{-\infty}^{\infty} \cos \omega_0 t \, \mathbf{F}(\omega') \, e^{j\omega' t} \, d\omega'$$

우변의 $\cos \omega_0 t$에 오일러 공식을 적용하면 다음과 같다.

$$\cos \omega_0 t \, f(t) = \frac{1}{2\pi} \int_{-\infty}^{\infty} \left(\frac{e^{j\omega_0 t} + e^{-j\omega_0 t}}{2} \right) \mathbf{F}(\omega') \, e^{j\omega' t} \, d\omega'$$

$$= \frac{1}{4\pi} \left[\int_{-\infty}^{\infty} \mathbf{F}(\omega') \, e^{j(\omega' + \omega_0) t} \, d\omega' + \int_{-\infty}^{\infty} \mathbf{F}(\omega') \, e^{j(\omega' - \omega_0) t} \, d\omega' \right]$$

첫 번째 적분식에서 $\omega = \omega' + \omega_0$로 치환하고, 두 번째 적분식에서 $\omega = \omega' - \omega_0$로 치환하면 다음을 얻는다.

$$\cos \omega_0 t \, f(t) = \frac{1}{2} \left[\frac{1}{2\pi} \int_{-\infty}^{\infty} \mathbf{F}(\omega - \omega_0) \, e^{j\omega t} \, d\omega + \frac{1}{2\pi} \int_{-\infty}^{\infty} \mathbf{F}(\omega + \omega_0) \, e^{j\omega t} \, d\omega \right]$$

이를 정리하면 다음과 같다.

$$\cos \omega_0 t \, f(t) \quad \longleftrightarrow \quad \frac{1}{2} [\mathbf{F}(\omega - \omega_0) + \mathbf{F}(\omega + \omega_0)] \tag{11.82}$$

[질문 11-14] 직류 전압의 푸리에 변환 결과는 무엇인가?

[질문 11-15] '시간 영역의 임펄스는 서로 진폭의 크기가 같은 무한 개의 정현파의 합과 같다.'라는 문장은 사실인가? 이상적인 임펄스 함수를 구현할 수 있는가?

[연습 11-7] [표 11-4]를 이용하여 $u(-t)$의 푸리에 변환을 구하라.

[연습 11-8] [표 11-4]의 10번 항목의 성질을 증명하라.

11.6.7 파시발의 정리

$f(t)$가 1 Ω 저항 양단의 전압을 나타낸다고 하면, $f^2(t)$는 저항에서 소모되는 전력을 나타내며, 구간 $[-\infty, \infty]$에서 $f^2(t)$를 적분한 값은 저항에서 소모된 총 누적 에너지 W를 의미한다. 그러므로 다음의 수식을 얻는다.

$$
\begin{aligned}
W &= \int_{-\infty}^{\infty} f^2(t)\, dt \\
&= \int_{-\infty}^{\infty} f(t) \left[\frac{1}{2\pi} \int_{-\infty}^{\infty} \mathbf{F}(\omega)\, e^{j\omega t}\, d\omega \right] dt
\end{aligned}
\tag{11.83}
$$

여기서 $f(t)$는 식 (11.62b)에 의해 푸리에 역변환식으로 대체되었다. $f(t)$와 $\mathbf{F}(\omega)$의 순서를 바꾸고 적분 순서를 바꾸면 다음의 결과를 얻는다.

$$
\begin{aligned}
W &= \frac{1}{2\pi} \int_{-\infty}^{\infty} \mathbf{F}(\omega) \left[\int_{-\infty}^{\infty} f(t)\, e^{j\omega t}\, dt \right] d\omega \\
&= \frac{1}{2\pi} \int_{-\infty}^{\infty} \mathbf{F}(\omega) \left[\int_{-\infty}^{\infty} f(t)\, e^{-j(-\omega)t}\, dt \right] d\omega \\
&= \frac{1}{2\pi} \int_{-\infty}^{\infty} \mathbf{F}(\omega)\, \mathbf{F}(-\omega)\, d\omega \\
&= \frac{1}{2\pi} \int_{-\infty}^{\infty} \mathbf{F}(\omega)\, \mathbf{F}^*(\omega)\, d\omega
\end{aligned}
\tag{11.84}
$$

마지막 줄에서는 다음 식으로 표현되는 푸리에 변환의 반전 성질(reversal property)을 이용하였다([연습 11-9] 참조).

$$
\mathbf{F}(-\omega) = \mathbf{F}^*(\omega)
\tag{11.85}
$$
$$
\text{(반전 성질)}
$$

식 (11.83)과 식 (11.84)로부터 다음과 같은 결론을 얻으며, 이를 파시발의 정리(Parseval's Theorem)라고 한다.

$$
\int_{-\infty}^{\infty} f^2(t)\, dt = \frac{1}{2\pi} \int_{-\infty}^{\infty} |\mathbf{F}(\omega)|^2\, d\omega
\tag{11.86}
$$
$$
\text{(파시발의 정리)}
$$

파시발의 정리는 시간 영역에서 사용된 총 에너지와 주파수 영역에서 사용된 총 에너지가 서로 같음을 의미한다.

[연습 11-9] 식 (11.85)에서 주어진 반전 성질을 증명하라.

11.7 푸리에 변환과 라플라스 변환의 비교

회로에 구형파, 펄스열 또는 반복적인 패턴 등의 주기 전압 또는 전류가 인가될 때, 회로의 성능을 해석하기에 가장 적합한 방법은 푸리에 급수 기법이다. 푸리에 급수 기법은 풀이 방법이 간단할 뿐 아니라, MATLAB 또는 MathScript 등을 이용하여 손쉽게 프로그램할 수 있다.

비주기 신호가 인가될 때에는 어떤 풀이 방법을 선택할 지 명확하지 않을 수 있다. 1, 2차 회로에만 적용 가능한 시간 영역 미분 방정식 풀이 기법 이외에, 서로 유사하지만 다른 접근법인 10장의 라플라스 변환 기법과 앞의 두 절에서 공부한 푸리에 변환 기법을 활용할 수 있다. 라플라스 변환 기법을 활용하는 것이 더 좋은 때는 언제인가? 또 푸리에 변환 기법을 선택하는 것이 더 유리한 경우는 언제인가?

이 질문의 답은 입력 함수의 특성, 즉 입력 함수가 단측 (one-sided) 또는 양측(two-sided)인지의 여부와, 초깃값이 0인지 그렇지 않은지의 여부에 따라 달라진다.

단측 함수 $f(t)$는 구간 $[0, \infty]$에서 정의되고 $t < 0$에서는 $f(t) = 0$이며, 반대로 양측 함수는 $[-\infty, \infty]$의 구간에서 정의된다. 10장에서 정의된 라플라스 변환은 단측이기 때문에 양측 함수에 적용할 수 없으며, 양측 함수에는 오직 푸리에 변환만 적용할 수 있다. 또한 초깃값의 개념은 양측 함수에는 적절하지 않다. 단측 함수에 있어 초깃값이 0이면 두 변환 모두 활용할 수 있지만, 초깃값이 0이 아닐 때에는(비록 콘덴서와 인덕터의 등가회로는 초기 조건을 반영하기 위해 수정할 수 있지만) 라플라스 변환만 이용 가능하며 푸리에 변환은 사용할 수 없다.

요약하면

- $f(t)$가 양측이면, 오직 푸리에 변환만 이용할 수 있다.
- $f(t)$가 단측이고 초깃값이 0이 아닌, 오직 라플라스 변환만 이용할 수 있다.
- $f(t)$가 단측이고 초깃값이 0이면, 라플라스 변환과 푸리에 변환 모두 이용할 수 있다.

초깃값이 0인 단측 함수의 푸리에 변환 $\mathbf{F}(\omega)$는 라플라스 변환 $\mathbf{F}(\mathbf{s})$의 특별한 경우라고 이해할 수 있다. $\mathbf{s} = \sigma + j\omega$임을 상기해보면, $\sigma = 0$일 때 푸리에 변환과 라플라스 변환 사이에는 다음과 같은 관계가 있음을 알 수 있다.

$$\mathbf{F}(\omega) = \mathbf{F}(\mathbf{s})\big|_{\sigma=0}$$

11.8 푸리에 변환을 이용한 회로 해석

앞서 언급한 바와 같이 푸리에 변환은 초깃값이 없는 단측 또는 양측 비주기 파형의 전원이 인가되는 회로를 해석하는 데 활용할 수 있다. 라플라스 변환과 유사한 과정(s를 $j\omega$로 치환)을 거쳐 회로를 분석하는 예를 [예제 11-11]에서 보여준다.

예제 11-11 *RC 회로*

[그림 11-16(a)]의 *RC* 회로에 전압원 $v_s(t)$가 인가된다. 아래의 각 경우에 대해 푸리에 분석을 통해 $i_C(t)$를 구하라. 각 성분은 $R_1 = 2\ \text{k}\Omega$, $R_2 = 4\ \text{k}\Omega$, $C = 0.25\ \text{mF}$이다.

(a) $v_s = 10u(t)\ \text{V}$

(b) $v_s(t) = 10e^{-2t}\ u(t)\ \text{V}$

(c) $v_s(t) = 10 + 5\cos 4t\ \text{V}$

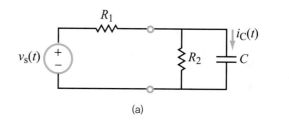

(a)

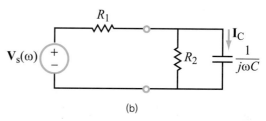

(b)

[그림 11-16] [예제 11-11]의 회로
(a) 시간 영역
(b) ω영역

풀이

1단계 : 회로를 ω 영역으로 변환

[그림 11-16(b)]의 주파수 영역 회로에서 $\mathbf{V}_s(\omega)$는 $v_s(t)$의 푸리에 변환 결과이다.

2단계 : $\mathbf{H}(\omega) = \mathbf{I}_C(\omega)/\mathbf{V}_s(\omega)$를 구함

[그림 11-16(b)]의 회로에서 전원 변환을 시행하면 다음 전달함수를 얻는다.

$$\mathbf{H}(\omega) = \frac{\mathbf{I}_C(\omega)}{\mathbf{V}_s(\omega)} = \frac{j\omega/R_1}{\dfrac{R_1 + R_2}{R_1 R_2 C} + j\omega}$$

$$= \frac{j0.5\omega \times 10^{-3}}{3 + j\omega} \tag{11.87}$$

3단계 : $\mathbf{I}_C(\omega)$와 $i_C(t)$ 구하기

(a) $v_s(t) = 10u(t)$

[표 11-4]의 3번 항목으로부터 다음을 얻는다.

$$\mathbf{V}_s(\omega) = 10\pi\ \delta(\omega) + \frac{10}{j\omega}$$

이에 대응하는 전류는 다음과 같다.

$$\mathbf{I}_C(\omega) = \mathbf{H}(\omega)\,\mathbf{V}_s(\omega)$$

$$= \frac{j5\pi\omega\,\delta(\omega) \times 10^{-3}}{3 + j\omega} + \frac{5 \times 10^{-3}}{3 + j\omega} \tag{11.88}$$

푸리에 역변환을 시행하면 다음과 같다.

$$i_C(t) = \frac{1}{2\pi} \int_{-\infty}^{\infty} \frac{j5\pi\omega\,\delta(\omega) \times 10^{-3}}{3 + j\omega}\, e^{j\omega t}\, d\omega$$

$$+ \mathcal{F}^{-1}\left[\frac{5 \times 10^{-3}}{3 + j\omega}\right]$$

위 식에서 델타함수를 포함하는 첫 항에서는 정의에 의한 푸리에 역변환을 시행하고, 두 번째 항은 [표 11-4]의 7번 항목을 적용하면 다음 전류식을 얻는다.

$$i_C(t) = 0 + 5e^{-3t}\,u(t)\ \text{mA} \tag{11.89}$$

(b) $v_s(t) = 10e^{-2t}\,u(t)$

[표 11-4]의 4번 항목으로부터 다음을 얻는다.

$$\mathbf{V}_s(\omega) = \frac{10}{2 + j\omega}$$

이에 대응하는 $\mathbf{I}_C(\omega)$는 다음과 같다.

$$\mathbf{I}_C(\omega) = \mathbf{H}(\omega)\,\mathbf{V}_s(\omega)$$

$$= \frac{j5\omega \times 10^{-3}}{(2 + j\omega)(3 + j\omega)} \tag{11.90}$$

10.5절의 부분분수 기법을 적용하여 다음을 얻는다.

$$\mathbf{I}_C(\omega) = \frac{A_1}{2 + j\omega} + \frac{A_2}{3 + j\omega}$$

$$A_1 = (2 + j\omega)\,\mathbf{I}_C(\omega)\big|_{j\omega = -2}$$

$$= \frac{j5\omega \times 10^{-3}}{3 + j\omega}\bigg|_{j\omega = -2} = -10 \times 10^{-3}$$

$$A_2 = (3 + j\omega)\,\mathbf{I}_C(\omega)\big|_{j\omega = -3}$$

$$= \frac{j5\omega \times 10^{-3}}{2 + j\omega}\bigg|_{j\omega = -3} = 15 \times 10^{-3}$$

따라서 다음 전류식을 얻는다.

$$\mathbf{I}_C(\omega) = \left(\frac{-10}{2 + j\omega} + \frac{15}{3 + j\omega}\right) \times 10^{-3}$$

$$i_C(t) = (15e^{-3t} - 10e^{-2t})\,u(t)\ \text{mA} \tag{11.91}$$

(c) $v_s(t) = 10 + 5\cos 4t$

[표 11-4]의 2번 항목과 8번 항목으로부터 다음을 얻는다.

$$\mathbf{V}_s(\omega) = 20\pi\,\delta(\omega) + 5\pi[\delta(\omega - 4) + \delta(\omega + 4)]$$

커패시터 전류는 다음과 같다.

$$\mathbf{I}_C(\omega) = \mathbf{H}(\omega)\,\mathbf{V}_s(\omega)$$

$$= \frac{j10\pi\omega\,\delta(\omega)\times 10^{-3}}{3+j\omega} + j2.5\pi\times 10^{-3}\left[\frac{\omega\,\delta(\omega-4)}{3+j\omega} + \frac{\omega\,\delta(\omega+4)}{3+j\omega}\right]$$

식 (11.62b)를 적용하여 해당하는 시간 영역 전류를 다음과 같이 얻는다.

$$
\begin{aligned}
i_C(t) = {} & \frac{1}{2\pi}\int_{-\infty}^{\infty} \frac{j10\pi\omega\,\delta(\omega)\times 10^{-3}e^{j\omega t}\,d\omega}{3+j\omega} \\[2mm]
& + \frac{1}{2\pi}\int_{-\infty}^{\infty} \frac{j2.5\pi\omega\times 10^{-3}}{3+j\omega}\,\delta(\omega-4)\,e^{j\omega t}\,d\omega \\[2mm]
& + \frac{1}{2\pi}\int_{-\infty}^{\infty} \frac{j2.5\pi\omega\times 10^{-3}}{3+j\omega}\,\delta(\omega+4)\,e^{j\omega t}\,d\omega \qquad (11.92) \\[2mm]
= {} & 0 + \frac{j5\times 10^{-3}e^{j4t}}{3+j4} - \frac{j5\times 10^{-3}e^{-j4t}}{3-j4} \\[2mm]
= {} & 5\times 10^{-3}\left(\frac{e^{j4t}e^{j36.9°}}{5} + \frac{e^{-j4t}e^{-j36.9°}}{5}\right) \\[2mm]
= {} & 2\cos(4t+36.9°)\ \text{mA}
\end{aligned}
$$

[연습 11-10] [예제 11-11]의 [그림 11-16(a)]의 회로에 예제에서 다룬 세 가지 전원이 인가될 때, 각 경우 커패시터 양단에 걸리는 전압 $v_C(t)$를 구하라.

11.9 응용 노트 : 위상 정보

다음과 같이 주어지는 정현파 파형은

$$v(t) = A\cos(\omega t + \phi) \qquad (11.93)$$

세 파라미터, 즉 진폭 A, 각주파수 $\omega(= 2\pi f)$, 위상각 ϕ 에 의해 결정된다. A는 파형의 피크 간 전압의 크기를 결정하고, ω는 파형이 1초에 진동하는 횟수를 결정한다. ϕ의 역할은 무엇일까? 얼핏 보기에 ϕ의 역할은 다소 사소해보일 수 있다. 왜냐하면 ϕ는 $A\cos \omega t$를 단지 시간축으로 평행이동 시키는 역할만 수행하는 것처럼 보이기 때문이다. 간단한 정현파에서는 ϕ의 역할에 대한 이러한 해석이 합리적인 것처럼 보이지만, 보다 복잡한 정현파에서는 위상이 진폭만큼 중요한 정보를 담고 있다. 이 절에서는 위상에 대해 좀 더 자세히 알아보자.

[그림 11-17(a)]의 사각형 펄스를 생각해보자. [표 11-4]의 5번 식으로부터 펄스의 푸리에 변환쌍은 다음과 같이 주어진다.

$$\text{rect}\left(\frac{t}{\tau}\right) \quad \longleftrightarrow \quad \mathbf{F}(\omega) = \tau\,\text{sinc}\left(\frac{\omega\tau}{2}\right) \qquad (11.94)$$

이때 τ는 펄스의 길이를 나타내며, sinc 함수는 식 (11.54)에서 정의한 내용과 같다. $\mathbf{F}(\omega)$를 다음과 같이 정의하면

$$\mathbf{F}(\omega) = |\mathbf{F}(\omega)|e^{j\,\phi(\omega)} \qquad (11.95)$$

위상 스펙트럼 $\phi(\omega)$는 다음 식으로 나타낼 수 있다.

$$e^{j\,\phi(\omega)} = \frac{\mathbf{F}(\omega)}{|\mathbf{F}(\omega)|} = \frac{\text{sinc}(\omega\tau/2)}{|\text{sinc}(\omega\tau/2)|} \qquad (11.96)$$

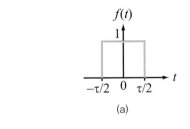

(a)

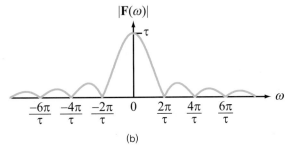

(b)

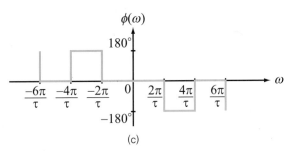

(c)

[그림 11-17] (a) 사각형 펄스
(b) 이에 대응하는 진폭 스펙트럼
(c) 위상 스펙트럼

식 (11.96)의 우변의 값은 항상 +1 또는 −1이다. 곧 $\left[\dfrac{\sin(\omega\tau/2)}{\omega\tau/2}\right]$가 양수이면 $\phi(\omega) = 0$이고, 음수이면 $\phi(\omega) = \pm180°$이다. 사각형 펄스의 진폭과 위상 스펙트럼을 나타내면 [그림 11-17(b)]와 [그림 11-17(c)]의 그래프와 같다.

11.9.1 2차원 공간 변환

독립 변수 t의 단위가 s일 때, t에 대응하는 푸리에 변환 영역의 독립 변수는 ω(단위 : rad/s)이다. (t, ω)쌍은 공간 영역과 같은 다른 영역에서와 유사한 방식으로 정보를 다룰 수 있다. 평면 이미지의 경우, 두 개의 공간적인 차원에서 다룰 수 있고 각 차원에 x, y라는 이름을 붙일 수 있다. 따라서 이미지 강도(image intensity)는 x와 y 모두에 영향을 받으며, $f(x, y)$로 함수화할 수 있다. 또한 $f(x, y)$는 두 변수의 함수이므로, $f(x, y)$의 푸리에 변환 $\mathbf{F}(\omega_x, \omega_y)$는 2차원 푸리에 변환이라고 하고, 이때 ω_x와 ω_y를 공간 주파수라고 한다. x와 y의 단위가 미터(m)이면, ω_x와 ω_y의 단위는 라디안/미터(rad/m)이다. 디지털 이미지에서, x와 y의 단위는 픽셀(pixels)이며, 이에 대응하는 ω_x와 ω_y의 단위는 라디안/픽셀(rad/pixel)이다. 식 (11.62)의 푸리에 변환의 정의를 2차원으로 확장하고, 시간 단위를 공간 단위로 치환하면 다음과 같다.

$$\mathbf{F}(\omega_x, \omega_y) = \mathcal{F}[f(x, y)] = \int_{-\infty}^{\infty} f(x, y)\, e^{-j\omega_x x} e^{-j\omega_y y}\, dx\, dy$$

(11.97a)

$$f(x, y) = \frac{1}{(2\pi)^2} \int_{-\infty}^{\infty} \mathbf{F}(\omega_x, \omega_y)\, e^{j\omega_x x} e^{j\omega_y y}\, d\omega_x\, d\omega_y$$

(11.97b)

예를 들어 [그림 11-18(a)]의 흰색 정사각형을 생각해 보자. 흰색 이미지에 1 값을 할당하고, 검은색 이미지에 0 값을 할당하면, x축을 가로지르는 이미지의 변화는 [그림 11-17(a)]의 시간 영역 펄스와 유사하다. y축으로도 같은 현상을 볼 수 있다. 그러므로 흰색의 정사각형은 x축과 y축의 두 펄스가 중첩된 것이며, 다음과 같이 나타낼 수 있다.

$$f(x, y) = \text{rect}\left(\frac{x}{\ell}\right) \text{rect}\left(\frac{y}{\ell}\right)$$

(11.98)

이때 ℓ은 정사각형 한 변의 길이를 나타낸다. 식 (11.97a)를 적용하면 다음을 얻는다.

$$\mathbf{F}(\omega_x, \omega_y) = \ell^2 \,\text{sinc}\left(\frac{\omega_x \ell}{2}\right) \text{sinc}\left(\frac{\omega_y \ell}{2}\right)$$

(11.99)

(a)

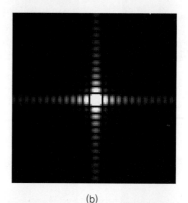

(b)

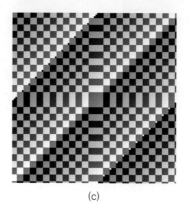

(c)

[그림 11-18] (a) 검정색을 배경으로 하는 흰색 정사각형의 그레이 스케일 이미지
(b) 진폭 스펙트럼 $|\mathbf{F}(\omega_x, \omega_y)|$
(c) 위상 스펙트럼 $\phi(\omega_x, \omega_y)$

식 (11.97)에 대응하는 진폭과 위상의 스펙트럼은 각각 [그림 11-18(b)]와 [그림 11-18(c)]와 같다. 진폭 스펙트럼에서 흰색은 $|\mathbf{F}(\omega_x, \omega_y)|$의 최댓값을 나타내고, 검은색은 $|\mathbf{F}(\omega_x, \omega_y)| = 0$을 나타낸다. 위상 스펙트럼 $\phi(\omega_x, \omega_y)$는 $-180° \sim 180°$의 값을 가지며, 흰색은 $+180°$를, 검은 색은 $-180°$를 각각 나타낸다. ω_x와 ω_y에 대한 음영 변화는 [그림 11-17(b)]와 [그림 11-17(e)]에 나타난 사각형 펄스의 형태와 동일함을 알 수 있다.

11.9.2 진폭과 위상 스펙트럼

[그림 11-19(a)]와 [그림 11-19(d)]처럼 각각 다른 크기와 다른 위치를 갖는 두 개의 흰색 정사각형을 생각해보자. 작은 사각형의 길이는 ℓ_s이고, 중심은 전체 이미지의 중심을 원점으로 보았을 때, $(-L_s, +L_s)$에 위치한다. 반면 큰 사각형의 길이는 ℓ_b이고, 중심은 $(+L_b, -L_b)$에 위치한다. 두 사각형에 대한 수식은 다음과 같다.

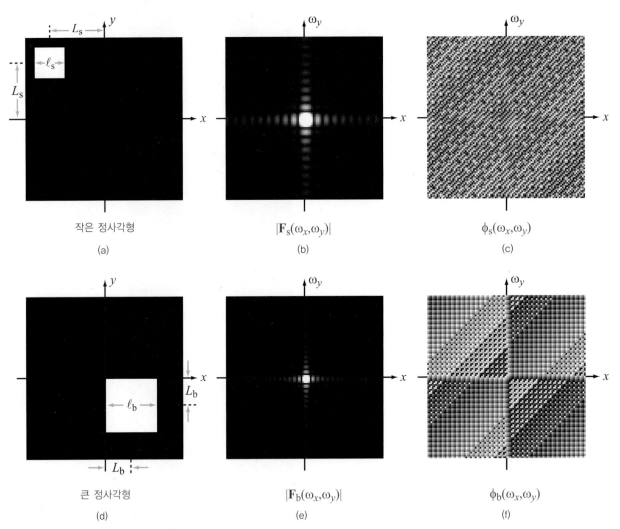

[그림 11-19] (a) 길이가 ℓ_s이고 중심의 좌표가 $(-L_s, L_s)$인 작은 정사각형 이미지
        (b) 작은 정사각형의 진폭 스펙트럼
        (c) 작은 정사각형의 위상 스펙트럼
        (d) 길이가 ℓ_b이고 중심의 좌표가 $(-L_b, L_b)$인 큰 정사각형
        (e) 큰 정사각형의 진폭 스펙트럼
        (f) 큰 정사각형의 위상 스펙트럼

$$f_s(x, y) = \text{rect}\left(\frac{x + L_s}{\ell_s}\right) \text{rect}\left(\frac{x_y - L_s}{\ell_s}\right) \quad (11.100a)$$

$$f_b(x, y) = \text{rect}\left(\frac{x - L_b}{\ell_b}\right) \text{rect}\left(\frac{x_y + L_b}{\ell_b}\right) \quad (11.100b)$$

[표 11-5]의 4번 항목에 의해, 2차원 푸리에 변환은 다음과 같이 주어진다.

$$\mathbf{F}_s(\omega_x, \omega_y) = \quad\quad\quad\quad (11.101a)$$
$$\ell_s^2 e^{j\omega_x L_s} \text{sinc}\left(\frac{\omega_x \ell_s}{2}\right) e^{-j\omega_y L_s} \text{sinc}\left(\frac{\omega_y \ell_s}{2}\right)$$

$$\mathbf{F}_b(\omega_x, \omega_y) = \quad\quad\quad\quad (11.101b)$$
$$\ell_b^2 e^{-j\omega_x L_b} \text{sinc}\left(\frac{\omega_x \ell_b}{2}\right) e^{j\omega_y L_b} \text{sinc}\left(\frac{\omega_y \ell_b}{2}\right)$$

$\mathbf{F}_s(\omega_x, \omega_y)$의 진폭과 위상 스펙트럼은 다음과 같이 정의된다.

$$|\mathbf{F}_s(\omega_x, \omega_y)|$$
$$e^{j\phi_s(\omega_x, \omega_y)} = \frac{\mathbf{F}_s(\omega_x, \omega_y)}{|\mathbf{F}_s(\omega_x, \omega_y)|} \quad (11.102)$$

마찬가지로 $\mathbf{F}_b(\omega_x, \omega_y)$에 대한 진폭과 위상 스펙트럼을 정의할 수 있다. [그림 11-19]에 네 가지 2차원 스펙트럼의 그래프를 나타내었다.

11.9.3 이미지 복원

[그림 11-19]는 $|\mathbf{F}_s|$, ϕ_s, $|\mathbf{F}_b|$, ϕ_b의 2차원 스펙트럼을 보여준다. $|\mathbf{F}_s|e^{j\phi_s}$에 푸리에 역변환을 시행하면 원래의 작은 정사각형에 이미지를 복원할 수 있고, 마찬가지로 $|\mathbf{F}_b|e^{j\phi_b}$에 푸리에 역변환을 시행하면 큰 정사각형의 이미지를 복원할 수 있으며, 이는 매우 흥미로운 사실이다. 그렇다면 여기서 더 나아가 진폭 스펙트럼과 위상 스펙트럼을 서로 바꾼 경우의 푸리에 역변환은 어떠한 결과로 나타날까? 즉 큰 직사각형의 진폭과 작은 사각형의 위상을 결합한 $|\mathbf{F}_b|e^{j\phi_s}$는 푸리에 역변

환을 시행하면 어떠한 결과를 얻을 수 있을까? 여전히 정사각형을 얻을 수 있을까? 크기와 위치는 어떻게 될까?

결과는 [그림 11-20(a)]에 나타내었다. [그림 11-20(a)]에서 복원된 이미지의 주된 모양은 여전히 정사각형이지만, 크기와 모양은 [그림 11-19(d)]와 일치하지 않는다. 그러나 [그림 11-20(a)]의 위치는 [그림 11-19(a)]와 일치한다. $|\mathbf{F}_s|e^{j\phi}$의 푸리에 역변환을 통

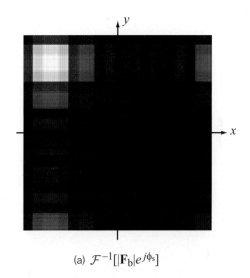

(a) $\mathcal{F}^{-1}[|\mathbf{F}_b|e^{j\phi_s}]$

(b) $\mathcal{F}^{-1}[|\mathbf{F}_s|e^{j\phi_b}]$

[그림 11-20] 복원된 '혼합' 이미지
(a) 작은 사각형의 위치와 크기는 주로 작은 사각형의 위상 정보에 의해 결정된다.
(b) 큰 사각형의 위상 정보는 복원 이미지의 대략의 위치와 모양을 정의한다.

해 복원한 이미지를 [그림 11-20(b)]에 나타내었다.

[그림 11-20(a)]와 [그림 11-20(b)]를 통하여, 정사각형의 위치들은 모두 위상 스펙트럼에 의해 결정됨을 알 수 있다.

정사각형보다 좀 더 복잡한 이미지일 때에는 어떤 일이 발생하는지 살펴보자. [그림 11-21(a)]와 [그림 11-21(b)]는 아인슈타인(Albert Einstein)과 모나리자(Mona Lisa)의 이미지다. 그리고 다른 두 개의 그림은 진폭과 위상을 바꾸어 결합한 스펙트럼으로부터 복원된 이미

지이다. [그림 11-21(c)]는 아인슈타인 이미지의 진폭 스펙트럼과 모나리자의 위상 스펙트럼을 곱한 함수로부터 복원된 이미지다. 비록 복원 후의 이미지가 아인슈타인의 진폭 스펙트럼을 포함하고는 있지만, 이 결과는 아인슈타인의 원래 이미지를 완전히 복원하지는 못하고 있으며, 오히려 원래의 모나리자 이미지를 복원한 결과에 가깝다. 따라서 이 예에서는 위상 정보가 진폭 정보보다 더욱 중요하다. 위상 정보가 중요하다는 사실은 [그림 11-21(d)]를 통해서도 입증된다. [그림 11-21(d)]는 반대로 모나리자 이미지의 진폭과 아

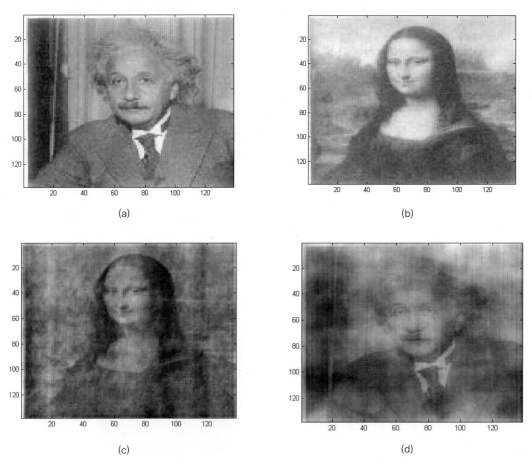

(a) (b) (c) (d)

[그림 11-21] 복원 이미지 : 위상 스펙트럼은 진폭 스펙트럼보다 결정적인 역할을 한다.
    (a) 본 아인슈타인 이미지
    (b) 본 모나리자 이미지
    (c) 아인슈타인의 진폭과 모나리자의 위상 결합으로부터 복원된 이미지
    (d) 모나리자의 진폭과 아인슈타인의 위상의 결합으로부터 복원된 이미지
    (출처 : A. V. Oppenheim and J. S. Lim, "The importance of phase in signals," *Proceedings of the IEEE*, v. 69, no. 5, May 1981, pp. 529–541.)

인슈타인의 위상을 결합한 결과로부터 오히려 아인슈타인 이미지와 유사한 이미지를 복원하였다.

11.9.4 이미지 복원 과정

흑백 이미지에 2차원 푸리에 변환 또는 역변환을 적용하기 위해서 MATLAB, Mathematica, MathScript 등의 소프트웨어를 사용할 수 있다. 이를 위한 과정은 다음과 같다.

❶ 출발점은 디지털 이미지여야 한다. 그러므로 만일 이미지가 출력물 형태라면, 스캔을 통하여 디지털 형식으로 전환해야 한다. $M \times N$ 픽셀로 구성된 디지털 이미지는, $M \times N$ 행렬과 같다. 개별 픽셀 (m, n)과 관련된 그레이스케일 명도는 $I(m, n)$으로 나타낼 수 있다.

❷ MATLAB에서, *fft*(x) 명령은 벡터 x의 1차원 고속 푸리에 변환을 생성하며, *fft*(x, y)는 벡터 (x, y)의 2차원 고속 푸리에 변환을 생성한다. 2차원 FFT의 출력은 다음과 같은 $M \times N$ 행렬이다.

$$\mathbf{F}(m, n) = A(m, n) + jB(m, n)$$

이때 $A(m, n)$과 $B(m, n)$은 $\mathbf{F}(m, n)$의 실수부와 허수부를 나타낸다. 주파수 영역에서 좌표 (m, n)은 각각 주파수 ω_x와 ω_y를 나타낸다.

❸ 2차원 FFT의 크기와 위상 행렬은 다음과 같이 생성된다.

$$|\mathbf{F}(m, n)| = [A^2(m, n) + B^2(m, n)]^{1/2},$$
$$\phi(m, n) = \tan^{-1}\left[\frac{B(m, n)}{A(m, n)}\right]$$

❹ $|\mathbf{F}(m, n)|$과 $\phi(m, n)$의 행렬의 그래프를(직류 성분이 행렬의 왼쪽 아랫부분에 위치한 것과 대조적으로) 0의 주파수가 이미지의 중앙에 위치하는 그레이 스케일의 이미지들로 구현하려면, 크기와 위상에 대한 두 이미지 각각에 대해 *fftshift* 명령을 수행해야 한다.

❺ *fftshift* 후에 얻은 $\mathbf{F}(m, n)$에 *ifft2* 명령을 수행하여, 공간 영역 (x, y)를 복원한다.

❻ 만일 $\mathbf{F}_1(m, n)$과 $\mathbf{F}_2(m, n)$의 2차 FFT에 해당하는 두 개의 이미지 $I_1(x, y)$와 $I_2(x, y)$가 연관된 경우, 한 변환의 크기와 다른 변환의 위상이 결합된 변환의 복원은 *ifft2*를 적용하기 전에 예비 단계를 필요로 한다. $\mathbf{F}_1(m, n)$의 크기와 $\mathbf{F}_2(m, n)$의 위상이 혼합된 인위적인 FFT는 다음과 같다.

$$\mathbf{F}_3(m, n) = |\mathbf{F}_1(m, n)| \cos \phi_2(m, n)$$
$$+ j|\mathbf{F}_2(m, n)| \sin \phi_2(m, n)$$

11.10 Multisim을 활용한 혼성 신호 회로와 시그마 델타 변조기

회로 설계자는 디지털 회로를 설계하는 사람과 아날로그 회로를 설계하는 사람으로 나누어진다. 일반적으로 디지털 회로 설계자는 논리 게이트, 전산 부품, 메모리 등을 설계하는 반면, 아날로그 설계자는 앰프, 드라이버, 라디오 주파 회로, 아날로그 디지털 변환기 등과 같이 비회로 부분의 인터페이스를 담당하는 회로를 설계한다. 또한 디지털 회로는 계층적인 해석이 가능한 모듈로 분리될 수 있기 때문에, 디지털 회로 설계자는 사용이 더욱 쉽고 성능이 뛰어난 회로 설계 소프트웨어를 사용해 왔다. 예를 들어 트렌지스터는 간단한 스위치로 모델링될 수 있다. 이때 몇 개의 스위치는 간단한 논리 게이트처럼 연결될 수도 있고, 계산기나 메모리를 만들기 위해 많은 논리 게이트가 연결될 수 있다. 소프트웨어 상에서 이 모든 것들을 간단히 '블랙박스'로 모델링할 수 있으므로, 디지털 회로 설계는 보다 나은 소프트웨어의 개발과도 밀접한 관계가 있다. 이와 대조적으로 아날로그 회로에서는 피드백 루프, 비선형 응답, 복잡한 토폴로지로 인해 블랙박스 형태의 구분을 허용하지 않는다. 이러한 이유로 인해 아날로그 설계는 소프트웨어 관점에서 그리 쉽지만은 않다.

실리콘 제조 기술의 발전은 아날로그와 디지털 세계의 경계를 많이 허물었다. 혼성 신호 회로(mixed-signal circuits)로 알려진 새로운 세대의 회로는 아날로그와

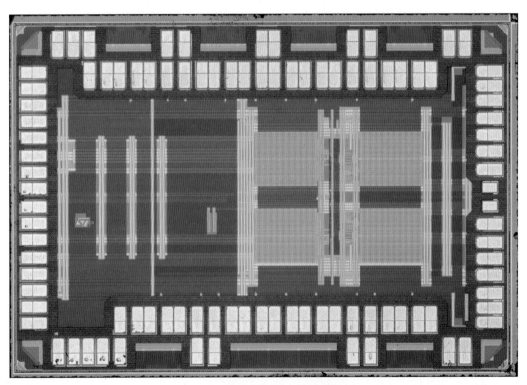

[그림 11-22] 이 혼성 신호칩은 다운 변환 시그마 델타 A/D를 기반으로 구현한 재구성(reconfigurable) 기능을 지닌 RF 수신기이다.
(courtesy RenaldiWinoto and Prof. Borivoje Nikolic, U.C. Berkeley)

디지털 세계의 요소를 모두 포함한다. 이 흥미로운 영역에서는 아날로그 회로 설계에 디지털 회로의 확장성, 모듈화 및 계산 성능을 결합하였다. 혼성신호 회로의 예로는 최신 ADC/DAC 회로, 휴대전화의 통신 회로, 소프트웨어 라디오, 인터넷 라우터, 오디오 신디사이저 회로 등을 들 수 있다. 혼성신호 회로는 여러 가지 장점을 가진다. 예를 들어 소프트웨어 라디오를 살펴보자. 9.8절에서는 다단 아날로그 회로의 대표적인 예인 수퍼헤테로다인 수신기가 어떻게 동작하는지를 살펴보았다. 만일 수퍼헤테로다인 수신기의 많은 기능을 디지털 회로가 대신하면 어떻게 될까? 또 어떠한 이점이 있을까? 한 가지 확실한 이점은 라디오에 연산 기능이 생긴다는 것이다. 만일 수신기의 일부 또는 전체가 디지털 회로로 설계되면, 연산부와 메모리를 구성할 수 있게 된다. 사용자 또는 환경에 따라 라디오의 전력 소모, 전송 방식, 프로토콜을 조절하는 프로그램이 탑재될 수 있으며, 이러한 회로를 인지 라디오(cognitive radio)라고 한다. 하지만 아날로그와 디지털 회로의 결합은 단점도 있다. 디자인의 어려움, 고비용, 회로 검증의 복잡성 등이다. 혼성회로의 설계 검증 소프트웨어는 디지털 회로와 관련된 기술 수준 만큼 많이 발전하였다. 혼성회로의 제작은 공정 기술이 급속히 개발되고는 있으나 아직은 주로 디지털 회로의 표준 공정과 호환되지 않는 특화된 공정을 통해 이루어지고 있다.

11.10.1 시그마 델타(ΣΔ) 변조기와 아날로그 디지털 변환기

이 책에서는 Multisim을 이용하여 증폭기, 디지털 회로, 필터, 공진기, 피드백 회로 등을 모델링하였다. 이 절에서는, 이 모든 것들을 하나로 합쳐 매우 유용한 회로인 시그마 델타(ΣΔ) 변조기를 설계할 것이다. 시그마 델타 변조기는 1962년 이노세(Inose)와 야스다(Yasuda)가 처음 개발한 뒤, 현재 저렴한 비용으로

ADC를 구현하는 표준이 되었다.

아날로그 파형을 디지털 펄스열로 변환하는 방법은 매우 다양하다. 기존의 ADC 회로는 시변 아날로그 전압 $v_{in}(t)$를 취하여, 몇 개의 비트로 구성된 시변 디지털 출력 V_{out0}, V_{out1}, V_{out2} 등을 만들었다. [그림 11-23(a)]는 도식적인 과정을 보여준다. 선형 증가 전압이 4비트 ADC에 입력되고, 입력 전압이 시간에 따라 변함에 따라 4개의 디지털 출력 비트는 자신의 상태(즉 '0' 또는 '1')를 바꾼다. 모든 펄스는 동일한 지속 기간을 가지며, 상태를 즉각적으로 변화시킬 수 있다. 4개의 2진수로 16개의 서로 다른 값들(즉 0000, 0001, ..., 1111)을 표현할 수 있다. 그러므로 4비트 ADC는 어떤 입력 전압을 2^4개, 즉 16개의 디지털값 중 하나로 변환한다. 최신 ADC는 12, 16, 24비트를 다룸으로써 매우 높은 해상도를 구현한다(즉 $2^{24} = 16,777,216$개의 다른 값을 표현한다). 빠른 12비트의 ADC 적분 회로는 매 2 ms 마다 상태를 전이할 수 있으며, 이는 ADC가 초당 약 500,000번의 입력 전압을 측정할 수 있음을 의미한다.

기존의 ADC와는 달리, ΣΔ ADC는 단일 디지털 비트로 구성된 출력을 생성한다. 하지만 [그림 11-23(b)]와 같이 입력 전압에 따라 전압 펄스의 길이가 변화한

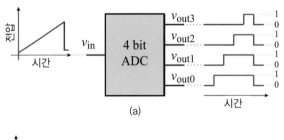

(a)

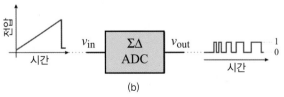

(b)

[그림 11-23] (a) 기존의 ADC : 기존의 4비트 ADC가 아날로그 입력 전압을 변환하여 4비트의 디지털 출력을 생성하는 과정
(b) ΣΔ ADC : 펄스열을 생성하고, 펄스의 길이는 입력 전압의 크기에 의해 결정된다.

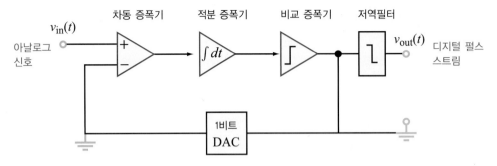

[그림 11-24] ΣΔ 변조기의 블록 다이어그램

다. 이를 통해, 입력 전압의 크기를 동일한 길이를 갖는 0과 1로 이루어진 몇 개의 비트로 변환하는 대신, 단일 비트만을 가질 수 있는 펄스의 길이로 인코딩한다. ΣΔ 변환 기술은 저렴한 비용의 설계와 구현이 가능하여 매우 실용적이다. 그 이유는 다음과 같다.

- ΣΔ 변환기는 아날로그 성분에 비해 훨씬 저렴한 비용으로 검증이 용이한 디지털 성분으로 만들 수 있다.
- 디지털 성분은 펌웨어를 이용하여 수정하고 다시 프로그램할 수 있다.

ΣΔ가 1960년대에 고안되었지만, 디지털 CMOS 회로의 속도가 입력 신호의 변화보다 빠른 시변 출력 신호를 생성할 수 있을 정도로 빨라지고, 디지털 성분을 아날로그 성분과 집적할 수 있을 만큼 축소화할 수 있는 집적공정기술 개발이 이루어지고, 저렴한 비용으로 제작할 수 있게 되기 전에는 상업화가 어려웠다.

[그림 11-24]의 전체 회로는 이 책에서 소개한 감산기, 적분기, 비교기, 1비트 DAC, 저역 필터 등의 아날로그 성분을 이용하여 구현할 수 있다. 실제로 구현할

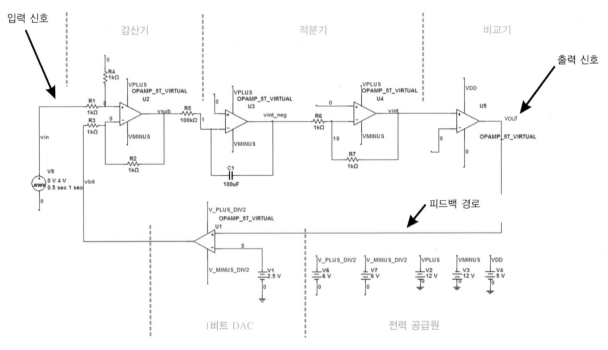

[그림 11-25] ΣΔ 변조기의 전체 Multisim 회로

[표 11-6] 변조기의 Multisim 회로

회로	설명 및 특이사항
R4 1kΩ 0 VPLUS Vin 1 — R1 1kΩ 1 U1 vsub Vbit — R3 1kΩ 2 OPAMP_5T_VIRTUAL VMINUS R2 1kΩ	감산기 : [표 4-3]의 전압 이득이 1인 차동 증폭기다. VPLUS와 VMINUS는 아날로그 입력의 양단이며, [그림 11-25]의 전체 회로에서는 각각 ±12 V로 설정하였다.
0 VPLUS U1 R1 100kΩ vneg_int OPAMP_5T_VIRTUAL 1 VMINUS C1 10uF VPLUS 0 U2 R2 1kΩ 2 vint OPAMP_5T_VIRTUAL VMINUS R3 1kΩ	적분기 : 이 회로는 반전 적분 증폭기(inverting integrator amplifier) 1개와 (5.6.1절), 전압 이득이 1인 반전 증폭기(inverting amplifier, [표 4-3]) 1개로 구성된다. (전압 이득이 1인 반전 증폭기는 적분기 출력에서 음의 부호를 제거하는 기능을 한다.)
VDD vint U1 vout 0 OPAMP_5T_VIRTUAL 0	비교기 : 이 비교기는 피드백이 없는(개방 회로) 간단한 연산 증폭기(op amp)다. 연산 증폭기의 내부 이득 A는 매우 크기 때문에(4.1.2절), 비반전 입력과 반전 입력의 전압 차이가 양수일 때 증폭기의 출력은 즉시 V_{DD}가 되며, 차이가 음수일 때의 출력은 0 V가 된다. V_{DD}는 원하는 디지털 전압 크기로 설정되며, [그림 11-25]의 전체 회로에서는 5 V로 설정하였다.
VPLUS_DIV2 vout U1 vbit 1 OPAMP_5T_VIRTUAL V1 2.5 V 0 VMINUS_DIV2	1비트 DAC : DAC는 비교기와 매우 유사하다. 입력 전압은 V_{DD}와 0의 중간값과 비교된다. V_{DD}의 입력은 VPLUS/2 ([그림 11-25]에서는 +6 V임)로 변환되고, 0 V의 입력은 VMINUS/2 ([그림 11-25]에서는 -6 V임)로 변환된다.

때는 아날로그 성분 대부분이 동작 중 재프로그램이 가능한 디지털 성분으로 대체된다. 그리하여 아날로그 필터를 조정 가능한 디지털 필터로 교체할 수 있고, 아날로그 적분기도 디지털 적분기로 대체할 수 있다. $\Sigma\Delta$ 변조기에서 유일한 아날로그 성분은 보통 DAC다.

11.10.2 $\Sigma\Delta$의 동작 원리

[표 11-6]은 $\Sigma\Delta$ 변조기 각각의 하부 회로(sub-circuit)를 설명하며, [그림 11-25]는 Multisim으로 구현한 전체 회로를 나타낸다. [그림 11-25]의 기본적인 $\Sigma\Delta$ 회로는 아날로그 입력 $v_{in}(t)$에서 피드백 신호 $v_{bit}(t)$를 뺀 값을 적분하여 $v_{int}(t)$를 얻는다. 적분 신호 $v_{int}(t)$를 기준 전압([그림 11-25]에서는 0 V로 설정함)과 비교하여 $v_{out}(t)$를 얻는다. 비교기의 출력 $v_{out}(t)$가 가질 수 있는 값은 오직 V_{DD}와 0 두 값이며, V_{DD}는 비교기의 직류 전압 공급 장치의 전압이다. 따라서 $v_{out}(t)$는 시변 디지털 신호다. $v_{out}(t)$는 디지털 신호를 아날로그 신호로 변환하는 1비트 DAC로 보내져 $v_{bit}(t)$를 출력하고, $v_{bit}(t)$는 감산기로 피드백된다.

진폭 4 V의 1 Hz 정현파 입력 신호에 대한 $\Sigma\Delta$ 변조기의 전체 기능이 [그림 11-26]에 나타나 있다. [그림 11-26]으로부터 출력 신호 $v_{out}(t)$의 펄스 길이가 순시

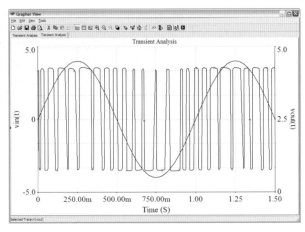

[그림 11-26] 파란 실선의 1 Hz 정현파 교류 신호 $v_{in}(t)$가 시그마 델타 변조기에 의해 빨간 실선의 펄스 $v_{out}(t)$로 변환된다. 펄스의 길이는 순시 입력 전압의 크기 $v_{in}(t)$에 비례한다.

입력 전압의 크기 $v_{in}(t)$에 비례함을 볼 수 있다. 곧 $\Sigma\Delta$ 회로는 아날로그 신호의 진폭을 디지털 시퀀스의 펄스 길이로 인코딩한다. $v_{out}(t)$를 이후의 다른 디지털 회로로 전송한 후, 펄스의 길이(지속 시간)를 측정함으로써 원래의 정보를 복원한다. 복원은 디지털 카운터(digital counter)에 의해 수행되며, 디지털 카운터는 카운터 회로를 기반으로 하는 하드웨어나 마이크로 컨트롤러에서 수행되는 소프트웨어의 형태로 구현된다. 하드웨어에서 전이는 슈미트 트리거(Schmidt triggers), 또는 이와 유사한 모서리 감지기(edge detector)로 검출할 수 있으며, 카운터는 전이 간 신호의 지속 시간을 측정한다.

■ 핵심 요약

01. 주기가 T인 주기 파형은, 직류항과 $\omega_0 = \dfrac{2\pi}{T}$의 고조파 배수를 갖는 정현파항으로 구성된 푸리에 급수로 표현할 수 있다.

02. 푸리에 급수는 사인형, 위상형, 지수형으로 표현할 수 있다.

03. 주기 파형에 의해 구동되는 회로는 고조파 급수의 각 항에 중첩의 원리를 적용하여 해석할 수 있다.

04. 비주기함수는 푸리에 변환을 통해 주파수 영역의 함수로 바꿀 수 있다.

05. 회로를 주파수 영역으로 변환한 후, 전압 또는 전류에 대해 회로를 해석하고 이를 다시 시간 영역으로 역변환하여 회로를 분석할 수 있다.

06. 푸리에 변환 기법은 2차원 공간 이미지를 처리하는 기술로 확장할 수 있다.

07. 신호의 위상 성분은 매우 중요한 정보를 담고 있으며, 시간적 배열과 공간적 위치에 관련된 정보를 모두 가지고 있다.

08. 시그마 델타 변조기는 혼성 신호 회로의 한 예다. 시그마 델타 변조기는 아날로그 파형을 1비트 디지털 펄스로 변환하며, 펄스의 길이는 아날로그 파형의 순시 크기에 비례한다.

■ 관계식

푸리에 급수 [표 11-3] 참조

평균 전력

$$P_{\mathrm{av}} = V_{\mathrm{dc}} I_{\mathrm{dc}} + \frac{1}{2} \sum_{n=1}^{\infty} V_n I_n \cos(\phi_{v_n} - \phi_{i_n})$$

푸리에 변환

$$\mathbf{F}(\omega) = \mathcal{F}[f(t)] = \int_{-\infty}^{\infty} f(t)\, e^{-j\omega t}\, dt$$

$$f(t) = \mathcal{F}^{-1}[\mathbf{F}(\omega)] = \frac{1}{2\pi} \int_{-\infty}^{\infty} \mathbf{F}(\omega)\, e^{j\omega t}\, d\omega$$

sinc 함수 $\quad \mathrm{sinc}(x) = \dfrac{\sin x}{x}$

푸리에 변환의 성질 [표 11-5] 참조

2차원 푸리에 변환

$$\mathbf{F}(\omega_x, \omega_y) = \mathcal{F}[f(x, y)]$$

$$= \int_{-\infty}^{\infty} f(x, y)\, e^{-j\omega_x x} e^{-j\omega_y y}\, dx\, dy$$

$$f(x, y) = \frac{1}{(2\pi)^2}$$

$$= \int_{-\infty}^{\infty} \mathbf{F}(\omega_x, \omega_y)\, e^{j\omega_x x} e^{j\omega_y y}\, d\omega_x\, d\omega_y$$

■ 주요 용어

fftshift

fft

sinc 함수(sinc function)

2차원 푸리에 변환(2-D Fourier transform)

고조파(harmonic)

공간 주파수(spatial frequency)

기대칭(odd symmetry)

기본 각주파수(fundamental angular frequency)

깁스 현상(Gibbs phenomenon)

널(nulls)

선 스펙트럼(line spectra)

시그넘 함수(signum function)

시그마 델타 변조기(Sigma-Delta modulator)

우대칭(even symmetry)

유한 급수(truncated series)

위상 스펙트럼(phase spectrum)

인지 라디오(cognitive radio)

주기성(periodicity property)

주기 파형(periodic waveform)

주파수 스펙트럼(frequency spectrum)

직류 성분(dc component)

진폭 스펙트럼(amplitude spectrum)

푸리에 계수(Fourier coefficient)

푸리에 급수(Fourier series)

푸리에 변환(Fourier transform)

혼성 신호 회로(mixed signal circuit)

※ 11.1절과 11.2절 : 푸리에 급수 분석 기법, 표현
[연습문제 11.1 ~ 11.10]에서 주어진 그림을 보고 다음 네 가지 질문에 답하라.

(a) 파형이 직류 성분, 우대칭 성질, 기대칭 성질을 갖는지 판단하라.

(b) 코사인/사인 푸리에 급수식을 구하라.

(c) 코사인/사인 푸리에 급수를 진폭/위상 형식으로 변환하고, 0이 아닌 최초 다섯 개의 항에 대한 선 스펙트럼을 그래프로 그려라.

(d) MATLAB®을 사용하여 $n_{max} = 100$인 유한 푸리에 급수의 파형을 그래프로 구하라.

11.1 $A = 10$

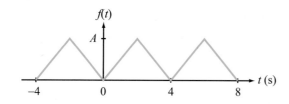

11.2 $A = 4$

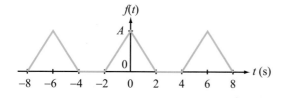

11.3 $A = 6$

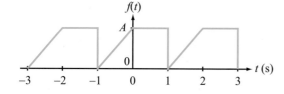

11.4 $A = 10$

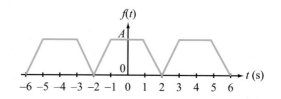

11.5 $A = 20$

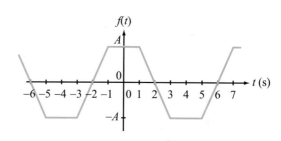

11.6 $A = 100$

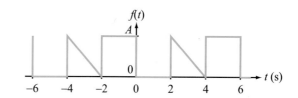

11.7 $A = 4$

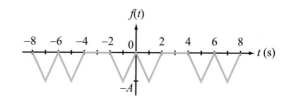

11.8 $A = 10$

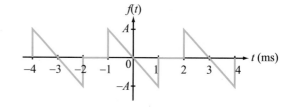

11.9 $A = 10$

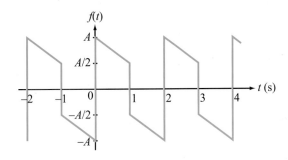

11.10 $A = 20$

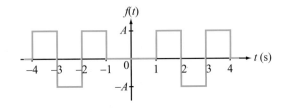

11.11 $f(t) = \cos^2(4\pi t)$의 코사인/사인 푸리에 급수식을 구하고, MATLAB®을 사용하여 $n_{\max} = 2$, 10, 100에 대한 그래프를 그려라.

11.12 $f(t) = \sin^2(4\pi t)$에 대하여 [연습문제 11.11]을 반복하라.

11.13 $f(t) = |\sin(4\pi t)|$에 대하여 [연습문제 11.11]을 반복하라.

11.14 [연습문제 11.1 ~ 11.6]의 파형을 푸리에 급수로 표현할 때, 깁스 현상을 보이는 파형은 무엇인가? 이유는 무엇인가?

11.15 [그림 11-3(a)]의 톱니 파형을 생각해보자. $n_{\max}$ = 100의 푸리에 급수에 대한 그래프를 그리고 $t = 4$ s 근방(3.99 s ~ 4.01 s)에서의 깁스 현상을 설명하라.

11.16 그림 (a)의 주기 파형에 대한 푸리에 급수식이 다음과 같이 주어졌다.

$$f_1(t) = 10 - \frac{20}{\pi}\sum_{n=1}^{\infty}\frac{1}{n}\sin\left(\frac{n\pi t}{2}\right)$$

이를 토대로 그림 (b)의 $f_2(t)$에 대한 푸리에 급수식을 구하라.

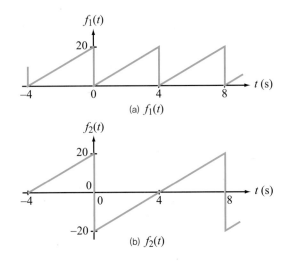

(a) $f_1(t)$

(b) $f_2(t)$

※ 11.3절 : 회로 응용

11.17 다음과 같이 주어진 회로의 전압원은 $A = 10$ V 이고 $T = 1$ s인 구형파 신호로 [표 11-2]의 1번 식으로 나타낼 수 있다.

(a) $v_{\text{out}}(t)$의 푸리에 급수 표현을 구하라.

(b) $R_1 = R_2 = 2$ kΩ, $C = 1$ μF일 때, $v_{\text{out}}(t)$의 처음 다섯 항을 구하라.

(c) $n_{\max} = 100$일 때, $v_{\text{out}}(t)$의 그래프를 그려라.

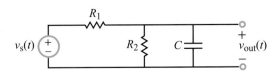

11.18 다음과 같이 주어진 회로의 입력 전류원 $i_s(t)$는 [그림 11-3(a)]와 같은 톱니 파형으로, 진폭은

20 mA, 주기는 $T = 5$ ms이다.

(a) $v_{out}(t)$의 푸리에 급수 표현을 구하라.

(b) $R_1 = 500\ \Omega$, $R_2 = 2$ kΩ, $C = 0.33\ \mu$F일 때, $v_{out}(t)$의 처음 다섯 항을 구하라.

(c) $n_{max} = 100$일 때 $v_{out}(t)$와 $i_s(t)$의 그래프를 그려라.

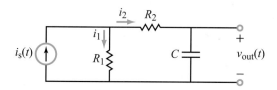

11.19 다음과 같은 회로의 전류원 $i_s(t)$는 [표 11-2]의 3번 항목으로 나타낼 수 있고, $A = 6$ mA, $\tau = 1$ μs, $T = 10$ μs인 펄스열이다.

(a) $i_s(t)$의 푸리에 급수 표현을 구하라.

(b) $R = 1$ kΩ, $L = 1$ mH, $C = 1\ \mu$F일 때, $i_s(t)$의 처음 다섯 항을 구하라.

(c) $n_{max} = 100$일 때, $i(t)$와 $i_s(t)$의 그래프를 그려라.

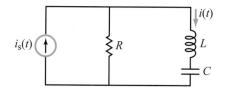

11.20 다음 회로에서 전압원 $v_s(t)$는 그림 (b)와 같은 파형을 갖는다.

(a) $i(t)$의 푸리에 급수 표현을 구하라.

(b) $R_1 = R_2 = 10\ \Omega$, $L_1 = L_2 = 10$ mH일 때, $i_s(t)$의 처음 다섯 항을 구하라.

(c) $n_{max} = 100$일 때, $i(t)$와 $v_s(t)$의 그래프를 그려라.

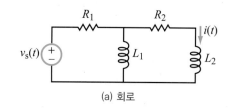

(a) 회로

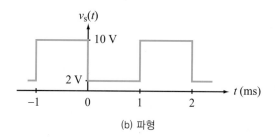

(b) 파형

11.21 다음 회로에서 입력 전압 $v_{in}(t)$가 $A = 120$ V이고 $T = 1$ μs인 [표 11-2]의 8번 항목의 파형으로 주어질 때, 출력 전압 $v_{out}(t)$를 구하라.

(a) $v_{out}(t)$의 푸리에 급수 표현을 구하라.

(b) $R = 1$ kΩ, $L = 1$ mH, $C = 1$ nF일 때, $v_{out}(t)$의 처음 다섯 항을 구하라.

(c) $n_{max} = 100$일 때, $v_{out}(t)$와 $v_{in}(t)$의 그래프를 그려라.

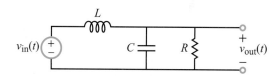

11.22 다음 물음에 답하라.

(a) 커패시터를 $L = 0.1$ H의 인덕터로 바꾸고, 저항값을 $R = 1\ \Omega$으로 바꾸어, [예제 11-5]를 다시 구하라.

(b) $v_{out}(t)$의 처음 다섯 항을 구하라.

(c) $n_{max} = 100$일 때, $v_{out}(t)$와 $v_s(t)$의 그래프를 그려라.

11.23 다음 회로에서 입력 신호가 $A = 24$ V와 $T = 20$ ms인 [표 11-2]의 4번 항목과 같은 삼각 파형으로 주어질 때, $v_{\text{out}}(t)$를 구하라.

(a) $v_{\text{out}}(t)$의 푸리에 급수 표현을 구하라.

(b) $R = 470$ Ω, $L = 10$ mH, $C = 10$ μF일 때, $v_{\text{out}}(t)$의 처음 5개 항을 구하라.

(c) $n_{\text{max}} = 100$일 때, $v_{\text{out}}(t)$와 $v_{\text{s}}(t)$의 그래프를 그려라.

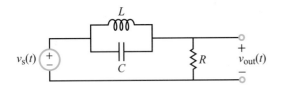

11.24 $A = 100$ V이고 $T = 1$ ms인 역톱니 파형([표 11-2]의 7번 항목)이 다음 회로에 입력된다.

(a) $v_{\text{out}}(t)$의 푸리에 급수 표현을 구하라.

(b) $R_1 = 1$ kΩ, $R_2 = 100$ Ω, $L = 1$ mH, $C = 1$ μF일 때, $v_{\text{out}}(t)$의 처음 다섯 항을 구하라.

(c) $n_{\text{max}} = 100$일 때, $v_{\text{out}}(t)$와 $v_{\text{s}}(t)$의 그래프를 그려라.

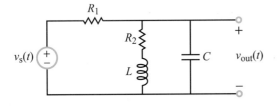

11.25 다음 회로에 [연습문제 11.20]의 (b)와 같은 파형을 갖는 전압이 $v_{\text{s}}(t)$로 인가된다.

(a) $i(t)$의 푸리에 급수 표현을 구하라.

(b) $R_1 = R_2 = 100$ Ω, $L = 1$ mH, $C = 1$ μF일 때, $v_{\text{out}}(t)$의 처음 다섯 항을 구하라.

(c) $n_{\text{max}} = 100$일 때, $i_{\text{s}}(t)$와 $i(t)$의 그래프를 그려라.

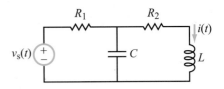

11.26 다음의 RC 연산 증폭기 적분 회로에 $A = 4$ V와 $T = 2$ s인 [표 11-2] 1번 항목의 구형파가 인가된다.

(a) $v_{\text{out}}(t)$의 푸리에 급수 표현을 구하라.

(b) $R_1 = 1$ kΩ, $R_1 = 10$ kΩ, $C = 10$ μF일 때, $v_{\text{out}}(t)$의 처음 다섯 항을 구하라.

(c) $n_{\text{max}} = 100$일 때, $v_{\text{out}}(t)$의 그래프를 그려라.

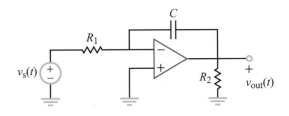

11.27 저항 1 kΩ과 커패시터 10 μF의 위치를 바꾼 후, [연습문제 11.26]을 다시 풀어라.

※ 11.4절 : 평균 전력

11.28 어떤 회로의 양단에 걸리는 전압과 그 전압의 (+) 기준 단자로 들어가는 전류가 다음과 같이 주어진다. 회로가 소모하는 평균 전력과 교류 전력 비율을 구하라.

$$v(t) = [4 + 12\cos(377t + 60°) - 6\cos(754t - 30°)] \text{ V},$$

$$i(t) = [5 + 10\cos(377t + 45°) + 2\cos(754t + 15°)] \text{ mA}$$

11.29 2 kΩ의 저항으로 흐르는 전류가 다음과 같이 주어진다. 저항이 소모하는 평균 전력과 교류 전력 비율을 구하라.

$$i(t) = [5 + 2\cos(400t + 30°)$$
$$+ 0.5\cos(800t - 45°)]\ \text{mA}$$

11.30 10 kΩ의 저항으로 흐르는 전류가 $A = 4$ mA이고 $T = 0.2$ s인 [표 11-2]의 4번 항목으로 표현되는 삼각 파형이다.

   (a) 저항에서 소모되는 평균 전력을 구하라.

   (b) 처음 4항까지로 제한된 푸리에 급수를 활용하여, 저항에서 소모되는 평균 전력의 근삿값을 구하라.

   (c) (b)에서 오차의 비율은 얼마인가?

11.31 다음 병렬 RLC 회로의 전류원은 다음과 같다. $R = 1$ kΩ, $L = 1$ H, $C = 1$ μF일 때, 저항에서 소모되는 평균 전력을 구하라.

$$i_s(t) = [10 + 5\cos(100t + 30°)$$
$$- \cos(200t - 30°)]\ \text{mA}$$

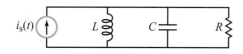

11.32 직렬 RC 회로의 전압원이 $A = 12$ V, $T = 1$ ms인 [표 11-2] 5번 항목의 파형이다. $R = 2$ kΩ, $C = 1$ μF일 때, 0이 아닌 처음 3항으로 제한된 푸리에 급수를 활용하여, 저항에서 소모되는 평균 전력을 구하라.

※ 11.5절과 11.6절 : 푸리에 변환, 변환쌍
[연습문제 11.33 ~ 11.42]의 파형에 대한 푸리에 변환을 구하라.

11.33 $A = 5$, $T = 3$ s일 때, 다음 파형에 대한 푸리에 변환을 구하라.

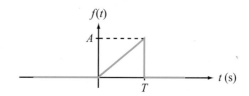

11.34 $A = 10$, $T = 6$ s일 때, 다음 파형에 대한 푸리에 변환을 구하라.

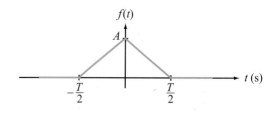

11.35 $A = 12$, $T = 3$ s일 때, 다음 파형에 대한 푸리에 변환을 구하라.

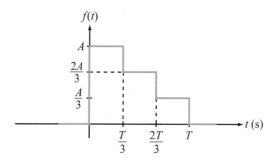

11.36 $A = 2$, $T = 12$ s일 때, 다음 파형에 대한 푸리에 변환을 구하라.

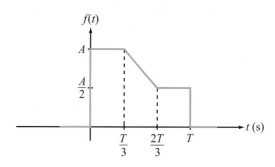

11.37 $A = 1$, $T = 3$ s일 때, 다음 파형에 대한 푸리에 변환을 구하라.

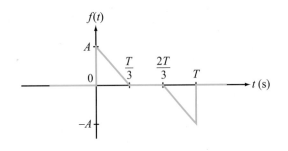

11.38 $A = 1$, $T = 2$ s일 때, 다음 파형에 대한 푸리에 변환을 구하라.

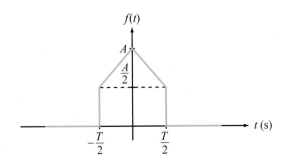

11.39 $A = 3$, $T = 1$ s일 때, 다음 파형에 대한 푸리에 변환을 구하라.

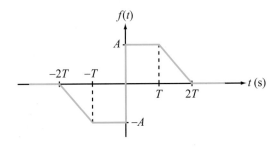

11.40 $A = 5$, $T = 1$ s일 때, 다음 파형에 대한 푸리에 변환을 구하라.

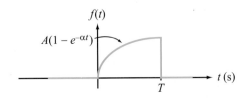

11.41 $A = 10$, $T = 2$ s일 때, 다음 파형에 대한 푸리에 변환을 구하라.

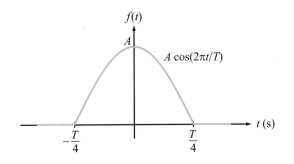

11.42 다음 신호에 대한 푸리에 변환을 구하라. $A = 2$, $\omega_0 = 5$ rad/s, $\alpha = 0.5$ s^{-1}, $\phi_0 = \dfrac{\pi}{5}$ 이다.

(a) $f(t) = A \cos(\omega_0 t - \phi_0)$ $(-\infty \le t \le \infty)$

(b) $g(t) = e^{-\alpha t} \cos(\omega_0 t)\, u(t)$

11.43 $A = 3$, $B = 2$, $\omega_1 = 4$ rad/s, $\omega_2 = 2$ rad/s일 때, 다음 신호에 대한 푸리에 변환을 구하라.

(a) $f(t) = [A + B \sin(\omega_1 t)] \sin(\omega_2 t)$

(b) $g(t) = A|t|$ $(|t| < (2\pi/\omega_1))$

11.44 $\alpha = 0.5$ s^{-1}, $\omega_1 = 4$ rad/s, $\omega_2 = 2$ rad/s일 때, 다음 신호에 대한 푸리에 변환을 구하라.

(a) $f(t) = e^{-\alpha t} \sin(\omega_1 t) \cos(\omega_2 t)\, u(t)$

(b) $g(t) = te^{-\alpha t}$ $(0 \le t \le 10\alpha)$

11.45 푸리에 변환의 정의를 이용하여 다음의 관계식이 성립함을 보여라.

$$\mathcal{F}[t\, f(t)] = j\, \frac{d}{d\omega}\, \mathcal{F}(\omega)$$

11.46 $f(t)$의 푸리에 변환이 다음과 같다.

$$F(\omega) = \frac{A}{(B + j\omega)}$$

$A = 5$, $B = 2$일 때, 다음 신호에 대한 푸리에 변환을 구하라.

(a) $\mathcal{F}(3t - 2)$

(b) $t\, f(t)$

(c) $d\, f(t)/dt$

11.47 $f(t)$의 푸리에 변환이 다음과 같다.

$$F(\omega) = \frac{1}{(A + j\omega)}\, e^{-j\omega} + B$$

$A = 2$, $B = 1$일 때, 다음 신호에 대한 푸리에 변환을 구하라.

(a) $f\left(\dfrac{5}{8}\, t\right)$

(b) $f(t)\cos(At)$

(c) $d^3 f/dt^3$

11.48 다음의 푸리에 변환쌍이 성립함을 보여라.

(a) $\cos(\omega T)\, F(\omega) \longleftrightarrow \dfrac{1}{2}[f(t - T) + f(t + T)]$

(b) $\sin(\omega T)\, F(\omega) \longleftrightarrow \dfrac{1}{2j}[f(t + T) - f(t - T)]$

※ **11.8절 : 푸리에 변환을 이용한 회로 해석**

11.49 [연습문제 11.18]의 회로에 [연습문제 11.33]의 파형이 인가된다.

(a) 푸리에 분석을 이용하여 $v_{\text{out}}(t)$의 식을 구하라.

(b) $A = 5$, $T = 3$ ms, $R_1 = 500\ \Omega$, $R_2 = 2\ \text{k}\Omega$, $C = 0.33\ \mu\text{F}$일 때, $v_{\text{out}}(t)$의 그래프를 그려라.

(c) $C = 0.33$ mF으로 바꾸어 (b)를 다시 풀고, 결과를 설명하라.

11.50 [연습문제 11.18]의 회로에 [연습문제 11.34]의 파형이 인가된다.

(a) 푸리에 분석을 이용하여 $v_{\text{out}}(t)$의 식을 구하라.

(b) $A = 5$, $T = 3$s, $R_1 = 500\ \Omega$, $R_2 = 2\ \text{k}\Omega$, $C = 0.33$ mF일 때, $v_{\text{out}}(t)$의 그래프를 그려라.

※ **11.10절 : Multisim을 활용한 혼성 신호 회로와 시그마 델타 변조기**

11.51 절댓값의 크기가 항상 1 V보다 작은 진폭의 정현파 전압을 입력받아서, 0~5 V 범위의 디지털 신호를 출력하는 시그마 델타 변환기를 설계하라. 연산 증폭기의 입력 전압은 ±20 V를 넘지 못한다.

11.52 절댓값의 크기가 항상 1 mA보다 작은 진폭의 정현파 전류를 입력받아서, 0~5 V 범위의 디지털 신호를 출력하는 시그마 델타 변환기를 설계하라. 연산 증폭기의 입력 전압은 ±20 V를 넘지 못한다.

Hint 간단한 방법으로 감산기 앞에 연산 증폭기 완충기(buffer)를 추가하여 전류 신호를 전압 신호로 바꾸는 접근법을 생각해 볼 수 있다.

기호, 물리량, 단위

기호	물리량	SI 단위	약자 표기
A	단면적	meter^2	m^2
A	연산 증폭기 이득	단위 없음	–
B	대역폭	radians/second	rad/s
C	정전용량	farad	F
d	거리 또는 간격	meter	m
E	전기장의 세기	volt/meter	V/m
F	힘	newton	N
F	라플라스 변환	정해지지 않음	정해지지 않음
F	푸리에 변환	정해지지 않음	정해지지 않음
f	주파수	hertz	Hz
G	컨덕턴스	siemen	S
G	폐쇄 루프 이득	단위 없음	–
G	전력 이득	단위 없음	–
g	MOSFET 이득 상수	ampere/volt	A/V
H	전달함수	정해지지 않음	정해지지 않음
h	임펄스 응답	정해지지 않음	정해지지 않음
I, i	전류	ampere	A
k	용수철 상수	newton/meter	N/m
L	인덕턴스	henry	H
L, ℓ	길이	meter	m
N	권선수	단위 없음	–
P, p	전력	watt	W
P	기계적 압력	newtons/meter2	N/m2
pf	역률	단위 없음	–
Q, q	전하	coulomb	C
Q	무효전력	volt · ampere reactive	VAR
Q	양호도	단위 없음	–
R	저항	ohm	Ω
S	단면적	meter2	m2
S	복소 전력	volt · ampere	VA
s	복소 주파수	radian/sec	rad/s
T, t	시간	second	s
u	속도	meters/second	m/s
V, v	전압(전위차)	volt	V
W	폭	meter	m
W, w	에너지	joule	J
X	리액턴스	ohm	Ω

기호	물리량	SI 단위	약자 표기
Y	어드미턴스	siemen	S
Z	임피던스	ohm	Ω
α	피에조 저항 계수	meters2/newton	m2/N
α	감쇠 계수	nepers/second	Np/s
β	공통 이미터 전류 이득	단위 없음	−
β	공기 저항 상수	newtons · second/meter	N · s/m
ϵ	유전율	farads/meter	F/m
Λ	자속 결합	weber	Wb
λ	시간 이동	second	s
λ	파장	meters	m
μ	투자율	henrys/meter	H/m
ρ	비저항	ohms/meter	Ω/m
σ	전도율	siemens/meter	S/m
τ	시간 상수 또는 지연	second	s
ϕ	위상	radians	rad
χ_e	전기감수율	단위 없음	−
ξ	감쇠율	단위 없음	−
ω	각주파수	radians/second	rad/s

B

연립 방정식의 풀이

전기회로 안에는 마디와 루프가 있다. 키르히호프의 법칙을 적용하면 보통 미지수가 n개인 일련의 연립 방정식을 얻는다. 미지수를 구하는 대표적인 방법으로 크래머의 법칙(Cramer's rule)을 사용한 방법과 역행렬을 활용하는 방법 두 가지가 있다. 후자는 MATLAB®, MathScript, 또는 유사한 기능을 제공하는 소프트웨어를 통해 사용할 수 있다. 부록 B에서는 이러한 풀이 방법에 대한 개요를 간략히 살펴본다.

B.1 크래머의 법칙

어떤 회로에 키르히호프의 전류 및 전압 법칙을 적용하여 다음과 같은 방정식을 얻었다고 하자.

$$2(i_1 + i_2) - 10 + (3i_2 - i_1 - 4i_3) = 0 \qquad \text{(B.1a)}$$

$$-3(i_1 + i_2) + 2(i_1 + 3i_3) = 0 \qquad \text{(B.1b)}$$

$$i_1 - 5 - i_2 = 0 \qquad \text{(B.1c)}$$

이때 해야할 일은 세 개의 독립적인 선형 연립 방정식을 풀어서 i_1에서 i_3까지 세 미지수의 값을 구하는 것이다. ('독립'이라는 말은 세 개의 방정식 중 어느 하나라도 다른 두 개의 방정식의 선형 결합으로 구해질 수 없다는 것을 의미한다.) 해를 구하는 한 가지 방법은 변수들을 제거하는 것이다. 예를 들어 만약 식 (B.1c)를 i_1에 대하여 정리한다면 $i_1 = (i_2 + 5)$의 식을 얻을 수 있고, 이 식을 식 (B.1a)와 (B.1b)에서 i_1에 대입하면 i_2와 i_3만을 포함하는 두 개의 방정식을 얻게 된다. 이러한 제거와 대입 과정을 한 번 더 수행하면 단 하나의 변수만을 갖는 하나의 방정식만 남아 쉽게 풀 수 있다. 하나의 미지수를 구하면 다른 두 개의 미지수를 구하는 과정은 매우 간단해진다.

이 방법은 방정식의 개수가 세 개 정도 되는 간단한 연립 방정식을 풀 때 매우 유용하지만 만약 주어진 회로가 많은 수의 미지수를 갖는다면 어떻게 될까? 그러한 경우, 해를 보다 빨리 구할 수 있는 방법은 크래머의 법칙을 활용하는 것이다. 이 법칙을 활용하여 방정식을 푸는 과정은 매우 체계적이고 간단하다.

우선 간단한 예로 식 (B.1)의 세 연립 방정식을 크래머의 법칙을 활용해 풀어 3차 시스템의 해를 구하는 과정을 확인해보도록 하자. 그런 다음, 일반적인 n차 시스템(n개의 미지수를 갖는 n개의 방정식으로 표현되는 시스템)까지 확장해볼 것이다.

B.1.1 3차 시스템

1단계 : 방정식의 표준형 정리

크래머의 법칙을 활용하기에 앞서 주어진 방정식을 다음과 같은 표준형으로 나타낸다.

$$a_{11}i_1 + a_{12}i_2 + a_{13}i_3 = b_1 \qquad \text{(B.2a)}$$

$$a_{21}i_1 + a_{22}i_2 + a_{23}i_3 = b_2 \qquad \text{(B.2b)}$$

$$a_{31}i_1 + a_{32}i_2 + a_{33}i_3 = b_3 \qquad \text{(B.2c)}$$

여기서 a 값들은 i_1부터 i_3까지의 변수의 계수를 나타내며 b 값들은 변수와 관련없는 상수를 나타낸다. 식 (B.1)에서 괄호 안의 식들을 전개하여 식 (B.2)와 같은 표준형의 식들로 바꿀 수 있다. 정리하면 다음과 같은 새로운 식들을 얻는다.

$$i_1 + 5i_2 - 4i_3 = 10 \qquad \text{(B.3a)}$$

$$-i_1 - 3i_2 + 6i_3 = 0 \qquad \text{(B.3b)}$$

$$i_1 - i_2 \qquad\qquad = 5 \qquad \text{(B.3c)}$$

$a_{11} = 1$, $a_{21} = -1$, $a_{33} = 0$임을 주목하자. 표준형으로

정리한 세 개의 선형 연립 방정식은 식 (B.3)과 같으며 이는 3차 시스템을 나타낸다.

2단계 : 일반해

크래머의 법칙을 적용하면 i_1에서 i_3까지 변수에 대한 해를 다음과 같은 식으로 구할 수 있다.

$$i_1 = \frac{\Delta_1}{\Delta} \tag{B.4a}$$

$$i_2 = \frac{\Delta_2}{\Delta} \tag{B.4b}$$

$$i_3 = \frac{\Delta_3}{\Delta} \tag{B.4c}$$

여기서 Δ는 식 (B.3)이 나타내는 시스템의 특성 판별식(characteristics determinant) 값을 나타내며, Δ_1부터 Δ_3까지의 값은 변수 i_1부터 i_3에 대한 개별 판별식 값을 의미한다. 이들 판별식 값을 구하는 과정은 3단계와 4단계에서 설명한다. 그러나 판별식 값을 구하기에 앞서, 식 (B.4)에서 Δ가 분모에 나타나고 있으므로 $\Delta = 0$일 때는 크래머의 법칙을 활용하여 연립 방정식의 해를 구할 수 없다는 것을 알아두어야 한다. n개의 미지수를 갖는 임의의 시스템에서 $\Delta = 0$이라는 것은 하나 이상의 방정식이 독립이 아니라는 사실을 의미하므로 그리 놀라운 결과는 아니다. 보다 정확히 설명하면 이는 미지수의 개수가 독립인 방정식의 개수보다 많아서 해의 순서쌍이 유일하게 존재하지 않는다는 것을 의미한다.

3단계 : 특성 판별식의 계산

특성판별식은 시스템을 기술하는 방정식의 계수들 a로 이루어진 3×3 행렬의 판별식이다.

$$\Delta = \begin{vmatrix} a_{11} & a_{12} & a_{13} \\ a_{21} & a_{22} & a_{23} \\ a_{31} & a_{32} & a_{33} \end{vmatrix} \tag{B.5}$$

각 원소에 표기되어 있는 숫자 jk는 j번째 행, k번째 열의 성분임을 의미한다. 따라서, a_{12}는 첫 번째 행($j = 1$), 두 번째 열($k = 2$)에 위치하고 있는 성분이다. 식 (B.3)으로 나타나는 시스템의 특성 판별식은 다음과 같다.

$$\Delta = \begin{vmatrix} 1 & 5 & -4 \\ -1 & -3 & 6 \\ 1 & -1 & 0 \end{vmatrix} \tag{B.6}$$

Δ 값을 계산하기 위해 하나의 행의 원소들에 대하여 수식을 전개할 수 있다. 편의를 위해 이후의 과정에서 항상 맨 위의 행에 대하여 계산을 수행할 것이다. 수식의 Δ를 전개하면서 3차 행렬의 판별식을 세 개 항의 합으로 바꾸는 과정을 거치게 되는데, 각 항은 2차 행렬의 판별식이다. 맨 위의 행을 기준으로 식 (B.6)을 전개하면 다음과 같다.

$$\begin{aligned} \Delta &= a_{11}C_{11} + a_{12}C_{12} + a_{13}C_{13} \\ &= C_{11} + 5C_{12} - 4C_{13} \end{aligned} \tag{B.7}$$

이때 C_{11}, C_{12}, C_{13}은 각각 성분 a_{11}, a_{12}, a_{13}의 여인수(cofactor)라고 한다. j번째 행과 k번째 열의 교차 지점에 위치하는 임의의 원소 a_{jk}의 여인수는 해당 원소의 소판별식(minor determinant)과 연관이 있다.

$$C_{jk} = (-1)^{j+k} M_{jk} \tag{B.8}$$

소판별식 M_{jk}는 본래의 판별식에서 j번째 행과 k번째 열에 존재하는 모든 원소들을 제거하여 얻을 수 있다. 예를 들어 M_{11}은 본래 Δ의 식에서 맨 위의 행과 가장 왼쪽의 열을 제거한 결과로 얻어지는 판별식이다.

$$M_{11} = \begin{vmatrix} a_{22} & a_{23} \\ a_{32} & a_{33} \end{vmatrix} \qquad \text{(B.9)}$$
$$= \begin{vmatrix} -3 & 6 \\ -1 & 0 \end{vmatrix}$$

차수가 2인 판별식에서 맨 위의 행에 대하여 식을 전개하면 다음과 같다.

$$M_{11} = a_{22}M_{22} - a_{23}M_{23} \qquad \text{(B.10)}$$
$$= a_{22}a_{33} - a_{23}a_{32}$$

이 값은 서로 대각 성분으로 존재하는 왼쪽 위의 성분과 오른쪽 아래의 성분을 곱하여 $a_{22}a_{33}$을 구하고 다른 두 대각 성분의 곱인 $a_{23}a_{32}$를 구한 후, 앞의 값에서 뒤의 값을 뺀 결과와 동일하다. 실제 계수의 값을 대입하면 다음 결과를 얻는다.

$$M_{11} = (-3) \times 0 - 6 \times (-1) = 6 \qquad \text{(B.11)}$$

마찬가지로 Δ 식에서 첫 번째 행과 두 번째 열의 성분들을 제거하여 M_{12}를 구할 수 있다.

$$M_{12} = \begin{vmatrix} a_{21} & a_{23} \\ a_{31} & a_{33} \end{vmatrix}$$
$$= a_{21}a_{33} - a_{23}a_{31} \qquad \text{(B.12)}$$
$$= (-1) \times 0 - 6 \times 1 = -6$$

마지막으로 Δ 식에서 첫 번째 행과 세 번째 열의 성분들을 제거하여 M_{13}을 구한다.

$$M_{13} = \begin{vmatrix} -1 & -3 \\ 1 & -1 \end{vmatrix} \qquad \text{(B.13)}$$
$$= (-1) \times (-1) - (-3) \times 1 = 4$$

위의 과정에서 구한 세 개의 소판별식 값들을 식 (B.7)에 대입하면 다음 값을 얻는다.

$$\Delta = C_{11} + 5C_{12} - 4C_{13}$$
$$= M_{11} - 5M_{12} - 4M_{13}$$
$$= 6 - 5 \times (-6) - 4 \times 4 \qquad \text{(B.14)}$$
$$= 20$$

4단계 : 부속 판별식의 계산

변수 i_1에 대한 부속 판별식(affiliated determinant) Δ_1은 특성 판별식 Δ의 첫 번째 열을 식 (B.2)에 나타나 있는 b 값들로 이루어진 열로 교체하여 구할 수 있다. 곧 다음과 같은 식으로 나타난다.

$$\Delta_1 = \begin{vmatrix} b_1 & a_{12} & a_{13} \\ b_2 & a_{22} & a_{23} \\ b_3 & a_{32} & a_{33} \end{vmatrix}$$
$$= \begin{vmatrix} 10 & 5 & -4 \\ 0 & -3 & 6 \\ 5 & -1 & 0 \end{vmatrix}$$

Δ_1 값을 계산하는 과정은 앞서 3단계에서 Δ을 계산하기 위해 거쳤던 과정과 유사하다.

$$\Delta_1 = 10 \begin{vmatrix} -3 & 6 \\ -1 & 0 \end{vmatrix} - 5 \begin{vmatrix} 0 & 6 \\ 5 & 0 \end{vmatrix} - 4 \begin{vmatrix} 0 & -3 \\ 5 & -1 \end{vmatrix}$$
$$= 10 \times 6 - 5 \times (-30) - 4 \times 15 = 150$$

식 (B.4a)를 적용하면 다음 결과를 얻는다.

$$i_1 = \frac{\Delta_1}{\Delta} = \frac{150}{20} = 7.5$$

마찬가지로 Δ_2 값은 Δ의 두 번째 열을, Δ_3 값은 Δ의 세 번째 열을 각각 b 값들로 이루어진 행으로 대체하여 구할 수 있다. 계산을 수행하면 $\Delta_2 = 50$, $\Delta_3 = 50$, $i_2 = \frac{\Delta_2}{\Delta} = \frac{50}{20} = 25$, $i_3 = \frac{\Delta_3}{\Delta} = 2.5$의 값을 얻는다.

B.1.2 n차 시스템으로의 확장

다음과 같이 표준형으로 정리한 n개의 선형 연립 방정식을 생각해보자.

$$a_{11}i_1 + a_{12}i_2 + a_{13}i_3 + \cdots + a_{1n}i_n = b_1 \quad \text{(B.15a)}$$

$$a_{21}i_1 + a_{22}i_2 + a_{23}i_3 + \cdots + a_{2n}i_n = b_2 \quad \text{(B.15b)}$$

$$\vdots \qquad \vdots \qquad \vdots \qquad \vdots \qquad \vdots \qquad \vdots$$

$$a_{n1}i_1 + a_{n2}i_2 + a_{n3}i_3 + \cdots + a_{nn}i_n = b_n \quad \text{(B.15n)}$$

이 시스템의 임의의 변수 i_k는 다음과 같이 주어진다.

$$i_k = \frac{\Delta_k}{\Delta} \quad \text{(B.16)}$$

이때 Δ는 특성 판별식이며 Δ_k는 변수 i_k와 연관된 부속 판별식이다. 3.1절에서 다룬 3 × 3 시스템에서와 유사하게, Δ는 계수 a 값들로 이루어진다.

$$\Delta = \begin{vmatrix} a_{11} & a_{12} & a_{13} & \cdots & a_{1n} \\ a_{21} & a_{22} & a_{23} & \cdots & a_{2n} \\ \vdots & \vdots & \vdots & & \vdots \\ a_{n1} & a_{n2} & a_{n3} & \cdots & a_{nn} \end{vmatrix} \quad \text{(B.17)}$$

Δ_k는 Δ에서 k번째 열을 b 값들로 이루어진 열로 교체하여 구할 수 있다. 예를 들어 Δ_2 값은 다음과 같이 구할 수 있다.

$$\Delta_2 = \begin{vmatrix} a_{11} & b_1 & a_{13} & \cdots & a_{1n} \\ a_{21} & b_2 & a_{23} & \cdots & a_{2n} \\ \vdots & \vdots & \vdots & & \vdots \\ a_{n1} & b_n & a_{n3} & \cdots & a_{nn} \end{vmatrix} \quad \text{(B.18)}$$

3.1절의 3단계에 제시했던 방법과 유사한 방식으로 연속적으로 수식을 전개하면 n차 판별식의 값을 구할 수 있다. 첫 번째로 수행해야 하는 과정은 Δ를 n차 판별식에서 n개의 항으로 이루어진 합의 형태로 바꾸는 일이다. 이때 합을 이루는 각 항은 $(n-1)$차 판별식을 포함한다. 각각의 $(n-1)$차 판별식은 각 항에 $(n-2)$차 판별식이 포함된 항들의 합으로 전개되고, 이 전개 과정은 판별식의 차수가 1이 될 때까지 즉, 판별식을 이루는 원소가 단 하나가 될 때까지 진행될 수 있다.

B.2 행렬을 활용한 풀이 방법

식 (B.2)에 주어진 연립 방정식으로 기술되는 시스템은 다음과 같은 행렬로도 나타낼 수 있다.

$$\begin{bmatrix} a_{11} & a_{12} & a_{13} \\ a_{21} & a_{22} & a_{23} \\ a_{31} & a_{32} & a_{33} \end{bmatrix} \begin{bmatrix} i_1 \\ i_2 \\ i_3 \end{bmatrix} = \begin{bmatrix} b_1 \\ b_2 \\ b_3 \end{bmatrix} \quad \text{(B.19)}$$

이를 행렬을 의미하는 기호로 간단히 나타내면 다음과 같다.

$$\mathbf{AI} = \mathbf{B} \quad \text{(B.20)}$$

이때 각 기호는 다음 행렬을 의미한다.

$$\mathbf{A} = \begin{bmatrix} a_{11} & a_{12} & a_{13} \\ a_{21} & a_{22} & a_{23} \\ a_{31} & a_{32} & a_{33} \end{bmatrix} \quad \text{(B.21a)}$$

$$\mathbf{I} = \begin{bmatrix} i_1 \\ i_2 \\ i_3 \end{bmatrix} \quad \text{(B.21b)}$$

$$\mathbf{B} = \begin{bmatrix} b_1 \\ b_2 \\ b_3 \end{bmatrix} \quad \text{(B.21c)}$$

시스템을 기술하는 서로 독립적인 연립 방정식의 개수가 미지수의 개수와 같은 한, 행렬 $\mathbf{A}$는 항상 정사각 행렬(행의 수와 열의 수가 같은 행렬)이 된다. 미지수 벡터 $\mathbf{I}$의 해는 다음의 식으로 나타낼 수 있다.

$$\mathbf{I} = \mathbf{A}^{-1}\mathbf{B} \qquad \text{(B.22)}$$

여기서 $\mathbf{A}^{-1}$은 행렬 $\mathbf{A}$의 역행렬이다. 어떤 정사각 행렬의 역행렬은 다음 식으로 표현된다.

$$\mathbf{A}^{-1} = \frac{\text{adj}\,\mathbf{A}}{\Delta} \qquad \text{(B.23)}$$

위의 식에서 adj $\mathbf{A}$는 행렬 $\mathbf{A}$의 수반행렬(adjoint matrix)이라고 하며 Δ는 행렬 $\mathbf{A}$의 판별식이다. 행렬 $\mathbf{A}$의 수반행렬은 행렬 $\mathbf{A}$의 원소 a_{jk}들을 각각의 여인수(cofactor) C_{jk}로 교체한 후 얻어지는 행렬을 전치(transposing)시켜 얻을 수 있다. 행렬의 연산에서 각 원소들의 행 성분과 열 성분을 나타내는 숫자들이 서로 바뀌는 것을 전치라고 한다. 예를 들어 전치 연산을 수행하면 첫 번째 행, 세 번째 열에 있던 원소는 세 번째 행, 첫 번째 열의 위치로 이동한다. $\mathbf{A}$의 수반행렬은 다음과 같은 식으로 나타낼 수 있다.

$$\text{adj}\,\mathbf{A} = [C_{jk}]^T \qquad \text{(B.24)}$$

행렬을 활용하여 해를 구하는 방법을 자세히 살펴보기 위해 식 (B.3)에 주어진 연립 방정식으로 돌아가보자. 행렬 $\mathbf{A}$와 $\mathbf{B}$는 다음과 같이 나타낼 수 있다.

$$\mathbf{A} = \begin{bmatrix} 1 & 5 & -4 \\ -1 & -3 & 6 \\ 1 & -1 & 0 \end{bmatrix} \qquad \text{(B.25a)}$$

$$\mathbf{B} = \begin{bmatrix} 10 \\ 0 \\ 5 \end{bmatrix} \qquad \text{(B.25b)}$$

식 (B.24)에 의하여 행렬 $\mathbf{A}$의 수반행렬은 다음과 같이 구할 수 있다.

$$\text{adj}\,\mathbf{A} = \begin{bmatrix} C_{11} & C_{12} & C_{13} \\ C_{21} & C_{22} & C_{23} \\ C_{31} & C_{32} & C_{33} \end{bmatrix}^T \qquad \text{(B.26)}$$

$$= \begin{bmatrix} C_{11} & C_{21} & C_{31} \\ C_{12} & C_{22} & C_{32} \\ C_{13} & C_{23} & C_{33} \end{bmatrix} \qquad \text{(B.27)}$$

각 여인수는 2×2 행렬의 판별식이다. 식 (B.8)에서의 정의를 적용하면 다음 수반행렬을 얻는다.

$$\text{adj}\,\mathbf{A} = \begin{bmatrix} 6 & 4 & 18 \\ 6 & 4 & -2 \\ 4 & 6 & 2 \end{bmatrix} \qquad \text{(B.28)}$$

식 (B.22)와 (B.23)을 조합하여 활용하고 식 (B.14)에서 얻은 Δ 값을 대입하면 다음 결과를 얻는다.

$$\mathbf{I} = \begin{bmatrix} i_1 \\ i_2 \\ i_3 \end{bmatrix} = \frac{1}{20}\begin{bmatrix} 6 & 4 & 18 \\ 6 & 4 & -2 \\ 4 & 6 & 2 \end{bmatrix}\begin{bmatrix} 10 \\ 0 \\ 5 \end{bmatrix} \qquad \text{(B.29)}$$

행렬의 곱을 수행하면 다음 값을 얻는다.

$$i_1 = \frac{1}{20}\begin{bmatrix} 6 & 4 & 18 \end{bmatrix}\begin{bmatrix} 10 \\ 0 \\ 5 \end{bmatrix} \qquad \text{(B.30)}$$
$$= \frac{1}{20}(6 \times 10 + 4 \times 0 + 18 \times 5) = 7.5$$

마찬가지로 adj $\mathbf{A}$의 두 번째와 세 번째 행들을 활용해 곱연산을 수행하면 $i_2 = i_3 = 2.5$의 값을 얻을 수 있다.

유용한 수학 공식

C.1 삼각함수 관계식

$$\sin x = \pm \cos(x \mp 90°)$$

$$\cos x = \pm \sin(x \pm 90°)$$

$$\sin x = -\sin(x \pm 180°)$$

$$\cos x = -\cos(x \pm 180°)$$

$$\sin(-x) = -\sin x$$

$$\cos(-x) = \cos x$$

$$\sin^2 x = \frac{1}{2}(1 - \cos 2x)$$

$$\cos^2 x = \frac{1}{2}(1 + \cos 2x)$$

$$\sin(x \pm y) = \sin x \cos y \pm \cos x \sin y$$

$$\cos(x \pm y) = \cos x \cos y \mp \sin x \sin y$$

$$2\sin x \sin y = \cos(x - y) - \cos(x + y)$$

$$2\sin x \cos y = \sin(x + y) + \sin(x - y)$$

$$2\cos x \cos y = \cos(x + y) + \cos(x - y)$$

$$\sin 2x = 2 \sin x \cos x$$

$$\cos 2x = 1 - 2\sin^2 x$$

$$\sin x + \sin y = 2 \sin\left(\frac{x+y}{2}\right)\cos\left(\frac{x-y}{2}\right)$$

$$\sin x - \sin y = 2 \cos\left(\frac{x+y}{2}\right)\sin\left(\frac{x-y}{2}\right)$$

$$\cos x + \cos y = 2 \cos\left(\frac{x+y}{2}\right)\cos\left(\frac{x-y}{2}\right)$$

$$\cos x - \cos y = -2 \sin\left(\frac{x+y}{2}\right)\sin\left(\frac{x-y}{2}\right)$$

$$e^{jx} = \cos x + j \sin x \quad \text{(오일러의 공식)}$$

$$\sin x = \frac{e^{jx} - e^{-jx}}{2j}$$

$$\cos x = \frac{e^{jx} + e^{-jx}}{2}$$

$$\cos^2 x + \sin^2 x = 1$$

$$2\pi \text{ rad} = 360°$$

$$1 \text{ rad} = 57.30°$$

C.2 부정적분

단, a, b는 상수다.

$$\int \sin ax \, dx = -\frac{1}{a}\cos ax$$

$$\int \cos ax \, dx = \frac{1}{a}\sin ax$$

$$\int e^{ax} \, dx = \frac{1}{a}e^{ax}$$

$$\int \ln x \, dx = x \ln x - x$$

$$\int xe^{ax} \, dx = \frac{e^{ax}}{a^2}(ax - 1)$$

$$\int x^2 e^{ax} \, dx = \frac{e^{ax}}{a^3}(a^2 x^2 - 2ax + 2)$$

$$\int x \sin ax \, dx = \frac{1}{a^2}\sin ax - \frac{x}{a}\cos ax$$

$$\int x \cos ax \, dx = \frac{1}{a^2}\cos ax + \frac{x}{a}\sin ax$$

$$\int x^2 \sin ax \, dx = \frac{2x}{a^2}\sin ax - \frac{a^2 x^2 - 2}{a^3}\cos ax$$

$$\int x^2 \cos ax \, dx = \frac{2x}{a^2} \cos ax + \frac{a^2 x^2 - 2}{a^3} \sin ax$$

$$\int e^{ax} \sin bx \, dx = \frac{e^{ax}}{a^2 + b^2} (a \sin bx - b \cos bx)$$

$$\int e^{ax} \cos bx \, dx = \frac{e^{ax}}{a^2 + b^2} (a \cos bx + b \sin bx)$$

$$\int e^{ax} \sin^2 bx \, dx = \frac{e^{ax}}{a^2 + 4b^2} \left[(a \sin bx - 2b \cos bx) \sin bx + \frac{2b^2}{a} \right]$$

$$\int e^{ax} \cos^2 bx \, dx = \frac{e^{ax}}{a^2 + 4b^2} \left[(a \cos bx + 2b \sin bx) \cos bx + \frac{2b^2}{a} \right]$$

$$\int \sin ax \sin bx \, dx = \frac{\sin(a-b)x}{2(a-b)} - \frac{\sin(a+b)x}{2(a+b)} \quad (a^2 \neq b^2)$$

$$\int \cos ax \cos bx \, dx = \frac{\sin(a-b)x}{2(a-b)} + \frac{\sin(a+b)x}{2(a+b)} \quad (a^2 \neq b^2)$$

$$\int \sin ax \cos bx \, dx = -\frac{\cos(a-b)x}{2(a-b)} - \frac{\cos(a+b)x}{2(a+b)} \quad (a^2 \neq b^2)$$

$$\int \sin^2 ax \, dx = \frac{x}{2} - \frac{\sin 2ax}{4a}$$

$$\int \cos^2 ax \, dx = \frac{x}{2} + \frac{\sin 2ax}{4a}$$

$$\int \frac{dx}{x^2 + a^2} = \frac{1}{a} \tan^{-1} \frac{x}{a}$$

$$\int \frac{dx}{(x^2 + a^2)^2} = \frac{1}{2a^2} \left(\frac{x}{x^2 + a^2} + \frac{1}{a} \tan^{-1} \frac{x}{a} \right)$$

$$\int \frac{x^2 \, dx}{a^2 + x^2} = x - a \tan^{-1} \frac{x}{a}$$

C.3 정적분

단, m, n은 상수다.

$$\int_0^{2\pi} \sin nx \, dx = \int_0^{2\pi} \cos nx \, dx = 0$$

$$\int_0^{\pi} \sin^2 nx \, dx = \int_0^{\pi} \cos^2 nx \, dx = \frac{\pi}{2}$$

$$\int_0^{\pi} \sin nx \sin mx \, dx = 0 \quad (n \neq m)$$

$$\int_0^{\pi} \cos nx \cos mx \, dx = 0 \quad (n \neq m)$$

$$\int_0^{\pi} \sin nx \cos nx \, dx = 0$$

$$\int_0^{\pi} \sin nx \cos mx \, dx = \begin{cases} 0 & (m+n \text{이 짝수이고 } m \neq n \text{일 때}) \\ \dfrac{2n}{n^2 - m^2} & (m+n \text{이 홀수이고 } m \neq n \text{일 때}) \end{cases}$$

$$\int_0^{2\pi} \sin nx \cos mx \, dx = 0$$

$$\int_0^{\infty} \frac{\sin ax}{ax} \, dx = \frac{\pi}{2a}$$

C.4 근사식

단, $|x| \ll 1$일 때다.

$$(1 \pm x)^n \simeq 1 \pm nx$$

$$(1 \pm x)^2 \simeq 1 \pm 2x$$

$$\sqrt{1 \pm x} \simeq 1 \pm \frac{x}{2}$$

$$\frac{1}{\sqrt{1 \pm x}} \simeq 1 \mp \frac{x}{2}$$

$$e^x = 1 + x + \frac{x^2}{2!} + \cdots \simeq 1 + x$$

$$\ln(1 + x) \simeq x$$

$$\sin x = x - \frac{x^3}{3!} + \frac{x^5}{5!} + \cdots \simeq x$$

$$\cos x = 1 - \frac{x^2}{2!} + \frac{x^4}{4!} + \cdots \simeq 1 - \frac{x^2}{2}$$

$$\lim_{x \to 0} \frac{\sin x}{x} = 1$$

D

[연습] 해답

Chapter 01 회로 용어

[1-1] (a) 5.2×10^{-2} V (b) 3×10^5 V

(c) 1.36×10^{-7} A (d) 5×10^7 bits/s

[1-2] (a) 83.2 MHz (b) 16.7 nm

(c) 979 ag (d) 44.8 TV

(e) 762 bits/s

[1-3] (a) A = 2.31 mV (b) B = 3.77 THz

(c) C = 50

[1-4] $\Delta Q(0, 0.2) = 0.18$ C

[1-5]

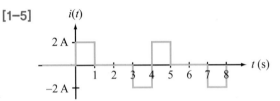

[1-6] $v_{ab} > 0$

[1-7] $P = VI = 5(-2) = -10$ W

이 소자는 전원 공급기이며, 이때 공급하는
에너지의 양은 |W| = |P| Δt = 36 kJ이다.

[1-8] 4분

[1-9] $I_x = 2.5$ A

[1-10] (a) I = 4A (b) I = 3A

Chapter 02 저항 회로

[2-1] 1.06 A

[2-2] 5.9 mW

[2-3] $R = \dfrac{2}{v}$,

v	R
0	∞
0.01 V	200 Ω
0.1 V	20 Ω
0.5 V	4 Ω
1 V	2 Ω

[2-4] (a) 없음 (b) 없음

[2-5] (a) v_s, R_1, R_2는 모두 직렬이다. R_5와 R_6는 서로
병렬이고 마디 2와 마디 3 사이는 단락되어
있다.

(b) v_s와 R_1는 직렬이다. R_3와 R_4는 직렬이고 R_2
와 병렬로 결합한다. R_5와 R_6는 서로 병렬이
고 마디 2와 마디 3 사이는 단락이다.

[2-6] b = 11

[2-7] 둘 다 없음

[2-8] $I_2 = -1$ A

[2-9] $I_1 = 6$ A, $I_2 = 2$ A

[2-10] $I_x = 1.33$ A

[2-11] I = 5 A

[2-12] I = 4 A

[2-13] (a) $R_{eq} = 15$ Ω (b) $R_{eq} = 0$

[2-14] 10^{-6}

[2-15] (a) I = 2.12 mA (b) I = 0

[2-16] $V_{out} = -0.4$ V

[2-17] Multisim으로 실습해본다.

[2-18] Multisim으로 실습해본다.

Chapter 03 해석 기법

[3-1] I = 2 A

[3-2] $V_a = 5$ V

[3-3] I = 0.5 A

[3-4] I = 0

[3-5] I = 1.5 A

[3-6] I = -0.7 A

[3-7] $\begin{bmatrix} \dfrac{5}{6} & -\dfrac{1}{3} \\ -\dfrac{1}{3} & \dfrac{8}{15} \end{bmatrix} \begin{bmatrix} V_1 \\ V_2 \end{bmatrix} = \begin{bmatrix} 4 \\ -3 \end{bmatrix}$

[3-8] $\begin{bmatrix} 15 & -10 & 0 \\ -10 & 36 & -20 \\ 0 & -20 & 32 \end{bmatrix} \begin{bmatrix} I_1 \\ I_2 \\ I_3 \end{bmatrix} = \begin{bmatrix} 12 \\ -8 \\ -2 \end{bmatrix}$

[3-9] I = 2.3 A

[3-10] $V_{out} = -1$ V

[3-11] $V_{Th} = -3.5$ V, $I_{sc} = -1.4$ A, $R_{Th} = 2.5$ Ω

[3–12] $I = 0.5$ A

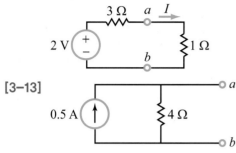

[3–13]

[3–14] $R_L = 4R/3 = 4$ Ω, $P_{max} = 4$ W

[3–15] $I_B = 51.79\ \mu A$, $V_{out_1} = 1.04$ V, $V_{out_2} = 5.93$ V

[3–16] Multisim으로 실습해본다.

Chapter 04 연산 증폭기

[4–1] $G = \dfrac{[A(R_i + R_s)(R_1 + R_2) + R_2 R_o]}{[AR_2(R_i + R_s) + R_o(R_2 + R_i + R_s) + R_1 R_2 + (R_i + R_s)(R_1 + R_2)]}$

$= 4.999977$ (무시해도 좋을 정도의 영향)

[4–2]

R_2	G	v_s 범위
0	10^6	$-10\ \mu V \sim +10\ \mu V$
800 Ω	101	-99 mV $\sim +99$ mV
8.8 kΩ	10.1	-0.99 V $\sim +0.99$ V
40 kΩ	3	-3.3 V $\sim +3.3$ V
80 kΩ	2	-5 V $\sim +5$ V
1 MΩ	1.08	-9.26 V $\sim +9.26$ V

[4–3]

R_1/R_2	G	v_s 범위
0	1	-10 V $\sim +10$ V
1	2	-5 V $\sim +5$ V
9	10	-1 V $\sim +1$ V
99	100	-0.1 V $\sim +0.1$ V
1000	~ 1000	약 -10 mV $\sim +10$ mV
10^6	$\sim 10^6$	약 $-10\ \mu V \sim +10\ \mu V$

[4–4] $G_{max} = -60$, $R_f = 600$ Ω

[4–5] $R_{f_1} = 1.8$ kΩ, $R_2 = 600$ Ω

[4–6] $v_1 = 0.2$ V, $R_1 = 2$ kΩ

[4–7] $v_o = 12v_1 + 6v_2 + 3v_3$

[4–8] $R_2 = 25$ Ω

[4–9] $V_{out} = -\dfrac{R_f}{8R}(4V_1 + 2V_2 + V_3)$

$= -(4V_1 + 2V_2 + V_3)$

$[V_1 V_2 V_3] = [111]$ 일 때, $V_{out} = -7$ V이고, $V_{cc} = 10$ V의 크기보다 작다.

[4–10] $R_D = 1.85$ kΩ

[4–11] (a) $R_L \geq 99.9$ kΩ

(b) $R_L \geq 99.9$ Ω

[4–12] Multisim으로 실습해본다.

[4–13] Multisim으로 실습해본다.

Chapter 05 RC와 RL 회로

[5–1] (a) $v(t) = 10\,u(t) - 20\,u(t-2) + 10\,u(t-4)$

(b) $v(t) = 2.5\,r(t) - 10\,u(t-2) - 2.5\,r(t-4)$

[5–2] 서로 y축에 대칭이다.

[5–3] (a) $v(t) = V_0[u(1-t) + u(t-5)]$

(b) $v(t) = V_0\left[1 - \text{rect}\left(\dfrac{t-3}{4}\right)\right]$

[5–4] $t_{1/2} = 1.386 \times 10^8$ s $= 4$년 144일 12시 10분 36초

[5–5] $p(t) = i^2 R = I_0^2 R(e^{-t/\tau})^2 = I_0^2 R e^{-2t/\tau}$

$p(\tau)/p(0) = e^{-2} = 0.135$ 또는 13.5%

[5–6] $d = 3.72 \times 10^{-12}$ m가 되어야 하며 이렇게 매우 작은 d 값을 가지는 커패시터는 실제 구현이 불가능하다. 왜냐하면 이는 일반적인 고체에서 인접한 두 원자 사이의 거리보다 2승 가까이 작은 거리이기 때문이다.

[5–7] $A = 10.4$ m $\times 10.4$ m 이는 실제로 구현할 수 없다.

[5–8] $i = 1$ A

[5–9] $C_{eq} = 4\ \mu F$, $V_{eq}(0) = 15$ V

[5–10] $v_1 = 8$ V, $v_2 = 4$ V

[5–11] $L = 9.87 \times 10^{-7}$ H $= 0.987\ \mu H$

[5-12] $i_1 = 0, i_2 = 6\,\mathrm{A}$

[5-13] $L_{\mathrm{eq}} = 6\,\mathrm{mH}$

[5-14] $v(t) = 24e^{-10t}\,\mathrm{V}\quad (t \geq 0)$

[5-15] $v_1(t) = 4(1 - e^{-5t})\,\mathrm{V}\quad (t \geq 0)$

$\quad v_2(t) = 8(1 - e^{-5t})\,\mathrm{V}\quad (t \geq 0)$

[5-16] $i_1(t) = 1.2(1 - e^{-500t})\,u(t)\,\mathrm{A}$

$\quad i_2(t) = 0.6(1 - e^{-500t})\,u(t)\,\mathrm{A}$

[5-17] $v_{\mathrm{out}}(t) = 10[\cos(100t) - 1]\,\mathrm{V}$

[5-18] $v_{\mathrm{out}}(t) = -0.4\cos 100t\,\mathrm{V}$

[5-19] $g = 2 \times 10^{-2}\,\mathrm{A/V}$

Chapter 06 *RLC* 회로

[6-1] $v_C(0) = 6\,\mathrm{V},\ i_L(0) = 1\,\mathrm{A},\ v_L(0) = -6\,\mathrm{V}$

$\quad i_C(0) = 0,\ v_C(\infty) = 0,\ i_L(\infty) = 0$

[6-2] $v_C(0) = 0,\ i_L(0) = 0,\ v_L(0) = -12\,\mathrm{V}$

$\quad i_C(0) = 0,\ v_C(\infty) = 4\,\mathrm{V},\ i_L(\infty) = -2\,\mathrm{A}$

[6-3] $v(t) = 9.8(e^{-221t} - e^{-181t})\,\mathrm{V}$

[6-4] $A_1 = \dfrac{v'(0) - s_2\,v(0)}{s_1 - s_2},\ A_2 = -\dfrac{v'(0) - s_1\,v(0)}{s_1 - s_2}$

[6-5] (a) $v_C(0) = 40\,\mathrm{V},\ i_C(0) = 0$

$\quad$ (b) $i_C(t) = [-40t\,e^{-10t}]\,\mathrm{A}$

[6-6] (a) $i_L(0) = 4\,\mathrm{A},\ v_L(0) = -80\,\mathrm{V}$

$\quad$ (b) $i_L(t) = [4(1 - 10t)e^{-10t}]\,\mathrm{A}$

[6-7] $B_1 = v(0),\ B_2 = v'(0) + \alpha\,v(0)$

[6-8] $v(t) = e^{-190t}(20\cos 62.45t + 60.85\sin 62.45t)\,\mathrm{V}$

[6-9] $D_1 = v(0),\ D_2 = \dfrac{v'(0) + \alpha\,v(0)}{\omega_d}$

[6-10] 과감쇄의 경우

$$A_1 = \frac{v'(0) - s_2[v(0) - v(\infty)]}{s_1 - s_2}$$

$$A_2 = -\left[\frac{v'(0) - s_1[v(0) - v(\infty)]}{s_1 - s_2}\right]$$

임계감쇄의 경우

$$B_1 = v(0) - v(\infty)$$

$$B_2 = v'(0) + \alpha[v(0) - v(\infty)]$$

저감쇄의 경우

$$D_1 = v(0) - v(\infty)$$

$$D_2 = \frac{v'(0) + \alpha[v(0) - v(\infty)]}{\omega_d}$$

[6-11] $v_C(0) = 6\,\mathrm{V},\ i_C(0) = 3\,\mathrm{A},\ \alpha = 5\,\mathrm{Np/s}$

$\quad \omega_0 = 5\,\mathrm{rad/s},\ v_C(t) = [18 - (12+30t)e^{-5t}]\,\mathrm{V}$

[6-12] $i_L(0) = 5\,\mathrm{mA},\ v_L(0) = 0.4\,\mathrm{V},\ i_L(\infty) = 15\,\mathrm{mA}$

$\quad \alpha = 2.5\,\mathrm{Np/s},\ \omega_0 = 10\,\mathrm{rad/s},\ \omega_d = 9.68\,\mathrm{rad/s}$

$\quad i_L(t) = \{15 - [10\cos 9.68t - 18.08\sin 9.68t]$

$\qquad e^{-2.5t}\}\,\mathrm{mA}$

[6-13] $w_L = \dfrac{1}{2}LI_s^2,\ w_C = 0$

[6-14] $i_C(t) = I_0\cos\omega_0 t$

$\quad$ 이때 $\omega_0 = 1/\sqrt{LC}$이다. 이 회로는 *LC* 오실레이터 회로이며 전류원이 공급한 직류 에너지가 *LC* 회로 내의 AC 에너지로 변환된다.

[6-15] $i_C(t) = 2e^{-1.5t}\cos 4.77t\,\mathrm{A}$

[6-16] $\omega_0 = 316\,\mathrm{krad/s},\ \alpha = 2.5 \times 10^{10}\,\mathrm{Np/s}$

[6-17] Multisim으로 실습해본다.

[6-18] Multisim으로 실습해본다.

[6-19] Multisim으로 실습해본다.

[6-20] Multisim으로 실습해본다.

[6-21] Multisim으로 실습해본다.

Chapter 07 교류 해석

[7-1] $v(t) = 100\cos(120\pi t + 180°)\,\mathrm{V}$

[7-2] $i_2(t)$가 $i_1(t)$보다 54° 뒤처진다.

[7-3] $\mathbf{z}_1 = 25\angle{-73.7°},\ \mathbf{z}_2 = \pm\sqrt{5}\angle{-18.4°}$

[7-4] Multisim으로 실습해본다.

[7-5] (a) $\mathbf{I}_1 = 2\angle{-120°}\,\mathrm{A}$ (b) $\mathbf{I}_2 = 4\angle{-134°}\,\mathrm{A}$

[7-6] (a) $v_1(t) = 5\cos(3 \times 10^4 t + 126.87°)\,\mathrm{V}$

$\quad$ (b) $v_2(t) = 5\cos(3 \times 10^4 t - 53.13°)\,\mathrm{V}$

[7-7] $C = 0.5 \ \mu$F인 커패시터

[7-8] $v_L(t) = 16 \cos(2 \times 10^3 t + 96.9°)$ V

[7-9] (a) $\mathbf{Z}_i = j5 \ \Omega$ (b) $\mathbf{Z}_i = -j10 \ \Omega$

[7-10]

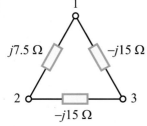

[7-11] $\mathbf{V}_{Th} = 6\angle{-36.9°}$ V, $\mathbf{Z}_{Th} = (2.6 + j1.8) \ \Omega$

[7-12]

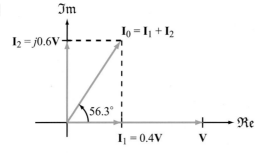

[7-13] $R \simeq 2.2$ kΩ, $|\mathbf{V}_{out}/\mathbf{V}_s| = 0.63$

[7-14] $R \simeq 220 \ \Omega$

[7-15]

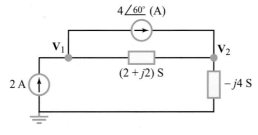

[7-16] $\begin{bmatrix} (5 + j6) & -(3 + j6) \\ -(3 + j6) & (7 + j6) \end{bmatrix} \begin{bmatrix} \mathbf{I}_1 \\ \mathbf{I}_2 \end{bmatrix} = \begin{bmatrix} 12 \\ -j6 \end{bmatrix}$

[7-17] 8.6 V의 직류 전압

[7-18] Multisim으로 실습해본다.

Chapter 08 교류 전력

[8-1] $V_{av} = 12$ V, $V_{rms} = 12.73$ V

[8-2] $I_{av} = 0$, $I_{rms} = 7.48$ A

[8-3] $P_{av} = 0.4$W, $t = 1.39$ ms

[8-4] $R = 5 \ \Omega$, $C = 100 \ \mu$F

[8-5] (a) $pf_1 = 0.707$ (b) $pf_2 = 1$

[8-6] (a) $\mathbf{Z}_S = 0 - j X_L$ (b) $P_{av}(\text{max}) = \dfrac{1}{2} \dfrac{|\mathbf{V}_s|^2}{R_L}$

[8-7] $|\mathbf{I}_1| = 5.6$ A, % 오차 = 4 %

[8-8] Multisim으로 실습해본다.

Chapter 09 회로 및 필터의 주파수 응답

[9-1] $H(\omega) = R/(R + j\omega L)$, $\omega_c = R/L$

[9-2] $\omega_0 = \sqrt{\dfrac{1}{LC} - \dfrac{R^2}{L^2}}$

[9-3] (a) $\mathbf{Z}_{in} = (1 - j) \ \Omega$ (b) $\mathbf{Z}'_{in} = (1 - j)$ kΩ

[9-4] (a) 26.02 dB   (b) −30.46 dB
       (c) 135.56 dB

[9-5] (a) 63.1   (b) 0.063
       (c) 0.94

[9-6]

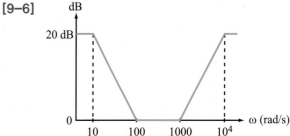

[9-7] $\mathbf{H} = \dfrac{j(1 + j\omega/2)(1 + j\omega/500)}{(1 + j\omega/20)(1 + j\omega/5000)}$

[9-8] $\mathbf{H}_Z = \dfrac{\mathbf{V}_R}{\mathbf{I}_s}$

$= \dfrac{j\omega L}{(1 - \omega^2 LC) + j\omega L/R}$

$\mathbf{H}_Z(\omega)$의 함수 형식은 직렬 RLC 대역통과 필터에 대한 식 (9.45)의 함수 형식과 같다. 게다가 두 회로는 모두 $\omega = 1/\sqrt{LC}$에서 공진한다.

[9-9] $R = 2/\sqrt{LC}$, $Q = 1/2$

[9-10] 아니오. $M_{BR} = |\mathbf{H}_{BR}| = |1 - \mathbf{H}_{BP}| \neq 1 -$

$|\mathbf{H}_{BP}| = 1\ M_{BP}$이기 때문이다.

[9–11] 2차

[9–12] $\mathbf{H}(\omega) = \dfrac{j\omega^3 RLC^2}{\omega^2 LC - (1 - \omega^2 LC)(1 + j\omega RC)}$

이 식은 고역통과 필터의 전달 함수를 나타낸다. 저지대역(ω의 값이 매우 작은 영역)에서는 $\mathbf{H}(\omega)$가 ω^3에 의존하여 변하고, 따라서 필터의 차수는 3차다.

[9–13] $R_s = 100\ \Omega$, $R_f = 1\ \text{k}\Omega$

[9–14] $\omega_{c_1} = 10^5\ \text{rad/s}$, $\omega_{c_2} = 0.64\omega_{c_1} = 6.4 \times 10^4$ rad/s, $\omega_{c_3} = 0.51\omega_{c_1} = 5.1 \times 10^4\ \text{rad/s}$

[9–15] $\mathbf{H}(\omega) = 50\left[\left(\dfrac{1}{1 + j\omega/4\pi \times 10^4}\right)^3 + \left(\dfrac{j\omega/8\pi \times 10^4}{1 + j\omega/8\pi \times 10^4}\right)^3\right]$

Chapter 10 라플라스 변환 분석 기법

[10–1] (a) $\sin \omega t \longleftrightarrow \dfrac{\omega}{s^2 + \omega^2}$

(b) $e^{-at} \longleftrightarrow \dfrac{1}{s + a}$

(c) $r(t - T) \longleftrightarrow \dfrac{e^{-sT}}{s^2}$

[10–2] $f'(t) = 2\delta(t - 3) - 2\delta(t - 4)$

[10–3] $\mathbf{F(s)} = \mathbf{F}_1(\mathbf{s}) \displaystyle\sum_{n=0}^{\infty} e^{-2ns} = \dfrac{\mathbf{F}_1(\mathbf{s})}{1 - e^{-2s}}$

$\mathbf{F}_1(\mathbf{s}) = \displaystyle\int_0^2 5te^{-st}\,dt$

$= \dfrac{5}{s^2}[1 - (2s + 1)e^{-2s}]$

일반적으로 주기 T를 갖는 주기함수 $f(t)$의 라플라스 변환은

$\mathbf{F(s)} = \dfrac{\mathbf{F}_1(\mathbf{s})}{1 - e^{-Ts}}$

이며, $\mathbf{F}_1(\mathbf{s})$은 첫 번째 주기의 라플라스 변환을 나타낸다.

[10–4] $e^{-Ts}\ \dfrac{\omega}{s^2 + \omega^2}$

[10–5] (a) Multisim으로 실습해본다.

(b) $e^{-at} \cos \omega t \longleftrightarrow \dfrac{s + a}{(s + a)^2 + \omega^2}$

[10–6] $f(0^+) = 1$, $f(\infty) = 2$

[10–7] (a) $\mathbf{F}_1(\mathbf{s}) = \dfrac{2s + 4}{s(s + 1)}$

(b) $\mathbf{F}_2(\mathbf{s}) = \dfrac{0.866s + 3.6}{s^2 + 6s + 13}$

[10–8] $f(t) = [2 + e^{-2t} - 3e^{-4t}]\,u(t)$

[10–9] $f(t) = (18t^2 - 31t + 4)e^{-2t}\,u(t)$

[10–10] $f(t) = [2\sqrt{2}\,e^{-3t}\cos(4t - 45°)]\,u(t)$

[10–11]
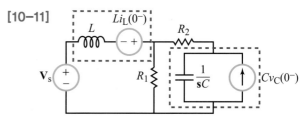

[10–12]
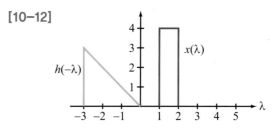

(a) $t = 0$일 때, 중첩 = 0

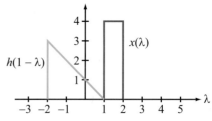

(b) $t = 1$ s일 때, 중첩 = 0

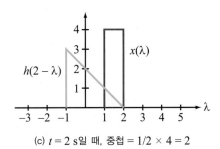

(c) $t = 2$ s일 때, 중첩 $= 1/2 \times 4 = 2$

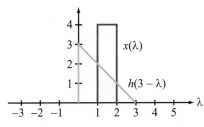

(d) $t = 3$ s일 때, 중첩 $= 1.5 \times 4 = 6$

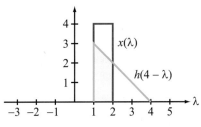

(e) $t = 4$ s일 때, 중첩 $= 2.5 \times 4 = 10$

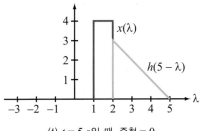

(f) $t = 5$ s일 때, 중첩 $= 0$

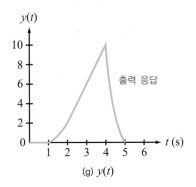

(g) $y(t)$

Chapter 11 푸리에 분석 기법

[11-1] $f(t) = \sum_{n=1}^{\infty} \left[\dfrac{20}{n^2\pi^2} (1 - \cos n\pi) \cos \dfrac{n\pi t}{2} \right.$
$\left. + \dfrac{10}{n\pi} (1 - \cos n\pi) \sin \dfrac{n\pi t}{2} \right]$

[11-2] $A_n = [1 - \cos(n\pi)] \dfrac{20}{n^2\pi^2} \sqrt{1 + \dfrac{n^2\pi^2}{4}}$

$\phi_n = -\tan^{-1}\left(\dfrac{n\pi}{2}\right)$

[11-3] (a) 기대칭도 우대칭도 아님

(b) $a_0 = 1$

(c) 우대칭

[11-4] $v_{\text{out}}(t) = \sum_{\substack{n=1 \\ n=\text{odd}}}^{\infty} \dfrac{4L}{\sqrt{R^2 + n^2\pi^2 L^2}} \cos(n\pi t + \theta_n)$

$\theta_n = -\tan^{-1}\left(\dfrac{n\pi L}{R}\right)$

[11-5] (a) $\phi_{v_n} = \phi_{i_n}$ 이므로
$P_{\text{av}} = V_{\text{dc}} I_{\text{dc}} + \frac{1}{2}\sum_{n=1}^{\infty} V_n I_n$

(b) 커패시터의 경우 $I_{\text{dc}} = 0$이고 $\phi_{v_n} - \phi_{i_n} = -90°$이므로 $P_{\text{av}} = 0$이다. 인덕터의 경우 $V_{\text{dc}} = 0$이고 $\phi_{v_n} - \phi_{i_n} = 90°$이므로 $P_{\text{av}} = 0$이다.

[11-6] $\Delta\omega = 4\pi/\tau$

τ가 커지면 스펙트럼은 좁아진다.

[11-7] $\mathbf{F}(\omega) = \pi\,\delta(\omega) - 1/j\omega$

[11-8] Multisim으로 실습해본다.

[11-9] Multisim으로 실습해본다.